Ma Mere me la
1633

V

LES QVINZE LIVRES
DES ELEMENTS GEOMETRIQVES D'EVCLIDE.

Traduicts en François par D. HENRION Professeur és Mathematiques, imprimez, reueus & corrigez du viuant de l'Autheur: auec des Commentaires beaucoup plus amples & faciles, & des figures en plus grand nombre qu'en toutes les impressions precedentes.

Plus le Liure des DONNEZ du mesme Euclide aussi traduict en François par ledit Henrion, & imprimé de son viuant.

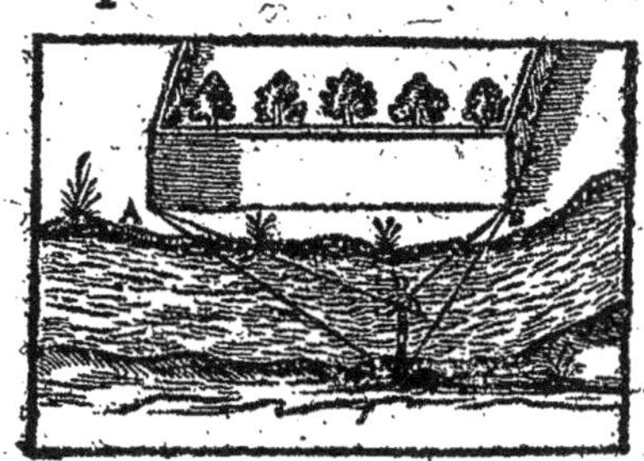

A PARIS,
De l'Imprimerie d'Isaac Dedin.
Et se vendent en l'Isle du Palais, à l'Image S. Michel, par la veusue dudit Henrion.

M. DC. XXXII.
AVEC PRIVILEGE DV ROY.

L'IMPRIMEVR AV LECTEVR.

Amy Lecteur voicy le dernier des Oeuures du sieur Henrion Professeur és Mathematiques, contenant les quinze liures des Elements d'Euclide, traduicts en François, auec des Commentaires beaucoup plus amples & faciles, & des figures mieux taillées qu'en toutes les traductions precedentes: ausquels il a adiousté le liure des Donnez du mesme Euclide, aussi traduict en François; ce qui n'auoit point encores esté faict iusques icy, quoy que l'vsage de ce liure soit fort commun par toutes les Mathematiques, & particulierement en l'Analise, science auiourd'huy tant estimee & recherchee, & qui a remis en ce temps la Geometrie en son lustre autant qu'elle y fut iamais, auec esperance d'vne perfection beaucoup plus grande. Cét œuure estoit imprimé dés le viuant de l'Autheur: & s'il ne l'a publiee, c'est que son intention estoit d'y adiouster le reste de ce qui se trouue des œuures d'Euclide, sçauoir l'Optique, & Catoptrique, les Phenomenes, la Musique, & vn fragment du leger & du pesant, toutes lesquelles parties il auoit desia traduites, comme en font foy les manuscripts qu'il a laissés, & qui sont entre les mains de sa veufue: ainsi il diuisoit toutes les œuures d'Euclide en deux Tomes, desquels le premier estoit celuy-cy, & le dernier deuoit contenir ce que nous auons dict maintenant, dont la pre-

miere feuille est desia imprimee, & le reste pourra estre imprimé cy-apres. Cependant reçoy cecy par aduance, & te souuiens de celuy qui te l'a preparé, lequel la mort a rauy en vn temps auquel il pouuoit & vouloit encore beaucoup seruir au public. Quant à l'impression, sa diligence accoustumee à corriger ses œuures te peut asseurer qu'il y aura peu ou point de fautes: si toutesfois tu en rencontres, il te sera facile de les corriger sans accuser l'autheur qui t'auroit exempté de ceste peine s'il eust vescu iusques icy. C'est dequoy ie te supplie: t'asseurant que ie suis de tous les amateurs des Mathematiques

Le tres-humble & tres-affectionné seruiteur I. DEDIN.

ELEMENT PREMIER.

DEFINITIONS.

1. Le poinct, est ce qui n'a aucune partie.

Es Physiciens disent que le poinct est le moindre obiect de la veuë ; & iceluy peut estre descrit auec ancre ou autre chose. Mais les Mathematiciens reiettans ceste definition, disent que le poinct est vn obiect de l'intellect si subtil qu'il ne peut estre diuisé en aucunes parties : Et iceluy ne se peut escrire, mais seulement entendre & imaginer : Bien est vray que pour le representer à nos sens exterieurs nous nous seruons du poinct Physique. Le poinct n'a donc aucunes des dimensions geometriques, c'est à dire qu'il n'a longueur, largeur, ny espoisseur, mais bien est il principe d'icelles.

2. La ligne, est vne longueur sans largeur.

Apres le poinct, Euclide vient à la ligne, qui n'est autre chose que le flux ou coullement d'iceluy poinct d'vn lieu en vn autre: car par ainsi l'interualle compris entre ces deux lieux là, sera vne longueur sans largeur, puis que le poinct du coullement duquel elle est produite n'en a aucune: & par consequent la ligne (qui est la premiere espece de magnitude ou quantité continue) a seulement vne dimension, sçauoir est longueur, car n'ayant aucune largeur, il est certain qu'elle n'aura aussi aucune espoisseur ou profondeur. Et pour tant mieux entendre cecy, qu'on imagine le poinct A estre meu ou coullé depuis A iusques en B, & auoir laissé par son flux ou coullement la trace & vestige AB : or ceste trace AB sera appellee ligne: car l'interualle

A B

A B

compris entre les deux poincts A & B est vrayement vne longueur sans largeur & espoisseur, puis que le poinct A, par le coullement duquel elle est produicte, est priué de toute dimension.

3. Les extremitez de la ligne, sont poincts.

Cecy est intelligible, puis que toutes lignes terminees commencent à vn poinct, & acheuent aussi à vn poinct, comme les lignes precedentes AB, qui ont pour leurs extremitez les poincts A & B : car Euclide n'entend parler icy ny des lignes infinies ny des circulaires, ny de toutes autres sortes de lignes, ausquelles on ne peut assigner aucun terme ny extremité.

4. La ligne droicte, est celle qui est également comprise & estendue entre ses poincts.

Les Mathematiciens ont de trois sortes de lignes, c'est asçauoir la ligne droicte, la ligne circulaire, qu'ils appellent aussi ligne courbe, & la ligne mixte : Euclide definit icy la droicte, laquelle il dit estre celle là qui est esgalement estendue entre ses poincts : ainsi la ligne ACB est dicte ligne droicte, pource que tous les poincts entremoyens d'icelle ligne, comme C, sont esgalement posés entre les extremes A & B, l'vn n'estant plus esleué ou abaissé que l'autre : ce qui n'aduient aux trois autres lignes ADB, AEB, AFB, car il est manifeste que les poincts entremoiens D, E, F sont bien plus esleuez que les extremes A & B. Quelques autres Autheurs ont diuersement definy la ligne droicte : car Campanus dit, que c'est le plus court chemin d'vn poinct iusqu'à vn autre : &, selon Archimede, la ligne droicte est la plus courte de toutes celles qui ont mesmes extremitez. Mais Platon dit que c'est celle-là dont les poincts du milieu ombragent les extremes : comme par exemple, si en la ligne ACB, le poinct extreme A auoit la vertu d'illuminer, & le poinct du milieu C la force de cacher : iceluy poinct C empescheroit que le poinct extreme B fust illuminé de l'autre extreme A : Et aussi l'œil estant au poinct extreme A, il ne pourroit voir l'autre extreme B, à cause du poinct C posé entre iceux extremes : ce qui n'arriueroit pas aux lignes non-droictes, comme le demonstrent les lignes ADB, AEB, & AFB.

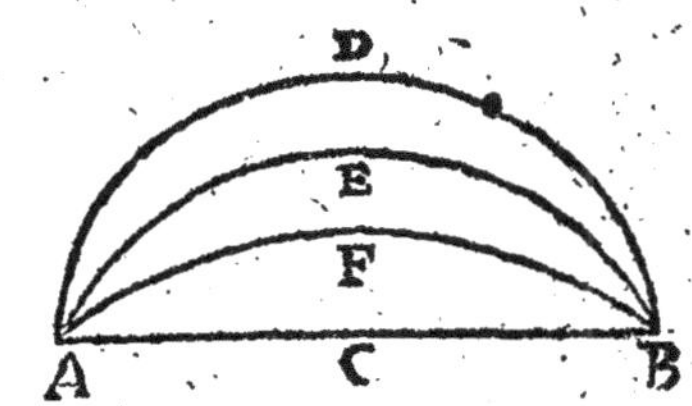

Or tout ainsi que les Mathematiciens conçoiuent la ligne estre descripte par le flux & mouuement imaginaire du poinct, ainsi aussi entendent-ils la qualité de la ligne descripte par la qualité d'iceluy mouuement : car si on entend que le poinct coulle droict par le plus court chemin ne se destournant çà ne là, la ligne ainsi descripte sera appellee ligne droicte : mais si le poinct fluant vacille en son mouuement, & s'escarte çà & là ; la ligne descripte sera appellee mixte : & finalement si le poinct fluant ne vacille en son mouuement, mais est porté en rond d'vn certain mouuement vniforme & regulier, gardant tousiours vne esgale distance à quelque certain poinct à l'entour duquel il est porté; ceste ligne descripte sera appellee circulaire. Or Euclide ne traicte icy que des deux simples lignes, sçauoir est de la droicte & de la circulaire. Il a defini celle-là cy-dessus, & il definira ceste-cy à la 15. def. Mais quant à la mixte, il en obmet la definition, pource qu'elle n'a aucun vsage en ses elemens Geometriques: il y en a de plusieurs sortes, & d'icelles traictent amplement Apollonius, Pergeus, Nicomedes, Archimedes & autres Autheurs.

5. Superficie, est ce qui a longueur & largeur tant seulement.

Apres la ligne, qui est la premiere espece de quantité continue, & qui a vne seule dimension, Euclide definit la superficie, qui est la seconde espece de quantité, & a deux dimensions: car on n'y trouue pas la seule longitude comme en la ligne, mais aussi latitude, sans toutesfois aucune profondité: comme la quantité A B C D comprise entre les lignes AB, BC, CD, DA, & consideree selon la lõgitude AB, ou DC, & selon la latitude A D, ou B C, sans aucune espoisseur ou profondité, est appellee superficie. Quelques vns descriuans la superficie disent, que c'est l'extremité du corps. Et comme dit Proclus, la superficie nous est fort naïfuement representee par les ombres du corps: car veu qu'elles ne peuuent penetrer au dedans de la terre, elles seront seulement longues & larges. Dauantage comme les Mathematiciens entendent que la ligne est produicte par le flux ou coullement du poinct, ainsi disent-ils que la ligne se mouuant en trauers, produict la superficie: comme par exemple, si on entend que la ligne A B se meuue vers la ligne DC, elle fera la superficie A B C D, laquelle n'aura aucune profondeur, puis que c'est la trace & vestige du mouuement de la ligne AB qui n'a aucune profondité.

6. Les extremitez de la superficie, sont lignes.

Il faut icy entendre des superficies bornees, & terminees par lignes droites, cõme la superficie ABCD cy dessus, de laquelle les extremitez sont les lignes AB, BC, CD, & DA: car il y a bien plusieurs superficies encloses d'vne seule ligne, comme de la circulaire, & autres, dont Euclide ne fait mētion en ces Elemens-cy: mais il n'en veut icy parler, non plus que de la superficie spherique, qui circuit & enuironne vn corps entierement rond & spherique. Comme donc la ligne terminee commence à vn poinct, & finit à vn autre poinct, ainsi aussi la superficie terminee commence par vne ligne, &

finit par vne ligne, tant selon sa longueur, que selon sa largeur.

7. Superficie plane, est celle qui est également comprise entre ses lignes.

Ceste definition de la superficie plane a quelque similitude & rapport à celle de la ligne droicte: car comme la ligne qui est également estendue entre ses poincts, est appellee ligne droicte, ainsi aussi la superficie qui est également estendue entre ses lignes, tellement que toutes les parties du milieu ne sont plus esleuees ny abaissees que les extremes, est appellee superficie plane. Et derechef, comme la ligne droicte est la plus courte d'entre ses extremitez, ainsi aussi la superficie plane est la plus courte, ou briefue de toutes celles qui ont mesmes extremitez. C'est encore pour la méme raison que quelques autres descriuans la superficie plane, disent que c'est celle-là de laquelle toutes les parties du milieu ombragent ses extremes: ou bien celle-là à toutes les parties de laquelle vne ligne droicte peut estre accommodee. Comme par exemple, la superficie ABCD sera dicte plane, si la ligne droicte AE se mouuant à l'entour du poinct immobile A, en sorte qu'elle vienne à estre la mesme que AF, puis la mesme que AG, & puis encore la mesme que AH, en apres la mesme que AI, & finalement la mesme que AK, elle ne rencontre rien en la superficie de plus esleué ou abaissé l'vn que l'autre, ains que tous les poincts de ladite superficie soient touchez d'icelle ligne mouuante AE, & en quelque sorte raclez par icelle. Mais toutes superficies esquelles il y a des endroits les vns plus esleuez que les autres, tellement qu'on n'y peut pas accommoder vne ligne droicte par tous les lieux & endroicts d'icelles, telle qu'est la superficie interieure d'vne voulte ou arcade, ou bien l'exterieure d'vn globe, ou d'vne colomne ronde, & aussi d'vn cone, &c. sont appellees superficies courbes: & icelles sont de plusieurs sortes, c'est à sçauoir conuexe, comme la superficie exterieure d'vne sphere, ou d'vne colomne ronde: & concaue, comme la superficie interieure d'vne voulte ou arcade: mais la contemplation de toutes ces choses appartient à la Stereometrie dont traicte Euclide és cinq derniers liures: c'est pourquoy il explique seulement icy la superficie plane, de laquelle il traicte és six premiers liures. Et cependant est à noter que ceste superficie est souuentesfois appellée plan par les Mathematiciens: tellement que quand ils parlent de plan, il faut tousiours entendre vne superficie plane.

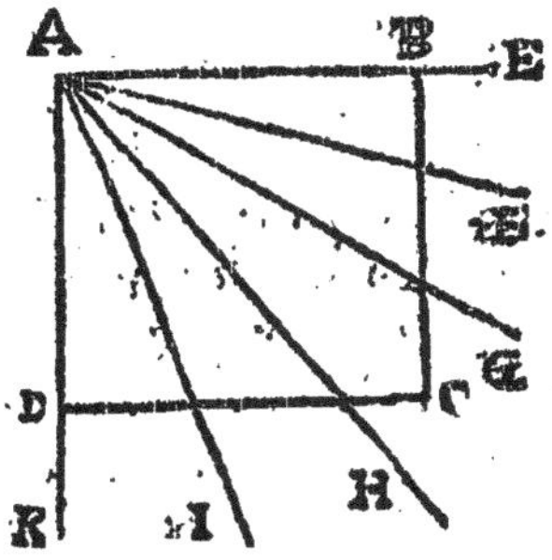

8. Angle plan, eſt l'inclination de deux lignes, l'vne à l'autre ſe touchant en vn plan non directement.

Euclide enſeigne icy que quand deux lignes conſtituees en quelque ſuperficie plane concurrent en vn poinct d'icelle ſuperficie, & ne ſe rencontrent directement, alors l'inclination d'icelles deux lignes s'appelle angle plan. Comme par exemple, pour ce que les deux lignes A B, & A C, concurrent en A, & ne ſe rencontrent pas directement ; le concours ou inclination qu'icelles deux lignes font au poinct A, s'appelle angle : Et d'autant qu'iceluy angle eſt conſtitué au meſme plan qu'icelles deux lignes A B & A C, on l'appelle angle plan, à la difference d'autres angles, dont les vns ſont nommez angles ſolides, deſquels traicte cy apres Euclide en la Stereometrie ; & les autres ſont appellés angles ſpheriques, deſquels traictent amplement Menelaus & Theodoſe en leurs elemens ſpheriques, comme nous auons auſſi faict en nos triangles ſpheriques.

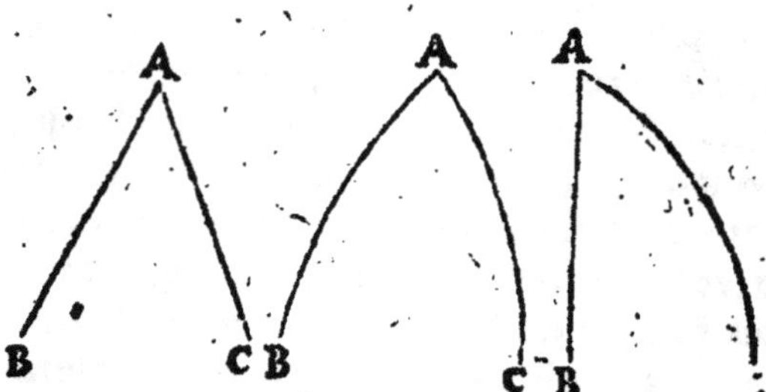

Or quant à l'angle plan cy-deſſus deffiny eſt à remarquer, premierement que la grandeur ou quantité dudit angle plan conſiſte en la ſeule inclination des lignes qui le conſtituent, & non pas en la longueur d'icelles lignes ; car le prolongement deſdites lignes n'augmente point leur inclination, ny par conſequent la grandeur de l'angle. En apres que quelques Geometres ont eſtimé qu'afin que deux lignes faſſent angle, il eſtoit neceſſaire qu'eſtans continuées du poinct de leur rencontre, elles s'entrecoupaſſent en iceluy, dont s'enſuiuroit que deux cercles s'entretouchans en vn plan, ou qu'vne ligne droicte touchant vn cercle ne feroit angle, ce qui eſt contre l'intention d'Euclide, ainſi qu'il appert, tant par ceſte definition de l'angle plan, que par la 16. p. 3. & comme l'a auſſi bien demonſtré Clauius ſur la meſme propoſition, où il refute Pelletier, qui diſoit que la ligne droicte touchant le cercle, ne faiſoit angle ; c'eſt pourquoy ceux qui tiennent encore ceſte opinion, ſe mocquent bien d'Euclide, de Clauius, & autres Geometres, qui diſent qu'vne ligne droicte touchant vn cercle, fait vn angle contigent, ou d'attouchement.

9. Que ſi les lignes comprenant l'angle ſont droictes, l'angle ſera appelé rectiligne.

Tout angle plan eſt faict, ou de deux lignes droictes, & alors il ſe nomme angle rectiligne, comme dit icy Euclide ; ou de deux lignes courbes, &

alors on l'appelle angle curuiligne; ou bien d'vne ligne droicte & d'vne courbe, & alors on le nomme angle mixte. Or les angles curuilignes peuuent varier en trois manieres, & les mixtes en deux, à cause de la diuerse inclination ou habitude des lignes courbes, ainsi qu'il appert manifestement aux angles plans de la figure cy apposee.

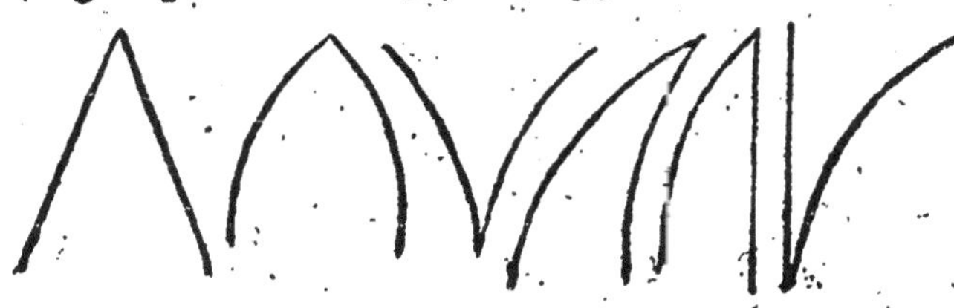

10. Quand vne ligne droicte tombant sur vne autre ligne droicte, fait les angles de part & d'autre esgaux entr'eux, les angles sont droicts; & la ligne tombante, est perpendiculaire à celle-là, sur laquelle elle tombe.

Il y a de trois sortes d'angles rectilignes, sçauoir est droict, obtus & aigu : le premier desquels Euclide definit icy auec la ligne perpendiculaire, & quant aux deux autres, il les definit aux deux definitions prochainement suiuantes. Il dit donc icy que si vne ligne droicte tombe sur vne autre ligne droicte, en sorte qu'elle fasse les angles de part & d'autre esgaux, ce qui aduient lors que ladite ligne ne s'incline ou panche plus d'vn costé que de l'autre; chacun d'iceux angles est appellé angle droict, & la ligne ainsi tombante, est ditte perpendiculaire à celle-là sur laquelle elle tombe. Comme par exemple, si la ligne droicte AB tombe sur la ligne droicte CD, en sorte qu'elle ne s'incline pas plus d'vn costé que de l'autre, les deux angles, quelle faict au poinct B seront esgaux entr'eux, & chacun d'iceux sera nommé angle droict; mais la ligne AB sera dicte perpendiculaire à CD, sur laquelle elle tombe. Par mesme raison, la ligne droicte CB sera aussi dicte perpendiculaire à la ligne droicte AB, encore qu'icelle CB fasse vn seul angle droict auec AB; Et ce d'autant que si ladicte ligne AB estoit prolongée directement de la part de B, elle y feroit vn autre angle esgal au premier. Parquoy en Geometrie, pour conclure que quelque angle est droict, ou que la ligne qui le constitue, est perpendiculaire à vne autre, il faut seulement prouuer que ledit angle est esgal à celuy de l'autre costé. Semblablement, si quelque angle est dict droict, ou que l'vne des lignes qui le constitue soit perpendiculaire à l'autre, on pourra aussi conclurre que ledit angle est égal à celuy de l'autre costé; car si ces angles-là n'estoient égaux, ils ne seroient nommez angles droicts, ainsi qu'il appert tant par la susdite definition, que par les deux suiuantes.

11. Angle obtus, est celuy qui est plus grand qu'vn droict.
12. Mais l'aigu, est celuy qui est plus petit qu'vn droict.

Quand vne ligne droicte tombant sur vne autre s'incline ou panche plus d'vn costé que de l'autre, elle fait consequemment deux angles inégaux, dont l'vn est plus grand que l'angle droict, & se nomme angle obtus; mais l'autre est plus petit, & s'appelle angle aigu. Ainsi pource qu'en cette figure, la ligne droicte EC tombant sur la ligne droicte AB, s'incline & panche plus du costé de AC que de la part de BC, les deux angles du poinct C seront inégaux, & celuy vers B, qui est plus grand & ouuert que le droict sera dit angle obtus: mais celuy de la part de A, qui est plus petit & fermé que l'angle droict, sera nommé angle aigu.

E

A C B

Et d'autant que souuentefois en vn plan concurrent plus de deux lignes à vn mesme poinct, & par consequent y constituent plusieurs angles, les Geometres ont accoustumé (pour euiter confusion) d'exprimer l'angle dont ils parlent par trois lettres, desquelles celle du milieu denotte le poinct auquel les lignes constituent l'angle, & celles des extremes signifient les commancemens d'icelles lignes qui font iceluy angle: tellement qu'en la figure cy-dessus l'angle obtus que nous auons dit estre celuy de la part de B, sera exprimé & entendu par ces trois lettres ECB ou BCE, à cause qu'il est constitué au poinct C, & contenu par les deux lignes droictes EC, & BC, qui commançant en E & B, se vont rencontrer au susdit poinct C. Mais l'angle aigu que nous auons dit estre de la part de A, s'exprimera par ces trois lettres ECA ou ACE, par ce qu'il est constitué au poinct C, & fait par les deux lignes droictes EC & AC, qui commencent en E & A, & se vont rencontrer au susdict poinct C. Ce qu'on doit bien notter, afin de connoistre & discerner facilement les angles, dont sera faict mention és demonstrations suiuantes.

13. Terme, est l'extremité de quelque chose.

Ainsi les poincts sont termes ou extremitez des lignes, les lignes des superficies, & les superficies des corps.

14. Figure, est ce qui est compris & enuironné d'vn, ou de plusieurs termes.

Toute quantité ayant termes, n'est pas dicte figure: mais seulement celles que les termes enuironnent : ainsi la ligne terminee par deux poincts, n'est pas dite figure : mais toutes superficies, & solides, finis & limitez, sont nommez figures, pource qu'ils sont enuironnez d'vn seul, ou de plusieurs termes : d'vn seul, comme le Cercle, l'Ellipse, & la Sphere : de plusieurs, comme le triangle, le quarré, le cube, la pyramide, &c.

5. Cercle, est vne figure plane, contenue par vne seule ligne qu'on appelle circonference, vers laquelle toutes les lignes droictes menees d'vn seul poinct de ceux qui sont en icelle figure, sont égales entr'elles.

6. Et ce poinct-là est appellé centre du cercle.

De toutes les figures planes, la plus parfaicte est le cercle, lequel, selon que le definit icy Euclide, est vne figure plane contenue & enuironnee d'vne seule ligne, à laquelle toutes celles menees d'vn seul poinct de ceux qui sont dedans la figure, sont égales entr'elles : & ceste ligne-là s'appelle periphere, ou circonference du cercle ; & le susdict poinct, centre du cercle : Comme par exemple, si vne superficie ou espace est enuironnee d'vne seule ligne ACE, & que de quelque poinct d'audedans d'icelle, comme de F, toutes les lignes droictes menees au terme ou circuit ACE, comme FA, FC, & FE, sont égales entr'elles : telle figure plane sera appellee cercle, & le terme ou ligne ACE, qui circuit & enuironne icelle figure, s'appelle periphere, ou circonference du cercle : mais ledit poinct F, est nommé centre du cercle.

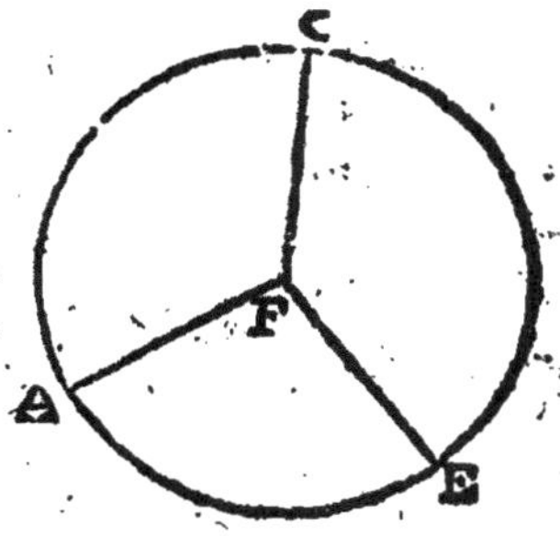

Quelques Geometres definissent autrement le cercle, & disent, que c'est vne figure plane, descrite par vne ligne droicte finie, laquelle ayant vn des poincts extremes fixe, est meuë à l'entour d'iceluy iusques à ce qu'elle retourne au mesme lieu où elle a commencé à mouuoir : comme si la ligne droicte AF ayant le poinct F fixe, est entendue se mouuoir à l'entour d'iceluy poinct F, tirant de A vers C, E, iusques à ce qu'elle reuienne au mesme lieu FA, où elle a commencé son mouuement ; elle descrira par iceluy mouuement le cercle ou espace ACE, duquel la circonference est descrite & tracée par le poinct mobile A ; & le poinct fixe F, est le centre d'iceluy cercle, duquel centre toutes les lignes droictes menées à la susdite circonference ACE, sont égales entr'elles, puis qu'elles prouiennent toutes d'vne seule & mesme mesure, c'est à sçauoir de la ligne FA.

7. Diametre du cercle, est vne ligne droicte menée par le centre du cercle, & finissant de part & d'autre à la circon-

circonference d'iceluy cercle, le diuise en deux égalemenr.

Si dans vn cercle on mene vne ligne droicte par le centre, qui aille de part & d'autre iusques à la circonference ; icelle ligne s'appellera diametre du cercle. Comme en ceste premiere figure, la ligne droicte A B, qui est tiree par le centre C, & va depart & d'autre iusques à la circonference du cercle, s'appelle diametre du cercle : Et iceluy, comme adiouste Euclide, couppe le cercle en deux parties égales, tellement que la partie AEB est égale à la partie A D B. Ce qui est assez manifeste, puisque ledit diametre AB passe par le milieu du cercle, c'est à sçauoir par le centre C : car s'il ne diuisoit le cercle en deux parties ésgales, les lignes droictes tirées du centre à la circonference, ne seroient pas égales, contre la definition du cercle : Neantmoins plusieurs interpretes d'Euclide rapportent en cet endroict la demonstration que Proclus dit, en auoir esté faite par Thales Milesien, qui est telle : Imaginons nous que la partie de cercle ADB soit superposée & accommodée à l'autre partie du cercle AEB, en sorte que le diametre AB soit commun à l'vne & à l'autre partie. Or la circonference ADB se rencontrera totallement auec la circonference AEB, ou bien elle tombera au dessus d'icelle, ou au dessoubs : Si elles se rencontrent & conuiennent l'vne à l'autre, il est euident que ces deux parties là faictes par le diametre A B, sont égales entr'elles, puisque l'vne n'excede l'autre. Mais si on dit que la circonferense ADB ne se rencontre pas auec la circonference AEB, ains qu'elle tombe au dessus ou au dessoubs d'icelle, comme en la 2. figure, soit tiree du centre C vne ligne droicte, laquelle couppe la circonference ADB en D, & la circonference AEB en E ; les deux lignes droictes CD & CE, qui sont tirées du centre à la circonference d'vn mesme cercle, seront égales entr'elles, par la definition du cercle : Ce qui est absurde, car l'vne n'est que partie de l'autre. Donc l'vne de ces circonferences là ne tombera pas au dessus ny au dessoubs de l'autre ; mais se rencontreront & conuiendront totallement l'vne auec l'autre, & par consequent seront égales : ce qu'il falloit demonstrer.

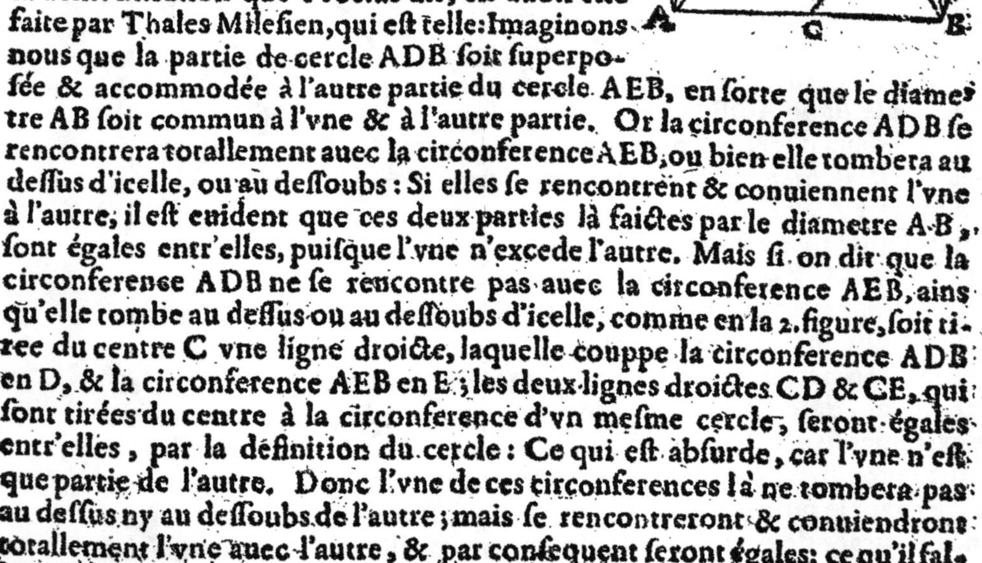

De ceste demonstration il appert que le diametre ne couppe pas seulement la circonference en deux egallement, mais aussi toute l'aire & superficie du cercle : Car puisque les demyes circonferences conuiennent & s'accordent entr'elles, comme il a esté demonstré ; les superficies contenuës & encloses entre le diametre & chacune d'icelles demy circonferences conuiendront aussi entr'elles, puisque l'vne n'excede l'autre ; & par consequent elles seront égales entr'elles.

18. Demy cercle, est vne figure comprise du diametre, & de moitié de la circonference.

19. Portion ou segment de cercle, est vne figure comprise d'vne ligne droicte, & de partie de la circonference.

Au cercle precedent la figure AEB contenuë soubs le diametre AB, & la moitié de la circonference AEB, est ditte demy cercle; car il a esté demonstré cy dessus qu'icelle figure est moitié du cercle AEBD, & ce à cause que le diametre, ou ligne droicte AB, qui le diuise en deux parties, passe par le centre C: Mais quant vne ligne droicte, qui ne passe pas par le centre du cercle, le diuise en deux parties; chacune d'icelles parties contenuë soubs ladite ligne droicte, & vne partie de la circonference, est nommée segment ou portion de cercle; & ces deux parties sont inegales, car celle où est le centre est plus grande que l'autre. Comme par exemple, au cercle ABCD, duquel le centre est E, soit vne ligne droicte BFD, qui couppe ledit cercle en deux parties sans passer par ledit centre E; la partie BAD, composee soubs la ligne droicte BD, & la partie de circonference BAD, s'appelle segment ou portion de cercle, comme aussi BCD, qui est contenuë soubs la mesme ligne droicte BD, & la circõference BCD. Or il est assés euident que la portion BAD, en laquelle est le centre E, est plus grande que l'autre portion BCD, attendu que si de B par le centre E on menoit vn diametre, il coupperoit le cercle en deux moitiez, chacune desquelles seroit plus grande que la portion BCD, & moindre que l'autre portion BAD: Neantmoins Clauius & quelques autres interpretes d'Euclide le demonstrent ainsi. Soit conceu ou imaginé que par le centre E, soit mené le diametre AC perpendiculaire à BD: donc si les susdites portions BAD, & BCD, sont dictes esgales, & que la portion BCD, soit entendue se mouuoir à l'entour de la ligne droicte BD, en sorte qu'elle tombe sur l'autre portion BAD; ceste portion là conuiendra auec ceste-cy, & la ligne droicte CF à la ligne droicte AF, à cause que par la 10. defin. les angles du poinct F sont droicts & egaux: P[illegible]rquoy la ligne droicte FC, qui est maintenant la mesme que FA, sera plus grande que EA, qui n'est que partie d'icelle FA. Mais d'autant que EC, est egale à EA, estans toutes deux menees du centre E à la circonference; FC sera pareillement plus grande que EC, la partie que le tout: Ce qui est absurde. Donc la portion BCD ne conuiendra pas à la portion BAD; ains elle tombera dedans icelle, comme est la portion BGD, de sorte que la ligne droicte FG, qui sera lors la mesme que FC sera moindre que EA ou EC; car si on disoit qu'elle tombe dehors, comme si le cercle estoit BCDG, duquel le centre fust E; aussi la portion

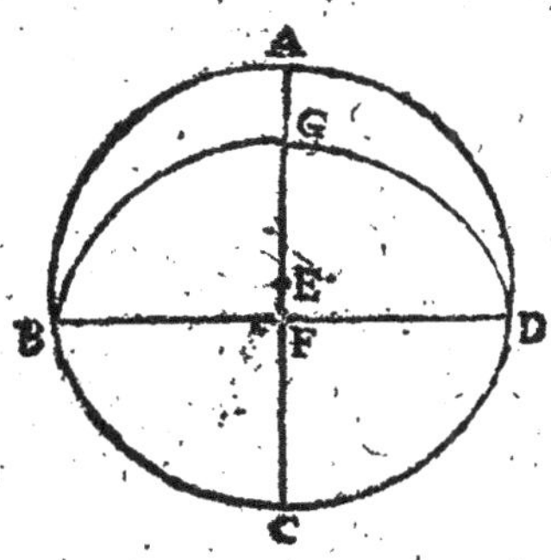

BCD tomberoit dehors BGD, ainsi que la portion BAD: Derechef FA, qui seroit lors la mesme que FC, seroit plus grande que EG, c'est à dire que EC; & partant la partie FC seroit derechef plus grande que le tout EC: Ce qui est absurde. Il est donc manifeste que la portion BAD, en laquelle est le centre E, est plus grande que l'autre portion BCD, puis que ceste-cy est égale à la portion BGD, qui est partie de la portion BAD. Car puisque il a esté demonstré que la portion BCD, meüé à l'entour de la ligne droicte BD, ne peut conuenir sur la portion BAD, ne tomber hors icelle; elle tombera totalement au dedans comme BGD.

Or ces deux definitions n'estoient pas proprement de ce lieu, veu qu'elles ne sont employées en ce premier liure, mais bien au troisiesme, auquel la derniere est repetée.

20. Figure rectiligne, est celle qui est comprise de lignes droictes.

Apres auoir definy le cercle, le demy cercle, & les portions de cercle, Euclide passe aux figures planes rectilignes, & dit, que ce sont celles contenues & encloses de lignes droictes, & telles sont les trois figures cy dessous cottees A, B, C; par consequent les figures planes comprises & enuironnees de lignes courbes, comme celles cottees D, E, F, sont appellees figures courbelignes, ou curuilignes: mais les figures qui sont circuites & encloses en partie de lignes droictes, & en partie de lignes courbes, sont nommees figures mixtes.

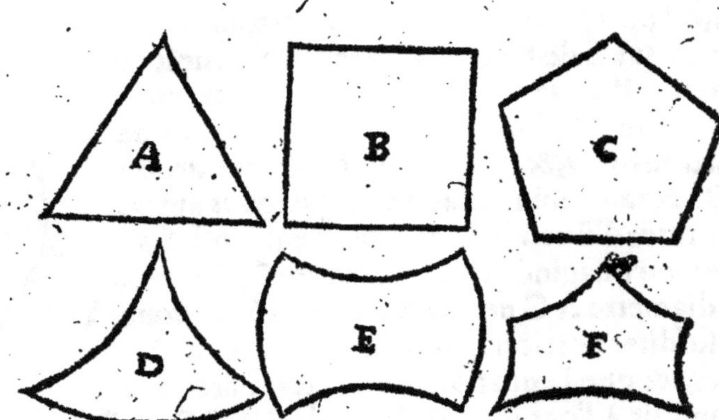

21. Figure de trois costez, est celle qui est comprise de trois lignes droictes.

Euclide voulant descrire diuers genres de figures rectilignes, commence par les figures trilateres, ou de trois costez, & dit que ce sont celles qui sont contenues & enuironnees de trois lignes droictes: & d'autant que telles figures ont tousiours trois angles, on les appelle communement triangles. Ainsi la figure A cy dessus, laquelle est contenue soubs trois lignes droictes, qui constituent trois angles, sera nommee figure trilatere, ou plustost triangle rectiligne ; & y en a de diuerses especes, qui seront declarees cy apres : mais la figure D, circuite & enclose de trois lignes courbes, sera dicte triangle curuiligne.

22. Figure de quatre costez, est celle qui est comprise de quatre lignes droictes.

Apres les figures trilateres viennent en ordre les quadrilateres, ou de quatre costez, c'est à sçauoir les figures contenues soubs quatre lignes droictes lesquelles constituent aussi quatre angles; & pour ce sont elles souuent appellees quadrangles : ainsi entre les figures precedentes celle cottée B, comprise & enclose de quatre lignes droictes qui constituent quatre angles, sera appellee quadrilatere, ou quadrangle rectiligne ; & y en a de diuerses especes cy apres declarees : mais la figure cottee E enclose de quatre lignes courbes sera dicte quadrangle curuiligne.

23. Figures multilateres, ou de plusieurs costez, sont celles qui sont comprises de plus de quatre lignes droictes.

Le nombre des especes de figures rectilignes estant infiny, Euclide s'est contenté de definir, & particulierement denommer les deux premieres especes cy-dessus declarees, c'est à sçauoir celles contenues soubs trois & quatre lignes droictes: & quant aux autres especes de figures, qui sont contenues & encloses par plus de quatre lignes droictes, il les appelle de ce nom general, multilateres: mais les Geometres denommant particulierement quelqu'vnes de ces figures multilateres, prenent leurs denominations du nombre de leurs angles: ainsi les figures cy deuant cottees C, & F, lesquelles sont comprises & enuironnées de cinq lignes, qui constituent cinq angles, sont appellées *Pentagones* : Et celles contenues de six lignes, sont nommées *Hexagones*; de sept, *Heptagones*; de huict, *Octogones*; de neuf, *Enneagones*; de dix, *Decagones*; de vnze, *Endecagones*; de douze, *Dodecagones*, &c.

24. Or des figures de trois costez, celle se nomme Triangle equilateral, qui a les trois costez egaux.

25. Triangle Isoscele, qui a deux costez egaux seulement.

26. Scalene, qui a les trois costez inegaux.

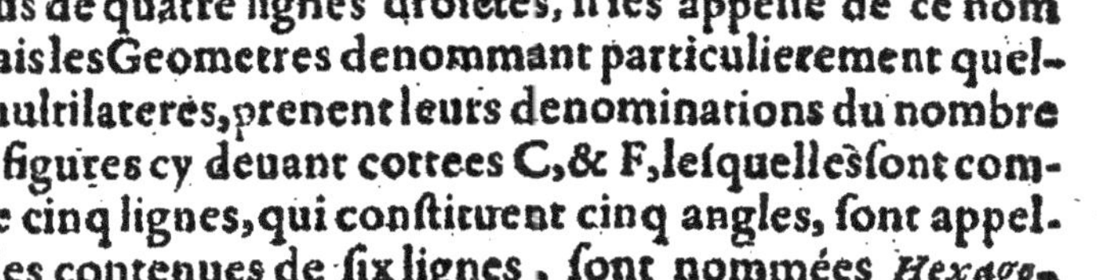

Il y a diuerses especes de triangles rectilignes, soit qu'on les considere selon les costez, soit qu'on ait esgard à leurs angles : considerant les costez il y en a de trois especes, lesquelles Euclide expose par ces trois definitions ; & dit premieremẽt que le triangle qui a tous les trois costez egaux, comme le triangle A, s'appelle triangle equilateral: Mais les triangles qui n'ont que deux costez egaux, comme B & C, s'appellent triangles Isoscelles. Et finalement, le triangle qui a tous les trois costez inégaux, comme D, est nommé triangle scalene. Or les triangles Equilateraux sont tousiours vniformes & d'vne mesme sorte: mais les Isoscelles, & les Scalenes sont diuersifiez en infinies manieres.

27. Encores des figures de trois costez, celle se nomme triangle rectangle qui a vn angle droict.

28. Ambligone, qui a vn angle obtus.

29. Oxigone, qui a les trois angles aigus.

Euclide considere maintenant les triangles ayant égard à leurs angles, lesquels triangles sont de trois sortes, c'est à sçauoir rectangle, ambligone, & oxigone: les triangles rectangles sont ceux qui ont vn angle droict; & tel est icy le triangle A: mais les triangles ambligones, sont ceux qui ont vn angle obtus, comme est icy le triangle B: & les triangles oxigones, sont ceux qui ont tous les trois angles aigus, & tel est icy le triangle C.

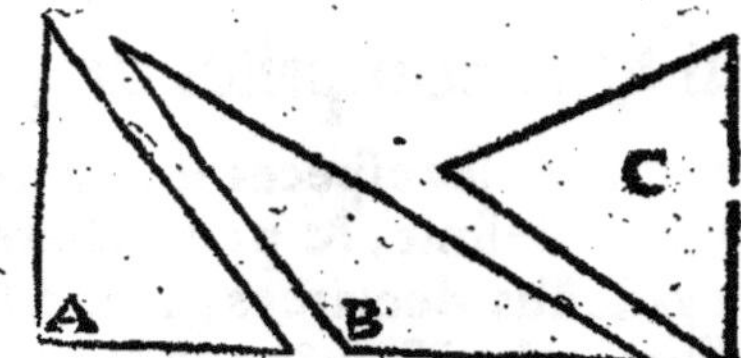

Or est à noter qu'en tout triangle deux quelconques lignes des trois qui le contiennent estans prises pour deux costez, la troisiesme restante a accoustumé d'estre appellée par les Geometres, la base du triangle, soit qu'icelle ligne soit le costé infime du triangle, ou non: tellement que chacune desdites trois lignes qui constituent & enfermét le triangle peust estre prise pour base: Ainsi au triangle A B C, les lignes A B, & A C estans prises pour les deux costés, la troisiéme lig. BC sera la base: mais si on prend AB, & BC pour les deux costés, AC sera la base du triangle.

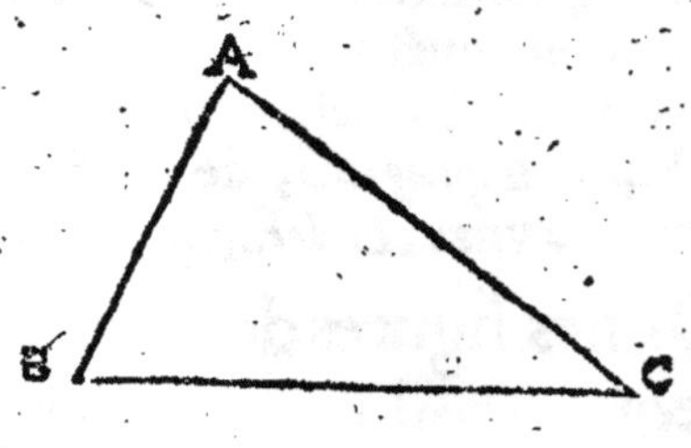

30. Mais des figures de quatre costez: celle qui a les quatre costés égaux, & les quatre angles droicts s'appelle quarré.

Apres les figures trilateres, Euclide expose les quadrilateres, qui sont de cinq sortes: la premiere d'icelles, qui est equilaterale & rectangle, s'appelle quarré. Ainsi la figure quadrilatere ABCD, ayant tous les quatre costez égaux, & tous les quatre angles droicts sera appellee quarré.

31. Quarré long, qui a les quatre angles droicts, mais non pas tous les costez égaux.

La seconde figure quadrilatere s'appélle quarré long, à cause qu'estãt plus long d'vne part que de l'autre, elle a tous les quatre angles droicts. Ainsi la fig. quadrilatere ABCD sera appellée quarré lõg, car elle a les quatre angles droicts & non pas tous les costés égaux entr'eux, ains seulement les costés opposez AB, DC, qui sont plus longs que les deux autres opposez AD, BC, qui sont aussi egaux entr'eux.

32. Rhombe, qui a les quatre costez egaux, mais non pas les quatre angles droicts.

La troisiesme sorte de figure quadrilatere, laquelle on appelle Rhombe a bien tous les quatre costez egaux entr'eux, ainsi que le quarré, mais elle n'a pas comme luy les quatre angles droicts; ains elle en a deux opposez obtus, & deux opposez aigus. Ainsi le quadrilatere EFGH, duquel tous les quatre costés sont esgaux entr'eux, & les quatre angles non droicts, ains obtus & aigus; sera appellé Rhombe.

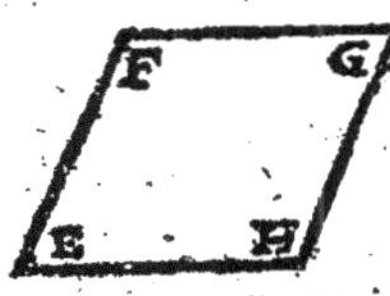

33. Rhomboide, qui a les angles opposez, & les costez opposez aussi egaux entr'eux, sans estre equilateral, ny rectangle.

La figure quadrilatere qui n'est equilateralle ny rectangulaire, mais à les costés opposés egaux entr'eux, & les angles opposés aussi égaux entre eux, s'appelle Rhomboide; & telle est icy la figure IKLM, de laquelle les costés opposez IK, LM sont égaux entr'eux, & plus longs que les deux autres costés opposés IL, KM, qui sont pareillement egaux entr'eux, mais les angles opposes I, M, egaux, & plus grands que les deux autres K, L, lesquels sont aussi egaux entr'eux.

34. Toutte autre figure de quatre costez, est appellée trapeze.

Toute autre figure quadrilatere differente des quatre susdites, c'est à sçauoir qui n'est ny quarré, ny quarré long, ny Rhombe, ny Rhomboide, s'appelle trapese; & telles sont ces deux figures A & B; car l'vne ny l'autre n'est equilatere ny rectangle, ny n'a les angles opposez egaux, ny tous les costez opposez aussi égaux.

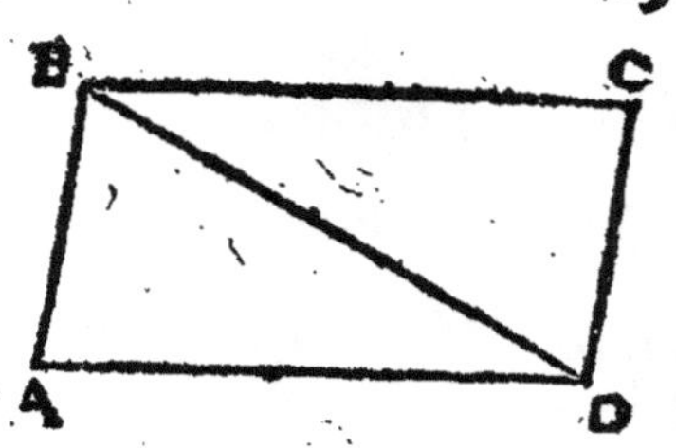

Or est icy à notter que quand d'vn angle de quelconque figure quadrilatere on tire vne ligne droicte à l'angle opposé, cette ligne est appellée diametre par aucuns, & diagonalle par d'autres ; ainsi au quadrilatere ABCD la ligne BD, menee de l'angle B à son opposé D est dicte diagonalle, ou diametre.

35. Lignes droictes paralleles, sont celles qui estans sur vn mesme plan, & prolongées infiniment de part & d'autre ne se rencontrent iamais.

Afin que les lignes droictes soient dictes paralleles, ou equidistantes, il ne suffit pas qu'estans prolongées infiniment de part & d'autre, elles ne viennent iamais à se rencontrer ; mais il est aussi necessaire qu'elles soient en vne mesme superficie plane : Car plusieurs lignes droictes n'estans en vne mesme superficie, pourroient bien estre prolongées à l'infiny & ne se rencontrer iamais, lesquelles toutesfois ne seroient dites paralleles. Comme par exemple, si deux lignes droictes posées de trauers au milieu de l'air ne se touchent point, bien qu'elles soient prolongées tant qu'on voudra, elles ne se rencontreront iamais, & toutesfois elles ne seront pas dittes paralleles. Parquoy les deux lig. droictes AB, & CD, lesquelles sont en vne mesme superficie plane, & qui estans prolongées à l'infiny tant de la part de A, C, que de B, D, ne se rencontrent iamais, seront dictes lignes paralleles.

Or icy finissent les definitions du premier liure d'Euclide : Mais d'autant qu'en ce mesme liure est souuent parlé de parallelogramme, & de leurs complemens, lesquels Euclide n'a point definy, nous adjousterons icy leurs definitions.

36. Parallelogramme, est vne figure quadrilatere qui a les costez opposez parallels, ou equidistans.

Telle figure est tousiours l'vne de ces quatre : Quarré, Quarré long, Rhombe, & Rhomboide, car elles ont toutes leurs costez opposés parallels.

37. Mais quand en vn parallelogramme on mene vn diametre, & deux lignes droictes paralleles aux costez lesquelles couppant iceluy diametre à vn méme poinct, diuisent le parallelogramme en quatre autres parallelogrammes ; ces deux là par lesquels le diametre ne passe

point, sont appellez complemens: mais les deux autres par lesquels le diametre passe, sont dicts estre à l'entour du diametre.

Soit vn parallelogramme ABDC, duquel le diametre est BC, & la ligne EF couppant iceluy diametre au poinct I, soit parallele aux costez AC, BD, mais la ligne GH coupant ledit diametre BC au mesme poinct I, soit parallele aux costés AB, CD. Il est manifeste que tout le parallelogramme est diuisé par lesdités 2 lignes paralleles EF, GH, en quatre autres parallelogrãmes, deux desquels, sçauoir AGIF, & DEIH, par lesquels le diametre BC ne passe point, sont appellez par les Geometres complemens, ou supplemens des deux autres parallelogrammes BFIH, CEIG, lesquels sont dits estre à l'entour du diametre, à cause que par iceux passe le diametre

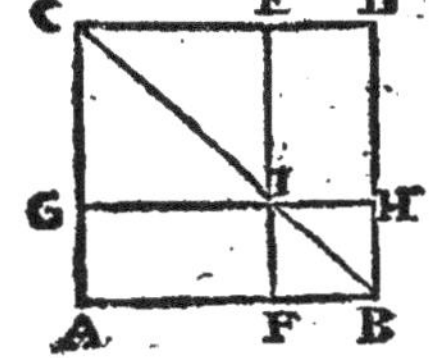

PETITIONS OV DEMANDES.

1. D'vn poinct donné à vn autre poinct mener vne ligne droicte.
2. Continuer infiniment vne ligne droicte donnée & terminée.
3. Descrire vn cercle de quelque centre & interualle que ce soit.

Euclide ne se sert en ces Elemens-cy que de deux sortes de lignes simples, sçauoir est de la droicte & de la circulaire, la description desquelles estant fort facile, il demande icy qu'on la luy concede & accorde, sans qu'il soit contrainct de demonstrer qu'elle est possible: ce qui est toutefois manifeste; car puisque la ligne est vn flux & coullement imaginaire du poinct, & partant la ligne droicte estre vn flux procedant de droict chemin, & le plus court qui puisse estre d'vn lieu à vn autre, il est certain que si on entend quelque poinct se mouuoir directement à vn autre, vne ligne droicte sera menee d'vn poinct à l'autre. Parquoy on ne peust pas nier que depuis le poinct A iusques à quelconque poinct B, on ne puisse mener vne droicte ligne, comme AB, ainsi qu'Euclide requiert qu'on luy accorde par la premiere des trois petitions susdictes. Et si on entend le mesme poinct se mouuoir encore plus outre directement & sans aucunement decliner çà ne là, la ligne droicte terminee sera prolongee; & ce prolongemens.

A B C D

gement se pourra faire à l'infiny, veu que nous pouuons entendre ce poinct là se mouuoir infiniment : Et partant personne ne pourra nier que la ligne droicte AB cy-dessus ne puisse estre continuée iusques en C, puis encore iusques en D, & ainsi à l'infiny, comme Euclide demande qu'on luy accorde par la 2. petition. Mais si on conçoit quelconque ligne droite terminee se mouuoir à l'entour d'vn de ses poincts extremes qui demeure fixe, iusques à ce qu'elle retourne au mesme lieu où elle a commencé son mouuement, sera descrit vn cercle, & fait ce qui est requis par la 3.

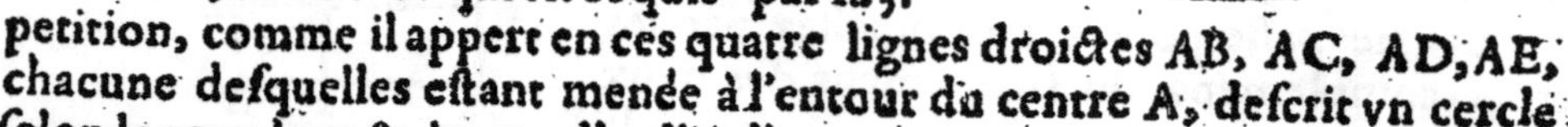

petition, comme il appert en ces quatre lignes droictes AB, AC, AD, AE, chacune desquelles estant menée à l'entour du centre A, descrit vn cercle selon la grandeur & interualle d'icelle.

Aux trois petitions precedentes, Clauius a adiousté la suiuante.

4. Estant donné quelconque grandeur, on en peust prendre vne autre plus grande, ou moindre.

Car d'autant que toute quantité continue peust estre infiniment augmentee par addition, & diminuée par diuision, il ne se peut donner quantité continue si grande, qu'il ne s'en puisse donner encore vne plus grande; ny vne si petite qu'il ne s'en puisse encore donner vne plus petite. Ce qui est dit icy touchant l'addition, est aussi veritable aux nombres; car chaque nombre peut estre augmenté à l'infiny par l'addition continuelle de l'vnité, iaceoit qu'en la diminution d'iceluy on paruienne à l'vnité indiuisible.

AXIOMES OV communes sentences.

1. Les choses esgales à vne mesme, sont egales entr'elles.

A ce premier axiome, Clauius a adjousté, qu'vne chose qui est plus grande ou plus petite qu'vne des egales, est aussi plus grande ou plus petite que l'autre : Et si l'vne des choses egales est plus grande ou plus petite que quelque grandeur, l'autre est pareillement plus grande ou plus petite que la mesme grandeur.

2. Si à choses egales, on adjouste choses egales, les tous sont egaux.

3. Si de choses egales, on oste choses egales, les restes sont egaux.

4. Si à choses inegales, on adjouste choses egales, les touts sont inegaux.

A cet axiome Clauius a adjousté, que si à choses inegales on adiouste choses inegales, c'est à sçauoir la plus grande à la plus grande, & la plus petite à la plus petite; les touts sont inegaux, sçauoir est celuy-là plus grand, & cestuy-cy plus petit.

5. Si de choses inegales, on oste choses egales, les restes sont inegaux.

A ceste notion Clauius adiouste aussi, que si de choses inegales on oste choses inegales, c'est à sçauoir de la plus grande, moins, & de la plus petite, plus; les restes sont inegaux, sçauoir est celuy-là plus grand, & cestuy-cy plus petit.

Or en toutes les quatre notions precedentes par le mot de choses ou quantitez egales, il faut aussi entendre vne mesme commune à plusieurs; Car si à choses égales on y en adiouste vne mesme commune, les touts seront égaux. Et si de choses égales on en retranche vne commune, les restes seront aussi égaux. Et si a choses inegales on en adjouste vne commune; où à vne mesme chose commune, on adjouste choses inegales, les tous seront inegaux. Et si de choses inegales, on en retranche vne mesme commune, ou d'vne mesme chose, on en retranche d'inegales, les restes seront inegaux.

6. Les choses doubles d'vne autre sont egales entr'elles.

Clauius adjouste à cet axiome, que ce qui est double d'vne des choses égales est pareillement double de l'autre: Mais il est aussi manifeste que les choses qui sont triples d'vne mesme, ou bien quadruple, ou quintuple, &c. sont égales entr'elles.

7. Les choses qui sont moitiez d'vne mesme, sont egales entr'elles.

Il est aussi euident que les choses égales entr'elles sont moitiés d'vne mesme: Et semblablement que les choses qui sont tierces parties d'vne mesme, ou quartes, ou cinquiesmes, &c. sont aussi egales entr'elles.

En ces deux derniers axiomes, par vne mesme quantité on doit aussi entendre les quantitez egales, car les choses doubles, triples, quadruples, &c. de choses egales, sont aussi egales entr'elles; item, les choses qui sont moitiez, ou tierces parties &c. de choses egales, sont pareillement egales entr'elles.

8. Les choses qui conuiennent entr'elles, sont egales entr'elles.

C'est à dire, que deux grandeurs seront egales entr'elles, si estans posees l'vne sur l'autre, l'vne n'excede l'autre, mais toutes deux ensemble s'adjustent entr'elles: cōme deux lignes droictes, seront dictes estre egales entr'elles, si l'vne estant posée sur l'autre, celle qui est posée dessus s'adjuste à toute l'autre, tellement qu'elle ne l'excede, ny ne soit excedee d'icelle. Ainsi aussi deux angles rectilignes seront egaux entr'eux quand le sommet de l'vn, estant posé sur le sommet de l'autre, l'vn n'excede l'autre, mais les lignes de l'vn tombent totalement sur celles de l'autre: car par ainsi les inclinations des lignes seront, egales combien que souuentefois icelles lignes soient inegales entr'elles. Ainsi aussi deux superficies seront esgales entr'elles, quand l'vne estant posee sur l'autre, elle ne l'excede, ny n'est excedee par icelle, mais s'adjustent totalement entr'elles. Quelqu'vn expliquant cette notion a dit que conuenir, c'est auoir les extremitez sur les extremitez: ce qui n'est pas vray en toutes grandeurs; Car pour exemple, vne ligne droicte peut bien auoir ses extremitez sur les extremitez d'vne ligne courbe, laquelle neantmoins, ne luy sera egale. Ainsi aussi vne ligne courbe peut bien auoir ses extremitez sur les extremitez d'vne autre ligne courbe, laquelle ne luy sera pas pourtant egale. Or il est manifeste que de cet axiome on peut bien conuertir & prendre pour principe, *que les lignes droictes egales conuiennent*: Aussi *que les angles rectilignes egaux conuiennent*: Semblablement, *Que les superficies planes egales & semblables conuiennent*. On peut bien encore tirer quelques autres conuerses de cet axiome: mais de le vouloir conuertir vniuersellement (comme quelques vns) c'est se moquer, veu que si on trouue vne ligne courbe egale à vne droicte, elles ne conuiendront pas pourtant; & aussi qu'à tout angle rectiligne, il s'en peut bailler vn curuiligne egal, lesquels neantmoins ne conuiendront iamais: voire mesme faire vn quarré egal à vn triangle, ou à quelconque autre figure rectiligne: lesquels pourtant ne peuuent iamais conuenir.

9. Le tout est plus grand que sa partie.

10. Tous les angles droicts sont egaux entr'eux.

De ce principe, nous pouuons conuertir & prendre pour maxime, que tout angle rectiligne egal à vn angle droict, est aussi droict.

11. Si vne ligne droicte tombant sur deux autres lignes droictes, faict les angles interieurs d'vn mesme costé plus petits que deux droicts, icelles deux lignes estans continuées à l'infiny, se rencontreront du costé où les angles sont plus petits que deux droicts.

Comme par exemple, si la ligne droicte AB, tombant sur les deux lignes droictes CD, EF, & les couppant aux poincts G, H, faict les deux angles interieurs DGH, FHG, pris ensemble plus petis que deux droicts, icelles deux lignes CD, EF, estans continuees à l'infiny se rencontreront de la part de D, F, où les susdits angles interieurs sont faits moindres que deux droicts : Car il est manifeste que de l'autre costé, sçauoir est vers C, E, l'espace d'entre lesdites deux lignes CD, EF, s'eslargira tousiours de plus en plus ; mais de cestuy cy, il s'estrecira en sorte que finallement icelles lignes se rencontreront à vn poinct.

12. Deux lignes droictes n'enferment pas vn espace.

Vne seule ligne courbe enferme bien vn espace, comme font aussi vne ligne droicte & vne courbe, mais deux droictes ne le peuuent faire, ains il en faut du moins 3 pour contenir & enclorre vne espace, cõme il appert en ceste figure, en laquelle les 2 lignes droictes AB, & B C, qui font l'angle B, estans prolongées tant qu'on voudra de la part de A & C, ne se joindront point, mais au contraire elles se dilateront tousiours de plus en plus ; tellement que pour enclore l'espace d'entre icelles deux lignes, il sera necessaire d'en mener vne troisiesme, comme AC.

A ces 12 axiomes, Clauius & autres interpretes d'Euclide, ont encore adiousté les 8 suiuans.

13. Deux lignes droictes se rencontrans indirectement n'ont pas vn mesme & commun segment.

Combien que par la nature de la ligne droicte, il soit assez manifeste que deux lignes droictes, se rencontrans de trauers, ne peuuent auoir aucune partie commune tant petite qu'elle puisse estre, outre le poinct de leur rencontre ; si est ce toutesfois que Proclus le demonstre ainsi : Que deux lignes droictes ADB, ADC ayent, s'il est possible, vne partie commune AD. Du centre D, & de l'interualle d'icelle A D, soit d'escrit vn cercle couppant les deux lignes droictes proposees aux poincts B & C. Donc les circonferences AB, & ABC seront égales entr'elles : (car elles sont circonferences de deux cercles égaux, puis que ADB, ADC sont posez diametres)

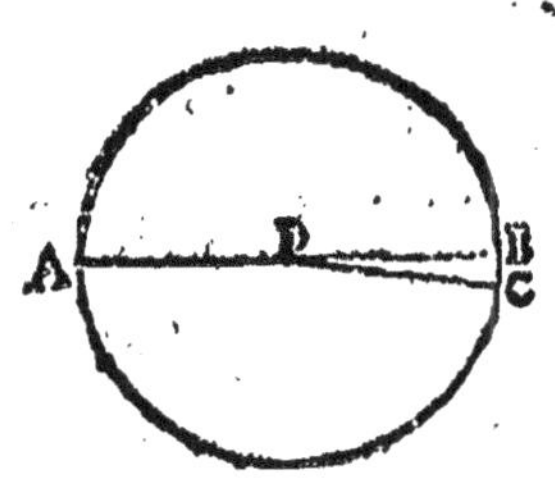

la partie & le tout : ce qui est absurde. Donc deux lignes droictes, &c.

Or nous n'auons pas rapporté cet axiome, ny aussi les sept autres suiuans, tout de mesme qu'ils se trouuent dans Clauius & autres Interpretes d'Euclide, ains auons changé quelques mots aux vns, & adiousté aux autres, afin d'oster de ceux-là tout doubte & ambiguité, & ne laisser en ceux-cy aucune defectuosité : comme par exemple, en cestuy-cy nous auons adiousté *se rencontrans indirectement*, pource que deux lignes droictes peuuent bien auoir vn commun segment, quand elles sont posees directement, & constituent comme vne seule ligne droicte, ainsi qu'il appert icy aux deux lignes droictes DC & BA, qui ont la partie ou segment AC commun : mais quand elles sont posees de trauers & indirectement, elles ne peuuent auoir aucune partie cõmune outre le poinct de leur rencontre.

D A C B

14. Deux lignes droictes se rencontrans à vn poinct indirectement, si elles sont toutes deux prolongees, elles s'entrecoupperont necessairement en iceluy poinct.

Cet axiome depend aussi de la nature de la ligne droicte, & toutesfois Clauius le demonstre ainsi. Que deux lignes droictes AB, CB se rencontrent indirectement au poinct B : ie dis qu'icelles lignes estãs prolongees s'entrecoupperont à iceluy poinct B, sçauoir est que CB prolongee tombera, comme en E, au dessus de AB prolongee. Car si CB continuee ne tomboit au dessus de AB prolongee, ou elle conuiendroit auec icelle AB continuee, de sorte qu'elle passeroit par D, & par ainsi les deux lignes droictes ABD, CBD auroient vn mesme segment BD commun, contre le precedent axiome : ou bien elle tomberoit au dessoubs de AB prolongee, comme en F, tellement que CBF seroit vne ligne droicte : Donc du centre B, & de quelconque interualle soit descrit vn cercle ACFD, couppant les lignes droictes AB, CB prolongees en D, F. Or puis que l'vne & l'autre ligne droicte ABD, CBF, passe par le centre B, tant ACD que CF sera demy cercle par la 18 def. & consequemment les circonferences ABD & CF seront égales entr'elles, le tout, & la partie : cequi est absurde.

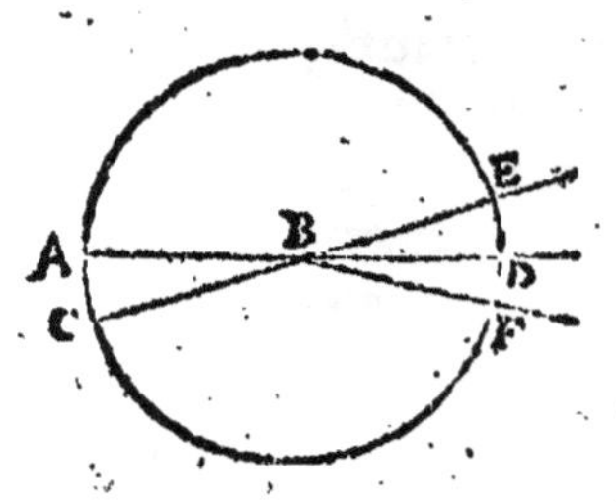

15. Si à choses égales on adjouste choses inégales, lexcez des toutes sera le mesme que l'excez des adioustees.

Aux grandeurs egales AB, CD, estans adioustees les inégales BE, DF, desquelles la difference ou excés est GE ; il est manifeste que la toute AE excedera la toute CF du mesme excez GE,

16. Si à choses inégales on adiouste choses egales, l'excez des toutes sera le mesme que l'excez de celles qui estoient au commencement.

Comme si (en la figure precedente) aux grandeurs inegales BE, DF, dont l'excez ou difference est GE, on adiouste les grandeurs inegales AB, CD: il est manifeste que la toute AE excedera la toute CF du mesme excez GE.

17. Si de choses egales on retranche choses inegales, l'excez des restantes sera le mesme que l'excés des retranchees.

Des grandeurs égales A B, C D estans retranchees les inegales, B E, DF dont l'excez est EG, il est euident que le reste CF excedera le reste AE du mesme excez EG.

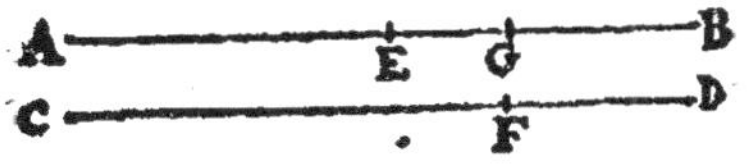

18. Si de choses inegales on oste choses egales, l'excez des restantes sera le mesme que l'excez des toutes.

Comme si des grandeurs inegales AB, CD, dont l'excez est B E, on retranche les grandeurs egales AF, CG, il est manifeste que le reste F B excedera le reste G D du mesme excez B E.

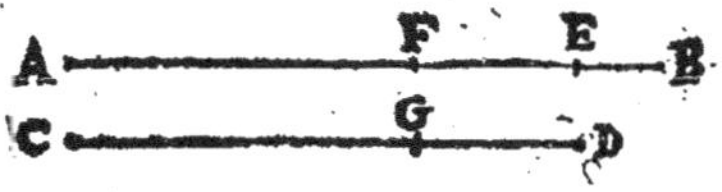

19. Le tout est egal à toutes ses parties prises ensemble.

20. Si vn tout est double d'vn tout, & le retranché du retranché; le reste sera aussi double du reste.

Comme par exemple, le nombre total 24, estant double du nombre total 12: & 18, retranché de celuy-là, double de 9, retranché de cestuy-cy; 14, reste du premier tout, sera aussi double de 7, reste du second tout.

ELEMENT PREMIER.

PROBL. I. PROP. I.

Sur vne ligne droicte donnee & terminee, descrire vn triangle equilateral.

Soit la ligne droicte donnee AB, sur laquelle il faut faire vn triangle equilateral.

Du centre A, & de l'interualle de AB, soit descrit le cercle BCD: Item, du centre B, & de l'interualle de la mesme AB, soit descrit vn autre cercle ACD, couppant le premier és poincts C & D, de l'vn desquels, sçauoir de C, soient menees les deux lignés droictes CA, & CB: Ie dis que le triangle ABC, construit sur la ligne droicte donnee AB, est equilateral.

Car le costé AB, est egal au costé AC par la 15. deff. d'autant qu'ils procedent de mesme centre vers mesme circonference: & par la mesme raison, le costé BA est égal au coste BC. Dôc par la 1. com. sent. les costés CA, & CB seront égaux, chacun estant égal à AB: & partant le triangle ABC decrit sur AB, est equilateral; qui est ce qu'il falloit faire.

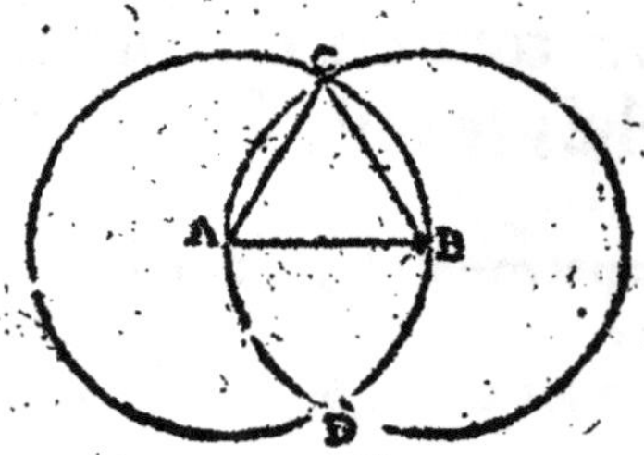

SCHOLIE.

Quelques Interpretes ont icy enseigné à descrire aussi sur vne ligne droicte donnee vn triangle Isoscelle, & vn Scalene, ce que nous ferons aussi en cette maniere. Soit vne ligne droicte donnee AB, à l'entour de laquelle des centres A & B, soient descrits deux cercles, ainsi que dessus. En apres soit prolongee icelle AB, de part & d'autre vers les circonferences iusques en C & D: puis du centre A, & interuale AD, soit descrit le cercle DEF: Item, du centre B, & interualle BC, le cercle CEF, couppant le premier és poincts E & F, de l'vn ou l'autre desquels, sçauoir de E, soient menees aux poincts A & B, les deux lignes EA, EB: Ie dis que le triangle AEB, fait sur la ligne donnee AB, est Isoscelle, qui est que les deux costez AE, EB, sont egaux entr'eux, & plusgrands que AB. Car d'autant que par la 15 def. AE, est egale à la ligne droicte AD, & icelle AD est double de AB, veu que BA, & DB, sont egales entr'elles: aussi AE sera double de AB. Derechef, parce que BE est egale à BC, & icelle BC est double de AB, aussi BE, sera double d'icelle AB. Veu donc que l'vn & l'autre costé AE & BE est double de la mesme AB, ils seront egaux entr'eux par la 6. com. sent. & partant plus grands que la ligne AB. Donc le triangle AEB est Isoscelle. Maintenant, si du poinct A, on tire la ligne droicte AG à la circonference EGF, qui ne soit la mesme que AE, ou AD, couppant la circonference EHD en H, & de G on mene à B la ligne droicte GB, sera constitué le triangle AGB sur la ligne AB, lequel ie dis estre scalene. Car par la 15. def. tant AH, AD, que BG, BC sont egales. Mais AD, BC sont doubles de AB: d'icelle seront donc aussi doubles AH, BG: & partant plus grandes qu'icelle AB. Veu donc que AG est plus grande que AH, ou que BG: le triangle AGB sera scalene: ce qu'il falloit faire.

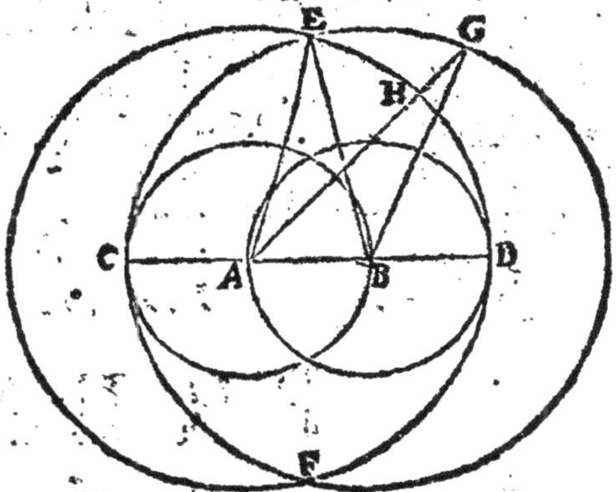

Or est icy à noter, que pour briefueté nous mettons souuentesfois ce mot ligne au lieu de ligne droicte: & quelquesfois aussi nous posons simplement deux lettres capitales: comme par exemple AB, au lieu de dire la ligne droicte AB, c'est pourquoy quand on trouuera ledit mot ligne posé simplement, ou bien deux lettres capitales de suite, il faudra entendre vne ligne droicte. Semblablement quand on trouuera ce mot angle, ou trois lettres capitales posees simplement de suitte sans aucune explication, il faudra entendre vn angle rectiligne, le lieu duquel sera tousiours denotté par la lettre du milieu, ainsi que nous auons desia remarqué à la 12. Def.

Et d'autant qu'en la construction & demonstration de la plus part des problemes de ces Elemens-cy, Euclide employe beaucoup de paroles, & tire plusieurs lignes qui ne sont necessaires pour pratiquer lesdits problemes, nous enseignerons en suitte de leurs demonstrations, comme on peut facilement & briefuement construire lesdits problemes, & principalement ceux qui sont les plus en vsage chez les Mathematiciens, & en la pratique desquels on peut apporter quelque briefueté.

Premierement donc, pour descrire vn triangle equilateral sur vne ligne droicte donnee AB, des centres A & B, mais de l'interualle d'icelle AB, soient descrits deux arcs de cercles s'entrecouppans en C: puis à iceluy poinct C, soient tirees les lignes droictes AC, BC, & sera fait le triangle equilateral ACB.

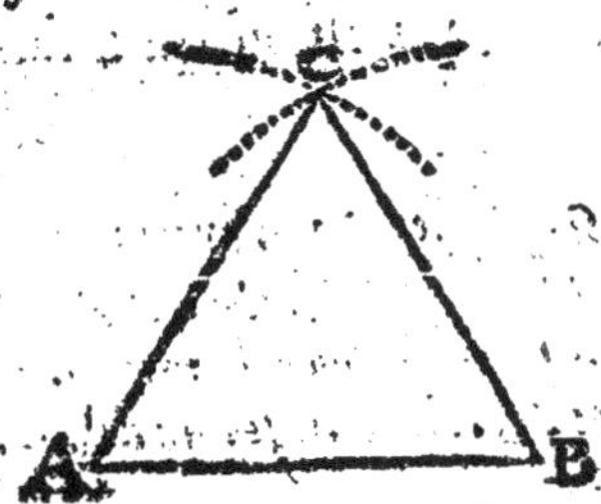

Mais pour descrire vn triangle Isoscelle sur ladite ligne AB : des centres A & B, mais d'vn interuale plus grand qu'icelle AB, si on veut les costés plus grands que la ligne donnee, ou moindre (& toutesfois plus grand que la moitié d'icelle AB) si on veut les costez moindres : & soient descrits deux arcs s'entrecouppans en C, puis tirées les deux lignes AC, BC, lesquelles feront sur AB le triangle Isoscelle ACB.

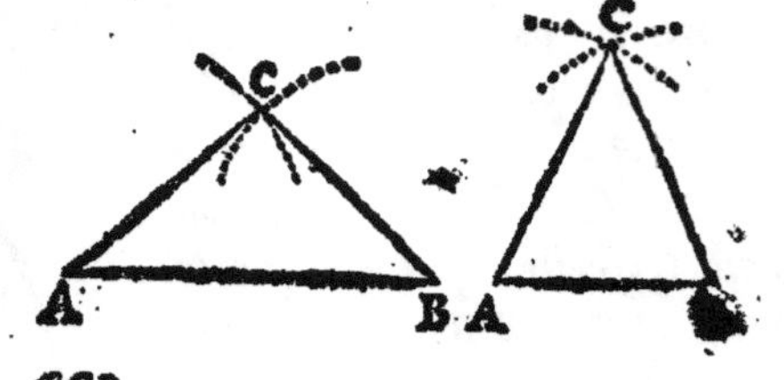

Et pour construire vn triangle scalene sur ladite AB, du centre B, & d'vn interualle plus grand que BA soit descrit vn arc, puis du centre A, & d'vn interualle encore plus grand que le precedent, soit descrit vn autre arc qui couppe le premier en C, auquel poinct soient menees les deux lignes droictes AC, BC, & sera fait le triangle scalene ACB.

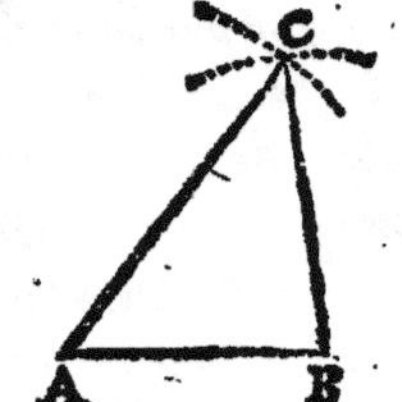

Voila donc comme il faut descrire sur vne ligne donnée vn triangle ou equilateral, ou Isoscelle, ou scalene, & sur la 22. prop. de ce liure nous enseignerons comme il faut construire quelconque triangle ayant les trois costez egaux à trois lignes droictes donnees.

PROB. 2. PROP. II.

D'vn poinct donné, mener vne ligne droicte egale à vne ligne droicte donnee.

Soit le poinct donné A, & la ligne droicte donnee BC : & il faut du poinct A, mener vne ligne droicte egale à icelle donnee BC.

De l'vn ou l'autre extreme de la ligne donnee BC, sçauoir est de B, comme centre, & de l'interualle d'icelle BC, soit descrit le cercle CG : puis du poinct donné A, au centre B, soit menee la ligne droicte AB (sinon que le poinct A fut donné en la ligne BC, comme en la 2. fig.) sur laquelle ligne AB par la precedéte proposition soit descrit le triangle equilateral ADB, & soit continué le costé DB, iusques à ce qu'il rencon-

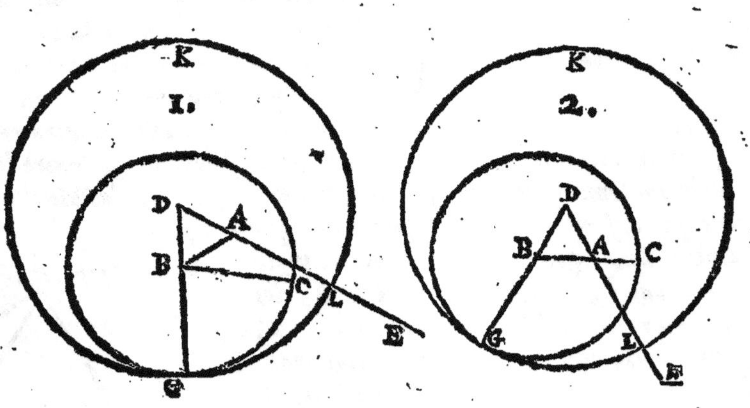

tre la circonference en G: mais le costé DA tant qu'on voudra en E. En apres, du centre D, & de l'interualle de la ligne droicte DG, soit d'escrit le cercle GKL couppant la ligne DE en L: Ie dis que la ligne AL, qui est menee du poinct donné A, est egale à la ligne droicte donnee BC.

Car les lignes droictes DG & DL sont egales, d'autant qu'elles procedent de mesme centre vers vne mesme circonference, desquelles lignes si on oste DA & DB, qui sont egales, estant DAB triangle equilateral: les restantes BG & AL seront aussi egales par la 3. com. sent. Mais BG est egale à BC, parce qu'elle procede de mesme centre vers mesme circonference. Donc AL sera egale à BC, parce que les choses egales à vne mesme sont egales entr'elles. Nous auons donc du poinct donné A mené la ligne droicte AL egale à la ligne droicte donnee BC. Ce qu'il falloit faire.

SCHOLIE.

Ce probleme peut auoir diuers cas: car où le poinct donné est posé en la mesme ligne droicte donnee, ou hors icelle: & selon chacune de ces positions il y peust encor auoir diuers cas, deux desquels seulement nous auons rapporté icy, d'autant qu'en tous les autres cas il y a tousiours vne mesme construction & demonstration.

Que si en la construction on fait sur la ligne droicte AB le triangle ABD Isoscelle au lieu qu'il a esté fait equilateral, on demonstrera en la mesme maniere la ligne droicte AL estre egale à la ligne droicte BC.

Quant à la practique de ce probleme, elle est fort facile: car il n'y-a qu'à prendre la ligne donnee BC, & de son interualle descrire vn arc du centre A, & quelconque ligne droicte menée d'iceluy centre à cet arc, sera egale à la ligne droicte donnee BC.

PROB. 3. PROP. III.

Deux lignes droictes inegales estans donnees, oster de la plus grande, vne ligne droicte egale à la plus petite.

Soient les deux lignes droictes inegales AB & C, desquelles AB est la plus grande: & d'icelle il faut oster vne ligne egale à C.

A l'vn ou l'autre des extremes de la plus grande ligne AB, sçauoir est au poinct A, soit posee par la precedente prop. la ligne droicte AD egale à la moindre C: puis du centre A, & de l'interualle AD, soit descrit vn cercle couppant AB en E, Ie dis que la ligne AE est egale à C. Car d'autant que par la 15. def. les lignes droictes AD, AE sont egales: & par la construction AD est egale à C; par la 1. com. sent. AE sera aussi egale à C. Nous auons donc osté de AB la ligne AE egale à C, ainsi qu'il falloit faire.

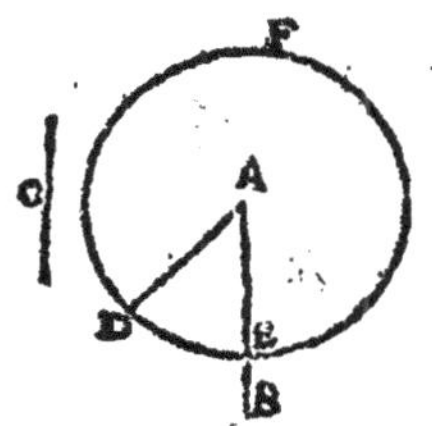

SCHOLIE.

Il y peut bien auoir diuers cas en ce probleme, à cause des diuerses positions ausquelles se peuuent rencontrer les deux lignes donnees, mais en tous ces cas-là on peut tousiours faire la mesme construction & demonstration que cy-dessus, comme Proclus a fort bien remarqué sur ceste prop.

Quant à la pratique de ce probleme, elle est tres-aisee, veu qu'il n'y a qu'à prendre la moindre ligne donnee, & de l'interualle d'icelle, descrire de l'vn ou l'autre extreme de la plus grande ligne vn petit arc, qui couppera d'icelle, vne ligne egale a la moindre donnee.

THEOREME I. PROP. IV.

Si deux triangles ont deux costez egaux à deux costez, chacun au sien, & l'angle contenu d'iceux, egal à l'angle: la base sera egale à la base; & les autres angles egaux aux autres angles, chacun au sien; & le triangle egal au triangle.

Soient les deux triangles ABC & DEF, desquels le costé AB soit egal au costé DE, & AC à DF, & l'angle A egal à l'angle D: Ie dis que la base BC sera egale à la base EF, & l'angle B egal à l'angle E, & l'angle C à l'angle F, & le triangle ABC egal au triangle DEF.

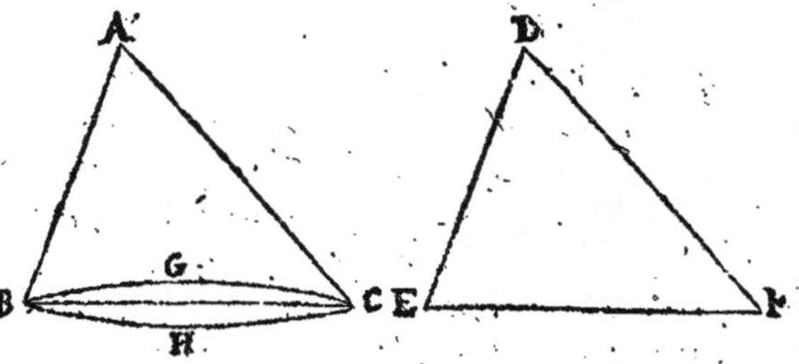

Qu'il ne soit ainsi; si on entend le triangle DEF, estre posé sur le triangle ABC, en sorte que le poinct D soit sur le poinct A, & que DE tombe sur AB, aussi DF tombera sur AC: autrement l'angle A ne seroit pas egal à l'angle D. Et d'autant que les costez AB & AC sont egaux aux costez DE & DF, chacun au sien, ils conuiendront par la 8. com. sent. conuertie, & partant les extremitez E & F tomberont sur les extremitez B & C: ainsi la base EF conuiendra auec la base BC: car si elle ne conuenoit, elle tomberoit ou au dessus d'icelle BC, comme BGC, ou au dessous, comme BHC: ce qui est impossible, attendu que deux lignes droictes ne peuuent enclore vne espace par la 12 com. sent. Donc les deux bases BC, & EF conuiendront, & partant seront egales entr'elles par la susdite 8. com. sent. Et par ainsi tout le triangle DEF conuiendra auec tout le triangle ABC, consequemment egal à iceluy, & l'angle B conuiendra aussi auec l'angle E, & l'angle C auec l'angle F; partant egaux. Si donc deux triangles ont deux costez egaux à deux costez, chacun au sien, &c. Ce qu'il falloit demonstrer.

SCHOLIE.

Euclide met deux conditions en ce theoreme qui y sont du tout necessaires, la premiere desquelles est que deux costez d'vn triangle soient egaux aux deux costez de l'autre chacun au sien: & la seconde, que les deux angles contenus d'iceux costez egaux, soient aussi egaux Car defaillant l'vne ou l'autre de ces deux conditions, ny les bases, ny les autres angles ne pourroient iamais estre egaux: & la derniere defaillant, les triangles peuuent bien estre quelquefois egaux, mais le plus souuent ils sont inegaux: ce que nous pourrions facilement demonster icy n'estoit que plusieurs choses à ce requises n'ont encore esté demonstrees: neantmoins afin de rendre aucunement euidente la necessité des susdites conditions nous rapporterons icy ce qu'en dit Proclus sur ceste proposition, & Clauius apres luy.

Pour la premiere condition de ce theoreme, soient deux triangles ABC, DEF, ayans les angles A & D egaux, sçauoir droicts; & les deux costez AB, AC egaux aux deux costez DE, DF, non chacun au sien, mais ces deux-là pris ensemble egaux à ces deux-cy aussi pris ensemble: & soit AB 3, & AC 4, qui adioustez ensemble font 7, mais DE soit 2, & DF 5, qui sont aussi ensemble 7. Ce qu'estant ainsi, la base BC sera 5, & la base EF, racine quarree de ce nombre 29, laquelle est plus grande que 5, mais moindre que 6, & l'aire ou superficie du triangle ABC sera 6: mais l'aire du triangle DEF ne sera que 5. Finalement les angles sur la base BC ne seront pas egaux aux angles de dessus la base EF, chacun au sien. Toutes lesquelles inegalitez aduiennent à cause de ce que les costez AB, AC ne sont pas egaux aux costez DE, DF chacun au sien.

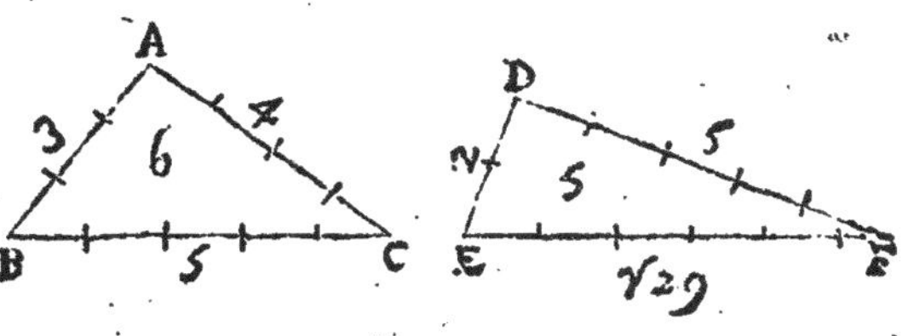

Quant a la seconde condition: Les costez AB, AC du triangle ABC soient egaux aux costez DE, DF du triangle DEF, chacun au sien, & chacun d'iceux soit 5, mais les angles A & D contenus d'iceux costez soient inegaux, & soit A plus grand que D. Toutes lesquelles choses estans ainsi, la base B C sera plus grande que la base EF, comme il sera demonstré en la 24. prop. de ce liure.

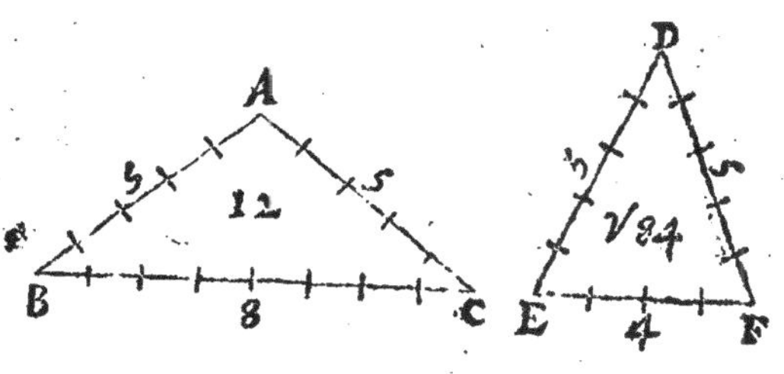

Que si nous posons la base BC estre 8, & la base EF 4, l'aire du triangle ABC sera 12; mais l'aire du triangle DEF sera la racine quarree de ce nombre 84, laquelle est plus grande que 9, mais moindre que 10. Ce qui est tres-bien cogneu des Geometres.

Et afin qu'on n'estime pas que ceste inegalité aduienne à raison de ce que tous les quatre costez des triangles sont egaux, & rendre tant plus manifeste la necessité de *la seconde condition de ce theoreme, soit vn triangle ABC duquel le costé AB soit moindre que le costé AC, & aussi que la base BC. Du centre A, & de l'internalle du petit costé AB, soit descrit vn cercle BDE qui couppera tant le plus grand costé AC, que la base BC: Car autrement il passeroit ou par le poinct C, ou audelà d'iceluy; ce qui est absurde, veu que toutes les lignes droictes tirées du centre A à la circonference du cercle BDE, doiuent estre egales entr'elles par la 15. def. Qu'il couppe donc la base BC en D, & soit tiree la ligne AD. Par la mesme 15. def. AB est egale à AD, & AC est commune à tous les deux triangles ABC, ADC, & partant iceux triangles auront les deux costez AB, AC egaux aux deux costez AD, AC, chacun au sien; mais l'angle DAC, contenu des deux costez AD, AC, n'est que partie de l'angle BAC, centenu des costez egaux à ceux-là; & partant la base DC ne sera aussi que partie de la base BC, & pareillement le triangle ADC partie du triangle ABC. Ce qui est aussi manifeste par l'application des nombres aux lignes: Car les Geometres sçauent tres-bien que le costé AB estant 13, le costé AC 20, & la base BC 21; le costé AD sera aussi 13, & la base DC 11; mais l'aire ou contenu du triangle ABC sera 126, & celuy du triangle DAC ne sera que 66. Donc afin que de deux triangles les bases soient egales entr'elles, & leurs angles aussi egaux entr'eux, & pareillement les triangles egaux; il est du tout necessaire que non seulement chaque costé de l'vn soit egal à chaque costé de l'autre, mais aussi que les angles contenus d'iceux costez soient egaux entr'eux, comme a fort bien dit Euclide.*

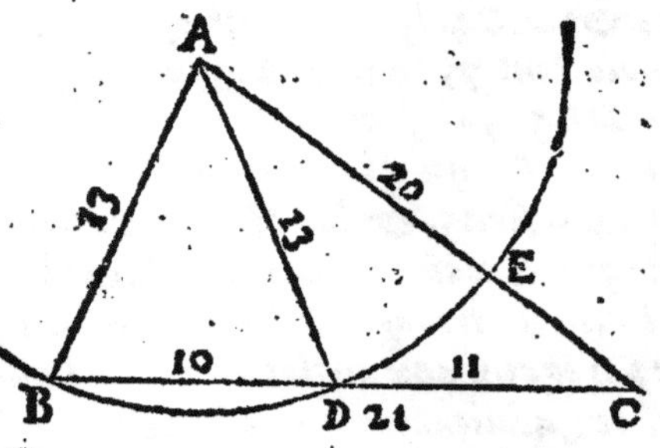

Finallement, nous remarquerons vne fois pour toutes qu'Euclide n'entend parler en ces Elemens cy que des triangles rectilignes, car combien que cette proposition & plusieurs autres se puissent faire generales estans veritables, tant au regard des triangles rectilignes que des spheriques, si est-ce toutesfois que cela n'aduient pas en toutes propositions, comme on peut voir en nostre traicté des triangles spheriques, c'est pourquoy nous estendrons toutes ses propositions seulement aux triangles rectilignes, encores qu'Euclide ne les specifie pas.

Les triangles Isosceles, ont les angles sur la base egaux: & les costez egaux estans continuez, les angles exterieurs sous la base sont egaux.

Soit le triangle Isoscele ABC: Ie dis premierement que les angles ABC, & ACB, sur la base BC, sont egaux.

Qu'il ne soit ainsi. Soient prolongez AB & AC, costez egaux iusques en D & G; & soit fait AF egale à AG par la 3. prop, & soient menees les lignes BG & C . Les deux triangles ABG, & ACF, ayans l'angle A commun, ont les deux costez AB & AG egaux aux deux costez AC, & AF, chacun au sien; & par 4. proposition, la base BG sera egale à la base CF, & l'angle ABG egal à l'angle ACF, & l'angle G egal à l'angle F. Item les triangles GCB,

FBC, ayant l'angle G egal à l'angle F, & les deux costez GB, & GC egaux aux deux costez CF & FB: (Car CF a esté prouué tantost egal à BG; & AG, AF estans egaux; & AC, AB aussi egaux; les restes CG, & BF seront aussi egaux) par la 4. prop. la base sera egale à la base, & les autres angles egaux aux autres angles, chacun au sien: sçauoir est l'angle GBC, egal à l'angle FCB. Et qui des angles egaux ABG & ACF, oste les angles egaux CBG & BCF; les demeurans ABC & ACB, seront egaux.

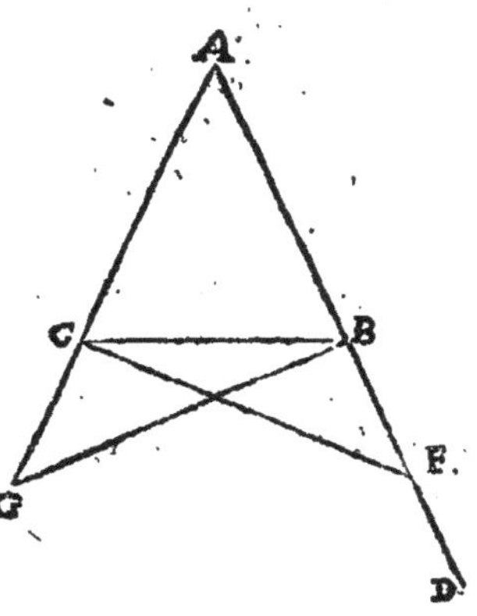

Pour la seconde partie. Que les costez egaux AB & AC estans continuez, les angles exterieurs sous la base BC, sont egaux, sçauoir FBC à BCG, elle a esté suffisamment demonstrée, lors qu'on a prouué que les triangles GBC, & CFB auoient leurs angles egaux, chacun au sien. Parquoy les triangles Isosceles, &c. Ce qu'il falloit demóstrer.

SCHOLIE.

Ceste proposition est aussi vraye ès triangles equilateraux. Car les deux costez AB, AC du triangle ABC estans egaux entr'eux, ou l'autre costé CB, est pareillement egal à iceux, comme il aduient au triangle equilateral, ou bien inegal, comme il arriue au triangle Isoscele: Il s'ensuit necessairement, que les angles de dessus la base BC, sont egaux entr'eux, & ceux de dessous la mesme base aussi egaux entr'eux, comme il appert par la demonstration cy-dessus.

COROLLAIRE.

De ceste 5. proposition il s'ensuit que tout triangle equilateral est aussi equiangle, c'est à dire que les trois angles de quelconque triangle equilateral sont egaux entr'eux. Car soit vn triangle equilateral ABC: *Donc par ce que les deux costez* AB, AC *sont egaux, par la 5 prop. les deux angles* B & C *seront egaux. Semblablement, pour ce que les deux costez* AB, BC *sont egaux, les deux angles* A & C *seront aussi egaux. Donc par la 1. com. sent. tous les trois angles* A, B, C, *seront egaux entr'eux. Ce qu'il falloit demonstrer.*

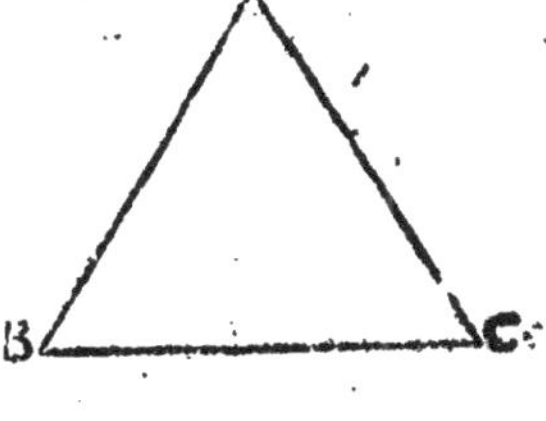

THEOR. 3. PROP. VI.

Si vn triangle a deux angles egaux entr'eux; les costez sous-tendans iceux angles, seront aussi egaux entr'eux.

Soit le triangle ABC, duquel les deux angles ABC, & ACB sur la base

BC sont egaux : Ie dis que les deux costez AB & AC qui soustendent les susdits angles egaux, sont aussi egaux.

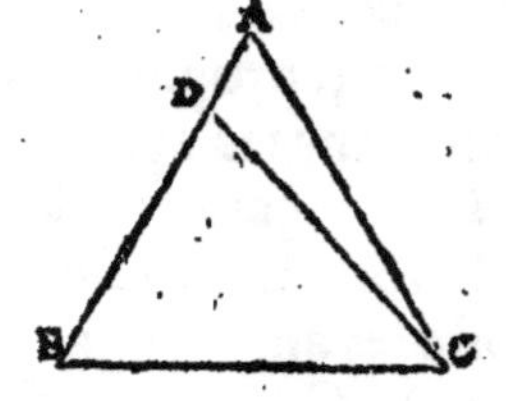

Autrement, soit AB plus grand que AC, s'il est possible : on en pourra donc retrancher vne partie egale à AC par la 3. prop. laquelle partie soit BD, & soit menee la ligne DC: les deux triangles DBC, & ACB, ont deux costes egaux à deux costez chacun au sien, & les angles compris d'iceux costez aussi egaux; car les deux costez BD & BC du triangle BDC sont egaux aux deux costez AC, & CB du triangle ACB, & l'angle B egal à l'angle ACB; & par la 4. prop. iceux triangles DBC, ACB, seront egaux; ce qui est impossible: car l'vn est partie de l'autre, Donc les costez AB, & AC n'estoient pas inegaux, ains egaux. Ce qu'il falloit demonstrer.

CORROLAIRE.

Il s'ensuit de cette proposition, que tout triangle equiangle, c'est à dire qui a tous les angles egaux, est equilateral : car par ce qui a esté icy demonstré, les angles ABC, ACB *estans egaux, les deux costez* AB, AC, *seront pareillement egaux: Mais si les deux angles* A *&* B *estoient encore egaux, aussi les costez* CA, CB *subtendans iceux angles, seroient aussi egaux: & partant tous les trois costez* AB, AC, BC *egaux entr'eux, puis que les choses egales à vne mesme, sont egales entr'elles.*

Si des extremitez de quelque ligne droicte, on mene deux autres lignes droictes, se rencontrans à vn poinct; des mesmes extremitez, on n'en pourra pas mener deux autres egales à icelles, chacune à la sienne, & de mesme part, se rencontrans à vn autre poinct.

Soit la ligne AB, des extremitez de laquelle soient menées deux lignes droictes AC & BC se rencontrant à quelconque poinct C. Ie dis que des mesmes extremitez A & B, & de la mesme part que C, on ne peut mener deux autres lignes droictes egales à icelles AC, BC, chacune à la sienne, qui se rencontrent à vn autre poinct que C; c'est à dire que si de l'extremité A on mene la ligne AD egale à AC, & de l'extremité B la ligne BD egale à BC; il ne peut estre que le poinct de rencontre D, soit autre que le poinct de rencontre C.

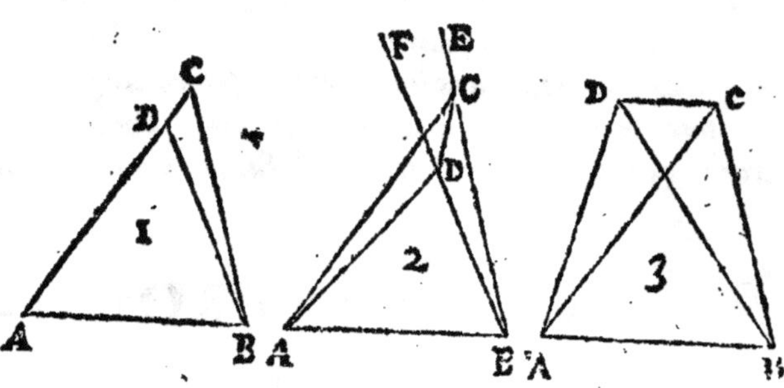

Car si faire se peut, que le poinct de rencontre D, tombe ailleurs qu'au poinct C: où iceluy poinct D tombera sur l'vne ou l'autre des lignes AC, BC; ou dans le triangle ACB; ou hors iceluy.

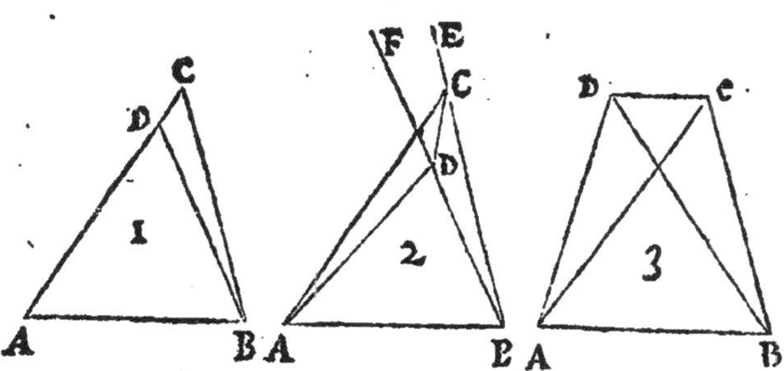

Premierement iceluy poinct de rencontre D, ne peut estre sur la ligne AC, comme en la premiere figure: car il faudroit que les deux lignes AD, & AC fussent egales entr'elles, sçauoir est la partie au tout; ce qui est absurde: partant la rencontre D, ne se fera point sur AC, ny aussi sur BC, à cause de la mesme absurdité.

Soit donc iceluy poinct de rencontre D dans le triangle ABC, comme en la 2. figure: & apres auoir prolongé BC iusques en E, & BD iusques en F, soit menée CD. Puis que les deux lignes AC, & AD sont posees egales, le triangle ACD sera Isoscele, & par la 5. proposition les deux angles ACD & ADC sur la base CD seront egaux. Mais l'angle ACD est moindre que l'angle DCE: (car il n'est que partie d'iceluy) donc l'angle ADC est aussi moindre que le mesme angle DCE: & par consequent l'angle CDF, qui n'est que partie d'iceluy ADC, sera beaucoup moindre que le mesme angle DCE. Derechef, puis que les lignes BC, BD, sont posees egales, le triangle BCD doit estre Isoscele, & partant les angles CDF & DCE sous la base DC, seront egaux par la mesme 5. prop. Mais il a esté demonstré que l'angle CDF est beaucoup moindre que l'angle DCE, donc le mesme angle CDF est moindre que l'angle DCE, & aussi egal à iceluy: ce qui est absurde.

Soit donc finalement iceluy poinct de rencontre D hors iceluy triangle ACB, comme en la 3. figure: apres auoir mené la ligne CD, il s'ensuiura que les deux triangles ADC & BCD seront Isosceles; & partant qu'ils auront les angles sur la base CD egaux: sçauoir est ADC à ACD, & BDC à BCD. Mais iceluy BCD, est plus grand que ACD: donc aussi BDC sera plus grand que ADC, c'est à dire la partie que le tout: ce qui est absurde. Le poinct de rencontre D ne tombera donc pas hors le triangle ABC, ny dedans iceluy, ny sur les lignes AC & BC: Il faut donc qu'iceluy poinct de rencontre D tombe au premier poinct de rencontre C: Parquoy si des extremitez de quelque ligne droicte, &c. Ce qu'il falloit demonstrer.

SCHOLIE.

Il est manifeste que si AD, BD prises ensemble estoient faictes egales à AC, BC aussi prises ensemble, le poinct de leur rencontre D, seroit autre que le premier poinct C; comme il seroit encore si on faisoit AD égale à BC, & BD egale à AC, mais en l'vne ny l'autre maniere, icelles lignes AD, BD ne seroient pas selon l'intention d'Euclide: car il veut que non seulement les lignes AD, BD, soient egales aux lignes AC, BC, chacune à la ne à la sienne, mais aussi que les lignes egales soient menees d'vn mesme poinct, & de plus que ce soit de mesme part. Car il est tres euident qu'icelles AD, BD, peuuent bien estre tirées de l'autre costé de C, c'est à sçauoir au dessoubs de la ligne AB. Donc fort à propos Euclide met en ce theoreme que les lignes soient egales chacune à la sienne, & menees de mesme part, &c.

THEOR. 5. PROP. VIII.

Si deux triangles ont deux costés égaux à deux costés, chacun au sien, & la base egale à la base; ils auront aussi l'angle compris d'iceux costez egaux, egal à l'angle.

Soient deux triangles ABC, DEF, desquels le costé AB, est egal à DE; AC à DF, & la base BC à la base EF: Ie dis que les angles A & D compris d'iceux costez egaux, sont egaux.

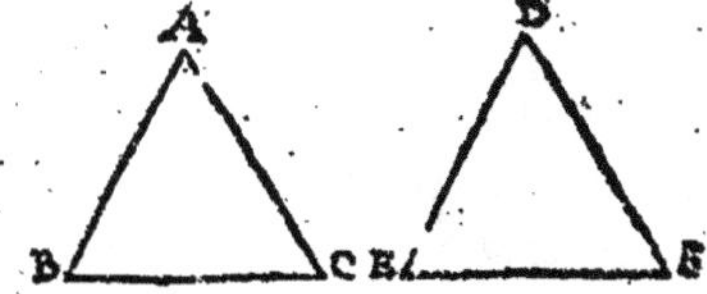

Car puis que la base BC est egale à la base EF; si on entend icelles estre posees l'vne sur l'autre, elles conuiendront tombant le poinct E sur le poinct B, & F sur C: & par la 7. prop. les deux lignes ED, & FD, qui sont egales à BA & CA, se rencontreront au poinct A, & conuiendront auec icelles lignes BA & CA: partant conuiendront aussi les angles A & D contenus d'icelles lignes; & par consequent seront egaux par la 8. com. sent. Donc si deux triangles, &c. Ce qu'il falloit demonstrer.

COROLLAIRE.

Puis que la base EF conuient auec la base BC, & les costez DE, DF, conuiennent aussi auec les costez AB, AC, il s'ensuit que non seulement l'angle A est egal à l'angle D; mais aussi que l'angle E est egal à l'angle B, & l'angle F, egal à l'angle C, & tout le triangle egal à tout le triangle.

PROB. 4. PROP. IX.

Coupper en deux egalement vn angle rectiligne donné.

Soit l'angle rectiligne donné BAC, lequel il faut coupper en deux egalement; c'est dire en deux angles egaux entr'eux.

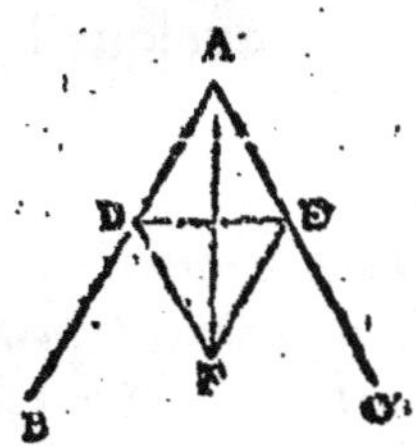

Soient de AB & AC retranchées deux parties egales AD, AE: & apres auoir mené la ligne DE, sur icelle soit descrit le triangle equilateral DEF par la premiere proposition, & soit menée la ligne AF: Ie dis qu'icelle ligne couppe l'angle donné BAC en deux egalement.

Car puisque les lignes AD, AE ont esté prises egales, & AF est commune aux deux triangles DAF, EAF; les deux costez AD & AF, du triangle DAF, seront egaux

aux deux costez AE & AF du triangle EAF, & la base DF egale à la base EF: (estant DFE triangle equilateral) donc par la 8. prop. l'angle DAF sera egal à l'angle EAF: & partant l'angle BAC est couppé en deux egalement par la ligne AF. Ce qu'il falloit faire.

SCHOLIE.

Que si au lieu du triangle equilateral cy-dessus construit, on en faict vn Isoscelle, la demonstration sera tousiours la mesme: Ce qu'on peut aussi faire aux trois propositions suiuantes.

Quant à la practique de cette proposition nous l'auons enseignée en nostre Geometrie practique Probl. 5. Et neantmoins nous ne laisserons de la repeter icy; Et pource soit vn angle rectiligne ABC, qu'il faut coupper en deux egalement. Du centre B & de tel interualle qu'on voudra, soient couppees BD, BE egales; puis des poincts D & E soient descrits deux arcs s'entrecouppans en F, & d'icelle intersection soit tirée par le poinct B, la ligne droicte F B, laquelle diuisera l'angle donné ABC en deux egalement.

Or il appert par ce que dessus qu'on peut aussi coupper vn angle rectiligne en quatre parties egales, en huict, en seize, en trente deux, & ainsi consecutiuement, en procedant tousiours par augmentation double: Car apres qu'vn angle rectiligne est couppé en deux egalement, si on diuise derechef chasque partie en deux egalement, on aura quatre angles egaux. Que si on couppe derechef chacun d'iceux en deux egalement, nous aurons huict angles egaux, & ainsi consequemment.

PROBL. 5. PROP. X.

Coupper en deux egalement vne ligne droicte donnée & terminée.

Soit la ligne droicte donnée & terminée AB: laquelle il faut coupper en deux egalement.

Sur icelle ligne AB soit construit le triangle equilateral ACB par la 1. prop. & par la prec. l'angle C soit couppé en deux egalement par la ligne CD, tirée iusques à ce qu'elle couppe AB en D. Ie dis qu'icelle AB est couppée en deux egalement en D.

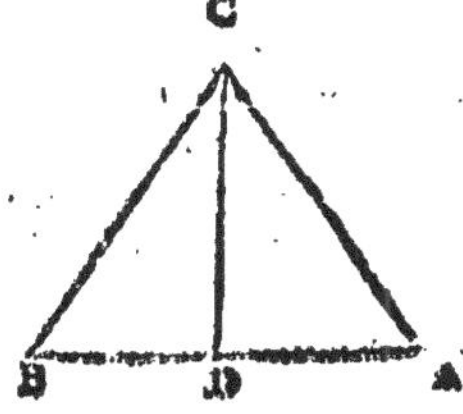

Car puis que les angles du poinct C sont egaux, & le triangle ACB, est equilateral, les deux triangles ACD, & BCD, ont deux costez AC, CD, egaux à deux costez BC, CD, chacun au sien, & les angles du poinct C, qu'ils comprennent aussi egaux; partant par la 4. prop. la base AD, sera egale à la base DB. Donc AB est couppee en deux egalement en D. Ce qu'il falloit faire.

SCHOLIE.

Nous auons enseigné la practique de cette proposition en nostre Geometrie practique Prob. 1. & ce faict ainsi: Pour diuiser la ligne droicte AB en deux parties egales, du centre A, & de quelque interualle que ce soit (plus grand toutesfois que la moitié d'icelle AB) soient descrits deux arcs de cercle, l'vn au dessus d'icelle ligne, comme C, & l'autre au dessous, comme D, puis du centre B, & du mesme interualle soient descris deux autres arcs qui couppent les precedens esdicts poincts C & D, puis d'vne intersection à l'autre, soit tiree la ligne droicte CD, laquelle couppera AB en deux egalement au poinct E. Est à noter que si de part ou d'autre de AB on ne pouuoit descrire deux arcs comme D, il faudroit ayant descrit les deux arcs C, ouurir le compas d'vn plus grand interualle, & en descrire deux autres arcs au dessus de C, & la ligne menee d'vne intersection à l'autre, & continuee iusques à AB, la couppera en deux egallement.

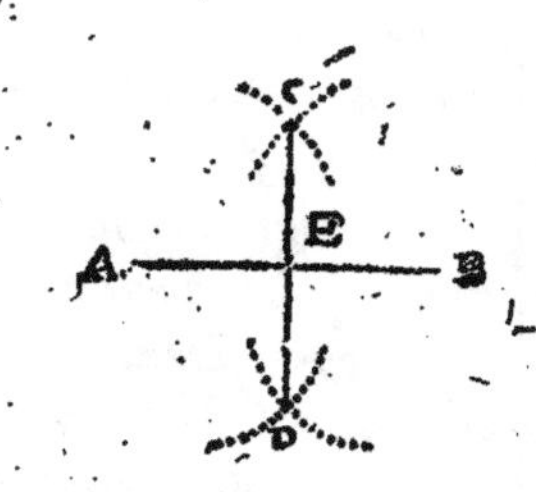

Or il appert par ce que dessus, qu'on peut aussi coupper vne ligne droicte finie en quatre parties egales, en 8, en 16, en 32. &c. ainsi que nous auons dit, en la precedente prop. de la diuision de l'angle rectiligne. Mais comment on peut diuiser vne ligne droicte terminee en tant de parties egales qu'on voudra, nous l'auons enseigné en nostre Geometrie pratique Probl. 7: & ce tant Geometriquement que Mechaniquement auec le compas de proportion.

PROBL. 6. PROP. XI.

Sur vne ligne droicte donnee, & d'vn poinct en icelle, esleuer vne ligne droicte perpendiculaire.

Soit vne ligne droicte donnee AB, & le poinct en icelle C: d'iceluy poinct il faut mener vne ligne perpendiculaire à icelle AB.

Soient du poinct C prinses les deux lignes egales CD & CE par la 3. proposition, & sur DE soit faict le triangle equilateral DFE, & de C à F soit menée la ligne CF: Ie dis qu'icelle CF est la ligne perpendiculaire demandée. Car les triangles DFC & CFE ayans deux costez egaux à deux costez, chacun au sien, sçauoir DC à CE par la construction, & CF commun, & la base DF egale à la base EF, à cause que le triangle DFE est equilateral; par la 8. prop. les angles au poinct C, contenus des costez egaux, seront egaux; & partant par la 10. def. ils sont dits droicts, & la ligne CF perpendiculaire à AB, ainsi qu'il falloit faire.

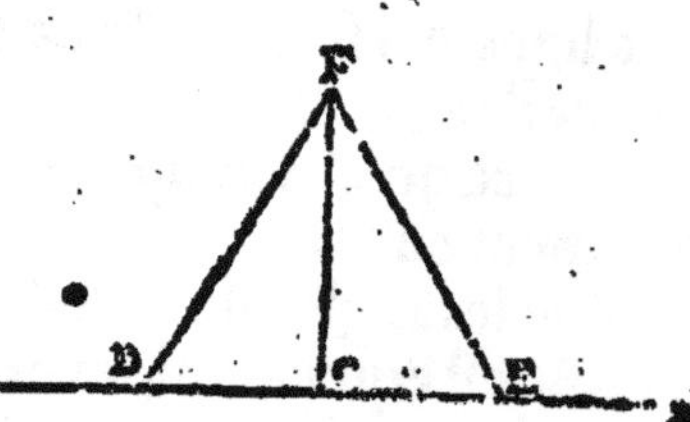

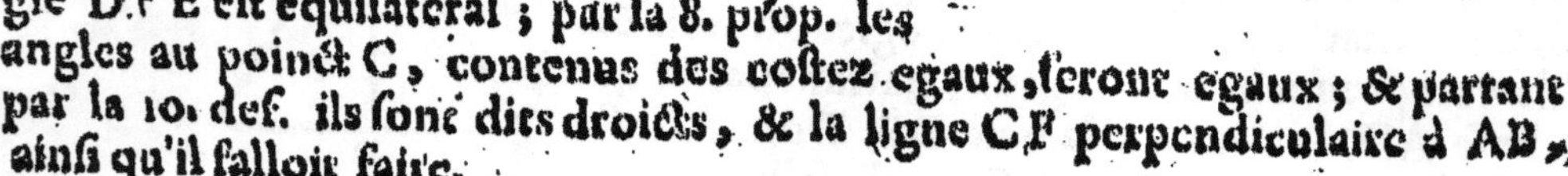

SCHOLIE.

La pratique de cette proposition est enseignee en nostre Geometrie pratique, Prob. 2. & neantmoins nous la repeterons encore icy. Pour esleuer sur AB une ligne perpendiculaire du poinct C, soient marquees en icelle AB deux poincts comme D, egalemens distans de C, & d'iceux poincts, soient descrits deux arcs d'vn mesme interualle s'entrecouppans en E, de laquelle intersection soit tiree à C la ligne droicte EC, qui sera perpendiculaire à ladite AB.

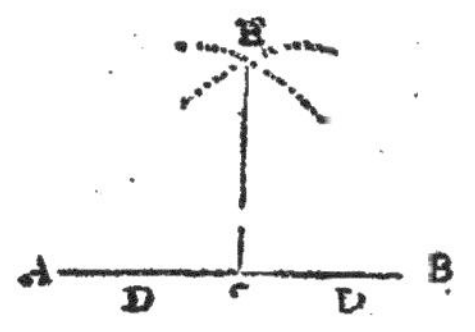

Que si le poinct donné estoit B à l'extremité de la ligne, il faudroit continuer ladite ligne, & sur icelle estant continuee faire comme dessus: ou bien nous prendrons vn poinct au dessus d'icelle ligne, comme C, lequel soit plus prez du poinct donné B, que de l'autre extremité A; puis d'iceluy poinct C, & de l'interualle CB, nous descrirons la circonference DBE, qui couppe la ligne donnée en D, & d'iceluy poinct D par C, nous tirerons la ligne droicte DCE couppant la susdite circonference en E, duquel poinct E soit tiree la ligne droicte EB, laquelle sera perpendiculaire à AB.

Autrement, *du poinct donné B, & de quelque interualle que ce soit BC, moindre toutesfois que la ligne donnee, soit descrit vn arc CDE plus grand que le tiers de la circonference entiere du cercle, puis sur iceluy arc CDE soient pris deux interualles CD, DE, chacun egal au semidiametre BC, & des poincts D; E, soient descrits deux arcs de cercle s'entrecouppans au poinct F, duquel soit tiree au poinct B la ligne droicte FB, qui sera perpendiculaire à AB.*

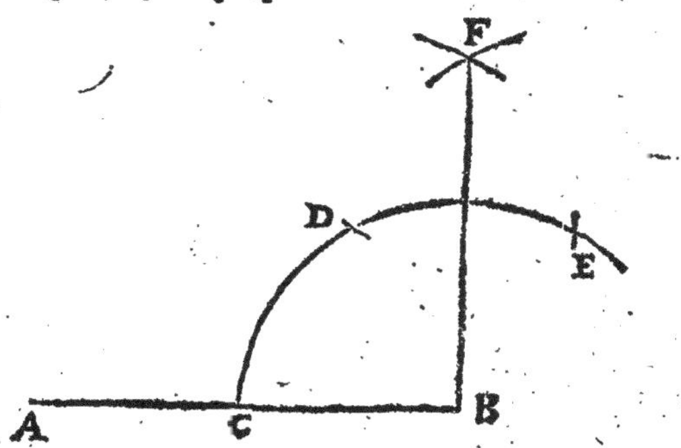

Est à noter qu'encore que le poinct donné B ne fut l'extremité de la ligne, on pourroit neantmoins mener la perpendiculaire par l'vne ou l'autre des deux manieres cy-dessus.

PROBL. 7. PROP. XII.

Abaisser vne ligne droicte perpendiculaire sur vne ligne droicte indeterminee, & d'vn poinct hors icelle.

Soit la ligne droicte donnée & interminee AB, & le poinct hors icelle C;

duquel il faut mener vne ligne perpendiculaire sur AB.

Soit pris audelà de la ligne AB quelconque poinct D; puis du centre C, & de l'interualle CD, soit descrit le cercle EDG, couppant la ligne AB és poincts E & G, puis par la 10. prop. soit couppee EG en deux egalement au poinct H, & soit menee la ligne CH, laquelle ie dis estre perpendiculaire à AB.

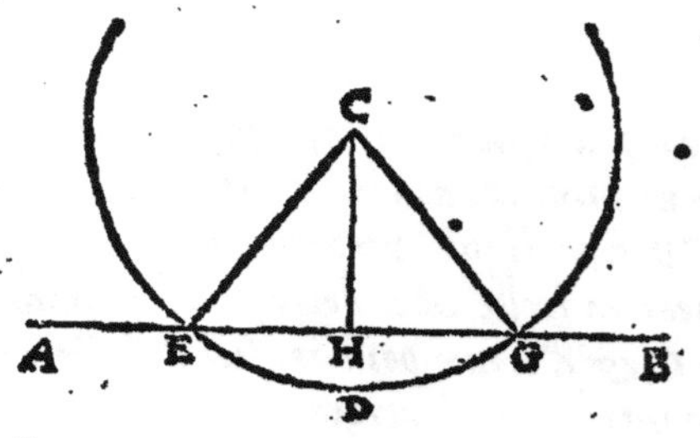

Car estans tirées les lignes droictes CE, CG; les deux costez EH & HC; du triangle EHC, seront egaux aux deux costez GH & HC du triangle GHC, vn chacun au sien, & la base CE est egale à la base CG, estans icelles tirees du centre C à la circonference, & par la 8. prop. les angles du poinct H seront egaux; & partant par la 10. definit. ils seront droicts, & la ligne CH perpendicul. à AB. Ce qu'il falloit faire.

SCHOLIE.

La practique de ce probleme est enseignée en nostre Geometrie practique probl. 3. & est telle qu'il ensuit. Pour mener à vne ligne donnee AB vne perpendiculaire d'vn poinct donné hors icelle, comme C; d'iceluy poinct C soit d'escrit vn arc qui couppe la ligne donnée en D & E, puis d'iceux poincts, comme centres, soient d'escrits deux arcs de cercles d'vn même interualle, qui s'entrecouppent au poinct F: (il n'importe pas de quel costé ce soit, au dessus ou au dessoubs de la ligne AB) puis d'iceluy poinct F par celuy donné C, soit tiree vne ligne droicte FCG, qui rencontre la donnee en G, & icelle FCG sera perpendiculaire à AB.

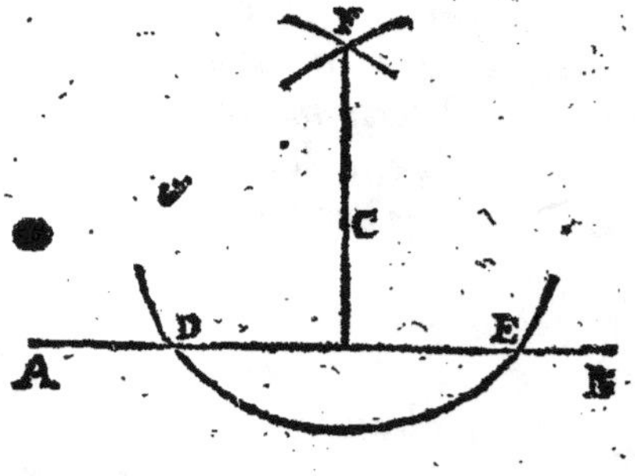

THEOR. 6. PROPOS. XIII.

Quand vne ligne droicte tombant sur vne ligne droicte fait angles, ou iceux seront deux angles droicts, ou egaux à deux droicts.

Soit la ligne droicte AB, laquelle tombant sur vne autre ligne droicte CD, fait les angles CBA, & DBA: ie dis que iceux sont deux angles droicts, ou egaux à deux droicts.

Car ou icelle ligne AB est perpendiculaire à CD, ou elle ne l'est pas: Si lle est perpendiculaire, les deux angles sont droicts par la 10. def. Si elle ne l'est pas, soit leuee la perpend. BE par a 11. prop. & les deux angles CBE & DBE eront droicts par la susdite deff. mais par la 9. com. sent. le seul angle droict DBE st egal aux deux angles DBA, ABE ensemble: parquoy si on leur adiouste le commun CBE, les trois angles DBA, ABE & CBE seront egaux aux deux droicts DBE, CBE. Derechef, d'autant que par la mesme 9. com. sent. les deux angles CBE, ABE nsemble sont egaux au seul ABC: si on adiouste le commun DBA, les deux nglesABC, DBA seront egaux aux trois CBE, ABE, DBA: mais ces trois ont esté demonstrez egaux à deux droicts: donc ces deux-là ABC, ABD ront aussi egaux à deux droicts. Parquoy si vne ligne droicte tombante r vne autre ligne droicte, &c. Ce qu'il falloit demonstrer.

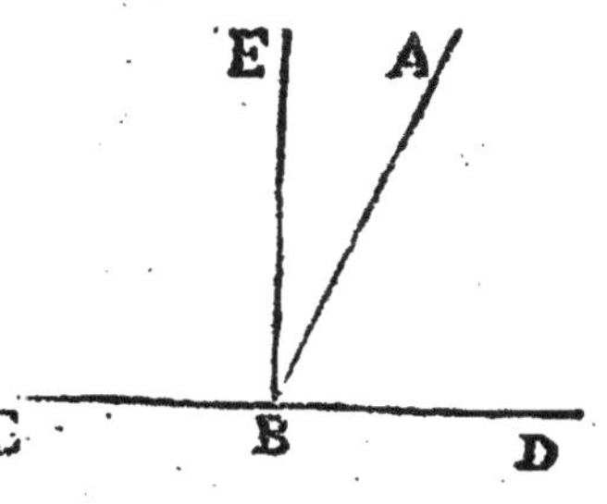

SCHOLIE.

Ceste demonstration de Theon est suiuie par la plus part des Interpretes d'Euclide, ais les autres ayans monstré comme dessus, que les deux angles CBE & DBE sont oicts, concluent incontinent par la 8. com. sent. que les deux ABC, & ABD ensemble, ont donc aussi egaux à deux droicts, veu qu'ils occupent autant d'espace, voire le sme, que les deux droicts CBE, DBE, & conuiennent auec eux.

Aussi Clauius a remarqué, que cette proposition semble dependre de quelque commu-notion de l'esprit: car de ce que l'angle ABC excede l'angle droict EBC, l'angle re-nt ABD est excedé par l'angle droict EBD; car comme en celuy-là l'excez est l'an-ABE; ainsi en cestuy-cy le defaut est le mesme angle ABE. Parquoy l'on pourra clurre, que les angles ABC, ABD sont egaux à deux droicts, attendu que l'excez l'angle obtus ABC, est le defaut de l'aigu ABD.

THEOR. 7. PROP. XIV.

à vn poinct de quelque ligne droicte se rencontrent deux autres lignes droictes de part & d'autre d'icelle, faisant deux angles egaux à deux droicts: icelles deux lignes se rencontreront directement.

oit la ligne droicte AB, & en icelle le poinct B, auquel se rencontrent deux res lignes droictes CB & DB de part & d'autre d'icelle AB, faisant les ux angles ABC & ABD egaux à deux droicts: Ie dis que CB & DB se contrent directement, c'est à dire que CBD est vne ligne droicte.

Autrement, si CBD n'est ligne droicte, soit continuee CB directement de la part de B, & la continuation d'icelle tombra ou au dessus de BD, ou au dessous : quelle tombe donc au dessus, s'il est possible, comme B E, en sorte que CBE soit ligne droicte. D'autant que A B tombe sur CBE, les deux angles ABC, & ABE, seront egaux à deux droicts par la 31. prop. Mais par l'hypothese les deux ABC & ABD sont aussi egaux à deux droicts, & par la 10. com. sent. tous les angles droicts sont egaux entr'eux : donc par la 1. com. sent. ces deux angles A B C, & A B D seront egaux aux deux ABC, & ABE. Parquoy ostant l'angle commun ABC, les restans ABD, & ABE, seront egaux, le tout & la partie; ce qui est impossible. Parquoy la ligne droicte C B estant prolongee, ne tombera pas au dessus de B D ; mais elle ne tombera pas aussi au dessous, car il aduiendroit tousiours la mesme absurdité : donc CB, & DB se rencontroient directement. Ce qu'il falloit demonstrer.

THEOR. 8. PROP. XV.

Si deux lignes droictes se coupent l'vne l'autre, elles feront les angles opposez au sommet egaux.

Soient les deux lignes AB & CD, se couppans l'vne l'autre au poinct E : Ie dis que les angles opposez au sommet, sçauoir AEC, & DEB, sont egaux entr'eux.

Car d'autant que sur AB tombe la ligne C E, les angles AEC, & BEC, sont egaux à deux droicts par la 13. prop. Item, pour la mesme raison, CEB, & DEB, seront egaux à deux droicts : partant les deux angles A E C & CEB, sont egaux aux deux C E B & D E B. Que si on oste le commun CEB, le demeurant AEC sera egal au demeurant DEB. Le mesme se peut aussi dire des deux angles opposez AED, & C E B. Parquoy si deux lignes droictes, &c. Ce qu'il falloit demonster.

COROLLAIRE.

Il s'ensuit de ceste demonstration, que deux lignes droictes s'entrecouppans, font au poinct de leur section quatre angles egaux à quatre angles droicts. Est aussi manifeste qu'estans constituez tant d'angles qu'on voudra à l'entour d'vn seul & mesme poinct, qu'ils seront seulement egaux à quatre angles droicts : car si de E, en la precedente figure, on meine tât d'autres lignes droictes qu'on voudra, elles diuiseront seulement les quatre angles constituez au poinct E, en plusieurs parties ; toutes lesquelles parties prinses ensemble, seront egales aux quatre angles d'iceluy poinct E, par la 19. com. sent. c'est à dire à quatre angles droicts.

SCHOLIE.

Nous demonstrerons icy la converse de cette 15. prop. qui, selon Proclus, est telle.

Si à vn poinct de quelque ligne droicte se rencontrent deux autres lignes droictes, non de mesme part, faisant les angles au sommet egaux : icelles deux lignes se rencontreront directement.

Soit la ligne droicte AB, & vn poinct en icelle E, auquel soient menees les deux lignes droictes CE, DE de part & d'autre de AB faisant les angles CEA, DEB egaux entr'eux. Ie dis qu'icelles lignes CE, DE se rencontrent directement. Car adioustant aux angles egaux CEA, DEB, l'angle commun CEB : les deux angles CEA, CEB seront egaux aux deux angles DEB, CEB par le 2. axiome. Mais les deux angles CEA, CEB sont egaux à deux droicts par la 13. prop. Donc les deux DEB, CEB seront aussi egaux à deux droicts, & par la 14. prop. les lignes droictes CE, DE se rencontreront directement. Ce qui estoit proposé.

Pelletier a aucunement changé ceste converse : car il dit que si quatre lignes droictes AE, CE, BE, DE se rencontrans au poinct E y font quatre angles dont les opposez AEC, BED soient egaux entr'eux, & les opposez BEC, AED, aussi egaux entr'eux : les deux lignes oppposites AE, BE se rencontreront directement, comme aussi les deux CE, DE. Ce qui est manifeste, car si aux angles egaux AEC, BED, on adiouste les egaux CEB, AED, par le 2. axiome les deux angles AEC, CEB seront egaux aux deux angles BED, AED. Donc tant ces deux là que ces deux-cy sont moitié des quatre angles faicts au poinct E, lesquels par le Corol. prec. sont egaux à quatre droicts. Parquoy les deux angles AEC, CEB seront egaux à deux droicts, & par la 14. prop. les deux lignes, AE, BE se rencontreront directement. Et pour mesme raison CE, DE seront aussi vne seule ligne droicte CD.

THEOR. 9. PROP. XVI.

Vn costé de quelconque triangle estant prolongé, l'angle exterieur est plus grand que l'vn ou l'autre des opposés interieurs.

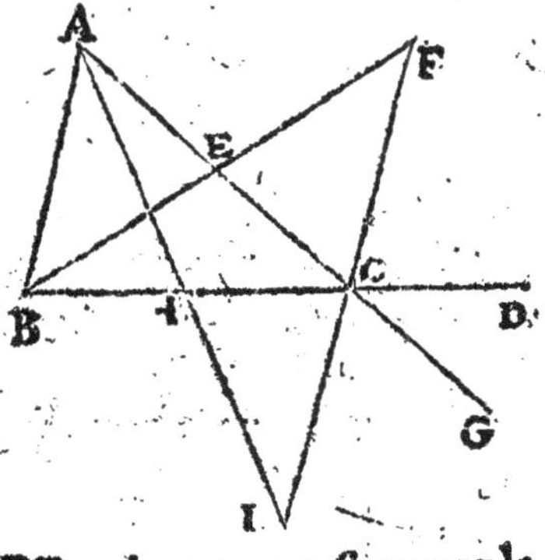

Soit le triangle ABC, duquel le costé BC soit continué iusques à D. Ie dis que l'angle exterieur ACD est plus grand que l'opposé interieur BAC : Et encore plus grand que ABC autre opposé interieur.

Qu'ainsi ne soit : Apres auoir couppé AC en deux egalement en E, soit menee la ligne BE, & continuee iusques en F : en sorte que EF soit faicte egale à BE, & soit menee FC. Les deux triangles AEB, & CEF, auront les deux costez AE & EB, egaux aux deux costez CE & EF, chacun au sien par la construction.

construction, & par la precedente prop. l'angle AEB est egal à l'angle CEF: donc par la 4. prop. les bases AB & FC seront egales; & les autres angles egaux, chacun au sien: & partant l'angle BAE, sera egal à l'angle ECF qui n'est que partie de l'angle ACD, lequel pour ceste raison sera plus grand que l'opposé interieur BAC. Que si le costé AC est prolongé en G, & BC couppé en deux egalement en H, & on tire la ligne AHI, tellement que HI soit egale à AH, & soit menee CI: On demonstrera par mesme raison que dessus, que l'angle externe BCG est plus grand que l'interne & opposé ABC. Mais par la proposition precedente à iceluy BCG, est egal l'externe ACD: donc iceluy ACD, est aussi plus grand que l'interne & opposé ABC. Parquoy en tout triangle, vn costé estant prolongé, &c. Ce qu'il falloit demonstrer.

COROLLAIRE.

De ceste proposition il s'ensuit (dit Proclus) que d'vn mesme poinct on ne peut mener à vne mesme ligne droicte plus de deux lignes droictes egales entr'elles. Car si faire se peut, soient menees du poinct A à la ligne BC, trois lignes droictes AB, AC, AD, egales entr'elles: d'autant que les costez AB, AD, sont egaux, par la 5. prop. les angles ABD, ADB sur la base BD seront egaux. Derechef, pource que les costez AB, AC sont egaux, par la mesme 5. prop. les angles ABC, ACB sur la base BC seront egaux. Parquoy veu que chasque angle ADB & ACB, est egal à l'angle ABD, par la 1. com. sent. l'angle ABC sera egal à l'angle ADC, c'est à dire l'exterieur à l'opposé interieur: ce qui est absurde, puis que par ceste 16. p. l'externe est plus grand que l'interne. Donc on ne pourra pas mener de A à BC plus de deux lignes droictes egales entr'elles. Ce qui estoit proposé.

THEOR. 10. PROP. XVII.

Tout triangle a deux angles plus petits que deux droicts, de quelle façon qu'ils soient pris.

Soit le triangle ABC: Ie dis que les deux angles B, & ACB sont ensemble plus petits que deux droicts; comme aussi les deux A, & ACB: item les deux A, & B.

Car apres auoir continué le costé BC, iusques en D, il est euident par la 16 prop. que l'angle exterieur ACD est plus grand que l'opposé interieur B: & par la 4. com. sent. si on leur adiouste l'angle commun ACB, les deux ACD & ACB seront plus grāds que les deux B & ACB. Mais les deux ACD & ACB, sont egaux à deux droicts, par la 13. prop. Partant ABC & ACB, sont plus petits que deux droicts.

On demonstrera pareillement que lesdeux angles A & ACB: Item les deux angles A &B, en prolongeant vn autre costé, sont moindres que deux droicts. Parquoy tout triangle a deux angles plus petits que deux droicts, &c. Ce qu'il falloit demonster.

COROLLAIRE.

De cecy est manifeste que d'vn mesme poinct on nepeut mener plus d'vne ligne perpendiculaire sur vne ligne droicte. Car si faire se peut, soient menees de A sur la ligne droicte BD, les deux perpendic. AD, AB. Donc au triangle ABD, les deux angles internes ABD, ADB, seront egaux à deux droicts, puis que chacun est droict. Ce qui est impossible: car il a esté demonstré cy dessu que deux angles d'vn triangle sont moindres que deux angles droicts.

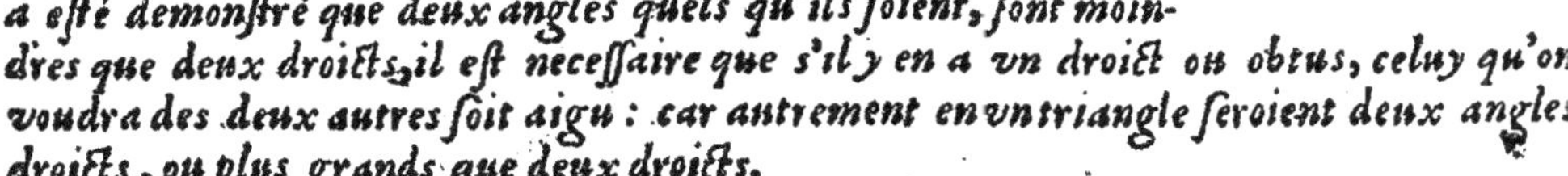

Il s'ensuit aussi de cette prop. qu'en tout triangle, duquel vn angle est droict, ou obtus, que les autres sont aigus. Car puis qu'il a esté demonstré que deux angles quels qu'ils soient, sont moindres que deux droicts, il est necessaire que s'il y en a vn droict ou obtus, celuy qu'on voudra des deux autres soit aigu: car autrement en vn triangle seroient deux angles droicts, ou plus grands que deux droicts.

S'ensuit encore de cette prop. que si vne ligne droicte AB, fait auec vne autre ligne droicte CD, angles inegaux, sçauoir est ABD, aigu, & ABC, obtus, & de quelconque poinct d'icelle AB, on tire vne perpendiculaire sur CD, comme AD: icelle perpendiculaire AD, tombera de la part de l'angle aigu ABD: car qu'elle tombe, s'il est possible, du costé de l'angle obtus ABC, comme AC. Donc au triangle ABC, les deux angles ABC, ACB, obtus & droict, sont plus grands que deux droicts; mais aussi moindres que deux droicts par cette prop. ce qui est absurde. La perpendiculaire tiree de A, ne tombera donc pas du costé de l'angle obtus, & partant tombera du costé de l'angle aigu.

Est encore manifeste par cette prop. que tous les angles d'vn triangle equilateral, & les deux angles de dessus la base d'vn triangle Isoscelle, sont aigus. Car puis que deux angles quels qu'ils soient, d'vn triangle equilateral, & les deux de dessus la base d'vn Isoscelle sont egaux entr'eux par la 5. prop. & tant ces deux-cy ensemble, que ces deux-là, sont moindres que deux droicts par cette prop. chacun d'iceux sera moindre qu'vn droict, c'est à dire aigu: car s'il estoit droict, ou obtus, tous les deux ensemble seroient, ou egaux à deux droicts, ou plus grands.

THEOR. 11. PROP. XVIII.

De tout triangle, le plus grand costé soustient le plus grand angle.

Soit vn triangle ABC, ayant le costé AC plus grand que le costé AB. Ie dis que l'angle ABC, est plus grand que l'angle ACB.

Qu'il ne soit ainsi : Puis que AC est plus grãd que AB, d'iceluy soit retranchée AD, egale à AB, & soit menee BD. Le triangle ABD est Isoscele, & par la 5. prop. les deux angles ABD, & ADB, sur la base BD, seront egaux. Or l'angle exterieur ADB, est plus grand que l'opposé interieur C, par la 16. prop. Mais ABC estant plus grand que ABD, il sera aussi plus grãd que son egal ADB: & à plus forte raison ABC sera plus grand que C. Par mesme raison, si on pose le costé AC, plus grand que le costé BC; on demonstrera l'angle ABC estre plus grand que l'angle BAC, sçauoir est, si de CA on couppe vne ligne egale à BC, &c. Parquoy le plus grand costé de tout triangle &c. Ce qu'il falloit demonstrer.

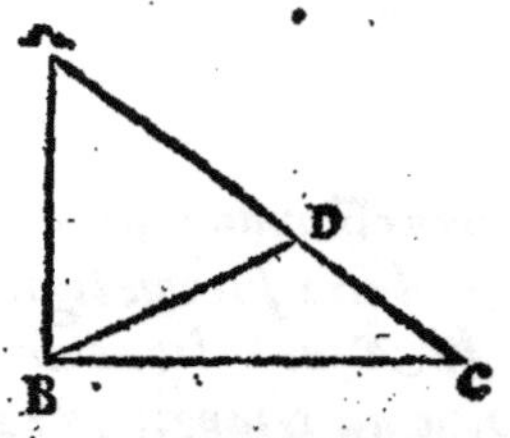

CORROLAIRE.

Il est donc manifeste par cette demonstration que tous les trois angles d'vn triangle scalene sont inegaux.

THEOR. 12. PROP. XIX.

En tout triangle, le plus grand angle est soustenu du plus grand costé.

Soit le triangle ABC duquel l'angle A est plus grand que l'angle C. Ie dis que le costé BC, qui soustient le plus grand angle A, est plus grand que le costé AB, qui soustient vn moindre angle C.

Autrement, il sera egal, ou plus petit : Il ne peut estre egal, d'autant que le triangle seroit Isoscelle, & par la 5. prop. les deux angles A & C seroient egaux contre l'hypothese. Il ne peut aussi estre plus petit, d'autant que par la 18. prop. l'angle A seroit plus petit que l'angle C, ce qui est aussi contre l'hypothese. Il sera donc plus grand. Par mesme raison on prouuera le costé BC, estre plus grãd que le costé AC, si on pose l'angle A, estre plus grand que l'angle B. Donc de tout triangle le plus grand angle est soustenu du plus grand costé. Ce qu'il falloit demonstrer.

COROLLAIRE.

Il s'ensuit de ceste proposition, que si de quelconque poinct on tire sur vne ligne droicte tant d'autres lignes droictes qu'on voudra, l'vne desquelles soit perpendiculaire, icelle perpendiculaire sera la plus petite de toutes, puis qu'elle sera tousiours opposée à vn angle aigu, & les autres à l'angle droict fait par icelle perpendiculaire.

THEOR. 13. PROP. XX.

En tout triangle, deux costez de quelle façon qu'ils soient pris, sont plus grands que le troisiesme.

Soit le triangle A B C : Iedis que deux costez d'iceluy, lesquels on voudra, sçauoir est AB & A C, sont plus grands ensemble, que le troisiesme costé BC.

Qu'il ne soit ainsi :apres auoir prolongé BA iusques en D, & fait AD egale à AC, soit menee la ligne DC. Le triangle DAC sera Isoscelle, & par la 5. prop. les deux angles ADC, & ACD sur la base D C, seront egaux. Mais par le 9. ax. DCB est plus grand que D C A : il sera donc aussi plus grand que son egal ADC: & partant par la 19. prop. BD sera plus grand costé que B C. Mais BD est egal aux deux costez AC & BA : donc aussi iceux AC & BA seront plus grands que BC. On demonstrera en la mesme maniere que deux autres costez tels qu'e l'onvoudra sont plus grands ensemble que l'autre. Parquoy deux costez d'vn triangle pris en quelque sorte que ce soit, sont plus grands que l'autre. Ce qu'il falloit demonstrer.

THEOR. 14. PROP. XXI.

Si des extremités d'vn costé de quelconque triangle, on meine deux lignes droictes se rencontrans au dedans d'iceluy: icelles seront plus petites que les deux autres costez du triangle, mais elles feront vn plus grand angle.

Soit le triangle ABC, & des extremitez du costé B C, soient menees interieurement deux lignes droictes BD, CD, se rencontrans au poinct D : Ie dis qu'icelles lignes B D, & C D ensemble, sont plus petites que les costez BA & CA ensemble : Mais que l'angle D, est plus grand que l'angle A.

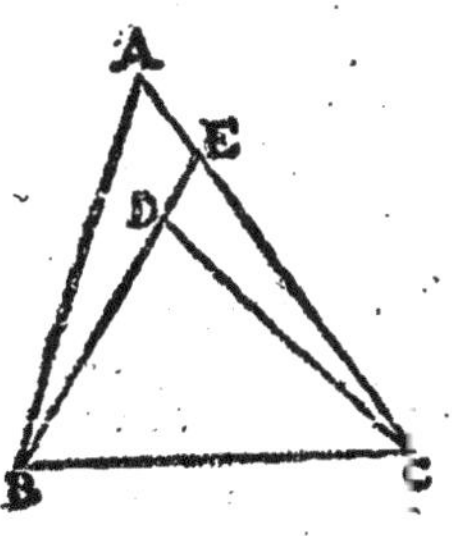

Qu'ainsi ne soit : soit continuee BD, iusques au poinct E. Donc par la 20. prop. les deux costez BA, & AE, du triangle BAE, seront plus grands que le troisiesme B E: Et si on leur adiouste chose commune EC, par la 4. com. sent. les tous CE, EB seront tousiours plus petits que les tous CE, E A, AB, c'est à dire CA, A B. Pareillement les deux costez CE & E D, du triangle CED, sont plus grãds que le troisiesme

CD, ausquels si on adiouste chose egale, sçauoir DB; les tous CE, ED, DB, ou CE, EB, seront tousiours plus grands que les tous CD & DB. Mais il a esté demonstré que CA, AB sont plus grands que CE, EB: donc CA, AB seront beaucoup plus grands que CD, BD. Ce qui estoit proposé en la premiere partie.

Pour la seconde partie, sçauoir que l'angle BDC est plus grand que l'angle A. D'autant qu'il est exterieur du triangle CED, il sera plus grand que son opposé interieur CED par la 16. prop. Mais pour la mesme raison, iceluy angle CED est aussi plus grand que son opposé interieur A: donc à plus forte raison BDC sera sera plus grand que A. Si donc des extremitez d'vn costé de quelconque triangle, &c. Ce qu'il falloit demonstrer.

PROB. 8. PROP. XXII.

Faire vn triangle de trois lignes droictes egales à trois autres donnees: mais il faut que deux d'icelles de quelle façon qu'elles soient prises, soient plus grandes que l'autre; d'autant que de tout triangle, deux costez de quelque façon qu'ils soient pris, sont plus grands que l'autre.

Soient trois lignes donnees A, B & C, desquelles deux de quelle façon qu'elles soient prises sont plus grandes que la troisiesme: car autrement d'icelles on ne pourroit pas constituer vn triangle, comme il appert de la 20. prop. en la quelle il a esté demonstré que de tout triangle deux costez sont tousiours plus grands que l'autre. Il faut faire vn triangle ayant les trois costez egaux à icelles trois lignes donnees.

Soit prise vne ligne droicte, tant grande qu'il sera de besoin, comme DE, de laquelle soit retranchee DF, egale à A; & puis du reste soit prise FG egale à B, & GH egale à C, & du centre F, & de l'interualle FD, soit descrit vn cercle DKL: Item vn autre cercle HKL du centre G, & de l'interualle GH, couppant le premier cercle au poinct K duquel soient menées les deux lignes KF, KG. Ie dis que les costés du triãgle FKG sont egaux aux trois lig. donnees A, B, C.

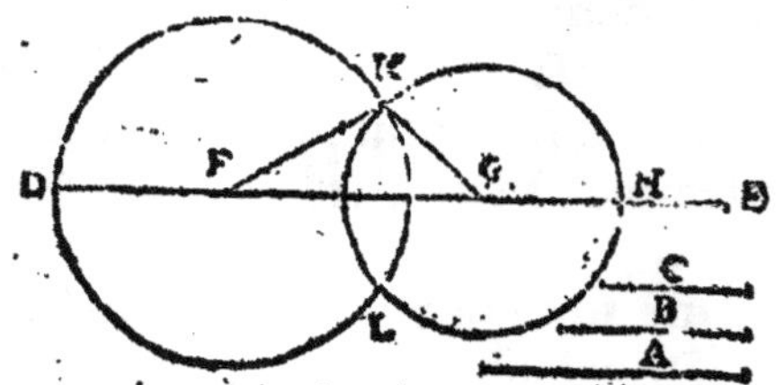

Car d'autant que FD, FK sont egales par la def. du cercle: item GK & GH; les trois costez du triangle FKG, sont egaux aux trois lignes FD, FG, GH, lesquelles estans egales aux trois donnees par la construction; aussi les costez du triangle FKG seront egaux à icelles lignes donnees A, B, C. Nous auons donc faict vn triangle de trois lignes droictes egales aux trois lignes droictes donnees A, B, C. Ce qu'il falloit faire.

SCHOLIE.

La pratique de ce probl. est enseignee en nostre Geometrie practique Prob. 11, & est telle : Soit prise la ligne droicte DE egale à quelconque des donnees comme à A, puis du poinct D, & internalle de la ligne B, soit descrit vn arc F : semblablement du poinct E, & de l'internalle de l'autre ligne C, soit descrit vn autre arc qui couppe le premier au poinct F : puis à ladite intersection soient tirees les deux lignes droictes DF, EF ; & sera fait le triangle DEF, ayant les trois costez egaux aux trois lignes droictes donnees A, B, C.

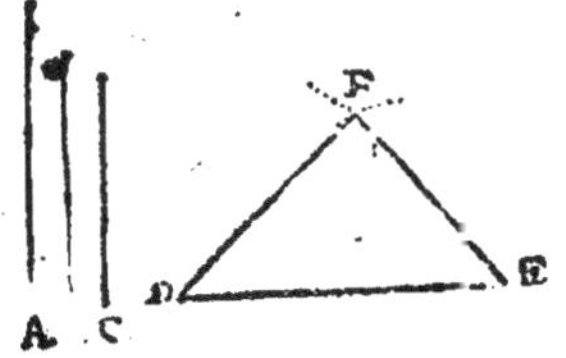

PROBL. 9. PROP. XXIII.

Sur vne ligne droicte donnée, & à vn poinct donné en icelle, faire vn angle rectiligne egal à vn angle rectiligne donné.

Soit la ligne donnée AB ; & le poinct en icelle A ; sur lequel il faut faire vn angle rectiligne egal à l'angle rectiligne donné C.

Ayant pris és lignes CD, CE, qui constituent l'angle donné C quelcõques poincts D, E, soit menee la ligne DE : & sur AB soit construict par la prop. precedente le triangle AFG, ayant les trois costez egaux aux trois costez du triangle CDE, sçauoir est les deux costez AF, AG, egaux aux deux costez CD, CE, & la base FG à la base DE. Il est donc euident par la 8. prop. que l'angle A sera egal à l'angle C donné. Nous auons donc faict sur AB, & au poinct A, l'angle FAG egal à vn donné DCE, ainsi qu'il estoit requis.

SCHOLIE.

Combien que la practique de ce probleme soit enseignee en nostre Geometrie pratique, neantmoins nous l'enseignerons encore icy. Soit vne ligne donnee AB, & vn poinct en icelle A, auquel il faut faire vn angle rectiligne egal au donné CDE. Du centre D soit fait de tel internalle qu'on voudra vn arc FG, qui couppe les lignes de l'angle donné és poincts F, G : puis du mesme internalle, soit d'escrit du centre A vn arc interminé HI : En apres, soit prise la distance FG, & icelle portee sur l'arc HI, puis du poinct A par I, soit tiree la ligne droicte AI, & sera fait l'angle HAI egal à l'angle donné CDE.

THEOR. 15. PROP. XXIV.

Si deux triangles ont deux costez egaux à deux costez, chacun au sien, & l'angle contenu d'iceux costez plus grand que l'angle, ils auront aussi la base plus grande que la base.

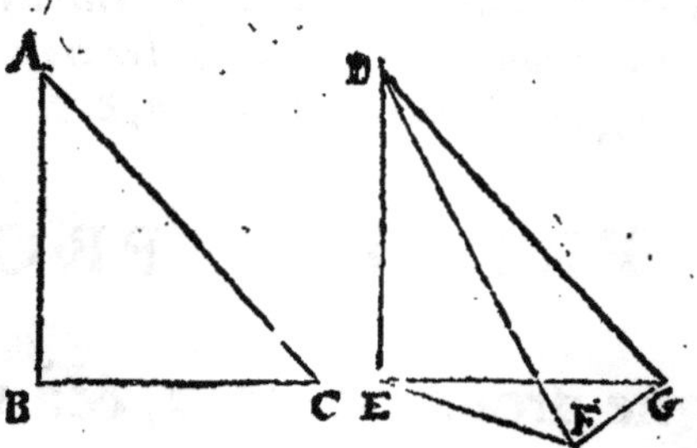

Soient deux triangles ABC & DEF, desquels deux costez AB, AC sont egaux aux costez DE, DF, chacun au sien: mais l'angle A est plus grand que l'angle EDF. Ie dis que la base BC est plus grande que la base EF.

Qu'ainsi ne soit. Sur la ligne DE, & au poinct D, soit fait par la precedente prop. l'angle EDG, egal à l'angle A, (& la ligne droicte DG, tombera hors le triangle DEF, puis que l'angle EDF a esté posé moindre que l'angle A) & soit posee DG, egale à DF, c'est à dire à AC: Soit tiree puis apres la ligne EG, laquelle tombera ou au dessus de la ligne EF, ou sur icelle, ou au dessous d'icelle. Qu'elle tombe premierement au dessus de EF, & soit tiree la ligne FG. D'autant que les deux costez AB, AC, sont egaux aux deux costez DE, DG, vn chacun au sien, & l'angle A egal à l'angle EDG par la construction: la base BC sera egale à la base EG, par la 4. prop. Et puis que les deux costez DF, DG, sont egaux entr'eux: les angles DFG, DGF seront aussi egaux entr'eux par la 5. prop. Mais l'angle DGF est plus grand que l'angle EGF, par la 9. com. sent. donc aussi l'angle DFG sera plus grand que le mesme angle EGF: parquoy tout l'angle EFG sera beaucoup plus grand que le mesme angle EGF: donc au triangle EFG le costé EG sera plus grand que le costé EF par la 19. prop. Mais il a esté demonstré que EG est egale à BC: donc BC sera plus aussi grande que EF: Ce qui estoit proposé.

Maintenant, que EG tombe sur icelle EF: ainsi qu'en la 2. fig. d'autant que comme dessus la base EG, sera egale à la base BC par la 4. prop. & GE est plus grande que EF par la 9. com. sent. aussi BC sera plus grande que EF: Ce qui estoit proposé.

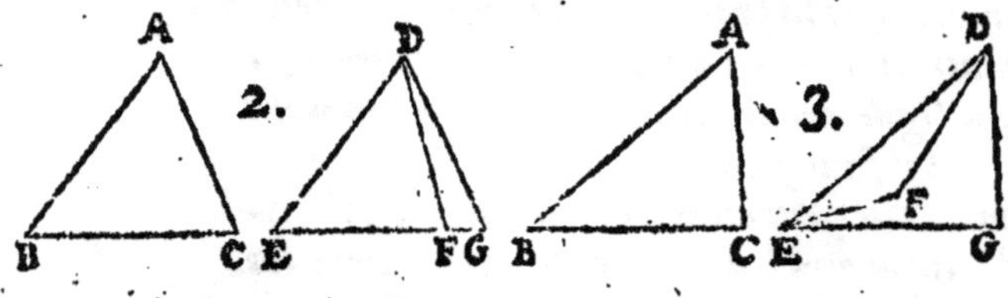

En troisiesme lieu, que EG tombe au dessous de EF. Il est euident que les deux lignes interieures DF, EF sont plus petites que les deux costez

DG,EG par la 21. prop. Mais par la construction DG est egale à DF : donc EG est plus grande que EF par la 5. com. sent. Mais comme dessus par la 4. prop. EG est egale à BC : donc aussi icelle BC sera plus grande que EF. Si donc deux triangles ont deux costez egaux, &c. Ce qu'il falloit demonstrer.

THEOR. 16. PROP. XXV.

Si deux triangles ont deux costez egaux à deux costez, chaçun au sien, & la base plus grande que la base ; ils auront aussi l'angle contenu d'iceux costez egaux, plus grand que l'angle.

Soient deux triangles ABC & DEF, desquels les deux costez AB & AC, sont egaux aux deux DE & DF, chacun au sien : Mais la base BC est plus grande que la base EF. Ie dis que l'angle A est plus grand que l'angle D.

D A E F B C

Autrement, il sera égal, ou plus petit. Mais il ne peut estre égal : d'autant que par la 4. prop. les bases BC & EF seroient égales contre l'hypothese. Pareillement il ne peust estre plus petit ; d'autant que par la 24. prop. la base BC seroit plus petite que la base EF, & elle a esté posee plus grande. Parquoy l'angle A sera plus grand que l'angle D, puis qu'il ne peust estre egal ny plus petit. Si donc deux triangles ont deux costez egaux à deux costez, chaçun au sien, &c. Ce qu'il falloit demonstrer.

THEOR. 17. PROP. XXVI.

Si deux triangles ont deux angles egaux à deux angles, chacun au sien, & vn costé egal à vn costé, sçauoir est, ou celuy aux extremitez duquel sont les angles egaux, ou bien celuy qui soustient l'vn d'iceux angles egaux : ils auront aussi les autres costez egaux aux autres costez, chacun au sien, & l'autre angle egal à l'autre angle.

Soient deux triangles ABC & DEF, desquels les angles B & ACB, sont egaux aux deux E & F, chacun au sien, & soit premierement le costé BC, aux extremitez duquel sont les angles B & ACB, egal au costé EF, aux extremitez duquel sont les angles E & F. Ie dis que les deux autres costez AB, AC, sont egaux aux deux autres costez DE, DF, chacun au sien, sçauoir est AB

à DE,

à D E, & AC à DF, & l'autre angle BAC egal à l'autre angle D.

Car si AB n'est egal à DE, l'vn d'iceux sera plus grand : Soit donc AB plus grand, s'il est possible, & d'iceluy soit retranchee B G egale à DE: puis soit tirée la ligne droicte CG. Donc puis que les costez BC, BG, sont egaux aux costez E F, D E, chacun au sien, & l'angle B egal à l'angle E, par la 4. prop. la base C G sera egale à la base FD, & les autres angles egaux aux autres angles chacun au sien, c'est à sçauoir que l'angle BCG sera egal à l'angle F, auquel est aussi egal l'angle ABC par l'hypothese. Partant les deux angles ACB & GCB seroient egaux, la partie au tout : ce qui est absurde. Donc le costé AB n'estoit pas inegal au costé DE, mais egal. Parquoy veu que les costez A B, BC sont egaux aux costez DE, EF, chacun au sien, & l'angle B egal à l'angle E; la base AC sera egale à la base DF, & l'autre angle BAC egal à l'autre angle D, par la 4. prop. de ce liure. Ce qui estoit proposé.

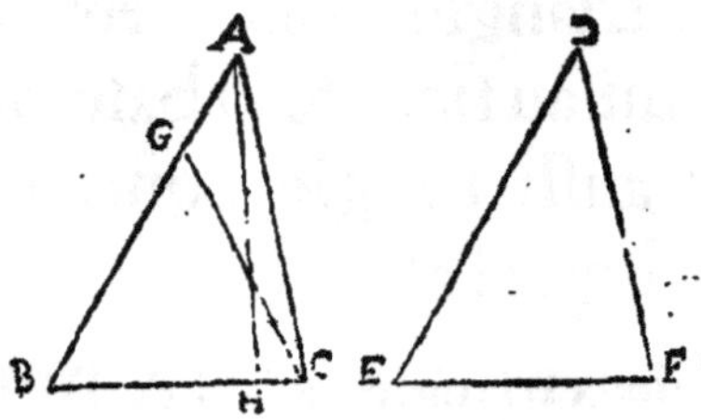

Soient maintenant egaux deux autres costez sçauoir est A B à DE sous-tendans angles egaux ACB & F. Ie dis derechef que les deux autres costez AC, BC sont egaux aux deux autres costez DF, EF, chacun au sien, c'est à dire AC à DF, & BC à EF : & l'autre angle BAC egal à l'autre angle D. Car si le costé BC n'est egal au costé EF, soit le plus grand BC, duquel soit couppé BH egal à EF, puis tiré la ligne AH. Donc puis que les costez AB, BH sont egaux aux costez DE, EF, vn chacun au sien, & l'angle B est egal à l'angle E par l'hypothese, par la 4. prop. la base sera egale à la base, & les autres angles egaux aux autres angles, c'est à sçauoir, que l'angle AHB sera egal à l'angle F. Mais par l'hypothese l'angle ACB, est aussi egal à l'angle F. Donc l'angle AHB sera aussi egal à l'angle ACB, l'exterieur à son opposé interieur : ce qui est absurde : car il est plus grand par la 16. prop. Le costé BC n'estoit donc pas plus grand que le costé EF, ains egal. Parquoy les deux costez AB, BC, sont egaux aux deux costez DE, E F, chacun au sien, & par la 4. prop. l'angle B estant egal à l'angle E, les bases AC, DF, seront egales, & les autres angles BAC & D aussi egaux. Parquoy si deux triangles ont deux angles egaux, &c. Ce qu'il falloit demonstrer.

COROLLAIRE.

Il est manifeste par la demonstration de cette proposition, que le triangle est aussi egal au triangle.

SCHOLIE.

Nous demonstrerons icy deux theoremes assez vtils & necessaires en Geometrie: le premier est tel.

En vn triangle equilateral, ou Isoscelle, estant menee vne ligne droicte de l'angle contenu des deux costez egaux, laquelle diuise en deux egalement, ou l'angle, ou la base; elle sera perpendiculaire à la base : & si elle couppe l'angle en deux egalement, elle couppera aussi la base en deux egalement :

mais si elle couppe en deux egalement la base, elle couppera pareillemẽt l'angle en deux egalement. Et au contraire estant tiree vne ligne droicte perpendiculaire à la base, elle diuisera en deux egalement, tant la base que l'angle.

Au triangle ABC soient deux costez egaux AC, BC, & la ligne droicte CD diuise premierement l'angle C en deux egalement. Ie dis qu'icelle ligne CD est perpendiculaire à la base AB, & la diuise en deux egalement. Car puis que les deux costez AC, CD, sont egaux aux deux costez BC, CD, & les angles qu'ils contiennent aussi egaux, par la quatriesme prop. les bases AD, BD seront aussi egales, & les angles au poinct D egaux, & partant droicts.

Que si la ligne droicte CD diuise en deux egalement la ligne AB: Ie dis que la ligne droicte CD est perpendiculaire à la ligne AB, & que l'angle C est couppé en deux egalement. Car puis que les deux costez AD, DC, sont egaux aux deux costez BD, DC, & la base AC egale à la base BC, par la 8. prop. les angles du poinct D seront egaux, & partant droicts, & la ligne CD perpendiculaire, & par le Corol. de la 8. prop. les angles qui sont en C seront aussi egaux.

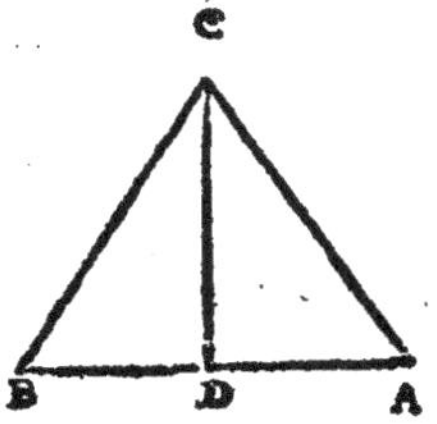

Maintenant soit la ligne droicte CD perpendiculaire à AB: Ie dis qu'elle couppe aussi la base BA, & l'angle C en deux egalement. Car par la 5. prop. les angles A & B seront egaux: parquoy puis que les deux angles A & D du triangle ACD, sont egaux aux deux angles B & D, du triangle BCD, vn chacun au sien, & le costé CD opposé aux angles egaux A & B commun, par la 26. prop. les autres costez AD, BD, seront aussi egaux, & les autres angles du poinct C pareillement egaux. Ce qu'il falloit demonstrer.

Le second Theoreme est tel.

Le triangle auquel vne ligne droicte tiree de l'vn des angles perpendiculaire à la base, diuise ou la base ou l'angle en deux egalement, a les deux costez comprenant iceluy angle egaux : Et si la base est diuisee en deux egalement, l'angle sera aussi diuisé deux en egalement : Mais si l'angle est diuisé en deux egalement, aussi sera la base diuisee en deux egalement.

Au mesme triangle ABC, soit CD perpendiculaire à la base AB, & la diuise en deux egalement. Ie dis que les costez AC & BC sont egaux, & les angles à C aussi egaux. Car puis que les deux costez AD, DC, sont egaux aux deux costez BD, DC, & les angles qu'ils comprennent aussi egaux, sçauoir droicts par la 4. prop. les bases AC, BC, & les angles à C seront pareillement egaux.

Maintenant, que la perpendiculaire CD couppe en deux egalement l'angle C: ie dis que les costez AC, BC sont egaux; & les lignes AD, BD aussi egales: Car puis que les deux angles D, C du triangle ACD, sont egaux aux deux angles D, C du triangle BCD, & le costé CD est commun, par la 26. prop. les deux costez AC, BC, seront egaux; & les costez AD, BD, aussi egaux: Ce qu'il falloit demonstrer.

THEOR. 18. PROP. XXVII.

Si vne ligne droicte tombant sur deux lignes droictes faict

les angles opposez alternatiuement egaux ; icelles deux lignes seront paralleles entr'elles.

Soient deux lignes droictes AB & CD, sur lesquelles tombant la ligne droicte EF, faict les angles BEF, & EFC alternatiuement egaux. Ie dis que AB & CD sont paralleles.

Car si elles ne sont paralleles, estans continuées elles se rencontreront: Que si elles se rencontroient, comme au poinct G, elles feroient vn triangle auec le coste EF, & l'angle exterieur CFE seroit plus grand que l'opposé interieur FEB par la 16. prop. ce qui est contre l'hypothese. Donc les deux lignes AB, & CD ne se rencontreront iamais; & par la 25. def. icelles lignes seront paralleles entr'elles. Parquoy si vne ligne droicte tombante sur deux lignes droictes, &c. Ce qu'il falloit demonstrer.

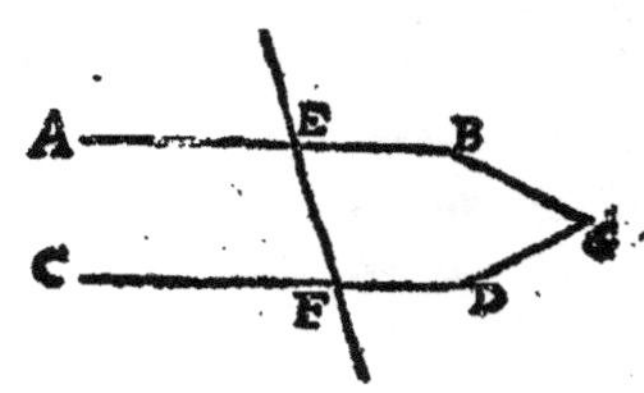

THEOR. 19. PROP. XXVIII.

Si vne ligne droicte tombant sur deux lignes droictes, faict l'angle exterieur egal à son opposé interieur du mesme costé ; ou bien les deux interieurs de méme costé, egaux à deux droicts; icelles deux lignes seront paralleles entr'elles.

Soient deux lignes droictes AB & CD, sur lesquelles tombant vne autre ligne droicte EF, fasse l'angle exterieur EGA egal à GHC son opposé interieur de méme costé. Ie dis que AB & CD sont paralleles entr'elles.

Car puis que l'angle GHC est posé egal à l'angle EGA, auquel est aussi egal l'angle BGH par la 15. prop. les angles alternes BGH, GHC, seront egaux par la premiere commune sentence : partant les lignes droictes AB, CD seront paralleles par la proposition precedente. Ce qui estoit proposé.

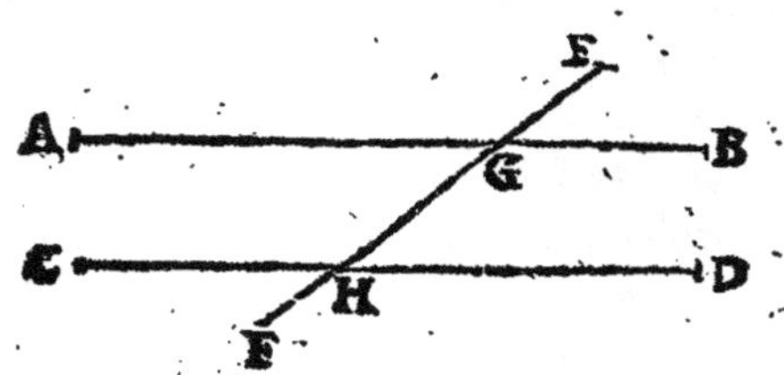

Pour la seconde partie. Ie dis que si les deux angles interieurs de mesme costé AGH, & CHG sont egaux à deux droicts, aussi AB & CD seront paralleles. Car par la 13. proposition, les deux angles GHC & GHD sont egaux à deux droicts ; partant aussi egaux aux deux AGH & GHC. Que si d'iceux angles egaux, on oste le commun GHC, les demeurans AGH & GHD se trouueront alternatiuement egaux, & par la 27. prop. AB & CD seront paralleles. Si donc vne ligne droicte tombant sur deux lignes droictes, &c. Ce qui falloit demonstrer.

THEOR. 20. PROP. XXIX.

Si vne ligne droicte tombe ſur deux lignes droictes paralleles, elle fera les angles oppoſez alternatiuement egaux; & l'exterieur egal à ſon oppoſé interieur du meſme coſté: & les deux interieurs de meſme coſté egaux à deux droicts.

Soient deux lignes droictes paralleles AB & CD, ſur leſquelles tombe la ligne droicte EF. Ie dis en premier lieu que les angles AGH & GHD oppoſez alternatiuement ſont egaux.

Autrement, s'ils ne ſont egaux, AGH ſera plus grand, ou plus petit que l'autre: Soit donc AGH plus petit, s'il eſt poſſible, que GHD: & ſi à iceux angles inegaux on adiouſte choſe comm. ſçauoir l'angle GHC, les deux angl. AGH & GHC ſeront plus petits que les deux GHC & GHD, leſquels par la 13. prop. eſtans egaux à deux droicts, AGH & GHC ſeront plus petits que deux droicts, & par la 11. com. ſent. les deux lignes AB & CD ne ſont point paralleles: ce qui eſt contre noſtre hypotheſe. Donc il falloit que l'angle AGH fuſt egal à l'angle GHD ſon alterne oppoſé.

Pour la ſeconde partie. Ie dis que l'angle exterieur EGB eſt egal à ſon oppoſé interieur de meſme coſté GHD: ce qui eſt manifeſte par ce qui a eſté demõſtré cy-deſſus, ſçauoir que les angles AGH & GHD eſtoient egaux, eſtant

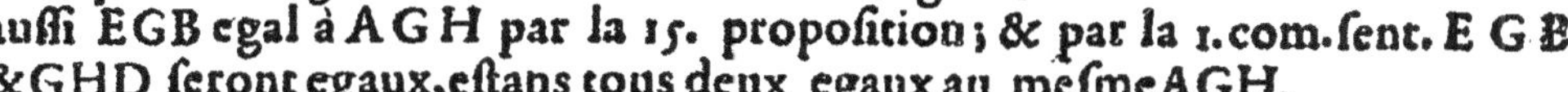

auſſi EGB egal à AGH par la 15. propoſition; & par la 1. com. ſent. EGB & GHD ſeront egaux, eſtans tous deux egaux au meſme AGH.

Pour la troiſieſme partie: ie dis que les deux angles interieurs de meſme coſté AGH & GHC ſont egaux à deux droicts: car s'il eſtoit autrement les lignes AB & CD ne ſeroient paralleles par la 11. com. ſent. contre l'hypotheſe. Si donc vne ligne droicte tombe ſur deux lignes droictes, &c. Ce qu'il falloit demonſtrer.

THEOR. 21. PROP. XXX.

Les lignes droictes paralleles à vne meſme ligne droicte, ſont paralleles entr'elles.

Soient les lignes droictes AB, CD, paralleles à vne meſme ligne droicte EF. Ie dis que AB & CD ſont paralleles entr'elles.

Car d'autant que toutes ces lignes AB, EF, CD, ſont poſees en vn meſme plan, ſoit tiree la ligne droicte GHK, qui les couppe toutes trois, ſçadroit est A B en G ; E F en H ; & C D en K. Et puis que A B est posee parallele à E F, les angles alternes AGH, G H F, seront egaux entr'eux par la precedente proposition. Derechef, puis que C D est aussi posee parallele à la mesme EF ; l'angle DKH sera aussi egal au méme angle GHF c'est à sçauoir l'interne à l'externe. Parquoy les angles AGH & DKH seront egaux entr'eux, lesquels estans alternes, les lignes A B & C D sont paralleles entr'elles, par la 27. prop. Parquoy les lignes droictes paralleles à vne mesme ligne droicte sont paralleles entr'elles. Ce qu'il falloit demonstrer.

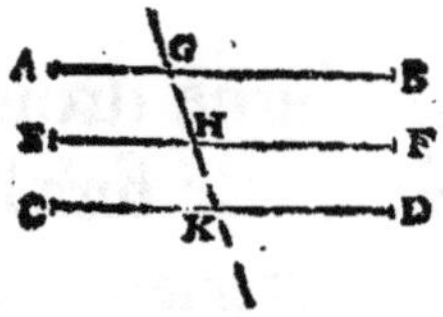

SCHOLIE.

Si quelqu'vn disoit que AG & B G sont paralleles à E F, & toutesfois elles ne sont paralleles entr'elles, il faudroit respondre qu'icelles A G & B G ne sont pas deux lignes, mais seulement les deux parties d'vne seule & mesme ligne: Car il faut entendre que toutes les paralleles dont parle icy Euclide, soient infiniment produites sans se rencontrer : mais il appert que A G estant prolongee se rencontre auec BG.

THEOR. 22 PROP. XXXI.

D'vn poinct donné, mener vne ligne droicte parallele à vne ligne droicte donnée.

Soit le poinct donné A, duquel il faut mener vne ligne droicte parallele à la dônee BC.

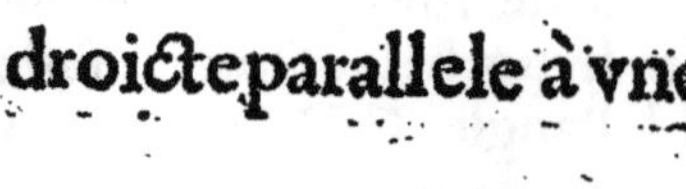

Soit menée la ligne A D faisant auec la ligne donnee BC, quelconque angle A D C, & sur icelle AD, & au poinct A soit fait l'angle DAE egal à l'angle ADC. Ie dis que la ligne E A tiree tant qu'on voudra vers F, est parallele à BC. Car puis que par la construction les angles alternes ADC, DAE sont egaux, les lignes BC, FE seront paralleles entr'elles par la 27. prop. Nous auons donc d'vn poinct donné A, mené vne ligne droicte EF parallele à vne ligne droicte donnee BC. Ce qu'il falloit faire.

SCHOLIE.

Il est manifeste par cette construction, que le poinct donné doit estre tellement situé hors la ligne donnee, qu'icelle estant continuee directement ne rencontre iceluy. Quant à la prattique de cette proposition, nous l'auons enseignee en nos Memoires Mathematiques, Prob. 6. de la Geometrie prattique, laquelle toutesfois nous repeterõs ici. Du poinct donné A soit menee la ligne droicte AB faisant auec la ligne donnee BC, l'angle ABC; puis de A & B comme centres, & d'vn mesme internalle, soient descrits les deux arcs DE, FG, & fait FG egal à DE, puis par les poincts A & G soit menee la ligne droicte AG si grande qu'on voudra, & icelle sera parallele à BC.

Autrement, si du poinct H on veut mener vne parallele à la ligne droicte IK, du centre H soit fait vn arc qui touche seulement la ligne donnee IK, puis du centre I (qui est l'extremité de la ligne le plus esloigné de l'arc ia fait) & du mesme interualle soit descrit vn autre arc LM, puis du poinct H soit tiree la ligne droicte HN, qui touche l'arc LM, & icelle ligne HN sera la parallele requise.

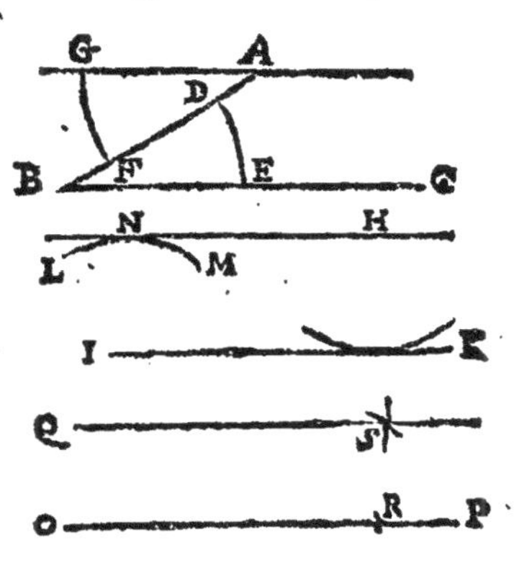

Encore autrement : *Si du poinct Q, il faut tirer vne ligne parallele à vne ligne donnee OP, soit pris en icelle ligne quelconque distance, comme OR, auec laquelle soit descrit du centre Q vn arc S; puis soit pris la distance ou internalle QO, & d'iceluy soit aussi descrit du céntre R vn arc qui coupe le precedent en S, & d'icelle intersection soit tiree par le poinct donné Q la ligne droicte QS, laquelle sera parallele à OP, ainsi qu'il estoit requis.*

THEOR. 22. PROP. XXXII.

En tout triangle, l'vn des costez estant prolongé, l'angle exterieur est egal aux deux opposez interieurs; & de chacun triangle les trois angles interieurs sont egaux à deux droicts.

Soit le triangle ABC, duquel le costé BC, soit prolongé iusques en D: Ie dis en premier lieu que l'angle exterieur ACD, est egal aux deux opposez interieurs A & B.

Qu'il ne soit ainsi : qu'on meine CE parallele à BA par la 31. prop. & d'autant que la ligne AC tombe sur les paralleles AB, EC, par la 29. prop. les angles BAC, & ACE, seront alternatiuement egaux : item l'exterieur ECD, sera egal à son opposé interieur ABC. Partant il est manifeste que le total ACD, est egal aux deux A & B, opposez interieurement.

Pour la seconde partie, que les trois angles A, B & C, interieurs du triangle ABC sont egaux à deux droicts, il est euident, estant ACD egal aux deux A & B. Mais ACD & ACB, sont ensemble egaux à deux droicts par la 13. prop. Partant les trois angles interieurs A, B, & ACB, seront aussi egaux à deux angles droicts. Si donc de tout triangle, l'vn des costez est prolongé, &c. Ce qu'il falloit demonstrer.

SCHOLIE.

De ceste proposition nous pouuons colliger à combien d'angles droicts sont egaux tous les angles internes de quelconque figure rectiligne, qui n'en a point d'externe.

& ce par deux manieres, dont la premiere est telle.

Tous les angles de quelconque figure rectiligne, sont egaux à deux fois autant d'angles droicts, qu'icelle est entre les figures rectilignes.

C'est à dire, que tous les angles de la premiere figure rectiligne sont egaux à deux fois vn droict, c'est à dire, à deux droicts: Mais les angles de la seconde figure rectiligne, sont egaux à deux fois deux droicts, sçauoir est à quatre droicts: Mais ceux de la troisiesme figure, sont egaux à deux fois trois droicts, c'est à dire à six droicts, & ainsi des autres. Or le lieu qu'obtient chasque figure rectiligne entre les figures rectilignes, est monstré par le nombre des costez, ou des angles, deux d'iceux ostez; d'autant que deux lignes droictes n'enferment pas vne superficie, & par consequent ne constituent vne figure: mais sont requises au moins trois lignes droictes pour constituer vne figure rectiligne: d'où vient que le triangle est la premiere figure rectiligne: Car de ses costez, en estans ostez deux, reste vn: ainsi la figure ayant douze costez, ou douze angles, sera la dixiesme figure, puis que deux estans ostez de douze restent dix: & ainsi faut il iuger des autres. Parquoy puis que la figure contenue de douze costez, est la dixiesme, elle aura aussi douze angles equiuallans à vingt angles droicts, c'est à sçauoir à deux fois dix angles droicts: Ainsi aussi tous les dix angles de la figure contenue de dix costez, equiuallent à seize angles droicts, puis qu'icelle figure est la huictiesme en ordre entre les figures rectilignes. Or la raison de cecy est, que toute figure rectiligne se diuise en autant de triangles, qu'elle est quantiesme en ordre entre les figures, ou bien qu'elle a d'angles, ou de costés, deux estans ostez: Car de quelconque angle d'vne figure, on peut tirer des lignes droictes à tous les angles opposez: mais aux deux plus prochains on n'en peut pas tirer. Parquoy la figure sera diuisee en autant de triangles qu'elle a d'angles, deux d'iceux estans ostez. Ainsi il est euident que le triangle ne se peut diuiser en autres triangles: mais le quadrangle se couppe en deux: le Pentagone en trois, &c. Veu donc que les angles d'iceux triangles constituent tous les angles de la fig. proposée, & tous les angles de quelconque triangle rectiligne sont egaux à deux droicts: il est manifeste que tous les angles de quelconque figure rectiligne sont egaux à deux fois autant d'angles droicts, qu'est le nombre des triangles esquels elle se diuise, c'est à dire à deux fois autant d'angles droicts, qu'icelle figure est quantiesme en ordre entre les figures rectilignes. Ce qu'on voit manifestement és figures cy dessus apposees.

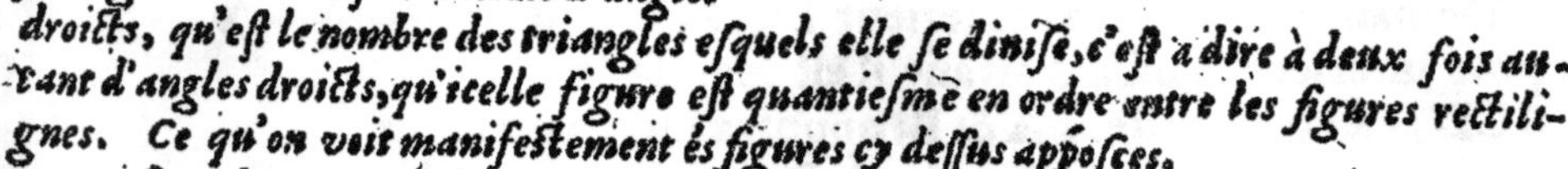

Le second moyen par lequel on sçaura la valeur des angles de quelconque figure rectiligne, est cestuy-cy.

Tous les angles de quelconque figure rectiligne, sont egaux à deux fois autant d'angles droicts, quatre estans ostez, qu'il y a en icelle d'angles, ou de costez.

C'est à dire, que les angles de chasque triangle sont egaux à deux fois trois droicts, quatre ostez, c'est à sçauoir à deux droicts: Ainsi aussi les angles de la figure de douze costés, vaudront deux fois douze angles droicts, moins quatre, sçauoir est vingt angles droicts, &c. Or la demonstration de cela est telle. Si de quelconque poinct pris dedans la figure on tire des lignes droictes à tous les angles, il y aura autant de triangles en ladite figure, qu'elle a d'angles ou de costez. Veu donc que les trois angles de chasque triangle par la 32. prop. sont egaux à deux droicts, tous les angles d'iceux triangles, sont egaux à deux fois autant de droicts qu'il y a de costez en la figure. Mais il est euident que les angles des mesmes triangles qui sont à l'entour du poinct pris dedans la figure, n'appartiennent aux angles de ladite figure proposee: & partãt si on oste ces angles-là, les autres angles des triangles qui constituent ceux de la figure proposée, seront aussi egaux à deux fois autant d'angles droicts, ceux d'alentour le poinct pris estans ostez, qu'il y a de costez, ou d'angles à la figure. Mais tous ces angles-là d'alentour le poinct pris, sont seulement egaux à quatre droicts, ainsi que nous l'auons colligé de la 15. prop. Parquoy les angles de quelconque figure rectiligne sont egaux à deux fois autant de droicts, quatre estans ostez, que ladite figure contient d'angles ou de costez.

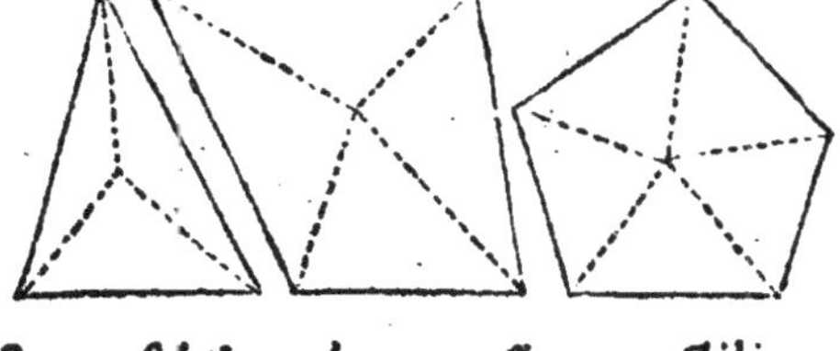

Or il appert de ce que dessus, que si chasque costé dequelconque figure rectiligne, qui n'a que des angles interieurs, est prolongé par ordre vers vne mesme part; tous les angles externes pris ensemble, seront egaux à quatre droicts. Car par la 13. prop. les angles interieurs pris auec les exterieurs, sont egaux à deux fois autant d'angles droicts, qu'il y a d'angles, ou de costez en la figure. Mais les angles interieurs sont egaux à deux fois autant de droicts, quatre ostez, que ladite figure a d'angles, comme nous auons monstré cy dessus: partant les exterieurs sont tousiours egaux à quatre droicts. Par exemple: En quelconque triangle, les angles interieurs & exterieurs ensemble, sont egaux à six droicts: comme il appert en cette figure. Mais par la 32. prop. les internes seuls sont egaux à deux droicts. Donc les seuls exterieurs seront egaux à quatre droicts. En vn quadrangle, les angles exterieurs, & les interieurs ensemble, sont egaux à huict droicts. Mais les interieurs seuls sont egaux à quatre droicts, comme nous auons demonstré: les exterieurs seuls seront donc aussi egaux à quatre droicts. Toutes lesquelles choses peuuent estre veuës ez figures apposees cy dessus. Il y a la mesme raison en toutes autres figures qui ont tous leurs angles interieurs.

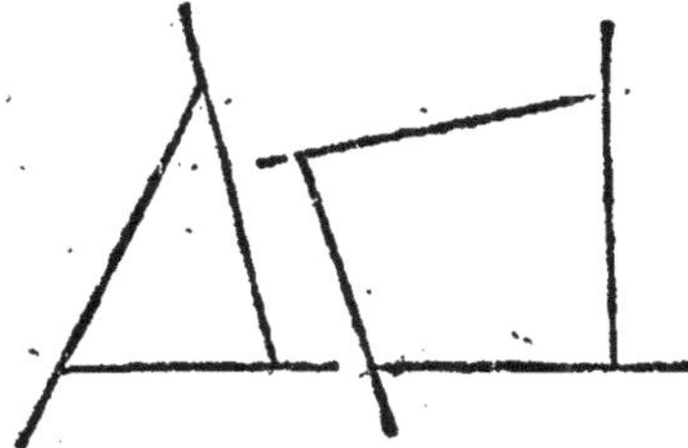

COROLLAIRE.

Il resulte de cette 32. prop. que les trois angles de quelconque triangle rectil. pris ensemble, sont egaux aux trois angles de quelconque autre triangle pris ensemble: Pource que tant ces trois-là, que ces trois-cy, sont egaux à deux droicts: d'où vient que si deux angles d'vn triangle sont egaux à deux angles d'vn autre triangle, le troisiesme angle de l'vn sera aussi egal au troisiesme angle de l'autre; & de plus, si les deux angles de ce triangle-là sont egaux aux deux angles de cestuy-cy, chacun au sien, les triangles seront equiangles.

Il appert aussi que tout triangle Isoscelle, duquel l'angle compris des costez egaux est droict, à chacun des autres angles demy droict: car ces deux ensemble font vn droict, puis que par la 32. prop. les trois sont egaux à deux droicts, & que le troisie-

me est

me est posé droict : Parquoy puis que par la 5. prop. les deux restans sont egaux entr'eux : chacun d'iceux sera demy droict. Mais si l'angle contenu des costez egaux estoit obtus, chacun des autres seroit moindre qu'vn demy droict : car les deux ensemble seroient moindres qu'vn droict, &c. Finalement si ledit angle estoit aigu, chacun des autres, seroit plus grand qu'vn demy droict : pource que les deux ensemble seroient plus grands qu'vn droict, &c. D'où resulte derechef que les triangles Isoscelles, qui ont les angles du sommet egaux, sont equiangles ; attendu que chacun des angles de dessus la base, sera la moitié du reste de deux droicts.

Il est pareillement manifeste, que chasque angle d'vn triangle equilateral, est les deux tierces parties d'vn droict, ou la tierce partie de deux droicts. Car deux angles droicts, ausquels sont egaux les trois angles d'vn triangle equilateral par cette 32. propos. estans diuisez en trois angles egaux, chacun d'iceux sera necessairement la tierce partie de deux droicts, ou bien les deux tierces parties d'vn droict.

THEOR. 23. PROP. XXXIII.

Les lignes droictes qui conjoignent deux lignes droictes egales & paralleles, & de mesme part, sont aussi egales & paralleles.

Soient deux lignes droictes AB & CD, qui conioignent de mesme part deux autres lignes droictes AD & BC egales & paralleles. Ie dis que AB & CD, sont aussi egales & paralleles.

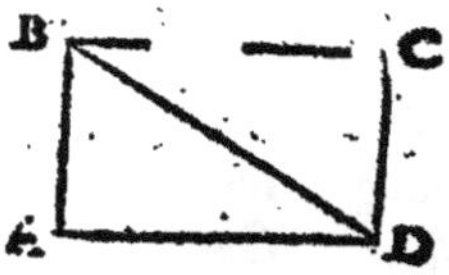

Qu'il ne soit ainsi : soit menee la diagonalle BD : Icelle tombant sur les deux paralleles AD & BC, fera les angles ADB & CBD alternatiuement egaux par la 29. prop. Item AD & BC estans egales, les deux triangles ABD & CBD, auront deux costez egaux à deux costez chacun au sien, & les angles qu'ils comprennent aussi egaux, & par la 4. prop. la base AB sera egale à la base CD, & l'angle ABD sera egal alternatiuement à l'angle CDB, & par la 27. prop. icelles lignes egales AB & CD, seront aussi paralleles. Donc les lignes droictes qui conioignent deux lignes droictes, &c. Ce qu'il falloit demonstrer.

SCHOLIE.

Euclide a dit que les lignes egales & paralleles doiuent estre conioinctes de mesme part, afin que celles qui les ioindront soient aussi egales & paralleles.

pource que si on les conioignoit de part & d'autre, comme de A à C, & de B à D il est manifeste que les lignes qui les ioindroient ainsi, ne seroient iamais paralleles, ains s'entrecoupperoient tousiours, & ne seroient que rarement egales.

THEOR. 24. PROP. XXXIV.

En tout parallelogramme, les costés & les angles opposez, sont egaux entr'eux ; & la diagonalle le couppe en deux egalement.

Soit le parallelogramme ABCD, auquel soit menee la diagonalle BD. Ie dis que le costé AB est egal à son opposé CD ; & aussi le costé AD egal au costé BC : Item que l'angle A est egal à son angle opposé C, & encore l'angle ABC egal à l'angle ADC : finalement qu'iceluy paralellelogramme AB CD, est couppé en deux egalement par la diagonalle BD.

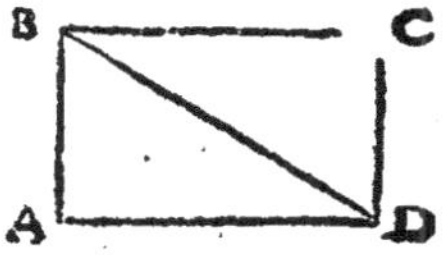

Car puis que la figure quadrilatere ABCD est vn parallelogramme, le costé AB sera parallele au costé CD, & le costé AD au costé BC, & par la 29. propos. l'angle ABD sera alternatiuement egal à BDC. Item l'angle ADB alternatiuement egal à l'angle CBD: Ainsi les deux triangles BAD & DCB auront les angles ABD & BDA, egaux aux angles BDC & CBD, chacun au sien : & le costé BD commun à tous les deux susdits triangles : Et partant par la 26. prop. les autres costez AB & AD, seront egaux aux autres costez CD & BC, chacun au sien, & l'autre angle A egal à l'autre angle C. Et de plus il est euident que les deux angles du poinct B ensemble, seront egaux aux deux ensemble du poinct D. Encores par la 4. propos. les triangles ABD & CDB seront egaux ; & partant le parallelogramme ABCD est couppé en deux egalement par la diagonalle BD. Donc en tout parallelogramme les costez & les angles, &c. Ce qui estoit à prouuer.

SCHOLIE.

Euclide a bien dit icy que la diagonalle couppe le parallelogramme en deux egalement, mais il n'a rien dit des angles, pource qu'icelle diagonalle les couppe quelquesfois en deux egalement, & d'autresfois inegallement, ainsi qu'il est demonstré au 3. Theoreme suiuant.

1. **Tout quadrilatere ayant les costez opposez egaux est parallelogramme.**

Au quadrilatere ABCD, les costez opposez AB, CD soient egaux, & aussi les opposés AD, BC. Ie dis qu'iceluy quadrilatere ABCD est vn parallelogramme. Car ayant mené la diagonalle BD, les deux costez AB, BD du triangle ABD seront egaux aux deux costez DC, BD du triangle BCD, chacun au sien, & la base BD, egale à la base BC. Donc par la 8. propos. l'angle ABD sera egal à l'angle CDB, qui luy est alterne, & encore ADB à son alterne CBD par le Corollaire d'icelle 8. prop. Et par la 27. p. les lignes AB, CD seront paralleles; comme aussi BC, AD: & par la 36. def. le quadrilatere ABCD est vn parallelogramme. Ce qui estoit proposé.

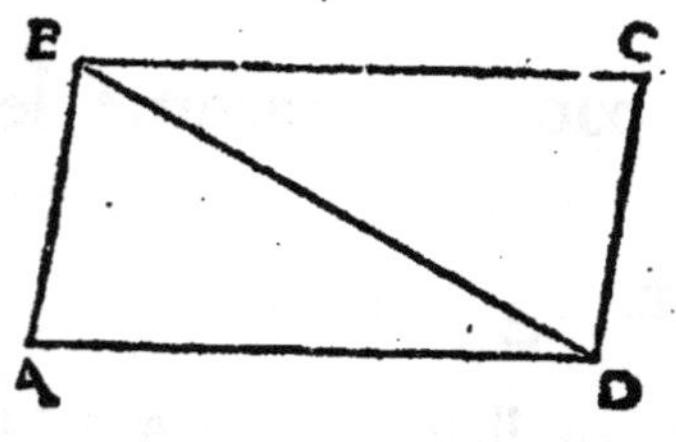

De cecy resulte que les Rhombes, & les Rhomboides sont parallelogrammes, puis qu'ils ont leurs costez opposez egaux.

2. **Tout quadrilatere qui a les angles opposez egaux, est parallelogramme.**

Au quadrilatere ABCD, les angles opposez A & C soient egaux, comme aussi les opposez B & D. Ie dis que ABCD est vn parallelogramme. Car si aux angles egaux A & C, on adiouste les angles egaux B & D: par le 2. Ax. les deux angles A & B seront egaux aux deux angles C & D: partant les deux A & B seront la moitié des quatre angles A, B, C & D. Mais ces quatre cy sont egaux à quatre droicts, comme nous auons demonstré au Scholie de la 32 prop. Donc les deux A & B seront egaux à deux droicts, & par la 28. prop. le costez AD, BC seront parallels. Par mesme raison les costez AB, DC seront aussi parallels. Parquoy le quadrilatere ABCD est vn parallelogramme. Ce qui estoit proposé.

De cecy resulte que tout quadrilatere qui a tous les angles droicts est parallelogramme, attendu que les deux angles A & B seront egaux à deux droicts, comme aussi les deux D & C, &c. Consequemment tant le quarré, que le quarré long, sont parallelogrammes, puis qu'ils ont tous leurs angles droicts.

Or par les deux Theoremes precedents sont conuerties les deux premieres parties de la 34. propos. mais quant à la 3. partie, on ne la peut pas conuertir, veu que tout quadrilatere qui est couppé en deux egalement par la diagonalle, n'est pas parallelogramme. Car soit ABCD vn quarré long, ou bien vn Rhomboide, lequel sera parallelogramme, & consequemment estant tiree la diagonalle AC, elle le couppera en deux egalement: & sur icelle soit cõstruict le triangle AEC, en sorte que le costé AE soit egal au costé AD, & le costé CE egal au costé CD: & sera faict le trapese ADCE, duquel la diagonalle sera AC, qui le couppera en deux egalement, puis que les deux triangles ADC, AEC ayans tous leurs costez egaux chacun au sien, sont consequemment egaux.

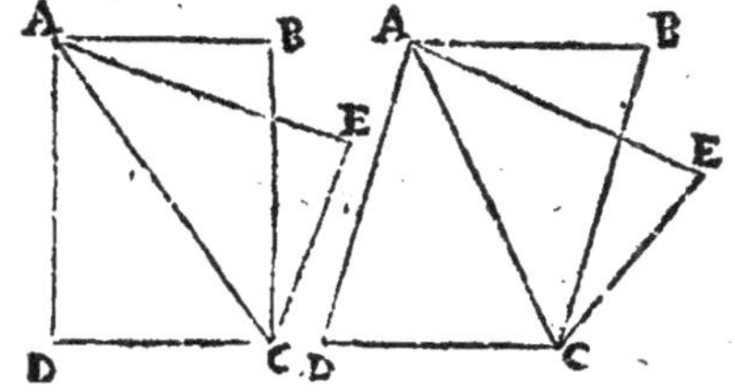

3. Si vn parallelogramme est equilateral, la diagonalle couppera les angles en deux egalement: mais inegalement s'il n'est equilateral.

Soit vn parallelogramme ABCD, duquel tous les costez soient egaux entr'eux, & soit menee la diagonalle AC: Ie dis qu'elle couppe les angles A & C en deux egalement. Ce qui est manifeste par la 8. propos. veu que les deux triangles ABC, ADC ont tous les trois costez egaux, chacun au sien.

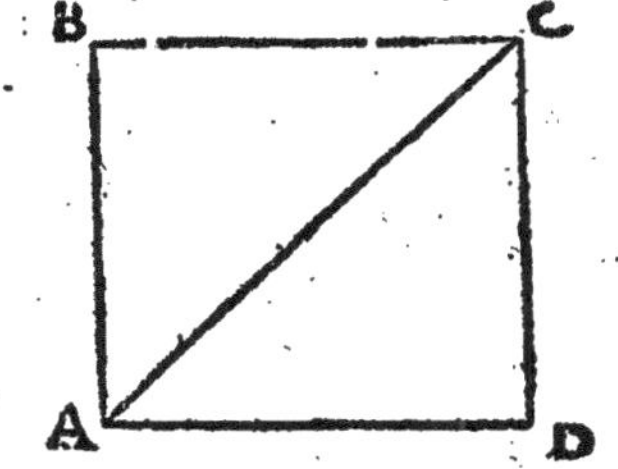

Soit derechef le parallelogramme ABCD, auquel le costé AD soit plus grand que le costé AB, & soit tiree la diagonalle BD: Ie dis qu'elle couppe inegalement les angles B & D. Car puis que au triangle ABD le costé AD est plus grand que le costé AB, par la 18. propos. l'angle ABD sera plus grand que l'angle ADB. Mais par la 29. prop. l'angle ABD est egal à son alterne BDC, car AD est parallele à BC, puis que ABCD est vn parallelogramme. Donc aussi l'angle BDC sera plus grand que l'angle ADB: & partant tout l'angle D est couppé inegalement par la diagonalle BD. Il y a mesme raison des autres angles. Parquoy appert ce qui estoit proposé.

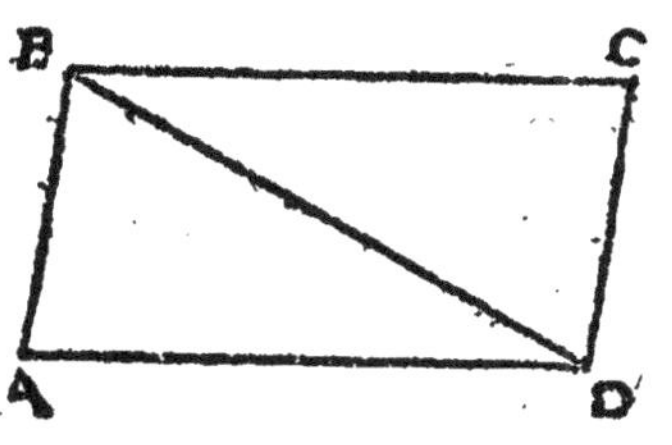

4. Si vn parallelogramme a tous les angles egaux, les deux diagonalles seront egales entr'elles: mais inegales, si les angles sont inegaux.

Soit premierement vn parallelogramme ABCD, duquel tous les angles soient egaux, & soient menees les deux diagonalles AC, BD: Ie dis qu'i-

celles diagonalles sont egalles entr'elles. Car attendu que les deux costez A B, B C du triangle A B C sont egaux aux deux costez D C, C B du triangle B C D, chacun au sien, & l'angle B egal à l'angle C, par la 4. propos. la base A C sera egale à la base B D : ce qui estoit proposé. Partant au quarré, & au quarré long les diametres sont egaux, puis que l'vn & l'autre a tous les angles egaux, sçauoir droicts.

Maintenant au parallelogramme A B C D, duquel l'angle A B C soit plus grand que l'angle B A D, & soient les deux diagonalles A C, B D. Ie dis que la diagonalle A C, qui soustient le plus grand angle B, est plus grande que la diagonalle B D, qui soustient le moindre angle A. Car d'autant qu'au triangle A B C les deux costez A B, B C, sont egaux aux deux costez A B, A D du triangle B A D, chacun au sien, & l'angle B plus grand que l'angle A, par la vingt-quatriesme propositon, la base A C sera plus grande que la base B D. Ce qui estoit proposé.

De cecy resulte qu'au Rhombe, ou Rhomboide les diagonalles sont inegales: car il ont les angles obliques, & par consequent inegaux.

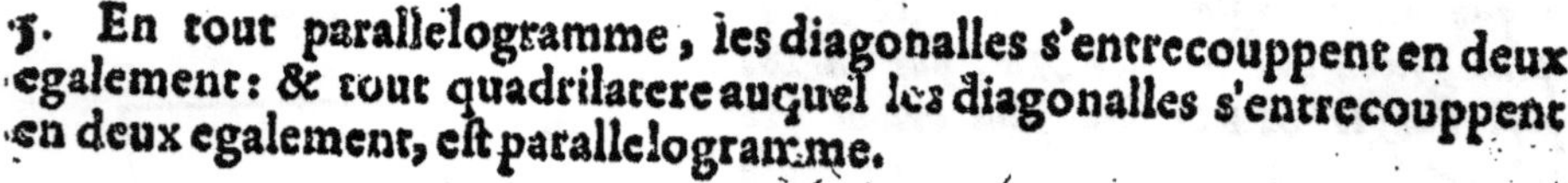
5. En tout parallelogramme, les diagonalles s'entrecouppent en deux egalement: & tout quadrilatere auquel les diagonalles s'entrecouppent en deux egalement, est parallelogramme.

Au parallelogramme A B C D cy-dessus, soient les deux diametres A C, B D qui s'entrecouppent au poinct E : Ie dis que chacun d'iceux diametres est couppé en deux parties egales en E, c'est à dire que A E, C E sont egales, & B E, D E aussi egales. Car d'autant que par la 29 prop. les deux angles E A B, E B A du triangle A B E, sont egaux aux alternes E C D, E D C du triangle C D E, vn chacun au sien, & le costé A B egal au costé opposé C D par la 34. prop. le costé A E sera egal au costé C E, & le costé B E au costé E D par la 26. prop. Ce qui estoit premierement proposé.

Maintenant, au quadrilatere A B C D soient les deux diagonalles A C, B D, qui s'entrecouppent en deux egalement en E : Ie dis qu'iceluy quadrilatere A B C D est vn parallelogramme. Car puis que les costez A E, B E du triangle A E B sont egaux aux costez C E, D E du triangle C E D, chacun au sien, & que par la quinziesme proposition les angles au sommet E sont aussi *egaux; par la quatriesme proposit. les bases AB, CD seront egales, & l'angle ABE egal à l'angle alterne CDE: Donc les lignes droictes AB, CD seront paralleles par la 27. proposition. Par mesme raison AD, BC seront demonstrées paralleles. Parquoy ABCD est vn parallelogramme.*

De cecy appert que si on veut promptement construire vn parallelogramme, il faut tirer deux lignes droictes interminees AC, BD, qui s'entrecouppent comme que ce soit en E; puis prendre AE, EC egales, & BE, ED aussi egales, puis [illegible]ient tirees les lignes AB, BC, CD, DA: & sera faict le parallelogramme ABCD: lequel sera vn Rhombe, si les angles du poinct E sont faicts droicts, & s'ils sont obliques, ce sera vn Rhomboide: Mais les susdicts angles estans droicts, si on faict toutes les quatre lignes EA, EB, EC, ED egales entr'elles; le parallelogramme constitué sera vn quarré: Finalement lesdits angles du poinct E estans obliques, & toutes les quatre susdites lignes egales, le parallelogramme constitué sera vn quarré long; le tout comme il appert des choses demonstrees cy-dessus.

A ce que dessus nous adiousterons encore ce probleme.

6. Construire vn parallelogramme qui ait vn angle egal à vn angle donné, & les costez comprenant iceluy angle, egaux à deux lignes droictes donnees.

Soient donnees deux lignes droictes A, B, & vn angle C: Il faut construire vn parallelogramme ayant vn angle egal au donné C, & les deux costez comprenant iceluy angle, egaux aux deux lignes donnees A & B.

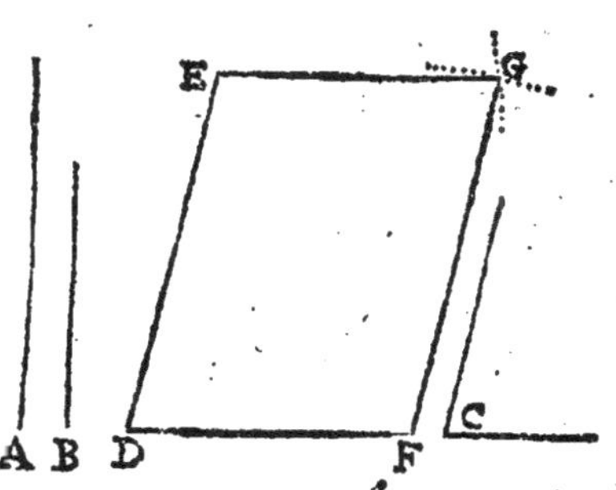

Soit prise DE egale à A, puis à l'extremité D, soit faict l'angle EDF egal au donné C, faisant DF egale à B: en apres du centre E, & du mesme interualle B soit descrit vn arc de cercle G, puis du centre F & interualle A soit descrit vn autre arc qui couppe le precedent G, & de l'intersection soient tirees les lignes droictes EG, FG: & le quadrilatere DEGF, sera le parallelogramme requis, ainsi qu'il est manifeste par les choses cy-dessus demonstrees.

THEOR. 25. PROP. XXXV.

Les parallelogrammes constituez sur vne mesme base, & entre mesmes paralleles, sont egaux entr'eux.

Soient deux parallelogrammes ABCD & BCFE, tous deux sur mesme base BC, & entre mesmes paralleles AF, & BC: Ie dis qu'ils sont egaux entr'eux.

Or le poinct E tombera, ou entre A & D, ou au poinct D, ou entre D & F : qu'il tombe premierement entre A & D, comme en la premiere figure. D'autant que par la 34. prop. au parallelogramme A B C D, le costé A D est egal au costé B C qui luy est opposé, & qu'au mesme B C est aussi egal E F costé du parallelogramme B E F D, par la 1. com. sent. les costez A D, E F seront egaux entr'eux : ostant donc d'iceux la partie commune E D, les restes A E & D F seront egaux par la 3. com. sent. Mais par la mesme 34. prop. au parallelogramme ABCD, les costez opposez AB, DC sont aussi egaux; & puis qu'estans parallels, sur iceux tombe la ligne droicte FA, l'angle exterieur CDF sera egal à l'angle interieur BAE par la 29. prop. Donc les triangles ABE, DCF auront deux costez egaux à deux costez, chacun au sien, & les angles qu'ils comprenent aussi egaux; & partant iceux triangles A B E, D CF seront egaux entr'eux par la 4. prop. leur adioustant donc le trapeze commun B E D C, sera faict le parallelogramme ABCD egal au parallelogramme B E F C. Ce qui estoit proposé.

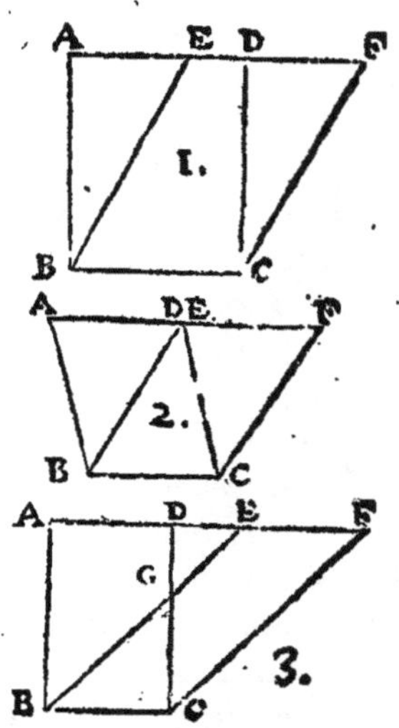

Maintenant, que le poinct E tombe auec le poinct D, comme en la deuxiesme figure, d'autant que comme dessus les lignes A D, E F seront egales entr'elles, & l'angle exterieur FEC egal à l'interieur DAB; les triangles B A D & C E F seront egaux par la quatriesme proposition. Adjoustant donc à chacun le triangle commun B D C, seront faicts egaux les parallelogrammes ABCD, & BEFC.

En troisiesme lieu, que le poinct E tombe entre D & F, comme en la troisiesme fig. D'autant que par la 34 propos. les costez opposez des parallelogrammes sont egaux, AD & BC seront egaux : Item BC & EF; & partant A D & E F egaux, ausquels si on adjouste la ligne commune D E; la toute A E sera egale à la toute D F. Item A B est egale à D C, lesquelles estans paralleles, l'angle exterieur CDE sera egal à l'opposé interieur E A B : & par la quatriesme proposition les triangles B A E & C D F, seront egaux : desquels si on oste le triangle commun GDE, les demeurans trapezes B A D G & C G E F, seront egaux : ausquels si on adiouste le triangle commun B G C, le parallelogramme A B C D sera egal au parallelogramme B C F E : Donc les parallelogrammes constituez sur vne mesme base, & entre mesmes paralleles, sont egaux entr'eux : Ce qui estoit à demonstrer.

SCHOLIE.

Est icy à noter, que quand Euclide & les autres Geometres parlent de paralle-

logrammes constituez sur vne mesme base, & entre mesmes paralleles, il sentendent que ladite base soit en l'vne d'icelles paralleles comme aux exemples cydessus: Car entendant autrement cette proposition elle pourroit estre faulce, comme a fort bien remarqué le sieur Dounot, & ainsi qu'il appert en ces deux parallelogrammes ADFC, CFEB, lesquels sont tous deux constituez sur la base CF, & entre mesmes paralleles AB, DE: & toutesfois il est euident, qu'ils ne sont pas egaux: Ce qui aduient à cause de ce que leur base commune CF, n'est pas en l'vne ne l'autre des paralleles AB, DE. Le mesme se doit aussi entendre des parallelogrammes, & des triangles mentionnez aux propositions suiuantes, c'est à dire, qu'ils doiuent tous auoir leur bases en l'vne des paralleles.

Clauius a conuerty cette 35. prop. ainsi:

Les parallelogrammes egaux constituez sur vne mesme base, & de mesme part, seront entre mesmes paralleles.

Soient deux parallelogrammes egaux ABCD, CDEF, sur vne mesme base CD, & d'vne mesme part: Ie dis qu'ils sont entre mesmes paralleles, c'est à dire que prolongeant la ligne droicte AB elle rencontrera directement EF. Car autrement si elle ne la rencontre elle tombera, ou au dessus d'icelle EF ou au dessoubs. Premierement qu'elle tombe au dessoubs, s'il est possible, comme est AH en la premiere figure. Donc par la 35. proposition le parallelogramme CDGH sera egal au parallelogramme ABCD: Mais à iceluy parallelogramme ABCD est posé egal le parallelogr. CDEF. Parquoy les parallelogrammes CDEF, CDGH seront egaux: le tout & la partie. Ce qui est absurde. Le prolongement & continuation directe de AB ne tombera donc pas au dessous de EF.

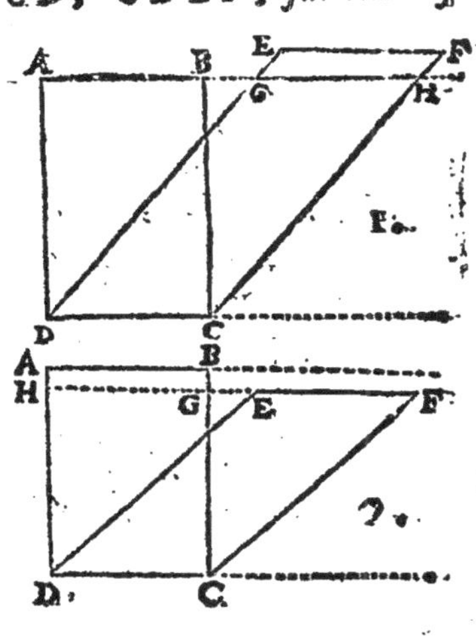

Secondement, que AB prolongee tombe s'il est possible, au dessus de EF, comme en la 2. figure: donc EF prolongee tombera au dessoubs de AB. Parquoy comme dessus les parallelogrammes ABCD, CDHG seront egaux, le tout & la partie. Ce qui est absurde. Donc puis que AB produite ne tombera pas au dessus de EF, ny au dessoubs, elle la rencontrera directement. Ce qui estoit proposé.

THEOR. 26. PROP. XXXVI.

Les parallelogrammes constituez sur bases egales, & entre mesmes paralleles, sont egaux entr'eux.

Soient les deux parallelogrammes ABCD & EFGH, ayans les bases BC & GH egales, & entre mesmes paralleles AF & BH. Ie dis qu'ils sont egaux entr'eux.

Qu'il

Qu'il ne soit ainsi: soient menees les deux lignes B E, C F: d'autant que B C est posee egale à G H, & que par la 34. prop. la mesme G H est egale à son opposee E F; les deux lignes B C, E F, seront egales entr'elles par la 1. com. sent. Mais elles sont aussi paralleles par l'hypothese: Donc les lignes B E, C F, qui les conioignent seront aussi egales & paralleles par la 33. propos. & par consequent B E F C sera vn parallelogramme constitué sur mesme base B C, & entre mesmes paralleles B H, A F que le parallelogram. A B C D, & par la 35. prop. ils seront egaux; & par la mesme prop. il sera aussi egal au parallelog. E F G H, estant sur mesme base E F, auec iceluy, & entre mesmes paralleles A F, B H; Et par la 1. com. sent. les parallelog. A B C D, & E F G H, seront egaux entr'eux. Donc les parallelogrammes constitués sur bases egales, &c. Ce qu'il falloit demonstrer.

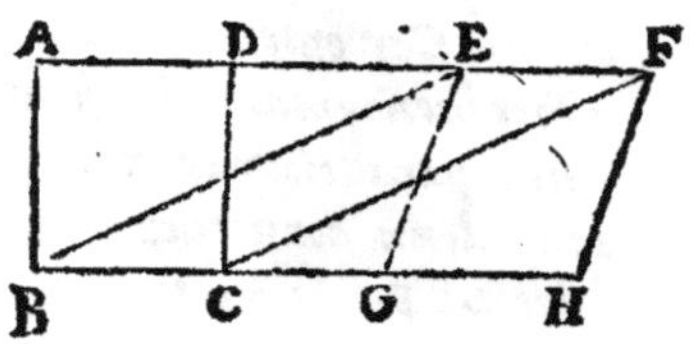

SCHOLIE.

Clauius a conuerty cette 36. propos. ainsi qu'il ensuit.

Les parallelogrammes egaux constituez sur bases egales: & de mesme part sont entre mesmes paralleles. Et si les parallelogrammes egaux constituez entre mesmes paralleles, n'ont vne mesme base, ils seront sur bases egales.

Premierement, soient deux parallelogrammes egaux A B C D, E F G H, constituez sur bases egales B C, F G, & de mesme part: Ie dis qu'ils sont entre mesmes paralleles, c'est à dire que A D prolongee se rencontrera directement auec E H. Car autrement elle tomberoit ou au dessoubs d'icelle E H, ou au dessus; & il s'ensuiuroit le tout estre egal à la partie: comme il a esté dit en la conuerse de la precedente proposition.

Secondement, soient les parallelogrammes egaux A B C D, E F G H, entre mesmes paralleles A H, B G: Ie dis que leurs bases B C, F G sont egales: car autrement l'vne sera plus grande que l'autre, & soit B C la plus grande, s'il est possible, & d'icelle soit retranchee BI egale à FG: puis soit menee IK parallele à AB. Donc par la 36. prop. le parallelogramme A B I K sera egal au parallelogramme E F G H; & puis aussi egal au parallelogramme A B C D, la partie au tout. Ce qui est absurde. La base BC n'est donc pas plus grande que la base F G: Et par mesme raison elle ne sera pas plus petite. Parquoy les bases BG, FG sont egales.

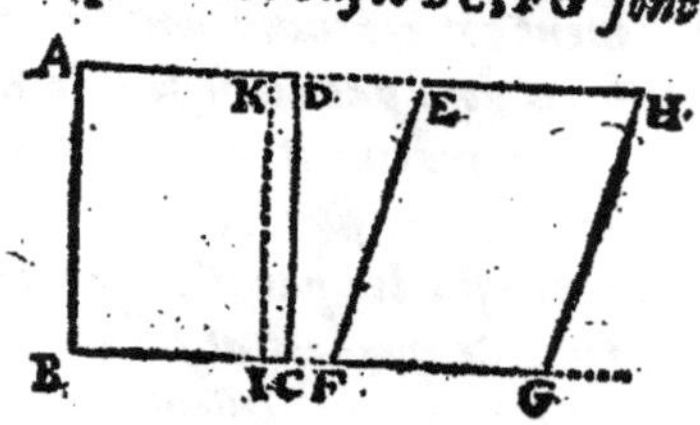

Clauius demonstre encore icy cest autre Theoreme.

Si deux parallelogrammes constituez entre mesmes paralleles, ont leurs bases inegales; celuy-là sera le plus grand, qui aura la plus grande base. Et au contraire, si deux parallelogrammes inegaux sont entre mesmes paralleles; le plus grand aura vne plus grande base que l'autre.

Soient les deux parallelogrammes A B C D, E F G H *de la figure precedente, entre les paralleles* A H, B G, *& soit la base* B C *plus grande que la base* F G: *Ie dis que le parallelogramme* A B C D, *qui est sur la plus grande base* B C, *est plus grand que le parallelogramme* E F G H. *Car de* B C *soit retranchee* B I *egale à* F G, *& soit tiree* I K *parallele à* A D *par la 31. propos. de ce liure. Donc par la 36. propos. les parallelogrammes* A B I K, E F G H *constituez sur bases egales, seront egaux: & puis que par le 9. ax. le parallelogramme* A B C D *est plus grand que le parallelogramme* A B I K, *le mesme parallelogramme* A B C D *sera aussi plus grand que le parallelogramme* E F G H. *Ce qui estoit proposé.*

Soient derechef les parallelogrammes A B C D, E F G H *inegaux, &* A B C D *le plus grand: Ie dis que la baze* B C *est plus grande que la base* F G. *Car si elle estoit egale, les parallelogrammes seroient egaux par la 33. proposition de ce liure. Ce qui est absurde, puis que* A B C D *a esté posé plus grand que* E F G H. *Mais si ladite base* B C *estoit moindre, le parallelogramme* E F G H *seroit plus grand que le parallelogramme* A B C D, *comme il a esté demonstré cy dessus: Ce qui est encore absurde. Donc puis que la base* B C *ne peut estre egale, ny moindre que la base* F G, *elle sera plus grande. Ce qui estoit proposé.*

THEOR. 27. PROP. XXXVII.

Les triangles constituez sur vne mesme base; & entre mesmes paralleles, sont egaux entr'eux.

Soient deux triangles A B C, B D C, tous deux constituez sur la mesme base B C, & entre mesmes paralleles E F, & B C. Ie dis qu'ils sont egaux entr'eux.

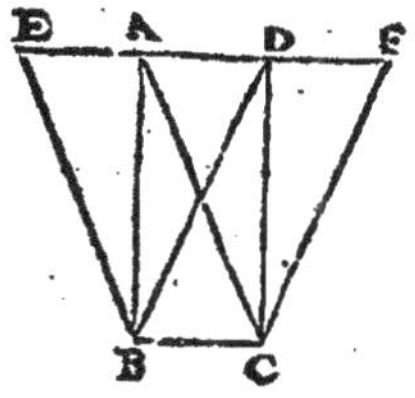

Car si on meine B E parallele à C A, & C F parallele à B D, afin d'accomplir les parallelog. B E A C, & B C F D, iceux seront egaux par la 35. prop. attendu qu'ils sont constituez sur mesme base B C, & entre mesmes paralleles B C, E F. Mais les triangles donnez A B C, & D B C, sont moitiez d'iceux parallelogrammes par la 34. prop. pource qu'ils sont couppez en deux egalement par les diagonales A B, D C: donc aussi les triangles A B C, & D B C seront egaux, par la 7. com. sent. Parquoy les triangles constituez sur vne mesme base, & entre, &c. Ce qu'il falloit prouuer.

THEOR. 28. PROP. XXXVIII.

Les triangles constituez sur bases egales, & entre mesmes paralleles, sont egaux entr'eux.

Soient deux triangles A B C, D E F, constituez sur bases egales B C & E F, &

entre mesmes paralleles GH & BF. Ie dis qu'ils sont egaux entr'eux.

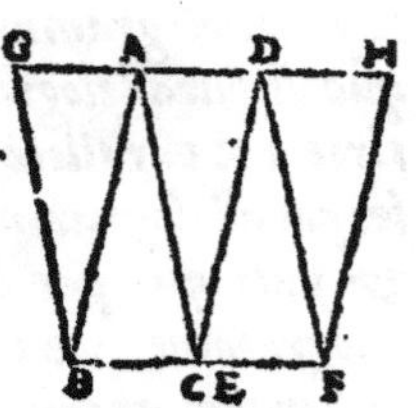

Car apres auoir mené BG, parallele à CA, & FH parallele à DE par la 31. prop. qui accomplissent les deux parallelogram. ACBG, DEFH : iceux estans constituez sur bases egales, & entre mesmes paralleles, seront egaux par la 36. prop. aussi egales seront leurs moitiez, sçauoir les triangles proposez ABC, & DEF par la 34. prop. estans les parallelogrammes couppez en deux egalement par les diagonales BA & DF. Donc les triangles constituez sur bases egales, &c. Ce qu'il falloit demonstrer.

THEOR. 29. PROP. XXXIX.

Les triangles egaux constituez sur vne mesme base, & de mesme part, sont aussi entre mesmes paralleles.

Soient deux triangles egaux ABC, & BCD constituez sur vne mesme base BC, & de mesme part. Ie dis qu'ils sont entre mesmes paralleles, c'est à dire, que si on meine la lig. droicte AD, elle sera parall. à BC.

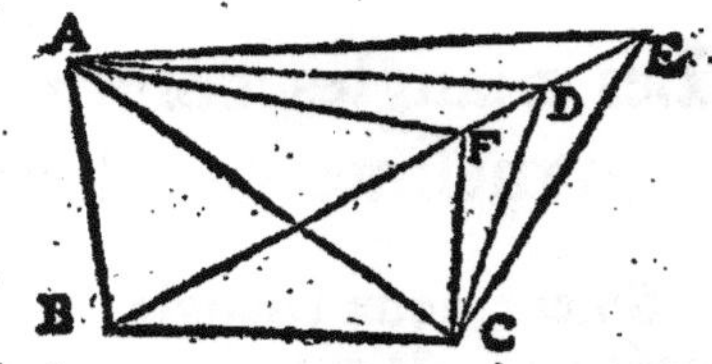

Autrement, du poinct A, on en pourra mener vne autre qui sera parallele à BC (si AD ne l'est) par la 31. prop. laquelle tombera, ou bien au dessus de AD, ou au dessous. Qu'elle tombe premierement au dessus, & soit icelle AE, s'il est possible ; & apres auoir continué BD iusques en E, & mené EC, les deux triangles BAC, & BEC par la 37. prop. estans sur mesme base, & entre mesmes paralleles, seront egaux. Mais par l'hypothese les deux triangles BEC, & BDC sont aussi egaux : donc par la 1. com. sent. les triangles BEC & BDC seroient aussi egaux, la partie & le tout ; partant la parallele menee du poinct A, ne tombera pas au dessus de AD. Le mesme inconuenient s'ensuiura si on la fait tomber au dessous de AD, comme AF : car ayant mené CF, les triangles BFC & BDC se trouueroient egaux, ce qui ne peut estre : donc du poinct A on ne menera point d'autre ligne que AD parallele à BC. Parquoy les triangles egaux constituez sur mesme base, &c. Ce qu'il falloit demonstrer.

SCHOLIE.

Par cette prop. qui est la conuerse de la 37. il est aisé de demonstrer comme a fait Commandin le Theor. suiuant.

Tout quadrilatere qui est couppé en deux egalement par l'vn & l'autre diametre, est parallelogramme.

Le quadrilatere ABDC soit diuisé en deux egalement par l'vn & l'autre dia-

metre AD, BC : Ie dis qu'iceluy est parallelogramme. Car d'autant que les triangles ACD, BDC sont chacun moitié du quadrilatere ABDC, ils sont egaux entr'eux par le 7. ax. Et pource qu'ils ont vne mesme base CD, & sont de mesme part, ils sont entre mesmes paralleles par la 39. prop. & partant AB est parallele à CD. Semblablement veu que les triangles ABC, ACD sont egaux & sur mesme base AC, icelle ligne AC sera aussi parallele à BD: donc le quadrilatere ABDC est parallelogramme, puis que les costez opposez d'iceluy sont parallels. Ce qui estoit proposé.

THEOR. 30. PROP. XL.

Les triangles egaux constituez sur bases egales, & de mesme part, sont aussi entre mesmes paralleles.

Soient deux triangles egaux ABC, & DEF, constituez sur bases egales BC & EF, & de mesme part. Ie dis qu'ils sont aussi entre mesmes paralleles: c'est à dire, que si on meine vne ligne droicte de A en D, qu'icelle sera parallele à BF.

Autrement, du poinct A on en pourra mener vne autre qui sera parall. à BF (si AD ne l'est) par la 31. prop. laquelle tombera, ou au dessus de AD, ou au dessous. Soit donc premierement au dessus, & soit icelle AG, s'il est possible, & apres auoir continué ED iusques à ce qu'il rencontre AG en G, & mené FG, les deux triangles BAC, & EGF seront egaux par la 38. prop. mais par l'hypothese les triangle BAC & DEF sont aussi egaux: donc par la 1. com. sent. le triangle EDF sera egal au triangle EGF, la partie au tout; ce qui est impossible: Partant la parallele menee du poinct A ne tombera point au dessus de AD. Le mesme inconuenient s'ensuiura si on la fait tomber au dessoubs, comme AH, car les triangles EHF & EDF, se trouueroient egaux: donc du poinct A ne pourra estre menee autre ligne que AD parallele à BF. Parquoy les triangles egaux constituez sur bases egales, &c. Ce qu'il falloit demonstrer.

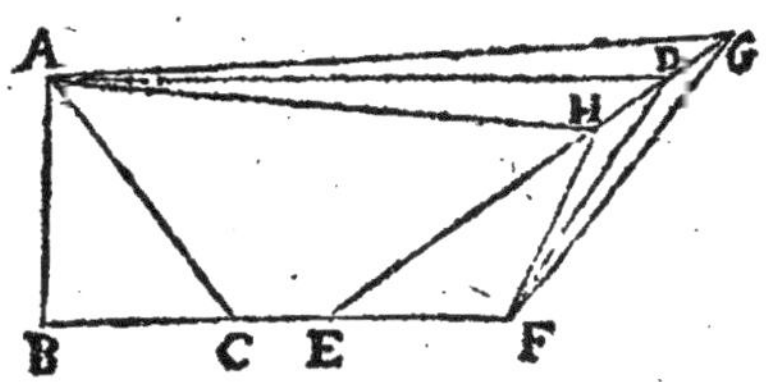

SCHOLIE.

Commandin & Clauius apres luy, demonstrent en ce lieu le Theoreme suiuant.

Si les triangles egaux constituez entre mesmes paralleles, n'ont vne mesme base, ils seront sur bases egales.

Soient les triangles egaux ABC, DEF, entre mesmes paralleles AD, BF, & sur les bases BC, EF : Ie dis qu'icelles bases sont egales entr'elles. Car si elles ne sont

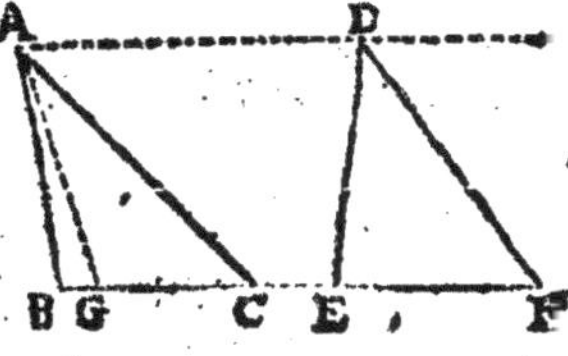

egales soit BC la plus grande, & d'icelle soit retranchée CG, egale à EF, & tirée AG. Donc par la 38. proposit. le triangle ACG sera egal au triangle DEF : Mais à ce mesme triangle a esté posé egal le triangle ABC. Donc par le 1. axiome les triangles AGC, ABC seront egaux, la partie & le tout : Ce qui est absurde. Donc les bases BC, EF, ne sont pas inegales, mais egales. Ce qui estoit proposé.

En suitte de ce theoreme Clauius demonstre encore le suiuant.

Si deux triangles constituez entre mesmes paralleles, ont leurs bases inegales, celuy-là sera le plus grand, duquel la base sera la plus grande. Et au contraire, si deux triangles inegaux sont entre mesmes paralleles, la base du plus grand sera la plus grande.

En la figure precedente soient entre mesmes paralleles AD, BF, les triangles ABC, DEF, & soit la base BC plus grande que la base EF : Ie dis que le triangle ABC, est plus grand que le triangle DEF. Car ayant pris CG egale à EF, & tiré AG, les triangles AGC, DEF, seront egaux par la 38. proposition. Et puis que par le 9. axiome le triangle ABC est plus grand que le triangle AGC, le mesme triangle ABC sera plus grand que le triangle DEF.

Soient derechef les triangles inegaux ABC, DEF, & le plus grand soit ABC. Ie dis que la base BC est plus grande que la base EF. Car si on dit qu'elle est egale, le triangle ABC sera egal au triangle DEF : ce qui est absurde, attendu qu'il a esté posé plus grand. Et si on l'estime estre moindre, le triangle DEF sera plus grand que le triangle ABC, comme il a esté demonstré cy-dessus : Ce qui est encore plus absurde, puis que ABC a esté posé plus grand que DEF. Donc la base BC sera plus grande que la base EF, puis qu'elle ne peut estre ny egale, ny moindre. Ce qui estoit proposé.

THEOR. 31. PROP. XLI.

Si vn parallelogramme, & vn triangle ont vne mesme base, & sont entre mesmes paralleles ; le parallelogramme sera double du triangle.

Soit le parallelogramme ABCD sur la mesme base BC, que le triangle BCE, & tous deux entre mesmes paralleles AE & BC. Ie dis que le parallelogramme ABCD est double du triangle BEC.

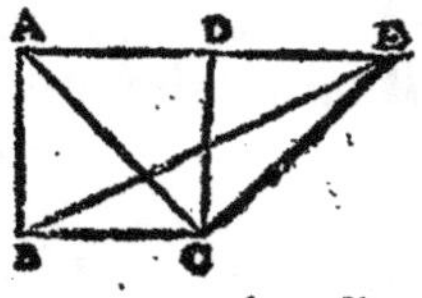

Car si on meine la diagonalle AC, le triangle ABC sera la moitié du parallelogramme ABCD par la 34. prop. Mais par la 37. prop. le mesme triangle ABC sera egal au triangle BEC. Donc par la 6. com. sent. le parallelogramme ABCD, qui est double de l'vn, sera aussi double de l'autre. Si donc vn parallelogramme & vn triangle ont vne mesme base, &c. Ce qu'il falloit prouuer.

Si les bases estoient egales, on demonstreroit encore la mesme chose, & en la mesme maniere que dessus, tirant le diametre du parallelogramme. Car d'autant que les tri-

angles constituez sur bases egales, & entre mesmes paralleles sont egaux entr'eux, le parallelogramme qui est double de l'vn, seroit aussi double de l'autre.

Clauius a demonstré apres Commandin la conuerse de cette 41. prop. ainsi qu'il ensuit.

Si vn parallelogramme double d'vn triangle est constitué sur vne mesme base qu'iceluy, ou sur vne base egale, & de mesme part; ils seront entre mesmes paralleles. Et si vn parallelogramme est double d'vn triangle, & entre mesmes paralleles, leurs bases seront egales, si elles ne sont vne mesme.

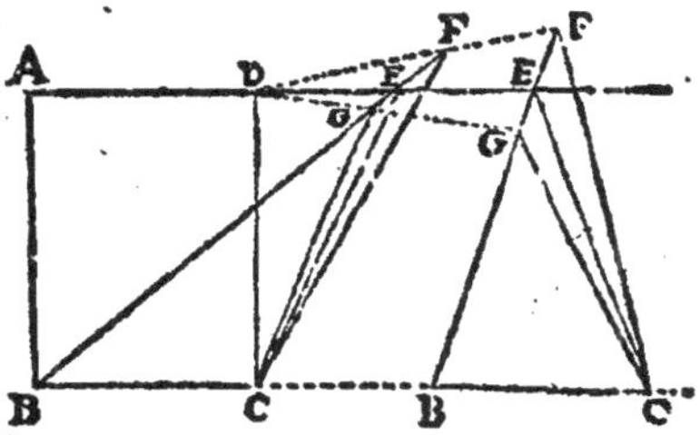

Soit le parallellogramme ABCD double du triangle EBC, sur vne mesme base, ou sur bases egales: Ie dis qu'ils sont entre mesmes paralleles, c'est à dire que AD qui est parallele à BC, estant prolongée directement tombera au poinct E. Car autrement elle tombera ou au dessus de E, ou au dessous. D'où aduiendra comme il a esté demonstré en la 39. ou 40. prop. la partie estre egale au tout. Car par la 41. prop. le parallelogramme sera pareillement double du triangle BFC, ou BGC: & par le 6. axiom. les triangles EBC, FBC, ou les triangles FBC, GBC seront egaux, la partie & le tout. Ce qui est absurde.

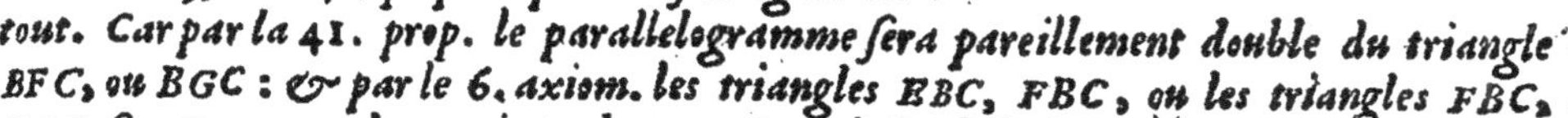

Soit maintenant le parallelogramme ABCD double du triangle EFG, & entre mesmes paralleles. Ie dis que la base BC est egale à la base FG. Car si l'vne d'icelles sçauoir BC est plus grande, ayant pris CH egale à FG & tiré HI parallele à BA, on demonstrera les parallelogrammes ABCD, IHCD estre egaux, le tout & la partie: (pour ce que chacun est double du triangle EFG, celuy-là par l'hypothese, & cestuy cy par la 41. prop.) ce qui est absurde. On demonstrera encore le méme, si on dit la base FG estre plus grande que la base BC: Car ayant faict FH egale à BC, & tiré la ligne droicte HE, les triangles EFH, EFG seront egaux, la partie & le tout; (d'autant que chacun est moitié du parallelogramme ABCD, celuy-là par la 41. prop. & cestuy-cy par l'hypothese) Ce qui est absurde.

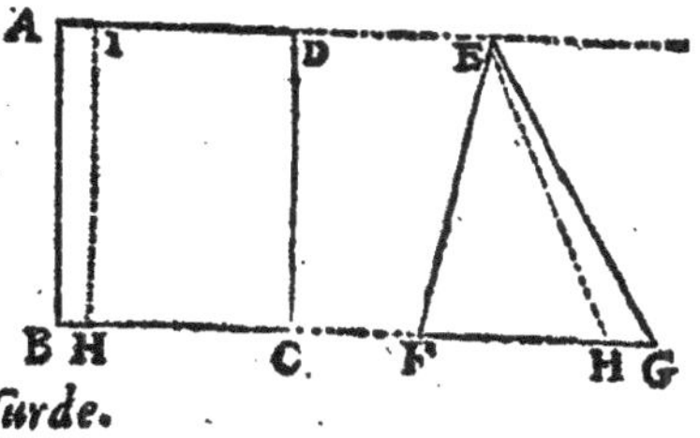

PROBL. II. PROP. XLII.

Faire vn parallelogramme egal à vn triangle donné, & qui ait vn angle egal à vn angle rectiligne donné.

Soit le triangle donné ABC, & l'angle rectiligne donné D: il faut faire vn parallelogramme egal au triangle donné ABC, & qui ait vn angle egal à l'angle donné D.

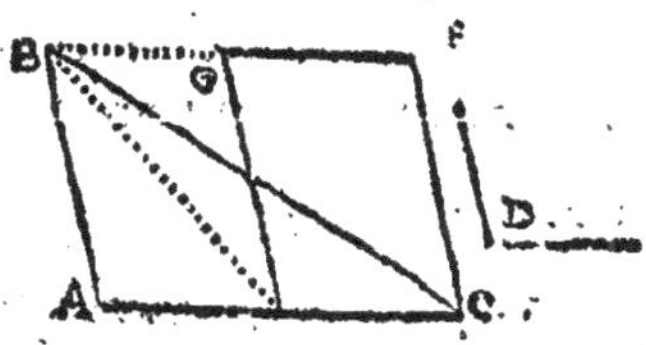

L'vn des costez du triangle, sçauoir, AC soit couppé en deux egalement en E, par la 10. prop. puis soit fait l'angle CEG egal à l'angle D par la 23. prop. Et par la 31. prop. soit menee de B, la ligne BF parallele à AC, laquelle couppe E G en G. Derechef, de C soit menee C F parallele à E G, rencontrant B F en F : & sera constitué vn parallelogramme EGFC, ayant l'angle CEG egal au donné D, lequel parallelogramme ie dis estre egal au triangle donné ABC. Car estant tiree la ligne BE, iceluy parallelogramme EGFC sera double du triangle E B C par la proposition precedente, duquel est aussi double le triangle ABC, iceluy estant egal aux deux A B E, EBC, qui sont egaux entr'eux par la 38. propos. Donc le parallelogramme E G F C, & le triangle ABC seront egaux entr'eux par la sixiesme commune sentence, & puis qu'iceluy parallelogramme a l'angle C E G egal au donné D par la construction, nous auons construict vn parallelogramme egal à vn triangle donné, &c. Ce qu'il falloit faire.

SCHOLIE.

La pratique de ce probleme est enseignee au 13. de nostre Geometrie practique : Et est si facile à entendre par la construction cy-dessus, qu'il n'est besoin d'en dire autre chose : mais nous adiousterons icy (apres Pelletier) la conuerse de cette 42. proposition, qui est telle.

Faire vn triangle egal à vn parallelogramme donné, & qui ait vn angle egal à vn angle rectiligne donné.

Soit donné le parallelogramme ABDC, & l'angle rectiligne E : il faut faire vn triangle egal au parallelogramme donné AD, ayant vn angle egal au donné E. Soient prolongees CD, tant qu'il sera de besoin ; AB en sorte que BF soit egale à icelle AB ; puis au poinct A soit faict l'angle FAG egal au donné E, tirant AG iusques à ce qu'elle rencontre CD prolongee, & estant ioinct FG, le triangle AGF sera le requis : Car l'angle FAG est egal au donné E, & estant tiree BG, les triangles AGB & BGF seront egaux par la 38. prop. & partant le total AGF sera double de AGB : Mais par la 41. prop. le parallelogramme AD est aussi double d'iceluy triangle ABG. Donc le triangle AGF, & le parallelogramme ACDB seront aussi egaux entr'eux. Ce qu'il falloit faire.

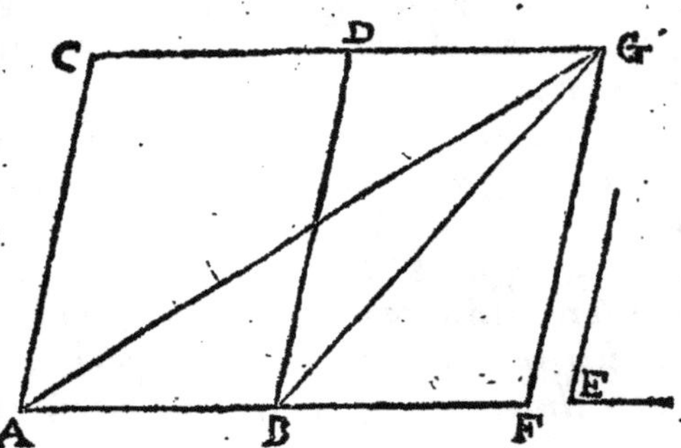

COROLLAIRE.

Il est euident par les deux demonstrations cy-dessus, qu'vn triangle qui a la base double de celle d'vn parallelogramme constitué entre mesmes paralleles qu'iceluy, est egal à iceluy parallelogramme.

THEOR. 32. PROP. XLIII.

En tout parallelogramme les supplemens des parallelogrãmes qui sont à l'entour du diametre, sont egaux entr'eux.

Soit le parallelogramme ABCD, son diametre AC, à l'entour duquel sont les parallelogrammes AEKH & KGCF. Ie dis que les parallelogrammes HKFD & EBGK, qu'on appelle supplements, sont egaux entr'eux.

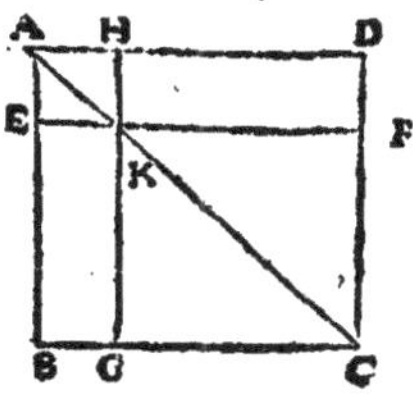

Car d'autant que par la 34. prop. les triangles ABC, ADC sont egaux entr'eux : Item les triangles CKG, CFK aussi egaux ; si on oste ceux cy de ceux-là, resteront egaux les trapezes ABGK, ADFK : Mais par la 34. prop. sont aussi egaux les triangles AEK, AHK ; partant si on les oste des trapezes susdits, demeureront egaux les complemens EBGK, HKFD. Donc en tout parallelogramme les supplements, &c. Ce qui estoit à prouuer.

SCHOLIE.

Si les deux parallelogrammes d'al'entour le diametre n'estoient conioincts au poinct K, ainsi qu'en la figure cy-dessus, mais que l'vn fut éloigné de l'autre, comme en la deuxiesme figure, ou bien qu'ils s'entrecouppassent ainsi qu'en la troisiesme, on demonstreroit en la mesme maniere que dessus, estre aussi egaux, les complemens ou restes, sçauoir en la 2. figure, les pentagones BEFIH, DGFIK, & en la 3. les parallelogrãmes BELH, DGMK : Car puis que par la 34. prop. les triangles ABC, ADC, de l'vne & l'autre fig. sont egaux entr'eux, comme aussi les triangles AEF, AGF ; les trapezes BEFC, DGFC seront pareillement egaux par le 3. axiome. Parquoy si d'iceux trapezes de la seconde figure, on oste les triangles egaux HIC, KIC, resteront encore egaux les pentagones BEFIH, DGFIK. Mais adioustant aux trapezes de la troisiéme fig. les triangles egaux LIF, MIF, les figures BELIC, DGMIC seront egales entr'elles, desquelles si on oste les triangles egaux HIC, KIC, resteront aussi egaux les parallelogrammes BELH, DGMK. Ce qui estoit proposé.

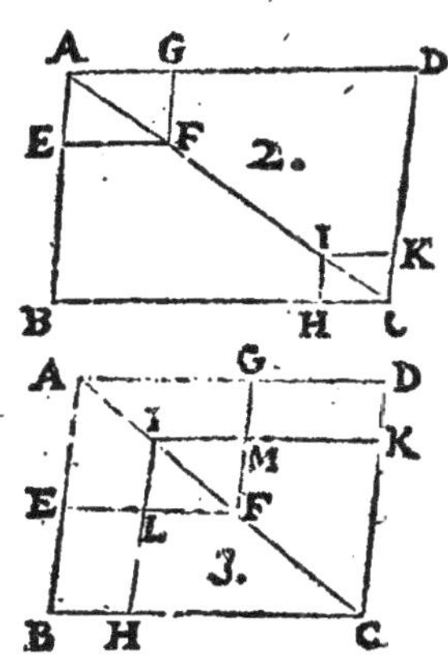

PROB. 12. PROP. XLIV.

Sur vne ligne droicte donnee, d'escrire vn parallelogramme egal à vn triangle donné, ayant vn angle egal à vn angle rectiligne donné.

Soit la ligne droicte donnee AB, le triangle donné C, & l'angle rectiligne donné D. Il faut sur AB descrire vn parallalogramme egal au triangle C, & qui ait vn angle egal au donné D.

Soit pro-

Soit prolongee la ligne donnee A B iusques en E, tellement que AE soit egale à quelconque des costez du triangle C, & soit acheué de construire par la 22. prop. le triangle AFE, ayant les costez egaux aux costez dudit triangle donné C. lequel luy sera aussi egal par le Corol. de la 8. propos. Soit maintenant construit par la 42. prop. le parallelogr. AGFH, egal au triangle AFE, & ayant l'angle GAH egal au donné D: & apres auoir continué la ligne FH iusques en I, tellement que HI soit egale à AB, soit menee IA iusques à ce qu'elle rencontre FG prolongee en K: (ce qui doit arriuer, n'estant IA parallele à FG par la 11. com. sent.) Puis du poinct K, soit menee KM parallele à GB, iusques à ce qu'elle rencontre IB tiree en M: & finalement soit prolongee HA iusques à ce qu'elle rencontre KM en L. Ie dis que le parallelogramme ABML est le requis.

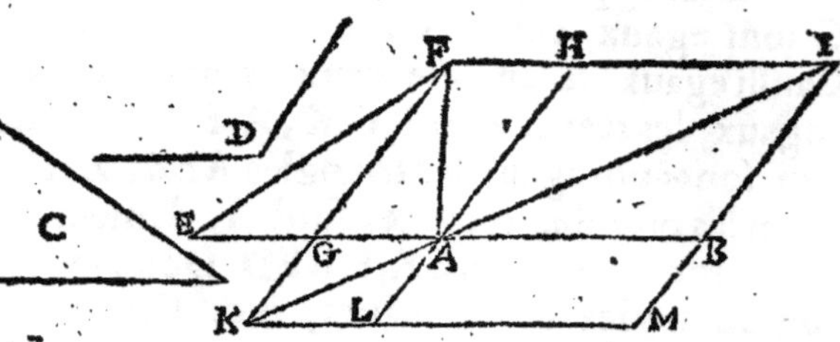

Car il est constitué sur la ligne droicte donnee AB, & à l'angle BAL egal à l'angle donné D, puis que par la 15. prop. il est egal à l'angle GAH, qui a esté fait egal à l'angle D: Finalement il est egal au triangle donné C, puis que par la 43. propos. il est egal au parallelogramme AHFG, lequel a esté faict egal au triangle AFE, ou C. Nous auons donc descrit sur la ligne donnee AB vn parallelogramme, &c. Ce qu'il falloit faire.

SCHOLIE.

Nous auons enseigné la practique de ce Probl. en nos Memoires Mathematiques Probl. 15. de la Geometrie practique, & ne differe de la construction cy dessus. C'est pourquoy nous n'en dirons autre chose, mais nous adiousterons icy la conuerse de cette propos. laquelle est telle.

Sur vne ligne droicte donnee, construire vn triangle egal à vn parallelogramme donné, & qui ait vn angle egal à vn angle rectiligne donné.

Soit la ligne droicte donnee AB, sur laquelle il faut descrire vn triangle egal au parallelogramme CDKE, & qui ait vn angle egal à l'angle donné F. Soit prolongée CE iusques en G, tellement que CE, EG soient egales, & soit menee DG, qui sera le triangle CDG: En apres, par la prec. propos. soit construit sur AB le parallelogramme BH egal au triangle CDG, ayant l'angle BAH egal au donné F: puis soit prolongee AH iusques en L, de sorte que HL soit egale à AH, & ayant tiré BL, le triangle ABL, sera le requis. Car par

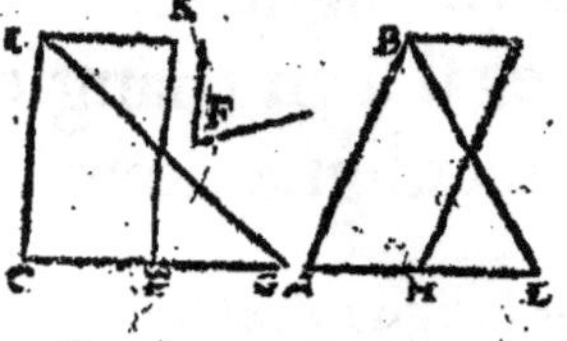

le corol. de la 42. prop. iceluy triangle A B L est egal au parallelogramme B H. Mais iceluy parallelog. est egal par la construction au triangle D C G, lequel est egal au parallelog. CK par le mesme corol. Donc le triangle A B L sera aussi egal à iceluy parallelogramme CK: mais il a l'angle A egal au donné F, & est faict sur la ligne donnee AB parquoy appert estre faict ce qui estoit proposé.

PROB. 13. PROP. XLV.

Faire vn parallelogramme egal à vne figure rectiligne donnee, ayant vn angle egal à vn angle rectiligne donné.

Soit la figure rectiligne donnée ABCD, & l'angle donné E: Et il faut faire vn parallelogramme egal à icelle figure rectiligne A B C D, qui ait vn angle egal au donné E

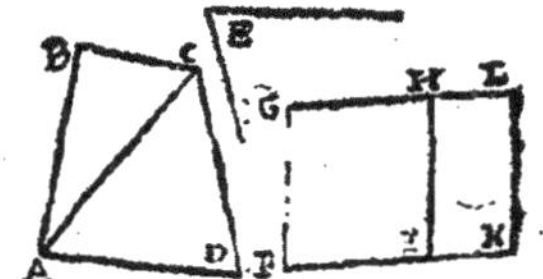

Soit resoluë la figure rectiligne donnee en triangles, sçauoir est menant la ligne droicte A C: puis par la 42. propos. soit fait le parallelogramme FGHI egal au triangle A D C, ayant l'angle F egal à l'angle donné E. Item sur H I soit fait le parallelogramme H I K L, egal au triangle ABC, ayant vn angle HIK egal au donné E, & sera fait ce qui est requis. Car les deux parallelogrammes FH & IL, sont construicts egaux à la figure rectiligne ABCD, & ont chacun vn angle egal à l'angle donné E & ces deux parallelogrammes ensemble en font vn seul. Car d'autant que chacun des angles G F I, H I k, est esgal à l'angle donné E, ils le seront aussi entr'eux: ausquels si on adiouste l'angle commun FIH, les deux angles GFI, HIF, qui sont egaux à deux droicts par la 29. prop. estant F H parallelogramme; seront egaux aux deux angles HIK, HIF, lesquels partant seront egaux à deux droicts, & par la 14. prop. les deux lignes FI, KI, se rencontreront directement. Pareillement les deux angles GHI, HLK estans egaux par la 34. prop. car ils sont opposez à angles egaux G F I, HIK, si à iceux on adiouste l'angle commun IHL, par le mesme discours que cy dessus les deux lignes G H & L H se rencontreront directement: ainsi F K & G L estans lignes droictes, & conioignant de mesme part les egales & paralleles FG & K L; elles seront aussi egales & paralleles par la 33. prop. & partant FGLK sera parallelogramme; lequel nous auons construict egal à la figure rectiligne donnee ABC D, & à l'angle F egal au donné E, ainsi qu'il estoit requis.

SCHOLIE.

S'il y eust eu dauantage de triangles en la figure donnee, il eust fallu con

struire sur KL vn troisiesme parallelogramme egal au troisiesme triangle: puis sur le costé opposé à KL, vn autre parallelogramme egal au 4. triangle, & ainsi proceder de triangle en triangle iusques à la fin. Et quant à la demonstration, ce sera tousiours la mesme que dessus, repetee autant de fois qu'il sera de besoin. Or comme on descrira sur vne ligne droicte donnee vn parallelogramme egal à vne figure rectiligne donnee, & qui ait vn angle egal à vn angle rectiligne donné; il est assez manifeste par les choses cy dessus dictes: car pour exemple, si la ligne droicte F G eust esté donnee, nous eussions par la precedente prop. descrit sur icelle le parallelogramme FGHI: puis sur la mesme ligne F G, ou plustost sur vne egale à icelle HI, le parallelogramme HIKL, & ainsi consecutiuement s'il y auoit d'auantage de triangle en la figure rectiligne donnee.

Pelletier a adiousté en ce lieu vn Probleme fort vtile, lequel nous rapporterons icy, mais beaucoup plus briefuement qu'il n'a fait.

Estans donnees deux figures rectilignes inegales, trouuer l'excez de la plus grande par dessus la moindre.

Soient donnees deux figures rectilignes A & B, dont A est la plus grande: il faut trouuer l'excez de A par dessus B. Par la 45. prop. soit faict le parallelogramme C D E F egal au rectiligne A, ayant quelconque angle C: puis sur la ligne C D soit fait le parallelogramme CDHG egal au rectiligne B, ayant l'angle C commun, & le parallelogramme G H E F sera l'excez du rectiligne A par dessus le rectiligne B.

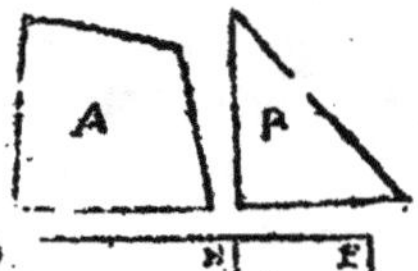

Car d'autant qu'iceluy parallelogramme G E est l'excez du parallelogramme C E egal à A, par dessus le parallelogramme CH egal à B; le mesme parallelogramme G E sera aussi l'excez du rectiligne A par dessus le rectiligne B. Ce qu'il falloit faire.

PROB. 14. PROP. XLVI.

Sur vne ligne droicte donnee, descrire vn quarré.

Soit la ligne droicte donnee AB, sur laquelle il faut descrire vn quarré. Du poinct A, soit menee A C ligne perpendiculaire à AB par la 11. prop. laquelle soit faicte egale à icelle A B, & apres auoir mené C D parallele à A B, & B D parallele à A C, par la 31. prop. Ie dis que le quadrilatere A B D C est vn quarré.

Car d'autant que par la construction il est parallelogramme, les costez & les angles opposez sont egaux par la 34. propos. partant le costé AB est egal à CD, & AC à BD: mais AC estant egal à AB par la construction; il est euident que les quatre costez sont egaux entr'eux. Item l'angle A estant droict par la construction, aussi son opposé D sera droict. Et la ligne A C tombant sur les deux lignes paralleles AB, CD, les deux angles interieurs A & C, sont egaux à deux droicts par la 29. prop. Mais l'angle A est droict: donc l'angle C sera aussi droict: partant aussi droict son opposé B. Ainsi les quatre angles A, B, C, D seront droicts: & par la def. du quarré la figure ABDC sera quarree. Nous auons donc descrit vn quarré sur la ligne droicte donnee AB. Ce qu'il falloit faire.

SCHOLIE.

Nous auons enseigné la practique de cette propos. en nostre Geometrie practique Probl. 12. laquelle ne differe guere de la construction cy dessus: car ayant mené la perpendiculaire AC, & icelle faict egale à AB, du mesme interualle AB soient descrits des centres C & B, deux arcs qui s'entrecouppent en D, duquel estans tirees les lignes CD, BD, sera faict le quarré requis.

Proclus demonstre icy: Que les quarrez de lignes egales sont egaux entre-eux: & que des quarrez egaux les lignes sont egales. *Ce qui est aisé à prouuer par la superposition d'vn quarré sur l'autre: Car les lignes estans egales, si l'vne est posee dessus l'autre, elles conuiendront entr'elles; & les angles estans aussi egaux, c'est à sçauoir droicts, ils conuiendront pareillement entr'eux: & partant tout le quarré conuiendra à tout le quarré. Que si les quarrez sont egaux, il conuiendront entr'eux, à cause de l'egalité des angles: donc aussi les lignes; autrement vn quarré seroit plus grand que l'autre. Nous auons laissé la demonstration de Proclus qui est tres-longue, pour suiure celle-cy qui est briefue & facile.*

THEOR. 33. PROP. XLVII.

Aux triangles rectangles, le quarré du costé qui soustient l'angle droict, est egal aux quarrez des deux autres costez.

Soit le triangle rectangle A B C, sur les costez duquel soient descrits les trois quarrez B C E D, ABFG, AHIC. Ie dis que le quarré B C E D descrit sur le costé B C, qui soustient l'angle droict B A C, est egal aux deux quarrez ABFG & A C I H, descrits sur les deux autres costez AB & AC.

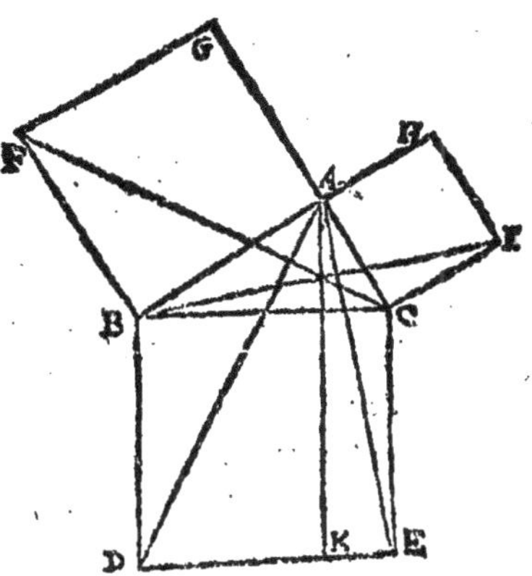

Car soit menee la ligne AK parallele à B D, ou à C E, & tirees les lignes A D, AE, CF & BI. D'autant que par la definition du quarré, les 4. angles au poinct A sont droicts, les lignes droictes AB, AH se rencontreront directement, & ne feront qu'vne ligne droicte: Item C A, A G par la 14. prop. Derechef, puis que les angles ABF, CBD sont egaux, car ils sont droicts, si on leur adjouste le commun ABC; le total FBC sera egal au total ABD. Le triangle ABD a donc les deux costez AB, BD, egaux aux deux costez FB, BC du triãgle CBF, chacun au sien, & les angles ABD, CBF contenus d'iceux costez, egaux, & par la 4.p. les triangles ABD, CBF seront egaux. Mais le quarré AF est double du triangle FBC par la 41. prop. car ils sont sur mesme base BF, & entre mesmes paralleles BF, GC: il sera donc aussi double de son egal ABD, duquel le parallelogramme BK est aussi double par la mesme 41. prop. & par consequent le quarré AF sera egal au parallelogramme BK: car les choses doubles d'vne mesme sont egales entr'elles. Par mesme discours on prouuera que le parallelog. CK est egal au quarré AI: partant les deux parallelogrammes ensemble BK & CK, seront egaux aux deux quarrez ensemble AF & AI. Donc le quarré BE qui est composé d'iceux parallelogrammes BK, CK, sera aussi egal aux mesmes quarrez AF, AI. Parquoy aux triangles rectangles, le quarré du costé, &c. Ce qu'il falloit prouuer.

SCHOLIE.

Par ce theoreme on peut facilement entendre, qu'aux triangles ambligones le quarré du costé opposé à l'angle obtus, est plus grand que les deux quarrez ensemble des d'vnx autres costez: Et qu'en tout triangle le quarré d'vn costé opposé à vn angle aigu est moindre que les deux quarrez ensemble des deux autres costez. Car si l'angle obtus est resserré iusques à ce qu'il vienne à estre droict, les costez qui le comprennent demeurans les mesmes, le costé opposé viendra moindre par la 24. proposition. Mais si l'angle aigu est ouuert & eslargy iusques à ce qu'il vienne droict, les costez qui le contiennent demeurans les mesmes, le costé opposé à iceluy angle sera faict plus grand par la mesme 24. prop. veu donc qu'il a esté demonstré cy-dessus que le quarré du costé opposé à l'angle droict, est egal aux deux quarrez ensemble des deux autres costez; il est euident que le quarré du costé opposé à l'angle obtus, est plus grand que les deux quarrez ensemble des deux autres costez; & que le quarré du costé opposé à vn angle aigu, est moindre que les deux quarrez ensemble des deux autres costez: Mais de combien celuy-là est plus grand, & de combien cestuy-cy est moindre, Euclide le demonstrera ez 12 & 13. prop. du second liure.

Or l'inuention de ce celebre & tant renommé Theoreme est attribuee à Pythagoras, lequel en fut si content & ioyeux, que pour en rendre grace aux dieux, plusieurs disent qu'il sacrifia vn Hecatombe, & d'autres rapportent qu'il ne leur sacrifia qu'vn bœuf; ce qui est plus vray-semblable, que non pas qu'il en ait immolé 100, veu que ce Philosophe faisoit tres-grand scrupule d'espandre le sang des animaux. Mais quoy qu'il en soit, ce Theoreme est vn des plus vtiles aux choses Geometriques, encore qu'il ne semble pas si admirable que la 31. prop. du 6. liu. où Euclide demonstre qu'aux triangles rectangles, la figure descripte sur le costé qui soustient l'angle droict, est egale aux deux fi-

gures semblables, descriptes & semblablement posees sur les deux costez qui contiennent iceluy angle droict.

Par le moyen de cette 47. prop. il est fort aisé de demonstrer cet autre Theoreme suiuant.

Si de l'angle d'vn triangle compris de deux costez inegaux, est tiree vne perpendiculaire à la base, laquelle tombe dans le triangle ; elle couppera la base en deux parties inegales, la plus grande desquelles sera vers le plus grand costé: Et au contraire, si la base est couppee inegalement par la perpendiculaire, les deux costez seront inegaux, & le plus grand sera celuy adjaceant au plus grand segment.

Au triangle ABC, duquel le costé AB est plus grand que le costé AC, soit la ligne AD perpendiculaire à la base BC, laquelle tombe dedans le triangle : ce qui aduient tousiours quand l'vn & l'autre angle d'icelle base est aigu, ainsi qu'il appert du Cor. de la 17. prop. Ie dis que la partie BD est plus grande que la partie CD. Car par la 47. prop. le quarré de AB est egal aux deux quarrez de AD, BD ; & le quarré de AC, egal aux deux de AD, CD: Mais le quarré de AB est plus grand que celuy de AC, puis que le costé AB est plus grand que le costé AC ; donc aussi les deux quarrez de AD, BD, seront plus grands que les deux quarrez de AD, DC ; parquoy ostant le commun quarré de AD, restera le quarré de BD plus grand que le quarré de CD ; & partant la ligne droicte BD sera plus grande que la ligne droicte CD.

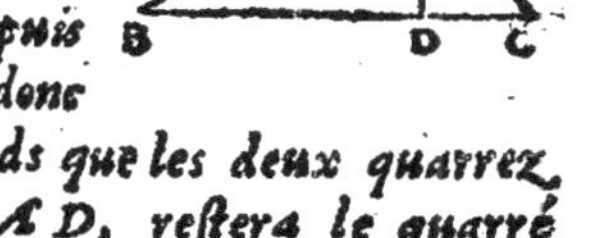

Maintenant, que la ligne perpendiculaire AD fasse le segment BD plus grand que le segment CD. Ie dis que le costé AB est plus grand que le costé AC. Car le quarré de BD sera plus grand que le quarré de CD, & adioustant le commun quarré de AD, les deux quarrez de BD, AD, seront plus grands que les deux de CD, AD. Mais par la 47. prop. le quarré de AB est egal aux deux de BD, AD, & celuy de AC egal aux deux de CD, AD. Donc aussi le quarré de AB sera plus grand que le quarré de AC, & par consequent le costé AB sera plus grand que le costé AC. Ce qu'il falloit prouuer.

THEOR. 34. PROP. XLVIII.

Si le quarré de l'vn des costez d'vn triangle, est egal aux quarrés des deux autres costez ; l'angle soustenu d'iceluy costé est droict.

Au triangle ABC, le quarré du costé BC soit egal aux quarrez des deux autres costez BA & AC. Ie dis que l'angle BAC, soustenu d'iceluy costé BC, est droict.

Car apres auoir mené AD perpendiculaire à AC, par la 11. prop. &

faict icelle AD egale à AB, soit menee CD. Le triangle CAD sera rectangle, & par la 47. prop. le quarré de CD sera egal aux deux quarrez de CA & AD, lesquels sont egaux aux quarrez de BA & AC, estant leurs lignes egales; & par la 1. com. sent. le quarré de BC sera egal au quarré de CD: partant la ligne CB egale à CD. Donc les triangles BAC, & CAD auront deux costez egaux à deux costez, chacun au sien, & la base BC egale à la base DC, & par la 8. prop. l'angle BAC sera egal à l'angle droict CAD: partant il sera aussi droict. Si donc le quarré de l'vn des costez d'vn triangle est egal, &c. Ce qu'il falloit demonstrer.

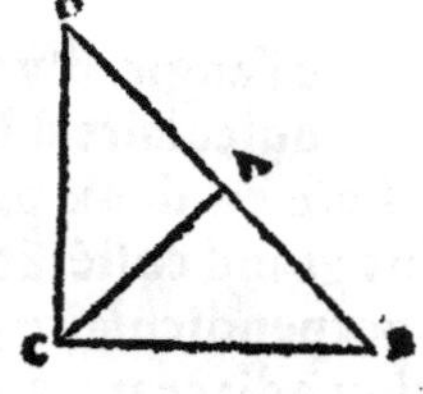

SCHOLIE.

A cette proposition, qui est la conuerse de la precedente, nous adiousterons cet autre theoreme.

Si le quarré d'vn costé de quelque triangle est plus grand que les deux quarrez ensemble des deux autres costez; l'angle soustenu d'iceluy costé est obtus: Et s'il est moindre, aigu.

Au triangle ABC, le quarré du costé AB, soit plus grand que les deux quarrez ensemble des deux autres costez AC, CB: Ie dis que l'angle ACB opposé au costé AB est obtus. Car soit tiré de C perpendiculairement à AC, la ligne droicte CD egale à BC, & soit ioinct AD. D'autant que par la 47. prop. le quarré de AD est egal aux deux quarrez de AC, CD, c'est à dire AC, CB, & le quarré de AB a esté posé plus grand que les quarrez de AC, CB, le quarré de AD, sera moindre que le quarré de AB; & partant la ligne AD moindre que ladite ligne AB. Parquoy veu que les costez BC, AC, du triangle ABC, sont egaux aux costez CD, AC, du triangle ACD, vn chacun au sien, & la base AB plus grande que la base AD, par la 25. prop. l'angle ACB sera plus grand que l'angle ACD: Mais iceluy ACD est droict. Donc ACB est plus grand qu'vn droict; & partant obtus. Ce qui est proposé.

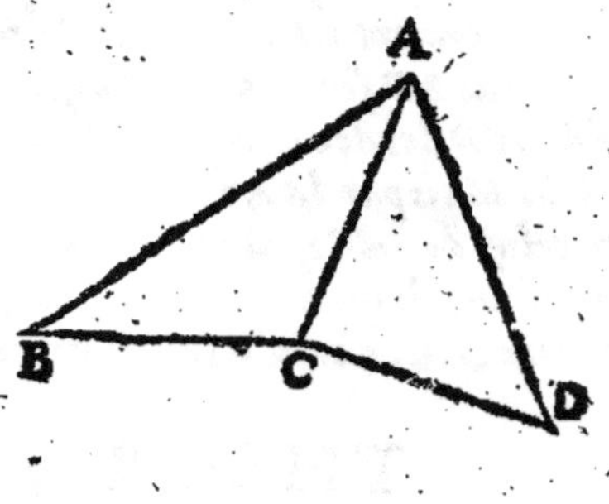

Maintenant, soit le quarré de AB moindre que les deux quarrez des deux autres costez AC, CB: Ie dis que l'angle ACB soustenu d'iceluy costé AB, est aigu. Car ayant fait comme auparauant le triangle rectangle ACD, on prouuera par les mesmes raisons que dessus, que la base AD est plus grande que la base AB, & l'angle droict ACD plus grand que l'angle ACB, qui partant est aigu. Ce qui est proposé.

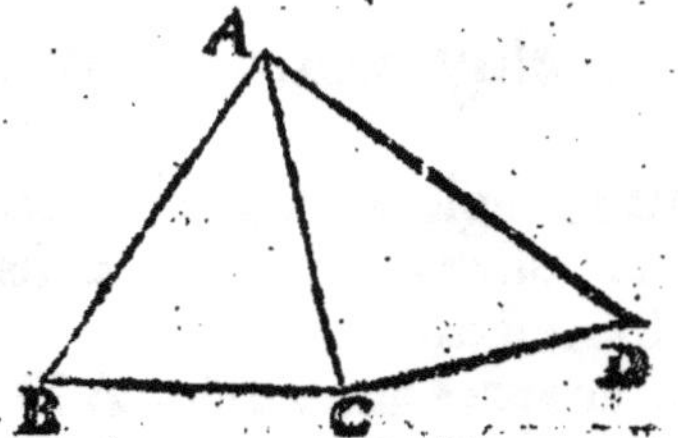

Or d'autant que l'application des nombres

aux costez des triangles rectangles est vtile à plusieurs operations, nous remarquerons icy que tout triangle est rectangle, duquel le plus grand costé contenant 5 parties egales, le moindre contient trois des mesmes parties, & l'autre 4: ou bien selon trois autres nombres, doubles, ou triples ou quadruples, &c. des trois susdits 5, 4, 3, comme 10, 8 & 6: ou 15, 12 & 9; ou 20, 16 & 12; ou 50, 40, & 30; &c. Car il appert que le quarré du plus grand de trois tels nombres, est tousiours egal aux quarrez des deux autres nombres.

Mais si sans auoir egard aux nombres cy dessus, on vouloit faire vn triangle rectangle, ayant tous les trois costez en nombre de parties egales sans fraction, on pourroit trouuer lesdits nombres en deux manieres; dont la premiere qu'on attribue aussi à Pythagoras est telle. Soit pris pour le moindre costé vn nombre de parties nompair, & iceluy nombre estant quarré, soit ostee l'vnité de sondit quarré, & la moitié du reste d'iceluy quarré, sera le moyen nombre, auquel adioustant l'vnité viendra le plus grand nombre: Comme par exemple prenant 5 pour le nombre des parties du moindre costé, son quarré est 25, duquel ostant l'vnité restent 24, dont la moitié est 12, pour le nombre des parties du moyen costé; mais adioustant l'vnité à iceluy, viendront 13 pour le nombre des parties du plus grand costé.

La deuxiesme maniere est attribuee à Platon, & est telle: Soit pris vn nombre pair, & du quarré de la moitié d'iceluy soit ostee l'vnité, & restera l'vn des deux autres nombres; mais adioustant ladite vnité au mesme quarré, viendra le troisiesme nombre: comme par exemple, prenant 6 pour l'vn des nombres, le quarré de la moitie d'iceluy est 9, dont l'vnité estant ostee, restent 8, pour l'vn des deux autres nombres; mais adioustant ladite vnité à iceluy quarré, viennent 10 pour le troisiesme nombre.

Fin du premier Element.

ELEMENT SECOND.

DEFINITIONS.

1. Tout parallelogramme rectangle, est dit estre contenu soubs deux lignes droictes qui font l'angle droict.

Il a esté dit en la 36. def. 1. que c'est que parallelogramme, & qu'il y en a de quatre sortes: mais maintenant il faut entendre qu'un parallelogramme est dit rectágle, lors qu'il a tous les angles droicts, & par consequent il y a seulement le quarré, comme ABCD, & le quarré long, comme EFGH, qui soient rectangles: car il n'y a que ces deux sortes de parallelogrammes qui ayent les angles droicts. Et est à noter, qu'en tout parallelogramme si un seul angle est donné droict, il est necessaire que les trois autres soient aussi droicts: comme par exemple, si l'angle E du parallelogramme EFGH est droict. Ie dis que les trois autres F, G, H, sont aussi droicts. Car d'autant que les lignes EF, GH sont paralleles, les angles internes E & H, sont egaux à deux droicts par la 29. p. 1. Mais l'angle E est droict par l'hypothese: donc aussi l'angle H sera droict: & par la 34. p. 1. leurs opposez G & F seront aussi droicts. Et puis que par la 34. p. 1. tout parallelogramme a les costez opposez egaux, il n'y peut auoir en un parallelogramme que deux costez inegaux, lesquels constituent chaque angle d'iceluy: C'est pourquoy Euclide dit icy, tout parallelogramme rectangle estre contenu sous deux lignes droictes, qui comprennent un angle droict; tellement que le parallelog. rectangle EFGH sera dict estre contenu sous les deux lignes droictes, EF, EH: ou sous les deux EF, FG: ou sous FG, GH: ou finalement sous GH, HE: ainsi deux lignes expriment toute la magnitude ou grandeur d'un parallelogramme rectangle: sçauoir l'une comme EF, ou HG, sa lon-

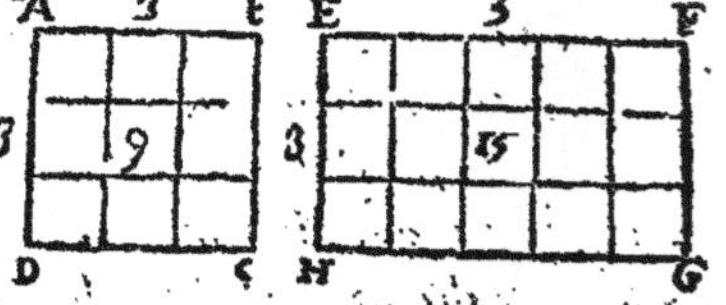

gueur : & l'autre comme EH, ou FG, sa largeur : & par le mouuement imaginaire de l'vne de ces deux lignes en l'autre, se faict iceluy parallelogramme. Car si l'esprit conçoit que la ligne EF, en allant en bas au long de la ligne EH, se meuue en trauers, tellement qu'elle face tousiours angle droict auec icelle EH, iusques à ce que le poinct E paruienne au poinct H, & le poinct F au poinct G; sera descrit tout le parallel. rectangle EFGH. Le mesme sera faict, si on pose EH se mouuoir en trauers, selon la ligne EF. D'où aduient que pour obtenir l'aire ou contenu de tout parallelogramme rectangle on multiplie vn costé d'iceluy par l'autre : comme par exemple, le costé EF estant de 5. pieds, & l'autre costé EH de trois : si on multiplie vn nombre par l'autre, seront produict 15 pieds quarrez, pour l'aire ou contenu de tout le parallelogramme EFGH. Pareillement au parallelogramme rectangle ABCD, le costé AB estant de 3 pieds, & le costé AD aussi de trois pieds : multipliant l'vn par l'autre, seront produicts neuf pieds quarrez pour l'aire d'iceluy rectangle, comme monstre la figure cy-dessus.

Or est icy à noter, qu'en ce second liure, & és autres suiuans, Euclide appelle les parallelogrammes rectangles, simplement rectangles; ce qu'obseruent aussi les autres Geometres, tellement que par le nom de rectangle, il faut tousiours entendre parallelogr. rectangle. Derechef, que pour briefueté, & afin de ne repeter souuentesfois toutes les lettres apposées aux parallelogrammes, les Geometres ont de coustume d'exprimer chaque parallelogramme soit rectangle ou non par deux lettres seulement, sçauoir celles qui sont diametralement opposées : tellement que pour denotter le parallelogramme ABCD, on dira seulement le parallelogramme AC ou BD.

2. En tout parallelogramme, l'vn des parallelogrammes descrits à l'entour du diametre, auec les deux supplemens, est appellé Gnomon.

Au parallelogramme ABED, soit menée la diagonalle BD; & CGI parallele à AB couppant icelle diagonalle en G, & par iceluy poinct G soit menée FGH parallele à AD : & le parallelogramme ABED sera diuisé en quatre parallelogrammes, deux desquels FC & HI, sont dicts estre descrits à l'entour du diametre ou diagonalle, mais les autres deux EG, AG, sont appellez supplemens, ainsi que nous auons dict à la 37. def. du premier liure. Or la figure composee d'iceux supplemens & de l'vn ou l'autre des parallelogrammes d'alentour la diagonalle, sera dit Gnomon : comme la figure CEDAFG, laquelle est composee des deux supplemens AG, GE, & du parallelogramme HI, qui est alentour le diametre; sera appellee Gnomon. Pour mesme raison la figure ABEHGI, qui est composee des deux supplemens IF, GE, & du parallelog. FC, qui est alentour le diametre, sera aussi dit Gnomon. Et est à noter que pour briefuement exprimer telles figures, les Geometres y descriuent quelques fois vne circonference, comme le Gnomon susd. ABEHGI, auquel est descrite la circonference KLM, sera exprimé & denotté par icelle circonference KLM.

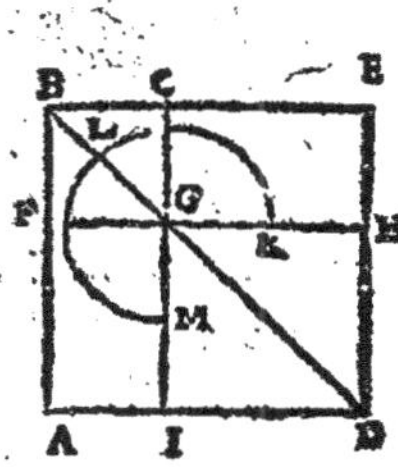

B C E L F G H K M A I D

THEOR. I. PROP. I.

Si de deux lignes droictes l'vne est couppee en tant de parties que l'on voudra, le rectangle contenu soubs les deux toutes, est egal aux rectangles compris de la non couppée, & d'vne chacune partie de celle qui est couppee.

Soient deux lignes droictes AB & C, dont la premiere AB est couppee à l'aduanture en plusieurs parties, sçauoir est en AD, DE, EB. Ie disque le rectangle compris d'icelles deux lignes AB& C, sera egal aux trois rectangles compris de la ligne non couppée, & d'vne chacune partie de lacouppee AB.

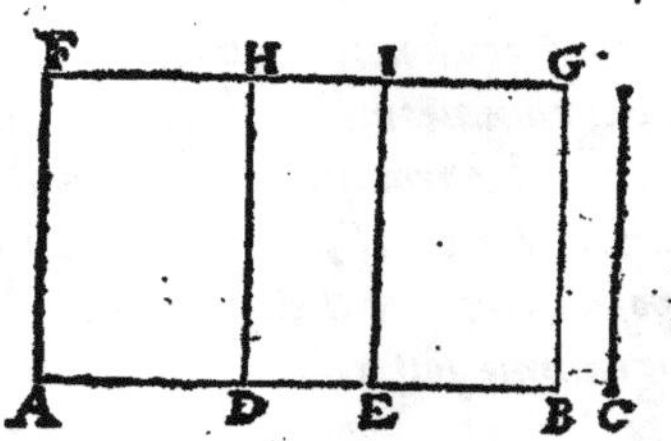

Qu'il ne soit ainsi : qu'on meine AF perpendiculaire à AB, par la 11. p. 1. laquelle soit faite egale à C, & du poinct F soit menee FG parallele à AB; & BG parallele à AF par la 31. prop. 1. Il est euident que le quadrilatere AFGB, sera vn parallelog. rectangle, & qu'iceluy sera compris des deux lignes donnees AB & C, puis que AF est egale à C. Item soient menees les deux lignes DH & EI paralleles à AF par la 31. prop. 1. Donc par la deff. des parallelog. les trois quadrilateres AH, DI, EG, seront parallelogrammes rectangles compris des lignes egales AF, DH, EI, & des trois segmens AD, DE, EB, c'est à dire de la ligne C, & d'iceux trois segmens. Mais iceux trois parallelogrammes rectangles ensemble, conuiennent au rectangle AG, compris des lignes donnees : & par la 8. com. sent. ils luy sont egaux. Parquoy si de deux lignes droictes, &c. Ce qu'il falloit prouuer.

SCHOLIE.

Ce qu'Euclide propose en lignes aux dix premiers Theoremes de ce second liure, nous l'auons applique & demonstré en nombres au Scholie de la 14. pr. 9. Neantmoins i'estime qu'il ne sera inutile de les expliquer des icy par nombres, comme a fait Clauius : Car d'autant que ce qui prouient de la multiplication d'vn nombre par vn autre respond au produit d'vne ligne en vne autre, on peut facilement & briefuement monstrer par nombres ce qui est icy demonstré en lignes auec beaucoup de paroles.

Soient donc proposez deux nombres, comme 10 & 6, le premier desquels soit diuisé en trois autres nombres ou parties, 5, 3 & 2. Or multipliant les deux nombres proposez entreeux, c'est à sçauoir 10 & 6, sera produict le nombre 60, auquel sera egale la somme de ces trois nombres 30, 18 & 12, lesquels sont procreez multipliant chaque partie du nombre diuisé 10, c'est à sçauoir 5, 3, 2, par le nombre non diuisé 6 : ainsi qu'il appert en l'operation cy-dessoubs :

10	5	3	2	30
				18
6	6	6	6	12
60	30	18	12	60.

Or Commandin demonstre icy deux autres Theoremes, dont le premier est tel.

S'il y a deux lignes droictes, l'vne & l'autre desquelles soit couppee en tant de parties qu'on voudra; le rectangle compris d'icelles deux lignes, est egal aux rectangles contenus de chaque segment de l'vne, & [illegible] chacun des segmens de l'autre.

Soient deux lignes droictes AB, AC, contenant vn angle droict A, & AB soit couppée és poincts D & E, mais AC és poincts F & G. Ie dis que le rectangle contenu sous AB, AC, est egal aux rectangles cõpris de chaque partie AD, DE, EB, & d'vn chacun segment AF, FG, GC, c'est à dire egal aux rectangles contenus de AD, AF; AD, FG; AD, GC: DE, AF; DE, FG; DE, GC: EB, AF; EB, FG; EB, GC. Car estant accomply le rectangle AH, soient tirees DI, EK paralleles à AC: Item FM, GL paralleles à AB, qui coupperont les premieres és poincts P, Q, N, O. Veu donc que le rectangle AP est contenu sous AD, AF: & NF sous AD, FG: & GI sous AD, GC, (pource que par la 34. prop. 1. les lignes FP, GN sont egales à icelle AD.) Item que les rectangles DQ, PO, NK, sont contenus sous DE, AF: DE, FG: DE, GC: (car DP, PN, NI sont egales à icelles AF, FG, GC; & PQ, NO, à icelle DE, par la 34. prop. 1.) Et par la mesme raison les rectangles EM, QL, GH, sont compris sous EB, AF: EB, FG: EB, GC. Il est euident que le rectangle contenu sous AB, AC, est egal aux rectangles compris sous chacune des parties AD, DE, EB, & vn chacun des segmens AF, FG, GC: ce qui estoit proposé.

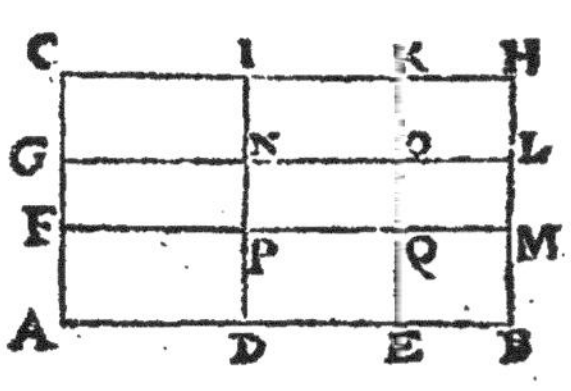

Nous rendrons aussi manifeste ce Theoreme par nombres: & pource soient deux nombres 12 & 8, le premier desquels soit diuisé en trois parties 6, 4 & 2: mais le dernier soit seulement diuisé en deux parties 5 & 3. Or le produict de ces deux nombres proposez multipliez entr'eux est 96, auquel est manifestement egale la somme de ces six nombres, 30, 20, 10, 18, 12 & 6, lesquels sont producits par la multiplication de chacune des parties 6, 4, 2, en chacune des parties 5 & 3, comme vouloit Commandin en ce premier Theor. Quant au second il est tel qu'il ensuit.

S'il y a deux lignes droictes couppées comme on voudra, le rectangle compris sous icelles, auec celuy compris sous vne partie de l'vne d'icelles lignes, & vne partie de l'autre, est egal aux rectangles contenus sous les lignes totales, & les susdictes parties reciproquement, auec le rectangle contenu des deux autres parties.

Soient deux lignes droictes AB, AC, faisant l'angle droict A, lesquelles soient couppees comme on voudra en D & E. Ie dis que le rectangle compris sous AB, AC, auec celuy compris sous les parties AD, EC, est egal aux rectangles contenus sous AB, EC: AC, AD: DB, AE. Car ayant accomply le rectangle AG, soit menee DF parallele à AC, & EH à AB, s'entrecouppans en I. Veu donc que le rectangle AG est egal aux rectangles FG, AI, DH: si on leur adiouste le commun rectangle EF: les rectangles AG, EF, qui sont compris sous les toutes AB, AC, & les parties AD, EC, seront egaux aux

C F G
E I H
A D B

rectangles EG, AF, DH, compris sous AB, EC: AC, AD: DB, AE: ce qui estoit proposé.

Afin que ce theor. de Commandin soit aussi manifeste par nombres, soient proposez deux quelconques nombres 9 & 5, le premier desquels soit diuisé en deux parties 5 & 4: mais l'autre soit diuisé en 3 & 2: Or le produit de ces deux nombres proposez est 45, & celuy de la partie 5, multipliee par la partie 3 est 15, & la somme de ces deux produicts est 60, auquel nombre est manifestement egale la somme & addition de ces trois nombres 27, 25 & 8, qui sont produicts de 9 par 3, des par 5, & de l'autre partie 4 par l'autre partie 2.

COROLLAIRE.

Parce que dessus est manifeste que s'il y a deux lignes droictes, l'vne & l'autre desquelles soit couppee comme on voudra, le rectangle compris sous icelles sera egal au rectangle compris sous vne totalle, & vn segment de l'autre, & aux deux rectangles contenus de l'autre segment de ceste-cy, & d'vn chacun segment de celle-là. Car le rectangle AG, qui est compris des deux toutes AB, AC, est egal au rectangle EG, contenu de la toute EH, c'est à dire AB, & du segment EC, & aux deux rectangles AI, DH, compris de l'autre segment AE, & des segmens AD, DE. Iceluy rectangle AG est aussi egal aux trois rectangles AH, EF, IG. Pareillement aux trois AF, DH, IG, comme aussi aux trois autres DG, AI, EF.

Le mesme se doit aussi entendre des nombres: car il est euident que les deux nombres cy dessus proposez, c'est assauoir 9 & 5, estans multipliez entr'eux produisent 45, auquel sont egaux ces trois nombres 27, 10 & 8, produits de la multiplication de 9 par la partie 3: & de la partie 2 par chacune des parties 5, 4. Et ainsi de toute autre partie qu'on voudra prendre.

THEOR. 2. PROP. II.

Si vne ligne droicte est couppee comme on voudra: les rectangles compris de la toute & d'vne chascune partie, sont egaux au quarré de la toute.

Soit la ligne droicte AB, couppee en deux parties telles qu'on voudra au poinct C. Je dis que le rectangle de la toute AB, & de la partie AC, auec le rectangle de la toute AB, & de l'autre partie CB, sont ensemble egaux au quarré de la toute AB.

A C B D F E

Qu'ainsi ne soit: Sur AB soit descrit le quarré AE; puis de C soit menee CF parallele à AD, laquelle CF sera egale à icelle AD, c'est à dire à AB: car icelles AD, AB sont egales par la def. du quarré. Il est donc euident que les deux rectangles AF & CE, sont compris de la toute AB, ou son egale CF, & des deux parties AC & CB, & si ils conuiennent auec le quarré AE, & par consequent luy sont egaux. Si donc vne ligne droicte est couppee comme on voudra,&c. Ce qu'il falloit demonstrer.

SCHOLIE.

Clauius demonstre encore ce Theoreme ainsi. Soit prise vne ligne droicte D egale à AB: Or puis que AB est coupee en C, le rectangle contenu soubs la non couppee D, & la couppee AB (qui est le quarré de la toute AB) sera egal aux deux rectangles compris soubs la non couppée D (c'est à dire soubs AB) & vn chacun des segmens AC, CB par la prec. prop. Ce qui estoit proposé.

Pour accommoder ce Theoreme aux nombres. Soit le nombre 12 diuisé en deux nombres 7 & 5: il est euident qu'au quarré d'iceluy nombre, qui est 144, sont egaux les deux nombres 84 & 60, qui sont produicts du mesme nombre 12 multiplié par chacune des parties 7 & 5: car ils font aussi 144, comme monstre l'addition d'iceux.

Or encore qu'en ce second Theoreme Euclide propose d'vne ligne diuisée en deux parties seulement, si est-ce toutesfois qu'en la mesme maniere sera demonstré le mesme, si la ligne est diuisee en tant de parties qu'on voudra. Ce qui se peut aussi voir par nombres, ainsi qu'il ensuit. Soit le nombre 12 diuisé en trois parties 5, 4 & 3. Le quarré dudit nombre 12 sera 144; auquel sont egaux ces trois nombres 60, 48 & 36, lesquels sont produicts d'iceluy nombre proposé 12, multiplié par chacune des parties 5, 4 & 3.

Sera aussi demonstré comme dessus, que si vne ligne droicte est couppee en tant de parties qu'on voudra; le quarré de la toute est egal aux rectangles contenus soubs chaques segmens & vn chascun segment. Ce que nous rendrons aussi manifeste par nombres: & pour ce soit le nombre 10 diuisé en trois parties 5, 3 & 2: Il est euident que le quarré du nombre total 10 est 100, & qu'à iceluy sont egaux ces neuf nombres 25, 15, 10, 15, 9, 6, 10, 6 & 4, lesquels sont produicts par chacune des parties multipliée par chacune d'icelles.

THEOR. 3. PROP. III.

Si vne ligne droicte est couppee comme on voudra; le rectangle compris de la toute, & de l'vne des parties, est egal au rectangle compris d'icelles parties, & au quarré de la partie premierement prise.

Soit la ligne droicte AB couppee comme on voudra au poinct C. Ie dis que le rectangle compris de la totale AB, & de l'vne ou l'autre partie, comme AC, est egal aux deux rectangles compris des deux parties AC & CB, & au quarré de la partie AC, laquelle auoit esté premierement prise.

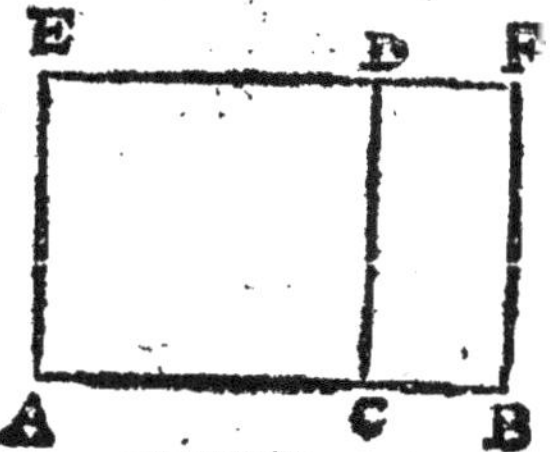

Qu'il ne soit ainsi : Sur la partie AC soit fait le quarré AD par la 46. pr. 1. puis soit menee BF parallele à CD par la 31. prop. 1. rencontrant ED prolongee en F. Il est donc euident que AD est le quarré de la partie AC ; & CF le rectangle des parties AC & CB ; (car CD est egale à AC par la definition du quarré) & AF le rectangle de la toute AB & de la partie AC, sur laquelle a esté fait le quarré. Or le quarré AD, & le rectangle CF ensemble, conuiennent auec le rectangle AF ; & par consequent egaux à iceluy. Si donc vne ligne droicte est couppee comme on voudra, &c. Ce qu'il falloit demonstrer.

SCHOLIE.

Clauius demonstre encore ce Theor. ainsi. Soit prise la ligne droicte D egale à la partie AC. D'autant que la ligne droicte AB est diuisee en C, par la 1. pr. de ce liure, le rectangle contenu soubs D & AB (c'est à dire soubs AC & AB) sera egal au rectangle compris soubs D & CB (c'est à dire soubs AC, CB) & au rectangle contenu soubs D & BC, c'est à dire au quarré de la partie AC. Ce qui est proposé.

Pour accommoder ce Theor. aux nombres, soit quelconque nombre 12 diuisé en deux parties telles qu'on voudra 7 & 5. Or multipliant ledit nombre proposé 12 par sa partie 7, viendront 84, auquel produit sont egaux ces deux nombres 35 & 49, lesquels sont produits de 7 multipliez par 5, & de 7 par soy mesme. Mais multipliant le mesme nombre 12 par l'autre partie 5, sera produit le nombre 60, auquel sont aussi egaux ces deux nombres 35 & 25, qui sont les produits des deux parties 7 & 5, multipliees entr'elles, & de la partie 5 en soy mesme. Et partant appert ce qui a esté proposé.

THEOR. 4. PROP. IV.

Si vne ligne droicte est couppee comme on voudra ; le quarré de la toute est egal aux deux quarrez des parties, & à deux fois le rectangle d'icelles parties.

Soit la ligne donnee AB, couppee comme on voudra au poinct F. Ie dis que les deux quarrez descrits sur les parties AF & FB, auec deux fois le rectangle d'icelles AF & FB sont ensemble egaux au quarré de la totale AB.

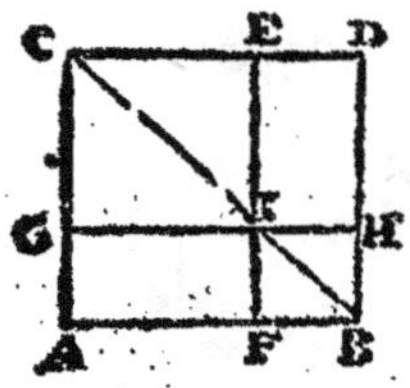

Qu'ainsi ne soit. Sur la ligne totale AB soit descrit le quarré AD ; & apres auoir mené la diagonalle BC ; du poinct F, soit menee la ligne droite FE parallele à AC, couppant la diagonalle BC en I, & derechef par iceluy poinct I soit menee GH parallele à AB, le tout par la 31. prop. 1. Ie dis premierement que les quadrilateres HF & EG sont quarrez.

Car desia il appert qu'ils sont parallelogrammes, estans descrits entre lignes paralleles. Item puis que A D est quarré, les deux costez AB & AC seront egaux, & le triangle ABC est Isoscelle: & par la 5. prop. 1. les deux angles sur la base B C, sçauoir est A B C & A C B seront egaux. Pareillement la ligne B C tombant sur les deux paralleles A C & F E fera l'angle exterieur F I B egal à l'opposé interieur A C B par la 29. propos. 1. lequel estant egal à A B C par la 1. com. sent. A B C & F I B seront egaux, & par la 6. prop. 1. les deux costez B F & FI seront egaux: & par la 34. prop. 1. le parallelogramme H F aura les quatre costez egaux: & partant il sera quarré; car l'angle F B H estant droict, les trois autres seront aussi droicts, comme nous auons demonstré à la 1. def. de ce liure. Par mesme discours on monstrera G E estre aussi quarré. Maintenant, d'autant que A I & I D sont descrits entre lignes paralleles, & les angles A & D sont droicts, il appert qu'ils sont parallelogrammes rectangles, & egaux entr'eux par la 43. prop. 1. & sont compris des deux parties AF, FB, estant E I egale à A F, & H I, I F à FB par la 34. prop. 1. & def. du quarré. Partant A I & I D sont deux fois le rectangle de AF & F B, lesquels auec les deux quarrez F H & G E conuiennent auec le quarré total A D, & par la 8. com. sent. ils luy seront egaux. Si donc vne ligne droicte est couppee comme on voudra, le quarré de la toute est egal, &c. Ce qu'il falloit demonstrer.

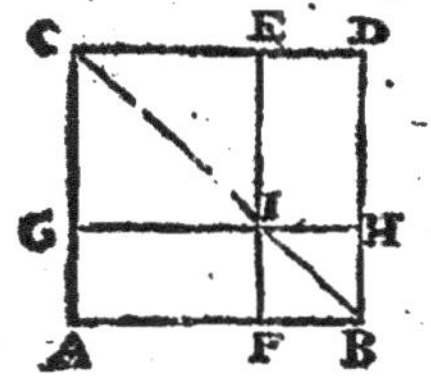

COROLLAIRE.

Il est manifeste par la demonstration cy dessus, que les parallelogrammes descrits à l'entour de la diagonalle d'vn quarré, & qui ont vn angle commun auec iceluy, sont aussi quarrez. Et de plus, il est euident que la diagonalle coupe en deux egalement les angles du quarré: Ce que nous auons aussi demonstré au 3. Theor. du Scholie de la 34. p. 1.

SCHOLIE.

Clauius demonstre encore apres Campanus ce 4. Theor. d'Euclide ainsi. D'autant que la ligne droicte A B est couppee en F, par la 2. prop. 2. le quarré de la toute A B sera egal aux rectangles compris soubs la toute A B, & chacune des parties A F, F B. Mais par la 3. prop. 2. le rectangle contenu soubs A B, A F est egal au rectangle compris soubs A F, F B auec le quarré de la partie A F. Item le rectangle de A B, F B est egal au rectangle de F B, A F, auec le quarré de la partie F B. Donc le quarré de A B est aussi egal aux quarrez des parties A F, F B, & aux rectangles contenus soubs A F, F B, & soubs F B, A F. Ce qui est proposé.

A F B

Pour accommoder ce Theoreme aux nombres: soit le nombre 10 diuisé en deux parties 6 & 4: Il est manifeste que le nombre 100, qui est le quarré du nombre total 10, est egal à 36 & 16, qui sont les quarrez des parties 6 & 4, auec deux fois 24, nombre produit desdites parties 6 & 4 multipliees entr'elles: car tous ces quatre nombres 36, bres 36, 16, 24 & 24, font ensemble 100, ainsi qu'il appert en l'operation suiuante.

10	6	4	6	36
10	6	4	4	16
100.	36.	16.	24.	24
				24.
				100.

Clauius demonstre aussi en ce lieu le Theoreme suiuant.

Si vne ligne droicte est double d'vne autre, le quarré de celle-là est quadruple du quarré de ceste-cy : & si vn quarré est quadruple d'vn autre quarré, le costé de celuy-là est double du costé de cestuy-cy.

Soient deux lignes droictes AB & D, desquelles AB est double de D. Ie dis que le quarré de AB est quadruple du quarré de D. Car ayant diuisé AB en deux egalement en C, si on fait telle construction qu'en ceste 4. propos. il est euident que les 4. paralellogrammes AK, CI, HG, KF. seront quarrez, & egaux entr'eux. Mais le quarré AF est egal à iceux quatre quarrez : donc le quarré de AB sera quadruple du quarré de AC, c'est à dire de D, qui luy est egale : car AB est double de l'vne & de l'autre.

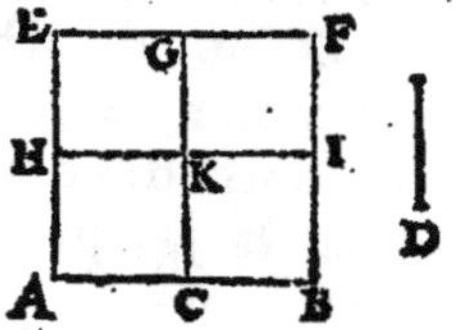

Pour la seconde partie : Soit le quarré de AB quadruple du quarré de D. Ie dis que AB est double de D. Car AB estant couppee en deux egalement en C, le quarré de AB sera quadruple du quarré de AC, comme il a esté demonstré cy dessus. Mais le quarré de AB a esté posé aussi quadruple du quarré de D : donc les quarrez des lignes AC & D sont egaux, & partant icelles lignes AC & D aussi egales. Mais AB est double de AC : donc aussi double de D.

Ce Theoreme est aussi manifeste en nombres : Car soient deux quelconques nombres 10 & 5, dont le premier est double de l'autre. Il appert que 100, quarré du premier nombre 10, est quadruple de 25, quarré du dernier nombre 5.

THEOR. 5. PROP. V.

Si vne ligne droicte est couppee en deux parties egales, & en deux inegales : le rectangle contenu d'icelles parties inegales auec le quarré de la partie du milieu, sont egaux au quarré de la moitié de la toute.

Soit la ligne donnee AB couppee en deux parties egales au poinct C, & en deux inegales au poinct D. Ie dis que le rectangle compris des deux parties inegales AD & BD, auec le quarré de la partie du milieu CD, sont egaux au quarré de la moitié CB.

Car sur la ligne CB soit descrit le quarré CF par la 46. prop. 1. & apres auoir mené DG parallele à B F soit menee la diagonalle B E couppant D G au poinct H, par lequel soit menee interminement IK parallele à AB, couppant CE en L : puis du poinct A, soit aussi menee AK parallele à D H, rencontrant KI en K. Donc par le Corol. de la prec. prop. D I, LG seront quarrez ; & partant la ligne DH sera egale à la ligne D B : & par la 34. prop. 1. LH est aussi egale à CD : parquoy le rectangle A H est compris des

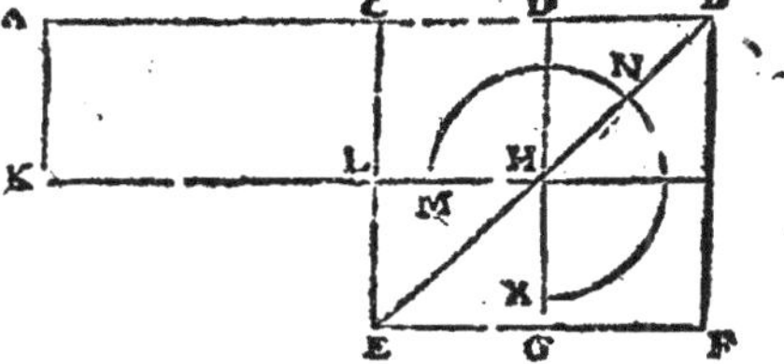

deux segmens AD, DB ; & L G sera quarré de la partie du milieu CD. Il faut donc prouuer que le rectangle AH, auec le quarré GL, est egal au quarré CF, faict sur la ligne CB, moitié de la toute A B.

Or le rectangle AL est egal au rectangle CI par la 36. pr. 1. d'autant qu'ils sont sur bases egales AC & CB, & entre mesmes paralleles A B & K I. Pareillement les supplemens C H & H F sont egaux par la 43 prop. 1. ausquels si on adiouste le quarré commun D I, les tous C I & D F seront egaux : & par la 1. com. sent. DF sera egal à A L, ausquels si on adiouste aussi le supplement commun CH, le Gnomon MNX sera egal au rectangle AH. Mais iceluy Gnomon, & le quarré GL, conuiennent auec le quarré CF, & partant sont egaux par la 8. com. sent. Donc aussi le rectangle A H, & le quarré G L seront egaux au quarré C F par la 1. com. sent. Parquoy si vne ligne droicte est couppee en deux parties egales, & en deux inegales, &c. Ce qu'il falloit demonstrer.

SCHOLIE.

Nous adiousterons tant en ce Theor. qu'aux 5. suiuans les demonstrations qu'en a fait le docte Maurolycus. D'autant que par la 4. p. 2. le quarré de C B est egal aux quarrez de C D & DB, auec deux fois le rectangle d'icelles ; & que par la 3. p. 2. le rectangle de C B, D B est egal au rectangle de CD, DB, auec le quarré de D B : le quarré de C D sera egal à l'autre quarré de C D, auec le rectangle de C B, DB, & celuy de C B, D B, ou de AC, DB. Mais par la 1. prop. 2. le rectangle des toutes A D, D B, est egal aux rectangles de D B, AC, & de DB, CD. Donc le quarré de C B sera egal au quarré de CD, auec le rectangle de A D, D B. Ce qui estoit proposé.

A C D B

Pour accommoder ce Theoreme aux nombres, soit le nombre 12 diuisé en deux parties egales 6 & 6 ; Et aussi en deux parties inegales 8 & 4 ; & par ainsi la plus grande partie 8 excede la moitié 6 du nombre 2, qui est la partie du milieu. Il est euident que 32, nombre produit des deux nombres inegaux 8 & 4, auec 4 qui est le quarré de 2, est egal à 36, qui est le quarré de 6, moitié du nombre proposé.

THEOR. 6. PROP. VI.

Si vne ligne droicte est couppee en deux parties egales, &

qu'on luy adiouste directement quelque autre ligne droicte : le rectangle de la toute & de l'adioustee comme d'vne, & de l'adioustee, auec le quarré de la moitié, est egal au quarré qui est faict de la moitié & de l'adioustee comme d'vne.

Soit la ligne droicte AB couppee en deux egalement au poinct C ; & à icelle AB soit adioustee directement la ligne BD. Ie dis que le rectangle compris de la totale AD, & de l'adioustee BD, auec le quarré de la moitié CB, est egal au quarré de la ligne CD, laquelle est composee de la moitié CB, & de l'adioustee BD.

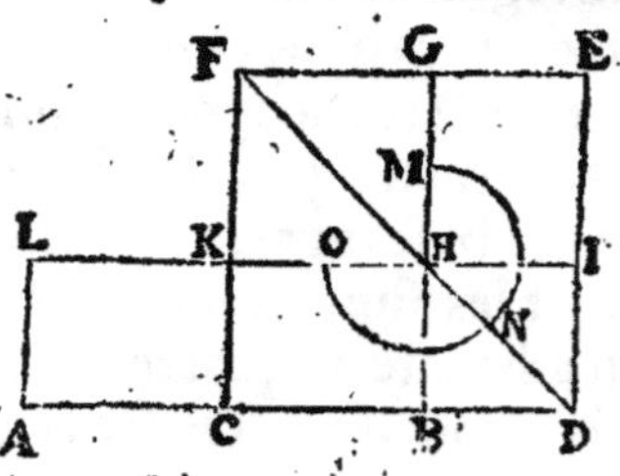

Qu'ainsi ne soit : sur la ligne CD soit descrit le quarré CE, & tiré sa diagonalle DF ; & apres auoir du poinct B, mené BG parallele à DE, laquelle couppe la diagonalle au poinct H ; par iceluy poinct H soit menee interminement IKL parallelle à AD par la 31. prop. 1. Item AL parallele à DI, rencontrant IL en L.

Premierement le rectangle AI est compris de la toute & adioustee comme d'vne AD, & de l'adioustee DI (car icelle DI est egale à l'adioustee BD estant BI quarré par le Cor. de la 4. p. de ce liure.) Item KG, qui est quarré par le mesme Cor. est faict sur HK egale à la moitié CB par la 34. prop. Ie dis donc que le rectangle AI, & le quarré KG sont ensemble egaux au quarré CE. Car les deux supplemens CH & HE estans egaux par la 43. pr. 1. Item les deux rectangles AK & CH aussi egaux par la 36. prop. 1. d'autant qu'ils sont sur bases egales, & entre mesmes paralleles : & par la 1. com. sent. AK sera egal à HE, & en adioustant à chacun d'iceux le rectangle commun CI, le Gnomon MNO sera egal au rectangle AI. Mais iceluy Gnomon auec le quarré GK, sont egaux au quarré CE : donc le rectangle AI auec le quarré KG sera egal au mesme quarré CE. Parquoy si vne ligne droicte est coupee en deux parties egales, &c. Ce qu'il falloit demonstrer.

SCHOLIE.

Autrement. *D'autant que par la 4. pr. 2. le quarré de CD est egal aux deux quarrez de CB, BD auec deux fois le rectangle d'icelles CB, BD ; & que par la 1. pr. 2. le rectangle des toutes AD, BD est egal aux trois rectangles de DB, AC ; DB, CB ; & DB, DB, (qui est le quarré de DB) le quarré de CD sera egal à l'autre quarré de CB auec le rectangle de AD, BD. Ce qu'il falloit demonstrer.*

A C B D

Pour appliquer ce Theor. aux nombres, soit le nombre 12. diuisé en deux nombres egaux 6 & 6 ; & à iceluy nombre 12 soit adiousté 3. Il est euident que le nombre 45 produict de tout le nombre composé 15 multiplié par l'adiousté 3, auec 36 quarré de la moitié 6, font 81, tout ainsi que le quarré de 9, composé de ladite moitié 6, & de l'adiousté 3.

THEOR. 7. PROP. VII.

Si vne ligne droicte est couppee comme on voudra ; le quarré de la toute, & le quarré de l'vne des parties, sont egaux au quarré de l'autre partie, & deux fois le rectangle compris de la totale, & de la partie premierement prise.

Soit la ligne AB coupee comme on voudra au poinct F. Ie dis que les deux quarrés de la totale AB, & de la partie A F, sont egaux au quarré de l'autre partie F B, & deux fois le rectangle de AB, AF.

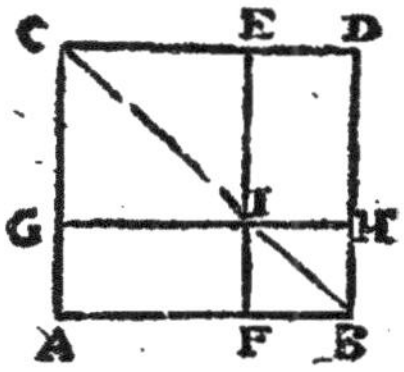

Qu'il ne soit ainsi : sur AB soit descrit le quarré AD auec sa diagonalle BC: & apres auoir mené du poinct F, la ligne FE parallele à AC, laquelle couppe la diagonalle BC au poinct I; d'iceluy poinct soit menee GH parallele à AB par la 12. pr. 1. Donc FH & GE seront quarrez par le Cor. de la 4. prop. de ce liu. & puis que par la 34. pr. 1. GI est egale à AF; GE sera quarré du segm. A F. Derechef pource que A C est egale à A B, le rectangle A E sera compris sous la toute AB & le segm. AF. Par mesme raison le rectangle G D sera compris sous les mesmes lignes AB, AF: (car CD, C G sont egales à AB, AF, à cause des quarrez AD, GE.) Veu donc que les rectangles AE & ID, auec le quarré FH sont egaux au quarré AD: si on leur adiouste le commun quarré E G, les quarrez AD, EG seront egaux aux rectangles A E, GD, (chacun desquels est compris de la toute A B & de la partie A F) auec le quarré F H. Parquoy si vne ligne droicte est couppee comme on voudra, &c. Ce qu'il falloit demonstrer.

SCHOLIE.

Autrement. *D'autant que par la 4. pr. 2. le quarré de AB est egal aux deux quarrez de AF, FB, & deux fois le rectangle d'icelles AF, FB; si on adiouste le quarré commun de AF, les quarrez de AB, AF seront egaux aux trois quarrez de AF, AF, FB, auec deux fois le rectangle de AF, FB. Mais par la 3. p. 2. le rectangle de A B, A F est egal au rectangle de AF, FB, auec le quarré de AF; & partant deux fois le rectangle de AB, AF, est egal à deux fois le rectangle de A F, F B, auec deux fois le quarré de AF: donc les quarrez de A B, A F, sont egaux à l'autre quarré de F B, auec deux fois le rectangle de AB, AF. Ce qui estoit à demonstrer.*

Pour accommoder ce Theor. aux nombres, soit diuisé le nombre 12 en deux tels nombres qu'on voudra 7 & 5. Or il est euident que 144 nomb. quarré de 12, & 49 nombre quarré de la partie 7, sont ensemble egaux à 193, qui est fait de 25 nombre quarré de l'autre partie 5, & deux fois 84, produit de 12 multiplié par 7. Semblablement 144 & 25, nombres quarrez de 12 & 5, sont ensemble egaux à 169, fait de 49 quarré de 7, & deux fois 60, produit de 12 multiplié par la partie 5.

Commandin demonstre en ce lieu le Theor. suiuant.

Si vne ligne droicte est couppee en deux parties inegales, les quarrez d'icelles parties sont egaux au rectangle contenu deux fois sous icelles parties, & au quarré de la ligne, dont la plus grande partie excede la moindre.

Soit la ligne droicte AB couppee en deux parties inegales AC, CB, desquelles AC est la plus grande, & d'icelle AC soit prise AD egale à BC, afin que DC soit l'excez de la partie AC par dessus BC. Ie dis que les quarrez des parties AC, CB sont egaux au rectangle contenu deux fois soubs AC, CB, & au quarré de DC. Car soient construicts les quarrez AE, CH, & mené DI parallele à CB: puis prolongée HG iusques à ce qu'elle rencontre DI en K. Or d'autant que les lignes BC, AD sont egales, leur adioustant la commune DC, la toute AC, c'est à dire CE, sera egale à la toute DB. Mais CG est aussi egale à CB: donc aussi le reste GE sera egal au reste DC: & partant puis qu'aussi IE est egale à DC par la 34. pr. 1. GE, IE seront egales: & partant IG sera le quarré de l'excez DC. Et d'autant que les rectangles AI, DH sont contenus sous les parties AC, CB, (car AC est egale à l'vne & à l'autre ligne AF, DB: & CB à l'vne & à l'autre AD, BH.) Il est manifeste que les quarrez AE, CH, des parties AC, CB sont egaux aux rectangles AI, DH, qui sont contenus sous les parties AC, CB, & à IG quarré de l'excez DC. Ce qui estoit proposé.

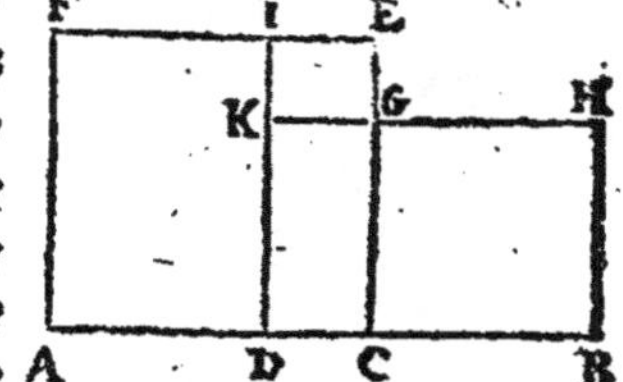

Le mesme est aussi manifeste par nombres: car le nombre 12 estant diuisé en deux parties inegales 7 & 5, dont la plus grande excede la moindre de 2: les quarrez d'icelles parties seront 49 & 25, qui font ensemble 74, auquel nombre sont egaux deux fois 35 produit de 7 multiplié par 5, auec 4 quarré de l'excez 2.

THEOR. 8. PROP. VIII.

Si vne ligne droicte est couppee comme on voudra: quatre fois le rectangle compris de la toute & de l'vne des parties, auec le quarré de l'autre partie, est egal au quarré de la toute, & d'icelle partie premierement prise comme d'vne seule ligne.

Soit la ligne donnee AB couppee comme on voudra au poinct C. Ie dis que quatre fois le rectangle, compris de AB & de l'vne ou l'autre partie, sçauoir BC, auec le quarré de l'autre partie AC, sont ensemble egaux au quarré de AD composee de la totale AB, & de la partie BC.

Qu'il ne soit ainsi: Soit prolongee AB vers D, & pris BD egale à BC, puis sur la totale AD soit fait le quarré AE auec sa diagonale FD, & des deux poincts B & C, soient menees BG & CI paralleles à DE. Item des poincts H & K, ausquels elles couppent la diagonalle FD, soient menees LM & OP paralleles à AD, par la 31. prop. 1. lesquelles couppent les premieres paralleles en N & Q.

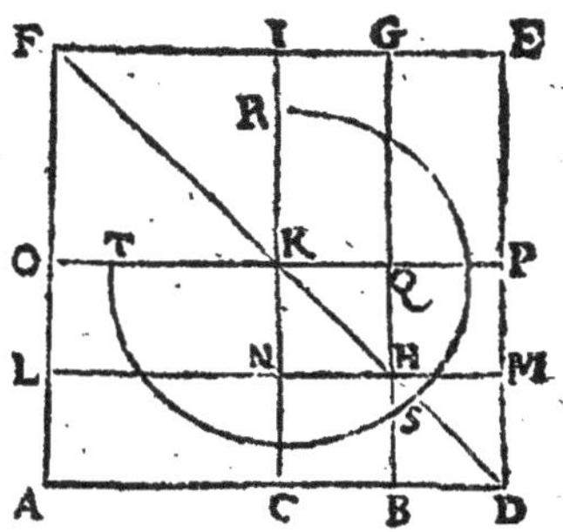

Premierement, par ce qui resulte de la 4. prop. de ce liure les rectangles OI, NQ, BM au long de la diagonalle seront quarrez. Item d'autant que CB est egale à BD : CH, & BM, seront egaux & quarrez : (estant l'vn d'iceux quarré) pareillement NQ & HP aussi egaux quarrez ; ainsi les quatre CH, BM, NQ, HP, seront quarrez, & egaux : & par la 43. p. 1. les deux supplemens LK & KG seront aussi egaux entr'eux, & par la 36. pr. 1. LK est egal à AN ; & KG à QE : & par consequent iceux quatre rectangles sont aussi egaux entr'eux. Mais comme aux precedentes, il est euident que AH est vne fois le rectangle de AB & BH, (egale à BD) qui est vn des quatre rectangles auec vn des quatre petits quarrez egaux : donc iceux quatre rectangles auec iceux quatre quarrez faisant le Gnomon RST seront egaux à quatre fois le rectangle de AB & BD ; lequel Gnomon auec le quarré de OK, (egale à AC par la 34. p. 1.) sçauoir est OI, conuiennent auec le quarré AE : & partant par la 8. com. sent. ils luy seront egaux : Si donc vne ligne droicte est couppee, &c. Ce qu'il falloit demonstrer.

SCHOLIE.

Autrement, *D'autant que par la 4. prop. 2. le quarré de AD est egal aux quarrez de AB, BD, & à deux fois le rectangle d'icelles AB, BD, c'est à dire, aux quarrez de AB, BC auec deux fois le rectangle de AB, BC : & que par la precedente les quarrez de AB, BC sont egaux au quarré de AC auec deux fois le rectangle de AB, BC : le quarré de AD sera egal à quatre fois le rectangle de AB, BC, auec le quarré de AC. Ce qu'il falloit demonstrer.*

A C B D

Pour accommoder ce theoreme aux nombres, soit le nombre 12, diuisé comme on voudra en 7 & 5. Or ledit nombre 12 multiplié par la partie 7, faict 84, qui pris quatre fois auec 25 quarré de l'autre partie 5, font 361, qui est le nombre quarré de 19, composé de 12 & 7. Semblablement le nombre 240, qui est faict du nombre proposé 12 multiplié quatre fois par la partie 5, estant adiousté auec 49, quarré de l'autre partie 7, font 289, tout ainsi que le quarré de 17, nombre composé du donné 12, & de la partie 5.

THEOR. 9. PROP. IX.

Si vne ligne droicte est couppée en deux parties egales, & en deux inegales : les quarrés d'icelles parties inegales seront doubles des quarrez de la moitié, & de la partie du milieu.

Soit la ligne donnée AB couppee en deux egalement au poinct C, & en deux inegalement en D. Ie dis que les quarrez de AD & DB parties inegales, sont doubles des quarrez de AC moitié, & de CD partie du milieu.

Qu'il ne soit ainsi : au poinct C soit leuee la perpendiculaire CE, qu'on fera egale à CA, & apres auoir mené AE & BE, soit leuee la perpendiculaire DF, couppant BE en F, duquel poinct soit menee FG parallele à AB, couppant CE en G : & finalement soit menee AF.

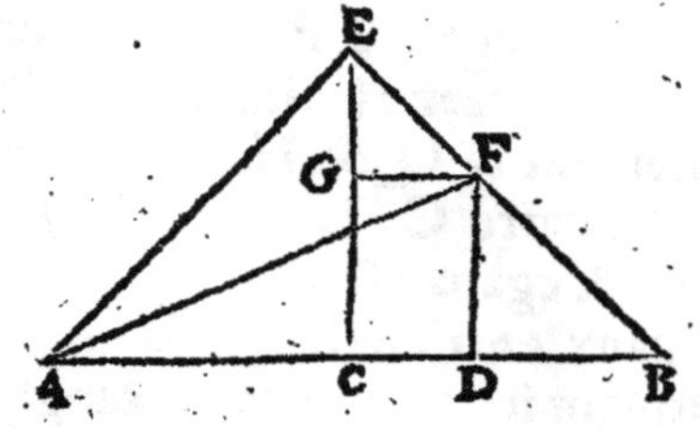

Premierement, les triangles ACE, & ECB seront Isoscelles, & feront les angles sur les bases AE & EB egaux par la 5. prop. 1. estant l'angle ECB droict pour estre CE perpendiculaire. Item FDB estant droict, & DBF demy droict, aussi par la 32. pr. 1. DFB sera demy droict, & par la 6. pr. 1. les costez DB & DF, du triangle BDF, seront egaux entr'eux. Par le mesme discours sera demonstré que les costez GF, GE du triangle FGE, sont egaux entr'eux. Item il est euident que l'angle AEB sera droict, estant composé des deux demy droicts AEC, & BEC.

Maintenant par la 47. pr. 1. au triangle rectangle ACE, le quarré de AE, costé qui soustient l'angle droict, est double du quarré de AC ; estant egal à tous les deux de AC & CE. Par mesme discours, le quarré de EF est double du quarré de GF, ou de CD son egal par la 34. p. 1. partant les deux quarrez de AE & EF, seront doubles des deux de AC & CD. Pareillement le quarré de AF estant egal aux deux de AE & EF par la 47. p. 1. iceluy sera double des deux de AC & CD. Mais par la mesme 47. pr. 1. le quarré de AF est egal aux deux de AD & DF, ou DB son egale : donc les deux quarrez de AD & DB seront doubles des deux de AC & CD. Si donc vne ligne droicte est couppee, &c. Ce qu'il falloit demonstrer.

SCHOLIE.

Autrement. *D'autant que par la 4. prop. 2. le quarré de la ligne AD est egal aux deux quarrez de AC, CD, & à deux fois le rectangle d'icelles AC, CD : si on adiouste le commun quarré de DB, les deux quarrez de AD, DB, seront egaux aux trois quarrez de AC, CD & DF, auec deux fois le rectangle de AC, CD, ou de BC, CD. Mais par la 7. prop. 2. les quarrez de BC ou AC, & de CD, sont egaux au quarré de DB auec deux fois le rectangle de BC, CD. Donc les quarrez de AD, DB sont egaux à deux fois les quarrez de AC, CD : & partant doubles d'iceux. Ce qu'il falloit demonstrer.*

A C D B

Commandin demonstre encore cette proposition autrement, ainsi qu'il ensuit. D'autant que AC est egale à CB, & icelle CB excede CD de DB, aussi AC excedera la mesme CD de DB. Parquoy comme il a esté demonstré à la 7. proposit. 2. les quarrez de AC, CD, sont egaux à deux fois le rectangle de AC, CD, auec le quarré de DB, & partant les trois quarrez de AC, CD, DB, auec deux fois le rectangle de AC, CD, sont doubles des quarrez de AC, CD. Mais par la 4. proposit. 2. le quarré de AD est egal aux quarrez de AC, CD, auec deux fois le rectangle de AC, CD. Donc les quarrez de AD, DB sont doubles des quarrez de AC, CD.

Pour aussi rendre manifeste ce Theoreme par nombres, soit le nombre 12 diuisé en deux parties egales, 6 & 6, & en deux inegales 8 & 4: de sorte que la partie du milieu sera 2. Or il est euident que 64 & 16, qui sont les quarrez des parties inegales 8 & 4, sont ensemble doubles de 36 & 4, qui sont les quarrez de la moitié 6, & de la partie du millieu 2, comme vouloit la proposition.

THEOR. 10. PROP. X.

Si vne ligne droicte est couppee en deux parties egales, & on luy adiouste directement quelque autre ligne droicte; le quarré de la toute auec l'adjoustee comme d'vne, & le quarré de l'adioustee, sont doubles des quarrez de la moitié, & de celle qui est faite de la moitié, & de l'adioustee comme d'vne.

Soit la ligne droicte AB couppee en deux egalement au poinct C, à laquelle soit adioustee directement BD. Ie dis que les quarrez de AD & BD, sont doubles des quarrez de AC & CD. Qu'ainsi ne soit: au poinct C soit leuee la perpendiculaire CE par la 11. prop. 1. egale à AC: & apres auoir mené les deux lignes AE & EB, soient menees par la 31. prop. 1. EF parallele à CD, & DF à CE se rencontrant en F, & soient continuees EB & FD, iusques à ce qu'elles se rencontrent au poinct G: (elles s'y rencontreront puis que les deux angles BEF, EFD, sont moindres que les deux droicts CEF, EFD.) Finalement soit tiree la ligne AG.

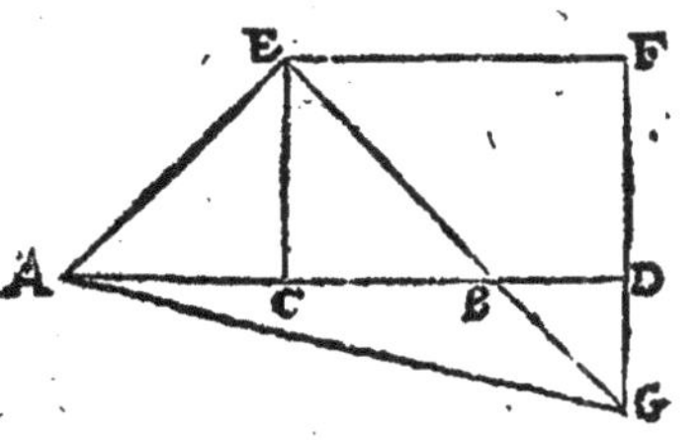

Premierement, puis que AC & CE sont egaux; aussi par la 5. prop. 1. les angles EAC & CEA sont egaux, & demy droicts par la 32. prop. 1. estant l'angle ACE droict. Par mesme discours, les angles CBE & BEC seront aussi demy droicts; & l'angle AEB droict, estant composé de deux demy droicts. Item par la 15. prop. 1. l'angle DBG sera egal à CBE, & demy droict: & les deux lignes CD & EF estans paralleles, par la 29. prop. 1. l'angle BEF sera egal à CBE, c'est à dire demy droict, & l'angle F estant droict par la 34. pr. 1. (car il est opposé à vn droict C) BGD sera aussi demy droict par la 32. p. 1.

& par

& par la 6. p. 1. les triangles EGF, & BDC seront Isoscelles rectangles, & CF parallelogramme rectangle.

Maintenant par la 47. prop. 1. le quarré de AE, costé qui soustient l'angle droict C, est egal aux deux quarrez des deux autres costez AC, CE, partant double du quarré de AC. Par méme discours EG se trouuera double du quarré de EF, ou de CD, qui luy est egale par la 34. prop. 1. ainsi les deux quarrez de AE & EG, ou le seul de AG qui leur est egal par la 47. prop. 1. sera double des deux de AC, CD. Mais par la mesme 47. p. 1. il est egal aux deux quarrez de AD & DG, ou BD son egal, & par consequent les deux quarrez de AD & BD, seront doubles des deux de AC & DC. Si donc vne ligne droicte est couppée en deux parties egales, &c. Ce qu'il falloit prouuer.

SCHOLIE.

Autrement. *D'autant que par la 4. prop. 2. le quarré de AD est egal aux quarrez de AC, CD, auec deux fois le rectangle d'icelles AC, CD, ou de BC, CD : Si on adiouste le commun quarré de BD, les deux quarrez de AD, BD seront egaux aux trois quarrez de AC, CD, BD auec deux fois le rectangle de BC, CD. Mais par la 7. p. 2. le quarré de BD auec deux fois le rectangle de BC, CD est egal aux quarrez de CD, BC, c'est à dire de AC, CD. Donc les quarrez de AD, BD, sont egaux à deux fois les quarrez de AC, CD : & partant ils sont doubles d'iceux. Ce qu'il falloit demonstrer.*

A C B D

Commandin demonstre encore cette prop. ainsi. D'autant que AC est egale à CB, & CD excede icelle CB de BD, aussi la mesme CD excedera AC du mesme excez BD: Parquoy comme il a esté demonstré à la 7. prop. de ce liure, les quarrez de AC, CD, sont egaux à deux fois le rectangle de AC, CD auec le quarré de BD : & partant les trois quarrez de AC, CD, BD auec deux fois le rectangle de AC, CD, sont doubles des quarrez de AC, CD. Mais par la 4. p. 2. le quarré de AD est egal aux deux quarrez de AC, CD, & deux fois le rectangle d'icelles AC, CD : Donc les quarrez de AD & BD sont doubles des quarrez de AC, CD.

Ce Theoreme est aussi euident en nombres : car le nombre 8 estant diuisé en deux parties egales 4 & 4, si on luy adiouste quelconque nombre 5, le nombre composé sera 13, duquel le quarré 169 auec 25 quarré du nombre adiousté 5, faict 194, qui est double du nombre 97, somme de ces deux nombres 16 & 81, qui sont les quarrez de la moitié 4, & de 9 composé de ladite moitié & du nombre adiousté 5.

PROBL. 1. PROP. XI.

Coupper vne ligne droicte donnee, tellement que le rectangle de la toute, & de l'vne des parties, soit egal au quarré de l'autre partie.

Soit la ligne droicte donnee AB, laquelle il faut diuiser selon le requis de la proposition.

Apres auoir construict sur icelle AB le quarré AC, soit diuisée AD en deux egalement au poinct E, & apres auoir mené EB, & prolongé EA vers F, tellement que EF soit egale à EB, sur AF soit faict le quarré AH; & soit continuée HG iusques en I. Ie dis que la ligne AB est couppee au poinct G, en sorte que le rectangle CG, compris de BC egale à BA, & de BG partie de BA, est egal au quarré de l'autre partie AG, sçauoir est à GF.

Car la ligne AD estant couppee en deux egalement en E, & on luy adiouste directement AF, le quarré de la moitié & de l'adioustée comme d'vne, sçauoir EF, ou de son egale EB, est egal au rectangle de DF, AF, & au quarré de AE par la 6. p. de ce liure. Mais le quarré de EB est egal aux deux de BA & AE par la 47. prop. 1. ainsi les deux quarrez de BA & AE, seront egaux au rectangle de DF, AF, & au quarré de AE: ostant donc le quarré de AE commun, les demeurans quarré de AB, sçauoir AC, & le rectangle de DF, AF, sçauoir FI, seront egaux; desquels AC & FI, si on oste le rectangle commun AI; le demeurant quarré FG, sera egal au demeurant rectangle GC. Parquoy nous auons couppé la ligne droicte AB en G, tellement que le rectangle d'icelle & de la partie GB est egal au quarré de l'autre partie AG. Ce qu'il falloit faire.

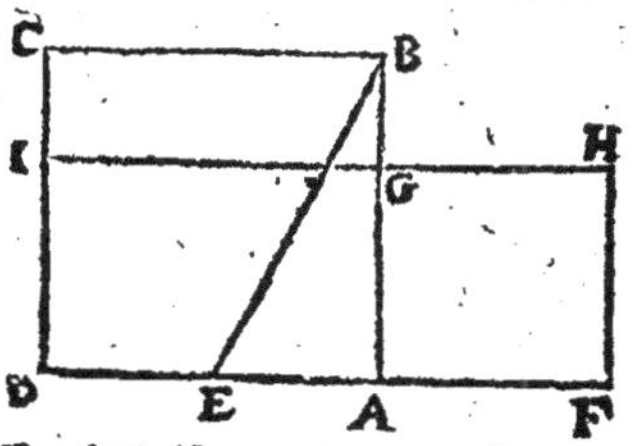

SCHOLIE.

Nous auons enseigné en nos Memoires Mathematiques Probl. 72. de la Geometrie pract. à coupper vne ligne droicte, non seulement comme enseigne icy Euclide, mais aussi en sorte que le rectangle de la toute, & de l'vne des parties soit double, ou triple, ou quadruple, &c. ou moitié, ou tiers, ou quart, &c. du quarré de l'autre partie: bref qu'iceluy rectangle soit au quarré, selon quelconque raison donnee.

Quant aux nombres, ils ne se peuuent accommoder à ce probleme, sinon qu'on y employe les nombres irrationaux: Car aucun nombre absolu ne peut estre diuisé en deux autres tels que le nombre produict du tout, multiplié par l'vne des parties soit egal au nombre quarré de l'autre partie, comme il sera demonstré au Scholie de la 14. p. 9. auquel les 10. theoremes precedens seront demonstrez en nombres: Neantmoins pour le contentement de ceux qui entendent les operations des nombres irrationaux, nous appliquerons les nombres aux lignes & superfices mentionnez en la demonstration cy-dessus. Que la ligne AB soit 8: donc sa moitié AE sera 4, & leurs quarrez seront 64 & 16, qui font ensemble 80, pour le quarré de BE, ou EF, qui par consequent sera irrationelle, c'est à sçauoir $\sqrt{80}$: & d'icelle EF, ostons EA 4, & resteront pour AF, ou AG, $\sqrt{80}-4$, qui ostez de la toute AB 8, resteront pour l'autre partie BG $8-\sqrt{80}-4$, c'est à dire $12-\sqrt{80}$, qui multipliez par le nombre total 8, feront $96-\sqrt{5120}$ pour le rectangle GC, & autant est le quarré AH; car la partie AG, qui est $\sqrt{80}-4$, multipliee par soy-mesme fait aussi $96-\sqrt{5120}$, comme vouloit ce probleme.

THEOR. 11. PROP. XII.

Aux triangles ambligones, le quarré du costé qui soustient

l'angle obtus, est plus grand que les quarrez des deux autres costez, de la quantité de deux fois le rectangle, compris d'vn des costez contenant l'angle obtus, sçauoir celuy sur lequel estant prolongé tombe la perpendiculaire, & de la ligne prise dehors entre la perpendiculaire & l'angle obtus.

Soit le triangle ambligone ABC, duquel soit prolongé le costé CB iusques en D, & du poinct A soit menee la perpendiculaire AD par la 12 prop. 1. Ie dis que le quarré du costé AC, qui soustient l'angle obtus ABC, est plus grand que les quarrez de AB & CB, de deux fois le rectangle de CB & BD, sçauoir CB, qui est l'vn des costez faisant l'angle obtus, celuy sur lequel estant prolongé tombe la perpendiculaire AD, & BD prise dehors entre l'angle obtus, & la perpendiculaire, c'est à dire que le quarré du costé AC est egal aux deux quarrez des costez AB, BC, auec deux fois le rectangle de CB, BD.

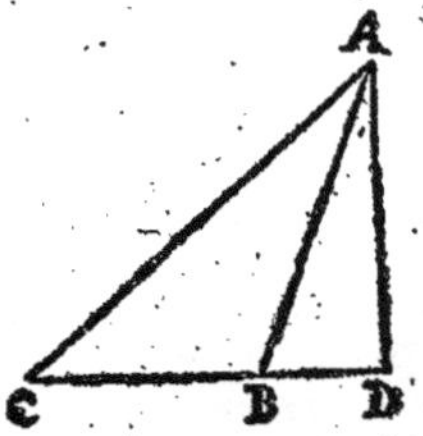

Qu'il ne soit ainsi: Puis que la ligne CD est couppee en B, le quarré d'icelle CD sera egal aux deux quarrez de CB, BD, & au rectangle compris deux fois sous CB, BD, par la 4. prop. de ce liure: Adioustant donc le commun quarré de AD, les deux quarrez de CD, DA, seront egaux aux trois quarrez de CB, BD, DA, & au rectangle compris deux fois sous CB, BD. Mais par la 47. prop. 1. le quarré de AC est egal aux quarrez de CD, DA: donc aussi le quarré de AC sera egal aux trois quarrez de CB, BD, DA, & au rectangle compris deux fois sous CB, BD. Et puis que par la 47. p. 1. le quarré de AB est egal aux quarrez de BD, DA; le quarré de AC sera egal aux quarrez de CB, AB, & deux fois le rectangle de CB, BD. Parquoy aux triangles ambligones, le quarré du costé qui soustient l'angle obtus, &c. Ce qu'il falloit demonstrer.

A
C B D

SCHOLIE.

Or que la perpendiculaire tiree de A, doiue tomber sur le costé CB prolongé de la part de l'angle obtus, comme l'a pris icy Euclide, nous le demonstrerons ainsi: Soit le triangle ABC ayant l'angle B obtus, & le costé CB prolongé de la part de B. Ie dis que la perpendic. tiree de A tombe hors le triangle sur le costé CB prolongé, comme est la ligne droicte AD. Car si elle tomboit dans le triangle, comme est la ligne AE, les deux angles ABE, AEB seroient plus grands que deux droicts, contre la 17. prop. 1. Mais si elle tomboit hors le triangle sur le costé BC prolongé de la part de C, comme est AF; derechef, au triangle ABF, les deux angles ABF, AFB seroient plus grands que deux droicts: ce qui est absurde.

A
F C E B D

Or afin de pouuoir par le moyen des nombres faire paroistre la verité de ce theoreme, nous enseignerons icy certaines regles, par lesquelles on pourra construire diuers triangles ambligones, ayans les costez commensurables en nombre entier, & aussi la ligne d'entre la perpendiculaire & l'angle obtus.

REGLE I.

Pour construire vn triangle ambligone Isoscelle, ayant les costez, & la ligne prise dehors entre la perpendiculaire & l'angle obtus commensurables en nombre entier, soit faict le segment exterieur, d'autant de parties egales que le nombre d'icelles parties se puisse diuiser exactement par 7, comme de 7, ou de 14, ou de 21, ou de 28, ou 35, &c. puis apres soit posé pour chasque costé egal, le double d'iceluy segment, & outre ce $\frac{4}{7}$ d'iceluy, mais pour le plus grand costé, le quadruple & $\frac{2}{7}$ dudit segment exterieur: comme au triangle ABC, ou le segment AD est posé de 7, & l'vn & l'autre des costez AB, AC de 18, qui est double & $\frac{4}{7}$ de 7; mais le plus grand costé BC de 30, qui est le quadruple & $\frac{2}{7}$ de 7. Or que ce triangle ABC composé comme dessus soit ambligone, il est euident: Car le quarré du costé BC est 900, & ceux des costez AB, AC sont seulement ensemble 648, chacun d'iceux estant 324: & partant parce que nous auons demonstré au Scholie de la 48. p. 1. l'angle BAC sera obtus. Donc le triangle ABC duquel les costez & la ligne exterieure AD sont commensurables en nombre entier, est ambligone. Parquoy le quarré dudit costé BC, qui est 900 sera egal à la somme des quarrez des deux autres costez AB, AC, & de deux fois BA en DA, c'est à dire à la somme de ces quatre nombres 324, 324, 126, 126, qui font aussi 900, comme veut cette 12. prop.

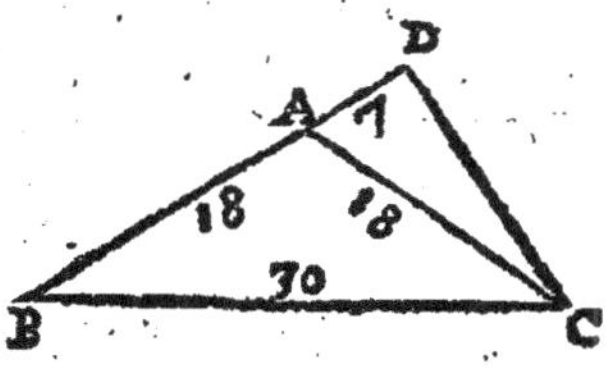

REGLE II.

Pour construire vn triangle Ambligone scalene duquel non seulement les costez & la ligne prise dehors entre la perpendiculaire tombant sur le moindre costé prolongé & l'angle obtus, mais aussi ladite perpendiculaire, soient commensurables en nombre entier; soit posé le segment exterieur d'autant de parties qu'on voudra qui se puissent exactement diuiser par 5; comme de 5, 10, 15, 20, &c. puis au double d'icelles parties adioustez $\frac{1}{5}$ pour auoir le petit costé, $\frac{3}{5}$ pour auoir le moyen, & $\frac{2}{5}$ pour auoir la perpendiculaire, mais le quadruple dudit segment sera le plus grand costé. Ou bien posez le segment exterieur de 9, ou 18, ou 27, ou d'autre nombre de parties qui se puisse partir exactement par 9: puis pour le petit costé prenez $\frac{7}{9}$ dudit segment; pour auoir le moyen, adioustez à iceluy segment $\frac{2}{3}$, pour la perpendiculaire $\frac{1}{3}$, & pour le grand costé adioustez $\frac{2}{9}$ au double d'iceluy segment: Comme si nous posons que le segment exterieur soit de 9 parties egales, le plus petit costé sera 7 d'icelles parties, le moyen 15, la perpendiculaire 12, & le plus grand costé 20. Or le quarré d'iceluy costé est 400, auquel est egale la somme de ces quatre nombres 225, 49, 63, 63, qui sont les quarrez des deux costez 15 & 7, & deux fois le produict de 9 multiplié par 7, c'est à dire le segment exterieur par le moindre costé: Parquoy appert que le triangle ainsi construict est ambligone, & cette 12. prop. estre veritable.

REGLE III.

Pour construire vn triangle ambligone scalene, duquel les costez & le segment exterieur du moyen costé prolongé iusques à la rencontre de la perpendiculaire tombant sur iceluy costé, soient commensurables en nombre entier : Soit pris ledit segment exterieur de 5 parties, ou de 10, ou de 15, &c. puis soit adiousté $\frac{1}{5}$ au triple d'iceluy segment, & viendra le moindre costé, le double duquel donnera le moyen costé, mais multipliant ledit segment par 8, nous aurons le plus grand costé : comme si nous posons le segment exterieur de 5 parties, adioustans $\frac{1}{5}$ d'iceluy segment à son triple 15, nous aurons 16 pour le moindre costé, & doublant iceluy costé viendront 32 pour le moyen costé : & finalement multipliant ledit segment par 8, nous aurons 40 parties pour le plus grand costé du triangle: lequel sera ambligone, veu que le quarré d'iceluy costé 40, est 1600, & la somme des quarrez des deux autres costez 16 & 32 n'est que 1280 ; mais ces deux quarrez estant adioustez à deux fois 160 procreez de la multiplication du moyen costé 32 par le segment exterieur 5, font aussi 1600, comme veut Euclide en ceste 12. prop.

THEOR. 12. PROP. XIII.

Aux triangles Oxigones, le quarré du costé qui soustient l'angle aigu, est plus petit que les quarrez des deux autres costez, de deux fois le rectangle contenu de l'vn des costez qui font l'angle aigu, sçauoir celuy sur lequel tombe la perpendiculaire, & de la ligne prise au dedans entre la perpendiculaire, & l'angle aigu.

Soit le triangle ABC, ayant les angles B & C aigus, mais de l'angle A tombe AD perpendiculaire au costé BC. Ie dis que le quarré du costé AB, qui soustient l'angle aigu C, est plus petit que les deux quarrez des deux autres costez AC & CB, de deux fois le rectangle de BC & CD: sçauoir BC, l'vn des costez qui font l'angle aigu C, sur lequel tombe la perpendiculaire, & CD prise entre la perpendiculaire, & iceluy angle aigu C.

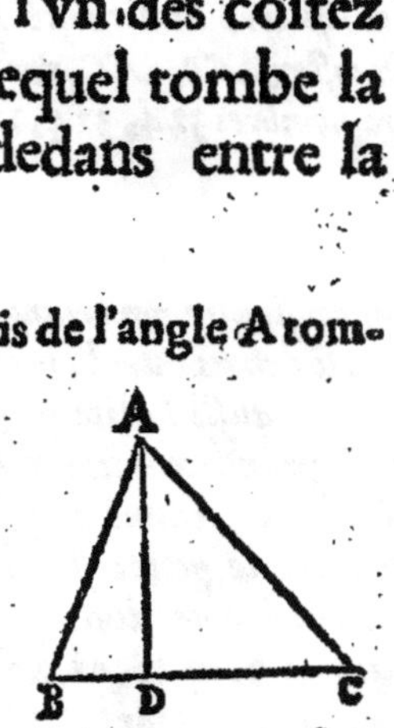

Car d'autant que la ligne BC est couppee en D, les quarrez de BC, CD, sont egaux au quarré de BD, & deux fois le rectangle de BC, CD par la 7. pr. de ce liure, ausquels si on adiouste le quarré commun de AD, les trois quarrez de BC, CD, AD, seront egaux aux deux quarrez de BD, AD, & deux fois le rectangle de BC, CD. Mais les deux triangles ADB, ADC estans rectangles, le quarré de AB est egal aux deux quarrez de AD, DB: & le quarré de AC aux deux quarrez de AD, DC par la

47: prop. 1. Donc les deux quarrez de AC, BC seront egaux au quarré de AB, & deux fois le rectangle de BC, CD : en ostant donc iceux deux rectangles, le quarré de AB sera d'autant plus petit que les quarrez de AC, BC : ce qui estoit proposé à prouuer. On demonstrera en la mesme maniere que le quarré du costé AC, qui soustient l'angle aigu, B, est plus petit que les deux quarrez des deux autres costez AB, BC, de deux fois le rectangle de CB, BD. Donc aux triangles Oxigones, le quarré du costé qui soustient l'angle aigu, &c. Ce qu'il falloit demonstrer.

SCHOLIE.

Or combien qu'Euclide propose ce Theoreme des triangles oxigones seulement : toutesfois le mesme est aussi veritable ez triangles rectangles & ambligones, la perpendiculaire tombant de l'angle droict ou obtus : Car il est manifeste par la 17. pr. 1. que les deux autres angles sont aigus : & partant la perpendiculaire tombera tousiours dans le triangle, comme Euclide l'a pris en la demostration cy-dessus : Ce qui est aussi facile à prouuer. Car si elle tomboit hors le triangle, il s'ensuiuroit qu'vn angle aigu seroit plus grand que le droict. Ce qui est absurde.

Et comme au precedent Scholie nous auons enseigné à construire diuers triangles ambligones ayans les costés & le segment compris entre la perpendiculaire & l'angle obtus cōmensurables en nomb. entiers, afin de pouuoir plus facilement faire apparoir en nombres la verité de ce qu'Euclide a demonstré en la 12. prop. aussi enseignerons nous icy quelques reigles pour construire diuers triangles oxigones ayant les costez & les segmens de la base commensurables en nombres entiers, afin de faire aussi paroistre en nombre la verité de cette 13. prop.

REGLE I.

D'autant qu'au triangle equilateral, & à l'Isocelle la perpendiculaire tombant de l'angle compris des deux costez egaux fait les segmens de la base egaux, ainsi qu'il a esté demonstré sur la 26. prop. 1. il sera fort aisé de construire tels triangles qui ayent les costez & les segmens commensurables en nombre entier, c'est pourquoy il n'est pas besoin de nous y arrester : Mais quand est requis vn triangle Isoscelle, auquel la base soit plus grande que chaque costé, & que la perpendiculaire tombe sur l'vn d'iceux costez egaux ; elle le couppera en deux segmens inegaux, comme nous auons demonstré à la 47. prop. 1. le moindre desquels segmens il faut poser d'autant de parties qu'on voudra, & icelles estans multipliees par 8, produiront le plus grand segment, mais les multipliant par 12, sera produit la base, & les deux segmens estans adioustez, l'on aura l'vne & l'autre des iambes : ce qu'on aura aussi multipliant le moindre segment par 9. Comme par exemple, ayant posé le moindre segment de 4 parties, nous les multiplierons par 8, & viendront 32 pour le plus grand segment : mais les multipliant par 12, viennent 48 pour la base, & par 9 viennent 36 pour chaque costé. Or que ce triangle Isoscelle soit oxigone, il est manifeste parce que nous auons demonstré au Scholie de la 48. prop. 1. car veu que le quarré de la base 48 n'est que 2304, & la somme des quarrez des deux iambes est 2592, chacun d'iceux estant 1296, l'angle compris d'iceux costez sera aigu, & par consequent les autres seront aussi aigus, puis qu'ils sont plus petits par la 18. prop. 1. Et si à iceluy quarré 2304, nous adioustons 288, qui sont deux fois 144, nombre produit de 36, costé sur lequel tombe la perpendiculaire, par 4, segment compris entre la perpendiculaire & l'angle opposé à ladite base, viendront aussi 2592. Pareillement 1296, quarré de l'vne des iambes est moindre que 3600, somme des quarrez de la base & de l'autre iambe, de deux fois 1152, nombre produit du costé 36 multiplié par le grand segment 32: car ces trois nombres 1296, 1152, 1152 font ensemble le mesme nombre 3600. Parquoy appert estre veritable ce que dit Euclide en cette 13. prop.

REGLE II.

Que s'il est requis que le triangle soit Isoscelle, ayant la base moindre que chacune iambe, & que sur l'vne d'icelle tombe la perpendiculaire: il faudra poser le moindre segment, d'autant de parties que l'on voudra en nombre pair, & multipliant la moitié d'iceluy nombre par 7, on aura le plus grand segment, mais multipliant ledit moindre segment par 3, on aura la base, & finalement la somme des deux segmens sera chacune des iambes: qu'on aura aussi multipliant la moitié du moindre segment par 9. Parquoy ayant posé le moindre segment de 4, ie multiplie sa moitié 2, par 7, & viennent 14 pour l'autre segment, tellement que toute la iambe sera 18, & multipliant ledit segment 4 par 3, viennent 12 pour la base. Or que ce triangle soit oxigone, il est euident, attendu que le quarré du costé 18 n'est que 324, & la somme des quarrez des deux autres costez est 468: Et de plus, iceluy quarré 324 est moindre que ladite somme 468, de deux fois 72, nombre produit de la multiplication de 18, costé sur lequel tombe la perpendiculaire par 4, segment compris entre ladite perpendiculaire & l'angle opposé à l'autre iambe: partant il appert estre veritable ce que dit Euclide en cette 13. prop.

REGLE III.

Que s'il est requis que le triangle soit scalene, & la perpendiculaire tombe sur le moindre costé, il faudra poser le moindre segment de 70 parties, ou de 140, ou de quelque autre nombre qui se puisse diuiser exactement par 70; puis adiouster à iceluy nombre $\frac{29}{70}$ & viendra le plus grand segment, & la somme de ces deux segmens sera le moindre costé; mais ayant doublé le moindre segment, & à iceluy double adiousté $\frac{42}{70}$ c'est à dire $\frac{3}{5}$ dudit segment, sera procreé le moyen costé; & finalement si à ce double du moindre segment on adiouste $\frac{55}{70}$, c'est à dire $\frac{11}{14}$, on aura le plus grand costé. Comme si nous posons le moindre segment de 70, & à iceluy adioustons $\frac{29}{70}$, nous aurons 99 pour le plus grand segment, & par consequent le moindre costé sera 169; mais adioustant $\frac{42}{70}$ au double d'iceluy moindre segment, viendront 182 pour le moyen costé; & adioustant au mesme double $\frac{55}{70}$, viendront 195 pour le plus grand costé. Or que ce triangle soit oxigone, il est euident, attendu que le quarré du plus grãd costé 195 n'est que 38025, & la somme des quarrez des deux autres costez est 61685: parquoy le plus grand angle est aigu, & consequemment les autres sont aussi aigus. Que si à iceluy quarré 38025, on adiouste deux fois 11830, nombre produit de la multiplication de 169, costé sur lequel tombe la perpendiculaire par le moindre segment 70, viendra le méme nõbre 61685. Parquoy apert encore estre veritable ce que dit Euclide en cette 13. p.

REGLE IV.

Que si au triangle scalene il est requis que la perpendiculaire tombe sur le moyen costé, soit posé le moindre segment de 5 parties, ou de 10, ou de quelqu'autre nombre qu'on puisse exactement diuiser par 5, puis à iceluy segment soient adioustez $\frac{4}{5}$, & on aura le plus grand segment; & la somme d'iceux sera le moyen costé: mais adioustant $\frac{1}{5}$ au double d'iceluy moindre segment, on aura le moindre costé, & le plus grand sera le triple dudit segment. Parquoy si nous posons le moindre segment de 10 parties, adioustant à iceluy les $\frac{4}{5}$, nous aurons 18 pour l'autre segment, & consequement tout le moyen costé sera 28. Mais adioustant 6, qui sont les $\frac{3}{5}$ du moindre segment 10, au double d'iceluy segment, viennent 26 pour le moindre costé; & le plus grand sera 30, triple dudit moindre segment. Or qu'iceluy triangle soit oxigone, il est manifeste: car le quarré du plus grād costé 30, n'est que 900, & la somme des quarrez des deux autres costez 26 & 28 est 1460: & partant le plus grand angle est aigu, & consequemment les autres angles sont aussi aigus. Maintenant si nous multiplions le costé sur lequel tombe la perpendiculaire, sçauoir 28 par le moindre segment 10, nous aurons 280, & pour le double 560, qui adioustés au susdit quarré de 30 sçauoir 900, font le mesme nombre 1460, somme des deux quarrez des deux autres costez 26 & 28, qui sont 676 & 784. Pareillement le quarré du moindre costé 26, n'est que 676, & la somme des quarrez des deux autres costez est 1684: tellement qu'il est moindre que cette dite somme de deux fois 504, nombre produit de la multiplication de 28, costé sur lequel tombe la perpendiculaire par 18, segment compris entre ladite perpendiculaire & l'angle opposé à iceluy moindre costé. Parquoy appert derechef estre veritable ce que dit Euclide en cette 13. proposition.

REGLE V.

Et finalement, s'il estoit requis que la perpendiculaire tombe sur le plus grand costé, soit encore posé le moindre segment de 5 parties, ou de 10, ou de 15, &c. puis au triple d'iceluy segment soit adiousté $\frac{1}{5}$, & viendra le plus grand segment, tellement que la somme d'iceux segmens sera le plus grand costé: mais adioustant $\frac{3}{5}$ au double d'iceluy moindre segment, on aura le moindre costé, & le moyen sera le quadruple dudit segment. Par ainsi le moindre segment estant posé de 5 parties, le plus grand sera de 16, & le plus grand costé 21, le moindre 13, & le moyen 20. Or le quarré de ce plus grand costé 21, n'est que 441, & la somme des deux quarrez des deux autres costez 20 & 13 est 569: parquoy l'angle opposé à iceluy costé, qui est le plus grand par la 18. prop. 1. est aigu, & consequemment le triangle susdit est oxigone. Dauantage le quarré du moindre costé 13, sçauoir 169, est plus petit que la somme des quarrez des deux autres costez 20 & 21, sçauoir est 841, de deux fois 336, nombre produit de la multiplication de 21, costé sur lequel tombe la perpendiculaire par 16, segment compris entre ladite perpendiculaire & l'angle opposé à iceluy moindre costé. Pareillement le quarré du moyen costé 20, sçauoir 400, est moindre que 610, somme des quarrez des deux autres costez 13 & 21, de deux fois 105, nombre produict de 21 multiplié par le moindre segment 5. Parquoy appert encore par ce 5 triangle estre veritable ce que dit Euclide en cette 13. prop.

Mais il est aussi euident tant par la demonstration d'Euclide, que par l'appli-

cation des nombres cy-deuant faicte, que ce qu'il dit icy des triangles oxigones seulement, est aussi veritable tant aux triangles rectangles qu'aux ambligones, tellement qu'on peut dire qu'en tout triangle, le quarré du costé qui soustient vn angle aigu est plus petit que la somme des quarrez des deux autres costez, de deux fois le rectangle contenu du costé sur lequel tombe la perpendiculaire, & de la ligne comprise entre icelle perpendiculaire, & ledit angle aigu.

PROBL. 2. PROP. XIV.

Faire vn quarré egal à vne figure rectiligne donnee.

Soit donnee la figure rectiligne A, à laquelle il faut faire vn quarré egal.

Soit premierement fait le parallelogramme B D egal à la figure donnee A, ayant vn angle droict par la 45. prop. 1. puis soit prolongé vn costé, comme C D, iusques en F, & fait D F egale à l'autre costé D E: & apres auoir couppé C F en deux egalement au poinct G, & d'iceluy poinct G & interualle G C ou G F, descrit le demy cercle C H F, soit continuee E D iusques à ce qu'elle rencontre la circonference du demy cercle en H. Ie dis que le quarré de D H est egal à la figure rectiligne A.

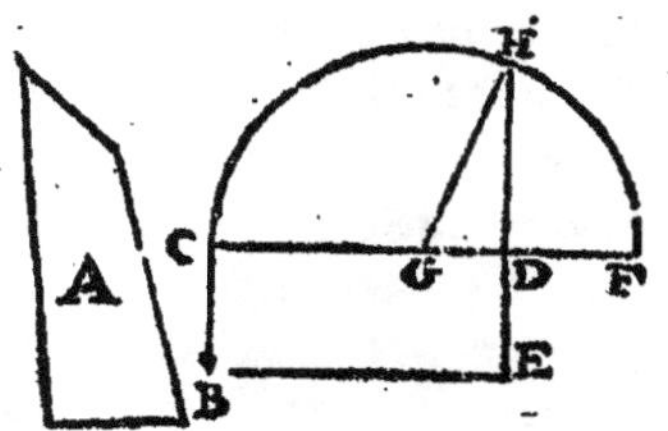

Car puis que C F est couppee en deux egalement au poinct G, & en deux inegalement au poinct D; le rectangle de C D & D F, sçauoir B D, auec le quarré de la partie du milieu G D, est egal au quarré de la moitié G F par la 5. prop. de ce liure, ou de son egale G H, lequel est egal aux deux quarrez de G D & D H par la 47. prop. 1. Que si on oste le quarré commun de G D, le demeurant quarré de D H se trouuera egal au demeurant rectangle B D: & par consequent à la figure rectiligne donnee A. Nous auons donc trouué le costé d'vn quarré egal à vne figure rectiligne donnee A. Ce qu'il falloit faire.

Fin du second Element.

ELEMENT TROISIESME.

DEFINITIONS.

CERCLES egaux, sont ceux desquels les diametres sont egaux, ou desquels les lignes droictes menees des centres aux circonferences, sont egales.

D'autant qu'Euclide demonstre en ce 3. liure diuerses proprietez & affections du cercle, il explique auparauant quelques termes dont l'vsage sera fort frequent en iceluy: Il dit donc premierement que ces cercles-là sont egaux, desquels les diametres ou semidiametres sont egaux. Car puis que le cercle est descrit par le mouuement & reuolution du demy diametre à l'entour d'vne de ses extremitez fixe & immobile, comme nous auons dit à la 15. def. du 1. liure; il est euident que ces cercles-là sont egaux desquels les demy diametres, ou les lignes droictes menees des centres aux circonferences sont egales entr'elles: ou bien desquels les diametres entiers sont egaux entr'eux. Comme si les diametres AC, DF, ou les lignes droictes GB, HE, menees des centres G & H, sont egales entr'elles, les cercles ABC, DEF seront egaux entr'eux. Et au contraire, si les cercles sont egaux, leurs diametres ou les lignes droictes menees des centres aux circonferences, seront aussi egales.

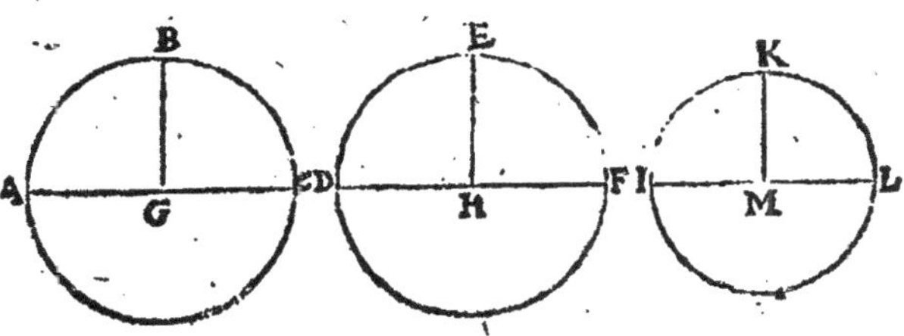

De cecy il appert, que les cercles sont inegaux quand les diametres, ou les lignes droictes menees des centres aux circonferences, sont inegales; & que celuy est le plus grand, duquel le diametre, ou demy diametre est le plus grand. Comme si les diametres DF, IL, ou les lig. droictes HD, MK, menees des centres aux circonfer. sont inegales, les cercles DEF, IKL seront inegaux; & si le diametre DF est le plus grand, aussi

le cercle DEF sera le plus grand. Et au contraire, des cercles inegaux, les diametres ou semidiametres seront inegaux, c'est à sçauoir celuy du plus grand cercle, plus grand, & celuy du moindre, plus petit.

2. Vne ligne droicte est dicte toucher le cercle, laquelle touchant le cercle, si elle est continuee ne le coupe point.

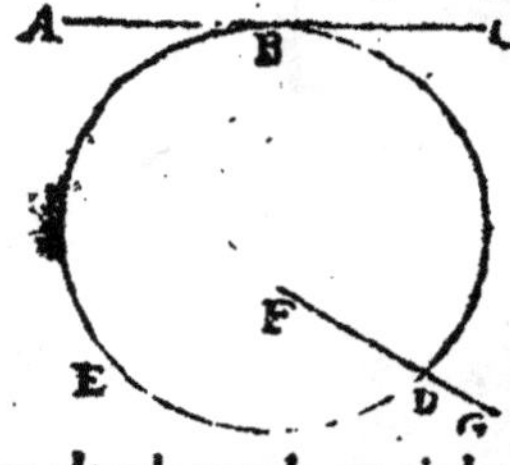

Comme la ligne droicte AB sera dicte toucher le cercle BDE en B, si elle l'y touche, en sorte qu'estant prolongee vers C, elle ne le couppe point, ains demeure totalement dehors iceluy cercle. Mais d'autant que la ligne droicte GD atteint le mesme cercle au poinct D, en telle sorte qu'estant prolongee iusques à F, elle couppe le cercle, & tombe dedans iceluy, elle ne sera pas dicte toucher le cercle, mais le coupper.

3. Les cercles sont dicts se toucher l'vn l'autre, quand en se touchant ils ne se coupent point.

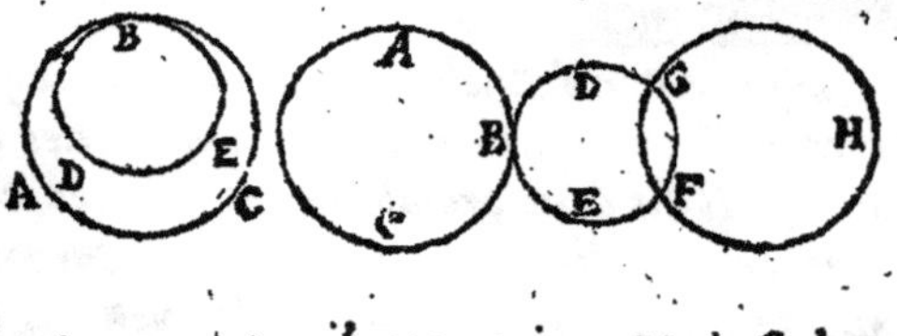

Ainsi les deux cercles ABC, DBE seront dicts se toucher l'vn l'autre en B, s'ils s'y touchent en sorte qu'ils ne s'entrecouppent point. Or cet attouchement des cercles est de deux sortes; Car les cercles s'entretouchent ou en dedans, ou en dehors: Ils se touchent en dedans, quand l'vn est posé dedans l'autre; & en dehors, quand l'vn est constitué hors de l'autre, comme il appert icy. Mais si deux cercles s'atteignent de telle sorte que l'vn couppe l'autre, comme font icy les deux cercles DGE, FGH, ils seront dicts se coupper, & non pas se toucher.

4. Au cercle, les lignes droictes sont dictes estre egalement distantes du centre, lors que les perpendiculaires tirees du centre sur icelles, sont egales. Mais celle-là est dicte estre plus esloignee du centre, sur laquelle tombe la plus grande perpendiculaire.

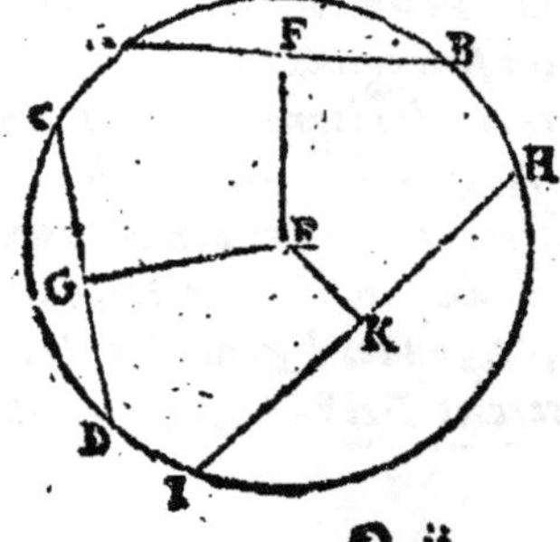

Comme au cercle ABDC, les lignes droictes AB, CD, seront dites estre egalement distantes & esloignees du centre E, si les perpendiculaires EF, EG, sont egales: Mais la ligne droicte AB sera dicte estre plus esloignee du centre E que la ligne HI, si la perpendiculaire EF est plus grande que la perpendiculaire EK.

5. Segment, ou portion de cercle, est vne figure comprise d'vne ligne droicte, & de la circonference du cercle.

Si dans vn cercle, comme ABCD, on mene vne ligne droicte qui couppe le cercle en deux parties, comme fait la ligne droicte FG; tant la figure FBG contenue soubs ladite ligne droicte FG, & la partie de circonference FBG, que la figure FDG comprise soubs la mesme ligne droicte FG, & la partie de circonference FDG, sera dicte segment ou portion de cercle. Mais est icy à noter qu'il y a de trois sortes de segmens de cercle. Car si la ligne droicte passe par le centre du cercle, comme AEC, elle diuisera le cercle en deux segmens egaux ABC, ADC, chacun desquels s'appelle proprement demy cercle, comme il a esté dit au premier liu. Mais quand la ligne ne passe point par le centre, comme FG, elle diuise le cercle en deux parties inegales FBG, FDG, l'vne desquelles, sçauoir FBG, dans laquelle est le centre E, est plus grande que le demy cercle, & s'appelle portion ou segment maieur: mais l'autre portion FDG, est plus petite que le demy cercle, & s'appelle segment mineur. Dauantage, la ligne droicte FG est appellee chorde par plusieurs Geometres, & la partie de circonference FBG, ou FDG, arc.

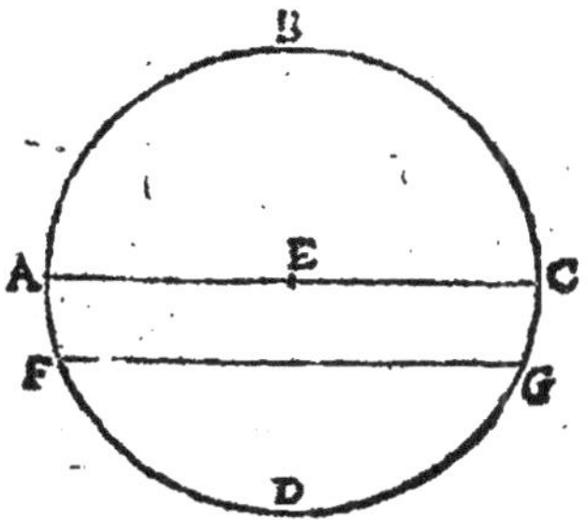

6. L'angle du segment, est celuy compris d'vne ligne droicte, & de la circonference du cercle.

Euclide vient maintenant à definir trois sortes d'angles que l'on considere aux cercles, & commence par l'angle du segment, disant que l'angle mixte BFG, ou BGF, qui en la figure prec. est contenu sous la ligne droicte FG, & la circonference FBG, s'appelle angle du segmen. Que si le segment est vn demi cercle, l'angle d'iceluy sera appellé angle du demi cercle, & tel est l'angle EAB, ou ECB. Mais si le segment est plus grand que le demi cercle l'angle d'iceluy, comme BFG, ou BGF, sera dict angle du segment maieur: Et si le segment est plus petit que le demy cercle, l'angle d'iceluy, comme DFG, ou DGF, sera appellé angle du segment mineur.

7. Vn angle se dit estre au segment, ou en la portion, lors qu'à vn poinct pris en la circonference du segment, sont menees deux lignes droictes des extremitez de la ligne qui sert de base au segment; & cet angle-là est celuy compris d'icelles deux lignes.

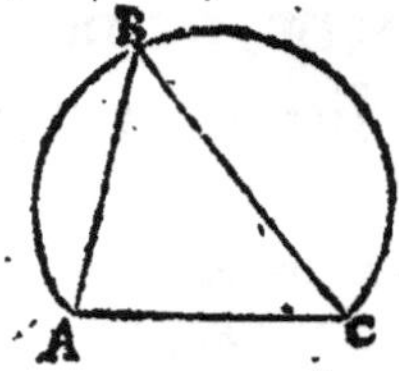

Soit vn segment de cercle A B C, duquel la base est la ligne droicte A C, des extremitez de laquelle soient menees au poinct B, pris en la circonference les deux lignes droictes A B, C B, qui constituent l'angle rectiligne ABC; iceluy angle est dit estre au segment ABC.

8. Mais quand les lignes droictes qui comprennent l'angle embrassent quelque circonference, l'angle est dit estre, ou s'appuyer sur icelle.

En la circonference du cercle A B C D soit pris quelconque poinct A, & d'iceluy à deux autres poincts B & D d'icelle circonference, soient menees deux lignes droictes A B, A D, qui constituent l'angle rectiligne D A B, & embrassent la circonference B C D: Iceluy angle B A D sera dit estre ou s'appuyer sur icelle circonference B C D.

Est icy à noter que quelques Interpretes n'ont fait aucune difference entre cet angle-cy & le precedent, mais les ont pris pour vn mesme: & toutesfois si on les considere bien, on y trouuera vne grande discrepance: Car celuy-là se refere au segment auquel il est constitué, & cettuy-cy se rapporte à la circonference qui luy sert de base: Comme par exemple, si au cercle ABCD on prend quelque segment de cercle B C D, l'angle qui est en ce segment ne sera pas le mesme que celuy qui insiste, ou est appuyé sur la circonference d'iceluy segment: car l'angle qui est en iceluy sera B C D, & l'angle qui insiste ou s'appuye sur la circonference d'iceluy, sera l'angle B A D.

Vne autre chose est encore à remarquer icy, c'est que les angles qui s'appuyent sur la circonference, peuuent estre non seulement constituez en la circonference, comme il a esté dit cy-dessus, mais peuuent aussi estre constituez au centre du cercle; comme par exemple, l'angle B E D constitué au centre E par les deux lignes droictes B E, D E, sera aussi dit s'appuyer sur la circonference B C D, tellement qu'il y a icy deux angles appuyez sur ladite circonference BCD, sçauoir B A D constitué en la circonference, & B E D constitué au centre.

Or outre les trois sortes d'angles cy-dessus definis & expliquez, les Geometres en considerent encore vn autre qu'ils appellent angle de contingence ou d'attouchement: cest angle est contenu d'vne ligne droicte touchant le cercle, & de la circonference d'iceluy cercle, ou bien de deux circonferences se touchant l'vne l'autre au dehors ou au dedans. Comme par exemple, si la ligne droicte A B tou-

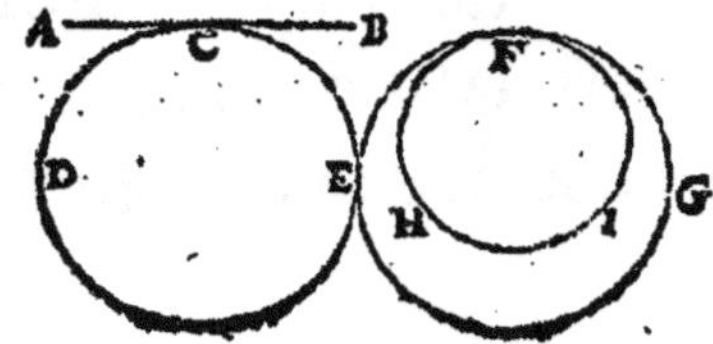

che le cercle CDE au poinct C, l'angle mixte ACD, ou BCE sera dit angle de contingence ou d'attouchement. Derechef, si le cercle EFG touche le cercle CDE au dehors en E, & le cercle HFI au dedans en F, tant l'angle curuiligne CEF, que EFH ou GFI, sera appellé angle de contingence, ou d'attouchement.

9. Secteur de cercle, est vne figure contenue soubs deux lignes droictes qui font vn angle au centre, & la circonference comprise entre icelles lignes.

Si au cercle ABCD, duquel le centre est E, les deux lignes droictes AE, CE, constituent au centre E, l'angle AEC; la figure AECD, contenue des deux lignes droictes AE, EC, & de la circonference ADC comprise entre icelles lignes, sera appellée secteur de cercle. Item la figure ABCE, comprise des mesmes lignes droictes AE, EC, & de la circonference ABC, sera aussi dicte secteur de cercle.

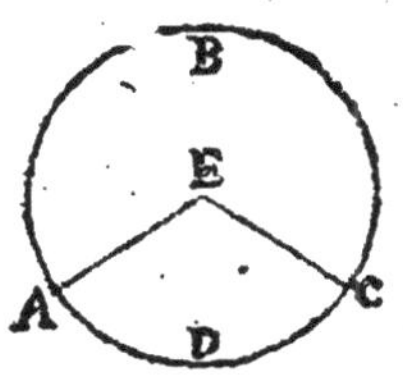

10. Semblables portions de cercle, sont celles qui reçoiuent angles egaux; ou bien esquelles les angles sont egaux entr'eux.

Comme si aux cercles ABC, DEF, les angles rectilignes B, E, sont egaux; les segmens ABC, DEF, qui reçoiuent iceux angles egaux, ou esquels sont les susdicts angles egaux, seront dicts segmens semblables: Et les circonferences ABC, DEF, seront pareillement dites semblables, c'est à dire que le segment ABC sera telle partie de tout le cercle ABCH, que le segment DEF est partie de tout le cercle DEFG: & la circonference ABC sera aussi telle partie de toute la circonference ABCH, que la circonference DEF est de toute la circonference DEFG. Par mesme raison, les arcs ou circonferences AHC, DGF, sur lesquelles s'appuient angles egaux, sont aussi dictes semblables: Comme si aux mesmes cercles ABC, DEF, les angles ABC, DEF ou AKC, DLF sont egaux; les arcs ou circonferences AHC, DGF, sur lesquelles s'appuient les susdits angles, seront dicts arcs semblables.

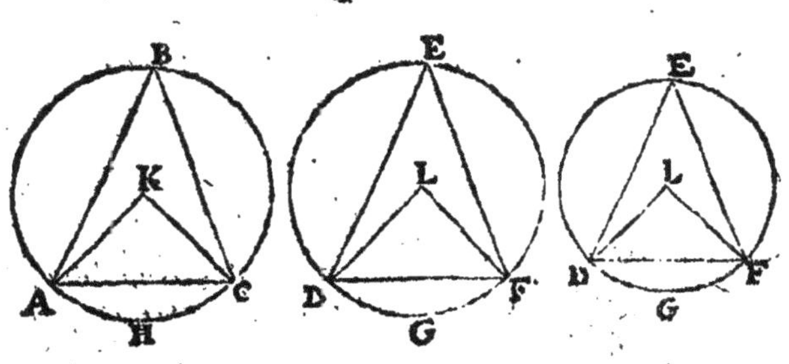

Des choses susdites, l'on peut colliger que les semblables portions d'vn mesme cercle, ou de cercles egaux, sont aussi egales entr'elles, attendu qu'elles sont parties egales d'vne mesme chose, ou de choses egales.

PROBL. 1. PROP. I.

Trouuer le centre d'vn cercle donné.

Soit le cercle donné ABC, duquel il faut trouuer le centre.

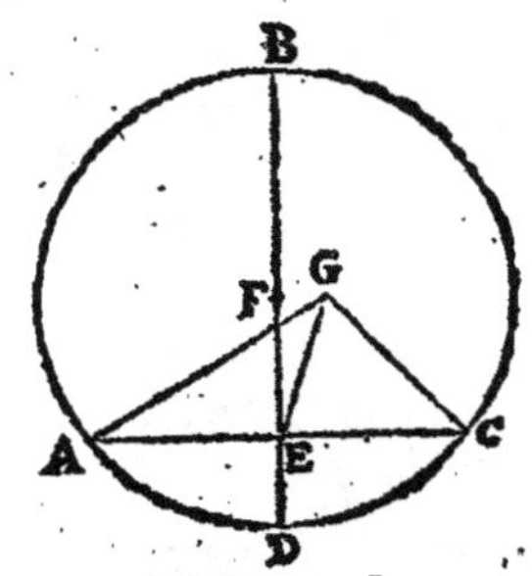

Soit tiree en iceluy la ligne droicte AC, qui couppe la conference, comme que ce soit, és poincts A & C: puis par les 10. & 11. prop. 1. soit icelle AC couppee en deux egalement, & à droicts angles par la ligne droicte BD, se terminant à la peripheŕe és poincts B & D: & finalement icelle BD soit aussi couppee en deux egalement en F, par la susdite 10. prop. 1. le dis que F est le centre du cercle proposé.

Car en icelle ligne droicte B D, vn autre poinct que F ne sera pas le centre, veu que tout autre poinct la diuise inegalement. Si donc le poinct F n'est pas le centre, le poinct G hors la ligne B D soit le centre, (s'il est possible) duquel soient menees les trois lignes droictes G A, G E & G C. D'autant que G estant le centre, par la def. du cercle les lignes droictes A G & G C seront egales: mais par la construction AE & E C sont aussi egales, & GE est commune aux deux triangles GEA & GEC: donc iceux triangles ont deux costez egaux à deux costez, chacun au sien, & la base AG egale à la base C G, & par la 8. pr. 1. les angles AEG & C E G seront egaux: & partant droicts, & la ligne EG perpendiculaire par la 10. def. 1. Mais l'angle BEA par la construction est droict, & tous les angles droicts sont egaux par la 10. com. sent. donc les deux angles AEG & BEA seront egaux, sçauoir le tout à sa partie: ce qui est absurde. Donc le poinct G n'est pas le centre. Le mesme inconuenient s'ensuiura prenant tout autre poinct hors la ligne B D. Partant le poinct F sera le centre du cercle A B C, requis à trouuer.

COROLLAIRE.

De cecy est manifeste, que si au cercle une ligne droicte couppe une autre ligne droicte en deux egalement, & à angles droicts, le centre du cercle sera en icelle couppante. Car il a esté demonstré qu'il est impossible que le centre du cercle ABC soit ailleurs qu'au poinct F, milieu de la ligne B D, laquelle couppe la ligne A C en deux egalement, & à angles droicts en E.

SCHOLIE.

Combien que la practique de ce Probleme soit aisee par la construction d'iceluy, si est-ce toutesfois qu'elle est encore plus briefue & facile, ainsi qu'il ensuit. Pour trouuer le centre du cercle ABC, soient pris en la circonferēce d'iceluy les trois poincts A, B, C, comme on voudra: puis des deux poincts A & B, soient descrits d'vn mesme interualle, deux arcs qui s'entrecouppent és poincts D & F, par lesquels soit menee la ligne droicte DFE interminement: en apres, des poincts B & C, soient aussi descrits d'vn mesme interualle deux autres arcs s'entrecouppans ez poincts G & H, par lesquels soit menee la ligne droicte GH, qui couppe DF en E, & iceluy poinct sera le centre requis.

THEOR. 1. PROP. II.

Si en la circonference d'vn cercle, on prend deux poincts comme on voudra ; la ligne droicte menee de poinct à autre, tombera dans le cercle.

Soit le cercle ABC, & en la circonference d'iceluy soient pris deux poincts tels qu'on voudra A & C: le disque la ligne droicte menee du poinct A au poinct C tombera dedans le cercle: car si elle ne tombe au-dedans, elle tombera, ou sur la circonference, ou hors du cercle. Qu'elle tombe donc hors le cercle, s'il est possible, comme la ligne ADC: & ayant trouué le centre E par la prec. prop. d'iceluy soient menees aux poincts A & C les lignes droites EA, EC, & à quelque poinct D de la ligne ADC, soit aussi menee ED, qui couppe la circonference du cercle ABC en B. Or d'autant que les deux costez EA, EC sont egaux, le triangle AEC aura les angles EAD, ECD, sur la base ADC, egaux par la 5. prop. 1. Mais puis que du triangle AED, le costé AD est prolongé, l'angle exterieur EDC sera plus grand que son opposé interieur EAD, par la 16. p. 1. Donc le mesme angle EDC sera aussi plus grand que l'angle ECD, qui est egal à EAD. Parquoy EC opposé au plus grand angle EDC sera plus grand que ED par la 19. prop. 1. & partant EB egale à EC, sera aussi plus grande que ED, la partie que le tout. Ce qui est absurde. Donc la ligne droicte menee de A à C ne tombera pas hors le cercle. On demonstrera par mesme raison qu'elle ne peut pas aussi tomber sur la circonference ABC. Il faut donc qu'elle tombe dedans le cercle, comme la ligne droicte AFC. Parquoy si en la circonference d'vn cercle, &c. Ce qu'il alloit demonstrer.

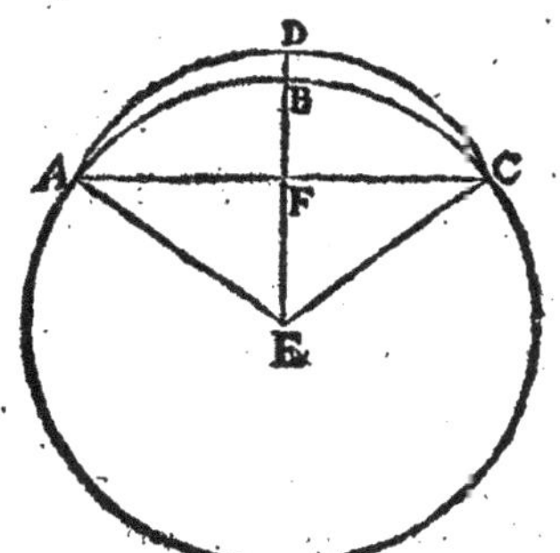

SCHOLIE.

Ce mesme Theoreme peut aussi estre demonstré affirmatiuement ainsi qu'il ensuit.

En la circonference du cercle AB, dont le centre est C, soient pris deux poincts tels qu'on voudra A & B. Ie dis que la ligne droicte AB menee d'vn poinct à l'autre tombe dans iceluy cercle.

Car soit prins en icelle ligne droicte AB quelconque poinct comme D, entre ses extremes A & B, puis du centre C, soient menees les lignes droictes CA, CD, CB.

D'autant

D'autant que les deux costez AC, BC, du triangle ACB sont egaux, les angles BAC, ABC seront egaux par la 5. prop. 1. Mais l'angle externe ADC est plus grand que l'angle interne ABC par la 16. prop. 1. donc le mesme angle ADC sera plus grand que l'angle BAC: & partant par la 19. prop. 1. le costé AC sera plus grand que le costé CD: parquoy puis que CA est tiree du centre iusques à la circonference, la ligne droicte CD ne parviendra pas iusques à icelle circonference, & par consequent le poinct D tombe dans le cercle. Le mesme sera demonstré de tout autre poinct qu'on voudra prendre en icelle AB. Donc toute la ligne droicte AB tombe de dans le cercle proposé. Ce qu'il falloit prouver.

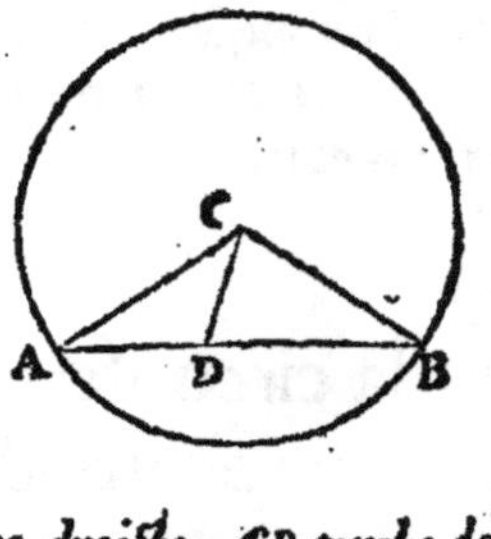

COROLLAIRE.

De cecy est manifeste, qu'vne ligne droicte touchant vn cercle, le touche seulement à vn poinct: car si elle le touchoit à deux poincts, la partie de la ligne d'entre iceux poincts tomberoit dans le cercle par cette proposition, parquoy elle coupperoit le cercle, contre l'hypothese.

THEOR. 2. PROP. III.

Si dans le cercle quelque ligne droicte passe par le centre, & couppe en deux egalement vne autre ligne droicte, qui ne passe point par le centre; elle la couppera à angles droicts: & si elle la couppe à angles droicts, elle la couppera aussi en deux egalement.

Au cercle ABCD soit la ligne droicte BD, laquelle passant par le centre E, couppe en deux egalement la ligne droicte AC, laquelle ne passe point par le centre; Ie dis que BD couppe aussi AC en angles droicts au poinct F.

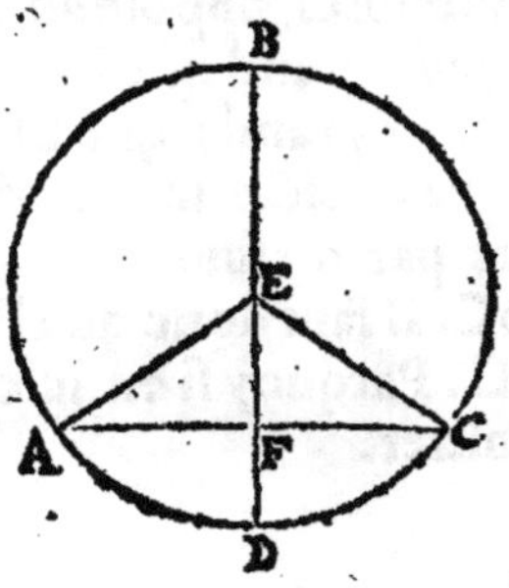

Car estans menees les deux lignes droictes CE & AE, les deux triangles AEF, CEF, auront les deux costez AF, FE, egaux aux deux costez CF, EF, chacun au sien, & la base AE egale à la base EC; & par la 8. prop. 1. les deux angles au poinct F seront egaux, & partant droicts par la 10. def. 1.

Ie dis pareillement, que si BD couppe AC à angles droicts au poinct F; qu'elle la couppera aussi en deux egalement. Car les deux angles au poinct F estans droicts, ils seront egaux, & l'angle A est egal à l'angle C par la 5. prop. 1. estant AEC triangle Isoscelle, & le costé EF commun aux deux triangles AEF, CEF, & par la 26. prop. 1. AF sera egale à CF. Parquoy si dans le cercle quelque ligne droicte passe par le centre, &c. Ce qu'il falloit prouver.

THEOR. 3. PROP. IV.

Si dans le cercle, deux lignes droictes ne passans point par le centre, s'entrecouppent; elles ne se coupperont pas l'vne l'autre en deux egalement.

Au cercle ACBD, duquel le centre est E, soient deux lignes droictes AB & CD, s'entrecouppans au poinct F, & desquelles ny l'vne ny l'autre ne passe par le centre E. Ie dis que l'vne ou l'autre est couppee inegalement. Car du centre E estant menee la ligne EF; si icelles lignes AB, CD s'entrecouppent en deux egalement au poinct F, la ligne EF les couppera au mesme poinct aussi en deux egalement, & à droicts angles par la pr. prec. & les angles AFE, EFB seront droicts, & egaux à CFE, EFD, aussi droicts, & egaux: ce qui est impossible, n'estant AFE que partie de CFE: ainsi les lignes droictes AB, CD ne s'entrecouppoient pas en deux egalement. Parquoy si dans le cercle deux lignes droictes ne passant point par le centre, &c. Ce qu'il falloit prouuer.

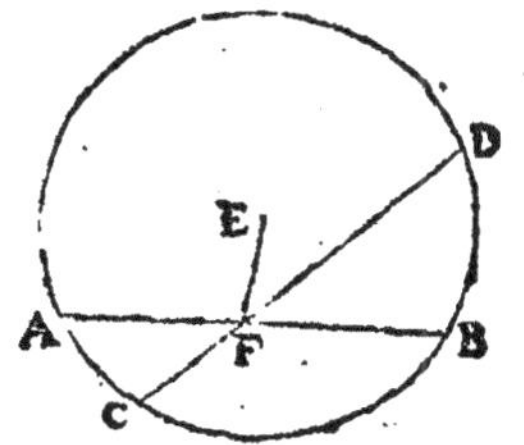

THEOR. 4. PROP. V.

Si deux cercles se couppent l'vn l'autre, ils n'auront pas mesme centre.

Soient les deux cercles ABC, BCD se couppans l'vn l'autre en B & C. Ie dis qu'ils ne sçauroient auoir vn mesme centre.

Car s'il est possible, soit leur centre commun E, duquel soient tirees deux lignes droictes, sçauoir EB à la section B: Mais EA couppant l'vne & l'autre circonference en A & D. Donc puis que E est posé centre du cercle BCD, la ligne droicte ED sera egale à la ligne droicte EB par la 15. def. 1. Derechef, puis que E est aussi posé centre du cercle ABC, la ligne droicte EA sera aussi egale à la mesme ligne EB, & par la 1. com. sent. ED, EA seront egales entr'elles, la partie au tout; ce qui est impossible: partant les deux cercles ne pouuoient auoir vn mesme centre. Ce qu'il falloit demonstrer.

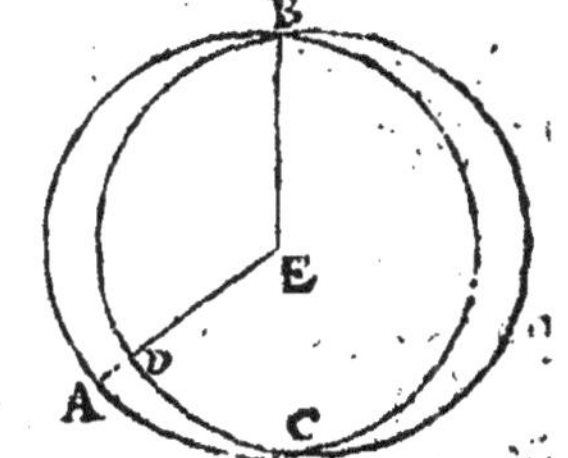

THEOR. 5. PROP. VI.

Si deux cercles se touchent l'vn l'autre au dedans, ils n'auront pas mesme centre.

Soient les deux cercles ABC, & DBE se touchans l'vn l'autre au dedans en B. Ie dis qu'ils n'auront pas mesme centre.

Car s'il est possible, soit leur centre commun F, & d'iceluy soient menees les deux lignes FA & FB: sçauoir est FB à l'attouchement B; & FA, coupant l'vn & l'autre cercle en D, A. D'autant que F est posé centre du cercle ABC, les lignes droictes FA, FB seront egales: derechef, d'autant que F est aussi posé centre du cercle BDE, la ligne FD sera egale à la ligne FB, à laquelle a esté demonstré estre aussi egale FA: donc FA, FD seront egales entr'elles; la partie au tout. Ce qui est absurde. Parquoy F ne pouuoit estre centre commun des cercles s'entretouchans interieurement en B. Ce qu'il falloit demonstrer.

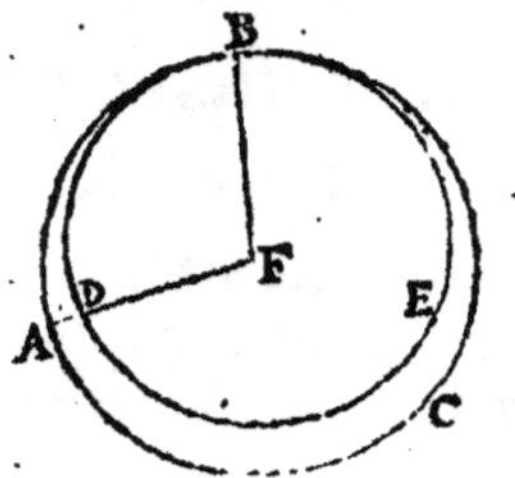

SCHOLIE.

Euclide a proposé ce Theoreme des cercles s'entre-touchans seulement au dedans, d'autant que des cercles qui se touchent par dehors, il appert assez que leurs centres sont diuers: veu qu'vn des cercles est dehors l'autre, & le centre est tousiours au milieu de son cercle.

THEOR. 6. PROP. VII.

Si au diametre du cercle l'on prend quelque poinct qui ne soit pas le centre du cercle, & d'iceluy poinct tombent quelques lignes droictes à la circonference; la plus grande sera celle en laquelle est le centre, & la plus petite celle qui reste: Mais des autres tousiours la plus proche de celle qui est menee par le centre, est plus grande que la plus esloignee: Et du mesme poinct ne peuuent estre menees à la circonference que deux lignes droictes egales, de part & d'autre de la plus petite.

Au diametre AB du cercle ACDEB, duquel le centre est F, soit pris quelque poinct G outre le centre; & d'icelui poinct G tombent tant qu'on voudra de lignes droictes GC, GD, GE, en la circonference. Ie dis en premier lieu, que de toutes les lignes menees de G à la circonference; GA en laquelle est le centre, est la plus grande. Car du centre F estans menees à C, D & E, les lignes FC, FD & FE: le triangle GFC aura les deux costez GF, FC, plus grands que le costé GC par la 20. pr. 1.

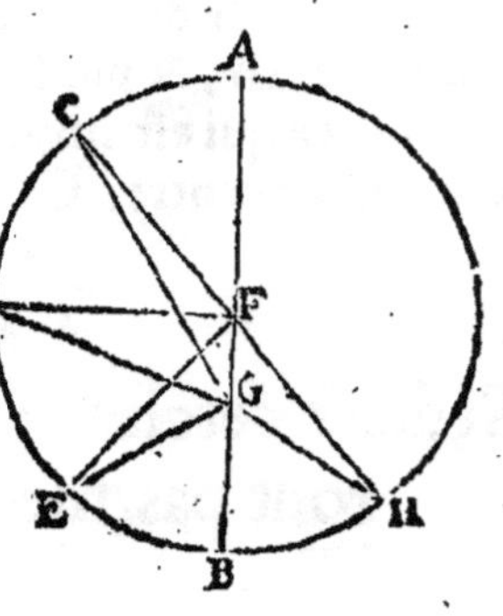

Mais leslignes droictes GF, FC sont egales aux ligne droictes GF, FA, c'est à dire à toute la ligne GA: donc GA sera aussi plus grande que GC. Par mesme raison GA sera aussi plus grande que GD, & que GE: parquoy la ligne GA est la plus grande de toutes celles menees de G à la circonference.

Secondement, ie dis que GB est plus petite que GD, ou autre quelconque: car au triangle DFG, les deux costez DG & GF, seront plus grands que le troisiesme DF par la 20 prop. 1. ou que son egale BF. Que si on oste la ligne commune GF, le demeurant GD sera plus grand que le demeurant GB. Par mesme raison GB, sera aussi plus petite que GE, & que GC, ou autre quelconque tombant de G à la circonference.

Tiercement, ie dis que GC plus proche de la ligne AG que GD, est plus grande qu'icelle GD: & pour la mesme raison GD plus grande que GE, & ainsi des autres s'il y en auoit dauantage de tirees de G à la circonference. Car les deux costez GF, FC du triangle GFC, sont egaux aux deux costez GF, FD du triangle GFD, chacun au sien: mais l'angle CFG est plus grand que l'angle DFG; & partant par la 24. p. 1. la base GC sera plus grande que la base GD. Pour mesme raison GC sera aussi plus grande que GE: Item GD plus grande qu'icelle GE. Parquoy la ligne la plus proche de celle qui est menee par le centre, est plus grande que celle qui en est plus esloignee.

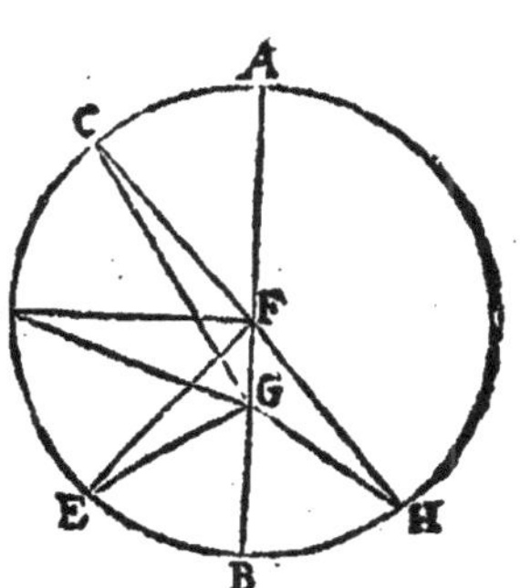

Finalement, ayant fait l'angle BFH egal à l'angle BFE, & tiré GH: ie dis que les lignes GE, GH, sont egales entr'elles, & qu'on n'en peut mener de G à la circonference aucune autre egale à icelles. Car d'autant que les costez EF, FG du triangle EFG, sont egaux aux costez HF, FG du triangle AFG, & les angles EFG, HFG aussi egaux: les lignes GH, GE, qui sont de part & d'autre du diametre, sont egales entre-elles. Et il est euident qu'on ne pourra tirer du poinct G vne autre ligne dans le cercle, qui ne s'approche ou recule de la ligne BA, tombant de costé ou d'autre de GE, ou GH; & par ce qui a esté monstré cy dessus, elle sera plus grande ou plus petite que l'vne & l'autre d'icelles GE, GH. Donc du poinct G à la circonference ne se peuuent tirer plus de deux lignes droictes qui soient egales entr'elles. Parquoy si au diametre d'vn cercle on prend quelconque poinct qui ne soit pas le centre, &c. Ce qu'il falloit demonstrer.

SCHOLIE.

Iaçoit qu'Euclide ait seulement demonstré que des lignes droictes tirees de mesme part du diametre, la plus proche de celle tiree par le centre est plus grande que la plus esloignee, toutesfois cela est aussi vray, si elles sont tirees de diuerse part: comme si la ligne droicte GD est plus proche de GA que la ligne droicte GH; icelle GD sera plus grande que GH: car si de la part de GD on fait l'angle BGE egal à l'angle BGH les lignes GE, GH seront egales, attendu qu'elles sont egalement distantes de GA, & le poinct E tombera entre B & D, puis que G D a esté posee plus proche de G A que G H. Mais par ceste prop. G D est plus grande que G E : donc la mesme G D sera aussi plus grande que G H. Quelques interpretes veulent conuertir cette 7. prop. ainsi qu'il ensuit.

Si on prend vn poinct dedans le cercle, & d'iceluy poinct tombent des lignes droictes à la circonference, entre lesquelles soient la plus grande & la plus petite qui puissent estre menees de ce poinct-là à ladite circonference : mais des restantes, les vnes soient inegales, & les autres egales: la plus grande passera par le centre du cercle, & la plus petite sera le reste du diametre : mais des autres les plus grandes seront les plus proches du centre, & les egales en seront egalement distantes.

Au cercle ABC soit pris le poinct D, duquel tombent en la circonference tant qu'on voudra de lig. droictes D A, D B, D C, D E, D F, desquelles D A soit la plus grande qui puisse estre tiree d'iceluy poinct à ladite circonference, & D C la moindre: mais des autres, D E soit plus grande que D F, & egale à D B. Ie dis premierement que D A passe par le centre du cercle : Car si elle n'y passe, estant tiree quelque ligne droicte de D par ledit centre, elle sera la plus grande de toutes celles tombantes de D par la 7. prop. 3. Ce qui est absurde, puis que D A est posee la plus grande. Donc D A passe par le centre.

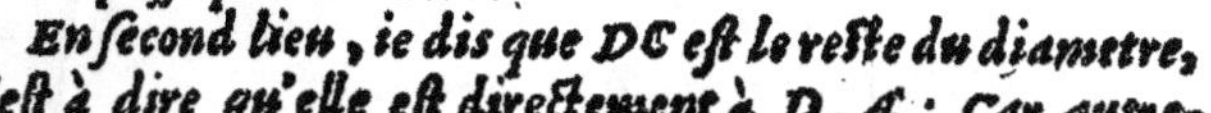

En second lieu, ie dis que D C est le reste du diametre, c'est à dire qu'elle est directement à D A : Car autrement icelle D A estant prolongee directement, son prolongement sera autre que D C, & la plus petite ligne qui puisse tomber de D à la circonference, par la 7. prop. 3. Ce qui ne peut estre, puis que D C a esté posee la plus petite : donc D C est l'autre partie du diametre.

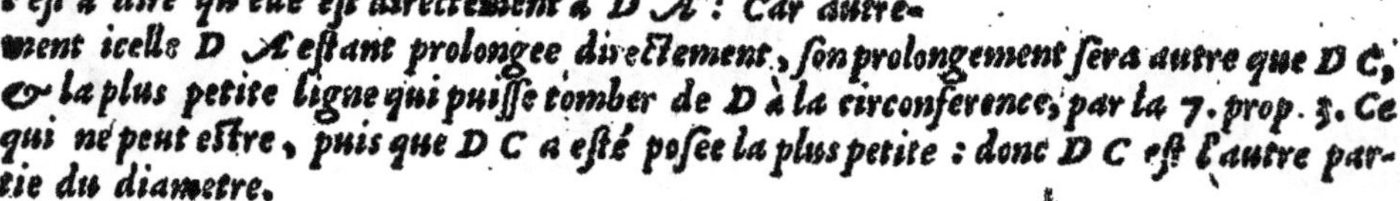

Tiercement, ie dis que D E est plus proche de D A que D F. Car elle n'y pourroit pas estre egalement distante, attendu que par la susdite prop. elles seroient egales, & elles ont esté posees inegales. Mais D E ne peut pas aussi estre plus esloignee de la mesme D A que D F: car elles seroient plus petites qu'icelle D F, par la mesme proposition, & elle a esté posee plus grande.

En dernier lieu, ie dis que D B, D E sont egalement distantes de D A : Car si l'vne en estoit plus proche elle seroit plus grande que l'autre par la mesme 7. prop. & elles ont esté posees egales.

THEOR. 7. PROP. VIII.

Si on prend quelque poinct hors le cercle, & d'iceluy poinct soient menees quelques lignes droictes dans iceluy cercle, desquelles l'vne passe par le centre, & les autres où l'on voudra: celle qui passe par le centre sera la plus grande de toutes celles qui ſeront menees en la circonference concaue. Quant aux autres, touſiours la plus proche de celle qui paſſe par le centre eſt plus grande que la plus eſloignee. Mais de celles qui tombent à la circonference conuexe, la plus petite eſt celle qui eſt compriſe entre le poinct & le diametre: Quant aux autres, la plus eſloignee de la plus petite eſt plus grande que celle qui en eſt plus proche: Et d'iceluy poinct ne peuuent tomber à la circonference que deux lignes droictes egales de part & d'autre de la plus petite.

Du poinct A hors le cercle BCDE, le centre duquel eſt K, ſoient menees les lignes droictes AF, AG, AH & AI couppans ledit cercle, deſquelles lignes AI paſſe par le centre K, & les autres comment que ce ſoit. Ie dis premierement que AI qui paſſe par le centre, eſt la plus grande de toutes icelles lignes tirees à la circonference concaue: puis apres, que AH qui eſt la plus proche d'icelle AI eſt plus grande que AG, qui en eſt plus eſloignee: Et pour meſme raiſon AG, plus grande que AF. Et au contraire, ie dis que AB compriſe entre le poinct A & la circonference conuexe, eſt la plus petite ligne de toutes celles qui ſont hors le cercle: puis apres, que la ligne AC plus prochaine de la plus petite AB, eſt moindre que AD, qui en eſt plus eſloignee: Et par meſme raiſon, icelle AD moindre que AE. Finalement, ie dis que de A, on peut ſeulement mener deux lignes droictes egales de part & d'autre de la plus petite AB.

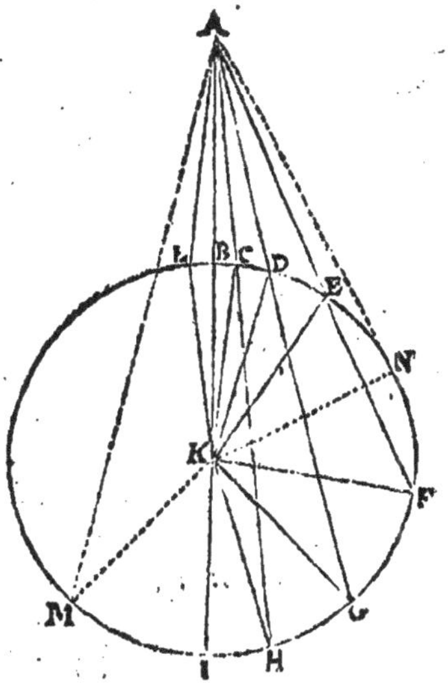

Car du centre K eſtans menees aux poincts C, D, E, F, G & H, les lignes droictes KC, KD, KE, KF, KG & KH; les deux coſtez AK, KH, du triangle AKH, ſont plus grands que la ligne AH par la 20. pr. 1. Mais les lignes AK, KH ſont egales aux lignes AK, KI, c'eſt à dire à toute la ligne droicte AI: icelle AI ſera donc auſſi plus grande que AH. Pour la meſme raiſon AI ſera plus grande que AG, & auſſi que AF. Parquoy la ligne AI eſt la plus grande de toutes celles qui tombent du poinct A dans le cercle.

Puis apres, d'autant que les coſtez AK & KH du triangle AKH ſont egaux aux coſtez AK, KG du triangle AKG, chacun au ſien, & l'angle AKH plus grand que l'angle AKG; la baſe AH ſera plus grande que la base AG, par la 24. prop. 1. Par mesme raison AH sera plus grande que AF; item AG plus grande que la mesme AF. Parquoy la ligne plus proche de celle qui passe par le centre, est plus grande que celle qui en est plus esloignee.

Derechef, puis qu'au triangle ACK la ligne AK est moindre que les deux AC, CK; si on oste les egales BK, CK, demeurera encore AB moindre que AC. Par semblable raison AB sera plus petite que AD, & aussi que AE. Parquoy la ligne AB est la plus petite de toutes celles qui sont menees de A à la circonference conuexe.

Derechef, d'autant que dans le triangle ADK tombent deux lignes droictes AC, CK, des extremitez du costé AK, icelles AC, CK seront moindres que AD, DK par la 21. prop. 1. desquelles si on oste les egales CK, DK, restera encore AC moindre que AD. Par mesme raison on prouuera que AC est moindre que AE: Item AD moindre que la mesme AE: Parquoy la ligne la plus proche de la plus petite AB, est moindre que la plus esloignee.

Finablement, soit faict l'angle AKL egal à l'angle AKC, tirant KL iusques à ce qu'elle rencontre la peripherie en L, & soit menee la ligne AL. D'autant que les costez AK, KC du triangle AKC, sont egaux aux costez AK, KL du triangle AKL; & les angles AKC, AKL aussi egaux, les lignes droictes AC, AL de part & d'autre de la moindre AB, seront egales entr'elles par la 4. prop. 1. Or que nulle autre puisse estre egale à icelles, il est euident; car si on en mene vne autre du poinct A, il faudra qu'elle soit plus proche ou plus esloignée de AB; & parce qui a esté demonstré cy-dessus, elle sera plus grande ou plus petite que l'une & l'autre d'icelles AC, AL. Donc du poinct A tomberont seulement deux lignes droictes egales de part & d'autre de la moindre AB. Parquoy si on prend quelque poinct hors le cercle, &c. Ce qu'il falloit prouuer.

SCHOLIE.

Par mesme raison de A ne peuuent tomber en la circonference concaue que deux lignes droictes egales de part & d'autre de la plus grande AI. Car ayant faict l'angle AKM egal à l'angle AKG, & mené AM, les triangles AKM, AKG auront les bases AG, AM egales par la 4. prop. 1. & on ne peut de A mener à ladite circonference concaue d'autre ligne egale à icelle AG, AM, attendu qu'elle seroit plus proche ou plus esloignee de AI, & par consequent plus grande ou plus petite qu'icelles, ainsi qu'il appert par ce qui a esté demonstré cy-dessus.

Il appert aussi que quand l'vne des lignes tombantes de A, touche le cercle, comme AN, qu'icelle touchante est plus petite qu'aucune de celles qui tombent en la circonference concaue: Car estant tiree du centre à l'attouchement la ligne droicte KN, les deux costez AK, KF du triangle AKF, seront egaux aux deux costez AK, KN du triangle AKN, chacun au sien, & l'angle AKF est plus grand que l'angle AKN, & par la 24. pr. 1. la base AF sera plus grande que la base AN: Et par mesme raison toute autre ligne tombante en la circonference concaue sera plus grande qu'icelle AN.

Mais la mesme ligne touchante AN sera la plus grande de toutes les autres li-

gnes qui tombent de A en la circonference conuexe. Car puis que par la 21. prop. 1. les deux costez AE, EK sont moindres que les deux costez AN, NK, si on en oste les lignes egales KE, KN, restera AE moindre que AN; & ainsi des autres.

Au reste ce qu'Euclide a demonstré en cette 8. prop. aduenir aux lignes menees d'vne mesme part de la plus grande ou plus petite, aduiendra encore, les lignes estans menees de diuerses parts, c'est à dire, que si AH est plus proche de AI que AM: icelle AH sera aussi plus grande que ladite AM, iaçoit qu'elles ne soient toutes deux d'vne mesme part: & si AD est plus esloignee de AB que AL, elle sera aussi plus grande qu'icelle AL. Ce qu'on peut demonstrer procedant, ainsi qu'au precedent scholie pour les lignes tirees de diuerse part.

THEOR. 8. PROP. IX.

Si on prend quelque poinct au dedans d'vn cercle, & d'iceluy poinct tombent à la circonference plus de deux lignes droictes egales, le poinct pris est le centre du cercle.

Soit pris le poinct A au cercle BCD, & d'iceluy poinct tombent à la circonference les trois lignes droictes egales AB, AC, AD. Ie dis que le poinct pris A, est le centre du cercle.

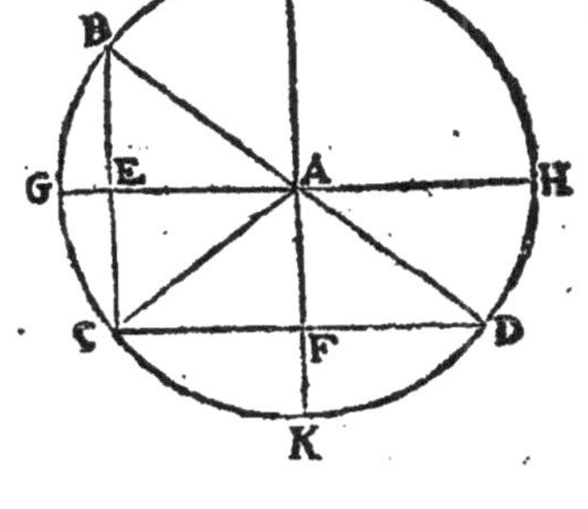

Qu'il ne soit ainsi: soient menees les lignes droictes BC & CD, & apres les auoir couppees en deux egalement aux poincts E & F, d'iceux poincts au poinct A, soient menees les deux lignes droictes EA, FA, & prolongees de part & d'autre en la circonference. D'autant que les deux triangles BEA & CEA, ont deux costez egaux à deux costez, chacun au sien, & les bases AB, AC aussi egales, les deux angles au poinct E seront egaux, & partant droicts, & par le Corol. de la 1. prop. de ce liure le centre du cercle sera en la ligne droicte GAH, puis qu'elle diuise la ligne droicte BC en deux egalement, & à angles droicts en E. Par mesme discours le centre du cercle se trouuera aussi en la ligne droicte KI. Il faut donc que ce soit à leur commune section A, n'y ayant poinct d'autre poinct commun. Parquoy si on prend quelque poinct dedans vn cercle, &c. Ce qu'il falloit demonstrer.

Autrement. Si le poinct A n'est le centre du cercle, soit iceluy centre au poinct E, si faire se peut, duquel soit mené par A le diametre FG. D'autant donc qu'au diametre FG, est pris le poinct A outre le centre, duquel tombent en la circonference les lignes droictes AD, AC; icelle AD qui est plus proche de AF tiree par le centre E, sera plus grande que AC par la 7. p. 3. Ce qui est absurde, car icelles

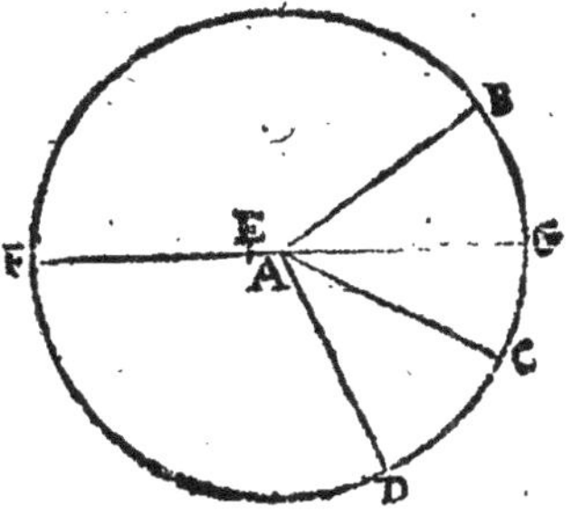

AB, AC

AB, AC ont esté posees egales. La mesme absurdité s'ensuiura tousiours si on pose le centre estre à vn autre poinct que A: parquoy iceluy poinct A sera le centre du cercle ABC. Ce qu'il falloit prouuer.

THEOR. 9. PROP. X.

Vn cercle ne couppe pas vn autre cercle en plus de deux poincts.

Soient les deux cercles ABCD & EFGH, se couppans aux trois poincts I, K & L, s'il est possible. Item soient menees les deux lignes droictes I K & K L, lesquelles soient couppees en deux egalement aux poincts M & N par la 10. prop, 1. & soient menees les lignes droictes M C, N H à droicts angles sur I K & K L. Il faudra par le Corol. de la 1. pr. de ce liure que les deux centres des deux cercles soient en la ligne AC; ils seront aussi en la ligne FH: Ce sera donc au poinct de la commune section O, & en ce faisant les deux cercles auroient mesme centre, contre la 5. prop. de ce liure. Donc les cercles ABCD & EFGH ne se pouuoient pas coupper en plus de deux poincts: Ce qu'il falloit demonstrer.

Autrement. Que les deux cercles ABCDEF, & ABDGE se couppent, s'il est possible, en plus de deux poincts c'est à sçauoir en A, B, D: & soit trouué le centre du cercle ABDGE, lequel soit H, & d'iceluy soient menees les lignes droictes HA, HB, HD, lesquelles seront egales entr'elles par la defin. du cercle. Et d'autant qu'au cercle ABCDEF on a pris le poinct H, duquel tombant à la circonference plus de deux lignes egales, iceluy poinct H sera le centre dudit cercle, par la 9. prop. 3. Mais il est aussi le centre du cercle ABDGE. Donc deux cercles s'entrecouppans ont mesme centre. Ce qui est absurde.

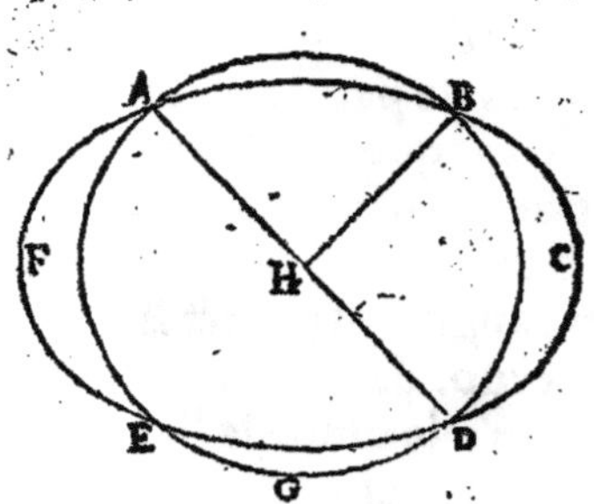

THEOR. 10. PROP. XI.

Si ayant pris les centres de deux cercles qui se touchent l'vn l'autre au dedans, on conjoinct iceux centres par vne ligne droicte; icelle ligne estant prolongee tombera en l'attouchement des cercles.

Soient deux cercles ABC & ADE s'entretouchans interieurement au poinct A, & par la 1. pr. 3. soit trouué le centre du cercle ABC, léquel soit F; pvis que par la 6. prop. 3 deux cercles s'entretouchans au dedans ne peuuent auoir vn mesme centre, F ne sera pas le centre du cercle ADE: Soit donc aussi trouué son centre, qui soit G. Ie dis que la ligne droicte menee du centre F au centre G, & prolongee de ce costé-là iusques à la circonference du plus grand cercle ABC, tombera au poinct de l'attouchement A, comme à la premiere figure. Car autrement il faudra qu'elle tombe à quelque autre poinct de ladite circonference, car d'autant que les deux centres F & G sont au dedans du cercle ABC, ladite ligne FG

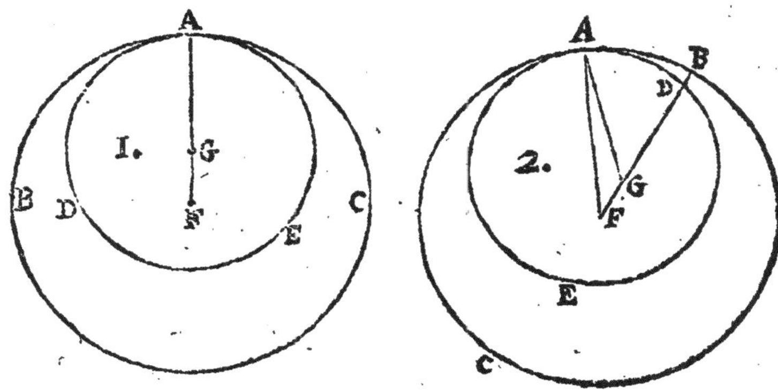

estant continuee, elle ira necessairement rencontrer la circonference d'iceluy cercle: & si quelqu'vn dit que ce n'est pas au poinct d'attouchement, soit, s'il est possible, à quelconque autre poinct, comme B en la 2. figure; tellement que la ligne FGB couppe la circonference du moindre cercle ADE au poinct D. D'autant donc que les centres F & G, & le poinct d'attouchement A ne sont pas en vne ligne droicte, si dudit poinct A on mene des lignes droictes aux deux centres F & G, elles feront vn triangle auec la ligne FG, qui est la distance d'vn centre à l'autre, lequel triangle soit AFG. Donc puis que par la 20. prop. 1. les deux costez AG, FG dudict triangle AFG, sont plus grands que l'autre costé FA; & iceluy FA est egal à la ligne FB, (pource que F est le centre du cercle ABC) aussi les lignes AG, GF seront plus grandes que FB: ostant donc FG commune, restera GA, plus grande que GB. Et partant, puisque GA est egale à GD; (car G est le centre du cercle ADE) GD sera aussi plus grande que GB, la partie que le tout: ce qui est absurde. Donc la ligne droicte conioignant les deux centres des cercles ABC, ADE, & produicte, ne tombera pas ailleurs qu'à l'attouchement A. Parquoy si deux cercles se touchent l'vn l'autre au dedans, &c. Ce qu'il falloit demonstrer.

SCHOLIE.

Candalle, Errard & quelques autres Interprettes demonstrent ceste 11. prop. ainsi qu'il ensuit. Soient deux circonferences ABC & ADE se touchans interieuremen au poinct A, & de la plus grande ABC, le centre soit F, duquel au poinct d'attouchement A soit menee la ligne droicte AF : Ie dis que le centre de la plus petite circonference ADE est en icelle ligne AF. Autrement, qu'il soit hors d'icelle, s'il est possible, comme au poinct G, & soit conioinct FG, & prolongé de la part de G iusques à ce qu'il couppe les deux circonferences aux poincts D & B, puis soit menee GA. D'autant que par la 20. prop. 1. les deux costez AG, FG du triangle AFG sont plus grands que l'autre costé FA, & iceluy FA est egal à la ligne FB, puis que F est le centre du cercle ABC; aussi AG, FG seront plus grandes que FB. Ostant donc FG commune, restera GA plus grande que GB: mais GA est egale à GD (car G a esté posé centre du cercle ADE.) Donc aussi GD sera plus grande que GB; la partie que le tout; ce qui est absurde. Parquoy le centre de l'autre circonference ADE ne sera pas hors la ligne FA: & partant les deux centres des circonferences ABC & ADE seront en ladite ligne FA. Donc la ligne conioignant iceux centres & prolongee tombera au poinct d'attouchement A.

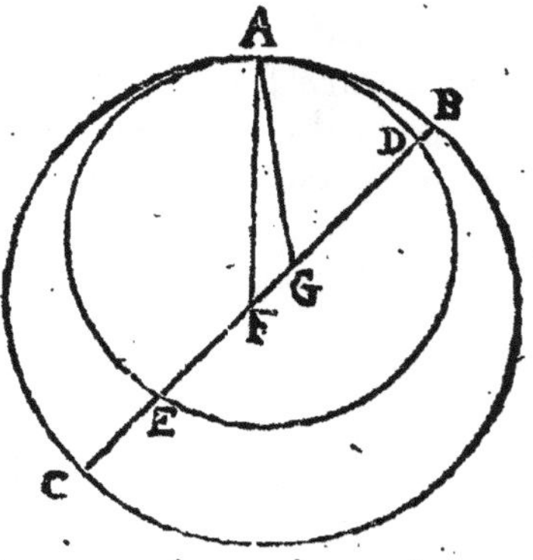

Encore autrement Iean Pelletier & Billingsley. Soient deux cercles ABC, AFG s'entretouchans au dedans en A, & par la 1. pr. 3. soit trouué le centre du cercle ABC, qui soit D, & aussi le centre de AFG, lequel soit E : Ie dis que la ligne droicte menee du centre E à D & prolongee iusques à la circonference du plus grand cercle tombera au poinct de l'attouchement A. Car autrement elle tombera de part ou d'autre d'iceluy attouchement A; qu'elle tombe donc, s'il est possible, à vn autre poinct, comme G : tellement que FEDG soit diametre du grand cercle AGF, & CEDB du petit cercle ABC, & soit tiree DA. D'autant qu'au diametre FEDG, le poinct D est autre que le centre E, la ligne droicte DA sera plus grande que DG par la 7. pr. 3. Mais DB est egale à DA par la def. du cercle : donc DB sera aussi plus grande que DG, la partie que le tout. Ce qui est absurde. Parquoy la ligne ED prolongee vers A ne pourra tomber ailleurs qu'à iceluy poinct d'attouchement A.

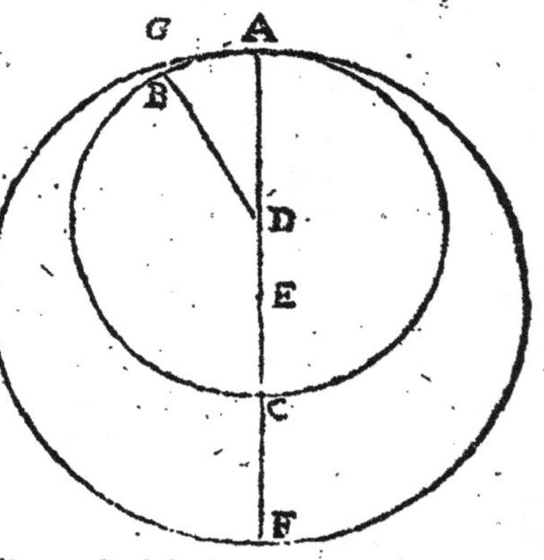

THEOR. 11. PROP. XII.

Si deux cercles se touchent l'vn l'autre au dehors, la ligne droicte menee d'vn centre à l'autre, passera par l'attouchement.

Soient deux cercles ABC, DBE se touchans l'vn l'autre au dehors au poinct B, desquels les centres soient F & G. Ie dis que si d'vn centre à l'autre on meine vne ligne droicte, qu'icelle passera par le poinct d'attouchement B.

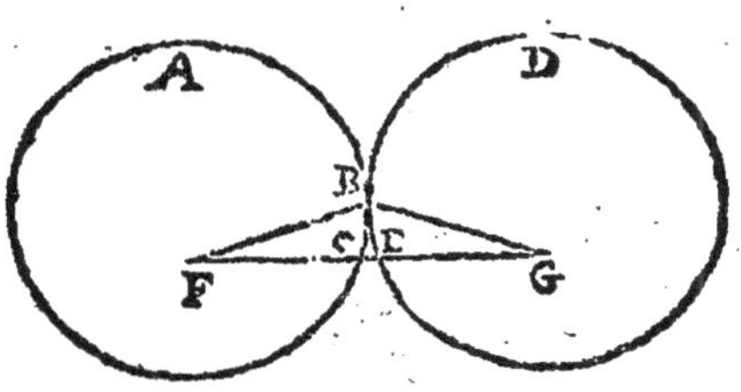

Autrement, il s'ensuiura absurdité : car si icelle ligne ne passe par le poinct d'attouchement B, qu'elle passe ailleurs, s'il est possible, sçauoir aux poincts C & E, où elle couppe les deux circonferences, & du poinct d'attouchement B soient menees les deux lignes droictes FB, GB, lesquelles par la 20. prop. 1. seront plus grandes que FG, & par la def. du cercle, il s'ensuit que F C, estant egale à FB, & GE à GB, que les deux lignes FC & GE, seront plus grandes que F G, la partie que le tout. La ligne droicte menee d'vn centre à l'autre, passera donc par l'attouchement B. Parquoy si deux cercles se touchent l'vn l'autre au dehors, &c. Ce qu'il falloit demonstrer.

SCHOLIE.

D'autant qu'en cette demonstration d'Euclide, les centres ne demeurent en leurs vrayes places, & que cela pourroit peut estre causer quelque doubte, Oronce & Schubelius en ont adiousté vne autre où les centres retiennent leurs places, laquelle est telle. Que les cercles A B C, D B E s'entretouchent au dehors en B, & d'iceux les centres soient F & G : Ie dis que la ligne droicte menee d'vn centre à l'autre passera par le poinct d'attouchement B, c'est à dire que si on mene à iceluy poinct B les lignes droictes F B, GB, elles feront vne seule ligne droicte FBG. Car autrement elles feront vn angle à iceluy poinct B, & de F à G on pourra mener vne ligne droicte, laquelle soit (s'il est possible) F C E G, qui couppe les circonferences en C & E. Donc icelle ligne droicte FCEG constituera vn triangle auec les deux lignes F B, G B, puis qu'on a posé qu'elles s'inclinent & font angle au poinct B : & par la 20 p. 1. icelles FB, GB sont plus grandes que FCEG : Mais par la def. du cercle FC est egale à FB, & GE à GB : donc FC & GE seront aussi plus grandes que la mesme FCEG, la partie que le tout : (car icelle FCEG outre F C, G E contient encore la ligne droicte CE,) Ce qui est absurde.

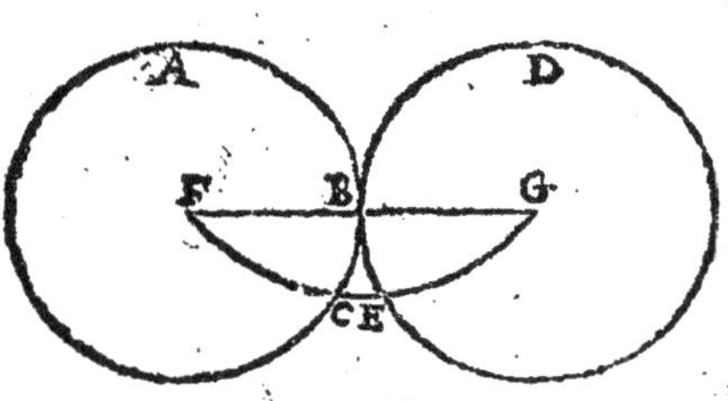

Pelletier, & apres luy Billingsley demonstrent encore cette 12. pr. ainsi. Soient les deux cercles ABC & DEF qui s'entretouchent par dehors au poinct A, & que G soit le centre du cercle ABC, duquel soit tiree par l'attouchement des cercles, la ligne droicte G A iusques à ce qu'elle rencontre la circonference DEF au poinct F : Ie dis que le centre du cercle A D E est en icelle ligne droicte G A F. Autrement qu'il soit hors d'icelle, s'il est possible, comme au poinct H, & du centre G à iceluy centre H soit tiree la ligne droicte G H K iusques à ce qu'elle ren-

contre la circonference en K, couppant la peripherie ABC en B, & la circonference ADE en D. D'autant que du poinct G, qui est hors le cercle ADE, sont tirees à iceluy cercle les deux lignes droictes GK, GF, desquelles GK passe par le centre H, par la 8. pr. 3. la partie exterieure GD sera moindre que GA partie exterieure de GF. Mais AG est egale à GB par la def. du cercle: donc aussi GD sera moindre que GB, le tout que la partie: ce qui est absurde. Donc le centre du cercle ADE ne sera pas hors la ligne GAF, & partant les deux centres des cercles ABC, & ADE seront en icelle ligne GF; parquoy la ligne conioignant iceux centres passera par l'attouchement des cercles.

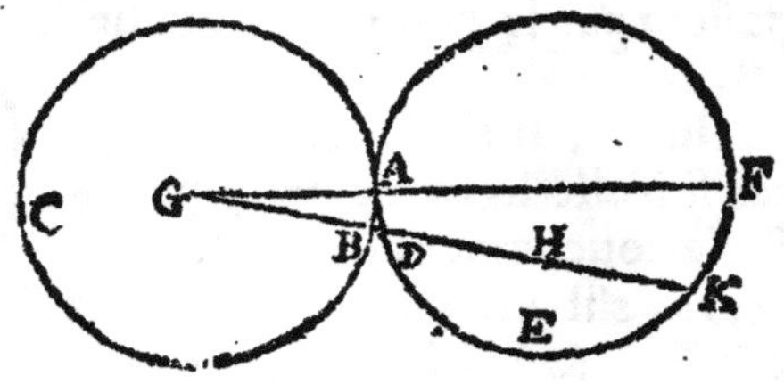

THEOR. 12. PROP. XIII.

Vn cercle ne touche point vn autre cercle à plus d'vn poinct, tant dehors que dedans.

Soient les deux cercles ABC, & ADC se touchans interieurement aux deux poincts A & C, s'il est possible: & d'autant qu'ils ne peuuent auoir vn mesme centre par la 6. pr. de ce liure, soient les deux centres diuers E & F, par lesquels estant tiree la ligne droicte EF, & produite de part & d'autre, il faut qu'elle tombe és poincts d'attouchement A & C par la 11. pr. de ce mesme liure: & par la def. du cercle, il faut que les lignes droictes EA & EC soient egales. Item FA & FC. Mais FA est plus grande que EA Partant FC sera aussi plus grande que EC, la partie que le tout: ce qui est impossible. Donc les deux cercles ne se toucheront point en deux poincts au dedans.

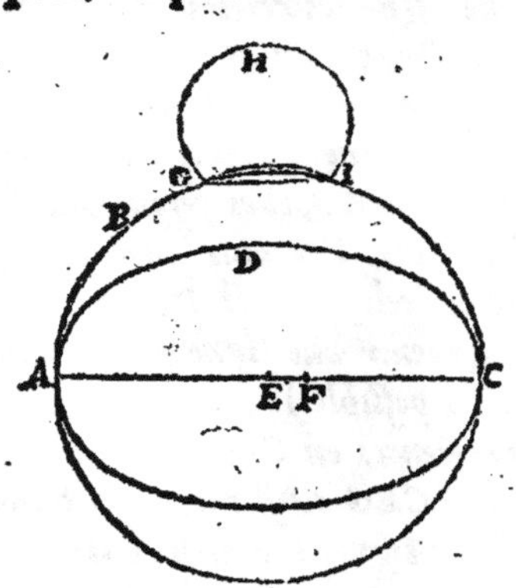

Pareillement, il est impossible qu'ils se touchent exterieurement à plus d'vn poinct: car si le cercle GHI pouuoit toucher en dehors le cercle ABC en deux poincts, comme G & I, il faudroit que la ligne droicte GI menee par lesdits deux poincts, tombast dedans l'vn & l'autre cercle par la 2. pr. 3. ce qui est impossible: car icelle ligne droicte GI tombant dedans le cercle ABC, elle ne peut pas tomber dedans le cercle GHI, puis qu'iceluy est tout dehors ABC. Parquoy les cercles ne se touchent point à plus d'vn poinct, tant dehors que dedans. Ce qu'il falloit demonstrer.

SCHOLIE.

Cette seconde partie est encore demonstree par plusieurs Interprettes ainsi. Que les deux cercles AB & CB, dont les centres sont D & E, s'entretouchent par dehors au poinct F: Ie dis qu'ils ne se peuuent toucher à vn autre poinct. Car ayant mené du centre D au centre E la ligne droicte DE, elle passera par ledit attouchement F par la precedente prop. & si les cercles se touchoient encore à vn autre poinct, comme B, la ligne droicte menee d'vn centre à l'autre passeroit aussi par iceluy attouchement B; & par ainsi les deux lignes droictes DFE, DBE enclorroient vne superficie, ce qui est impossible.

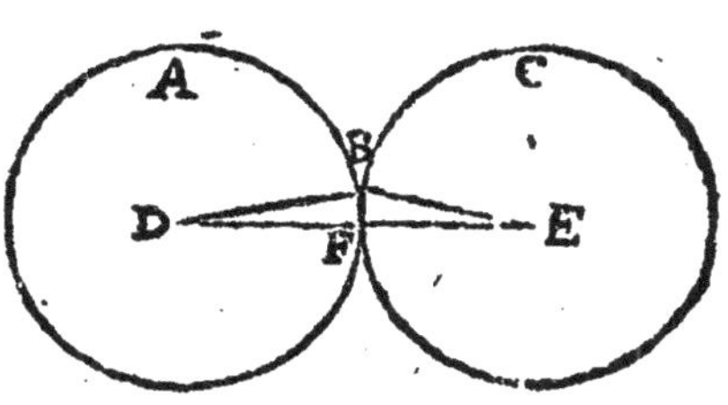

Clauius demonstre en ce lieu le Theoreme suiuant.

Si au demy diametre d'vn cercle produict, on prend vn poinct outre le centre, le cercle descrit d'iceluy poinct comme centre, par le poinct extreme du demy diametre, touchera le premier cercle en iceluy poinct extreme du semy-diametre, & tombera tout dehors le mesme cercle.

Soit le cercle ABC, (voyez la derniere figure de la page 123.) duquel le centre est D, & au demy diametre AD prolongé, soit prins quelconque poinct comme E, duquel & de l'interualle EA soit décrit le cercle AFG, lequel ie dis toucher le cercle ABC au seul poinct A. Car ou le poinct E est dans le cercle ABC, ou dehors. S'il est dedans: d'autant que AE est plus grand que AD, c'est à dire que DC, & à plus forte raison que EC: la ligne EF qui est egale à EA sera aussi plus grande que EC: & partant le poinct F est hors le cercle ABC; & le cercle AFG hors le mesme cercle pres du poinct F. Iceluy poinct F tombera beaucoup dauantage hors le cercle ABC, si E est hors le mesme cercle ABC. Si donc le cercle AFG ne tombe tout dehors le cercle ABC, tellement qu'il le touche au seul poinct A, que le cercle AFG couppe ou touche le cercle ABC, en vn autre poinct B, si faire se peut, & soit tiree la ligne DB. Veu donc qu'au diametre du cercle AFG est pris le poinct D, outre le centre E, la ligne DA sera la plus petite de toutes les lignes droictes tombantes de D à la circonference, par la 7. prop. 3. Donc DA est moindre que DB, ce qui est absurde; car DA, DB tombant du centre D en la circonference d'vn mesme cercle ABC, sont egales. Donc le cercle AFG ne couppe ou touche le cercle ABC en vn autre poinct que A, mais tombe tout dehors iceluy: ce qui estoit proposé.

Que si au semy-diametre non produit, on prend vn poinct outre le centre, le cercle descrit d'iceluy poinct comme centre, par le poinct extreme du semy-diametre touchera pareillement le premier cercle au susdit poinct extreme du demy-diametre, & tombera tout dedans le mesme cercle. Comme si au semy-diametre AE, du cercle AFG, on prend le poinct D, duquel & de l'interualle DA, on descriue le cercle ABC, iceluy tombera totalement dedans AFG, & le touchera au seul poinct A. Car puis qu'il a esté demonstré cy-dessus que le cercle AFG tombe tout dehors le cercle ABC, pareillement tout cestuy-cy tombera dedans celuy-là, tellement qu'ils s'entretouchent au seul poinct A: & par ainsi appert ce qui estoit proposé.

THEOR. 13. PROP. XIV.

Dans le cercle, les lignes droictes egales, sont egalement distantes du centre; & les egalement distantes du centre sont egales entr'elles.

Au cercle ABCD, duquel le centre est E, soient deux lignes droictes egales AD & BC. Ie dis qu'elles seront egalement distantes du centre E.

Qu'ainsi ne soit, par la 12. prop. 1. du centre E soient menees les deux lignes EF, EG, perpendiculaires aux deux lignes droictes AD, BC: puis soient tirees les deux lignes AE & BE. Or les deux lignes droictes AD & BC, estans couppées en angles droicts par les perpendiculaires EF & EG, elles seront aussi couppees en deux egalement par la 3. p. 3. & puis qu'icelles AD, BC sont posees egales, la moitié AF sera egale à la moitié BG. Pareillement AE estant egale à BE par la def. du cercle; le quarré de AE sera egal au quarré de BE. Mais iceluy quarré de AE est egal aux deux quarrez de AF, FE, par la 47. p. 1. & le quarré de BE est egal aux deux quarrez de BG, GE. Donc les deux quarrez de AF, FE seront egaux aux deux quarrez de BG, GE. Mais puis que les lignes AF, BG sont egales, le quarré de AF est egal au quarré de BG, & par consequent le quarré de FE, est egal au quarré de GE. Parquoy la ligne FE sera egale à la ligne GE, & par la 4. def. du 3. AD & BC seront egalement distantes du centre E.

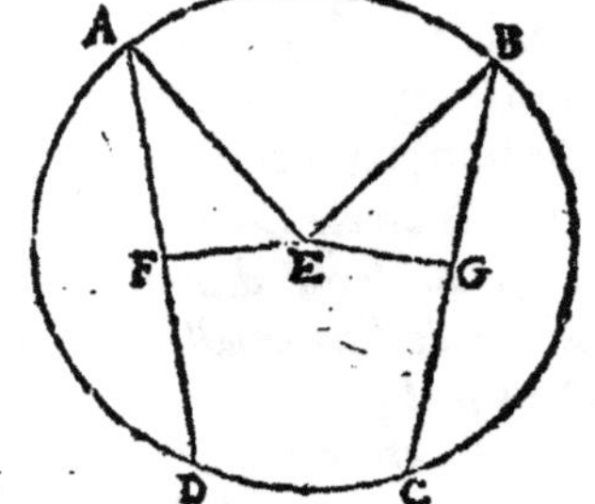

Quant à la seconde partie. Ie dis que si AD, BC sont egalement distantes du centre E, qu'elles seront egales entr'elles: car ayant construit, comme dessus, les perpendiculaires EF & EG seront egales par la 4. def. de ce liu. & coupperont AD, BC en deux egalement par la 3 pr. de ce mesme liu. & par deduction de la 47. p. 1. comme cy-dessus, AF se trouuera egale à BG, & par consequent aussi leurs doubles AD & BC seront egales entr'elles. Si donc au cercle les lignes droictes egales, &c. Ce qui estoit à demonstrer.

THEOR. 14. PROP. XV.

Dans le cercle, la plus grande ligne est le diametre: quant aux autres tousiours la plus proche du centre est plus grande que la plus esloignee.

Au cercle ABCDEF, duquel le centre est G soit le diametre AD, & la ligne FE la plus proche d'iceluy, mais BC la plus esloignee. Ie dis que de outes ces lignes AD est la plus grande, & que FE est plus graude que BC.

Car soient tirees du centre G les lignes droictes GH, GI perpendiculaires aux lignes droictes FE, BC: & pource que BC est plus esloignee du centre que FE; la perpendiculaire GI sera plus grande que GH, par la 4. def. de ce liure Soit donc couppé d'icelle GI, la ligne GM egale à GH, & par M soit menee KML perpendiculaire à GI, & soient tirees les lignes GK, GB, GC, GL. Donc puis que les perpendiculaires GM, GH sont egales, les lignes droictes KL, FE seront egalement distantes du centre par la 4. def. de ce liure, & partant egales entr'elles par la prop. precedente.

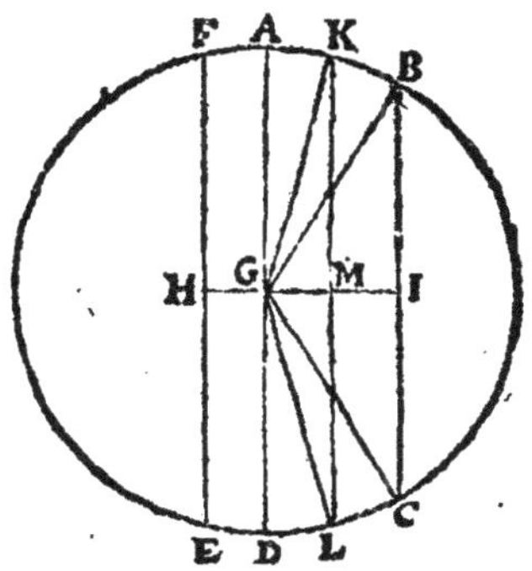

Derechef, puis que GK, GL, sont plus grandes que KL par la 20. prop. 1. & icelles GK, GL sont egales au diametre AD; iceluy diametre AD sera aussi plus grand que KL ou FE. Par mesme raison on demonstrera que AD est plus grande que toutes les autres lignes.

Item, d'autant qu'aux triangles GKL & GBC, les costez GK, GL, GB, GC sont egaux par la definition du cercle, & l'angle GKL est plus grand que l'angle BGC, par la 24. prop. 1. la base KL, ou son egale FE, sera plus grande que la base BC, & ainsi des autres. Parquoy dans le cercle la plus grande ligne est le diametre, &c. Ce qu'il falloit demonstrer.

SCHOLIE.

Clauius demonstre icy le Theoreme suiuant pris de Commandin.

Si en la circonference du cercle on prend vn poinct, & d'iceluy l'on mene quelque ligne droicte au cercle, l'vne desquelles passe par le centre, & les autres où l'on voudra: celle qui passe par le centre sera la plus grande de toutes: mais des autres les plus proches de celle là qui passe par le centre seront plus grandes que les plus esloignees: & n'y en peut auoir que deux egales de part & d'autre de la plus grande.

En la circonference du cercle ABCD, soit pris le poinct A, & d'iceluy soient menees plusieurs lignes droictes AB, AC, AD, desquelles AD passe par le centre E: ie dis que AD est la plus grande de toutes, & AC estre plus grande que AB, qui est plus esloignee d'icelle AD. Car estans menees les lignes BE, CE; au triangle AEC les deux costez AE, EC seront plus grands que le costé AC par la 20. pr. 1. Mais icelles lignes AE, EC sont egales aux lignes droictes AE, ED, c'est à dire à la ligne droicte AD. Donc icelle AD sera plus grande que AC: & par mesme raison elle sera aussi plus grande que AB, & ainsi des autres.

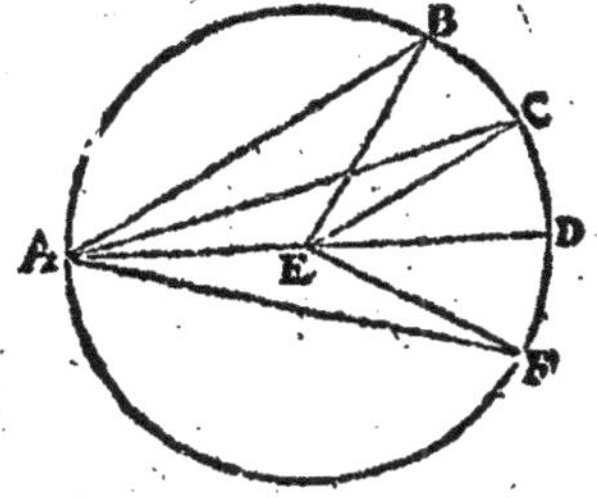

En apres, d'autant qu'au triangle AEC les deux costez AE, EC sont egaux aux deux costez AE, EB du triangle AEB, chacun au sien, & tout l'angle AEC plus grand que l'angle AEB, la base AC sera plus grande que la base AB par la

24. prop.

14. prop. 1. Et par mesme raison A C sera plus grande que toute autre ligne plus éloignee du centre E.

En troisiesme lieu : ie dis que du poinct A on ne peut mener au cercle que deux lignes droictes egales entr'elles de part & d'autre de la plus grande A D. Car ayant fait l'angle A E F égal à l'angle AEC, & ioinct AF, les deux costez AE, EC seront egaux aux deux costez AF, EF, & les angles AEC, AEF, contenus d'iceux costez, aussi egaux, & par la 4. prop. 1. les bases AC, AF sont egales : & il est euident que du mesme poinct A on ne peut tirer dans le cercle vne autre ligne, qui ne s'approche ou esloigne de A D ; & partant plus grande ou plus petite que l'vne & l'autre d'icelles A C, A F. Donc du poinct A ne se peuuent tirer dans le cercle que deux lignes droictes egales entr'elles.

Que si de A B, A F, tirees de diuerses parts du diametre A D, on dit que A F est plus proche d'iceluy diametre A D ; on demonstrera, comme au Scholie de la 7. prop. de ce liure, que ladite AF est plus grande que AB.

THEOR. 15. PROP. XVI.

Si à l'extremité du diametre d'vn cercle, on leue vne ligne perpendiculaire, elle tombera hors le cercle : & entre icelle perpendiculaire & la circonference ne tombera pas vne autre ligne droicte, & l'angle du demy cercle est plus grand que tout angle rectiligne aigu, & celuy qui reste plus petit.

Du cercle A B C, soit le centre D, & le diametre A C, sur l'extremité duquel A, soit leuee la ligne perpendiculaire AE, par la 11. prop. 1. Ie dis premierement qu'icelle ligne A E tombe hors le cercle.

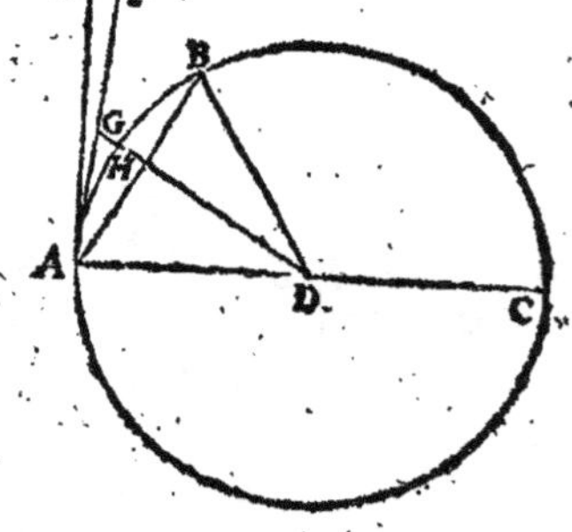

Car si elle tomboit dans iceluy, ainsi que A B, estant tiree DB, les deux angles D A B, DBA, seront egaux par la 5. prop. 1. Mais DAB est droict par la construction : donc DBA sera aussi droict : ce qui est absurde, puis que par la 17. prop. 1. deux angles d'vn triãgle sont moindres que deux droicts. Donc la perpendiculaire ne tombera pas dans le cercle. Pour la mesme raison elle ne tombera pas aussi en la circonference, mais dehors, comme est AE.

Maintenant, ie dis que de A ne peut tomber entre la perpendiculaire AE, & la circonference A B, vne autre ligne droicte. Car s'il est possible que quelque ligne droicte y tombe, comme A F, de D soit menee sur icelle la perpendiculaire D G, couppant la circonference en H ; laquelle tombera necessairement de la part de l'angle aigu DAF par le Corol. de la 17. prop. 1. Veu donc que au triangle DAG, les deux angles DAG, DGA, sont moindres que deux droicts par la 17. prop. 1. & par la construction DGA est droict,

l'angle DAG sera moindre qu'vn droict, & partant la ligne DA, ou son egale
DH, sera plus grande que DG, par la 19. pr. 1. la partie
que le tout : ce qui est absurde. Entre la perpendiculaire AE, & la circonference AB ne tombera donc
pas vne autre ligne droicte.

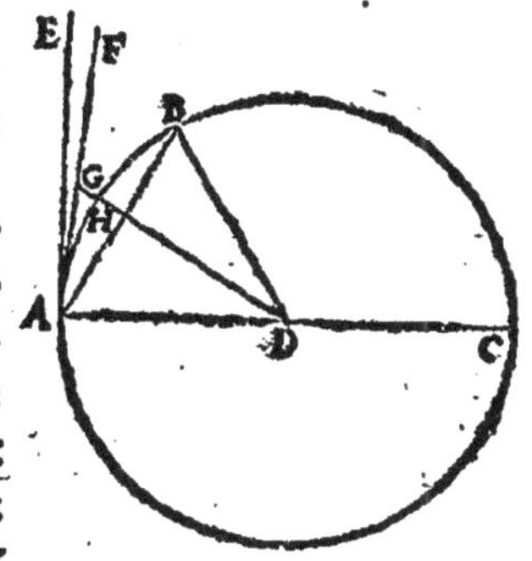

Ie dis finalement, que tout l'angle du demy cercle BAC contenu du diametre AC, & de la circonference AB, est plus grand que tout angle rectiligne aigu, & que celuy qui reste BAE contenu de la ligne
droicte AE, & de la circonference AB, est plus petit
que tout angle rectiligne aigu. Car puis que CAE est
angle droict diuisé par la seule circonference AB, &
qu'entre icelle circonference AB & la ligne droicte AE, ne peut tomber vne
autre ligne droicte; l'angle BAE ne peut estre diuisé par aucune ligne droicte, & par ainsi ne sera diminué par aucune ligne droicte, ny par consequent
l'angle BAC ne sera augmenté par aucune ligne droicte. Si donc à l'extremité
du diametre d'vn cercle on leue vne perpendiculaire, &c. Ce qu'il falloit demonstrer.

COLLAIRE.

*Par ces choses est manifeste qu'vne ligne droicte tiree perpendiculairement de l'extre-
mité du diametre, touche le cercle en vn seul poinct. Car il a esté demonstré qu'elle tombe hors le cercle : & partant elle le touche seulement au poinct extreme du diametre.
Parquoy s'il estoit requis tirer vne ligne droicte par le poinct A donné en la circonference du cercle, laquelle touchast le cercle en A nous tirerions de A au centre D la
ligne droicte AD, & sur icelle seroit éleuee la perpendiculaire AB, laquelle touche-
roit le cercle en A, comme il a esté demonstré.*

PROBL. 2. PROP. XVII.

D'vn poinct donné, mener vne ligne droicte qui touche vn cercle donné.

Soit le poinct donné A, duquel il faut mener vne ligne droicte qui touche le cercle donné BC, dont le centre est D.

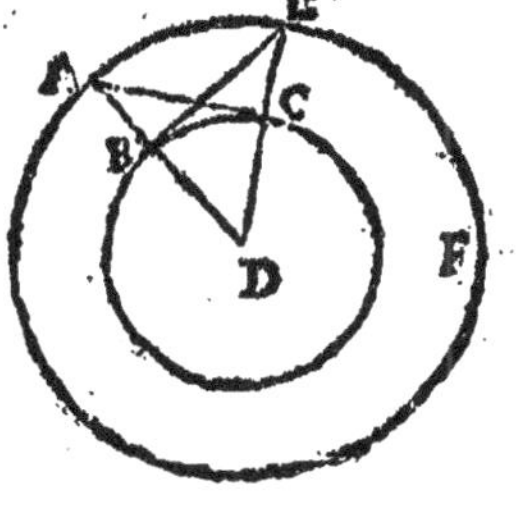

Soit menee la ligne AD couppant le cercle BC
en B : puis du centre D, & interualle DA, soit descrit le cercle AEF : Et apres auoir leué au bout du
demy diametre BD la perpendiculaire BE par la
11. p. 1. laquelle couppe la circonference AEF en
E, soit menee la ligne ED couppant le cercle BC
au poinct C, & du poinct donné A, à iceluy poinct
C, soit menee la ligne AC : ie dis qu'elle touche
le cercle donné BC au poinct C.

Car les deux triangles ACD & EBD ayans deux costez egaux, & l'angle D
commun, la base AC sera egale à la base EB, & l'angle droict ACD egal à

l'angle EBD, qui sera aussi droict. Et par le Corol. de la preced.prop. la ligne AC touchera le cercle BC au seul poinct C. Nous auons donc du poinct donné A mené la ligne droicte A C, qui touche le cercle donné au poinct C. Ce qu'il falloit demonstrer.

SCHOLIE.

La pratique de cette prop. est aisée à entendre par la construction d'icelle : mais nous auons enseigné en nostre Geometrie practique, Prob. 20. vne autre maniere beaucoup plus facile, laquelle nous rapporterons encore à la 31. prop. de ce liure.

THEOR. 16. PROP. XVIII.

Si vne ligne droicte touche vn cercle: & du centre à l'attouchement on mene vne ligne droicte, elle sera perpendiculaire à la touchante.

Soit la ligne droicte A B touchant le cercle CDE, au poinct E, & d'iceluy poinct d'attouchement soit menée la ligne droicte EC passant par le centre F. Ie dis qu'elle sera perpendiculaire à A B.

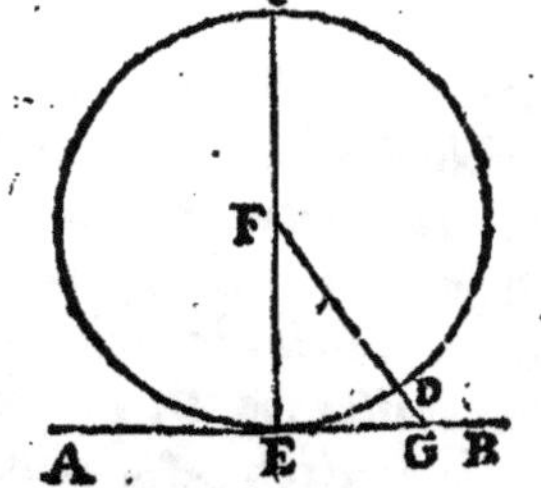

Car si elle ne l'est, soit menee FG perpendiculaire à AB, couppant la circonference en D. Veu donc qu'au triangle EFG les deux angles FEG, F G E sont moindres que deux droicts, par la 17. prop. 1. & FGE est droict par la construction F E G sera moindre qu'vn droict, & par la 19. p. 1. la ligne F E, ou FD son egale, sera plus grande que FG, la partie que le tout : ce qui est absurde. Donc FE est perpendiculaire à AB. Parquoy si vne ligne droicte touche vn cercle, &c. Ce qu'il falloit demonstrer.

SCHOLIE.

Clauius demonstre encore cette prop. ainsi. Si EC n'est perpendiculaire à AB, l'vn des angles qu'elle faict au poinct E sera obtus, & l'autre aigu. Soit donc CEB aigu; & veu qu'il est plus grand que l'angle du demy cercle CED, l'angle du demy cercle sera plus petit que quelque angle rectiligne aigu: ce qui est contre la 16. pr. 3. & partant absurde.

THEOR. 17 PROP. XIX.

Si vne ligne droicte touche vn cercle, & au poinct de l'attouchement est leuee vne perpendiculaire; en icelle sera le centre du cercle.

Soit la ligne droicte A B, touchant le cercle CDE au poinct E: & d'iceluy soit leuee E C perpendiculaire à AB. Ie dis que le centre du cercle sera dans icelle ligne perpendiculaire EC.

Autrement, il sera dehors icelle ligne; soit donc au poinct F, s'il est possible, & d'iceluy poinct soit menee la ligne droicte EF au poinct de l'attouchement E; icelle ligne EF sera aussi perpendiculaire à AB par la prec. prop. ce qui est impossible: car les deux angles AEC, AEF seroient droicts & egaux, la partie au tout: partant le centre du cercle n'estoit pas hors la ligne E C, ains dedans. Si donc vne ligne droicte touche vn cercle, &c. Ce qu'il falloit prouuer.

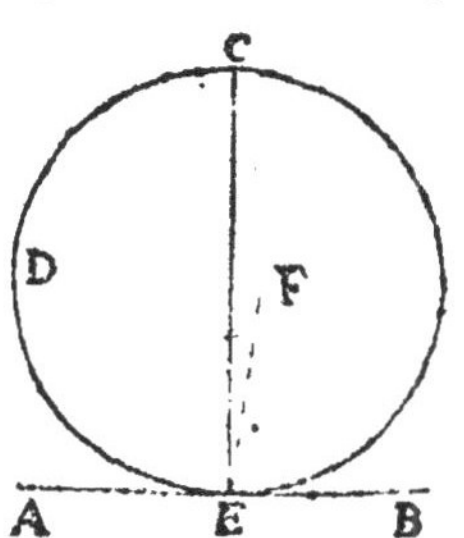

THEOR. 18. PROP. XX.

Au cercle, l'angle du centre est double de l'angle de la circonference, quand iceux angles ont vne mesme circonference pour base.

Au cercle ABC, duquel le centre est D, soient constituez les deux angles BAC & BDC, sçauoir B A C en la circonference, & BDC au centre, ayant pour base vne mesme circonference B C. Ie dis que l'angle BDC sera double de l'angle BAC.

Car premierement, si les lignes droictes AB, AC enclosent les lignes DB, D C, comme en la premiere figure; estant menee par le centre D la ligne droicte ADE, & les lignes DA, DB & DC, estans egales, les deux triangles ADB & ADC seront Isosceles, & par la 5. pr. 1. ils auront les angles egaux sur les bases AB & AC. Mais l'angle exterieur BDE par la 32. p. 1. est egal aux deux angles interieurs DAB & DBA, qui sont egaux: partant il sera double du seul DAB: par mesme discours EDC se trouuera aussi double de D A C, & par consequent les deux ensemble BDC seront doubles des deux ensemble BAC.

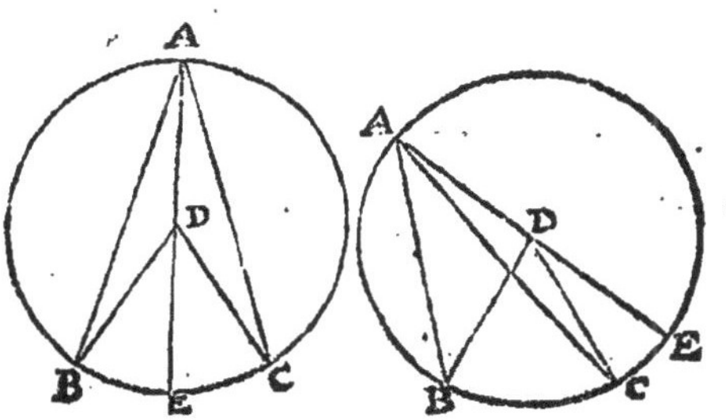

Que si l'angle de la circonference BAC est comme en la seconde figure, il s'ensuiura tousiours le mesme, sçauoir que l'angle B D C sera double de l'angle BAC.

Car apres auoir mené par le centre D la ligne ADE, par la 32. pr. 1. l'angle exterieur B D E sera egal aux deux opposez interieurs ABD, DAB, & double du seul D A B, le triangle estant Isoscele: par mesme discours CDE sera double de C A D, & par la 20. com. sent. si de BDE double de BAE on oste CDE, double de C A E, le demeurant BDC sera double du demeurant BAC. Parquoy au cercle, l'angle du centre est double de l'angle de la circonference, &c. Ce qu'il falloit prouuer.

THEOR. 19. PROP. XXI.

Au cercle, les angles qui ſont en vne meſme portion, ſont egaux entr'eux.

Toute portion de cercle, eſt ou plus grande, ou plus petite que le demy cercle. Soit donc premierement au cercle A B C D, le centre duquel eſt E, vne plus grande portion D A B C; en laquelle ſoient les angles D A C & D B C. Ie dis qu'ils ſont egaux entr'eux.

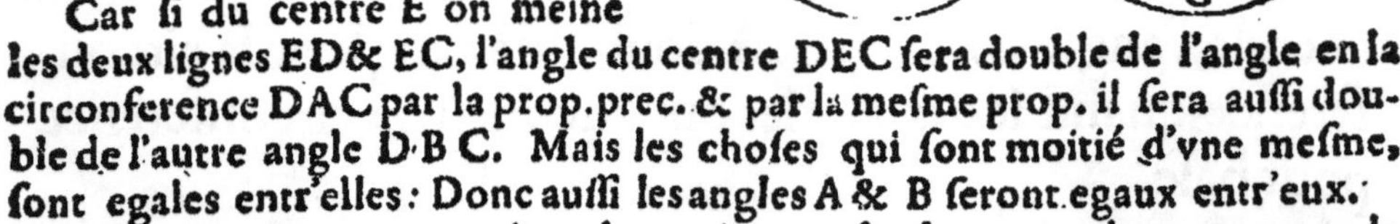

Car ſi du centre E on meine les deux lignes ED & EC, l'angle du centre DEC ſera double de l'angle en la circonference DAC par la prop. prec. & par la meſme prop. il ſera auſſi double de l'autre angle D B C. Mais les choſes qui ſont moitié d'vne meſme, ſont egales entr'elles: Donc auſſi les angles A & B ſeront egaux entr'eux.

Soit maintenant vne portion plus petite que le demy cercle, comme en la 2. figure. Ie dis que les deux angles DAC, DBC, eſtans en la meſme portion DABC ſont egaux.

Car ſi on meine la ligne droicte AB, il ſe fera vne portion BGA, plus grande que le demy cercle; & comme nous auons demonſtré cy deſſus, les deux angles ADB & BCA, qui ſont en vne meſme portion A G B, ſeront egaux: pareillement aux deux triangles D A F & C B F, les angles oppoſez au poinct F ſont egaux par la 15. pr. 1. & par ce qui a eſté demonſtré à la 32. pr. 1. le troiſieſme angle D A F ſera egal au troiſieſme angle CBF. Donc au cercle, les angles qui ſont, &c. Ce qui eſtoit à prouuer.

THEOR. 20. PROP. XXII.

Les figures de quatre coſtez inſcrites au cercle, ont les angles oppoſez egaux à deux angles droicts.

Soit le cercle A B C D, auquel ſoit inſcrite la figure de quatre coſtez A B C D. Ie dis que les angles oppoſés A B C, ADC; item B A D, B C D, ſont egaux à deux droicts. Car ſi on meine les deux diagonales A C & B D, les deux angles ACD & ABD, eſtans en vne meſme portion ABCD, ſeront egaux par la pr. prec. Pareillement les deux angles DBC & CAD, eſtans en vne meſme portion D A B C, ſeront egaux; donc les deux angles ſous le poinct B, ſeront egaux aux deux D A C & D C A, leſquels auec les deux du poinct D, ſont egaux à deux droicts par la 32. pr. 1. partant auſſi les deux ſoubs le poinct B auec les

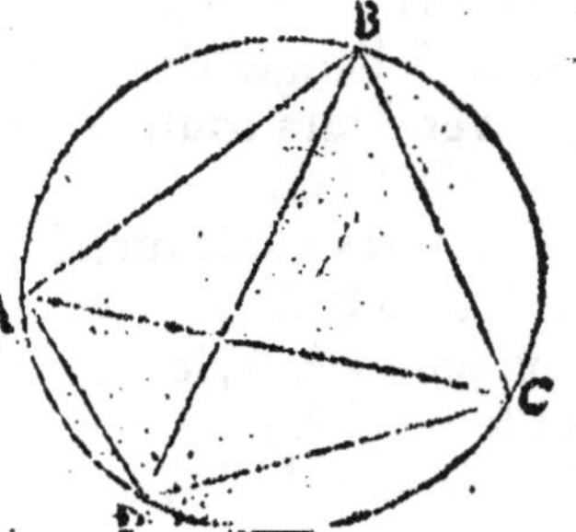

deux soubs le poinct D: c'est à dire le total ABC, auec le total ADC, seront egaux à deux droicts. Nous demonstrerons en la mesme maniere que les deux angles BAD, BCD, sont egaux à deux droicts. Car derechef les deux angles ABD, ACD, sont egaux. Item les deux BCA, BDA; & partant tout l'angle BCD sera egal aux deux ABD, ADB, lesquels auec BAD sont egaux à deux droicts par la 32.p.1 Donc aussi les deux BCD, BAD, seront egaux à deux droicts. Parquoy les figures de quatre costez inscriptes au cercle, &c. Ce qu'il falloit demonstrer.

SCHOLIE.

La conuerse de cette 22. prop. peut estre demonstree ainsi qu'il ensuit.

Si deux angles opposez d'vn quadrilatere sont egaux à deux droicts, le cercle descrit par trois angles d'iceluy passera aussi par le quatriesme angle.

Au quadrilatere ABCD, les deux angles opposez B & D soient egaux à deux droicts, & par les trois angles A, B, C, soit descrit vn cercle: Ie dis qu'il passera aussi par le 4. angle D. Car s'il n'y passe, il passera ou au deçà de D, ou au delà. Soient donc tirees les deux lignes droictes AE, CE, en telle sorte que ne couppant les lignes droictes CD, AD, elles constituent au cercle vn quadrilatere ABCE. Donc par la 22. pr. 3. les deux angles opposez B, E sont egaux à deux droicts: Mais par l'hypothese les deux angles B & D, sont aussi egaux à deux droicts; & partant les deux angles B & E seront egaux aux deux B & D. Parquoy en ostant l'angle commun B, resteront les angles D & E egaux: Ce qui est absurde, car estant tiree la ligne droicte CA, l'angle D sera plus grand que l'angle E par la 21. pr. 1. ou au contraire l'angle E sera plus grand que l'angle D. Le cercle passera donc par le poinct D.

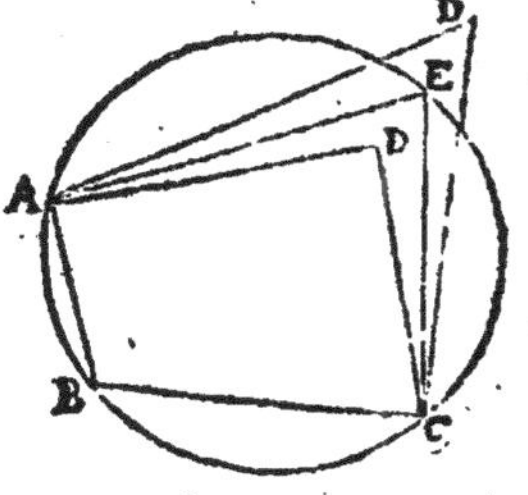

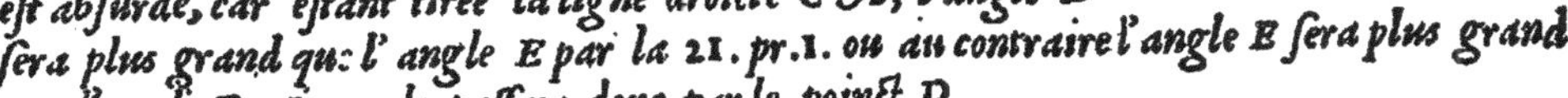

Nous demonstrerons encore icy quatre theoremes non seulement vtils aux choses Geometriques, mais aussi necessaires aux Astronomiques.

1. Aux cercles, les angles qui s'appuyent sur arcs semblables sont egaux entr'eux, soit qu'ils soient constituez aux centres ou aux circonferences: & au contraire, les arcs ausquels s'appuyent angles egaux constituez aux centres ou aux circonferences, sont semblables.

Aux cercles ABCD, EFGH, desquels les centres I & K, soient premierement les arcs semblables BCD, FGH, ausquels insistent & s'appuyent les angles I & K aux centres; & les angles A & E aux circonferences. Ie dis que tant ces deux là, que ces deux-cy sont egaux entr'eux. Car estans constituez en iceux arcs les angles C, G, qui par la 10. d. 3. seront egaux: & par la 22. pr. 3. tant les deux angles C, A, que les deux G, E, sont egaux à deux droicts. Ostant donc les egaux C, G, les restans A, E seront aussi egaux: Mais d'iceux sont doubles les angles I, K, par la 20. prop. 3. & par consequent ils sont aussi egaux. Ce qui estoit proposé.

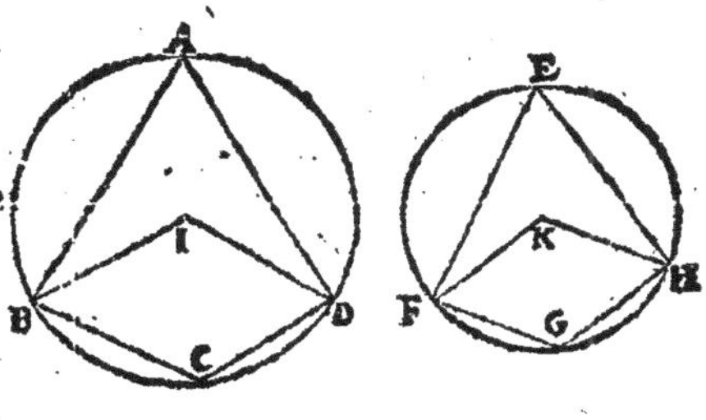

Secondement, soient egaux tant les angles I, K, que A, E, lesquels s'appuyent sur les

arcs BCD, FGH : Ie dis qu'iceux arcs BCD, FGH sont semblables. Car A & E sont egaux, & par la 22. prop. 3. tant les deux angles A & C, que les deux E & G sont egaux à deux droicts, les deux autres C & G seront aussi egaux ; & partant les arcs BCD, FGH, ausquels insistent les angles A, E aux circonferences, seront semblables par la 10. d. 3. Mais si les angles I & K aux centres sont egaux, leurs moitiez A & E, seront aussi egales. Parquoy comme dessus, les arcs BCD, FGH sont semblables. Ce qu'il falloit demonstrer.

2. Si aux demy cercles, ou autres segmens semblables, l'on adiouste des segmens semblables ; les totals segmens seront aussi semblables : & si des cercles, demy cercles, ou autres segmens semblables, on oste des segmens semblables ; les segmens restans seront aussi semblables.

Aux cercles ABC, DEF, soient les segmens ou arcs semblables ABC, DEF qui soient demy cercles ou non, & a iceux soient adioustez les arcs semblables CG, FH. Ie dis que tout l'arc ABG est semblable à tout l'arc DEH. Car estans pris aux arcs restans les deux poincts I, K, comme on voudra, soient menees les lignes droictes AI, CI, GI : DK, FK, HK. D'autant que les arcs ABC, DEF sont semblables, les angles AIC, DKF, seront egaux par le prec. Theor. Et par mesme raison les angles CIG, FKH seront aussi egaux, à cause des arcs semblables CG, FH. Donc tout l'angle AIG sera egal à tout l'angle DKH : & par le mesme theor. prec. les arcs ABG, DEH seront semblables : ce qui estoit proposé.

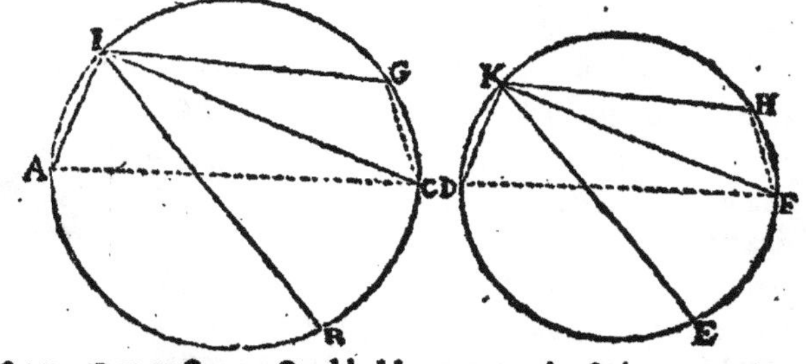

Maintenant, que des segmens ou arcs semblables ABC, DEF, soient retranchez les arcs semblables AB, DE. Ie dis que les arcs restans BC, EF, sont aussi semblables. Car estans pris derechef les deux poincts I, K, aux peripheres restantes des arcs donnez, soient menees les lignes droictes AI, BI, CI : DK, EK, FK. Donc puis que tout l'arc ABC est semblable à tout l'arc DEF, tout l'angle AIC sera egal à tout l'angle DKF par le prec. theor. Et par mesme raison l'angle retranché AIB sera egal à l'angle retranché DKE, à cause des arcs semblables AB, DE : donc aussi l'angle restant BIC sera egal à l'angle restant EKF ; & consequemment les arcs BC, EF, seront semblables. Ce qu'il falloit demonstrer.

Que si des cercles entiers on oste les segmens semblables IAC, KDF, les segmens restans CGI, FHK seront aussi semblables. Car ayant pris aux arcs d'iceux segmens les poincts A, G, D, H, soient menees les lignes droictes IA, CA, IG, CG : KD, FD, KH, FH. D'autant que les segmens IAC, KDF sont semblables, les angles IAC, KDF seront egaux par la 10. def. 3. Et puis que par la 22. prop. 3. tant les deux angles opposez A, G, que les deux D, H, sont egaux à deux droicts ; en ostant les deux angles egaux A & D, les deux restans G & H seront aussi egaux, & partant les segmens IGC, KHF seront semblables par la mesme def. Ce qui estoit proposé.

3. Si deux ou plusieurs cercles sont descris d'vn mesme centre, & d'iceluy soient menees deux ou dauantage de lignes droictes, qui couppent les circon-

ferences ; les arcs compris entre deux quelconques d'icelles lignes, seront semblables.

Soient deux cercles ABC, DEF, descrits d'vn mesme centre G, duquel soient menees les deux lignes droictes GB, GC, qui couppent les circonferences en B, C, & E, F : Ie dis que les arcs EF, BC, sont semblables. Car estant prolongee la ligne BG iusques en A, & tirées les lignes droictes A C, DF, l'angle G, constitué au centre sera double de chacun des angles A, D, en la circonference par la 20. pr. 3. Donc par le 1. de ces theor. les arcs BC, EF, sur lesquels ils s'appuient seront semblables. Ce qui estoit proposé.

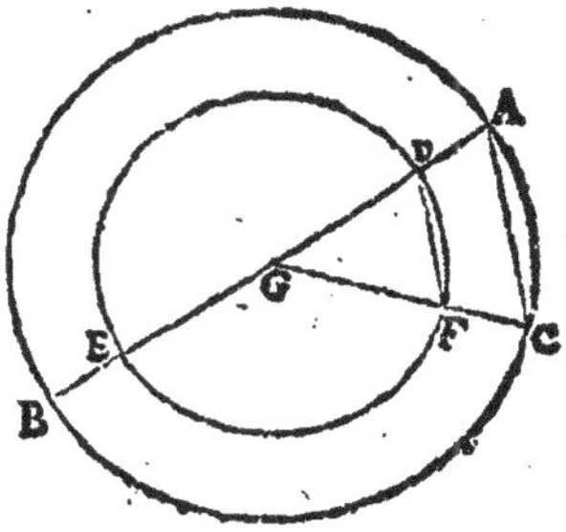

Autrement. *D'autant que sur les arcs E F, B C s'appuient angles egaux au centre; ou plustost vn seul & mesme angle BGC; iceux arcs EF, BC seront semblables par le theor. susdit.*

4. Si deux ou dauantage de cercles s'entretouchent au dedans, & du poinct d'attouchement soient tirees deux ou dauantage de lignes droictes qui couppent les cercles; les arcs compris entre deux quelconques d'icelles lignes seront semblables ; comme aussi les arcs compris entre le poinct d'attouchement, & laquelle on voudra d'icelles lignes.

Que les deux cercles ABC, ADE s'entretouchent en dedans au poinct A, duquel soient menees les deux lignes droictes AB, AC, qui couppent les cercles en B, C, & D, E : Ie dis que tant les arcs BC, DE, que AB, AD : & ACB, AED sont semblables. Car ayant pris les deux poincts F, G, & tiré les lignes droictes, BF, CF, DG, EG ; les deux angles DAE, DGE, seront egaux aux deux angles BAC, BFC, attendu que tant ces deux-là, que ces deux cy sont egaux à deux droicts par la 22. pr. 3. & partant l'angle commun B A C estant osté, les deux autres angles DGE, BFC demeureront egaux : & par la 10. def. 3. les arcs DE, BC seront semblables. Et d'autant que si on conçoit estre tiree la ligne droicte AC par le centre du cercle, elle tombera en l'attouchement A par la 11. pr. 3. & en la mesme maniere que dessus les arcs DE, BC seront semblables, lesquels estans ostez des demy cercles semblables, resteront aussi semblables les arcs AD, AB, qui ostez des circonferences entieres, resteront encores les arcs AED, ACB semblables, comme nous auons demonstré au 2. theor. Ce qui estoit proposé.

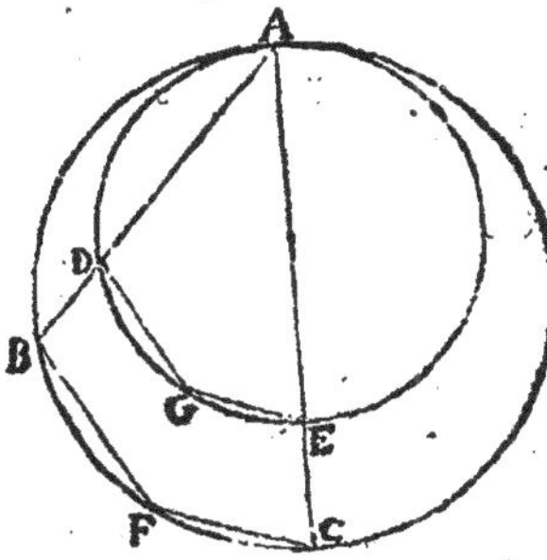

THEOR. 21. PROP. XXIII.

Deux portions de cercles, semblables & inegales, ne se mettront pas dessus vne mesme ligne droicte, & de mesme part.

Car si faire se peut, soient deux portions de cercles semblables, & inegales ABC & ADC, sur la la ligne droicte A C, & de mesme costé. Il est euident qu'elles s'entrecoupperont seulement és poincts A & C, puis que par la 10. pr. de

10. pr. ce liure vn cercle ne couppe pas vn autre cercle en plus de deux poincts ; & partant la circonference d'vne portion sera toute de hors la circonference de l'autre. Soit donc menée la ligne droicte A B couppant les circonferences en D & B; & tirees les deux lignes droictes B C & DC ; par la definition des semblables portions, les deux angles ABC & ADC seront egaux, ce qui est absurde: car par la 16. prop. 1. l'angle exterieur ADC doit estre plus grand que l'oppose interieur B. Donc les deux portions ABC & ADC, estans semblables & inegales, ne se pouuoient mettre sur vne mesme ligne droicte AC, & de mesme part. Ce qu'il falloit demonstrer.

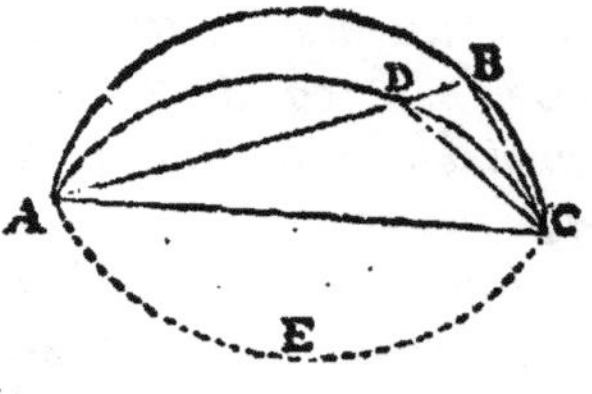

SCHOLIE.

Encore qu'en ceste 23. prop. & demonstration d'icelle les portions de cercles soient constituees de mesme part, si est-ce toutesfois que la prop. sera aussi veritable, si lesdites portions sont posees de diuerse part; comme sont les portions ABC, AEC. Car si on conçoit que l'vne d'icelles portions, cõme AEC, soit meüe à l'entour de la ligne droicte AC, & vienne à estre de mesme part que ABC, il aduiendra tousiours la mesme absurdité que dessus, attendu qu'vne portion ne conuiendra point à l'autre, à cause de leur inegalité.

Dauantage, il est euident, que ce qui est dit icy de deux portions constituees sur vne mesme ligne droicte, se doit aussi entendre de celles constituees sur lignes droictes egales: car l'vne d'icelles lignes estant superposee à l'autre, elle luy conuiendra, & partant les deux portions seront lors posees sur vne mesme ligne droicte, ainsi que dessus, &c.

THEOR. 22. PROP. XXIV.

Semblables portions de cercles estans constituees sur lignes droictes egales, sont egales entr'elles.

Soient deux portions de cercles semblables ABC & DEF constituees sur lignes droictes egales AC, & DF. Ie dis qu'icelles portions sont egales entr'elles.

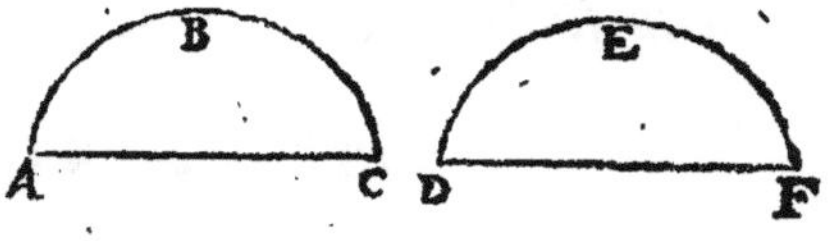

Autrement, si elles estoient inegales, il s'ensuiuroit que deux portions semblables & inegales, pourroient estre posees sur lignes droictes egales, ou bien sur vne mesme, contre la prop. precedente: donc les deux portions ABC & DEF constituees sur lignes droictes egales, seront egales ; Ce qu'il falloit prouuer.

SCHOLIE.

Il est aisé de demonstrer la conuerse tant de cette prop. que de la precedente, c'est à sçauoir que les egaux segmens de cercles constituez sur lignes droictes egales, ou sur vne mesme, sont semblables. Car à cause de l'egalité desdits segmens, ou portions de cercles, l'vne conuiendra à l'autre: & partant tous les angles constituez en icelles sont egaux: Parquoy icelles portions seront semblables. Que si quelqu'vn dit que lesdites portions ne conuiennent entr'elles, il faudroit ou que l'vne tombast toute hors de l'autre, & elles ne seroient egales entr'elles, contre l'hypothese; ou bien que la circonference de l'vne couppast la circonference de l'autre, & par ainsi vn cercle en coupperoit vn autre à plus de deux poincts, contre la 10. prop. 3.

PROB. 3. PROP. XXV.

La portion d'vn cercle estant donnee, descrire le cercle duquel elle est portion.

Soit vne portion de cercle ABC, de laquelle il faut trouuer le centre pour acheuer le cercle d'icelle.

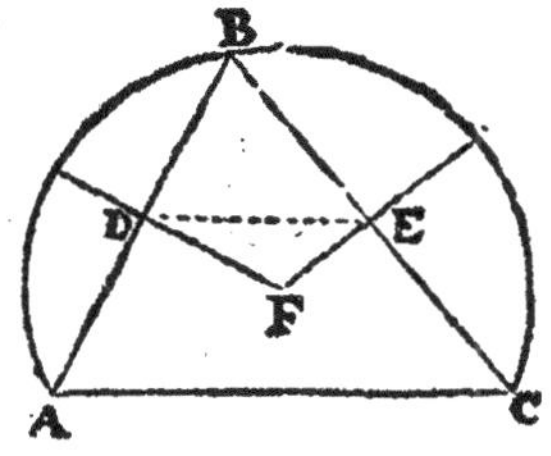

En la circonference d'icelle portion soient pris comme on voudra les trois poincts A, B, C, & apres auoir mené les deux lignes droictes AB & BC, & icelles couppees en deux egalement en D & E par la 10. prop. 1. d'iceux poincts soient leuees par la 11. prop. 1. les perpendiculaires DF, & EF, se rencontrans au poinct F: (or elles se doiuent rencontrer, pource que si on menoit vne ligne droicte de D à E, comme DE, seroient faicts deux angles EDF, DEF, moindres que deux droicts.) Ie dis que le poinct F est le centre cherché.

Car par le Corol. de la 1. prop. de ce liure le centre sera en la ligne DF: Il sera aussi en EF: ce sera donc au poinct F, qui leur est commun. Parquoy nous auons trouué le centre du cercle, duquel le segment donné ABC est portion: ce qu'il falloit faire.

SCHOLIE.

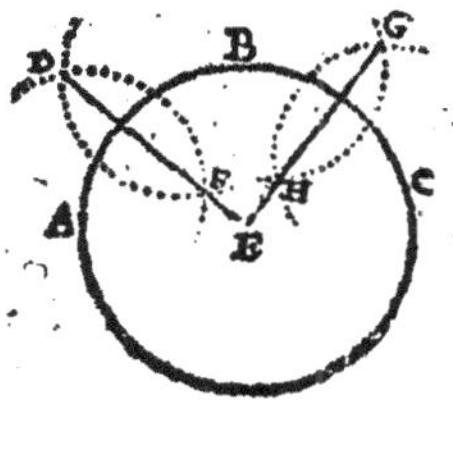

La pratique de cette prop. n'est differente à celle de la premiere, c'est à sçauoir qu'ayant pris en la circonference les trois poincts A, B, C, il faut des poincts A & B, descrire d'vn mesme interualle deux arcs qui s'entrecouppent en D, F, & par iceux mener vne ligne droicte DFE: en apres, des poincts B & C, descrire encore d'vn mesme interualle deux autres arcs qui s'entrecouppent en G & H, par lesquels soit menee vne ligne droicte GHE, qui couppe la precedente DF en E, qui sera le centre requis.

THEOR. 23. PROP. XXVI.

Aux cercles egaux, les angles egaux s'appuyent sur circon-

ferences egales, soit qu'ils s'appuyent estans constituez aux centres, ou aux circonferences.

Soient les cercles egaux ABC & DEF, desquels les centres sont G & H, & à iceux soient constituez les angles egaux G, H: Item les angles B, E constituez aux circonferences, soient aussi egaux. Ie dis que les circonferences AC & DF, sur lesquelles iceux angles s'appuyent, sont egales.

Car d'autant que les cercles sont egaux, les lignes tirees du centre à la circonference seront egales par la 1. def. de ce liure. Parquoy ayant tiré les deux lignes droictes AC, DF, les deux triangles AGC & DHF, auront deux costez egaux à deux costez, chacun au sien, & l'angle G egal à l'angle H: & par la 4. prop. 1. la base AC sera egale à la base DF. Pareillement l'angle B estant egal à l'angle E, la portion ABC sera semblable à la portion DEF, par la 10. def. de ce liu. & par la 24. prop. elles seront egales; & qui de cercles egaux oste portions egales, sçauoir ABC & DEF, le demeurant AC sera egal au demeurant DF: ainsi les angles egaux s'appuyeront dessus circonferences egales AC, DF. Donc aux cercles egaux, les angles egaux s'appuyent sur circonferences egales, &c. Ce qu'il falloit prouuer.

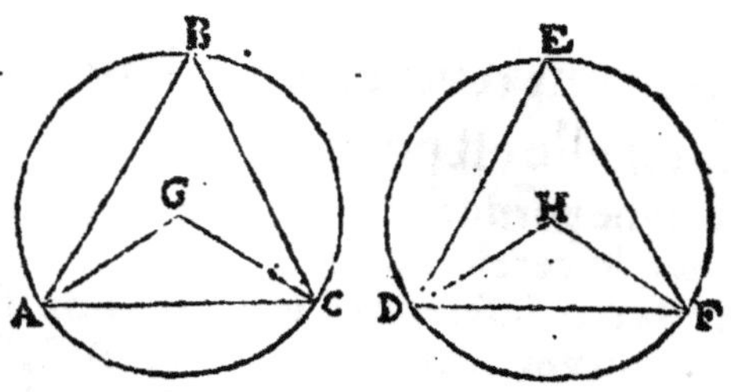

SCHOLIE.

Que si les susdits angles estoient inegaux, le plus grand s'appuyeroit sur vn plus grand arc que le moindre: Car aux cercles egaux ABC, DEF, soit l'angle AGC au centre G, plus grand que l'angle DHF au centre H. Item l'angle ABC en la circonference, plus grand que l'angle DEF en la circonference. Ie dis que l'arc AC est plus grand que l'arc DF. Car ayant fait l'angle AGI egal à l'angle DHF, & l'angle ABI egal à l'angle DEF; par ce qui a esté demonstré cy dessus, les arcs AI, DF seront egaux; & partant AC sera plus grand que DF.

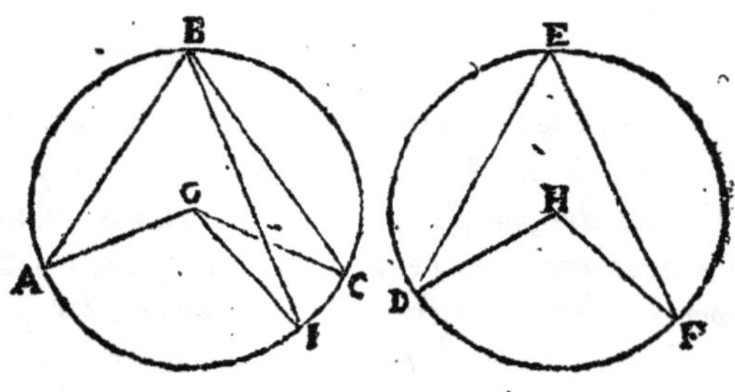

Or ce qu'Euclide dit des cercles egaux en ceste proposition, & aux trois prochaines suiuantes, se doit aussi entendre d'vn mesme cercle; c'est à dire qu'en vn mesme cercle, les angles egaux s'appuyent sur circonferences egales, &c. Car tousiours la mesme demonstration qui se fera en deux ou plusieurs cercles egaux, aura aussi lieu en vn mesme cercle.

THEOR. 24. PROP. XXVII.

Aux cercles egaux, les angles qui s'appuyent dessus circonferences egales, sont egaux entr'eux, soit qu'ils s'appuyent estans constituez aux centres, ou aux circonferences.

Soient deux cercles egaux ABC & DEF, les centres desquels sont G & H, & sur les circonferences egales AC & DF, soient les angles ABC & DEF, tous deux en la circonference. Item AGC & DHF au centre : ie dis premierement qu'iceux angles AGC & DHF, seront egaux.

Autrement, l'vn d'iceux angles sera plus grand que l'autre: Soit donc AGC plus grand que DHF, s'il est possible, & par la 23. pr. 1. sur AG soit fait l'angle AGI egal à DHF, & par la precedente prop. les circonferences AI & DF seront egales; ce qui est contre nostre hypothese; car nous auons posé AC egale à DF. Il faudroit doncques que AC & AI fussent egales, contre la 8. com. sent. Donc l'angle AGC n'estoit point plus grand que l'angle DHF, & partant egal : ce qui estoit proposé.

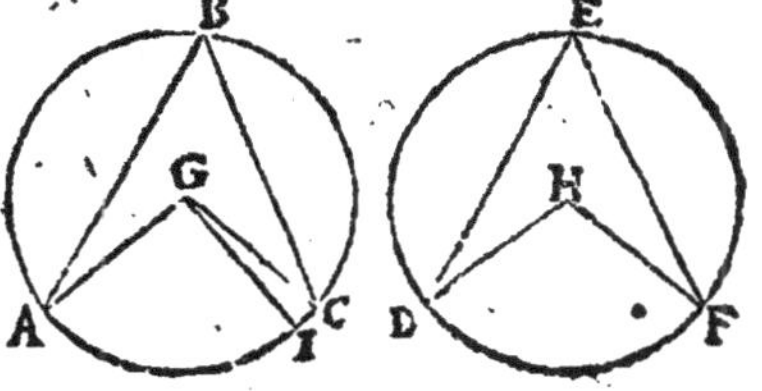

Or l'egalité des angles du centre estant prouuee, les angles de la circonference sont entendus egaux, puis qu'ils sont moitiez d'iceux par la 20. proposition de ce liure. Donc aux cercles egaux les angles qui s'appuyent dessus circonferences egales, sont egaux, &c. Ce qu'il falloit demonstrer.

SCHOLIE.

Que si les arcs estoient inegaux, l'angle insistant sur le plus grand arc seroit plus grand que celuy du moindre. Comme en la figure du Scholie precedent, soit l'arc AC plus grand que l'arc DF : Ie dis que l'angle AGC est plus grand que l'angle DHF, & l'angle ABC, plus grand que l'angle DEF. Car ayant faict l'arc AI egal à l'arc DF, & tiré les lignes droictes GI, BI ; tant les angles AGI, DHF, que les angles ABI, DEF, seront egaux, comme il a esté demonstré cy dessus : & partant l'angle AGC sera plus grand que l'angle DHF, & l'angle ABC plus grand que l'angle DEF.

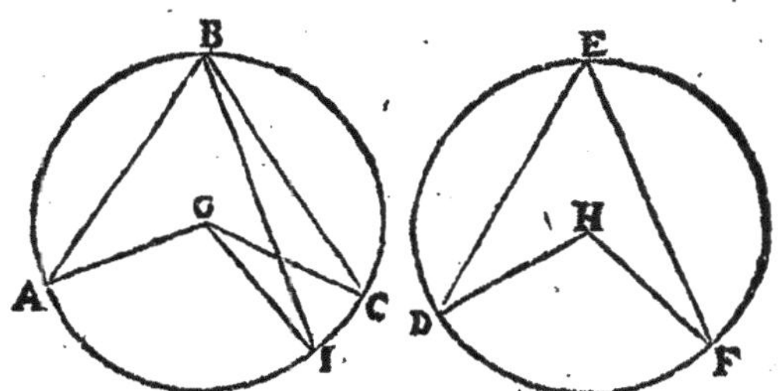

THEOR. 25. PROP. XXVIII.

Aux cercles egaux, les lignes droictes egales prennent circonferences egales, sçauoir la plus grande à la plus grande, & la plus petite à la plus petite.

Soient deux cercles egaux A B C & D E F, desquels les centres sont G & H, & dans ces cercles soient deux lignes droictes egales AC & DF: Ie dis que les circonferences qu'elles couppent, sont egales, sçauoir la petite A I C à la petite DKF, & la grande ABC à la grande DEF.

Qu'il ne soit ainsi; des centres G & H, soient menees les lignes GA, GC, HD, HF, qui seront egales par la 1. def. de ce liure, estans les cercles egaux; & la ligne droicte A C estant egale à la ligne droicte D F, les deux triangles A G C & D H F, auront les trois costez egaux aux trois costez, chacun au sien: & par la 8. pr. 1. l'angle G sera egal à l'angle H, & par la 26. p. de ce liu. ils s'appuyeront dessus circonferences egales AIC, DKF; & qui de cercles egaux oste icelles circonferences egales, resteront les circonferences ABC, DEF, aussi egales. Donc aux cercles egaux, les lignes droictes egales prennent circonferences egales, &c. Ce qu'il falloit demonstrer.

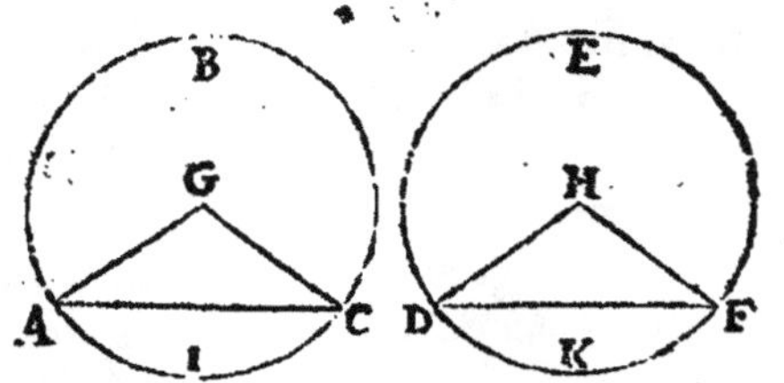

SCHOLIE.

Que si les lignes droictes estoient inegales, la plus grande prendroit aux segmens mineurs une plus grande circonference que la moindre: mais une moindre aux segmens maieurs. Comme aux cercles egaux ABC, D E F, desquels les centres sont G & H, soit la ligne droicte A C, plus grande que la ligne droicte DF: Ie dis que la circonference AC moindre que le demy cercle, est plus grande que la circonference DF: & que la circonference ABC est moindre que la periphere DEF. Car estans tirees les lignes droictes AG, GC, DH & HF: les costez AG, GC du triangle AGC, seront egaux aux costez DH, HF du triangle DHF: & la base AC est posee plus grande que la base DF: Donc l'angle AGC sera plus grand que l'angle DHF par la 25. pr. 1. Parquoy soit faict l'angle AGI egal à l'angle DHF par la 23. prop. 1. & par la 26. p. 3. l'arc AI sera egal à l'arc DF, & partant la circonference AIC sera plus grande que la circonference DF, & consequemment le reste ABC sera moindre que le reste DEF.

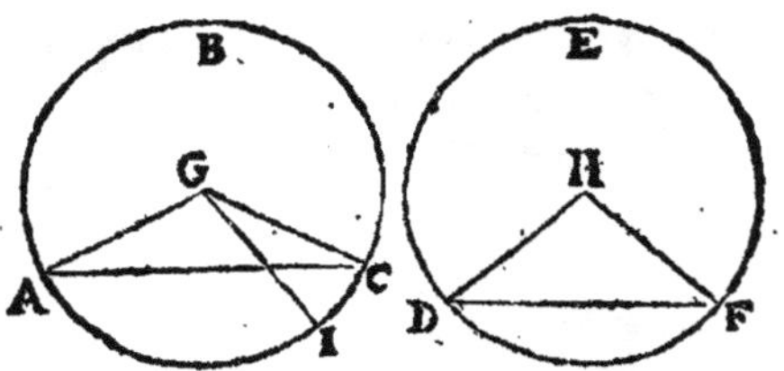

THEOR. 26. PROP. XXIX.

Aux cercles egaux, les circonferences egales, souftendent lignes droictes egales.

Es cercles egaux ABC & DEF, desquels les centres sont G & H, soient les circonferences ABC, DEF egales : item les circonferences AIC, DKF aussi egales & soustenduës des lignes droictes A C & D F. Ie dis qu'icelles lignes soustendantes sont egales.

Qu'ainsi ne soit ; des centres G & H soient menees les lignes droictes G A, GC, H D, HF Or d'autant que l'on pose les circonferences A I C, D KF egales, les angles G & H qui s'appuyent dessus icelles circonferences, seront egaux par la 27. pro. de ce liure : pareillement les costez G A & G C, estans egaux aux costez HD & HF par la 1. d. 3. la base AC sera egale à la base DF par la 4. propos. 1. Donc aux cercles egaux les circonferences, &c. Ce qui estoit à prouuer.

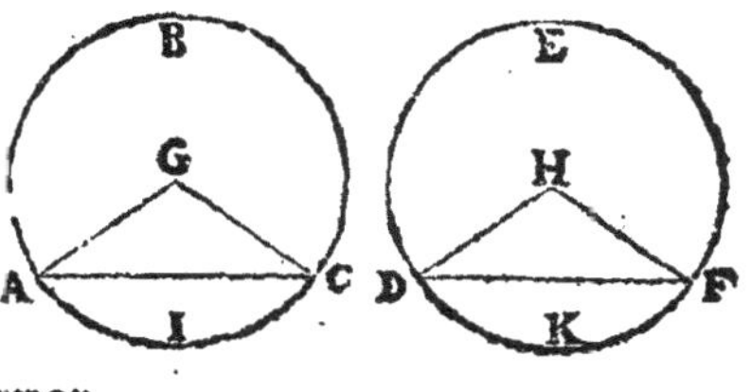

SCHOLIE.

Mais si les circonferences estoient inegales, la plus grande seroit soustendue d'vne plus grande ligne que la moindre, lesdites circonferences estans moindres que le demy cercle : Car si elles estoient plus grandes, la moindre d'icelles circonf. seroit soustendue d'vne plus grande ligne que la plus grande. Comme aux cercles egaux ABC, DEF, desquels les centres sont G & H, soient les circonferences AC, DF, chacune moindre que le demy cercle, & soit AC plus grande que D F, & partant ABC moindre que DEF : Ie dis que la ligne droicte AC est plus grande que la ligne droicte DF. Car estans tirees les lignes droictes AG, GC, DH, & HF, l'angle AGC sera plus grand que l'angle DHF par le Scholie de la 27. prop. de ce liure ; & puis que les costez AG, GC, du triangle AGC sont egaux aux costez DH, HF du triangle DHF, par la 24. prop. 1. la base AC sera plus grande que la base DF.

Clauius, apres Commandin, demonstre en ce lieu les quatre Theoremes suiuants.

1. Les cercles, desquels les lignes droictes egales retranchent semblables circonferences, sont egaux.

Soient deux cercles A B C, D E F, *desquels les lignes droictes egales* A C, D F, *couppent semblables circonferences* A B C, D E F : *Ie dis qu'iceux cercles sont egaux. Car si les segmens* ABC, DEF *sont semblables, les segmens restans* AIC, DKF, *seront aussi semblables, cõme nous auons demonstré au Scholie de la 22. prop. de ce liure. Derechef, pource que sur les lignes droictes egales* A C, D F, *sont constituez les semblables segmens* A B C, D E F, *ils seront egaux par la 24. p. 3. Par mesme raison seront aussi egaux les semblables segmens* AIC, DKF. *Donc les cercles entiers* A B C, D E F, *seront egaux : Ce qui estoit proposé.*

2. Des cercles inegaux, les lignes droictes egales couppent circonferences dissemblables.

En la mesme figure precedente les lignes droictes AC, DF soient posees egales, & les cercles ABC, DEB, inegaux. Ie dis que les circonferences ABC, DEF, sont dissemblables. Car si elles estoient semblables, les cercles seroient egaux, comme nous auons demonstré cy-dessus, contre l'hypothese. Donc les circonferences ABC, DEF, sont dissemblables. Par mesme raison les circonferences AIC, DKF, seront aussi dissemblables. Ce qu'il falloit demonstrer.

3. Les lignes droictes, qui prennent circonferences semblables de cercles inegaux, sont inegales.

En la mesme figure soient posez les cercles inegaux, & les circonferences ABC, DEF semblables: Ie dis que les lignes droictes AC, DF sont inegales. Car si elles estoient egales, les cercles seroient egaux par le 1. Theor. cy-dessus, contre l'hypoth. icelles lignes droictes AC, DF, sont donc inegales.

4. Les lignes droictes, qui de quelconques cercles prennent circonferences semblables & inegales, sont inegales.

En la mesme figure, soient posées les circonferences ABC, DEF semblables & inegales. Ie dis que les lignes droictes AC, DF sont inegales. Car les cercles sont ou egaux, ou inegaux: soient premierement egaux. Si donc les lignes droictes AC, DF, sont dictes egales, par la 28. prop. 3. les circonferences ABC, DEF, seront egales: ce qui est contre l'hypoth. Icelles lignes droictes AC, DF, ne sont donc pas egales. Soient puis apres les cercles inegaux. Donc les lignes droictes AC, DF, estans les circonferences ABC, DEF, semblables, seront inegales, comme il a esté demonstré au precedent Theor. En la mesme maniere nous demonstrerons les lignes droictes AC, DF estre inegales, si les circonferences AIC, DKF, sont posees semblables & inegales.

PROB. 4. PROP. XXX.

Coupper vne circonference donnée en deux egalement.

Soit la circonference donnée ABC, laquelle il faut couper en deux egalement.

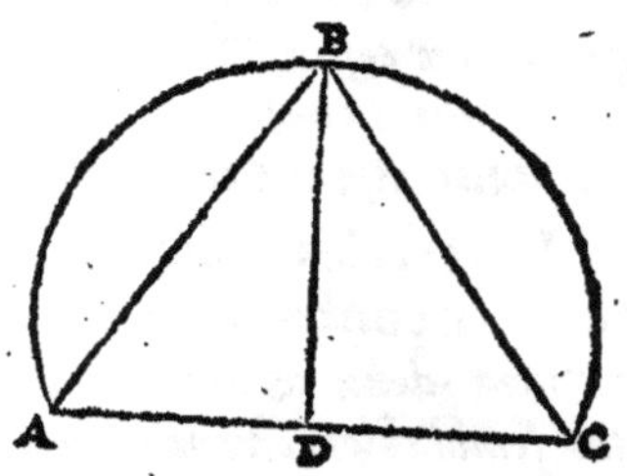

Soit menee la ligne droicte A C, laquelle soit couppee en deux egalement au poinct D, duquel poinct soit esleuee la perpendiculaire DB par la 11. prop. 1. qui rencontre la circonference en B. Ie dis que la circonference ABC est couppee en deux egalement en B.

Qu'il ne soit ainsi: soient menees les lignes droictes AB & BC. D'autant que les deux costez AD & DB du triangle ADB, sont egaux aux deux costez CD & DB du triangle CDB, chacun au sien, & les deux angles au poinct D egaux: par la 4. p. 1. la base AB sera egale à la base B C, & par la 28. prop. de ce liure les circonferences AB & BC seront egales. Nous auons donc couppé la circonference donnee en deux egalement. Ce qu'il falloit faire.

SCHOLIE.

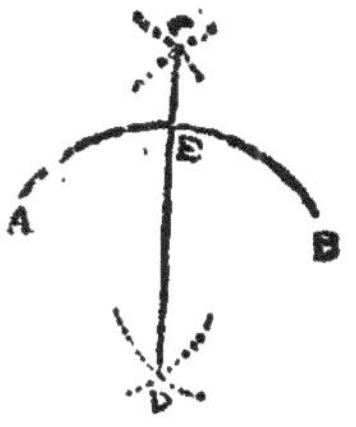

La practique de ceste proposition est fort aisée, car il n'y a qu'à descrire deux arcs de cercles de chaque extremité de la circonference donnée A & B, qui s'entrecouppent és poincts C & D, desquels poincts estant menee vne ligne droicte CD, elle couppera la circonference donnée A B en deux egalement au poinct E.

THEOR. 27. PROP. XXXI.

Au cercle, l'angle qui est au demy cercle est droict: & celuy qui est en la plus grande portion, est plus petit qu'vn droict: mais celuy qui est en la plus petite, est plus grand qu'vn droict. Et d'auantage, l'angle de la plus grande portion, est plus grand qu'vn droict: mais l'angle de la plus petite portion est moindre qu'vn droict.

Au cercle ABC, duquel D est le centre, & AC le diametre, soit constitué au demy cercle ABC, l'angle rectiligne ABC; & en la plus grande portion BAC, l'angle BAC: mais en la moindre portion BFC, l'angle C F B. Ie dis en premier lieu que l'angle A B C au demy cercle, est droict.

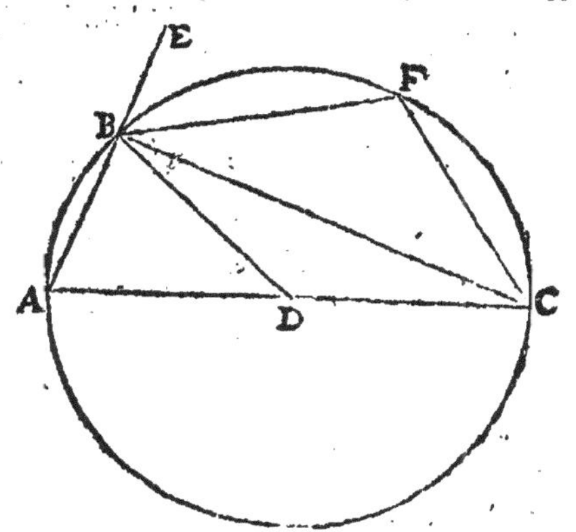

Car apres auoir mené la ligne BD, & continué AB iusques en E: il est euident que les triangles ABD & CBD sont Isosceles, & par la 5. p. 1. ils auront les angles sur la base egaux, sçauoir B A D à ABD, & CBD à BCD: & partant les deux ensemble A B D, C B D, seront egaux aux deux ensemble BAD & BCD. Mais par la 32. p. 1. l'exterieur CBE est egal à iceux deux angles BAD, BCD: & partant les deux au poinct B, faisant le seul ABC, seront aussi egaux à l'exterieur CBE, & par la 10. def. 1. les deux angles ABC & CBE, seront deux droicts.

Ie dis en second lieu, que l'angle BAC, qui est en la plus grande portion C A B, est plus petit qu'vn droict: ce qui est aisé à prouuer par la 32. p. 1. d'autant qu'au triangle BAC, l'angle ABC, estant droict, les deux autres ensemble ne vaudront qu'vn droict: & partant le seul angle B A C est plus petit qu'vn angle droict, & ainsi des autres.

Ie dis tiercement, que l'angle B F C, qui est en la petite portion CFB, est plus grand qu'vn droict: car par la 22. p. de ce liure la figure de quatre costez A B F C inscrite au cercle, a les deux angles opposez A & F, egaux à deux droicts.

droicts. Mais nous auons prouué A estre plus petit qu'vn droict, par consequent F sera plus grand.

Ie dis en quatriesme lieu, que l'angle de la plus grande portion, sçauoir CBA, compris de la ligne droicte BC, & de la periphere BAC, est plus grand qu'vn angle droict : ce qui est euident ; car l'angle droict rectiligne ABC n'est que partie d'iceluy angle mixte CBA.

Finalement, ie dis que l'angle de la petite portion, compris de la ligne droicte BC & de la circonference BFC, c'est à dire l'angle mixte CBF est moindre qu'vn droict, car iceluy n'est que partie de l'angle droict CBE. Donc au cercle, l'angle qui est au demy cercle est droict, &c. Ce qu'il falloit demonstrer.

COROLLAIRE.

De ce que dessus, est manifeste qu'vn angle d'vn triangle estant egal aux deux autres, est droict.

SCHOLIE.

La conuerse de cette prop. est manifestement vraye, c'est à sçauoir, que

Le segment de cercle, auquel est constitué vn angle droict, est demy cercle ; & celuy auquel est vn angle aigu, est segment maieur : mais celuy auquel est vn angle obtus, est segment mineur : Et le segment duquel l'angle est plus grand qu'vn droict est plus grand que le demy cercle ; mais celuy duquel l'angle est moindre que le droict, est ou demy cercle, ou moindre que le demy cercle.

Car l'angle estant droict, si le segment n'est pas vn demy cercle, il sera ou plus grand, & ainsi l'angle sera aigu ; ou moindre, & ainsi l'angle sera obtus : contre l'hypothese. Derechef, l'angle estant aigu, si le segment n'est pas plus grand que le demy cercle, il sera ou demy cercle, & ainsi l'angle en iceluy sera droict : ou moindre que le demy cercle, & ainsi l'angle en iceluy sera obtus : Ce qui est aussi contre l'hypothese. Finalement, l'angle estant obtus, si le segment n'est moindre que le demy cercle, il sera ou demy cercle, & ainsi l'angle en iceluy sera droict ; ou plus grand, & ainsi l'angle sera aigu : Ce qui est semblablement contre l'hypothese. Dauantage, quand l'angle du segment est plus grand qu'vn droict, si le segment n'est pas plus grand que le demy cercle, il sera ou demy cercle, ou moindre que le demy cercle, & ainsi l'angle d'iceluy sera moindre qu'vn droict, contre la position. Et quand l'angle du segment est moindre qu'vn droict, si le segment n'est pas demy cercle, ou moindre que le demy cercle, il sera plus grand, & par ainsi l'angle d'iceluy sera pareillement plus grand que le droict : Ce qui est contre l'hypothese.

Clauius demonstre en ce lieu le theoreme suiuant.

Si le costé opposé a l'angle droict d'vn triangle rectangle est couppé en deux egalement, & du poinct de la section est descrit vn cercle de l'interualle de la moitié d'iceluy costé ; iceluy cercle passera par l'angle droict du triangle.

Au triangle rectangle ABC, le costé AC opposé à l'angle droict B, soit couppé en deux egalement au poinct D, duquel & de l'interualle DA, ou DC, soit descrit le cercle AEC, lequel ie dis passer par B. Car s'il passoit au dessus de B, ou au dessous, estans

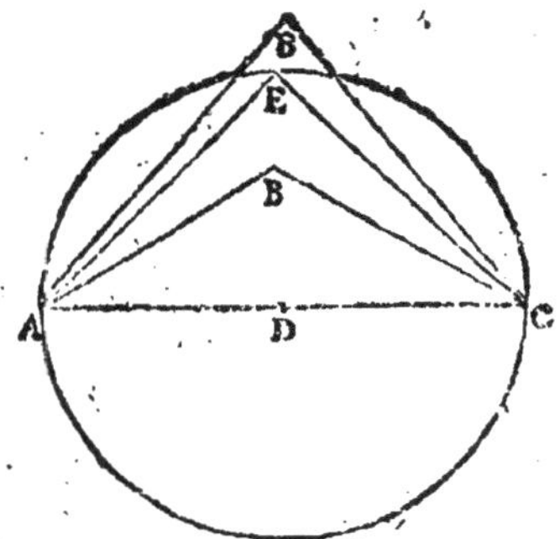

tirees les lignes droictes AE, CE, tellement qu'elles ne couppent les lignes droictes AB, BC, ains qu'elles tombent au deçà d'icelles, ou au delà: l'angle AEC au demy cercle sera droict par la 31. p. 3. & consequemment les angles B & E seront egaux, estans droicts: ce qui est absurde, veu que l'angle E par la 21. prop. 1. est necessairement ou plus grand, ou plus petit que l'angle B. Le cercle AEC passera donc par le poinct de l'angle droict B. Ce qui estoit proposé.

Or de la demonstration de la premiere partie de cette pr. nous colligeons vn facile moyen pour d'vn poinct donné hors vn cercle mener vne, ou deux lignes droictes qui touchent iceluy cercle, ce qui se fait ainsi. Soit donné le poinct A hors du cercle BC, le centre duquel est D: & il faut mener de A vne ligne droicte, qui touche iceluy cercle donné. Ayant mené la ligne AD, soit couppee icelle en deux egalement en E par la 10. p. 1. & de E comme centre, & de l'interualle EA soit descrit vn cercle ACD qui couppe le donné en C, auquel poinct C soit menee la ligne droicte AC, & icelle touchera le cercle donné en C. Car estant tiree la ligne droicte CD, l'angle ACD au demy cercle sera droict par ladite 31. pr. 3. & partant la ligne droicte AC, touchera le cercle BC en C par le Cor. de la 16. p. 3. Et si du mesme poinct A, on vouloit encore tirer vne autre ligne qui touche semblablement ledit cercle BC, il n'y auroit qu'à descrire le cercle entier ACD, & il coupperoit encore la circonference BC à vn autre poinct au dessoubs de AD, &c.

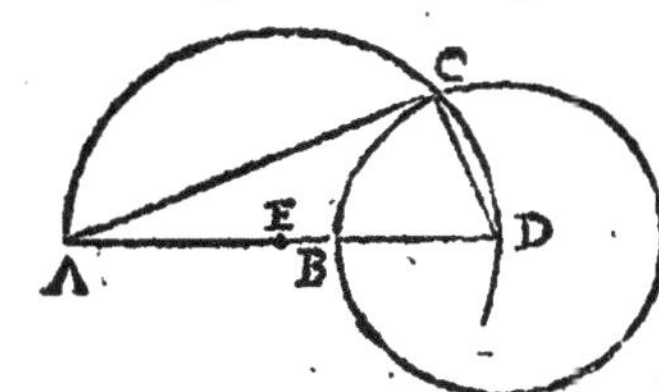

THEOR. 28. PROP. XXXII.

Si quelque ligne droicte touche le cercle, & de l'attouchement on meine vne autre ligne droicte coupant le cercle, les angles qu'elle faict à la touchante sont egaux à ceux qui sont aux segmens alternes du cercle.

Soit la ligne droicte AB touchant le cercle CDE, au poinct C, & d'iceluy poinct soit menee la ligne droicte CE, coupant le cercle en deux portions CDE, CFE. Ie dis que l'angle ECB, est egal à tout angle qui peut estre fait en la portion alterne CDE, & que l'angle ECA est aussi egal à tout angle qui peut estre fait en la portion alterne CFE.

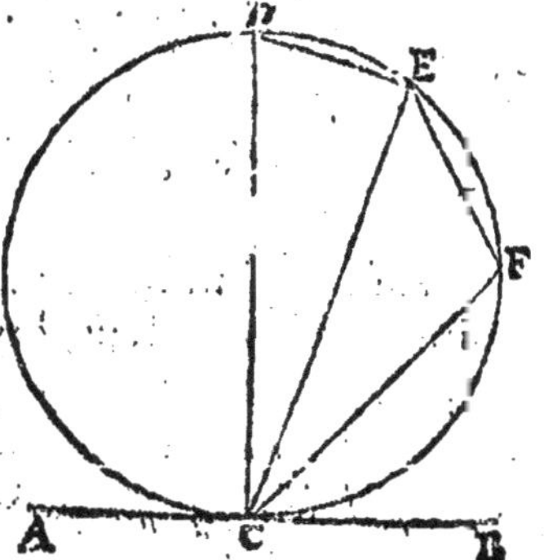

Qu'il ne soit ainsi, apres auoir mené par le centre le diametre CD, soient menees les lignes droictes DE, EF, FC. Maintenant par la prop. precedente l'angle DEC dans le demy cercle est droict, & par la 32. p. 1. les deux autres D &

ECD sont egaux à vn droict, c'est à dire à DCB, lequel est droict par la 18. prop. de ce liure, desquels si on oste l'angle commun ECD, le demeurant ECB sera egal au demeurant D. Pareillement par la 22. prop. la figure de quatre costez inscrite au cercle CFED, aura les angles opposez F & D, egaux à deux droicts: c'est à dire aux deux ECA, ECB, desquels si on oste choses egales, c'est à sçauoir les angles egaux D & ECB, les demeurans F & ECA seront egaux.

Que si la ligne couppant le cercle estoit le diametre d'iceluy, tous les angles qui se feroient tant en l'vn qu'en l'autre demy cercle, seroient droicts par la prop. prec. & partant appert ce qui est proposé. Si donc quelque ligne droicte touche le cercle, &c. Ce qu'il falloit prouuer.

PROBL. 5. PROP. XXXIII.

Dessus vne ligne droicte donnée, descrire vne portion de cercle capable d'vn angle egal à vn angle rectiligne donné.

Soit la ligne donnee AB, & l'angle rectiligne C: il faut sur icelle ligne descrire vne portion de cercle comprenant vn angle egal à l'angle donné C.

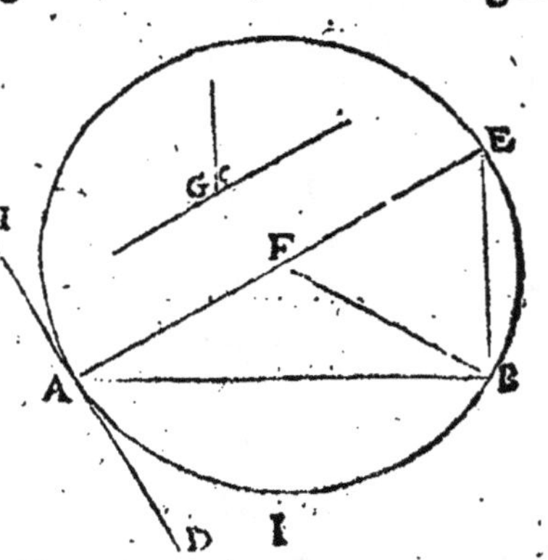

Soit construit sur icelle ligne AB. & à l'extremité A, l'angle BAD egal à l'angle donné C par la 23. prop. 1. & au poinct A soit leuee AE perpendiculaire à AD; puis sur la ligne AB, & au poinct B, soit faict l'angle ABF egal à l'angle BAE par la 23. prop. 1. tirant la ligne BF iusques à ce qu'elle rencontre la perpendiculaire AE au poinct F: donc par la 6. p. 1. les costez FA, FB, seront egaux: Partant le cercle descrit du centre F & de l'interuale FA, passera aussi par le poinct B; & apres auoir mené la ligne droicte BE, ie dis que l'angle E, qui est en la portion AEB est egal à l'angle donné C. Car d'autant que la ligne droicte AE passe par le centre F, & qu'à icelle AE, la ligne DA est perpendiculaire; par le Corol. de la 16. prop. de ce liure le cercle touchera icelle DA en A. Par quoy par la preced. prop. l'angle BAD, qui par la construction est egal à l'angle C, sera egal à l'angle E, descrit dans la portion alterne AEB; par consequent iceluy angle E sera egal à l'angle C: Nous auons donc descrit vne portion de cercle sur la ligne donnee AB, capable d'vn angle egal à vn angle donné C.

Que si l'angle donné eust esté obtus, comme G, il eust fallu construire l'angle BAH egal à iceluy, & chercher le centre F comme dessus, pour descrire le cercle AEBI, & par la prop. precedente la portion mineure AIB eust compris vn angle egal à l'angle donné G.

Que si l'angle donné eust esté droict, il n'eust fallu que descrire vn demy cercle sur la ligne donnée, attendu que tout angle faict au demy cercle est droict par la 31. p. 3. Or nous auons donc construit sur la ligne donnée AB, vn segment de cercle, &c. Ce qu'il falloit faire.

PROB. 6. PROP. XXXIV.

D'vn cercle donné, oster vne portion capable d'vn angle egal à vn angle rectiligne donné.

Soit le cercle donné ABC; duquel il faut oster vne portion capable d'vn angle rectiligne egal à l'angle donné D.

Soit menee la ligne droicte EF touchant le cercle en A : puis par la 23. prop. 1. soit faict sur icelle ligne, & au poinct A, l'angle rectilgne FAC egal au donné D, faisant que la ligne droicte AC couppe le cercle en deux portions. Ie dis que tout angle qui sera fait en la portion alterne ABC sera egal au donné D. Car il sera egal à l'angle FAC par la 32. pr. de ce liure, lequel est egal à D par la construction. Nous auons donc du cercle donné ABC couppé vne portion &c. Ce qu'il falloit faire.

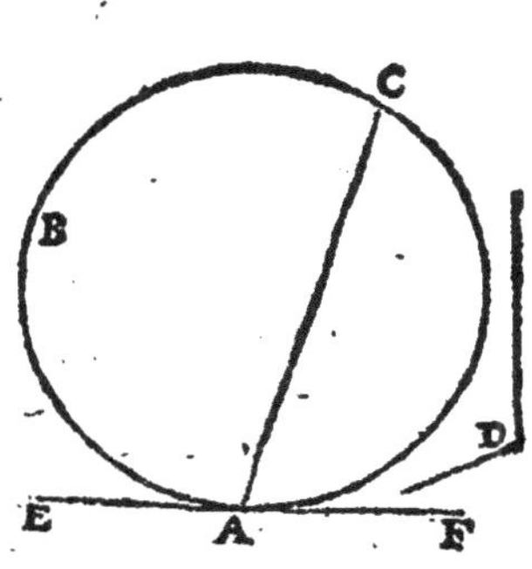

THEOR. 29. PROP. XXXV.

Si dans vn cercle, deux lignes droictes se coupent l'vne l'autre; le rectangle contenu des deux parties de l'vne, est egal au rectangle compris des deux parties de l'autre.

Soient deux lignes droictes AB, CD dans le cercle ACBD, s'entrecouppans en E. Ie dis que le rectangle compris des deux parties AE & EB, est egal au rectangle contenu des deux parties CE & ED.

Or les lignes qui se couppent dans le cercle, ou elles passent toutes deux par le centre, ou bien l'vne d'icelles seulement, ou ny l'vne ny l'autre. Que si elles passoient toutes deux par le centre comme en la premiere figure, les quatre parties seront egales; & par ainsi la proposition est euidente.

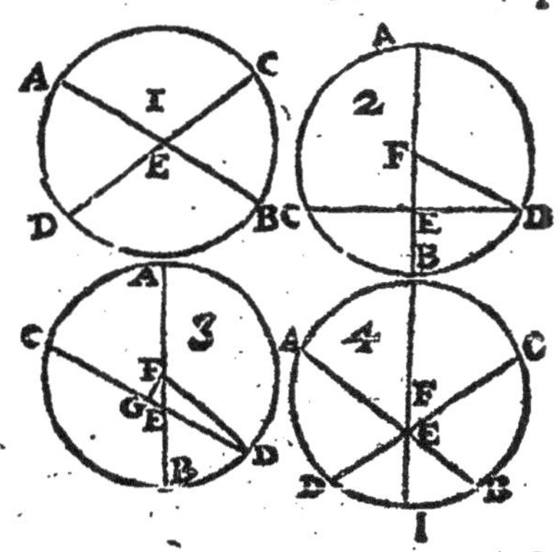

Que si la seule AB, passe par le centre F, & diuise DC en deux egalement, comme en la seconde figure, elle la diuisera aussi à droicts angles, par la 3. prop. de ce liure. Et apres auoir mené FD, il est euident par la 5. pr. 2. que le rectangle de AE & EB auec le quarré de EF, sera egal au quarré de FB, ou FD, (car la ligne AB est couppee en deux egalement au poinct F,

& en deux inegalement en E) & pa la 47. prop. 1. le quarré de FD estant egal aux deux quarrez de FE & ED, en ostant le quarré commun de FE, le demeurant rectangle de AE & EB, se trouuera egal au quarré de ED, c'est à dire au rectangle de CE & ED, puis que CD est couppee en deux egalement en E.

Que si la ligne AB passant par le centre F (comme en la troisiesme figure) diuise inegalement CD, ne passant point par le centre, il s'ensuiura la mesme chose. Car apres auoir mené la perpendiculaire FG, & la ligne droicte FD: pourautant que AB est couppee en deux egalement en F, & en deux inegalement en E, le rectangle de AE & EB, auec le quarré de EF, sera egal au quarré de FB, ou de son egale FD par la 5. prop 2. Mais le quarré de FE est egal aux deux de FG & GE par la 47 pr. 1. Pareillement le quarré de FD, est egal aux deux de FG & GD par la 47. prop. 1. Donc aussi le rectangle de AE & EB, auec les deux quarrez de FG & G E, sera egal aux deux quarrez de FG & GD: & partant en ostant le quarré commun de FG, le demeurant quarré de GD, sera egal au rectangle de AE & EB, & quarré de GE. Mais le mesme quarré de GD est aussi egal au rectangle de CE & ED, auec le quarré de GE; par la 5. prop. 2. puis que CD est couppee en deux egalement en G, par la perpend. FG & en deux inegalement en E. Parquoy iceluy rectangle de CE & ED auec le quarré de GE sera egal au rectangle de AE & EB auec le quarré de GE: en ostant donc le quarré commun de GE, le rectangle de AE, EB, se trouuera egal au rectangle de CE & ED.

Que si ny l'vne ny l'autre des deux lignes ne passe par le centre F, (comme en la 4. figure) il s'ensuiura le mesme: car si on meine le diametre HI, passant par le poinct commun E de la 4. figure, le rectangle de IE & EH, sera egal au rectangle de CE & ED, comme cy-dessus a esté dit; & par mesme raison il sera aussi egal au rectangle de AE & EB; & par la 1. com. sent. les deux rectangles de AE, EB; item de CE, ED, seront egaux. Si donc dans vn cercle, deux lignes droictes, &c. Ce qu'il falloit demonstrer.

SCHOLIE.

Nous conuertirons cette 35. prop. ainsi.

Si deux lignes droictes s'entrecouppent, tellement que le rectangle compris des segmens de l'vne soit egal au rectangle contenu sous les segmens de l'autre, le cercle descrit par trois des poincts extremes d'icelles lignes quels qu'ils soient, passera aussi par le 4. poinct.

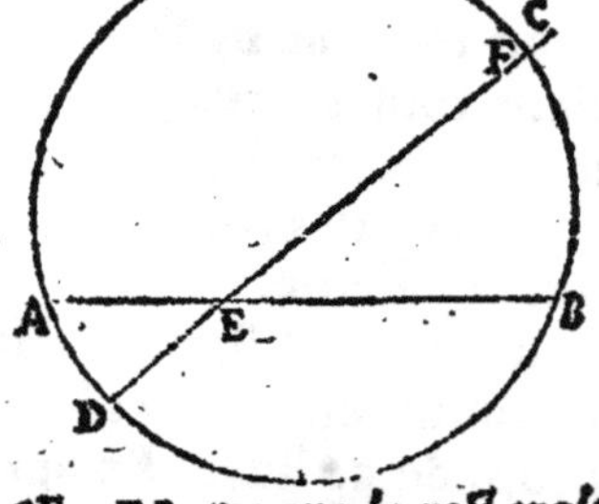

Que les lignes droictes AB, CD s'entrecouppent en E, & que le rectangle compris sous AE, EB soit egal au rectangle compris des parties CE, ED. Ie dis que les quatre poincts A, D, B, C, tombent en la circonference d'vn cercle, c'est à dire qu'estant descrit vn cercle passant par les trois poincts A, D, B, il passera necessairement par l'autre poinct C. Car s'il n'y passe, il passera, ou au delà de C, ou au deçà, comme par le poinct F. D'autant que par la 35. prop. 3. le rectangle compris sous FE, ED est egal au rectangle compris de AE, EB, & que le rectangle contenu sous CE, ED est aussi posé egal au mesme rectangle de AE, EB; les rectan-

gles compris sous CE, ED, & sous FE, ED, seront egaux, la partie au tout : ce qui est absurde. Par mesme raison le cercle ne passera pas au delà du poinct C. Donc le cercle descrit par les trois poincts A, D, B, passera par le quatriesme poinct C. Ce qu'il falloit demonstrer.

THEOR. 30. PROP. XXXVI.

Si dehors le cercle on prend quelque poinct, & d'iceluy vers le cercle tombent deux lignes droictes, l'vne desquelles couppe le cercle, & l'autre le touche; le rectangle contenu de toute la couppante, & de sa partie prise dehors entre le poinct & la circonference conuexe, est egal au quarré de la touchante.

Hors le cercle ABC soit pris le poinct D, duquel soit menee la ligne DA, coupant le cercle en C, & la ligne DB touchant iceluy cercle en B. Ie dis que le rectangle de la toute AD & de la partie CD, prise entre le poinct donné & le cercle, est egal au quarré de la touchante BD.

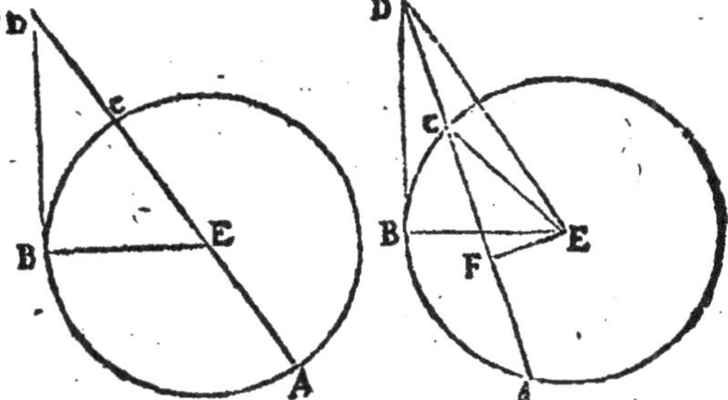

Premierement que la ligne AD, passe par le centre E, comme en la premiere figure, & d'iceluy centre E au poinct d'attouchement B, soit menee la ligne EB, laquelle par la 18. prop. de ce liure sera perpendiculaire à icelle touchante BD: & pourautant que la ligne AC est couppee en deux egalement au poinct E, & à icelle est adioustee directement CD, le rectangle de la totale AD, & de sa partie CD auec le quarré de CE, ou BE son egale, est egal au quarré de ED par la 6. p. 2. ou aux deux de DB & BE par la 47. p. 1. Que si on oste le quarré commun de BE, le demeurant quarré de BD, sera egal au demeurant rectangle de AD & CD, par la 2. com. sent.

Que si la ligne AD ne passe par le centre du cercle proposé, comme en la seconde figure, il faudra demonstrer en ceste sorte : du centre E soient menees les lignes EB, EC, ED, & la perpendiculaire EF, laquelle couppera AC en deux egalement par la 3. prop. de ce liure. Et par la 6. p. 2. comme cy dessus, le rectangle de AD & CD, auec le quarré de CF, sera egal au quarré de DF, ausquelles choses egales si on adiouste le quarré commun de EF, le rectangle de AD & DC, auec les deux quarrez de CF & FE, ou le seul de CE par la 47. p. 1. sera egal aux deux quarrez de DF & FE, ou au seul de DE par la 47. p. 1. ou aux deux de DB & BE par la mesme 47. p. 1. Que si on oste les quarrez egaux de CE & BE, les demeurans quarré de DB, & le rectangle de AD & CD, seront egaux. Parquoy si hors le cercle on prend quelque poinct, &c. Ce qu'il falloit demonstrer.

COROLLAIRE.

Par ces choses est manifeste, que si d'vn poinct pris hors le cercle, sont tirees plusieurs lignes droictes, coupant le cercle; les rectangles compris sous chacune d'icelles & sa partie exterieure, seront egaux entr'eux: pource que chacun de ces rectangles-là, sera egal au quarré de la ligne touchante.

Appert aussi que deux lignes droictes tirees d'vn mesme poinct, & touchant le cercle, sont egales entr'elles: puis que le quarré de chacune d'icelles sera egal au rectangle de la ligne tiree du mesme poinct, & couppant le cercle, & de la partie exterieure d'icelle.

Est aussi euident que d'vn mesme poinct pris hors le cercle, peuuent estre seulement tirees deux lignes droictes qui touchent le cercle: Car il faudroit qu'elles fussent toutes egales entr'elles: & partant du poinct D pourroient estre menees plus de deux lignes droictes egales de part & d'autre de DE, contre la 8. prop. de ce troisiesme liure.

THEOR. 31. PROP. XXXVII.

Si dehors le cercle on prend quelque poinct, & d'iceluy poinct tombent deux lignes droictes au cercle, l'vne desquelles couppe le cercle, & l'autre l'atteint: Si le rectangle compris de toute la couppante, & de la partie prise entre le poinct & la circonference conuexe, est egal au quarré de celle qui atteint; celle qui atteint touchera le cercle.

Hors le cercle ABC soit pris le poinct D, & d'iceluy soit menee la ligne droicte DA qui couppe le cercle au poinct C, & la ligne DB qui atteint le cercle au poinct B: & soit le rectangle de la toute AD & de la partie CD, egal au quarré de DB. Ie dis que DB touche le cercle en B.

Car du poinct D, estant menee la ligne DF touchant le cercle au poinct F, & du centre E les lignes EB, ED, EF, par la proposition precedente, le quarré de DF sera egal au rectangle de AD & CD. Mais par l'hypothese le quarré de DB, est aussi egal à iceluy rectangle: & partant les quarrez, & les lignes DF & BD, seront egales. Item EF & EB, sont aussi egales par la def. du cercle, & ED à soy-mesme: ainsi les deux triangles DBE & DFE, ayans les trois costez egaux aux trois costez, chacun au sien, les angles B & F, seront egaux par la 8. p. 1. & F estant droict par la 18. prop. de ce liure, aussi B sera droict; & par le Cor. de la 16. prop 3. la ligne DB touchera le cercle. Parquoy si dehors le cercle on prend quelque poinct, &c. Ce qu'il falloit prouuer.

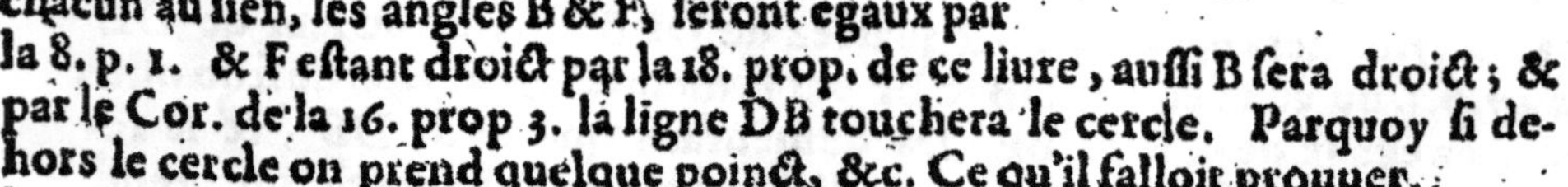

Fin du troisiesme Element.

ELEMENT QVATRIESME.

DEFINITIONS.

VNe figure rectiligne se dict estre inscrite en vne figure rectiligne, lors qu'vn chacun des angles de la figure inscrite, touche vn chacun costé de la figure en laquelle elle est inscrite.

2. Semblablement aussi vne figure se dict estre circonscrite à vne figure, quand vn chacun costé de la circonscrite touche vn chacun angle de l'inscrite.

Ainsi le triangle ABC, duquel chaque angle touche vn chacun costé du triangle DEF est dit estre inscrit en iceluy triangle DEF. Et au contraire, à cause que chaque costé d'iceluy triangle DEF touche chaque angle du triangle ABC, il est dit estre circonscrit à iceluy triangle ABC.

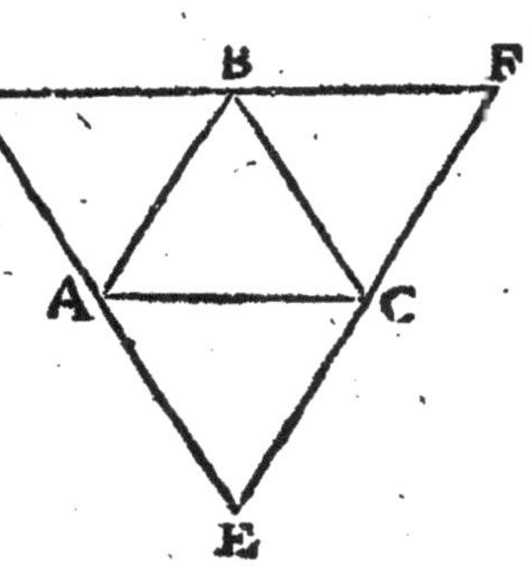

Il faut entendre le mesme des inscriptions & circonscriptions des autres figures rectilignes : & iaçoit qu'elles soient proprement dites estre inscrites, ou circonscrites quand le nombre des costés de l'inscrite est egal au nombre des costez de la circonscrite, & le nombre des angles aussi egal: si est-ce toutesfois qu'il n'est pas du tout necessaire, veu que plusieurs Geometres ont enseigné à inscrire vn quarré, vn pentagone, &c. dedans vn triangle, &c.

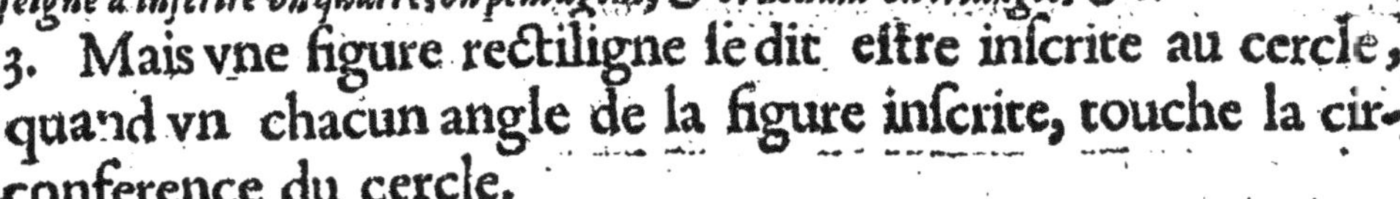

3. Mais vne figure rectiligne se dit estre inscrite au cercle, quand vn chacun angle de la figure inscrite, touche la circonference du cercle.

4. Et vne figure rectiligne se dit estre circonscrite au cercle, quand vn chacun des costez de la figure circonscrite, touche la circonference du cercle.

Ainsi le triangle ABC sera dit estre inscrit au cercle ABC, à cause que chaque angle d'iceluy triangle touche la circonference dudit cercle ABC. Mais le triangle DEF sera dit estre circonscrit au cercle ABC, pource que chaque costé d'iceluy triangle DEF touche la circonference dudit cercle ez poincts ABC.

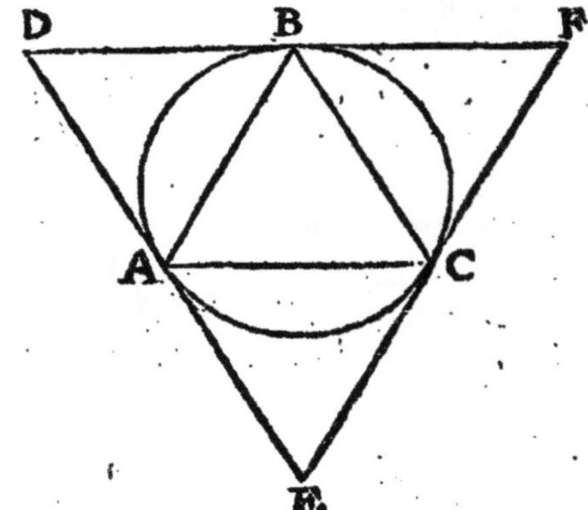

5. Semblablement aussi le cercle se dit estre inscrit en vne figure rectiligne, quand la circonference du cercle touche vn chacun costé de la figure en laquelle il est inscrit.

6. Mais le cercle se dit estre circonscrit à vne figure, quand la circonference du cercle touche vn chacun des angles d'icelle figure à l'entour de laquelle il est descrit.

Comme par exemple, en la figure prec. le cercle ABC est dit estre inscrit au triangle DEF, à cause qu'il touche chaque costé d'iceluy triangle és poincts A, B, C: mais le mesme cercle ABC est dit estre circonscrit au triangle ABC, pour ce qu'il touche chaque angle d'iceluy triangle.

7. Vne ligne droicte se dit estre accommodee au cercle, quand les extremitez d'icelle sont en la circonference du cercle.

Ainsi la ligne droicte AC sera dicte estre accommodee au cercle ABC, à cause que les extremitez d'icelle ligne AC sont en la circonference dudit cercle.

PROBL. I. PROP. I.

Au cercle donné, accommoder vne ligne droicte egale à

vne ligne droicte donnee, laquelle ne soit pas plus grande que le diametre du cercle.

Soit le cercle donné ABC, dans lequel il faut accommoder vne ligne droicte egale à la ligne droicte donnee D, qui n'est pas plus grande que le diametre d'iceluy cercle.

Soit mené le diametre AC, & si la ligne donnee est egale à iceluy diametre, on aura accommodé au cercle ABC la ligne A C egale à la donnee D. Mais si D est moindre que le diametre AC, d'iceluy soit retranchee la partie AE egale à ladite ligne D. En apres du centre A, & de l'interualle AE soit descrit le cercle BE couppant le cercle donné au poinct B, & soit menee la ligne droicte AB: icelle sera accommodee au cercle, & egale à D.

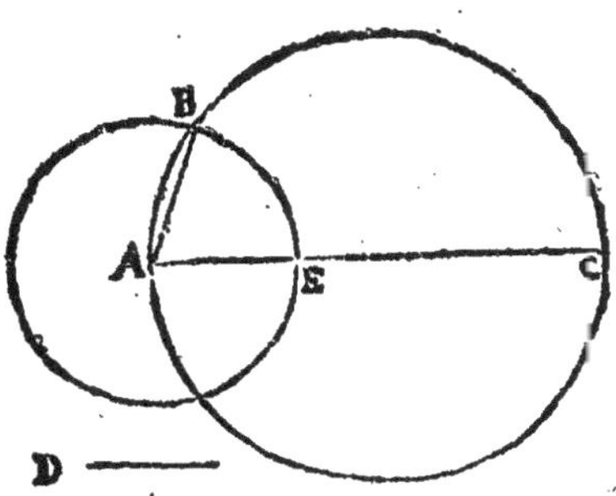

Car les extremitez d'icelle AB sont en la circonference du cercle ABC, estant menee de l'extremité du diametre A au poinct de l'intersection B. Mais par la def. du cercle les lignes droictes AB & AE sont egales, & par la construction, icelle AE est egale à D: donc par la 1. com. sent. AB & D seront egales entr'elles. Nous auons donc accommodé au cercle donné vne ligne droicte, &c. Ce qu'il falloit faire.

SCHOLIE.

Commandin adiouste en cet endroit le probl. suiuant

En vn cercle donné accommoder vne ligne droicte egale à vne ligne droicte donnée, qui ne soit pas plus grande que le diametre du cercle, & parallele à vne autre ligne droicte donnée.

Soit le cercle donné ABC, duquel le centre est D, auquel il faut accommoder vne ligne droicte egale à vne donnee EF, qui n'est pas plus grande que le diametre du cercle, & laquelle soit parallele à la ligne droicte donnee G. Par le centre D soit tiré le diametre ADC parallele à la ligne donnee G. Que si EF est egale au diametre AC, sera fait ce qui estoit requis: Mais si elle n'est egale à iceluy diametre, soit icelle couppee en deux egalement au poinct H, & soit prise DI egale à EH, & DK egale à HF, afin que la toute IK soit egale à la toute EF: puis par les poinctes I, K, soient tirees à angles droicts LM, NO, & soit ioinct MO: icelle MO accommodee au cercle sera egale à EF, & parallele à G. Car puis que LM, NO, sont egalement distantes du centre D, elles seront egales entr'elles par la 14. p. 3. & par la 3. prop. 3. elles seront couppees en deux egalement en I & K, estans couppees à angles droicts par le diametre AC; & partant IM, KO sont egales entr'elles; & pource qu'elles

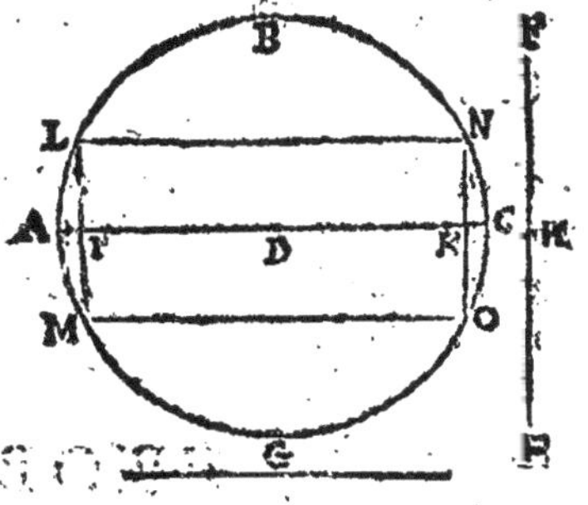

sont aussi paralleles par la 28. p. 1. semblablement IK, MO seront egales & paralleles par la 33. p. 1. Parquoy veu que IK est egale à EF & parallele à G, aussi MO sera egale à icelle EF, & parallele à G par la 30. p. 1. Par mesme raison, si on tire LN, elle sera egale à EF, & parallele à G. Donc au cercle ABC, est accommodee la ligne droicte MO, ou LN, egale à EF & parallele à G. Ce qu'il falloit faire.

PROBL. 2. PROP. II.

Dans vn cercle donné, inscrire vn triangle equiangle à vn triangle donné.

Soit le cercle donné ABC, dans lequel il faut inscrire vn triangle equiangle au donné DSF.

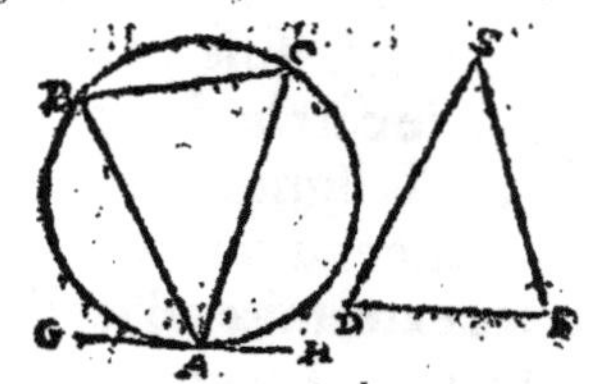

Soit menee la ligne droicte GH, qui touche le cercle au poinct A, auquel poinct soient faicts les deux angles GAB egal à l'angle D, & HAC egal à l'angle F, par la 23. pr. 1. tirant les lignes AB, AC, iusques à ce qu'elles rencontrent la circonference en B & C: puis soit menee BC. Ie dis que le triangle inscrit ABC est equiangle au donné DSF.

Car puis que la ligne GH touche le cercle, & la ligne AB le couppe en deux portions, l'angle C en la portion BCA sera egal à l'angle de l'attouchement GAB, & par consequent à l'angle D son egal par la 32. p. 3. & par la mesme raison, la ligne AC couppant le cercle, l'angle B sera aussi egal à l'angle F, & par la 32. p. 1. le troisiesme angle A sera aussi egal à l'angle S: & par consequent les triangles DSF, BAC seront equiangles. Au cercle donné nous auons donc descrit vn triangle equiangle à vn triangle donné. Ce qu'il falloit faire.

PROB. 3. PROP. III.

A l'entour d'vn cercle donné, descrire vn triangle equiangle à vn triangle donné.

Soit le cercle donné ABC, à l'entour duquel il faut descrire vn triangle equiangle au triangle donné DEF.

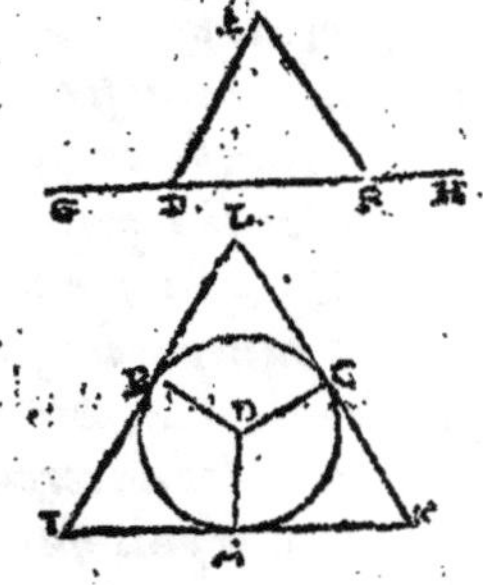

Soit prolongé le costé DF de part & d'autre iusques en G & H, & du centre D soit menee comme on voudra la ligne DA, sur laquelle & au poinct D, soient construits les deux angles ADB egal à EDG, & ADC egal à l'angle HFE par la 23. pr. 1. & aux trois lignes DA, DB, DC, soient menees les trois lignes perpendiculaires IK, IL, KL, lesquelles toucheront le cercle és poincts A, B, C, par le Coroll. de la 16. p. 3. & icelles se rencontrans aux trois poincts I, K, L, feront le triangle IKL, lequel ie dis estre le triangle demandé.

Car il appert desia qu'il est circonscrit au cercle; puis que tous les costez d'iceluy le touchent és poincts A, B, C. Et d'autant que toute figure de quatre costez a les quatre angles egaux à quatre angles droicts (comme nous auons demonstré à la 32. p. 1.) le trapeze A D B I aura les quatre angles egaux à quatre droicts. Mais les deux A & B estans droicts par la construction, les deux autres D & I, seront egaux à deux droicts, c'est à dire egaux aux deux GDE & FDE, qui sont egaux à deux angles droicts par la 13. pr. 1. & par la construction ADB est egal à GDE : donc l'angle I sera egal à l'angle EDF. Par mesme discours l'angle K se trouuera egal à l'angle DFE. Et par la 32. p. 1. le troisiesme L sera egal au troisiesme E : ainsi le triangle circonscrit IKL sera equiangle au triangle donné DEF: Parquoy nous auons fait ce qui estoit requis.

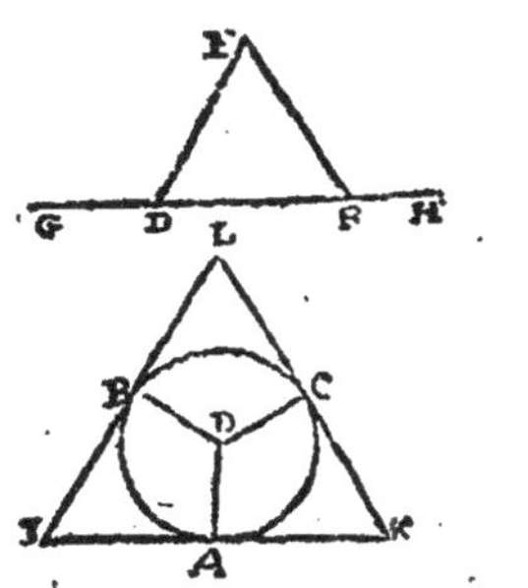

PROB. 4. PROP. IV.

Dans vn triangle donné, descrire vn cercle.

Soit le triangle donné ABC, dans lequel il faut descrire vn cercle. Par la 9. pr. 1. les deux angles B & C soient couppez en deux egalement par les deux lignes BD & CD, se rencontrans au poinct D : Item d'iceluy poinct de rencontre D, soient menees les trois perpendiculaires DE, DF, DG, par la 12. p. 1. & du centre D, & interualle DE soit descrit le cercle EFG. Ie dis qu'iceluy cercle est inscrit au triangle donné ABC.

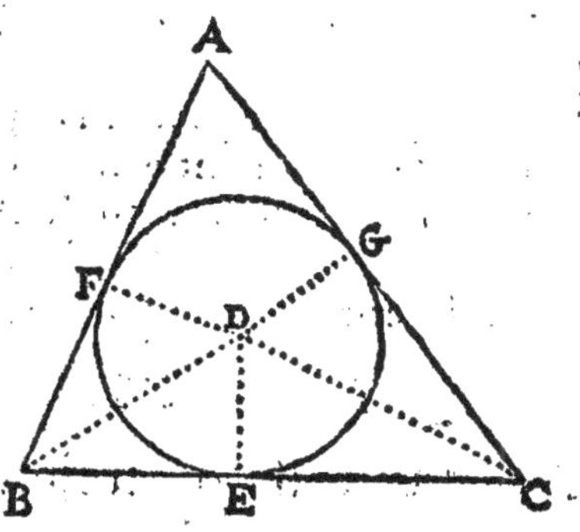

Car d'autant que l'angle DEB est droict, il sera egal à l'angle DFB, qui est pareillement droict, & le total B estant couppé en deux egalement, les deux DEB & DBE, seront egaux aux deux DFB & FBD, & le costé DB estant commun, le costé FD sera egal au costé DE par la 26. p. 1. Par mesme discours DG se prouuera egale à DE, & par la 1. com. sent. les trois lignes DE, DF, DG, seront egales entr'elles : ainsi le cercle EFG descrit de l'interualle DE, le sera aussi de l'interualle des deux autres : & partant il passera par les poincts E, F, G, & en iceux touchera les trois costez du triangle par le Cor. de la 16. p. 3. pource qu'à iceux costez sont perpendiculaires les demy diametres DE, DF, DG. Donc par la 5. d. de ce liure, le cercle EFG sera inscrit au triangle donné: Ce qu'il falloit faire.

PROB. 5. PROP. V.

A l'entour d'vn triangle donné, descrire vn cercle.

Soit le triangle donné ABC, à l'entour duquel il faut descrire vn cercle.

Soient couppez en deux egalement les deux costez AB & AC aux poincts D & E par la 10, p. 1. & par la 11. pr. 1. d'iceux poincts D & E, soient leuees les perpendiculaires DF, EF, se rencontrans au poinct F, lequel sera ou dans le triangle, ou au costé BC, ou hors le triangle : & apres auoir mené les trois

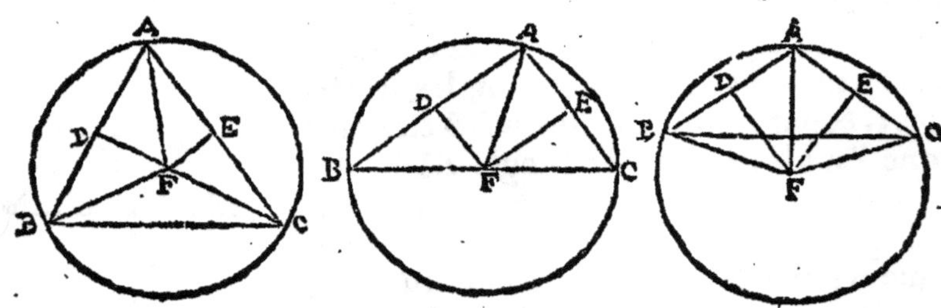

lignes FA, FB, FC, les deux triangles ADF, BDF, auront les costez AD, BD egaux, & DF commun, & les deux angles au poinct D egaux pour estre droicts : donc les bases AF, BF, seront egales par la 4. prop. 1. Par mesme discours AF, CF, seront aussi egales : & par la 1. com. sent. les trois lignes FA, FB, FC, seront egales entr'elles : & partant le cercle descrit de F, & de l'interuale FA, passera aussi par les poincts B & C. Nous auons donc descrit vn cercle à l'entour du triangle donné ABC : Ce qu'il falloit faire.

COROLLAIRE.

Par ces choses est manifeste, que si le centre tombe dans le triangle, les trois angles sont aigus : car ils sont tous en vne grande portion de cercle : mais s'il tombe en l'vn des costez, l'angle opposé à iceluy sera droict, attendu qu'il sera au demy cercle : si finalement il tombe hors le triangle, l'angle opposé sera obtus, car il sera en vne moindre portion de cercle.

Et au contraire, il est euident que si le triangle est oxigone, le centre tombera dedans iceluy : mais s'il est rectangle, il tombera au costé opposé à l'angle droict : & finalement s'il est ambligone, le centre tombera dehors.

SCHOLIE.

On peut aussi colliger de ce Probl. la maniere de descrire vn cercle par trois poincts donnez, lesquels ne soient en vne ligne droicte : car ayant ioinct iceux poincts par lignes droictes, on aura vn triangle, à l'entour duquel il faudra descrire vn cercle, comme il est enseigné en ce Prob. Cecy se practique aussi plus facilement, comme nous auons enseigné en nostre Geometrie practique, Probl. 21.

PROBL. 6. PROP. VI.

Dans vn cercle donné, descrire vn quarré.

Soit le cercle donné A B C, dans lequel il faut descrire vn quarré.

Soient menez les deux diametres A C & B D se couppans au centre E en angles droicts, & soient menees les quatre lignes droictes AB, BC, DC & DA. Ie dis que le quadrilatere A B C D est vn quarré inscrit au cercle donné.

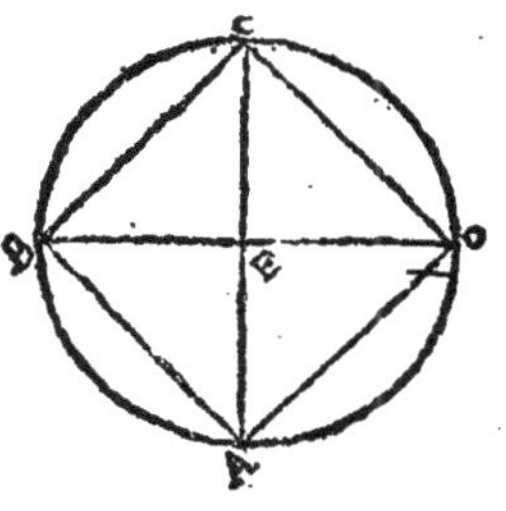

Car d'autant que les quatre angles au poinct E sont droicts, & egaux par la construction, les quatre arcs ausquels ils insistent seront egaux par la 26. pr. 3. & partant les lignes droictes qui soustendent iceux arcs seront aussi egales par la 29. p. 3 donc tous les costez du quadrilatere ABCD seront egaux entr'eux. Mais par la 31. prop. 3. les angles d'iceluy quadrilatere sont droicts, chcun d'iceux estant au demy cercle : donc le quadrilatere ABCD est vn quarré inscrit au cercle proposé. Ce qu'il falloit faire.

PROBL. 7. PROP. VII.

A l'entour d'vn cercle donné descrire vn quarré.

Soit le cercle donné FGSI à l'entour duquel il faut descrire vn quarré.

Soient menez les deux diametres FS & GI se coupans à angles droicts au centre E, & par la 31. p. 1. des poincts G & I, soient menees les deux lig. B C, AD paralleles au diametre FS : Item par les poincts F & S, soient aussi menees les deux lignes AB, DC paralleles à G I : & icelles quatre lignes paralleles se rencontrans aux poincts A, B, C, D, feront le quadrilatere ABCD, lequel ie dis estre le quarré demandé.

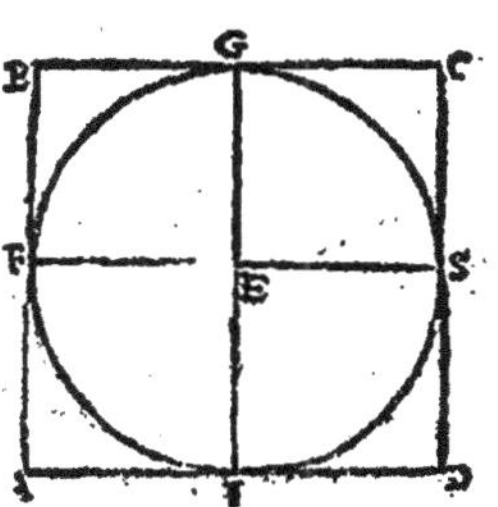

Car en premier lieu, il est euident par la construction qu'il est parallelogramme, & par la 34. prop. 1. les quatre costez seront egaux, chacun d'iceux estant egal à l'vn des deux diametres FS, GI, qui sont egaux entr'eux. Pareillement par la mesme 34. prop. 1. les quatre angles A, B, C, D, sont egaux aux quatre qui sont au poinct E, chacun à son opposé, d'autant que ce sont parallelogrammes. Mais chacun d'iceux angles du poinct E estant droict, aussi chacun des quatre A, B, C, D, sera droict ; & par consequent le parallelogramme ABCD, aura les quatre costez egaux, & les quatre angles droicts, & partant il sera quarré, les costez duquel touchent le cercle és poincts F, G, S, I, par le Corol. de la 16. prop. 3. Parquoy nous auons descrit vn quarré à l'entour d'vn cercle donné. Ce qu'il falloit faire.

PROBL. 8. PROP. VIII.

Dans vn quarré donné, descrire vn cercle.

Soit le quarré donné A B CD, (en la fig. prec.) dans lequel il faut descrire vn cercle.

Soient couppez en deux egalement les quatre costez du quarré aux poincts F, G, S, I; & apres auoir mené les deux lignes F S & G I s'entrecouppans au poinct E, d'iceluy poinct E, & de l'interualle EF, soit descrit vn cercle FGSI, lequel sera le demandé.

Car d'autant que AD, BC sont egales & paralleles, leurs moitiez AI, BG seront aussi egales & paralleles, & par la 33. prop. 1. A B sera egale & parallele à IG. Semblablement C D sera egale & parallele à la mesme I G: & par mesmes raisons on demonstrera que AD, B C sont egales & paralleles à FS. Donc le quarré donné sera aussi diuisé en quatre parallelogrammes, lesquels par la 34. prop. 1. auront les costez opposez esgaux: ainsi AF & IE seront egaux; Item FE & AI; FB & EG; ID & ES: mais toutes icelles moitiez des costez du quarré sont egales entr'elles; partant EF, EG, ES, EI, seront aussi egales entr'elles. Parquoy le cercle descrit du poinct E, & de l'interuale de l'vne d'icelles, comme EF, passera aussi par les poincts G, S, I, & touchera le quarré aux mesmes poincts F, G, S, I, par le Corol. de la 16. prop. 3. pource que les angles à iceux poincts sont droicts. Nous auons donc descrit vn cercle dans le quarré donné ABCD: Ce qu'il failloit faire.

PROBL. 9. PROP. IX.

A l'entour d'vn quarré donné, descrire vn cercle.

Soit le quarré donné ABCD, à l'entour duquel il faut descrire vn cercle.

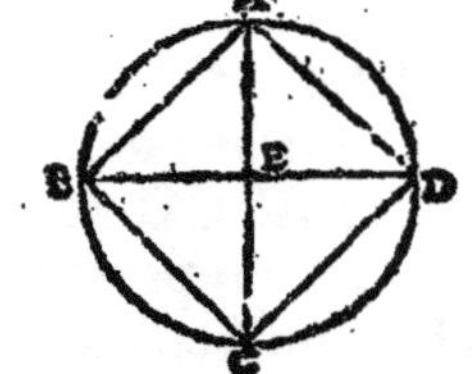

Soient menees les deux diagonales A C & B D, s'entrecoupans au poinct E: puis du centre E, & de l'interualle EA, soit descrit le cerle ADCB. Ie dis qu'il sera le demandé, c'est a dire qu'il passera par les quatre angles du quarré donné ABCD.

Car le costé A B estant egal au costé AD, le triangle BAD sera Isoscelle: & par la 5. prop. 1. les angles ABD & ADB, sur la base BD seront egaux, & chacun demy droict par la 32. prop. 1. estant l'angle BAD droict par la def. du quarré. Par mesme discours, nous demonstrerons que tous les autres angles des poincts A, B, C, D, seront aussi demy droicts: & partant egaux entr'eux: ainsi au triangle AED les deux angles EAD & EDA seront egaux, & par consequent les lignes droictes E A, ED, aussi egales par la 6. prop. 1. & par mesme discours E D sera egale à EC, & EC à EB; comme aussi E B à E A: & partant les quatre lignes droictes E A, ED, EC & EB, seront egales entr'elles. Parquoy le cercle descrit du centre E, & de l'interualle de l'vne d'icelles lignes passera par l'extremité des autres, qui sont les angles du quarré donné A B C D. Nous auons donc descrit vn cercle à l'entour d'vn quarré donné: ce qu'il falloit faire.

PROBL. 10. PROP. X.

Descrire vn triangle Isoscelle, ayant vn chacun des angles de dessus la base double de l'autre.

Soit prise quelconque ligne droicte AB, laquelle par la 11.p. 2. soit couppée en C, en sorte que le rectangle compris de AB, BC, soit egal au quarré de AC : puis du centre A, & de l'interualle AB soit descrit vn cercle, dans lequel soit accommodee la ligne droicte BD egale à AC : & apres soit menée la ligne AD. Ie dis que ABD est vn triangle Isoscelle ayant chacun des angles ABD, ADB double de l'autre angle A, ainsi qu'il estoit requis.

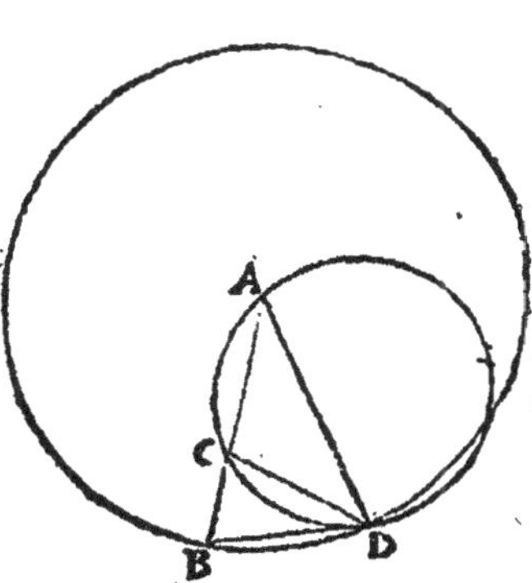

Car en premier lieu, il appert assez qu'iceluy triangle ABD est Isoscelle, puis que les deux costez AB, AD, procedent du centre A à la circonference BD : & apres auoir mené CD, à l'entour du triangle ACD, soit descrit le cercle ACD par la 5 p. 4. D'autant que par la construction le rectangle de AB & BC est egal au quarré de CA, ou de son egale DB ; par la 37. pr. 3. la ligne DB touchera le cercle ACD en D, & par la 32. pr. 3. l'angle CDB sera egal à l'angle A, qui est au segment alterne CAD : & si à iceux angles on adiouste le commun ADC, les touts seront egaux ; sçauoir le total ADB, aux deux CAD & ADC : mais l'angle exterieur DCB, est aussi egal aux deux opposez interieurs CAD & ADC par la 32. pr. 1. partant il sera aussi egal à l'angle ADB, ou à ABD, qui luy est egal par la 5. p. 1. puis que le triangle est Isoscele : & par la 6. p. 1. le triangle DCB sera aussi Isoscele, & le costé CD egal à DB : partant aussi egal à CA ; & le triangle DCA estant Isoscele, il aura les deux angles sur la base AD egaux par la 5. prop. 1. & l'angle exterieur DCB (qui est egal à tous les deux) sera double du seul A ; aussi sera son egal B, & partant aussi son autre egal ADB. Nous auons donc construict le triangle Isoscele ABD, ayant chacun des angles de dessus la base BD double du troisiesme : Ce qu'il falloit faire.

COROLLAIRE.

Pource que les trois angles du triangle ABD, sont egaux à deux droicts, c'est à dire à cinq cinquiesmes de deux droicts : Il est euident que l'angle A est la cinquiesme partie de deux droicts, & chacun des autres B & D, les deux cinquiesmes parties : item A estre les deux quints d'vn droict ; & chacun des deux B & D les quatre quints, puis que tous les trois sont egaux à deux droicts, c'est à dire à dix quints d'vn droict.

SCHOLIE.

Or par quelle maniere on doit construire vn triangle Isoscele, ayant vn chacun des angles de dessus la base, non seulement double de l'autre, comme fait icy Euclide, mais aussi selon quelconque raison donnee, nous l'auons enseigné (apres Pappus & Clauius) en nostre Geometrie practique Prob. 37. & Scholie du 126.

PROBL.

PROBL. II. PROP. XI.

Dans vn cercle donné, descrire vn pentagone equiangle, & equilateral.

Soit le cercle donné ABCDE, dans lequel il faut inscrire le pentagone demandé.

Soit par la prec. prop. construit le triangle FGH Isoscelle, qui ait chacun des angles G & H double de l'angle F: puis au cercle donné soit inscrit le triangle ACD equi angle au triangle FGH par la 2. p. 4. Et ayant couppé les angles ACD, ADC en deux egalement par les lignes droictes CE & DB par la 9. p. 1. soient menées les lignes droictes CB, BA, AE, ED. Ie dis que le pentagone ABCDE inscrit au cercle donné, est equiangle & quilateral.

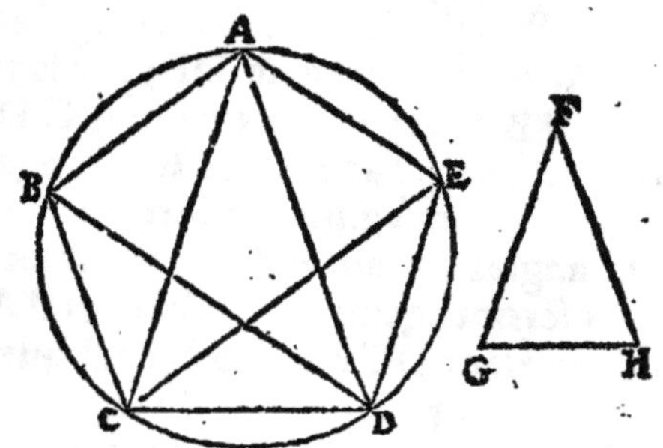

Car puisque le triangle FGH à chacun des deux angles sur la base GH, double du troisiesme F; le triangle ACD, qui est equiangle à iceluy FGH, aura aussi chacun des angles de dessus la base CD double du troisiéme A, lesquels estans couppez en deux egalement par les lignes droictes CE & DB, les cinq angles ADB, BDC, CAD, DCE, ACE seront egaux, & par la 26. prop. 3. ils auront circonferences egales pour basses: mais les egales circonferences comprennent lignes droictes egales par la 29. pr. 3. donc tous les cinq costez AB, BC, CD, DE & EA, estans egaux, le pentagone sera equilateral.

Aussi est-il manifeste par la 27. prop. 3. qu'il est equiangle, d'autant que chaque angle d'iceluy est soustenu de circonferences egales, sçauoir de trois arcs comprenans trois costez du pentagone, veu que nous auons prouué que tous iceux arcs sont egaux. Nous auons donc descrit dans vn cercle donné vn pentagone equiangle, & equilateral: ce qu'il falloit faire.

COROLLARE.

De cecy il s'ensuit, que l'angle du pentagone equilateral & equiangle, comprend les trois cinquiesmes parties de deux droicts, ou bien les 6 quints d'vn droict. Car puis que les trois angles BAC, CAD, DAE sont egaux par la 27. prop. 3, & CAD est le quint de deux droicts, ou les deux quints d'vn droict; le total BAE, qui est composé de ces trois, sera les trois quints de deux angles droicts, ou bien les six quints d'vn droict.

SCHOLIE.

Clauius enseigne en ce lieu-cy deux manieres pour descrire vn pentagone equilateral, & equiangle sur vne ligne droicte donnee & terminee, la plus facile desquelles nous auons enseignee en nostre Geometrie practique Prob. 38. c'est pourquoy nous n'en ferons icy repetition.

PROB. 12. PROP. XII.

A l'entour d'vn cercle donné, descrire vn Pentagone equiangle, & equilateral.

Soit le cercle donné ABCDE, à l'entour duquel il faut descrire vn pentagone equileteral & equiangle.

Dans iceluy cercle soit descrit le pentagone ABCDE par la prec. prop. & apres auoir mené du centre F les cinq lignes FA, FB, FC, FD, FE, soient menees sur icelles les cinq lignes perpendiculaires GH, HI, IK, KL, LG par la 11. prop. 1. se rencontrans aux cinq poincts G, H, I, K, L: (elles se doiuent rencontrer; car puis que les angles GAE, GEA sont moindres que deux droicts, estans parties des angles droicts GAF, GEF par la 11. com. sent. les lignes droictes AG, EG se rencontreront de la part de G, & ainsi des autres.)

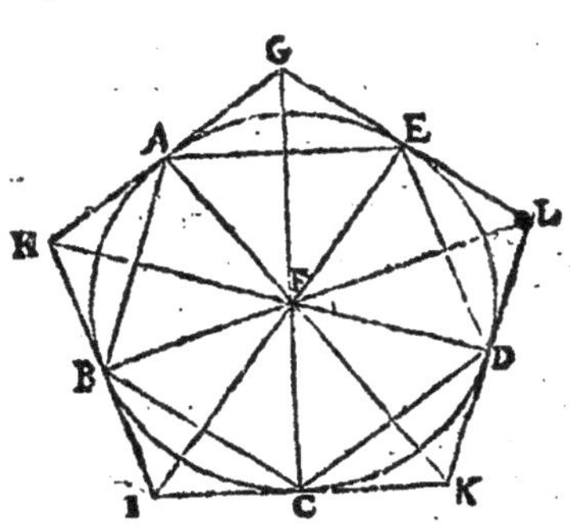

Ie dis que GHIKL est le pentagone demandé.

Car il est euidemment circonscrit au cercle donné, puis que par le Coroll. de la 16. p. 3. les lignes droictes GH, HI, IK, KL, LG touchent ledit cercle és poincts A, B, C, D, E: En apres si on meine les cinq lignes FG, FH, FI, FK, FL; d'autant que les angles FAG, FEG sont droicts par la 47. prop. 1. le quarré de FG sera egal aux deux quarrez de FA, AG; il sera aussi egal aux deux de FE, EG, & par consequent les deux quarrez de FA, AG, seront egaux aux deux de FE, EG. Mais les quarrez de FA, FE sont egaux (estans descrits sur lignes egales.) Donc ceux de AG, & EG seront aussi egaux; & les lignes AG & EG egales: Parquoy les deux costez AF, FG du triangle AGF sont egaux aux deux costez EF, FG du triangle EGF, chacun au sien, & la base AG egale à la base GE: & par la 8. prop. 1. les angles AFG, EFG seront egaux: & partant AFE sera double de AFG. Par mesme discours AFB, qui est egal à AFE par la 27. p. 3. (car ils ont egales circonferences pour bases) sera aussi double de AFH, & par consequent AFG & AFH seront egaux: Donc les triangles AGF, AHF ont deux angles egaux à deux angles, chacun au sien, & le costé AF commun: & par la 26. prop. 1. AG sera egale à AH. Par mesme discours GE & EL se trouueront egales: mais AG & EG estans egales, aussi leurs doubles GH & GL seront egales. Par mesme discours on prouuera tous les autres costez egaux; & partant le pentagone GHIKL sera equilateral.

Qu'il soit aussi equiangle, il est euident: car nous auons monstré que les angles des triangles AGF, EGF sont egaux, sçauoir est, les angles AGF, EGF: Item AGF, AHF: & qu'on en pouuoit dire autant des autres:

donc les deux angles sous le poinct G, seront egaux aux deux angles sous le poinct H, & ainsi des autres: partant le pentagone sera equiangle & equilateral. Nous auons donc descrit à l'entour d'vn cercle donné vn pentagone, &c. Ce qu'il falloit faire.

PROBL. 13. PROP. XIII.

Dans vn pentagone donné equiangle, & equilateral, descrire vn cercle.

Soit donné vn pentagone equiangle, & equilateral ABCDE, dans lequel il faut inscrire vn cercle.

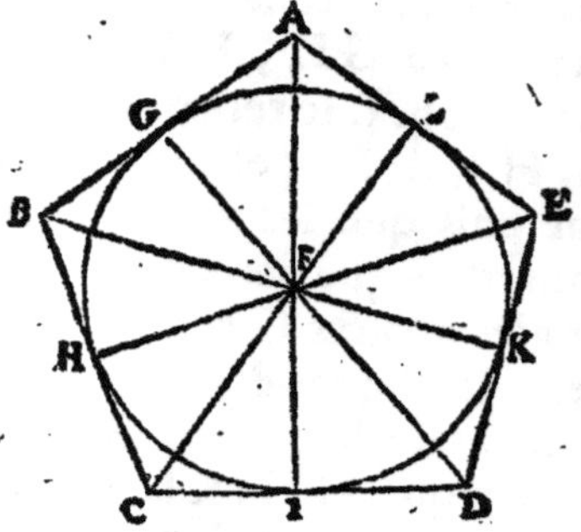

Par la 9. prop. 1. soient couppez en deux egalement deux des angles d'iceluy A & B, par les lignes AF & BF se rencontrans au poinct F, & par la 12. pr. 1. d'iceluy poinct F soient menées FG, FI, FH, FK, FL, perpendiculaires sur les costez du pentagone; puis du centre F, & interuale FG soit descrit le cercle GHIKL. Ie dis qu'il est inscrit au pentagone donné.

Car ayant mené les lignes droictes FC, FD & FE: dautant que les deux costez AB, BF, du triangle ABF sont egaux aux deux costez CB, BF du triangle BFC, chacun au sien, & les angles ABF, CBF, contenus d'iceux costez, egaux par la construction; les bases AF, CF seront egales, & les angles BAF, BCF aussi egaux par la 4. p. 1. Mais puis que les angles du pentagone A & C sont posez egaux, & que par la construction l'angle BAF est moitié de BAE; l'angle BCF sera aussi moytié de BCD, & consequemment iceluy BCD, est diuisé en deux egalement par la ligne FC. Par mesme raison nous monstrerons que les deux autres angles du pentagone D & E, sont diuisés en deux egalement par les lignes FD & FE. Maintenant puisque par la construction les deux angles soubs le poinct A sont egaux, ayant esté le total coupé en deux egalement, & que l'angle droict G est egal à l'angle droict L, & le costé FA commun aux deux triangles AGF, ALF, par la 26. prop. 1. les deux autres costez seront egaux, sçauoir AG à AL, & FG à FL: par mesme discours FH, FI, FK, se trouueront egales: & partant le cercle descrit de F & interualle FG, passe par les poincts G, H, I, K, L, esquels il touche les costez du pentagone proposé par le Cor. de la 16. p. 3. Le cercle GHIKL est donc inscrit au pentagone donné. Ce qu'il falloit faire.

PROBL. 14. PROP. XIV.

A l'entour d'vn pentagone donné, lequel est equiangle, & equilateral, descrire vn cercle.

Soit le pentagone equiangle, & equilateral donné ABCDE, à l'entour duquel il faut descrire vn cercle.

Soient couppez les deux angles A & B en deux egalement par la 9.p.1.auec les lignes droictes AF & BF se rencontrans au poinct F, & d'iceluy poinct F, & interuale de l'vne d'icelles deux lignes, soit descrit le cercle ABCDE. Ie dis qu'il sera circonscrit au pentagone donné.

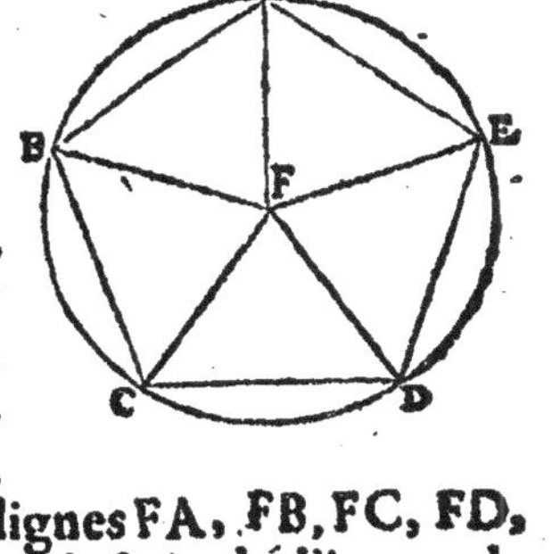

Car ayant mené les trois lignes FC, FD, FE, nous demonstrerons comme au precedent Probl. qu'elles coupperont en deux egalement les angles C, D, E. En apres, puis que le pentagone est equiangle, & chaque angle d'iceluy est couppé en deux egalement, au triangle AFB les deux angles sur la base BA seront egaux, & par la 6.prop.1. les deux costez AF & BF, seront aussi egaux : par le mesme discours BF & FC seront aussi egales, & ainsi des autres couppantes; & par la 1. com. sent. il est euident qu'icelles cinq lignes FA, FB, FC, FD, FE seront egales entr'elles, & partant que le cercle descrit de l'interuale de l'vne d'icelles, passera par les extremitez des autres, qui sont aussi les cinq angles du pentagone donné. Parquoy nous auons descrit vn cercle à l'entour d'vn pentag. equiangle, & equilateral donné. Ce qu'il falloit faire.

PROB. 15. PROP. XV.

Dans vn cercle donné, inscrire vn hexagone equiangle, & equilateral.

Soit le cercle donné ABCDEF, dont le centre est G; dans lequel cercle il faut inscrire vn hexagone equiangle, & equilateral.

Soit mené le diametre AD, puis du centre D, & interuale DG, soit descrit le cercle GCE couppant le donné aux poincts C & E, desquels poincts soient menées les deux lignes CGF, EGB: finalement soient menéesles lignes droictes AB, BC, CD, DE, EF, FA; & on aura descrit au cercle donné l'hexagone ABCDEF, que ie dis estre equilateral, & equiangle.

Car il est euident (demonstrant comme en la 1. p. 1.) que les deux triangles CDG, DEG construicts sur la ligne DG sont equilateraux, & par le Cor. de la 5. p. 1. chacun d'iceux sera aussi equiangle, & par la 32. p. 1. vn chacun de leurs angles vaudra le tiers de deux angles droicts; & puis que par la 13. p. 1. les deux angles CGE, EGF sont egaux à deux droicts, l'angle EGF vaudra aussi le tiers de deux angles droicts: donc tous les angles du poinct G seront egaux entr'eux, valant chacun vn tiers de deux angles droicts; puis que par la 15. p. 1. les opposez au sommet sont egaux : partant les six bases AB, BC, CD, DE, EF, FA, seront, egales, & les angles sur icelles aussi egaux par la 4. p. 1. Donc l'hexagone ABCDEF sera equilateral : mais il est aussi equiangle. Car puis que tous les angles des six triangles sont egaux, les deux du poinct A seront egaux aux deux du poinct B, & ainsi des autres. Nous auons donc descrit dans vn cercle donné vn hexagone equiangle & equilateral: ce qu'il falloit faire.

COROLLAIRE.

Par cecy est manifeste que le costé de l'hexagone est egal au demy diametre du cercle; car le costé de l'hexagone DC, est egal au semidiametre DG par la def. du cercle.

PROB. 16. PROP. XVI.

Dans vn cercle donné, descrire vn quindecagone equiangle & equilateral.

Soit le cercle donné ABC, dans lequel il faut inscrire vn quindecagone equiangle & equilateral.

Soit premierement descrit dans iceluy cercle le triangle equilateral ABC par la 2. p. de ce liure; les trois costez estans egaux, la circonference sera diuisee en trois egalement par les 26. ou 28. pr. 3. pareillement, soit en iceluy cercle inscrit le pentagone ADEFG par la 11. prop. de ce liure, ayant l'vn des angles au poinct A. Ie dis qu'ayant mené la ligne droicte BE, ce sera le costé du quindecagone demandé.

Car, comme il a esté dit, l'arc ADB est le tiers de toute la circonference; partant doit contenir cinq costez du quindecagone. Item la ligne droicte AD, costé du pentagone, soustient l'arc AD, cinquiesme partie de la circonference: partant doit contenir trois costez du quindecagone: & consequemment les deux arcs AD & DE contiendront six costez du quindecagone. Mais l'arc ADB en contient cinq: donc l'arc BE sera la quinziesme partie de toute la circonference: & partant la ligne droicte BE sera le costé du quindecagone, & si par la 1. p. de ce liure on accommode au cercle encores 14 lignes droictes egales à icelle BE, sera inscrit au cercle vn quindecagone equilateral, & aussi equiangle par la 27. pr. 3. puis que tous ses angles soustendent arcs egaux, chacun d'iceux angles estant composé de 13 arcs egaux. Nous auons donc au cercle donné descrit vn quindecagone, &c. Ce qu'il falloit faire.

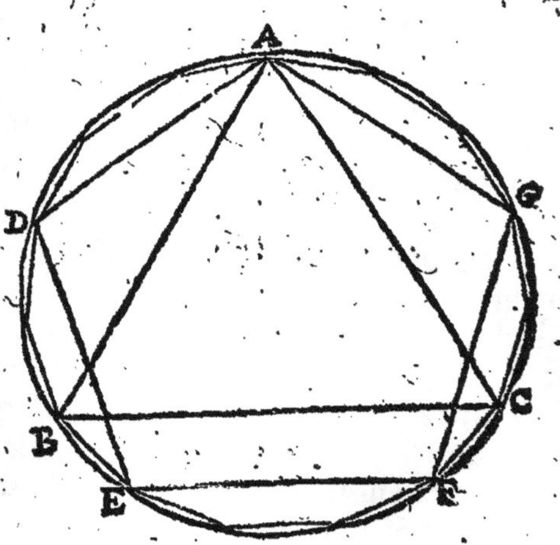

Pareillement aussi, tout ainsi qu'au pentagone, si par les quinze poincts des diuisions egales du cercle, nous tirons des lignes droictes qui le touchent, se descrira vn quindecagone equilateral & equiangle à l'entour dudit cercle: & dauantage nous descrirons & circonscrirons vn cercle à vn quindecagone equilateral & equiangle donné, suiuant la mesme methode practiquee au pentagone.

Fin du quatriesme Element.

ELEMENT CINQVIESME.

DEFINITIONS.

Artie, est vne grandeur tiree d'vne autre plus grande, lors que la plus petite mesure la plus grande.

C'est à dire que lors qu'vne grandeur en mesure vne autre plus grande, elle est dicte partie d'icelle: Comme A qui est contenu 3 fois en B, est dit partie d'iceluy. Or entre les Mathematiciens il y a deux sortes de partie: car il y en a vne qui mesure son tout; comme A, lequel repeté 3 fois constitue son tout B: & l'autre sorte ne mesure pas son tout: mais prise ie ne sçay combien de fois excede iceluy, ou deffaut au mesme, comme A lequel estant pris 3 fois excede C, mais estant pris seulement 2 fois, il est excedé par le mesme C: Or la premiere est dicte partie aliquote; & l'autre, partie aliquante: de ceste là seulement parle icy Euclide, puis que ceste-cy ne mesure son tout, & aussi ne l'appelle-il pas partie au 7. liure, mais parties.

A 2 B 6 C 5.

2. Multiplice, est vne grandeur plus grande qu'vne autre plus petite, quand la plus grande est mesuree de la plus petite.

C'est à dire que si la grandeur A est mesuree par B, moindre grandeur qu'icelle A, elle est dicte multiplice de B: Ainsi aussi la grandeur C, qui est mesuree 5. fois par D, est dicte multiplice d'icelle D.

Or quand deux petites grandeurs en mesurent egalement deux autres plus grandes, c'est à dire, qu'vne moindre est contenue autant de fois en vne plus grande, qu'vne autre moindre en vne autre plus grande, ces deux plus grandes là sont dictes equimultiplices d'icelles moindres: comme les grandeurs A & E sont dictes equimultiplices de B & D, pource que tout ainsi que A contient trois fois B, ainsi aussi E contient trois fois D. Et le mesme se doit entendre, si plusieurs moindres grandeurs en mesurent egalement plusieurs grandes.

A 12. B 4. C 15. D 3. E 9.

3. **Raison, est vne habitude de deux grandeurs de mesme genre, comparees l'vne à l'autre selon la quantité.**

C'est à dire que quand deux quantitez de mesme genre, comme deux nombres, deux lignes, deux superficies, deux solides, &c. sont comparez entr'eux selon la quantité, c'est à dire selon que l'vne est plus grande que l'autre, ou moindre, ou egale, telle comparaison est appellée raison, & par quelqu'vns proportion: Parquoy on ne peut pas dire, qu'il y ait quelque raison d'vne ligne à vne superficie; ou d'vn nombre à vne ligne, puis que ny la ligne & la superficie, ny le nombre & la ligne, ne sont pas quantitez de mesme genre. Semblablement si on confere vne ligne auec vne ligne selon la qualité, c'est à dire, selon que l'vne est blanche, & l'autre noire; ou bien que l'vne est chaude, & l'autre froide, &c. encore que l'vne & l'autre soient de mesme genre, ceste comparaison n'est pas dicte raison, pource qu'elle n'est pas faicte selon la quantité.

Or iaçoit que la raison se trouue proprement és seules quantitez, si est-ce toutesfois que toutes autres choses, qui en quelque maniere prennent la nature de la quantité, comme sont les temps, les sons, les voix, les lieux, les mouuemens, les pois, & les puissances, sont aussi dictes auoir raison, si leur habitude est consideree selon la quantité, comme quand nous disons vn temps estre plus grand qu'vn autre temps, ou moindre; ou deux temps estre egaux, &c. telle habitude sera dite raison, pource qu'alors les temps sont considerez ainsi que certaines quantitez.

En toute raison ceste quantité-là, qui est referee à vne autre, est dicte par Euclide, & autres Geometres, antecedant de la raison; & celle-là à laquelle elle est referee, est dicte consequent d'icelle raison: Comme en la raison de A à B; A est dict antecedant de la raison, & B consequent: Que si au contraire B est comparé à A; B sera appellé antecedant, & A consequent.

A ————

B ————

Or ceste raison definie par Euclide, est diuisee en raison rationelle, & irrationelle.

La rationelle, est celle qui se peut exprimer en nombres: comme la raison d'vne ligne de 10 pieds à vne autre de 5 pieds, laquelle est exhibee par ces nombres 10 & 5. Mais l'irrationelle, est ceste raison-là qui ne se peut exprimer en nombres: comme la raison du diametre d'vn quarré au costé d'iceluy, laquelle ne se peut trouuer ny exprimer en nombre: comme est demonstré par Euclide, en la derniere prop. du 10. liure.

Autres disent que la raison ou proportion rationelle, est celle qui a les deux quantitez commensurables; c'est à dire, qui ont vne commune partie aliquote, ou bien qui sont mesurees par vne mesme commune mesure: comme la raison d'vne ligne de 20 pieds à vne autre de 8 pieds: car vne ligne de 4 pieds ou de 2, est partie aliquote de l'vne & l'autre de ces deux-là, & par consequent mesure icelles. Mais la raison ou proportion irrationelle, est celle (disent-ils) qui a les deux quantitez incommensurables, c'est à dire, qui n'ont nulle partie aliquote, ou desquelles on ne peut trouuer aucune commune mesure. Comme la raison du costé d'vn quarré à sa diagonalle, & de plusieurs autres lignes dont est traicté au 10. liure.

Ceste raison se diuise aussi en raison d'egalité, & d'inegalité: La raison d'egalité, est quand deux quantitez egales se comparent entr'elles, comme 10 à 10; vne ligne de 12 pieds à vne autre ligne de 12 pieds, &c. Mais la raison d'i-

negalité, est quand deux quantitez inegales se comparent entr'elles, comme 10 à 4 est raison d'inegalité; telle est aussi celle de 5 à 9; celle d'vne ligne de 7 pieds à vne autre de 15 pieds, &c.

Ceste raison d'inegalité, est subdiuisee en raison d'inegalité maieure, & d'inegalité mineure. La raison d'inegalité maieure, est quand la plus grande quantité est comparee à la moindre: comme la raison de 8 à 5, est dicte raison d'inegalité maieure: item la raison d'vne ligne de 10 pieds à vne de 4, &c. Mais la raison d'inegalité mineure, est quand on compare la moindre quantité à la plus grande: comme la raison de 7 pieds à 9, s'appelle raison de moindre inegaleté: item celle d'vne ligne de 9 pieds à vne autre de 12 pieds, &c.

La raison rationelle d'inegalité maieure, est diuisee en cinq genres, sçauoir raison multiple, superparticuliere, superpartiente, multiple superparticuliere, & multiple superpartiente: les trois premieres desquelles sont simples, & les deux dernieres composees d'icelles premieres.

La raison multiple, est quand l'antecedant d'icelle contient le consequent plusieurs fois precisément: & ceste raison contient sous soy diuerses especes. Car si l'antecedant contient le consequent deux fois precisement, elle est ditte double: si trois fois, triple: si 4, quadruple: si dix, decuple, &c. Comme la raison de 20 à 4 est dicte quintuple, pource que l'antecedant 20 contient le consequent 4, cinq fois, & la raison d'vne ligne de 18 pieds à vne autre de 3 pieds, est dicte sextuple, d'autant que 18 contient 3 six fois, & ainsi des autres.

La raison superparticuliere, est quand l'antecedant contient le consequent vne fois, & en outre vne partie aliquote d'icelluy consequent: & ceste raison a diuerses especes. Car si ceste partie aliquote est moitié d'iceluy consequent, est constituee vne raison sesquialtere, comme la raison de 3 à 2, en laquelle l'antecedant 3, contient le consequent 2, vne fois & encore $\frac{1}{2}$ d'iceluy; si elle est tierce partie, sesquitierce: si vne quarte partie, sesquiquarte: si vne cinquiesme partie, sesquiquinte, &c. commençant tousiours le nom de ladite raison par sesqui, & se terminant par le denominateur de la partie aliquote.

La raison superpartiente, est quand l'antecedant contient le consequent vne fois, & en outre plus d'vne partie aliquote d'iceluy: & a aussi ceste raison plusieurs especes. Car si l'antecedant contient le consequent vne fois, & encore $\frac{2}{3}$ parties d'iceluy, est constituee vne raison superbipartiente tierces, comme la raison de 20 à 12, en laquelle le nombre 20 contient 12, vne fois & $\frac{2}{3}$ d'iceluy: si $\frac{3}{4}$, sera constituée vne raison supertripartiente quarte, comme la raison d'vne ligne de 63 pieds à vne de 36, & ainsi des autres; le nom d'icelles commençant tousiours par super, & prenant à son milieu le numerateur de la partie aliquote, & le denominateur à la fin d'iceluy.

La raison multiple superparticuliere, est quand l'antecedant contient le consequent plusieurs fois, & encore vne partie aliquote d'iceluy: ceste-cy est composee de la premiere & de la deuxiesme: & tout ainsi que chacune d'icelles contient plusieurs especes, aussi fait celle-cy. Car si l'antecedant contient le consequent 2 fois, & encore $\frac{1}{2}$ d'iceluy, ceste raison sera appellee double sesquialtere, comme la raison de 5 à 2, en laquelle 5 contient 2, deux fois & $\frac{1}{2}$ d'iceluy: si $\frac{1}{3}$, comme d'vne ligne de 7 pieds à vne autre de 3 pieds, ceste raison s'appellera double sesquitierce: & la raison de 29 à 7 s'appellera quadruple sesquiseptuple, d'autant qu'en 29, 7 est contenu 4 fois & $\frac{1}{7}$ d'iceluy, & ainsi des autres.

La

La raison multiple superpartiente, est quand l'antecedant contient le consequent plusieurs fois, & plusieurs parties aliquotes d'iceluy: ceste raison est composee de la premiere & troisiesme; & tout ainsi que chacune d'icelles contient sous soy plusieurs especes, aussi faict ceste-cy: comme si l'antecedant contient le consequent, 2 fois, & encore $\frac{2}{3}$ parties d'iceluy, ceste raison sera appellee double superbipartiente tierce, comme est la raison de 8 à 3: mais s'il le contient 3 fois, & encore $\frac{3}{4}$ d'iceluy, elle s'appellera triple superpartiente quarte, comme est la raison de 15 à 4: s'il le contient 4 fois, & encore $\frac{6}{7}$ d'iceluy, elle sera dicte quadruple supersextupartiente septuple, comme est la raison de 34 à 7, & ainsi des autres.

Or tout ce qui a esté dit cy-dessus des cinq especes de raison rationelle d'inegalité maieure, se doit aussi entendre des cinq especes de l'inegalité mineure, excepté qu'il faut tousiours apposer ceste syllabe sub, *disant submultiple au lieu de multiple, subsuperparticuliere, au lieu de superparticuliere, & ainsi des autres.*

Et pource que les denominateurs des raisons rationelles cy-dessus exposees sont assez utiles, nous enseignerons icy par quels nombres elles se denomment. Nous appellons denominateur d'une raison, le nombre qui exprime distinctement & apertement la quantité de la grandeur antecedante au respect de la consequente: comme le dominateur de la raison quintuple est 5, pource que ce nombre là monstre que la grandeur ou quantité antecedante contient 5 fois la consequente. Semblablement le denominateur de la raison sesquiquarte est 1 $\frac{1}{4}$, pource qu'iceluy nombre signifie que la quantité antecedante contient la consequente une fois & $\frac{1}{4}$ d'icelle: Item le denominateur de la raison subtriple, est $\frac{1}{3}$, car il demonstre que l'antecedant est la tierce partie du consequent: & ainsi des autres. C'est pourquoy, comme i'estime, Euclide au 6. livre, & autres Mathematiciens, appellent le denominateur de quelconque raison la quantité d'icelle, car il denomme & exprime comme nous auons dit, combien une grandeur est au respect d'une autre auec laquelle elle est conferee, ainsi qu'il appert par les exemples proposez.

Or de ces choses on peut facilement colliger le denominateur de quelconque raison. Car le denominateur de la raison multiple, est le nombre entier, contenant autant d'unitez, que l'antecedant de la raison contient de fois le consequent. Comme le denominateur de la raison double, est 2, de la sextuple, 6; de la centuple 100, &c. Mais le denominateur de quelconque raison submultiple, est un nombre rompu, duquel le numerateur est tousiours l'unité: mais le denominateur est le nombre denommant la raison multiple correspondante. Comme le denominateur de la raison subdouble est $\frac{1}{2}$: de la subsextuple $\frac{1}{6}$: de la subcentuple $\frac{1}{100}$, &c. Il est donc facile de trouuer le denominateur de quelconque raison multiple ou submultiple, puis que la prolation monstre le denominateur de la raison, comme il est euident par les exemples proposez cy-dessus.

Le denominateur de quelconque raison superparticuliere est l'unité auec la partie aliquote que l'antecedant doit comprendre outre le consequent. Comme le denominateur de la raison sesquialtere, est 1 $\frac{1}{2}$: de la sesquitierce $\frac{1}{3}$; &c. Il n'est donc pas difficile de trouuer le denominateur d'une raison superparticuliere, puis que la prolation d'icelle raison exprime le denominateur par sa partie aliquote, comme il appert par les exemples proposez. Et le denominateur de quelconque raison subsuperparticuliere est un nombre rompu, duquel le numerateur est moindre que le denominateur seulement *d'vne vnité. Comme le denominateur de la raison subsesquialtere, est $\frac{2}{3}$: & celuy de la subsesquitierce, est $\frac{3}{4}$ &c. Donc le denominateur de telle raison sera aisément trouvé, car il n'y a qu'à prendre pour numerateur de la fraction, le denominateur de la partie aliquote : & pour le denominateur d'icelle fraction, le nombre plus grand de l'vnité. Comme le denominateur de la raison subsesquiquinte est $\frac{5}{6}$: & celuy de la raison subsesquiseptiesme est $\frac{7}{8}$: mais celuy-là de la raison subsesquincusiesme, est $\frac{9}{10}$.*

Le denominateur de quelconque raison superpartiente, est vne vnité auec les parties aliquotes que l'antecedant doit contenir outre le consequant. Comme le denominateur de la raison supertripartiente quarte, est $1\frac{3}{4}$: celuy de la raison superquadripartiente quintes, est $1\frac{4}{5}$; & ainsi des autres. Or les denominateurs de telles raisons sont faciles à trouuer, pource que la prolation mesme de la raison exhibe le propre denominateur d'icelle, comme il appert és exemples cy-dessus. Mais le denominateur de quelconque raison subsuperpartiente, est vn nombre rompu, duquel le numerateur est moindre que le denominateur, d'autant d'vnitez, que la quantité consequente contient de parties aliquotes par dessus l'antecedante. Comme le denominateur de la raison subsupertripartiente quarte est $\frac{4}{7}$: celuy de subsuperquadripartiente quinte, est $\frac{5}{9}$ &c. On trouuera donc le denominateur de telle raison, si pour le numerateur de la fraction on prend le denominateur des parties aliquotes exprimees en la raison proposee, auquel si on adiouste le nombre d'icelles parties, on aura le denominateur d'icelle fraction : comme le denominateur de la raison subsupertripartiente quinte est $\frac{5}{8}$, pource que le numerateur de ceste fraction est le nombre denommant les quintes, sçauoir 5, auquel est adiousté le nombre 3, des trois parties, à fin de faire 8, denominateur de la fraction : mais le denominateur de la raison subsuperquadripartiente neufiesme est $\frac{9}{13}$: & ainsi des autres.

Le denominateur de quelconque raison multiple superparticuliere est le nombre entier, denommant la raison multiple proposee auec la partie que la quantité antecedante doit contenir outre la consequente. Comme le denominateur de la raison triple sesquiseptiesme est $3\frac{1}{7}$: mais celuy de la raison quadruple sesquiquinte, est $4\frac{1}{5}$, &c. Le denominateur de telle raison est aisé à exhiber, pource que la prolation de la raison exprime distinctement tant le denominateur de la multiple raison, que la partie aliquote, comme il se voit ez exemples proposez. Et le denominateur de quelconque raison submultiple superparticuliere est vne fraction dont le numerateur est le nombre denommant les parties aliquotes contenues en la raison. Comme le denominateur de la raison subsesquiquarte, est $\frac{4}{13}$: de subquintuple sesquisneufiesme, $\frac{9}{46}$, &c. On trouuera le denominateur de telle raison, si pour le numerateur de la fraction on prend le denominateur de la partie aliquote, & iceluy estant multiplié par le denominateur de la raison multiple, si on adiouste 1 au produit, on aura le denominateur de la fraction, comme il est manifeste par les exemples cy-dessus.

Le denominateur de quelconque raison multiple superpartiente, est le nombre entier, denommant la raison multiple obtenuë en icelle, auec les parties aliquotes que la quantité antecedante doit contenir de la consequente. Comme le denominateur de la raison triple superbipartiente tierces, est $3\frac{2}{3}$: de quadruple supertripartiente quintes, $4\frac{3}{5}$, &c. Il est facile de trouuer le denominateur de telles raisons, pource que la prolation exprime distinctement, tant le denominateur de la raison multiple, que les parties aliquotes, comme appert és exemples cy-dessus : & le denominateur d'vne raison submultiple superpartiente, est vne fraction, dont le numerateur est le nombre denommant les parties aliquotes d'icelle raison: comme le denominateur de la raison subtriple superbipartiente tierces, est $\frac{3}{11}$: de subquadruple supertripartiente quintes $\frac{5}{23}$, &c. Le denominateur de telles raisons sera trouué, si pour le numerateur de la fraction on prend le denominateur des parties aliquotes : lequel estant multiplié par le denominateur de la raison multiple, & au nombre produict adiousté le nombre des parties aliquotes, viendra le denominateur de la fraction, ainsi qu'il appert és exemples posez cy dessus.

Finalement le denominateur de la raison d'egalité est tousiours l'vnité, pource que les termes ou quantitez d'icelle raison sont egales entr'elles ; & partant l'vne contient l'autre vne fois precisément.

4. Proportion, est vne similitude de raisons.

Tout ainsi que la comparaison de deux quantitez entr'elles est dicte raison, ainsi la comparaison & ressemblance de deux ou plusieurs raisons entr'elles, est dicte proportion : comme si la raison de A à B, est semblable à la raison de C à D, l'habitude d'entre ces raisons sera dicte proportion. Et c'est ce que les Grecs appellent analogie, & quelques Latins proportionalité : Selon Boëtius & Iordanus il y en a de plusieurs sortes, dont les principales qu'ils appellent Medietez, sont la proportion Arithmetique, la Geometrique, & l'Harmonique : Mais Euclide ne traicte icy que de la Geometrique, laquelle est ou continue, ou discrete : la proportion continuë, est celle de laquelle les grandeurs entre moyennes sont prises deux fois, tellement qu'il ne se faict nulle interruption de raisons, ains chaque quantité entre moyenne est antecedant & consequent, sçauoir antecedant de la quantité subsequente, mais consequent à la quantité antecedante : comme si on dit, que telle qu'est la raison de A à B, telle est celle de B à C, où la quantité B est antecedant de la quantité C, & consequent de la quantité A. Mais la proportion discrette ou non continuë, est celle en laquelle chaque quantité entremoyenne est prinse seulement vne fois, tellement qu'il se faict interruption de raisons, & aucune quantité n'est antecedant & consequent : mais seulement antecedant ou consequent : comme quand on dit que la raison de A à B, est comme celle de C à D.

A. B. C. D.
8. 12. 18. 27.

5. Les grandeurs sont dictes auoir raison l'vne à l'autre, lesquelles estans multipliees se peuuent exceder l'vne l'autre.

Euclide ayant en la 3. def. appellé raison l'habitude de deux grandeurs de mesme genre, il explique en ceste-cy quelle chose requierent deux quantitez de mesme genre, afin qu'elles soient dictes auoir raison, sçauoir est, que l'vne ou l'autre d'icelles estant multipliee, elles s'augmente en sorte, que finalement elle surpasse l'autre : ainsi il y a raison entre le costé d'vn quarré, & le diametre d'iceluy, puis que le costé multiplié par 2, c'est à dire pris deux fois, excede le diametre. Car d'autant que deux costez du quarré & le diametre, constituent vn triangle Isoscelle, par la 20. p. 1. les deux costez du quarré seront plus grands que le diametre. Ainsi pareillement entre la circonference d'vn *cercle & le diametre d'iceluy, il y-a raison (laquelle toutesfois n'est encore cogneuë) puis que le diametre multiplié par 4, c'est à dire pris 4 fois, excede la circonference : car toute la circonference, comme il est demonstré par Archimede, ne contient que trois fois le diametre, & encore vne particule peu moindre qu'vne septiesme partie d'iceluy diametre. Mais il s'ensuit de ceste def. qu'vne ligne finie n'aura raison à vne infinie, encores qu'icelles deux lignes soient de mesme genre de quantité: car en quelque sorte que soit multipliée la ligne finie elle ne pourra surpasser l'infinie. S'ensuit aussi qu'il n'y-a point de raison entre vn angle rectiligne, & vn angle contingent. Car il appert de la 16. pr. 3. qu'iceluy angle contingent, ne peut iamais exceder vn angle rectiligne.*

6. Les grandeurs sont dites estre en mesme raison, la premiere à la seconde, comme la troisiesme à la quatriesme, quand les equimultiplices de la premiere & troisiéme, aux equemultiplices de la seconde & quatriéme, en quelque multiplication que ce soit, deffaillent ensemble, sont egaux, ou excedent, vn chacun à vn chacun, prenant ceux là qui s'entre respondent.

Ayant esté dit par Euclide, que c'est que raison, & quelles grandeurs sont dites auoir raison l'vne à l'autre, maintenant il declare quelle condition requierent les grandeurs pour estre en mesme raison, sçauoir est, que les equemultiplices de la premiere & troisiesme grandeur excedent, soient egaux ou defaillent aux equemultiplices de la deuxies. & quatriesme en quelque multiplication que soient pris iceux equemultiplices, comme appert en ces quatre quātitez A, B, C, D, ou les equemultiplices de A & C, premiere & 3e, sont E & F, & les equemultiplices de B & D, 2e & 4e quantitez sont G & H : tellement qu'il se voit qu'ayant multiplié A & C, par vn mesme nombre; & B, D, par quelconque mesme nombre, si le multiplice E excede le multiplice G qui luy correspond, aussi le multiplice F excede le multiplice H; s'il est egal, l'autre sera aussi egal; s'il defaut aussi fera l'autre, & ce en quelconque multiplication qu'on prenne les equemultiplices : & partant il y a mesme raison de A premiere quantité à B seconde, que de C troisiesme à D quatriesme.

Par la conuerse de ceste def. s'il y a telle raison de la premiere à la seconde, que de la troisiesme à la quatriesme, il s'ensuit que les equimultiplices de la premiere & troisiesme excedent, sont egaux, ou defaillent aux equemultiplices de la deuxiesme & quatriesme, engendrees de quelque multiplication que ce soit.

Et aussi s'il n'y a mesme raison de la premiere à la seconde, que de la tierce à la quatriesme, il s'ensuiura que les equemultiplices de la premiere & troisiéme n'excederont, ne seront egaux, ou ne defaudront aux equemultiplices de la deuxiesme & quatriesme produictes de quelque multiplication que ce soit.

Or ce qui est dit icy de quatre grandeurs se doit aussi entendre de trois, prenant celle du milieu deux fois, a fin qu'il y en ait quatre.

7. Les grandeurs qui sont en mesme raison sont appellees proportionnelles.

Comme si des grandeurs A, B, C, D, il y a mesme raison de A à B, que de C à D, icelles grandeurs sont dites proportionnelles.

Et les grandeurs E, F, G, lesquelles sont en proportion continue, sont aussi dites continuellement proportionnelles.

A ——— 12
B ——— 8
C ——— 6
D ——— 4
E ——— 12
F ——— 6
G ——— 3

8. Quand des equemultiplices, celuy de la premiere grandeur excede celuy de la seconde, & le multiplice de la troisiesme n'excede celuy de la quatriesme, lors il y aura plus grande raison de la premiere grandeur à la seconde, que de la troisiesme à la quatriesme.

Euclide declare icy quelle condition doiuent auoir 4 grandeurs, à fin que la premiere soit dicte auoir plus grande raison à la seconde que la tierce à la 4e, disant qu'ayant pris les equemultiplices de la premiere & de la 3e, & les equemultiplices de la deuxiesme & 4e, si la multiplice de la premiere excede la multiplice de la 2e mais la multiplice de la 3e n'excede la multiplice de la 4e il y aura plus grande raison de la premiere grandeur à la seconde, que de la 3e à la 4e, comme il appert en l'exemple icy posé, auquel sont prinses E & F, doubles de A & C, premiere & 3e grandeurs, mais G & H triples de B & D, deuxiesme & 4e grandeurs: & pource que E multiplice de A premiere est plus grand que G multiple de B 2e, & F multiplice de C 3e n'est pas plus grand que H multiplice de D 4e, la raison de A premiere grandeur à B 2e, est dicte plus grande que la raison de C 3e à D 4.

12	6	2	6
E	A	B	G
F	C	D	H
8	4	3	9

Or afin que quatre grandeurs soient dictes estre en mesme raison, il est necessaire que les equemultiplices d'icelles, pris selon quelconques multiplications, excedent, soient egaux, ou defaillent, comme il a esté exposé en la 6. def. Mais à fin que la premiere grandeur soit dicte auoir plus grande raison à la 2e, que la 3e à la 4e: c'est assez que des equemultiplices pris selon quelque multiplication, celuy de la premiere grandeur excede celuy de la deuxiesme: & le multiplice de la troisiesme n'excede celuy de la quatriesme, encore que selon plusieurs autres multiplications ces equemultiplices ne soient tels. Parquoy pour concluire en quelque demonstration qu'il y a plus grande raison d'vne grandeur à vne autre, que d'vne troisiesme à vne quatriesme. Il suffira de demonstrer que selon quelque multiplication, le multiplice de la premiere grandeur excedant celuy de la seconde, le multiplice de la troisiesme n'excede celuy de la quatriesme.

Et conuertissant cette 8. def. s'il y a plus grande raison de la premiere grandeur à la deuxiesme, que de la troisiesme à la quatriesme, le multiplice de la premiere excedant celuy de la deuxiesme, il se peut faire quelque multiplication par laquelle le multiplice de la troisiesme n'excede celuy de la quatriesme.

Que si au contraire d'icelle def. le multiplice de la premiere grandeur ne surmonte celuy de la deuxiesme, & le multiplice de la tierce excede celuy de la quarte, la premiere grandeur sera dicte auoir moindre raison à la deuxiesme que la tiere à la quarte. La conuerse a aussi lieu.

9. Proportion ne peut estre constituée sur moins de trois termes.

Puis qu'il a esté dit en la 3. def. que raison est l'habitude de deux quantitez, & que proportion par la 4. def. est vne similitude de deux ou plusieurs raisons : il s'ensuit qu'il n'y peut auoir moins de trois quantitez ou termes en vne proportion, si elle est proportion continue, mais il en faut quatre au moins, si elle est proportion discrette.

10. Quand trois grandeurs sont proportionnelles, la premiere est dicte auoir à la troisiesme la raison doublee de la premiere à la seconde : mais s'il y en a quatre, la premiere est dicte estre à la quatriesme, en raison triplee de la premiere à la seconde : & tousiours d'vn mesme ordre vne plus, iusques à ce que la proportion soit acheuee.

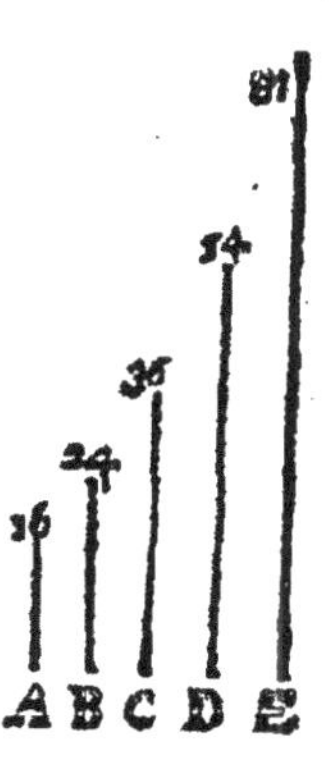

Comme si les grandeurs A, B, C, D, E, sont continuellement proportionnelles, la premiere quantité A est dicte auoir à la 3ᵉ quantité C, la raison doublee de celle de A à la 2ᵉ B, pource qu'entre A & C sont deux raisons, qui sont egales à la raison de A à B, sçauoir est la raison de A à B, & celle de B à C, tellement que la raison de A à C, prend par ce moyen la raison doublee de A à B, c'est à dire posée deux fois d'ordre. Mais la raison de la premiere grandeur A à la 4ᵉ D, est dicte triplee de celle de A à B, pource qu'entre A & D se trouuent trois raisons, lesquelles sont egales à celle de A à B; c'est à sçauoir la raison de A à B, celle de B à C, & celle de C à D : & partant la raison de A à D enclost par ce moyen la raison triplee de A à B, c'est à dire posee trois fois d'ordre. Et ainsi pareillement la raison de A à E, est dicte quadruplee de la raison de A à B; pource qu'entre A & E sont encloses 4 raisons, qui sont egales à celle de A à B, &c.

11. Les grandeurs sont dictes homologues, ou de semblables

raisons, les antecedans aux antecedans, & les consequens aux consequens.

C'est à dire que si plusieurs quantitez sont proportionnelles, comme A, B, C, D, sçauoir que comme A est à B, ainsi C soit à D, les quantitez A & C, antecedantes de chasque raison, seront dictes homologues, ou de semblable raison, comme aussi les quantités consequentes B & D. Ainsi pareillement, si les quãtitez E, F, G, sont proportionnelles aux quantitez H, I, K: les termes E & H, seront dicts homologues, ou de semblable raison: comme aussi le terme F sera dict homologue au terme I: & aussi G à K: ainsi les costez des figures estans comparez entr'eux, on entend quels costez doiuent estre antecedans des raisons, & quels consequens.

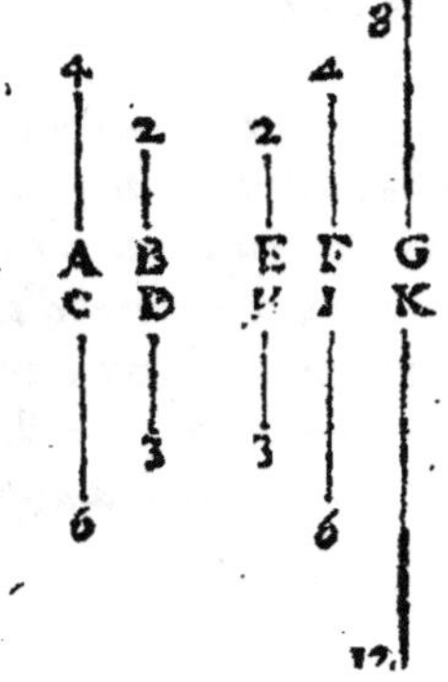

12. Raison alterne, est prendre l'antecedant comparé à l'antecedant, & le consequent au consequent.

Euclide explique en ceste def. & és suiuantes, aucuns moyens d'argumenter és proportions, desquels l'vsage est fort frequent en la Geometrie. Il dit donc icy que la raison alterne ou permutee, est quand de quatre grandeurs proportionnelles proposees, comme A, B, C, D, sçauoir que comme A est à B, ainsi C est à D; on vient à conclurre qu'il y a mesme raison de l'antecedant A à l'antecedant C, que du consequent B au consequent D: & ceste maniere d'argumenter (laquelle est demonstree à la 16. p. de ce liu.) se couche ordinairement ainsi: comme A est à B, ainsi C est à D: Donc en permutant comme A sera à C, ainsi B à D. Et est à noter qu'en ceste maniere d'argumenter, les quatre grandeurs doiuent estre de mesme genre.

A B C D

13. Raison inuerse ou transposee, est lors qu'on prend le consequent comme antecedant pour le comparer à l'antecedant, comme si c'estoit le consequenr.

Comme si A est à B, ainsi que C à D, nous infererons que par raison inuerse, comme B est à A, ainsi D est à C, c'est à dire les consequens aux antecedans. En cette sorte d'argumenter les autheurs parlent presques tousiours ainsi: comme A est à B, ainsi C est à D: donc en changeant, ou au contraire, B sera à A, comme D à C. Cette maniere d'argumenter sera demonstrée au Corrolaire de la 4. proposition de ce liure.

A
B
C
D

14. Composition de raison, est lors qu'on prend l'antecedant auec le consequent, comme vne seule chose, pour le comparer au mesme consequent.

Comme si AC est à CB, comme DF à FE, & on vient à concl̃ure que la toute AB est à CB, comme la toute DE à FE; c'est à dire que la composée de l'antecedant AC & du consequent CB, est au mesme consequent CB, comme la composée de l'antecedant DF, & du consequent FE, est à iceluy consequent FE; cette maniere d'argumenter sera dicte composition de raison, & se prononce ainsi; comme AC est à CB, ainsi DF à FE: donc en composant AB sera à CB, comme DE à FE: laquelle sorte d'argumenter sera demonstrée en la 18. pr. de ce liure.

A C B
D F E

A ce moyen d'argumenter, par la composition de raison, en peuuent estre adioustez deux autres: le premier peut estre dict composition conuerse de raison: sçauoir quand on prend l'antecedant & le consequent comme vn seul, pour le comparer à l'antecedant. Comme si AC est à CB, comme DF à FE; & nous inferons, donc comme AB composée de l'antecedant & du consequent, est à l'antecedant AC, ainsi DE composée de l'antecedant & du consequent est à l'antecedant DF: laquelle façon d'argumenter nous demonstrerons estre valable sur la 18. p. 5.

L'autre moyen d'argumenter peut estre dit composition contraire de raison; c'est à sçauoir quand l'antecedant est comparé à l'antecedant & consequent comme vn seul. Comme si AC est à CB, ainsi que DF à FE, & nous inferons par composition contraire de raison: donc comme AC antecedant sera à la toute AB, composee de l'antecedant, & du consequent, ainsi DF antecedant sera à la toute DE, composée de l'antecedant & du consequent. Nous demonstrerons sur la 18. p. de ce liure que cette forme d'argumenter est vallable.

15. Diuision de raison, est lors qu'on prend l'exçez par lequel l'antecedant surpasse le consequent, pour le comparer à iceluy mesme consequent.

Comme si on dit qu'il y a telle raison de AB à CB, que de DE à FE: donc aussi AC, excez par lequel l'antecedant surpasse le consequent, sera à CB consequent, comme DF excez par lequel l'antecedant excede le consequent, sera à FE consequent. Or les autheurs concluent ordinairement auec cette raison ainsi: comme AB est à CB, ainsi DE est à FE: donc en deuisant AC sera aussi à CB, comme DF à FE. Ce qui sera demonstré en la 17. p. de ce liure.

A 20 C 10 B
D 16 F 8 E

A ce moyen d'argumenter en peuuent aussi estre adioustez deux autres: le premier peut estre appellé diuision conuerse de raison, c'est à sçauoir quand le consequent est comparé à l'excez par lequel l'antecedant surpasse le consequent: Comme si AB est à CB, comme DE à FE, & nous inferons: donc aussi par diuision conuerse de raison, comme CB consequent sera à AC, excez par lequel l'antecedant surmonte le consequent, ainsi FE consequent sera à DF, excez par lequel l'antecedant surpasse le consequent: laquelle maniere d'argumenter nous demonstrerons pouuoir estre sur la 17. pr. 5. Il est manifeste qu'en l'vne & l'autre d'icelles argumentations par diuision de raison, l'antecedant doit estre plus grand que le consequent.

L'autre

L'autre moyen d'argumenter peut estre dit diuision contraire de raison, c'est à sçauoir quand l'antecedant est conferé à l'excez, par lequel le consequent excede l'antecedant. Comme quand on dit, AC estre à AB, comme DF à DE: Donc aussi par diuision contraire de raison AC antecedant sera à CB, excez par lequel le consequent surmonte l'antecedant, comme DF antecedant sera à EF, excez par lequel le consequent surpasse l'antecedant: lequel moyen d'argumenter nous demonstrerons sur la 17. prop. de ce liure.

Il est euident qu'en ceste diuision contraire de raison, le consequent doit estre plus grand que l'antecedant.

16. Conuersion de raison, est comparer l'antecedant à l'excez, par lequel l'antecedant surpasse le consequent.

Comme si on dit, que comme AB est à CB, ainsi DE à FE: & on vient à conclurre, que AB antecedant sera aussi à AC, excez par lequel il surmonte le consequent comme DE antecedant sera à DF, excez par lequel l'antecedant excede le consequent, cela sera dit conuersion de raison. En ceste sorte d'argumenter les autheurs parlent ordinairement ainsi: comme AB est à CB, ainsi DE est à FE: Donc par conuersion de raison AB sera à AC, comme DE à DF: laquelle sorte d'argumenter sera demonstree au Cor. de la 19. pr. de ce liure.

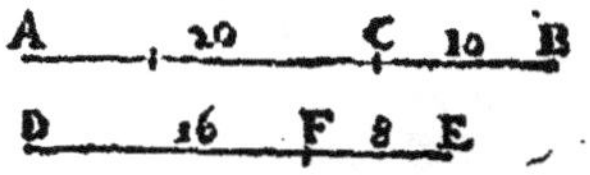

A 20 C 10 B
D 16 F 8 E

17. Raison egale, est lors qu'il y a plusieurs grandeurs d'vn costé, & autant de l'autre en multitude, prise de deux en deux en mesme raison, & que la premiere des premieres grandeurs, est à la derniere des mesmes, comme la premiere des secondes est à la derniere des mesmes.

Autrement, c'est lors qu'on prend les extremes par la soustraction des moyennes.

Comme s'il y-a d'vn costé quatre quantitez, A, B, C, D: & autant d'vn autre E, F, G, H, lesquelles soient prises deux à deux en mesme raison, c'est à dire que A soit à B, comme E à F; & B à C, comme F à G; & C à D, comme G à H: si on infere que comme A est à D, premiere & derniere des premieres grandeurs, ainsi E est à H, premiere & derniere des secondes. Ceste maniere d'argumenter est dicte raison egale, ou bien d'egalité. Et d'autant que ceste maniere d'argumenter se prend ordinairement en deux sortes, sçauoir est quand les grandeurs qui sont en mesme raison sont prises d'ordre: & quand l'ordre est peruerty: Euclide explique és deux def. suiuantes que c'est que proportion ordonnee, & perturbée.

9 6 12 15
A B C D
E F G H
6 4 8 10

18. Proportion ordonnée, est quand l'antecedant est au consequent, comme l'antecedant est au consequent: & que le consequent est à quelque autre, comme le consequent est aussi à quelque autre.

Cecy est aisé à entendre par l'exemple de la def. precedente, où nous auons posé A estre à B, comme E à F; & B à C, comme F à G, & C à D, comme G à H: Car ainsi les termes des 4 premieres quantitez sont pris d'vn mesme ordre, que ceux des 4 dernieres; & partant ceste proportion est dicte ordonnee. Or que le moyen d'argumenter par raison d'egalité, la proportion d'ordre estant obseruee, soit bon, il sera demonstré en la 22. p. de ce liure.

19. Proportion troublée, est quand trois grandeurs estans d'vn costé, & autant d'vn autre, la premiere est à la seconde, comme la cinquiesme à la sixiesme, & comme la seconde à la troisiesme, ainsi la quatriesme à la cinquiesme.

Comme si A est à B, ainsi que E est à F; & comme B est à C, ainsi D à E: ceste proportion sera dicte troublee ou perturbée, d'autant qu'vn mesme ordre n'est pas gardé en la comparaison des premieres grandeurs entr'elles, qu'és secondes aussi entr'elles. Car és premieres quantitez, la premiere est comparée à la seconde, & ceste-cy à la 3e: mais és secondes quantitez la 2e est comparée à la 3e, & la premiere à la seconde. Or que le moyen d'argumenter par raison egale, la proportion troublée estant gardée, soit bon, il sera demonstré en la 23. p. de ce liure.

THEOR. 1. PROP. I.

S'il y a tant de grandeurs qu'on voudra equemultiplices d'autant d'autres grandeurs, chacune à la sienne; comme l'vne sera multiplice de l'vne, ainsi les toutes seront multiplices des toutes.

Soient tant de grandeurs qu'on voudra AB & CD, equemultiplices d'autant d'autres grandeurs E & F. Ie dis que les grandeurs AB & CD ensemble, seront autant multiplices de E & F ensemble, comme AB l'est de E, ou CD de F.

Car puisque AB est multiplice de E; E mesurera AB certain nombre de fois par la 2. def. de ce liure, qu'elle la mesure donc trois fois, & soit icelle

AB couppee en trois parties egales, AG, GH, HB, chacune desquelles sera egale à E. Le mesme se peut dire de la grandeur CD, laquelle on coupera aussi en trois parties egales, CI, IK, KD, estant chacune d'icelles egale à F: mais qui a choses egales, sçauoir à AG & E, adiouste choses egales, sçauoir CI & F, les toutes AG, CI ensemble, seront egales aux toutes E & F ensemble. Par mesme raison GH & IK ensemble, seront egales à icelles E & F ensemble: pareillement HB & KD, aux mesmes E & F. Autant donc qu'il y a de grandeurs en AB, egales à E; & en CD d'egales à F: autant y en a-il en AB & CD prises ensemble, qui sont egales à E & F prises ensemble: Parquoy les deux AB & CD ensemble, seront triples des deux ensemble E & F, comme la seule AB est triple de la seule E, ou la seule CD de la seule F. S'il y a donc tant de grandeurs qu'on voudra equemultiplices, &c. Ce qu'il falloit demonstrer.

THEOR. 2. PROP. II.

Si la premiere est autant multiplice de la seconde, que la troisiesme de la quarte, & la cinquiesme autant multiplice de la seconde, que la sixiesme de la quarte; la composee de la premiere & cinquiesme, sera autant multiplice de la seconde, comme la composee de la troisiesme & sixiesme, le sera de la quarte.

Soit la premiere grandeur AB, autant multiplice de la seconde C, comme la 3^e DE l'est de la 4^e F: & soit la 5^e BG autant multiplice de la 2^e C, comme la 6^e EH de la 4^e F: Ie dis que AG composee de la premiere & cinquiesme AB & BG, sera autant multiplice de la 2^e C, comme DH composee de la tierce & sixiesme DE & EH, le sera de la quarte F.

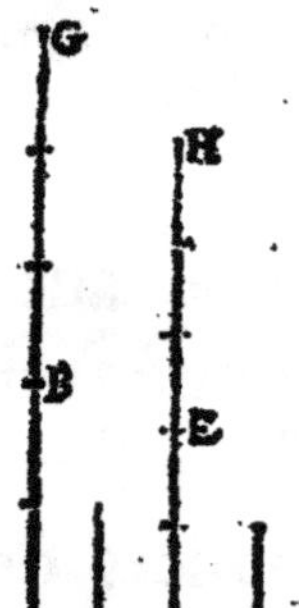

Car puis que AB est autant multiplice de C, comme DE de F, il y a en AB autant de grandeurs egales à C, qu'il y en a en DE d'egales à F. Par mesme raison, il y aura aussi en BG autant de grandeurs egales à C, comme il y en a en EH d'egales à F. Il y aura donc en AG autant de grandeurs egales à C, qu'il y en a en DH d'egales à F: parquoy AG composee de la premiere & cinquiesme est autant multiplice de la seconde C, comme DH composee de la tierce & sixiesme l'est de la quarte F. Parquoy si la premiere est autant multiplice de la seconde, que la troisiesme de la quarte, &c. Ce qu'il falloit demonstrer.

G H B E A C D F

THEOR. 3. PROP. III.

Si la premiere est autant multiple de la seconde, comme

la tierce de la quarte ; & on prend des equimultiplices de la premiere, & troisiesme : aussi le multiplice de la premiere sera autant multiplice de la seconde, que le multiplice de la tierce le sera de la quarte.

Soit A autant multiplice de B, comme C l'est de D ; & de la premiere & tierce A, C, soient pris les equemultiplices E & F. Ie dis que E sera autant multiple de B 2ᵉ, que F de D 4ᵉ.

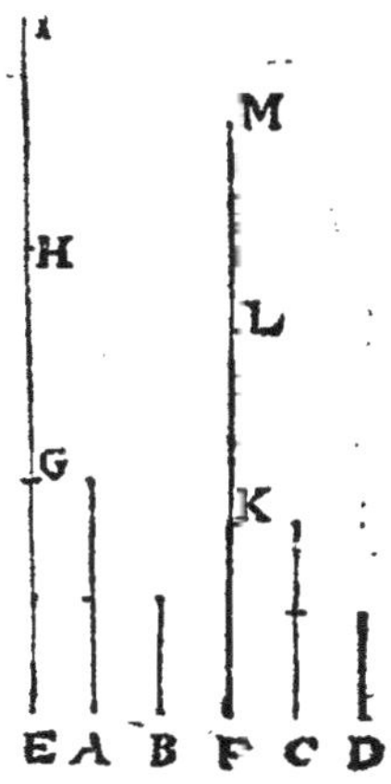

Car puis que E est autant multiplice de A, que F l'est de C : E contiendra autant de parties egales à A, comme F de parties egales à C. Soit donc E diuisee en EG, GH & HI, chacune egale à A : Item F diuisee en FK, KL & LM, chacune egale à C : & d'autant que EG & FK sont egales à A & C, lesquelles sont equemultiplices de B & D par l'hypothese, aussi EG & FK seront equemultiplices des mesmes B & D. Par mesme raison GH & KL : item HI & LM, seront equemultiplices d'icelles B & D. Veu donc que EG premiere grandeur est autant multiplice de la seconde B, que FK tierce l'est de D quarte. Item GH cinquiesme autant multiplice de la mesme seconde B, que KL sixiesme de la quatriesme D ; aussi EH composee de la premiere & cinquiesme sera autant multiplice de la seconde B, que FL composee de la tierce & sixiesme l'est de la quatriesme D, par la prec. prop. Derechef puis que EH premiere grandeur est autant multiplice de la seconde B, que FL tierce l'est de D quarte, & HI cinquiesme est aussi autant multiplice de la seconde B, que LM sixiesme l'est de la quatriesme D : EI composee de la premiere & cinquiesme sera aussi autant multiplice de la seconde B, que FM composee de la tierce & sixiesme l'est de D quatriesme par la 2. p. de ce liure. Si donc la premiere est autant multiplice de la seconde, &c. Ce qu'il falloit demonstrer.

THEOR. 4. PROP. IV.

Si la premiere est à la seconde, en mesme raison que la tierce à la quarte : aussi les equemultiplices de la premiere & tierce, auront mesme raison aux equemultiplices de la seconde & quarte, en quelque multiplication que ce soit, si elles sont prises ainsi qu'elles s'entrerespondent.

Soit A à B en mesme raison que C à D, & soient prises E & F equemultiplices de A premiere & C tierce: Item G & H equemultiplices de B seconde & D quarte, selon quelque multiplication que ce soit. Ie dis qu'il y a mesme raison de E à G, que de F à H.

Car si on prend I & K equemultiplices de E & F, pareillement L & M equemultiplices de G & H : d'autant que E premiere, est autant multiplice de A seconde, que F tierce l'est de C quarte, & I, K sont prinses equemultiplices d'icelles E, F, premiere & tierce ; aussi par la 3. prop. de ce liure I & K, serõt equemultiplices de A & C, seconde & quarte. Par mesme raison L & M, seront aussi equimultiplices de B & D : & puis que A est à B comme C à D : & d'icelles A & C, premiere & tierce, ont esté demonstrees I & K equemultiplices; mais de B & D seconde & quarte, autres equemultiplices L & M: par la conuerse de la 6. def. de ce liure, si I deffaut, est egal, ou plus grand que L, aussi K deffaudra, sera egal, ou plus grand que M, selon quelconque multiplication que soient pris iceux equemultiplices. Et pour autant que I & K, sont equemultiplices de E & F; pareillement L & M de G & H: par la mesme 6. def. il y aura mesme raison de E à G, comme de F à H. Si donc la premiere est à la seconde en mesme raison que la tierce à la quarte, &c. Ce qu'il falloit demonstrer.

COROLLAIRE.

Par cecy est manifeste la preuue de la raison inuerse, qu'Euclide a expliquee en la 13. def. de ce liure, sçauoir est que si 4 grandeurs sont proportionelles, elles le seront aussi estans prises à rebours, c'est à dire que E estant à G comme F à H, aussi en changeant G sera à E comme H à F. Car puis qu'il a esté demonstré que si I defaut, est egal ou plus grand que L, aussi K defaudra, sera egal, ou plus grand que M, selon quelconques multiplices. Il appert aussi que si L defaut, est egal, ou plus grand que I, aussi M defaudra, sera egal, ou plus grand que K, selon quelconques multiplications: Et partant par la 6. def. il y aura mesme raison de G à E que de H à F.

THEOR. 5. PROP. V.

Si vne grandeur est autant multiplice d'vne grandeur, que la retranchee de la retranchee : aussi le reste sera autant multiplice du reste, que la toute de la toute.

Soit la toute AB, autant multiplice de la toute CD, comme la retranchee AE, de la retranchee CF. Ie dis que le reste EB sera autant multiplice du reste FD, que la toute AB l'est de la toute CD.

Car AG estant faicte autant multiplice de FD comme AE l'est de CF, ou comme la toute AB l'est de la toute CD : d'autant que AE, AG sont equemultiplices de CF, FD : par la 1. pr. de ce liure, la toute GE, sera autant multiplice de la toute CD, comme AE de CF : Mais aussi AB, est autant multiplice de CD comme AE de CF : donc GE, AB, sont equemultiplices de CD, & partant egales entr'elles par la 6. com. sent. Parquoy en ostant ce qui est commun, sçauoir AE, demeureront egales GA, EB; & partant seront equemultiplices de FD puis que GA a esté posée multiplice d'icelle FD, & autant comme AB l'est de CD : donc aussi le reste EB sera autant multiplice du reste FD, que la toute AB l'est de la toute CD. Parquoy si vne grandeur est autant multiplice d'vne grandeur, &c. Ce qu'il falloit demonstrer.

THEOR. 6. PROP. VI.

Si deux grandeurs sont equemultiplices de deux autres grandeurs, & d'icelles on retranche des equemultiplices : ou les restes seront egaux aux mesmes, ou equemultiplices d'icelles.

Soient les grandeurs AB, CD, equemultiplices des grandeurs E, F, & les retranchees AG, CH aussi equemultiplices des mesmes grandeurs E, F. Ie dis que les restes GB, HD, seront ou egaux aux mesmes E, F, ou equemultiplices d'icelles.

Car d'autant que AB & CD, sont equemultiplices de E & F; en AB il y aura autant de grandeurs egales à E, comme en CD de grandeurs egales à F. Pareillement d'autant que la retranchee AG est autant multiplice de E, que la retranchee CH l'est de F; AG contiendra autant de grandeurs egales à E, que CH de grandeurs egales à F, par la 1. & 2. def. de ce liure. Si donc d'egales multitudes de grandeurs AB & CD, on oste egales multitudes de grandeurs AG & CH, les multitudes restantes GB & HD seront egales : c'est à dire que GB contiendra autant de fois E, comme HD contiendra F; ou bien si GB est egale à E, aussi HD sera egale à F : & par ainsi iceux restes GB, HD seront egales à E & F, chacune à la sienne, ou bien seront equemultiplices d'icelles. Parquoy si deux grandeurs sont equemultiplices de deux autres grandeurs, &c. Ce qu'il falloit demonstrer.

THEOR. 7. PROP. VII.

Les grandeurs egales, ont mesme raison à vne mesme grandeur; & cestecy aura mesme raison aux grandeurs egales.

Soient deux grandeurs egales A & B, & vne autre quelle qu'elle soit C. Ie dis que A & B ont mesme raison l'vne que l'autre à C, & que C aura mesme raison à A qu'à B.

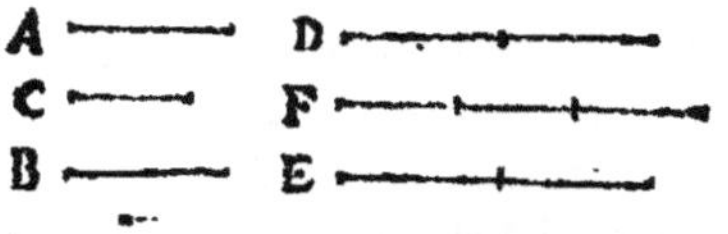

Qu'il ne soit ainsi ; soient pris D & E equemultiplices de A premiere, & B tierce, soit aussi pris F quelconque multiplice de C, seconde & quarte : donc puis que D est autant multiplice de A, que E est multiplice de B ; & que A & B sont posees egales : aussi D & E seront egales par la 6. com. sent. Si donc D est plus grande, egale, ou plus petite que F, aussi E sera plus grande, egale, ou plus petite que la mesme F, & par la susdite 6. def. de ce liure, il y aura telle raison de A à C, comme de B à la mesme C.

Quant à l'autre partie, elle se prouue tout de mesme par la susdite def. en prenant les mesmes equemultiplices, & monstrant l'excez, &c, ou bien plus facilement par la raison inuerse. Car puis qu'il a esté demonstré que A est à C comme B à C, en changeant C sera à A, comme C à B par le Corol. de la 4. prop. de ce liure. Donc les grandeurs egales ont mesme raison à vne mesme, &c Ce qu'il falloit demonstrer.

THEOR. 8. PROP. VIII.

Des grandeurs inegales, la plus grande a plus grande raison à vne mesme grandeur, que la plus petite : & vne mesme grandeur a plus grande raison à la plus petite grandeur, qu'à la plus grande.

Soient deux grandeurs inegales AB & C, desquelles AB est la plus grande, & vne troisiesme quelle qu'elle soit D. Ie dis que AB a plus grande raison à la troisiesme D, que non pas C : item, que D a plus grande raison à C, qu'à AB.

Qu'il ne soit ainsi : soit entendue AB premiere grandeur, D seconde, C tierce, & D quarte. D'autant que AB est plus grande que C, soit retranchee AE egale à icelle C, & soient pris des equemultiplices, à sçauoir FG de BE, & GH de EA, en sorte que chacune d'icelles FG & GH soit plus grande que D : & puis que les deux FG, GH, sont equemultiplices des deux BE, EA, par la 1. prop. de ce liure, la toute HF sera autant multiple de la toute AB, comme HG de AE, ou de C son egale : Maintenant soit prise IK aussi multiplice de D, en sorte qu'elle soit plus petite que HF, mais plus grande que HG : (ce qui est facile, puis que D est plus petite que ny FG, ny GH : si bien qu'il faut seulement adiouster tant de fois la grandeur D, iusques à ce que l'on ait ce que l'on cherche.) D'autant que FH, GH sont equemultiplices de AB premiere, & C troisiesme, si IK est prise pour l'equemultiplice, tant de D seconde, que D quatriesme, il est euident que HF multiplice de AB premiere, estant plus grande que IK multiplice de D seconde, HG multiplice de C tierce, n'est pas plus grande que IK multiplice de D quarte: & partant par la huictiesme def. de ce liure, il y aura plus grande raison de AB à D, que de C à la mesme D.

Quant à la seconde partie : d'autant que I K multiplice de la premiere D, (car il faut maintenant poser D premiere & troisiesme, C seconde, & A B quatriesme) est plus grande que H G multiplice de la seconde C; & I K multiplice de la troisiesme D, est moindre que F H multiplice de A B quatriesme: Il y aura plus grande raison de D à C, que de D à A B, par la 8. def. de ce liure. Parquoy des grandeurs inegales, &c. Ce qu'il falloit demonstrer.

THEOR. 9. PROP. IX.

Les grandeurs qui ont mesme raison à vne mesme grandeur, sont egales entr'elles : & celles-là aussi sont egales, ausquelles vne mesme grandeur a mesme raison.

Soient premierement deux grandeurs A & B, lesquelles ayent mesme raison l'vne que l'autre à la troisiesme C. Ie dis qu'elles sont egales entr'elles.

Car si elles n'estoient egales, il faudroit que l'vne ou l'autre fust plus grande; & par la precedente prop. icelle plus grande auroit plus grande raison a C, que la plus petite : ce qui est contre l'hypothese ; donc A & B ne sont pas inegales, mais egales.

A B C

Soient maintenant A & B, à chacune desquelles C ait vne mesme raison. Ie dis qu'icelles A & B sont aussi egales entr'elles: car autrement il faudroit que l'vne fust plus petite que l'autre : & par la mesme 8. prop. à icelle plus petite, C auroit plus grande raison qu'à la plus grande : ce qui est contre l'hypothese : A & B ne sont donc pas inegales, mais egales. Donc les grandeurs qui ont mesme raison, &c. Ce qu'il falloit demonstrer.

THEOR. 10. PROP. X.

Des grandeurs qui ont raison à vne mesme grandeur, celle qui a plus grande raison est la plus grande : & celle là à laquelle vne mesme grandeur a plus grande raison, est la plus petite.

Soient trois grandeurs A, B, C : & en premier lieu la raison de A à C soit plus grande que de B à la mesme C. Ie dis que A sera plus grande que B.

Autrement, si A n'estoit plus grande que B, elle seroit egale, ou plus petite, ce qui est impossible : car si elles estoient egales, elles auroient mesme raison l'vne que l'autre à C, par la 7. prop. de ce liure, ce qui seroit contre l'hypothese ; si aussi elle estoit plus petite, elle auroit plus petite raison à C

A B C

que

que non pas B, par la 8. prop. de ce mesme liure, ce qui est pareillement contre l'hypothese. Donc A ne sera pas moindre ny egale à B : & par consequent sera plus grande.

Maintenant que C aye plus grande raison à B, que non pas à A : Ie dis que B sera plus petite que A. Autrement si B n'estoit moindre que A, elle seroit egale, ou plus grande, ce qui est impossible : car si A & B estoient egales, C auroit mesme raison à l'vne qu'à l'autre par la susdite 7. prop. de ce liure : ce qui est contre nostre hypothese : si aussi elle estoit plus grande, C auroit plus grande raison à A qu'à B par la susdite 8. pr. ce qui est aussi contre l'hypothese. Donc B sera moindre que A. Parquoy des grandeurs qui ont raison à vne mesme grandeur, &c. Ce qu'il falloit demonstrer.

THEOR. 11. PROP. XI.

Les raisons qui sont de mesme à vne autre, sont aussi de mesme entr'elles.

Soit A à B, comme C à D, & comme C à D, ainsi E à F : Ie dis que comme A est à B, ainsi E sera à F.

Qu'il ne soit ainsi : de toutes les antecedantes A, C, E, soient prises quelconques equemultiplices, G, H, I. Pareillement, des consequentes B, D, F, quelconques equemultiplices, K, L, M. D'autant que A est à B comme C à D, par la conuerse de la 6. def. de ce liure, si G multiplice de A, est egale, plus grande, ou plus petite que K multiplice de B : aussi H multiplice de C, sera egale, plus grande, ou plus petite que L, multiplice de D. Item, puis que comme C est à D, ainsi E est à F, si H multiplice de C est egale, plus grande, ou plus petite que L multiplice de D, aussi I multiplice de E, sera egale, plus grande, ou plus petite que M multiplice de F : Parquoy si G multiplice de A premiere, est plus grande, egale, ou plus petite que K multiplice de B seconde, aussi I multiplice de E tierce, sera plus grande, egale, ou plus petite que M multiplice de F quarte; & par la susdite 6 def. comme A sera à B, ainsi E sera à F. Parquoy les raisons qui sont de mesme, &c. Ce qu'il falloit demonstrer.

G H I
A C E
B D F
K L M

SCHOLIE.

Clauius demonstre en suitte de ce, que les raisons qui sont de mesme à d'autres, sont aussi de mesme entr'elles : Comme si A est à B, ainsi que C à D, & que E soit à F, comme A à B; & G à H, comme C à D; Aussi comme E sera à F, ainsi G sera à H. Car d'autant que les raisons de E à F, & de C à D sont de mesme à la raison de A à B, par la 11. p. 5. comme E sera à F, ainsi C à D. Derechef, pour ce que les raisons de E à F, & de G à H sont de mesme à la raison de C à D : aussi par la mesme 11. prop. 5. comme E sera à F, ainsi G sera à H.

A	B	C	D
3.	2.	6.	4.
E	F	G	H
9.	6.	12.	8.

Derechef, si les raisons de A à B, de C à D & de E à F sont de mesme entr'elles; & que comme A est à B, ainsi G soit à H; & comme C à D, ainsi I à K &; comme E est à F, ainsi L soit à M: aussi les raisons de G à H, de I à K, & de L à M sont de mesme entr'elles: Car suiuant ce que nous auons demonstré cy-dessus de quatre raisons, comme G est à H, ainsi I est à K, pour ce que ces raisons sont semblables aux raisons de A à B, & de C à D. Et en la mesme maniere, cõme I sera à K, ainsi L sera à M, d'autant qu'icelles raisons sont de mesme aux raisons de C à D, & de E à F, lesquelles sont semblables. Item, comme G sera à H, ainsi L à M; puis que ces raisons sont de mesme que les raisons de A à B, & de E à F, qui sont posées egales: Le mesme seroit encores demonstré s'il y auoit dauantage de raisons.

A	B	C	D	E	F
3.	2.	6.	4.	9.	6.
G	H	I	K	L	M
12.	8.	18.	12.	30.	20.

THEOR. 12. PROP. XII.

Si tant de grandeurs qu'on voudra sont proportionnelles: comme l'vne des antecedantes sera à sa consequente, ainsi toutes les antecedantes seront à toutes les consequentes.

Soient six grandeurs proportionnelles A, B, C, D, E, F, sçauoir que A soit à B, comme C est à D, & E à F: Ie dis que comme l'vne des antecedantes est à sa consequente; sçauoir est A à B, ainsi toutes les antecedantes ensemble A, C, E, seront à toutes les consequentes ensemble B, D, F.

Car estans prises des antecedantes A, C, E, les equemultiplices G, H, I: item des consequentes B, D, F, les equemultiplices K, L, M; toutes les trois multiplices G, H, I ensemble, seront autant multiplice des trois grandeurs A, C, E ensemble, comme la seule G est multiplice de la seule A, par la premiere prop. de ce liure. Aussi par la mesme raison toutes les trois multiplices K, L, M ensemble, seront autant multiplice des trois grandeurs B, D, F ensemble, comme K sera multiplice de B. Partant puis que A, B, C, D, E, F sont proportionnelles, si G multiplice de A premiere, est plus grande, egale, ou plus petite que K multiplice de B seconde, aussi H multiplice de C troisiesme, sera plus grande, egale, ou plus petite que L, multiplice de D quatriesme, par la conuerse de la 6. def. de ce liure, & ainsi des deux autres: Partant si G est plus grande, egale, ou plus petite que K, le composé des trois G, H, I, sera aussi plus grand, egal, ou plus petit que le composé des trois K, L, M. Donc par la mesme 6. def. comme A sera à B, ainsi les trois A, C, E ensemble, seront aux trois B, D, F ensemble. Parquoy si tant de grandeurs qu'on voudra sont proportionnelles, &c. Ce qui estoit à prouuer.

G H I
A C E
B D F
K L M

THEOR. 13. PROP. XIII.

Si la premiere est à la seconde comme la tierce à la quarte: mais la tierce a plus grande raison à la quarte, que la cinquiesme à la sixiesme: aussi la premiere aura plus grande raison à la seconde, que la cinquiesme à la sixiesme.

Soit A premiere à B seconde, *(en la prec. fig.)* comme C tierce à D quarte, & qu'il y ait plus grande raison de C tierce à D quarte, que de E cinquiesme à F sixiesme. Ie dis qu'il y aura aussi plus grande raison de A premiere à B seconde, que de E cinquiesme à F sixiesme.

Car estans prises des antecedantes A, C, E, les equemultiplices G, H, I, & des consequentes B, D, F, les equemultiplices K, L, M: D'autant que A est à B, comme C à D, si G multiplice de A est egale, plus grande, ou plus petite que K multiplice de B, aussi par la converse de la 6. def. de ce livre, H multiplice de C, sera egale, plus grande, ou plus petite que L multiplice de D. Pareillement, d'autant qu'il y a plus grande raison de C premiere à D seconde, que de E tierce à F quatriesme, si H multiplice de C, est plus grande que L multiplice de D, il n'est pas necessaire que I multiplice de E excede M multiplice de F, par la 8. def. de ce livre convertie: donc aussi si G excede K, necessairement I n'excede pas M: & partant par ladite 8. def. il y a plus grande raison de A à B, que de E à F. Si donc la premiere est à la seconde, comme la tierce à la quarte, &c. Ce qu'il falloit demonstrer.

SCHOLIE.

Que si la tierce C a moindre raison à la quarte D, que la cinquiesme E à la sixiesme F: aussi la premiere A aura moindre raison à la seconde B, que la cinquiesme E à la sixiesme F. Car si la raison de C à D est moindre que celle de E à F, c'est à dire, que la raison de E premiere à F seconde estant plus grande que celle de C tierce à D quarte, si I excede M, il n'est pas necessaire que H excede L, car quelquesfois elle defaut, ou est egale à icelle par la 8. def. de ce liu. convertie. Mais si H defaut, ou est egale à L, aussi G defaudra, ou sera egale à K par la 6. def. convertie, parce qu'on a posé C 1. estre à D 2. comme A 3. à B 4 Parquoy si I excede M, necessairement G n'excedera pas K: & partant par la susdicte 8. def. il y aura plus grande raison de E à F, que de A à B, c'est à dire que la raison de A à B sera moindre que de E à F: ce qui estoit proposé.

En la mesme maniere sera demonstré, que s'il y a plus grande raison de la premiere à la seconde, que de la tierce à la quarte: mais la tierce a plus grande raison à la quarte, que la cinquiéme à la sixiéme; pareillement la premiere aura beaucoup plus grande raison à la seconde, que la cinquiéme à la sixiéme.

Que si la premiere a moindre raison à la seconde, que la tierce à la quarte, & la tierce à moindre raison à la quatriéme que la cinquiéme à la sixiéme: aussi la premiere aura beaucoup moindre raison à la seconde, que la cinquiesme à la sixiesme.

THEOR. 14. PROP. XIV.

Si la premiere est à la seconde, comme la tierce à la quarte, & que la premiere soit plus grande que la tierce: aussi la seconde sera plus grande que la quarte; & si egale, egale: si plus petite, plus petite.

Soit A à B, comme C est à D, & que A premiere soit plus grande, egale, ou plus petite que C troisiesme; Ie dis que B seconde sera aussi plus grande, egale, ou plus petite que D quatriesme.

Soit premierement A plus grande que C: il y aura donc plus grande raison de A à B, que de C à la mesme B, par la 8. prop. de ce liure, & par consequent plus grande raison de C à D, que de C à B, estant icelle la mesme raison que de A à B, & par la 10. prop. de ce mesme liure B sera plus grande que D.

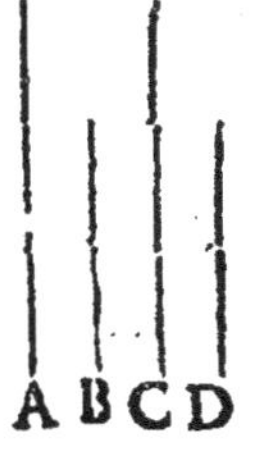

Soit puis apres A egale à C, & par la 7. prop. de ce mesme liure A sera à B, comme C à B: & puis que les raisons de C à D, & C à B, sont les mesmes que de A à B, les raisons de C à D & de C à B, seront de mesme entr'elles, par la 11. pr. de ce liure, & partant par la 9. pr. B & D seront egales.

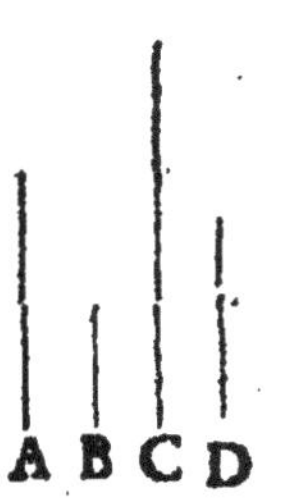

Finalement soit A moindre que C, & par la susdite 8. prop. il y aura plus grande raison de C à D, que de A à D; & par consequent plus grande raison de A à B, que de A à D, puis qu'il y a mesme raison de A à B, que de C à D, & par la 10. prop. de ce mesme liure B sera moindre que D. Si donc la premiere est à la seconde, comme la tierce à la quarte, &c. Ce qu'il falloit prouuer.

SCHOLIE.

Que si la seconde est plus grande, ou egale, ou moindre que la quarte: aussi la premiere sera plus grande, ou egale, ou moindre que la tierce. Car puis que A est à B comme C à D, en changeant B sera à A comme D à C par le Cor. de la 4. p. de ce liure. Donc si B est plus grande, ou egale, ou moindre que D, aussi A sera plus grande, ou egale, ou moindre que C par la susdite 14. prop.

Or Euclide n'a pas demonstré que si la premiere est plus grande, egale, ou plus petite que la seconde: aussi la tierce sera plus grande, egale, ou moindre que la quarte ; pource que cela est euident à cause de la similitude des raisons. Ce que nous pourrions neantmoins demonstrer apres Commandin : mais d'autant que sa demonstration ne compete qu'aux grandeurs de mesme genre , nous nous tiendrons à ce que la nature des proportions nous monstre, encore que les grandeurs soient de diuers genres.

THEOR. 15. PROP. XV.

Les grandeurs sont entr'elles , comme sont leurs equemultiplices entr'elles, estans prises comme elles s'entre-respondent.

Soit AB autãt multiplice de C comme DE est multiplice de F. Ie dis que AB sera à DE, comme C à F. Car puis que A B & DE sont equemultiplices d'icelles C & F , il y aura en AB autant de parties egales à C, comme DE contient de parties egales à F: soit donc diuisee A B és parties AG, GB egales à C, & DE és parties DH, HD egales à F; & par la 7. prop. de ce liure vne chacune partie de AB, sera à vne chacune partie de DE, comme C est à F ; & par la 12. prop. toutes les antecedentes AB, seront à toutes les consequentes DE, comme AG l'vne des antecedantes , est à DH sa consequente, c'est à dire comme C à F, puis que c'est la mesme raison. Parquoy les grandeurs sont entr'elles,&c. Ce qu'il falloit prouuer.

THEOR. 16 PROP. XVI.

Si quatre grandeurs sont proportionnelles, elles le seront aussi estãs permutees.

Soit A à B , comme C à D. Ie dis qu'en permutant A sera à C , comme B est à D.

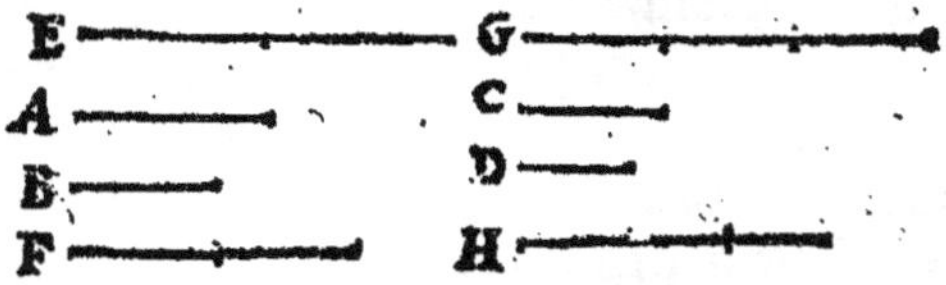

Car si on prend E & F equemultiplices de A & B ; item G & H equemultiplices de C & D ; E sera à F, comme A à B par la prop. precedente,& G à H comme C à D ; & parconsequent E estant à F,& C à D, en mesme raison que A à B , elles sont de mesme entr'elles par la 11. prop. de ce liure. Derechef puis que les raisons de E à F, & G à H sont les mesmes que de C à D , elles seront aussi de mesme entr'elles par la susdite 11. prop. c'est à dire, que comme E premiere est à F seconde , ainsi sera G tierce à H quarte : parquoy par la 14. prop. de ce mesme liure si, E premiere est plus grande, egale, ou moindre que G tierce, aussi F seconde sera plus grande, egale, ou moindre que H quatriesme , en quelconque multiplication que soient prises les equemultiplices; & par la 6. def. d'iceluy cinquiesme liure A sera à C, comme B à D: (puisque

E & F sont equemultiplices de A premiere, & B troisiesme; & G & H equemultiplices de C seconde & D quatriesme, & celles-là defaillent, sont egales, ou excedent celles cy, &c.) Parquoy si quatre grandeurs sont proportionnelles, &c. Ce qu'il falloit demonstrer.

SCHOLIE.

Or la demonstration de ceste proposition a seulement lieu quand les quatre grandeurs sont de mesme genre. Car si les deux A & B estoient d'vn genre, & les deux C & D d'vn autre: aussi les equemultiplices E & F seroient d'vn genre, c'est à sçauoir duquel sont A & B, & les equemultiplices G & H d'vn autre genre, c'est à sçauoir de celuy duquel sont C & D: Parquoy on ne pourroit pas dire E estre plus grande, egale, ou moindre que G: & partant rien ne se concluroit par la 6. def. de ce liure. La raison permutée a donc seulement lieu quand les quatre grandeurs sont d'vn mesme genre.

THEOR. 17. PROP. XVII.

Si les grandeurs composees sont proportionnelles; icelles estans diuisees, seront aussi proportionnelles.

Soient les grandeurs composees AB, CB, & DE, FE, proportionnelles, c'est à dire, que AB soit à CB, comme DE à FE. Ie dis que les mesmes grandeurs estans diuisees sont aussi proportionelles, c'est à dire que comme AC est à CB, ainsi DF est à FE.

Car d'icelles AC, CB, DF, FE soient prises les equemultiplices GH, HL, IK, KM, chacune à chacune, & par la 1. prop. de ce liure GL sera autant multiplice de AB, que GH de AC, c'est à dire comme IK de DF. Mais icelle IK est autant multiplice de DF, que IM de DE par la mesme 1. prop. donc GL, IM sont equemultiplices de AB, DE. Derechef soient prises LN, MO equemultiplices de CB, FE. Pour autant que HL premiere est autant multiplice de CB seconde, que KM tierce de la quarte FE, & LN cinquiesme autant multiplice de CB seconde, que MO sixiesme de la quarte FE, par la 2. p. de ce liure, HN sera autant multiplice de CB seconde, que KO de FE quatriéme. Et puis que AB est à CB, comme DE à FE: & ont esté prises GL, IM equemultiplices de AB, DE, mais HN, KO de CB, FE: par la 6. def. conuertie si GL multiplice de AB premiere excede, est egale, ou moindre que HN multiplice de CB seconde, aussi IM, multiplice de DE tierce, excedera, sera egale, ou moindre, que KO multiplice de FE quarte: ostant donc les choses communes HL, KM; si GH excede LN, aussi IK excedera MO; & si egale, egale; & si moindre, moindre. Et d'autant que GH, IK sont equimultiplices de AC premiere & DF tierce. Item LN, MO equemultiplices de CB seconde & FE quarte, & il a esté demonstré (en quelconque multiplication qu'ayent esté prises icelles equemultiplices) que les equemultiplices de la premiere & troisiesme excedent, sont egales, ou moindres, que les equemultiplices de la seconde & quatriesme, par la susdite 6. def. de ce cinquiesme liure AC sera à CB, comme DF à FE: ce qui estoit proposé. Si donc les grandeurs composees sont proportionnelles. &c. Ce qu'il falloit demonstrer.

SCHOLIE.

Nous demonstrerons icy ce moyen là d'argumenter, lequel en la 15. def. nous auons dict conuerse de la raison diuisee: c'est à dire que si AB est à CB, comme DE à FE, aussi CB sera à AC, comme FE à DF. Car d'autant que comme AB à CB, ainsi DE à FE, en diuisant par la 17. p. 5. comme AC sera à CB, ainsi DE à FE: & en changeant, comme CB sera à AC, ainsi FE sera à DF: ce qui estoit proposé.

Par mesme maniere, sera demonstré ce moyen-là d'argumenter, lequel en la mesme 15. def. nous auons appellé contraire diuision de raison: c'est à dire que si AC est à AB, comme DF à DE: aussi AC sera à CB, ainsi que DF à FE. Car puis que AC est à AB, comme DF à DE: en changeant, comme AB sera à AC, ainsi DE à DF: donc en diuisant par la 17. p. 5. comme CB à AC: ainsi FE à DF: & en changeant derechef, comme AC à CB, ainsi DF à FE: ce qui estoit à demonstrer.

THEOR. 18. PROP. XVIII.

Si les grandeurs diuisees sont proportionnelles; icelles estans composees seront aussi proportionnelles.

Soient les grandeurs diuisees AB, BC, & DE, EF proportionnelles. Ie dis qu'en composant, AC est à CB, comme DF à EF.

Car si comme AC est à BC, ainsi DF n'est pas à EF; DF aura à quelque grandeur moindre ou plus grande que EF, mesme raison que AC à BC. Soit donc premierement DF à GF, moindre que EF, en mesme raison que AC à BC, s'il est possible: & en diuisant par la precedente proposition, DG sera à GF comme AB à BC. Mais comme AB à BC, ainsi DE est à EF: donc aussi comme DG sera à GF, ainsi DE sera à EF par la 11. prop. de ce liure. Mais DG premiere est plus grande que DE troisiesme: donc par la 14. proposition de ce mesme liure GF seconde, sera aussi plus grande que EF quatriesme, la partie que le tout: ce qui est absurde. Il n'y aura donc pas de DF à GF, moindre que EF, mesme raison que de AC à BC.

C F B G E A D

Par mesme discours on demonstrera que DF n'aura pas à vne grandeur plus grande que EF, mesme raison que AC à BC. Donc comme AC est à BC, ainsi DF est à EF, puisque DF ne peut estre à vne grandeur moindre, ou plus grande que EF, en mesme raison que AC à BC. Parquoy si les grandeurs diuisées sont proportionnelles, &c. Ce qu'il falloit demonstrer.

SCHOLIE.

Nous demonstrerons icy ces deux moyens-là d'argumenter és proportions, lesquels nous auons descrits en la 14. def. de ce liure. Quant au premier, que nous auons nommé conuerse composition de raison : soit comme AB à BC ainsi DE à EF. Ie dis, que comme AC est à AB, ainsi DF à DE. Car puis que comme AB est à BC, ainsi DE à EF, en changeant comme BC sera à AB, ainsi EF à DE : donc en composant par la 18.p. cy dessus, comme AC sera à AB, ainsi DF à DE: Ce qu'il falloit prouuer.

Quant à l'autre moyen que nous auons appellé contraire composition de raison: soit derechef comme AB à BC, ainsi DE à EF : Ie dis que par le contraire de composition de raison, comme AB à AC, ainsi DE à DF. Car puis que comme AB est à BC, ainsi DE à EF, en changeant comme BC sera à AB, ainsi EF à DE: donc aussi en composant par la mesme prop. comme AC sera à AB, ainsi DF à DE: & partant en changeant derechef, comme AB sera à AC, ainsi DE sera à DF: Ce qui estoit proposé à prouuer.

THEOR. 19. PROP. XIX.

Si le tout est au tout, comme le retranché au retranché; le reste sera aussi au reste, comme le tout est au tout.

Soit la toute AB à la toute DE, comme le retranché AC, au retranché DF. Ie dis que le reste CB est aussi au reste FE, comme la toute AB à la toute DE.

Car puis que AB est à DE, comme AC à DF, aussi en permutant par la 16. prop. de ce liure AB sera à AC, comme DE à DF; & par la 17. prop. de ce mesme liure, en diuisant comme CB sera à AC, ainsi FE sera à DF: parquoy en per mutant derechef par la susdicte 16. prop. CB sera à FE, comme AC à DF, c'est à dire comme la toute AB à la toute DE, puis que AB, DE, & AC, DF, ont esté posees en mesme raison. Parquoy si le tout est au tout comme le retranché au retranché, &c. Ce qu'il falloit demonstrer.

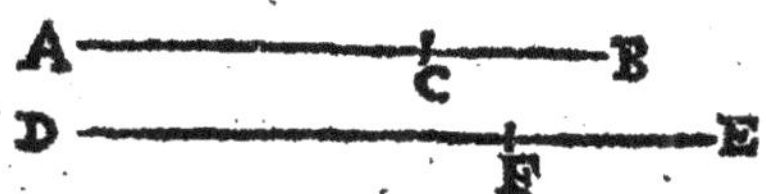

SCHOLIE.

Nous demonstrerons icy ce moyen-là d'argumenter ès proportions, qui est pris par la conuersion de raison. Car soit comme AB à CB, ainsi DE à FE. Ie dis par conuersion de raison, AB estre aussi à AC, comme DE à DF. Car puis que comme AB est à CB, ainsi DE est à FE en diuisant par la 17. prop. de ce liure, comme AC à CB, ainsi DF à FE : donc aussi en changeant comme CB à AC, ainsi EF à DF : & partant en composant par la 18. prop. de ce cinquiesme liure, comme AB sera à AC, ainsi DE sera à DF : ce qui estoit proposé.

THEOR. 20. PROP. XX.

Si trois grandeurs d'vn costé, & trois d'vn autre, estans prise prises de deux en deux, sont en mesme raison, & qu'en raison egale la premiere soit plus grande que la troisiesme; aussi la quatriesme sera plus grande que la sixiesme; & si egale, egale; si plus petite, plus petite.

Soient trois grandeurs d'vn costé A, B, C, & trois d'vn autre D, E, F. & comme A à B, ainsi D à E, & comme B à C, ainsi E à F: & que A premiere soit plus grande que C troisiesme. Ie dis que D 4e sera aussi plus grande que F 6e.

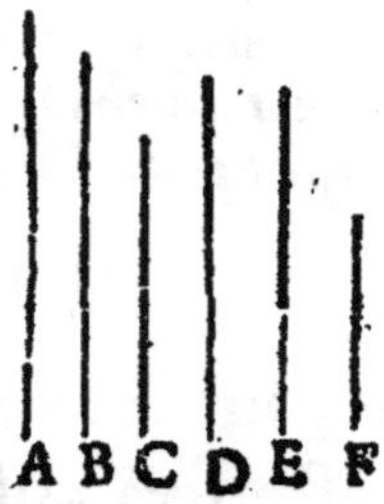

Car puis que A est plus grande que C, il y aura plus grande raison de A à B que de C à B par la 8. prop. de ce cinquiesme liure. Mais comme A est à B ainsi D à E, & par la 13. p. 5. il y aura plus grande raison de D à E, que de C à B. Item comme C est à B, ainsi F à E: (car puis que B est à C, comme E à F, en changeant comme C sera à B, ainsi F à E.) il y aura donc aussi plus grande raison de D à E que de F à E, & par la 10. pr. 5. D sera plus grande que F.

A B C D E F

Que si A est egale à C; ie dis aussi que D sera egale à F. Car puis que A est egale à C, par la 7. p. de ce liure, A sera à B comme C à B. Mais comme A est à B, ainsi D à E: & par la 11. pr. 5. D sera à E, comme C à B: & comme C est à B, ainsi F à E. Donc D sera aussi à E comme F à E: & partant D & F seront egales par la 9. prop. de ce mesme liure.

ABC EDF

En troisiesme lieu, si A est moindre que C, ie dis aussi que D est moindre que F. Car puisque A est moindre que C, il y aura moindre raison de A à B, que de C à B par la 8. p. 5. Mais comme A est à B, ainsi D est à E: il y aura donc aussi moindre raison de D à E, que de C à B, par la 13. prop. de ce cinquiesme liure. Mais en changeant comme dessus, C est à B, comme F à E. Il y a donc pareillement moindre raison de D à E, que de F à E: & partant par la 10. p. 5. D sera moindre que F. Parquoy si trois grandeurs d'vn costé, & trois d'vn autre, &c. Ce qu'il falloit demonstrer.

ABCDEF

THEOR. 21. PROP. XXI.

Si trois grandeurs d'vn costé, & trois d'vn autre, prises de deux en deux sont en mesme raison, estant leur proportion sans ordre, & qu'en raison egale la premiere soit plus grande que la troisiesme; aussi la quatriesme sera plus grande que la sixiesme; & si egale, egale; si plus petite, plus petite.

Soient trois grandeurs d'vn costé A, B, C, & trois d'vn autre D, E, F, lesquelles prises de deux en deux soient en mesme raison, estant leur proportion troublée, sçauoir que comme A à B, ainsi E à F, & comme B à C, ainsi D à E. Ie dis que comme A sera egale, plus grande, ou plus petite que C, aussi D sera egale, plus grande, ou plus petite que F.

Car si A est plus grande que C, il y aura plus grande raison de A à B, que de C à B par la 8. pr. de ce liure. Mais comme A à B, ainsi E à F; il y aura donc plus grande raison de E à F, que de C à B par la 13. prop. d'iceluy cinquiesme liure. Et d'autant que comme B est à C, ainsi D est à E, en changeant comme C sera à B, ainsi E à D. Il y aura donc aussi plus grande raison de E à F, que de E à D: & partant par la 10. prop. 5. D sera plus grande que F.

ABCDEF

On peut prouuer comme en la precedente, si A est egale, ou plus petite que C; aussi D estre egale, ou moindre que F. Parquoy si trois grandeurs d'vn costé, & trois d'vn autre, &c. Ce qu'il falloit demonstrer.

THEOR. 22. PROP. XXII.

S'il y-a tant de grandeurs qu'on voudra, & autant d'autres, lesquelles estans prises de deux en deux soient en mesme raison; icelles en raison egale seront proportionnelles.

Soient trois grandeurs d'vn costé A, B, C, & trois d'vn autre D, E, F, & soit A à B comme D à E, & B à C comme E à F. Ie dis qu'en raison egale comme A est à C, ainsi D à F.

Car estans prises G, H equemultiplices de A, D: Item I, K, equemultiplices de B, E: Item L, M, equemultiplices de C, F: puisque A est à B, comme D à E, aussi G multiplice de A premiere sera à I multiplice de B deuxiesme, comme H multiplice de D troisiesme à K multiplice de E quatriesme par la 4. p. de ce cinquiesme liure. Par mesme raison I sera à L, comme K à M. Veu donc que les trois grandeurs, G, I, L, & les trois autres H, K, M, estans prises de deux en deux sont en mesme raison, par la 20. pr. 5. si G excede L, aussi H excedera M; & si egale, egale; & si plus petite, plus petite: & partant puis que G, H, equemultiplices de A & D defaillent, sont egales, ou excedent L, M, equemultiplices quelcon-

A B C N D E F O
G I L H K M

ques de C & F, par la 6. def. A sera à C, comme D à F : ce qu'il falloit prouuer.

Maintenant soient plus de trois grandeurs, tellement que C soit aussi à N, comme F à O. Ie dis que A est encore à N comme D à O. Car puisque nous venons de demonstrer que A est à C, comme D à F; & on a posé C estre à N, comme F à O, il y aura trois grandeurs A, C, N, & trois autres D, F, O, lesquelles sont prises de deux en deux en mesme raison. Donc comme il a esté demonstré és trois grandeurs cy dessus, A sera derechef à N, comme D à O. En la mesme maniere sera demonstré en tant de grandeurs qu'on voudra. Si donc il y-a tant de grandeurs qu'on voudra, &c. Ce qu'il falloit demonstrer..

SCHOLIE.

Le docte Steuin en la 19. def. de ses Probl. Geomet. explique vne sorte d'argumenter és proportions, qu'il appelle proportion transformée, qui peut estre reduicte en vn tel theoreme que le suiuant.

S'il y-a deux grandeurs, desquelles chacune soit couppée en tant de parties qu'on voudra egales en multitude, & proportionnelles : la composée de tant de parties qu'on voudra de la premiere grandeur, sera à la composée des parties restantes, en mesme raison que la composée, d'autant de parties de la derniere grandeur, sera à la composée des parties restantes d'icelle. Et si quelconque partie de l'vne est couppée en deux autres parties, & la partie de l'autre correspondante à ceste partie-là, est aussi couppée en deux autres parties proportionnelles à ces deux-là : les totales grandeurs seront aussi couppées proportionnellement.

Soit vne grandeur AB couppée en tant de parties qu'on voudra AC, CD, DE, EF, FB; & vne autre grandeur GH, couppée en autant de parties que AB, sçauoir és cinq GI, IK, KL, LM, MH, proportionnelles à celles là de AB. Ie dis que AD composée des deux parties AC, CD, est à DB composée des trois parties restantes, comme GK composée des deux parties GI, IK, est à KH composée des trois autres parties restantes. Car puis que comme AC est à CD, ainsi GI est à IK, en composant par la 18. p. de ce liure AD sera à CD, comme GK à IK.

A C D N E F B

G I K O L M H

Mais comme CD à DE, ainsi IK à KL : donc par la 22. prop. de ce mesme liure, en raison egale, comme AD sera à DE, ainsi GK sera à KL. Derechef, pource qu'en changeant, BF est à FE, comme HM à ML, aussi en composant BE sera à FE, comme HL à ML. Mais FE est à ED, comme ML à LK : donc en raison egale, BE sera à ED comme HL à LK; & en composant, BD sera à ED, comme HK à IK; & en changeant, DE à DB, comme KL à KH. Parquoy puis qu'il a esté demonstré que AD est à DE, comme GK à KL, & DE est à DB, comme KL à KH, par la susdicte 22. prop. 5. en raison egale comme AD sera à DB, ainsi GK sera à KH.

Nous demonstrerons en la mesme maniere, que comme AC est à CB, ainsi GI est à IH. Car derechef en changeant, composant, & par egalité de raison, comme BC sera à DC, ainsi HI à KI : & en changeant, comme CD sera à CB, ainsi IK sera à IH.

Veu donc que comme AC est à CD, ainsi GI est à IK, & comme CD à CB, ainsi IK à IH : en raison egale, comme AC sera à CB, ainsi GI sera à IH.

Par mesme raison, comme AF sera à FB, ainsi GM sera à MH : Car derechef en composant, & par egalité de raison, comme AF sera à EF, ainsi GM sera à LM, par les susdictes 18, & 21. prop. de ce liure. Mais aussi comme EF est à FB, ainsi LM à MH : Donc en raison egale, comme AF est à FB, ainsi GM est à HM, & ainsi des autres : appert donc ce qui estoit premierement proposé.

A C D N E F B

G I K O L M H

Maintenant soit couppée, (comme pour exemple) la troisiesme partie DE en deux quelconques parties DN, NE ; & aussi la troisiesme KL en deux parties KO, OL proportionnelles à celle-là. Ie dis que comme AN à NB, ainsi GO à OH. Car en changeant, comme EN sera à ND, ainsi LO à OK : & en composant par la 18. prop. 5. comme ED sera à DN, ainsi LK à KO. Parquoy puis que comme CD est à DE, ainsi IK à KL : & comme DE à DN, ainsi KL à KO : par la 22. prop. 5. en raison egale, comme CD sera à DN, ainsi IK à KO : donc les parties AC, CD, DN, sont proportionnelles aux parties GI, IK, KO. Derechef, pource qu'en changeant, comme FE est à ED, ainsi ML à LK : & en composant, comme DE à NE, ainsi KL à OL, en raison egale, comme FE sera à EN, ainsi ML, à LO, & en changeant, comme NE à EF, ainsi OL à LM : & partant toutes les parties AC, CD, DN, NE, EF, FB, sont proportionnelles à toutes les parties GI, IK, KO, OL, LM, MH. Donc comme il a esté demonstré en la premiere partie, AN sera à NB comme GO à OH : appert donc ce qui estoit proposé en second lieu.

A ce Theoreme nous en ioindrons deux autres, le premier desquels est tel.

S'il y a tant de grandeurs qu'on voudra, & autant d'autres, lesquelles prises de deux en deux, soient en mesme raison : toutes les grandeurs d'vn ordre, seront à laquelle on voudra d'icelles en mesme raison, que toutes les grandeurs de l'autre ordre seront à la correspondante.

Soient trois grandeurs d'vn costé A, B, C, & trois d'vn autre D, E, F, & soit A à B, comme D à E, & B à C, comme E à F : ie dis, que comme toutes les grandeurs A, B, C ensemble, seront à laquelle on voudra d'icelles, par exemple à la derniere C, ainsi toutes les grandeurs D, E, F ensemble, seront à la derniere F. Car puisque comme A est à B, ainsi D à E, en composant A, B sont à B, comme D, E, à E. Mais B est à C, comme E à F : donc en raison egale A, B, seront à C, comme D, E à F : & en composant A, B, C, seront à C, comme D, E, F à F. Ce qu'il falloit prouuer.

ABCG DEFH

Que s'il y auoit dauantage de grandeurs, la demonstration ne seroit dissemblable à celle-cy dessus : car il n'y auroit qu'à repeter la composition & egalité de raison autant de fois qu'il seroit de besoin : Comme par exemple, soient encore G & H, tellement que C soit à G, comme F à H. D'autant que A, B est à C, comme D, E est à F, & C à G, comme F à H : en raison egale A, B, sont à G, comme D, E à H : & en composant A, B, G, sont à G, comme D, E, H à H. Mais puis que comme C est à G, ainsi F à H, en chan-

geant, comme G sera à C, ainsi H à F: donc en raison egale, comme A, B, G sont à C, ainsi D, E, H à F; & en composant comme toutes les grandeurs A, B, G, C ensemble, seront à la seule C, ainsi toutes les grandeurs D, E, H, F ensemble, seront à la seule F.

Mais si on vouloit prouuer, que comme toutes les quatre grandeurs A, B, C, G, sont à la derniere G, ainsi les quatres autres D, E, F, H, sont à la derniere H, il seroit bien plus bref: Car puisque nous auons demonstré, que comme A, B, C, sont à C, ainsi D, E, F à F, & que comme C est à G, ainsi F est à H en raison egale, comme A, B, C seront à G, ainsi D, E, F à H: donc en composant, toutes les grandeurs A, B, C, G, seront à G, comme toutes les grandeurs D, E, F, H seront à H.

En la mesme sorte on demonstrera, que toutes lesdites grandeurs A, B, C, G seront à A, comme toutes les grandeurs D, E, F, H, seront à D, n'y ayant autre difference, sinon qu'il faut prendre au contraire de ce que dessus.

Et de ce est manifeste, que comme laquelle on voudra des grandeurs du premier ordre, est à sa correspondante du second ordre, ainsi toutes les grandeurs du premier ordre seront à toutes les grandeurs de l'autre ordre.

Le second Theoreme est demonstré par Clauius au Scholie de cette 22. prop. & est tel.

Si la premiere est à la seconde en mesme raison que la tierce à la quarte: les equemultiplices de la premiere & troisiesme auront aussi vne mesme raison à la seconde & quatriesme. Item les equemultiplices de la seconde & quatriesme, auront vne mesme raison à la premiere & troisiesme. Et au contraire, la seconde & quatriesme auront vne mesme raison aux equemultiplices de la premiere & troisiesme. Item la premiere & troisiesme auront vne mesme raison aux equemultiplices de la deuxiesme & quatriesme.

Soit A à B, comme C à D, & soient F, H, equemultiplices de A, C: item G, I equemultiplices de B, D. Ie dis que F est à B, comme H à D: item que G est à A, comme I à C. Et au contraire que B est à F, comme D à H: item A à G, comme C à I. Car puis que F est autant multiplice de A, que H l'est de C, comme F est à A, ainsi H à C, & par l'hypothese A est à B, comme C à D; donc en raison egale par la 22. pr. 5. comme F sera à B, ainsi H sera à D. Derechef, pource que G est à B, comme I à D, & comme B à A, ainsi D à C: (car puis que A est à B comme C à D par l'hypothese, en changeant comme B à A, ainsi D a C) en raison egale, comme G sera à A, ainsi I à C par la susdicte 22. prop. 5.

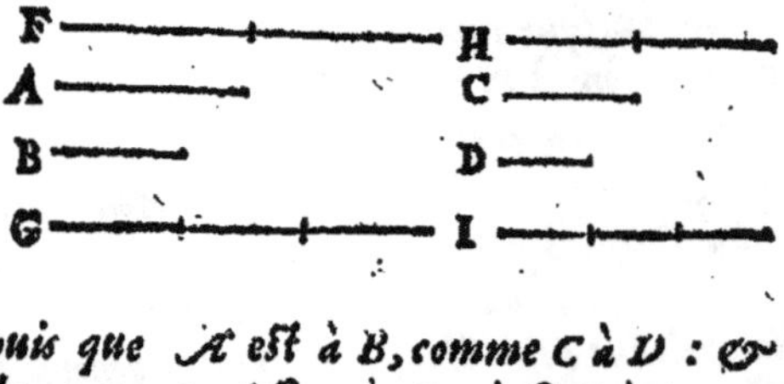

F, A, B, G — H, C, D, I

Maintenant pource que B est à A, comme D à C par raison inuerse: & comme A à F, ainsi C à H: en raison egale, comme B sera à F, ainsi D à H. Derechef, puis que A est à B, comme C à D: & comme B est à G, ainsi D à I; en raison egale, comme A sera à G, ainsi C à I, par ladicte 22. pr. 5. Ce qui estoit proposé.

Par cecy est manifeste vn moyen d'argumenter, dont les Geometres s'aident souuent, principalement Archimedes, Apolonius Pergeus, & autres: sçauoir est comme A à B, ainsi C est à D: donc comme F double, ou triple, ou quadruple, &c. de

A est à B, ainsi aussi H double, ou triple, ou quadruple, &c. de C est à D : Item comme A est à B, ainsi C à D: donc comme A est au double, triple, ou quadruple, &c. de B, sçauoir à G ; ainsi aussi C sera au double, au triple, ou quadruple, &c. de D, sçauoir à I.

THEOR. 23. PROP. XXIII.

Si trois grandeurs, & autant d'autres, prises de deux en deux sont en mesme raison, & en proportion troublee : icelles en raison egale seront proportionnelles.

Soient trois grandeurs A, B, C, & trois autres D, E, F, & soient prises de deux en deux en mesme raison, estant leur proportion troublee, sçauoir que comme A à B, ainsi E à F, & comme B à C, ainsi D à E. Ie dis qu'en raison egale A sera à C, comme D à F.

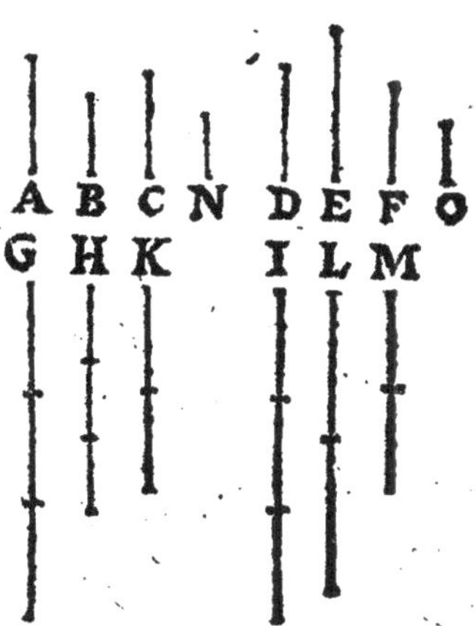

Car estans prises G, H, I, equemultiplices de A, B, D : item K, L, M, quelconques autres equemultiplices de C, E, F. Par la 15. p. de ce liure comme A sera à B, ainsi G à H, puis que G, H, sont equemultiplices d'icelles A, B, Mais comme A est à B, ainsi est E à F : donc par la 11. p. 5. comme G est à H, ainsi E est à F. Mais comme E est à F, ainsi aussi L est à M, par la susdite 15. pr. 5. pource que L, M, sont equemultiplices d'icelles E, F : donc aussi comme G est à H, ainsi L est à M, par la 11. p. 5. & puis que comme B est à C, ainsi D à E, par la 4. pr. 5. comme H multiplice de la premiere B, sera à K multiplice de la seconde C, ainsi I multiplice de la troisiesme D, sera à L multiplice de la quatriesme E : donc les trois grandeurs G, H, K, & les trois autres I, L, M, estans prises de deux en deux sont en mesme raison, & la proportion d'icelles sans ordre, puis qu'il a esté demonstré, que comme G est à H, ainsi L est à M, & comme H est à K, ainsi I à L ; & partant par la 21. p. 5. si G est plus grande, egale, ou moindre que K, aussi I sera plus grande, egale, ou moindre que M, & par la 6. def. 5. comme A sera à C, ainsi sera D à F. Parquoy si trois grandeurs, & autant d'autres, &c. Ce qu'il falloit demonstrer.

SCHOLIE.

Que s'il y auoit plus de trois grandeurs, & que leur proportion soit troublee, sçauoir est que comme A est à B, ainsi F soit à O, & comme B est à C, ainsi E soit à F, & comme C à N, ainsi D à E. Ie dis que A sera à N, comme D à O. D'autant qu'il a esté demonstré en trois grandeurs que comme A est à C, ainsi F est à O, & que par l'hypothese comme C est à N, ainsi D est à E, il y aura trois grandeurs d'vn costé A, C, N, & trois d'vn autre D, E, O, lesquelles prises de deux en deux sont en mesme raison, & en proportion troublee. Donc dere-

chef en raison egale demonstree en trois grandeurs A sera à N, comme D à O. Le mesme sera aussi demonstré en cinq grandeurs par quatre, comme il a esté demonstré èn quatre par trois, & ainsi semblablement de dauantage.

THEOR. 24. PROP. XXIV.

Si la premiere est à la seconde, comme la troisiesme à la quatriesme, & la cinquiesme à la seconde, comme la sixiesme à la quatriesme; la composée de la premiere & cinquiesme, sera à la seconde, comme la composée de la troisiesme & sixiesme, sera à la quatriesme.

Soit la premiere AB à la seconde C, comme la troisiesme DE est à la quatriesme F; & la cinquiesme B G à la deuxiesme C, comme la sixiesme EH à la quatriesme F. Ie dis que la toute AG, sera à C, comme la toute DH à F.

Car puisque comm BG à C, ainsi EH à F, aussi en changeant, comme C sera à B G, ainsi F à E H. Veu donc que A B est à C, comme D E à F, & C à BG, comme F à EH, en raison egale, A B sera à B G, comme DE à EH, par la 22. p. 5. & en composant, comme la toute AG sera à BG, ainsi la toute DH sera à EH, par la 18. pr. d'iceluy 5. liure: & derechef puis que A G est à B G, comme D H à E H, & BG à C, comme EH à F, en raison egale, AG sera à C, comme DH à F. Si donc la premiere est à la seconde, comme la troisiesme à la quatriesme, &c. Ce qui estoit à prouuer.

SCHOLIE.

Presque en la mesme maniere sera demonstré en tout genre de proportion, ce qui a esté demonstré à la 6. pr. de ce 5. liure, tant seulement aux grandeurs multiplices, sçauoir est,

Si deux grandeurs ont mesme proportion à deux autres grandeurs, & que des retranchees ayent mesme proportion à icelles; les restantes auront aussi mesme proportion à icelles.

Que AG & DH ayent mesme proportion à C & F, c'est à dire que comme AG est à C, ainsi DH soit à F. Item les retranchez AB & DE ayent mesme proportion à icelles C & F, tellement que comme AB est à C, ainsi DE soit aussi à F: Ie dis que les restantes BG, EH ont mesme proportion à icelles C, F, c'est a dire que comme BG est à C, ainsi EH est à F. Car d'autant que comme AB est à C, ainsi DE est à F, par raison inuerse, comme C à AB, ainsi F à DE: donc puis que A G est à C, comme DH à F, & C à AB, comme F à D E, en raison egale AG sera à AB, comme DH à DE: & en diuisant comme BG sera à AB, ainsi DH à DE. Et derechef, puis que BG est à AB comme EH à DE; & AB à C, comme DE à F, en raison egale BG sera à C, comme EH à F. Ce qui est proposé.

THEOR. 25. PROP. XXV.

Si quatre grandeurs ſont proportionnelles, la plus grande & la plus petite, ſont plus grandes que les deux autres.

Soient quatre grandeurs proportionnelles AB, CD, E, F, deſquelles AB ſoit la plus grande & F la plus petite. Ie dis que AB & F enſemble, ſont plus grandes que les deux autres CD & E enſemble.

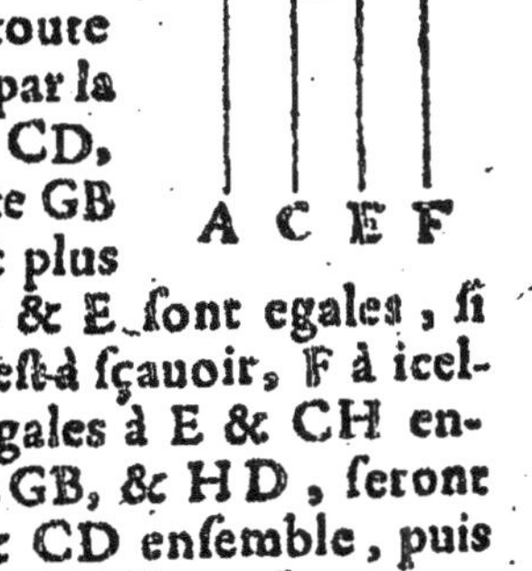

Car ſi de AB on retranche AG egale à F, & de CD on retranche CH egale à E: AG ſera à CH, comme E à F, c'eſt à dire comme AB à CD. Et puiſque la toute AB eſt à la toute CD, comme la retranchée AG à la retranchée CH; par la 19. prop. de ce liure, comme la toute AB ſera à la toute CD, ainſi le reſte GB ſera au reſte HD: Parquoy iceluy reſte GB ſera plus grand que le reſte HD, comme la toute AB eſt plus grande que la toute CD. Et pour autant que AG & E ſont egales, ſi on adiouſte à icelles, les grandeurs egales F & CH, c'eſt à ſçauoir, F à icelle AG, & CH à E; viendront AG & F enſemble, egales à E & CH enſemble. Et adiouſtant à ces choſes egales, les inegales GB, & HD, seront faictes AB & F enſemble plus grandes que GE & CD enſemble, puis que GB eſt plus grande que HD. Parquoy ſi quatre grandeurs ſont proportionnelles, &c. Ce qu'il falloit demonſtrer.

SCHOLIE.

Or il s'enſuit neceſſairement que ſi la grandeur antecedante d'vne raiſon, eſt la plus grande de toutes celles de la propotion, que la conſequente de l'autre raiſon, ſera la plus petite de toutes, comme on peut voir en l'exemple proposé. Car d'autant que comme AB eſt à CD, ainſi E à F; & que AB premiere eſt plus grande que E tierce, par la 14. p. 5. CD ſeconde ſera auſſi plus grande que F quatrieſme.

Semblablement, pource que AB eſt plus grande que CD, auſſi E ſera plus grande que F à cauſe de la ſimilitude des raiſons, comme nous auons dit au Scholie de la meſme 14. prop. Que ſi au contraire la grandeur antecedante d'vne raiſon eſt la plus petite de toutes, la conſequente de l'autre ſera la plus grande, comme il appert, ſi on dit que F eſt à E, comme CD à AB.

Commandin adiouſte en ce lieu, le theoreme ſuiuant.

Si trois grandeurs ſont proportionnelles, la plus grande & la plus petite d'icelles, ſeront plus grandes que le double de l'autre.

Soient trois grandeurs proportionnelles A, B, C, tellement que comme A eſt à B, ainſi B à C, & ſoit A la plus grande, & D la plus petite: Ie dis que A & D enſemble, ſont plus grandes que le double de B. Car ayant pris D egale à B, comme A ſera à B, ainſi D ſera à C; & partant A & C enſemble, ſeront plus grandes que B & D enſemble par la 25. prop. 5. c'eſt adire que le double de B. Ce qui eſt proposé.

Euclide finit icy ſon 5. liure des Elemens; mais d'autant que Campanus, Commandin

Commandin & Clauius y adiouſtent quelques autres propoſitions, dont les bons Autheurs s'aident fort ſouuent, & les citent, comme ſi elles eſtoient d'Euclide, nous les adiouſterons auſſi icy.

THEOR. 26. PROP. XXVI.

Si la premiere a plus grande raiſon à la ſeconde, que la troiſieſme à la quatrieſme: en changeant, la ſeconde aura moindre raiſon à la premiere, que la quatrieſme à la tierce.

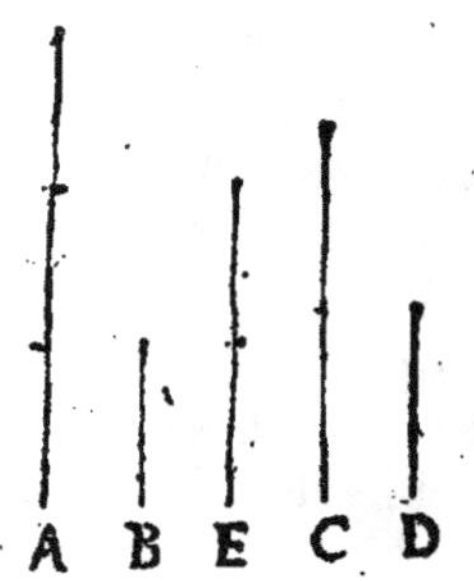

Que A ait plus grande raiſon à B que C à D: Ie dis que la raiſon de B à A eſt moindre que la raiſon de D à C. Car ſoit entendu E eſtre à B, comme C eſt à D. Donc auſſi la raiſon de A à B ſera plus grande que celle de E à B; & par la 10. prop. 5. A ſera plus grande que E; & partant B aura moindre raiſon à A qu'à E par la 8. prop. 5. Mais comme B eſt à E, ainſi eſt en changeãt D à C. Donc auſſi la raiſon de B à A eſt moindre que celle de D à C. Ce qu'il falloit demonſtrer.

SCHOLIE.

Nous demonſtrerons preſque en la meſme maniere que ſi la premiere a moindre raiſon à la ſeconde, que la troiſieſme à la quatrieſme; en changeant, la ſeconde aura plus grande raiſon à la premiere, que la quarte à la tierce.

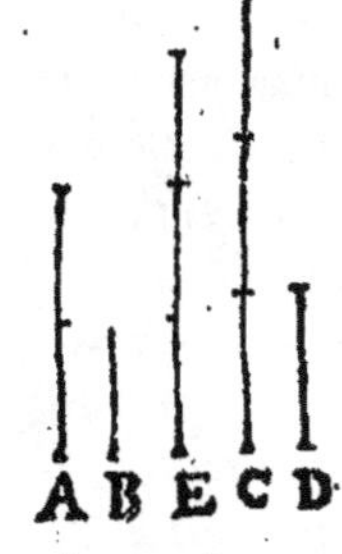

Que A ait moindre raiſon à B, que C à D: Ie dis qu'en changeant B a plus grande raiſon à A, que D à C. Car ſoit entendu E eſtre à B, comme C à D: & la raiſon de A à B ſera pareillement moindre que celle de E à B, parce que nous auons demonſtré au Scholie de la 13. prop. 5. Donc par la 10. prop. 5. A ſera moindre que E: & par la 8. prop. 5. la raiſon de B à A ſera plus grande que de B à E. Mais comme B eſt à E, ainſi eſt en changeant D à C: Donc auſſi la raiſon de B à A ſera plus grande que de D à C.

Autrement. *Dautant que la raiſon de A à B, eſt moindre que de C à D: la raiſon de C à D ſera plus grande que celle de A à B: donc en changeant par la 26. prop. 5. la raiſon de D à C, ſera moindre que de B à A: & partant il y aura plus grande raiſon de B à A que de D à C. Ce qui eſtoit propoſé.*

THEOR. 27. PROP. XXVII.

Si la premiere a plus grande raiſon à la ſeconde, que la tierce à la quarte; auſſi en permutant la premiere aura plus grande raiſon à la tierce, que la ſeconde à la quarte.

Que A ait plus grande raiſon à B que C à D. Ie dis qu'en permutant A aura plus grande raiſon à C, que B à D. Car ſoit entendu E eſtre à B, comme C à D: & la raiſon de A à B ſera auſſi plus grande que de E à B: & partant A ſera plus grande que E par la 10 prop. 5. donc la raiſon de A à C ſera plus grande que de E à C par la 8. prop. 5. Mais pour ce qu'en changeant comme E eſt à C, ainſi B eſt à D. (car E eſt poſée à B, comme C à D,) il y aura auſſi plus grande raiſon de A à C, que de B à D. Ce qui eſt propoſé.

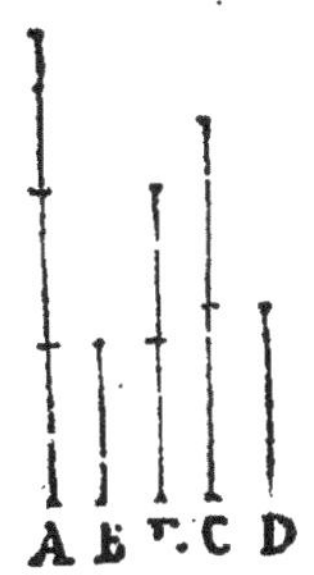

SCHOLIE

Nous demonſtrerons ſemblablement, que ſi la premiere a moindre raiſon à la ſeconde, que la troiſieſme à la quatrieſme; en permutant la premiere aura moindre raiſon à la tierce, que la ſeconde à la quarte.

Car ſoit la raiſon de A à B moindre que de C à D: Ie dis qu'en permutant A aura moindre raiſon à C, que B à D. Car ſoit entendu E eſtre à B, comme C à D, & la raiſon de A à B ſera pareillement moindre que de E à B: & par la 10. prop. 5. A ſera moindre que E: parquoy la raiſon de A à C ſera moindre que de E à la meſme C par la 8. prop. 5. Et puis que E eſt poſée eſtre à B, comme C à D: en permutant comme E à C, ainſi B a D. Donc auſſi la raiſon de A à C ſera moindre que de B à D. Ce qui eſt propoſé.

Autrement. *D'autant qu'il y a moindre raiſon de A à B, que de C à D, il y aura plus grande raiſon de C à D que de A à B: donc en permutant par la 27. p. 5. il y aura auſſi plus grande raiſon de C à A que de D à B: & par la 26. prop. 5. en raiſon inuerſe, il y aura moindre raiſon de A à C, que de B à D. Ce qui eſt propoſé.*

THEOR. 28. PROP. XXVIII.

Si la premiere a plus grande raiſon à la ſeconde que la tierce à la quarte: la compoſée de la premiere & de la ſeconde aura auſſi plus grande raiſon à la ſeconde, que la compoſée de la tierce & de la quarte à la quarte.

Que AB premiere ait plus grande raiſon à BC ſeconde, que DE tierce à EF quarte: Ie dis qu'en compoſant AC aura plus grande raiſon à BC, que DF à EF. Car ſoit entendu comme AB eſt à BC, ainſi quelque autre GE ſoit à EF; & il y aura auſſi plus grande raiſon de

GE à EF, que de DE à EF; & par la 10. prop. 5. GE sera plus grande que DE. Donc puis que comme AB est à BC, ainsi GE est à EF: en composant comme AC sera à BC, ainsi GF sera à EF: Mais il y a plus grande raison de GF à EF, que de DF à EF, par la 8. p. 5. (car GF est plus grande que DF) Donc aussi AC aura plus grande raison à BC que DF à EF. Ce qu'il falloit demonstrer.

SCHOLIE.

Que si AB a moindre raison à BC que DE à EF, aussi en composant AC aura moindre raison à BC que DF à EF. Car derechef si cōme AB est à BC, ainsi quelque autre GE est à EF: Icelle GE sera moindre que DE par la 10. prop. 5. Et en composant AC sera à BC, comme GF, à EF. Mais GF a moindre raison à EF que DF à EF par la 8. pr. 5. attendu que GF est moindre que DF: donc aussi AC aura moindre raison à CB, que DF à EF.

Autrement. *D'autant qu'il y a moindre raison de AB à BC, que de DE à EF, il y aura plus grande raison de DE à EF, que de AB à BC; & par la 28. p. 5. en composant il y aura aussi plus grande raison de DF à EF, que de AC à BC: & partant il y aura moindre raison de AC à BC, que de DF à EF.*

THEOR. 29. PROP. XXIX.

Si la composee de la premiere & seconde a plus grande raison à la seconde, que la composee de la tierce & quarte à la quatriesme: Aussi en diuisant, la premiere aura plus grande raison à la deuxiesme, que la troisiesme à la quatriesme.

Que AC ait à BC plus grande raison que DF à EF: Ie dis qu'en diuisant AB, aura aussi à BC plus grande raison que DE à EF. Car soit entendu que comme DF est à EF, ainsi quelque autre GC soit à CB; & il y aura aussi plus grande raison de AC à BC que de GC à BC: & partant AC sera plus grande que GC par la 10. p. 5. Ostant donc BC commun, restera AB plus grande que GB: & par la 8. p. 5. il y aura plus grande raison de AB à BC, que de GB à BC. Mais en diuisant par la 17. p. 5. comme GB est à BC, ainsi DE est à EF: (car on a posé GC estre à BC, comme DF à EF.) Donc aussi la raison de AB à BC sera plus grande, que celle de DE à EF. Ce qu'il falloit demonstrer.

SCHOLIE.

Que si AC a moindre raison à BC que DF à EF, aussi en diuisant AB aura moindre raison à BC que DE à EF. Car si on entend GC estre à BC, comme DF à EF, la raison de AC à BC sera pareillement moindre que celle de GC à BC: & par la 10. p. 5. AC sera moindre que GC. Ostant donc BC commune, restera AB moindre que GB; & par la 8. pr. 5. la raison de AB à BC sera moindre que de GB à BC: Mais puis que GC est à BC comme DF à EF, en diuisant GB sera à BC comme DE à EF: Il y aura donc aussi moindre raison de AB à BC que de DE à EF.

Autrement. *D'autant que la raison de AC à BC est moindre que de DF à EF, il y aura plus grande raison de DF à EF, que de AC à BC: donc aussi en diuisant, il y aura plus grande raison de DE à EF, que de AB à BC par la 29. p. 5. & partant la raison de AB à BC sera moindre que de DE à EF.*

THEOR. 30. PROP. XXX.

Si la composee de la premiere & seconde a plus grande raison à la seconde, que la composee de la tierce & quarte à la quarte: par conuersion de raison, la premiere & seconde aura moindre raison à la premiere, que la tierce & quarte à la tierce.

Que AC ait plus grande raison à BC que DF à EF: Ie dis par conuersion de raison, que AC a moindre raison à AB, que DF à DE. Car AC ayant plus grande raison à BC que DF à EF, en diuisant AB aura plus grande raison à BC que DE à EF par la 29. p. 5. Donc par raison inuerse, il y aura moindre raison de BC à AB que de EF à DE par la 26. pr. 5. Et partant en composant, il y aura aussi moindre raison de la toute AC à AB, que de la toute DF à DE. Ce qui estoit à demonstrer.

SCHOLIE.

Semblablement si AC a moindre raison à CB que DF à EF, aussi par conuersion de raison AC aura plus grande raison à AB que DF à DE. Car puis qu'il y a moindre raison de AC à BC que de DF à EF, par la 29. p. 5. en diuisant il y aura moindre raison de AB à BC que de DE à EF, & en changeant par la 26. p. 5. il y aura pareillement moindre raison de BC à AB, que de EF à DE: donc en composant par la 28. p. 5. il y aura plus grande raison de AC à AB que de DF à DE.

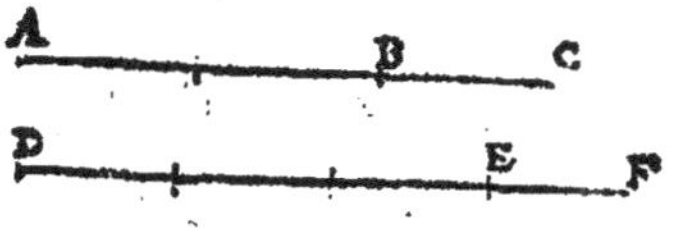

Autrement. *D'autant que la raison de AC à BC est moindre que celle de DF à EF, il y aura plus grande raison de DF à EF que de AC à BC: donc par conuersion de raison, il y aura moindre raison de DF à DE, que de AC à AB, c'est à dire qu'il y aura plus grande raison de AC à AB, que de DF à DE.*

THEOR. 31. PROP. XXXI.

S'il y a trois grandeurs d'vn costé, & trois d'vn autre, & qu'il y ait plus grande raison de la premiere des premieres à la seconde, que de la premiere des dernieres à la seconde, & aussi plus grande raison de la seconde des premieres à la tierce, que de la seconde des dernieres à la tierce: En raison egale, il y aura pareillement plus grande raison de la premiere des premieres à la tierce, que de la premiere des dernieres à la tierce.

Soient trois grandeurs A, B, C, & trois autres D, E, F, & la raison de A à B soit plus grande que celle de D à E: Item, la raison de B à C soit aussi plus grande que de E à F: Ie dis qu'en raison egale, il y aura plus grande raison de A à C que de D à F.

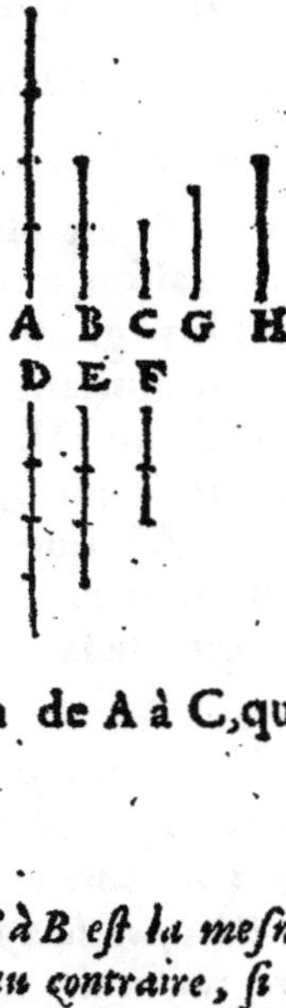

Car soit entendu G estre à C, comme E à F; & il y aura plus grande raison de B à C, que de G à C: Donc par la 10. p. 5. B sera plus grande que G; & par la 8. p. 5. il y aura plus grande raison de A à G, que de A à B: Mais la raison de A à B est posee plus grãde que de D à E: Il y aura donc beaucoup plus grande raison de A à G, que de D à E. Soit derechef posée H estre à G, comme D à E: Il y aura donc aussi plus grande raison de A à G, que de H à G: & par la 10. p. 5. A sera plus grande que H: & partant A aura plus grande raison à C, que H à la mesme C, par la 8. p. 5. Mais comme H est à C, ainsi est en raison egale D à F, (pource que comme D est à E, ainsi H à G, & comme E est à F, ainsi G à C.) Il y aura donc aussi plus grande raison de A à C, que de D à F. Ce qu'il falloit prouuer.

A B C G H

D E F

SCHOLIE.

Nous demonstrerons en la mesme maniere, que si la raison de A à B est la mesme que de D à E, & celle de B à C plus grande que de E à F: ou au contraire, si la raison de A à B est plus grande que de D à E, & celle de B à C la mesme que de E à F: en raison egale, il y aura pareillement plus grande raison de A à C, que de D à F: car soit premierement A à B, comme D à E, mais la raison de B à C plus grande que de E à F. Soit posee G à C comme E à F; & la raison de B à C sera plus grande que de G à C, & consequemment B plus grande que G, par la 10. p. 5. Parquoy il y aura plus grande raison de A à G que de A à B. Mais A est posée à B, comme D à E. Donc aussi la raison de A à G sera plus grande que de D à E. Soit posée derechef H à G, comme D à E; & il y aura plus grande raison de A à G que de H à G; & par la 10. p. 5. A sera plus grande que H: Parquoy la raison de A à

C sera plus grande que de H à C. Mais comme H est à C, ainsi est en raison egale D à F: (attendu que comme D à E, ainsi H à G, & comme E à F, ainsi G à C.) Il y aura donc aussi plus grande raison de A à C que de D à F.

Maintenant la raison de A à B soit plus grande que celle de D à E, mais B soit à C, comme E à F. Soit posée G à C, comme E à F; & B sera aussi à C, comme G à C: & par la 9. p. 5. B sera egale à G. Parquoy A sera à G, comme A à B par la 7. p. 5. Mais la raison de A à B est posée plus grande que de D à E. Donc aussi la raison de A à G sera plus grande que de D à E. Soit derechef posée H à G, comme D à E; & il y aura plus grande raison de A à G, que de H à G: & partant A sera plus grande que H par la 10. p. 5. & il y aura plus grande raison de A à C que de H à C. Mais comme H est à C, ainsi en raison egale D est à F: (car comme D à E, ainsi H à G, & comme E est à F, ainsi G à C.) Il y aura donc pareillement plus grande raison de A à C que de D à F.

Nous demonstrerons semblablement que si A a moindre raison à B, que D à E; & B à C moindre raison que E à F: aussi en raison egale A aura moindre raison à C, que D à F. Et le mesme aduiendra encore, si A estant à B comme D à E, la raison de B à C est moindre que de E à F: Ou au contraire, si la raison de A à B estant moindre que de D à E, B est à C comme E à F: Car il est manifeste que la demonstration sera tousiours la mesme que dessus.

THEOR. 32. PROP. XXXII.

S'il y a trois grandeurs d'vn costé, & trois d'vn autre, & qu'il y ait plus grande raison de la premiere des premieres à la seconde, que de la seconde des dernieres à la tierce: Semblablement, qu'il y ait plus grande raison de la seconde des premieres à la tierce, que de la premiere des dernieres à la seconde: En raison egale, il y aura pareillement plus grande raison de la premiere des premieres à la tierce, que de la premiere des dernieres à la tierce.

Soient trois grandeurs A, B, C, & trois autres D, E, F, & que A ait plus grande raison à B, que E à F, & B à C que D à E: Ie dis qu'en raison egalle, A aura plus grande raison à C, que D à F.

Car soit entendu que G est à C, comme D à E; & il y aura aussi plus grande raison de B à C, que de G à C: partant B sera plus grande que G, par la 10. p. 5. Parquoy la raison de A à G sera plus grande que de A à B, par la 8. p. 5. Mais la raison de A à B est plus grande que de E à F: il y aura donc encore beaucoup plus grande raison de A à G que de E à F. Soit derechef entendu H estre à G, cõme E est à F, & il y aura aussi plus grande raison de A à G, que de H à G. &

par la 10. p. 5. A sera plus grande que H: parquoy il y aura plus grande raison de A à C que de H à la mesme C. Mais comme H est à C, ainsi est en raison egale D à F: (car comme D est à E, ainsi G est à C, & comme E est à F, ainsi H à G.) Il y aura donc aussi plus grande raison de A à C que de D à F. Ce qu'il falloit demonstrer.

SCHOLIE.

On demonstrera semblablement, que si A a mesme raison à B que E à F, & B à C plus grande que D à E: Ou au contraire, si la raison de A à B est plus grande que de E a F, mais celle de B à C la mesme que de D à E; en raison egale, la raison de A à C sera plus grande que de D à F.

Par mesme raison on demonstrera aussi, que si les raisons des premieres grandeurs sont moindres; aussi la raison des extremes sera moindre; c'est à dire, que si A a moindre raison à B que E à F, & B à C que D à E: aussi A aura moindre raison à C, que D à F.

THEOR. 33. PROP. XXXIII.

S'il y a plus grande raison du tout au tout, que du retranché au retranché, il y aura aussi plus grande raison du reste au reste, que du tout au tout.

Que la toute AB ait plus grande raison à la toute CD, que la retranchée AE à la retranchée CF: Ie dis que le reste EB aura plus grande raison au reste FD, que la toute AB à la toute CD.

Car d'autant qu'il y a plus grande raison de AB à CD, que de AE à CF, en permutant, il y aura aussi plus grande raison de AB à AE, que de CD a CF par la 27. p. 5. & par conuersion de raison il y aura moindre raison de AB à EB, que de CD à FD, par la 30. p. 5. Donc en permutant, il y aura aussi moindre raison de AB à CD, que de EB à FD par la 27. p. 5. c'est à dire, que le reste EB aura plus grande raison au reste FD, que la toute AB, à la toute CD. Ce qu'il faloit demonstrer.

SCHOLIE.

Que si la toute AB a moindre raison à la toute CD, que la retranchée AE à la retranchée CF: aussi le reste EB aura moindre raison au reste FD, que la toute AB à la toute CD, comme il appert par la demonstration cy dessus.

THEOR. 34. PROP. XXXIV.

S'il y a tant de grandeurs qu'on voudra d'vn costé, & autant d'vn autre, & qu'il y ait plus grande raison de la premiere des premieres à la premiere des dernieres, que de la seconde à la seconde; & ceste cy soit aussi plus grande que de la tierce à la tierce, & ainsi de suitte: Toutes les premieres ensemble auront plus grande raison à toutes les dernieres ensemble, que toutes les premieres, la premiere ostée, à toutes les dernieres, la premiere aussi ostée; mais moindre raison que la premiere des premieres à la premiere des dernieres; & finalement aussi plus grande raison que la derniere des premieres à la derniere des dernieres.

Soient premierement trois grandeurs A, B, C, & trois autres D, E, F; & la raison de A à D soit plus grande que celle de B à E, & celle-cy plus grande que celle de C à F: Ie dis que A, B, C ensemble, ont plus grande raison à D, E, F ensemble, que B, C ensemble à E, F ensemble: mais moindre que A à D, & aussi plus grande que C à F.

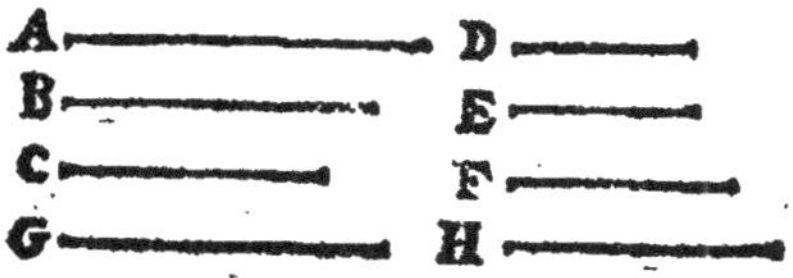

A—— D——
B—— E——
C—— F——
G—— H——

Car puis qu'il y a plus grande raison de A à D que de B à E, en permutant, il y aura aussi plus grande raison de A à B que de D à E par la 27. p. 5. Donc en composant A & B ensemble, auront plus grande raison à B, que D & E ensemble à E par la 28. p. 5. Et en permutant derechef, A & B ensemble, auront plus grande raison à D & E ensemble que B à E. Et puis que la toute A, B, à plus grande raison à la toute D, E, que la retranchée B à la retranchée E, la restante A aura aussi plus grande raison à la restante D, que la toute A, B, à la toute D, E, par la prec. prop. Par mesme raison, il y aura plus grande raison de B à E, que de la toute B, C, à la toute E, F. Il y aura donc encore bien plus grande raison de A à D, que de la toute B, C à la toute E, F. Donc en permutant, il y aura plus grande raison de A à B, C ensemble, que de D à E, F ensemble par la 27. p. 5. Et en composant, il y aura plus grande raison de A, B, C à B, C, que de D, E, F à E, F, par la 28. p. 5. Et en permutant derechef il y aura plus grande raison des toutes A, B, C ensemble, aux toutes D, E, F ensemble, que de B, C à E, F: ce qui est premierement proposé.

Et puis qu'il y a plus grande raison de la toute A, B, C à la toute D, E, F, que de la retranchee B, C à la retranchee E, F, il y aura aussi plus grande raison de la restante A à la restante D, que de la toute A, B, C, à la toute D, E, F, par la prop. prec. Ce qui est secondement proposé.

Mais d'autant qu'il y a plus grande raison de B à E, que de C à F: en permutant il y aura aussi plus grande raison de B à C, que de E à F par la 27. prop. 5. Et en composant, la toute B, C aura plus grande raison à C, que la toute E, F, à F par la 28. p. 5. Donc en permutant derechef, il y aura plus grande raison de B, C à E, F, que de C à F. Mais il a esté demonstré que

A, B, C,

A,B,C ensemble ont plus grande raison à D,E,F, ensemble, que B,C, à E,F: Il y aura donc encore bien plus grande raison des toutes A,B,C, aux toutes D, E, F, que de la derniere C à la derniere F. Ce qui est tiercement proposé.

Soient maintenant quatre grandeurs de part & d'autre, auec la mesme hypothese, c'est à dire, que la raison de C tierce à F tierce soit plus grande, que de G quarte à H quatriesme. Ie dis que la mesme chose s'ensuit. Car comme il a desia esté demonstré en trois grandeurs, il y a plus grande raison de B à E que de B,C,G ensemble à E, F, H ensemble. Donc il y aura encore plus grande raison de A à D, que de B,C,G, à E,F, H. Et en permutant il y aura plus grande raison de A à B,C,G que de D à E, F, H. Parquoy en composant il y aura aussi plus grande raison de A, B, C, G à B,C,G, que de D, E, F, H à E,F,H: & en permutant il y aura plus grande raison de A, B, C, G à D,E,F, H, que de B,C,G à E,F,H,. Ce qui est premierement proposé.

Et veu qu'il y a plus grande raison de la toute A, B, C, G, à la toute D,E,F,H, que de la retranchee B, C, G, à la retranchee E, F, H, la restante A aura plus grande raison à la restante D, que la toute A,B,C,G, à la toute D,E,F,H. Ce qui est secondement proposé.

Mais comme il a esté demonstré en trois grandeurs, B, C, G ont plus grande raison à E,F,H, que G à H: & A, B, C, G plus grande à D, E, F, H que B, C, G, à E,F,H: Il y aura donc beaucoup plus grande raison de A,B,C,G à D, E, F, H, que de la derniere G à la derniere H: ce qui est tiercement proposé.

En la mesme maniere on conclurra le mesme en 5 grandeurs par 4: & en 6 par 5, &c. tout ainsi qu'il est demonstré en 4 par 3. Parquoy s'il y a tant de grandeurs qu'on voudra, &c. Ce qu'il falloit demonstrer.

Fin du cinquiesme liure.

ELEMENT SIXIESME.

DEFINITIONS.

SEMBLABLES figures rectilignes, sont celles qui ont les angles egaux, vn chacun au sien, & les costez qui contiennent les angles egaux, proportionnaux.

C'est à dire, que toutes figures rectilignes sont dittes semblables, si estans equiangles elles ont les costez d'alentour leurs angles egaux proportionnaux: comme les deux triangles ABC, DEF, seront dits semblables, si l'angle A estant egal à l'angle D, l'angle B egal à l'angle E, & l'angle C à l'angle F; les costez qui font & constituent iceux angles egaux, sont proportionnaux; c'est à sçauoir, que comme AB est à AC, ainsi DE soit à DF, & comme AB est à BC, ainsi DE soit à EF, & comme AC est à BC, ainsi DF soit à EF.

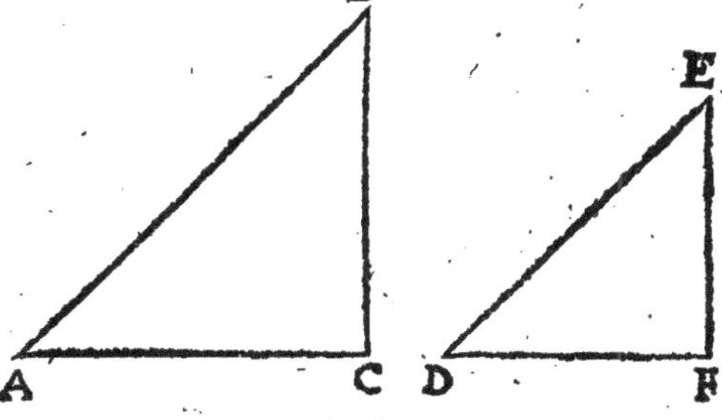

Que si l'vne ou l'autre des deux conditions susdites manque, c'est à dire, que chacun des angles de l'vne des figures estant egal à chacun des angles de l'autre, si les costez d'alentour leurs angles egaux ne sont proportionnaux; ou au contraire: telles figures ne seront dittes semblables, comme sont le quarré, & le quarré long: car ces deux figures ont bien les angles egaux, sçauoir droicts: mais les costez de l'vne ne sont pas en mesme raison que les costez de l'autre: car ceux du quarré sont en raison d'egalité, & ceux d'alentour l'angle droict du quarré long, sont en raison d'inegalité, puis que l'vn est plus grand que l'autre. D'où est manifeste, que toutes figures rectilignes equiangles & equilaterales, lesquelles ont les angles & les costez egaux en nombre, sont semblables, combien qu'elles soient inegales.

2. Les figures sont reciproques, quand les termes antecedans & consequens des raisons, sont en l'vne & en l'autre figure.

C'est à dire, que s'il y a deux figures semblables ou non, dont le premier & dernier des termes proportionnaux soient en l'vne des figures, & le second & troisiesme terme en l'autre; icelles figures seront dictes reciproques. Comme si aux deux parallelogrammes ABCD, EFGH, les costez AB, BC, sont proportionnaux aux costez EF, FG; tellement qu'il y ait mesme raison de AB à EF, que de FG à BC; ou bien que AB soit à FG comme EF à BC: Iceux parallelogrammes seront dicts figures reciproques, d'autant qu'en chacun d'iceux est le terme antecedant de l'vne des raisons, & le consequent de l'autre. Item les triangles IKL, MNC, seront aussi dicts reciproques, si IK est à MN, comme MC à IL; ou bien IK à MC, comme MN à IL.

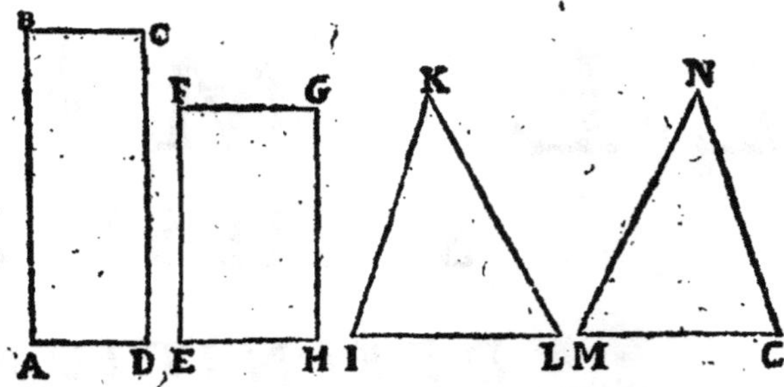

3. Vne ligne droicte est dicte estre diuisée en la moyenne & extreme raison, quand la toute est au plus grand segment, comme le plus grand segment est au moindre.

Quand quelque ligne droicte, comme AB, est couppee inegalement en C, de telle sorte que la toute AB, soit au plus grand segment AC, comme iceluy plus grand segment AC, est au moindre segment BC: ceste ligne AB sera dicte estre couppee en C selon la moyenne & extreme raison. Or comme cela se fait, Euclide l'enseignera en la 30. p. de ce liure, combien que sous autres paroles il l'ait desia enseigné à la 11. p. 2.

A C B

4. La hauteur d'vne chacune figure, est la perpendiculaire tirée du sommet à la base.

Si de A sommet du triangle ABC, l'on mene AD perpendiculaire à la base BC, icelle perpendiculaire sera la hauteur d'iceluy triangle ABC; tellement que ledict triangle sera dict auoir autant de hauteur qu'est icelle perpendiculaire AD: semblablement la perpendiculaire EH tiree de E, sommet du triangle EFG, sur la base FG, prolongee de la part de G, sera la hauteur d'iceluy triangle EFG. Parquoy si les perpendiculaires de deux figures menees des sommets d'icelles sur leurs bases (soit qu'icelles bases soient prolongees, ou non) sont

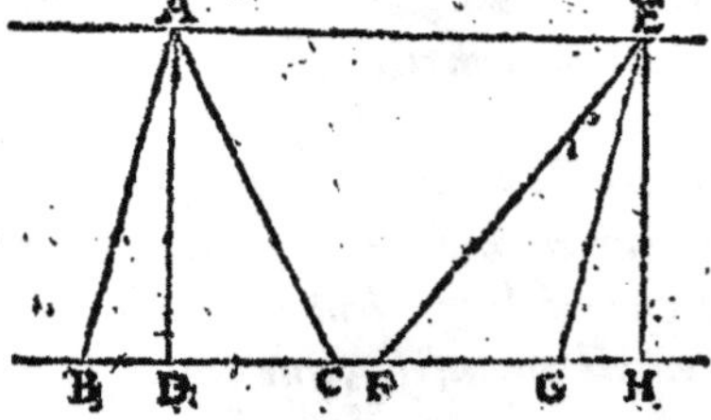

egales; icelles figures seront dictes auoir mesme hauteur. Or telles perpendiculaires seront egles, quand les bases des figures & leurs sommets seront constituez en mesmes paralleles : Comme sont les perpendiculaires AD, EH, des triangles ABC, FEG, constituez entre mesmes paralleles. Car puis que les deux angles ADH, EHD, interieurs, & de mesme part, sont droicts, les lignes AD, EH, seront paralleles par la 28. p. 1. Mais AE, DH, sont aussi paralleles, puis que les triangles ABC, EFG, sont posez estre constituez entre mesmes paralleles : Donc le quadrilatere ADHE, sera parallelogramme, & partant les costez opposez AD, EH, seront egaux par la 34. prop. 1. Ce qui estoit à prouuer.

5. Vne raison est dicte estre composee de raisons, quand les quantitez des raisons multipliées entr'elles font quelque raison.

C'est à dire, que quand les quantités de deux ou plusieurs raisons multipliées entr'elles, produisent quelque quantité de raison: icelle raison est dicte estre composee de celles-là. Or la quantité d'vne raison est le denominateur d'icelle, comme nous auons ia dit sur la 3. def. 5. tellement que la quantité de la raison triple est 3: mais de la subtriple c'est $\frac{1}{3}$, &c. Ainsi la raison double se dit estre composee de la sesquialtere, & de la sesquitierce, pource que les quantitez ou denominateurs d'icelles, sçauoir est $1\frac{1}{2}$ & $1\frac{1}{3}$, estans multipliés entr'eux produisent 2, denominateur ou quantité de la raison double.

Derechef, la mesme raison double sera dicte estre composee de la double sesquialtere, & de la subsesquiquarte : car les quantitez ou denominateurs de ces deux raisons, estans multipliez entr'eux, produisent encore 2, denominateur de la mesme raison double. Pareillement la raison trigecuple se dit estre composee des raisons double, triple & quintuple; d'autant que les denominateurs d'icelles raisons, sçauoir est 2, 3, & 5, estans multipliez entr'eux produisent 30, denominateur d'icelle raison trigecuple. Parquoy estans posees tant de grandeurs, qu'on voudra par ordre, la raison des extremes sera composee des raisons entre-moyennes, pource que le denominateur ou quantité de la raison de la premiere grandeur a la derniere, est produite & procreée par les denominateurs des raisons entre-moyennes multipliés entr'eux: comme pour exemple, soit A à B en raison sesquialtere; B à C en raison double; & C à D en raison superbipartiente tierce : la raison des extremes AD, qui est quintuple, est composee des trois raisons susdites. Car il est euident que multipliant le denominateur de la raison de A à B, par celuy de B à C, sçauoir $1\frac{1}{2}$ par 2 viendront 3: & partant A est à C en raison triple, & multipliant le denominateur d'icelle, sçauoir est 3 par le denominateur de la raison de C à D, qui est $1\frac{2}{3}$ prouiennent 5; & partant A qui est à D en raison quintuple, est produite & composee des raisons entremoyennes.

A.	B.	C.	D.
30.	20.	10.	6.

Quelques interpretes afin de rendre plus intelligibles, tant les 27, 28 & 29 prop. de ce liure, que plusieurs du 10. adioustent icy ceste def.

6. Vn parallelogramme estant appliqué selon quelque ligne droicte donnee, est dict defaillir d'vn parallelogramme,

lors qu'il n'occuppe pas toute ladicte ligne : mais il est dit exceder, quand il en occuppe vne plus grande ; en sorte toutesfois qu'iceluy parallelogramme defaillant, ou excedant ait deux angles communs auec le parallelogramme appliqué sur toute la ligne proposee ; & la difference de ces deux parallelogrammes est dicte defaut, ou excez.

Soit vne ligne droicte AB sur laquelle soit constitué le parallelogramme ACDE, qui n'occupe pas toute ladite ligne AB, ains laisse CB ; & soit acheué le parallelogramme ABFE tirant BF parallele à CD iusques à ce qu'elle rencontre ED prolongee en F. Or le parallelogramme AD appliqué selon la ligne droicte AB, ayant les deux angles A, E communs auec le parallelogramme AF, appliqué & descrit sur toute ladite ligne AB, est dict defaillir du parallelogramme CF ; & iceluy parallelogramme CF sera appellé le defaut.

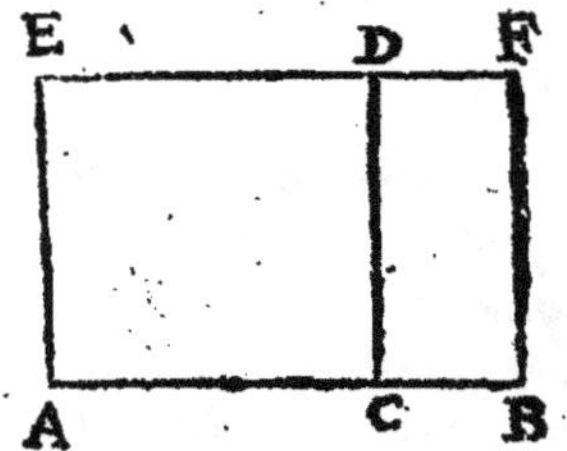

Derechef, soit vne ligne droicte AC, sur laquelle soit constitué le parallelogramme AF, ayant le costé AB plus grand que la ligne proposee AC, & soit tiree CD parallele à BF. Donc le parallelogramme AF appliqué selon la ligne droicte AC, & qui auec le parallelogramme AD descrit sur toute ladicte ligne AC a les deux angles A, E communs, sera dit exceder AD du parallelogramme CF, tellement qu'iceluy CF est dit l'excez.

THEOR. I. PROP. I.

Les triangles, & les parallelogrammes de mesme hauteur, sont l'vn à l'autre comme leurs bases.

Soient deux triangles ABC & ACD de mesme hauteur, sur les bases BC & CD : soient aussi deux parallelogrammes CE, CF de mesme hauteur, les bases desquels soient les mesmes BC, CD. Ie dis premierement que le triangle ABC, est au triangle ACD, comme la base BC, est à la base CD : c'est à sçauoir que si on pose pour premiere grandeur la base BC, pour seconde la base CD, pour troisiesme le triangle ABC, & pour quatriesme le triangle ACD ; les equemultiplices de la premiere & troisiesme seront plus petites, egales, ou plus grandes, que les equemultiplices de la seconde & quatriesme, ainsi que le requiert la 6. definition du 5. liure.

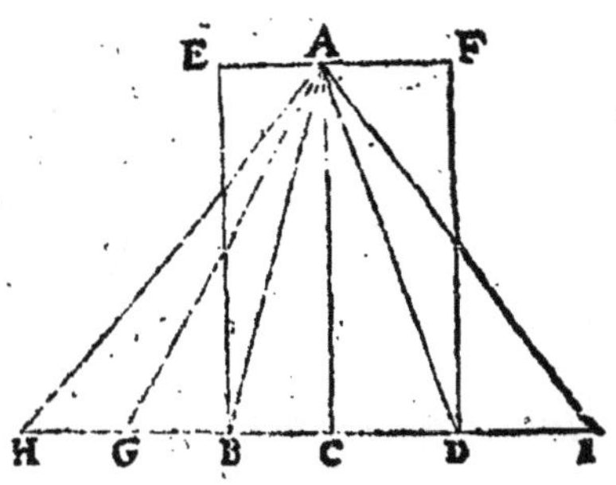

Qu'il ne soit ainsi ; qu'on prolonge BD de part & d'autre, & apres auoir pris d'vn costé BG & GH, chacune egale à BC: item de l'autre costé, DI egale à CD, soient menees les lignes droictes AG, AH, AI. Donc par la 38. pr. 1. les trois triangles ABC, ABG, AGH, estans sur bases egales & entre mesmes paralleles, seront egaux: aussi par les mesmes raisons les deux triangles ACD & ADI seront egaux; ainsi il est euident qu'autant de fois que la base HC contiendra la base BC, autant de fois le triangle ACH contiendra le triangle ABC. Pareillement, autant de fois que la base CI contiendra la base CD, autant de fois le triangle ACI contiendra le triangle ACD. Parquoy si la base CH, est egale à la base CI, le triangle ACH sera aussi egal au triangle ACI, par la 38. p. 1. Mais si la base est plus grande, consequemment le triangle sera plus grand; si plus petite, plus petit, & par la 6. def. 5. comme la base BC sera à la base CD, ainsi le triangle ABC sera au triangle ACD: ce qui estoit à demonstrer pour la premiere partie.

Quant à la seconde partie touchant les parallelogrammes CE, CF, le mesme se peut dire que des triangles, parce qu'iceux parallelogrammes sont doubles des triangles ABC, ACD par la 41. prop. 1 & par la 15. pr. 5. ce qui est prouué d'iceux triangles s'entendra des parallelogrammes. Donc les triangles, & les parallelogrammes de mesme hauteur, sont entr'eux comme leurs bases. Ce qu'il falloit demonstrer.

SCHOLIE.

Commandin adiouste en ce lieu cest autre Theoreme.

Les triangles, & les parallelogrammes, desquels les bases sont egales, ou vne mesme, sont entr'eux, comme leurs hauteurs.

Soient deux triangles ABC, DEF, & les parallelogrammes AGBC, DEFH, ayans les bases BC, EF egales: Ie dis que le triangle ABC est au triangle DEF, & le parallelogramme AGBC au parallelogramme DEFH, comme la hauteur AI est à la hauteur DK. Car si on prend les lignes IL, KM egales aux bases BC, EF, & on tire les lignes LA, MD, le triangle ALI sera egal au triangle ABC par la 38. p. 1. puis qu'ils sont sur bases egales LI, BC, & entre mesmes paralleles AG, IB: Par mesme raison le triangle DKM sera egal au triangle DEF. Parquoy par la 7. p. 5. comme ABC sera à DEF, ainsi ALI sera à DKM. Mais par la 1. p. 6. comme ALI est à DKM, ainsi AI à DK. (car si AI, DK sont posees les bases, les lignes droictes egales LI, KM seront les hauteurs.) Donc aussi ABC sera à DEF, comme AI à DK.

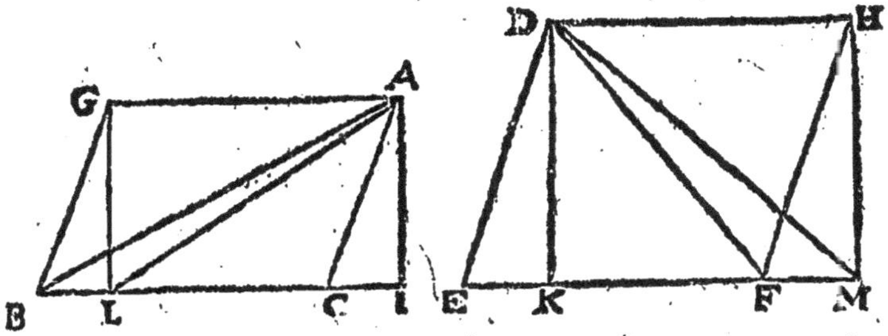

Et d'autant que par la 15. p. 5. comme ABC est à DEF, ainsi le parallelogr. AGBC au parallelogramme DEFH: (car iceux parallelogrammes sont doubles des triangles par la 41. p. 1.) aussi AGBC sera à DEFH, comme AI à DK. Le mesme s'ensuiura si les triangles, & les parallelogrammes ont vne mesme base.

THEOR. 2. PROP. II.

Si on meine vne ligne droicte parallele à l'vn des costez d'vn triangle, laquelle couppe les deux autres costés ; elle les couppera proportionnellement : & si deux costés d'vn triangle sont couppez proportionnellement, la ligne couppante sera parallele à l'autre costé.

Soit le triangle ABC, dans lequel soit menee la ligne droicte DE parallele au costé BC, couppant les deux autres costez AB & AC aux poincts D & E. Ie dis que les costez AB, AC sont couppez proportionnellement aux poincts D & E, c'est à dire que AD sera à DB, comme AE est a EC.

Car estans menees les deux lignes BE & CD : par la 37. p. 1. les deux triangles DEB & EDC, estans sur mesme base, & entre mesmes paralleles, sont egaux ; & par la 7. p. 5. ils auront mesme raison l'vn comme l'autre au troisiesme ADE. Mais par la 1. p. 6. les triangles DEB & DEA, estans de mesme hauteur, sont l'vn à l'autre comme la base BD à la base DA : & par la mesme proposition, le triangle CDE, estant de mesme hauteur qu'iceluy triangle EDA, ils seront aussi l'vn à l'autre, comme CE est à EA : & partant par la 11. p. 5. BD sera à DA, comme CE à EA : (puisque ces deux raisons sont les mesmes que du triangle BED au triangle DEA, & du triangle CDE au mesme triangle DEA.) Ce qui estoit proposé.

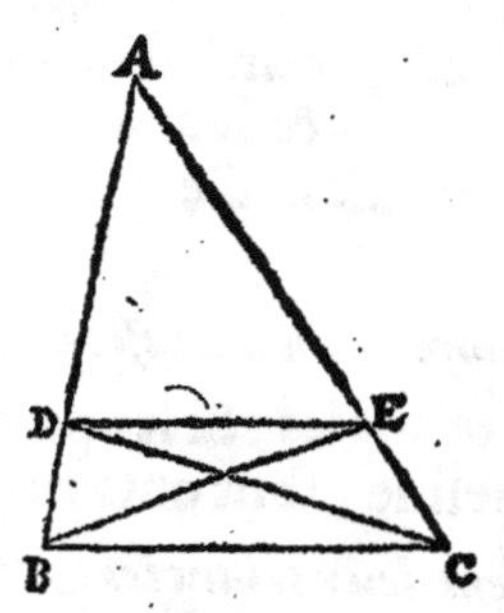

Pour la seconde partie : ie dis que si DB est à DA, comme CE à EA, la ligne couppante DE sera parallele au costé BC.

Car les triangles DEB & DEA, seront par la 1. p. 6. l'vn à l'autre, comme DB à DA. Item les deux autres triangles CDE, EDA, seront aussi l'vn à l'autre, comme CE à EA : & par la 11. p. 5. le triangle DEB sera au triangle DEA, comme le triangle CDE est au mesme triangle DEA : & par la 9. p. 5. les deux triangles BED, & EDC seront egaux, lesquels estans sur mesme base DE, par la 39. p. 1. ils seront entre mesmes paralleles : & partant DE sera parallele à BC. Parquoy si l'on meine vne ligne parallele à l'vn des costez d'vn triangle, &c. Ce qu'il falloit demonstrer.

THEOR. 3. PROP. III.

Si l'angle d'vn triangle est couppé en deux egalement par vne ligne droicte, laquelle couppe aussi la base ; les segmens de la base seront l'vn à l'autre comme les autres costez du triangle : Et si les segmens de la base sont l'vn à l'autre comme les autres costez du triangle ; la ligne droicte tiree du ſommet à la ſection de la baſe, couppe l'angle en deux egalement.

Au triangle A B C, ſoit l'angle B A C couppé en deux egalement par la ligne AD, laquelle couppe auſſi la baſe BC au poinct D : ie dis premierement, que BD eſt à DC, comme AB à AC.

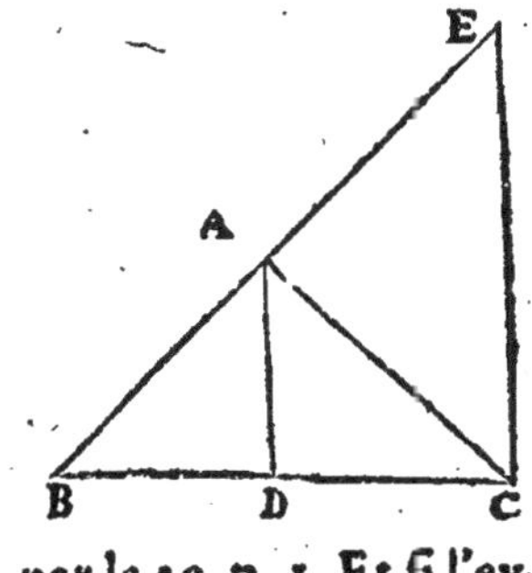

Qu'il ne ſoit ainſi; apres auoir du poinct C mené CE parallele à DA, ſoit continué BA directement iuſques à ce qu'il rencontre CE en E; (Or BA, CE ſe rencontreront, d'autant que les deux angles B & BCE ſont moindres que deux droicts, eſtans egaux aux deux B & BDA, qui ſont moindres que deux droicts par la 17. p. 1.) & parce que DA & CE ſont paralleles, l'angle CAD ſera egal à ſon alterne ACE par la 29. p. 1. Et ſi l'exterieur DAB ſera egal à l'oppoſé interieur AEC. Mais BAD, CAD eſtans egaux par l'hypotheſe, auſſi par les com. ſent. AEC, ACE ſeront egaux : & partant par la 6. p. 1. les coſtez AE & AC ſeront egaux. Mais par la precedente prop. BA eſt à AE, comme BD à DC; (eſtant AD parallele à CE) & par conſequent BA ſera auſſi à AC, (egale à AE) comme BD à DC. Ce qui eſtoit propoſé.

Pour la ſeconde partie : ie dis que ſi BA eſt à AC, comme BD à DC, que l'angle CAB ſera couppé en deux egalement par la ligne droicte AD.

Car apres auoir conſtruit comme deſſus, BA ſera à AE, comme BD à DC, par la precedente prop. Et partant par la 11. p. 5. BA ſera à AE, comme le meſme BA eſt à AC, & par la 9. p. 5. AE & AC ſeront egaux ; & partant par la 5. p. 1. les deux angles AEC, ACE, ſeront auſſi egaux; & par la 29. p. 1. ils ſont egaux, l'vn à DAB, & l'autre à DAC, leſquels par ce moyen ſeront auſſi egaux; ce qui eſtoit propoſé. Parquoy ſi l'angle d'vn triangle eſt couppé en deux egalement, &c. Ce qu'il falloit demonſtrer.

THEOR. 4. PROP. IV.

Des triangles equiangles, les coſtez qui ſont au long des angles egaux, ſont proportionnaux; & les coſtez qui ſouſtiennent les angles egaux, ſont de meſme raiſon.

Soient deux triangles ABC, DCE, equiangles : c'eſt à dire, que l'angle ABC ſoit egal à l'angle DCE, & l'angle ACB à l'angle E, & le troiſieſme au troiſieſme. Ie dis que comme AB eſt à BC, ainſi DC à CE; & comme BC à CA, ainſi CE à ED; & finablement comme AB à AC, ainſi DC à DE. Car ainſi les coſtez d'alentour les angles egaux, ſont les proportionnaux, & les coſtez homologues, ou de meſme raiſon, ſont ceux-là qui ſouſtiennent les angles egaux, c'eſt à dire, que tous les antecedans, & ſemblablement les conſequens regardent les angles egaux.

Soient

Soient constituez les costez BC, CE selon vne ligne droicte, tellement que l'angle externe DCE soit egal à l'interne ABC, & pareillement l'externe ACB à l'interne DEC: & d'autant que par la 17. p. 1. les deux angles ABC, ACB sont moindres que deux droicts, & l'angle DEC est egal à l'angle ACB, aussi les angles B & E seront moindres que deux droicts: & partant les lignes BA & ED estans produittes de la part de A & D, se rencontreront: Qu'elles soient donc prolongees & conuiennent en F. Il est euident que l'angle exterieur ECD, estant par l'hypothese egal à son opposé interieur CBA; DC sera parallele à FB par la 28. p. 1. Pareillement l'angle exterieur ACB estant egal à son opposé interieur DEC, aussi par la mesme 28. p. 1. CA & EF seront paralleles. Partant ACDF sera parallelogramme, & par la 34. p. 1. il aura les angles, & les costez opposez egaux. Mais AC estant parallele à EF, par la 2. p. 6. AB sera à AF, ou CD son egale, comme BC à CE; & en permutant par la 16. p. 5. AB sera à BC, comme DC à CE. Pareillement CD estant parallele à BF, comme BC sera à CE, ainsi FD, ou CA son egale, sera à ED par la 2. p. 6. & en permutant BC sera à AC, comme CE à ED.

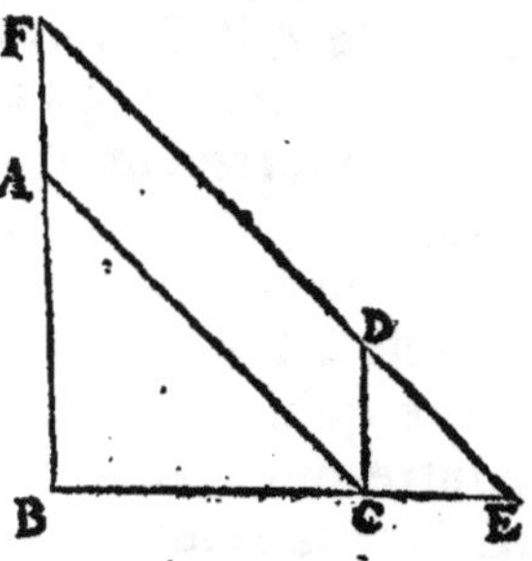

Veu donc que AB est à BC, comme DC à CE, & BC à CA comme CE à ED, aussi en raison egale AB sera à AC, comme DC à ED. Parquoy des triangles equiangles, &c. Ce qu'il falloit prouuer.

COROLLAIRE.

De cecy resulte, que si vne ligne droicte parallele a vn costé d'vn triangle, couppe les deux autres costez d'iceluy, elle ostera vn triangle semblable au tout. Comme au triangle BFE estant menée la ligne droicte AC parallele au costé FE, qui couppe les deux autres costez en A & C: Ie dis que le triangle ABC retranché par icelle ligne AC, est semblable au triangle BFE. Car d'autant que par la 29. p. 1. l'angle externe BAC est egal à l'interne de mesme costé F, & que l'angle B est commun à tous les deux triangles BAC, BFE, ils seront equiangles par le Corol. de la 32. p. 1. Parquoy, comme il a esté demonstré cy-dessus, ils ont les costez autour des angles egaux proportionnaux: & partant selon la 1. def. 6: iceux triangles BAC & BEF seront semblables.

THEOR. 5. PROP. V.

Si deux triangles ont les costez proportionnaux, ils seront equiangles, & auront les angles egaux, soubs lesquels les costez de mesme raison seront subtendus.

Soient deux triangles ABC, & DEF, ayans les costez proportionnaux, & soit AB à BC comme DE à EF, & BC à CA, comme EF à FD, & encore AB à AC comme DE à DF. Ie dis que les triangles sont equiangles, sçauoir l'angle A estre egal à l'angle D, & l'angle B à l'angle E, & l'angle C à l'angle F: car ainsi les angles egaux regardent les costez de mesme raison.

Qu'il ne soit ainsi : sur la ligne EF, & aux deux poincts E & F soient construits deux angles, sçauoir FEG egal à l'angle B, & EFG egal à l'angle C, tirant les lignes EG, & FG iusques à ce qu'elles se rencontrent en G : Et par la 32. p. 1. le troisiesme angle G sera egal au troisiesme angle A. Parquoy les triangles ABC, GEF sont equiangles : & par la 4. prop. 6. comme AB est à BC, ainsi GE à EF. Mais comme AB est à BC, ainsi aussi a esté posé DE à EF : Donc par la 11. p. 5. comme GE à EF, ainsi DE à la mesme EF : & partant par la 9. p. 5. GE, DE seront egales. Et d'autant que par la proposition precedente, comme BC est à CA, ainsi EF est à FG ; & par l'hypothese comme BC est à CA, ainsi EF est à FD : par la 11. p. 5. comme EF sera à FG, ainsi la mesme EF sera à FD : & par la 9. p. 5. FG, FD seront egales. Veu donc que les costez EG, FG du triangle GEF, sont egaux aux costez DE, DF du triangle DEF, chacun au sien, & la base EF commune aux deux triangles, les angles G & D seront egaux par la 8. p. 1 : & partant par la 4. p. 1. les autres angles GEF, GFE seront aussi egaux aux autres DEF, DFE, chacun au sien. Parquoy l'angle G estant egal à l'angle A, aussi l'angle D sera egal au mesme angle A ; & ainsi l'angle DEF sera egal à l'angle B, & l'angle DFE à l'angle C, ainsi qu'il estoit proposé. Si donc deux triangles ont les costez proportiõnaux, &c. Ce qu'il falloit prouuer.

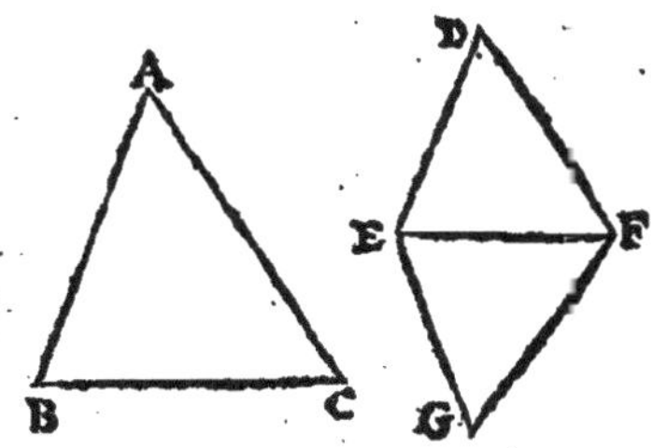

THEOR. 6. PROP. VI.

Si deux triangles ont vn angle egal à vn angle, & les costez au long d'iceux angles egaux, proportionnaux ; ils seront equiangles, & auront les angles egaux sous lesquels les costez de mesme raison sont subtendus.

Soient les deux triangles ABC & DEF, ayans l'angle B egal à l'angle E, & comme AB à BC, ainsi DE soit à EF. Ie dis que les triangles sont equiangles, sçauoir que l'angle A est egal à l'angle D, & l'angle C à l'angle F, car ainsi les angles egaux sont subtendus des costez homologues.

Qu'il ne soit ainsi ; sur la ligne EF soit construit, comme en la proposit. & fig. precedente, le triangle GEF equiangle au triangle ABC : & par la 4. p. 6. GE sera à EF, comme AB à BC, ou DE à EF, (car ils sont en la mesme raison) & par la 9. p. 5. GE & DE (qui ont vne mesme raison à EF) seront egaux ; & partant les deux triangles GEF & DEF, auront deux costez egaux à deux costez, sçauoir GE, EF, à DE, EF, chacun au sien, & les deux angles au poinct E, egaux (car ils sont chacun egal à l'angle B) & par la 4. p. 1. ils auront la base egale à la base, & les autres angles egaux aux autres angles, chacun au sien : & partant iceux triangles seront equiangles. Mais l'vn d'iceux triangles, sçauoir GEF, est equiangle au triangle ABC par la construction. Donc l'autre triangle DEF sera aussi equiangle au mesme triangle ABC. Parquoy si deux triangles ont vn angle egal à vn angle, &c. Ce qu'il falloit prouuer.

THEOR. 7. PROP. VII.

Si deux triangles ont vn angle egal à vn angle, & les costez au long d'vn autre angle, proportionnaux, estans les troisiesmes angles de mesme espece : Iceux triangles seront equiangles, & auront les angles egaux, au long desquels les costez seront proportionnaux.

Soient deux triangles ABC, & DEF, desquels les deux angles A & D soient egaux, & les costez AB, BC d'alentour l'angle ABC, proportionnaux aux costez DE, EF d'alentour l'angle E, c'est à dire que comme AB est à BC, ainsi DE soit à EF : mais les autres angles C & F soient de mesme espece, c'est à dire aigus, droicts, ou obtus : & soient premierement aigus. Ie dis que les triangles sont equiangles, sçauoir est, que les angles ABC & E, à l'entour desquels sont les costez proportionnaux, & les angles C & F, sont egaux.

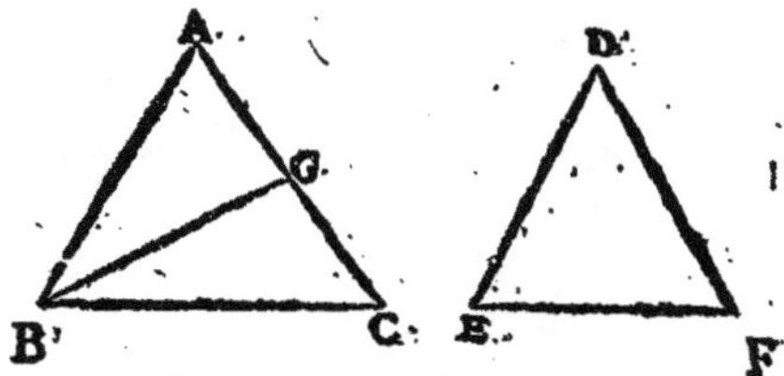

Car si l'angle B est egal à l'angle E, il appert par la precedente prop. que les triangles seront equiangles. Mais si lesdits angles ne sont egaux, soit B plus grand que E, & soit fait ABG egal à E par la 23. p. 1. Donc le troisiesme angle AGB, sera egal au troisiesme F, & partant aigu comme iceluy; & les deux triangles ABG & DEF seront equiangles ; & par la 4. p. 6. comme AB sera à BG, ainsi DE à EF. Mais par l'hypothese, comme AB est à BC, ainsi DE à EF: donc par la 11. p. 5. comme AB sera à BG, ainsi le mesme AB sera à BC ; & partant par la 9. p. 5. BG, & BC seront egaux, & par la 5. p. 1. les deux angles C & BGC sur la base CG serōt egaux, & tous deux aigus, & par consequent l'angle BGA sera plus grand qu'vn droict, puis que par la 13. p. 1. les deux BGC, AGB sont egaux à deux droicts : Mais l'angle AGB a esté demonstré egal à l'angle F : donc F seroit aussi plus grād qu'vn droict, & on l'a posé aussi moindre: ce qui est absurde. Maintenant, tant l'angle C que F ne soit aigu; & comme dessus l'angle C sera egal à l'angle BGC; & partant iceluy BGC ne sera aussi aigu, & les deux C & BGC ne seront moindres que deux droicts, mais egaux, ou plus grands que deux droicts : ce qui est absurde : car par la 17. p. 1. ils sont moindres que deux droicts. Les angles ABC & E ne sont donc pas inegaux, ains egaux; & partant par la 32. p. 1. le troisiesme C sera aussi egal au troisiesme F : ce qui est proposé. Si donc deux triangles ont vn angle egal à vn angle, &c. Ce qu'il falloit prouuer.

THEOR. 8. PROP. VIII.

Si de l'angle droict d'vn triangle rectangle on tire vne perpendiculaire ſur la baſe ; elle couppera iceluy triangle en deux autres triangles ſemblables entr'eux, & au total.

Soit le triangle rectangle ABC, & l'angle droict A, duquel ſoit menée à la baſe BC la perpendiculaire AD. Ie dis que les triangles ABD & ADC, auſquels eſt diuiſé iceluy triangle ABC par la perpendicul. AD, ſont ſemblables entr'eux, & au total ABC.

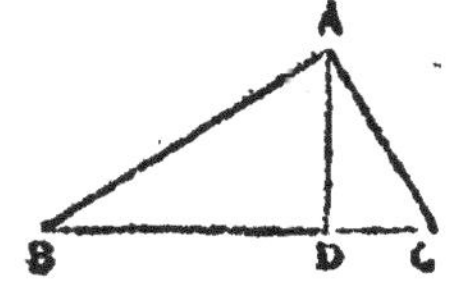

Qu'ainſi ne ſoit : d'autant que AD eſt perpendiculaire, l'angle BDA eſt droict, & egal à l'angle droict BAC, du triangle total ABC, & l'angle B eſt commun à tous les deux triangles BAD & ABC, & par la 32. p. 1. le troiſieſme angle BAD, ſera egal au troiſieſme ACB : & partant les deux triangles BAD & ABC, ſeront equiangles ; & par la 4. p. 6. ils auront les coſtez au long des angles egaux proportionnaux, c'eſt à dire, que comme CB ſera à AB, ainſi AB à BD ; & comme BA à AC, ainſi BD à DA ; & comme BC à CA, ainſi BA à AD : & partant par la 1. def. de ce liure les triangles ABC, ABD ſeront ſemblables.

Par meſme diſcours, on prouuera que les deux triangles ABC & ADC, ſont auſſi equiangles, & ſemblables : car l'angle C eſtant commun à tous les deux triangles, & l'angle droict BAC egal à l'angle droict ADC, le troiſieſme angle CAD ſera egal au troiſieſme angle B, par la 32. p. 1. & par la 4. p. 6. comme BC ſera à CA, ainſi CA à CD : & comme CA à AB, ainſi CD à DA, & comme CB à BA, ainſi CA à AD.

On demonſtrera en la meſme maniere, les triangles ADB, ADC eſtre ſemblables entr'eux, puiſque les angles au poinct D ſont droicts, & tant les angles ABD, CAD, que BAD, ACD, ont eſté de monſtrez egaux : & partant par la 4. p. 6. comme BD ſera à DA, ainſi DA à DC : & comme DA à AB, ainſi DC à CA : & comme AB à BD, ainſi CA à AD. Si donc de l'angle droict d'vn triangle rectangle, &c. Ce qu'il falloit demonſtrer.

COROLLAIRE.

De cecy eſt manifeſte, que la perpendiculaire tirée de l'angle droict d'vn triangle rectangle à la baſe, eſt moyenne proportionnelle entre les deux ſegmens de la baſe : & chacun des coſtez comprenant l'angle droict, eſtre auſſi moyen proportionnel entre toute la baſe, & le ſegment qui le touche.

Car il a eſté demonſtré, que comme BD eſt à DA, ainſi DA eſt à DC : & partant DA eſt moyenne prop. entre BD & DC : item que comme CB eſt à BA, ainſi BA à BD : & par ainſi BA eſt moyenne prop. entre CB & BD : finalement que comme BC eſt à CA, ainſi CA à CD : & partant CA eſt moyenne proportionnelle entre BC & CD.

PROB. 1. PROP. IX.

D'vne ligne droicte donnée, oſter vne partie demandée.

Soit la ligne droicte donnée AB, de laquelle il faut oſter la cinquieſme partie, ou autre telle qu'on voudra.

Du poinct A soit menée la ligne droicte AC interminement, faisant quelconque angle auec AB, comme BAC, & en icelle AC, soient prises à l'aduanture autant de parties egales que denotte la partie qu'on veut oster, comme en l'exemple proposé, il faut prendre cinq parties egales AD, DE, EF, FG, GH: & apres auoir conjoinct les poincts B & H par la ligne BH, du poinct D soit menée DI, parallele à HB: Ie dis que AI est la cinquiesme partie requise de AB.

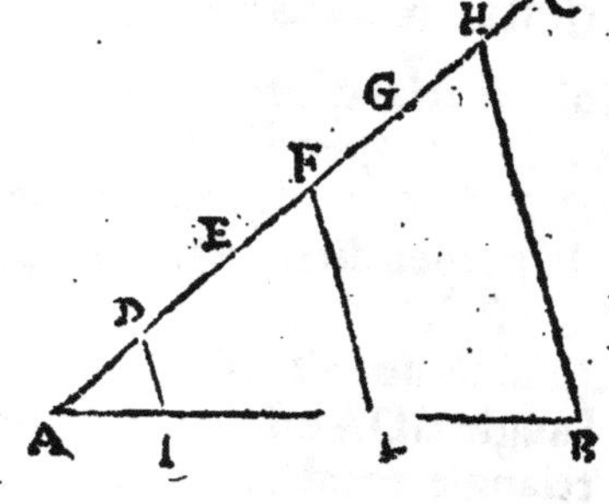

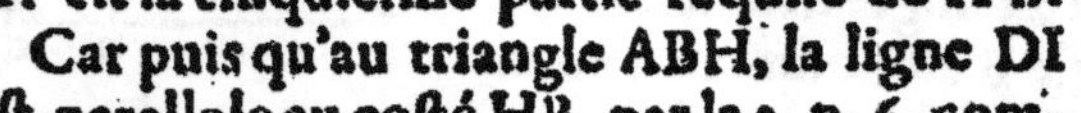

Car puis qu'au triangle ABH, la ligne DI est parallele au costé HB, par la 2. p. 6. comme HD sera à DA, ainsi BI à IA: & en composant par la 18. p. 5. comme HA sera à DA, ainsi BA à IA: mais par la construction HA est quintuple de AD: donc aussi BA sera quintuple de AI: & partant AI sera la cinquiesme partie de la ligne droicte AB, laquelle auoit esté demandée. Donc d'vne ligne droicte donnée, &c. Ce qu'il faloit faire.

SCHOLIE.

Que si de AB il falloit coupper plusieurs parties, comme pour exemple les trois cinquiesmes, il est euident par ce qui a esté demonstré cy dessus, qu'estant tirée la ligne FL parallele à HB, le segment AL sera les trois cinquiesmes de AB, tout ainsi que AF est les trois cinquiesmes de AH. Et pour promptement practiquer cecy, il faut descrire du centre F, & de l'internalle HB vn arc au dessous de la ligne donnée AB, mais de B & de l'internalle FH, d'escrire vn autre arc qui couppe le precedent, puis tirer vne ligne droicte de la section d'iceux arcs à F, & icelle couppera la partie requise AL.

PROBL. 2. PROP. X.

Coupper vne ligne droicte donnée non couppée, semblablement à vne autre ligne droicte donnée & couppée.

Soient données les lignes droictes AB, AC, desquelles AC est couppée en D & E: & il faut coupper AB en parties semblables & proportionnelles à celles de AC.

Soient accommodees icelles lignes données en sorte qu'elles facent quelconque angle BAC; & apres auoir mené BC, des poincts D & E, soient menees DF, EG, paralleles à icelle BC, par la 31. p. 1. Ie dis que la ligne AB est semblablement couppée en F & G, comme la ligne AC est couppée en D & E. Car par la 2. p. 6. comme AD est à DE, ainsi AF à FG. Que si on tire DH parallele à AB couppāt EG en I. Derechef, par la susdicte 2. p. 6. comme DE sera à EC, ainsi DI à IH, c'est à dire, ainsi FG à GB, pource que par la 34. p. 1. FG est

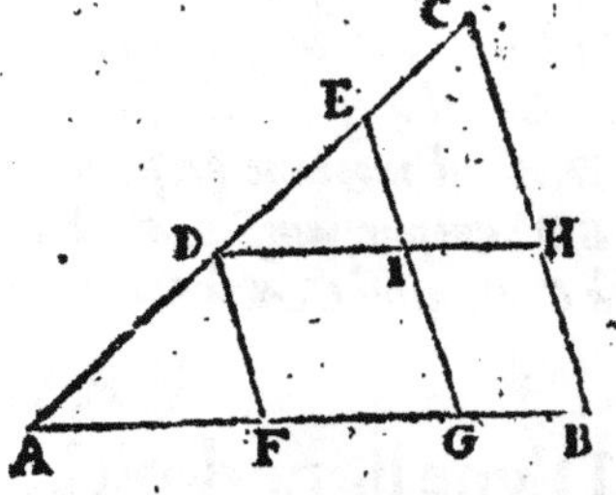

egale à DI, & GB à IH. Parquoy les parties FG, GB seront aussi proportionnelles aux parties DE, EC. Les trois parties AF, FG, GB, sont donc proportionnelles aux trois parties AD, DE, EC : & partant AB est couppée semblablement à AC, ainsi qu'il falloit faire.

SCHOLIE.

Nous adiousterons icy deux Probl. fort utiles, & necessaires aux choses geometriques.

1. Estant donnée vne ligne droicte, la coupper en tant de parties egales qu'on voudra.

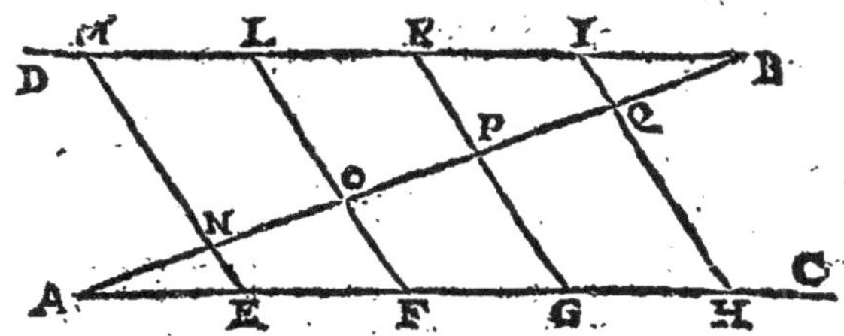

Soit la ligne donnée AB, qu'il faut coupper en cinq parties egales. De l'extremité A, soit menée la ligne AC, tant qu'il sera de besoin, faisant quelconque angle auec AB; puis de l'extremité B, soit menée BD parallele à AC, & d'icelle AC soient couppées quatre parties egales AE, EF, FG & GH, qui est vne partie moins que le nombre des parties esquelles il faut coupper la ligne donnée ; en apres, du poinct B en BD, soient aussi prises les quatre parties BI, IK, KL, & LM egales a celles de la ligne AC; puis estans menées les lignes EM, FL, GK, & HI, elles coupperont la ligne donnée AB en cinq parties egales. Car puis que par la cõstruction les lignes EF, ML, sont egales & paralleles entr'elles, par la 33. p. 1. ME, LF, seront aussi paralleles entr'elles : Et par mesme raison LF, KG, HI, seront pareillement paralleles. Veu donc que AH est couppée en quatre parties egales, AQ le sera aussi. Par mesme raison BN sera encore diuisée en quatre parties egales, parce que BM a esté couppée en autant de parties egales. Parquoy veu que tant AN que BQ sont egales à chasque partie NO, OP, PQ; toutes les cinq parties AN, NO, OP, PQ, & QB, seront egales entr'elles. Ce qu'il falloit faire.

2. Coupper vne ligne droicte donnée en deux parties, qui soient entr'elles selon vne raison donnée.

Soit la ligne droicte donnée AB, qu'il faut coupper en deux parties, qui ayent telle raison entr'elles que C à D: Du poinct A, soit menée AE faisant quelconque angle auec AB; & d'icelle AE, soit couppée AF egale à C, & puis FG egale à D : en apres soit menée BG, & du poinct F tirée FH parallele à icelle BG, laquelle couppe AB en H : & icelle AB sera couppée à iceluy poinct H, selon la raison de C à D, puis que par la 2. prop. de ce liure, AH est à HB, comme AF à FG, qui sont egales à C & D. Ce qu'il falloit faire.

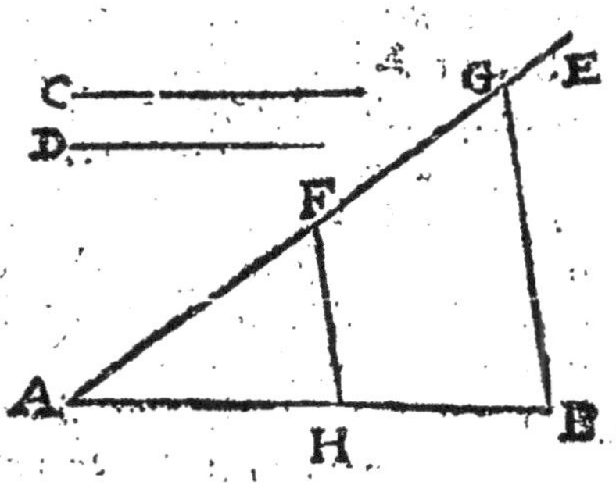

PROBL. 3. PROP. XI.

A deux lignes droictes données, en trouuer vne troisiesme proportionnelle.

Soient deux lignes droictes données AB & AC, ausquelles il en faut trouuer vne troisiesme proportionnelle.

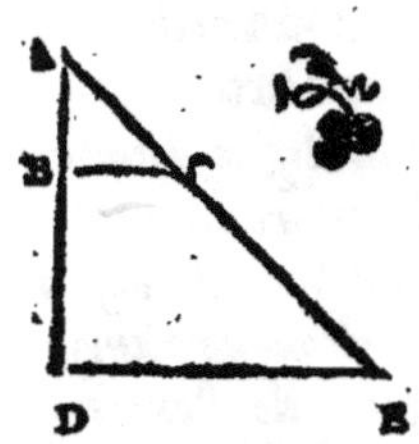

Soient disposées icelles lignes en vn angle CAB; & apres auoir prolongé A B interminement, soit faicte BD egale à AC, & mené CB; puis du poinct D, soit tirée DE parallele à BC, rencontrant AC prolongée en E. Ie dis que CE est la troisiesme proportionnelle requise, c'est à dire que comme AB est à AC, ainsi AC à CE. Car puis qu'au triangle ADE, la ligne droicte BC est parallele au costé DE, par la 2. p. 6. comme AB sera à BD, ainsi AC à CE: mais par la 7. p. 5. comme AB est à BD, ainsi la mesme AB est à AC, egale à icelle BD. Donc comme AB est à AC, ainsi AC à CE. Partant à deux lignes droictes données, nous en auons trouué vne troisiesme proportionnelle. Ce qu'il falloit faire.

PROB. 4. PROP. XII.

A trois lignes droictes donnees, en trouuer vne quatriesme proportionnelle.

Soient les trois lignes droictes données AB, BC, & D, ausquelles il en faut trouuer vne quatriesme proportionnelle.

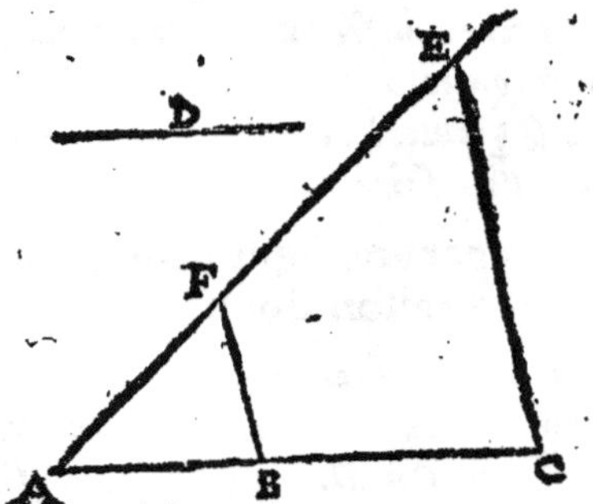

Soient disposées les deux premieres AB, BC, selon vne ligne droicte AC; & ayant tiré de A vne ligne droicte interminée AE, faisant auec la premiere AB, quelconque angle, comme A; d'icelle A E, soit couppée AF egale à D, & menée BF: en apres, de C, soit menée CE parallele à icelle BF, rencontrant AE en E. Ie dis que FE est la quatriesme proportionnelle requise. Car puis qu'au triangle AEC, la ligne BF est parallele à CE, par la 2. p. 6. comme AB est à BC, ainsi AF, où D son egale est à FE. Nous auons donc trouué vne quatriesme ligne proportionnelle à trois données: Ce qu'il falloit faire.

PROB. 5. PROP. XIII.

Entre deux lignes droictes données, trouuer vne moyenne proportionnelle.

Soient deux lignes droictes données AC & CB, entre lesquelles il en faut trouuer vne moyenne proportionnelle.

Soient icelles lignes AC, CB, disposées en vne ligne droicte AB, sur laquelle soit descrit vn demy cercle ADB : & apres auoir du poinct C leué la perpendiculaire CD, qui rencontre la circonference en D : le dis qu'icelle CD est la moyenne proportionnelle demandée.

Car estans menées les deux lignes droictes AD & BD, l'angle ADB dans le demy cercle, sera droict par la 31. p. 3. Veu doncque de l'angle droict ADB du triangle rectangle ADB, est tirée DC perpendiculaire à la base AB, par le Corol. de la 8. p. 6. icelle CD sera moyenne proportionnelle entre AC, CB. Nous auons donc trouué vne moyenne proportionnelle entre deux lignes données : Ce qu'il falloit faire.

SCHOLIE.

De cecy est euident qu'vne ligne droicte tirée perpendiculairement de quelconque poinct du diametre d'vn cercle, iusques à la circonference d'iceluy, est moyenne proportionnelle entre les segmens du diametre faicts par icelle perpendiculaire. Car de quelconque poinct pris au diamettre AB, estant leuée vne perpendiculaire iusques à la circonference, par les mesmes raisons que dessus, icelle perpend. sera moyenne prop. entre les deux segmens du diametre AB.

THEOR. 9. PROP. XIV.

Des parallelogrammes egaux, qui ont vn angle egal à vn angle ; les costez au long des angles egaux, sont reciproques : & les parallelogrammes qui ont vn angle egal à vn angle, & les costez au long des angles egaux reciproques, sont egaux.

Soient deux parallelogrammes egaux ABCD, & BEFG, desquels les deux angles ABC & EBG soient egaux : Ie dis que les costez qui sont autour d'iceux angles egaux, sont reciproques : c'est à dire, que AB est à BG, comme EB à BC.

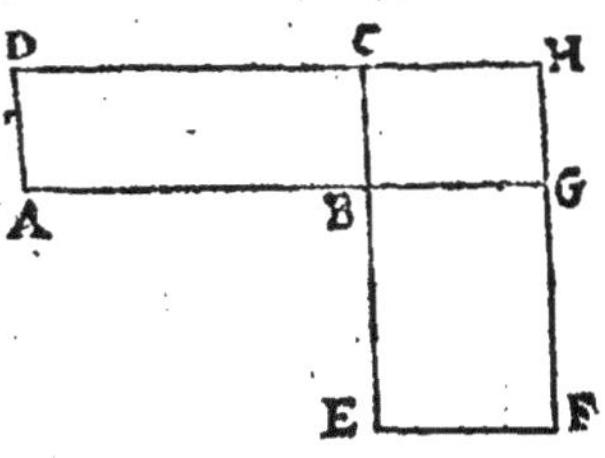

Car les parallelogrammes AC, BF, estans disposez de telle façon que les deux costez AB & BG, facent vne ligne droicte AG ; les deux costez EB, BC, feront aussi vne ligne droicte EC, à cause des angles egaux ABC, EBG, comme il est euident par les 2. com. sent. 13. & 14. p. 1. & soient prolongez DC, FG, iusques à ce qu'ils se rencontrent en H. Puis donc que les deux parallelogrammes AC, EG, sont egaux, ils auront vne mesme raison au parallelogramme BH, par la 7. p. 5. Mais la raison du parallelogramme AC au parallelog. BH, est par la 1. p. 6. comme celle de la base AB à la base BG. Item celle des parallelogrammes EG, BH, est comme celle de EB à BC :

à BC: & partant par la 11. p. 5. comme AB à BG, ainsi EB à BC. Ce qui estoit proposé.

Pour la seconde partie; si AB est à BG, comme EB à BC, & que les angles ABC & EBG soient egaux: Ie dis que les parallelogrammes AC & EG seront aussi egaux.

Car ayant fait la mesme construction que deuant, on prouuera par la 1. p. 6. qu'il y a mesme raison du parallelogramme AC au parallelogramme BH, que de la base AB à la base BG: pareillement qu'il y a mesme raison du parallelogramme EG au parallelogramme BH, que de EB à BC: mais les raisons des bases sont posees semblables: donc aussi les raisons des parallelogrammes AC & EG, au troisiesme BH seront semblables par la 11. p. 5. & partant par la 9. p. 5. ils seront egaux. Parquoy des parallelogrammes egaux, &c. Ce qu'il falloit demonstrer.

THEOR. 10. PROP. XV.

Les triangles egaux ayans vn angle egal à vn angle, ont les costez au long des angles egaux reciproques: & les triangles qui ont vn angle egal à vn angle, & les costez au long des angles egaux reciproques, sont egaux.

Soient deux triangles egaux ABC, & DBE, ayans les angles au poinct B egaux: Ie dis que les costez qui sont au long d'iceux angles egaux, sont reciproques: c'est à dire, que comme AB est à BE, ainsi DB sera à BC.

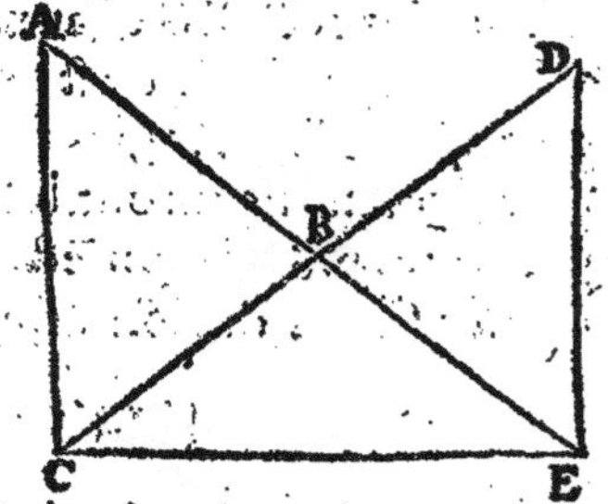

Car les triangles estans disposez en sorte que les deux lignes AB & BE se rencontrent directement, & facent vne seule ligne droicte AE, les deux lignes DB, BC, feront aussi vne ligne droicte CD par les 2. com. sent. 13. & 14. p. 1. & soit menée la ligne CE. Pour autant que les deux triangles ABC & DBE sont egaux, ils auront vne mesme raison au triangle BEC par la 7. p. 5. mais par la 1. p. 6. la raison du triangle ABC au triangle BEC, (estant de mesme hauteur) est comme de la base AB à la base BE: pareillement par la mesme 1. p. 6. le triangle DBE sera au triangle ECB, comme DB est à BC: & partant par la 11. p. 5. AB sera à BE, comme DB à BC. Ce qui a esté proposé.

Pour la seconde partie: soient les costez d'alentour les angles egaux au poinct B, reciproques, c'est à sçauoir, que comme AB est à BE, ainsi DB à BC. Ie dis que les triangles ABC, DBE, sont egaux. Car ayant fait la mesme construction que cy-dessus, par la 1. p. 6. comme AB sera à BE, ainsi le triangle ACB au triangle BCE, & comme DB à BC, ainsi le triangle BED au mesme triangle BEC: mais par l'hypothese les raisons des bases sont semblables: donc aussi les raisons des triangles ACB, BED, au troisiesme CBE seront semblables par la 11. p. 5. & partant ils seront egaux par la 9. pr. 5. Donc les triangles egaux ayans vn angle egal à vn angle, &c. Ce qu'il falloit demonstrer.

THEOR. 11. PROP. XVI.

Si quatre lignes droictes sont proportionnelles ; le rectangle compris des extremes, est egal à celuy des moyennes : & si le rectangle compris des extremes, est egal au rectangle compris des moyennes ; les quatre lignes sont proportionnelles.

Soient quatre lignes droictes proportionnelles AB, FG, EF, BC, sçauoir est que AB soit à FG, comme EF à BC, & soit le rectangle ABCD compris des extremes AB, BC ; & le rectangle EFGH compris sous les moyennes EF, FG. Ie dis qu'iceux rectangles AC, EG, sont egaux.

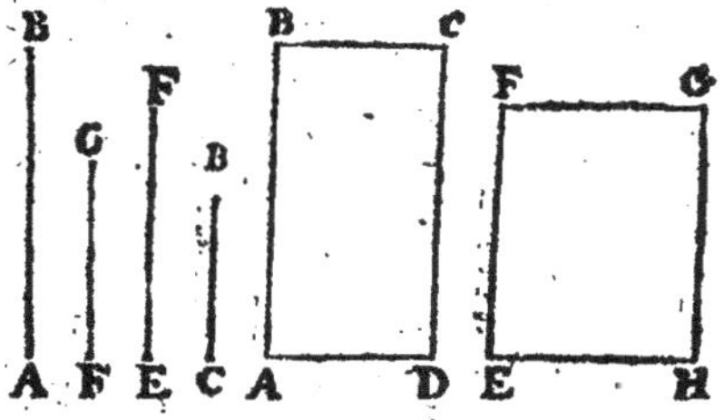

Car puis que les angles droits B & F sont egaux, & que comme AB est à FG, ainsi EF à BC ; les costez au long des angles egaux B & F, seront reciproques par la 2. def. 6. & partant par la 14. p. 6. les parallelogrammes AC & EG seront egaux. Ce qui a esté proposé.

Quant à la seconde partie : soient les rectangles AC, EG egaux. Ie dis que les quatre lignes AB, FG, EF, BC, sont proportionnelles : c'est à dire, que comme AB est à FG, ainsi EF à BC. Car puis que les rectangles sont egaux, & ont les angles B & F aussi egaux, sçauoir droicts, ils auront les costez au long d'iceux angles egaux, reciproques par la 14. p. 6. sçauoir est, que comme AB est à FG, ainsi EF à BC. Si donc quatre lignes droictes sont proportionnelles, &c. Ce qu'il falloit prouuer.

THEOR. 12. PROP. XVII.

Si trois lignes droictes sont proportionnelles ; le rectangle compris des extremes, sera egal au quarré de la moyenne : & si le rectangle compris des extremes est egal au quarré de la moyenne ; les trois lignes seront proportionnelles.

Soient trois lignes droictes proportionnelles AB, EF, BC, & soit le rectangle ABCD compris soubs les extremes AB, BC, & le quarré de la moyenne EF soit EFGH. Ie dis que le rectangle AC est egal au quarré EG.

Car estant prise FG egale à EF, les quatre lignes AB, EF, FG, BC, seront proportionnelles, & le quarré EG sera compris soubs les moyennes EF, FG, à cause de l'egalité d'icelles. Parquoy par la prec. prop. le rectangle

AC compris des deux extremes AB, BC, est egal au rectangle des moyennes EF, FG, c'est à dire au quarré EG. Ce qui estoit proposé.

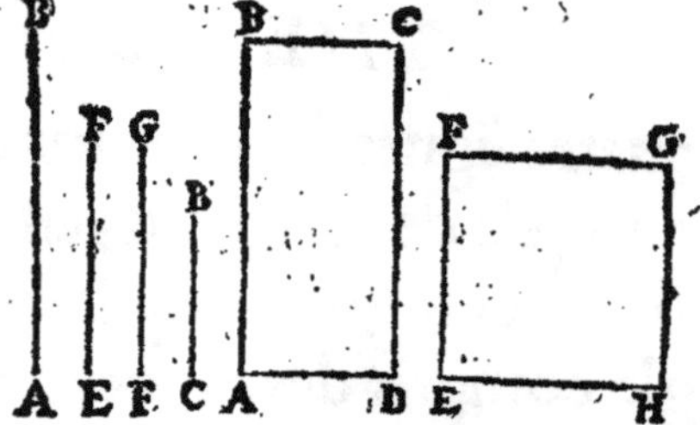

Pour la seconde partie; le rectangle AC soit egal au quarré EG: Ie dis que comme AB est à EF, ainsi EF à BC. Car puis que les rectangles AC, EG sont egaux, par la 16. pr, 6. comme AB sera à FE, ainsi FG à BC: mais par la 7. pr. 5. comme FG est à BC, ainsi EF, egale à icelle FG, est à la mesme BC: & partant comme AB est à EF, ainsi EF est à BC. Si donc trois lignes droictes sont proportionnelles, &c. Ce qu'il falloit demonstrer.

COROLLAIRE.

Il est manifeste par la derniere partie de ce Theoreme, qu'vne ligne droicte est moyenne proportionnelle entre deux autres lignes droictes, qui comprennent vn rectangle egal au quarré d'icelle ligne. Car pource que le rectangle de AB, BC est egal au quarré de EF, il a esté demonstré, que comme AB à EF, ainsi EF à BC; & partant EF est moyenne prop. entre AB & BC.

PROBL. 6. PROP. XVIII.

Sur vne ligne droicte donnee, descrire vne figure rectiligne semblable, & semblablement posee à vne figure rectiligne donnee.

Soit la ligne droicte donnee AB, sur laquelle il faut construire vne figure semblable, & semblablement posee à la figure rectiligne donnee CDEF.

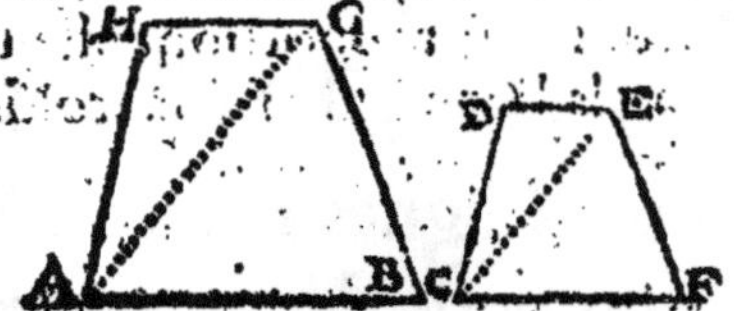

De quelque angle que ce soit de la figure donnee soient menees des lignes droictes à chacun des angles opposez, afin de diuiser icelle figure en triangles; comme icy de l'angle C, soit menee à l'angle opposé E, la ligne droicte CE, laquelle diuise la figure donnee en deux triangles CEF, CDE: en apres par la 23. p. 1. soit descrit sur la ligne AB, & aux poincts extremes A & B, les deux angles BAG & ABG, egaux, sçauoir l'vn à l'angle FCE, & l'autre à l'angle CFE. Il est euident par la 32. p. 1. que le troisiesme AGB sera egal au troisiesme CEF, & les triangles CEF, AGB seront equiangles, & auront les costez au long des angles egaux proportionnaux par la 4. p. 6. Pareillement sur la ligne AG, & aux deux poincts A & G, soient descrits les deux angles GAH & AGH, egaux aux deux DCE & CED, chacun au sien: aussi par la 32. p. 1. le troisiesme H sera egal au troisiesme D, & les triangles CDE & AHG seront equiangles, & par la 4. p. 6. ils auront les costez au long des angles egaux proportionnaux: ainsi l'angle D estant egal à l'angle H, & l'angle F à l'angle B, les deux de aux deux de A, & les deux de E aux deux de G: les deux figures CDEF, ABGH, seront equiangles: & pourautant qu'elles sont composees de triangles equiangles, lesquels ont les costez au long des angles egaux proportionnaux, comme CF sera à FE, ainsi AB à BG: item comme CF est à CE, ainsi AB à AG; & comme CE à CD, ainsi AG a AH: & en raison egale, comme CF sera à CD, ainsi AB sera à AH; par ainsi les costez au long des angles egaux F, B, & FCD, BAH, seront proportionnaux, & ainsi des autres. Parquoy les figures CDEF, AHGB seront semblables, & semblablement descrites. Nous auons donc faict ce qui estoit requis.

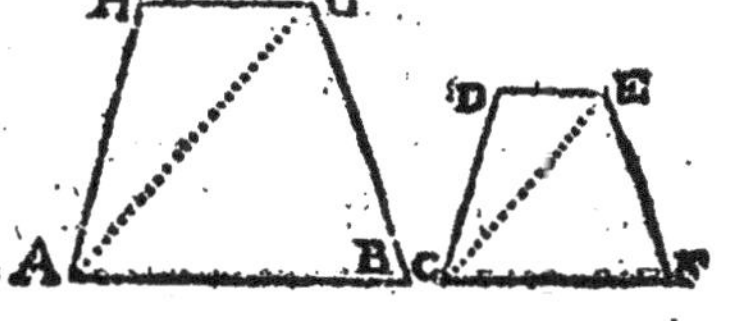

SCHOLIE.

Il est euident par ce que nous auons dit sur la 32. p. 1. que si la figure donnee auoit plus de quatre costez, elle seroit diuisee en plus de deux triangles: & alors il faudroit pour les deux premiers operer ainsi que dessus, puis apres proceder de triangle en triangle iusques à la fin, descriuant tousiours sur & aux extremitez de la derniere ligne deux angles egaux aux deux de dessus la diagonalle correspondante, ainsi qu'il a esté fait icy sur AG, homologue & correspondante à la diagonale CE.

THEOR. 13. PROP. XIX.

Les triangles semblables, sont l'vn à l'autre en raison doublee de leurs costez de mesme raison.

Soient deux triangles semblables ABC & DEF, ayans les angles B & E egaux: item C & F; mais cõme AB est à BC ainsi DE à EF, &c. Ie dis qu'ils seront l'vn à l'autre en raison doublee de leurs costez de mesme raison AB & DE, ou AC & DF, ou BC & EF, c'est à dire que si à deux quelconques de ces costez de mesme raison, comme par exemple BC & EF, on trouue la troisiesme proportionnelle BG; le triangle ABC sera au triangle DEF, comme la ligne BC est à la troisiesme proportionnelle BG: car elle est la raison doublee par la 10. def. 5.

Car estant tiree la ligne AG: d'autant que les triangles ABC, DEF sont semblables, & que comme AB est à BC ainsi DE est à EF, en permutant par la 16. p. 5. comme AB sera à DE, ainsi BC sera à EF: mais comme BC est à EF, ainsi EF est à BG par la construction. Donc comme AB sera à DE, ainsi EF sera à BG par la 11. p. 5. & par ainsi les deux triangles ABG, DEF, auront les costez au long des angles egaux B & E, reciproques: & par la 15. p. 6. iceux triangles ABG, DEF, serõt egaux entr'eux: & partant comme le triangle ABC sera au triangle DEF, ainsi sera le mesme triangle ABC au triangle ABG par la 7. p. 5. Mais comme le triangle ABC est au triangle ABG de mesme hauteur, ainsi est la base BC à la base BG par la 1. p. 6. Donc comme le triangle ABC est au triangle DEF, ainsi est BC à BG. Mais BC, EF, BG, estans continuellement proportionnelles, BC est à BG en raison doublee de BC à EF par la 10. def. 5. donc aussi le triangle ABC est au triangle DEF en raison doublee du costé BC au costé EF. Donc les triangles semblables &c. Ce qu'il falloit demonstrer.

COROLLAIRE.

De cecy est manifeste, qu'estans trois lignes droictes proportionnelles, comme la premiere sera à la troisiesme, ainsi le triangle descrit sur la premiere sera au triangle semblable, & semblablement posé sur la seconde. Car il a esté demonstré, que comme BC 1. est à BG 3. ainsi le triangle ABC au triangle DEF.

THEOR. 14 PROP. XX.

Les polygones semblables peuuent estre diuisez en nombre egal de triangles semblables entr'eux, & proportionnaux à leur tout : & les polygones sont l'vn à l'autre en raison doublee de leurs costez de mesme raison.

Soient deux polygones semblables ABCDE, & FGHIK, ayans les angles A, F, egaux. Item B, G, &c. Ie dis premierement qu'iceux polygones peuuent estre diuisez en nombre egal de triangles semblables.

Car apres auoir mené les lignes AC, AD, FH, FI, il est euident que l'vne des figures est diuisee en autant de triangles que l'autre. Et d'autant que l'angle B est posé egal à l'angle G, & que comme BA est à BC, ainsi GF à GH: par la 6. pr. de ce liure, les triãgles ABC & FGH seront equiangles, & par la 4. pr. de ce mesme liure, ils auront les costez au long des angles egaux proportionnaux, & par consequent ils seront semblables: par mesme discours, les triangles AED & FKI, seront aussi semblables. Pareillement par ce qui a esté dit cy dessus AC est à CB, comme FH à HG: mais BC est à CD comme GH à HI: car ce sont costez de figures semblables: donc en raison egale par la 22. p. 5. AC sera à CD, comme FH à HI; & d'autant que les angles BCD, GHI sont egaux, & les angles BCA, GHF aussi egaux; ceux-cy estans ostez de ceux-là, les restans ACD, FHI, seront pareillement egaux: & partant par la 6. p. 6. les triangles ACD, & FHI, seront equiangles, & par consequent semblables.

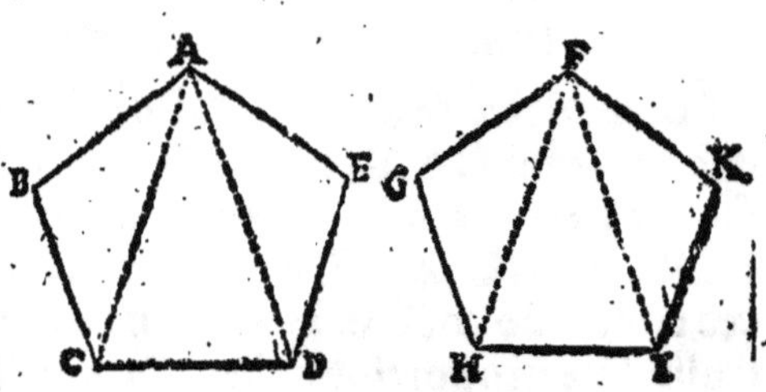

Ie dis secondement, qu'iceux triangles sont proportionnaux à leur tout: c'est à dire, que chasque triangle de l'vn des polygones a telle raison à son triangle correspondant de l'autre polygone, que tout le polygone a tout le polygone. Car d'autant que les trois triangles de l'vne des figures sont semblables aux trois triangles de l'autre, chacun au sien, & que par la prop. preced. ils ſont l'vn à l'autre, en raiſon doublée de leurs coſtez de meſme raiſon: les triangles ABC & FGH, ſeront l'vn à l'autre en raiſon doublée de AC à FH: auſſi en la meſme raiſon doublée ſeront les triangles ACD, FHI: & le troiſieſme AED eſtant au troiſieſme FKI en raiſon doublée de AD à FI, qui eſt la meſme que de AC à FH, eſtans coſtez de triangles ſemblables: auſſi les triangles ACD, FKI, ſeront l'vn à l'autre en raiſon doublée de AC à FH: & par la 12. p. 5. tous les triangles du premier polygone, ſeront à tous les triangles de l'autre polygone, comme l'vn des triangles de l'vn d'iceux, ſera à ſon reſpondant de l'autre.

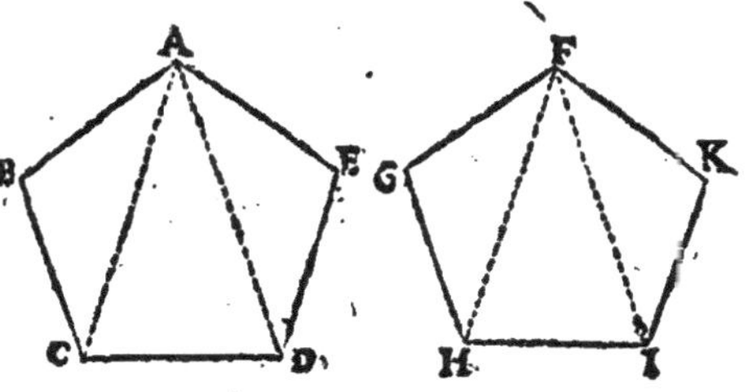

Ie dis tiercement, que le polygone eſt au polygone en raiſon doublée des coſtez de meſme raiſon, comme CD & HI: car puiſque toute la figure ABCDE, eſt à toute la figure FGHIK, comme l'vn des triangles de l'vne, ſcauoir ACD, eſt à l'vn des triangles de l'autre, ſçauoir FHI, leſquels triangles par la prop. prec. ſont en raiſon doublée de CD à HI, par la 11. p. 5. le polygone ſera au polygone, en raiſon doublée des meſmes coſtez CD & HI. Parquoy les polygones ſemblables, &c. Ce qu'il falloit demonſtrer.

COROLLAIRE.

Par cecy eſt manifeſte, qu'eſtans trois lignes droictes proportionnelles, comme la premiere ſera à la tierce, ainſi le polygone deſcrit ſur la premiere ſera au polygone ſemblable, & ſemblablement deſcrit ſur la ſeconde; puis qu'il a eſté demonſtré que les polygones ſont entr'eux en raiſon doublée de leurs coſtez de meſme raiſon, c'eſt à dire, comme le coſté du premier à vne troiſieſme proportionnelle auſdits coſtez de meſme raiſon.

THEOR. 15. PROP. XXI.

Les figures rectilignes ſemblables à vne meſme figure rectiligne, ſont auſſi ſemblables entr'elles.

Soit la figure rectiligne A ſemblable à la figure rectiligne B, & la figure rectiligne C, auſſi ſemblable à la meſme B: Ie dis que les figures A & C ſeront ſemblables entr'elles.

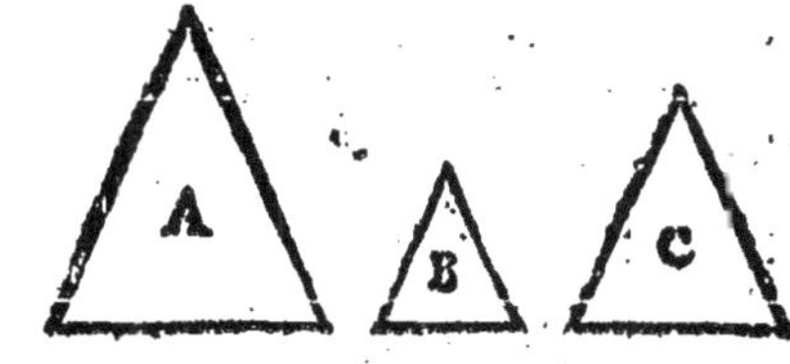

Car d'autant que chacune d'icelles figures A & C eſt ſemblable à B, elle a les angles egaux aux angles de B, & les coſtez à l'autour iceux angles egaux, proportionnaux par la 1. def. 6. & partant par la 1. com. ſent. les angles de A, ſeront auſſi egaux aux angles de C; & par la 11. prop. 5. les coſtez au long des angles egaux ſeront proportionnaux: & par la 1. def. 6. A & C ſeront ſemblables: donc les figures rectilignes ſemblables, &c. Ce qu'il falloit demonſtrer.

THEOR. 16. PROP. XXII.

Si quatre lignes droictes sont proportionnelles; les figures rectilignes semblables, & semblablement descrites sur icelles, seront aussi proportionnelles: & si icelles figures ainsi descrites sont proportionnelles, icelles lignes droictes seront aussi proportionnelles.

Soient quatre lignes droictes proportionnelles AB, CD, EF, GH: & sur AB, CD, soient constituees deux quelconques figures rectilignes ABI, CDK semblables, & semblablement descrites: item sur EF & GH deux autres quelconques figures rectilignes semblables, & semblablement descrites EFML, GHON. Ie dis premierement que ces quatre figures rectilignes sont proportionnelles, c'est à dire, que comme ABI est à CDK, ainsi EFML est à GHON.

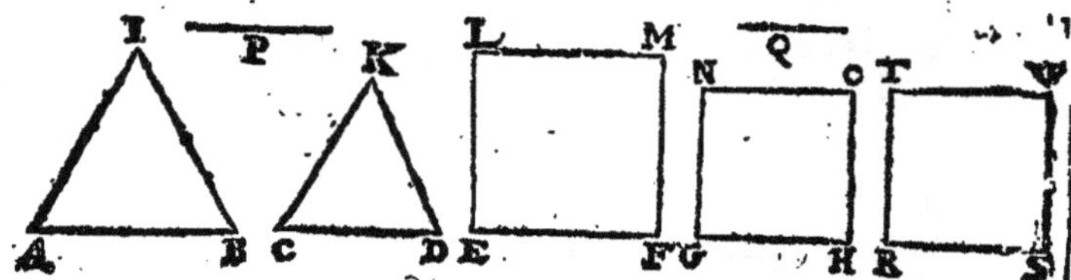

Qu'il ne soit ainsi: aux deux lignes AB & CD, soit trouuée P troisiesme proportionnelle par la 11. p. 6. & aux deux EF & GH, soit trouuée Q aussi troisiesme proportionnelle: & d'autant que AB est à CD, comme EF est à GH: Item CD à P, comme GH à Q: en raison egale AB sera à P, comme EF à Q par la 22. p. 5. Mais comme AB est à P, ainsi le rectiligne ABI est au rectiligne CDK par le coroll. de la 19. ou 20. p. 6. Item comme EF est à Q, ainsi le rectiligne EM est au rectiligne GO. Donc comme ABI est à CDK, ainsi EM est à GO par la 11. p. 5.

Ie dis pour la seconde partie, que si icelles figures semblables, & semblablement descrites sont proportionnelles, que les lignes sur lesquelles elles sont descrites, seront aussi proportionnelles, c'est à sçauoir, que comme AB est à CD, ainsi EF est à GH.

Car ayant trouué RS quatriesme proportionnelle aux trois lignes AB, CD, EF par la 12. p. 6. sur icelle RS soit descrit le rectiligne RV semblable, & semblablement posé au rectiligne EM par la 18. p. 6. & partant aussi semblable au rectiligne GO par la prop. prec. & d'autant que comme AB est à CD, ainsi EF est à RS, par ce qui a esté demonstré cy dessus, comme le rectiligne ABI sera au rectiligne CDK, ainsi le rectiligne EM sera au rectiligne RV. Mais comme ABI est à CDK, ainsi aussi à esté posé EM à GO: donc par la 11. p. 5. comme EM sera à RV, ainsi EM sera à GO; & partant par la 9. p. 5. les rectilignes RV, GO seront egaux: lesquels estans semblables, & semblablement descrits, consistent necessairement (comme nous demonstrerons incontinent) sur lignes droictes egales RS, GH. Parquoy par la 7. p. 5. comme EF sera à RS, ainsi EF sera à GH, Mais par l'hypothese EF est à RS, comme AB à CD : donc par la 11. p. 5. comme AB sera à CD, ainsi aussi EF sera à GH. Parquoy si quatre lignes sont proportionnelles, les figures rectilignes semblables, &c. Ce qu'il falloit demonstrer.

LEMME.

Or que les rectilignes egaux semblables & semblablement descrits, tels que sont GO, RV, consistent sur lignes droictes egales, on le prouuera ainsi. Si les lignes GH, RS peuuent estre inegales, soit GH la plus grande : & puis que les rectilignes sont semblables, comme GH est à HO, ainsi RS à SV : & GH ayant esté posee plus grande que RS, par la 14. p. 5. HO sera aussi plus grande que SV : & partant le rectiligne GO plus grand que le rectiligne RV ; puis que cestuy cy peut estre constitué dans celuy-là : ce qui est absurde, ayans esté posez egaux. Les lignes GH, RS ne sont donc pas inegales, mais egales. Ce qui estoit proposé.

SCHOLIE.

Il est euident, que s'il y a aussi trois lignes droictes proportionnelles, les figures rectilignes semblables, & semblablement descrites sur icelles, seront pareillement proportionnelles, &c. Car la ligne moyenne, & son rectiligne estant prise deux fois, on aura quatre lignes proportionnelles : donc aussi quatre rectilignes proportionnaux, comme il a esté cy dessus demonstré. Veu donc que le rectiligne qui sera descrit sur la seconde ligne, sera egal à celuy descrit sur la troisiesme ; est manifeste ce qui estoit proposé.

THEOR. 17. PROP. XXIII.

Les parallelogrammes equiangles, sont l'vn à l'autre en la raison composee de celles de leurs costez.

Soient deux parallelogrãmes equiangles ABCD, & CEFG, ayans les deux angles BCD, ECG egaux : Ie dis que la raison du parallelogr. AC au parallelogramme CF est composee de celles de leurs costez, sçauoir est composée de la raison qui est de BC à CG, & de celle qui est de DC à CE.

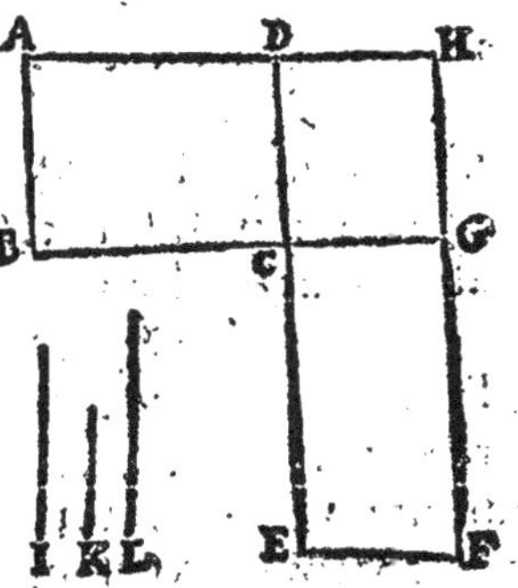

Car soient disposez les deux parallelogrammes l'vn contre l'autre, en sorte que BC & CG se rencontrent directement, & ne fassent qu'vne seule ligne droicte, & alors DC & CE feront aussi vne ligne droicte, puis que les angles BCD, ECG sont egaux, comme il est euident par les 2. com. sent. 13. & 14. p. 1. Soient prolongez les costez AD, FG, qui se rencontrant en H, fassent le parallelogramme DCGH ; puis soit prise quelconque ligne droicte I ; & aux trois BC, CG & I, soit trouuée la 4. proportionnelle K. Item aux trois DC, CE & K, la 4. prop. L. Veu donc que par la 1. p. 6. comme BC est à CG, ainsi AC à DG ; & comme BC à CG, ainsi aussi I est à K par l'hypothese : pareillement comme AC sera à DG, ainsi sera I à K, par la 11. p. 5. Mais par mesme raison DG est à CF, comme K à L, (attendu que comme DG à CF, ainsi DC à CE,

par la

par la 1. p. 6. qui est la mesme raison que de K à L.) Donc en raison egale, comme AC sera à CF, ainsi I sera à L par la 22. p. 5. Mais la raison de I à L est composee de la raison de BC à CG, & de celle de DC à CE par la 5. def. de ce liure. Donc aussi d'icelles raisons est composee la raison du parallelogramme AC au parallelogramme CF. Parquoy les parallelogrammes equiangles sont l'vn à l'autre, &c. Ce qu'il falloit prouuer.

SCHOLIE.

Le mesme sera encore demonstré plus briefuement, ainsi qu'il ensuit. Les parallelogrammes AC, CF estans disposez comme auparauant, AC sera à CH, comme BC à CG; & CH à EG comme DC à EC par la 1. p. 6. Mais la raison de AC à EG, est composée des raisons entre-moyennes, sçauoir de AC à CH, & de CH à EG par la 5. def. 6. Donc la mesme raison de AC à EG sera aussi composée des raisons de BC à CG, & de DC à CE, qui sont egales à icelles entre-moyennes. Ce qui est proposé.

Or il est facile de colliger des choses cy-dessus dittes & demonstrees par Euclide en cette 23. p. comment on compose en lignes, ou en nombres vne raison de deux ou de dauantage de raisons. Car des raisons de BC à CG, & de DC à CE, a esté composée la raison de I à L en lignes: mais de 3 à 2 en nombres. Que s'il faut composer vne raison de trois autres proposees; ayant trouué celle composee de deux, d'icelle & de la troisiesme nous en composerons vne autre en la mesme maniere, laquelle sera composee de trois: & ainsi consequemment des autres.

Cette 23. prop. est aussi veritable en nombres, comme le demonstre Euclide au 8. l. p. 5. C'est pourquoy nous enseignerons icy comme il faut trouuer la raison du parallelogramme AC au parallelogramme CF, les raisons de leurs costez, estans cognues en nombres. Comme par exemple, si la raison de BC à CG est la mesme que de 5 à 2, & celle de DC à CE, la mesme que de 3 à 5, nous trouuerons la raison d'iceux parallelogrammes ainsi. Ayant posé la premiere raison estre 5 à 2, soit fait que comme 3 est à 5, (qui est la derniere raison) ainsi 2 soit à vn autre nombre, qui sera troué estre $3\frac{1}{3}$: Cela fait, nous aurons les trois nombres 5, 2, $3\frac{1}{3}$, lesquels auront entr'eux les deux raisons proposees, & consequemment en delaissant le nombre entre-moyen 2, demeurera 5 à $3\frac{1}{3}$ pour la raison composee d'icelles: & telle sera la raison du parallelogramme AC au parallelogramme CF, laquelle reduitte en nombres entiers sera 15 à 10, ou 3. à 2, qui est raison sesquialtere.

On peut aussi en la mesme maniere que dessus oster vne raison d'vne autre raison plus grande: comme par exemple, soit la raison de A à B, qu'il faut oster d'vne plus grande raison C à D. Soit fait que comme A est à B, ainsi C soit à quelque autre, sçauoir E, qui soit posée moyenne entre C & D: & la raison de E à D sera la raison restante de la soustraction requise. Car puisque la raison de C à D est composee de celle de C à E, & de E à D; si on en oste celle-là de C à E, ou de A à B, qui luy est egale, restera la susdite raison de E à D.

A———
B——
C————
E———
D——

Qu'il faille encore oster la raison de 4 à 3, de celle de 6 à 2; soit fait que comme 4 est à 3, ainsi 6 soit à vn autre nombre, sçauoir $4\frac{1}{2}$: & la raison de $4\frac{1}{2}$ à 2, sera le reste requis. Car il est euident que la raison de 6 à 2, est composée de celles de 6 à $4\frac{1}{2}$ & de $4\frac{1}{2}$ à 2; & partant en ostant de ces deux raisons celle de 6 à $4\frac{1}{2}$, ou de 4 à 3, *qui luy est egale, restera la susdite raison de $4\frac{1}{2}$ à 2, qui est double sesquiquarte.*

Commandin demonstre en ce lieu les trois Theor. suiuans.

1. **Les triangles qui ont vn angle egal à vn angle, sont en raison composee des costez, qui comprennent l'angle egal.**

Soient les triangles ABC, DEF, ayans l'angle B egal à l'angle E: Ie dis que le triangle ABC est au triangle DEF en raison composee des costez comprenans les angles egaux B & E. Car ayant acheué les parallelogrãmes AG, DH, ils seront equiangles; & partant par la 23. p.6. la raison d'iceux sera composee de celle de leurs costez: Veu donc que les triangles ABC, DEF, desquels ils sont moitiez par la 34. p.1. sont en la mesme raison qu'iceux par la 15. p. 5. aussi iceux triangles seront l'vn à l'autre en icelle raison composee des costez.

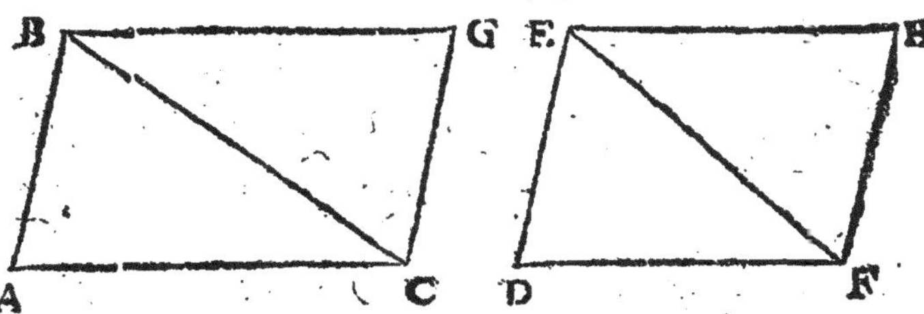

2. **Les triangles qui ont vn angle egal à vn angle, sont l'vn à l'autre, en la mesme raison que les rectangles compris sous les costez, qui contiennent l'angle egal.**

Soient les triangles ABC, DEF, ayans l'angle A egal à l'angle D: Ie dis que le triangle ABC est au triangle DEF, comme le rectangle de AB, AC, est au rectangle de DE, DF. Car estans tirees sur AC, DF, les perpendi culaires BG, EH; les triangles ABG, DEH, seront equiangles, comme appert par le Corol. de la 32. p.1. Donc par la 4. p. 6. comme GB est à BA, ainsi HE à ED. Mais par la 1. p. 6. comme GB est à BA, ainsi le rectangle de BG, AC, au rectangle de BA, AC, pource que posant GB, BA, bases, la hauteur d'iceux rectangles sera vne mesme, sçauoir AC. Semblablement comme HE à ED ainsi est le rectangle de EH, DF au rectangle de DE, DF. Donc par la 11. p. 5. le rectangle de BG, AC, est au rectangle de AB, AC, comme le rectangle de EH, DF au rectangle de DE, DF; & en permutant le rectangle de BG, AC sera au rectangle de EH, DF, comme le rectangle de AB, AC au rectangle de DE, DF. Mais le rectangle de BG, AC, est au rectangle de EH, DF, ainsi que le triangle ABC au triangle DEF par la 15. p. 5. pource que ces triangles sont moitiez d'iceux rectangles, par la 41. p. 1. (Car ils ont mesmes bases qu'iceux AC, DF, & mesmes hauteurs BG, EH: & partant entre mesmes paralleles) donc aussi le triangle ABC sera au triangle DEF, comme le rectangle de AB, AC, est au rectangle de DE, DF. Ce qui estoit proposé.

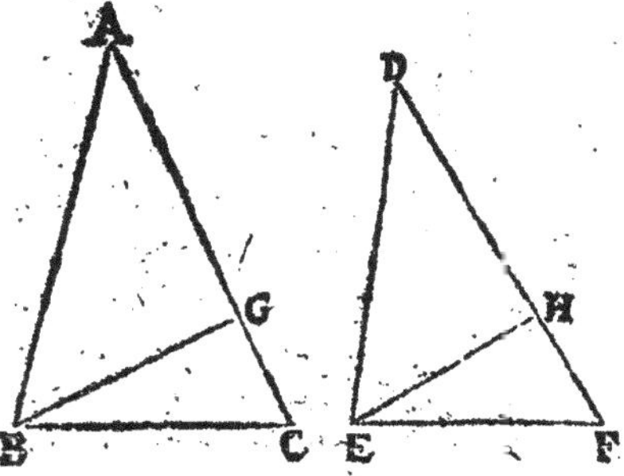

COROLLAIRE.

De cecy resulte que les parallelogrammes equiangles sont aussi entr'eux, en la mesme raison que les rectangles compris sous les costez des angles egaux, puis qu'ils sont doubles d'iceux triangles.

3. Les triangles, & les parallelogrammes, sont entr'eux en la raison composée de la raison des bases, & de celle des hauteurs.

Soient les triangles ÆBC, DEF; & les parallelogrammes BG, EH; & les hauteurs d'iceux soient ÆI, DK. Ie dis que la raison tant d'iceux triangles, que des parallelogrammes, est composee de la raison de la base BC à la base EF, & de celle de la hauteur ÆI à la hauteur DK. Car premierement soient les hauteurs egales, mais les bases, ou aussi egales, ou inegales: & soit faict comme BC à EF, ainsi L à M: & comme ÆI à DK, ainsi M à N, lesquelles seront egales, puis que ÆI, DK, sont posees egales: & partant par la 7. p. 5. L sera à N, comme L à M, c'est à dire comme BC à EF. Mais par la 1. p. 6. comme BC est à EF, ainsi est le triangle ÆBC au triangle DEF; & le parallelogramme BG au parallelogramme EH: Donc par la 11. p. 5. comme L sera à N, ainsi le triangle au triangle, & le parallelogramme au parallelogramme: Mais la raison de L à N est composee de la raison de L à M, c'est à dire de la raison de BC à EF, & de la raison de M à N, c'est à dire de ÆI à DK: donc la la raison du triangle ÆBC au triangle DEF, & du parallelogramme BG au parallelogramme EH, est aussi composee des mesmes raisons.

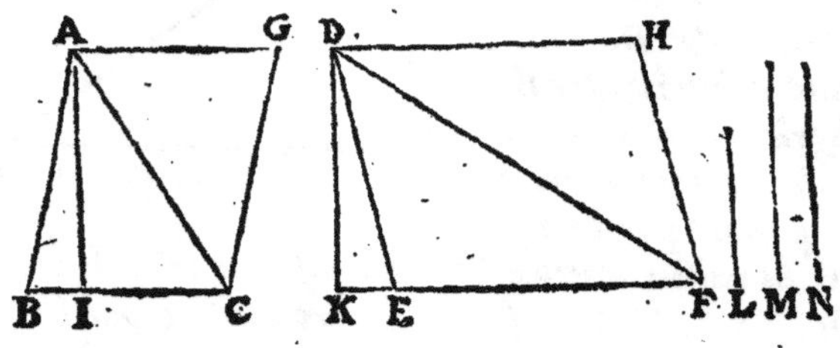

Soient maintenant les hauteurs ÆI, DK inegales, & ÆI la plus grande: mais les bases BC, EF, egales, ou aussi inegales. Soit fait que comme ÆI est à DK, ainsi O à P; & comme BC à EF, ainsi P à Q: puis ayant couppé IL egale à DK, par L, soit tiree MN parallele à BC, & ioinct CM. D'autant que le triangle ÆBC est au triangle MBC, & le parallelogramme BG au parallelogramme BN, comme la hauteur ÆI a la hauteur IL ou DK qui luy est egale, c'est à dire comme O à P, par le Scholie de la 1. p. 6. & comme le triangle MBC est au triangle DEF, & le parallelogramme BN au parallelogramme FH, ainsi est la base BC à la base EF. (pource qu'ils sont de mesme hauteur) c'est à dire ainsi P à Q; en raison egale ÆBC sera à DEF, & BG à FH, comme O à Q. Parquoy puis que la raison de O à Q est composee de la raison de O à P, c'est à dire de ÆI à DK, & de la rason de P à Q, c'est à dire de la base BC à la base EF: la raison du triangle ÆBC au triangle DEF, & du parallelogramme BG au parallelogramme FH, sera composee des mesmes raisons. Ce qui estoit proposé.

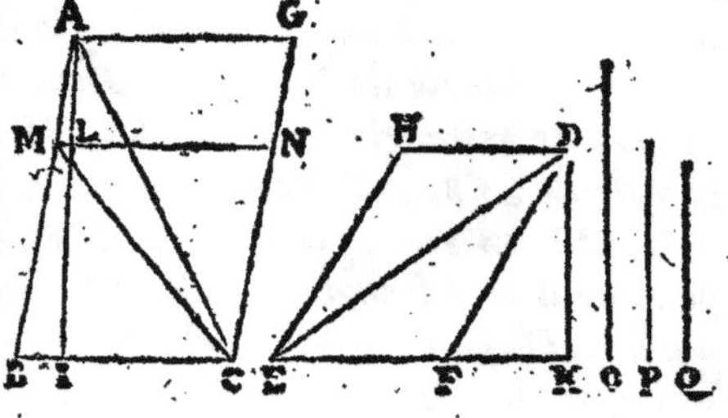

On peut demonstrer en la mesme maniere, que le triangle DEF, qui a la moindre hauteur, est au triangle ABC, & le parallelogramme FH au parallelogramme BG en la raison composee de celle de la base EF à la base BC, & de celle de la hauteur DK à la hauteur AI; & ce en faisant que comme EF à BC ainsi Q à P; & puis comme DK à AI, ainsi P à O; & tout le reste comme dessus. Appert donc ce qui estoit proposé.

THEOR. 18. PROP. XXIV.

En tout parallelogramme, les parallelogrammes qui sont à l'entour du diametre, ayans vn angle commun au total, sont semblables entr'eux, & au total.

Soit le parallelogramme ABDC, duquel le diametre est BC, & à l'entour d'iceluy diametre soient les deux parallelogrammes GE & FH, ayans les angles B & C communs auec le total: Ie dis qu'iceux parallelogrammes GE & FH sont semblables entr'eux, & au total ABDC.

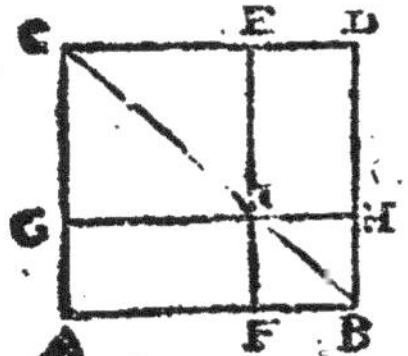

Car d'autant que les lignes AB & GH sont paralleles, sur lesquelles tombent les lignes CB & CA par la 29. p. 1. l'angle externe CIG sera egal à l'interne IBF, & l'externe CGI à l'interne A, auquel est aussi egal l'externe IFB, attendu que BA tombe sur les deux paralleles EF & CA. Parquoy les trois triangles CAB, CGI & IFB ayans chacun deux angles egaux à deux angles, chacun au sien, les troisiesmes angles seront aussi egaux, & consequemment iceux triangles seront equiangles entr'eux. Et par mesme raison les trois autres triangles CDB, CEI & IHB, qui par la 34. pr. 1. sont egaux aux trois precedents seront aussi equiangles entr'eux: Donc les parallelogr. composez d'iceux triangles, sçauoir AD, GE & FH, seront pareillement equiangles entr'eux. Dauantage, puis que le triangle CAB est equiangle au triangle CGI, & le triangle CDB au triangle CEI, par la 4. pr. 6. comme CA sera à AB, ainsi CG à GI: & par ainsi les costez d'autour les angles egaux A & G, sont proportionnaux. Derechef, comme AB est à BC, ainsi GI est à IC, & comme CB est à BD, ainsi CI est à IE. Donc en raison egale, comme AB sera à BD, ainsi GI sera à IE: & partant les costez d'aleutour les angles egaux ABD, GIE sont proportionnaux. On prouuera en la mesme maniere que les costez d'al'entour les autres angles egaux d'iceux parallelogrammes AD & GE sont aussi proportionnaux. Donc par la 1. def. 6. le parallelogramme GE sera semblable au parallelogramme total AD. Et par mesmes raisons, le parallelogramme FH se prouuera aussi semblable au mesme parallelogramme AD. Donc par la 21. p. 6. tous les trois parallelogrammes AD, GE & FH seront semblables entr'eux. Parquoy en tous parallelogrammes; les parallelogrammes qui sont à l'entour du diametre, &c. Ce qu'il falloit demonstrer.

PROB. 7. PROP. XXV.

Descrire vne figure rectiligne, semblable à vne figure re-

ctiligne donnee, & egale à vne autre proposee.

Soient deux figures rectilignes A B C & D : il faut faire vne autre figure rectiligné egale à D, & semblable à ABC.

Sur la ligne AC(qui est l'vn des costez du rectiligne ABC, auquel on en doit faire vn semblable) soit faict le rectangle ACFE egal à ladite figure ABC : Item sur la ligne AE, soit construit le rectangle GE egal à la figure donnee D, le tout par les 44. & 45. p. 1. & apres auoir trouué AI, moyenne proportionnelle entre GA & AC ; Sur icelle AI, soit descrite la figure AIK semblable & semblablement posee à la figure ACB, par la 18. p. 6. Ie dis qu'icelle figure AKI sera aussi egale à la figure donnee D.

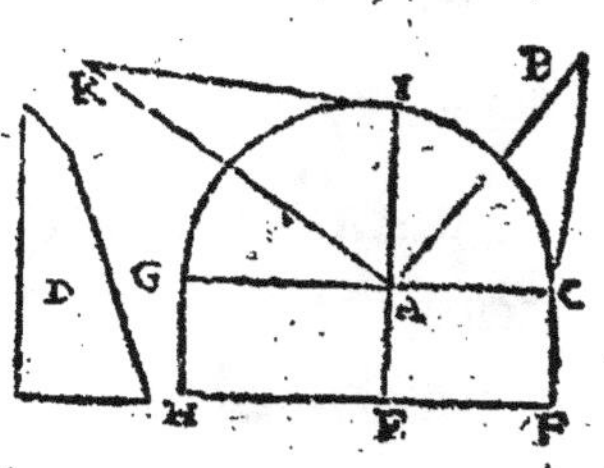

Car par la construction le rectangle GE est egal au rectiligne D, & le rectangle AF au rectiligne ABC, & par la 1. pr. 6. AF est à GE, comme CA à AG : Mais les deux figures semblables ABC & AKI sont l'vne à l'autre en la mesme raison de AC à AG, par le Corol. de la 19. ou 20. p. 6. attendu qu'icelles figures sont descrites sur les deux premieres lignes des trois proportionnelles CA, AI & AG. Donc par la 11. p. 5. ACB sera à IKA, comme AF à GE : & en permutant ACB sera à AF, comme IKA à GE, par la 16. p. 5. & partant ACB estant egal à AF : aussi IKA sera egal à GE, & par consequent egal à D : & par la construction, iceluy rectiligne IKA est aussi semblable, & semblablement posé au rectiligne ABC. Nous auons donc descrit vne figure rectiligne semblable à vne autre donnee, & egale à vne proposee. Ce qu'il falloit faire.

THEOR. 19. PROP. XXVI.

Si d'vn parallelogramme on oste vn parallelogramme semblable & semblablement posé au tout, ayant vn angle commun auec le tout ; l'osté sera auec le tout à l'entour d'vn mesme diametre.

Du parallelogramme ABCD soit retranché le parallelogramme AEFG semblable & semblablement posé au total BD, & ayant l'angle A commun auec iceluy : Ie dis qu'ils sont tous deux constituez à l'entour d'vn mesme diametre, c'est à dire qu'ayant mené au parallelogramme total BD le diametre AC, il passera par F, comme AFC.

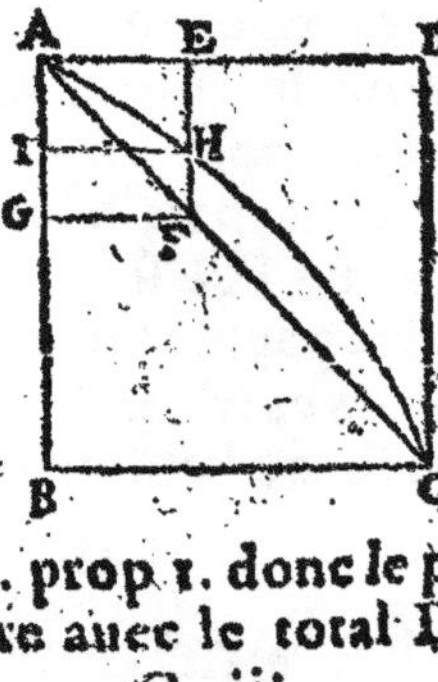

Autrement, soit (s'il est possible) vn autre diametre AHC, qui ne passe par l'angle F du parallelogramme retranché EG : ains couppe le costé EF en H, & d'iceluy poinct soit menee HI parallele à AE, par la 31. prop 1. donc le parallelogramme IE estant à l'entour d'vn mesme diametre auec le total DB sera semblable à iceluy, par la 24. p. 6. auquel total, GE est aussi semblable par l'hypothese: & partant par la 21. p. 6. les parallelogrammes GE & IE seront semblables entr'eux: & par le 1. def. 6. AE sera à EF comme AE à EH : mais AE estant egal à soy mesme, il faudroit aussi par la 14. prop. 5. que EF 2e fust egale à EH 4e, c'est à sçauoir le tout à la partie, ce qui est absurde : donc le parallelogramme total BD, & le retranché GE, estoient constituez à l'entour d'vn mesme diametre: car il aduiendra tousiours la mesme absurdité, si on dit que le diametre de BD couppe à quelconque autre poinct, soit le costé EF ou FG, du parallelogramme retranché GE. Si donc d'vn parallelogramme on oste vn parallelogramme, &c. Ce qu'il falloit demonstrer.

THEOR. 20. PROP. XXVII.

De tous les parallelogrammes appliquez selon vne mesme ligne droicte, & defaillans de parallelogrammes semblables & semblablement posez à vn autre descrit sur la moitié de la mesme ligne; le plus grand est celuy-là qui est descrit sur l'autre moitié de la ligne, & semblable au defaut.

Soit la ligne droicte AB couppee en deux egalement en C, & sur CB moitié d'icelle, soit constitué quelconque parallelogramme BCDE, duquel le diametre est BD: Si donc on accomplit tout le parallelogramme ABEH, le parallelogramme AD constitué sur la moitié AC, sera appliqué selon la ligne AB, & defaillant du parallelogramme CE, & semblable à iceluy defaut CE. Ie dis que de tous les parallelogrammes qui peuuent estre appliquez selon icelle ligne AB, & defaillans d'vne figure semblable & semblablement posée à CE, le plus grand est AD, qui est descrit sur la moitié AC, & defaillant du parallelogramme CE.

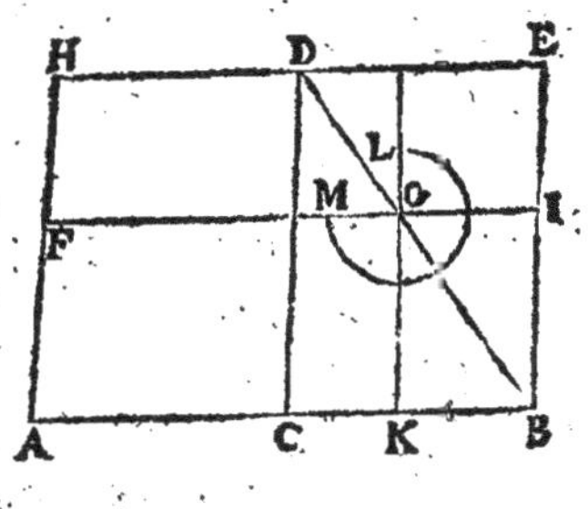

Car estant pris au diametre BD quelconque poinct G, & tirees par iceluy poinct les lignes droictes FGI, KG, paralleles aux lignes droictes AB, BE; le parallelogramme AKGF appliqué selon la ligne AB, sera defaillant du parallelogramme KI, lequel par la 24. prop. 6. est semblable & semblablement posé à CE. Et d'autant que par la 43. prop. 1. les complemens CG, GE, sont egaux, si on leur adiouste KI commun; aussi CI, KE seront egaux. Mais CI, CF, estans sur bases egales, sont pareillement egaux par la 36. prop. 1. donc aussi CF, KE seront egaux, & leur adioustant CG commun, le parallelogramme AG sera egal au gnomon LM. Parquoy puis que CE est plus grand qu'iceluy gnomon LM: (car CE, outre le gnomon, contient encore le parallelogramme DG) aussi AD qui est egal à CE, par la 36. prop. 1. sera plus grand que le parallelogramme AG, du mesme parallelogramme DG. Et en la mesme maniere sera demonstré que AD est plus grand que tous autres parallelogrammes, qui seront appliquez selon la mesme ligne droicte AB, & defaillans de figures parallelogrammes semblables & semblablement posees à CE. Parquoy de tous les parallelogrammes appliquez selon vne mesme ligne droicte, &c. Ce qu'il falloit demonstrer.

PROB. 8. PROP. XXVIII.

A vne ligne droicte donnee, appliquer vn parallelogramme egal à vne figure rectiligne donnee, & defaillant d'vn parallelogramme semblable à vn autre donné, mais il faut que la figure rectiligne donnee ne soit plus grande que le parallelogramme, qui estant appliqué à la moitié de la ligne donnee, est semblable au parallelogramme donné.

Soit la ligne droicte donnee AB, à laquelle il faut appliquer vn parallelogramme egal à la figure rectiligne donnee C, defaillant d'vn parallelogramme semblable au parallelogramme donné D.

Ayant couppé AB en deux egalement en E, sur la moitié EB soit descrit le parallelogramme EFGB semblable & semblablement posé à iceluy D, par la 18. pr. 6. & soit accomply le parallelogramme AHGB.

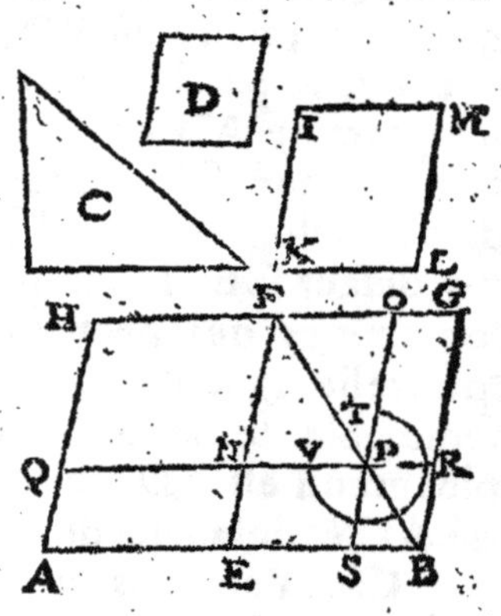

Maintenant, si AF est egal à C, on a ce que l'on demande: car il est appliqué selon la ligne AB, & defaillant du parallelogramme EG, qui est fait semblable à D. Mais si C est plus petit que AF, (car par l'hypothese il ne peut estre plus grand) il sera aussi plus petit que EG egal à iceluy AF: soit donc trouué l'excez de EG par dessus C, (ceste egalité ou inegalité, & excez sera cogneu par ce que nous auons dit à la 45. p. 1.) lequel excez par la 25. p. 6. soit reduit en parallelogramme IKLM, semblable & semblablement posé à EG: & veu que EG est plus grand que KM, il est euident que les costez EF, FG, seront aussi plus grands que les costez homologues KI, IM: parquoy d'iceux EF, FG soient couppez FN, FO, egaux à iceux KI, IM, à fin qu'estant accomply le parallelogramme NFOP, il soit egal à KM, & semblable & semblablement posé au mesme KM; & partant aussi à EG: & par consequent qu'estant tiré le diametre BF, iceux parallelogrammes EG, NO, soient autour d'iceluy diametre par la 26. p. 6. & apres auoir continué de part & d'autre les costez NP, OP, tant qu'il sera de besoin, sera constitué le parallelogramme AP, lequel ie dis estre le parallelogramme demandé.

Car il est appliqué à la ligne AB, & defaillant du parallelogramme SR, lequel par la 24. p. 6. est semblable à EG, partant aussi à D. Item puis que IL est l'excez par lequel EG excede C, & qu'à iceluy excez est egal NO: Il est euident que le gnomon TV sera egal à la figure C. Mais il est aussi egal à AP, comme il a esté prouué à la precedente: donc aussi AP sera egal à C: Mais il est appliqué à la ligne donnée AB, & defaillant du parallelogramme SR semblable au donné D. Nous auons donc à vne ligne droicte donnée appliqué vn parallelogramme, &c. Ce qu'il falloit faire.

PROBL. 9. PROP. XXIX.

A vne ligne droicte donnée, appliquer vn parallelogramme egal à vne figure rectiligne donnée, excedant d'vn parallelogramme semblable à vn autre donné.

Soit la ligne droicte donnée AB, à laquelle il faut appliquer vn parallelogramme egal au rectiligne donné C, mais excedant d'vn parallelogramme semblable au parallelogramme donné D.

La ligne AB soit couppée en deux egalement au poinct E, & sur la moitié EB soit descrit le parallelogramme EFGB semblable, & semblablement posé à D par la 18. p. 6. En apres, soit descrit le parallelogramme HK egal aux deux figures C & EG, & semblable, & semblablement posé à EG par la 25. p. 6. & partant à cause de la similitude d'iceux parallelogrammes HK, EG, comme HI sera à IK, ainsi EF sera à FG; & par consequent HK estant plus grand que EG, aussi les costez HI, IK seront plus grands que les costez EF, FG: estans donc prolongez les costez FE, FG, tellement que FL, FM, soient egales aux lignes IH, IK, & acheué le parallelogramme LFMN, il sera semblable, & semblablement posé à EG. Parquoy par la 26. p. 6. les parallelogrammes LM, & EG seront constituez à l'entour d'vn mesme diametre, lequel soit FN. Maintenant estant prolongez AB & GB iusques en P & O; & acheué le parallelogramme LA: le parallelogramme AN sera appliqué à la ligne AB, l'excedant du parallelogramme OP, qui est semblable à EG par la 24. p. 6. & partant à D. Mais ie dis aussi qu'iceluy parallelogramme AN est egal au rectiligne C; car puisque par la 36. p. 1. AL, EO sont egaux, & par la 43. p. 1. EO est egal au complement BM, aussi AL sera egal à iceluy BM; leur adioustant donc LP commun; le parallelogr. AN sera egal au gnomon QR, lequel est egal au rectiligne C: (car puisque HK, c'est à dire LM, est egal aux rectilignes C & EG ensemble: si on oste EG commun, resteront egaux le gnomon QR, & le rectiligne C.) Donc aussi le parallelogramme AN sera egal au rectiligne C. A la ligne droicte AB, nous auons donc appliqué le parallelogramme AN

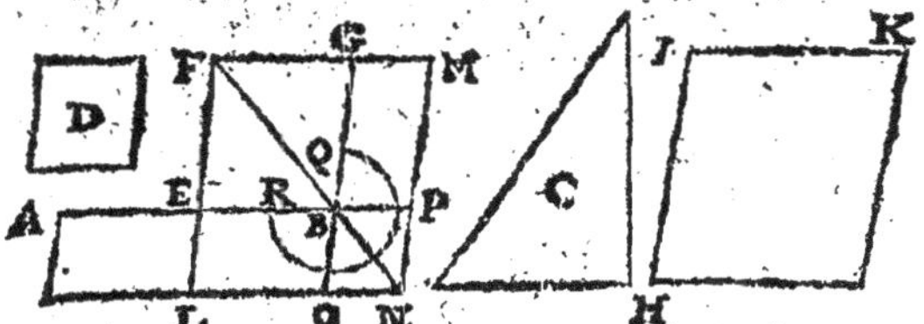

egal

egal au rectiligne C, excedant du parallelogramme OP, qui est semblable à vn autre donné D : Ce qu'il falloit faire.

PROB. 10. PROP. XXX.

Coupper vne ligne droicte donnée & terminée, selon la moyenne & extreme raison.

Soit la ligne droicte donnée AB, laquelle il faut coupper selon la moyenne & extreme raison.

Ayant descrit sur icelle ligne AB, le quarré AC, au costé DA soit appliqué par la 29. p. 6. le rectangle DH egal à iceluy quarré AC, excedant du parallelogramme AH, semblable à iceluy AC; & la ligne AB sera couppée en G, selon la moyenne & extreme raison.

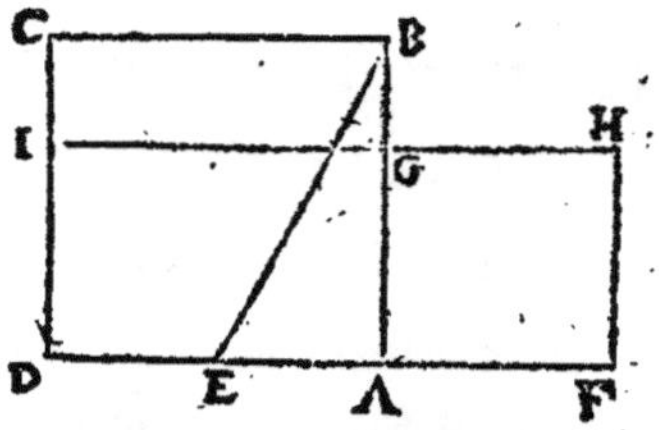

Car premierement l'exceds AH sera quarré, puis qu'il est semblable au quarré AC; & d'autant que DH est fait egal à AC, si d'iceux on oste le parallelogramme commun AI, resteront egaux les parallelogrammes CG & AH, lesquels ont aussi les angles au poinct G egaux. Donc par la 14. p. 6. les costez d'alentour iceux angles seront reciproques; tellement que comme IG est à GH, ainsi AG est à GB. Mais par la 34. p. 1. IG est egale à BC, c'est à dire à AB; & GH à AG : Donc comme AB sera à AG, ainsi AG sera à GB. Et puisque AB 1. est plus grande que AG 3. par la 14. p. 5. AG 2. est aussi plus grande que GB 4. Veu donc que la toute AB est au plus grand segment AG, comme iceluy plus grand segment AG est au plus petit GB; icelle AB est couppée en G, selon la moyenne & extreme raison, par la 3. def. 6. Ce qu'il falloit faire.

Autrement. La ligne donnée AB soit couppée en G, par la 11. p. 2. en sorte que le quarré de la partie AG soit egal au rectangle de la toute AB, & de la partie GB. Ie dis que AB sera couppée selon la moyenne & extréme raison au poinct G.

Car puis que le quarré de AG est egal au rectangle de AB & GB, les trois lignes AB, AG & GB, seront continuellement proportionnelles, par la 17. p. 6. c'est à dire que la toute AB sera au plus grand segment AG, comme iceluy segment AG est au plus petit segment GB; & par la 3. d. 6. AB est couppée en G, selon la moyenne & extréme raison. Ce qu'il falloit faire.

THEOR. 21. PROP. XXXI.

Aux triangles rectangles, la figure descrite sur le costé qui soustient l'angle droict, est egale aux deux autres figures qui luy sont semblables, & semblablement descrites sur les deux autres costez.

Soit le triangle rectangle ABC, ayant l'angle BAC, droict, & sur le coſté BC, qui ſouſtient iceluy angle, ſoit deſcrite quelconque figure rectiligne BD, & ſur les deux autres coſtez AB, AC, ſoient conſtituees les deux figures AF, AI ſemblables, & ſemblablement poſees à BD : Ie dis qu'icelle figure BD eſt egale aux deux autres AF, AI.

Car ſi du poinct A, on meine ſur BC la perpendiculaire AK, par la 8. p. 6. elle fera deux triangles ſemblables entr'eux, & au total ; & par ainſi les trois triangles BAK, ABC, CAK, ſeront ſemblables entr'eux, & par la 19. p. 6. ils ſeront l'vn à l'autre en raiſon doublée des coſtez de meſme raiſon AB, BC, CA. Mais par la 20. p. 6. les trois figures AF, BD & AI, eſtans ſemblables, & ſemblablement poſees, elles ſeront auſſi l'vne à l'autre en raiſon doublee de leurs coſtez de meſme raiſon AB, BC, CA, qui ſont les meſmes coſtez des triangles : donc par la 11. p. 5. les rectilignes AF, BD, AI, ſeront entr'eux, comme les triangles BAK, BAC, CAK entr'eux, c'eſt à dire, que comme le triangle BAK eſt au triangle ABC, ainſi le rectiligne AF eſt au rectiligne BD, & comme le triangle CAK eſt au triangle ABC, ainſi le rectiligne AI eſt au rectiligne BD : Donc par la 24. p. 5. comme le compoſé des triangles BAK, CAK, 1. & 5. grandeurs, ſera au triangle ABC, 2. grandeur, ainſi le compoſé des rectilignes AF, AI, 3. & 6. grandeurs, ſera au rectiligne BD, 4. grandeur : mais le triangle BAC, eſt egal aux deux autres ABK, ACK : donc la figure BD ſera auſſi egale aux deux autres AF, AI. Parquoy aux triangles rectangles, &c. Ce qu'il falloit demonſtrer.

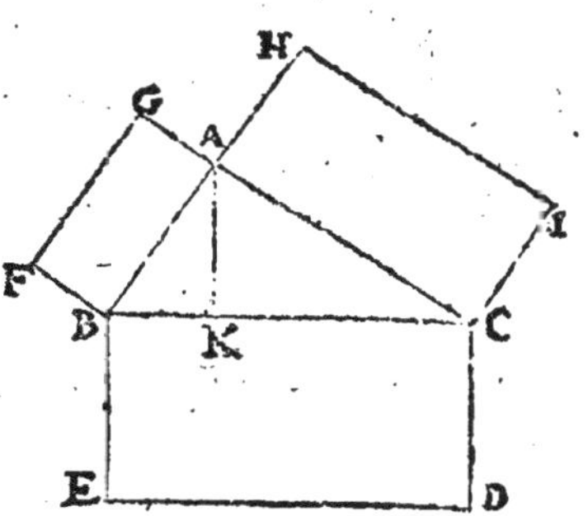

Autrement. D'autant que par la 20. p. 6. les figures ſemblables ſont en raiſon doublee de leurs coſtez homologues, comme le quarré de AB 1. grandeur, eſt au quarré de BC 2. grandeur, ainſi la figure AF 3. grandeur, eſt à la figure BD 4. grandeur : Mais auſſi comme le quarré de AC 5. grandeur, eſt au quarré de BC 2. grandeur, ainſi la figure AI 6. grandeur, eſt à la figure BD 4. grandeur. Donc par la 24. p. 5. le compoſé de la 1. & 5. grandeur, ſçauoir le quarré de AB auec celuy de AC, ſera à la 2. grandeur BC, comme le compoſé de la 3. & 6. grandeur, ſçauoir la figure AF auec la figure AI, ſera à la 4. grandeur BD. Mais par la 47. p. 1. les deux quarrez de AB, AC, ſont egaux au ſeul quarré de BC : donc auſſi les deux figures AF, AI enſemble, ſeront egales à la figure BD. Ce qu'il falloit prouuer.

THEOR. 22. PROP. XXXII.

Si deux triangles ayans deux coſtez proportionnaux à deux coſtez, ſont diſpoſez ſelon vn angle, tellement que les coſtez de meſme raiſon ſoient parallels ; les deux autres coſtez ſe rencontreront directement.

Soient deux triangles ABC & CDE, ayans les coſtez BA & AC proportionnaux aux costez CD & DE, disposez de telle façon qu'ils facent l'angle ACD, & que BA soit parallele à CD, & AC à DE: Ie dis que les deux autres costez BC & CE se rencontreront directement.

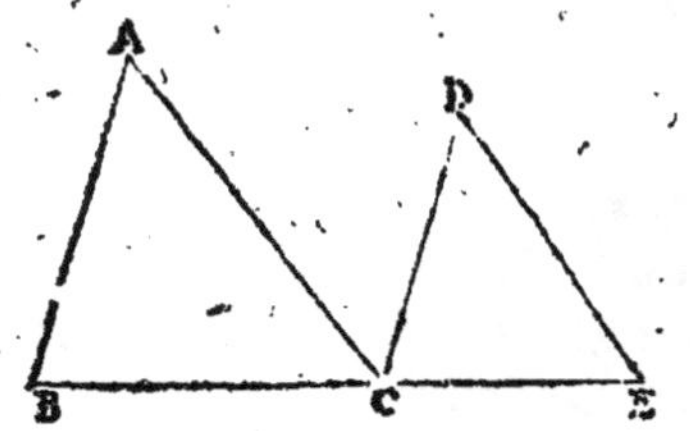

Car puisque BA & CD sont paralleles, l'angle ACD sera egal à son alterne A, par la 29. p. 1. aussi AC estant parallele à DE, l'angle D sera egal à son alterne ACD: parquoy l'angle D sera egal à l'angle A. Mais par l'hypothese les costez qui constituent iceux angles egaux, sont proportionnaux: donc par la 6. p. 6. les deux triangles ABC, DCE, seront equiangles; & auront les angles B & DCE egaux: leur adioustant donc les egaux A & ACD, les deux B & A ensemble, seront egaux aux deux DCE, & ACD ensemble; c'est à dire au seul angle ACE: parquoy adioustant derechef à ces angles egaux, le commun ACB; les deux angles ACE, ACB, seront egaux aux trois angles du triangle BAC, c'est à dire à deux droicts par la 32. p. 1. & par la 14. p. 1. les deux lignes BC & CE se rencontreront directement. Si donc deux triangles ayans deux costez proportionnaux à deux costez, &c. Ce qu'il falloit prouuer.

THEOR. 23. PROP. XXXIII.

Aux cercles egaux, les angles constituez tant aux centres qu'aux circonferences, sont entr'eux, comme les circonferences qui les soustiennent. Et les secteurs sont aussi de mesme entr'eux.

Soient deux cercles egaux ABC & EFG, desquels les centres sont D & H; & soient les deux angles BDC, FHG aux centres; mais les deux BAC, FEG, aux circonferences. Ie dis premierement, que comme la circonference BC est à la circonference FG, ainsi l'angle BDC est à l'angle FHG, & l'angle BAC à l'angle FEG.

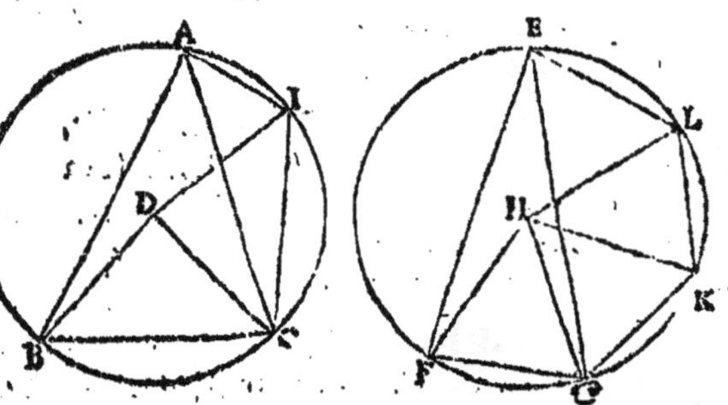

Car ayant mené les deux lignes droictes BC, FG, soient accommodees aux cercles des lignes droictes, sçauoir CI egale à BC; & GK, KL chacune egale à FG: puis soient menées les lignes ID, KH & LH. Veu donc que les deux lignes droictes BC & CI sont egales, les arcs BC & CI seront aussi egaux par la 28. p. 3. & partant les angles BDC & CDI, seront egaux par la 27. p. 3. Pour mesmes raisons, tant les trois arcs FG, GK & KL, que les trois angles FHG, GHK, & KHL sont egaux entr'eux : donc l'arc FGKL est autant multiplice de l'arc FG, comme l'angle FHL est multiplice de l'angle FHG : & l'arc BCI autant multiplice de l'arc BC, comme l'angle BDI, est multiplice de l'angle BDC, puisque les angles BDI, FHL sont diuisez chacun en autant de parties egales, que les arcs BCI, FGKL, sur lesquels ils s'appuient : partant si l'arc BCI est egal à l'arc FGKL, l'angle BDI sera egal à l'angle FHL par la 27. p. 3. si plus grand, plus grand ; & si plus petit, plus petit : donc puisque BCI, BDI, sont equemultiplices de B C, B D C, premiere & troisiesme grandeur ; & F G K L, F H L equemultiplices de FG, FHG 2e & 4e grandeur ; par la 6. d. 5. comme l'arc BC est à l'arc FG, ainsi l'angle BDC est à l'angle FHG.

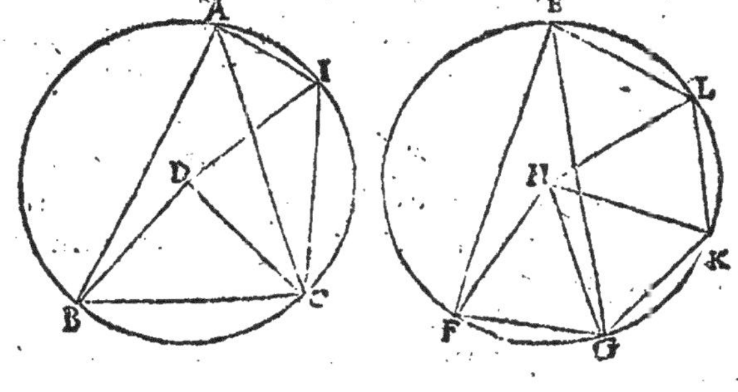

Et d'autant que par la 15. p. 5. l'angle BDC est à l'angle FHG, comme l'angle BAC est à l'angle FEG ; (car ceux-là sont doubles de ceux cy par la 20 p. 3.) il est euident par la 11. prop. 5. que l'angle BAC est aussi à l'angle FEG, comme l'arc BC est à l'arc FG. Ce qu'on peut encore demonstrer par les mesmes raisons, & argumens employez pour les angles du centre, si on tire les lignes droictes IA, KL, LE, &c.

Secondement, Ie dis que le secteur BDC est au secteur FHG, comme l'arc BC est à l'arc FG. Car (demeurant la mesme construction que dessus) il est manifeste que les cordes BC & CI estans egales, & leurs arcs aussi egaux, les angles BAC, & CAI seront pareillement egaux par la 27. p. 3. & consequemment que les segmens sur lesquels ils insistent & s'appuient, sont semblables & egaux entr'eux. Mais les deux triangles BDC, CDI, sont aussi egaux par la 4. p. 1. leur adioustant donc les deux segmens egaux, les deux secteurs BDC, CDI seront egaux : Parquoy l'arc BCI sera autant multiplice de l'arc BC, que le secteur BDI le sera du secteur BDC : & par mesme discours, l'arc FGKL sera monstré autant multiplice de l'arc FG, que le secteur FHL l'est du secteur FHG. Partant si l'arc BCI est egal à l'arc FGKL, aussi le secteur BDI sera egal au secteur FHL ; & si plus grand, plus grand ; & si plus petit, plus petit. Donc les deux arcs BC, FG, auec les deux secteurs BDC, FHG, sont quatre grandeurs, de la 1. & 3e desquelles BCI, BDI, sont equimultiplices, mais de la 2e & 4e sont aussi equimultiplices FGKL, FHL. Et puis que nous auons prouué que si l'arc BCI est egal à l'arc FGKL, aussi le secteur BDI est egal au secteur FHL ; & si plus grand, plus grand ; & si moindre, moindre : par la 6. def. 5. comme l'arc BC sera à l'arc FG, ainsi le secteur BDC, sera au secteur FHG. Parquoy aux cercles egaux, les angles constituez tant aux centres qu'aux circonferences, &c. Ce qu'il falloit demonstrer.

COROLLAIRE.

De cecy il s'ensuit que comme le secteur est au secteur, ainsi l'angle est à l'angle. Car l'vne & l'autre raison est la mesme que de l'arc à l'arc ; & partant par la 11. p. 5. ils seront aussi entr'eux en la mesme raison.

Il est aussi euident que comme vn angle au centre, est à quatre angles droicts, ainsi est l'arc soustendant iceluy angle, à toute la circonference : & au contraire, que comme quatre angles droicts sont à vn angle au centre, ainsi toute la circonference est à l'arc soustendant iceluy angle.

Car comme l'angle au centre est à l'angle droict au centre, ainsi l'arc qui soustient iceluy angle, est au quadrant qui soustient l'angle droict par la 33. p. 6. Parquoy comme l'angle au centre sera au quadruple de l'angle droict, c'est à sçauoir à quatre angles droicts, ainsi l'arc soustendant iceluy angle, sera au quadruple du quadrant, c'est à dire à toute la circonference, par les choses demonstrées à la fin du Scholie de la 22. p. 5. Puis apres, d'autant qu'vn angle au centre est à quatre angles droicts, comme l'arc qui soustient iceluy angle, est à toute la circonference ; aussi en permutant, comme quatre angles droicts seront à vn angle au centre, ainsi toute la circonference sera à l'arc soustendant l'angle au centre : Ce qui a esté proposé.

Fin du sixiesme Element.

ELEMENT SEPTIESME.

DEFINITIONS.

L'Vnite, est selon laquelle vne chacune des choses qui sont, est appellee vne.

Euclide ayant traicté és 6. liures precedents de la premiere partie de Geometrie, sçauoir est de celle-là qui considere les plans, auparauant que venir à l'autre partie, laquelle traicte des solides, il explique en ce septiesme liure & és deux suiuants, les proprietez & affections des nombres, pour puis apres traicter au 10. liure des lignes commensurables & incommensurables, necessaires pour auoir entiere & parfaicte cognoissance des proprietez des solides. Euclide commenceant donc selon sa coustume par les principes, il definit premierement que c'est que l'vnité, & dit que c'est cela selon quoy toute chose qui est se nomme vne: & selon ceste vnité nous auons de coustume de dire vne pierre, vn animal, vn corps, &c. Mais est à noter que tout ainsi qu'en la Geometrie le poinct n'a aucune partie estant indiuisible, aussi és nombres l'vnité ne reçoit aucune diuision, mais est indiuisible selon nostre autheur, lequel n'a esgard en ces Elemens-cy qu'aux nombres entiers: mais nous y ioindrons aussi quelque chose des fractions & nombres rompus, afin de faire voir que toutes les regles enseignees en nostre Arithmetique practique, ne sont moins veritables & certaines, que si elles estoient restraintes seulement aux nombres entiers dont traicte icy Euclide.

2. Nombre, est vne multitude composee de plusieurs vnitez.

C'est à dire qu'estans assemblees plusieurs vnitez ensemble, leur aggregé & collection s'appelle nombre: dont s'ensuit qu'en tout nombre il y a autant de parties qu'il y a d'vnitez qui le constituent: de sorte que l'vnité est la partie de chaque nombre desnommée par le mesme nombre duquel elle est partie: comme le nombre 4 composé de quatre vnitez, se diuise en autant de parties, sçauoir est en quatre vnitez, chacune desquelles est dicte quatriesme partie du nombre 4. Ainsi aussi le nombre 20 composé de vingt vni-

tez se diuise en autant de parties, chacune desquelles est dicte vingtiesme partie d'iceluy nombre 20, &c. D'où resulte que tous les nombres sont commensurables entr'eux, puis qu'ils sont tous mesurez par vne mesme & commune mesure, sçauoir par l'vnité, comme il est dit: ce qui ne peut pas conuenir à toutes les grandeurs, puis que plusieurs d'icelles n'ont point de commune mesure, mais sont incommensurables, comme il sera demonstré au 10. liure.

3 Vn nombre est partie d'vn autre nombre, le plus petit du plus grand, lors que le plus petit mesure le plus grand.

C'est à dire, que lors qu'vn nombre en mesure ou diuise exactement vn plus grand, sans qu'il reste rien, il est dit partie d'iceluy: comme 4 est dit partie de 12, d'autant qu'iceluy nombre 12 est diuisé exactement par 4 sans qu'il reste rien: semblablement chacun de ces nombres 2, 3, 6 & 9, est partie du nombre 18, puis que chacun le mesure ou diuise exactement. Or toute partie, cōme nous auons dit à la 1. def. 5. est appellee aliquote, & prend son nom du nombre par lequel elle en mesure vn autre; tellement que 2 est dit partie aliquote de 4; & se nomme $\frac{1}{2}$; pource que 2 mesure 4 par 2: & cinq est dit partie aliquote de 15, c'est à sçauoir $\frac{1}{3}$, pource que 5 mesure 15 par 3: ainsi 4 qui mesure 28 par 7, est dit $\frac{1}{7}$, &c.

4. Mais vn nombre est dit parties d'vn autre plus grand, lors que le plus petit ne mesure pas le plus grand.

C'est à dire que lors qu'vn petit nombre n'en mesure pas vn plus grand, il n'est pas dict partie d'iceluy, mais parties. Comme 6 est dict parties de 9: car il ne le mesure pas precisément, mais est deux parties d'iceluy, sçauoir est $\frac{2}{3}$: ainsi 12 est parties de 16, sçauoir $\frac{3}{4}$ pource que 4, qui mesure l'vn & l'autre nombre, est 3 fois en 12, & 4 fois en 16: aussi 15 est parties de 24, sçauoir est $\frac{5}{8}$, puis que 3, qui est commune mesure, est 5 fois en 15, & 8 fois en 24. Semblablement 5 est parties de 7, sçauoir est $\frac{5}{7}$: & 4 est parties de 9, sçauoir est $\frac{4}{9}$, &c.

5. Mais vn grand nombre est dit multiple d'vn petit, lors que le petit mesure le grand.

Tout ainsi que tout petit nombre n'est pas dict partie d'vn plus grand, ains seulement de celuy là qu'il mesure precisément; ainsi aussi tout grand nombre n'est pas dit multiple, ou le plusieurs fois de tout autre nombre plus petit, mais seulement de ceux-là qui le peuuent precisément mesurer: tellement que de deux nombres inegaux, si le petit mesure precisément le grand, ce moindre est dict partie du grand, mais celuy-cy est aussi dict multiple de cestuy-là: Ainsi 4 est bien dict partie de 12, mais aussi iceluy 12 est dict multiple de 4. Pareillement 30 est dict multiple tant de 5 que de 6, qui sont parties d'iceluy, puis que l'vn & l'autre le mesure.

6. Nombre pair, est celuy qui peut estre diuisé en deux egalement.

Comme tous ces nombres 2, 4, 8, 20, 50, sont appellez nombres pairs, pource que cha-

cun d'iceux peut estre diuisé en deux egalement, c'est à dire en deux parties egales; car leurs moitiez sont 1, 2, 4, 10, 25. &c.

7. Mais l'impair, est celuy qui ne peut estre diuisé en deux egalement: ou bien celuy qui est different du nombre pair de l'vnité.

Comme tous ces nombres-cy 3, 5, 7, 9, 11, 13, 51, sont nommez impairs, pource qu'ils ne peuuent estre diuisez en deux egalement: Ou bien d'autant qu'ils sont differens de l'vnité des nombres pairs, 2, 4, 6, 8, 10, 12, 50. &c.

8. Nombre pairement pair, est celuy qu'vn nombre pair mesure par vn nombre pair.

C'est à dire, que si vn nombre pair en mesure vn autre par vn nombre qui soit aussi pair, le nombre mesuré sera dit pairement pair: comme 32, lequel 8 mesure par 4, est dict nombre pairement pair: Semblablement 24 sera dit nombre pairement pair, pource que 6 nombre pair le mesure par 4 nombre pair, &c.

9. Et pairement impair, est celuy qu'vn nombre impair mesure par vn nombre pair.

C'est à dire, que si vn nombre pair en mesure vn autre par vn nombre impair, le mesuré sera dit pairement impair: comme 42 est dit nombre pairement impair, pource que 6, nombre pair le mesure par 7, nombre impair. Semblablement 24 sera dit nombre pairement impair, d'autant que 3, nombre impair le mesure par 8, nombre pair. Et est à noter, qu'il y-a plusieurs nombres qui sont pairement pair, & pairement impair, comme 12, 24, 48, 96, &c. Et que ce soit l'intention d'Euclide, les 32, 33, & 34. prop. 9. le monstrent assez.

10. Mais nombre impairement impair, est celuy qui est mesuré d'vn nombre impair par vn nombre impair.

Comme 15, lequel est mesuré de 5 par 3, est dict nombre impairement impair: & tels sont aussi les nombres suiuans, 9, 21, 25, 27, 33, 35, &c.

11. Nombre premier, est celuy qui est mesuré par la seule vnité.

C'est à dire, que si vn nombre n'est mesuré par aucun autre nombre, mais seulement par soy-mesme, & l'vnité, il est nombre premier, & tels sont tous ceux-cy 2, 3, 5, 7, 11, 13, 17, 19, 23, 29, 31, &c. Car chacun d'iceux n'est mesuré par aucun autre nombre, mais par la seule vnité.

12. Nombres premiers entr'eux, sont ceux-là qui n'ont autre commune mesure que l'vnité.

C'est à dire, que si deux ou dauantage de nombres n'ont autre commune mesure

que

que l'vnité, ils seront dits premiers entr'eux, iaçoit que chacun d'iceux puisse estre mesuré par quelque nombre outre l'vnité. Comme ces deux nombres 15 & 8, sont dits premiers entr'eux, pource qu'il n'y-a que l'vnité qui les puisse mesurer tous deux: car encore que le premier soit mesuré par 5 & 3; & le dernier par 4 & 2, si est-ce toutesfois qu'aucun d'iceux quatre nombres ne peut mesurer l'vn & l'autre des proposez, ains la seule vnité est leur commune mesure.

13. Nombre composé, est celuy qui est mesuré par quelque autre nombre.

Comme 15 est appellé nombre composé, pource qu'il est mesuré par 5 & 3: Aussi 27 est nombre composé, d'autant qu'il est mesuré par 9 & 3. &c.

14. Mais les nombres composez entr'eux, sont ceux-là qui ont autre commune mesure que l'vnité.

C'est à dire, que si deux ou dauantage de nombres sont mesurez par quelque nombre outre l'vnité, comme par leur commune mesure, ils seront dicts nombres composez entr'eux: ainsi les nombres 9 & 15 sont composez entr'eux; d'autant que 3 mesure l'vn & l'autre d'iceux, comme leur commune mesure. Aussi 7, 21, & 28, sont composez entr'eux, pource que le premier d'iceux mesure soy-mesme, & les deux autres.

15. Vn nombre est dict multiplier vn nombre, lors qu'il en est procreé vn autre, qui est autant de fois composé de celuy qui est multiplié qu'il y-a d'vnitez au multipliant.

Comme 4 sera dit multiplier 6, si iceluy nombre 6 est prins ou composé quatre fois, c'est à sçauoir autant de fois qu'il y-a d'vnitez au multipliant 4: & le nombre procreé, qu'on appelle vulgairement produict, *sera 24. Aussi le nombre 6 sera dit multiplier le nombre 4, si nous prenons iceluy nombre 4, six fois c'est assauoir autant de fois qu'il y-a d'vnitez en 6 nombre multipliant; & en sera procreé le mesme nombre 24. Ainsi vn nombre sera dit estre procreé ou produict de deux nombres, quand il sera produict en multipliant l'vn d'iceux nombres par l'autre. Comme le nombre 36 sera dit estre le produict de ces deux nombres 4 & 9, pource qu'il est procreé en multipliant le nombre 4 par le nombre 9, ou au contraire le nombre 9 par le nombre 4.*

Or de ce que dessus il s'ensuit que le nombre produict de la multiplication d'vn nombre par vn autre, a mesme raison auquel on voudra d'iceux nombres que l'autre à l'vnité. Car puis que selon la def. d'Euclide, pour auoir le produict de deux nombres il faut prendre autant de fois l'vn d'iceux, qu'il y-a d'vnités en l'autre, iceluy produict contiendra autant de fois l'vn ou l'autre des nombres multiplians qu'il y-a d'vnitez en l'autre: & partant il y aura mesme raison du nombre produict à l'vn ou l'autre des multiplians, que de l'autre multipliant à l'vnité: parquoy la multiplication d'vn nombre en vn autre peut estre definie ainsi:

La multiplication d'vn nombre par vn autre, est l'indention d'vn nombre qui ait mesme raison auquel on voudra des nombres multiplians, que l'autre à l'vnité.

Ainsi tu vois que de la multiplication de 5 par 7, est produict le nombre 35, lequel est à 5, comme 7 à 1; ou à 7, comme 5 à 1.

A ceste definition Clauius adioutte la suiuante.

Vn nombre est dict diuiser vn nombre, quand on en prend vn autre, qui contient autant d'vnitez que le nombre diuisant est contenu de fois au nombre diuisé.

Comme le nombre 6 sera dit diuiser le nombre 24, si on prend le nombre 4, qui monstre par ses quatre vnitez, que le nombre 6 est contenu 4 fois au nombre diuisé 24. Aussi le nombre 4 sera dit diuiser le mesme nombre 24, si on prend le nombre 6, lequel denotte par ses six vnitez, que le nombre diuisant est contenu six fois au diuisé 24.

De cecy il aduient que le nombre prouenant de la diuision, lequel on appelle vulgairement quotient, *a mesme raison à l'vnité, que le nombre diuisé au diuiseur. Car puis que, comme nous auons dit en la def. le quotient doit monstrer & indiquer par ses vnitez, combien de fois le nombre diuiseur est contenu au diuisé, iceluy quotient contiendra autant de fois l'vnité, que le nombre diuisé contient le diuiseur; & partant il y aura mesme raison du quotient à l'vnité, que du nombre diuisé au diuiseur. Parquoy la diuision d'vn nombre par vn autre se peut aussi definir ainsi:*

La diuision d'vn nombre par vn nombre, est l'inuention d'vn nombre qui ait mesme raison à l'vnité, que le nombre diuisé au diuisant.

Ainsi appert que de la diuision du nombre 24 par six, est prouenu le nombre 4, lequel est à 1, comme 24 à 6. Item de la diuision du mesme nombre 24, par 4, est produict le nombre 6, qui est à 1, comme 24 à 4.

De cecy il aduient qu'estant diuisé vn nombre par vn nombre, le nombre diuisé sera procreé de la multiplication du nombre trouué, c'est à dire du quotient, par le nombre diuiseur. Car ayant diuisé le nombre A par B, le quotient soit C. Ie dis que le nombre A sera produict de la multiplication du nombre C par le nombre B. D'autant que par la def. de la multiplication le nombre procreé de C multiplié par B, est à B, comme C à l'vnité D; & que par la def. de la diuision A est aussi à B, comme C à l'vnité D; il est manifeste que le nombre procreé par la multiplication de C en B est le nombre A, veu que tant iceluy nombre procreé, que le diuisé A, a mesme raison à B, que C à l'vnité D.

A.	B.	C.	D.
48.	8.	6.	1.

Or ce que nous auons dict cy-dessus touchant la multiplication & diuision des nombres entiers, conuient aussi aux nombres rompus; tellement que le nombre $\frac{1}{2}$ sera dit multiplier le nombre 20, si le nombre 20 est pris autant de fois qu'il y a d'vnitez en $\frac{1}{2}$, & sera procreé le nombre 10: car d'autant que l'vnité est seulement par sa moitié en $\frac{1}{2}$, il faut aussi prendre le nombre 20 par sa moitié, qui est 10. Semblablement le nombre 20, sera dit multiplier $\frac{1}{2}$, si $\frac{1}{2}$ est pris vingt fois, c'est à sçauoir autant de fois que l'vnité est en 20; & le produict sera le mesme nombre 10. Item, $\frac{1}{2}$ & $\frac{1}{3}$ seront dits s'entremultiplier, si on prend la troisiesme partie de $\frac{1}{2}$, tout ainsi que $\frac{1}{3}$ contient seulement la troisiesme partie de l'vnité: ou bien si on prend la *moitié de $\frac{1}{3}$, parce que $\frac{1}{2}$ contient seulement la moitié de l'vnité: & par ainsi le produict sera $\frac{1}{6}$; car c'est la troisiesme partie du nombre $\frac{1}{2}$, ou de $\frac{3}{6}$, & la moitié du nombre $\frac{1}{3}$, ou $\frac{2}{6}$.*

Mais le nombre $\frac{1}{2}$ sera dit diuiser le nombre 10, si on prend le nombre 20, qui monstre que le nombre diuisant $\frac{1}{2}$ est contenu vingt fois au nombre diuisé 10; tellement qu'il y ait la mesme raison du nombre procreé 20 à 1, que du nombre diuisé 10 au diuisant $\frac{1}{2}$. Ainsi aussi $\frac{1}{2}$ sera dit diuiser $\frac{1}{6}$, si on prend le nombre $\frac{1}{3}$, lequel monstre que le nombre diuisant $\frac{1}{2}$ n'est pas tout contenu au diuisé $\frac{1}{6}$, ains seulement la troisiesme partie d'iceluy: car puis que le nombre $\frac{1}{2}$ est le mesme que $\frac{3}{6}$, il est euident que la troisiesme partie d'iceluy, c'est à sçauoir $\frac{1}{6}$, est contenu en $\frac{1}{6}$. Or comme il faut faire & prattiquer non seulement la multiplication & diuision en nombres rompus, mais aussi toutes les autres regles & operations d'Arithmetique, nous l'auons enseigné en nostre Pratique d'Arithmetique, & à la fin de ce 7. liure d'Euclide nous en ferons les demonstrations.

16. Lors que deux nombres se multiplient l'vn l'autre, le produict est appellé plan; & les nombres multiplians sont dicts costez d'iceluy plan.

C'est à dire que tout nombre produict de la mutuelle multiplication de deux nombres est appellé nombre plan: d'autant que chaque vnité de l'vn d'iceux nombres estant posée & estendue d'ordre autant de fois qu'il y a d'vnité en l'autre nombre, est representé vn parallelogramme rectangle, duquel les costez sont les deux nombres se multiplians, comme il a esté dict au 2. liure. Ainsi le nombre 20 produict de 5 par 4 est dict nombre plan, & iceux nombres 5 & 4 sont dicts costez d'iceluy plan.

17. Mais quand trois nombres se multiplient l'vn l'autre, le produict est appellé solide, & les multiplians sont dicts costez d'iceluy.

Comme si on multiplie 6 par 5, & leur produict 30 par 4, sera procreé le nombre 120; lequel s'appellera nombre solide, & les trois nombres multiplians 6, 5 & 4, seront dicts costez d'iceluy solide.

18. Nombre quarré, est celuy qui est egalement egal: ou bien c'est le produict de deux nombres egaux.

Comme le nombre plan 16 est appellé quarré, pource qu'il est procreé de la multiplication de 4 par 4, & consequemment egal de tous costez. Ainsi aussi 49, produict de la multiplication de 7 par 7, sera appellé nombre quarré.

19. Nombre cube, est celuy qui est egalement egal egalement: ou bien c'est le produict de trois nombres egaux.

Comme si le nombre 4 est multiplié par 4, & puis leur produict 16 encore par 4, sera procreé le nombre 64, qui s'appellera nombre cube.

20. Les nombres sont proportionnaux, quand le premier est autant multiple, ou mesme partie, ou mesmes parties du second, comme le troisiesme du quatriesme.

C'est à dire, que quand vn nombre est mesme partie, ou mesmes parties d'vn nombre, qu'vn autre d'vn autre, iceux quatre nombres sont dits proportionnaux. Ainsi pource que le nombre A est mesme partie du nombre B, que le nombre C du nombre D, c'est à sçauoir la moitié, iceux quatre nombres A, B, C, D, sont proportionnaux. Aussi les quatre nombres E, F, G, H sont proportionnaux, puis que E est mesmes parties de F, que G de H, c'est à sçauoir deux troisiesmes parties. Item les quatre nombres I, K, L, M, sont aussi proportionnaux, d'autant que comme I est quadruple de K, aussi L est quadruple de M; ou bien pource que M est telle partie de L que K de I: Car il est euident que si le premier nombre I est autant multiple du second K, que le troisiesme L, l'est du quatriesme M: en prenant les mesmes nombres par ordre contraire, M sera telle partie de L, que K de I, c'est à sçauoir le quart. Parquoy on peut asseurément conclurre que quatre nombres sont proportionnaux, quand le moindre des deux premiers est mesme partie, ou mesmes parties de l'autre, que le moindre des deux derniers est de l'autre, moyennant qu'ils soient pris d'vn mesme ordre, c'est à dire que si le moindre nombre des deux premiers est antecedant, le moindre des deux derniers soit aussi antecedant; & si consequent, consequent. Et c'est à mon aduis ainsi qu'il faut entendre ceste 20. def. pour la rendre vniuerselle, car autrement on ne pourroit pas conclurre par icelle la proportionnalité de plusieurs nombres, comme par exemple de ces quatre N, O, P, Q, veu que les prenant selon l'ordre qu'ils sont posez, le premier N n'est pas multiple du second O, ny aussi partie ou parties, puis qu'il est plus grand qu'iceluy; & neantmoins ils sont proportionnaux, veu que le moindre des deux premiers, c'est assauoir O, contient autant de parties de l'autre N, que le moindre des deux autres, qui est Q, en contient de l'autre P, c'est assauoir quatre cinquiesmes parties. Semblablement ces quatre autres nombres R, S, T, V, sont proportionnaux, puis que V contient autant de parties de T, que S en contient de R; ou bien à cause que S est mesmes parties de R, que V de T, c'est à sçauoir les trois quarts.

A	B	C	D
5.	10.	4.	8.
E	F	G	H
6.	9.	4.	6.
I	K	L	M
20.	5.	8.	2.
N	O	P	Q
15.	12.	25.	20.
R	S	T	V
36.	27.	24.	18.

Clauius estimant que ceste def. a esté corrompue, pour la restituer y a adiousté ces mots: Ou bien quand le premier contient egalement le second, & le troisiesme le quatriesme, & en outre vne mesme partie, ou mesmes parties d'iceluy. *Mais ie n'estime pas que cette addition y soit necessaire, puis que le moindre nombre de chaque raison estant conferé à l'autre ladite def. conuient à toutes sortes de proportions: & que ce soit l'intention, d'Euclide, il appert assez par les demonstrations des 5, 6, 7, 8, 9, 10, 11, 12 & 13. prop. de ce 7. liure.*

Or Euclide desinit seulement icy les nombres proportionnaux, qui ont vne mes-

me raison d'inegalité : Car de la raison d'egalité, il est euident que le premier nombre estant egal au second, aussi le troisiesme doit estre egal au quatriesme, afin qu'ils soient dits proportionnaux.

De ceste 20. def. resulte appertement, que les nombres egaux ont mesme raison à vn mesme nombre ; & au contraire qu'vn mesme nombre a aussi mesme raison à des egaux : Ce qui a esté demonstré en toutes grandeurs à la 7. p. 5. Il en resulte encore que les nombres qui ont mesme raison à vn mesme nombre, ou ausquels vn mesme nombre a mesme raison, sont egaux entr'eux. Ce qui a aussi esté demonstré en toutes sortes de grandeurs en la 9. p. 5.

De ceste mesme def. on collige aussi que de deux nombres inegaux, le plus grand a plus grande raison à vn mesme nombre, que le plus petit ; & au contraire qu'vn mesme nombre a plus grande raison à vn petit nombre, qu'à vn plus grand. Item que des nombres inegaux, celuy qui a plus grande raison à vn mesme, est le plus grand : & celuy auquel vn mesme nombre a plus grande raison, est le plus petit : Toutes lesquelles choses sont claires, & euidentes, si ceste def. est bien entenduë. Cecy a aussi esté demonstré és grandeurs au 5. liure prop. 8. & 10.

Or cette definition, & tout ce que nous auons dit cy-dessus, conuient aussi aux nombres rompus : Car ces quatre nombres $\frac{3}{4}$, $\frac{3}{8}$, $\frac{1}{2}$, $\frac{1}{4}$, sont proportionnaux, attendu que le premier est autant multiple du second, que le troisiesme du quatriesme, sçauoir double ; ainsi qu'il appert en reduisant les deux premiers en mesme denomination, sçauoir à $\frac{6}{8}$ & $\frac{3}{8}$, mais les deux autres à $\frac{2}{4}$ & $\frac{1}{4}$. Semblablement ces quatre nombres $2\frac{3}{8}$: $4\frac{3}{4}$, $1\frac{1}{4}$, $2\frac{1}{2}$, sont proportionnaux, puis que le premier est telle partie du second, que le troisiesme du quatriesme, sçauoir la moitié, &c.

21. Les nombres semblables plans, ou solides, sont ceux qui ont les costez proportionnaux.

Comme 24 & 6, sont nombres plans semblables, pource que 6 & 4, costez de cestuy-là sont proportionnaux à 3 & 2, costez de celuy-cy : ainsi aussi 192 & 24, sont nombres solides semblables, pource que 8, 6, 4, costez de cestuy-là sont proport. à 4, 3, 2, costez de celuy-cy. Et est à noter que ces nombres plans, & solides semblables peuuent bien estre aussi compris sous des costez non proportionnaux ; mais toutesfois nous ne les considerons icy qu'entant qu'ils sont contenus sous leurs costez proportionnaux.

22. Nombre parfaict, est celuy qui est egal à toutes ses parties aliquotes.

Comme 6 est dict nombre parfaict, pource que les parties aliquotes d'iceluy, sçauoir 1, 2, 3, prises ensemble, luy sont egales. Ainsi aussi 28, duquel les parties aliquotes, sçauoir est 1, 2, 4, 7, 14, estans prises ensemble, luy sont egales, sera dict nombre parfaict : & tels sont aussi 496, 8128, &c.

Mais quand toutes les parties aliquotes d'vn nombre prises ensemble, sont plus grandes qu'iceluy, il est dict abondant ; & quand elles sont moindres, il est appellé diminué.

A ces definitions d'Euclide, Clauius en adiouste quelques autres, touchant les *raisons & proportions des nombres, comme de la raison egale, de l'alterne, de l'inuerse, & autres dont est traicté en general au 5. liure: Mais pource que nous les auons tellement expliquees en ce lieu-là, qu'on les peut entendre & adapter, non seulement aux lignes, superficies & solides, mais aussi aux nombres, & en general à toutes sortes de grandeurs & quantitez soient continues ou discrettes; ie n'estime pas qu'il soit besoin de les repeter icy, c'est pourquoy nous viendrons aux*

PETITIONS OV DEMANDES.

1. Qu'à tout nombre donné on en puisse prendre tant qu'on voudra d'egaux ou multiples.

2. Qu'à tout nombre donné on en puisse prendre vn plus grand.

Combien que selon nostre Autheur le nombre ne puisse estre diminué infiniment, ains seulement iusques à l'vnité qu'il fait indiuisible, si est-ce toutesfois qu'il peut estre augmenté infiniment par la continue addition de l'vnité: Parquoy estant proposé quelconque nombre, on en peut trouuer vn plus grand, c'est assauoir celuy qui est produict de l'addition d'vne ou de plusieurs vnitez au nombre donné.

AXIOMES OV COMMVNES SENTENCES.

1. LEs nombres equemultiplices de nombres egaux, ou d'vn mesme nombre, sont egaux entr'eux.

2. Et ceux desquels vn mesme nombre est equemultiplice, ou desquels les equemultiplices sont egaux, sont aussi egaux entr'eux.

3. Mais les nombres qui sont vne mesme partie, ou mesmes parties de nombres egaux, ou d'vn mesme, sont egaux entr'eux.

4. Et ceux desquels vn mesme nombre, ou nombres egaux, sont mesme partie, ou mesmes parties: sont aussi egaux entr'eux.

5. L'vnité mesure tout nombre par les vnitez qui sont en iceluy, c'est à dire par le mesme nombre.

6. Tout nombre mesure soy-mesme par l'vnité.

7. Si vn nombre multipliant vn nombre, en produict quelqu'vn, le multipliant mesurera le produict par le mul-

tiplié: mais le multiplié mesurera le mesme produict par le multipliant.

8. Si vn nombre mesure vn nombre; aussi celuy par lequel il le mesure, mesurera le mesme par les vnitez qui sont au mesurant, c'est à dire par iceluy nombre mesurant.

9. Si vn nombre mesurant vn nombre, multiplie celuy par lequel il le mesure, ou est multiplié par iceluy, sera produict celuy lequel est mesuré.

10. Le nombre qui en mesure deux ou dauantage, mesure aussi le composé d'iceux.

11. Mais celuy qui mesure le mesureur, mesure aussi le mesuré.

12. Et celuy qui mesure le tout, & le retranché, mesure aussi le reste.

THEOR. 1. PROP. I.

Si de deux nombres inegaux proposez, on soustraict tousiours alternatiuement le plus petit du plus grand, & que le plus petit reste ne mesure iamais le precedant iusques à ce qu'on ait pris l'vnité; les nombres proposez au commencement, seront premiers entr'eux.

A . . . . . 5 F . . 2 G . 1 B
C . . . 3 H . . 2 D
E . . 2

Soient deux nombres inegaux AB & CD, tels que si on soustraict continuellement le plus petit du plus grand; le plus petit reste ne mesure iamais le precedant, iusques à ce qu'on paruienne à l'vnité: Ie dis qu'iceux nombres AB & CD, seront premiers entr'eux, c'est à dire qu'ils ont pour commune mesure la seule vnité. Autrement, s'ils ne sont premiers, il seront composez, & par la 14. déf. de ce liure ils seront mesurez par quelque nombre: soit iceluy E commune mesure à tous les deux: ainsi CD plus petit nombre estant soustraict de AB, soit le reste FB plus petit que CD: item FB estant soustraict de CD, soit le reste HD plus petit que FB: Pareillement HD estant soustraict de FB, soit le reste GB, vnité. Puis donc que E mesure CD, il mesurera aussi son egal AF; & d'autant qu'il mesure le tout AB, par la 12. com. sent. il mesurera aussi le reste FB, lequel mesure CH; & partant par la 11. com. sent. E mesurera aussi CH; & puis qu'il mesure le tout CD, par la 12. com. sent. il mesurera aussi le reste HD, & par consequent son egal FG; mais il mesure aussi le tout FB;

E mesurera donc pareillement l'vnité restante GB, sçauoir le tout la partie? ce qui est impossible. Donc AB & CD ne peuuent estre mesurez par aucun nombre, ains par l'vnité seulement : & partant ils sont nombres premiers entr'eux par la 12 def. de ce liure. Si donc de deux nombres inegaux, &c. Ce qu'il falloit demonstrer.

SCHOLIE.

Commandin demonstre icy la proposition suiuante.

Estant proposez deux nombres composez entr'eux, si on soustraict tousiours alternatiuement le moindre du plus grand, la soustraction ne paruiendra pas iusques à l'vnité.

Ce qui est euident, car si on paruenoit à l'vnité, les nombres proposez seroient premiers entr'eux, comme il a esté demonstré en 1. prop. cy-dessus : & ils sont posez composez.

Or il est manifeste par ces choses, qu'estans proposez deux nombres, nous cognoistrons facilement s'ils sont premiers entr'eux ou non. Car estant faicte la soustraction, comme dit est, si on paruient iusques à l'vnité, lesdicts nombres proposez seront premiers entr'eux : mais si on n'y paruient pas, ils seront composez.

PROBL. I. PROP. II.

Estans donnez deux nombres non premiers entr'eux ; trouuer la plus grande commune mesure d'iceux.

Soient donnez deux nombres non premiers entr'eux AB & CD, desquels CD soit le moindre : il faut trouuer la plus grande commune mesure d'iceux.

A . . . . 9 E . . 3 . . . 6 B
C . . . . . 6 F . . . 3 D
G 4

Soit soustraict le plus petit nombre CD, tant de fois que faire se pourra du plus grand AB : s'il reste quelque chose, comme EB, iceluy soit osté de CD, tellement qu'il reste encor FD ; & ainsi soit soustraict continuellement le plus petit du plus grand, iusques à ce qu'on paruienne à vn nombre qui mesure le precedent ; ce qui aduiendra necessairement, car si on paruenoit iusques à l'vnité, les nombres AB, CD, par la prec. prop. seroient premiers entr'eux, contre l'hypothese. Donc que FD mesurant EB, il ne reste rien. Ie dis que FD est la plus grande commune mesure de AB & CD.

Car qu'il les mesure tous deux, nous le prouuerons ainsi. D'autant que FD mesure EB, & EB mesure CF, par la 11. com. sent. FD mesurera aussi le mesme CF ; & mesurant soy mesme, il mesurera le tout CD, composé des deux CF, FD par la 10. com. sent. Mais iceluy CD mesure AE : donc FD mesurera aussi AE : Et puis qu'il mesure aussi EB ; il mesurera le tout AB composé d'iceux AE, EB. Par ainsi FD mesure tous les deux nombres AB & CD.

Il est aussi leur plus grande commune mesure ; autrement en soit (s'il est possible) est possible) vne autre plus grande, comme G. Veu donc que G mesure CD, il mesurera aussi AE; & mesurant le tout AB, par la 12. com. sent. il mesurera aussi le reste EB; & par consequent il mesurera CF. Mais il mesure aussi le tout CD; il mesurera donc aussi le reste FD, sçauoir le plus grand nombre le plus petit: cequi est impossible. Donc vn plus grand nombre que FD ne mesure pas les nombres AB, CD: partant iceluy nombre FD est leur plus grande commune mesure.

Que si le moindre nombre CD mesuroit le plus grand AB; il est manifeste qu'il seroit la plus grande commune mesure, attendu qu'il mesure soy-mesme, ainsi qu'il appert icy. Nous auons donc trouué la plus grande commune mesure de deux nombres, &c. Ce qu'il falloit faire.

A........8 B
C....4 D

COROLLAIRE.

De cecy est euident que qui mesure deux nombres, il mesure aussi leur plus grande commune mesure, puis qu'il a esté demonstré que si G mesure AB, & CD, il mesurera aussi FD leur plus grande commune mesure.

SCHOLIE.

Par les choses cy-dessus dictes, nous cognoistrons facilement si trois ou dauantage de nombres proposez sont premiers entr'eux, ou non. Car soient donnez les trois nombres A, B, C. Premierement donc soit veu par ce qui est dict à la 1. prop. si les deux nombres A & B sont premiers entr'eux, ou non: Que s'ils sont premiers, il est euident que les trois nombres A, B, C, ne seront composez entr'eux. Mais si A & B estoient composez entr'eux, soit trouuée par la 2. prop. leur plus grande commune mesure D; que si elle mesure aussi le nombre C, il est manifeste que les trois nombres A, B, C, sont composez entr'eux, puis qu'ils ont le nombre D pour commune mesure.

A..............12
B..........9
C......6
D...3

Que si D plus grande commune mesure de A & B, ne mesure C; C & D seront premiers entr'eux, ou non: s'ils sont premiers, les trois nombres A, B, C, ne seront composez entr'eux, mais premiers: Car s'ils estoient composez, ils auroient vne commune mesure, laquelle mesureroit aussi le nombre D plus grande commune mesure de A & B, par le Corol. de ceste prop. & partant C & D ne seroient premiers entr'eux, contre l'hypothese. Mais si C & D ne sont premiers entr'eux, les trois nombres A, B, C, seront composez entr'eux. Car estant trouuee par la 2. p. 7. E la plus grande commune mesure de C & D, iceluy nombre E mesurera aussi A & B par la 11. com. sent. puis que D les mesure. Parquoy veu que le mesme E mesure aussi C; il mesurera les trois A, B, C: & partant iceux seront composez entr'eux. Ce qui estoit proposé.

A..........9
B......6
C.....5
D...3

A..............12
B.........8
C.......6
D....4 E..2

En la mesme maniere sera examiné & cogneu si plus de trois nombres sont premiers entr'eux, ou non. Car s'il y a quatre nombres donnez, il en faudra espreuuer premierement trois; si cinq, quatre, &c. & acheuer comme nous auons dict, de trois nombres proposez.

PROBL. 2. PROP. III.

Estans donnez trois nombres, non premiers entr'eux; trouuer leur plus grande commune mesure.

A	12	D	....4.
B	8	E	..2
C	6	F	..3

Soient donnez trois nombres non premiers entr'eux A, B, C; desquels il faut trouuer la plus grande commune mesure.

Soit trouué par la prec. prop. la plus grande commune mesure des deux nombres A & B, qui soit D. Si donc D mesure aussi C, nous auons ce que nous demandons: car si vn plus grand nombre que D mesuroit A, B, C, par le Corol. de la prop. precedente, il mesureroit aussi D, la plus grande commune mesure de A & B, sçauoir est, vn grand nombre, vn moindre: ce qui est absurde. Que si D ne peut mesurer C, si est-ce que D & C seront composez entr'eux, tant par l'hypothese, que par le susdit Cor. de la 2. prop. donc par icelle mesme proposition soit trouuee E plus grande commune mesure de C & D. Il est euident par la 11. com. sent. que E mesurera tous les trois nombres A, B, C, d'autant qu'elle mesure C & D; lequel D mesure B & A. Ie dis dauantage que E est aussi la plus grande commune mesure. Autrement si elle n'est la plus grande, en soit vne autre plus grande, sçauoir F, s'il est possible: Or mesurant A, & B, elle mesurera aussi D, leur plus grande commune mesure par le mesme Corol. de la 2. prop. & par la mesme raison mesurant C & D, elle mesurera aussi leur plus grande commune mesure E, sçauoir le plus grand, le plus petit: ce qui est impossible. Donc vn plus grand nombre que E ne mesure pas les nombres donnez A, B, C; & partant iceluy nombre E sera leur plus grande commune mesure. Parquoy nous auons trouué la plus grande commune mesure de trois nombres proposez, non premiers entr'eux. Ce qu'il falloit faire.

COROLLAIRE.

Par cecy il est manifeste qu'vn nombre qui en mesure trois, mesurera aussi la plus grande commune mesure d'iceux.

SCHOLIE.

En la mesme maniere, estans donnez plus de trois nombres non premiers entr'eux, sera trouuee leur plus grande commune mesure; C'est à dire, que s'il y-a quatre nombres, il faudra premierement trouuer la plus grande commune mesure de trois: si 5, de quatre: si 6, de cinq, &c. puis acheuer, comme il a esté dict de trois nombres donnez. Et aura aussi lieu le Corol. precedent; tellement que le nombre qui en mesure quatre, mesurera aussi leur plus grande commune mesure, &c.

THOR. 2. PROP. IV.

Tout nombre moindre, est partie ou parties de tout nombre plus grand.

Soient deux nombres A & B inegaux, desquels A soit le plus grand. Ie dis que le plus petit B, est ou partie ou parties du plus grand A.

A……6
B…3

Car ou B mesure A, ou non. S'il le mesure, il est partie par la 3. def. de ce liure : s'il ne le mesure pas, ou bien A & B, seront entr'eux nombres premiers, ou composez.

Premierement qu'ils soient premiers : d'autant que chaque vnité de B est partie de A, il est euident que B est parties de A, assauoir autant de parties qu'il y-a d'vnitez en B.

A……6
B……5

Secondement A & B soient composez entr'eux : & puis que B ne mesure pas A, soit trouuée C leur plus grande commune mesure par la 2. p. 7. & soit diuisé B, en parties BD, DE, chacune egale à C. Veu donc que C est partie de A, car il le mesure, BD sera aussi partie de A ; item DE. Partant tout le nombre B est parties de A, assauoir autant de parties que C est autant de fois en BE. Parquoy tout nombre moindre est partie, &c. Ce qu'il falloit demonstrer.

A……6
B..2 D..2 E
C..2

THEOR. 3. PROP. V.

Si de quatre nombres, le premier est telle partie du second, que le tiers du quart ; le premier & tiers ensemble, seront telle partie du second & du quart ensemble, qu'est le premier du second.

Soient quatre nombres A, BC, D & EF, desquels A 1. est telle partie de BC 2, que D 3, l'est de EF 4. Ie dis que A & D ensemble font telle partie de BC & EF ensemble, comme A l'est de BC.

A…3
B…3 G…3 C
D…4
E…4 H…4 F

Car puis que A est telle partie de BC, que D de EF ; BC contiendra A autant de fois, comme EF contiendra D par la 3. def. Ayant donc diuisé BC en autant de parties qu'il contient de fois A, sçauoir en BG & GC ; EF se diuisera aussi en autant de parties egales à D, sçauoir en EH & HF : & d'autant que BG est egal à A, & EH à D, si à choses egales A & BG, on adiouste choses egales, D & EH, A & D ensemble, seront egaux à BG & EH ensemble : semblablement A & D ensemble, seront egaux à GC & HF ensemble, & ainsi de suitte, s'il y auoit dauantage de parties en BC & EF : & partant autant de fois que BC contient A, autant de fois BC & EF ensemble, contiendront A & D ensemble : Parquoy si de quatre nombres le premier est telle partie du second, &c. Ce qu'il falloit prouuer.

SCHOLIE.

Le mesme est aussi veritable en nombres rompus, ainsi qu'il appert en cet exemple, où le nombre A est telle partie du nombre BC, que le nombre D du nombre EF: & partant sera demonstré comme dessus A, D, ensemble estre la mesme partie de BC, EF ensemble que A de BC: sçauoir est, si BC, EF sont diuisez és parties BG, GC; EH, HF, egales à iceux nombres A & D, &c.

A $\frac{2}{7}$	D $\frac{3}{8}$
B $\frac{2}{7}$ G $\frac{2}{7}$ C	E $\frac{3}{8}$ H $\frac{3}{8}$ F

Or ceste 5. prop. peut estre transferée à tant de nombres qu'on voudra ainsi:

S'il y-a tant de nombres qu'on voudra, qui soient mesme partie d'autant d'autres nombres, chacun du sien correspondant; aussi les touts seront mesme partie des touts, que l'vn sera de l'vn son correspondant.

Soient les nombres A, B, C, vne mesme partie des nombres DE, FG, HI, chacun de son correspondant: Ie dis que tous les nombres A, B, C, ensemble sont la mesme partie de tous les nombres DE, FG, HI ensemble, que A de DE. Car estans diuisez les nombres DE, FG, HI en parties egales à iceux A, B, C; il y aura en DE autant de parties egales à A qu'en FG d'egales à B, & qu'en HI d'egales à C. Veu donc que A & DK, sont egaux, si on leur adiouste les egaux B & FL; A, B ensemble seront egaux à DK, FL ensemble; & si à iceux on adiouste encores les egaux C & HM; aussi A, B, C ensemble, seront egaux à DK, FL, HM, ensemble. Par mesme raison A, B, C ensemble seront egaux à KE, LG, MI ensemble; & ainsi de suitte, s'il y auoit dauantage de parties en DE, FG, HI: donc l'aggregé des nombres A, B, C sera autant de fois egal à l'aggregé des parties des nombres DE, FG, HI, que A sera contenu de fois en DE. Parquoy A, B, C ensemble, seront la mesme partie de DE, FG, HI ensemble, que A de DE.

A....4	B...3	C..2
D....4K....4E	F...3L...3G	H..2M..2I

Or cecy conuient aussi aux nombres rompus, soit qu'ils le soient tous, soit qu'auec iceux il y ait aussi quelque nombre entier, voire mesme l'vnité, ainsi qu'en ceste autre figure. Car il est euident que ceste diuersité de nombres ne peut apporter aucun changement en la demonstration cy-dessus.

A $\frac{2}{3}$	B.1	C.1$\frac{1}{2}$
D $\frac{2}{3}$ K $\frac{2}{3}$ E	F.1L.1G	H.1$\frac{1}{2}$M.1$\frac{1}{2}$I

Commandin a demonstré en ce lieu le theoreme suiuant.

Si vn nombre est autant multiple d'vn nombre qu'vn autre l'est d'vn autre; l'vn & l'autre ensemble sera autant multiple de l'vn & l'autre ensemble, qu'vn seul l'est d'vn seul.

Soit le nombre A autant multiple du nombre B, que le nombre C, l'est du nombre D: Ie dis que A & C ensemble sera autant multiple de B & D ensemble, que A de B. Car puis que A est multiple de B, & C autant multiple de D; B sera telle partie de A, que D de C: & par la 5. prop. 7. B & D ensemble sera telle partie de A & C ensemble, que A de B: partant A & C ensemble sera autant multiple de B & D ensemble, que A de B. Ce qu'il falloit demonstrer.

A........8
B....4
C......6
D...3

Ce qui est icy demonstré de deux nombres, se doit aussi entendre de dauantage, tellement que la prop. se peut rendre vniuerselle disant ainsi :

S'il y a tant de nombres qu'on voudra equemultiples d'autant d'autres nombres, chacun du sien correspondant ; les touts seront autant multiple des touts, que l'vn sera multiple de l'vn, son correspondant.

Ce qui correspond à ce qui a esté demonstré en toutes sortes de grandeurs à la 1. p. 5. Et neantmoins nous le demonstrerons encor ainsi. Soient trois nombres A, B, C, equemultiplices de trois autres D, E, F, chacun de son correspondant : Ie dis que les touts A, B, C, ensemble, sont autant multiples des touts D, E, F ensemble, que A est multiple de D. Car puis que A est autant multiple de D, que B de E, & C de F : au contraire D sera telle partie de A, que E de B, & F de C. Donc par les choses cy-dessus demonstrees, D, E, F ensemble, seront telle partie de A, B, C ensemble, que D de A : & par le contraire les toutes A, B, C ensemble, seront autant multiples des toutes D, E, F ensemble, que A de D. Et n'importe que les nombres proposez soient nombres entiers, ou nombres rompus car il est euident que la demonstration des vns est la mesme que des autres.

A........8	B......6	C....4
D....4	E...3	F..2

THEOR. 4. PROP. VI.

Si de quatre nombres, le premier contient telles parties du second, que le tiers du quart: le premier & tiers ensemble, seront telles parties du second & quart ensemble, que le premier du second.

Soient quatre nombres AB, C, DE & F, desquels le premier AB contient autant de parties du second C, que le troisiesme DE en contient du quatriesme F. Ie dis que AB & DE ensemble, contiennent autant de parties de C & F ensemble, que AB de C.

A...3 G...3 B
C..........9
D....4 H....4 E
F..............12

Car d'autant que AB contient telles parties de C, que DE de F ; estans AB & DE diuisez en AG, GB ; & DH, HE, selon qu'ils sont parties de C & F, il y aura autant de parties de C en AB, comme de F en DE, & par la prop. preced. AG & DH ensemble sera telle partie de C & F ensemble, que AG de C. Item GB & HE ensemble, sera telle partie de C & F ensemble, que GB de C ; & ainsi de suite, s'il y auoit dauantage de parties en AB & DE. Parquoy iceux AB & DE ensemble, seront telles parties de C & F ensemble, que AB de C. Donc si de quatre nombres le premier contient telles parties, &c. Ce qu'il falloit demonstrer.

SCHOLIE.

Ceste mesme prop. auec sa demonstration a aussi lieu en nombres rompus, comme il appert en cet exemple.

A $\frac{1}{9}$ G $\frac{1}{9}$ B	D $\frac{2}{7}$ H $\frac{2}{7}$ E
C $\frac{3}{9}$	F $\frac{6}{7}$

Mais ceste 6. prop. peut aussi estre estendue à tant de nombres qu'on voudra, soient entiers, ou rompus, ainsi qu'il ensuit.

S'il y a tant de nombres qu'on voudra, qui soient mesmes parties, d'autant d'autres nombres, chacun d'vn chacun; aussi les touts seront mesmes parties des touts, que l'vn de l'vn son correspondant.

Car c'est la mesme demonstration que dessus; obseruant seulement qu'au lieu de la 5. prop. il se faut seruir icy de l'vniuerselle demonstree au Scholie d'icelle 5. prop.

THEOR. 5. PROP. VII.

Si vn nombre est telle partie d'vn autre nombre, que le retranché du retranché; le reste sera aussi telle partie du reste, comme le tout est du tout.

Soit le nombre AB telle partie du nombre CD que le retranché AE est du retranché CF. Ie dis que le reste EB, sera telle partie du reste FD, que le tout AB est du tout CD.

A....4 E..2 B
G....4 C........8 F....4 D

Car estant pris le nombre GC, en sorte que telle partie qu'est le retranché AE du retranché CF, telle partie le reste EB soit d'iceluy GC; par la 5. pr. les deux nombres AE & EB ensemble seront telle partie des nombres GC & CF ensemble, qu'est AE de CF, c'est à dire qu'est le tout AB du tout CD: & partant puis que le nombre AB est telle partie du nombre CF que de CD: iceux nombres GF, CD seront egaux entr'eux par la 4. com. sent. en ostant donc le nombre commun CF, les demeurans GC & FD seront egaux: & partant le reste EB sera telle partie du reste FD, que de GC: c'est à dire que le tout AB du tout CD puis que EB a esté posé telle partie de GC, que AE de CF; qui par l'hypothese est la mesme que AB de CD. Si donc vn nombre est telle partie d'vn autre nombre, &c. Ce qu'il falloit demonstrer.

SCHOLIE.

Ceste prop. auec sa demonstration conuient aussi aux nombres rompus: Et encore le theoreme suiuant, lequel Commandin demonstre en cest endroict.

Si vn nombre est autant multiple d'vn autre nombre que le retranché du retranché; aussi le reste sera autant multiple du reste, que le tout du tout.

Soit le nombre AB autant multiple du nombre CD, que le retranché AE du retranché CF: Ie dis aussi que le reste EB est autant multiple du reste FD, que le tout AB l'est du tout CD. Car puis que AB, AE sont equemultiplices de CD, CF, par le contraire le tout CD sera telle partie du tout AB, que le retranché CF du retranché AE: & partant par

A.....6 E....4 B
C...3 F..2 D

la susdite prop. 7. aussi le reste FD, sera telle partie du reste EB, que le tout CD du tout AB: donc au contraire EB sera autant multiple de FD, que le tout AB est multiple du tout CD. Ce qui estoit proposé à demonstrer.

THEOR. 6. PROP. VIII.

Si vn nombre contient telles parties d'vn autre nombre, que le retranché du retranché: aussi le reste contiendra telles parties du reste, que le tout du tout.

Si le nombre total AB contient telles parties du total CD, que le retranché AE du retranché CF: Ie dis que le reste EB contiendra telles parties du reste FD, que le total AB, du total CD.

G..2 A........6 E..2 B
C.........9 F...3 D

Car si on pose GA contenir telles parties de FD, que AE de CF, ou AB de CD, par la 6. prop. les deux nombres GA, AE ensemble, seront telles parties des deux CF, FD ensemble, (c'est à dire le tout GE du tout CD) que GA de FD, ou AB de CD: & partant puis que GE & AB contiennent telles parties de CD, l'vn que l'autre, ils seront egaux: parquoy en ostant le nombre commun AE, resteront GA & EB egaux. Mais GA contient telles parties de FD, que AB de CD: Donc aussi EB contiendra telles parties d'iceluy FD, que AB de CD. Parquoy si vn nombre contient telles parties d'vn autre nombre, &c. Ce qu'il falloit prouuer.

SCHOLIE.

Que si aux nombres entiers cy-dessus apposez l'on substitue des nombres rompus, tu demonstreras en la mesme maniere ceste 8. prop. estre aussi veritable en fractions; & semblablement les 9, 10, 11, 12, 13, 14, 16, &c.

THEOR. 7. PROP. IX.

Si de quatre nombres, le premier est telle partie du second, que le tiers du quart; aussi en permutant le premier sera telle, ou telles parties du tiers, que le second du quart.

Soient quatre nombres A, BC, D & EF, desquels A soit telle partie de BC, que D est de EF. Ie dis qu'en permutant, A sera telle partie, ou contiendra telles parties de D, que BC de EF, pourueu que A & BC soient plus petits que D & EF, chacun au sien; car ainsi se doit entendre ceste proposition.

A...3
B...3 G...3 C
D....4
E....4 H....4 F

Qu'ainsi ne soit: d'autant que par l'hypothese, A est telle partie de BC comme D de EF: BC contiendra autant de parties egales à A que EF en contient d'egales à D: soit donc diuisé le nombre BC és parties BG, GC, chacune egale à A ; & le nombre E F és parties E H, H F chacune egale à D. Et puis que A est posé moindre que D, par la 4. prop. de ce liure, A est partie ou parties de D, & ainsi consequemment des autres, sçauoir BG de EH, & GC de HF : mais parce que BG est egale à GC, & EH à HF ; B G sera telle ou telles parties de EH, que GC de HF : & partant par la 5. ou 6. prop. BG, GC ensemble, c'est à dire BC, sera telle ou telles parties de E H, HF ensemble, sçauoir EF, que B G de E H, c'est à dire que A de D. Parquoy si de quatre nombres le premier est telle partie, &c. Ce qu'il falloit prouuer.

THEOR. 8. PROP. X.

Si de quatre nombres, le premier contient telles parties du second, que le tiers du quart ; aussi en permutant le premier contiendra telle ou telles parties du tiers, que le second du quart.

Soient quatre nombres AB, C, DE & F, desquels AB contienne telle parties de C, que DE de F. Ie dis qu'en permutant, AB sera telle ou telles parties de DE, que C est de F, moyennant que AB & C soient plus petits que DE & F, chacun au sien, car ceste prop. aussi bien que la precedente se doit ainsi entendre.

A . . 2 G . . 2 B
C . . . . . . 6.
D . . . . . 5 H . . . . . 5 E
F 15

Car AB estant diuisé en AG, GB parties de C ; & DE en DH, HE parties de F ; AB sera diuisé en autant de parties que DE, & tant AG que GB sera telle partie de C, que DH & HE de F : donc en permutant par la 9. prop. de ce liure, AG sera telle partie ou parties de DH, & GB de HE, que C de F : & partant AG sera telle partie, ou parties de DH, que GB de HE. Donc par la 5. ou 6. prop. AG, GB ensemble, sçauoir est le premier nombre AB, sera aussi telle partie, ou parties de DH, HE ensemble, c'est à dire du troisiesme nombre DE, que AG de DH, c'est à dire que le second nombre C du quart F : Parquoy si de quatre nombres, le premier contient telles parties du second, &c. Ce qu'il falloit prouuer.

THEOR. 9 PROP. XI.

Si le tout est au tout, comme le retranché au retranché ; aussi le reste sera au reste, comme le tout au tout.

Soit le tout AB au tout CD, comme le retranché AE au retranché CF : ie dis que le reste EB est au reste FD, comme le tout AB au tout CD.

A . . . . 4 E . . 2 B
C . . . . . 6 F . . . 3 D

Car puis que AB est à CD, comme AE à CF ; AB estant plus petit nombre que CD, il sera telle ou telles parties d'iceluy CD, que AE de CF, & par la 7. ou 8. prop. le reste EB sera telle ou telles parties du reste FD, que le tout du tout :

du tout; & partant par la 20. def. le reste EB sera au reste FD, comme le tout AB au tout CD. Ce qu'il falloit demonstrer.

SCHOLIE.

Or combien qu'en ceste demonstration Euclide pose le nombre AB plus petit que le nombre CD, si est-ce toutesfois qu'elle auroit aussi lieu, si AB estoit plus grand que CD. Car ou iceluy nombre CD mesureroit AB, ou il ne le mesureroit pas. Que CD mesure donc premierement AB; & d'autant que comme AB est à CD, ainsi AE est à CF, par la 20. def. AB, AE, seront equemultiplices de CD, CF, c'est à dire que CD sera telle partie de AB, que CF de AE; & par la 7. prop. le reste FD sera aussi mesme partie du reste EB, que le tout CD du tout AB: donc par le contraire AB, EB, seront equemultiplices d'icelles CD, FD: & par la 20. def. conuertie, comme le tout AB sera au tout CD, ainsi le reste EB sera au reste FD.

A........8E.......6B	
C....4F...3D	

Maintenant que CD ne mesure pas AB: derechef puis que comme AB est à CD, ainsi AE est à CF, telles parties que CD est de AB, telles parties CF est aussi de AE par la susdite 20. def. & par la 8. prop. le reste FD sera mesme parties du reste EB, que le tout CD du tout AB: donc par la mesme def. conuertie, le reste EB sera au reste FD, comme le tout AB sera au tout CD. Ce qu'il falloit demonstrer.

A......6E...3B	
C....4F..2D	

THEOR. 10. PROP. XII.

S'il y-a tant de nombres qu'on voudra proportionnaux; comme l'vn des antecedans sera à son consequent, ainsi tous les antecedans seront à tous les consequens.

Soient tant de nombres qu'on voudra proportionnaux A, B; C, D; E, F; c'est à sçauoir qu'il y ait telle raison de A à B, que de C à D, & que de E à F. Ie dis que tous les antecedans A, C, E ensemble, seront à tous les consequens B, D, F ensemble, comme A, l'vn des antecedans, est à B son consequent.

A......6	C....4	E..2
B.........9	D......6	F...3

Car puis que les susdits nombres sont proportionnaux, & A, C, E, sont moindres que B, D, E; par la 20. def. A sera telle ou telles parties de B, que C de D, & E de F; & par la 5. ou 6. prop. de ce mesme liure A & C ensemble seront telle, ou telles parties de B & D ensemble, que A de B, ou E de F. Derechef, puis que A, C ensemble comme vn seul, est telle partie, ou parties de B, D ensemble, comme vn seul, que E de F, aussi par les mesmes prop. A, C ensemble auec E, seront telle ou telles parties de B, D ensemble auec F, que A de B: parquoy par la susdite 20. def. conuertie tous les antecedans A, C, E ensemble, auront mesme raison à tous les consequens B, D, F ensemble, que

A à B: Si donc il y a tant de nombres qu'on voudra proportionnaux, comme l'vn des antecedans, &c. Ce qu'il falloit prouuer.

SCHOLIE.

Euclide n'ayant demonstré ceste prop. qu'en quatre nombres, nous auons delaissé sa demonstration pour prendre celle-cy, qu'on peut estendre à tant de nombres qu'on voudra: & combien qu'en ceste demonstration nous ayons posé, comme il a faict les nombres antecedens moindres que les consequens, si est-ce toutesfois qu'estans plus grands la demonstration n'en sera differente, sinon en ce qu'il faudra, comme au Scholie precedent, prendre iceux antecedans equemultiples des consequens; & puis apres iceux consequens mesmes parties desdicts antecedans, &c.

THEOR. 11. PROP. XIII.

Si quatre nombres sont proportionnaux: aussi en permutant ils seront proportionnaux.

Soient quatre nombres proportionnaux A, B, C, D, sçauoir qu'il y ait telle raison de A à B, que de C à D: Ie dis qu'en permutant, il y aura telle raison de A à C, que de B à D.

A	6
B	9
C	8
D	12

Car puis que comme A est à B, ainsi C à D, par la 20. def. A estant plus petit que B, & C que D; A sera telle ou telles parties de B, que C est de D; & partant en permutant par la 9. ou 10. prop. de ce liure A fera telle ou telles parties de C, que B est de D, & par la susdite 20. def. conuertie, il y aura mesme raison de A à C que de B à D. Parquoy si quatre nombres sont proportionnaux, &c. Ce qu'il falloit demonstrer.

SCHOLIE.

Ceste demonstration d'Euclide à seulement lieu, quand les nombres antecedans sont moindres que les consequens, & que A est moindre que C: mais s'ils sont plus grands, & que A soit plus grand que B, & moindre que C, la demonstration s'en fera ainsi. D'autant que comme A est à B ainsi C est à D, par la 20. def. B sera mesme partie, ou mesmes parties de A, que D de C: donc en permutant par la 9. ou 10. prop. 7. B sera mesme partie ou parties de D; que A de C: & par la susdite 20. def. A sera à C, comme B à D.

A	4
B	3
C	8
D	6

Que si A est plus grand que B, & que C; on argumentera ainsi. D'autant que comme A est à B ainsi C est à D, par la 20. def. D sera mesme partie ou parties de C que B de A: donc en permutant par la 9. ou 10. prop. 7. C sera telle partie, ou telles parties de A, que D de B; & partant par la mesme def. A sera à C, comme B à D.

A	9
B	6
C	3
D	2

Finalement si A est moindre que B, & plus grand que C, on dira ainsi: d'autant que comme A est à B, ainsi C est à D, par la 20. def. 7. C est mesme partie ou parties de D, que A de B: donc en changeant par la 9. ou 10. p. 7. C sera mesme partie, ou parties de A, que D de B; & par la susdicte 20. def. conuertie, A sera à C, comme B à D.

A	4
B	8
C	2
D	4

THEOR. 12. PROP. XIV.

S'il y-a tant de nombres qu'on voudra d'vn costé, & autant d'vn autre, qui soient prins de deux en deux, & en mesme raison; iceux en raison egale, seront aussi en mesme raison.

Soient tant de nombres qu'on voudra A, B, C, & autant d'autres D, E, F; & qu'il y ait telle raison de A à B, que de D à E, & de B à C, que de E à F. Ie dis qu'en raison egale, il y aura telle raison de A à C, que de D à F.

A	9	D	6
B	6	E	4
C	3	F	2

Car puis que comme A est à B, ainsi D à E, en permutant par la preced. prop. comme A sera à D, ainsi B à E; semblablement aussi puis que comme B est à C, ainsi E à F, en permutant comme B sera à E, ainsi C à F. Donc comme A sera à D, ainsi C sera à F (car puis que A est à D, & C à F, en mesme raison que B à E, aussi A sera à D en la mesme raison que C à F, comme sera incontinent demonstré) & partant en permutant, comme A sera à C, ainsi D sera à F: ce qu'il falloit prouuer.

LEMME.

Or que A estant à D, & C à F, en mesme raison que B à E, ils soient de mesme raison entr'eux, nous le demonstrerons ainsi. D'autant que comme A est à D, ainsi B à E; E plus petit sera telle ou telles parties de B, que D de A: Derechef puis que comme B à E, ainsi C à F; F moindre sera telle, ou telles parties de C, que E de B: Parquoy F sera telle ou telles parties de C, que D de A: & partant par la 20. def. conuertie, comme A sera à D, ainsi C sera à F. Donc les raisons des nombres qui sont de mesme à vne, sont aussi de mesme entr'elles. Ce qui a esté demonstré en toutes grandeurs au 5. liure prop. 11.

THEOR. 13. PROP. XV.

Si l'vnité mesure quelque nombre autant de fois qu'vn tiers mesure vn quart; aussi en permutant le second mesurera le quart autant de fois que l'vnité mesure le tiers.

Soit l'vnité A, qui mesure BC autant de fois que D mesure EF: Ie dis qu'en permutant BC mesurera EF autant de fois que A mesure D.

Car ayant diuisé BC selon les vnitez BG, GH, HC; il y aura en EF autant de parties egales à D, lesquelles soient EI, IK, KF; & partant BG sera mesme partie de EI, que GH de IK, & HC de KF: donc par la 20. def. BG est à EI, comme GH à IK, & HC à KF: & partant par la 12. prop. tous les antecedans BC seront à tous les consequents EF, comme BG à EI, ou leurs egaux A à D: & par la susdite 20. def. conuertie BC sera mesme partie de EF que A de D; & par consequent BC mesure EF autant de fois que A mesure D. Parquoy si l'vnité mesure quelque nombre, &c. Ce qui estoit à prouuer.

A . 1
B . 1 G . 1 H . 1 C
D . . 2
E . . 2 I . . 2 K . . 2 F

THEOR. 14. PROP. XVI.

Si deux nombres se multiplient l'vn l'autre, leurs produicts seront egaux entr'eux.

Soient deux nombres A & B; & que A multipliant B produise C; & B multipliant A produise D: Ie dis qu'iceux deux produicts C & D sont egaux entr'eux.

Car puis que A multipliant B produict C; B sera autant de fois en C, que l'vnité en A par la 15. def. & partant mesurera C autant de fois que l'vnité mesure A, & par la 15. prop. en permutant A mesurera C autant de fois que l'vnité mesurera B. Item B multipliant A & produisant D; A sera autant de fois en D, qu'il y a d'vnitez en B par la mesme 15. def. & par consequent mesurera D autant de fois que l'vnité mesure B: mais nous auons prouué que A mesureroit aussi C autant de fois que l'vnité mesure B: donc A mesure C & D egalement, & partant par la 1. com. sent. C & D seront egaux entr'eux. Parquoy si deux nombres se multiplient l'vn l'autre, &c. Ce qu'il falloit demonstrer.

Vnité.	
A . . . 3	B 4
C 12	
D 12	

SCHOLIE.

On demonstrera ceste prop. en nombres rompus ainsi. D'autant que A multipliant B produict C; par la def. de la multiplication C sera à B comme A à l'vnité: & en permutant C sera à A comme B à l'vnité. Mais par la mesme def. comme B est à l'vnité, ainsi aussi D est à A, pource que B multipliant A a produict D. Donc comme C sera à A ainsi D sera au mesme A, par le Lemme de la 14. prop. & partant C & D sont egaux entr'eux.

Vnité.	
A $\frac{2}{3}$	B $4\frac{5}{7}$
D $3\frac{1}{7}$	C $3\frac{1}{7}$

THEOR. 15. PROP. XVII.

Si vn nombre en multiplie deux autres, les produicts seront entr'eux en mesme raison que les multipliez.

Soit le nombre A, lequel multipliant les nombres B & C fasse D & E: Ie dis que les deux produicts D & E sont entr'eux, comme B à C.

Vnité.	
A..2	
B...3	C....4
D......6	
E........8	

Car par la 15. def. B multiplié par A est autant de fois contenu en son produict D, que l'vnité en A; & C dans son produict E, comme la mesme vnité en A: & partant B mesurera autant de fois D, que C mesure E. Donc B sera telle partie de D, que C de E: & par la 20. def. B sera à D, comme C à E; & en permutant par la 13. prop. 7. comme B sera à C, ainsi D sera à E: Si donc vn nombre en multiplie deux autres, &c. Ce qu'il falloit prouuer.

SCHOLIE.

A $\frac{2}{3}$	
B $\frac{3}{4}$	C $7\frac{2}{5}$
D $\frac{3}{8}$	E $3\frac{3}{5}$

Cette prop. a aussi lieu en nombres rompus; & se demonstre ainsi. D'autant que A multipliant B & C, produict D & E, par la def. de la multiplication il y aura telle raison tant de D à B, que de E à C, comme de A à l'vnité, & partant par le Lemme de la 14. prop. 7. comme D sera à B, ainsi E à C: donc en permutant comme D sera à E, ainsi B à C.

THEOR. 16. PROP. XVIII.

Si deux nombres en multiplient vn autre, les produicts seront entr'eux, en mesme raison que les multiplians.

Soient deux nombres A & B, qui multiplians C produisent D & E. Ie dis que comme A est à B, ainsi D est à E.

A...3	B....4
C..2	
D......6	E........8

Car puis que A multipliant C produict D, aussi C multipliant A produict le mesme D par la 16. prop. Semblablement, puis que B multipliant C produict E, aussi C multipliant B produira le mesme E: veu donc qu'vn mesme nombre C multipliant A & B, produict D & E, comme A est à B, ainsi D est à E par la prop. prec. Parquoy si deux nombres en multiplient vn autre, &c. Ce qui estoit à prouuer.

SCHOLIE.

Veu que la demonstration tant de ceste prop. que des deux suiuantes, est la mesme en nombres rompus, qu'en nombres entiers, nous ne nous y arresterons dauantage; mais dirons icy que Clauius a accommodé (apres Campanus) tant ceste prop. que la precedente à tant de nombres qu'on voudra; en ceste sorte,

Si vn nombre multiplie tant de nombres qu'on voudra, ou quelconques nombres en multiplient quelque autre; les produicts seront entr'eux en mesmes raisons que les multipliez, ou multiplians.

Car le nombre A multipliant les nombres B, C, D, ou estant multiplié par iceux, soient produicts les nombres E, F, G. Ie dis que E, F, G, sont entr'eux comme les nombres multipliez ou multiplians B, C, D; c'est à dire que comme B est à C, ainsi E à F; & comme C à D, ainsi F à G. Car puis que E, F sont produicts de A multipliant B, C; ou de B, C, multipliez par A, comme B sera à C, ainsi E sera à F par la 17. ou 18. prop. Semblablement pource que F, G, sont produicts de A en C, D, ou de C, D par A, aussi comme C sera à D, ainsi F sera à G, & ainsi des autres. Appert donc ce qui estoit proposé.

A...3		
B..2	C...3	D....4
E......6	F..........9	G..............12

THEOR. 17. PROP. XIX.

Si quatre nombres sont proportionnaux, le produict du premier multiplié par le quart, sera egal au produict du second par le tiers: Et si le produict du premier multiplié par le quart, est egal au produict du second par le tiers; iceux quatre nombres sont proportionnaux.

Soient quatre nombres proportionnaux A, B : C, D, sçauoir que comme A est à B, ainsi C est à D; & que le premier A multiplié par le dernier D produise E, & le second B par le tiers C produise F. Ie dis que E & F sont egaux.

A......6	B....4
C....3	D..2
E.............12	
F.............12	
G..................18	

Qu'ainsi ne soit: Soit multiplié A par C, & le produict soit G: d'autant que A multiplié par C & D, produict G & E, il y aura telle raison de G à E, que de C à D, par la prop. prec. Pareillement d'autant que C multipliant A & B, produict G & F, il y aura telle raison de G à F, que de A à B, par la 17. prop. ou de C à D, qui sont en mesme raison que A & B. Parquoy G estant à E, & G à F en mesme raison que C à D, par le Lemme de la 14. prop. comme G sera à E, ainsi G sera à F; parquoy G aura mesme raison à E qu'à F; & partant E & F seront nombres egaux, ainsi que nous auons dit sur la 20. def.

Pour la seconde partie, soit E produict de A multiplié par D, egal à F, produict de B multiplié par C: Ie dis que A est à B comme C est à D.

Car si G est produict de A multiplié par C; E & F nombres egaux auront mesme raison à G, comme nous auons dit en la suitte de la 20. def. Mais il y a telle raison de G à E, comme de C à D, par la preced. prop. & telle raison de G à F, comme de A à B par la 17. prop. & partant par le Lemme de la 14. p. A sera à B, comme C à D: si donc quatre nombres sont proportionnaux, le produict du premier & quart, &c. Ce qu'il falloit prouuer.

SCHOLIE.

Clauius adiouste icy cet autre Theoreme, la demonstration duquel a lieu tant en nombres entiers qu'en fractions.

Si de quatre nombres, le premier a plus grande raison au second, que le troisiesme au quatriesme; le produict du premier multiplié par le quatriesme sera plus grand que le produict du second multiplié par le troisiesme; & si le nombre produict du premier & quatriesme est plus grand, que celuy du second & troisiesme; il y aura plus grande raison du premier au second que du troisiesme au quatriesme.

A.......7	E......6
B....4	
C.........9	
D......6	

Soient quatre nombres A, B, C, D, & qu'il y ait premierement plus grande raison du premier A au second B, que du troisiesme C au quatriesme D: Ie dis que le nombre procreé de A en D est plus grand que celuy fait de B en C. Car si on pose que E soit à B, comme C à D; il y aura aussi plus grande raison de A à B, que de E à B; & partant A sera plus grand que E, comme nous auons annotté sur la 20. def. 7. Parquoy il se fera un plus grand nombre de A en D, que de E par le mesme D. Mais par la 19. prop. 7. le produict de E en D est egal à celuy de B en C: donc aussi le nombre procreé de A en D sera plus grand que celuy fait de B en C. Ce qu'il falloit prouuer.

A.....5	E......6
B....4	
C...3	
D..2	

Maintenant que le nombre procreé de A en D, soit plus grand, que celuy faict de B en C: Ie dis qu'il y a plus grande raison de A à B, que de C à D. Car si on entend que le nombre E en D face le mesme nombre, que de B en C; le produict de A en D sera aussi plus grand que celuy de E par le mesme D: & partant A sera plus grand que E. Parquoy il y aura plus grande raison de A à B, que de E au mesme B. Mais par la 19. prop. 7. comme E est à B, ainsi C est à D: donc aussi la raison de A à B sera plus grande que de C à D. Ce qu'il falloit prouuer.

Que s'il y auoit moindre raison du premier nombre au second, que du troisiesme au quatriesme, le nombre faict du premier multiplié par le quatriesme seroit moindre, que celuy faict du second par le troisiesme: Et si le nombre procreé du premier multiplié par le quatriesme estoit moindre, que celuy fait du second par le troisiesme; il y auroit moindre raison du premier nombre au second, que du troisiesme au quatriesme. La demonstration n'est differente à la precedente, sinon en ce qu'il faut changer plus grand en moindre.

A ce Theoreme nous en adiousterons un autre fort utile, qui est tel.

Si trois ou dauantage de nombres se multiplient entr'eux, le produict sera tousiours le mesme, en quelque façon & ordre qu'on les multiplie.

Soient trois nombres A, B, C, & le produict de A multiplié par B soit D, le quel multiplié par C produise E : Mais changeant d'ordre le produict de B par C soit F, & iceluy multiplié par A produise G : Changeant derechef d'ordre, le produict de A en C soit H, qui multiplié par B fasse I. Ie dis que les trois produicts E, G, I, sont vn mesme nombre. Car puis que B multipliant A & C produict D, F, par la 17. prop. 7. comme A est à C, ainsi D à F, & par la 19. prop. 7. le produict de A en F, qui est G, sera egal au produict de C en D, qui est E. Item puisque C multipliant A & B, produict H & F, comme A est à B, ainsi H à F ; & partant le produict de A en F, qui est G, sera egal au produict de B en H, qui est I. Par ainsi les deux nombres E & I estans egaux au nombre G, tous les trois E, G, I, sont egaux entr'eux, c'est à dire vn mesme nombre : Ce qu'il falloit prouuer.

A 3.	B 4.	C 5.
D 12.	F 20.	H 15.
E 60.	G 60.	I 60.

Maintenant soient quatre nombres A, B, C, D, & multipliant A par B, & le produict par C, soit faict E, qui multiplié par D produise F : Mais changeant d'ordre, & multipliant D par C, & le produict par B, soit faict G, qui multiplié par A, fasse H : Ie dis que F & H sont vn mesme nombre, & qu'en quelque autre façon qu'on multiplie entr'eux les quatre nombres proposez A, B, C, D, sera tousiours produict le mesme nombre. Car puis que multipliant d'vn costé les trois nombres A, B, C entr'eux, & d'vn autre costé les trois D, C, B, aussi entr'eux sont produicts les deux E & G, soient multipliez B & C entr'eux, & le produict soit I. Or par ce qui a esté demonstré cy-dessus de trois nombres, le nombre E qui se fait multipliant A par B, & le produict par C, se fera aussi multipliant B par C, & le produict (sçauoir I) par A. Par mesme discours, on prouuera que G seroit produict multipliant D par I. Veu donc que I multipliant A & D, produict E & G, comme A est à D, ainsi E est à G, par la 17. prop. 7. & partant le produict des extremes A & G sera le mesme que des moyens D & E par la 19. prop. 7. donc F & H sont vn mesme nombre. Et par semblable discours on prouuera tousiours le mesme : Car de quatre nombres en multipliant trois entr'eux d'vn costé, & trois d'vn autre, il se rencontrera que de trois pris d'vn costé, & d'autre, il y en aura tousiours deux qui seront communs de part & d'autre, & par ainsi la mesme demonstration aura tousiours lieu.

A 2.	B 3.	C 4.	D 5.
E 24.	I 12.	G 60.	
F 120.		H 120.	

Que si l'on propose cinq nombres, on en prendra quatre d'vn costé, & quatre d'vn autre, & s'en trouuera tousiours trois qui seront commun d'vn costé & d'autre : tellement que s'aydant de ce qui a esté demonstré en trois, & en quatre nombres, on accomplira la demonstration en la mesme sorte. Et si on propose six nombres, l'on se seruira de ce qui aura esté demonstré en cinq, & ainsi tousiours en augmentant de nombre en nombre, si on en propose dauantage. Ce que le docte Bachet a aussi demonstré en ses Problemes plaisans, & est veritable en toutes sortes de nombres soient entiers ou fractions.

THEOR.

THEOR. 18. PROP. XX.

Si trois nombres sont proportionnaux, le produict des extremes est egal au produict du milieu : & si le produict des extremes est egal à celuy du milieu, iceux trois nombres seront proportionnaux.

Soient trois nombres proportionnaux A, B, C, sçauoir que comme A est à B, ainsi B à C : Ie dis que le produict de A 1, multiplié par C, 3e, est egal au produict du moyen B multiplié par soy-mesme.

A	9
B	6
D	6
C	4

Car estant pris D egal à B, comme A sera à B, ainsi D sera à C ; & par la prec. prop. le produict de A par C, sera egal au produict de B par D, c'est à dire, de B par soy-mesmes.

Pour la seconde partie ; soit le produict de A, 1. multiplié par C, 3e, egal au produict de B moyen multiplié par soy-mesme : Ie dis que les nombres A, B, C, sont proportionnaux.

Car derechef estant pris D egal à B, comme A sera à B, ainsi D sera à C ; & par la prop. prec. le produict de A par C sera egal au produict de B par D, c'est à dire de B par soy-mesme, puis que D luy est egal : partant les trois nombres A, B, C, sont proportionnaux. Si donc trois nombres sont proportionnaux, &c. Ce qu'il falloit demonstrer.

SCHOLIE.

Que s'il y-a plus grande raison du premier nombre au second, que du second au troisiesme ; le nombre procreé du premier multiplié par le troisiesme sera plus grand, que celuy faict du second multiplié par soy-mesme : & si le nombre faict du premier multiplié par le troisiesme est plus grand que du second en soy-mesme, il y aura plus grande raison du premier au second, que du second au troisiesme. Item s'il y-a moindre raison du premier au second, que du second au troisiesme, le produict du premier par le troisiesme sera moindre que le produict du second par soy-mesme : & si vn moindre nombre est faict du premier multiplié par le troisiesme, que du second en soy ; il y aura moindre raison du premier nombre au deuxiesme, que du deuxiesme au troisiesme : Ce qui sera euident par ce qui est demonstré au Scholie precedent, ayant posé le nombre D egal au second nombre B, afin qu'il y ait quatre nombres : Car alors il y aura plus gran-

A	8	A	4
B	6	B	6
D	6	D	6
C	5	C	7

de raison du premier au deuxiesme, que du troisiesme au quatriesme, ou moindre, &c. comme il appert aux exemples cy apposés, soit que les nombres soient entiers ou rompus.

THEOR. 19. PROP. XXI.

Les plus petits nombres de tous ceux qui ont la mesme raison auec iceux, mesurent egalement les nombres qui ont la mesme raison, sçauoir le plus grand, le plus grand; & le plus petit.

Soient deux nombres A & B, les plus petits en leur raison, & deux autres nombres plus grands C & D en mesme raison qu'iceux A & B, c'est à dire que comme A est à B, ainsi C à D: Ie dis que A & B mesurent egalement C & D, c'est à dire que A mesure C autant de fois que B mesure D.

A...3	B....4
C......6	D........8

Car puis que iceux A, B, C, D, sont proportionnaux, en permutant par la 13. prop. A sera à C comme B à D; & puis que A & B sont plus petits que C & D, par la 20. def. ils seront mesme partie ou parties d'iceux C & D. Or ils ne peuuent estre parties: car il est euident qu'ils ne seroient les plus petits nombres de leur raison; contre l'hypothese. Donc A est mesme partie de C, que B de D: & partant A mesure C, autant de fois que B mesure D: parquoy les plus petits nombres de tous ceux qui ont vne mesme raison, &c. Ce qu'il falloit demonstrer.

THEOR. 20. PROP. XXII.

S'il y-a trois nombres d'vn costé, & autant d'vn autre, lesquels pris de deux en deux soient en mesme raison, la proportion estant troublée, en raison egale, ils seront proportionnaux.

Soient trois nombres d'vn costé A, B, C, & trois d'vn autre D, E, F, lesquels pris de deux en deux soient en mesme raison, & leur proportion troublee, sçauoir que A soit à B, comme E à F, & B à C, comme D à E: Ie dis qu'en raison egale A sera à C, comme D à F.

A....4	D............12
B...3	E........8
C..2	F......6

Car puis que A est à B, comme E à F le produict de A multiplié par F, sera egal au produict de B multiplié par E, par la 19. prop. Item, puis que B est à C, comme D à E; le mesme produict de B multiplié par E, sera egal au produict de C multiplié par D, par la mesme prop. & partant le produict de A par F, sera egal au produict de C par D, & par la susdite 19. prop. il y aura mesme raison de A à C que de D à F: Parquoy s'il y a trois nombres d'vn costé, & autant d'vn autre, &c. Ce qu'il falloit prouuer.

SCHOLIE.

Il est euident que ceste demonstration conuient aussi aux nombres rompus. Et d'autant que de six moyens d'argumenter és proportions, lesquels Euclide a expliqué en grandeur, & demonstré au 5. liure, il en demonstre en celuy-cy seulement deux en nombres; il ne sera hors de propos de demonstrer aussi en nombres les quatre autres moyens, comme ont faict plusieurs Interpretes.

1. Si quatre nombres sont proportionnaux; par raison inuerse, ou en changeant, ils seront aussi proportionnaux.

A 6	C . . . 3
B 4	D . . 2

Soit A à B comme C à D. Ie dis qu'en changeant comme B à A, ainsi D à C. Car puis que comme A à B, ainsi C à D, en permutant par la 13. prop. comme A sera à C, ainsi B à D. Derechef puis que B est à D comme A à C, par la mesme prop. B sera à A comme D à C. Ce qui estoit proposé.

2. Si les nombres composez sont proportionnaux; iceux diuisez seront aussi proportionnaux.

A 6	C . . . 3	B
D 4	F . . 2	E

Soit AB à CB comme DE à EF. Ie dis qu'aussi en diuisant, comme AC à CB, ainsi DF à FE. Car puis que comme AB à CB, ainsi DE à FE: en permutant par la 13. prop. comme le tout AB au tout DE, ainsi le retranché CB au retranché FE: & partant par la 11. p. comme le tout AB est au tout DE, ainsi le reste AC sera au reste DF: c'est à dire AC à DF comme CB à FE: donc en permutant comme AC sera à CB, ainsi DF sera à FE. Ce qui estoit proposé.

Par la mesme maniere nous demonstrerons comme au liure 5. la diuision conuerse, & contraire de raison. Car soit premierement comme AB à CB, ainsi DE à FE; Ie dis que, par diuision conuerse de raison, comme CB à AC, ainsi FE à DF. Car puis que comme AB à CB, ainsi DE à FE; en diuisant, comme AC sera à CB, ainsi DF à FE: & en changeant, comme CB sera à AC, ainsi FE sera à DF.

Soit maintenant comme AC à AB, ainsi DF à DE. Ie dis par diuision contraire de raison, que comme AC est à CB, ainsi DF à FE. Car puis que comme AC à AB, ainsi DF à DE: en changeant comme AB sera à AC, ainsi DE à DF. Donc en diuisant comme CB à AC, ainsi FE à DF: & en changeant, comme AC sera à CB, ainsi DF à FE. Ce qui estoit proposé.

3. Si les nombres diuisez sont proportionnaux: iceux composez seront aussi proportionnaux.

A 6	B . . . 3	C
D 4	E . . 2	F

Soit AB à BC, comme DE à EF. Ie dis qu'en composant comme AC est à BC, ainsi DF, à EF. Car puis que comme AB à BC, ainsi DE à EF, en permutant par la 13. prop. comme AB à DE, ainsi BC à EF, & partant par la 12. prop. comme AB, BC ensemble, à DE, EF, ensemble, c'est à dire le tout AC au tout DF, comme BC à EF : & en permutant par la prop. comme AC à BC, ainsi DF à EF. Ce qui estoit proposé.

Semblablement nous demonstrerons icy comme au 5. liure la composition conuerse & contraire de raison. Car soit premierement comme AB à BC, ainsi DE à EF. Ie dis par composition conuerse de raison, que comme AC est à AB, ainsi DF à DE. Car veu que AB est à BC, comme DE à EF : en changeant comme BC sera à AB, ainsi EF à DE : & en composant comme AC sera à AB, ainsi DF sera à DE.

Maintenant soit derechef AB à BC, comme DE à EF. Ie dis que par composition contraire de raison, comme AB est à AC, ainsi DE à DF : car puis que comme AB à BC, ainsi DE à EF : en changeant comme BC sera à AB, ainsi EF à DE. Donc en composant, comme AC à AB, ainsi DF à DE, & en changeant comme AB sera à AC, ainsi DE à DF.

4. Si les nombres composez sont propotionnaux; ils le seront aussi par conuersion de raison.

A......6 C...3 B
D....4 F..2 E

Soit comme AB à CB, ainsi DE à FE. Ie dis que par conuersion de raison, comme AB est a AC, ainsi DE à DF. Car puis que comme AB à CB, ainsi DE à FE : en permutant par la 13. prop. comme le tout AB sera au tout DE, ainsi le retranché CB sera au retranché FE : & partant par la 11. prop. comme le tout AB au tout DE, ainsi le reste AC au reste DF. Donc en permutant comme AB sera à AC, ainsi DE à DF. Ce qui estoit proposé.

A ces quatre theoremes nous adioutterons les quatre suiuans.

5. S'il y-a tant de nombres qu'on voudra d'vn costé, & autant d'vn autre lesquels prins de deux en deux soient en mesme raison ; comme tous les nombres du premier ordre ensemble seront à l'vn d'iceux, ainsi tous les nombres de l'autre ordre ensemble seront au correspondant à iceluy pris du premier ordre.

Soient quatre nombres A, B, C, D d'vn costé, & quatre d'vn autre E, F, G, H, & que A soit à B, comme E à F ; & B à C comme F à G ; & C à D comme G à H : Ie dis que comme tous les nombres A, B, C, D, ensemble, seront au dernier D, ainsi tous les nombres E, F, G, H, ensemble seront au dernier H. Car d'autant que comme A, est à B, ainsi E est à F ; en composant comme A, B, ensemble seront à B, ainsi E, F ensemble seront à F. Mais comme B est à C, ainsi F à G : donc en raison egale, comme A B, ensemble sont à C. ainsi E, F ensemble sont à G ; parquoy, en composant comme A, B, C ensemble seront à C, ainsi E, F, G, ensemble seront à G. Mais comme C à D, ainsi G à H : donc en raison egale comme A, B, C ensemble seront à D, ainsi E, F, G ensemble seront

A...3	B....4	C..2	D.....5
E......6	F........8	G....4	H..........10

à H: Et en composant comme Æ, B, C, D ensemble sont à D, ainsi E, F, G, H ensemble seront à H. Ce qu'il falloit prouuer.

D'où est manifeste que comme l'vn des nombres du premier ordre est à son correspondant de l'autre ordre, ainsi tous les nombres du premier ordre ensemble seront à tous ceux du second ordre ensemble. Car puisque comme Æ, B, C, D ensemble sont à D, ainsi E, F, G, H ensemble sont à H; en permutant Æ, B, C, D ensemble sont sont à E, F, G, H ensemble, comme D à H.

6. Si le premier à mesme raison au second, que le troisiesme au quatriesme, & que le cinquiesme ayt aussi mesme raison au second, que le sixiesme au quatriesme: le composé du premier & cinquiesme aura mesme raison au second, que le composé du troisiesme & sixiesme au quatriesme.

Soit ÆB premier à C deuxiesme, comme DE troisiesme à F quatriesme. Item soit BG cinquiesme à C deuxiesme, comme EH sixiesme à F quatriesme. Ie dis que ÆG, composé du premier & du cinqiesme est à C deuxiesme comme DE composé du troisiesme & sixiesme est à F quatriesme.

A......6B..2 6	D..........9E...3 H
C....4	F......6

Car puis que comme BG est à C, ainsi EH à F, en changeant comme C sera à BG, ainsi F à EH. Veu donc que comme ÆB à C, ainsi DE à F, & comme C à BG, ainsi F à EH; en raison egale, comme ÆB est à BG, ainsi DE est à EH: & en composant, comme ÆG à BG, ainsi DH à EH, partant puis que derechef comme ÆG à BG, ainsi DH à EH, & comme BG à C, ainsi EH à F; en raison egale, comme ÆG sera à C, ainsi DH à F. Ce qui est proposé.

7. Si le premier a mesme raison au second, que le troisiesme au quatriesme; & que le premier ayt aussi la mesme au cinquiesme, que le troisiesme au sixiesme; aussi le premier aura mesme raison au composé du second & cinquiesme que le troisiesme au composé du quatriesme & sixiesme.

Soit le tout ÆB à C, comme le tout DE à F: Item le retranché ÆG soit à C, comme le retranché DH à F; Ie dis que le reste GB est à C, comme le reste HE à F. Car puis que comme ÆG à C ainsi DH à F, en changeant comme C sera à ÆG ainsi F à DH. Veu donc que comme ÆB à C, ainsi DE à F, & comme C à ÆG, ainsi F à DH; en raison egale; comme ÆB à ÆG, ainsi DE à DH. Parquoy en diuisant comme GB à ÆG, ainsi HE à DH. Mais puis que derechef, comme GB à ÆG, ainsi HE à DH, & comme ÆG à C, ainsi DH à F; en raison egale, comme GB sera à C ainsi HE sera à F: ce qui est proposé.

A......6G..2B	D..........9H...3E
C....4	F......6

8. Si deux nombres, & des retranchés d'iceux, ont vne mesme raison à deux nombres: aussi les restes auront mesme raison aux mesmes nombres.

oit Æ premier à BC deuxiesme, comme D troisiesme à EF quatriesme: & comme Æ premier CG cinquiesme, ainsi D troisiesme à FH sixiesme. Ie dis que cõme Æ premier est à

BG, composé du deuxiesme & cinquiesme, ainsi D, troisiesme à EH composé du quatriesme & sixiesme. Car puis que comme A est à BC, ainsi D à EF, en changeant comme BC sera à A, ainsi EF à D. D'autant donc que comme BC à A, ainsi EF à D, & comme A à CG, ainsi D à FH; en raison egale, comme BC à CG, ainsi EF à FH: & en composant comme BG à CG, ainsi EH à FH, & en changeant comme CG à BG, ainsi FH à EH. Veu donc que comme A à CG, ainsi D à FH, & comme CG à BG, ainsi FH à EH; en raison egale, comme A sera à BG, ainsi D à EH. Ce qui est proposé.

A......6		D.........9	
B....4C...2G		E......6F....4H	

THEOR. 21. PROP. XXIII.

Les nombres premiers entr'eux, sont les plus petits de tous ceux qui ont la mesme raison auec iceux.

Soient deux nombres premiers entr'eux A & B. Ie dis qu'ils sont les plus petits de tous ceux qui ont la mesme raison qu'eux.

A......6	B......5	
C---	D--	E-

Car s'il n'est ainsi, soient, s'il est possible, C & D plus petits en la mesme raison; & par la 21. prop. ils mesureront A & B, l'vn comme l'autre: qu'ils les mesurent donc par le nombre E. Donc E sera commune mesure des nombres A & B, ainsi ils ne seroient pas premiers entr'eux, mais composez, contre l'hypothese. A & B sont donc les plus petits de tous ceux qui sont en mesme raison qu'eux. Parquoy les nombres premiers entre'eux, &c. Ce quil falloit prouuer.

THEOR. 22. PROP. XXIIII.

Les plus petits nombres de tous ceux qui ont vne mesme raison, sont premiers entr'eux.

Soient les nombres A & B, les plus petits de tous ceux qui ont la mesme raison: Ie dis qu'ils sont premiers entr'eux.

A......6	D--
	C-
B.....5	E--

Autrement, s'ils ne sont premiers, que C les mesure tous deux, s'il est possible, sçauoir A autant de fois qu'il y-a d'vnitez en D, & B autant de fois qu'il y-a d'vnitez en E. Veu donc que C mesure A par les vnitez qui sont en D, & B par les vnitez qui sont en E; C multipliant D & E, produira A & B par la 9. com. sent. Parquoy par la 17. prop. il y aura mesme raison de A à B que de D à E: & partant puis que D & E sont parties d'iceux A & B, ils sont moindres: ainsi A & B ne seront pas les plus petits nombres de tous ceux qui ont la mesme raison: ce qui est contre nostre hypothese: A & B sont donc nombres premiers entr'eux. Parquoy les plus petits nombres de tous ceux, &c. Ce qu'il falloit prouuer.

THEOR. 23. PROP. XXV.

Si deux nombres sont premiers entr'eux, celuy qui en mesurera l'vn sera premier à l'autre.

Soient deux nombres premiers entr'eux A & B, l'vn ou l'autre desquels, sçauoir A, soit mesuré par le nombre C. Ie dis que C est premier à l'autre B.

A......6	B.....5
C...3	D-

Autrement, si B & C ne sont premiers entr'eux, que D les mesure tous deux, s'il est possible. Veu donc que D mesure C, & C mesure A, par la 11. com. sent. D mesurera aussi A: mais il mesure pareillement B. Donc A & B ne sont premiers entr'eux, contre l'hypothese. C est donc premier à B. Si quelque nombre mesure B, on prouuera en la mesme maniere qu'il sera premier à l'autre A. Parquoy si deux nombres sont premiers entr'eux, &c. Ce qu'il falloit demonstrer.

THEOR. 24. PROP. XXVI.

Si deux nombres sont premiers à quelque autre; le produit des deux sera aussi premier à cet autre.

Soient deux nombres A & B, tous deux premiers à C; & que A multiplié par B produise D. Ie dis que D est aussi premier à C.

A..2	B...3	C.....5
D......6	E..2	F...3

Autrement, si D & C ne sont premiers entr'eux qu'ils soient composez, & que E les mesure tous deux, sçauoir D par le nombre F. Donc E multipliant F, produict D par la 9. com. sent. comme fait aussi A par B: Parquoy A, E, F, B, seront proportionnaux par la 19. prop. Et d'autant que A & C sont premiers entr'eux, E mesurant C sera premier à A par la prop. precedente; & par la 23. prop. A & E estans premiers, ils seront les plus petits de leur raison; & partant ils mesureront egalement F & B, qui sont en la mesme raison, sçauoir A mesurera F, & E mesurera B par la 21. prop. Mais il mesure aussi C: donc B & C ne seroient pas premiers, contre l'hypothese. Parquoy D sera premier à C. Si donc deux nombres sont premiers à quelque autre, &c. Ce qu'il falloit prouuer.

THEOR. 25. PROP. XXVII.

Si deux nombres sont premiers entr'eux, le produict de l'vn d'iceux multiplié par soy, est premier à l'autre.

Soient deux nombres premiers A & B, & que l'vn ou l'autre d'iceux, sçauoir A, multiplié par soy produise C. Ie dis que B & C sont premiers entr'eux.

A....3	B....4
C.........9	D...3

Car si on prend D, egal à A, B sera aussi premier à D. Ainsi A & D estans premiers à B par la 26. p. 7. A multiplié par D, c'est à dire par soy-mesme, produira C premier au mesme B. Si donc deux nombres sont premiers entr'eux, &c. Ce qu'il falloit prouuer.

THEOR. 26. PROP. XXVIII.

Si deux nombres sont premiers à deux autres; (l'vn & l'autre à l'vn & à l'autre) leurs produicts seront aussi premiers entr'eux.

Soient deux nombres A & B premiers à deux autres C & D, & que E soit le produict de A multiplié par B, & F produict de C multiplié par D: Ie dis que E, & F sont premiers entr'eux.

A..2	B....4
C...3	D....5
E........8	F..............15

Car A & B estans premiers à C, leur produict E sera aussi premier au mesme C par la 26. prop. Par le mesme discours E sera aussi premier à D; ainsi C & D estans premiers à E, leur produict F sera aussi premier à E par la mesme 26. prop. Si donc deux nombres sont premiers à deux autres, &c. Ce qu'il falloit demonstrer.

THEOR. 27. PROP. XXIX.

Si deux nombres premiers entr'eux sont multipliez chacun par soy, leurs produicts seront premiers entr'eux: Et si iceux produicts sont encore multipliez par les nombres proposez au commencement, leurs produicts seront encores premiers entr'eux: & cecy aduiendra tousiours enuiron les extremes.

Soient deux nombres premiers entr'eux A & B, & que A multiplié par soy-mesme produise C, mais B multiplié aussi par soy produise D. Ie dis que C & D, seront premiers entr'eux. Item si A multipliant C produict E, & B multi-

pliant

pliant D produict F. Ie dis que E & F seront aussi premiers entr'eux.

Car par la 27. pr. A & B estans premiers, C produict de A multiplié par soy, sera premier au restant B : par mesme raison B & C estans premiers entr'eux, D sera aussi premier à C. Derechef, puis que A & B sont premiers, par la mesme 27. prop. C sera aussi premier à B ; & D à A : Mais il a esté demonstré que C est aussi premier à D : parquoy l'vn & l'autre nombre, A, C, sera premier à l'vn & à l'autre nombre B, D; & partant par la 28. prop. E produict de A en C, sera premier à F, produict de B par D.

A..2	B...3
C....4	D.........9
E........8	F...........................27
G16	H81.

Que si encore A multipliant E produict G ; & B multipliant F produict H: G & H seront aussi premiers entr'eux. Car puis que A & C sont premiers à B, leur produict E sera aussi premier à B par la 26. prop. Par mesme raison F sera aussi premier à A : Ainsi les deux nombres A, E, seront premiers aux deux B, F, sçauoir l'vn & l'autre, à l'vn & à l'autre; & partant par la 28. prop. G produict de A en E, sera aussi premier à H produict de B en F, & ainsi à l'infiny, Parquoy si deux nombres premiers entr'eux, &c. Ce qu'il falloit demonstrer.

THEOR. 28. PROP. XXX.

Si deux nombres sont premiers entr'eux, le composé d'iceux sera premier à chacun d'eux : & si le composé de deux nombres est premier à quelqu'vn d'iceux, ils seront premiers entr'eux.

Soient deux nombres premiers entr'eux A B & B C : Ie dis que le composé des deux A C, sera premier à chacun d'iceux AB, B C.

Car si A C, A B ne sont premiers, soit D leur commune mesure, s'il est possible : si donc D mesure le tout AC, & la partie AB ; il mesurera aussi le reste BC, par la 12. com. sent. Ainsi AB & BC ne seroient premiers entr'eux, contre l'hypothese. Parquoy AC sera premier à AB : on demonstrera par la mesme maniere que AC est aussi premier à BC.

A...3 B....4 C
D—

Secondement, si le tout AC est premier à AB ou à BC. Ie dis qu'iceux AB & B C seront premiers entr'eux. Autrement, que D les mesure s'ils ne sont premiers ; il mesurera aussi le composé des deux A C, par la 10. com. sent. Ainsi A C ne seroit premier à AB, & BC, ce qui est contre l'hypothese. AB & B C sont donc premiers entr'eux. Si donc deux nombres sont premiers entr'eux &c. Ce qu'il falloit demonstrer.

COROLLAIRE.

Il s'ensuit de cecy, que si vn nombre composé de deux, est premier à l'vn d'iceux, il sera aussi premier à l'autre. Car si AC est premier à AB; AB, BC seront premiers entr'eux par la seconde partie de ceste prop. Donc aussi AC sera premiere à BC par la premiere partie de la mesme prop. ce qui a esté proposé.

THEOR. 29. PROP. XXXI.

Tout nombre premier, est premier à tout autre nombre qu'il ne mesure pas.

Soit vn nombre premier A, qui ne mesure le nombre B : Ie dis que A & B sont premiers entr'eux.

A. . . . .5 B. 8
C—

Car s'ils ne le sont, ils auront vne commune mesure autre que l'vnité; laquelle soit C, s'il est possible. Or C ne peut estre egal à A puis que nous auons posé que A ne mesure pas B: & par ainsi A estant mesuré par quelque autre nombre, il ne seroit premier contre l'hypothese. Parquoy A & B sont premiers entr'eux. Donc tout nombre premier, &c. Ce qu'il falloit demonstrer.

THEOR. 30. PROP. XXXII.

Si deux nombres se multiplient l'vn l'autre, & que quelque nombre premier mesure leur produict, il mesurera aussi l'vn d'iceux nombres posez au commencement.

Soient deux nombres A & B, de la multiplication desquels soit produict C, & que D nombre premier mesure iceluy C. Ie dis qu'il mesurera aussi l'vn ou l'autre d'iceux A & B, s'il ne les mesure tous deux.

A. . . .4	B. 6
C. 24	
D. . .3	E. 8

Autrement, s'il ne mesure l'vn ny l'autre, qu'il mesure C par le nombre E : Si donc D ne mesure A, par la prop. prec. il sera premier à iceluy, & par la 23. prop. ils seront les plus petits de leur raison. Mais d'autant que D multiplié par E faict C, aussi bien que A multiplié par B, par la 19. prop. A sera à D, comme E à B, & par la 21. prop. A & D mesureront egalement E & B, c'est à dire que A mesurera E, & D mesurera B. En la mesme maniere sera demonstré que si D ne mesure pas B, qu'il mesurera A. Si donc deux nombres se multiplient l'vn l'autre, &c. Ce qu'il falloit demonstrer.

THEOR. 31. PROP. XXXIII.

Tout nombre composé est mesuré par quelque nombre premier.

Soit le nombre composé A. Ie dis qu'il sera mesuré par quelque nombre premier.

Car puis qu'il est composé, il sera mesuré de quelque nombre par la 13. def. & soit de B, lequel sera composé ou non: s'il est premier, la prop. est manifeste: mais s'il est composé, il sera mesuré par vn autre nombre, & soit C, lequel sera premier ou non: s'il est premier, puis qu'il mesure B; & B mesure A, aussi C mesurera A par la 11. com. sent. Mais si C est composé, il sera mesuré par quelque nombre: Et pource qu'vn nombre ne se diminue infiniement, nous viendrons finalement à quelque nombre que nul autre ne mesurera; & partant à vn nombre premier, lequel mesurant tous les precedens, mesurera aussi le composé A. Parquoy tout nombre composé est mesuré par quelque nombre premier. Ce qu'il falloit trouuer.

A........8
B....4
C..2

THEOR. 32. PROP. XXXIV.

Tout nombre est premier, ou bien mesuré par quelque nombre premier.

Soit quelconque nombre A: Ie dis qu'iceluy est ou nombre premier, ou que quelque nombre premier le mesure.

Car s'il n'est nombre premier, il est nombre composé, & par la prec. prop. tout nombre composé, est mesuré par quelque nombre premier. Parquoy tout nombre est premier, &c. Ce qu'il falloit demonstrer.

A.....5
A......6

PROBL. 3. PROP. XXXV.

Tant de nombres qu'on voudra estans donnez, trouuer les plus petits nombres de tous ceux qui auront mesme raison.

Soient donnez tant de nombres qu'on voudra A, B, C: & il faut trouuer les plus petits en la mesme raison.

Lesdicts nombres A, B, C sont ou nombres premiers, ou nombres composez: s'ils sont premiers entr'eux, on a ce que lon cherche par la 23. prop. mais s'ils sont composez, soit trouué D plus grande commune mesure d'iceux A, B, C, par la 3. p. laquelle mesure A selon E; B selon F; & C selon G. Ie dis que E, F & G sont les plus petits nombres qui soient en la raison de A, B, & C.

Car il est euident qu'iceux E, F, G sont ès mesmes raisons que A, B, C, d'autant que D mesurant iceux A, B, C par les nombres E, F, G; D multipliant iceux E, F, G, feront produicts A, B, C, par la 9. com. sent. & par ce que nous auons demonstré à la 18. prop. E, F, G, auront la mesme proportion entr'eux que les multipliez A, B, C. Et qu'ils soient les plus petits, on le demonstrera ainsi. S'ils ne sont tels, soient H, I, K, les plus petits nombres ayans mesme proportion qu'iceux A, B, C: ils les mesureront donc egalement par la 21. pr. & soit par le nombre L; ce qu'estant, par la 9. com. sent. L multipliant H, I, K, seront produits les nombres A, B, C. Veu donc que D multipliant E, fait A; & L multipliant H, faict le mesme A; par la 19. prop. il y aura telle raison de D à L, que de H à E: mais H est moindre que E; donc D sera aussi moindre que L: & puis que H, I, K mesurent A, B, C par L; L mesurera aussi iceux A, B, C par la 8. com. sent. & ainsi D ne sera pas la plus grande commune mesure d'iceux A, B, C: ce qui est contre l'hypothese. Il n'y-a donc point d'autres nombres moindres que E, F, G, qui soient en mesme raison, que les proposez A, B, C. Parquoy estans donnez quelconques nombres, nous auons trouué les plus petits, &c. Ce qu'il falloit faire.

A......6	B....4	C........8	
	D..2		
E...3	F..2	G....4	
H-	I-	K--	L-

COROLLAIRE.

Il appert icy que la plus grande commune mesure de quelconques nombres, mesure iceux par les nombres qui sont les plus petits de tous ceux qui sont en la mesme raison qu'iceux proposez.

SCHOLIE.

Par ces choses appert le moyen de trouuer les deux plus petits nombres qui ont la mesme raison, que tant de nombres qu'on voudra donner continuellement proportionnaux. Comme si on propose les nombres A, B, C, continuellement proportionnaux, nous trouuerons les deux moindres en la mesme raison, si par ce prob. nous prenons E & F en la mesme raison des deux A & B, c'est à sçauoir ces nombres-là, par lesquels D plus grande commune mesure d'iceux A & B, mesure iceux. Car par le corol. cy dessus, E & F seront les plus petits de tous ceux qui sont en la mesme raison que A à B, c'est à dire en la raison des continuellement proportionaux A, B, C.

Or il aduient quelquesfois qu'vn des nombres E, F, G, trouuez par cette 35. prop. est l'vnité, c'est à sçauoir quand D, plus grande commune mesure des nombres proposez A, B, C, est egal à l'vn d'iceux: & alors les nombres trouuez E, F, G sont les plus petits en la continuation de leur proportion, puis qu'il ne se peut donner vn nombre moindre que l'vnité.

PROBL. 4. PROP. XXXVI.

Trouuer le plus petit nombre que peuuent mesurer deux nombres donnez.

Soient les nombres donnez A & B : il faut trouuer le plus petit nombre mesuré par iceux.

Si le plus petit nombre des deux donnez mesure le plus grand, il est euident qu'iceluy plus grand sera le nombre que nous cherchons : que si l'vn ne mesure l'autre, ou A & B seront premiers entr'eux, ou non ; si premiers, soit multiplié A par B, & le produict soit C. Ie dis que C est le plus petit nombre mesuré par A, & par B. Car par la 7. com. sent. il est euident que C sera mesuré par l'vn & par l'autre, & s'il n'est le moindre nombre mesuré par iceux A, B, en soit vn autre plus petit D, s'il est possible, lequel A mesure selon le nombre E, & B selon le nombre F. Ce qu'estant, D sera produict tant de A multiplié par E, que de B par F, par la 9. com. sent. & partant par la 19. pr. A sera à B comme F à E. Item A & B, estans premiers, ils seront les plus petits de leur raison par la 23. prop. & A mesurera F par la 21. prop. & d'autant que B multipliant A produict C, & multipliant F produict D, il y aura telle raison de C à D, que de A à F, par la 17. prop. Mais nous auons monstré que A mesuroit F : donc C mesurera aussi D, sçauoir le plus grand mesurera le plus petit, ce qui est impossible. C estoit donc le moindre nombre que A & B peuuent mesurer.

A...3	B...4
C............12	
D....	
E..	F.

Soient maintenant les deux nombres A & B composez, & par la prec. prop. soient trouuez C & D les plus petits nombres de la mesme raison, tellement que ces 4. nombres A, B, C, D, soient proportionnaux : Quoy posé par la 19. prop. le produict de A multiplié par D, sera egal au produict de B multiplié par C : iceluy produict soit E. Donc E sera mesuré par B, & par A : & par le mesme discours de la precedente demonstration, on monstrera qu'il est le plus petit nombre mesuré par A, & par B. Nous auons donc trouué le plus petit nombre, &c. Ce qu'il falloit faire.

A....4	B......6	
C..2	D...3	E............12

COROLLAIRE.

De cecy il s'ensuit, que si deux nombres multiplient les plus petits de leur raison, sçauoir le plus grand, le plus petit, & le plus petit le plus grand ; le produict sera le plus petit nombre qu'ils mesurent. Car C & D estans posez les plus petits en la raison de A à B, il a esté prouué que E produict de A plus petit multiplié par D, plus grand; & de B plus grand par C plus petit, est le plus petit nombre mesuré par A. & B.

THEOR. 33. PROP. XXXVII.

Si deux nombres mesurent vn autre nombre, le plus petit qu'ils mesurent, mesurera aussi cet autre nombre.

Soient deux nombres A, & B, qui en mesurent vn autre CD, & que le plus petit nombre qu'ils mesurent soit E. Ie dis que E mesurera aussi CD.

A..2 B...3
C.......F.....D
E......6

Autrement, si E ne mesure CD; apres auoir osté E de CD, tant de fois que l'on pourra, il restera vn nombre moindre que E: qu'il laisse donc FD plus petit que E, s'il est possible: A & B mesurans E, ils mesureront aussi CF par la 11. com. sent. Mais ils mesurent le tout CD par la 12. com. sent. ils mesureront donc aussi le reste FD plus petit que E, ce qui est impossible, estant le plus petit qu'ils mesurent. Parquoy E mesurera CD: Si donc deux nombres mesurent vn autre nombre, &c. Ce qu'il falloit prouuer.

PROBL. 5. PROP. XXXVIII.

Trouuer le plus petit nombre que peuuent mesurer trois nombres donnez.

Soient trois nombres donnez A, B, C; il faut trouuer le plus petit nombre qu'ils peuuent mesurer.

Soit trouué D plus petit nombre que peuuent mesurer A & B, par la 36. p. Or C mesure aussi D, ou il ne le mesurera pas: s'il le mesure; Ie dis qu'il est aussi le plus petit qu'iceux A, B, C, peuuent mesurer: car s'il ne l'est, en soit quelque autre plus petit E, s'il est possible, lequel tous les trois A, B, C mesurent. D'autant que A & B mesurent E moindre que D, iceluy D, ne sera le moindre que A & B mesurent; ce qui est contre l'hypothese. D est donc le moindre nombre que peuuent mesurer les nombres proposez A, B, C.

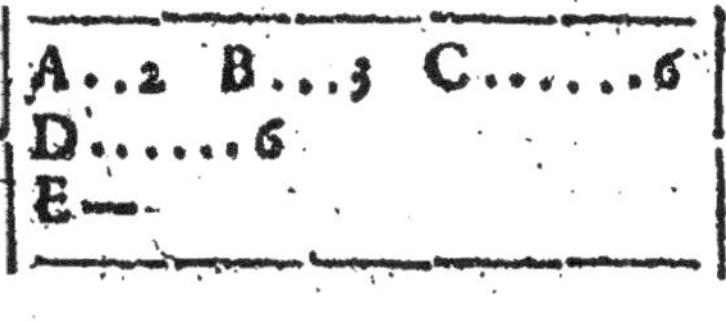

Que si D n'est aussi mesuré par C: par la mesme 36. pr. soit trouué E plus petit nombre mesuré par C & D: Ie dis que E sera le plus petit nombre mesuré par A, B, C.

Car premierement E est mesuré par A, B, C: d'autant que C & D le mesurent; & A & B mesurant D, par la 11. com. sent. ils mesureront aussi E mesuré par D. Que si on dit que E n'est le plus petit nombre mesuré par A, B, C, soit F plus petit, s'il est possible : donc A & B mesurant F, D le plus petit mesuré par eux, mesurera aussi F par la prec. prop. Mais C mesure aussi F ; (car A, B & C le mesurent) donc C & D mesureront F. Et par la mesme prop. E plus petit mesuré par C & D, mesurera aussi F ; le plus grand vn plus petit ; ce qui est impossible. Donc E estoit le plus petit nombre mesuré par A, B, C. Estant donc donnez trois nombres nous auons trouué le plus petit qu'ils peuuent mesurer ; Ce qu'il falloit faire.

A ..2 B ...3 C 4
D 6
E 12
F ......

COROLLAIRE.

De cecy est manifeste, que si trois nombres en mesurent quelque autre ; le plus petit qu'ils mesureront, mesurera aussi cet autre. Car il a esté demonstré que A, B, C, mesurant F ; aussi E le plus petit nombre mesuré par A, B, C, mesure le mesme nombre F.

SCHOLIE.

Par mesme raison estans donnez plus de trois nombres, nous trouuerons le plus petit nombre qu'ils mesurent. Car si 4. nombres sont donnez, il faudra trouuer le moindre que trois mesurent : si 5, il faudra trouuer le plus petit que 4 mesurent, &c. procedant au reste tout ainsi qu'il a esté dict de trois nombres.

THEOR. 34. PROP. XXXIX.

Si vn nombre mesure vn autre nombre ; le mesuré aura vne partie denommee par le mesurant.

Soit le nombre A, lequel mesure le nombre B. Ie dis qu'iceluy B contiendra vne partie denommee par A.

Qu'ainsi ne soit ; que A mesure B selon C, c'est à dire, autant de fois qu'il y a d'vnitez en C ; par la 15. prop. C mesurera B autant de fois que l'vnité mesure A ; & C sera telle partie de B que l'vnité de A. Mais l'vnité est vne partie de A, denommee par iceluy A, comme nous auons dict en la 2. def. de ce 7. liure : donc aussi C sera vne partie de B denommee par A. Si donc vn nombre, &c. Ce qu'il falloit demonstrer.

Vnité.
A ...3 B ....6 C .. 2

THEOR. 35. PROP. XL.

Si vn nombre a vne partie quelle qu'elle soit, le nombre nommant ceste partie le mesurera.

Soit le nombre A, ayant la partie B denommee par le nombre C. Ie dis que C mesure A.

A.............12	
B...3	C....4

Car puis que B est partie denommee par C; & l'vnité est vne partie de C, denommée par le mesme C; comme l'vnité mesure C, ainsi B mesure A: & par la 15. prop. en permutant comme l'vnité mesurera B, ainsi C mesurera A. Parquoy si vn nombre a quelconque partie, &c. Ce qu'il falloit demonstrer.

PROBL. 6. PROP. XLI.

Trouuer le plus petit nombre, qui ayt les parties donnees.

Soient les parties donnees A,B,C; il faut trouuer le plus petit nombre qui ait icelles parties.

Soient pris les trois nombres D,E,F, denommez par icelles parties A,B,C; & par la 38. prop. soit trouué G, le plus petit nombre que peuuent mesurer D,E,F: Ie dis qu'iceluy nombre G contient les parties A, B, C.

A *deuxiesme*	D..2	
B *tiers*	E...3	
C *quart.*	F....4	
G............12		
H-----		

Car puis que D, E, F mesurent G; par la 39. prop. G aura les parties denommees par D, E, F, c'est à dire les parties A, B, C. Ie dis aussi que G est le plus petit nombre qui ait icelles parties. Car s'il ne l'est, soit H plus petit, s'il est possible, ayant icelles parties. Et H sera mesuré par les nombres D, E, F denommees par les parties A, B, C, par la precedente proposition: & partant puis que H est moindre que G; iceluy nombre G ne sera pas le plus petit que peuuent mesurer les nombres D, E, F, contre l'hypothese. Donc G est le moindre nombre, ayant les parties donnees A,B,C. Parquoy nous auons trouué le plus petit nombre ayant les parties donnees: Ce qu'il falloit faire.

SCHOLIE.

Combien que nous ayons remarqué en ce 7. liure les prop. & demonstrations qui conuiennent & ont lieu aussi bien aux nombres rompus qu'aux entiers; si est-ce neantmoins que pour donner vne entiere & parfaicte intelligence des regles & preceptes enseigne en nostre Practique d'Arithmetique touchant les fractions, nous auons estimé estre besoin d'adiouster icy les prop. suiuantes.

DEMONSTRATIONS DES FRACTIONS, ou nombres rompus.

1. Si deux fractions ont vn mesme denominateur, & que l'vnité soit le numerateur de l'vne d'icelles fractions; elles auront mesme raison entr'elles que les numerateurs.

Soient

Soient deux fractions AB, CB, ayans vn mesme denominateur B, & le numerateur C soit l'vnité: Ie dis que le nombre rompu AB est au nombre rompu CB, comme le numerateur A est au numerateur C. Car veu que la fraction AB se diuise en autant de fractions egales à la fraction CB qu'il y a d'vnitez en A, chacune d'icelles fractions ayant le numerateur C, & le denominateur B; autant de fois que l'vnité C est contenue en A, autant de fois la fraction CB est contenuë en la fraction AB: parquoy l'vnité C est mesme partie du nombre A, que la fraction CB de la fraction AB; & partant par la 20. def. 7. comme l'vnité C est à A, ainsi la fraction CB est à la fraction AB; & en changeant, le numerateur A sera au numerateur C, comme la fraction AB sera à la fraction CB. Ce qui estoit à prouuer.

A5	C1
B8	B8

2. Le numerateur de quelconque fraction a mesme raison au denominateur, qu'icelle fraction a à l'entier duquel elle prouient.

Soit quelconque fraction AB: Ie dis que le numerateur A est au denominateur B comme la fraction AB est à son entier. Soit pris vne fraction CB dont le numerateur C est l'vnité, & le denominateur est le mesme B; mais soit vne autre fraction DB, de laquelle le numerateur D soit egal au mesme denominateur B, afin qu'icelle fraction DB soit egale à l'entier de la fraction AB. D'autant que par la prop. prec. comme A est à C, ainsi la fraction AB est à la fraction CB: & comme C est à D, ainsi la fraction CB est à la fraction DB; en raison egale, comme A sera à D, c'est à dire le numerateur A au denominateur B, (car B est egal à D) ainsi la fraction AB sera à la fraction DB, c'est à dire à l'entier: ce qui a esté proposé.

A5	C1	D8
B8	B8	B8

3. Les fractions qui ont vn mesme denominateur sont entr'elles en mesme raison que leurs numerateurs.

Soient quelconques fractions AB, CB, ayans vn mesme denominateur B: Ie dis que la fraction AB est à la fraction CB, comme le numerateur A est au numerateur C. Car puis que par la prop. prec. comme A est à B, ainsi la fraction AB est à son entier, & que comme B est à C, ainsi l'entier est à la fraction CB; (car par la mesme prop. prec. comme C à B, ainsi la fraction CB à son entier, & en changeant comme B à C, ainsi l'entier à la fraction CB) en raison egale, comme le numerateur A sera au numerateur C, ainsi la fraction AB sera à la fraction CB. Ce qui estoit à demonstrer.

A7	C5
B21	B21

S'il y auoit plus de deux fractions, on prouueroit en la mesme maniere que la seconde seroit à la troisiesme, comme le numerateur au numerateur; & puis apres la troisiesme à la quatriesme, & ainsi consecutiuement de fraction en fraction.

4. S'il y a tant de fractions qu'on voudra, & qu'on multiplie le numerateur de chacune d'icelles par les denominateurs de toutes les autres, les nombres produits seront entr'eux, en mesme proportion que les fractions.

Nous disons le numerateur d'vne fraction estre multiplié par le denominateur de toutes les autres, quand iceluy numerateur est multiplié par le denominateur de l'vne des autres fractions, & puis en-

core le produit par le denominateur de l'vne des restantes, & ainsi continuellement tant qu'il y aura de fraction : & n'importe par quel ordre on les prenne, puis que le produit est tousiours le mesme, comme nous auons demonstré au Schol. de la 19. p. 7.

Soient premierement deux fractions AB, CD, & de A en D soit faict E, mais de C en B soit faict F : Ie dis que le produit E est au produit F, comme la fraction AB, est à la fraction CD. Qu'ainsi ne soit, de B en D soit fait G : donc puis que D multipliant A & B, a faict E & G, par la 17. p. 7. comme A sera à B, ainsi E sera à G : Mais par la 2. prop. comme A est à B, ainsi la fraction AB est à son entier. Donc aussi comme la fraction AB sera à son entier, ainsi E sera à G. Derechef, pour ce que B multipliant D & C a faict G & F, par la mesme 17. p. 7. comme D sera à C, ainsi G sera à F. Mais comme D est à C, ainsi l'entier est à la fraction CD : (car puis que par la 2. prop. comme C à D, ainsi la fraction CD à son entier, en changeant comme D à C, ainsi l'entier à la fraction CD.) Donc comme G sera à F, ainsi l'entier sera à la fraction CD. Parquoy la fraction AB, l'entier, & la fraction CD seront en mesme proportion que les trois produits E, G, F. Donc en raison egale comme E sera à F, ainsi la fraction AB sera à la fraction CD. Ce qui a esté proposé.

E8	F9
A2	C3
B3	D4
G12	

Soient maintenant les trois fractions AB, CD, HI, & que de A en D soit faict E, & de E en I soit produit L : mais que de C en B soit faict F, & de F en I, vienne M : finablement que de B en D soit faict G, & de G en H vienne N : ie dis que les trois produis L, M, N sont entr'eux en mesme proportion que les fractions proposées AB, CD, HI. Car puis que I multipliant E & F faict L & M, par la 17. p. 7. comme E est à F, ainsi est le produit L au produit M : par la demonstration prec. comme E est à F, ainsi la fraction AB est à la fraction CD. Donc le produit L est au produit M comme la fraction AB à la fraction CD. Derechef puis que B multipliant C & D a faict F & G, comme C à D, ainsi F à G : Mais aussi I multipliant F & G a fait M & K. Donc iceux produits M & K seront entr'eux comme F à G, c'est à dire comme C à D. Mais par la 2. prop. comme C à D, ainsi la fraction CD à son entier : Donc aussi comme la fraction CD sera à l'entier, ainsi sera M à K. Semblablement G multipliant I & H, fait K & N ; partant comme I à H, ainsi K à N. Mais il appert par ce qui a esté demonstré cy dessus, que comme I est à H, ainsi est l'entier à la fraction HI. Donc comme l'entier sera à la fraction HI, ainsi K sera à N. Parquoy la fraction CD, l'entier, & la fraction HI, seront en mesme proportion que les produits M, K & N : donc en raison egale, comme la fraction CD sera à la fraction HI, ainsi le produit M sera au produit N. Mais nous auons desia demonstré cy dessus, que comme la fraction AB est à la fraction CD, ainsi est le produit L au produit M : donc les trois produits L, M, N seront entr'eux en mesme proportion que les trois fractions AB, CD, HI. Ce qu'il falloit prouuer.

L40	M45	
E8	F9	N24
A2	C3	H2
B3	D4	I5
G12	K60	

Que s'il y a quatre fractions, on demonstrera en la mesme sorte que comme la troisiesme sera à la quatriesme, ainsi le produit correspondant à cette là sera au produit correspondant à cette-cy, & ainsi continuellement de fraction en fraction, repetant tousiours la demonstration cy-dessus.

Or il appert de ceste demonstration que si les susdicts produicts estoient egaux, les fractions seroient aussi egales: & au contraire que les fractions estans egales, lesdicts produicts seront pareillement egaux: Mais qu'estans inegales, le produict de la plus grande sera le plus grand, & de la moindre, le moindre, & ainsi des autres.

5. L'entier a mesme raison à la somme de deux ou davantage de fractions, que le nombre produict des denominateurs multipliez entr'eux à la somme des produicts du numerateur de chaque fraction multiplié par les denominateurs de toutes les autres fractions.

Soient trois fractions AB, CD, EF, & que de B en D & F soit procreé K; & de A en D & F soit faict G; mais de C par B & F soit produict H; & de E par B & D soit faict I: Ie dis que l'entier est à la somme des fractions AB, CD, EF, comme le produit K est à la somme des produits G, H, I. Car puisque par la prop. prec. les fractions AB, CD, EF, sont entr'elles comme les produits G, H, I, par le 5. theor. du Scholie de la 22. p. 7. comme la somme d'icelles fractions AB, CD, EF est à la fraction EF, ainsi la somme des produits G, H, I est au produit I. Mais comme la fraction EF est à l'entier, ainsi I est à K: (car par la 2. prop. comme la fraction EF est à l'entier, ainsi E est à F, & par la 18. p. 7. comme E à F, ainsi I à K, pour ce que E, F multipliant le produit de B en D ont faict I & K.) Donc en raison egale comme la somme des fractions AB, CD, EF est à l'entier, ainsi la somme des produits G, H, I est à K: & au contraire, comme l'entier est à la somme des fractions AB, CD, EF, ainsi K est à la somme des produits G, H, I. Ce qu'il falloit demonstrer.

G 16	H 12	I 18
A 2	C 1	E 3
B 3	D 2	F 4
	K 24	

6. Si deux fractions ont vn mesme numerateur, comme la premiere fraction sera à la seconde, ainsi le denominateur de la seconde sera au denominateur de la premiere.

Soient deux fractions AB, AC, ayans vn mesme numerateur A: Ie dis que la fraction AB est à la fraction AC, comme le denominateur C est au denominateur B. Car de A en C soit fait D, & de A en B soit produict E. Or puis que A multipliant C & B, fait D & E, par la 17. p. 7. comme C sera à B, ainsi D sera à E. Mais par la 4. prop. comme D est à E, ainsi la fraction AB est à la fraction AC: Donc aussi la fraction AB sera à la fraction AC, comme C sera à B. Ce qu'il falloit prouuer.

D 10	E 6
A 2	A 2
B 3	C 5

7. Les fractions desquelles les numerateurs ont vne mesme raison aux denominateurs sont egales entr'elles: Et des fractions egales, les numerateurs ont vne mesme raison aux denominateurs: Mais des inegales, celles dont le numerateur a plus grande raison au denominateur, est la plus grande: Et de la plus grande, le numerateur a plus grande raison au denominateur.

Soient deux fractions AB, CD, & qu'il y ait mesme raison du numerateur A au denominateur B, que du numerateur C au denominateur D: Ie dis qu'icelles fractions

AB, CD, sont esgales. Car ayant faict E de A en D, & F de B en C; comme la fraction AB est à la fraction CD, ainsi E à F, par la 4. prop. Mais puis que comme A est à B, ainsi C est à D; par la 19. p. 7. les deux produits E & F seront esgaux: donc aussi la fraction AB sera esgale à la fraction CD. Ce qu'il falloit prouuer.

E12	F12
A2	C4
B3	D6

Soient maintenant deux fractions esgales AB, CD: Ie dis que comme A est à B, ainsi C à D: Car comme à la prec. demonst. ayant fait E de A en D, & F de B en C, comme AB sera à CD, ainsi E à F. Mais AB est esgale à CD: donc aussi E sera esgal à F; & par la 19. p. 7. comme A sera à B, ainsi C sera à D: Ce qu'il falloit demonstrer.

En troisiesme lieu, qu'il y ait plus grande raison de A à B, que de C à D: Ie dis que la fraction AB est plus grande que la fraction CD. Car ayant fait E de A en D, & F de B en C, par la 4. prop. comme la fraction AB sera à la fraction CD, ainsi E à F. Mais par le Scholie de la 19. p. 7. le nombre E est plus grand que le nombre F: donc aussi la fraction AB sera plus grande que la fraction CD. Ce qu'il falloit prouuer.

E14	F9
A2	C3
B3	D7

Finablement, que la fraction AB soit plus grande que la fraction CD: Ie dis que la raison de A à B est plus grande que celle de C à D. Car comme dessus la fraction AB sera à la fraction CD, comme E à F. Mais par l'hypothese la fraction AB est plus grande que la fraction CD: donc aussi E sera plus grand que F. Et puis que E est le produit de A en D, & F celuy de B en C, par le Scholie de la 19. p. 7. il y aura plus grande raison de A à B, que de C à D. Ce qu'il falloit prouuer.

8. Les fractions dont les numerateurs sont en mesme raison que les denominateurs, sont esgales entr'elles. Et des fractions esgales, les numerateurs ont mesme raison entr'eux, que les denominateurs. Mais des fractions inegales, celle dont le numerateur a plus grande raison au numerateur, que le denominateur au denominateur, est la plus grande; & de la plus grande, le numerateur a plus grande raison au numerateur, que le denominateur au denominateur.

Soient deux fractions AB, CD, & qu'il y ait mesme raison du numerateur A au numerateur C, que du denominateur B au denominateur D: Ie dis qu'icelles fractions AB, CD, sont esgales. Car en raison permutee A sera à B, comme C à D; & partant par la prop. prec. les fractions sont esgales. Ce qu'il falloit prouuer.

A2	C4
B3	D6

Mais soient les fractions AB, CD, esgales: Ie dis que comme A est à C, ainsi B est à D. Car par la prop. prec. comme A sera à B, ainsi C sera à D; & en permutant, comme A sera à C, ainsi B sera à D. Ce qui estoit à prouuer.

Maintenant, qu'il y ait plus grande raison de A à C, que de B à D: Ie dis que la fraction AB est plus grande que la fraction CD. Car en permutant il y aura plus grande raison de A à B, que de C à D; & par la prec. prop. la fraction AB, sera plus grande que la fraction CD: ce qu'il falloit prouuer.

A5	C2
B6	D3

En dernier lieu, soit la fraction AB plus grande que la fraction CD: Ie dis qu'il y a plus grande raison de A à C que de B à D. Car par la prec. prop. il y aura plus grande raison de A à B, que de C à D; & partant en permutant, la raison de A à C sera plus grande que de B à D. Ce qu'il falloit prouuer.

9. Reduire les fractions de diuerses denominations a autant d'autres fractions de mesme denomination, qui leur soient egales, chacune à la sienne.

Soient premierement les deux fractions AB, CD, ayans diuers denominateurs B, D: & il faut les reduire à deux autres fractions qui leurs soient esgales, & d'vne mesme denomination. Soit fait E de A en D; & F de B en C; mais G de B en D: Ie dis que les fractions EG, FG, qui ont vn mesme denominateur G, sont esgales aux fractions AB, CD, chacune à la sienne, c'est à dire que EG est esgale à AB, & FG à CD. Car d'autant que A & B multipliant D, ont faict E & G; par la 18. p. 7. comme A à B, ainsi E à G; & par la 7. prop. les fractions EG, AB sont esgales. Par mesme raison on prouuera que la fraction FG est esgale à la fraction CD.

E8	F9
A2	C3
B3	D4
G12	

Maintenant, soient trois fractions de diuerses denominations AB, CD, EF, lesquelles il faut reduire à trois autres d'vne mesme denomination, qui leur soient esgales, chacune à la sienne. Tout ainsi que dessus soit faict G de A en D, & H de B en C; mais I de B en D: puis apres soit faict K de G en F; L de H en F; M de I en E; & N de I en F. Ie dis que les trois fractions KN, LN, & MN, qui ont vn mesme denominateur N, sont esgales aux trois fractions AB, CD, EF, chacune à la sienne. Car premierement, il appert par ce qui a esté demonstré cy dessus, que GI est esgale à AB, & HI à CD: Mais puis que F multipliant G, H, I, a produit K, L, N, par le scholie de la 18. p. 7. iceux produits sont entr'eux en mesme proportion, que G, H, I. Parquoy KN sera aussi esgale à AB, & LN à CD. Semblablement, pource que I multipliant E & F, fait M & N, comme E est à F, ainsi M à N, & par la 7. prop. la fraction MN sera esgale à la fraction EF. Par ainsi nous auons trouué les trois fractions KN, LN & MN, qui ont vn mesme denominateur N, & sont esgales aux trois proposees AB, CD, EF, chacune à la sienne. Ce qu'il falloit faire.

K12	L16	
G3	H4	M18
A1	C2	E3
B2	D3	F4
I6	N24	

Que s'il y auoit quatre fractions, il faudroit en reduire premierement trois comme dessus, puis multiplier chaque numerateur d'icelles par le denominateur de la quatriesme fraction, & leur denominateur commun tant par le numerateur que denominateur d'icelle quatriesme fraction: & ainsi on auroit quatre fractions d'vne mesme denomination esgales aux proposees. Bref, il appert assez, que quelque nombre qu'il y ait de fractions de diuerses denominations à reduire à vne mesme denomination, que multipliant le numerateur de chacune d'icelles fractions par les denominateurs de toutes les autres, viendra le numerateur de chacune, & puis multipliant tous les denominateurs entr'eux, sera procreé le denominateur commun: & ce en quelconque ordre & façon qu'on fasse lesdites multiplications, puis que par le 2. Theor. du Scholie de la 19. p. 7. lors que trois ou dauantage de nombres se multiplient entr'eux, le produict est tousiours vn mesme, en quelque façon, & ordre qu'on les multiplie.

10. Reduire quelque entier que ce soit à vne fraction dont le denominateur est donné.

A1	C4 / B4

Premierement l'entier soit l'vnité A, qu'il faut reduire à vne fraction dont le denominateur est B. Soit pris le numerateur C egal au denominateur B: Ie dis que la fraction CB est egale à l'vnité A; Car par la 2. prop. comme C est à B, ainsi la fraction CB est à l'entier A. Mais C est egal à B; donc aussi la fraction CB est egale à l'entier A, c'est à dire à l'vnité.

A5 / D1	C35 / B7

Maintenant que l'entier soit le nombre A, lequel il faut reduire à la fraction dont le denominateur est B. De A en B soit faict le numerateur C: Ie dis que la fraction CB est egale au nombre entier A. Soit posée l'vnité D au dessous de A, afin que la fraction AD soit egale à autant d'vnitez qu'il y en a au nombre A. Or d'autant que de la multiplication de A en B est faict C, par la 15. d. 7. le nombre B sera aussi autant de fois en C, qu'il y a d'vnitez en A. Donc comme A sera à D, ainsi C sera à B. Parquoy des fractions AD, CB les numerateurs A & C, ont vne mesme raison aux denominateurs D & B: partant elles seront egales entr'elles par la 7. prop. Mais la fraction AD est egale à l'entier A, à cause que le denominateur D est l'vnité: Donc aussi la fraction CB sera egale au mesme entier A. Nous auons donc faict ce qui estoit requis.

11. Doubler & medier vne fraction donnee.

A5 / B12	C10 / B12	A5 / D6

Premierement qu'il faille doubler la fraction AB. Soit doublé le numerateur A, afin que soit fait le numerateur C demeurant le mesme denominateur B: Ou bien lors que le denominateur B est pair en soit pris la moitié, afin d'auoir le denominateur D, demeurant le mesme numerateur A: Ie dis que chaque fraction CB, AD, est double de la fraction AB. Car puis que les fractions AB, CB, ont vn mesme denominateur B, par la 3. prop. comme le numerateur C sera au numerateur A, ainsi la fraction CB sera à la fraction AB. Mais par la construction C est double de A: donc aussi la fraction CB sera double de la fraction AB.

Derechef, pource que les fractions AB, AD, ont vn mesme numerateur A, par la 6. prop. comme le denominateur B sera au denominateur D, ainsi la fraction AD sera à la fraction AB. Mais par la construction B est double d'iceluy D: donc aussi la fraction AD sera double de la fraction AB.

A8 / B9	A8 / C18	D4 / B9

Maintenant qu'il faille prendre la moitié de la fraction AB. Soit doublé le denominateur B, afin qu'il en vienne le denominateur C, demeurant le mesme numerateur A: Ou bien quant le numerateur A est pair, en soit pris la moitié, qui soit D, auec le mesme denominateur B. Ie dis que chaque fraction AC, DB est moitié de la fraction AB. Car puis que les fractions AB, AC ont vn mesme numerateur par la 6. prop. comme B sera à C, ainsi la fraction AC sera à la fraction AB. Mais par la construction B est la moitié de C: Donc aussi la fraction AC sera moitié de la fraction AB.

Derechef, puis que les fractions AB, DB, ont vn mesme denominateur, par la 3. prop. comme D sera à A, ainsi la fraction DB sera à la fraction AB. Veu donc que par la construction D est moitié de A, aussi la fraction DB sera moitié de la fraction AB. Nous auons donc doublé, & pris la moitié de la fraction donnee AB. Ce qu'il falloit faire.

En la mesme maniere vne fraction donnee sera triplee, quadruplee, &c. si on triple, quadruple, &c. le numerateur demeurant le mesme denominateur: Ou bien si on prend (quand il se peut faire) le tiers, le quart, &c. du denominateur, demeurant le mesme numerateur. Pareillement on aura le tiers, le quart, &c. D'vne fraction donnee, si on triple, quadruple, &c. le denominateur, demeurant le mesme numerateur: Ou bien si on prend (lors qu'il se peut faire) le tiers, le quart, &c. du numerateur, le mesme denominateur demeurant: Ce qu'on demonstrera en la mesme maniere que dessus.

12. **La fraction de fraction est égale à la fraction simple, de laquelle le numerateur est procreé de la multiplication des numerateurs entr'eux, & le denominateur est produict des denominateurs aussi multipliés entr'eux.**

Soit premierement AB vne fraction de la fraction CD, la valeur de laquelle au respect de l'vnité, ou du nombre entier E, soit exprimee par F; mais de A en C soit fait G, & de B en D soit produit H: Ie dis que la fraction de fraction donnee est esgale à la simple fraction GH, au respect de l'entier E. Car soit encore faict I de B en C; & par la 2. pr. comme A est à B, ainsi la fraction AB est à son entier, c'est à sçauoir à la fraction CD, de laquelle l'entier est E. Mais par la 18. p. 7. comme A est à B ainsi G à I, pour ce que A, B, multiplians C, produisent iceux G, I: donc aussi comme la fraction AB sera à la fraction CD, ainsi sera G à I. Derechef, pour ce que par la 2. prop. comme C est à D, ainsi la fraction CD est à son entier E, & que par la 17. p. 7. comme C à D, ainsi I à H: aussi la fraction CD sera à son entier E, comme I à H. Veu donc que comme la fraction AB est à la fraction CD, ainsi G est à I; & comme la fraction CD est à son entier E, ainsi est I à H; en raison esgale comme AB fraction de la fraction CD est à l'entier E, ainsi G est à H: Mais nous auons posé qu'à icelle fraction de fraction soit esgale la simple fraction F: donc aussi la fraction F sera à l'entier E, comme G à H. Mais par la 2. prop. comme G est à H, ainsi la fraction GH est au mesme entier E: Donc les fractions simples F & GH seront esgales; & partant puis que la fraction F est esgale à la fraction de fraction donnee, aussi la fraction GH sera esgale à la fraction AB au respect de la fraction CD, duquel l'entier est E. Ce qu'il falloit prouuer

G 6	I 9		
A 2	C 3	E 1	F $\frac{2}{5}$
B 3	D 5	E 20	
H 15			

Soit maintenant AB fraction de CD, qui est aussi fraction de la fraction EF; & soit faict G de A en C; & H de B en D: Item I de G en E; & K de H en F: Ie dis que la fraction IK est esgale à la fraction de fraction donnee. Ce qui est manifeste, veu que par la demonstration prec. la fract. GH est esgale à AB, fraction de la fraction CD; tellement qu'icelle GH est fraction de la fraction EF, à laquelle est aussi esgale la fraction IK, par la mesme demonstration.

G10	I30	
A5	C2	E3
B6	D3	F4
H18		

Que s'il y auoit dauantage de fractions, c'est à dire que EF fust encore fraction d'vne autre fraction, le produict de I, K, par ceste autre fraction, donneroit pareillement la fraction simple esgale à la fraction de fraction donnee; & ainsi continuellement s'il y auoit dauantage de fractions.

Il appert donc qu'estant donnee vne fraction de tant de fractions qu'on voudra, on la reduira en vne simple fraction, multipliant tous les numerateurs entr'eux, & puis aussi tous les dominateurs entr'eux.

13. Reduire vne fraction donnée à minimes termes.

Soit vne fraction AB, qu'il faut reduire aux plus petits termes d'icelle. Or les nombres A, B, seront premiers entr'eux, ou non; s'ils sont premiers, la fraction AB ne pourra estre reduitte à plus petite denomination. Car soit reduitte, s'il est possible, à moindres termes C, D, tellement que la fraction CD soit egale à la fraction AB. D'autant que par la 7. prop. comme A est à B, ainsi C à D, & que les nombres C, D, sont moindres que les nombres A, B; iceux A, B, ne seront les moindres termes de ceste raison : Mais par la 23. p. 7. ils sont aussi les plus petits, veu qu'ils sont premiers entr'eux : Ce qui est absurde.

A7	C.
B8	D.

Maintenant que A, B, ne soient premiers entr'eux : & par la 2. p. 7. la plus grande mesure d'iceux soit C, qui mesure A par D; & B par E : Ie dis que la fraction DE est egale à la fraction AB, & constituee aux plus petits termes qu'elle puisse estre. Car puis que C mesure A & B par D & E; par la 7. com. sent. 7. Iceux A, B, seront produits de C en D, E; & par la 19. p. 7. comme A sera à B, ainsi D à E, & partant par la 7. pr. les fractions AB, DE, seront esgales. En apres, pour ce que C, plus grande mesure des nombres A, B, les mesure par D, E; par le corol. de la 35. p. 7. iceux D, E, seront les plus petits nombres de tous ceux qui ont mesme raison que A à B. Nous auons donc reduit la fraction donnee A B en sa plus petite denomination D E : Ce qu'il falloit faire.

A6	D2
B9	E3
C3	

14. Estant donnee vne fraction, la reduire (si faire se peut) à vne autre esgale de denomination donnee.

Soit donnee la fraction A B, qu'il faut reduire à vne autre esgale, de laquelle le denominateur soit C. De A en C, soit faict D, lequel B mesure par E : Ie dis que la fraction EC, qui a le denominateur donné C est esgale à la fraction donnée AB. Car puis que B mesure D par E, par le 9. ax. 7. D sera faict de B en E : Mais il a aussi esté faict de A en C. Donc par la 19. prop. 7. comme A sera à B, ainsi E sera à C; & par la 7. prop. les fractions A B, E C seront esgales.

A2	E6
B3	C9
D18	

Que

Que si B ne mesure D procreé de A en C, la fraction donnee ne se pourra reduire à la denomination donnee C. Car soit reduitte, s'il est possible, à la fraction EC. Donc puisque les fractions AB, EC sont esgales, comme A sera à B, ainsi E sera à C par la 7. prop. & partant par la 19. p. 7. le nombre produit de B en E sera esgal à celuy faict de A en C, c'est à sçauoir D. Donc par le 7. ax. 7. B mesurera D par E: Ce qui est absurde, puis qu'on a posé que B ne mesure D.

A2	E
B5	C7
	D14

Or la reduction de fraction, qui en l'Arithmetique pratique, est vulgairement appellee Eualuation, *despend de cette prop. veu qu'eualuer vne fraction n'est autre chose, que trouuer vne fraction esgale à la donnee, qui ait pour denominateur le nombre & valeur de l'entier proposé. Comme par exemple, quand on veut eualuer les $\frac{2}{5}$ d'vne liure, ce n'est autre chose que trouuer vne autre fraction egale à $\frac{2}{5}$, qui ait pour denominateur le nombre 20, qui est la valeur de la liure: & suiuant ce qui est icy demonstré, si ayant multiplié ledit nombre 20 par 2, numerateur de la fraction donnee, on diuise le produict 40 par le denominateur 5, viendra 8 pour le numerateur de ladite fraction cherchee, c'est à dire, que la fraction $\frac{8}{20}$ sera egale à la donnee $\frac{2}{5}$; au lieu de laquelle fraction $\frac{8}{20}$, on peut aussi dire 8 sols, puis que l'entier auquel se referoit la fraction donnee vaut 20 sols.*

A2	E 8
B5	C20
	D 40

15. **Quand vn nombre est diuisé par vn autre plus grand, le quotient est vne fraction de laquelle le nombre à diuiser est numerateur, & le diuiseur denominateur.**

Soit le nombre A, qu'il faut diuiser par vn plus grand nombre B: Ie dis que le quotient est la fraction AB, de laquelle le nombre à diuiser A, est numerateur, & le diuiseur B denominateur. Car d'autant que par la 7. prop. comme A est à B, ainsi la fraction AB est à l'entier, c'est à dire a l'vnité par la def. de la diuision (La diuision d'vn nombre par vn nombre est l'inuention d'vn nombre qui ait mesme raison à l'vnité que le nombre diuidande au diuiseur) la fraction AB sera quotient du nombre A diuisé par le nombre B. Ce qu'il falloit prouuer.

A 5	B 7	A5 / B7

16. **Adiouster plusieurs fractions en vne somme.**

Qu'il faille premierement adiouster ensemble deux fractions AB, CB d'vne mesme denomination. Soient adioustez ensemble les numerateurs A, C, la somme desquels soit D, au dessous de laquelle soit posé le mesme denominateur B: Ie dis que la fraction DB, est la somme de l'addition des fractions AB, CB. Car d'autant que les fractions ont vn mesme denominateur, par la 3. prop. comme A sera à C, ainsi la fraction AB sera à la fraction CB; & en composant, comme A, C, ensemble à C, ainsi les fractions AB, CB ensemble à la fraction CB. Mais par la mesme 3. prop. comme C à D, ainsi la fraction CB à la fraction DB. Donc en raison esgale, comme A C, ensemble à D, ainsi les fractions AB, CB ensemble à la fraction DB. Veu donc que par la construction A, C, ensemble sont es-

A2	C3	D5
B7	B7	B7

gales à D ; aussi les fractions AB, CB ensemble, seront esgales à la fraction DB.

Soient maintenant trois fractions de diuerses denominations AB, CD, EF, lesquelles il faut adiouster ensemble. Les fractions proposees soient reduittes à autant d'autres fractions de mesme denomination GK, HK, IK, par la 9. prop. puis soient adioustez ensemble les numerateurs G, H, I, dont la somme soit L, à laquelle soit supposé le denominateur commun K, & la fraction LK, sera la somme des trois fractions proposees. Car d'autant que par la 3. prop. les numerateurs G, H, I, sont en mesme proportion que les fractions GK, HK, IK, par le 5. Theor. du Scholie de la 22. prop. 7. G, H, I ensemble, seront à I, comme les trois fractions AB, CD, EF ensemble seront à la fraction EF. Mais par la 3. prop. comme I est à L, ainsi aussi la fraction EF est à la fraction LK. Donc en raison esgale, comme les trois nombres G, H, I ensemble seront à L ainsi les trois fractions AB, CD, EF ensemble seront à LK. Mais par la construction le nombre L est esgal aux trois G, H, I: Donc aussi la fraction LK sera esgale aux trois proposees AB, CD, EF. Nous auons donc faict ce qui estoit requis.

G 12	H 16	I 18	
$\frac{A\,1}{B\,2}$	$\frac{C\,2}{D\,3}$	$\frac{E\,3}{F\,4}$	$\frac{L\,46}{K\,24}$
	K 24		

Or ayant reduict les fractions proposees à vne mesme denomination, & adiousté ensemble les numerateurs trouuez, puis à la somme L, supposé le denominateur commun K; on prouuera encore que la fraction LK est esgale aux proposees en ceste sorte. D'autant que par la 5. prep. comme l'entier est à la somme des fractions AB, CD, EF, ainsi le denominateur commun K est à la somme des produits G, H, I, c'est à dire L; en changeant, comme la somme des fractions AB, CD, EF, sera à l'entier, ainsi L sera à K. Mais par la 2. prop. comme L est à K, ainsi aussi la fraction LK est au mesme entier. Donc comme la somme des fractions AB, CD, EF, est à l'entier, ainsi la fraction LK est au mesme entier : & partant la somme des fractions AB, CD, EF, sera esgale à la fraction LK. Ce qui estoit proposé.

Que si les fractions proposees à adiouster ne se referoient à l'vnité, ains à quelque nombre entier, la somme d'icelles se rapporteroit au mesme nombre. Par exemple s'il falloit adiouster $\frac{2}{3}$ du nombre 60 auec les $\frac{3}{5}$ du mesme nombre, la somme d'icelles fractions seroit $\frac{19}{15}$, qui se refereroient aussi au mesme nombre 60 ; tellement que ce seroit 76: car les $\frac{2}{3}$ de 60 sont 40 ; & les $\frac{3}{5}$ sont 36 ; lesquels deux nombres adioustez ensemble, sont le susdit nombre 76.

17. Oster vne petite fraction d'vne plus grande.

De la fraction AB, qu'il en faille oster vne moindre fraction CB, laquelle est de mesme denomination. Soit osté le numerateur C du numerateur A, & au dessous du reste D, soit posé le mesme denominateur B : Ie dis que la fraction DB est ce qui reste apres auoir soustraict la fraction CB de la fraction AB. Car puisque C osté de A, reste D; A est composé de C & D: donc la fraction AB, de laquelle le numerateur A est l'aggregé des numerateurs C, D, est la somme des deux fractions CB, DB, comme il a esté demonstré en la prec. prop. Parquoy ayant osté la fraction CB de la fraction AB, restera la fraction DB.

$\frac{A\,3}{B\,4}$	$\frac{C\,1}{B\,4}$	$\frac{D\,2}{B\,4}$

Mais si de AB, il faut oster vne moindre fraction CD, qui a vn autre denominateur que AB: par la 9. prop. icelles fractions AB, CD, soient reduittes à deux autres d'vne mesme denomination EG, FG: puis soit osté le numerateur F du numerateur E, & reste H, au dessous duquel soit apposé le denominateur commun G: Ie dis qu'apres auoir osté la fraction CD de la plus grande fraction AB, reste la fraction HG, ainsi qu'il appert par la demonstration cy dessus. Ce qu'on peust encore demonstrer ainsi, d'autant que D multipliant A, B faict E, G, par la 17. p. 7. comme A sera à B, ainsi E sera à G. Mais par la 2. prop. comme A est à B, ainsi la fraction AB est à l'entier. Donc aussi comme E à G, ainsi la fraction A B est à l'entier. Derechef, pour ce que B multipliant C, D, faict F, G, comme C sera D, ainsi F à G. Mais aussi comme C à D, ainsi la fraction CD est à l'entier. Donc comme F à G, ainsi la fraction CD est à l'entier. Veu donc que comme F premiere est à G deuxiesme, ainsi la fraction CD troisiesme est à l'entier quatriesme, & que par la 2. prop, comme H cinquiesme est au mesme G deuxiesme, ainsi la fraction HG sixiesme est au mesme entier quatriesme par le 6. Theor. du Schol. de la 22. p. 7. comme F, H, premiere & cinquiesme ensemble sera à G deuxiesme, ainsi les fractions CD, HG, troisiesme & sixiesme ensemble, sera à l'entier quatriesme. Mais comme E, H, ensemble sont à G, ainsi E esgal à iceux F, H (Car F osté de E reste H) est au mesme nombre G. Donc aussi comme E sera à G, ainsi les fractions CD, H G ensemble seront à l'entier. Mais il a esté demonstré que comme E à G, ainsi la fraction AB à l'entier. Donc aussi comme la fraction A B sera à l'entier, ainsi les fractions C D, HG ensemble seront au mesme entier: Et partant les fractions CD, HG ensemble seront esgalles à la fraction AB. Parquoy ayant osté la fraction CD de la fraction AB, le reste sera la fraction HG. Ce qu'il falloit faire.

E15	F8	
A3 / B4	C2 / D5	H7 / G20
	G20	

Or si les fractions proposees ne se referoient à l'vnité, ains à quelque nombre entier, le reste se refereroit aussi au mesme nombre. Par exemple, s'il falloit soustraire $\frac{2}{5}$ du nombre 40, des $\frac{3}{4}$ du mesme nombre, le reste $\frac{7}{20}$ se refereroit au mesme nombre 40: & partant ce seroit 14: car par la 15. prop. les $\frac{2}{5}$ de 40, sont 16, & les $\frac{3}{4}$ sont 30.

18. Multiplier vne fraction par vne fraction.

Soit vne fraction AB; qu'il faut multiplier par la fraction CD: de la multiplication des numerateurs A, C, entr'eux soit faict E, au dessous duquel soit posé F produit des denominateurs B, D, multipliez entr'eux: Ie dis que la fraction EF est le produit des fractions AB, CD, multipliees entr'elles. Car soit faict G de E en D; & H de C en F: Et par la 4. prop. comme la fraction EF sera à la fraction CD, ainsi G à H. Mais pour ce que C multipliant A, F, faict E, H, par la 17. p. 7. comme A sera à F, ainsi E à H; & en permutant, comme A sera à E, ainsi F sera à H. Derechef, pour ce que D multipliant E, B faict G, F, par la 17. p. 7. comme E sera à B ainsi G à F. Parquoy les trois

H45	G30	
A2 / B3	C3 / D5	E6 / F15

nombres A, E, B sont proportionnels aux trois G, F, H en proportion troublee: donc en raison esgale, comme A sera à B, ainsi G à H. Mais nous auons demonstré que comme G est à H, ainsi la fraction EF est à la fraction CD; & par la 2. prop. comme A est à B, ainsi la fraction AB est à l'entier, c'est à dire à 1. Donc aussi comme la fraction EF est à la fraction CD, ainsi la fraction AB est à 1. Et par la def. de la multiplication (La multiplication d'vn nombre en vn nombre est l'inuention d'vn nombre qui ait mesme raison à l'vn des multiplians que l'autre à l'vnité) la fraction EF est produicte de la multiplication de la fraction AB en la fraction CD: parquoy nous auons faict ce qui estoit requis.

Or quand on multiplie des fractions, qui ne se rapportent pas à l'vnité, ains à quelque nombre entier donné; il ne faut pas referer le nombre produict de la multiplication d'icelles fractions, au nombre entier proposé, ainsi qu'en l'addition & soustraction; mais il le faut comparer au quarré d'iceluy nombre donné: Car veu que la comparaison se doit faire entre choses semblables, & que de la multiplication de deux nombres est produit vn nombre plan: il faudra referer le nombre produict de la multiplication auec le plan du nombre entier proposé, c'est à dire auec son quarré, si toutes les deux fractions se referent à vn mesme nombre entier, pour ce qu'iceluy nombre (suiuant ce que nous auons dit à la 14. prop.) leur est comme denominateur, & par consequent il le faut multiplier par soy mesme afin d'auoir le denominateur du produit desdites fractions. Mais si les fractions se referoient à diuers nombres entiers, il faudroit referer le produit de leur multiplication au nombre plan faict des nombres entiers proposez. Ainsi lors qu'on multiplie les $\frac{2}{5}$ d'vne liure, c'est à dire les $\frac{2}{5}$ de 20 sols, par $\frac{1}{2}$ du mesme nombre 20, le produit est ceste fraction $\frac{2}{10}$, laquelle il ne faut pas rapporter au nombre entier proposé 20, mais à son quarré 400; tellement que ce produit $\frac{2}{10}$ est 80, & il ne seroit que 4, si on le referoit seulement au nombre proposé 20. Ce qui est apparent, car par la 14. prop. les $\frac{2}{5}$ du nombre 20. sont 8 & $\frac{1}{2}$ du mesme nombre 20, est 10; & de 8 en 10, est faict 80, qui est $\frac{2}{10}$ du nombre 400, quarré du nombre 20 entier proposé. Nous dirons donc que $\frac{2}{5}$ d'vne liure multipliez par $\frac{1}{2}$ liure, ne produisent pas $\frac{2}{10}$ d'vne liure, qui sont seulement 4 sols, mais produisent $\frac{2}{10}$ de 400, qui sont 80 s. ou 4 liures. Mais lors qu'on multiplie les $\frac{2}{5}$ du nombre entier 20, par les $\frac{3}{4}$ du nombre entier 24, le produit est $\frac{6}{20}$, ou $\frac{3}{10}$ du nombre 480, c'est à dire 144: Car par la 14 prop. les $\frac{2}{5}$ du nombre entier 20 sont 8, ou $\frac{8}{20}$; & les $\frac{3}{4}$ de 24 sont 18, ou $\frac{18}{24}$, qui multipliez comme dit est cy-dessus, produisent 144, ou la fraction $\frac{144}{480}$: tellement que les $\frac{6}{20}$ trouuez ne se doiuent referer à l'vn ny à l'autre entier proposé 20 & 24, ains au nombre plan 480, produit d'iceux entiers.

19 Diuiser vne fraction par vne fraction.

A 5	C 5	E 1
B 12	D 6	F 2
A 4	C 2	E 2
B 9	D 9	F 1
A 9	C 3	E 3
B 10	D 5	F 2

Soit la fraction AB, qu'il faut diuiser par la fraction CD: & premierement que les nombres de cette-cy C, D, mesurent les nombres de celle-là AB, par E, F; tellement que A estant diuisé par C le quotient soit E, & ayant diuisé B par D, le quotient soit F: Je dis que la fraction EF, est le quotient de la fraction AB diuisee par la fraction CD. Car d'autant que C mesure A par E, & D mesure B par F par le 9. ax. 7. A est procreé de C en E; & B de D en F. Donc par la prec. prop. la fraction AB, est produicte de la multiplication de la fraction EF par la fraction CD: & partant par la def. de la multiplication, comme la fraction AB sera à la fraction CD, ainsi la fraction EF sera à l'vnité. Parquoy puis que comme AB, fraction diuisee, est à CD, fraction diuisante, ainsi la fraction EF est à l'vnité, par la def. de la diuision, la fraction EF sera le quotient de la diuision de la fraction AB par la fraction CD. Ce qui estoit proposé.

Maintenant, que les nombres de la fraction CD, ne mesurent les nombres de la fraction AB: Par la 9. prop. les fractions proposées AB, CD, soient reduittes à deux autres esgales de mesme denomination EG, FG; puis des deux numerateurs E & F, soit faict à part la fraction EF. Ie dis qu'icelle fraction EF est le quotient de la fraction AB diuisee par la fraction CD. Car par la 3. prop. la fraction EG est à la fraction FG, comme le numerateur E est au numerateur F; & par la 2. prop. comme E est à F, ainsi la fraction EF est à son entier, c'est à dire à l'vnité. Donc aussi comme la fraction EF est à l'vnité, ainsi la fraction EG est à la fraction FG, c'est à dire la fraction AB à la fraction CD, puis qu'elles leurs sont esgales par la construction; & partant par la def. de la diuision, la fraction EF sera le quotient de la fraction AB diuisee par la fraction CD. Ce qui estoit proposé.

E12	F10		E8	F9	
A4	C2	E12	A2	C3	E8
B5	D3	F10	B3	D4	F9
	G15			G12	

Or il appert assez que ceste demonstration a lieu en toutes fractions, soit que les nombres de la fraction diuisante mesurent ou non les nombres de la fraction à diuiser; & aussi que le denominateur commun G n'entre point au quotient de la diuision, ains seulement les deux numerateurs E, F; c'est pourquoy en la practique d'Arithmet. il suffit de multiplier le numerateur de la fraction à diuiser par le denominateur de la fraction diuisante, pour auoir le numerateur du quotient; mais le numerateur de la fraction diuisante par le denominateur de la fraction à diuiser pour auoir le denominateur d'iceluy quotient.

Il est aussi manifeste que si les nombres de la fraction diuisante sont changez de lieu à autre, que la diuision se fera comme la multiplication, c'est à sçauoir en multipliant les numerateurs entr'eux, & puis apres les denominateurs. Comme par exemple, voulant diuiser $\frac{5}{6}$ par $\frac{2}{3}$, nous changerons les nombres de ceste fraction $\frac{2}{3}$, & aurons $\frac{3}{2}$, par lesquels nous multiplierons $\frac{5}{6}$, c'est à sçauoir 5 par 3; & 6 par 2, & viendront $\frac{15}{12}$ pour le quotient de $\frac{5}{6}$ diuisez par $\frac{2}{3}$.

Fin du septiesme Element.

ELEMENT HVICTIESME.

THEOR. 1. PROP. I.

S'il y a tant de nombres qu'on voudra continuellement proportionnaux, & que les extrémes soient premiers entr'eux: ils seront les plus petits de leur raison.

A....4	D—
B......6	E——
C.........9	F———

SOIENT tant de nombres que l'on voudra continuellement proportionnaux A, B, C; & que les extrémes A & C, soient premiers entr'eux: Ie dis que A, B, C, sont les plus petits qui soient en la mesme raison.

Car s'ils ne sont tels, soient D, E, F, plus petits en la mesme raison, s'il est possible. Par ainsi il y a d'vn costé les trois nombres A, B, C, & d'vn autre les trois D, E, F, qui prins de deux en deux sont en mesme raison: Donc en raison egale, D sera à F, comme A est à C par la 14. p. 7. & parce que A & C sont premiers entr'eux, ils seront les plus petits de leur raison, par la 23. p. 7. & par la 21. p. 7. ils mesureront egalement D & F; ce qui est impossible, pour estre plus petits qu'iceux. Donc A, B, C, estoient les plus petits en la mesme raison. Parquoy s'il y a tant de nombres qu'on voudra continuellement proportionnaux, &c. Ce qu'il falloit demonstrer.

PROBL. 1. PROP. II.

Trouuer tant de nombres qu'on voudra continuellement

proportionnaux, les plus petits en vne raison donnee.

Soient deux nombres A & B, les plus petits de tous ceux qui ont la mesme raison : il faut premierement trouuer trois nombres continuellement proportionnaux, & les plus petits en la raison donnee de A à B.

		F8.
	C4.	
A2.		G12.
	D6.	
B3.		H18.
	E9.	
		I27.

Que A multiplié par soy-mesme produise C; A par B produise D; & B par soy produise E : Ie dis premierement que C, D, E, sont continuellement proportionnaux en la raison de A à B. Car puis que A multipliant A & B, produict C & D; comme A sera à B, ainsi C sera à D par la 17. p. 7. Derechef, puis que B multipliant A & B, produict D & E, comme A sera à B, ainsi D sera à E : Parquoy C, D, E, seront continuellement proportionnaux en la raison de A à B. Ie dis aussi qu'ils sont les plus petits d'icelle raison donnee. Car d'autant que A & B sont les plus petits de leur raison, par la 24. p. 7. ils sont premiers entr'eux, & par la 29. p. 7. C & E seront aussi premiers entr'eux : & par la precedente prop. les trois nombres C, D, E, seront les plus petits en la raison donnee de A à B.

Maintenant, qu'il en faille trouuer quatre. Que A multipliant les trois trouuez C, D, E, produise F, G, H; & B multipliant le dernier E fasse I : Ie dis que les quatres nombres F, G, H, I, sont continuellement proportionnaux, & les plus petits en la raison de A à B. Car d'autant que A multipliant C, D, E a faict F, G, H; iceux sont en la mesme raison que C, D, E, c'est à dire en la raison de A à B. Derechef, puis que A & B multipliant E ont faict H & I, par la 18. p. 7. comme A sera à B, ainsi H sera à I : & partant F, G, H, I, seront continuellement proportionnaux en la raison donnee de A à B. Dauantage, puis que A & B estans les plus petits de leur raison, sont premiers entr'eux par la 24. p. 7. aussi les extremes F & I seront premiers entr'eux par la 29. p. 7. attendu que A & B multipliez par eux mesme, ont produict C & E, & iceux multipliez par les mesmes A & B, ont produict les extremes F & I. Donc par la prop. prec. les quatres nombres F, G, H, I, seront les plus petits de leur raison. Et en ceste façon on en trouuera tant que l'on voudra. Nous auons donc trouué des nombres continuellement proportionnaux, &c. Ce qu'il falloit faire.

COROLLAIRE.

Il resulte de cecy que trois nombres continuellement proportionnaux, estans les plus petits de leur raison; les extremes seront quarrez : s'il y en a quatre, qu'iceux extremes seront Cubes. Car des trois C, D, E, les extremes C & E, ont esté produits de

A & B multipliez par eux-mesmes; & des quatre F, G, H, I, les extrémes F & I, ont esté produicts de la multiplication de A & B par leurs quarrez C & E.

Il resulte encore que les extrémes des nombres continuellement proportionnaux trouuez selon ceste prop. sont premiers entr'eux. Car il a esté demonstré par les 24. & 29. p. 7. que les extremes C, E; & F, I, sont premiers entr'eux.

THEOR. 2. PROP. III.

S'il y a tant de nombres qu'on voudra continuellement proportionnaux, & les plus petits de tous ceux qui ont la mesme raison : les extrémes seront premiers entr'eux.

Soient quatre nombres A, B, C, D continuellement proportionnaux, les plus petits de tous ceux qui sont en la mesme raison : Ie dis que les extrémes A & D, sont premiers entr'eux.

Car soient trouuez par la 35. p. 7. les plus petits qui soient en la raison de A à B, sçauoir F & G : ils seront premiers entr'eux par la 23. p. 7. & comme il a esté enseigné en la preced. soient trouuez des nombres continuellement proportionnaux, & les plus petits en la raison de F à G, sçauoir premierement les trois H, I, K; puis apres les quatre L, M, N, O; & ainsi consecutiuement vn plus, iusques à ce que on en ait autant qu'il y en aura de proposez: il ne faut donc icy que ces quatre L, M, N, O. Or iceux estans les plus petits en la raison de F à G, ils seront esgaux aux quatre A, B, C, D, qui sont aussi les plus petits en la mesme raison. Et comme les extrémes L & O, sont premiers entr'eux par le corol. de la preced. les extremes A & D seront aussi premiers entr'eux. Parquoy s'il y a tant de nombres qu'on voudra continuellement proportionnaux, &c. Ce qu'il falloit prouuer.

A 8.			L 8.
		H 4.	
B 12.	F 2.		M 12.
		I 6.	
C 18.	G 3.		N 18.
		K 9.	
D 27.			O 27.

PROBL. 2. PROP. IV.

Estans donnees tant de raisons qu'on voudra en nombres les plus petits d'icelles raisons; trouuer tant de nombres qu'on voudra les plus petits continuellement proportionnaux selon les raisons donnees.

Soient donnees les deux raisons de A à B, & de C à D, aux plus petits

termes

termes d'icelles : il faut trouuer trois nombres en continuelle proportion, les plus petits de ceux qui sont selon les raisons donnees.

A 2.	
	G 8. L—
B 3.	
	F 12. M——
C 4.	
	H 15. N——
D 5.	

Soit trouué par la 36. p. 7. le plus petit nombre qui soit mesuré par B, & par C ; lequel soit F : en apres, soit trouué G, autant de fois mesuré par A, que F par B : Pareillement H autant de fois mesuré par D que F par C. Ie dis que les trois nombres G, F, H sont continuellement proportionnaux, les plus petits qui soient selon les raisons données.

Car d'autant que A mesure autant de fois G, que B mesure F ; & par consequent A & B multiplians vn mesme nombre (sçauoir celuy par lequel ils mesurent G & F) ont produict G & F : par la 18. p. 7. G est à F, en mesme raison que A à B. Et par mesme discours F sera à H, comme C à D : Donc G, F, H, sont continuellement proportionnaux, selon les raisons donnees. Mais ils sont aussi les plus petits, selon icelles raisons données : car s'il n'est ainsi, en soient trouuez de plus petits L, M, N, s'il est possible, & qui respondent aux raisons donnees, comme les trois G, F, H. Or veu que A & B sont les plus petits en leur raison, par la 21. p. 7. ils mesureront également L & M, iceux estans en la mesme raison, c'est à sçauoir le consequent B, le consequent M : Par mesme discours C & D mesureront egalement M & N, sçauoir l'antecedant C l'antecedant M. Parquoy B & C mesurans M ; par la 37, p. 7. F, qui est le plus petit nombre qu'ils mesurent, mesurera aussi M, sçauoir est, le plus grand, le plus petit : ce qui est impossible. Partant les nombres G, F, H, estoient les plus petits selon les raisons donnees.

Maintenant soient donnees trois raisons aux plus petits termes A à B ; C à D, & F à G, selon lesquelles il faut trouuer quatre nombres tels que requiert la proposition.

A 2.		
	I 8.	M 16.
B 3.		
	H 12.	N 24.
C 4.		
	K 15.	O 30.
D 5.		
F 6.	L —	P 35.
G 7.		

Soient trouuez les trois nombres I, H, K, comme dessus : ce faict, ou F mesurera K, ou non. S'il le mesuroit, il faudroit prendre L autant de fois mesuré par G, que K par F : & par la precedente demonstration, il est euident qu'on auroit satisfaict. Que si F ne mesure K, soit trouué O le plus petit nombre mesuré par F, & par K, par la 36. p 7. Et que G mesure autant de fois P, que F mesure O. Item que comme K mesure O, ainsi H mesure N ; & I mesure M. Ie dis que M, N, O, P sont les quatre nombres continuellement proportionnaux requis.

Car puisque I, H, K mesurent également M, N, O, comme dit est cy dessus, I sera à H ainsi que M à N, & comme H sera à K, ainsi N à O. Mais il y a mesme raison de I à H que de A à B, & de H à K que de C à D, pource que A & B mesurent egalement iceux I & H ; & C, D, egalement H & K,

Donc comme A à B, ainsi M à N; & comme C à D, ainsi N à O; aussi comme F à G ainsi O à P, à cause que F, G mesurent egalement O, P. Les quatre nombres M, N, O, P, sont donc continuellement proportionnaux és raisons donnees. Et qu'ils soient les plus petits, on le demonstrera en la mesme façon qu'on a faict cy dessus de trois nombres.

Or en la mesme maniere sera procedé si 4, ou dauantage de raisons sont donnees aux plus petits termes. Parquoy estans données tant de raisons qu'on voudra, &c. Ce qu'il falloit faire.

THEOR. 3. PROP. V.

Les nombres plans sont l'vn à l'autre en la raison composee de leurs costez.

Soient deux nombres plans A & B; les costez de A, soient C & D; & les costez de B, soient E & F. Ie dis que le plan A est au plan B, en la raison composée de C à E, & de D à F.

	C 3.
A 12.	
	D. 4.
G 8.	
	E 2.
B 18.	
	F 9.

Qu'il ne soit ainsi. Que D multiplié par E produise G. Donc D multipliant C & E, produira A & G, qui seront en mesme raison que C à E, par la 17. p. 7. Et par mesme discours E multipliant D & F, produira G & B, qui seront aussi en mesme raison que D à F. Parquoy les trois nombres A, G, B sont continuellement proportionnaux és raisons de C à E, & de D à F, costez. Mais par la 5. d. 6. la raison de A à B est composee de A à G, & de G à B. Donc la raison du nombre plan A au nombre plan B, sera composee de la raison des costez C à E, & D à F. Parquoy les nombres plans sont l'vn à l'autre, &c. Ce qu'il falloit prouuer.

THEOR. 4. PROP. VI.

S'il y a tant de nombres qu'on voudra continuellement proportionnaux, & que le premier ne mesure le second, aussi pas vn autre ne mesurera pas vn autre.

Soient tant de nombres que l'on voudra continuellement proportionnaux A, B, C, D, E; & que A premier ne mesure B 2^{e}. Ie dis que pas vn autre n'en mesurera pas vn autre.

A 16.	B 24.	C 36.	D 54.	E 81.
F 4.	G 6.	H 9.		

Car premierement, comme A ne mesure B, ainsi B ne mesurera C; ny C ne mesurera D; ny D, E, d'autant qu'ils sont en mesme raison: par ainsi aucun d'iceux nombres ne mesure son prochain suiuant. Ie dis aussi qu'en passant qu'elqu'vn, les extremes ne se pourront mesurer, comme A ne pourra mesurer C. Car ayant trouué trois nombres F, G, H les plus petits en la raison de A à B, ou de A, B, C par la 35. p. 7. en raison egale A sera à C comme F à H, par la 14. p. 7. & puis que par l'hypothese, A ne mesure B, aussi F ne mesurera G; & partant F ne sera pas l'vnité, autrement il mesureroit G, veu que l'vnité mesure tout nombre. Et d'autant que par la 3. prop. de ce liure F & H sont nombres premiers, & que F n'est pas l'vnité, iceluy F ne mesurera pas H: Mais nous auons demonstré que comme A est à C, ainsi F est à H. Donc comme F ne mesure H, aussi A ne mesurera C. Par mesme discours on prouuera que B ne mesurera D; ny C, ne mesurera E. Que si on prend quatre nombres les plus petits en la raison de A à B, on demonstrera en la mesme maniere que A ne mesurera le quatriesme D; ny B vn quatriesme E, & ainsi des autres. Parquoy s'il y a tant de nombres qu'on voudra continuellement proportionnaux, &c. Ce qu'il falloit demonstrer.

THEOR. 5. PROP. VII.

S'il y a tant de nombres que l'on voudra continuellement proportionnaux, & que le premier mesure le dernier, il mesurera aussi le second.

Soient tant de nombres qu'on voudra continuellement proportionnaux A, B, C, D; & que le premier A mesure le dernier D. Ie dis qu'il mesurera aussi le second B.

A 3.	B 9.	C 12.	D 24.

Car par la precedente, si A ne mesuroit B, aussi pas vn autre ne mesureroit pas vn autre, & par consequent A ne mesureroit pas D, contre l'hypothese. A mesurera donc B. Parquoy s'il y a tant de nombres qu'on voudra continuellement proportionn. &c. Ce qu'il falloit prouuer.

THEOR. 6. PROP. VIII.

Si entre deux nombres tombent quelques nombres moyens proportionnaux, il en tombera autant entre deux autres, estans en la mesme raison.

Soient les nombres A & B, entre lesquels tombent C & D continuellement proportionnaux: & qu'il y ait telle raison de E à F, que de A à B. Ie dis qu'entre E & F se trouueront autant de nombres moyens continuellement proportionnaux, qu'entre A & B.

A 3.	C 9.	D 27.	B 81.
G 1.	H 3.	I 9.	K 27.
E 2.	L 6.	M 18.	F 54.

Car ayant trouué par la 2. p. 8. les quatre nombres G, H, I, K, continuellement proportionnaux, & les plus petits en la raison de A, C, D, B; en raison esgale, comme A sera à B, ou E à F (car c'est la mesme raison) ainsi G à K par la 14. p. 7. Mais G & K sont premiers entr'eux par la 3. p. 8. & les plus petits nombres de leur raison par la 23. prop. 7. & par la 21. p. 7. ils mesureront esgalement E & F. Donc autant de fois que G & K mesureront E & F; qu'autant de fois H & I mesurent d'autres nombres L & M: tellement que les nombres G, H, I, K, mesurent esgalement les nombres E, L, M, F, par la 9. com. sent. G, H, I, K, multiplians le nombre par lequel ils mesurent E, L, M, F, produisent iceux E, L, M, F; lesquels seront entr'eux comme G, H, I, K, ainsi que nous auons demonstré à la 18. p. 7. Mais G, H, I, K, sont continuellement proportionnaux: donc aussi E, L, M, F, seront continuellement prop. & partant puis que la multitude E, L, M, F, est esgale à la multitude A, C, D, B, il tombera autant de moyens proportionnaux entre E & F, qu'entre A & B. Parquoy si entre deux nombres tombent quelques nombres moyens proportionnaux, &c. Ce qu'il falloit prouuer.

SCHOLIE.

De ceste demonstration appert non seulement, qu'il tombe autant de moyens prop. entre E & F, qu'entre A & B, mais aussi que la proportion des nombres E, L, M, F, est la mesme que des nombres A, C, D, B. Car il a esté demonstré que la proportion de E, L, M, F, est la mesme que celle des nombres G, H, I, K: Mais iceux sont par la construction en la mesme proportion que A, C, D, B: donc aussi E, L, M, F, sont en mesme proportion que A, C, D, B.

Il appert aussi de ce Theoreme, qu'entre nombres de raison double, ou superparticuliere, ou superbipartiente, ne peut tomber vn nombre moyen proportionnel. Car puis que la raison double, és moindres nombres, est trouuee entre le binaire & l'vnité; mais la superparticuliere, entre les nombres differens seulement de l'vnité; & la superbipartiente, entre les nombres, desquels la difference est le binaire: si entre deux nombres de raison double, ou superparticuliere, ou superbipartiente, tombe vn moyen prop. il en tombera pareillement vn (par ce Theor.) entre le binaire & l'vnité, ou entre les nombres differens de la seule vnité, ou du binaire; c'est à sçauoir entre les plus petits nombres qui ont la mesme raison que ceux là; ce qui est impossible. Car il est tout euident qu'entre le binaire & l'vnité, ny entre deux nombres differens seulement de l'vnité, ne peut tomber aucun nombre moyen prop. Et quant aux nombres differens seulement du binaire, tombe seulement vn nombre, qui differe à l'vn & l'autre de l'vnité: lequel nous demonstrerons ne pouuoir estre milieu prop. entre iceux. Soient les nombres AB & CD, differens du binaire, entre lesquels tombe le nombre EF moindre que AB de l'vnité, mais plus grand que CD, aussi de l'vnité. Ie dis que EF n'est moyen prop. entre AB, CD. Car si on dit que comme AB à EF, ainsi EF à CD: estant osté de AB, le nombre AG esgal à EF, afin qu'il reste l'vnité GB; & de EF, le nombre EH esgal à CD, afin qu'il reste aussi l'vnité HF; pareillement comme AB sera à EF, ainsi le retranché AG sera au retranché EH. Donc aussi le reste GB sera au reste HF; c'est à dire

A . . . . . 6 G . B	A . . G . B
E . . . . . 5 H F.	E . H . F
C . . . . . 5 D	C . D

l'vnité à l'vnité, comme le tout A B au tout E F, le plus grand au moindre: Ce qui est absurde; dont E F n'est pas moyen prop. entre A B & C D.

Parquoy entre les nombres de raison triple ne peut tomber vn nombre moyen prop. Autrement il en tomberoit aussi vn entre entre 3 & 1, les plus petits nombres de la raison triple, qui different entr'eux du binaire: Ce qui est impossible, comme nous venons de demonstrer.

Par mesme raison, ne peut aussi tomber vn moyen prop. entre deux nombres de quintuple raison. Car s'il y en tomboit vn, il en tomberoit aussi vn (par ce Theor.) entre 5 & 1, les plus petits nombres de la raison quintuple: ce qui ne se peut faire. Car s'il est possible qu'entre le quinaire A B & l'vnité C, tombe vn moyen prop. D binaire, ou ternaire, tellement que A B soit à D, comme D à C: en changeant C sera à D comme D à A B. Et pour ce que l'vnité C mesure D, aussi D mesurera A B. Mais le binaire, ou ternaire D mesure pareillement le senaire A E: donc D mesurera le tout A E, & le retranché A B; & partant par la 11. com. sent. aussi D mesurera le reste B E vnité. Ce qui est absurde. La mesme absurdité aduiendra tousiours, si on dit qu'vn nombre quartenaire soit moyen prop. entre iceluy quinaire A B, & l'vnité C. Il ne tombera donc point de milieu prop. entre 5, & 1. & par consequent entre quelconques nombres de raison quintuple.

A . . . . . B	E	
D . . D . . .		
C.		

THEOR. 7. PROP. IX.

Si deux nombres sont premiers entr'eux, autant de nombres continuellement proportionnaux qui tomberont entre iceux, autant en tombera-il entre chacun d'iceux, & l'vnité.

Soient deux nombres premiers entr'eux A & B, entre lesquels tombent quelques nombres continuellement proportionnaux C & D. Ie dis qu'entre chacun d'iceux A, B, & l'vnité, il tombera autant de nombres cotinuellement proportionnaux, qu'entre A & B.

A 8		C 12.		D 18.		B 27.
			Vnité.			
		E 1.		F 3.		
	G 4		H 6.		I 9.	
K 8.		L 12.		M 18.		N 27.

Car ayant posé l'vnité, soient pris E & F, les plus petits nombres qui soient en la raison de A à C, par la 35. p. 7. puis par la 2. p. 8. soient trouuez les trois plus petits en la mesme raison G, H, I: puis les quatre K, L, M, N; & ainsi consequemment iusques à ce que la multitude des pris soit esgale à la multitude A, C, D, B. D'autant que les extrémes A, B, sont premiers entre eux, par la 1. p 8. A, C, D, B, seront les plus petits en la raison de E à F. Mais leurs esgaux en multitude K, L, M, N, sont aussi les plus petits en la mesme raison par la construction. Donc K, L, M, N, sont esgaux à iceux A, C, D, B, chacun au sien, comme K à A, & N à B. Et pour ce que (comme il appert par la demonstration de la 2. p. 8.) E multipliant soy-mesme a produict G; & multipliant G a faict K, par la 7. com. sent. E mesurera G par E; & G iceluy K par le mesme E: mais par la 5. com. sent. l'vnité mesure iceluy E par E. Donc l'vnité mesurera egalement E; & E iceluy G; & G iceluy K: & partant l'vnité sera mesme partie de E, que E de G, & G de K. Donc par la 20. d. 7. l'vnité & les nombres E, G, K, sont continuellement proportionnaux. Par mesme discours l'vnité & les trois nombres F, I, N, seront aussi prouuez continuellement proportionnaux. Et puis que tant la multitude E, G, K, que F, I, N, auec l'vnité, est esgale à la multitude K, L, M, N, ou A, C, D, B; il s'ensuiura qu'entre l'vnité & le nombre K ou A, qui luy est esgal; & aussi entre l'vnité & le nombre N ou B, tomberont autant de nombres continuellement proportionnaux, qu'entre les nombres A & B. Parquoy si deux nombres sont premiers entr'eux, &c. Ce qu'il falloit prouuer.

THEOR. 8. PROP. X.

Autant de nombres qui tomberont continuellement proportionnaux entre l'vnité & chacun de deux nombres proposez; autant en tombera-il entre iceux deux nombres.

Soient deux nombres proposez A & B, & qu'entre l'vnité C, & chacun d'iceux, tombent quelques nombres continuellement proportionnaux, comme D & E, entre C & A: Item F & G, entre C & B. Ie dis qu'il en tombera aussi deux continuellement proportionnaux entre A & B.

A 8. I 12. K 18. B 27.
E 4. H 6. G 9.
D 2. F 3.
C 1.

Car si on vient à multiplier, comme en la 2. prop. 8. pour trouuer les trois nombres H, I, K, c'est à sçauoir que H soit le produict de D multiplié par F; I le produict de D, par H: & K, le produict de F par H. Puis que comme C à D, ainsi D à E, & E à A; & que par la 5. com. sent. C vnité mesure D, par les vnitez qui sont en D; aussi D mesurera E, par les vnitez qui sont en D; & E mesurera A, par les mesmes vnitez de D; ainsi il est euident que D multiplié par soy-mesme produict E, & E multiplié par D, a produict A. Par mesme discours se prouuera que F multiplié par soy-mesme, a produict G, & que G par F a produict B.

Maintenant, puis que D multiplié par soy-mesme, & par F a produict E & H, par la 17. prop. 7. comme D à F, ainsi E à H. Pareillement F multiplié par D, & par soy mesme, a produict H & G; aussi H sera à G comme D à F: parquoy les trois nombres E, H, G, seront continuellement proportionnaux. Dauantage D multipliant E & H, produict A & I; & partant comme E sera à H, ainsi A sera à I, par la 17. prop. 7. & puis que D & F multipliant H, produisent I & K; I sera à K, comme D à F. par la 18. prop. 7. Par mesme discours

K sera à B, comme H à G, estans les produicts de H & G multipliez par F. Parquoy A, I, K, B, sont continuellement proportionnaux; & partant les deux nombres I & K sont tombez en continuelle proportion entre A & B, c'est à sçauoir autant qu'il y en a entre chacun d'iceux A & B, & l'vnité C. Parquoy autant de nombres qui tomberont continuellement proportionnaux entre l'vnité, &c. Ce qu'il falloit prouuer.

THEOR. 9. PROP. XI.

Entre deux nombres quarrez tombe vn moyen proportionnel: & le quarré est au quarré en raison doublee du costé au costé.

Soient deux nombres quarrez A & B, desquels les costez soient C & D. Ie dis qu'entre iceux quarrez A & B, tombera vn moyen proportionnel: & que le quarré A est au quarré B en la raison doublee du costé C au costé D.

A 4.		E 6.		B 9.
	C 2.		D 3.	

Car le nombre C muliplié par D, produise E: Et puis que C est le costé de A; iceluy C multiplié par soy-mesme produit A; & par D faict E: donc comme C à D, ainsi A à E par la 17 p. 7. Derechef, puis que D multipliant C produit E, & multipliant soy-mesme fait le quarré B, par la 17. prop. 7. comme C à D, ainsi E à B. Partant E est moyen proportionnel entre A & B.

Pour la seconde partie: puis que A, E, B sont continuellement proportionnaux, A 1. est à B 3. en raison doublee de A 1. à E 2. par la 10. deff. 5. qui est la mesme raison que de C à D, ainsi qu'il a esté demonstré cy-dessus. Parquoy entre deux nombres quarrez tombe vn moyen proportionnel, &c. Ce qu'il falloit prouuer.

THEOR. 10. PROP. XII.

Entre deux nombres cubes tombent deux moyens proportionnaux: & le cube est au cube en raison triplee du costé au costé.

Soient deux nombres cubes A & B, desquels les costez soient C & D. Ie dis que entre iceux cubes A & B, tomberont deux moyens proportionnaux; & que la raison du cube A au cube B, est la raison triplee du costé C au costé D.

A 27.		H 36.		I 48.		B 64.
	E 9.		G 12.		F 16.	
		C 3.		D 4.		

Qu'il ne soit ainsi. Que C se multipliant soy-mesme produise E; & D par soy produise F; mais C & D l'vn par l'autre produise G : & iceluy G multiplié par l'vn & l'autre C & D, produise H & I. Or puis que C multipliant C & D a faict E & G; comme C sera à D, ainsi E à G par la 17. p. 7. Item puis que D multipliant C & D a faict G & F; aussi G sera à F comme C à D: Partant E, G, F, sont continuellement proportionnaux en la raison de C à D. Derechef, pour ce que C multiplant E fait le cube A, & multiplant G a faict H, par la mesme prop. A sera à H, comme E à G, c'est à dire, comme C à D. Item puis que D multipliant G a faict I, & multipliant F est produit le cube B; par la 17. p. 7. I sera à B, comme G à F, c'est à dire comme C à D. Mais par la 18. p. 7. H est aussi à I, comme C à D, attendu que C, D, multiplians G, ont faict H & I : donc A, H, I, B seront continuellement proprtionnaux selon la raison de C à D. Partant H & I, seront deux moyens proportionnaux entre les nombres cubes A & B.

Quant à la seconde partie, elle est manifeste, car d'autant que A, H, I, B sont continuellement proportionnaux, A 1. est à B 4e en raison triplee de A 1. à H 2e par la 10. deff. 5. Mais comme A est à H, ainsi C est à D. Donc le cube A est au cube B en raison triplee du costé C au costé D. Parquoy entre deux nombres cubes, &c. Ce qu'il falloit demonstrer.

THEOR. 11. PROP. XIII.

Si tant de nombres qu'on voudra sont continuellement proportionnaux, iceux estans multipliez chacun par soy, leurs produicts seront aussi continuellement proportionnaux : & si chacun multiplie encores son produict, les derniers produicts seront aussi continuellement proportionnaux : & cela aduiendra tousiours enuiron les extremes.

Soient trois nombres continuellement proportionnaux A, B, C, lesquels multipliez chacun par soy-mesme, produisent D, E, F; & que les mesmes A, B C, multiplians chacun son produict facent G, H, I, & ainsi continuellement. Ie dis que D, E, F, & G, H, I, sont cōtinuellement proportionnaux.

		A 2.	B 4.	C 8.		
	D 4.	N 8.	E 16.	O 32.	F 64.	
G 8.	P 16.	Q 32.	H 64.	R 128.	S 256.	I 512.

Qu'il ne soit ainsi, que N soit le produict de A multiplié par B : & O celuy de B par C. Pareillement que A multipliant N, E face P & Q : mais B multipliant O, F produise R, S. Donc par la 17. p. 7. A multipliant soy mesme, & B, les produicts D & N seront en la mesme raison de A à B : & par mesme discours B multipliant A & soy mesme, les produicts N & E seront aussi en la mesme raison de A à B, & ainsi des autres : Partant D, N, E, O, F, seront continuellement proportionnaux en la raison de A à B: par

par ainsi D, N, E; & E, O, F, sont continuellement proportionnaux en vne mesme raison; & partant en raison esgale, comme D sera à E, ainsi E à F: parquoy D, E, F, seront continuellement proportionnaux.

Pareillement d'autant que A multipliant D, N, E a faict G, P, Q; par ce que nous auons demonstré à la 18. prop. 7. G, P, Q seront entr'eux, comme les proportionnaux D, N, E; c'est à dire comme A à B. Item pource que A & B multiplians E ont produit Q & H, aussi par la 18. prop. 7. comme A sera à B, ainsi Q à H. Donc G, P, Q, H, sont proportionnaux en la raison de A à B. Par mesme discours H, R, S, I, seront prouuez proportionnaux en la mesme raison de A à B: & partant en raison esgale, comme G sera à H, ainsi H à I: parquoy G, H, I seront continuellement proportionnaux. S'il y a donc tant de nombres qu'on voudra continuellement proportionnaux, &c. Ce qu'il falloit prouuer.

THEOR. 12. PROP. XIV.

Si vn nombre quarré mesure vn nombre quarré; aussi le costé mesurera le costé: que si le costé mesure le costé, aussi le quarré mesurera le quarré.

Soit le nombre quarré A qui mesure le nombre quarré B; & d'iceux quarrez les costez soient C & D. Ie dis en premier lieu que le costé C mesurera aussi le costé D.

A 4.	E 12.	B 36.
C 2.		D 6.

Car ayant multiplié C par D, il est euident par la demonstration de la 11. prop. 8. que le produict E est moyen proport. entre A & B, en la raison de C à D: mais de ces trois nombres A, E, B, le premier A mesure le dernier B: donc par la 7. prop. 8. il mesurera aussi le second E. Parquoy puis que comme A à E, ainsi C à D: aussi le costé C mesurera le costé D.

Ie dis en second lieu, que si le costé C mesure le costé D, aussi le quarré A mesurera le quarré B. Car comme dessus A, E & B seront continuellement proportionnaux en la raison de C à D: Et puisque C mesure D, aussi A mesurera E; & E mesurera B, & par consequent A mesurera aussi B, car qui mesure le mesureur, mesure aussi le mesuré, par la 11. com. sent. Parquoy si vn nombre quarré mesure vn nombre quarré, &c. Ce qu'il falloit demonstrer.

THEOR. 13. PROP. XV.

Si vn nombre cube mesure vn nombre cube: aussi le costé mesurera le costé: & si le costé mesure le costé, aussi le cube mesurera le cube.

Soit vn nombre cube A, qui mesure vn autre nombre cube B, & d'iceux cubes les costez soient C & D. Ie dis premierement que le costé C mesurera aussi le costé D.

Car que chaque costé C, D multipliant soy-mesme face E, F, mais se multipliant l'vn l'autre facent G, & multipliant derechef G, produisent H, I. Il est éuident par la demonstr. de la 12. p. 8. que tant E, G, F, que A, H, I, B, sont continuellement proportionnaux en la raison de C à D. Et puis que par l'hypothese A, 1. mesure B dernier, il mesurera aussi H 2e. par la 7. prop. 8. Mais A estant à H, comme C à D, aussi le costé C mesurera le costé D.

A 8.	H 24.	I 72.	B 216.
E 4.	G 12.	F 36.	
C 2.	D 6.		

Secondement, que le costé C mesure le costé D: Ie dis que le cube A mesurera le cube B. Car comme il a esté dit cy-dessus A, H, I, B, seront continuellement proportionnaux en la raison de C à D: Parquoy le costé C mesurant le costé D, aussi le cube A mesurera son prochain moyen proport. H, lequel mesurera l'autre moyen proport. I, & iceluy l'autre cube B; & par consequent le cube A mesurera l'autre cube B par la 11. com. sent. Si donc vn nombre cube, &c. Ce qu'il falloit demonstrer.

THEOR. 14. PROP. XVI.

Si vn nombre quarré ne mesure vn nombre quarré, aussi le costé ne mesurera le costé: que si le costé ne mesure le costé, aussi le quarré ne mesurera le quarré.

Soient les nombres quarrez A & B, desquels les costez sont C & D; mais que le quarré A ne mesure le quarré B: Ie dis premierement que le costé C ne mesurera pas le costé D.

Car par la 14. prop. de ce liure, si ledit costé C mesuroit le costé D, aussi le quarré A mesureroit le quarré B, contre l'hypothese. Secondement, que le costé C ne mesure pas le costé D: Ie dis que le quarré A ne mesurera pas aussi le quarré B. Cecy est aussi manifeste, car si le quarré A mesuroit le quarré B, aussi le costé C mesureroit le costé D par la susdite 14. prop. 8. contre l'hypothese. Si donc vn nombre quarré, &c. Ce qu'il falloit demonstrer.

A 16.	B 81.
C 4.	D 9.

THEOR. 15. PROP. XVII.

Si vn nombre cube ne mesure vn nombre cube, aussi le costé ne mesurera le costé: que si le costé ne mesure le costé, aussi le cube ne mesurera le cube.

Soient les nombres cubes A & B, dont les costez sont C & D; & que A ne mesure B : Ie dis que le costé C ne mesure pas aussi le costé D : & dauantage que si le costé C ne mesure pas le costé D, aussi le cube A ne mesurera pas le cube B.

A 8.	B 27.
C 2.	D 3.

Ceste demonstration se faict par l'impossible de la 15. prop. 8. Car par icelle, si le costé mesuroit le costé, aussi le cube mesureroit le cube, ce qui est contre l'hypothese. Et pour le second : Si le cube mesuroit le cube, aussi le costé mesureroit le costé, par la susdite 15. p. 8. ce qui est aussi contre l'hypothese. Parquoy si vn nombre cube ne mesure vn nombre cube, &c. Ce qu'il falloit prouuer.

THEOR. 16. PROP. XVIII.

Entre deux nombres plans semblables, il y a vn moyen proportionnel : & le plan est au plan en raison doublée des costez de semblable raison.

Soient deux nombres plans semblables A & B, & leurs costez soient C D, & E, F. Ie dis qu'entre iceux plans A & B se trouuera vn moyen proportionnel; & que A est à B en raison doublee de C à E, ou de D à F, costez de mesme raison.

A 12.	G 18.	B 27.	
C 6.	D 2.	E 9.	F 3.

Car puis que les plans A & B sont semblables, par la 21. def. 7. C sera à D comme E à F ; & si A sera le produict de C par D : Item B le produict de E par F, par la 17. def. 7. Maintenant que D multipliant E produise G; par la 17. p. 7. puis que D multipliant C & E produict A & G : A sera à G, comme C à E, ou D à F (car puis que comme C à D, ainsi E à F, en permutant, comme C à E, ainsi D à F.) Item E multipliant D & F, produict G & B : partant iceux G & B seront l'vn à l'autre comme D à F : ainsi A, G, B, seront continuellement proportionnaux en la raison de C à E, & partant G sera vn moyen proportionnel entre A & B.

Quant à la seconde partie, elle est euidente : car puis que A, G, B, sont continuellement proportionnaux en la raison de C à E : par la 10. def. 5. A est à B en raison doublée de A à G, qui est la mesme raison que de C à E, ou de D à F, costez de semblable raison. Parquoy entre deux nombres plans semblables, &c. Ce qu'il falloit demonstrer.

THEOR. 17. PROP. XIX.

Entre deux nombres solides semblables, tombent deux moyens proportionnaux ; & le solide est au solide en raison triplee des costez de semblable raison.

Soient deux nombres solides semblables A & B; & de A les costez soient

C, D, E, mais ceux de B soient F, G, H. Ie dis qu'entre A & B, on trouuera deux moyens proportionnaux, & que A est à B en raison triplee de C à F, ou de D à G, ou E à H, costez de mesme raison.

A 30.	M 60.	N 120.	B 240.
	I 6.	L 12.	K 4.
C 2. D 3.	E 5.	F 4. G 6.	H 10.

Car I soit le produict de C multiplié par D: K le produict de F par G: L le produict de F par D, & finalement M & N, soient les produicts de L par E & H.

Maintenant puis que par la 21. def. 7. les costez C, D, E, sont proportionnaux aux costez F, G, H: en permutant, ils seront aussi proportion. c'est à dire que comme C sera à F, ainsi D sera à G, & E à H. Et puis que D multipliant C & F, a produict I & L, par la 17. p. 7. I sera à L comme C à F, c'est à dire comme D à G ou E à H. Semblablement F multipliant D & G, a produict L & K, parquoy I sera à K comme D à G: & partant I, L, K, sont continuellement proportionnaux en la raison de D à G, ou C à F, ou E à H. Pareillement puis que le solide A, est le produict de la multiplication des trois nombres C, D, E: & I, le produict de C par D: aussi A sera le produict de I par E: Item le solide B estant produict de la multiplication des trois nombres F, G, H: & K le produict de F en G: aussi B sera le produict de K par H. Donc puis que par la 17. prop. 7. E multipliant I & L, produict A & M en la raison de I à L: & semblablement que L multipliant E & H, produict M & N en la raison de E à H, qui est la mesme que de I à L: aussi H multipliant L & K, les produits N & B seront en la raison de L à K, qui est la mesme que de I à L. Et partant les quatre nombres A, M N, B, sont continuellement proportionnaux en la raison de I à L, c'est à dire de C à F: & M, N seront deux moyens proportionnaux entre A & B.

Pour la seconde partie, elle est euidente: car puis que les quatre nombres A, M, N, B, ont esté prouuez continuellement proportionnaux en la raison de C à F, par la 10. def. 5. A est à B en raison triplée de A à M: Mais A est à M, comme C à F, ou D à G, ou E à H: donc A sera à B en raison triplee de C à F, ou D à G, ou E à H, costez de semblable raison. Parquoy entre deux nombres solides semblables, &c. Ce qu'il falloit demonstrer.

THEOR. 18. PROP. XX.

Si entre deux nombres, tombe vn moyen proportionnel: iceux seront nombres plans semblables.

Soient deux nombres A & B, entre lesquels tombe vn moyen proportionnel C. Ie dis que A & B sont nombres plans semblables.

A 12.	C 18.	B 27.
D 2. E 3.	F 6.	G 9.

Car ayant pris D & E, les plus petits termes en la raison de A, C, B: par la 21. p. 7. iceux D & E mesureront egalement A & C; qu'ils les mesurent par F: Ils mesureront aussi egalement C & B, qui sont en la mesme raison: qu'ils les mesurent par G. Donc F multipliant D

& E, sera produict A & C par la 9. com, sent. Item G multipliant les mesmes D & E, seront produicts C & B. Veu donc que E multipliant F & G a faict C & B; comme C sera à B, ainsi F à G par la 17. p. 7. Mais comme C est à B; ainsi estoit D à E. Donc comme D sera à E, ainsi F sera à G; & en permutant comme D sera à F, ainsi E à G. Et puis que F multipliant D a faict A, iceluy A sera vn plan duquel les costez sont D, F. Item pour ce que G multipliant E a faict B; B sera le plan duquel E & G sont les costez. Mais ces costez ont esté demonstrez proportionnaux, c'est à dire D estre à F, comme E à G. Donc par la 21. def. 7. A & B seront plans semblables. Parquoy si entre deux nombres tombe vn moyen proportionnel, &c. Ce qui estoit à prouuer.

THEOR. 19. PROP. XXI.

Si entre deux nombres, tombent deux moyens continuellement proportionnaux; iceux seront nombres solides semblables.

Soient deux nombres A & B, entre lesquels tombent deux moyens continuellement proportionnaux C & D. Ie dis que A & B sont nombres solides semblables.

Qu'il ne soit ainsi. Soient trouuez par la 2. prop. 8. les trois nombres E, F, G, les plus petits en la raison de A, C, D, B. Veu donc qu'entre E & G tombe vn moyen proportionnel F, par la preced. prop. E & G seront plans semblables: Soient leurs costez H, I; & K, L, lesquels seront proportionnaux par la 21. def. 7. & puisque E, F, G sont les plus petits en la raison de A, C, D, ils les mesureront esgalement par la 21. prop. 7. soit selon le nombre M: c'est à dire que E, F, G, estans multipliez par M produisent A, C, D. Item par le mesme discours E, F, G, mesureront esgalement les trois nombres C, D, B, chacun le sien: soit selon le nombre N, c'est à dire, que N multipliant E, F, G, produise C, D, B. Il est donc euident, que A & B sont nombres solides, desquels les costez sont H, I, M, & K, L, N. Mais d'autant que M & N multiplians F, produisent C & D, par la 18. p. 7. M sera à N en la raison de C à D, & C est à D en mesme raison que E à F par la 17. p. 7. pource que N multipliant E & F a produict iceux C & D; mais aussi E est à F en la mesme raison que H à K, ou I à L. Donc aussi H sera à K, ou I à L, comme M à N; & en permutant, H sera à I, comme K à L; & I à M comme L à N: & partant les costez H, I, M sont proportionnaux aux costez K, L, N; & par la 21. def. 7. A & B seront nombres solides semblables: Parquoy si entre deux nombres tombent, &c. Ce qu'il falloit prouuer.

A 16.	C 24.	D 36.	B 54.		
	E 4.	F 6.	G 9.		
H 2.	I 2.	M 4.	K 3.	L 3.	N 6

THEOR. 20. PROP. XXII.

Si trois nombres sont continuellement proportionnaux, & que le premier soit quarré; le troisiesme sera aussi quarré.

Soient trois nombres continuellent proportionnaux A, B, C, desquels le premier A soit quarré: Ie dis que le troisiesme C est aussi quarré.

A 4.	B 6.	C 9.

Car puisque entre A & C tombe vn moyen proportionnel, par la 20. prop. de ce liure, ils seront plans semblables; & partant l'vn d'iceux estant quarré, aussi sera l'autre. Si donc trois nombres sont continuellement proportionnaux, &c. Ce qu'il falloit demonstrer.

THEOR. 21. PROP. XXIII.

Si quatre nombres sont continuellement proportionnaux, & que le premier soit cube, aussi le quart sera cube.

Soient quatre nombres continuellement proportionnaux, A, B, C & D, le premier desquels A soit cube: Ie dis que le quatriesme D est aussi cube.

A 8.	B 12.	C 18.	D 27.

Car puisque entre A & D tombent deux moyens proportionnaux B & C, par la 21. prop. de ce liure, iceux A & D seront solides semblables: mais l'vn est cube, & partant aussi sera l'autre. Parquoy si quatre nombres sont continuellement proportionnaux, &c. Ce qu'il falloit demonstrer.

THEOR. 22. PROP. XXIV.

Si deux nombres sont l'vn à l'autre comme nombre quarré à nombre quarré, & que l'vn d'iceux soit quarré, aussi sera l'autre.

Soient deux nombres A & B, lesquels soient entr'eux, comme le quarré C au quarré D, & soit A quarré. Ie dis que B est aussi quarré.

A 16.	F. 24.	B 36.
C 4.	E 6.	D 9.

Car puisque A est à B comme C à D, & par la 11. p. 8. il tombe entre C & D, vn moyen proportionnel, sçauoir est E; il en tombera aussi vn entre A & B par la 8. prop. 8. & soit F. Veu donc que les trois nombres A, F, B, sont continuellement proportionnaux, & le premier A est quarré; aussi par la 22. prop. 8. le troisiesme B sera quarré. Parquoy si quatre nombres sont continuellement proportionnaux, & c. Ce qu'il falloit prouuer.

COROLLAIRE.

Il appert des choses cy-dessus dites, que la raison de quelque nombre quarré que ce soit à quelconque nombre non quarré, ne peut estre exhibee en deux nombres quarrez: Car si elle y estoit exhibee, par la 24. proposit. 8. les deux premiers nombres ayans la mesme raison que les quarrez de la raison exhibee seroient aussi quarrez, puis que l'vn est posé quarré. Ce qui est absurde: car l'vn est posé non quarré. D'où vient que les nombres ayant la raison double, ne sont comme nombre quarré à nombre quarré. Car tous ces nombres cy 4. 8. 16. 32, &c. seroient quarrez; d'autant que 4 estant quarré, par la 24. proposi. 8. aussi 8 seroit quarré: donc aussi 16 & 32. &c. Ce qui est absurde. Car entre 4 & 8; & entre 8 & 16; & entre 16 & 32, &c. tomberoit vn moyen proportionnel, s'ils estoient quarrez, par la 11. prop. 8. & nous auons demonstré au Scholie de la 8. prop. 8. qu'il ne peut tomber de moyen proportionnel entre quelconques nombres de la raison double.

Semblablement les nombres en raison quintuple, ne sont aussi comme nombre quarré à nombre quarré. Car s'ils y estoient, par la 11. proposit 8. il tomberoit entre iceux vn milieu proportionnel: donc aussi entre 5 & 1, les plus petits nombres de la raison quintuple par la 8. prop. 8. Ce qui est impossible, comme nous auons demonstré au Scholie de la mesme proposition.

THEOR. 23. PROP. XXV.

Si deux nombres sont l'vn à l'autre comme nombre cube à nombre cube, & que l'vn d'iceux soit cube, aussi sera l'autre.

Que A soit à B, comme le cube C au cube D, & que A soit cube: Ie dis que B est aussi cube.

A 8.	G 12.	H 18.	B 27.
C 64.	E 96.	F 144.	D 216.

Car puisque A est à B comme C à D, il tombera deux moyens proportionnaux entre les deux cubes C & D par la 12. prop. de ce liure, lesquels soient E & F: Mais par la 8. prop. 8. il en tombera aussi deux entre A & B, & soient iceux G & H. Veu donc que les quatre nombres A, G, H, B sont continuellement proportionnaux, & que le premier A est cube, aussi sera le quatriesme B par la 23. prop. 8. Parquoy si deux nombres sont l'vn à l'autre, &c. Ce qu'il falloit demonstrer.

COROLLAIRE.

Il appert aussi des choses cy-dessus, que la raison de quelque nombre cube que ce soit à quelconque nombre non cube, ne se peut exhiber par deux nombres cubes.

THEOR. 24. PROP. XXVI.

Les nombres plans semblables, sont l'vn à l'autre, comme nombre quarré à nombre quarré.

Soient deux nombres plans semblables A & B. Ie dis que A sera à B comme nombre quarré à nombre quarré.

A 20.	C 30.	B 45.
D 4.	E 6.	F 9.

Car par la 18. p. 8. il tombera entre A & B vn moyen prop. & soit C: si donc on prend les trois nombres D, E, F, les plus petits en la raison continuë de A, C, B, les extremes D & F seront quarrez par le corol. de la 2. prop. 8. Parquoy puis qu'en raison egale A est à B, comme D à F, il est manifeste que A est à B comme nombre quarré à nombre quarré, c'est à sçauoir comme le nombre quarré D au nombre quarré F. Parquoy les nombres plans semblables, &c. Ce qu'il falloit demonstrer.

SCHOLIE.

Clauius à demonstré apres Commandin la conuerse de ceste prop. c'est à sçauoir:

Que les nombres qui sont l'vn à l'autre, comme nombre quarré à nombre quarré, sont plans semblables.

Car les nombres A & B estans entr'eux, comme les quarrez D & F, par la 11. prop. 8. Il tombera vn moyen prop. entre iceux quarrez: & aussi vn entre A & B, par la 8. prop. 8. & partant A & B sont plans semblables.

Et par cecy est manifeste que les nombres plans qui ne sont semblables, ne sont entr'eux, comme nombre quarré à nombre quarré.

THEOR. 25. PROP. XXVII.

Les nombres solides semblables, sont l'vn à l'autre comme nombre cube à nombre cube.

Soient deux nombres solides semblables A, B. Ie dis que A sera à B, comme nombre cube à nombre cube.

A 16.	C 24.	D 36.	B 54.
E 8.	F 12.	G 18.	H 27.

Car par la 16. prop. 8. entre A & B tomberont deux moyens proportionnaux, & soient iceux C & D. Que si on prend les plus petits termes de la raison de A à C, & qu'en la raison d'iceux on trouue, par la 2. prop. 8. les quatre nombres E, F, G, H, en continuelle proportion, les extremes E & H seront cubes par le corol. de la 2. prop. 8. & en raison egale comme E à H, ainsi A à B: Parquoy les nombres solides semblables sont l'vn à l'autre, &c. Ce qui estoit à demonstrer.

SCHO-

SCHOLIE.

Clauius demonstre aussi apres Commandin la conuerse de ceste proposition sçauoir est :

Que les nombres qui sont l'vn à l'autre comme nombre cube à nombre cube, sont solides semblables.

Car les nombres A & B, estans entr'eux, comme les cubes E & H, par la 12. p. 8. il tombera deux moyens prop. entre les nombres cubes E & H ; il en tombera aussi deux entre A & B par la 8. prop. 8. & partant par la 21. prop. 8. A & B sont solides semblables.

Il est euident par toutes les choses cy-dessus dictes, qu'aucuns nombres ayans raison double, ou superparticuliere, ou superbipartiente, ne sont plans, ou solides semblables. Car s'ils estoient plans semblables, par la 18 prop. 8. vn moyen proportionnel tomberoit entr'eux, ce qui ne se peut faire, comme il a esté demonstré au Scholie de la 8. p. 8. Ils ne seront pas aussi solides semblables, puis qu'entre iceux ne peuuent tomber deux moyens prop. car autrement il en tomberoit aussi deux entre les plus petits nombres des mesmes raisons par la 8. p. 8. Ce qui ne se peut faire, pource qu'iceux sont seulement distans entr'eux de l'vnité ou du binaire, comme il a esté dict au susdit Scholie, entre lesquels il est certain que deux nombres moyens proport. ne peuuent tomber.

Semblablement deux nombres premiers, quels qu'ils soient, ne peuuent estre plans, ou solides semblables, pource qu'ils ne peuuent auoir les costez proportionnaux. Car quelque nombre plan que ce soit estant nombre premier, a seulement soy mesme & l'vnité pour costez, encore improprement. Comme ces nombres plans 7 & 13, desquels les costez sont 7, 1 & 13, 1, puis qu'ils sont produits de la multiplication d'iceux costez, lesquels appert n'estre proportionnaux. Et le nombre solide, qui aussi est nombre premier, a seulement pour costez soy-mesme, & deux vnitez : & par consequent il est manifeste qu'ils ne peuuent estre proportionnaux.

Pareillement deux nombres premiers entr'eux, n'estans quarrez, ou cubes, ne peuuent estre plans, ou solides semblables : Car s'ils estoiens tels, par la 18 ou 19. p. 8. tomberoit entre iceux, vn ou deux moyens prop. & puis que les extrémes sont posez premiers entr'eux ; tous les trois, ou les quatre seroient premiers entr'eux, pource que aucun nombre ne sera commune mesure d'iceux, les extrémes n'en ayans point : Parquoy il est euident par la 23. p. 7. qu'ils seront les plus petits en leur prop. Et partant par le corol. de la 2. p. 8. les deux extrémes seront quarrez, ou cubes. Ce qui est absurde : car ils ont esté posez n'estre quarrez ny cubes.

De ces choses s'ensuit que s'il y a deux nombres plans, ou solides semblables, desquels le moindre soit premier, il mesurera le plus grand. Car autrement par la 31. p. 7. iceux deux nombres proposez seroient premiers entr'eux : & partant (comme nous venons de prouuer) ils ne seroient plans ou solides semblables. Ce qui est absurde : car ils ont esté posez tels.

De cecy est euident que deux nombres premiers entr'eux, desquels le moindre est premier, ne peuuent estre plans, ou solides semblables. Car s'ils l'estoient, le moindre mesureroit le plus grand, comme appert cy dessus. Veu donc qu'il se mesure aussi soy-mesme, ils ne seroient premiers entr'eux, mais composez ; Ce qui est contre l'hypothese.

Parquoy il est facile de trouuer deux nombres plans, ou solides non semblables. Car si on prend deux nombres ayans raison double, ou superparticuliere, ou superbipartiente; ou certainement deux nombres premiers, ou deux premiers entr'eux, desquels l'vn ny l'autre soit quarré, ou cube; il est euident par ce que dessus, qu'ils seront plans, ou solides dissemblables.

Derechef, s'il y a deux nombres, desquels l'vn soit quarré, & l'autre non quarré, comme 16 & 20; ils ne sont plans semblables. Car autrement par la 26. p. 8. ils seroient comme quarré à quarré: & 16 estant quarré, par la 24. p. 8. 20 seroit aussi quarré, contre l'hypothese. Par mesme raison, si de deux nombres, l'vn est cube, & l'autre ne l'est pas; comme 27 & 40; ils ne sont pas solides semblables. Car s'ils l'estoient, par la 27. p. 8. ils seroient comme cube à cube: & 27 estant cube, par la 25. p. 8. 40 seroit aussi cube, contre l'hypothese.

Fin du huictiesme Element.

ELEMENT NEVFIESME.

THEOR. 1. PROP. I.

Si deux nombres plans semblables se multiplient l'vn l'autre, le produict sera quarré.

OIENT deux nombres plans semblables A & B, lesquels se multiplians mutuellement, produisent C. Ie dis que C est quarré. Car A se multipliant soy-mesme produict D quarré. Et puis que A multipliant A & B a produict D & C, comme A sera à B, ainsi D à C par la 17. p. 7. Mais A & B estans plans semblables, il tombera entr'eux vn moyen proportionnel par la 18. p. 8. Il en tombera donc aussi vn entre D & C, par la 8. p. 8. & soit E. Et puisque des trois nombres continuellement proportionnaux D, E, C, le premier D est quarré par la construction; le tiers C sera aussi quarré par la 22. p. 8. Parquoy si deux nombres plans semblables &c. Ce qui estoit à prouuer.

A 4.		B 9.
D 16.	E 24.	C 36.

THEOR. 2. PROP. II.

Si deux nombres se multiplians l'vn l'autre produisent vn nombre quarré, iceux seront plans semblables.

Soient deux nombres A & B qui se multiplians l'vn l'autre, produisent C quarré. Ie dis que A & B sont plans semblables.

Car que A se multipliant soy-mesme produise D quarré. Veu donc que A multipliant A & B a produict D & C, comme A sera à B, ainsi D à C par la 17. p. 7. Et par la 11. p. 8. entre les quarrez D & C tombe vn moyen pro-

A 4.	B 9.
D 16.	C 36.

portionnel : il en tombera donc aussi vn entre A & B, par la 8. p. 8. & partant par la 20. pr 8. A & B seront plans semblables. Parquoy si deux nombres se multiplians l'vn l'autre, &c. Ce qu'il falloit prouuer.

THEOR. 3. PROP. III.

Si vn nombre cube se multiplie soy-mesme, le produict sera cube.

Soit le nombre cube A, lequel se multipliant soy-mesme produise B. Ie dis que B est nombre cube.

	A 8.
E 16.	D 4.
F 32.	C 2.
B 64.	*Vnité.*

Car soit C costé du cube A : & de C multiplié en soy, soit produict D ; il est manifeste que C multipliant D, produict le cube A. Veu donc que C multipliant soy-mesme a faict D, par la 7. com. sent. C mesurera D par C. Mais par la 5. com. sent. l'vnité mesure aussi C par C. L'vnité sera donc mesme partie de C, que C de D ; & partant comme l'vnité est à C, ainsi C à D par la 20. d. 7. Derechef puisque C multipliant D a faict A, par la 7. com. sent. D mesurera A par C. Mais aussi C mesure D par C. Donc C est mesme partie de D, que D de A ; & partant comme C à D, ainsi D à A ; mais comme C à D, ainsi estoit l'vnité à C. Donc comme l'vnité à C, ainsi C à D, & D à A : ainsi entre l'vnité & le nombre A tombent deux moyens proportionnaux C & D. Derechef, pource que A mesure B par A ; (car B a esté faict de A multiplié en soy) & que l'vnité mesure aussi A par A ; l'vnité sera mesme partie de A, que A de B : partant comme l'vnité sera à A, ainsi A sera à B. Parquoy puis qu'entre l'vnité & le nombre A tombent deux moyens proportionnaux C & D; par la 8. p. 8. il en tombera aussi deux entre A & B, & soient iceux E & F. Et veu que les 4 nombres A, E, F, B sont continuellement proportionnaux, & que A premier est cube, aussi B quatriesme sera cube par la 23. prop. 8. Parquoy si vn nombre cube, &c. Ce qui estoit à prouuer.

THEOR. 4. PROP. IV.

Si vn nombre cube multiplie vn nombre cube, le produict sera cube.

Soit le nombre cube A, lequel multipliant le nombre cube B, produise C. Ie dis que C est aussi nombre cube.

A 8.	B 27.
D 64.	C 216.

Car si on prend D, produict de A multiplié par soy-mesme, il sera cube par la prop. precedente : & pource que A multipliant B & soy-mesme, a produict C & D ; il y aura telle raison de D à C, que de A à B, par la 17. p. 7. Et par la 12. p. 8. il tombera deux moyens proportionnaux entre A & B : il en tombera donc aussi deux entre D & C, par la 8. p. 8. Et partant D estant cube, par la 23. pr. 8. C sera aussi cube. Si donc vn nombre cube, &c. Ce qui estoit à prouuer.

THEOR. 5. PROP. V.

Si vn nombre cube multipliant quelque autre nombre, produict vn nombre cube, le multiplié sera aussi cube.

Soit le nombre cube A, lequel multipliant quelque nombre B, produise le nombre cube C. Ie dis que B multiplié est aussi nombre cube.

A 8.	B 27.
D 64.	C 216.

Car si on prend D, produict de A multiplié par soy-mesme, il sera cube par la 3. p. 9. & d'autant que A multipliant A & B, a faict D & C, par la 17. p. 7. A sera à B comme D à C, & par la 8. p. 8. entre A & B se trouueront deux moyens proportionnaux, comme entre les deux nombres cubes D & C. Et par la 23. p. 8. A estant cube, B multiplié sera aussi nombre cube. Parquoy, si vn nombre cube, &c. Ce qu'il falloit demonstrer.

THEOR. 6. PROP. VI.

Si vn nombre se multipliant soy-mesme produict vn nombre cube; iceluy nombre sera aussi cube.

Soit le nombre A, lequel multiplié par soy-mesme produise le nombre cube B. Ie dis que A est aussi nombre cube.

A 8.	B 64.	C 512.

Car si on prend C produict de A multiplié par B, il sera cube par la definition du nombre cube; & par la 5. p. 9. A sera aussi cube. Si donc vn nombre se multipliant soy-mesme, &c. Ce qu'il falloit demonstrer.

THEOR. 7 PROP. VII.

Vn nombre composé estant multiplié par quelque autre nombre le produict sera solide.

Soit le nombre composé A, lequel estant multiplié par quelque nombre B produise C. Ie dis que C est nombre solide.

A 6.	B 5.	C 30.
D 2.	E 3.	

Car puisque A est composé, quelque nombre outre l'vnité le mesurera par la 13. d. 7. Que D mesure donc A par E. Ce qu'estant posé, D multipliant iceluy E, produira A par la 9. com. sent. Et puisque B multipliant A a produict C, iceluy C sera procreé de la mutuelle multiplication des trois nombres D, E, B; partant par la 17. p. 7. il sera nombre solide, duquel les costez sont D, E, B. Parquoy vn nombre composé, &c. Ce qu'il falloit prouuer.

THEOR. 8. PROP. VIII.

Si depuis l'vnité, il y a tant de nombres qu'on voudra continuellement proportionnaux, le troisiesme depuis l'vnité sera quarré, & tous les autres qui en laisseront vn: Mais le quatriesme sera cube, & tous les suyuans qui en laisseront deux: & le septiesme sera cube & quarré ensemble, & tous les suiuans qui en laisseront cinq.

Soient tant de nombres qu'on voudra continuellement proportionnaux depuis l'vnité, A, B, C, D, E, F, G, H, I. Ie dis que le troisiesme B sera quarré, ensemble tous les autres qui en laisseront vn de l'ordre, comme D, F & H: en apres, que le quatriesme C est cube, & tous les autres nombres qui en intermettent ou laissent deux, comme F & I: Pareillement que le septiesme nombre F est cube & quarré ensemble, comme aussi tous les autres qui pourroient suiure en laissant tousiours cinq nombres.

Vnité.	A.	B.	C.	D.	E.	F.	G.	H.	I.
1.	3.	9.	27.	81.	243.	729.	2187.	6561.	19683.

Pour la premiere partie: puis que les nombres sont continuellement proportionnaux, comme l'vnité mesure A selon les vnitez qui sont en A, par la 5. com. sent. ainsi chacun mesurera son suiuant selon les vnitez de A: partant B troisiesme, qui sera en ce faisant le produict de A multiplié par soy, sera quarré: & par la 22. p. 8. puis que B, C, D, sont continuellement proportionnaux, & B est quarré, aussi D sera quarré. Par mesme discours en prenant les trois continuellement proportionnaux D, E, F; veu que D est quarré, aussi F sera quarré; & ainsi de tous les autres nombres qui en laissent vn.

Pour la seconde partie: puis que A multiplié par soy produict B; & B par A produict C; Il est euident par les definitions du 7. que C sera cube, & par la 23. p. 8. C, D, E, F, estans continuellement proportionnaux, F sera aussi cube: par mesme raison, estans prins les quatre continuellement proportionnaux F, G, H, I, puis que F est cube, aussi I sera cube; & ainsi de tous les autres nombres, en laissant deux, si dauantage y en auoit.

Pour la troisiesme partie. D'autant que par les deux precedentes parties F a esté prouué quarré & cube; iceluy sera cube & quarré ensemble: Et il en sera ainsi de tous les autres. Si donc depuis l'vnité, il y a tant de nombres qu'on voudra, &c. Ce qu'il falloit demonstrer.

THEOR. 9. PROP. IX.

Si depuis l'vnité, il y a tant de nombres qu'on voudra conti-

nuellement proportionnaux, & que celuy qui suit l'vnité soit quarré, aussi tous les autres seront quarrez : & s'il est cube, aussi tous les autres seront cubes.

Soient tant de nombres qu'on voudra continuellement proportionnaux depuis l'vnité A, B, C, D, E, F, Ie dis premierement que si le premier A est quarré, que tous les autres seront aussi quarrez.

Vnité.	A.	B.	C.	D.	E.	F.
1.	4.	16.	64.	256.	1024.	4096.

Car puis qu'iceux nombres A, B, C, D, E, F, sont continuellement proportionnaux depuis l'vnité, par la prec. prop. le troisiesme nombre B sera nombre quarré, comme aussi tous les autres qui en laissent vn, sçauoir D & F. Mais pource que A, B, C, sont continuellement proport. & que A est quarré par l'hypothese ; par la 22. p. 8. C sera aussi quarré : & par la mesme raison prenant les continuellement proportionnaux C, D, E, le premier C estant quarré, aussi le sera le troisiesme E : partant tous les nombre A, B, C, D, E, F, sont quarrez : Et ainsi de tous autres.

Ie dis en second lieu, que si A est cube, aussi tous les autres seront cubes : Car d'autant que A, B, C, D, E, F sont continuellement proport. depuis l'vnité, C quatriesme est cube, & tous les autres qui en laissent deux, sçauoir F, par la prec. prop. Or que les autres nombres B, D, E, soient aussi cubes, nous le prouuerons ainsi. D'autant que par l'hypothese l'vnité est à A, comme A à B, l'vnité mesurera A, & iceluy A le nombre B egalement. Mais par la 5. com. sent. l'vnité mesure A par le mesme A : donc A mesurera aussi B par le mesme A : & par la 9. com. sent. A multiplié en soy produira B, lequel A estant cube, B sera aussi cube par la 3. p. 9. Mais tous les autres nombres suiuans sont en la raison de A à B, & partant par la 23. p. 8. ils seront tous cubes. Si donc depuis l'vnité il y a tant de nombres, &c. Ce qu'il falloit demonstrer.

Vnité	A.	B.	C.	D.	E.	F.
1.	8.	64.	512.	4096.	32768.	262144.

THEOR. 10. PROP. X.

Si depuis l'vnité, il y a tant de nombres qu'on voudra continuellement proportionnaux, & que celuy qui suit l'vnité, ne soit nombre quarré : aussi pas vn autre ne sera quarré, sinon le troisiesme depuis l'vnité, & tous les autres qui en l'ordre en laissent vn. Que si celuy qui suit l'vnité n'est nombre cube, aussi pas vn autre ne sera cube, sinon le quatriesme depuis l'vnité, & tous les autres qui en l'ordre en laissent deux.

Soient depuis l'vnité tant de nombres qu'on voudra continuellement proportionnaux A, B, C, D, E, F; & premierement que A qui suit l'vnité, ne soit nombre quarré. Ie dis que pas vn autre ne sera quarré, sinon le troisiesme B, & tous les autres qui en l'ordre en laissent vn, sçauoir D & F.

Vnité,	A.	B.	C.	D.	E.	F.
1.	3.	9.	27.	81.	243.	729.

Car par la 8. prop. 9. B, D, F sont quarrez: Et si quelqu'vn veut dire qu'il y en à ausi d'autres, comme C, il faudroit par la 22. p. 8. que A fust aussi nombre quarré, (estans C, B, A, continuellemant proportionnaux & C quarré) ce qui est contre l'hypothese. Par mesme raisons on demonstrera qu'aucun autre ne peut estre quarré, sinon les susdits.

Maintenant, que A proche de l'vnité ne soit nombre cube: Ie dis qu'aucun autre ne sera cube, sinon C quatriesme depuis l'vnité, & tous les autres qui en laisseront deux, comme F, &c.

Car par la 8. p. 9. C & F sont cubes: Et si quelqu'vn veut dire que D soit ausi cube; d'autant que D, C, B, A sont continuellement proportionnaux, il faudroit par la 23. p. 8. que A fut pareillement cube; ce qui est contre l'hypothese: donc D n'est pas cube. Par mesme raisons on demonstrera qu'aucun autre, outre les susdits, ne peut estre cube. Si donc depuis l'vnité, il y a tant de nombres, &c. Ce qu'il falloit demonstrer.

THEOR. 11. PROP. XI.

Si depuis l'vnité, il y a tant de nombres qu'on voudra continuellement proportionnaux: le plus petit mesurera le plus grand selon quelqu'vn de ceux qui sont entre les proportionnaux.

Depuis l'vnité A, soient tant de nombres qu'on voudra continuellement proportionnaux B, C, D, E, F. Ie dis que le plus petit nombre B mesurera le plus grand F par quelqu'vn des nombres C, D, E.

A.	B.	C.	D.	E.	F.
1.	3.	9.	27.	81.	243.

Car d'autant que A, B, C, D, E sont en mesme raison que B, C, D, E, F, en raison esgale, l'vnité A sera à E, comme B est à F. Et par la 20. def. du 7. l'vnité mesurera E; & le nombre B le nombre F, egalement. Mais par la 5. com. sent. l'vnité A mesure E par E: donc ausi B mesurera F par E. Le mesme peut on dire des autres. Par quoy si depuis l'vnité, il y a tant de nombres, &c. Ce qu'il falloit demonstrer.

SCHO-

SCHOLIE.

Il appert par ce que dessus, que le plus grand nombre est autant esloigné du grand qui le mesure, que l'vnité est distante d'iceluy nombre par lequel le moindre mesure le grand: & ce d'autant qu'il y doit auoir vne mesme raison du moindre nombre au plus grand, que de l'vnité à celuy par lequel le moindre mesure le grand, comme il appert icy.

Ainsi B mesurera F par D; & C mesurera F par C, c'est à dire par soy-mesme, &c. Pour ce que tant entre B & F, qu'entre l'vnité & D se trouuent trois nombres: & tant entre C & F, qu'entre l'vnité & C sont interposez deux nombres.

Vnité	A.	B.	C.	D.	E.	F.
1.	3.	9.	27.	81.	243.	729.

Il appert encore que quelconque de ces nombres multiplié par soy-mesme, en produict vn autre, qui entre les proportionnaux est autant esloigné d'iceluy, comme il est distant de l'vnité. Mais si vn petit nombre en multiplie vn grand, celuy qui en prouiendra sera autant esloigné du grand que le moindre de l'vnité: Car si vn nombre qui en mesure vn autre, multiplie celuy par lequel il le mesure; sera produict celuy-là qui est mesuré, par la 9. com. sent. Ainsi C multipliant soy-mesme produict F, qui est autant esloigné de C, qu'iceluy C de l'vnité. Pareillement B multipliant D, fera le mesme F, pource que D mesure iceluy nombre F par B, &c.

THEOR. 12. PROP. XII.

Si depuis l'vnité, il y a tant de nombres qu'on voudra continuellement proportionnaux: tous les nombres premiers qui mesurent le dernier, mesureront aussi celuy qui est proche de l'vnité.

Soient depuis l'vnité A, tant de nombres qu'on voudra continuellement proportionnaux, B, C, D, E. Ie dis que tout les nombres premiers qui se trouueront mesurer le dernier E, mesureront aussi B, lequel suit l'vnité, c'est à dire que si quelque nombre premier que ce soit, comme F, mesure iceluy dernier nombre E, il mesurera aussi B.

A.	B.	C.	D.	E.	F.
1.	3.	9.	27.	81.	3.

Car si ledict nombre premier F mesurant E dernier, ne mesure pas aussi B; B & F seront nombres premiers par la 31. p. 7. Et d'autant que B multiplié par soy produict C; comme nous auons dit au Scholie de la prop. preced. C & F seront aussi premiers par la 27. p. 7. Item B multipliant C produict D: D & F seront donc aussi premiers par la 26. p. 7. Pareillement B multipliant D produict E: partant E & F seroient aussi nombres premiers, & par ainsi F ne mesureroit pas E: ce qui est contre l'hypothese: Donc F mesuroit aussi B. Parquoy si depuis l'vnité il y a tant de nombres, &c. Ce qu'il falloit demonstrer.

THEOR. 13. PROP. XIII.

Si depuis l'vnité, il y a tant de nombres qu'on voudra continuellement proportionnaux, & que celuy d'apres l'vnité soit premier: Le plus grand ne sera mesuré par aucun autre nombre, sinon par ceux qui sont entre les proportionnaux.

Depuis l'vnité A soient tant de nombres qu'on voudra continuellement proportionnaux B, C, D, E, & que B qui suit l'vnité soit premier. Ie dis que le plus grand nombre E ne sera mesuré par aucun autre que d'iceux B, C, D.

A 1.	B 3.	C 9.	D 27.	E 81.
	K --	I --	H --	G --

Autrement, s'il est possible, que quelque autre nombre, comme G, mesure E: Or G sera premier ou composé: s'il est premier, & mesurant E extreme, par la prec. prop. il mesurera aussi B, premier proche de l'vnité: ce qui est absurde. Donc G n'est premier, mais composé, & mesuré par quelque nombre premier par la 33. p. 7. qui ne peut estre autre que B: d'autant qu'il mesurera E, par la 11. com. sent. & par la prop. preced. il faudroit qu'il mesurast aussi B nombre premier: ce qui est absurde. Il n'y a donc point d'autre nombre premier que B, qui mesure G. Que maintenant B mesure G par H: & puis que par les choses dictes au Scholie de la 11. prop. de ce liure, B multipliant D & H produict E & G, par la 17. p. 7. comme E sera à G, ainsi D à H: mais G mesure E: donc aussi H mesurera D. On prouuera comme dessus qu'il ne peut estre premier ny mesuré par vn autre nombre premier que B: Car si H estoit premier, mesurant D, il mesureroit aussi B: ce qui ne se peut faire, ayant esté posé premier. Que si H est composé, celuy nombre premier qui le mesurera sera B, ou si c'est vn autre, c'est autre mesurera aussi D, & celuy qui mesure D, c'est à sçauoir B, par la 11. com. sent. ce qui est absurde. Il n'y a donc que le nombre premier B qui mesure H: & posant que ce soit par le nombre I. On prouuera aussi comme dessus, que comme H mesure D, ainsi I mesure C, & que I ne peut estre nombre premier, ny mesuré par aucun autre nombre premier sinon B. Donc que I mesure C par le nombre K: par mesmes raisons, comme I mesure C, ainsi K mesurera B nombre premier: il faut donc qu'à tout le moins il luy soit egal, ce qui est impossible: d'autant que B est moyen proportionnel entre K & I, par la 20. p. 7. puis que C est produict de K multiplié par I, & qu'il est aussi le produict de B multiplié par soy-mesme. Partant aucun nombre ne mesurera E, sinon B, C, D, qui le mesurent, par la 11. p. 9. Parquoy si depuis l'vnité, il y a tant de nombres qu'on voudra, &c. Ce qu'il falloit prouuer.

THEOR. 14. PROP. XIV.

Le plus petit nombre de tous ceux qui peuuent estre mesurez

par certains nombres premiers, ne sera mesuré par aucun autre nombre premier, que par ceux qui le mesuroient au commencement.

Soit A le plus petit nombre de tous ceux qui peuuent estre mesurez par les trois nombres premiers B, C, D. Ie dis qu'aucun nombre premier autre que B, C, D, ne mesurera A.

A.	B.	C.	D.
30.	2.	3.	5.
E---	F--		

Autrement, s'il est possible, que E autre nombre premier mesure A par F: donc par la 9. com. sent. E multiplié par F produira A, lequel est mesuré par B, C, D; & par la 32. p. 7. iceux B, C, D, mesureront l'vn des deux E, F: Or ils ne mesureront pas E, autre nombre premier que pas vn d'iceux; ils mesureront donc F, qui est plus petit que A: ce qui est absurde; puis que A est posé le plus petit de tous ceux qui peuuent estre mesurez par B, C, D. Donc E ne pouuoit mesurer A. Parquoy le plus petit nombre de tous ceux qui peuuent estre mesurez, &c. Ce qu'il falloit demonstrer.

SCHOLIE.

Nous demonstrerons icy en nombres (apres Commandinus & Clauius) les 10 premiers theoremes, qui sont demonstrez en lignes au second liure.

1. S'il y a deux nombres, l'vn ou l'autre desquels soit couppé en tant de parties qu'on voudra, le nombre plan compris sous iceux deux nombres, est egal aux nombres plans contenus du nombre indiuisé, & de chaque partie de celuy qui est couppé.

Soient deux nombres, A B & C, desquels A B est diuisé en A D, D E, E B, & soit faict F de C en A B: Item G H de C en A D, & H I, de C en D E, & I K de C en E B: Ie dis *que F est egal aux nombres G H, H I, I K, c'est à dire à tout le nombre G K composé d'iceux. Car puisque C multipliant A B, a produict F: A B mesurera F par C, c'est à dire que A B sera la partie d'iceluy F, denommée par C. Par la mesme raison A B sera la partie de G H; & D E de H I; & E B de I K, denommée par C, sçauoir est, la mesme que A B de F. Mais il est euident par la 5. prop. 7. que A B est la mesme partie de G K, que A D de G H, parquoy aussi A B sera mesme partie de G K, que A B de F: & partant par la 4. com. sent. F & G K seront egaux entr'eux. Ce qui estoit proposé.*

A . . D . . E . B	C . .
F 12	
G . . . . . H . . . . I . . K	

2. Si vn nombre est couppé en deux parties, les nombres plans compris sous le tout, & vne chacune partie, sont egaux au nombre quarré du tout.

Car le nombre A B soit diuisé en A C, C B. Ie dis que les nombres qui seront produicts du total A B, és parties A C, C B seront ensemble egaux au quarré de A B. Car estant pris le nombre D egal à A B, par le 1. theo. le nombre faict de D, c'est à dire de A B, en A B, sçauoir est le quarré d'iceluy A B, sera egal aux nombres qui seront produicts de D, c'est à dire de A B, en A C, & en C B: ce qui estoit proposé.

A . . . . C . . B
D . . . . . .

Le mesme sera demonstré, si A B est couppé en plus de deux parties, comme on peut veoir par la seconde figure icy apposée. Car par la mesme raison, le nombre faict de E, c'est à dire de A B, en A B, c'est à sçauoir le quarré de A B, sera egal aux nombres, qui seront produicts de E, c'est à dire de A B, en chasque partie A C, C D & D B.

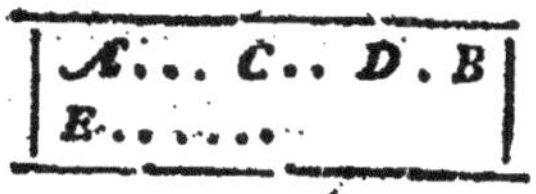

A . . . C . . D . B
E . . . .

3. Si vn nombre est couppé en deux parties; le nombre plan compris du total, & de l'vne des parties, est egal à celuy-là contenu des parties, & au quarré faict d'icelle partie premierement prise.

Soit le nombre A B diuisé en A C, C B. Ie dis que le nombre plan produict de A B en la partie A C, est egal à celuy faict des parties A C, C B, & au quarré d'icelle partie A C. Car estant pris le nombre D egal à la susdicte partie A C; par le 1. theor. le nombre faict de D, c'est à dire de A C, en A B; ou (qui est le mesme) de A B en A C, sera egal aux nombres faicts de D, c'est à dire de A C, en C B, & de D, c'est à dire de A C, en A C, sçauoir est le quarré de A C. Ce qui estoit proposé.

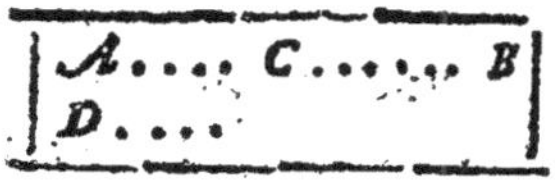

A . . . . C . . . . . . B
D . . . .

4. Si vn nombre est diuisé en deux parties, le quarré faict du tout est egal aux deux quarrez faicts des deux parties, & à deux fois le nombre plan contenu d'icelles paties.

Soit le nombre A B diuisé en A C, C B. Ie dis que le nombre quarré faict de A B, est egal aux quarrez des parties A C, C B, auec deux fois le nombre plan faict de A C en C B. Car par le 2. theor. le nombre quarré de A B, est egal aux nombres faicts de A B en A C, & en C B. Mais par le 3. theor. le nombre faict de A B en A C, est egal au nombre produict de A C en C B, & au quarré d'iceluy A C: Item le nombre produict de A B en C B, est par mesme raison egal au nombre produict de A C en C B, & au quarré de C B. Donc le nombre quarré faict de A B, est pareillement egal aux nombres quarrez des parties A C, C B, & à deux fois le nombre faict de A C en C B. Ce qui stoit proposé.

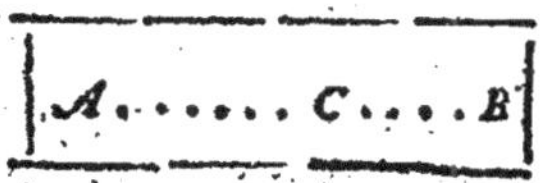

A . . . . . . C . . . . B

5. Si vn nombre est diuisé en deux parties egales, & en deux inegales; le nombre plan contenu des parties inegales, auec le quarré du nombre qui est entre les deux sections, est egal au quarré faict de la moictié du nombre total.

Soit le nombre A B, couppé en deux parties egales A C, C B, & en deux inegales A D, D B. Ie dis que le nombre plan compris des parties inegales A D, D B, auec le quarré du nombre C D, est egal au quarré du nombre B C. Car puis que par le theor. preced. le nombre quarré de C B, est egal aux quarrez des parties C D, D B, auec deux fois le nombre faict de C D, D B; & par le 3. theor. le nombre plan compris de C D, D B, ensemble auec le quarré de D B, est egal au nombre produict de C B en D B, sera faict que si ce nombre faict de C B, en D B, est pris pour le quarré de D B, auec le nombre faict de C D, en D B, aussi le nombre quarré de C B, est egal à l'autre quarré de C D, ensemble

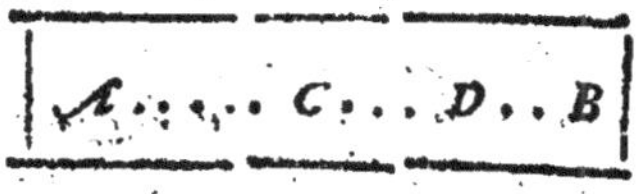

A . . . . . C . . . D . . B

à l'autre nombre faict de C D en D B, & au nombre produict de C B, c'est à dire de A C en D B: & partant par le 1. theor. le nombre faict du total A D en D B, est egal aux nombres produicts de C D en D B, & de A C en D B. Donc le quarré de C B, sera egal au quarré de C D, & au nombre faict de A D en D B. Ce qui estoit proposé.

6. Si vn nombre est diuisé en deux parties egales, & à iceluy est adiousté quelque autre nombre; le nombre qui est fait du tout auec l'adiousté en l'adiousté, auec le quarré de la moitié du nombre, est egal au quarré du nombre composé de la moitié & de l'adiousté.

Soit le nombre A B couppé en deux parties egales A C, C B, & à iceluy soit adiousté le nombre B D. Ie dis que le nombre faict du tout A B & de l'adiousté B D comme vn seul, sçauoir est de A D en l'adiousté B D, auec le quarré de la moictié C B, est egal au quarré faict de la moictié C B & adiousté B D comme vn seul, c'est à dire au quarré de C D. Car puis que par le 4. theor. le quarré de C D est egal aux quarrez des parties C B, B D, auec deux fois le nombre plan compris de C B, B D, c'est à dire aux quarrez des parties C B, B D, & aux nombres contenus de C B, B D, & de A C, B D: Mais par le premier theor. le nombre faict de A D en B D, est egal aux nombres contenus sous C B, B D, & sous A C, B D, & sous A D, B D, c'est à dire au quarré de B D. Donc prenant le nombre faict de A D en D B, pour le quarré de la partie B D, auec les nombres faicts de C B en B D, & de A C en B D, le quarré de C D sera egal à l'autre quarré de C B, ensemble auec le nombre faict de A D en B D: c'est à dire que le nombre faict de A D en B D, auec le quarré de C B, est egal au quarré de C D: ce qui estoit proposé.

A . . . C . . . B . . D

7. Si vn nombre est diuisé en deux parties, le quarré du tout auec le quarré de l'vne des parties, est egal à deux fois le nombre faict du tout en icelle partie, ensemble auec le quarré de l'autre partie.

Soit le nombre A B couppé és parties A C, C B. Ie dis que le quarré de A B, auec celuy de la partie C B, est egal à deux fois le nombre faict de A B en C B, ensemble auec le quarré de l'autre partie A C. Car puisque par le 4. theor. le quarré de A B est egal aux quarrez des parties A C, C B, & a deux fois le nombre faict d'icelles A C, C B; si on adiouste le commun quarré de C B, les quarrez de A B, C B, seront ensemble egaux aux quarrez de A C, C B, C B, auec deux fois le nombre produict de A C en C B: mais par le 3. theor. le nombre faict de A C en C B auec le quarré de C B, est egal au nombre produict de A B en C B; & partant le double de l'vn est egal au double de l'autre. Donc si pour le double du nombre faict de A C en C B, & quarré de C B, on prend le double du nombre produict de A B en C B, les quarrez des nombres A B, C B seront ensemble egaux à deux fois le nombre de A B en C B, auec le quarre de l'autre partie A C. Ce qui estoit proposé.

A . . . . C . . . . B

8. Si vn nombre est diuisé en deux parties, quatre fois le nombre faict du tout en vne partie, auec le quarré de l'autre partie, est egal au quarré du nombre composé du tout & de la partie premierement prise.

Soit le nombre A B couppé és parties A C, C B. Ie dis que le nombre faict de A B en la partie C B, ensemble auec le quarré de l'autre partie A C, est egal au quarré du nombre composé de A B & de la partie C B. Car estant adiousté le nombre BD egal à C B, par le 4. theor. le quarré du tout A D est egal aux quarrez des nombres A B, B D, ensemble auec le nombre double de A B en B D, c'est à dire aux quarrez des nombres A B, C B, ensemble auec deux fois le nombre de A B en C B: Mais par le 7. theor. les quarrez de A B, C B, sont egaux à deux fois le nombre contenu de A B, C B, auec le quarré de A C: donc si pour les quarrez de A B, C B, on prend le nombre double de A B en C B, & le quarré de A C; le quarré faict de A D est egal à 4 fois le nombre faict de A B en C B, ensemble auec le quarré de l'autre partie A C: ce qui estoit proposé.

A . . . . C . . . B . . . D

9. Si vn nombre est couppé en deux parties egales, & en deux inegales; les quarrez faicts des parties inegales, sont doubles des quarrez faicts de la moitié, & de la partie du milieu.

Soit le nombre A B diuisé es parties egales A C, C B, & ès inegales A D, D B. Ie dis que les quarrez des parties inegales A D, D B, sont doubles des quarrez de la moictié A C, & du nombre entre-moyen C D. Car puisque par le 4. theor. le quarré du nombre A D est egal aux quarrez des nombres A C, C D, ensemble auec deux fois le nombre faict de A C en C D; si on adiouste le commun quarré de D B, les quarrez des parties A D, D B, seront egaux aux quarrez des parties A C, C D, B D, ensemble auec deux fois le nombre produict de A C en C D, c'est à dire de C B en C D. Mais par le 7. theor. les quarrez de C B, c'est à dire de A C, & C D, sont egaux au quarré de D B, & à deux fois le nombre de C B en C D. Donc si pour le quarré de D B, & deux fois le nombre faict de C B en C D, on prend les quarrez de A C, C D, les quarrez de A D, D B seront egaux au double des quarrez des parties A C, C D; & partant ces quarrez là sont doubles de ceux-cy. Ce qui estoit proposé.

A . . . . . C . . . D . . B

10. Si vn nombre est diuisé en deux parties egales, & à iceluy on adiouste quelque autre nombre; le quarré du nombre composé d'iceux, & le quarré de l'adiousté, sont ensemble doubles des quarrez de la moitié, & de celuy faict du nombre composé d'icelle moitié & de l'adiousté.

Soit le nombre A B diuisé en deux parties egales A C, C B, & à iceluy soit adiousté le nombre BD. Ie dis que le quarré du nombre A D composé du tout A B, & de l'adiousté B D, & le quarré d'iceluy nombre adiousté B D, sont ensemble doubles des quarrez faicts de la moitié A C, & de C D, composé de la moictié C B & de l'adiousté B D. Car puisque par le 4. theor. le quarré de A D est egal aux quarrez de A C, C D, & à deux fois le nombre produict de A C, c'est à dire de C B, en C D; si on adiouste le commun quarré du nombre B D, les quarrez des nombres A D, B D, seront egaux aux quarrez des parties A C, C D, B D, ensemble auec deux fois le nombre produict de CB en C D. Mais par le 7. theor. les quarrez de C B, ou A C, & C D sont egaux au quarré de BD, & à deux fois le nombre fait de CB en CD. Donc si pour le quarré de B D, & deux fois iceluy nombre produict de CB en CD, on prend les quarrez des nombres C B, C D, c'est à dire des nombres A C, C D: les quarrez

A . . . . C . . . . B . . . D

des nombres A D, B D seront egaux à deux fois les quarrez des nombres A C, C D: & partant ceux-là sont doubles de ceux-cy: ce qui estoit proposé.

Or voila quant aux 10 premieres prop. du 2. l. mais la 11e ne se peut accommoder aux nombres, c'est à dire qu'on ne peut pas diuiser vn nombre proposé, en telle sorte que le nombre plan faict du tout & de l'vne des parties, soit egal au nombre quarré de l'autre partie.

Car, s'il est possible, soit diuisé A B en A C, C B, en sorte que le nombre plan faict du tout A B, & de la partie C B, soit egal au quarré de l'autre partie A C. Donc quatre fois le nombre de A B en C B, sera quadruple du quarré de A C: & partant quatre fois le nombre plan d'iceluy A B en C B, auec le qurré de A C, sera quintuple d'iceluy quarré de A C. Mais quatre fois le nombre plan de A B en C B, auec le quarré de A C, est quarré, veu que par le 8. theor. il est egal au nombre quarré, qui est faict du nombre composé de A B & de C B. Donc deux nombres quarrez (sçauoir celuy qui est faict de A B en C B quatre fois auec le quarré de A C; & le quarré de A C) ont mesme raison, que 5 à 1, ou 25 à 5. Ce qui est absurde, ainsi qu'il appert du corol. de la 24. p. 8. Le nombre A B ne peut donc pas estre diuisé, en sorte que le nombre plan faict du tout en vne des parties soit egal au quarré de l'autre partie. Ce qui estoit proposé.

A------------ C-------- B

THEOR. 15. PROP. XV.

Si trois nombres sont continuellement proportionnaux, & les plus petits de tous ceux qui ont mesme raison auec iceux: le composé de deux tels que l'on voudra d'iceux, sera premier à l'autre.

Soient trois nombres continuellement proportionnaux A, B, C, les plus petits de tous ceux qui ont la mesme raison: Ie dis que le composé de deux quels on voudra d'iceux, comme de A & B, est premier à l'autre C; & le composé de B, C, premier à A; & de A, C, premier à B.

A 9.	B 12.	C 16.
	D 3.	E 4.

Car si on prend D & E les plus petits qui soient en la mesme raison par le Scholie de la 35. prop. 7. il est euident par ce qui a esté demonstré à la 2. prop. 8. que A & C sont les quarrez de D & E, & que B est le produict de D multiplié par E: & par le 3. Theor. du Scholie precedent le composé de D, E, multiplié par D, produira vn nombre esgal au composé de A & B. Mais D & E estans premiers entr'eux par la 24. prop. 7. aussi leur composé sera premier à E, par la 30. prop. 7. & partant aussi à son quarré C, par la 27. prop. 7. Et par mesme raison D sera premier à C, & par la 26. prop. 7. le produict du composé de D & E multiplié par D, sera aussi premier à C. Mais nous auons monstré que ce produict est esgal au nombre composé de A & B. Donc aussi le composé de A & B sera premier à C.

En apres, puisque comme dessus le composé des deux nombres D, E est premier à chacun d'iceux; par la 26. prop. 7. le produit du composé de D, E, multiplié par E sera premier à D. Mais par le susdict Theor. iceluy produit est esgal à C faict de E en soy, & au nombre B faict de D en E. Donc le nombre composé de ces deux B & C sera aussi premier à D; & partant aussi à A par la 27. proposition 7.

Finablement D & E estans premiers entr'eux par la 24. prop. 7. & premiers au composé de deux par la 30. prop. 7. leur produict B sera premier au composé des deux par la 26. prop. 7. & par la 27. prop. 7. le produict de D, E comme vn seul nombre, multiplié par soy, sera premier à B. Mais par le 4. Theor. du Scholie precedent, iceluy produict de D E comme vn seul nombre multiplié en soy, est esgal à A & C & deux fois B ensemble: donc A & C auec deux fois B, sont premiers à B. Or en ostant les deux fois B; il est manifeste que le reste composé de A & C, sera premier à B. Car autrement ils seroient composez, & leur commune mesure mesureroit aussi deux fois B; & par consequent aussi le composé de A& C & deux fois B, qui ne seroit en ce faisant premier à B, contre ce qui a esté demonstré cy-dessus. Donc le composé de A & C est premier à B. Parquoy si trois nombres sont continuellement proportionnaux, &c. Ce qui estoit à prouuer.

THEOR. 16. PROP. XVI.

Si deux nombres sont premiers entr'eux, il ne sera pas comme le premier au second, ainsi le second à quelque autre.

Soient deux nombres premiers entr'eux, A & B. Ie dis que comme A est à B, ainsi B n'est pas à quelque autre, c'est à dire qu'à A & B, on ne peut trouuer vn troisiesme proportionnel,

A 3.	B 5.	C..

Autrement, s'il est possible, soit que comme A est à B, ainsi B soit à vn autre, sçauoir C. Par la 23. prop. 7. A & B estans premiers, ils seront les plus petits qui soient en la mesme raison, & par 21. prop. 7. A mesurera B, & B mesurera C. Mais aussi A mesure soy-mesme; donc A mesure iceux A & B. Ainsi A & B ne seroient premiers, contre l'hypothese. Donc il n'est pas comme A à B, ainsi B à C. Par mesme raison, il ne sera pas comme B à A, ainsi A à quelque autre. Si donc deux nombres sont premiers entr'eux, &c. Ce qu'il falloit demonstrer.

SCHOLIE.

Ce qui est dict & demonstré tant en cette 16. prop. qu'aux trois suiuantes, se doit entendre des nombres entiers: car si on les vouloit estendre aux fractions, il est certain & manifeste qu'à deux nombres quels qu'ils soient, on en peut trouuer vn troisiesme proportionnel; puis que le quarré du second nombre estant diuisé par le premier, en est produict vn troisiesme proportionnel. Comme aux deux nombres premiers 3 & 5, si le quarré du second nombre 5, sçauoir 25 est diuisé par le premier 3, prouiendra $8\frac{1}{3}$ pour le troisiesme proportionnel, &c.

THEOR.

THEOR. 17. PROP. XVII.

Si tant de nombres qu'on voudra sont continuellement proportionnaux, desquels les extrémes soient premiers entr'eux, il ne sera pas comme le premier au second, ainsi le dernier à quelque autre.

Soient A, B, C, continuellement proportionnaux, desquels les extremes A & C soient premiers entr'eux. Ie dis qu'il ne se peut faire que comme A est à B, ainsi C soit à quelque autre.

A 4.	B 6.	C 9.	D---

Car s'il est possible, comme A est à B, ainsi soit C à D. En permutant comme A sera à C, ainsi B à D : & par la 23. prop. 7. A & C estans premiers, ils seront les plus petits en leur raison : & par la 21. p. 7. ils mesureront egalement B & D ; sçauoir est A iceluy B ; & C iceluy D. Et pource que comme A à B, ainsi B à C ; & A mesure B, aussi B mesurera C : & par la 11. comm. sent. A mesurera aussi C ; & iceuy A mesurant soy-mesme, il mesurera iceux A & C premiers entr'eux : ce qui est absurde. A n'est donc pas à B, comme C à D. Par mesmes raisons, il ne sera pas comme C à B, ainsi A à quelque autre. Parquoy si tant de nombres qu'on voudra sont continuellement proportionnaux, &c. Ce qu'il falloit demonstrer.

PROBL. 1. PROP. XVIII.

Deux nombres estans donnez, considerer si on pourra trouuer vn troisiesme proportionnel à iceux.

Soient donnez les deux nombres A & B : il faut considerer si à iceux on peut trouuer vn troisiesme nombre proportionnel.

A 4.	B 6.	D 9.	C 36.
A 6.	B 7.	D ---	C 49.

La solution de ceste proposition est aisee : Car il n'y a qu'à considerer si C, produict du second nombre B multiplié par soy-mesme, peut estre mesuré, c'est à dire diuisé par le premier A : car s'il peut estre mesuré ou diuisé, comme en la premiere formule, il est euident par la 20. prop. 7. que le quotient D sera troisiesme nombre proportionnel ; sinon, on n'en trouuera point, puis que par la susdite 20. prop. 7. trois nombres estans prop. le produict des extremes doit estre esgal au produict du milieu.

PROB. 2. PROP. XIX.

Estans donnez trois nombres, considerer si on pourra trouuer vn quatriesme proportionnel à iceux.

Soient donnez trois nombres A, B, C; & il faut considerer si à iceux on peut trouuer vn quatriesme proportionnel.

A3.	B6.	C5.	E10.	D30.

La solution de ceste prop. est aussi aisée. Car il faut seulement considerer si D, qui est le produict des second & troisiesme nombres B & C, peut estre mesuré par le premier A: s'il peut estre mesuré ou diuisé, il est euident par la 19. prop. 7. que le quotient E sera quatriesme proport. sinon, on n'en trouuera point, puis que par la susdicte 19. prop. 7. quatre nombres estans proport. le produict du second & troisiesme doit estre esgal au produict du premier & quatriesme.

THEOR. 18. PROP. XX.

Quelque multitude de nombres premiers qu'on propose, il s'en trouuera encores d'autres.

Soit quelconque multitude de nombres premiers, A, B, C. Ie dis qu'il s'en trouuera encores d'autres.

A..2 B...3 C.....5
D.................... 30 E.F
G.....

Car si on trouue le nombre D E, le plus petit de tous ceux qui peuuent estre mesurez par les trois nombres A, B, C, par la 37. prop. 7. & à iceluy D E on adiouste l'vnité EF, le tout D F sera premier ou non: S'il est premier, on a vn nombre premier autre que pas vn des proposez: Mais si DF n'est premier, il sera mesuré par quelque nombre premier, par la 34. prop. 7. Soit donc mesuré par G; il est euident que G ne peut pas estre vn des trois A, B, C: car s'il estoit quelqu'vn d'iceux, il mesureroit comme eux DE. Donc G mesurant le tout D F, & le retranché D E, par la 12. comm, sent. il mesureroit aussi le reste DF, sçauoir vn nombre l'vnité: Ce qui est absurde. Donc G est autre nombre premier que pas vn des proposez. Et en ceste façon on en peut trouuer infiny autres. Parquoy quelque multitude de nombres premiers qu'on propose, &c. Ce qu'il falloit demonstrer.

THEOR. 19. PROP. XXI.

Si tant de nombres pairs que l'on voudra sont adioustez; le tout sera pair.

Soient adioustez tant de nombres pairs que l'on voudra AB, BC, CD: Ie dis que tout le composé AD, est pair.

Car d'autant que par la 6. def. 7. tout nombre pair a moitié, iceux AB, BC, CD, auront chacun moitié: Soit donc EF moitié de AB; & FG de BC; & GH de CD. D'autant que comme AB à EF, ainsi BC à FG; & CD à GH (la raison estant tousiours double) aussi par la 12. p. 7. comme AB sera à EF, ainsi AD à EH. Mais AB est double d'iceluy EF: Donc aussi AD sera double de EH; & partant iceluy nombre AD ayant moitié est pair par la susd. 6. def. Parquoy si tant de nombres pairs, &c. Ce qu'il falloit prouuer.

A . . . . . . 6 B . . . . 4 C . . . . 8 D
E . . . 3 F . . 2 G . . . . 4 H

THEOR. 20. PROP. XXII.

Si tant de nombres impairs que l'on voudra sont adioustez, & que la multitude d'iceux soit pair; le tout sera pair.

Soient adioustez tant de nombres impairs que l'on voudra, desquels la multitude AB, BC, CD, DE, soit pair: Ie dis que le tout AE est pair.

Car d'autant que AB, BC, CD, DE, sont impairs, par la 7. def. 7. chacun sera different du nombre pair de l'vnité: & partant si de chacun d'iceux l'on retranche l'vnité on les rendra tous pairs, & par la 21. proposit. 9. le composé d'iceux sera pair: Et d'autant que leur multitude est en nombre pair, les vnitez retranchees feront aussi vn nombre pair, lequel adiousté auec tout le reste, qui est desia nombre pair, le tout AE sera pareillement pair par la susdite 21. prop. 9. Parquoy si tant de nombres impairs, &c. Ce qu'il falloit prouuer.

A . . . 3 B . . . . . 5 C . . . . 7 D . . . . 9 E

THEOR. 21. PROP. XXIII.

Si tant de nombres impairs que l'on voudra sont adioustez, & que la multitude d'iceux soit impair, le tout sera impair.

Soient adioustez tant de nombres impairs que lon voudra, la multitude desquels comme AB, BC, CD soit impair: Ie dis que le tout AD est impair.

Car puis que par la def. du nombre impair, il differe du nombre pair de l'vnité, ayant retranché l'vnité ED du nombre impair CD, le reste CE sera pair. Mais par la prec. prop. AC composé des impairs AB, BC, pairs en multitude, est pair: Donc aussi AE composé des pairs AC, CE, sera pair: Et partant si a iceluy AE, lon adiouste l'vnité ED, le tout AD sera impair, puis que par la susd. def. le nombre impair differe du pair de l'vnité. Parquoy si tant de nombres impairs, &c. Ce qu'il falloit prouuer.

A . . . B . . . . . C . . . . . . E . D

THEOR. 22. PROP. XXIV.

Si d'vn nombre pair, on oste vn nombre pair, le reste sera pair.

Soit vn nombre pair AB, duquel soit retranché vn nombre pair CB : Ie dis que le reste AC est aussi pair.

A. D. . . . . C. . . . B

Ce qui est euident : Car s'il n'estoit pair, en ostant l'vnité AD on le rendroit pair : Et le retranché auec iceluy, sçauoir D B, seroit aussi vn nombre pair par la 21. prop. 9. & partant luy adioustant l'vnité ostee A D, le tout A B seroit impair ; ce qui est absurde ; puis qu'il a esté posé pair. Si donc d'vn nombre pair, &c. Ce qu'il falloit demonstrer.

THEOR. 23. PROP. XXV.

Si d'vn nombre pair, on oste vn nombre impair, le reste sera impair.

Du nombre pair AB, soit retranché le nombre impair C B: Ie dis que le reste AC est impair.

A. . . . . . C. D. . . . B

Car ayant retranché l'vnité CD du nombre impair CB, le reste D B sera pair. Et d'autant que le tout A B est posé pair, par la preced. le reste A D sera aussi pair. Et partant si on en oste l'vnité CD, le reste AC sera impair. Si donc d'vn nombre pair, &c. Ce qu'il falloit demonstrer.

THEOR. 24. PROP. XXVI.

Si d'vn nombre impair on oste vn nombre impair, le reste sera pair.

Soit vn nombre impair AB, duquel soit retranché vn nombre impair CB: Ie dis que le reste AC est pair.

A. . . . C. . . . . . D. B

Car ayant retranché des nombres impairs AB, CB, l'vnité DB, les nombres restans A D, CD, seront pairs. Et d'autant que du nombre pair AD, est retranché le nombre pair CD ; par la 24. p. 9. le reste AC sera pair, Parquoy si d'vn nombre impair, &c. Ce qu'il falloit demonstrer.

THEOR. 25. PROP. XXVII.

Si d'vn nombre impair on oste vn nombre pair, le reste sera impair.

Du nombre impair AB, soit retranché vn nombre pair CB: Ie dis que le reste AC est impair.

Car ayant retranché de l'impair AB, l'vnité AD, le reste DB sera pair; duquel estant retranché le pair CB, par la 24. p. 9. le reste DC sera aussi pair: & partant l'vnité AD y estant adioustee, AC sera impair. Parquoy si d'vn nombre impair, &c. Ce qu'il falloit demonstrer.

A. D. . . . C. . . . . . B

THEOR. 26. PROP. XXVIII.

Si vn nombre impair multiplie vn nombre pair, le produit sera pair.

Soit vn nombre impair A, lequel multipliant le nombre pair B, fasse C: Ie dis qu'iceluy produict C est pair.

Car d'autant que C est produict de A en B; iceluy produict C sera composé d'autant de nombres esgaux à B, qu'il y a d'vnitez en A. Mais B est pair; & partant C sera composé d'autant de nombres pairs esgaux à B qu'il y a d'vnitez en A: & par la 21. p. 9. C sera pair. Parquoy si vn nombre impair, &c. Ce qu'il falloit demonstrer.

A. . . 3 B. . . . 4
C. 12

SCHOLIE.

On demonstrera en la mesme maniere, que si vn nombre pair multiplie vn nombre pair, le produit sera aussi pair. Car derechef C sera composé d'autant de nombres pairs esgaux à B qu'il y a d'vnitez en A, &c.

A . . 2 B. . . . 4
C. 8

COROLLAIRE.

De ce que dessus, il s'ensuit qu'vn nombre pair multiplié par soy-mesme produira vn nombre pair; comme il est manifeste, en posant les nombres pairs A & B esgaux.

THEOR. 27. PROP. XXIX.

Si vn nombre impair multiplie vn nombre impair; le produit sera impair.

Que le nombre impair A, multipliant le nombre impair B, fasse C: Ie dis qu'iceluy produit C est impair.

Car puis que C est le produit de A en B, il sera composé d'autant de nombres esgaux à B qu'il y a d'vnitez en A: Et partant puis que tant A que B est nombre impair, leurdit produit C sera composé d'autant de

A. . . 3 B. 5
C. 15

nombres impairs egaux à B, qu'il y a d'vnitez au nombre impair A : parquoy la multitude d'iceux sera impair, & par la 23. p. 9. ledit produict C sera nombre impair. Si donc vn nombre impair, &c. Ce qu'il falloit demonstrer.

COROLLAIRE.

De cecy est manifeste qu'vn nombre impair multiplié par soy-mesme produict vn nombre impair.

SCHOLIE.

Clauius demonstre en cet endroit (apres Campanus) les deux theoremes suiuans.

1. Vn nombre impair mesurant vn nombre pair, il le mesure par vn nombre pair.

A...3 C..2
B.....6

Soit le nombre impair A, lequel mesure le nombre pair B par C. Ie dis que C est pair. Car s'il est impair ; B produict de A impair multiplié par C impair, sera impair, par la 29. p. 9. ce qui est absurde : car il a esté posé pair. Donc C est pair.

2. Vn nombre impair mesurant vn nombre impair, il le mesure par vn nombre impair.

A...3 C.....5
B...............15

Soit le nombre impair A, qui mesure le nombre impair B par C. Ie dis que C est impair. Car s'il est pair ; B faict de A impair par C pair, sera pair par la 28. p. 9. ce qui est contre l'hypothese ; donc C est impair.

A ces deux theor. nous adiousterons le suiuant.

Tout nombre qui mesure vn nombre impair, est aussi impair.

A...............15
B.....5 C...3

Soit le nombre impair A, lequel B mesure par C. Ie dis que B est impair. Car C estant multiplié par B produira A par la 9. com. sent. & si B n'est impair, mais pair ; le produict A sera pair par la 28. p. 9. ce qui est absurde, puis qu'il a esté posé impair. Donc B qui mesure A impair, n'est pas nombre pair, mais impair.

THEOR. 28. PROP. XXX.

Si vn nombre impair mesure vn nombre pair, il mesurera aussi sa moitié.

Soit le nombre impair A, qui mesure le nombre pair B. Ie dis qu'il mesurera aussi sa moitié C.

A...3 D....4 E..2
B............12
C.....6

Car puis que A mesure B, soit par le nombre D : iceluy D sera pair, comme nous auons demonstré au Schol. prec. theor. 1. & partant il se pourra diuiser en deux egalement par la 6. def. du 7. E soit donc la moitié de D. Parquoy comme D sera à sa moitié E, ainsi B sera à sa moitié C : & en permutant, comme D sera à B, ainsi E sera à C. Mais A mesurant B par D, aussi D mesurera B par A par la 8. com. sent, & partant D sera la partie de B denommée par A : donc aussi

E sera la partie de C denommée par le mesme A : & partant A mesurera C, par la 40. p. 7. Si donc vn nombre impair mesure vn nombre pair, &c. Ce qu'il falloit demonstrer.

THEOR. 29. PROP. XXXI.

Si vn nombre impair est premier à quelque nombre, il sera aussi premier à son double.

Soit le nombre impair A, premier à quelque nombre B, duquel le double soit C. Ie dis que A est aussi premier à C. Car si A & C ne sont premiers entre-eux, quelque nombre les mesurera, & soit D, lequel sera impair, comme nous auons demonstré au Scholie de la 29. p. 9. Et puis qu'il mesure le nombre pair C (car C est pair puis qu'il a moitié B) il mesurera aussi sa moitié B par la pr. prec. Mais il mesure aussi A. Donc D mesure iceux A & B premiers entr'eux : ce qui est absurde. Il n'y aura donc point de nombre qui mesure A & C ; & partant ils seront premiers entr'eux. Si donc vn nombre impair & premier à quelque nombre, &c. Ce qu'il falloit prouuer.

A...3	B....4
C........8	D..

THEOR. 30. PROP. XXXII.

Tous les nombres qui suiuent le binaire en progression double, sont seulement pairement pairs.

Soient depuis le binaire A tant de nombres qu'on voudra B, C, D, E, continuellement proportionnaux en raison double. Ie dis que B, C, D, E sont tant seulement pairement pairs.

Qu'il ne soit ainsi. Soit prise l'vnité, & puisque depuis l'vnité, A, B, C, D, E, sont continuellement prop. le plus petit mesurera le plus grand selon quelqu'vn de ceux qui sont entre les proportionnaux par la 11. p. 9. lesquels estans tous pairs, il est euident par les def. du 7. que B, C, D, E, seront pairement pairs, & tous les autres qui pourroient suiure en la mesme progression. Mais d'autant que A prochain de l'vnité est nombre premier, à sçauoir binaire, par la 13. p. 9. aucun autre nombre ne mesurera aucun de tous ceux qui sont en la progression, sinon ceux de la mesme progression, lesquels estans tous pairs, vn nombre pair mesurera chacun d'iceux par vn nombre pair ; & partant iceux nombres seront seulement pairement pairs. Parquoy tous les nombres qui suiuent le binaire, &c. Ce qu'il falloit demonstrer.

vnité.	A 2.	B 4.	C 8.	D 16.	E 32.

THEOR. 31. PROP. XXXIII.

Si la moitié d'vn nombre est impair, iceluy nombre sera seulement pairement impair.

Soit le nombre A, duquel la moitié B est impair: Ie dis que A est seulement pairement impair.

Car puisque B impair est moitié de A, il le mesurera par le nombre binaire C, & par la 9. def. 7. A sera pairement impair. Mais qu'il soit seulement pairement impair, on le prouuera ainsi. S'il estoit pairement pair, vn nombre pair, comme D, le mesureroit par quelque nombre pair, comme E. Et par la 9. com. sent. A est fait de D en E: mais le mesme A est aussi fait de la moitié B par le binaire C. Parquoy par la 19. p. 7. le produict de C par B, estant egal au produict de E en D, comme C sera à E, ainsi D à B. Mais C nombre binaire mesure E: Il faudroit donc aussi que D pair mesurast B impair: ce qui est impossible. Donc A n'est pairement pair: & partant il est seulement pairement impair. Parquoy si la moitié d'vn nombre est impair, &c. Ce qu'il falloit demonstrer.

	A 30.	
B 15.		C 2.
D--		E--

THEOR. 32. PROP. XXXIV.

Si vn nombre pair n'est de ceux qui sont doubles depuis le binaire, & que sa moitié ne soit nombre impair, il sera pairement pair, & pairement impair.

Le nombre pair A, ne soit de ceux qui sont doubles depuis le binaire, & que sa moitié soit pair: Ie dis que A est pairement pair, & pairement impair.

Qu'il soit pairement pair, il est euident. Car d'autant que sa moitié est pair, le binaire, qui est pair, le mesurera par icelle moitié; & par la 9. def. 7. il sera pairement pair.

A 20

Or il est aussi pairement impair: car puis que iceluy nombre A n'est de ceux qui sont doubles depuis le binaire, si on le diuise tousiours en deux egalement on viendra en fin à vn nombre impair auparauant que paruenir iusques au binaire, lequel nombre impair mesurera A par vn nombre pair: Car si c'estoit par vn impair, attendu que par la 29. p. 9. vn nombre impair multipliant vn nombre impair produit vn nombre impair, A seroit impair: ce qui est absurde, estant posé pair. Veu donc qu'vn nombre impair mesure A par vn nombre pair, & qu'vn nombre pair le mesure aussi par vn nombre pair; iceluy nombre A sera pairement pair, & pairement impair. Parquoy si nombre pair, &c. Ce qu'il falloit demonstrer.

THEOR. 33. PROP. XXXV.

S'il y a tant de nombres qu'on voudra continuellement proportionnaux, & que l'on retranche du second, & du dernier,

nier, vn nombre egal au premier; comme le reste du second sera au premier, ainsi le reste du dernier sera à tous les precedens.

Soient quatre nombres continuellement proportionnaux A, B, C, D, & que du second B l'on retranche F G egal au premier A: Et du dernier D l'on retranche K L aussi egal à A: Ie dis que comme le reste B F sera à A, ainsi l'autre reste D K sera à tous les trois precedens A, B, C, ensemble.

A........ 8								
B .... 4F 8G								
C.................. 18								
D	9	H	6	I	4	K	8	L

Car si de D L on retranche L I egal à B G, il est euident que K I sera egal à B F, (estant K L egal à F G) & si on retranche L H egal à C; comme les quatre nombres D, C, B, A, sont continuellement proportionnaux, aussi seront leurs egaux D L, H L, I L, K L: & en diuisant, D H sera à H L, comme H I à I L, ou I K à K L; & partant par la 12. p. 7. tous les antecedans D H, H I, I K, (c'est à dire D K) seront à tous les consequents H L, I L, K L, (c'est à dire A, B, C,) comme l'vn des antecedans I K, est à l'vn des consequens K L, ou leurs egaux B F à A. Parquoy s'il y a tant de nombres qu'on voudra continuellement proportionnaux, &c. Ce qu'il falloit prouuer.

THEOR. 34. PROP. XXXVI.

Si depuis l'vnité on prend tant de nombres qu'on voudra continuellement proportionnaux en raison double, iusques à ce que le tout composé soit nombre premier: iceluy tout multiplié par le dernier produira vn nombre parfaict.

Soient depuis l'vnité tant de nombres qu'on voudra A, B, C, D, continuellement proportionnaux en raison double, la somme desquels & de l'vnité soit E nombre premier, & que E multiplié par le dernier D fasse F G: Ie dis que le produict F G est nombre parfaict.

Vnité.
A.. 2
B.... 4
C........ 8
D................ 16
E 31
H 31 M 31 I
K 124
L 248
F 31 N 465 G
O-- P--

Car ayant pris H I double de E; K double de H I; & L double de K, & ainsi de suitte tant qu'il y aura de nombres proposez: iceux nombres E, H I, K, L, seront continuellement proportionnaux en la raison de A, B, C, D; & partant en raison egale, A sera à D comme E à L; & par la 19. p. 7. le produict de A multiplié par L, sera egal au produict de D par E, sçauoir F G: mais A estant binaire, F G sera double de L: ainsi E, H I, K, L, F G, seront continuellement proportionnaux en raison double. Maintenant de H I second soit retranché H M egal à E premier; &

de F G dernier, soit retranché F N, aussi egal à E premier: par la prec. prop. comme M I est egal à E, (d'autant que HI estoit double de E) ainsi N G sera egal à E, HI, K, L ensemble. Mais FN egal à E, est aussi egal à l'vnité & à A, B, C, D ensemble. Et par consequent FG sera egal à l'vnité & à A, B, C, D, E, HI, K, L, ensemble: & puis que FG a esté faict de E multiplié par D, par la 7. com. sent. D mesurera FG; & partant par la 11. com. sent. l'vnité, & les nombres A, B, C, qui par la 11. p. 9. mesurent D, mesureront le mesme FG. Derechef puis que L mesure F G; aussi par la 11. com. sent. les nombres E, HI, K, lesquels par la 11. prop. 9. mesurent L à cause de la raison double: mesureront le mesme FG: ainsi l'vnité & tous les nombres, A, B, C, D, E, HI, K, L mesurent iceluy F G, lequel ne peut estre mesuré par aucun autre nombre que ceux cy, comme nous monstrerons incontinent: & partant par la 22. def. du 7. il sera nombre parfaict, estant egal à toutes ses parties aliquotes.

Que si on pense que FG puisse estre mesuré par quelque autre nombre que les susdits; que O le mesure, s'il est possible, selon P: donc O multipliant P produira FG par la 9. com. sent. Mais le mesme FG est aussi produict de E en D. Donc vn mesme nombre est faict de E premier par D 4e, & de P second en O 3e; & partant comme E à P, ainsi O à D par la 19. prop. 7. & puis que A, B, C, D, sont continuellement proportionnaux depuis l'vnité, & que A proche de l'vnité est premier, par la 13. p. 9. nul autre nombre que A, B, C mesurera le dernier D: & O est posé n'estre le mesme qu'aucuns d'iceux A, B, C; O ne mesurera donc pas iceluy D. Mais comme O à D, ainsi estoit E à P: Donc aussi E ne mesurera P: & puis que E est premier par la 31. p. 7. E & P seront premiers entr'eux: & partant les moindres en leur raison par la 23. p. 7. & par la 21. p. 7. E mesurera O, comme P mesurera D. Mais nul autre que A, B, C mesure iceluy D. Donc P sera le mesme que l'vn d'iceux A, B, C. Soit donc le mesme que B: & d'autant que B, C, D, & E, HI, K, sont continuellement proportionnaux en raison double, par raison egale comme B sera à D, ainsi E à K, & partant par la 19. p. 7. le produict de B par K, sera egal au produict de D en E. Mais le produict de D en E est egal à celuy de P en O. Donc vn mesme nombre sera faict de P en O, que de B en K; & partant par la 19. p. 7. comme P sera à B, ainsi K à O. Mais P estoit le mesme que B: Donc aussi K sera le mesme que O: Ce qui est absurde, car O a esté posé autre que tous ceux-cy A, B, C, D, E, HI, K, L. Il n'y aura donc point d'autres nombres que A, B, C, D, E, HI, K, L, qui mesurent FG, & lequel ils composent. Iceluy est donc nombre parfaict. Parquoy si depuis l'vnité on prend tant de nombres qu'on voudra continuellement proportionnaux en raison double, &c. Ce qu'il falloit demonstrer.

SCHOLIE.

Il appert de ce theor. que pour trouuer des nombres parfaicts, & leurs parties aliquottes, il faut poser d'ordre tant de nombres qu'on voudra continuellement doubles depuis l'vnité, puis adiouster tous ces nombres la ensemble, & si la somme d'iceux est nombre premier, icelle estant multipliée par le dernier nombre, le produict sera nombre parfaict. Mais si la susdicte somme n'est nombre premier, il faudra poursuiure la posi-

tion des nombres doubles iusques a ce que ladi. 3e somme de tous les nombres posez vienne a estre nombre premier, laquelle estant, comme dict est cy-dessus, multipliée par le dernier des nombres doubles sera procreé vn nombre parfaict. Et si on prend autant de nombres continuellement doubles du susdict nombre premier (iceluy compté) qu'on en aura posé depuis l'vnité, (icelle excluse) tous ces nombres auec ladicte vnité, seront les parties aliquottes que peut auoir le nombre parfaict trouué. Ce qui est euident par la demonstration de cette prop. & neantmoins nous ioindrons encore icy quelques exemples. Ayant posé 1 & 2, leur somme 3 est nombre premier, lequel estant multiplié par 2, produict 6, nombre parfaict, duquel les parties aliquottes sont 1, 2, 3. Item 1, 2, 4, font ensemble 7, nombre premier: parquoy iceluy estant multiplié par le dernier nombre 4, le produict 28 est nombre parfaict, & les parties aliquottes d'iceluy sont 1, 2, 4, 7 & 14. Mais d'autant que la somme de ces nombres 1, 2, 4, 8, sçauoir 15, n'est pas nombre premier, il faut continuer la proportion double, & on aura 1, 2, 4, 8, 16, dont la somme 31, est vn nombre premier, qui multiplié par le dernier nombre 16, produict le nombre parfaict 496, duquel les parties aliquottes sont 1, 2, 4, 8, 16, 31, 62, 124, & 248.

Fin du neufiesme Element.

ADVERTISSEMENT.

D'Autant que les doctes Commandin, Steuin, & Dibuadius, ont estimé que le 10. liure d'Euclide, seroit rendu beaucoup plus clair & intelligible, y ioignant les nombres, ie les ay adioustez aux endroits plus difficiles & obscurs, me seruant quelquefois du trauail des susdicts autheurs. Et de plus, voyant que chacun n'entend pas les operations des nombres radicaux & sourds, lesquelles neantmoins sont necessaires pour l'intelligence de ces applications de nombres, i'ay adiousté icy vn sommaire & abbregé de l'Algebre, auquel sont enseignés non seulement les Algorithmes, & autres operations de nombres radicaux & sourds, mais aussi toutes les autres reigles & operations Algebraiques. Si quelqu'vn en desire voir les demonstrations, il les trouuera au second traicté de nostre Collection Mathematique.

SOMMAIRE DE L'ALGEBRE.

Que c'est qu'Algebre, qui en est l'inuenteur, de quelles figures & caracteres on se sert en icelle, & leur signification.

CHAPITRE I.

Lgebre est vne Arithmetique de nombres figurez: ou bien parlant plus intelligiblement, c'est vne science par laquelle on peut rendre manifeste & cogneuë en nombre vne quantité incogneuë.

Quant à l'inuenteur de cette science, il est incertain: car les vns l'attribuent à Geber Arabe; les autres à vn Mahomet fils de Moyse Arabe: & les autres à Diophante d'Alexandrie.

Et quant aux figures d'icelle science, outre les figures numerales de l'Arithmetique vulgaire, il y a plusieurs autres figures & caracteres, dont on se sert en ceste science, lesquels sont figurez, & nommez diuersement par les autheurs qui ont escrit d'icelle science: mais entre ceste diuersité de caracteres, nous auons choisi les suiuans, les iugeant plus propres & aisez à representer ce qu'ils signifient qu'aucuns autres.

N. ℞. *q. c. qq. ß. qc. bß. qqq. cc. qß. cß. qqc. dß. qbß.* &c.

Le premier caractere N, a l'appellation du nombre absolu & simple: tellement que le nombre auquel ledit caractere sera apposé, est absolu & simple: comme 4 N, ne signifie autre chose que 4 vnitez simples; toutefois ce caractere N defaut le plus souuent aux nombres simples; c'est pourquoy les nombres ausquels est apposé ledit caractere N, ou bien ausquels il n'y a aucun signe, doiuent estre pris pour simples & absolus.

Le second caractere ℞, s'appelle racine; tellement que le nombre auquel est apposé ledit caractere, sera denommé par racine, comme 7 ℞, signifient 7 racines.

Le troisiesme caractere *q*, represente quarré; tellement que 5 *q*, signifient cinq quarrez.

Le quatriesme caractere *c*, signifie cube; comme 7 *c*, signifient sept cubes.

Le cinquiesme caractere *qq*, signifient quarré de quarré, comme 8 *qq*, s'appellent huict quarrez de quarré.

Le sixiesme *ß*, denotte sursolide; tellement que 4 *ß*, signifient quatre sursolides.

Le septiesme caractere *qc*, denotte quarré de cube, comme 7 *qc*, signifient sept quarrez de cube.

Le huictiesme *bß*, s'appelle second sursolide; tellement que 4 *bß*, signifient quatre second sursolide.

Le neufiesme caractere *qqq*, denotte quarré quarré de quarré: comme 3 *qqq*, signifient trois quarrés de quarré de quarré.

Le dixiesme *cc*, signifie cube de cube; tellement que 8 *cc*, signifient huict cubes de cube. Et ainsi faut-il entendre des autres caracteres en l'ordre cy dessus, tous lesquels sont appellez signes ou caracteres cossiques.

Il y a encore ce caractere √, par lequel sont nottez certains nombres qu'on appelle radicaux, irradicaux, ou sourds, dont sera parlé cy apres: comme aussi de quelques autres signes ou caracteres.

Des nombres cossiques, ou denommez.

CHAP. II.

LEs nombres vsitez en l'Algebre sont de trois genres: Ceux du premier, sont nommez nombres cossiques, ou denommez: ceux du second, sont appellez nombres radicaux, ou irrationnaux: & les troisiesmes sont nommez nombres radicaux cossiques. Quant aux nombres cossiques, ou denommez, ce sont tous nombres de quelconque progression Geometrique, commençant à l'vnité: pour l'intelligence desquels doiuent estre diligemment considerées les deux progressions suiuantes, au milieu desquelles sont posez les caracteres cossiques cy-dessus declarez.

0.	1.	2.	3.	4.	5.	6.	7.	8.	9.	10.	11.	12.	&c.
N.	℞.	*q*.	*c*.	*qq*.	*ß*.	*qc*.	*bß*.	*qqq*.	*cc*.	*qß*.	*cß*.	*qqc*.	&c.
1.	2.	4.	8.	16.	32.	64.	128.	256.	512.	1024.	2048.	4096.	&c.

Le premier ordre est la progression naturelle des nombres commençant à 0, lesquels s'appellent exposans, tant des signes cossiques descrits au dessous, que des termes de la progression Geometrique commençant à l'vnité: tellement que le premier terme de ladite progression naturelle, qui est 0, au-dessous duquel est N & 1, est exposant du nombre simple & absolu: Le second terme 1, au dessous duquel est ℞ & 2, monstre le second terme de la progression Geometrique, estre la premiere denomination és nombres cossiques, & s'appelle racine: Le tiers terme 2, expose que le tiers nombre de la progression Geometr. est la seconde denomination, & s'appelle quarré: ainsi pareillement 6, demonstre la sixiesme denomination estre le nombre quarré de cube, & ainsi des autres.

Puis apres, les mesmes nombres exposans de la progression naturelle des nombres, enseignent combien il y a de raisons entre chacun nombre de la progr. Geometr. & l'vnité, comme 1, qui est au-dessus de ℞ & 2, signifie qu'entre 2, ou bien la racine de la progr. Geometr. & l'vnité, il y a la seule raison de 2 à 1: & 2, qui est au dessus de *q* & 4, montre qu'entre 4, ou bien le quarré & l'vnité, doiuent estre 2 raisons, comme 4 à 2, & 2 à 1: de mesme 3, qui est au dessus de *c* & 8, monstre qu'entre le cube, ou 8 & l'vnité, sont les trois raisons 8 à 4, 4 à 2, & 2 à 1, & ainsi des autres.

D'auantage, chasque deux nombres exposans multipliez entr'eux, produisent l'exposant du caractere cossique qui sera composé des caracteres desdits deux exposans multipliez entr'eux, comme 2 estant multiplié par 3 fait 6, exposant du caractere *qc*. qui est composé de *q* & de *c*. De mesme, 4 estant multiplié par 3 fait 12, exposant du caractere *qqc*, qui est composé de *qq*, & de *c*; & ainsi des autres.

Pareillement estant diuisé quelque nombre exposant par vn autre moindre, le quotient monstrera (s'il est nombre entier) l'exposant du caractere cossique qui restera, si du caractere du nombre exposant diuisé, est osté le caractere du nombre exposant par lequel est faicte la diuision : comme si 6, exposant du caractere *qc*, est diuisé par 2, exposant du caractere *q*, le quotient sera 3, exposant du caractere *c*, qui restera, si du caractere *qc*, exposant de 6, est osté le caractere *q* de l'exposant 2. De mesme, si 12, nombre exposant du caractere *qqc*, est diuisé par 4, exposant du caractere *qq*, le quotient sera 3, exposant du caractere *c*, lequel restera, si de *qqc*, est osté *qq*; & ainsi des autres.

Derechef, ceste figure 2, qui est posee sur 4 & *q* enseigne que le quarré, ou bien la 2e. denomination est produite de la multiplication de la racine deux fois posee : car si la racine 2 est posee deux fois, en ceste maniere 2, 2, & soit faite la multiplication de 2 par 2, sera procreé le quarré 4: en la mesme maniere ceste figure 3, qui est posee sur 8 & *c*, signifie que le cube, ou bien la 3e. denomination est produicte de la racine, trois fois posee & multipliee : Car si la racine 2 est posee trois fois, comme icy 2. 2. 2. & soit faict la multiplication de 2 par 2, & du nombre produict d'iceux par 2, viendra le cube 8; & y a mesme raison de tous les autres.

Or par ces choses seront facilement definis les nombres cossiques. Car si pour exemple est demandé que c'est qu'vn nombre second sursolide, nous dirons estre vn nombre, lequel est engendré par quelque nombre sept fois posé & multiplié; comme 128, est engendré de la multiplic. de ceste racine 2, posee sept fois en ceste maniere 2.2.2.2.2.2.2. Semblablement le quarré de quarré sera vn nombre, lequel est engendré par quelque nombre, quatre fois posé & multiplié; comme 16 est procreé de la multiplication de la racine 2, quatre fois posee ainsi 2.2.2.2. & ainsi des autres. Mais tousiours le nombre tant de fois posé, lequel engendre quelque nombre par sa multiplication, est dit racine du nombre produict, comme 2 estant posé six fois en ceste maniere 2.2. 2. 2. 2. 2. & multiplié, faict ce nombre 64, qui est *qc*. partant 2 est dit racine quarree cubique de ce nombre 64; & ainsi faut-il entendre des autres.

Or non seulement sont quelquesfois produicts les nombres de la progression Geometrique, posez par la multiplication de la racine, comme est cy-dessus dit, mais aussi par la multiplication des autres nombres entr'eux, ainsi que les signes cossiques d'iceux demonstrent : comme ce nombre quarré de sursolide 1024, est procreé de la racine dix fois posee en ceste maniere 2.2.2.2. 2.2.2.2.2.2. ainsi que monstre son exposant 10: toutesfois pource que son signe cossique *qβ* est composé de ces deux signes cossiques *q* & *β*, les exposans desquels sont 2 & 5, si la mesme racine 2 est deux fois posee en ceste maniere 2, 2, à cause de 2 exposant du signe *q*, & puis soit multipliee, afin que 4 soit produit, & ce produict cinq fois posé en ceste maniere 4.4.4.4.4. (à cause de 5, exposant du signe *β*,) soit multiplié, sera procreé le mesme nombre 1024.

Par la mesme maniere, si la racine 2 est posee cinq fois, à cause du signe *ß*, & pareillement multipliée, & le nombre 32 produict, soit posé deux fois, à cause du signe *q*, sera encore procreé le mesme nombre : Car la racine ainsi posee 2,2,2,2,2, & puis multipliee faict 32 : mais ce nombre cy 32 posé deux fois ainsi 32, 32, & multiplié procree 1024. Le mesme doit estre dit des autres dont, les signes cossiques sont composez de plusieurs signes cossiques.

Pareillement és superieures progressions, est bien considerable que l'addition des nombres de la progression Arithmetique respond à la multiplication des nombres de la progression Geometrique, & la substraction à la diuision. Car pour exemple, ainsi que 2 & 5. (qui sont exposans de *q* & *ß*.) adioustez ensemble font 7, ainsi aussi leurs correspondans 4 & 32, estans multipliez entre eux produisent 128, c'est à dire *bß*, l'exposant duquel est 7. Item ainsi que 3 & 9. adioustez ensemble font 12, ainsi aussi *c* & *cc*, c'est à sçauoir 8 & 512, les exposans desquels sont 3 & 9, multipliez entr'eux produisent 4096, c'est à dire *qqc*, duquel l'exposant est 12 : & ainsi des autres.

Derechef tout ainsi qu'en soustrayant 5 de 7 reste 2, ainsi en diuisant *bß*, c'est à sçauoir 128, duquel 7 est exposant, par *ß*, c'est à dire par 32, duquel l'exposant est 5, prouient 4, c'est à sçauoir *q*, duquel l'exposant est 2: Semblablement, ainsi qu'en soustrayant 3 de 12 restent 9, ainsi aussi en diuisant *qqc*, c'est à dire 4096, duquel l'exposant est 12. par *c*; c'est à dire par 8, duquel l'exposant est 3, prouient *cc*; c'est à sçauoir 512, duquel l'exposant est 9, & ainsi des autres.

Or ce qui a esté dit iusques à present de la progression Geometrique en raison double qui commence à l'vnité, le mesme doit estre entendu en quelqu'autre progression Geometrique que ce soit, le commencement de laquelle est l'vnité.

Reste à monstrer par quelle raison tous les nombres proposez de quelconque progression Geometrique, commençant à l'vnité, doiuent estre denommez, ou (ce qui est le mesme) quels signes cosiques doiuent estre attribuez & inscrits ausdits nombres: ce que nous monstrerons facilement, si premierement nous denommons les nombres, desquels les exposans sont nombres premiers; de laquelle sorte sont les suiuans, auec leurs caracteres cossiques.

2.	3.	5.	7.	11.	13.	17.	19.	23.	29.	31.	37.	41.	43.	47.	53.	59.	&c.
q.	*c.*	*ß.*	*bß.*	*cß.*	*dß.*	*eß.*	*fß.*	*gß.*	*hß.*	*iß.*	*kß.*	*lß.*	*mß.*	*nß.*	*oß.*	*pß.*	&c.

Or les lettres de l'alphabet aposees aux caracteres de *ß* sont au lieu de chiffres, comme *bß* signifie 2*ß*; *cß*, 3*ß*; *dß*, 4*ß*, &c. & ce d'autant qu'iceux chiffres apporteroient de la confusion.

Sçachant donc ainsi que dessus les nombres premiers, & leurs caracteres, nous trouuerons les caracteres des autres nombres cossiques, desquels les exposans ne sont nombres premiers, ains composez, en resoluant l'exposant du nombre composé, dont la denomination & caractere est desiree en ses parties aliquotes incomposées, lesquelles estans multipliees par ordre entr'elles, constituent & produisent iceluy : ce que vous ferez en ceste maniere.

Diuisez premierement le nombre composé donné par le moindre nombre premier, par lequel il se peut diuiser, semblablement le quotient, s'il est nombre composé; & derechef soit diuisé ce quotient par le moindre nombre, & ainsi consequemment soit faicte continuellement la diuision, iusques à ce que le quotient soit nombre premier, c'est à sçauoir n'ayant aucune partie aliquotte; & tous les diuiseurs, ensemble le dernier quotient, seront parties aliquottes incomposees, lesquelles estans multipliees par ordres entr'elles produiront le nombre composé donné, & les caracteres de toutes lesdictes parties aliquottes ioincts ensemble, feront le caractere dudit nombre composé donné. Comme pour exemple, si vous voulez trouuer le charactere de ce nombre composé 24, vous diuiserez iceluy par 2, qui est le moindre nombre premier, & viendra 12 au quotient, lequel quotient vous diuiserez derechef par 2, & viendra 6 au quotient, que vous diuiserez encore derechef par 2, & viendra 3, au quotient, qui est nombre premier: tellement que vous aurez pour les parties incomposees de 24, ces quatre nombres 2, 2, 2, 3, dont les caracteres sont *q. q. q. c.* & partant le caractetere appartenant à ce nombre composé 24 sera *qqqc*. Et c'est exposant 30 (duquel les parties incomposees sont 2, 3, 5,) fera ce signe *qcß*, & ainsi des autres.

On fera encore la mesme chose, prenant deux quelconques nombres qui multipliés entr'eux, produisent le nombre exposant proposé: Car les signes cossiques d'iceux, composent le signe cossique dudit nombre exposant proposé. Comme 3 & 4, desquels les signes cossiques sont *c.* & *q.* multipliez entr'eux produisent 12, dont le signe cossique sera *qqc*.

Or le contraire de ce que dessus, se fera rendant à chasque caractere incomposé son exposant; puis multipliant iceux exposans ensemble. Comme pour exemple, si nous voulons auoir l'exposant de *qqc.* nous rendrons à chasque caractere son exposant particulier, c'est à sçauoir, 2, 2, 3, lesquels multipliez ensemble font 12, qui sera l'exposant dudit signe cossiques *qqc.* & ainsi faut-il entendre des autres.

De la numeration des nombres cossiques.

CHAP. III.

LA numeration des nombres cossiques est facile, les choses cy-deuant dictes estans bien entendues: Car quand ils sont posez seuls, comme 5 ℞, ou 8 *q.* ou 20 *c.* &c. ils s'expriment ainsi, 5 racines, ou 8 quarrez, ou 20 cubes, &c; mais quand ils sont proposez conioincts entr'eux par ce signe + au milieu, ou par celuy-cy —; comme 5 ℞ + 8 *q*; ou 8 *q* — 5 ℞; ou 20 *c* + 8 *q* — 5; lesquels deux signes + & — ont leur signification contraire: car cestuy-cy +, est dict signe d'adiouster, & signifie plus; mais celuy-cy —, est appellé signe de soustraire, & denote moins; & les nombres ausquels est interposé le signe +, sont dits composez: mais ceux ausquels interuient le signe —, sont nommez diminuez: & finablement ceux ausquels l'vn & l'autre signe est interposé, sont appellez mixtes: iaçoit que tous pourroient estre dits composez.

Partant

Partant donc ce composé 5℞+8q. s'exprime 5 racines plus 8 quarrez; mais ce diminué 8q—5℞; 8 quarrez moins 5 racines: & ce mixte-cy 20c+8q—5. 20 cubes plus 8 quarrez moins 5 vnitez; car comme il a esté dit, le nombre qui n'a point de caractere cossique apres soy, signifie vn nombre absolu composé d'vnitez.

Or ces signes + & — sont tousiours referez aux nombres qui les suiuent, & le nombre qui precede n'est à l'vn n'y à l'autre desdits signes. Or le sens des nombres composez, diminuez, ou mixtes est facile: car quand nous disons 5℞+8q, nous entendons 5 racines ensemble auec 8 quarrez, c'est à dire 42 vnitez, si la racine est 2, & le quarré 4: ainsi aussi quand nous disons 8q—5℞, nous entendons que de 8 quarrez, sont ostez 5 racines; c'est à dire que le nombre proposé est 22 vnitez, si la racine est 2, & le quarré 4; & le mesme faut il dire des autres.

De l'addition, & soustraction des nombres cossiques.

Chap. IV.

QVand il faut adiouster vn nombre cossique à vn nombre cossique d'autre denomination ou caractere, l'addition se fait mettant ce signe + au milieu, & vient vn nombre composé: comme ces deux nombres 6 ℞ & 8, adioustez ensemble font 6 ℞ + 8: de mesme 6 ℞ & 8c, font 6 ℞ + 8c. &c.

Mais quand il faut adiouster vn nombre cossique à vn autre nombre cossique de mesme appellation ou caractere, les nombres se doiuent adiouster, & à la somme apposer le mesme caractere cossique: comme ces nombres 4q & 9q adioustez ensemble, font 13q, de mesme 5℞ & 4℞, font 9℞, &c.

Par mesme raison, quand il faut soustraire vn nombre cossique d'vn nombre cossique d'autre denomination, la soustraction se fait mettant ce signe — au milieu, & fait vn nombre diminué: comme pour exemple, ce nombre 6℞ osté de 8q, reste 8q—6℞; de mesme 12 de 6℞, restent 6℞—12. &c.

Mais quand il faut soustraire vn nombre cossique d'vn autre nombre cossique de mesme caractere, on doit soustraire le nombre du nombre, & au reste apposer le mesme caractere: comme 4℞ de 9℞, restent 5℞: & 9c de 20c, restent 11c.

Mais quand il faut adiouster des nombres cossiques composez, diminuez, & mixtes, ou oster l'vn de l'autre, il les faut poser l'vn au dessous de l'autre, tellement que les nombres de mesme appellation se respondent entr'eux. Que si en l'vn ou l'autre d'iceux n'est trouué vn nombre respondant à quelqu'vn, au lieu de sa figure sera posé o auec le signe +, & estans ainsi constituez, seront adioustez les nombres de mesme appellation, ou ostez l'vn de l'autre, & les sommes, ou nombres restez, souscrits en leurs propres lieux, auec les mesmes signes + ou —, qui seront trouuez és nombres adioustez, ou soustraits.

Exemples de l'addition.

℞.	N.
6	+ 8.
7	+ 10.
13	+ 18.

q.	℞.	N.
7	+ 8	— 5.
3	+ 9	— 8.
10	+ 17	— 13.

c.	N.	q.
7	+ 8	— 3.
4	+ 11	— 5.
11	+ 19	— 8.

c.	q.	℞.	N.
4	+ 11.	+ 0	— 6.
3	+ 0	+ 8	— 4.
7	+ 11	+ 8	— 10.

β.	qq.	℞.	N.	q.
7	+ 0	+ 8	— 5	+ 4.
4	+ 9	+ 6	— 9	+ 0.
11	+ 9	+ 14	— 14	+ 4.

Exemples de la soustraction.

c.	q.	℞.	N.
7	+ 11	+ 8	— 10.
3	+ 0	+ 8	— 4.
4	+ 11	+ 0	— 6.

c.	N.	q.
11	+ 19	— 8.
4	+ 11	— 5.
7	+ 8	— 3.

β.	qq.	℞.	N.	q.
11	+ 9	+ 14	— 14	+ 4.
7	+ 0	+ 8	— 5	+ 4.
4	+ 9	+ 6	— 9	+ 0.

q.	℞.	N.
10	+ 17	— 13.
7	+ 8	— 5.
3	+ 9	— 8.

Quand il reste + 0, ou — 0, il n'en faut tenir compte, comme au premier exemple, où il reste 4c + 11q + 0℞ — 6N, sera seulement 4c + 11q — 6.

Que si en l'addition ou soustraction, l'vn des nombres auoit le signe +, & l'autre —, il faudroit changer d'espece : c'est à dire qu'en l'addition, il faut soustraire le moindre du plus grand, & au nombre restant donner le signe du plus grand nombre duquel a esté faicte la soustraction.

Exemples.

q.	℞.
6	+ 8.
2	— 10.
8	— 2.

qc.	β.	qq.	c.	℞.	N.
7	+ 0	+ 8	+ 0	— 4	+ 8.
7	+ 5	— 11	— 11	+ 0	+ 0.
14	+ 5	— 3	— 11	— 4	+ 8.

Mais s'il falloit adiouster ces deux nombres 12c + 6q — 8℞ + 7, & 12℞ — 5c — 3q — 9, il les faudroit poser comme ensuit.

c.	q.	R.	N.
+12	+6	− 8	+7.
− 5	− 3	+12	− 9.
7	+3	+4	− 2.

Mais en la soustraction, il faut adiouster les nombres ensemble, & donner à la somme le signe du nombre superieur, duquel doit estre faite la soustraction.

Exemples.

q.	R.
8	− 2.
6	+ 8.
2	−10.

qc.	ß.	qq.	c.	R.	N.
14	+ 5	− 3	− 11	− 4	+ 8.
7	+ 0	+ 8	+ 0	+ 4	+ 8.
7	+ 5	− 11	− 11	− 0	+ 0.

Que s'il aduenoit qu'aux deux nombres de la soustraction fussent mesme signe, & que le nombre à soustraire fust plus grand que celuy duquel il faut soustraire, il faudroit oster le moindre nombre du plus grand, & au reste donner le signe contraire, comme il appert és exemples suiuans.

q.	R.
6	+ 8.
2	+ 10.
4	− 2.

q.	R.	N.
9	+ 4	− 5.
4	+ 7	− 8.
5	− 3	+ 3.

c	q.	N.
6	+ 5	+ 5.
7	− 9	+ 10.
− 1	+ 4	− 7.

Et d'autant que le signe − n'est pas bien disposé au premier nombre, le reste du dernier exemple doit estre posé ainsi 4 q − 1 c − 7.

Or tous les preceptes de l'addition & soustraction enseignez cy dessus, au regard des signes + & −, peuuent estre retenus en memoire par les deux reigles suiuantes.

1 *A mesmes signes on doit poser le mesme signe, sinon en la soustraction, quand les nombres sont posez à rebours: car alors le superieur est soustraict de l'inferieur, & de + est fait −: mais de − est fait +.*

2 *Les signes diuers changent l'espece de l'operation: & en l'addition est posé le signe du plus grand nombre: mais en la soustraction est posé le signe du nombre superieur.*

Quant à la preuue de l'addition & soustraction, elle se fait en deux manieres: Pour la premiere, l'addition preuue la soustraction, & la soustraction l'addition, tout ainsi qu'on fait és nombres absolus.

Exemples de la preuue des trois dernieres additions & soustractions.

q.	℞.
8	— 2.
2	— 10.
6	+ 8.

qc.	ß.	qq.	c.	℞.	N.
14	+ 5	— 3	— 11	— 4	+ 8.
7	+ 5	— 11	— 11	+ 0	+ 0.
7	+ 0	+ 8	+ 0	— 4	+ 8.

c.	q.	℞.	N.
7	+ 3	+ 4	— 2.
— 5	— 3	+ 12	— 9.
12	+ 6	— 8	+ 7.

Preuue de la soustraction.

c.	℞.
4	— 2.
2	+ 10.
6	+ 8.

q.	℞.	N.
5	— 3	+ 3.
4	+ 7	— 8.
9	+ 4	— 5.

c.	q.	N.
— 1	+ 4	— 7.
+ 7	— 9	+ 10.
6	— 5	+ 3.

Pour faire autrement ladite preuue, il faut construire vne table auec quelques progressions Geometriques, commençant à l'vnité, comme il appert cy-dessous.

N	℞	q.	c.	qq.	ß.	qc.	bß.	qqq.	cc.
1	2	4	8	16	32	64	128	256	512
1	3	9	27	81	243	729	2187	6561	19683
1	4	16	64	256	1024	4096	16384	65536	262144
1	$\frac{1}{2}$	$\frac{1}{4}$	$\frac{1}{8}$	$\frac{1}{16}$	$\frac{1}{32}$	$\frac{1}{64}$	$\frac{1}{128}$	$\frac{1}{256}$	$\frac{1}{512}$

Par apres, il faut resoudre les nombres cossiques à adiouster selon aucunes d'icelle progressions en nombres absolus, puis les adiouster ensemble, ou soustraire l'vn de l'autre, selon les signes + ou —, & puis apres soient semblablement resouls les nombres cossiques de la somme recueillie; & si l'addition a esté bien faite, lesdits nombres resouls de la somme recueillie seront égaux aux nombres resouls proposez à adiouster; comme pour exemple, nous auons trouué cy deuant que *6q* + 8℞ adioustez auec *2q* — 10℞ font *8q* — 2℞: pour en faire donc la preuue, nous resoudrons en nombres absolus les deux nombres à adiouster, sçauoir est *6q* + 8℞, & *2q* — 10℞; & prenant la resolution en la progression dont la racine est 2, *6q* font 24, & 8℞ font 16, lesquels 24 & 16 ioincts ensemble, à cause du signe + font 40: de mesme *2q* font 8, qui adioustez à 40 (car le signe + est tousiours entendu estre au nombre qui n'a nul signe apposé) font 48, & 10℞ font 20, qui soustraits de 48, à cause du signe —, reste pour la somme de l'addition 28: & resoluant *8q* — 2℞, qui est la somme recueillie de l'addition, viendront aussi 28: & partant l'addition a esté bien faite.

Quant à la preuue de la soustraction, elle se faict en la mesme maniere : car les nombres cossiques d'icelle estans reduits en nombres absolus, & les nombres à soustraire estans adioustez aux restans, doiuent estre esgaux aux nombres dont la soustraction a esté faite : comme pour exemple, nous auons cy-deuant trouué que 7c — 9q + 10 N, soustraits de 6c — 5q + 3 N, laissent 4q — 1c — 7 N : donc 7c — 9q + 10 N, resouls en nombres absolus selon la progression dont la racine est 3, font 118 ; & 4q — 1c — 7, font 2, qui adioustez à 118, font 120 ; & 6c — 5q + 3 N font aussi 120 : & partant la soustraction a esté bien faite.

De la multiplication & diuision des nombres cossiques.

CHAP. V.

QVand vn nombre cossique est multiplié, ou diuisé par vn nombre absolu, le produict a mesme denomination cossique ; comme pour exemple 4℞ ou 8q estans multipliez par 3, prouiennent 12℞, ou 24q, &c. Item 12q, ou 24℞ estans diuisez par 4, viennent 3q, ou 6℞.

Mais quand le nombre cossique est multiplié, ou diuisé par vn nombre cossique, le produict est d'autre denomination, sçauoir est de celle qui se faict des exposans ioincts ensemble, quant à la multiplication : comme pour exemple 4℞ multipliez par 7℞ font 28q, car l'vnité qui est exposant de ce caractere cossique ℞, estant adioustee à l'vnité, faict 2, exposant de ce caractere q. Pareillement 4℞ multipliez par 5q font 20c ; car 1 est exposant de ℞, & 2 de q, lesquels adioustez ensemble, font 3 exposans de c. Et quant à la diuision, le quotient à la denomination du nombre restant, l'exposant du diuiseur estant osté de l'exposant du diuisé : Comme pour exemple, 36qc, diuisé par 4qq, le quotient est 9q : car 4 exposant de qq estant osté de 6 exposant de qc, reste 2 exposant de q ; ainsi aussi 18qq estans diuisez par 3c, vient 6℞ ; & 8q par 8q, vient 1 N, &c.

Quand le nombre cosique composé, ou diminué, est multiplié ou diuisé par vn nombre absolu ou cosique, tant simple que composé ou diminué, outre ce qui est dit cy dessus, il faut sur tout auoir esgard aux signes + & — : Car quand les nombres se multiplians ou diuisans ont vn mesme signe, il faut apposer au produict le signe + : mais quand l'vn d'iceux est +, & l'autre —, il faut donner au produict le signe — : ce qui est aisé à retenir en memoire par la regle suiuante.

Aux signes semblables faut poser + ; mais aux dissemblables faut poser —.

Exemples de la multiplication.

7q — 4℞.	7q + 4℞.	7q — 4℞.
9.	9 N.	9℞.
63q — 36℞.	63q + 36℞.	63c — 36q.

```
        8q+9.                              8q—9.
        8q+9.                              8q—9.
   ----------------                  ----------------
      72q + 81.                        —72q + 81.
  64qq + 72q                        64qq—72q
  --------------------              ----------------------
  64qq + 144q + 81.                 64qq—144q + 81

      6q+8℞—6N.                          9q+8N—3℞.
         2q—4 N.                          7c—4qq—8q.
  ------------------------          ---------------------------
   —24q—32℞+24N.                    —72qq—64q+24c.
  12qq+16c—12q.                   —36qc—32qq+12ß.
                                      63ß+56c—21qq.
  ------------------------        ----------------------------------
  12qq+16c—36q—32℞ + 24N          —36qc+75ß—125qq+80c—64q.
```

Et d'autant que comme il a desia esté dit, le signe — n'est bien au commencement, on doit colloquer le produit de ce dernier exemple, ainsi qu'il ensuit, 75ß—36qc—125qq+80c—64q.

Exemples de la diuision.

```
Diuiser 36 ℞ + 24        [9 ℞ + 6.
par      4      4

Item 45c + 36 q + 27 ℞       [5 q + 4 ℞ + 3 N.
par   9 ℞    9 ℞     9 ℞

             4       3
Item 45c + 36 q — 27 ℞       [5 5/8 q + 4 1/2 ℞ — 3 3/8 N.
par   8 ℞    8 ℞     8 ℞

                    — 40
diuiser encore 30 q — 38 ℞ + 24   [6 ℞ — 8 N.
par            8 ℞ — 3 N.
                   8 ℞ — 3 N.

                     1 2
Item 12qq + 16 c — 36 q — 32 ℞ + 24 N   [6 q + 8 ℞ — 6 N
par     2q  +  0 ℞ — 4 N
            2 q + 0 ℞ — 4 N.
                 2 q + 0 ℞ — 4 N.

                  — 1 + 1
Diuiser encore 1 c + 0 q + 0 ℞ + 1      [1 q — 1 ℞ + 1.
par            1 ℞ + 1
                   1 ℞ + 1
                        1 ℞ + 1
```

Et conuient notter qu'en toutes diuisions des nombres cossiques, les denominations doiuent estre continuees d'ordre : & partant quand il y a quelque denomination de manque, il faut poser o au lieu d'icelle, comme il appert és deux precedentes exemples ; la derniere desquelles i'ay faict en ceste maniere Premierement i'ay posé le diuiseur 1 ℞ + 1 au dessous du diuidande 1c + 0q, & trouue que 1 ℞ est en 1c ; 1q que ie pose au quotient, & multiplie ledit 1q par mon diuiseur, & vient, 1c + 1q, que i'oste de 1c + 0q, & reste de tout le nombre à diuiser — 1q + 0 ℞ + 1 : puis apres i'aduance mon diuiseur soubs — 1q + 0 ℞, & trouue qu'il y est — 1 ℞, que ie pose au quotient, & multiplie ladite 1 ℞ par ledit diuiseur, & vient — 1q — 1 ℞, que ie soustraits de — 1q + 0 ℞ ; & reste de tout le nombre à diuiser 1 ℞ + 1, sous lequel ie pose le diuiseur, & trouue qu'il y est 1 N precisément.

Or quand le diuiseur est nombre composé ou diminué, & qu'il ne peut diuiser precisément, alors il faut seulement interposer vne ligne entre deux, ainsi qu'és fractions, comme és deux exemples suiuans.

8ß diuisez par 2q + 4 N. 8q — 9 ℞ diuisez par 4 ℞ + 3 N.

Les quotiens sont.

$$\frac{8ß}{2q + 4N} \qquad \frac{8q - 9℞}{4℞ + 3N}$$

Il faut faire en la mesme maniere, quand vn nombre cossique, simple ou composé doit estre diuisé par vn nombre cossique simple de plus grande, denomination : comme 8q diuisez par 2qc constituent ceste fraction $\frac{8q}{2qc}$. De mesme 9q + 4 estans diuisez par 3c, font $\frac{9q + 4}{3c}$ &c.

Reste à enseigner à faire la preuue de la multiplication & diuision, laquelle se faict en deux manieres. Premierement la diuision preuue la multiplication ; & la diuision se preuue par la multiplication, tout ainsi qu'en l'Arithmetique vulgaire.

L'autre sorte de preuue se faict par la resolution des nombres cossiques, selon quelque racine des progressions Geometriques contenuës au chapitre precedent. Car les nombres cossiques resous, estans multipliez entr'eux, doiuent produire vn mesme nombre que le produict des nombres cossiques aussi resoult selon la mesme racine : & le nombre cossique qu'il faut diuiser resoult, doit produire autant diuisé par le diuiseur resoult, que le quotient aussi resoult. Comme pour exemple, nous auons trouué cy-deuant que 6q + 8 ℞ — 6 N multipliez par 2q — 4 N, produisent 12qq + 16c — 36q — 32 ℞ + 24 N. Pour donc en faire la preuue, nous resoudrons les deux nombres cossiques en nombres absolus, & viendront (selon la progression dont 2 est racine) 34, & 4, qui multipliez entr'eux produisent 136 : mais la resolution du produict 12qq + 16c — 36q — 32 ℞ + 24 N, est aussi 136 : & partant la multiplication a esté bien faicte. Nous auons aussi trouué que 1c + 1, diuisez par 1 ℞ + 1, Le quotient est 1q — 1 ℞ + 1, lequel quotient donne, par la resolution de la progression, dont la racine est 2 : mais les deux nombres cossiques resolus par la mesme progression, sont 9 & 3; & 3 diuisant 9, le quotient est aussi 3; & partant la diuision a esté bien faite.

Des fractions des nombres cossiques.

CHAP. VI.

EN l'Algorithme des fractions cossiques, les operations sont presque semblables qu'és fractions vulgaires: il n'y a qu'à adiouster ce qui concerne les caracteres cossiques, & les signes + & —. Et premierement quant à la numeration, ceste fraction $\frac{3}{8℞}$ signifie 3 vnitez estre diuisees par 8℞; & $\frac{7q}{9}$ denote 7 quarrez estre diuisez par 9 vnitez: Item $\frac{9qq + 8q}{6c}$ signifie que ce nombre $9qq + 8q$, est diuisé par $6c$, &c.

Quant à l'abbreuiation elle se faict en deux manieres: Car ou les nombres seront abbreuiez, comme és fractions vulgaires, sans toucher aux caracteres cossiques; ou bien seront aussi abbreuiez lesdits caracteres cossiques: comme ceste fraction $\frac{15}{5℞}$, quant aux nombres, elle sera reduicte à ceste-cy $\frac{3}{1℞}$: car la plus grande commune mesure des nombres d'icelle fraction est 5. Semblablement ceste autre fraction $\frac{9q + 36}{81}$ sera reduite à ceste-cy $\frac{1q + 4}{9}$ pour ce que la plus grande commune mesure est 9: Item $\frac{35℞ + 28}{7q + 14}$ sera reduite à $\frac{5℞ + 4}{1q + 2}$: Item $\frac{18q - 9℞}{℞ + 3q}$ sera reduite à $\frac{6q - 3℞}{2℞ + 1q}$, &c.

Et quant à l'abbreuiation des caracteres cossiques, elle est faite soustrayant l'exposant du moindre caractere, des exposans des autres caracteres: car si aux nombres restans sont apposez les propres caracteres, l'abbreuiation sera acheuee, quant aux caracteres. Comme ceste fraction $\frac{8q}{2qc}$, quant aux characteres, sera reduitte en celle-cy $\frac{8}{2qq}$; car l'exposant du moindre caractere q, est 2, qui osté de 6, exposant de l'autre caractere qc, reste le nombre absolu 8 au numerateur, & 4 pour l'exposant du denominateur, qui partant sera qq: puis apres quant aux nombres, elle sera reduitte à ceste-cy $\frac{4}{1qq}$: Item $\frac{18q - 9℞}{6℞ + 3q}$ quant aux nombres & caracteres, sera reduitte à $\frac{6℞ - 3}{2 + 1℞}$, &c.

Quant à la reduction des fractions cossiques à vn mesme denominateur, elle s'obtient multipliant en croix les numerateurs par les denominateurs; & les denominateurs entr'eux, tout ainsi qu'és fractions vulgaires: comme ces fractions $\frac{2℞}{4q}$ & $\frac{4c}{5qc}$ estans reduictes en mesme denomination, feront $\frac{10ß}{20qqq}$ & $\frac{16ß}{20qqq}$, &c.

Que s'il faut reduire quelque nombre entier, & vne fraction à mesme denomination; il faudra supposer l'vnité estre denominateur du nombre entier, & poursuiure ainsi que dessus. Comme 6 & $\frac{4℞}{7q}$, seront posez ainsi $\frac{6}{1}$ & $\frac{4℞}{7q}$; puis estans reduictes comme dessus, elles feront $\frac{42q}{7q}$ & $\frac{4℞}{7q}$: Item $\frac{5q}{1}$ & $\frac{4c}{3q}$ feront reduittes à $\frac{15qq}{3q}$ & $\frac{4c}{3q}$, &c.

Mais si aux entiers est ioincte quelque fraction, il faudra premierement reduire les entiers en icelle fraction; ce qui se fait multipliant les entiers par le denominateur de la fraction, & adioustant au produict le numerateur. Comme si me si nous voulons reduire $4q + \frac{2℞}{1c}$ & $\frac{3q}{1\beta}$ à vne mesme denomination, nous multiplierons premierement $4q$ par $1c$, afin que nous ayons ces deux fractions $\frac{4\beta + 2℞}{1c}$ & $\frac{3q}{1\beta}$, lesquelles nous reduirons à ces deux-cy $\frac{4q\beta + 2qc}{1qqq}$ & $\frac{3\beta}{1qqq}$; & ainsi des autres.

Quant aux autres quatre operations des fractions cossiques, sçauoir est, addition, soustraction, multiplication & diuision, elles ne different à celles que nous auons enseignees és fractions de nostre Arithmetique, sinon à raison des caracteres cossiques, & des signes + & —. Parquoy nous mettrons seulement icy des exemples de chaque operation.

Exemples de l'addition.

Adioustant $\frac{3℞}{5q}$ auec $\frac{7qc}{5q}$, viendront $\frac{3℞ + 7qc}{5q}$: car pource que les denominateurs sont semblables, il n'y-a qu'à adiouster les numerateurs entr'eux, & à la somme d'iceux souscrire le mesme denominateur. Item si on adiouste $\frac{1℞}{2N}$ auec $\frac{4q}{3c}$ viendront pour leur somme $\frac{9qq + 8q}{6c}$, c'est à dire $\frac{9q + 8}{6℞}$: Item $\frac{48}{7q}$ adioustez auec $\frac{48}{12℞ - 3q}$ font $\frac{192q + 576℞}{84c - 21qq}$, qui estans reduicts tant au regard des nombres que des signes, font $\frac{64q + 192}{28q - 7c}$. Item $\frac{9℞ + 2q}{36c}$ adioustez auec $\frac{21qq - 8q}{36c}$ font $\frac{21qq - 6q + 9℞}{36c}$, qui reduicts comme dessus font $\frac{7c - 2q + 3}{12q}$. Item $\frac{5q - 1℞}{7c - 2}$ adioustez auec $\frac{3c + 1}{2qq + 4℞}$ font $\frac{31qc - 6\beta + 21c - 12q - 2}{14\beta\beta + 24qq - 8℞}$.

Exemples de la soustraction.

Ostant $\frac{3N}{2q}$ de $\frac{5c}{2q}$, resteront $\frac{5c - 3}{2q}$: car d'autant que les denominateurs sont semblables, il n'y-a qu'à soustraire le numerateur 3 du numerateur $5c$, & au reste $5c - 3$, apposer le mesme denominateur: mais si on oste $\frac{3℞}{2N}$ de $\frac{9qq + 8q}{6c}$ resteront $\frac{16q}{12c}$, c'est à dire $\frac{4N}{3℞}$: Item $\frac{1}{2q}$ de $\frac{3℞}{4N}$, resteront $\frac{6c - 4}{8q}$: Item $\frac{2℞ - 3}{4N}$ de $\frac{4}{2℞ + 3}$, resteront $\frac{25 - 4q}{8℞ + 12}$: Item $\frac{9q + 8℞}{2c - 6N}$ de $\frac{13c + 16q + 8}{2c - 6N}$, resteront $\frac{13c + 7q}{2c - 6N}$.

Exemples de la multiplication.

Multipliant $\frac{3}{4℞}$ par $\frac{1}{2℞}$ viennent $\frac{3}{8q}$: Item $\frac{1}{2q}$ par $\frac{1℞}{4}$, vient $\frac{1℞}{8q}$: Item $\frac{3℞}{4q}$ par $\frac{1q}{2c}$, viendront $\frac{3c}{8\beta}$: Item $\frac{2℞}{3}$ par $1℞ - 5$, viendront $\frac{2q - 10℞}{3}$: Item $\frac{3℞ + 2}{4q - 1℞}$ par $\frac{2℞ - 4}{1q + 3}$ viendront $\frac{6q - 8℞ - 8}{4qq - 1c + 12q - 3℞}$: Item $\frac{9q + 8℞}{5c - 12}$ par $\frac{4℞}{5q} - 8N$, viendront $\frac{32q - 280qq - 29\beta c}{25\beta c - 55q}$.

Exemples de la diuision.

Diuisant $\frac{3}{8q}$ par $\frac{1}{2℞}$, viendront $\frac{6℞}{8q}$, ou $\frac{3}{4℞}$: Item $\frac{1℞}{8q}$ par $\frac{1}{4℞}$, viendront $\frac{4q}{8q}$, ou $\frac{1}{2}$: Item, $\frac{3c}{8\beta}$ par $\frac{3℞}{4q}$, viendront $\frac{12\beta}{24qc}$, ou $\frac{1}{2℞}$: Item $\frac{2q - 10℞}{3}$ par $\frac{2℞}{3}$, viendront $1℞ - 5$: Item $\frac{6q - 8℞ - 3}{4qq - 1c + 12q - 3℞}$ par $\frac{2℞ - 4}{1q + 3}$, viendront $\frac{3℞ + 2}{4q - 1℞}$.

Quant à la preuue de ces quatres operations, elle se fait en la mesme maniere que celle des entiers.

De la reigle d'Algebre.

CHAP. VII.

Estant proposée quelque question, soit posé pour le nombre incogneu 1℞, (on peut aussi quelquesfois poser plusieurs racines, comme deux, ou trois, ou dauantage pour la commodité de la question proposee) laquelle soit examinée selon la teneur de la question, iusques à ce qu'on ait trouué quelque equation: Soit icelle reduite, s'il en est besoin; puis apres, par le nombre du plus grand caractere cosique soit diuisé l'autre nombre de l'equation: Car ou le quotient sera le nombre qui estoit cherché, sçauoir est la valeur de la racine posee au commencement, ou bien quelque racine du quotient rendra cogneu le nombre cherché. Or le diuiseur demonstrera par son caractere cosique, quand & quelle racine il faudra extraire du quotient.

Or il appert que ceste regle a quatre parties, dont la premiere est l'inuention d'vne Equation, la seconde, la reduction de l'Equation trouuee; la troisiesme, la diuision d'vn nombre de l'Equation par le nombre du plus grand caractere cossique; & la derniere, l'extraction de quelque racine du quotient de ladite diuision. Mais de ces quatres parties il y en a seulement deux du tout necessaires: sçauoir est la premiere & troisiesme: & quant aux deux autres, il n'en est pas tousiours besoin. Et auant que de traicter particulierement de chacune d'icelles, nous les exposerons icy, proposant ce probleme.

Trouuer vn nombre, duquel la tierce & quarte partie estans ostez, le nombre restant soit 10.

Ie pose le nombre incogneu estre 1℞; c'est à dire que ie pose 1 ℞ estre egale au nombre incogneu que nous cherchons. I'examine donc 1 ℞ selon la teneur de la question, c'est à dire que ie prends d'icelle $\frac{1}{3}$ & $\frac{1}{4}$ sçauoir est $\frac{1}{3}$ ℞, & $\frac{1}{4}$ ℞, qui font ensemble $\frac{7}{12}$ ℞, que i'oste de 1 ℞, & restent $\frac{5}{12}$ ℞. Maintenant ie ratiocine ainsi; puisque 1 ℞ est posee esgale à tout le nombre incogneu; $\frac{1}{3}$ ℞ sera esgal au tiers d'iceluy, & $\frac{1}{4}$ ℞ esgal au quart du mesme; & puisque la tierce & quarte partie du nombre total estant soustraicte, le nombre restant est 10, il s'ensuit que $\frac{1}{3}$ ℞ & $\frac{1}{4}$ ℞, c'est à dire $\frac{7}{12}$ ℞ estans ostez de 1 ℞, le nombre restant $\frac{5}{12}$ ℞ estre egal au nombre restant 10, pource que si de choses egales sont ostees choses egales, les restes sont egaux. Est donc trouuee equation, ou bien egalité entre $\frac{5}{12}$ ℞, & ce nombre 10: car equation n'est autre chose qu'vne egalité de valeur entre deux quantitez, ou choses diuersement denommees: & voila quant à la premiere partie de la regle cy-dessus. Et pour le regard de la seconde partie, qui est la reduction, il n'en est besoin en l'equation de nostre exemple: mais nous monstrerons cy-apres, quand & comment l'equation se doit reduire. Et pour le regard de la diuision qui est la troisiesme partie de la reigle; en nostre equation trouuee entre $\frac{5}{12}$ ℞ & 10 N, le plus grand caractere cossique est ℞ (c'est à dire que ℞ a plus grand exposant que N) parquoy ie diuise ce nombre 10 par $\frac{5}{12}$, reste du caractere ℞, & vient au quotient 24, qui est le nombre cherché. Parquoy la quatriesme partie de la reigle d'Algebre n'a lieu en nostre exemple : mais quand, & quelle racine du quotient manifestera le nombre incogneu, il sera enseigné cy-apres. Maintenant si du nombre trouué 24 on prend $\frac{1}{3}$, sçauoir est 8 : puis $\frac{1}{4}$, sçauoir est 6: icelles deux parties font ensemble 14, qui ostez des 24, reste le nombre 10, ainsi qu'il estoit requis en la proposition.

De la reduction d'equation.

CHAP. VIII.

POur l'intelligence de la reduction des equations, est à noter, que si on adiouste ou soustraict choses egales de chasque terme de l'equation, ou bien qu'on les multiplie ou diuise par vn mesme nombre, qu'il y aura pareillement equation entre les produicts. Comme pour exemple, s'il y-a equation entre 12℞, & 72; ostant 4℞ de chasque terme, restera encore equation entre 8℞, & 72—4℞: car puis que 12℞ sont egales à 72, 1℞ sera egale à 6, & partant 8℞ seront egales à 48, & 4℞ à 24, qui ostez de 72, restera aussi 48. Item si à chasque terme de l'equation d'entre 8℞, & 72—4℞, on adiouste 10, viendra equation entre 8℞+10, & 82—4℞. Car il est manifeste que chasque terme vaut 58. Item s'il y-a equation entre 3℞+12, & 72—7℞; multipliant chasque terme par 2, viendra aussi equation entre 6℞+24, & 144—14℞: car l'vn & l'autre terme faict 60. Ainsi aussi si nous diuisons par 6 chasque terme de ceste derniere equation, sera produict equation entre 1℞+4, & 24—2$\frac{1}{3}$℞: car l'vn & l'autre terme fait 10.

Maintenant quand en la solution de quelque question on est paruenu à l'equation; si le plus grand caractere cossique, par le nombre duquel (selon la reigle d'Algebre) on doibt diuiser l'autre terme de l'equation n'est posé seul en l'vn & l'autre terme d'icelle equation, ou qu'estant seul en l'vn il ne le soit en l'autre, alors la diuision ne se peut faire. Comme pour exemple, si l'equation est trouuee entre 9℞+12, & 78—2℞, la diuision ne se peut faire, pource qu'en chasque terme est trouué ce caractere ℞, & cestuy-cy N: Semblablement si l'equation est trouuee entre 9℞—12, & 42: tu vois que la diuision ne se peut aussi faire par 9 nombre du plus grand caractere cossique ℞, pource que 9℞ ne sont pas posees seules, ains 9℞—12.

Ainsi aussi, si l'equation est trouuee entre 9℞, & 72—3℞: Item entre 1*q*—3℞, & 108: Item entre 1*q*—48, & 8℞: Item entre 108+8℞, & 2*q*—12℞+60, &c. il est manifeste qu'en toutes ces equations la diuision ne se peut faire comme requiert la regle d'Algebre. Parquoy aduenant semblables equations, elles doiuent estre reduittes en autres, esquelles le plus grand caractere cossique soit seul en vn terme de l'equation, & ne soit repeté en l'autre, & esquelles aussi aucun caractere cossique ne soit posé deux fois. Or ceste reduction se fera ainsi qu'il ensuit.

Si vne particule de l'equation a le signe —, il la faut transposer, c'est à dire adiouster à l'autre terme : comme si vne equation est trouuee entre 9℞

—12, & 42, nous adiouſterons 12 à chaque terme, & nous aurons l'equation entre 9℞, & 54 : Item vne equatiou eſtant trouuee entre 9℞ & 72—3℞ ; adiouſtant 3℞ à chaſque terme, nous aurons l'equation entre 12 ℞, & 72 : Item vne equation eſtant trouuee entre 2q—3 ℞, & 104 ; adiouſtant 3 ℞ à chaſque terme, l'equation ſera entre 2q, & 3 ℞ + 104 : Item vne equation eſtant entre 5q—40, & 10℞ ; adiouſtant 40, nous aurons vne equation entre 5q, & 10℞ + 40. Mais quand vne particule a le ſigne +, il la faut ſouſtraire : comme ſi l'equation eſt trouuée entre 11℞ + 12, & 78, nous ſouſtrairons + 12, & reſtera l'equation entre 11℞, & 66 : Item l'equation eſtant trouuee entre 3 ℞ + 6, & 24 ; oſtant + 6, reſtera l'equation entre 1℞, & 18 : Item ſi vne equation eſt trouuee entre 5q + 20, & 100, nous oſterons + 20, & reſtera l'equation entre 5q & 80 : Item vne equation eſtant entre 3q + 2℞, & 56 ; oſtant + 2℞, l'equation reſtera entre 3q, & 56—2℞. Que ſi l'vn & l'autre ſigne + & — ſont en vne equation, il faut adiouſter la particule du ſigne —, mais ſouſtraire celle du ſigne + : comme ſi vne equation eſt trouuee entre 9℞ + 12, & 78—2 ℞, nous adiouſterons premierement — 2℞, & l'equation ſera entre 11℞ + 12, & 78 : puis ſouſtrayant d'icelle + 12, reſtera l'equation entre 11℞, & 66 : Item ſi vne equation eſt entre 5q—3℞, & 3q + 20, nous adiouſterons 3℞, & l'equation ſera entre 5q, & 3q ± 3℞ + 20 : & oſtant de ceſte cy 3q, reſtera l'equation entre 2q, & 3℞ + 20 : Item ſi vne equation eſt trouuee entre 108 + 8℞, & 2q—12 ℞ + 60 : nous adiouſterons premierement 12℞, & l'equation viendra entre 108 + 20℞, & 2q—60 : & d'icelle eſtans oſtez 60, reſtera l'equation entre 2q, & 20 ℞ + 48. Que s'il aduient quelque equation, comme entre 6 ℞—10, & 10 ℞—34, en laquelle les nombres 10, & 34 ont meſme ſigne —, il faut oſter 10 de chaſque terme, & reſtera l'equation entre 6 ℞, & 10 ℞—24 : & d'autant qu'en icelle les nombres 6 ℞ & 10 ℞ ont auſſi vn meſme ſigne +, il faut oſter le moindre nombre 6 ℞ du plus grand 10 ℞, & reſtera l'equation entre 0 ℞, & 4 ℞ — 24 : & adiouſtant 24 à chaſque terme d'icelle, viendra l'equation entre 24, & 4℞. Soit derechef equation entre 54 + 4℞, & 1q—6℞ + 30 : Premierement pource que + 4℞, & —6℞ ont ſignes diuers, il faut adiouſter 4 ℞ à 6 ℞, & viendront — 10℞, & ſera equation entre 54, & 1q—10℞ + 30 : puis apres, d'autant que 54 & 30 ont vn meſme ſigne, il faut ſouſtraire 30 de 54, & reſtera equation entre 24, & 1q—10℞ : Tiercement ie tranſpoſe — 10℞, afin que l'equation ſoit entre 1q, & 10℞ + 24 : & ainſi des autres.

Quant à la reduction des equations qui ſont trouuees en fractions, elle ſe faict la reduiſant en equation d'entier par la multiplication en croix. Comme ſi vne equation eſt trouuee entre $\frac{3℞ + 12}{5}$ & $\frac{36q - 198℞}{3℞}$: multipliant ces fractions en croix, ſçauoir eſt le numerateur de la premiere par le denominateur de la ſeconde, mais le numerateur de la deuxieſme par le denominateur de la premiere, ſera faict equation entre 9q + 36 ℞ & 180q—990℞, c'eſt à dire entre 1℞ + 4, & 20℞—110, qui eſtant reduite, comme diſt eſt cy-deſſus, l'equation ſera entre 19 ℞, & 114 : Item vne equation eſtant trouuee entre $\frac{4℞ + 18}{1℞}$, & $\frac{12℞ - 58}{2}$: eſtant reduite par la multiplication en croix, viendra equation entre 8 ℞ + 36, & 12q—58℞, qui reduite par tranſpoſition ſera entre 66℞ + 36, & 12q.

Que si vne equation est trouuée entre vne fraction, & quelque autre chose: comme entre $\frac{5}{4+1℞}$ & vn escu, ou vn degré, ou vne heure, ou vne minute, &c. Il faut poser vne vnité pour ceste chose, ainsi $\frac{1}{1}$, afin que l'equation soit entre $\frac{5}{4+1℞}$ & $\frac{1}{1}$, laquelle par la multiplication en croix, sera reduite à l'equation d'entre 5, & 4+1℞.

Quant à la reduction d'equation d'entre nombres cossiques irrationaux, & vn nombre absolu, nous l'enseignerons à la fin du chapitre 22.

S'il se rencontre aussi quelque equation en laquelle il n'y ait aucun nombre absolu, il faudra abbreuier les caracteres cossiques: Comme pour exemple, l'equation d'entre 2q, & 12℞ sera reduite à l'equation d'entre 2℞ & 12: Item l'equation d'entre 1*qc*, & 1*ß*+2*qq* sera reduite à l'equation d'entre 1*q*, & 1℞+2, &c. Mais ceste reduction n'est du tout necessaire deuant l'extraction des racines des nombres cossiques simples, comme nous dirons au chap. 10.

De la diuision que requiert la regle d'Algebre.

CHAP. IX.

La reduction estant faite, la regle d'Algebre dit que par le nombre du plus grand caractere cossique (laissant iceluy caractere) on diuise l'autre nombre de l'equation: comme si l'equation est trouuée entre 7℞ & 42; diuisant 42 par 7, nombre du caractere cossique ℞, viendra au quotient 6, qui sera la valeur d'vne racine: Item vne equation estant trouuée entre 12*q*, & *66*℞+*36*: diuisant *66*℞+*36* par 12, le quotient donnera $5\frac{1}{2}$℞+3, pour la valeur d'vn quarré: Item si vne equation est entre $\frac{1}{3}$*q*, & 6℞+$13\frac{1}{3}$, nous diuiserons 6℞+$13\frac{1}{3}$ par $\frac{1}{3}$, & le quotient donnera 18℞+40, pour la valeur d'vn quarré: Item vne equation estant entre 3*qc*, & *9c*+120, nous diuiserons *9c*+120 par 3, & le quotient donnera *3c*+40 pour la valeur d'vn quarré de cube, &c.

De l'extraction des racines dont est faict mention en la regle d'Algebre.

CHAP. X.

Ayant fait la reduction des caracteres cossiques, si le plus grand caractere cossique est ℞, le quotient de la diuision mentionnée cy-dessus manifestera le nombre que vaut vne seule racine, comme il a esté dit au chapitre precedent: ou bien toutes & quantesfois qu'vn nombre cossique de grande denomination sera égal à vn nombre cossique de la prochaine moindre denomination; estant diuisé le nombre de la moindre denomination par le nombre de la plus grande, le quotient donnera la valeur d'vne seule racine, encore que l'abreuiation des caracteres ne soit faite. Comme si 5*ß* sont égaux à 30*qq*; 30 estans diuisez par 5, le quotient 6 sera la valeur d'vne seule racine. Mais si le plus grand caractere cossique, estant seul d'vne part de l'equation, est plus grand que racine, & de l'autre part soit vn nombre absolu, il faudra extraire du quotient la racine qu'iceluy caractere signifie: comme si le caractere est *q*, il faudra extraire la racine quarree; si *c*, la cubique; si *qq*, la quarree de quarree, &c. laquelle sera la valleur d'vne seule racine. Comme pour exemple, Si vne equation est entre 5*q*, & 720; ayant fait la diuision, il faudra cercher la racine quarree du quotient 144: Item si 10*c* sont egaux à 270, il faudra ayant fait la diuision extraire la racine cubique du quotient 27: Semblablement si 8*qq* sont egaux à 128, il faudra trouuer la racine quarree de quarré du quotient. Et afin qu'on sçache generalement quelle racine il faut tirer du quotient, quand deux nombres cossiques non collateraux sont egaux entr'eux, desquels l'vn ny l'autre n'est nombre absolu, il faut abbreuier les caracteres, afin que l'equation se face entre N, & nombre cossique; comme si vne equation est entre 10*qc* & 80*q*, soit reduitte icelle à l'equation d'entre 10*c*, & 80: la diuision estant donc faicte, il faudra tirer la racine cubique du quotient 8, & ainsi des autres.

Or la maniere d'extraire les racines des nombres absolus est suffisamment enseignee en nostre Practique d'Arithmetique; c'est pourquoy nous enseignerons seulement icy la maniere d'extraire les racines des nombres cossiques. Si donc il faut extraire quelque racine d'vn nombre cossique simple soit prise la racine d'iceluy nombre, delaissant le caractere, l'exposant duquel soit diuisé par l'exposant du caractere qui denomme la racine qu'il faut extraire, & viendra l'exposant du caractere, par lequel sera denommée la racine cherchee. Comme s'il faut trouuer la racine quarree de ce nombre 144*q*; ayant pris la racine quarree d'iceluy nombre 144, qui est 12, soit diuisé l'exposant de ce caractere *q*, par l'exposant du caractere *q*, sçauoir est 2 par 2, & viendra 1, qui est exposant du caractere ℞: 12 ℞ est donc racine quarree du nombre 144*q*. Car si ce nombre 12 ℞ est multiplié en soy, sera produict le nombre proposé 144*q*.

Derechef, qu'il faille trouuer la racine quarrée de 144*qc*; ayant pris la racine quarree d'iceluy, qui est 12, soit diuisé l'eposant de ce caractere *qc*, sçauoir est 6, par l'exposant de racine quarree, qui est 2, & viendra 3, exposant du caractere *c*: donc 12*c* est racine quarree du nombre 144*qc*. Ainsi aussi la racine cubique de ce nombre 64*c*, sera 4 ℞. Car la racine cubique du nombre 64 est 4, & l'exposant du caractere cube, sçauoir est 3, estant diuisé par 3, produict l'vnité exposant de ℞. Item la racine quarree de ce nombre 25*qq*, sera 5*q*. Et la racine quarree de quarree de ce nombre 16*qqq*, sera 2*q*. Semblablement la racine sursolide de ce nombre 32*qß*, sera 2 *q*. Mais la racine quarree de quarree de ce nombre 81*qq*, sera 3℞, &c.

Que si vn nombre n'a la racine cherchee, ou que par la diuision des exposans ne soit pas produict vn nombre exposant entier, le nombre cossique proposé n'a pas la racine desiree. Comme par exemple, ce nombre 16*c*, n'a pas de racine quarree ou cubique, car encore que le nombre 16 ait racine quarree, sçauoir 4, si est-ce neantmoins qu'icelle racine ne se peut prendre à cause que diuisant 3, exposant du caractere *c*, par 2 exposant de la racine quarree, prouient $1\frac{1}{2}$, qui ne correspond à aucun caractere cossique. Derechef, encore que diuisant 3, exposant de ce caractere c, par 3, exposant de la racine cubique, prouienne 1, exposant de ce caractere ℞, toutesfois icelle racine cubique ne se peut prendre, parce que le nombre 16 n'est nombre cube, &c.

Quant à l'extraction des racines de nombres cossiques composez & diminuez, il est à notter qu'on n'a point encore trouué (au moins que ie sçache) de maniere certaine & vniuerselle pour ce faire, sinon que les exposans des trois nombres cossiques de l'equation ayent vn mesme excez entr'eux, c'est à dire qu'ils soient en proportion Arithmetique; & telles sont les equations suiuantes.

1q.	6℞+72.	les exposans sont 2. 1. 0.
1q.	72—6℞.	les exposans sont 2. 0. 1.
1q.	14℞—48.	les exposans sont 2. 1. 0.
1qq.	18q+648.	les exposans sont 4. 2. 0.
1qq.	725—4q.	les exposans sont 4. 0. 2.
1qq.	433q—41616.	les exposans sont 4. 2. 0.
1qc.	200c+3456.	les exposans sont 6. 3. 0.
1qc.	5120—16c.	les exposans sont 6. 0. 3.
1qc.	800c—156751.	les exposans sont 6. 3. 0.
1qqq.	2000qq+185076881.	les exposans sont 8. 4. 0.
1qqq.	214651701—20qq.	les exposans sont 8. 0. 4.
1qqq.	2000qq—78461119.	les exposans sont 8. 4. 0.
1qß.	80ß+39609.	les exposans sont 10. 5. 0.
1qß.	7424—200ß.	les exposans sont 10. 0. 5.
1qß.	2000ß—999424.	les exposans sont 10. 5. 0.
&c.		

Quand les exposans gardant la progression Arithmetique sont tous plus grands que 0, il les faut abbreuier par la soustraction du moindre nombre exposant; comme les suiuantes equations.

1cß.	725bß—4cc	les exposans sont 11. 7. 9.
1cß.	200qqq+14336ß.	les exposans sont 11. 8. 5.
1qß.	200qc+14336q.	les exposans sont 10. 6. 2.

Seront reduittes à celles-cy.

1qq.	725—4q	les exposans sont 4. 0. 2.
1qc.	200c+3456.	les exposans sont 6. 3. 0.
1qqq.	200qq+14336.	les exposans sont 8. 4. 0.

Et ainsi faut-il faire de toutes autres, afin de cognoistre quelle racine il faut extraire.

Or pour extraire la racine quarree des nombres cossiques, dont les exposans sont 2, 1, 0, ou bien 2, 0, 1, vous ferez ainsi qu'il ensuit.

Premierement, prenez la moitié du nombre des racines, puis au quarré d'icelle moitié, adioustez-y le nombre absolu, s'il a le signe +, ou l'ostez s'il a le signe —: & finalement à la racine quarrée de ce produict, adioustez la moitié du nombre des racines, si elles ont le signe +, ou l'ostez si elles ont le signe —: & ce qui viendra donnera l'estimation & valeur d'vne seule racine quarrée.

Comme pour exemple, vne équation estant trouuée entre 1q, & 72—6℞; la diuision estant faite de 72—6℞, par 1, comme veut la regle d'Algebre, vient le mesme nombre pour la valeur d'vn quarré, duquel il faut trouuer la racine. Premierement donc ie prends la moitié du nombre des racines, sçauoir 3; puis au quarré d'icelle moitié, sçauoir est à 9, i'adiouste le nombre absolu 72, à cause du signe +, & viennent 81; dont ie prend la racine quarrée, qui est 9; & d'icelle i'oste 3, moitié du nombre des racines, & reste le nombre 6, pour la valeur de la racine cherchée.

Soit derechef vne équation trouuée entre 1q, & 6℞ + 72: & il faut trouuer la racine quarrée de ce nombre 6℞ + 72. Ie prends premierement la moitié du nombre des racines, sçauoir est 3: puis au quarré d'icelle moitié, qui est 9, i'adiouste 72, à cause du signe +, & font 81, dont la racine quarrée est 9, à laquelle i'adiouste 3 moitié du nombre des racines, & font 12, qui est la valeur d'vne racine.

Soit encore vne équation entre 1q, & 18 ℞—72: & il faut trouuer la racine d'iceluy nombre 18℞—72. Ie prends donc la moitié des racines, sçauoir est 9; puis du quarré d'icelle moitié, qui est 81, ie soustrais 72, à cause du signe —, & restent 9, dont la racine quarée est 3, à laquelle i'adiouste la moitié des racines, sçauoir est 9, à cause du signe +, & font 12 pour la valeur d'vne racine.

Mais il est à notter que tels nombres cossiques diminuez, esquels le nombre absolu à le signe —, ont double racine, sçauoir est, l'vne grande & l'autre petite; la grande est trouuée comme dit est cy dessus: mais on aura la moindre, si la racine quarrée du reste de la soustraction est ostée de la moitié du nombre des racines: comme au dernier exemple proposé, si 3, racine quarrée du reste 9, est osté de 9, moitié du nombre des racines, resteront 6, pour l'autre & moindre racine d'iceluy nombre cossique 18℞—72. Et faut noter que l'vne & l'autre racine n'est pas tousiours propre à la solution d'vn probleme, ains seulement l'vne ou l'autre: c'est pourquoy aduenant tels nombres, si l'examen fait par l'vne d'icelles racines ne respond à la question, il faudra prendre l'autre racine.

Or il y a encore vne autre maniere d'extraire la racine quarrée de tels nombres cossiques composez, laquelle est fort commode, quand le nombre des racines est impair, ou rompu, laquelle extraction se fait ainsi:

Au quarré du nombre des racines, adioustez le quadruple du nombre absolu, s'il a le signe +, ou l'ostez, s'il a le signe —: puis à la racine quarrée de ce produict adioustez ou soustrayez le nombre des racines, selon qu'il sera noté, & viendra l'estimation ou valeur du double de la racine quarrée, parquoy la moitié sera la valeur d'vne seule racine.

Comme pour exemple, qu'il faille extraire la racine de ce nombre cossique 72—6℞: Au quarré du nombre des racines, qui est 36, i'adiouste 288, quadruple du nombre absolu 72, & viennent 324, dont la racine quarrée est 18, de laquelle i'oste le nombre des racines, sçauoir est 6, & restent 12 pour la valeur de deux racines, & partant vne racine vaudra 6.

Pour le regard de l'extraction des racines des nombres cossiques, qui constituent

stituent équation, ayans les exposans constituez en telle progresion Arithmetique que ceux-cy, 4, 2, 0: ou 4, 0, 2: ou 6, 3, 0: ou 6, 0, 3: ou 8, 4, 0: ou 8, 0, 4: ou 10, 5, 0: ou 10, 0, 5, &c. esquels le plus grand caractere est tousiours composé de *q*, & d'vn autre caractere cosique: il faut premierement extraire la racine quarrée, à cause du caractere *q*, selon qu'il est enseigné cy-dessus, accommodant au nombre qui est affecté au caractere cosique, en ceste partie là de l'equation, de laquelle il faut tirer la racine, tout ce que nous auons dit du nombre des racines, comme si l'équation estoit entre trois nombres cossiques affectez aux caracteres *q*. ℞. & N. puis apres de cette racine quarrée trouuée, soit qu'elle soit rationelle ou irrationelle, il en faut tirer vne autre racine, selon l'autre partie du plus grand caractere cosique, ce caractere *q* estant osté. Comme pour exemple, si vne équation est trouuée entre 1*qq*, & 18*q*—648: Il faudra extraire la racine quarrée de ce nombre 18*q*—648, à cause de la premiere partie du signe cossique *q*, tout ainsi que si l'equation estoit trouuée entre 1*q*, & 18℞—648, laquelle racine quarrée sera 36: & d'icelle il faut derechef tirer la racine quarrée qui sera 6: parquoy 6 sera la racine du nombre cossique proposé.

En la mesme maniere, si vne equation est entre 1*qc*, & 5120—16*c*: il faudra prendre la racine quarrée du nombre 5120—16*c*, & de ceste-cy prendre la racine cubique. Ainsi aussi, si l'équation est entre 1*qqq*, & 20000*qq*—7846119, il faudra premierement prendre la racine quarrée: & puis apres de ceste-cy la racine quarrée de quarrée. Et ainsi des autres.

Or afin de tant plus faciliter l'intelligence des regles & preceptes iusques icy enseignez, nous leur adioindrons les 12 questions suiuantes.

1. *Trouuer deux nombres, desquels la difference soit donnée, & en raison donnée.*

Qu'il faille trouuer deux nombres dont la difference soit 20, & leur raison quintuple. Soit posé le moindre nombre estre 1℞. Donc le plus grand sera 5℞, sçauoir est le quintuple d'iceluy: l'excez d'iceux est 4℞. Il y a donc équation entre 4℞ & 20: & diuisant 20 par 4, viendra 5 pour 1℞. Parquoy le moindre nombre requis sera 5, & le plus grand 25, qui est quintuple d'iceluy 5, & l'excede de 20.

2. *Trouuer trois nombres continuellement proportionnaux en vne raison donnée, desquels les quarrez ensemble facent vn nombre donné.*

Qu'il faille trouuer trois nombres continuellement proportionnaux en raison sesquitierce, desquels les quarrez fassent 4329. Soient posez les nombres cherchez estre 9℞, 12℞, 16℞, qui sont en proportion sesquitierce. Les quarrez d'iceux, sçauoir 81*q*, 144*q*, 256*q*, font ensemble 481*q*, egaux à 4329. Diuisant donc 4329 par 481, viendra 9 pour la valeur de 1*q*, & par consequent 1℞ sera 3. Donc le premier nombre posé 9℞, sera 27: le second 36, & le tiers 48, desquels les quarrez 729, 1296, 2304 font ensemble 4329.

3. *Trouuer deux nombres en raison donnée, & qui multipliez entr'eux facent vn nombre ayant raison donnée à la somme d'iceux.*

Qu'il faille donc trouuer deux nombres en raison sesquialtere, tels que leur produict soit dodecuple de la somme d'iceux. Soient posez les deux nombres estre 2℞, & 3℞, qui est raison sesquialtere. Estans multipliez entr'eux ils sont 6q, & leur somme est 5℞. Afin donc que 6q ayent raison dodecuple à 5℞, l'equation sera entre 6q & 60℞. Diuisant donc 60 par 6, viendront 10 pour la valeur de 1℞, pource que les denominations cossiques q. & ℞. sont collaterales. Veu donc que le premier nombre a esté posé 2℞, & le second 3℞, celuy-là sera 20, & cestuy cy 30: & iceux multipliez entr'eux font 600, qui est dodecuple de 50, somme d'iceux.

4. *Trouuer deux nombres en raison donnée, tels que le moindre multiplié par le quarré du plus grand, produise vn nombre donné.*

Qu'il faille trouuer deux nombres en raison sesquiquinte, tels que le moindre multiplié par le quarré du plus grand, fasse le nombre 4860. Posons que les nombres cherchez soient 5℞ & 6℞, lesquels sont en raison sesquiquinte. Or le moindre 5℞ estant multiplié par le quarré du plus grand, sçauoir est par 36q, faict 180c, qui partant sont egaux au nombre donné 4860. Diuisant donc 4860 par 180, viendront 27 pour 1c, & prenant la racine cubique dudict nombre 27, à cause du caractere c, icelle racine sera 3. Parquoy le moindre nombre que nous auons posé estre 5℞ sera 15: & le plus grand 6℞, sera 18: Or le quarré d'iceluy, qui est 324, estant multiplié par le moindre nombre 15, produict le nombre quarré 4860.

5. *Estans donnez deux nombres inegaux, en trouuer deux autres en raison donnée, tels que le plus grand osté du plus grand donné, & le moindre du moindre, les restes soient egaux.*

Soient deux nombres donnez 100 & 60: & il en faut trouuer deux autres, en raison septuple, & que le plus grand osté de 100, & le moindre de 60, les restes soient egaux.

Soient posez pour les nombres en raison septuple 1℞ & 7℞. Les nombres egaux restans seront 100—7℞, & 60—1℞. Adioustant donc 7℞ à chacun, l'equation sera entre 100, & 60+6℞: & ostant 60 de chacun, elle sera entre 40, & 6℞. Et diuisant 40 par 6, viendra pour 1℞, $6\frac{2}{3}$ moindre nombre, & le plus grand septupule de cestuy-cy sera $46\frac{2}{3}$. Et ostant celuy là de 60, & celuy-cy de 100, les nombres restans seront egaux, sçauoir $53\frac{1}{3}$.

6. *Estant donnez deux nombres, en trouuer vn autre, auquel estant adiousté l'vn des donnez, & soustraict l'autre, la somme soit au reste en raison donnée.*

Les nombres donnez soient 100 & 20: & il faut premierement trouuer vn nombre auquel si on adiouste 100, & du mesme on oste 20, la somme soit triple du reste. Soit posé ce nombre là estre 1℞; la somme sera 1℞+100, & le reste 1℞—20. Afin donc que ceste somme-là soit triple de ce reste, l'equation sera entre 1℞+100, & 3℞—60. Et adioustant à chacun 60, elle sera entre 1℞+160, & 3℞: & ostant 1℞, icelle equation sera entre 160 & 2℞. Diuisant donc 160 par 2, sera trouué 80 pour 1℞, qui est le nombre cherché. Car si à iceluy on adiouste 100, on aura 180: mais si on en oste 20, resteront 60: & 180 est à 60 en raison triple.

Qu'il faille maintenant trouuer vn nombre, auquel si on adiouste 20, & du mesme on soustraict 100, ceste somme-là soit triple de ce reste-cy. Soit posé ce nombre-là estre 1℞, & sera fait la somme 1℞+20, & restera 1℞—100. Afin donc que ceste somme soit triple de ce reste, l'equation sera entre 1℞+20,

& 3℞—300. Et adioustant 300 à chacun, elle sera entre 1℞+320, & 3℞: & ostant 1℞ de chacun, l'equation sera entre 320, & 2℞. Diuisant donc 320 par 2 viendra 60 pour 1℞, qui est le nombre cherché. Car si à iceluy on adiouste 20, on aura 180, & si on en oste 100, resteront 60: & iceux deux nombres 180 &, 60 sont entr'eux en raison triple.

7. *Trouuer deux nombres en raison donnée, & que le quarré du plus grand soit au moindre aussi en raison donnée.*

Que les nombres cherchez ayent raison triple, & le quarré du plus grand ait au moindre la raison sextuple. Soit posé le moindre 1℞, & le plus grand 3℞. Le quarré du plus grand, sçauoir 9q, doit auoir raison sextuple au moindre 1℞: Donc l'equation sera entre 9q, & 6℞. Et diuisant 6 par 9 viendra $\frac{2}{3}$ pour 1℞. pource que les nombres cossiques sont collateraux. Les nombres cherchez sont donc $\frac{2}{3}$ & 2, ayans raison triple, & le quarré du plus grand, sçauoir 4, est en raison sextuple au moindre, sçauoir à $\frac{2}{3}$.

8. *Estant donné vn nombre composé de deux quarrez, le diuiser en deux autres quarrez.*

Soit le nombre donné 34, composé des deux quarrez 9 & 25, qu'il faut diuiser en deux autres quarrez. Les costez des quarrez donnez sont 3 & 5: soit posé le costé du premier quarré cherché estre 1℞+3, sçauoir vne racine plus que le costé du premier quarré donné: mais le costé du second quarré cherché, soit posé quelconque nombre de racines moindre que le costé du second quarré donné, sçauoir 2℞—5. Les quarrez d'iceux costez seront 1q+6℞+9, & 4q—20℞+25, qui adioustez ensemble, font 5q+34—14℞, egal au nombre donné 34: adioustant donc 14℞ à chacun, l'equation sera entre 5q+34, & 14℞+34. & ostant 34 de chacun, restera l'equation entre 5q, & 14℞. Diuisant donc 14 par 5, viendront $\frac{14}{5}$ pour 1℞, pource que les nombres cossiques sont collateraux. Donc le costé du premier quarré, lequel nous auons posé estre 1℞+3 sera $\frac{29}{5}$: & le costé du second quarré, lequel a esté posé de 2℞—5, sera $\frac{28}{5}$—5, c'est à dire $\frac{3}{5}$. Les quarrez d'iceux costez trouuez sont $\frac{841}{25}$ & $\frac{}{25}$; qui font ensemble $\frac{850}{25}$, c'est à dire 34 nombre donné.

9. *Estans donnez deux nombres, en trouuer vn autre, qui adiousté à l'vn d'iceux, & la somme multipliée par iceluy trouué, produise le quarré de l'autre nombre donné.*

Soient les deux nombres donnez 10 & 12; & il en faut trouuer vn autre, qui adiousté au premier 10, fasse vn nombre, qui multiplié par iceluy adiousté, produise le quarré de l'autre nombre 12, sçauoir 144. Soit posé le nombre cherché 1℞, l'adioustant à 10, viendra 1℞+10, qui multiplié par 1℞, fait 1q+10℞, lequel doit estre egal à 144. Ostant donc 10℞ de chacun, l'equation sera entre 1q, & 144—10℞, laquelle se resoudra ainsi: La moitié du nombre des racines 5, fait le quarré 25, auquel adioustant 144, vient 169, dont la racine quarrée est 13, de laquelle soit ostée la susdite moitié 5, à cause du signe —, & restera la valeur de 1℞, sçauoir 8, nombre cherché. Car iceluy estant adiousté à 10, fait 18, qui multipliez par 8, le produict est 144, quarré de l'autre nombre 12.

10. *Trouuer vn nombre, duquel le cube ioint auec vn nombre donné, face le quarré de cube d'iceluy.*

Soit donné vn nombre 702; & il en faut trouuer vn autre, duquel le cube estant adiousté à iceluy nombre dõné, fasse le quarré de cube d'iceluy nombre trouué. Posons que le nombre cherché soit 1℞; le cube d'iceluy sera donc 1c, & le quarré de cube 1qc; qui partant sera egal à 1c+702. Parquoy il faut prendre la racine censicubique de ce nombre composé 1c+702, en cette sorte. La moitié du nombre affecté au caractere c, est $\frac{1}{2}$, dont le quarré est $\frac{1}{4}$, qui estant adiousté au nombre 702, à cause du signe +, vient $702\frac{1}{4}$, dont la racine quarré est $\frac{53}{2}$, a laquel soit adioustée la susdite moitié du nombre affecté au caractere c, & viendront $\frac{54}{2}$, cest à dire 27 : qui sera la racine quarrée dudit nombre 1c+702, prise a cause du caractere q, qui est ioint au plus grand caractere cossique qc. Maintenant de cette racine quarré 27, soit prise la cubique à cause de l'autre caractere c, & icelle sera 3 : qui est le nombre requis : Car le cube d'iceluy, sçauoir 27 estant adiousté au nombre donné 702, fait 729, qui est le quarré de cube du dict nombre 3.

11 *Trouuer deux nombres tels que le nombre produict de la multiplication d'iceux, estant diuisé par leur difference, le quotient soit esgal à vn nombre donné.*

Qu'il faille trouuer deux nombres, tels que leur produict estant diuisé par leur difference, le quotient soit 30. Soit posé pour le moindre nombre, quelconque nombre moindre que le quotient donné 30, sçauoir est 20, & soit posé le plus grand estre 20 + 1℞, afin que la difference d'iceux soit 1℞: de 20 en 20 + 1℞, sera faict le nombre 400+20℞, lequel diuisé par 1℞ difference d'iceux, le quotient est $\frac{400+20℞}{1℞}$, esgal au nombre proposé 30. Ceste equation sera reduitte par la multiplication en croix, à l'egalité d'entre 30℞, & 400 + 20℞, ostant donc 20℞ de chacun, l'equation sera entre 10℞ & 400 : & 400 estans diuisez par 10, viendront 40 pour la valeur de 1℞, difference des nombres cherchez. Veu donc que le moindre est 20, le plus grand sera 60, c'est à sçauoir 20 + 1℞: Maintenant 60 multipliez par 20, font 1200, qui diuisez par 40 difference d'iceux nombres, le quotient est 30.

12. *Diuiser vn nombre donné en deux parties, telles que la plus grande, diuisee par la moindre, & la moindre par la plus grande, la somme des quotiens soit donnee.*

Qu'il faille donc diuiser le nombre 10, en deux telles parties que chacunes d'icelles diuisee par l'autre, les deux quotiens fassent ensemble $4\frac{1}{4}$. Posons que l'vne des parties soit 1℞ : donc l'autre sera 10—1℞: ceste-cy estant diuisee par celle-là, le quotient sera $\frac{10-1℞}{1℞}$; & celle-là diuisee par ceste-cy, le quotient est $\frac{1℞}{10-1℞}$. La somme de ces deux quotiens sera donc $\frac{2q+100-20℞}{10℞-1q}$ qui doit estre egale à $4\frac{1}{4}$: laquelle equation sera reduitte par multiplication croisee à cette autre 8q+400—80℞, & 170℞—17q, tellement qu'adioustant de part & d'autre 17q, & 80℞; l'equation viendra entre 25q + 400, & 250℞; mais ostant 400, l'equation demeurera entre 25q, & 250℞—400; & chaque nombre estant diuisé par le nõbre 25 affecté au caractere q, l'egalité sera entre 1q & 10℞—16; Parquoy la racine quarree en sera prise ainsi. La moitié du nombre des racines est 5, & le quarré 25, duquel ostant le nombre 16, à cause du signe—, resteront 9, dont la racine quarree est 3, à laquelle soit adioustee la susdite moitié des racines, sçauoir 5, & viendront 8, pour la valleur de 1℞, qui est la plus grande partie cherchee, & partant l'autre sera 2. Ce qui est euident; car chaque partie diuisant l'autre, les deux quotients sont 4 & $\frac{1}{4}$, qui font ensemble le nombre donné $4\frac{1}{4}$.

Or és 12 questions cy-dessus expliquees les nombres sont abstraicts de la matiere, mais à la fin de ce traicté nous en joindrons quelques autres ou les nombres seront ioincts & appliquez aux choses materielles.

Des secondes racines.

CHAPITRE XI.

D'Autant qu'en plusieurs operations sont cherchez deux, ou trois, ou dauantage de nombres soubs vne proportion incertaine, il est necessaire pour euiter confusion, qu'ayant posé 1℞ pour le premier nombre, on ne pose derechef 1℞ pour le second, & encore 1℞ pour le 3e. C'est pourquoy on a excogité les secondes racines, lesquelles sont nommees & figurees diuersement par les Autheurs : mais suiuant Stifel, Pelletier & Clauius, nous retiendrons le nom de secondes racines, & les notterons ainsi: 1A, signifie 1℞ seconde; 1B, denotte 1℞ tierce; 1C, signifie 1℞ quarte, &c. Et quand vn nombre a deux signes, il faut entendre que le nombre auec le premier signe a esté multiplié par l'vnité du signe posterieur: Comme 1℞A, signifie 1℞ multipliée par 1A; & 3℞A, signifie 3℞ multipliées par 1A : ainsi 1qAq, monstre que 1q a esté multiplié en 1Aq, &c.

Or ces racines ont leur Algorithme particulier, aussi bien que les premieres racines. Et premierement quant à l'addition, elle est aisee : car si elles sont de mesme genre, il faut seulement adiouster les nombres entr'eux, & au produict apposer le mesme caractere d'icelles racines. Comme 3A, & 4A, font ensemble 7A : Item 5B, & 3B, font 8B. Mais quand icelles racines ne sont de mesme genre, l'addition se fait par le signe +: comme 3A, & 4B, font 3A + 4B: Item 3℞, & 4A, font 3℞ + 4A.

La soustraction est aussi aisée : Car quand les racines sont de mesme genre il n'y a qu'à soustraire vn nombre de l'autre, & apposer au reste le mesme caractere. Comme 3A ostez de 5A, restent 2A: Item 2B ostez de 5B, restent 3B. Mais quand icelles sont de genres differens, la soustraction se fait par le signe —: comme 3A ostez de 4B, restent 4B — 3A.

Pour le regard de la multiplication, elle se fait ainsi : Si vn nombre de racine premiere, doit estre multiplié par vn nombre de racine seconde, ayant seulement la lettre A ou B, &c. Il faut multiplier les nombres entr'eux, & apposer au produict les mesmes signes. Comme 2℞ multipliees par 2A, font 4℞A, c'est à dire 4℞ multipliees par 1A; Item 2A par 2℞, font 4A℞; c'est à dire 4A multipliez par 1℞: Item 3q multipliez par 4B, font 12qB; c'est à dire 12q multipliez par 1B.

Mais quand vn nombre absolu est multiplié auec vn nombre de seconde recine, il faut apposer au produict le signe de la seconde racine.

Comme 6 multipliant 4B, le produict est 24B; Item 5C multipliant 7, le produict est 35C.

Que si vn nombre de seconde racine doit estre multiplié par vn nombre de seconde racine de mesme lettre, il faut multiplier les nombres entr'eux, & au produict apposer la mesme lettre auec l caractere *q*. Comme 3A multipliez par 4A, feront 12 A*q*.

Quand vn nombre de seconde racine est multiplié en soy quarrément, ou cubiquement, &c. Il faut apposer au produict la mesme lettre auec le caractere *q*, ou *c*, &c. Comme 2A multipliez en soy quarrément, le produict est 4A*q*; mais cubiquement est produict 8A*c*: Item 2℞A par 2℞A, font 4*q*A*q*; c'est à dire 4*q* de premiere racine multipliez par 1*q* de seconde racine.

Mais quand vn nombre de seconde racine est multiplié en vn autre de la mesme racine seconde, qui a aussi vn caractere cossique; il faut imaginer que le premier nombre ait pareillement le signe cossique ℞. Comme 1A multiplié par 1A*q*, le produict est 1A*c*: Item 3B par 4B*c*, font 12B*qq*.

Que si vn nombre cossique simple sans lettre de seconde racine doit estre multiplié auec vn nombre marqué de lettre & signe cossique; il faut multiplier les nombres entr'eux, & au produict apposer les mesmes signes. Comme 2*c* multipliez par 4A*q*, feront 8*c*A*q*; c'est à dire 8*c* multipliez en 1A*q*: Item 1*c* multiplié par 1℞A*q*, fait 1*qq*A*q*; c'est à dire 1*qq* multiplié par 1A*q*: Autant fait aussi 1*q*A multiplié en soy: Car 1*q* multiplié en soy fait 1*qq*; & 1A en soy fait 1A*q*.

Quand vn nombre ayant apres la lettre de seconde racine vn signe cossique, est multiplié par vn nombre qui a pareillement apres la lettre de seconde racine vn signe cossique, le produict doibt auoir outre la lettre, ou les lettres de seconde racine, le caractere cossique que donnent les exposans des caracteres. Comme 2A*q*, en 5A*c*, produisent 10A*ß*: Item 3A*q* multipliez par 4B*c*, feront 12AB*ß*.

Mais si vn nõbre ayant vn caractere cossique apres la lettre de seconde racine, est multiplié par vn nombre, qui apres le caractere cossique a aussi la lettre de seconde racine, il faut apposer au produict le dernier caractere cossique, suiuy par la lettre de seconde racine, puis aussi du caractere cossique produict du premier caractere cossique multiplié par la lettre de seconde racine, comme si elle auoit ce signe ℞. Comme 1A*c* multiplié par 1*q*A, fera 1*q*A*qq*, qui sera aussi produict de 1℞A*q* multipliee en soy: Item 3A*q* multipliez par 4*c*A, feront 12*c*A*c*, c'est à dire 12*c* multipliez par 1A*c*.

Quant à la diuision des secondes racines: soit fait premierement reduction des signes cossiques par la soustraction des signes semblables. Comme pour diuiser 8*c*A*q* par 4A*q*: Ie soustrais les signes semblables A*q*, & restent 8*c*, & 4: puis ie diuise 8*c* par 4, & viennent 2*c*, pour le quotient de 8*c*A*q* diuisez par 4A*q*: ainsi 8*c*A*q* diuisez par 4*c*, le quotient est 2A*q*.

Mais diuisant vn nombre ℞ par vn nombre de secondes racines, le quotient sera nombre rompu. Comme 2℞ diuisees par 4A, le quotient est $\frac{1℞}{2A}$

Quant à l'extraction des secondes racines il faut tirer la racine du nombre, s'il en a, & apposer à icelle la lettre de seconde racine, reiettant le caractere cossique. Comme la racine quarree du nombre 25 Aq, est 5 A: Item la racine cubique du nombre 27 Ac, est 3 A; & la racine quarree du nombre 16 Dqq, est 2 D.

Mais si le nombre n'a telle racine, ou que le caractere ne soit de mesme appellation que la racine qu'il faut extraire: il faut seulement apposer à iceluy nombre, lettre & caractere, le signe radical. Comme la racine cubique du nombre 3 Aq, est √c 3 Aq. Item la racine quarree du nombre 4 Ac, est √4 Ac.

Quant à la preuue des operations de cet Algorihme des secondes racines, elle se fera tout ainsi qu'és premieres racines; sçauoir est, que l'addition & soustraction se prouueront l'vne l'autre: comme aussi la multiplication & diuision; ou bien plus intelligiblement par les progressions Geometriques commençant à l'vnité, mises à la page 356, prenant celle de la raison double pour les premieres racines: mais celles de la raison triple pour les secondes racines: tellement que 1℞ vale 2: mais 1 A, 3; 1 q, 4; 1 Aq, 9; 1 Ac, 27; 1℞ A, 6; 1℞ Aq, 18, &c.

Or comme au chapitre precedent nous auons adiousté plusieurs questions pour faciliter par leur solution l'intelligence des regles & preceptes auparauant enseignés, aussi en adiousterons-nous icy quelques vnes appartenans aux secondes racines, afin de faire voir par leur solution le moyen de se seruir & mettre en pratique les choses enseignees en ce chapitre.

1. *Diuiser vn nombre donné en trois parties, telles que les deux moindres soient ensemble egales à l'autre, & les deux plus grandes quintuples de la moindre.*

Qu'il faille donc diuiser le nombre 24, en trois parties, telles que les deux moindres ensemble fassent la plus grande, mais les deux plus grandes soient ensemble quintuple de la moindre. Posons que la moindre partie soit 1℞, & la moyenne 1 A: donc la plus grande sera 1℞ + 1 A, & partant la somme de ces deux-cy sera 1℞ + 2 A, qui doit estre quintuple de la moindre partie; parquoy 1℞ + 2 A seront egales à 5℞: ostons de part & d'autre 1℞, & resteront 2 A egales à 4℞, & consequemment 2℞ egales à 1 A. Donc la moyenne partie sera double de la plus petite qui a esté posee 1℞, & la plus grande triple. Parquoy il n'y-a qu'à coupper le nombre donné 24, selon cette proportion 1, 2, 3, quoy faisant la plus grande partie sera 12, la moyenne 8, & la plus petite 4.

2. *Il y-a trois nombres, tels que les deux derniers adioustez auec 100, le produict est double du premier nombre: mais le premier & dernier adioustez auec le mesme nombre 100, sont triples du second: & le premier & deuxiesme aussi auec 100 sont quadruple du troisiesme: à sçauoir quels sont ces trois nombres-là?*

Posons 1℞ pour le premier nombre, & 1 A pour les deux autres ensemble. Or puis que les deux derniers auec 100 doiuent estre doubles du premier, il y aura equation entre 2℞ & 1 A + 100; & ostant 100 de part & d'autre restera 1 A egal à 2℞ — 100: partant la somme du second & troisiesme nombre, qui faisoit 1A sera 2℞—100; & si on y adiouste le premier nombre, sçauoir 1℞, la somme de tous les trois nombres sera 3℞—100. Maintenant posons 1B pour le second nombre: donc le premier & troisiesme feront 3℞—100—1B, puis que tous les trois faisoient ensemble 3℞—100. Et puis que la somme du premier & troisiesme auec 100 fait le triple du second, il y aura equation entre 3℞—1B, & 3B: adioustons 1B de part & d'autre, & l'equation viendra entre 3℞ & 4B: donc aussi entre $\frac{3}{4}$℞, & 1B. Parquoy le second nombre que nous auons posé estre 1B, sera $\frac{3}{4}$℞. Finalement pour le troisiesme nombre soit posé 1C: Donc puis que tous les trois font ensemble 3℞—100, la somme des deux premiers sera 3℞—100—1C, qui auec 100, doibt faire le quadruple du troisiesme. Il y aura donc equation entre 4C, & 3℞—1C: Adioustons 1C de part & d'autre, & viendront 3℞ egales à 5C; partant aussi $\frac{3}{5}$℞ à 1C. Parquoy le troisiesme nombre sera $\frac{3}{5}$℞. Et puis que le premier nombre est 1℞, le second $\frac{3}{4}$℞, & le troisiesme $\frac{3}{5}$℞, la somme de tous les trois sera $\frac{47}{20}$℞: Mais nous auons trouué cy-dessus qu'ils faisoient aussi 3℞—100. Il y a donc equation entre 3℞—100, & $\frac{47}{20}$℞: Adioutant 100 de part & d'autre; nous aurons 3℞ egales à $\frac{47}{20}$℞+100: ostons-en $\frac{47}{20}$℞, & resteront $\frac{13}{20}$℞ egales à 100. Diuisant donc 100 par $\frac{13}{20}$, viendront $153\frac{11}{13}$, pour la valleur de 1℞, qui est le premier nombre, mais le second sera $115\frac{5}{13}$, & le troisiesme $92\frac{4}{13}$.

3. *Il y-a deux nombres, dont la somme des quarrez est 208, & multipliez entr'eux leur produict est les $\frac{4}{9}$ du plus grand quarré; à sçauoir quels sont ces deux nombres-là?*

Posons que le plus grand nombre soit 1℞, & le moindre 1A: leurs quarrez seront 1*q*, & 1A*q*, qui doiuent faire ensemble 208; & partant 1*q* sera 208—1A*q*; & 1A*q* sera 208—1*q*. Mais les deux nombres 1℞ & 1A multipliez entr'eux font 1℞A, qui est egal à $\frac{4}{9}$*q*, c'est à dire à $\frac{4}{9}$ du plus grand quarré, qui est 1*q*. Si donc il y-a equation entre 1℞A & $\frac{4}{9}$*q*, il y-aura aussi equation entre les quarrez d'iceux nombres, c'est à sçauoir entre 1*q*A*q*, & $\frac{16}{36}$*qq*, laquelle equation sera reduite par multiplication en croix à 36*q*A*q*, & 16*qq*, & par depression du signe *q* de la premiere racine, l'equation viendra entre 36A*q*, & 16*q*: & par regle de trois si 16*q*, vallent 36A*q*, 1*q* vaudra $\frac{36Aq}{16}$, (pource qu'il faut laisser le signe *q* des premier & troisiesme termes de la regle.) Et d'autant que cy dessus 1A*q* estoit egal à 208—1*q*, il y aura aura aussi equation entre 1A*q*, & 208—$\frac{36Aq}{16}$, puis que 1*q* est egal à $\frac{36Aq}{16}$. Adioustons donc à chacun $\frac{36Aq}{16}$, & l'equation viendra entre 1A*q*+$\frac{36Aq}{16}$ & 208. Or veu que 1A*q* fait $\frac{16}{16}$A*q*, ladite equation sera entre $\frac{52Aq}{16}$ & 208. Parquoy diuisant 208 par $\frac{52}{16}$, viendront 64, pour la valleur de 1A*q*, la racine duquel nombre 64, qui est 8, sera le moindre nombre cherché, lequel nous auõs posé estre 1A; & pource que le quarré du plus grand estoit 208—1A*q*, si de 208, on oste la valeur de 1A*q*, sçauoir 64, resteront 144, pour le quarré d'iceluy plus grand nombre, qui par consequent sera 12.

4. *Il y-a deux nombres, la somme desquels estant ostée de la somme de leurs quarrez, restent 8, mais adioustée au nombre produict de leur multiplication faict 11. A sçauoir quels sont ces deux nombres-là.*

Posons que le moindre nombre soit 1℞, & le plus grand 1A: mais pour la

somme

somme d'iceux nombres posons 1B. Or puis que la somme des deux nombres cherchez estant ostee de la somme de leurs quarrez, restent 8, iceux quarrez seront 8+1B. (Car si d'iceux on oste 1B, resteront 8.) Mais le quarré de 1℞, qui est le moindre nombre, est 1q: donc le quarré de 1A, qui est l'autre nombre sera 8+1B—1q. Et d'autant que la somme desdits nombres cherchez, c'est à sçauoir 1B, estant adioustee au produict de leur multiplication fait 11; iceluy produict sera 11—1B. Et pource que 1B est couppé en deux parties, sçauoir 1℞ & 1A, le quarré de 1B, c'est à dire 1Bq, sera egal aux deux quarrez de 1℞, & 1A, sçauoir 8+1B, auec deux fois le produict d'iceux, sçauoir 22—2B. Parquoy il y aura equation entre 1Bq, & 30—1B. Or la racine de ce nombre 30—1B, se trouuera tout ainsi que de 30—1℞; car 1B tient icy lieu de ℞: & partant nous adiousterons le quarré des racines, sçauoir 1, au quadruple du nombre 30, sçauoir 120, & viendront 121; dont la racine quarree est 11, de laquelle ostons 1, à cause du signe—, & resteront 10, dont la moitié 5, est la valleur de 1B, c'est à dire la somme des deux nombres cherchez: & partant la somme de leurs quarrez que nous auons trouué estre 8+1B sera 13. Il faut donc maintenant diuiser 5 en deux telles parties que la somme de leurs quarrez fasse 13; ce que nous ferons ainsi qu'il ensuit.

Posons que l'vn des nombres soit 1℞: donc l'autre sera 5—1℞. & leurs quarrez seront 1q, & 1q+25—10℞, tellement que leur somme, qui est 2q+25—10℞ sera egale à 13. Adioustons 10℞ de part & d'autre, & l'equation viendra entre 2q+25, & 13+10℞; ostons-en 25, & l'equation restera entre 2q, & 10℞—12, & consequemment entre 1q, & 5℞—6. Parquoy de 25, quarré des racines, ostons 24 quadruple du nombre 6, & restera 1, dont la racine quarree est 1, à laquelle soit adiousté 5, nombre des racines, à cause de leur signe +, & viendront 6, dont la moitié 3 est la valleur de 1℞, qui est l'vn des nombres cherchez, & partant l'autre sera 2.

Or i'estime que ces quatre questions auec celles que nous adiousterons encore à la fin de ce liure suffiront pour l'intelligence des secondes racines; c'est pourquoy nous viendrons maintenant à traitter

Des nombres irrationnaux, ou sourds.

CHAP. XII.

Nombres irrationnaux ou sourds, sont les racines des nombres, lesquelles ne se peuuent exprimer par nombres; tellement que pour expliquer telles racines on se sert de ces signes √, √c, √√, √ß, √qc, &c. Comme la racine quarrée de 5, est dicte sourde ou irationnelle, pource qu'on ne peut trouuer aucun nombre qui multiplié en soy produise 5: tellement que ceste racine quarrée de 5, sera marquée ainsi √5: ou ainsi √q5. Item la racine cubique de 7, sera marquee ainsi √c7. Item la racine quarree de quarree de 12, ainsi √√12, ou ainsi √qq12; & ainsi des autres.

Est toutes-fois à noter que tout nombre qui a le signe √ n'est pas pourtant irrationel; car quelquesfois pour la commodité de l'operation, au lieu de tirer la racine de quelque nombre, on luy appose seulement le signe de la racine requise.

Or il y a deux genres de racines sourdes : car les vnes sont simples : comme √q de quelque nombre non quarré : √c de quelque nombre non cube, &c. & ces racines simples sont aussi appelées par quelqu'vns nõbres mediaux. Les autres racines sourdes sont composées par l'interposition des signes + & — : & icelles sont appellees par aucuns multinomies radicales ; & par d'autres, nombres irrationnaux composez, ou diminuez ; composez, quand les nombres sont liez par le signe +, comme √7 + √10 : mais diminuez, quand les nombres sont liez par le signe —, comme √5 — √13, ou √10 — √c7.

De la reduction des simples racines sourdes, à vne mesme denomination.

CHAP. XIII.

AFin que les simples racines sourdes se puissent multiplier & diuiser entr'elles, il est necessaire qu'elles soient reduites en vne mesme denomination, si elles sont diuerses, la quelle reduction se fait presque en la mesme maniere que la reduction des fractions de diuerses denominations à vne mesme : Car ayant posé les signes radicaux, chacun sous leur nombre, il faut multiplier vn chacun nombre en soy, selon le signe radical de l'autre : puis apres multiplier les exposans des signes entr'eux, afin d'auoir l'exposant du signe commun. Comme pour exemple, soient les deux racines √7, & √c5, qu'il faut reduire en racines de mesme espece. Ayant posé ces deux racines ainsi qu'il appert icy, ie multiplie 7 cubiquement à cause du signe c, & viennent 343 aulieu de 7 ; puis ie multiplie 5 quarrément à cause du signe √ du nombre 7, & viennent 25, pour & au lieu de 5 : & finalement ie multiplie les exposans des signes √ & √c entr'eux : sçauoir est 2 par 3, & viennent 6, qui est exposant du caractere qc : tellement que √7, & √c5 seront reduites à √qc343, & √qc25. Ainsi aussi √c2, & √√3 estans reduites à mesme espece ou denomination, seront 16qqc, & 27qqc, comme il appert en ceste figure.

343		25
7	X	5
√		√c
2	6	3

16		27
2	X	3
√c		√√
3	12	4

Il y a quelques abbreuiations en ceste operation, comme quand il faut reduire vn nombre absolu, & vn radical en mesme espece : car alors il n'y a qu'à multiplier en soy quarrément ou cubiquement, &c. le nombre absolu, & au produict apposer le signe radical de la racine. Comme 6, & √5, estans reduits à mesme espece feront √36, & √5. Item 2 & √c4, feront √c8, & √c4.

Item voulant reduire ces deux racines √c8, & √√25. Ie prends, de 8 la racine cubique 2 : puis apres la racine quarree de 25, qui est 5, à laquelle i'appose le signe radical restant √, ainsi √5. I'ay donc maintenant pour les deux racines proposees vn nombre absolu 2, & vn nombre radical √5, qui reduits comme dit est cy-dessus, font √4 & √5.

Item, voulant reduire ces deux racines √c2 & √qc6 en mesme espece, ie multiplie 2 en soy quarrément, à cause du signe q, qui est en l'autre racine, outre le signe c, & fait 4, auquel i'appose le signe q, & sera faite la reduction à √qc4, & √qc6.

Item, voulant reduire √√19, & √3 en mesme denomination, ie multiplie le nombre de la moindre denomination, sçauoir est 3, en soy quarrément, à cause du signe √, qui est en la plus grande denomination, outre √, & viennent √√19, & √√9 pour la reduction en mesme espece des deux racines proposees. Ainsi √qc8, & √9 seront reduites à √qc8, & √qc729, multipliant le nombre 9 de la moindre denomination en soy cubiquement, à cause du caractere c, qui outre q, est en la plus grande denomination.

Or auparauant que venir à l'Algorithme d'icelles racines sourdes, il est necessaire que nous enseignions le probleme suiuant.

Cognoistre si deux racines sourdes sont commensurables ou incommensurables, & quelle raison elles ont entr'elles.

Soit diuisé le nombre de la plus grande racine, par celuy de la moindre, (icelles estans reduites en mesme espece, si elles n'y sont) & si au quotient vient vn nombre qui ayt la racine dénotée par le signe radical d'icelles racines proposées, elles seront commensurables entr'elles, autrement non: & auront telle raison l'vne à l'autre, que le quotient à l'vnité : ou si le quotient est vne fraction, elles seront entr'elles comme le numerateur au denominateur. Comme √12 & √3, sont cõmensurables entr'elles: Car 12 estans diuisez par 3, le quotient est 4, dont la racine quarree est 2, & seront l'vne à l'autre comme 2 à 1. Item √320 & √c135 sont commensurables; car 320 estans diuisez par 135, le quotient est $2\frac{10}{27}$, ou √c $\frac{64}{27}$, c'est à dire $\frac{4}{3}$: & leur raison est comme 4 à 3. Item √qc64 & √c27 sont commensurables, & leur raison est comme 3 à 2: car icelles estans reduites en mesme espece, feront √qc64 & √qc729, & la diuision faite, le quotient sera √qc11 $\frac{25}{64}$, ou √qc $\frac{729}{64}$, c'est à dire $\frac{3}{2}$.

Mais √5 & √3o sont incommensurables : car 30 estans diuisez par 5, le quotient est 6, qui est nombre irrationel, pource qu'il n'a pas de racine quarree; toutesfois ils ont mesme raison que √6 à 1. Item √c32 & √c24, seront aussi incommensurables : car diuisant 32 par 24, le quotient sera $1\frac{1}{3}$ ou $\frac{4}{3}$, qui n'a point de racine cube; & toutesfois ils seront entr'eux comme √c4 à √c3, ou comme √c $\frac{4}{3}$ à 1.

De la multiplication & diuision des simples racines sourdes.

CHAPITRE XIV.

Combien que l'addition & soustraction precedent ordinairement la multiplication & la diuision, si est-ce toutesfois qu'aux racines sourdes, on commence par la multiplication & diuision, à cause que l'addition & soustraction ne se peuuent paracheuer sans la multiplication. Quand donc deux racines de mesme genre doiuent estre multipliées, ou diuisées entr'elles, il faut multiplier, ou diuiser les nombres entr'eux, & apposer au nombre produict le mesme signe radical. Comme pour exemple, voulant multiplier √7 par √10, ie multiplie 7 par 10, & viennent 70, ausquels i'appose le signe radical, & sont √70. Ainsi √3 par √12, produict √36, c'est à dire 6. Ainsi √2 $\frac{1}{4}$ par √8, le produict est √18. Ainsi √c3 par √c7, viennent √c21. Ainsi √√4, par √√8, viennent √√32. Mais pour diuiser √70, par √10, ie diuise 70 par 10, & viennent 7, ausquels i'appose le signe radical, & sont √7. Ainsi √18 par √8, le quotient sera √2 $\frac{1}{4}$, c'est à dire $\frac{3}{2}$, ou 1 $\frac{1}{2}$. Ainsi √c21 par √c3, le quotient sera √c7.

Mais quand les deux racines proposées sont de differente espece, il les faut reduire à vne mesme, puis apres faire la multiplication, ou diuision comme dessus. Comme pour exemple, voulant multiplier √3 par 4, ie reduits le nombre absolu 4, & sont √16, puis ie les multiplie comme dessus, & viennent √48. Ainsi √5 multipliee par √c10, le produict sera √qc12500. Ainsi aussi √$\frac{1}{2}$ par √√$\frac{2}{3}$, produict √√$\frac{2}{27}$, ou √√$\frac{1}{6}$. Mais diuisant √48 par 4, le quotient sera √3. Ainsi √qc12500, diuisee par √c10, le quotient sera √5.

Mais si quelque racine doit estre multipliee en soy quarrément, ou cubiquement, &c. selon le signe radical qui luy sera apposé, il faut seulemẽt prẽdre le mesme nombre pour le produict, delaissant le signe radical. Comme √3 estant multipliee quarrément, produira 3: & √c5 multipliee en soy cubiquement, fera 5.

Et s'il falloit multiplier quelque racine en soy selon l'exigence d'vn autre signe radical, il faudroit multiplier le nombre en soy [illegible] que le requerroit cet autre signe radical, & apposer au produict le signe radical du nombre multiplié. Ainsi de √6 multipliee en soy cubiquement est faict √216; d'où aduient que la racine cubique de ce produit sera √6. Item de √c8 multipliee en soy quarrément est faict √c64, c'est à dire 4; d'où aduient que la racine quarree de ce nombre √c64, est √c8, c'est à dire 2. Semblablement de √qc6 en soy quarrément est faict √qc36, c'est à dire √c6. &c.

De l'addition des simples racines sourdes.

CHAP. XV.

PRemierement si deux ou plusieurs racines egales doiuent estre adioustees ensembles, il n'y a qu'à les multiplier par 2, ou par 3, ou par 4, &c. selon le nombre d'icelles racines à adiouster: comme par exemple, voulant adiouster √6 & √6, ie double √6, & sont √24, pour la somme d'icelles deux racines. Item √c6, √c6 & √c6, sont ensemble √c162, car √c6, triplee, c'est à dire multipliee par 3, qui sont √c27, faict ledit nombre √c162. Semblablement √5, √5, √5, & √5, adiouttées ensemble font √80, car le quarré de 4, est 16, qui multipliant 5, font 80. &c.

Mais quand deux racines inegales doiuent estre adioustees ensemble, icelles soient premierement reduittes à mesme espece, si elles n'y sont; puis soit aduisé, si elles sont commensurables ou incommensurables: Que si lesdites racines sont commensurables, ayant diuisé la plus grande par la moindre, soit adioustée vne vnité au quotient rationel, & la somme estant multipliée par la moindre racine, sera donnee la somme de l'addition des deux racines proposees. Comme pour exemple, soient proposees adiouster $\sqrt{18}$ & $\sqrt{8}$: diuisant la plus grande par la moindre, le quotient est $\sqrt{2\frac{1}{4}}$, c'est à dire $\frac{3}{2}$, & adioustant 1, c'est $\frac{5}{2}$, qui multipliez par $\sqrt{8}$, le produict est $\sqrt{50}$, pour la somme des deux racines proposees. Ainsi $\sqrt{12}$ adioustee à $\sqrt{3}$, la somme est $\sqrt{27}$: Item $\sqrt{c320}$, adioustee à $\sqrt{c135}$, fait la somme $\sqrt{c1715}$: Item $\sqrt{4}$ adioustee à $\sqrt{c8}$, fait 4: Item $\sqrt{\frac{1}{2}}$ adioustee à $\sqrt{\frac{8}{9}}$, fait $\sqrt{\frac{49}{18}}$.

Que si les racines proposees sont incommensurables, il faut seulement interposer entre-deux le signe +; comme $\sqrt{6}$ adioustee à $\sqrt{11}$, fait $\sqrt{6} + \sqrt{11}$.

Or il y a encore plusieurs autres manieres d'adiouster les racines commensurables, desquelles la suiuante me semble aysée. Ayant trouué la raison des racines proposees, soit posé au premier terme d'vne reigle de trois, l'vn des nombres d'icelle raison; au second terme, la somme d'iceux nombres de la raison; & au troisiesme, la racine correspondante au terme de la raison, posé au premier terme; & faisant la reigle comme il appartient, le quartiesme nombre qui viendra sera la somme des racines proposees. Comme au premier exemple cy-dessus, la raison des racines a esté trouuee comme 3. à 2; posant donc 3 ou 2 au premier terme de la regle de trois, mais 5 au second, & $\sqrt{18}$, ou $\sqrt{8}$ au troisiesme, le quartiesme sera $\sqrt{50}$; & se fait la reigle de trois, ainsi qu'il appert cy-dessous.

si 3 donnent 5, que donntront $\sqrt{18}$? *ou bien si 2 donnent 5, combien* $\sqrt{8}$?

$\sqrt{9}$. $\sqrt{25}$.

25	$\sqrt{4}$	$\sqrt{25}$
90		8
36		200
450		

200 [$\sqrt{50}$.
44

0
450 [$\sqrt{50}$, *somme des racines* $\sqrt{18}$ *&* $\sqrt{8}$ *proposees à adiouster.*
99.

De la soustraction des simples racines sourdes.

CHAP. XVI.

Si les racines sont incommensurables, il n'y a qu'à interposer le signe —. Comme $\sqrt{3}$ ostee de $\sqrt{10}$, restera $\sqrt{10} - \sqrt{3}$. Item $\sqrt{c20}$, ostee de $\sqrt{c50}$, restera $\sqrt{c50} - \sqrt{c20}$.

Mais quand les racines sont commensurables, ayant diuisé la plus grande par la moindre, soit osté du quotient rationnel vne vnité; puis le reste soit multiplié par la moindre racine, & le produict sera le reste desiré. Comme pour exemple, qu'il faille soustraire √8 de √50. Ie diuise donc 50 par 8, le quotient est $6\frac{1}{4}$, dont la racine quarrée est $\frac{5}{2}$, de laquelle i'oste vn entier, & reste $\frac{3}{2}$, que ie multiplie par √8, & vient √18, pour le reste desiré. Item, qui de √27 oste √3, reste √12. Semblablement qui de √c1715 oste √c320, reste √c135. Ainsi aussi qui de √$\frac{49}{18}$ oste √$\frac{1}{2}$, reste √$\frac{8}{9}$.

Ceste operation se fait aussi par la regle de trois, mettant au premier & troisiesme terme les nombres specifiez au chapitre precedent; mais au deuxiesme la difference des termes de la raison, comme il appert cy-dessous.

si 5 donnent 3, combien donneront √50? ou si 2 donnent 3, combien donneront √8?

√25. √9. 9 / 450 — √4. √9. 9 / 72

4 / 20 / 450 [√18 / 255 / 2 — 8 / 72 [√18 *reste; √8 estant osté de √50.* / 44

De l'addition des nombres irrationaux composez, & diminuez.

CHAP. XVII.

POur adiouster nombres irrationnaux composez & diminuez, il les faut disposer l'vn au dessous de l'autre; puis adiouster chaques racines simples, comme il a esté dit en l'Algorithme precedent, obseruant les reigles de + & —, que nous auons enseignez au chapitre 4; c'est à sçauoir *qu'aux signes semblables, il faut adiouster sans changer le signe; mais qu'aux dissemblables, il faut soustraire, & poser le signe du plus grand nombre.*

Or d'autant qu'il ne se fait rien en ceste operation, qui n'ait desia esté enseigné cy-deuant, la chose sera assez manifeste par exemples sans dauantage de discours.

6 + √18.	√27 + √8.	√162 — 2.	√50 + 3.
4 + √8.	√12 + √2.	√200 — 3.	√32 — 5.
10 + √50.	√75 + √18.	√722 — 5.	√162 — 2.

√50 — 3.	8 — √50.	√50 + 6.
√32 + 5.	√242 — 12.	24 — √242.
√162 + 2.	√72 — 4.	30 + √72.

√c216 — √√405.	√√256 — √c27.
√c64 — √√80.	√√81 + √c8.
10 — √√3125.	7 — √1.

Et est à noter pour briefueté que les deux particules d'vn nombre composé se rencontrans totalement egales aux deux particules d'vn nombre diminué, il n'y a qu'à doubler la premiere particule de l'vn d'iceux nombres. Comme pour adiouster 15 + √8 à 15 — √8 : Ie double seulement 15 & font 30 pour la somme de l'addition. Item √20 + 6 adioustez à √20 — 6 font √80, & ce d'autant que les dernieres particules se destruisent l'vne l'autre, à cause des signes + & —.

De la soustraction des nombres irrationaux composez & diminuez.

CHAP. XVIII.

POur soustraire tels nombres, il les faut disposer l'vn au dessus de l'autre puis soustraire chasques racines comme il a esté dit au chap. 16. obseruant les regles des signes + & — enseignees au chap. 4. sçauoir est *qu'aux signes semblables, il faut soustraire (si faire se peut) sans changer le signe : mais si on ne peut soustraire, il faudra oster le superieur de l'inferieur, & changer le signe. Mais aux signes dissemblables, il faut adiouster, & apposer le signe superieur.*

Ceste operation peut estre facilement entendue par les exemples suiuans, sans autres preceptes,

√50 — 5
√8 — 2
√18 — 3

√√1875 + √√1250.
√√243 + √√162.
√√48 + √√32.

√50 + 2.
√18 + 4.
√8 — 2.

√50 — 2.
√18 — 4.
√8 + 2.

√162 + 2.
√50 — 3.
√32 + 5.

√162 — 2.
√50 + 3.
√52 — 5.

√72 — 4.
8 — √50.
√242 — 12.

30 — √72.
√50 + 6.
24 — √242

√0 + 16.
√320 — 8.
24 — √320.

√√2401 — √c1.
√√256 — √c27.
√√81 + √c8.

√c1000 + √√3125.
√c216 — √√405.
4 + √√20480.

√180 + 0
√320 — 8
8 — √20

Et est à noter pour briefueté, que les deux particules d'vn nombre composé se rencontrans du tout egales à deux particules d'vn nombre diminué, il faut seulement doubler la derniere particule de l'vn des nombres. Comme pour soustraire √12 — 5, de √12 + 5; ie double la derniere particule 5, & vient le nombre 10, pour reste de la soustraction. Ainsi 10 — √4, ostez de 10 + √4, resteront √16, c'est à dire 4: Item √12 — √5 ostee de √12 + √5, restent √20. Et ce d'autant que + destruit +; mais + & — se doiuent adiouster.

De la multiplication des nombres irrationaux composez & diminuez.

CHAP. XIX.

POur faire ceste operation, & aussi la suiuante, il faut retenir la regle de + & — enseignee au chap. 5. sçauoir est *qu'aux signes semblables faut poser +, mais aux dissemblables* —. Ayant donc posé l'vn des deux nombres au dessous de l'autre, soit faicte la multiplication comme és nombres absolus, obseruant toutesfois ce que nous auons dit au chap. 14. de la multiplication des racines simples, & au chap 15. de l'addition & soustraction des mesmes racines. Ce qui sera enseigné és exemples descrits cy-dessous. Comme en l'exemple suiuant, —√45 en —√20, fait +√900, c'est à dire +30, & —√45 par +6, c'est à dire en +√36, fait —√1620, & —√20 par +8, c'est à dire par +√64, fait —√1280. Et finalement +8 en +6, fait +48: Et partant tout le nombre produict sera 48 —√1280 —√1620 +30; qui reduit par addition de +48 à 30; & de —√1280 à —√1620: sera 78 —√5780.

Multiplicande 6—√20.
Multiplicateur 8—√45.

Pr. 48.—√1280—√1620+30 *qui par reduction sera* 78—√5780.

En cet autre exemple, ie multiplie —√√648 par —√√162, & vient +√√104976, c'est à dire +18: & +√√288 par —√√162, fait —√√46656, c'est à dire —√216: & —√√648 par +√√128, fait —√√82944, c'est à dire —√288: & finalement +√√288 par +√√128 fait +√C36864, c'est à dire +√192; & partant tout le nombre produict de la multiplication sera √192 —√288—√216 +18, ou bien 18+√192—√288—√216.

Multiplicande √√288 — √√648.
Multiplicateur √√128 — √√162.

Produict √192—√288—√216+18
ou 18+√192—√288—√216.

En ce troisiesme exemple nous reduirons premierement √ß6, & √3 en vne mesme denomination, c'est à sçauoir à √qß36, & √qß243, & ces deux nombres multipliez entr'eux, le produict est +√qß8748: puis apres nous reduirons √c7, & √3 à qc49, & √qc27 de mesme espece, & ces deux-cy estans multipliez entr'eux, le produict est √qc1323.

Multiplicande √c7+√ß6.
Multiplicateur √3.

Produict √qc1323+√qß8748.

Au premier de ces deux exemples est multiplié vn nombre composé en soy, dont le produit est 49+√245+√245+5, c'est à dire 54+√980, pource que 49 & +5, font 54, & √245 auec √245, c'est à dire le double de √245, faict √980. Mais au 2e. exemple est multiplié vn nombre diminué en soy, dont le produit est 49—√245—√245+5, c'est à dire 54—√980. Or pour briefuement faire telle multiplication, c'est à dire multiplier vn nombre composé de racines quarrees en soy, ou par vn autre egal, il ne faut qu'adiouster ensemble les quarrez des particules, puis à ceste somme adiouster le double du produit d'vne particule en l'autre. Comme és deux exemples cy-dessus, les quarrez des particules font 54, & le produit d'vne particule

7+√5
7+√5

49+√245+√245+5.

7—√5.
7—√5.

49—√245—√245+5.

culo

cule en l'autre. Comme ès deux exemples cy-dessus, les quarrez des particules sont 54, & le produit d'vne particule en l'autre est $\sqrt{245}$, ou $-\sqrt{245}$, dont le double est $\sqrt{980}$, ou $-\sqrt{980}$. Tout le produict est donc $54+\sqrt{980}$, ou $54-\sqrt{980}$.

Mais multipliant vn nombre composé ou diminué de racines quarrees, comme $6+\sqrt{8}$ par son respondant contraire, c'est à dire par $6-\sqrt{8}$, viendra au produit vn simple nombre 28, comme il appert en l'operation. Car $+\sqrt{288}$ ruine $-\sqrt{288}$; & partant reste $36-8$, qui sont 28. Ce produit sera encore trouué plus facilement & promptement: car 8, quarré de la derniere particule $\sqrt{8}$, estant osté de 36, quarré de la premiere particule 6, restera le mesme produit 28.

$$\begin{array}{r} 6+\sqrt{8}. \\ 6-\sqrt{8}. \\ \hline 36+\sqrt{288}-\sqrt{288}-8. \end{array}$$

Ainsi aussi $\sqrt{10}+\sqrt{2}$ estant multiplié par son respondant contraire $\sqrt{10}-\sqrt{2}$, le produit sera $10+\sqrt{20}-\sqrt{20}-2$, c'est à dire 8: lequel nombre 8 est aussi produit en ostant 2, quarré de la derniere particule, de 10 quarré de la premiere particule.

$$\begin{array}{r} \sqrt{10}+\sqrt{2} \\ \sqrt{10}-\sqrt{2} \\ \hline 10+\sqrt{20}-\sqrt{20}-2 \end{array}$$

Et si le nombre de la derniere particule est le plus grand, sera produit vn nombre diminué, comme appert en cet exemple, où est multiplié $2+\sqrt{16}$ par son respondant contraire $2-\sqrt{16}$, & est produict $4-16$.

$$\begin{array}{r} 2+\sqrt{16} \\ 2-\sqrt{16} \\ \hline 4-16 \end{array}$$

Mais si on multiplie $\sqrt{3}+\sqrt{2}+1$, par son respondant $\sqrt{3}+\sqrt{2}-1$, où tu vois que le signe + de la derniere particule est changé en $-$, le produit sera $4+\sqrt{24}$: lequel produit estant derechef multiplié par son respondant contraire $-4+\sqrt{24}$, viendra vn simple nombre 8. Ce dernier produict sera encore trouué plus facilement & promptement comme ensuit. Soient multipliees les deux premieres particules $\sqrt{3}$ & $\sqrt{2}$ entr'elles, & viendra $\sqrt{6}$, qui doublee sera $\sqrt{24}$; puis de la somme des deux nombres d'icelles particules, sçauoir est 5, soit osté le nombre de la derniere particule, & restera 4, dont le quarré 16 soit osté du nombre 24, & resteront 8 comme dessus.

$$\begin{array}{r} \sqrt{3}+\sqrt{2}+1. \\ \sqrt{3}+\sqrt{2}-1. \\ \hline -\sqrt{3}-\sqrt{2}-1 \\ +\sqrt{6}+2+\sqrt{2} \\ 3+\sqrt{6}+\sqrt{3} \\ \hline \textit{produit}\ \ 4+\sqrt{24}. \\ -4+\sqrt{24} \\ \hline -16-\sqrt{384}+\sqrt{384}+24 \end{array}$$

Ainsi aussi, si on multiplie $\sqrt{3}+\sqrt{5}+\sqrt{6}$ par son respondant $\sqrt{3}+\sqrt{5}-\sqrt{6}$, sera produit $\sqrt{60}+2$, qui multipliez par $\sqrt{60}-2$, le produit sera simple nombre 56; lequel produit on aura aussi auec la mesme briefueté que dessus.

Et par ceste maniere peuuent estre reduits tous tels nombres composez ou diminuez en simple nom: sçauoir est multipliant tousiours par le respondant contraire, ainsi que dit est cy-dessus, iusques à ce que l'on soit paruenu à vn simple nombre.

De la diuision des nombres irrationnaux composez & diminuez.

CHAP. XX.

POur diuiser vn nombre irrationnel composé par vn simple nombre radical, il faut diuiser chasque particule par ledit simple nombre radical, obseruant la regle de + & de —. Comme pour diuiser $\sqrt{24}+\sqrt{9}$ par $\sqrt{6}$, ie diuise chasque particule du diuidande par le diuiseur $\sqrt{6}$, & le quotient est $\sqrt{4}+\sqrt{\frac{9}{6}}$, ou $2+\sqrt{1\frac{1}{2}}$, comme il appert en ceste formule.

$$\frac{\sqrt{24}+\sqrt{9}}{\sqrt{6}\quad\sqrt{6}}\ [\ \sqrt{4}+\sqrt{1\tfrac{1}{2}}$$

Ainsi aussi diuisant $\sqrt{c28}+\sqrt{c20}$, par $\sqrt{c4}$, vient au quotient $\sqrt{c7}+\sqrt{c5}$.

Que s'il faut diuiser vn nombre irrationel composé par vn nombre simple & absolu. Comme pour exemple, $\sqrt{20}-\sqrt{c10}$ par le nombre absolu 3; il faut premierement reduire iceluy nombre 3 en l'espece de la premiere particule $\sqrt{20}$, & seront $\sqrt{9}$; par lesquels estāt diuisée ladite particule, viendra au quotient $\sqrt{2\frac{2}{9}}$: en apres il faudra aussi reduire ledit diuiseur 3 en l'espece de la racine de la seconde particule $\sqrt{c10}$; & seront $\sqrt{c27}$, qui diuisant icelle particule, le quotient sera $\sqrt{c\frac{10}{27}}$: tellement que tout le quotient de la diuision sera $\sqrt{2\frac{2}{9}}-\sqrt{c\frac{10}{27}}$. Ainsi aussi pour diuiser $\sqrt{\sqrt{8}}+\sqrt{\beta 3}$ par $\sqrt{2}$, il faut reduire iceluy diuiseur en la mesme denomination que chaque particule du diuidande, & on trouuera pour le quotient de la diuision $\sqrt{\sqrt{2}}+\sqrt{q\beta\frac{9}{32}}$. Car $\sqrt{\sqrt{8}}$ & $\sqrt{2}$ estant reduites à mesme denomination, seront $\sqrt{\sqrt{\sqrt{64}}}$ & $\sqrt{\sqrt{\sqrt{16}}}$: & celle là diuisee par ceste cy donne $\sqrt{\sqrt{\sqrt{4}}}$, c'est à dire $\sqrt{\sqrt{2}}$. Et pour la seconde particule seront reduits $\sqrt{\beta 2}$ & $\sqrt{2}$, à $\sqrt{q\beta 9}$ & $\sqrt{q\beta 32}$; & celle-là estant diuisee par ceste cy, le quotient est $\sqrt{q\beta\frac{9}{32}}$.

Mais pour diuiser vn simple nombre par vn composé ou diminué de racines quarrees, ou censicensiques; comme pour exemple, 42 par $\sqrt{25}+\sqrt{4}$, c'est à dire 7; il faut multiplier l'vn & l'autre nombre par $\sqrt{25}-\sqrt{4}$, le correspondant contraire du diuiseur, & viendront $\sqrt{44100}-\sqrt{7056}$, & 21, ou $\sqrt{441}$: puis apres soit diuisé $\sqrt{44100}-\sqrt{7056}$ par $\sqrt{441}$, & viendront $\sqrt{100}-\sqrt{16}$, c'est à dire 6, qui sera le quotient de 42 diuisé par $\sqrt{25}+\sqrt{4}$. Qu'il faille encore diuiser 54 par $2+\sqrt{16}$, c'est à dire par 6: soit donc multiplié le diuiseur $2+\sqrt{16}$, par $2-\sqrt{16}$, & sera produit le nombre diminué $4-16$, pource que la derniere particule est plus grande que la premiere: parquoy soient transposees les particules dudit diuiseur en ceste maniere $\sqrt{16}+2$, afin qu'estant multiplié par son respondant contraire $\sqrt{16}-2$, soit fait vn nombre simple 12. En apres soit aussi multiplié le nombre diuidande 54 par le mesme nombre $\sqrt{16}-2$, & viendra pour nouueau diuidande $\sqrt{46656}-108$, qui diuisé par le nouueau diuiseur 12, le quotient sera $\sqrt{324}-9$, c'est à dire $18-9$, qui sont 9. Voulant encore diuiser 20 par $\sqrt{\sqrt{16}}+\sqrt{\sqrt{81}}$, c'est à dire par 5: seront premierement transposees les particules d'iceluy diuiseur, afin que la plus grande soit la premiere: puis sera trouué vn nouueau diuiseur & diuidande, qui sera 5, & $\sqrt{\sqrt{12960000}}-\sqrt{\sqrt{2560000}}$, & la diuision faicte, le quotient sera $\sqrt{}\sqrt{}20736 - \sqrt{}\sqrt{}4096$, c'est à dire 12—8, c'est assauoir 4.

Que si tant le diuidãde que le diuiseur, sont nombres composez, ou diminuez de racines quarrees, il faut reduire le diuiseur en simple nombre, comme il a esté dit au chap. precedent : puis multiplier le diuidande par les mesmes nombres par lesquels on aura multiplié le diuiseur pour le conuertir à simple nombre, & ce qui viendra soit diuisé par le simple nombre trouué, comme dit est cy-dessus, & ainsi qu'il appert aux exemples suiuans.

Estant proposé à diuiser $18+\sqrt{}36$, qui sont 24, par $7-\sqrt{}16$, (c'est à dire par 3.) Il faut premierement multiplier le diuiseur $7-\sqrt{}16$ par son respondant contraire $7+\sqrt{}16$, & viendront 33 pour vn nouueau diuiseur: puis par le mesme nombre $7+\sqrt{}16$ soit aussi multiplié le diuidande $18+\sqrt{}36$, & viendront $198+\sqrt{}4356$, pour le nouueau diuidande, qui diuisé par les 33 trouuez, viendront au quotient $6+\sqrt{}4$, c'est à dire 8.

Soit encore proposé à diuiser $\sqrt{}41+\sqrt{}3-\sqrt{}2$, par $\sqrt{}5+\sqrt{}2$. Il faut donc premierement multiplier le diuiseur $\sqrt{}5+\sqrt{}2$ par son respondant contraire $\sqrt{}5-\sqrt{}2$, & viẽdra vn simple nombre 3 pour nouueau diuiseur: en apres soit multiplié le nombre diuidande $\sqrt{}41+\sqrt{}3-\sqrt{}2$ par le mesme nombre $\sqrt{}5-\sqrt{}2$, afin d'auoir vn nouueau diuidande, & le produit sera $\sqrt{}205+\sqrt{}15-\sqrt{}10-\sqrt{}82-\sqrt{}6+\sqrt{}4$. Lequel il faut diuiser par 3, c'est à dire par $\sqrt{}9$, & le quotient sera $\sqrt{}22\frac{7}{9}+\sqrt{}1\frac{6}{9}-\sqrt{}1\frac{1}{9}-\sqrt{}9\frac{1}{9}-\sqrt{}\frac{6}{9}+\frac{2}{3}$, ou bien $\sqrt{}\frac{205}{9}+\sqrt{}\frac{15}{9}-\sqrt{}\frac{10}{9}-\sqrt{}\frac{82}{9}-\sqrt{}\frac{6}{9}+\sqrt{}\frac{4}{9}$.

Que si le diuiseur auoit deux parcelles de racines cubiques, il faudroit aussi trouuer vn diuiseur simple, comme sera dit en ceste exemple. Qu'il faille diuiser 10 par $\sqrt{}c5+\sqrt{}c3$. Premierement il faut trouuer suiuant ce qui est enseigné en la 2. prop. 8. trois nombres continuellement proportionnaux (à cause de 3 exposant du cube) en la raison des particules du diuiseur, c'est assauoir de $\sqrt{}c5$ à $\sqrt{}c3$, & ce comme il ensuit. Premierement soit multiplié $\sqrt{}c5$ en soy, & viendra $\sqrt{}c25$ pour le premier nombre; puis apres soit multiplié $\sqrt{}c5$ en $\sqrt{}c3$, & viendront $\sqrt{}c15$ pour le second nombre; tiercement soit multiplié $\sqrt{}c3$ en soy, & sera produit $\sqrt{}c9$ pour l'autre nombre : & par ainsi nous aurons ces trois nombres $\sqrt{}c25$, $\sqrt{}c15$, & $\sqrt{}c9$, continuellement proportionnaux, en la raison de $\sqrt{}c5$ à $\sqrt{}c3$, comme il est demonstré en la susdite 2. p. 8. Or estant apposé le signe + aux deux nombres extremes, & le signe — à celuy du milieu, en ceste sorte $\sqrt{}c25-\sqrt{}c15+\sqrt{}c9$ soit multiplié par ce nombre, tant le diuidande proposé 10, que le diuiseur $\sqrt{}c5+\sqrt{}c3$, & viendra $\sqrt{}c25000-\sqrt{}c15000+\sqrt{}c9000$ pour le nouueau diuidande; mais pour nouueau diuiseur $\sqrt{}c125+\sqrt{}c27$, c'est à dire 8: lequel simple diuiseur on obtiendra aussi en adioustant seulement les nombres des parcelles du diuiseur 5 & 3.

Il faut proceder en la mesme maniere lors que le diuiseur est composé de deux racines censicensiques, sursolides, quarrees cubiques, &c. trouuant autant de nombres continuellement proportionnaux, en la raison des parcelles du diuiseur qu'il y a d'vnitez en l'exposant du signe cosique qq, ß, qc, &c. c'est assauoir quatre au diuiseur des racines censicensiques, cinq pour le diuiseur des sursolides &c. Lesquels nombres estans trouuez, soit apposé le signe + au premier, & le signe — au second: mais au troisiesme derechef +, au quatriesme encore —, & ainsi alternatiuement iusques au dernier; tellement que tous les nombres des lieux impairs soient nottez du signe +, & ceux des lieux pairs, du signe —. Nous poserons pour exemple qu'il faille diuiser 10 par $\sqrt{\sqrt{5}} + \sqrt{\sqrt{3}}$. D'autant que l'exposant de qq est 4, il faut trouuer quatre nombres continuellement proportionnaux en la raison de $\sqrt{\sqrt{5}}$ à $\sqrt{\sqrt{3}}$, en la sorte cy-dessus.

$$\sqrt{\sqrt{5}} + \sqrt{\sqrt{3}}$$
$$\sqrt{\sqrt{25}} - \sqrt{\sqrt{15}} + \sqrt{\sqrt{9}}$$
$$\sqrt{\sqrt{125}} - \sqrt{\sqrt{75}} + \sqrt{\sqrt{45}} - \sqrt{\sqrt{27}}$$

Maintenant, si par ce nombre de quatre particules on multiplie tant le diuidande 10, que le diuiseur $\sqrt{\sqrt{5}} + \sqrt{\sqrt{3}}$, on trouuera pour nouueau diuidande $\sqrt{\sqrt{1250000}} - \sqrt{\sqrt{750000}} + \sqrt{\sqrt{450000}} - \sqrt{\sqrt{270000}}$, & pour nouueau diuiseur $\sqrt{\sqrt{625}} - \sqrt{\sqrt{81}}$, c'est à dire 2: lequel diuiseur 2 on obtiendra aussi sans multiplication, en soustrayant seulement le nombre de la moindre particule du diuiseur de la plus grande, c'est assauoir 3 de 5. Car les Algebraistes enseignent que quand le nombre exposant des racines est pair, comme q, qq, &c. le simple diuiseur est donné en ostant le nombre de la moindre particule de celuy de la grande: mais en les adioutant ensemble lors que ledit exposant est impair, comme c, β, &c.

Mais il est à noter que les particules du diuiseur estans denommées de diuerses racines, il les faut reduire à vne mesme denomination auparauant que proceder à l'operation.

Est pareillement à noter que l'on peut donner le quotient de la diuision en fraction, faisant numerateur le nombre diuidande: & denominateur le nombre diuiseur. Comme le quotient de $\sqrt{41} + \sqrt{3} - \sqrt{2}$, diuisé par $\sqrt{5} + \sqrt{2}$, se peut donner ainsi $\frac{\sqrt{41} + \sqrt{3} - \sqrt{2}}{\sqrt{5} + \sqrt{2}}$. Semblablement s'il faut diuiser $\sqrt{48} + \sqrt[c]{3}$ par $\sqrt{15} + \sqrt[c]{6} - \sqrt{3}$, le quotient sera ceste fraction $\frac{\sqrt{48} + \sqrt[c]{3}}{\sqrt{15} + \sqrt[c]{6} - \sqrt{3}}$.

Or d'autant qu'il est quelquefois necessaire de cognoistre quel de deux nombres irrationnaux composez est le plus grand, nous enseignerons icy la maniere de ce faire, lors que la chose sera douteuse. Soit pour exemple les deux nombres composez $3 + \sqrt{8}$, & $8 - \sqrt{5}$, le plus grand desquels ie desire sçauoir. Ie soustrais 3 de chaque nombre, & restent $\sqrt{8}$, & $5 - \sqrt{5}$, desquels ie prend les quarrez, ce sont 8 & $30 - \sqrt{500}$, de chacun desquels i'oste 8, & restent 0: & $22 - \sqrt{500}$: & à chacun d'iceux i'adiouste $\sqrt{500}$, & viennent $\sqrt{500}$, & 22, c'est à dire $\sqrt{484}$, qui sont moindre que $\sqrt{500}$: & partant ie dis que $3 + \sqrt{8}$ est plus grand que $8 - \sqrt{5}$.

Des fractions des nombres irrationnaux, & de leur Algorithme.

CHAP. XXI.

LA numeration d'icelles fractions est facile: Car quand le signe radical est posé deuant le milieu de la fraction, iceluy signe est referé à l'vn & à l'autre terme, c'est à sçauoir, tant au numerateur qu'au denominateur. Comme ceste fraction $\sqrt{\frac{9}{16}}$, signifie $\sqrt{9}$ estre diuisée par $\sqrt{16}$; & vaut $\frac{3}{4}$. Ainsi

$\surd c\frac{8}{27}$ signifie $\surd c8$ estre diuisee par $\surd c27$: & icelle equiuale à $\frac{2}{3}$. Ainsi aussi $\surd\frac{6}{8}$ denote $\surd 6$ estre diuisee par $\surd 8$.

Mais quand le signe radical est posé deuant vn nombre entier auec la fraction, il faut reduire tout le nombre à vne seule fraction, afin de pouuoir exprimer sa valeur. Comme $\surd c1\frac{67}{125}$ sera reduit à $\surd c\frac{192}{125}$, & signifie $\surd c192$ estre diuisee par $\surd c125$, c'est à dire par 5; & peut estre representee ainsi $\frac{\surd c192}{5}$, tellement qu'il signifie $\surd c192$ estre diuisee par 5. Que si les termes de ceste fraction $\surd c\frac{192}{125}$ sont multipliez par vn mesme nombre, c'est à sçauoir par $\surd c192$, sera produit la fraction $\surd c\frac{36864}{24000}$ equiuallant à la fraction $\frac{192}{125}$. Et si derechef les termes produits de la fraction sont multipliez par la mesme $\surd c192$, sera produit la fraction $\surd c\frac{7077888}{4608000}$, c'est à dire $\frac{192}{\surd c4608000}$, & signifie le cube 192 (qui est produit de $\surd c192$ multipliee en soy cubiquement) estre diuisé par $\surd c4608000$; pource que la racine cubique du numerateur 7077888 est 192. Derechef la fraction $\surd\frac{16}{64}$, signifie $\surd 16$, c'est à sçauoir 4, estre diuisee par $\surd 64$, c'est à dire par 8; & est equiualente à $\frac{1}{2}$. Et la fraction $\frac{\surd 16}{64}$ signifie $\surd 16$, c'est à dire 4 estre diuisé par 64: & est equiualente à $\frac{4}{64}$, ou $\frac{1}{16}$. Ainsi $\frac{16}{\surd 64}$, signifie que le nombre 16 est diuisé par $\surd 64$, c'est à dire par 8: & est equiualente au nombre 2.

Quand la raison des numerateurs aux denominateurs est vne mesme, les fractions sont egales, tout ainsi qu'és fractions vulgaires: Parquoy toutes ces fractions $\surd\frac{64}{4}$, $\frac{\surd 64}{2}$, $\frac{64}{\surd 256}$ sont de mesme valeur : pource qu'en toutes, le numerateur est quadruple du denominateur.

Les fractions irrationelles se reduisent à minimes termes (quand elles peuuent estre reduites,) tout ainsi qu'és fractions vulgaires. Comme ceste fraction $\surd qc\frac{4}{8}$ se reduira à ceste-cy $\surd qc\frac{1}{2}$: & $\surd\frac{16}{144}$ à $\surd\frac{1}{9}$. Elles peuuent aussi estre quelquesfois reduites à moindres signes radicaux ; Comme $\surd qc\frac{4}{8}$ se reduit à $\frac{\surd c2}{\surd 2}$. Pource que le numerateur 4 a racine quarree 2, mais il n'a pas racine cubique : Et le denominateur 8 a racine cubique 2, mais il n'a pas la quarree.

Quant à l'addition & soustraction, elles se font en ceste maniere. Si le denominateur est vn mesme, soient adioustez les numerateurs, comme il a esté dit cy-deuant, ou soit soustrait l'vn de l'autre, & à la somme, ou au reste, soit apposé le denominateur commun, ainsi qu'il appert és exemples suiuans.

Addition	*soubstraction*
$\frac{\surd 4}{7}$ adioustez à $\frac{\surd 9}{7}$	$\frac{\surd 4}{7}$ ostee de $\frac{\surd 9}{7}$
font $\frac{\surd 25}{7}$ ou $\frac{5}{7}$	reste $\frac{\surd 1}{7}$ ou $\frac{1}{7}$

Mais quand les denominateurs sont diuers, soit faicte la reduction à vn mesme denominateur par la multiplication en croix, ainsi qu'és fractions vulgaires: puis soit fait ainsi que cy-dessus, & comme il appert en ces formules.

Reduction.	*Addition*	*Soubstraction*
$\surd 144$ $\surd 196$	$\surd\frac{144}{441}$ & $\surd\frac{196}{441}$	$\surd\frac{144}{441}$ de $\surd\frac{196}{441}$
$\surd\frac{16}{49}$ & $\surd\frac{4}{9}$.	font $\surd\frac{676}{441}$, ou $1\frac{5}{21}$	reste $\surd\frac{4}{441}$, ou $\frac{2}{21}$
$\surd 441$.		

En la mesme maniere s'il faut adiouster $\frac{\sqrt{50}+\sqrt{c.24}}{5}$ à $\frac{\sqrt{c.24}+\sqrt{8}}{2}$, on reduira premierement icelles fractiõs à mesme denomination, c'est à sçauoir à $\frac{\sqrt{200}+\sqrt{c.192}}{10}$ & $\frac{\sqrt{c.3000}+\sqrt{200}}{10}$: puis apres adioustant les numerateurs, on aura $\frac{\sqrt{800}+\sqrt{c.8232}}{10}$: Mais si on soustraict la moindre d'icelles fractions de la plus grande, restera $\frac{\sqrt{c.648}}{10}$.

Quand les numerateurs sont incommensurables, l'addition d'iceux se faict par l'interposition du signe +, mais la soubstraction par l'interiection du signe —. Comme la somme de $\sqrt{\frac{7}{8}}$ & $\sqrt{\frac{5}{8}}$ est $\sqrt{\frac{7}{8}}+\sqrt{\frac{5}{8}}$. Et $\sqrt{\frac{5}{8}}$ ostée de $\sqrt{\frac{7}{8}}$ reste $\sqrt{\frac{7}{8}}-\sqrt{\frac{5}{8}}$.

En la multiplication & diuision des fractions irrationnelles, il faut seulement les reduire à mesme signe radical, & acheuer comme és fractions vulgaires. Parquoy multipliant $\frac{\sqrt{3}}{4}$ par $\frac{\sqrt{6}}{7}$ viendra $\frac{\sqrt{18}}{28}$. Et $\frac{\sqrt{36}}{3}$ diuisée par $\frac{\sqrt{c.27}}{2}$ fera $\frac{4}{3}$: & aussi $\frac{\sqrt{3}}{4}$ diuisee par $\frac{\sqrt{6}}{7}$, viendra $\sqrt{\frac{147}{96}}$ c'est à dire $\sqrt{1\frac{51}{96}}$.

Quant à la preuue de chacune de ces operations, elle se fait par sa contraire, c'est à dire que l'addition se preuue par la soubstraction : & la soubstraction par l'addition, &c.

Or voila quant à ce qui concerne l'Algorithme des nombres sourds, reste que pour en monstrer quelque vsage nous adioustions icy quelques questions en la solution desquelles on se sert desdits nombres sourds & irrationnels.

1. *Trouuer deux nombres en vne raison donnee, tels que l'vn multiplié par l'autre produise vn nombre donné.*

Qu'il faille trouuer deux nombres en raison sesquialtere, tels que le produit de leur multiplication soit 40. Posons qu'iceux nombres soient 2℞ & 3℞: leur produit sera 6q, qui doit estre egal à 40. Diuisant donc 40 par 6, viendront $\frac{40}{6}$ ou $\frac{20}{3}$ pour la valeur de 1q, & consequemment 1℞, sera $\sqrt{\frac{20}{3}}$: Et pour ce que le premier nombre a esté posé 2℞, & le second 3℞, iceux nombres seront $\sqrt{\frac{80}{3}}$ & $\sqrt{\frac{180}{3}}$, lesquels multipliez entr'eux produisent $\sqrt{\frac{14400}{9}}$, c'est à dire $\frac{120}{3}$ ou 40, ainsi qu'il estoit requis.

2. *Trouuer deux nombres en raison donnée, tels que le plus grand estant diuisé par le moindre, le quotient & le quarré d'iceluy moindre, soient aussi en raison donnée.*

Qu'il faille trouuer deux nombres en raison quadruple, tels que le quarré du moindre aye raison double au quotient du plus grand diuisé par iceluy moindre. Posons qu'iceux nombres soient 1℞ & 4℞ : Or le plus grand estant diuisé par le moindre, le quotient sera 4, & le quarré du moindre est 1q : & puis que ce quarré doit auoir raison double au quotient 4 : il y aura Equation entre 1q, & 8: parquoy 1℞ sera $\sqrt{8}$, qui est le moindre nombre, & par consequent le plus grand qui est en raison quadruple sera $\sqrt{128}$: & diuisant iceluy par le moindre $\sqrt{8}$, le quotient est $\sqrt{16}$, c'est à dire 4, auquel 8 quarré dudit moindre nombre à raison double.

3. *Trouuer trois nombres en progression arithmetique, tels qu'estans multipliez entr'eux, le produit ait vne raison donnée à la somme d'iceux.*

Qu'il faille donc trouuer trois nombres constituans vne progression arithmetique, tels que le nombre produit de la multiplication d'iceux soit triple de leur somme. Posons que les trois nombres cherchez soient 1℞, 2℞ & 3℞ ayans vn mesme excez 1℞. De la multiplication d'iceux est faict le nombre 6c, lequel doit estre triple de leur somme-6℞: & partant egal à 18℞. Diuisant donc 18 par 6, viendra 3 pour 1q; (car d'autant que le caractere q, est au milieu de c & ℞, il vient le mesme qu'en deprimãt les signes.) Partant 1℞ sera $\sqrt{3}$, & par consequent les trois nombres cherchez seront $\sqrt{3}$, $\sqrt{12}$, & $\sqrt{27}$, qui ont mesme excez $\sqrt{3}$, & multipliez entr'eux font $\sqrt{972}$, qui est le triple de la somme des mesmes, c'est à sçauoir du nombre $\sqrt{108}$.

Notez que quand le denominateur de la raison que doit auoir le produict de la multiplication à la somme, est nombre quarré: la question se resoult en nombres rationnaux. Comme les mesmes choses que dessus estans posees, si le nombre produit deuoit auoir à la somme la raison quadruple, l'equation viendroit entre 6c & 24℞: parquoy diuisant 24 par 6 viendroit 4 pour 1q, & consequemment 1℞ seroit 2, & les trois nombres cherchez seroient 2, 4, & 6, lesquels multipliez entr'eux produisent 48, qui est le quadruple de leur somme 12.

4. *Trouuer trois nombres continuellement proportionnaux en vne raison donnée, tels que la somme de leurs quarrez fasse vn nombre donné.*

Qu'il faille donc trouuer trois nombres continuellement proport. en raison double, desquels la somme de leurs quarrez fasse 600. Posons que les trois nombres soient 1℞, 2℞, & 4℞, qui sont en raison double: leurs quarrez seront 1q, 4q, & 16q. Mais la somme d'iceux quarrez sera 21q, qui est egale à 600. Diuisant donc 600 par 21 viendront $\frac{200}{7}$ pour vn quarré, & partant 1℞ sera $\sqrt{\frac{200}{7}}$, qui est le premier nombre cherché, & le second double d'iceluy sera $\sqrt{\frac{800}{7}}$: mais le troisiesme aussi double de cestuy-cy sera $\sqrt{\frac{3200}{7}}$, & leurs quarrez font ensemble $\frac{4200}{7}$, c'est à dire 600.

5. *Trouuer vn nombre, qui auec vn nombre donné fasse son quarré.*

Le nombre donné soit 50, & il faut trouuer vn autre nombre qui adiousté auec 50 fasse son quarré. Posons que le nombre cherché soit 1℞: donc son quarré sera 1q, qui doit estre egal à 1℞ + 50. Or le quadruple de 50 estant adiousté au quarré des racines, faict 201, dont la racine quarree est $\sqrt{201}$: à icelle soient adioustees les racines, & viendront $\sqrt{201}+1$, dont la moitié, qui est $\sqrt{\frac{201}{4}} + \frac{1}{2}$, est la valeur de 1℞, & consequemment le nombre cherché: tellement que si à iceluy nombre on adiouste le donné 50, le nombre qui en prouiendra, sçauoir $\sqrt{\frac{201}{4}} + 50\frac{1}{2}$, sera le quarré du mesme nombre $\sqrt{\frac{201}{4}} + \frac{1}{2}$, ainsi qu'il estoit requis.

6. *Diuiser vn nombre donné selon la moyenne & extreme raison.*

Le nombre donné soit 12, lequel il faut coupper en deux parties telles que la moindre, la plus grande, & ledit nombre 12, soient continuellement proportionnaux, c'est à dire que le quarré de la plus grande partie soit egal au produit de tout le nombre 12 multiplié par la moindre partie. Posons que la plus grande partie soit 1℞: donc la moindre sera 12 — 1℞, & partant ces trois nombres 12—1℞, 1℞, & 12 seront proport. tellement que le quarré du moyen, sçauoir 1q, sera egal au produict des deux extremes, qui est 144—12℞. Or la moitié du nombre des racines est 6, & son quarré 36, auquel adioustant le nombre 144, viendront 180, dont la racine quarree est $\sqrt{180}$, de laquelle estant ostee la susdite moitié des racines, à cause du signe — le reste sera $\sqrt{180}-6$.

qui est la plus grande partie cherchee, laquelle ostee du nombre donné 12, resteront 18—√180 pour la moindre partie.

Or d'autant que nous rapporterons à la fin de ce liure beaucoup d'autres questions esquelles les nombres seront ioincts & appliquez aux choses materielles, afin qu'au moyen d'icelles on voye mieux l'vsage & practique de tous les preceptes & documens enseignez en ce traicté, nous ne nous arresterons d'auantage sur semblables questions abstraittes de la matiere.

Des nombres cossiques & irrationnaux, & de leur Algorithme.

CHAP. XXII.

TOut ainsi que les nombres absolus se font irrationnaux, estans precedez de signes radicaux : comme de 5, se fait √c5 : Ainsi aussi les nombres cossiques se font irrationnaux, quand on leur propose quelqu'vn d'iceux signes radicaux. Comme de 20℞, se fait √20℞, nombre cossique irrationnel, qui se prononce, la racine quarrée de 20 racines : Item de 6c, se fait √6c : qui signifie la racine quarrée de 6c. Item de 9℞, se fait √√9℞, &c. Or tels nombres peuuent estre quelquesfois rationnaux, & quelquefois irrationnaux selon la valeur d'vne racine. Car si 1℞ vaut 5, 20℞ vaudront 100, duquel la racine quarree est 10 : partant √20℞ est vn nõbre rationel equiualant 10 : Et √c20℞ sera irrationnel, puis que 100 n'a pas racine cubique. Il est donc euident qu'on ne peut iuger si tels nombres sont rationnaux ou irrationnaux, iusques à ce que l'estimation & valeur d'vne seule racine apparoisse.

Or l'addition & soustraction d'iceux nombres se fait par l'interposition des signes + & — Comme √36℞ adioustee à √12q, fait √36℞+√12q, ou √12q+√36℞. Et 36 estans ostez de √36℞, restera √36℞—36 : & ainsi des autres.

Que si les signes cossiques sont semblables, & les nombres irrationnaux (considerez sans leurs signes cossiques) commensurables ; l'addition & soubstraction se fera en la mesme maniere que des simples racines sourdes, apposant apres l'operation le mesme signe cossique. Ainsi √8℞ adioustee à √18℞, fera √50℞. Mais ostant √8℞ de √18℞, restera √2℞.

La preuue sera facile & euidente, si on pose la valeur d'vne seule racine estre quelque nombre, comme 2. Car 8℞ seront 16, dont la racine quarree est 4 : & 18℞ seront 36, dont la racine quarree est 6 : Or 4 & 6 font 10 : comme aussi √50℞, puis que 50℞ font 100, dont la racine est 10. Mais 4 ostez de 6, restent 2, valeur de √2℞, puis que 2℞ font 4, dont la racine est 2.

√qc 16q.		√qc 512c.
4℞.	X	8℞.
√c.		√q.
3.		2.
	6.	

Mais afin que les nombres cossiques irrationaux soient multipliez entr'eux, ou diuisez, ils doiuent estre premierement reduits à mesme signe radical par multiplication en croix, comme nous auons enseigné au chap. 13. Comme s'il faut multiplier √c4℞ par √8℞ : icelles estans reduites à mesme signe radical, seront √qc 16q, & √qc 512c, ainsi qu'il appert en ceste formule : lesquels deux nombres multipliez entre eux produisent diuisent √qc 8192ß : mais √qc 512c diuisee par √qc 16q, le quotient sera √qc 32℞. Item le nombre √qc 131072 bß estant diuisé par √qc 512c, le quotient sera √qc 256qq.

Semblablement pour multiplier 1℞ par √4, il n'y a qu'à quarrer 1℞, & à son quarré preposer le signe radical, afin d'auoir √1q : puis le multiplier par √4, & viendra pour le produit √4q. Par mesme moyen 3℞ multipliees par √16, le produit sera √144q : c'est à dire la racine quarree de 144q, qui sera 24, la racine estant 2. Et tels produits √4q, & √144q sont appellez par Clauius Nombres des Racines, ainsi qu'il appert és 12 & 28 questions du 32. chap. de son Algebre.

Or la preuue de toutes ces operations se fera, posant la valeur d'vne racine, comme dit est cy dessus : ou bien chaque operation par sa contraire.

Quant aux fractions de ces nombres cossiques irrationaux, il n'est besoin d'en traicter particulierement, pource qu'elles suiuent l'Algorithme de leurs entiers, ioinct à celuy des nombres communs.

Or est icy à noter qu'vne equation se rencontrant entre vn nombre cossique irrationel, & vn nombre absolu, il la faudra reduire en ceste maniere. Soit pour exemple vne equation entre √24℞ & 12. Il y aura pareillement equation entre leurs quarrez, sçauoir 24℞ & 144 : soit donc diuisé 144 par 24, & viendront 6 au quotient pour la valeur d'vne racine. Item, s'il y a equation entre √10q & 20 ; il y aura aussi equation entre 10q & 400 : diuisant donc 400 par 10, viendront 40 pour la valeur d'vne racine. Finalement si vne equation est trouuee entre √c12q, & 30 : il y aura aussi equation entre 12q & 27000, les cubes d'iceux : parquoy diuisant 27000 par 12, viendront 2250 pour la valeur d'vne seule racine.

Que si quelqu'vn proposoit vne equation entre √c 8 & 3, il y auroit aussi equation entre leurs cubes 8 & 27 : Ce qui est impossible. Parquoy en ces equations il est necessaire que le nombre absolu soit la racine du nombre auec lequel est le signe radical : telle qu'est l'equation d'entre √c 8 & 2. Item entre √c 64 & 4 : Item entre √81 & 9, &c. Autrement l'equation sera impossible.

Des racines vniuerselles, & de leur Algorithme.

CHAP. XXIII.

LA racine d'vn nombre composé ou diminué est appellee racine vniuerselle : Comme la racine quarree de ce nombre composé √9 + 22, est dicte racine vniuerselle, d'autant que de tout le nombre il faut extraire la racine, laquelle sera 5 ; car √9, qui est 3, estant adioustee à 22 fait 25, dont la racine quarree est 5. Ainsi aussi par la racine vniuerselle de cet autre nombre composé 10 + √7, il faut entendre que la racine quarree du nombre 7, si elle se peut auoir, estant adioustee à 10, on doit prendre la racine de tout le nombre.

Or ces racines sont notees diuersement par les Autheurs : mais nous les figurerons apposant le signe radical $\sqrt{}$, ou $\sqrt{c}$ au deuant du nombre dont la racine deura estre extraicte, & enfermant tout ledit nombre entre deux parentheses, en ceste maniere, $\sqrt{}(\sqrt{9}+22)$, ou ainsi $\sqrt{}(22+\sqrt{9})$, qui est le mesme. Item $\sqrt{c}(10+\sqrt{7})$. Item $\sqrt{}(49+182)$. Item $\sqrt{}(10+\sqrt{16}+3+\sqrt{64})$. Item $\sqrt{c}(\sqrt{25}-\sqrt{4}+24)$. Item $\sqrt{}(10+\sqrt{36})+\sqrt{}(70+\sqrt{321})$, laquelle vaut 13.

Or tout ainsi que le quarré d'vne simple racine quarree sourde est le mesme nombre, delaissant seulement le signe radical $\sqrt{}$, tellement que le quarré de $\sqrt{5}$ est 5, & celuy de $\sqrt{12}$ est 12 : mais le cube d'vne racine cubique simple est le mesme nombre, delaissant le signe radical $\sqrt{c}$, tellement que le cube de $\sqrt{c9}$ est 9, & le cube de $\sqrt{c12}$ est 12 : Ainsi aussi, le quarré de la racine quarree de quelque nombre composé, est le mesme nombre, estant delaissé le signe radical $\sqrt{}$. Comme le quarré de $\sqrt{}(11+\sqrt{9}+\sqrt{4})$ est $11+\sqrt{9}+\sqrt{4}$, c'est à dire 16 ; tellement qu'icelle racine valoit 4. Le quarré de $\sqrt{}(\sqrt{c216}+\sqrt{c27})$ est $\sqrt{c216}+\sqrt{c27}$, c'est à dire 9, dont la racine est 3. Le quarré de $\sqrt{}(\sqrt{c216}-\sqrt{c27})$ est $\sqrt{c216}-\sqrt{c27}$, c'est à dire 3, & la valeur de sa racine est $\sqrt{3}$. Et semblablement le cube de la racine cubique d'vn nombre composé est le mesme nombre, estant osté le signe radical $\sqrt{c}$. comme le cube de $\sqrt{c}(\sqrt{25}+\sqrt{9})$ est $\sqrt{25}+\sqrt{9}$, c'est à dire 8, tellement que ceste racine-là valoit 2. Le cube de $\sqrt{c}(\sqrt{25}-\sqrt{9})$ est $\sqrt{25}-\sqrt{9}$, c'est à dire 2, & la racine d'iceluy est $\sqrt{c2}$. Le cube de $\sqrt{c}(\sqrt{c64}+\sqrt{c27})$ est $\sqrt{c64}+\sqrt{c27}$, c'est à dire 7, dont la racine est $\sqrt{c7}$. Et faut entendre le mesme de quarré de quarrez, & sursolides, &c. En ceste maniere on multiplie la racine de quelconque nombre composé en soy, c'est à dire qu'on a le produict de son quarré, ou cube, &c.

Mais pour multiplier la racine d'vn nombre composé, par vne racine simple, ou par vn nombre simple, ou composé, ou finalement par vne autre racine de nombre composé : il faut reduire l'vn & l'autre nombre à quarré, ou cube : puis faire la multiplication comme dit est cy dessus. Comme pour exemple, soit $\sqrt{}(7+\sqrt{3})$ qu'il faut multiplier par 2. Les quarrez sont $7+\sqrt{3}$, & 4. Multipliant donc 7 par 4 viendront 28 ; mais $\sqrt{3}$ par 4, c'est à dire par $\sqrt{16}$, viendront $\sqrt{48}$. Donc tout le nombre produit est $\sqrt{}(28+\sqrt{48})$.

$$\begin{array}{r} 7+\sqrt{3}. \\ 4. \\ \hline 28+\sqrt{48}. \end{array}$$

Item $\sqrt{c}(\sqrt{c64}+\sqrt{c27})$ multipliés par 2, le produict est $\sqrt{c}(\sqrt{c32768}+\sqrt{c13824})$, ou $\sqrt{c}(32+24)$, c'est à dire $\sqrt{c56}$.

$$\begin{array}{r} \sqrt{c64}+\sqrt{c27}. \\ 8. \\ \hline \sqrt{c32768}+\sqrt{c13824} \end{array}$$

Item soit $\sqrt{}(7+\sqrt{4})$ qu'il faut multiplier par $\sqrt{9}$. Les quarrez des nombres sont $7+\sqrt{4}$, & 9. Ie multiplie donc $\sqrt{4}$ par 9, c'est à dire par $\sqrt{81}$, & vient $\sqrt{324}$: puis 7 par 9, & sont 63. Donc le nombre produit sera $\sqrt{}(63+\sqrt{324})$, c'est à dire $\sqrt{81}$, ou 9.

$$\begin{array}{r} 7+\sqrt{4} \\ 9 \\ \hline 63+\sqrt{324} \end{array}$$

Soit aussi $\sqrt{}(6+\sqrt{}9)$, qu'il faut multiplier par le nombre composé $\sqrt{}4+\sqrt{}16$. Le quarré du premier nombre est $6+\sqrt{}9$; & du posterieur $20+\sqrt{}256$: estant donc faicte la multiplication, comme il se void icy, le produit sera $\sqrt{}(\sqrt{}9216+\sqrt{}3600+\sqrt{}2304+120)$, c'est à dire $\sqrt{}324$ ou 18.

$$\begin{array}{r} 6+\sqrt{}9 \\ 20+\sqrt{}256 \\ \hline \sqrt{}9216+\sqrt{}2304 \\ 120+\sqrt{}3600 \\ \hline \sqrt{}9216+\sqrt{}3600+\sqrt{}2304+120. \end{array}$$

Item qu'il faille multiplier $\sqrt{}(13+\sqrt{}9)$ par $\sqrt{}(5+\sqrt{}16)$, c'est à dire 4 par 3. Les quarrez des nombres sont $13+\sqrt{}9$, & $5+\sqrt{}16$; & multipliant $\sqrt{}9$ par $\sqrt{}16$, est fait $\sqrt{}144$; & 13, c'est à dire $\sqrt{}169$ par $\sqrt{}16$, vient $\sqrt{}2704$; puis apres $\sqrt{}9$ par 5, c'est à dire par $\sqrt{}25$, est fait $\sqrt{}225$; & 13 par 5, donnent 65. Donc tout le nombre produit est $\sqrt{}(\sqrt{}2704+\sqrt{}225+77)$, c'est à dire 12. Car la racine de $\sqrt{}2704$ est 52, & celle de $\sqrt{}225$ est 15; & ces trois nombres 77, 52 & 15 adioustez ensemble font 144, dont la racine quarrée est 12.

$$\begin{array}{r} 13+\sqrt{}9 \\ 5+\sqrt{}16 \\ \hline \sqrt{}2704+\sqrt{}144 \\ 65+\sqrt{}225 \\ \hline \sqrt{}2704+\sqrt{}225+77 \end{array}$$

Qu'il faille encore multiplier $\sqrt{}(\sqrt{}18000+30)-\sqrt{}(\sqrt{}450+15)$ par $\sqrt{}(\sqrt{}450+15.)$ Ayant posé ces nombres comme tu vois icy, multiplie premierement $\sqrt{}(\sqrt{}450+15)$ en soy, & viendra son quarré $\sqrt{}450+15$, auquel il faut preposer le signe $-$ à cause que de $+$ en $-$ est faict $-$. En apres, de $\sqrt{}(\sqrt{}1800+30)$ en $\sqrt{}(\sqrt{}450+15)$ sera fait $\sqrt{}810000+\sqrt{}1620000+450$; (c'est à sçauoir en multipliant leurs quarrez entr'eux) c'est à dire $1350+\sqrt{}1620000$, pource que $\sqrt{}810000$ vaut autant que 900, lequel nombre adiousté à 450, fait 1350, & preposant le signe $\sqrt{}$, le produit sera le nombre $\sqrt{}(1350+\sqrt{}1620000)$: Mais la racine de ce nombre sera $\sqrt{}900+\sqrt{}450$, (comme il apparoistra au chapitre suiuant) c'est à dire $30+\sqrt{}450$; duquel nombre estant osté le premier produit $-\sqrt{}450+15$, fait de $\sqrt{}(\sqrt{}450+15)$ en soy, restera seulement 15 pour tout le produit de la multiplication proposee.

$$\begin{array}{r} \sqrt{}(\sqrt{}1800+30)-\sqrt{}(\sqrt{}450+15) \\ \sqrt{}(\sqrt{}450+15)+\sqrt{}(\sqrt{}450+15) \\ \hline \sqrt{}4050000+450-\sqrt{}450+15 \\ \sqrt{}810000+\sqrt{}4050000 \quad \\ \hline \sqrt{}810000+\sqrt{}1620000+450 \quad \end{array}$$

Et afin de rendre cecy plus manifeste, nous adiousterons encore vn exemple en nombres rationaux. Soit proposé à multiplier $\sqrt{}(\sqrt{}4+14)-\sqrt{}(\sqrt{}9+6)$ par $\sqrt{}(\sqrt{}9+6)$ c'est à dire 1 par 3, & viendront 3. Car de $\sqrt{}(\sqrt{}9+6)$ en $\sqrt{}(\sqrt{}9+6)$ est fait son quarré $\sqrt{}9+6$ auec le signe $-$, qui luy doit estre preposé: puis aprés, de $\sqrt{}(\sqrt{}4+14)$ en $\sqrt{}(\sqrt{}9+6)$ est faict $\sqrt{}144$

$$\begin{array}{r} \sqrt{}(\sqrt{}4+14)-\sqrt{}(\sqrt{}9+6) \\ \sqrt{}(\sqrt{}9+6)+\sqrt{}(\sqrt{}9+6) \\ \hline \sqrt{}144+84-\sqrt{}9+6 \\ \sqrt{}36+\sqrt{}1764 \quad \\ \hline \sqrt{}144-9 \quad \end{array}$$

c'est à dire 12 : Car $\sqrt{36}$ est 6, & $\sqrt{144}$ est 12, & $\sqrt{1764}$ est 42 ; tous lesquels nombres auec 84 font iceluy nombre 144, & luypréposant le signe $\sqrt{}$, sera le produit $\sqrt{144}$, c'est à sçauoir 12, duquel nombre estant osté l'autre produit $\sqrt{9}+6$, sçauoir 9, restera 3 pour tout le nombre produit ainsi qu'il deuoit estre.

Or quand il faut multiplier la racine quarree d'vn nombre composé ensemble auec la racine quarree d'vn nombre diminué semblable, en soy-mesme, comme $\sqrt{(12+\sqrt{6})}+(12-\sqrt{6})$; soit posé le nombre deux fois, ainsi qu'il appert icy, & soient pris les quarrez des parties, lesquels seront $12+\sqrt{6}$, & $12-\sqrt{6}$, qui font ensemble 24 : (car $+\sqrt{6}$ ruine $-\sqrt{6}$) Et soit multipliee vne partie par l'autre, & sera fait $\sqrt{138}$, (pource que 6, quarré de $\sqrt{6}$, osté de 144, quarré du nombre 12, reste 138, auquel faut apposer le signe $\sqrt{}$) dont le double est $\sqrt{552}$: & $24+\sqrt{552}$ sera le nombre produit cherché. Or la racine de ce produit est aussi la somme des deux racines $\sqrt{(12+\sqrt{6})}$ & $\sqrt{(12-\sqrt{6})}$ recueillie en vne seule somme. Car quand la somme de deux nombres est multipliee en soy, la racine quarree du nombre produit est la somme des mesmes deux nombres : & partant puis que les deux racines proposees ensemble, multipliees en soy, font $24+\sqrt{552}$, la racine de ce produit, sçauoir est $\sqrt{(24+\sqrt{552})}$ sera la somme de ces deux racines-là. Ce que nous rendrons manifeste par vn autre exemple en nombres rationnaux. Soit $\sqrt{(10+36)}+\sqrt{(10-\sqrt{36})}$ c'est à dire 6, qu'il faut multiplier en soy. Il est euident que le nombre qui sera produict doit estre 36.

$$\begin{array}{r} \sqrt{(12+\sqrt{6})}+\sqrt{(12-\sqrt{6})} \\ \sqrt{(12+\sqrt{6})}+\sqrt{(12-\sqrt{6})} \\ \hline 12+\sqrt{6}+12-\sqrt{6}. \\ \sqrt{138}. \\ \sqrt{138}. \\ \hline \sqrt{552}. \\ 24+\sqrt{552}. \end{array}$$

Soient donc trouuez les quarrez des parties, lesquels seront $10+\sqrt{36}$, & $10-\sqrt{36}$, qui adioustez ensemble font 20 : & soit multipliée vne partie en l'autre, & viendra $\sqrt{64}$, dont le double sera $\sqrt{256}$, c'est à dire 16 ; & partant le nombre produit est $20+16$, c'est à dire 36 : & la racine de ce nombre, sçauoir 6, est pareillement la somme de l'addition de ces deux racines-là proposees, comme il est manifeste.

$$\begin{array}{c} \sqrt{(10+\sqrt{36})}+\sqrt{(10-\sqrt{36})} \\ \sqrt{(10+\sqrt{36})}+\sqrt{(10-\sqrt{36})} \\ \hline 10+\sqrt{36}+10-\sqrt{36}. \\ \sqrt{64} \\ \sqrt{64} \\ \hline \sqrt{256} \\ 20+\sqrt{256}. \end{array}$$

Or quand il faut multiplier vn nombre composé de racine simple, & de racine vniuerselle, par vn nombre diminué semblable ; a aussi lieu le compendium que nous auons enseigné au chapitre 19. Comme pour exemple, s'il faut multiplier le nombre $\sqrt{20}+\sqrt{(20-\sqrt{5})}$ par le nombre $\sqrt{20}-\sqrt{(20-\sqrt{5})}$: Il n'y a qu'à soustraire $20-\sqrt{5}$, quarré de la derniere particule du nombre composé ou diminué, de 20 quarré de la premiere particule, & le reste $\sqrt{5}$, sera le produit de la multiplication.

Mais s'il falloit multiplier $\sqrt{(29+8)}+5$ en soy, il n'y auroit qu'à quarrer chaque particule, & viendroient $2q+8$, & 25: puis multiplier l'vne par l'autre, & le double du produit estant adiousté auec les susdits deux quarrez des particules, donneroit $2q+33+\sqrt{}(200q+800)$ pour tout le produit de la multiplication.

Si on vouloit encor multiplier $\sqrt{}(5q-48)+8$ en soy, il ne faudroit aussi que prendre les quarrez de chaque particule, qui seroient $5q-48$, & 64, puis les adiouster au double du produit d'vne particule en l'autre, & viendroient $5q-48+\sqrt{}(1280q-10248)$ pour tout le produit de la multiplication.

Semblablement s'il faut multiplier $\frac{1}{2}q+\sqrt{}(\frac{1}{4}qq+1q)$ par $\frac{1}{2}q-\sqrt{}(\frac{1}{4}qq-1q)$: Il n'y a qu'à soustraire le quarré de la derniere particule, du quarré de la premiere particule, sçauoir est $\frac{1}{4}qq+1q$, de $\frac{1}{4}qq$, & le reste $-1q$, sera le produit de la multiplication.

Pour faire la diuision des racines vniuerselles, soit reduit à quarré, tant le nombre diuidande que diuiseur: puis apres soit faite la diuision comme il a esté enseigné cy deuant, & la racine du nombre produit sera le quotient. Comme pour exemple, soit $\sqrt{}(13+\sqrt{7})$ qu'il faut diuiser par $\sqrt{5}$. Les quarrez des nombres sont $13+\sqrt{7}$, & 5. Ie diuise donc 13 par 5, & vient $2\frac{3}{5}$, & $\sqrt{7}$ par 5, c'est à dire par $\sqrt{25}$, & vient $\sqrt{\frac{7}{25}}$: tellement que tout le quotient est $\sqrt{}(2\frac{3}{5}+\sqrt{\frac{7}{25}})$.

$13+\sqrt{7}\,[2\frac{3}{5}+\sqrt{\frac{7}{25}}$
$5\quad \sqrt{25}$

Item soit $\sqrt{}(432+\sqrt{7776})$ qu'il faut diuiser par 6. Les quarrez des nombres sont $432+\sqrt{7776}$, & 36: le nombre 432 estant diuisé par 36, viennent 12; & $\sqrt{7776}$ estant diuisée par 36, c'est à dire par $\sqrt{1296}$, vient $\sqrt{6}$: & partant tout le quotient sera $\sqrt{}(12+\sqrt{6})$.

1
27   133
432+√7776 [12+√6.
366   1296
3

Item soit $\sqrt{15}$, qu'il faut diuiser par $\sqrt{}(3+\sqrt{5})$. Afin de trouuer vn nouueau diuiseur nous multiplierons $\sqrt{}(3+\sqrt{5})$ par $\sqrt{}(3-\sqrt{5})$ & viēdra vn nouueau diuiseur $\sqrt{4}$. Que si le diuidande $\sqrt{15}$, est aussi multiplié par $\sqrt{}(3-\sqrt{5})$, nous aurons vn nouueau diuidande $\sqrt{}(45-\sqrt{1125})$: le quarré d'iceluy sera $45-\sqrt{1125}$, & le quarré du nouueau diuiseur sera 4. Si donc on diuise 45 par 4, le quotient sera $11\frac{1}{4}$: si nous diuisons $-\sqrt{1125}$ par 4, c'est à dire par $\sqrt{16}$, le quotient sera $-\sqrt{70\frac{5}{16}}$. Donc tout le quotient est $\sqrt{}(11\frac{1}{4}-\sqrt{70\frac{5}{16}})$.

Item soit diuisé 20 par $\sqrt{}(10-\sqrt{5})$. Nous multiplierons l'vn & l'autre nombre par $\sqrt{}(10+\sqrt{5})$, afin d'auoir vn nouueau diuidāde $\sqrt{}(4000+\sqrt{800000})$, & vn nouueau diuiseur $\sqrt{95}$: les quarrez d'iceux nombres sont $4000+\sqrt{800000}$, & 95. Si donc on partit 4000 par 95, seront dōnez $42\frac{2}{19}$: & de la diuision de $\sqrt{800000}$ par 95, c'est à dire par $\sqrt{9025}$, sera produit $\sqrt{88\frac{232}{361}}$. Donc tout le quotient de la diuision est $\sqrt{}(42\frac{2}{19}+\sqrt{88\frac{232}{361}})$.

Item soit diuisée $\sqrt{c}(\sqrt{c}32768+\sqrt{c}13824)$ par 2. Les cubes de ces nombres sont $\sqrt{c}32768+\sqrt{c}13824$, & 8. Ie diuise donc $\sqrt{c}32768$ par 8, c'est à dire par $\sqrt{c}512$, & vient au quotient $\sqrt{c}64$: & de la diuision de $\sqrt{c}13824$ par 8, c'est à dire par $\sqrt{c}512$, vient $\sqrt{c}27$. Tout le quotient est donc $\sqrt{c}(\sqrt{c}64+\sqrt{c}27)$, c'est à dire $\sqrt{c}7$.

Item soit $\sqrt{(588+\sqrt{34848})}$, qu'il faut diuiser par $\sqrt{(12+\sqrt{8})}$. Les quarrez des nombres sont $588+\sqrt{34848}$, & $12+\sqrt{8}$. Nous multiplierons l'vn & l'autre nõbre par $12-\sqrt{8}$, afin d'auoir nouueau nombre diuidande, & diuiseur: le diuidande sera $\sqrt{(7056+\sqrt{5018112}-\sqrt{2765952}-\sqrt{278784})}$, ou plustost par reduction $\sqrt{(6528+\sqrt{332928})}$, & le diuiseur sera 136. Si donc on diuise 6528 par 136, viendront 48; & $\sqrt{332928}$ par 136, c'est à dire par $\sqrt{18496}$, viendront $\sqrt{18}$; & partant tout le quotient sera $\sqrt{(48+\sqrt{18})}$.

Nous auons dit cy-dessus comment il faut adiouster vne racine vniuerselle à vne semblable ayant le signe contraire: comme $\sqrt{(2+\sqrt{3})}$ auec $\sqrt{(2-\sqrt{3})}$ dont la somme est $\sqrt{6}$. Mais telles racines se peuuent encore adiouster ensemble comme ensuit.

Le quarré de la derniere particule de l'vne ou l'autre d'icelles racines soit osté du quarré de la premiere particule, & à la racine quarree du reste soit adioustee la premiere particule; puis soit doublé ce qui viendra, & la racine de ce double là, sera la somme de l'addition. Comme en l'exemple cy-dessus, le quarré de la derniere particule est 3, lequel i'oste de 4, quarré de la premiere particule, & reste 1, que i'adiouste à icelle premiere particule, & font 3, dont le double est 6, & la racine de 6, est $\sqrt{6}$, & autant est la somme de l'addition des deux racines proposees.

Mais quand les deux racines qu'il faut adiouster sont dissemblables, il faut diuiser la plus grande par la moindre, & au quotient adiouster 1; (sinon que lesdites racines fussent incommensurables: car alors l'addition d'icelles se fera plus commodément par l'interposition du signe —) puis par le produict soit multipliee la plus petite racine; & le produict de la multiplication sera la somme de l'addition. Comme pour exemple: soit $\sqrt{(8+\sqrt{48})}$ à laquelle il faut adiouster $\sqrt{2+\sqrt{3}}$. Ie diuise celle là par ceste-cy, & vient au quotient $\sqrt{4}$, c'est à dire 2, auquel i'adiouste 1, & font 3, par lesquels ie multiplie $\sqrt{(2+\sqrt{3})}$, & vient $\sqrt{(18-\sqrt{243})}$ pour la somme des deux racines proposees à adiouster.

Item soit $\sqrt{(10+\sqrt{36})}$, qu'il faut adiouster à $\sqrt{(11+\sqrt{35})}$. Ie diuise ceste-cy par celle là, & vient 1 au quotient, auquel i'adiouste vne vnité, & font 2, par lesquels ie multiplie $\sqrt{(10+\sqrt{36})}$, & vient $\sqrt{64}$, c'est à dire 8, pour la somme de l'addition des deux racines proposees.

Maintenant si d'vne racine vniuerselle de nombre composé, il en faut soustraire vne autre semblable de nombre diminué: Le quarré de la derniere particule soit osté du quarré de la premiere, & la racine du reste soit ostee d'icelle premiere particule, puis soit doublé ce dernier residu, & la racine de ce double sera le reste requis. Comme pour exemple, soit $\sqrt{(12-\sqrt{6})}$. Le quarré de la premiere particule est 144, duquel i'oste 6, quarré de la derniere particule, & reste 138, dont la racine est $\sqrt{138}$, que ie soustrais de la premiere particule 12, & reste $12-\sqrt{138}$, que ie double, & viennent $24-\sqrt{552}$, dont la racine est $\sqrt{(24-\sqrt{552})}$, qui est le reste requis.

Mais si les racines sont dissemblables: pour faire la soustraction, il faut diuiser la plus grande par la moindre, & du quotient oster 1; (sinon que les racines proposees fussent incommensurables: Car alors la soustraction se fera plus commodément par l'interposition du signe —). Puis par le reste soit multipliee la moindre racine, & le produit sera le reste requis. Comme pour exemple, soit $\sqrt{}(2+\sqrt{}3)$ qu'il faut soustraire de $\sqrt{}(8+\sqrt{}48)$. Ie diuise ceste-cy par celle-là, & vient au quotient $\sqrt{}4$, c'est à dire 2, dont i'oste vne vnité, & reste 1, par lequel ie multiplie la moindre racine $\sqrt{}(2+\sqrt{}3)$, & vient la mesme $\sqrt{}(2+\sqrt{}3)$ pour le reste de la soustraction.

Item soit $\sqrt{}(486-\sqrt{}162)$, de laquelle faut soustraire $\sqrt{}(\sqrt{}6-\sqrt{}2)$: ie diuise celle-là par celle-cy, & vient au quotient $\sqrt{}9$, c'est à dire 3, dont i'oste 1, & reste 2, par lesquels ie multiplie la moindre racine $\sqrt{}(\sqrt{}6-\sqrt{}2)$, & vient au produict $\sqrt{}(\sqrt{}96-\sqrt{}32)$ pour le reste de la soustraction requis.

De l'extraction des racines des binomes, & residus.

CHAP. XXIIII.

QVand deux quelconques nombres sont conioints par le signe +, ils sont ordinairement nommez Binome: comme $\sqrt{}12+\sqrt{}3$: & $\sqrt{}18+\sqrt{}8$. Mais estans accouplez par le signe —, ils sont appellez Apoteme ou Residu: Comme $\sqrt{}12-\sqrt{}3$: & $\sqrt{}18-\sqrt{}8$. Et plus de deux nombres ainsi accouplez, sont nommez Trinome, Quatrinome, &c. Comme $\sqrt{}17+\sqrt{}10-\sqrt{}3$: ou $\sqrt{}17-\sqrt{}10+\sqrt{}3$, sont dits Trinome: & $\sqrt{}17+\sqrt{}10+\sqrt{}3+\sqrt{}2$: ou $\sqrt{}17-\sqrt{}10+\sqrt{}3+\sqrt{}2$, sont appellez Quatrinome, &c. Mais Euclide au 10. liure, prop. 37 & 74 appelle seulement Binome, ou residu, quand les deux nombres conioints par le signe + ou —, sont rationnels commensurables en puissance seulement: il constitue de six sortes de Binome, & autant de residu; chacun desquels il definit, & enseigne à trouuer au mesme liure. Or pour extraire la racine quarree d'iceux Binomes & residus, il y a diuerses manieres, deux desquelles nous enseignerons icy, & au prealable le probleme suiuant.

Coupper vn nombre donné en deux parties, telles que le nombre produit d'icelles soit egal à vn nombre donné, qui ne soit plus grand que le quarré de la moitié d'iceluy nombre proposé à diuiser, ou (qui est le mesme) que la quatriesme partie du quarré dudit nombre.

Qu'il faille coupper le nombre 20 en deux parties, telles que multipliées entr'elles, leur produict soit 75, qui est moindre que 100, quart du quarré d'iceluy nõbre proposé 20. Soit osté 75 de 100, quarré de la moitié de 20, & resteront 25, dont soit pris la racine quarree, laquelle sera 5, & soit icelle adioustee à 10, moitié du nombre proposé à diuiser, & viendra 15, qui sera le plus grand nombre cherché, mais icelle racine 5 estant ostée d'icelle moitié 10, resteront 5, qui sera le moindre nombre requis: tellement donc que les deux nombres 15 & 5, sont parties du nombre 20, telles que multipliees entr'elles, elles produisent 75, ainsi qu'il estoit requis.

Maintenant soit le binome $38+\sqrt{}288$, duquel il faut extraire la racine quarrée. Soit couppé le plus grand nom 38 en deux parties, telles que leur produit soit le nombre 72, quatriesme partie du quarré du moindre nom, sçauoir de 288, lesquelles parties seront trouuees par le prob. cy-dessus, estre 36 & 2: d'iceux deux nombres soient prises les racines quarrees, & icelles seront 6 & $\sqrt{2}$, qui conioinctes par le signe + feront $6 + \sqrt{2}$, qui sera la racine quarree du binome proposé. Mais icelles racines 6 & $\sqrt{2}$ estans accouplees par le signe — feront $6 - \sqrt{2}$, qui sera la racine quarree du residu $38 - \sqrt{288}$. Item la racine quarree du binome $\sqrt{32} + \sqrt{24}$, sera trouuee en la mesme maniere estre $\sqrt{\sqrt{18}} + \sqrt{\sqrt{2}}$. Car $\sqrt{32}$ plus grand nom d'iceluy binome estant coupé en deux parties, telles que leur produit soit 6, quatriesme partie de 24, quarré du moindre nom: icelles parties seront trouuees estre $\sqrt{18}$, & $\sqrt{2}$, dont les rcines conioinctes par le signe +, font $\sqrt{\sqrt{18}} + \sqrt{\sqrt{2}}$.

Pour autrement extraire la racine quarree du binome $38 + \sqrt{288}$, il faut du quarré du plus grand nom, oster le quarré du moindre nom, & resteront 1156, desquels soit pris le quart, qui sera 289, duquel soit pris la racine quarree, laquelle sera 17, qu'il faut adiouster, & soustraire de la moitié du plus grand nom, sçauoir de 19, & viendront 36, & 2, desquels deux nombres soient prises les racines quarrees, & seront 6 & $\sqrt{2}$, qui accouplees par le signe +, feront $6 + \sqrt{2}$ pour la racine quarree du binome $38 + \sqrt{288}$, comme deuant. Par la mesme maniere la racine quarree du residu $\sqrt{60} - \sqrt{12}$, sera trouuee estre $\sqrt{(\sqrt{15} + \sqrt{12})} - \sqrt{(\sqrt{15} - \sqrt{12})}$.

Quant à la preuue, elle se fait comme en l'extraction des nombres absolus, sçauoir est, multipliant la racine trouuée par soy-mesme.

Or voila sommairement les operations plus ordinaires & vsitees en l'Algebre numeralle: Et afin de donner aux apprentifs & peu versez en ceste science, tant plus de cognoissance de sa pratique, nous finirons ce traicté par quelques problemes ou questions, auec leurs solutions, au moyen desquelles & des preceptes cy deuant enseignez on en pourra souldre infinis autres.

Diuerses questions & problemes, auec leurs solutions.

CHAP. XXV.

1. EN vne armée de 24000 *hommes, il y a de trois nations, sçauoir, François, Suisses & Allemans: mais le nombre des François & des Suisses ensemble est septuple du nombre des Allemans: & le nombre des François ioinct à celuy des Allemands est quintuple des Suisses: On demande quel est le nombre de chaque nation?*

Premierement posons 1℞, pour le nombre des Allemans: donc le nombre des François & des Suisses ensemble sera 24000 — 1℞; & partant 7℞ seront egales à 24000 — 1℞. Adioutons donc 1℞ de part & d'autre, & nous aurons 8℞ egales à 24000; par consequent 1℞, qui est le nombre des Allemands sera 3000: parquoy le nombre des Francois & des Suisses ensemble est 21000. Or posons 1℞ pour les Suisses, & les François seront 21000 — 1℞: Et puis que le nombre des François & des Allemands ensemble, est quintuple de celuy des Suisses, 24000 — 1℞ seront egales à 5℞: adioutons de part & d'autre 1℞, & viendront 6℞ egales à 24000: partant 1℞ vaudra 4000, qui est le nombre des Suisses: & par consequent il y a 17000 François.

2. *Il y a*

2 *Il y a vne armee composée de François, Allemans & Anglois: les François sont 25000: les Allemans sont moitié des François & Anglois, & les Anglois sont la huictiesme partie des François & Allemans: il faut trouuer le nombre tant des Allemans que des Anglois, & combien il y a d'hommes en toute l'armee.*

Soit posé 1℞ pour les Allemans: donc les François & les Anglois ensemble seront 2℞, & toute l'armee sera 3℞. Et puis que les Anglois sont la huictiesme partie des François & des Allemans ensemble; & que les Allemans & François sont ensemble 1℞+25000: les Anglois seront $\frac{1}{8}$℞+3125. Parquoy veu que les François sont 25000, les Allemans 1℞, & les Anglois $\frac{1}{8}$℞+3125, toute l'armee sera $1\frac{1}{8}$℞+28125 egale à 3℞. Ostant donc $1\frac{1}{8}$℞ de part & d'autre, l'equation sera entre 28125, & $1\frac{7}{8}$℞: parquoy diuisant 28125 par $1\frac{7}{8}$, viendra le nombre 15000, pour la valeur de 1℞, qui est le nombre des Allemans; & partant les François & Allemans feront ensemble 40000, dont la huictiesme partie est 5000 pour le nombre des Anglois: & par consequent toute l'armée sera de 45000 hommes.

3. *Il y a vne colomne quadrangulaire rectangle de laquelle la base a les costez en raison sesquitierce, & sa hauteur est au plus grand costé de la base en raison double superbipartiente tierce, & la solidité d'icelle colomne contient 93312 toises: il faut trouuer chacune des dimensions susdictes.*

Le moindre costé de la base soit posé 3℞, & le plus grand 4℞: mais la hauteur $10\frac{2}{3}$℞ afin qu'elle soit au plus grand costé 4℞, en raison double superbipartiente tierce, & le plus grand costé au moindre en raison sesquitierce. Ces trois nombres multipliez entr'eux produisent 128c, egaux à 93312 solidité de la colomne. Diuisant donc 93312 par 128, viennent 729 pour 1c, & 9 pour 1℞: donc le moindre costé de la base, lequel nous auons posé estre 3℞, sera 27: & le plus grand 4℞, sera 36; & la hauteur $10\frac{2}{3}$℞ sera 96. Et ces trois nombres 27, 36, 96 multipliez entr'eux produisent la solidité proposée 93312.

4. *Il y a vn rectangle, duquel l'aire est 30, & les costez d'iceluy sont en raison sesquialtere: il faut trouuer iceux costez, & le diametre.*

Soit posé le moindre costé 2℞, & partant le plus grand qui doit estre sesquialtere à iceluy sera 3℞: de la multiplication des costez entr'eux, sera produit 6q egaux à 30, aire donné. Diuisant donc 30 par 6, viendront 5 pour 1q; & partant 1℞, sera √5. Et pource que nous auons posé le moindre costé estre 2℞, iceluy sera √20, nombre double de √5; & le plus grand costé 3℞. sera √45, nombre triple de √5. Et pource que les quarrez des costez 20 & 45 sont ensemble egaux au quarré du diametre, le quarré d'iceluy diametre sera 65, & iceluy diam. √65.

5. *Il y a vn rectangle dont la difference des costez est √32, & leur raison triple: trouuer tant iceux costez, que l'aire d'iceluy rectangle.*

Posons que le moindre costé soit 1℞: Donc l'autre sera 3℞, puis qu'ils sont en raison triple: Mais puis que leur difference est 2℞, & la donnee est √32: icelles 2℞ seront egales à √32; & consequemment 1℞ vaudra √8, qui est le moindre costé, & partant le plus grand qui luy est triple sera √72: Et puis que l'aire d'vn rectangle s'obtient en multipliant vn costé par l'autre, si on multiplie √72 par √8, viendront √576, c'est à dire 24 pour l'aire du rectangle proposé.

6. *Il y a vn rectangle duquel les costez sont en raison septuple, & les quarrez d'iceux pris ensemble, ont raison centuple à la somme d'iceux costez: Trouuer les costez, l'aire, & le diam. dudit rectangle.*

Soit posé le moindre costé estre 1℞, & le plus grand 7℞: donc la somme d'iceux costez sera 8℞, & leurs quarrez, sçauoir 1q & 49q, adioustez ensemble feront 50q, centuple de 8℞. Il y a donc equation entre 50q & 800℞. Et diuisant 800 par 50, viendront 16 pour 1℞, moindre costé: le plus grand qui est en raison septuple sera donc 112, & l'aire sera 1792, car c'est le produit d'vn costé multiplié par l'autre: Mais le diametre sera $\sqrt{12800}$. Car les quarrez des costez sont 256, & 12544, la somme desquels est 12800, centuple de 128, qui est la somme d'iceux costez, & partant le quarré du diametre sera 12800, dont la racine quarree, sçauoir est $\sqrt{12800}$ sera ledit diametre.

7. *Il y a vn rectangle, duquel l'aire est 80, & la difference des costez est 2: trouuer le diametre, & les costez d'iceluy rectangle.*

Soit posé le moindre costé de 1℞; & partant le plus grand sera 1℞+2. Ces costez multipliez entr'eux donnent pour l'aire 1q+2℞, lequel est egal à l'aire donné 80. Ostant donc 2℞ de chacun, l'equation sera entre 1q, & 80—2℞. La moitié du nombre des racines est 1, dont le quarré est 1, qui adiousté à 80, sera 81, dont la racine quarree est 9, de laquelle ostant la susdite moitié 1, restera 8, estimation de 1℞, qui est pour le moindre costé: Donc le plus grand excedant iceluy de 2 sera 10. Iceux costez multipliez entr'eux produisent 80 aire donné, & les deux quarrez des costez sont 64 & 100, egaux au quarré du diametre: & partant le quarré du diametre sera 164, & iceluy diametre $\sqrt{164}$.

8. *Il y a vn rectangle duquel le diametre est 30, & la somme des costez 42: trouuer iceux costez, & l'aire du rectangle.*

Soit posé vn costé de 1℞, & partant l'autre sera 42—1℞: donc leurs quarrez seront 1q, & 1764—84℞+1q, qui sont ensemble egaux au quarré du diametre. Parquoy l'equation sera entre 2q+1764—84℞ & 900. Et adioustant 84℞ à chacun, elle sera entre 84℞+900, & 2q+1764. Et ostant 900 de chacun, restera equation entre 84℞, & 2q+864. Et derechef ostant 864 de chacun, elle sera entre 2q, & 84℞—864. Parquoy diuisant tout par 2, l'equation viendra entre 1q & 42℞—432. La moitié du nombre des racines est 21, dont le quarré est 441, duquel ostant 432, resteront 9, dont la racine quarree est 3, qui adioustee à la susdite moitié 21, viendront 24 pour le plus grand costé: & partant resteront 18 pour le moindre: & iceux costez multipliez entr'eux, produisent 432 pour l'aire du rectangle.

9. *Il y a vn quarré duquel le diametre & le costé ensemble font 6: trouuer iceux costé & diametre.*

Soit posé 1℞ pour le costé, & partant le diametre sera 6—1℞. Et pource que le quarré du diametre est double du quarré du costé; & le quarré du costé est 1q; & le quarré du diametre est 36—12℞+1q: il y aura equation entre 2q, & 36—12℞+1q: parquoy ostant 1q de chacun, demeurera equation entre 1q, & 36—12℞: maintenant la moitié du nombre des racines est 6, dont le quarré est 36, qui adioustez au nombre 36, viennent 72, dont la racine est $\sqrt{72}$, de laquelle estant ostee la susdite moitié 6, restera $\sqrt{72}$—6, pour la valeur de 1℞; & autant sera le costé du quarré; lequel estant osté de 6, resteront 12—$\sqrt{72}$ pour le diametre.

10. *Il y a vn autre quarré duquel le diametre surpasse le costé de 3: trouuer lesdits costé, & diametre.*

Pour le costé soit posé 1℞, & partant le diametre sera 1℞+3. Et pource que le quarré du diametre est double du quarré du costé; lequel le quarré du costé est 1q; le quarré du diametre sera 1q+6℞+9: L'equation sera donc entre 2q, & 1q+6℞+9; & ostant 1q de chacun, restera l'equation entre 1q, & 6℞+9. La moitié du nombre des racines est 3, dont le quarré est 9, qui adiousté au nombre 9, faict 18, dont la racine est $\sqrt{18}$, à laquelle soit adioustée la susdite moitié 3, & sera faict $\sqrt{18}+3$, valeur de 1℞, qui est pour le costé du quarré: & partant le diametre sera $\sqrt{18}+6$.

11. *Il y a vn quarré duquel le costé multiplié par le diametre faict 10: trouuer lesdits costé, & diametre.*

Soit posé le costé de 1℞: & puis qu'iceluy costé multipliant le diametre fait 10: par le contraire diuisant 10, le quotient donnera ledit diametre, & par consequent iceluy diametre sera $\frac{10}{1℞}$. Et pource que le quarré du diametre est double du quarré du costé, sçauoir est de 1q, & le quarré dudit diametre est $\frac{100}{1q}$; il y aura equation entre 2q, & $\frac{100}{1q}$, laquelle par la multiplication croisee sera reduitte à celle d'entre 2qq, & 100. Diuisant donc 100 par 2, viendront 50 pour la valeur de 1qq: & partant 1℞ sera $\sqrt{}\sqrt{50}$, & tel est le costé du quarré proposé. Parquoy si on diuise 10 par $\sqrt{}\sqrt{50}$, viendront au quotient $\sqrt{}\sqrt{200}$ pour le diametre dudit quarré.

12. *Il y a vn quarré duquel le costé multiplié par la difference d'entre iceluy costé, & le diametre fait 15: trouuer le diametre, & le costé dudit quarré.*

Soit posé le costé estre 1℞, & partant la difference d'entre le costé & le diametre sera $\frac{15}{1℞}$, laquelle est trouuee diuisant 15 par 1℞, sçauoir est afin que le quotient multiplié par le diuiseur 1℞, produise le nombre diuisé 15. Et pource que le diametre excede le costé de ceste difference, le diametre sera $1℞+\frac{15}{1℞}$. Et d'autant que le quarré du diametre est double du quarré du costé: & le quarré d'iceluy costé est 1q, & le quarré du diametre est $\frac{1qq+30q+225}{1q}$, il y aura equation entre 2q, & $\frac{1qq+30q+225}{1q}$, qui par multiplication en croix sera reduite à l'equation d'entre 2qq, & 1qq+30q+225. Ostant donc 1qq de chacun, l'equation sera entre 1qq & 30q+225. La moitié du nombre des quarrez est 15, dont le quarré est 225, qui adiousté à 225, viennent 450, dont la racine quarree est $\sqrt{450}$, à laquelle adioustant la susdite moitié 15, viendra $\sqrt{450}+15$ pour 1q; & partant 1℞ sera $\sqrt{(\sqrt{450}+15)}$: & autant est le costé requis, dont le quarré $\sqrt{450}+15$ estant double donnera $\sqrt{1800}+30$, pour le quarré du diametre: & partãt iceluy diametre sera $\sqrt{(\sqrt{1800}+30)}$, duquel estant soustraict le costé, restera la difference $\sqrt{(\sqrt{1800}+30)}-\sqrt{(\sqrt{450}+15)}$, qui multipliee par le costé $\sqrt{(\sqrt{450}+15)}$ sera produict le nombre 15.

13. *Il y a vn triangle duquel les segmens de la base faits par la perpendiculaire sont 16 & 5, mais l'aggregé des deux costez est 33: On demande combien est chacun desdits costez, & consequemment l'aire d'iceluy triangle?*

Ie pose que le moindre costé soit 1℞: donc l'autre costé sera 33—1℞, & partant les quarrez d'iceux costez seront 1q, & 1q—66℞+1089: du moindre d'iceux quarrez soit osté le quarré du moindre segment, & restera 1q—25 pour le quarré de la perpendiculaire. Mais du quarré du plus grand costé soit aussi osté le quarré du grand segment, & resteront encore 1q—66℞+833 pour le quarré de la perpend. Partant il y a equation entre 1q—25, & 1q—66℞+833. Parquoy adioustant & soustraiant de part & d'autre selon les preceptes des Equations, viendront 66℞ egales à 858. Donc la valeur de 1℞ sera 13, qui est le moindre costé requis, & partant l'autre sera 20, & la superficie 126.

14. *Il y a vn triangle rectangle, duquel vn costé de l'angle droict est $\sqrt{18}+3$, mais l'autre costé & l'hypotenuse font ensemble $\sqrt{162}+9$: on demande combien est chaque costé.*

Posons 1℞ pour le costé de l'angle droict requis; & partant l'hypotenuse sera $\sqrt{162}+9-1$℞: donc les quarrez des deux costez dudit angle droict seront $27+\sqrt{648}$, & $1q$; lesquels deux quarrez ensemble sont egaux au quarré de l'hypotenuse, c'est assauoir à $243-18$℞$+1q+\sqrt{52488}-\sqrt{648q}$: Parquoy si on oste de part & d'autre $\sqrt{648}$, viendra equation entre $1q+27$, & $243-18$℞$+1q+\sqrt{41472}-\sqrt{648q}$: (car ostant $\sqrt{648}$ de $\sqrt{52488}$, qui sont commensurables, restera $\sqrt{41472}$) & si de chaque terme d'icelle equation on osté $1q$, & 27, restera encore equation entre 0, & $216-18$℞$+\sqrt{41472}-\sqrt{648q}$: mais adioustant de part & d'autre 18℞, & $\sqrt{648q}$, l'equation viendra entre $\sqrt{648q}+18$℞, & $216+\sqrt{41472}$. Or d'autant que le nombre $\sqrt{648q}$ a esté procreé multipliant deux fois $\sqrt{162}$ par 1℞ il doit estre pris pour nombre de racines, suiuant ce que nous auons dit à la page 393: & partant tout ce nombre $\sqrt{648q}+18$℞ est le nombre des racines, & consequemment il faut par iceluy nombre (delaissant les signes cossiques q & ℞) diuiser l'autre nombre de l'equation $216+\sqrt{41472}$, afin d'auoir la valeur d'vne racine: pour faire laquelle diuision il faut, suiuant ce qui est enseigné au chap. 20. multiplier tant le diuiseur $\sqrt{648}+18$, que le diuidande $216+\sqrt{41472}$, par $\sqrt{648}-18$: quoy faisant viendront 324 pour nouueau diuiseur, & $\sqrt{3359232}+1296$ pour nouueau diuidande: & la diuision faite, le quotient sera $\sqrt{32}+4$, qui est la valeur de 1℞: & autant est le costé cherché, que nous auons posé estre 1℞, lequel costé estant soustrait de $\sqrt{162}+9$, restera $\sqrt{50}+5$ pour l'hypotenuse, puis que l'aggregé d'iceluy costé, & de ladite hypotenuse est $\sqrt{162}+9$.

15. *Il y a vn iardin rectangulaire, dont la diagonalle excede la longueur dudit iardin de 4 perches, & la largeur de 8. On demande combien est la longueur & la largeur dudit iardin, & consequemment l'aire d'iceluy.*

Ie pose que la largeur dudit iardin soit 1℞: donc la diagonalle sera 1℞$+8$, & son quarré $1q+16$℞$+64$, duquel estant osté le quarré de la largeur, sçauoir $1q$, restent 16℞$+64$ pour le quarré de la longueur dudit iardin, & partant icelle longueur sera $\sqrt{(16℞+64)}$, qui ostee de la diagon. resteront 1℞$+8-\sqrt{(16℞+64)}$, qui sont egaux à l'excez donné 4: adioustant donc & soustraiant de part & d'autre ainsi qu'il appartient, viendra $1q$ egal à 8℞$+48$. Parquoy la valeur de 1℞ sera 12: & autant est la largeur du iardin, & consequemment la diagonalle d'iceluy sera 20, la longueur 16, & la superficie 192.

16. *Il y a vn autre iardin rectangulaire, dont les quatre costez auec la diagonalle font ensemble 38, & la superficie d'iceluy est 48. Assauoir combien est la longueur & la largeur dudit iardin.*

Ie pose 1℞ pour la somme de la longueur & de la largeur dudit iardin, & consequemment les quatre costez seront 2℞, & la diagon. $38-2$℞: partant son quarré est $1444-152$℞$+4q$: à iceluy quarré soit adiousté le double de la superficie donnee, (pource que par la 4. p. 2. le quarré de l'aggregé des costez comprenant l'angle droict d'vn rectangle, est egal aux quarrez d'iceux costez auec deux fois leur rectangle) & viendront $1540-152$℞$+4q$, qui sont egaux au quarré de la somme de la longueur & largeur, qui est $1q$. Adioustons & soustraions de part & d'autre ainsi qu'il appartient, & viendra $1q$ egal à $50\frac{2}{3}$℞$-513\frac{1}{3}$. Parquoy 1℞ vaut 14: Et autant est la somme de la longueur & de la largeur du iardin proposé. Parquoy les quatre costez seront ensemble 28, & la diagonalle 10. Nous auons donc maintenant l'aggregé des deux costez d'vn rectangle, sçauoir 14, & la diagon. d'iceluy 10 : Partant nous trouuerons suiuant ce qui est enseigné cy deuant en la 8. question que la longueur du iardin proposé est 8, & sa largueur 6.

17. *Il y a vne piece de terre en forme de Rhombe, dont chaque costé est de 20 perches, & la difference des diagon. 4 : Assauoir combien est chacune desdites diag. & la superficie de ladite piece.*

Ie pose que la moitié de la moindre diagon. soit 1℞ : Donc la moitié de l'autre sera 1℞+2 : & partant les quarrez d'icelles moitiez seront 1q, & 1q+4℞+4, lesquels quarrez font ensemble 2q+4℞+4, & sont egaux au quarré du costé donné, qui est 400. Parquoy procedant à la reduction de ceste equation ainsi qu'il appartient, sera trouué 1q egal à 198—2℞, & partant la valeur de 1℞ sera √199—1, & par consequent la moindre diagon. requise sera √796—2, & y adioustant la difference donnee, viendront √796+2 pour la plus grande diagonalle, laquelle multipliee par la susdite moitié √199—1, donne 396 pour la superficie de ladite piece de terre.

18. *Il y a vne autre piece de terre en Rhombe, dont chaque costé est de 15 perches, & la superficie 216 : On demande combien est chaque diagonalle de ladite piece.*

Ie pose que la moitié de la petite diagonalle soit 1℞ : Donc son quarré est 1q, qui osté de 225, quarré du costé donné 15, restent 225—1q pour le quarré de la moitie du grand diametre, qui partant est √(225—1q), & icelle moitié estant multipliee par tout l'autre diam. sçauoir est par 2℞, viendront √(900q—4qq) pour la superficie de la piece. Mais elle a esté proposee de 216 : Il y a donc equation entre 216, & √(900q—4qq), & consequemment entre leurs quarrez 46656, & 900q—4qq. Donc aussi entre 1qq, & 225q—11664 : partant 1℞ vaut 9, & consequemment la moindre diagonalle est 18, & la grande 24.

19. *Il y a encore vn Rhombe, duquel la somme des quatre costez & des deux diagonalles est 68, & la difference d'icelles diagonalles 4 : On demande combien est chaque costé dudit Rhombe, chacune des diagonalles, & la superficie.*

Ie pose que le costé dudit Rhombe soit 1℞ : Donc les quatre costez ensemble seront 4℞, & les diagonalles ensemble 68—4℞. Et puis que la difference d'icelles est proposee 4, la moindre desdites diagonalles sera 32—2℞, & la plus grande 36—2℞. Parquoy leurs moitiez seront 16—1℞, & 18—1℞, dont les quarrez font ensemble 2q—68℞+580, & sont egaux au quarré du costé dudit Rhombe, c'est à dire à 1q. Parquoy adioustant & soustraiant de part & d'autre ainsi qu'il appartient, on trouuera 1q egal à 68℞—580 : & partant la valeur de 1℞ sera 10, la moindre diagon. 12, & la plus grande 16. Mais multipliant l'vne d'icelles diagonalles par la moitié de l'autre viendront 96 pour la superficie dudit Rhombe proposé.

20. *Trois marchans s'associans ensemble le premier met 140 liures plus que le second : mais le second & le troisiesme ensemble mettent 336 liures : Est aduenu qu'il ont gagné 264 liures, dont le troisiesme en a eu 84 liures pour sa part. On demande combien ils ont mis chacun, & combien le premier & le second ont eu chacun du gain.*

Posons que le second ait mis en la societé 1℞ : donc la mise du premier sera 1℞+140, & celle du troisiesme 336—1℞ ; consequemment la mise de tous les trois sera 476+1℞. Et puis que le gain du 3. est 84 liures, & le gain total 264, posez les susdits nombres en ordre de regle de trois ainsi :

Si 476+1℞ donnent 264, combien donneront 336—1℞? 84.

Or d'autant que de quatre nombres proportionaux le produict du premier par le quatriesme doit estre egal au produit du second par le tiers ; il y aura equation entre 39984+84℞ & 88704—264℞: laquelle equation estant reduite ainsi qu'il appartient, viendra entre 348℞ & 48720, & par consequent 1℞ vaut 140 liures, qui est la mise du second: partant la mise du premier sera 280 liures, & celle du troisiesme 196: tellement que toute la mise sera 616 liures. Parquoy nous trouuerons le gain du premier disant par regle de trois,

Si 616 donnent 264, combien donneront 280?

Et viendront 120 liures pour le gain du premier: qui auec celuy du troisiesme fait 204 liures, & partant le gain du second sera 60 liures.

21. *Deux Marchands s'estans associez ensemble ont gaigné 100 liures, & le premier, tant pour le principal qui a demeuré trois mois en la societé, que pour son gain prend 100 liures. Et l'autre duquel le principal n'a demeuré que deux mois en ladite societé prend 125 liures. Assauoir combien ils auoient mis chacun.*

Premierement, adioustons les deux sommes qui ont esté prises, & viendront 225: ostons en tout le gain, & resteront 125 liures pour toute la mise. Posons 1℞ pour la mise du premier, & par consequent la mise de l'autre sera 125—1℞: Chacune de ces mises soit multipliee par son temps: viendra au premier 3℞ & à l'autre 250—2℞: mais l'aggregé sera 250+1℞: Disons donc par regle de trois, Si 250+1℞ donnent 100 de gain, que donneront les 3℞ du premier? & la regle faite on aura pour son gain, $\frac{300\text{℞}}{250+1\text{℞}}$ tellement que l'aggregé de sa mise & gain sera 1℞+$\frac{300\text{℞}}{250+1\text{℞}}$, qui est egal à 100: & par consequent $\frac{300\text{℞}}{250+1\text{℞}}$ seront egaux à 100—1℞, qui reduits par multiplication croisee, viendront 300℞ egales à 25000—150℞—1q: & partant 1q sera egal à 25000—450℞: parquoy prenant la racine quarree dudit nombre 25000—450℞ on trouuera 50 pour la valeur de 1℞, qui est la mise du premier, laquelle ostee de 125 resteront 75 pour la mise de l'autre.

Or est à noter que quand telles questions se font de trois marchans, elles tombent aux equations cubiques: de quatre aux quarrez de quarré: & ainsi de suitte: desquelles equations nous n'auons estimé estre à propos de parler en ce sommaire & abbregé d'Algebre, mais les auons reseruees pour estre traitees amplement en vn autre lieu.

22. *Vn marchand estant allé traffiquer à trois foires; il a autant gaigné à la premiere qu'il y auoit porté d'argent, tellement qu'apres ceste premiere negotiation il auoit le double de son argent: à la seconde son gain estoit 6 liures dauantage que la racine quarree de ce double; mais à la troisiesme son gain estoit 4 liures dauantage que le quarré du gain fait à la seconde foire: & apres toutes ces negotiations, il trouue qu'il a gaigné à ces trois foires 1786 liures. On demande quelle somme d'argent ce marchand auoit au commencement, & combien il a gaigné à chaque foire.*

Supposons qu'à la seconde foire il aye gaigné 1℞: donc puis que ce gain est 6 dauantage que la racine quarree du double de ce qu'il auoit porté ou gaigné à la premiere foire; si nous multiplions 1℞—6 en soy, viendront 1q—12℞+36, pour iceluy double; & pourtant le gain de la premiere foire sera ½q—6℞+18: mais le gain de la troisiesme est 4 dauantage que le quarré du gain de la seconde que nous auons posé estre 1℞: donc iceluy gain sera 1q+4. Adioustons ces trois gains ensemble

1q+4, 1℞, & $\frac{2}{1}$q−6℞+18, & viendront 1$\frac{1}{2}$q−5℞+22 pour tous lesdits gains, qui partant sont egaux à 1786. Ostons de part & d'autre 22, & l'equation viendra entre 1$\frac{1}{2}$q−5℞, & 1764; adioustons les 5℞, & nous aurons l'equation entre 1$\frac{1}{2}$q, & 5℞+1764. Puis à cause de la fraction, reduisons & multiplions en croix, & l'equation viendra entre 3q, & 10℞+3528: & diuisons tout par 3, viendra equation entre 1q, & 3$\frac{1}{3}$℞+1176. Parquoy prenant la racine quarree de ce nombre, nous trouuerons 36 pour la valeur d'vne racine: Et partant la somme du gain fait à la seconde foire sera 36 liures; & puis qu'elle vaut 6 liures dauantage que la racine quarree du double de la somme gaignee à la premiere foire, ostons 6 liures, & resteront 30, dont le quarré 900, est le double de la somme, tant de l'argent porté à la premiere foire, que du gain fait à icelle, parquoy le marchand auoit porté 450 liures à ladite foire, & y gaigna autant. Mais puis que le gain fait à la troisiesme foire est 4 liures dauantage que le quarré de la somme du gain fait à la seconde, multiplions le gain 36 en soy, & viendront 1296, à quoy adioustons 4, & nous aurons 1300 liures pour le gain fait à ladite troisiesme foire: & que cela soit, adioustons ensemble tous ces trois gains 450, 36 & 1300 liures; viendront 1786 liures pour tout le gain fait aux trois foires susdites, ainsi que veut la proposition.

Que si on disoit qu'ayant gaigné à la troisiesme foire 4 liures dauantage que le quarré de toute la somme qu'il auoit au precedent, tout son argent est 877036: Nous poserions qu'apres la seconde foire il eut 1℞: Donc le gain de la troisiesme foire seroit 1q+4: & partant tout ce qu'il auroit apres ces negotiations seroit 1q+1℞+4, egaux à 877036: Ostons donc 1℞ & 4 de part & d'autre, & restera 1q egal à 877032−1℞. Or la moitié du nombre des racines est $\frac{1}{2}$, dont le quarré est $\frac{1}{4}$, qui adiousté à 877032, font 877032$\frac{1}{4}$, dont la recine quarree est 936$\frac{1}{2}$, de laquelle soit ostée la susdite moitié du nombre des racines, & resteront 936 pour la valeur de 1℞. Et partant le marchand auoit autant d'argent apres la seconde foire: Mais ostons en 6 qu'il auoit gaigné plus que la racine de ce qu'il auoit apres la premiere foire; & pour ce gain posons 1℞: Donc il auoit 1q apres ladite premiere foire: Parquoy 1q+1℞ seront egaux à 930; & ostant 1℞, l'equation se trouuera entre 1q, & 930−1℞; & procedant à l'extraction, nous trouuerõs 30 pour la valeur de 1℞: partant 36 est le gain de la seconde foire, qui osté des 936, restent 900 pour ce qu'il auoit apres la premiere foire, dont la moitié 450, est ce qu'il y auoit apporté, ainsi que deuant.

23. *Deux hommes mettant leur argent ensemble, la somme est 200 escus, mais diuisant l'argent du second par celuy du premier, le quotient est 1$\frac{1}{2}$: Il faut trouuer l'argent de chacun.*

Soit posé 1℞ pour le premier, & pour le second 1A: il faut donc resoudre la seconde racine en premiere ainsi. Pource que les deux ensemble ont 200 escus; il y aura equation entre 1℞+1A, & 200. Ostant 1℞ de chacun, restera l'equation entre 1A, & 200−1℞: donc 1A sera reduite en 200−1℞. Parquoy ie pose derechef le nombre du premier estre 1℞, & celuy du second 200−1℞, qui font ensemble 200 escus. Ie diuise maintenant le nombre du second par celuy du premier, & vient $\frac{200-1℞}{1℞}$ egal à 1$\frac{1}{2}$, laquelle equation, par la multiplication en croix, sera reduite à l'equation d'entre 400−2℞, & 3℞. Et adioustant 2℞ à chacun, l'equation sera entre 400, & 5℞: diuisant donc 400 par 5, le quotient sera 80 pour le nombre du premier: & partant le second aura 120, qui diuisez par 80, le quotient est 1$\frac{1}{2}$.

24. *Trois hommes ayans de l'argent, le premier dit aux deux autres, que s'il auoit encore*

100 escus, il auroit autant qu'eux : le second dit aussi aux deux autres, que s'il auoit encore 100 escus il auroit le double de leur argent : pareillement le troisiesme dit aux deux autres, que s'il auoit encore 100 escus, il auroit le triple de leur argent : sçauoir combien a chacun.

Soit posé l'argent du premier estre 1℞ : donc auec 100, il aura 1℞ + 100, & autant sera la somme du second & du troisiesme, & tous les trois auront 2℞ + 100. Or soit posé la somme du second estre 1A : Donc auec 100, il aura 1A + 100, lequel nombre est double de la somme du premier & du tiers, laquelle est 2℞ + 100 — 1A : (Pource que ayans tous trois 2℞ + 100, si on oste 1A, c'est à sçauoir l'argent du second, restera 2℞ + 100 — 1A pour la somme du premier & du troisiesme.) Partant il y aura equation entre 1A + 100, & 4℞ + 200 — 2A. Et adioustant 2A à chacun, l'equation sera entre 3A + 100, & 4℞ + 200 : & ostant 100 de chacun, demeurera l'equation entre 3A, & 4℞ + 100. Si donc les touts sont diuisés par 3, l'equation viendra entre 1A, & $\frac{4}{3}$℞ + $\frac{100}{3}$: & partant puis que le second est posé auoir 1A, la somme d'iceluy sera $\frac{4}{3}$℞ + $\frac{100}{3}$. Finalement la somme du troisiesme soit posee estre 1B. Donc auec 100, il aura 1B + 100, qui est nombre triple de la somme du premier & du second, laquelle est $\frac{7}{3}$℞ + $\frac{100}{3}$, composee de 1℞ somme du premier, & de $\frac{4}{3}$℞ + $\frac{100}{3}$ somme du second : Il y aura donc equation entre 1B + 100, & $\frac{21}{3}$℞ + $\frac{100}{3}$; c'est à dire entre 1B + 100, & 7℞ + 100, & ostant 100 de chacun, l'equation sera entre 1B, & 7℞ : & partant la somme du tiers, qui a esté posee 1B, sera 7℞. Parquoy puis que le premier a 1℞, le second $\frac{4}{3}$℞ + $\frac{100}{3}$: & le tiers 7℞ : tous les trois ensemble auront $9\frac{1}{3}$℞ + $\frac{100}{3}$. Mais tous les trois auoient aussi 2℞ + 100 : Il y a donc equation entre $9\frac{1}{3}$℞ + $\frac{100}{3}$, & 2℞ + 100 : & ostant 2℞ de chacun, restera equation entre $7\frac{1}{3}$℞ + $\frac{100}{3}$, & 100 : & ostant derechef $\frac{100}{3}$, c'est à dire $33\frac{1}{3}$ de chacun, demeurera equation entre $7\frac{1}{3}$℞, & $66\frac{2}{3}$: diuisant donc $66\frac{2}{3}$ par $7\frac{1}{3}$, viendra $9\frac{1}{11}$ pour 1℞, somme du premier : & le second ayant $1\frac{1}{3}$℞ + $33\frac{1}{3}$, aura $45\frac{5}{11}$: & le tiers ayant 7℞, aura $63\frac{7}{11}$. Car ainsi le premier auec 100, aura $109\frac{1}{11}$, egale à la somme du second & tiers : & le second auec 100, aura $145\frac{5}{11}$, qui est le double de la somme du premier & tiers : & finalement le tiers auec 100, aura $163\frac{7}{11}$, qui est le triple de la somme du premier & second.

Fin du Sommaire de l'Algebre.

ELEMENT

ELEMENT DIXIESME

DEFINITIONS.

1 GRANDEVRS commensurables, sont celles là qui sont mesurees par vne mesme mesure.

Ainsi les deux lignes droictes A & B, estans mesurees par vne mesme ligne C, seront dictes commensurables. Ainsi aussi vne ligne de 6 pieds est commensurable à vne autre ligne de 7 pieds, pource qu'elles sont toutes deux mesurees tant par la ligne d'vn pied, que par celle d'vn demy pied, d'vn tiers de pied, &c. semblablement les superficies, qui sont mesurees par vne mesme superficie, sont dites commensurables: Item les corps, ou solides qui sont mesurés par vn mesme corps, sont aussi dits commensurables.

A B C

2. Mais les grandeurs incommensurables, sont celles-là qui n'ont aucune commune mesure.

Telles grandeurs sont le diametre & le costé de quelconque quarré: car icelles grandeurs n'ont aucune commune mesure, comme il sera demonstré à la derniere prop. de ce liure. Il y a encores plusieurs autres lignes incommensurables, sçauoir est ausquelles on ne peut donner aucune commune mesure, beaucoup desquelles seront expliquees en ce 10. liure; & enseigné par quelles manieres elles peuuent estre trouuees: derechef, les superficies sont dites incommensurables, & les solides incommensurables, qui n'ont aucune commune mesure.

3 Les lignes droictes commensurables en puissance, sont celles là desquelles les quarrez peuuent estre mesurez par vne mesme superficie.

Les lignes droictes sont considerees ou selon leur longueur, ou selon leur puissance; & en l'vne & l'autre sorte elles sont dites commesurables, & incommensurables. Aux deux premieres definitions Euclide a expliqué quelles sont les lignes commensurables, & incommensurables considerees selon leurs longitudes, mais en ceste-cy, & en la suiuante, il declare quelles sont celles dites commensurables, & incommensurables en puissance. Il dit donc icy que les lignes droictes dont les quarrez peuuent estre mesurez par une mesme superficie sont commensurables en puissance: Ainsi les lignes droictes AB & CD seront dites commensurables en puissance, d'autant que leurs quarrez AG & CH peuuent estre mesurez par vne mesme superficie AG: Item les lignes droictes CD & EF seront aussi dites commensurables en puissance, pource que leurs quarrez CH & EI peuuent estre mesurez par l'espace ou quarré AG. Semblablement, appliquant les nombres aux lignes; vne ligne de 3 pieds sera dite commensurable en puissance à vne autre ligne de 6 pieds, parceque leurs quarrez 9 & 36 peuuent estre mesurez par vne mesme superficie: Ainsi aussi vne ligne ayant 2 pieds en longueur, & vne autre √8 seront dictes commensurables en puissance, pource que leurs quarrez 4 & 8 sont mesurez par vn mesme espace superficiel: derechef, vne ligne estant √√20, & vne autre √√125 seront pareillement dites commensurables en puissance, pource que leurs quarrez √20 & √125 sont mesurez par vne mesme superficie √5: car elle est deux fois en √20, & 5 fois en √125.

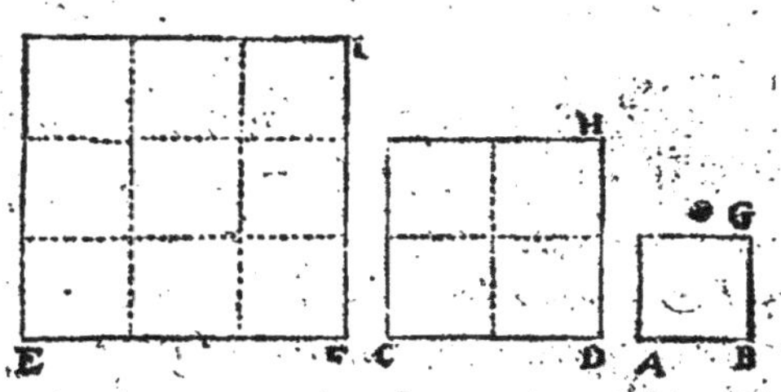

Or est à noter que toutes lignes droictes commensurables en longitude, le sont aussi en puissance; car les quarrez d'icelles lignes sont mesurez par le quarré de leur commune mesure, ainsi qu'il appert aux trois premiers exemples cy-dessus.

4 Mais les lignes droictes incommensurables en puissance, sont celles-là desquelles les quarrez n'ont aucune commune superficie qui les puisse mesurer.

Comme par exemple, vne ligne estant de 2 pieds, & vne autre √√6, icelles deux lignes seront dites incommensurables en puissance, pource qu'il n'y a aucune superficie qui mesure leurs quarrez 4 & √6: de mesme √8 & √√12 seront aussi dictes incommensurables en puissance, car nul espace superficiel ne mesure leurs quarrez 8 & √12.

Or est icy à noter que toutes lignes (ou nombres) incommensurables en puissance, le sont aussi en longitude, mais non pas au contraire. Ainsi vne ligne de 2 pieds sera bien incommensurable en longitude à vne autre ligne de √8: mais non pas en puissance: & 2 qui est incommensurable en puissance à √√8, l'est aussi en longitude.

5 Cela estant ainsi, il est euident qu'à toute ligne droicte proposee, on trouuera infinies lignes droictes commensurables, & infinies incommensurables : les vnes en longitude & puissance, les autres en puissance seulement. Or ceste ligne droicte proposee, est appellee rationelle.

C'est à dire que quand on propose quelque ligne droicte de grandeur cogneue & determinee, icelle est appellee rationelle, pource que c'est selon elle que nous ratiocinons : & appliquant les nombres à telles lignes, nous les poserons tousiours d'vn de ces nombres absolus, 1, 2, 3, 4, 5, 6, 7, 8, 9, &c.

6 Et les lignes droictes commensurables à ceste ligne rationelle, soit en longitude & puissance, soit en puissance seulement sont aussi appellees rationelles.

7 Mais les lignes incommensurables à ceste ligne rationelle, sont dictes irrationelles.

Si comparant quelque ligne droicte, à la ligne prinse pour rationelle, & sur laquelle nous ratiocinons, elle est trouuee commensurable à icelle rationelle, soit en longueur, & puissance, soit en puissance seulement, telle ligne est aussi rationelle ; mais si elle est incommensurable à icelle ligne rationelle proposee, tant en longitude qu'en puissance, ceste dicte ligne est appellee irrationelle.

8 Le quarré descrit sur vne ligne rationelle proposee, est appellé rationel.

Tout ainsi que ceste ligne-là, laquelle est cogneue & determinee de certaine quantité est dicte rationelle ; ainsi aussi le quarré descrit sur icelle ligne, est appellé rationel, pource qu'iceluy est certain & cogneu : & les superficies comparees à iceluy quarré, sont aussi dictes rationelles, ou bien irrationelles, selon qu'elles seront trouuees commensurables ou incommensurables à iceluy quarré rationel, ainsi qu'il est dit és deux definitions suiuantes.

9 Les figures commensurables à ce quarré rationel, sont aussi rationelles.

10 Mais celles qui luy sont incommensurables, sont irrationelles & sourdes.

11 Et les lignes droictes qui peuuent icelles figures irrationelles, sont irrationelles & sourdes.

Or vne ligne droicte est dicte pouuoir vne figure, quand le quarré descrit sur icelle est egal à icelle figure, d'autant que tout quarré est la puissance de sa racine ou de son costé. Ainsi il a esté dit cy-dessus que deux lignes sont commensurables en puissance, lors que non pas les lignes, mais les quarrez d'icelles lignes, peuuent estre mesurez par une mesme superficie.

Or à ces definitions nous adiousterons (apres Clauius) une demande, & quelques communes sentences, dont l'usage sera trouué en ce liure

DEMANDE.

Qu'on puisse multiplier quelconque grandeur tant de fois qu'elle excede quelconque grandeur proposee de mesme genre.

COMMVNES SENTENCES.

1 Vne grandeur mesurant tant de grandeurs qu'on voudra, mesure aussi la composee d'icelles.

2 Vne grandeur mesurant quelconque grandeur, mesure pareillement toute grandeur que celle-là mesure.

3 Vne grandeur qui mesure toute vne grandeur, & vne retranchee d'icelle, mesure aussi le reste.

THEOR. 1. PROP. I.

Estans proposees deux grandeurs inegales, si de la plus grande l'on retranche plus de la moitié, & du reste encore plus de la moitié, & qu'en continuant cela se fasse tousiours ainsi: Il demeurera en fin vne grandeur plus petite que la moindre des deux proposees.

Soient proposees deux grandeurs inegales AB & C, desquelles AB est la plus grande: Ie disque si d'icelle AB on retranche plus de la moitié, & du reste encores plus de la moitié, & qu'on continue tousiours ainsi, il restera en fin quelque grandeur plus petite que C.

Qu'il ne soit ainsi. Soit la grandeur C multipliee tant de fois que le produict excede la plus grande AB, & la produite d'icelle multiplication soit DE, laquelle sera multiplice de C, & plus grande que AB: qu'elle soit donc diuisee en parties egales à C, comme en DF, FG, GE: Item de AB soit retranché plus de la moitié, AH, & du reste HB encore plus de la moitié HI, & en continuant tousiours cecy iusques à ce que

B I H A C D F G E B A

AB soit diuisee en autant de parties que DE, sçauoir AH, HI, & IB. D'autant que DE est plus grande que AB, & que le retranché DF n'est pas plus grand que la moitié de DE: comme le retranché AH, est plus grand que la moitié de AB, le reste FE sera plus grand que le reste HB: semblablement si du plus grand reste FE, on oste FG, qui n'est pas plus que la moitié, & du plus petit reste HB on oste plus de la moitié HI, le reste IB sera plus petit que le reste GE egal à C: & par consequent IB derniere partie de AB, sera plus petite que C. Estans donc proposees deux grandeurs inegales, &c. Ce qu'il falloit demonstrer.

On demonstrera semblablement que le mesme aduiendra si de AB, on oste la moitié AH, & du reste HB la moitié HI.

Avtrement. Ayant fait la mesme construction que dessus, soit prise KL autant multiple de IB que DE est multiple de C. Donc icelle KL estant diuisee en KM, MN, NL, parties egales chacune à IB, il y aura autant de parties en KL, qu'en DE. Mais d'autant que AH est plus grande que HB, (ou egale si on a osté seulement la moitié de AB) & icelle HB plus grande que IB: aussi AH sera plus grande que IB, c'est à dire que KM. Derechef, puis que HI est plus grande que IB, (ou egale à icelle) & que icelle IB, est egale à MN; aussi HI sera plus grande que MN: (ou egale) & partant la toute AI sera plus grande que la toute KN. Adioustant donc les egales IB, NL, la toute AB sera plus grande que la toute KL. Mais DE est encore plus grande que AB: Donc DE sera bien plus grande que KL. Et puis que comme DE est à C, ainsi KL est à IB; (car KL est prise autant multiple de IB, que DE de C) aussi C sera plus grande que IB par la 14. p. 5. & partant le reste IB est moindre que C. Ce qu'il faloit demonstrer.

L E B N M I K G B H I F H A C D A

THEOR. 2. PROP. II.

Si de deux grandeurs inegales proposees on retranche tousjours alternatiuement la plus petite de la plus grande, sans que le reste mesure la grandeur precedente: telles grandeurs seront incommensurables.

Soient proposees deux grandeurs inegales AB & CD, desquelles la moindre AB soit retranchee de la plus grande CD: puis le reste CD soit osté de AB, & qu'ainsi continuellement & alternatiuement la plus petite estant ostee de la plus grande, le reste ne mesure iamais sa grandeur precedente, c'est à dire que le plus petit reste ne mesure iamais le plus grād reste: Ie dis que AB & CD sont incommensurables.

Autrement, il faudra qu'elles soient commensurables: & partant qu'elles ayent vne commune mesure, laquelle soit

B D F G A C E

E, s'il est possible. Maintenant, de la plus grande CD soit retranchee CF egale à AB: Et s'il se peut faire, soit continué ce retranchement iusques à ce que le reste DF soit plus petit que AB. Donc E commune mesure, mesurera la toute CD & la retranchee CF, egale à AB, ou multiplice d'icelle, par la 1. com. sent. & elle doit aussi mesurer le reste DF par la 3. com. sent. Item soit retranchee DF de AB tant de fois que faire se pourra, iusques à ce que le reste GB soit plus petit que E, qui mesure FD, & par consequent sa multiplice AG, par la 2. comm. sent. donc aussi le reste GB, par la 3. comm. sent. ce qui est absurde. Partant AB & CD n'auoient point de commune mesure; & par consequent sont incommensurables. Parquoy si de deux grandeurs inegales proposees, &c. Ce qu'il falloit demonstrer.

SCHOLIE.

Nous conuertirons ceste prop. ainsi:

Si de deux grandeurs incommensurables proposees l'on retranche tousiours alternatiuement la plus petite de la plus grande, le reste ne mesurera iamais la grandeur precedente.

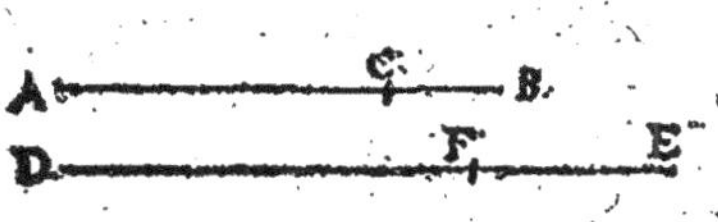

Soient proposees deux grandeurs incommensurable, AB, DE, dont la moindre AB soit ostee de DE, & le reste soit FE: Item de AB soit ostee FE, & le reste soit BC, & ainsi continuellement la plus petite de la plus grande: Ie dis que le reste ne mesurera iamais la grandeur prec. Car si faire se peut que CB mesure la preced. FE. Donc puis que CB mesure FE, & icelle FE mesure AC, aussi CB mesurera AC par la 2. com. sent. Mais elle mesure aussi soy-mesme. Donc CB mesurera pareillement la toute AB par la 1. comm. sent. Mais AB mesure DF: Donc par la 2. com. sent. CB mesurera la mesme DF: Et puis qu'on a posé qu'elle mesure aussi FE, elle mesurera la toute DE par la 1. com. sent. Mais il a esté demonstré qu'icelle CB mesure aussi AB: elle mesure donc AB & DE: ce qui est absurde, puis qu'elles ont esté posees incommensurables.

A ce theor. Clauius adiouste cestuy-cy.

Si de deux grandeurs commensurables proposees, on oste tousiours alternatiuement la moindre de la plus grande, quelque grandeur restante mesurera la precedente.

Car si iamais le reste ne mesuroit la grandeur precedente, les proposees seroient incommensurables par ceste 2. prop. ce qui est absurde, puis qu'elles sont posees commensurables.

Parquoy il est facile de cognoistre, si deux quelconques grandeurs proposees sont commensurables, ou non: Car retranchant alternatiuement la moindre de la plus grande, si quelque reste mesure le precedent, les grandeurs proposees seront commensurables, comme il appert de la demonstration du premier theor. de ce Scholie: Mais si le reste ne mesure iamais la grandeur precedente, les grandeurs proposees seront incommensurables, comme Euclide a demonstré en ceste 2. prop.

PROBL. 1. PROP. III.

Estans donnees deux grandeurs commensurables, trouuer la plus grande commune mesure d'icelles.

Soient donnees deux grandeurs commensurables AB, CD, & il faut trouuer leur plus grande commune mesure. Or AB, qui est moindre que CD, mesurera icelle, ou elle ne la mesurera point : Si elle la mesure, il est euident qu'elle sera la plus grande commune mesure. Si elle ne la mesure point, soit alternatiuement retranchee la plus petite de la plus grande iusques à ce que le reste mesure le reste : (ce qui doit aduenir, d'autant que les grandeurs donnees sont commensurables) donc que AB soit retranchee de CD, & que le reste ED mesure AB. Ie dis qu'icelle ED sera la plus grande commune mesure d'icelles grandeurs AB, CD.

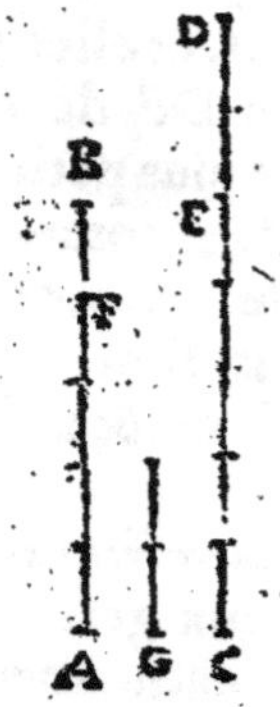

Car puis qu'elle mesure AB, elle mesurera aussi CE son egale : & se mesurant soy-mesme, elle mesurera aussi la toute CD, par la 1. com. sent. Que si on nie qu'elle soit la plus grande commune mesure, qu'on en trouue vne autre plus grande, sçauoir G. (s'il est possible) donc par les communes sentences G mesurera AB, CD, & le retranché CE egal à AB, & par consequent le reste ED, qui est plus petit, ce qui est impossible : donc vne plus grande magnitude que ED, n'est commune mesure d'icelles AB, CD : Partant ED estoit la plus grande commune mesure. Estans donc donnees deux grandeurs commensurables, nous auons trouué leur plus grande commune mesure. Ce qu'il falloit faire.

COROLLAIRE.

De cecy est manifeste que si vne grandeur mesure deux grandeurs, qu'elle mesurera aussi la plus grande commune mesure d'icelles. Car il a esté demonstré que si G mesure AB & CD, qu'elle mesurera aussi leur plus grande commune mesure ED.

PROBL. 2. PROP. IIII.

Trois grandeurs commensurables estans donnees, trouuer la plus grande commune mesure d'icelles.

Soient donnees trois grandeurs commensurables A, B, C, desquelles il faut trouuer la plus grande commune mesure. Soit premierement trouuee D plus grande commune mesure de A & B par la 3. proposition 10. Or si D mesure aussi C, il est manifeste que D est la plus grande commune mesure de toutes les trois grandeurs A, B, C. Car si vne plus grande magnitude que D mesure les grandeurs A, B, C, par le corollaire de la precedente prop. elle mesurera aussi la plus grande commune mesure d'icelles A & B, c'est à dire D, qui est moindre grandeur, ce qui est impossible. Que si D ne mesure pas C, au moins D, C, seront commensurables : car veu que les grandeurs A, B, C sont commensurables, quelque commune mesure d'icelles mesurera, D plus grande mesure d'icelles A & B, par le corol. de la 3. prop. 10 mais ceste mesme mesure-là mesurera aussi C : donc D & C, seront commensurables. Soit donc trouuee par la susdicte 3. proposition 10. E plus grande commune mesure d'icelles D, C : & icelle E sera la plus grande mesure des grandeurs donnees A, B, C. Car d'autant que E mesure D & C ; & D mesure A & B, par la 2. com. sent. E mesurera aussi icelles A & B. Mais elle mesure aussi C. Donc E est mesure commune d'icelles A, B, C. Que si on nie qu'elle soit la plus grande commune mesure, qu'on en trouue vne autre plus grande, sçauoir F, s'il est possible. Donc puis que F mesure A & B, par le susdit coroll. de la 3. prop. 10. elle mesurera aussi leur plus grande commune mesure D. Mais elle mesure aussi C ; donc F mesurant D & C, mesurera pareillement E plus grande mesure d'icelles : ce qui est absurde. Donc vne plus grande grandeur que E ne mesure pas les grãdeurs A, B, C : Et partant E est la plus grande commune mesure d'icelles. Parquoy estans donnees trois grandeurs commensurables, nous auons trouué leur plus grande commune mesure. Ce qu'il falloit faire.

COROLLAIRE.

Par cecy est euident que si vne grandeur mesure trois grandeurs, qu'elle mesure aussi la plus grande commune mesure d'icelles. Car il a esté demonstré que si F mesure A, B, C, qu'elle mesurera pareillement E plus grande commune mesure d'icelles.

Par semblable maniere, estans donnees plus de trois grandeurs commensurables, nous trouuerons leur plus grande commune mesure : & ce mesme corollaire aura aussi lieu.

THEOR. 3. PROP. V.

Les grandeurs commensurables, sont entr'elles comme nombre à nombre.

Soient deux grandeurs commensurables A & B. Ie dis qu'elles sont entr'elles comme nombre à nombre.

Car puis qu'elles sont commensurables, elles auront vne commune mesure, laquelle soit C : & autant de fois que C mesure A, que l'vnité F mesure le nombre D, & autant de fois que C mesure B, que l'vnité mesure aussi le nombre E. Or puis que la grandeur C & l'vnité F, mesurent egallement la grandeur A & le nombre D, la grandeur A contiendra la grandeur C autant de fois que le nombre D contient l'vnité F ; & partant comme A est à C, ainsi le nombre D est à l'vnité F. Mais puis que la grandeur C mesure la grandeur B, & l'vnité F le nombre E, egalement, comme C est à B, ainsi l'vnité F est au nombre E. Donc en raison egale, A sera à B, comme le nombre D est au nombre E par la 22. p. 5. Donc les grandeurs commensurables sont entr'elles comme nombre à nombre. Ce qu'il falloit demonstrer.

A ——— D. 4.
C ——— F. 1.
B ——— E. 3.

THEOR. 4. PROP. VI.

Si deux grandeurs sont l'vne à l'autre comme nombre à nombre, elles seront commensurables.

Soient deux grandeurs A & B, qui soient l'vne à l'autre comme le nombre C est au nombre D : Ie dis qu'elles seront commensurables.

Car la grandeur A soit entendue estre diuisee en autant de parties egales qu'il y a d'vnitez au nombre C, & l'vne d'icelles parties soit egale à E : donc E est à A, ainsi que l'vnité F est au nombre C. Mais par l'hypothese A est à B, comme le nombre C est au nombre D : donc en raison egale, E sera à B, comme l'vnité F à D, par la 22. prop. 5. Mais l'vnité F mesure le nombre D : donc aussi E mesure B : mais E mesure pareillement A. Donc E est commune mesure de A & B: & partant par la premiere deff. de ce liure A & B sont commensurables. Parquoy si deux grandeurs sont entr'elles comme nombre à nombre, &c. Ce qu'il falloit demonstrer.

COROLLAIRE.

Par cecy est euident qu'estant proposez deux nombres comme C & D, & vne ligne droicte comme A, qu'il sera aisé de trouuer vne autre ligne droicte, à laquelle soit A comme le nombre C est au nombre D: Car diuisant A en autant de parties egales qu'il y a d'vnitez au nombre C, & on prend vne ligne droicte B, contenant autant d'icelles parties qu'il y a d'vnitez au nombre D; alors A sera à B, comme le nombre C au nombre D: ainsi qu'il est manifeste, parce qui a esté demonstré en ceste prop.

De cecy appert derechef, par quelle maniere on peut, estans donnez deux nombres, & vne ligne droicte, trouuer vne autre ligne droicte, le quarré de laquelle soit au quarré de la donnee comme nombre à nombre. Car s'il faut trouuer vne ligne droicte, au quarré de laquelle soit le quarré de la ligne A, comme le nombre C est au nombre D: il faudra trouuer ainsi que dessus la ligne B, à laquelle soit A comme le nombre C est au nombre D: puis soit trouuee par la 13. prop. 6. la moyenne prop. entre icelles A & B: & le quarré de A sera au quarré d'icelle moyenne prop. comme le nombre C au nombre D. Car le quarré de A sera (par le corol. de la 20. prop. 6.) au quarré de ladite moyenne prop. comme A à B: & partant comme le nombre C au nombre D.

THEOR. 5. PROP. VII.

Les grandeurs incommensurables, ne sont pas entr'elles comme nombre à nombre.

Soient deux grandeurs incommensurables A & B: Ie dis qu'elles ne sont pas entr'elles comme nombre à nombre.

A————

B—————

Ce qui est manifeste: car si elles estoient entr'elles comme nombre à nombre, elles seroient commensurables par la 6 prop. 10. ce qui est contre l'hypothese, ayans esté posees incommensurables. Parquoy les grandeurs incommensurables, &c. Ce qu'il falloit demonstrer.

THEOR 6. PROP. VIII.

Si deux grandeurs ne sont entr'elles comme nombre à nombre, elles seront incommensurables.

Que les grandeurs A & B ne soient entr'elles comme nombre à nombre: Ie dis qu'elles sont incommensurables.

A——
B——

Ce qui est euident: car si elles estoient commensurables, il faudroit qu'elles fussent comme nombre à nombre par la 5. prop. 10. Ce qui est contre nostre hypothese, puis qu'elles ont esté posees n'estre entr'elles comme nombre à nombre. Parquoy si deux grandeurs ne sont entr'elles comme nombre à nombre, &c. Ce qu'il falloit demonstrer.

THEOR. 7. PROP. IX.

Les quarrez descrits sur lignes droictes commensurables en longitude, sont entr'eux comme nombre quarré à nombre quarré: Et les quarrez qui sont entr'eux comme nombre quarré à nombre quarré, ont les costez commensurables en longitude. Mais les quarrez descrits de lignes droictes incommensurables en longitude, ne sont entr'eux comme nombre quarré à nombre quarré: Et les quarrez n'estans entr'eux comme nombre quarré à nombre quarré, ont les costez incommensurables en longitude.

Soient les lignes droictes A & B commensurables en longitude: Ie dis que leurs quarrez sont entre eux comme nombre quarré à nombre quarré.

Car puis que les lignes A & B sont commensurables en longitude, elles seront entr'elles comme nombre à nombre, par la 5. prop. 10. Soit donc A à B, comme le nombre C au nombre D: & les quarrez d'iceux C & D soient E & F. Or les quarrez de A & B sont en raison doublee de leurs costez, par la 20. prop. 6. Item les nombres quarrez E & F sont aussi en raison doublee de leurs costez, par la 11. prop. 8. Donc le quarré de A est au quarré de B, comme le nombre quarré E est au nombre quarré F: C'est à sçauoir en raison doublee des costez A & B, ou des nombres C & D, qui sont en la mesme raison que les lignes A & B.

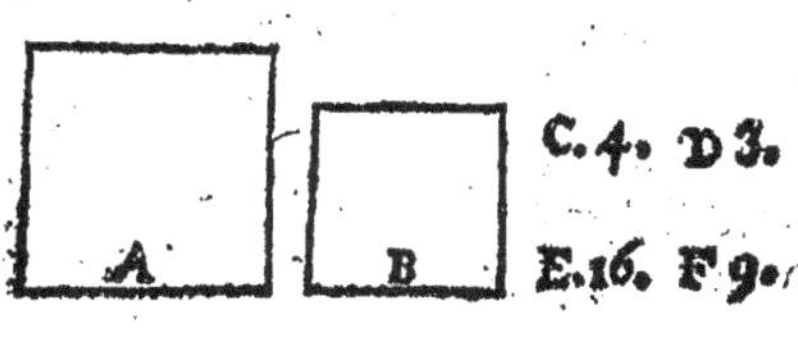

Pour la seconde partie. Soit le quarré de A au quarré de B, comme le nombre quarré E au nombre quarré F: Ie dis que les lignes A & B seront commensurables en longitude. Car par la 20. pr. 6. & 11. prop. 8. la raison des quarrez aux quarrez, est la raison doublee de leurs costez : & partant comme le costé A au costé B, ainsi le nombre C au nombre D, puis que leurs raisons doublees sont egales. Donc par la 6. prop. 10. A & B sont commensurables en longitude.

Pour la troisiesme partie, soient les lignes droictes A & B incommensurables en longitude. Ie dis que leurs quarrez ne sont entr'eux, comme nombre quarré à nombre quarré. Car si les quarrez de A & B estoient ainsi que nombre quarré à nombre quarré, icelles A & B seroient commensurables en longitude contre l'hypothese.

Finalement, les quarrez de A & B n'estans entre eux comme nombre quarré à nombre quarré. Ie dis qu'elles sont incommensurables en longitude. Car autrement leurs quarrez seroient (par la premiere partie) comme nombre quarré à nombre quarré, contre l'hypothese. Parquoy les quarrez descrits de lignes droictes commensurables en longitude, &c. Ce qu'il falloit demonstrer.

COROLLAIRE.

Il est manifeste par les choses cy-dessus demonstrees, que les lignes commensurables en longitude, le sont aussi en puissance: mais que celles qui sont commensurables en puissance ne le sont pas tousiours en longitude. Que les incommensurables en longitude, ne le sont pas pourtant en puissance : & que celles incommensurables en puissance, le sont aussi en longitude.

Car d'autant que les quarrez d'icelles lignes commens. en longitude, sont entr'eux comme nombre quarré à nombre quarré, c'est à dire simplement comme nombre à nombre : iceux quarrez seront commensurables par la 6. prop. 10. & partant les lignes commensurables en longitude le sont aussi en puissance.

Puis apres, veu que les lignes dont les quarrez ne sont entr'eux comme nombre quarré à nombre quarré, ains seulement comme nombre à nombre, sont commens. en puissance (car leurs quarrez sont commensurables par la 6. prop. 10.) & non en longitude, comme il a esté demonstré: il appert que les lignes commensurables en puissance ne le sont pas pourtant en longitude, sinon que les quarrez d'icelles lignes soient entr'eux, comme nombre quarré à nombre quarré.

Derechef, puis que les lignes desquelles les quarrez ne sont entr'eux comme nombre quarré à nombre quarré, mais toutesfois comme nombre à nombre sont incommensurables en longititude, & commensurables en puissance : il appert que les lignes incommensurables en longitude ne le sont pas tousiours en puissance : ains qu'il n'y a que celles dont les quarrez ne sont entr'eux comme nombre à nombre, qui soyent aussi incommens. en puissance, veu que leurs quarrez sont incommens. par la 8. prop. 10.

Finalement est manifeste que les lignes incommens. en puissance, le sont aussi en longitude : car si elles estoient commens. en longit. elles le seroient aussi en puissance, comme appert par la premiere partie de ce corollaire : ce qui est contre l'hypothese.

SCHOLIE.

Il est à noter qu'és deux premieres parties de ceste proposition s'entend aussi des lignes inexplicables par nombres, pourveu qu'elles soient commensurables en longitude, com-

me si les quarrez de A & B estoient 12 & 3, leurs costez seroient $\sqrt{12}$ & $\sqrt{3}$, qui sont nexplicables par nombres, toutesfois commens. Car par la 20. prop. 6. 12 seroit à 3 en raison doublee de $\sqrt{12}$ à $\sqrt{3}$. Mais 12 est quadruple de 3: Ainsi le costé A sera double du costé B, par la 10. def. 5. Car la double raison doublee est quadruple.

THEOR. 8. PROP. X.

Si quatre grandeurs sont proportionnelles, & que la premiere soit commensurable à la seconde, la troisiesme, sera aussi commensurable à la quatriesme. Que si la premiere est incommensurable à la seconde, la troisiesme sera aussi incommens. à la quatriesme.

Soient quatre grandeurs prop. A, B, C, D: & soit A 1, commensurable à B 2e. Ie dis que C 3e. sera aussi commens. à D 4e.

Car A estant commensurable à B, elles seront entr'elles comme nombre à nombre, par la 5. p. 10. Mais comme A à B, ainsi C à D; Partant C est à D, comme nombre à nombre: & par consequent commensurable par la 6. prop. 10.

Que si A estoit incommens. à B. Ie dis que C seroit aussi incommensurable à D: Car A & B ne seroient pas comme nombre à nombre par la 7. pr. 10. Mais comme A à B, ainsi C à D: donc C n'est pas à D comme nombre à nombre: & par consequent incommensurable par la 8. prop. 10. Si donc quatre grandeurs sont proportionnelles, &c. Ce qu'il falloit demonstrer.

A B C D

LEMME.

Trouuer deux nombres plans dissemblables, c'est à dire, qui ne soient entr'eux comme nombre quarré à nombre quarré.

Soit pris quelconque nombre quarré A, & vn autre non quarré B. Ie dis qu'iceux nombres A & B sont plans dissemblables. Car s'ils estoient plans semblables, ils seroient comme nombre quarré à nombre quarré, par la 26. pr. 8. & partant A estant nombre quarré, aussi B seroit quarré par la 24. pr. 8. contre l'hypothese. Donc A & B, ne sont entr'eux comme nombre quarré à nombre quarré.

A 16. B 20.

PROBL. 3. PROP. XI.

Trouuer deux lignes droictes incommensurables à vne ligne rationelle proposee, sçauoir vne en longitude seulement, & l'autre en longitude & puissance.

Soit la ligne rationelle proposee A, à laquelle il faut trouuer deux autres lignes incommensurables, l'vne seulement en longitude, & l'autre en longitude & puissance.

Soient trouuez par le lemme precedent deux nõbres B, & C, qui ne soient entr'eux comme nombre quarré à nombre quarré : Item par le corol. de la 6. prop. 10. soit trouuee la ligne D, de laquelle le quarré soit au quarré de la ligne A, comme le nombre C est au nombre B. Or d'autant qu'iceux quarrez de A & D sont comme nombre à nombre, ils seront commensurables entr'eux par la 6. prop. 20. Mais n'estans pas comme nombre quarré à nombre quarré, ils n'auront pas les costez A & D commens. en longitude, par la 9. prop. 10. Donc les lignes droictes A & D sont commensurables en puissance seulement : la ligne D est donc la premiere requise.

A —————— B. 20.
E ————
D ————— C 16.

Maintenant soit trouuée la ligne E moyenne prop. entre A & D, par la 13. prop. 6. & icelle E sera la seconde ligne demandee : car puis que par le corol. de la 20. prop. 6. le quarré de A est au quarré de E comme A est à D, & icelles A & D sont incommensurables en longitude, comme il a esté demonstré : le quarré de A sera aussi incommens. au quarré de E, par la 10. prop. 10. Parquoy les lignes A & E sont incommens. en puissance, & par le corol. de la 9. prop. 10. elles sont aussi incommens. en longitude. Nous auons donc trouué deux lignes droictes incommensurables, &c. Ce qu'il falloit faire.

SCHOLIE.

La ligne A soit 5 : donc la ligne D sera √20, laquelle il appert estre incommensurabl en longitude à A, mais commensurable en puissance. Mais la ligne E estant moyenne prop. entre A 5, & D √20, elle sera √√500, qui est incommens. tant en longit. que puissance à A 5.

THEOR. 9. PROP. XII.

Les grandeurs commensurables à vne autre, sont aussi commensurables entr'elles.

Soient les deux grandeurs A & B, commens. chacune à la grandeur C : Ie dis qu'elles sont commensurables entr'elles.

Car puis que A & C sont commensur. icelles seront comme nombre à nombre par la 5. p. 10. & soit comme le nombre D au nombre E. Derechef puis que C & B sont commens. C sera à B, comme nombre à nombre, & soit comme le nombre F au nombre G. Soient pris par la 4. prop. 8. les trois nombres H, I, K, les plus petits continuellement proportionnaux, selon les raisons de D à E, & F à G : tellement que H soit à I comme D à E, c'est à dire comme A à C, & I à K, comme F à G, c'est à dire comme C à B. Donc puis que A est à C, comme H à I, & C à B, comme I à K ; en raison egale, A sera à B, comme H à K, c'est à dire comme nombre à nombre : & partant A

A C B

D 10, E 8.
F 2, G 5.
H 5, I 4. K 6.

& B sont commens. par la 6. prop. 10. Donc, les grandeurs commensurables à vne autre, &c. Ce qu'il falloit demonstrer.

THEOR. 10. PROP. XIII.

Si de deux grandeurs, l'vne est commensurable à vne troisiesme, & l'autre incommens. icelles grandeurs seront incommensurables entr'elles.

Soient deux grandeurs A & B, desquelles A soit commens. à C; & B incommens. à la mesme C. Ie dis que A & B sont incommens. entr'elles. Car si B estoit commens. à A, lequel A est posé aussi commens. à C, par la 12. pr. 10. B & C seroient commens. contre l'hypothese. Donc A & B ne sont commens. Parquoy si de deux grandeurs, &c. Ce qu'il falloit demonstrer.

THEOR. 11. PROP. XIV.

Si de deux grandeurs commens. l'vne est incommens. à vne tierce grandeur, aussi sera l'autre à la mesme.

Soient deux grandeurs commensurables A & B, & que A soit incommensurable à la tierce C: Ie dis que B & C sont aussi incommensurables.

Autrement, si B est commensurable à C, elle sera aussi commensurable à A, par la 12. prop. 10. contre nostre hypothese: donc B est incommensurable à C: Parquoy si de deux grandeurs commensurables, &c. Ce qu'il falloit demonstrer.

SCHOLIE.

Les Interpretes d'Euclide colligent de ceste prop. le theoreme suiuant, vtile aux choses demonstrees en ce liure.

Les grandeurs commensurables à des incommensurables, sont aussi incommensurables entr'elles.

Soient deux grandeurs A & B incommensurables, ausquelles C & D soient commensurables, sçauoir est C à A, & D à B. Ie dis que C & D sont incommensurables entr'elles. Car puis que A & C sont posees commensurables, & A incommensurable à B, l'autre C sera aussi incommens. à A par la 14. prop. 10. Derechef, puis que D & B sont posees commensurables, & B a esté demonstree incommensurable à C; D sera aussi incommensurable à la mesme C par la 14. prop. 10. Ce qui estoit proposé.

LEMME.

Estans donnees deux lignes droictes inegales, trouuer combien la plus grande peut plus que la plus petite.

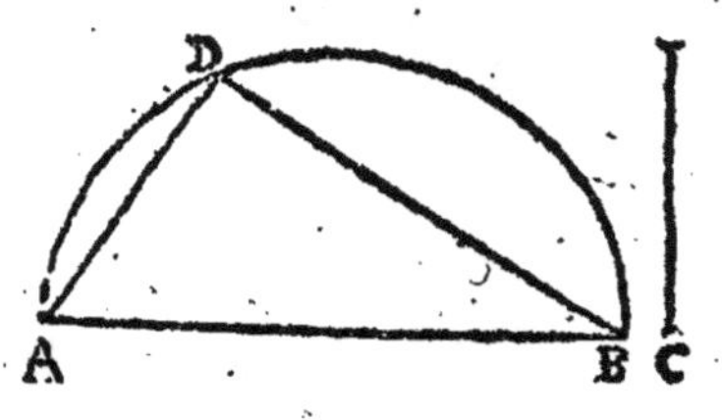

Soient données les deux lignes droictes AB & C, desquelles AB est la plus grande : & il faut trouuer combien la ligne AB peut plus que la ligne C. Soit descrit sur AB le demy cercle ADB, & dans iceluy soit accommodée AD egale à C, par la 1. pr. 4. & soit menee DB. Ie dis que AB peut plus que C du quarré de BD. Car d'autant que l'angle D est au demy cercle, il est droict par la 31. p. 3. & par la 47. p. 1. le quarré de AB sera egal aux quarrez de AD, BD: & partant AB pourra plus que AD, c'est à dire que C, du quarré de BD. Ce qui estoit proposé.

Semblablement estans données deux lignes droictes, en trouuer vne autre pouuant icelles.

Soient données les deux lignes droictes AD, BD: & il faut trouuer vne ligne droicte qui puisse icelles. Soient posées icelles AD, BD à angle droict D, & tiré AB. Il est euident qu'icelles AB peut les deux AD & BD, puis que par la 47. p. 1. le quarré d'icelle AB, est egal aux deux quarrez de AD, BD.

THEOR. 12. PROP. XV.

Si quatre lignes droictes sont proportionnelles, & la premiere peut plus que la seconde du quarré d'vne ligne qui luy est commensurable en longitude: aussi la troisiesme pourra plus que la quatriesme du quarré d'vne ligne qui luy sera commensurable en longitude. Que si la premiere peut plus que la seconde du quarré d'vne ligne qui luy soit incommensurable en longitude: aussi la troisiesme pourra plus que la quatriesme du quarré d'vne ligne qui luy sera incommensurable en longitude.

Soient 4. lignes droictes proportionnelles A, B, C, D, & que A puisse plus que B du quarré de E; & C plus que D du quarré de F. Ie dis que comme A sera commensurable ou incommens. en longitude à E, ainsi C sera commensurable, ou incommensurable en longitude à F.

Car puis que A, B, C, D, sont proportionneles, comme le quarré de A sera au quarré de B, ainsi le quarré de C sera au quarré de D, par la 22. prop. 6. Mais le quarré de A est egal aux quarrez de B, E, par l'hypothese, & le quarré de C aux quarrez de D, F: donc aussi les quarrez de B, E, seront au quarré de B, comme les quarez de D, F, au quarré de D; & en diuisant, côme le quarré de E sera au quarré de B, ainsi le quarré de F au quarré de D; & par la 22. p. 6. côme la ligne E sera à la ligne B, ainsi la ligne F sera à la ligne D; & en changeant, comme B à E, ainsi D à F. Donc puis que comme A à B, ainsi C à D, & comme B à E ainsi D à F; en raison egale, cóme A sera à E, ainsi C à F: Et par la 10. p. 10. si A est commens. ou incommensurable à E, aussi C sera commens. ou incommensurable à F: Parquoy si quatre lignes droictes sont proportionnelles, &c. Ce qu'il falloit demonstrer.

THEOR. 13. PROP. XVI.

Si deux grandeurs commensurables sont conioinctes, la composee sera commensurable à chacune de ses parties: Et si la composee est commensurable à vne de ses parties, icelles seront commensurables entr'elles.

A B C
D

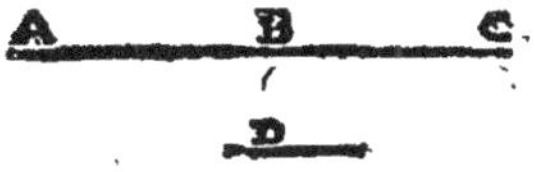

Soient iointes deux grandeurs commensur. AB & BC: Ie dis que la composee AC, est aussi commens. à chacune d'icelles A B & B C.

Car puis que AB & B C sont commensurables, elles auront vne commune mesure, laquelle soit D. Donc puis que D mesure AB & BC, elle mesurera aussi la toute A C, par la 1. c. sent. Partant la toute AC est commens. à ses parties.

Pour la seconde partie. Que la toute AC soit commens. à vne de ses parties, sçauoir à A B: Ie dis qu'icelles parties A B, B C seront commensurables entr'elles. Car puis que A C & A B sont commensurables, elles auront vne commune mesure, comme D, laquelle mesurant la toute AC & la retranchee AB, elle mesurera aussi le reste B C par la 3. commune sent. Partant AB & BC seront commensurables entr'elles, puis qu'elles ont vne commune mesure D. Parquoy si deux grandeurs commensurables, &c. Ce qu'il falloit prouuer.

COROLLAIRE.

De cecy resulte que si vne grandeur composee de deux, est commensurable à l'vne d'icelles, qu'elle le sera aussi à l'autre. Comme si AC est commensurable à AB, elle le sera aussi à BC: Car par la seconde partie de ceste prop. AB, BC sont commensurables: donc par la premiere partie AC sera commensurable à chasque partie, AB, BC.

SCHOLIE.

Soit AB $\sqrt{18}$, & BC $\sqrt{8}$, lesquelles sont commens. La composee AC sera $\sqrt{50}$, laquelle est commens. tant à $\sqrt{18}$, que à $\sqrt{8}$. Car $\sqrt{50}$ est à $\sqrt{18}$, comme 5 à 3: & à $\sqrt{8}$ comme 5 à 2.

THEOR. 14. PROP. XVII.

Si on conioinct deux grandeurs incommensurables, la composee sera incommensurable à chacune de ses parties: Et si la composee est incommensurable à l'vne de ses parties, icelles parties seront incommensurables entr'elles.

Soient

Soient conioinctes deux grandeurs incommensf. AB & BC: Ie dis que la toute AC est incommensf. à vne chacune de ses parties AB & BC.

Autrement, si AC estoit commens. à AB, elle le seroit aussi à BC: car la commune mesure qui mesureroit AC & le retranché AB, mesureroit aussi le reste BC, par la 3. c. sent. Et partant AB & BC seroient commens. (ce qui est contre l'hypothese.) Donc AC & AB sont incommens. Il s'ensuiura le mesme inconuenient si on nie que AC & BC soient incommensurables.

A B C

Pour la seconde partie: Ie dis que si AC & BC, sont incommens. que AB & BC seront aussi incommens. Autrement si elles estoient commensurables: La toute AC, seroit aussi commensurable à sa partie BC par la 16. p. 10. contre nostre hypothese. Donc AB & BC sont incommens. Par mesme argument nous demonstrerons que si AC & AB sont incommens. que AB & BC sont aussi incommensurables. Parquoy si on conioinct deux grandeurs incommensurables, &c. Ce qu'il falloit demonstrer.

COROLLAIRE.

Il resulte de ces choses, que si vne grandeur composee de deux, est incommensurable à l'vne d'icelles, qu'elle le sera aussi à l'autre. Comme si AC composee de AB & BC est incommensurable à AB, elle le sera aussi à BC. Car si AC estoit commens. à icelle BC, elle le seroit aussi à AB, par le coroll. de la precedente prop. ce qui est contre l'hypothese. Donc AC & BC ne sont commensurables, mais incommensurables.

SCHOLIE.

Soit AB 8, & BC $\sqrt{28}$, lesquelles sont incommensurables. La composee AC sera $8+\sqrt{28}$ incommensurable à chacune d'icelles AB 8, & BC $\sqrt{28}$.

THEOR. 15. PROP. XVIII.

S'il y a deux lignes droictes inegales, & à la plus grande on applique vn rectangle egal au quart du quarré de la plus petite, deffaillant d'vne figure quarrée, & que le rectangle diuise icelle plus grande ligne en parties commensurables en longitude; la plus grande ligne pourra plus que la plus petite du quarré d'vne ligne qui luy sera commens. en longitude: Et si la plus grande peut plus que la plus petite du quarré d'vne ligne qui luy soit commens. en longitude, estant appliqué vn rectangle sur la plus grande ligne, egal au quart du quarré de la plus petite, & deffaillant d'vne figure quarrée; le rectangle diuisera icelle plus grande ligne en parties commensurables en longitude.

Soient deux lignes inegales AB & C, & par la 28. p. 6. sur la plus grande AB soit appliqué vn rectangle egal au quart du quarré de C, defaillant d'vne figure quarrée, c'est à dire d'vne ligne egale à son autre costé. Et soit iceluy rectangle contenu sous AD & DB commensurables en longitude. Ie dis que AB peut plus que C du quarré d'vne ligne qui luy sera commens. en longitude.

Qu'il ne soit ainsi. Soit la ligne AB couppee en deux egalement en E, & soit faicte EF egale à ED : Il est euident que AF sera egale à DB, puis que les toutes AE, EB sont egales, & aussi les retranchees EF, ED. Maintenant, puis que AB est couppee en deux egalement en E, & en deux inegalement en D, par la 5. p. 2. le rectangle de AD & DB auec le quarré de ED, seront egaux au quarré de BE, lequel n'estant par l'hypothese que le quart du quarré de AB, quatre fois le rectangle de AD & DB, & quatre fois le quarré de ED, sont egaux au quarré de AB. Mais quatre fois le rectangle de AD & DB valent le quarré de C, d'autant que par l'hypothese le rectangle de AD & DB est le quart du quarré de C. Donc le quarré de AB est plus grand que le quarré de C, de quatre fois le quarré de ED, ou du seul de FD egal à iceux par le Schol. de la 4. p. 2. puisque FD est double de ED. Dauantage, puis que AD & DB sont posees commens. en longitude, la toute AB sera aussi commens. en longitude à sa partie DB par la 16. p. 10. Et partant à son egale AF, & à toutes les deux ioinctes en vne: & par consequent au reste de la ligne FD par la mesme 16. p. 10. Donc la ligne droicte AB peut plus que C, du quarré de FD, qui luy est commensurable en longitude.

B D E F A C

Pour la seconde partie, que AB puisse plus que C du quarré d'vne ligne qui luy soit commens. en longitude, & qu'à icelle AB soit appliqué vn rectangle egal au quart du quarré de C, & defaillant d'vne figure quarree, lequel rectangle diuise AB és parties AD, DB : Ie dis qu'icelles parties AD & DB seront aussi commens. en longitude. Car demeurant la mesme construction que dessus, il sera demonstré comme là que AB peut plus que C du quarré de FD. Mais AB a esté posee pouuoir plus que C du quarré d'vne ligne qui luy est commens. en longitude: & partant AB sera commens. en longitude à icelle FD. Et puis que AB composee de FD, AF, & DB comme d'vne, est commensurable en longitude à la partie FD; la mesme AB sera aussi commensurable en longitude à l'autre partie composee de AF, DB par le coroll. de la 16. p. 10. Mais icelle composee de AF, DB, est aussi commens. en longit. à DB, puis qu'elle est double d'icelle: donc puis que chacune d'icelles AB, DB est commensurable en longit. à la composee de AF, DB; aussi AB, DB seront commensurables entr'elles en longitude par la 12. p. 10. & partant veu que la toute AB composee de AD, DB est commensurable en longitude à icelle DB; aussi icelles AD, DB seront commensurables en longitude entr'elles par la 16. p. 10. Parquoy s'il y a deux lignes droictes inegales, &c. Ce qu'il falloit demonstrer.

SCHOLIE.

L'application mentionnee au commencement de la demonst. cy-dessus se fera bien plus briefuement par le 60. de nos Problemes geometriques, posant AB somme des extremes de trois proportionnelles, & la moitié de C, moyenne.

Quant à l'application des nombres soit AB 30, & C 24: donc les segmens AD & DB, seront 24 & 6, desquels le produict, c'est à dire le rectangle, est 144, qui est egal au quart de 576, quarré de C 24, & deffaillant du quarré de DB 6, c'est à dire 36: & sont icelles parties AD 24, DB 6, commens. en longitude: car l'vne est quadruple de l'autre. Ainsi FD, qui peut auec C le quarré de AB, sera 18: car le quarré de AB est 900, & celuy de C 576; & partant reste pour le quarré de FD, 324, dont la racine quarree est 18, commensurable en longitude à AB. L'autre partie sera aussi euidente par l'adaption des nombres cy dessus.

La proposition suiuante sera aussi facilement entenduë, si on pose AB 12, & C √96: car les segmens AD, DB, seront 6+√12. & 6—√12: & FD √48, qui est à 12 incommensurable en longitude, &c.

THEOR. 16. PROP. XIX.

S'il y-a deux lignes droictes inegales, & à la plus grande on applique vn rectangle egal au quart du quarré de la plus petite, & defaillant d'vne figure quarree, & qu'iceluy rectangle diuise icelle plus grande ligne en parties incommens. en longitude; la plus grande ligne pourra plus que la plus petite du quarré d'vne ligne qui luy sera incommens. en longitude. Que si la plus grande peut plus que la plus petite du quarré d'vne ligne qui luy soit incómensurable en longitude, estant appliqué vn rectangle sur la plus grande ligne, egal au quart du quarré de la plus petite, & defaillant d'vne figure quarree, le rectangle diuisera la plus grande ligne en parties incommensurables en longitude.

Soient deux lignes inegales A B & C, & sur la plus grande AB soit appliqué (par la 28. prop. 6.) vn rectangle egal au quart du quarré de C, defaillant d'vne figure quarree: & soit iceluy rectangle contenu sous AD, DB incommensurables en longitude. Ie dis que AB peut plus que C du quarré d'vne ligne qui luy est incommensurable en longitude. Car ayant construit comme en la preced. prop. nous demonstrerons semblablement que AB peut plus que C du quarré de FD. Il faut donc demonstrer que AB & FD sont incommens. en longit. D'autant que les lignes AD, DB sont posees incommens. en longitude, la toute AB sera aussi incommens. en long. à la partie DB par la 17. p. 10. Mais DB est commensurable en longitude à la composee de AF, DB, veu que ceste-cy est double de celle-là: donc

B D E F A C

puis que de ces deux lignes commenſ. icelle DB eſt incommenſ. en longitude à AB; la compoſee de AF, DB ſera auſſi incommenſ. en long. à la meſme AB par la 14. prop. 10. Et d'autant que AB compoſee de AF, DB comme vne, & de FD, eſt incommenſ. en longit. à la compoſee de AF, DB; la meſme AB ſera auſſi incommenſ. en long. à FD, par le corol. de la 17 p. 10. Donc AB peut plus que C du quarré de FD, qui luy eſt incommenſurable en longitude.

Maintenant, ſi AB peut plus que C du quarré d'vne ligne qui luy eſt incom. en longitude, & ſur icelle AB eſt appliqué vn rectangle egal au quart du quarré de C, & defaillant d'vne figure quarrée, lequel rectangle diuiſe AB és parties AD, DB. Ie dis qu'icelles AD, DB ſont incommenſ. en long. Car nous demonſtrerons comme deuant (les meſmes choſes eſtans conſtruictes) que AB peut plus que C du quarré de FD, & qu'icelles AB & FD ſont incommenſurables en longitude: & puis que AB eſt compoſee de FD, & de AF, DB ioinctes en vne, icelle AB ſera auſſi incommenſ. en longitude à la compoſee de AF, DB par le corol. de la 17. p. de ce liure. Mais la compoſee de AF, DB eſt commenſ. en longit. à icelle DB, puis que celle-là eſt double de ceſte-cy. Donc puis que AB eſt incommenſurable en longit. à la compoſee de AF, DB, icelle AB ſera auſſi incommenſ. en long. à DB, par la 14. p. 10. Et partant puis que AB compoſee de AD, DB eſt incommenſ. en long. à DB, icelles AD, DB ſeront auſſi incomm. en long. entr'elles par la 7. p. 10. Parquoy s'il y a deux lignes droictes inegales, & ſur la plus grande, &c. Ce qu'il falloit demonſtrer.

LEMME.

Puis qu'il a eſté demonſtré que les lignes commenſurables en longitude, le ſont auſſi en puiſſance, mais que celles commenſ. en puiſſance ne le ſont pas touſiours en longitude: il eſt manifeſte que s'il y a quelque ligne comm. en longitude à vne propoſee rationnelle: elle doit eſtre appellee rationnelle & commenſurable à icelle, non ſeulement en longitude, mais auſſi en puiſſance: car les lignes commenſ. en long. le ſont touſiours auſſi en puiſſance. S'il y a auſſi quelque ligne droicte commenſ. en puiſſance & longitude à l'expoſee rationele, elle ſera auſſi dite rationele commenſ. en longitude & puiſſance. Que ſi derechef il y a quelque ligne commenſ. en puiſſance à icelle, mais incommenſ. en longitude, elle ſera auſſi dicte rationelle commenſ. à icelle en puiſſance ſeulement.

SCHOLIE.

Il appert par ce que deſſus, qu'il y a de trois ſortes de lignes rationeles commenſ. entr'elles en longitude. Car de deux lignes rationeles commenſurables entr'elles en longitude, ou l'vne eſt egale à l'expoſee rationele; & partant l'vne & l'autre commenſ. en longitude à la rationele: ou l'vne ny l'autre n'eſt egale à l'expoſee rationele, & toutesfois commenſ. en longit. à icelle: ou finalement l'vne & l'autre eſt commenſ. à l'expoſee rationele en puiſſance ſeulement. Or nous trouuerons ces trois genres de lignes rationeles en ceſte maniere. Soit vne rationele propoſee A diuiſee en quatre parties egales: c'eſt à ſçauoir en autant qu'il y a d'vnitez au nombre B: puis apres eſtant pris quelque autre nombre C, la ligne D ſoit vne partie de A: & qu'autant de fois que D meſure A, autant de fois elle meſure quelque ligne E: Item autant de fois que l'vnité eſt en C, qu'autant de fois la meſme D meſure quelque autre ligne F. Donc

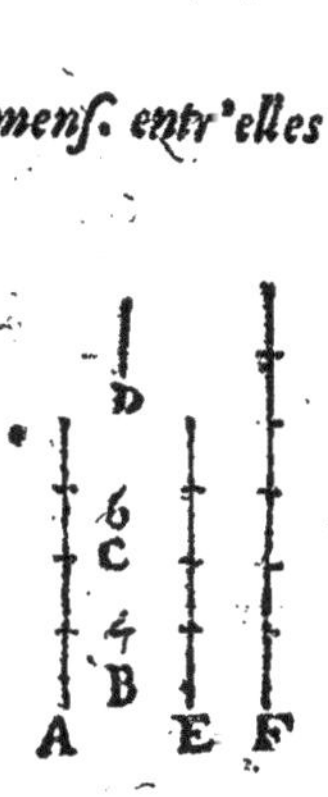

D 6 C 4 B
A E F

puis que A & E sont composées de parties egales en nombre, qui sont egales à D, elles seront egales. Derechef, puis que D mesure toutes les trois lignes A, E, F, elles seront commensurab. en longitude: parquoy E & F sont rationeles commens. en longitude à la rationele A: mais elles ont esté demonstrées estre aussi commens. entr'elles en longitude. Nous auons donc trouué deux rationeles E & F commens. en longitude, tant entr'elles qu'à la rationele exposée A, & desquelles l'vne sçauoir E, est egale à A.

Or maintenant, que D mesure deux lignes C & E par deux nombres F & G differens de B, tellement que l'vne & l'autre ligne C & E soit inegale à A. Donc comme dessus les trois lignes A, C, E, ayans D pour mesure commune, seront commensurables en longitude: parquoy C & E sont rationeles commens. en longit. à la rationelle A: mais elles le sont aussi entr'elles. Nous auons donc trouué deux rationeles C & E commens. en longitude, tant entr'elles qu'à la rationele proposee A: l'vne ny l'autre desquelles n'est egale à icelle A.

Finalement par la 11. prop. 10. à l'exposee rationele A soit trouuee la ligne B, incommensurable en longitude seulement, laquelle soit couppee en tant de parties egales qu'on voudra, & soit prise C, composée de quelconque nombre d'icelles parties de B: & icelles B & C seront commens. en longitude. Ie dis qu'elles sont aussi commens. en puissance seulement à l'exposee rationele A. Car puis que A & B sont commensurable en puissance; le quarré de A sera commens. au quarré de B: Mais au mesme quarré de B, est aussi commens. le quarré de C, pource que B, C estans commens. en longitude, elles le seront aussi en puissance. Donc par la 12. prop. 10. les quarrez de A & C, sont pareillement commens. entr'eux. Parquoy C est commens. en puissance à icelle A. Et pource que des deux lignes B & C commens. en longitude, B est incommens. en longitude à A: par la 14. pr. 10. C sera aussi incommens. en longitude à la mesme A. Donc C est commens. à A seulement en puissance. Et pource que B & C, commensurables en puissance à l'exposee rationele A, sont rationeles; elles seront deux rationeles commens. en longit. entr'elles, mais en puissance seulement à l'exposee rationele A: elles sont donc les deux lignes requises à trouuer.

Que si quelqu'vn desire trouuer tant qu'on voudra de lignes rationeles commensurables en longitude entr'elles, cela se fera ainsi qu'il ensuit: Soit pris quelconque mesure D, (regardez la premiere figure de ceste page) & soient composées autant qu'on voudra de lignes A, C, E, d'autant de parties egales à icelle D; qu'il y a d'vnitez en autant de nombres inegaux B, F, G: car les lignes A, C, E, ayans la commune mesure D, seront commensurables en longitude.

Or il est aussi euident que toutes lignes rationeles, sont commens. non seulement à vne exposee rationele, mais aussi entr'elles. Car puis que par la 6. d. 10. les lignes rationeles sont celles qui sont commens. à l'exposée rationele, soit en longitude & puissance, ou en puissance seulement, & que par la 12. p. 10. les commensurables à vne mesme, sont aussi com-

mensurables entr'elles ; il est manifeste que toutes lignes rationeles, sont commens. entr'elles.

THEOR. 17. PROP. XX.

Le rectangle compris de deux lignes rationeles commens. en longitude selon quelqu'vne des manieres cy-deuant dites, est rationel.

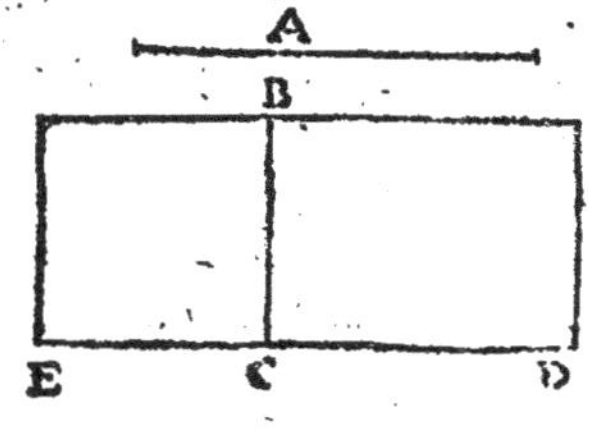

Soit vne exposee rationele A, & le rectangle BD compris sous BC, CD rationeles commens. en longitude, selon quelqu'vne des manieres cy-dessus dites : Ie dis qu'iceluy rectangle est rationel.

Car si sur l'vne d'icelles BC, CD, sçauoir BC, on faict le quarré BE, il sera commensurable au quarré de la rationele A par la 3. def. 10. puis que BC est rationele commensurable à la rationele exposee A, ou en longitude & puissance, ou en puissance seulement. Et puis que BC, ou CE, CD sont commens. en longitude ; (car BC, CD ont esté posees rationeles commensurables en longitude entr'elles) & par la 1. p. 6. comme EC est à CD, ainsi EB à BD, par la 10. p. 10. EB, BD seront aussi commens. tellement donc que le quarré de A, & le rectangle BD sont commensurables au quarré EB ; & partant commens. entr'eux par la 12. prop. 10. Mais le quarré de A est rationel par la 8. d. 10. Donc par la 9. d. 10. le rectangle BD sera aussi rationel : Parquoy le rectangle compris de deux lignes rationeles, &c. Ce qu'il falloit demonstrer.

SCHOLIE.

Soit BC 3 & CD 4 : donc le rectangle BD sera 12. Derechef soit BC √ 3 & CD √ 12 : Le rect. BD sera √ 36, c'est à dire 6. Et derechef si BC est √ 8, & CD √ 18 : Le rectangle BD sera √ 144, c'est à dire 12. Par ainsi iceluy rectangle est rationel.

THEOR. 18. PROP. XXI.

Si vn rectangle rationel a l'vn des costez rationel, il aura aussi l'autre costé rationel : & iceux costez seront entr'eux commensurables en longitude.

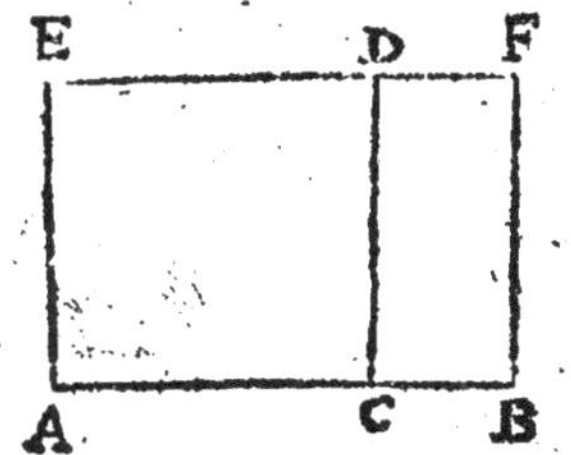

Soit le rectangle rationel DB ayant le costé CD rationel : Ie dis que BC sera aussi rationel commensurable en longitude à CD.

Car sur DC, soit faict le quarré AD, lequel sera rationel par la 8. d. 10. Et comme le rectangle est au quarré, ainsi CB est à CA par la 1. prop. 6. Mais le quarré & le rectangle sont rationnaux, & partant commensurables. Donc par la 10. prop. 10. CB & CA, ou CD son egale, seront rationeles & commensurables en longitude. Parquoy si vn rectangle rational a l'vn des costez rational, &c. Ce qu'il falloit demonstrer.

SCHOLIE.

Soit le rectangle DB 6, & la ligne CD √3 : BC sera donc √12, qui est commens. en longitude à √3 : Car elle est double d'icelle. Soit derechef DB 12, & la ligne droicte CD √8, l'autre costé BC sera √18, qui est commens. en longitude à CD √8. Car si on diuise √18 par √8, prouiendra √2 ¼ c'est à dire √9/4 qui est 3/2: & partant √18 est à √8, comme 3 à 2, c'est à dire comme nombre à nombre; & par consequent commens. en longitude.

LEMME.

Trouuer deux lignes droictes rationeles commensurables en puissance seulement.

Soit trouué par la 11. p. 10. quelque ligne droicte incommensurable en longitude seulement à vne ligne droicte rationele proposee, & icelles seront les requises: car puis qu'elles sont comm. en puissance seulement par la construction, elles seront aussi rationeles par la 6. d. 10.

Que si à la ligne trouuee, on en trouue encore vne autre, moindre ou plus grande que la proposee rationele, il est manifeste par la 12. prop. 10. que toutes les trois seront commensurables entr'elles en puissance seulement, & partant rationeles.

THEOR. 19. PROP. XXII.

Le rectangle compris de deux lignes droites rationeles commens. en puissance seulement, est irrationel: & la ligne droicte qui peut iceluy est irrationelle. Soit icelle appellee Mediale.

Soit le rectangle AD, compris de deux lignes rationelles DC & CA commensurables en puissance seulement. Ie dis que le rectangle est irrationel: & la ligne qui peut iceluy, pareillement irrationelle, qui doit estre appelle Mediale.

E D F
A C B

Car si sur la rationelle CD on descrit le quarré DB, il sera rationel, & sera au rectangle AD, comme BC ou CD son egale, est à CA, par la 1. prop. 6. Mais DC & CA sont incommens. en longitude : donc par la 10. prop. 10. le quarré BD, & le rectangle AD seront incommens. Or le quarré est rationel: donc par la 10. def. 10. le rectangle sera irrationel; & par la 11. la ligne qui peut iceluy sera aussi irrationelle : & soit icelle ligne appellee Mediale, pource que le quarré d'icelle est egal au rectangle compris sous les rationelles DC, CA commensurables entr'elles en puissance seulement, & par consequent moyenne prop. entre icelles rationelles par la 17. p. 6. Donc le rectangle compris de deux lignes droictes rationelles commensurables, &c. Ce qu'il falloit demonstrer.

SCHOLIE.

Pour donc facilement definir la ligne mediale, nous dirons icelle estre vne ligne irrationelle, moyenne proportionelle entre deux lignes rationelles, entr'elles commensurables en puissance seulement. Ou bien celle qui peut vn rectangle contenu sous deux lignes rationelles commensurables entr'elles en puissance seulement.

Et faut noter que le quarré d'icelle ligne mediale, ou le rectangle irrationnel qu'elle peut, est aussi nommé medial, pource qu'il est moyen prop. entre les quarrez d'icelles lignes rationelles commens. entr'elles en puissance seulement, non qu'il faille pourtant entendre que tout rectangle medial soit tousiours contenu sous deux lignes droictes rationelles commensurables en puissance seulement, tel qu'est le medial CF: car il en aduient quelquesfois autrement, comme se verra cy apres.

La ligne DC soit 2, & BC √8. Le rectangle BD sera √32, qui est irrationel; & sera dict medial, mais la ligne pouuant iceluy est √√32, laquelle on appelle mediale.

THEOR. 20. PROP. XXIII.

Le quarré d'vne ligne mediale appliqué sur vne ligne rationelle, faict l'autre costé rationel commens. en puissance seulement à la ligne à laquelle se faict l'application.

Auparauant que venir à ce qui est icy proposé, est à notter que pour appliquer sur vne ligne rationele vn rectangle egal au quarré d'vne ligne mediale, autrement & plus facilement que par la 45. prop. 1. Il faut en premier lieu poser quelconque ligne rationelle, en second lieu la mediale, & chercher la tierce proportionelle, laquelle sera l'autre costé du rectangle: car par la 17. proposition 6, le quarré de la moyenne est egal au rectangle des extremes.

Venons maintenant à la demonstration de la pro osition.

Soit la mediale A, le quarré de laquelle soit appliqué sur la ligne rationelle BC, faisant le rectangle BD: Ie dis que BC & CD sont rationelles commens. en puissance seulement.

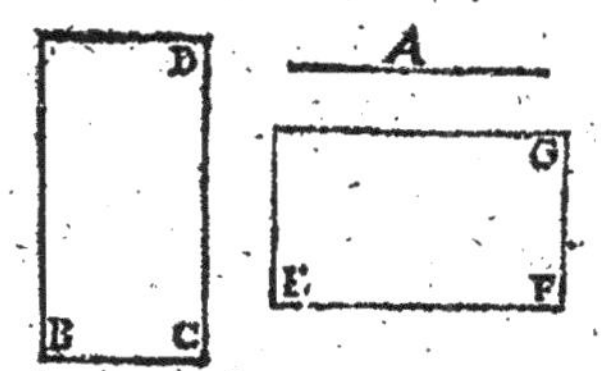

Car A estant mediale, elle peut vn rectangle compris de deux lignes rationelles commens. en puissance seulement, autrement elle ne seroit dicte mediale: Soit donc iceluy rectangle EG, contenu sous les rationelles EF, FG commensurables en puissance seulement. Et pource que A, par l'hypothese peut aussi le rectangle BD: Iceux rectangles BD, EG seront egaux, & par la 14. prop. 6. ils auront les costez reciproques, sçauoir que comme BC à EF, ainsi FG à CD, & par la 22. prop. 6. les quarrez d'icelles lignes seront proport. Mais le quarré de BC ligne rationelle, est commens. au quarré de EF, aussi ligne rationelle: donc par la 10. pr. 10. le quarré de FG sera aussi commens. au quarré de CD; & partant les lignes FG, CD seront com. au moins en puissance, & le quarré de FG estant rationel, le quarré de CD sera aussi rationel; & par consequent les lignes CB & CD seront rationelles. Or qu'icelles BC & CD soient commens. en puissance seulement, il est euident par ce qui a esté demonstré à la 21. prop. 10. Car si elles estoient commensurables en longitude, le rectangle BD seroit rationel, & nous l'auons posé medial, c'est à dire egal au quarré de la mediale A. Donc les lignes BC & CD sont incommensurables en longitude. Parquoy le quarré d'vne ligne mediale appliqué sur vne ligne rationelle, &c. Ce qu'il falloit demonstrer.

SCHOLIE.

SCHOLIE.

Soit le quarré de A √40, mais BC soit 2. Si donc à BC on applique √40, l'autre costé CD sera √10. qui est incommens. en longitude à BC, mais commens. en puissance. Que si BC est √5, CD sera √8, aussi comm. en puissance seulement. Mais si la mediale A estoit √√35, & BC √5: le quarré de A seroit √35: & CD √7, commens. en puissance seulement à BC.

THEOR. 21. PROP. XXIV.

Vne ligne droicte commensurable à vne ligne mediale, est aussi mediale.

Soit la mediale A, à laquelle soit commensurable la ligne droicte B. Ie dis qu'icelle B est aussi mediale.

Car soit proposee la rationelle CD, & sur icelle appliqué le rectangle CE egal au quarré de A: Item sur la mesme rationelle CD soit appliqué le rectangle CF egal au quarré de B. D'autant que le quarré de la mediale A, est appliqué sur la rationelle CD, l'autre costé DE est rationel commensurable en puissance seulement à CD, par la 23. prop. 10. Mais A & B estans commensurables, leurs quarrez (ou leurs egaux rectangles CE, & CF) seront aussi commens. Mais par la 1. prop. 6. comme CE est à CF, ainsi la ligne droicte ED est à la ligne droicte DF: Donc par la 10. prop. 10. ED, DF, seront commens. en longit. Mais la ligne ED est rationnelle, & incommensurable en longitude à la ligne CD: donc aussi DF est rationelle & incommens. en longit. à la mesme CD, par la 14. prop. 10. & partant puis qu'icelles CD, DF sont rationelles, elles seront commensurables en puissance seulement, & par la 22. pr. 10. le rectangle CF compris sous icelles CD, DF sera medial, & la ligne B qui peut iceluy rectangle, sera aussi mediale: ce qu'il falloit demonstrer.

COROLLAIRE.

De cecy resulte que toute figure commensurable à vne figure mediale, est aussi mediale: d'autant que les quarrez egaux à icelles figures seront aussi commensurables, & par consequent commensurables les lignes qui les pourront, à tout le moins en puissance, & l'vne d'icelles estant mediale, l'autre qui luy sera commens. sera aussi mediale par ceste proposition.

SCHOLIE.

Soit A √√200, B √√128, CD 4. Donc DE sera √12½ & DF √8 commens. entr'elles: car elles sont comme 5 à 4: & DF est commens. en puiss. seulement à CD; & par consequent le rectangle CF, qui est √128, est medial, & la ligne B √√128, qui peut iceluy, aussi mediale.

LEMME I.

Or ce qui a esté dit des lignes rationeles au lemme de la 19. prop. de ce liure, nous le dirons aussi des mediales: sçauoir est que les lignes droictes commens. en long. à vne mediale, est dite mediale, & comm. à icelle, non seulement en longit. mais aussi en puissance. Car vniuersellement les lignes droictes commens. en longit. le sont aussi en puissance. Et s'il y a quelque ligne comm. en puissance & longit. à vne mediale, elle sera pareillement dite mediale, & à icelle commens. en longit. & puissance. Que si derechef il y a quelque ligne commens. en puissance à vne mediale, mais incomm. en longit. elle sera aussi dite mediale commens. à icelle en puissance seulement.

LEMME 2.

Trouuer deux lignes mediales commensurables en longitude: Item deux commensurables en puissance seulement.

Soient trouuees les deux lignes A & B commens. à la mediale C, c'est à sçauoir A en longit. & B en puissance seulement: & chacune d'icelles A & B seront aussi mediales par la 24. prop. 10. Veu donc que A & C sont commens. en longit. & B, C en puissance seulement, est manifeste ce qui estoit proposé.

Or il est à noter qu'encore que toute ligne droicte commens. à vne mediale, soit mediale, neantmoins toute ligne mediale n'est pas commens. à quelque mediale que ce soit. Car deux mediales se peuuent donner incomm. en longit. & puissance, comme apparoistra par la 36. prop. de ce liure, où nous enseignerons aussi à trouuer deux telles lignes mediales.

THEOR. 22. PROP. XXV.

Le rectangle compris de deux lignes mediales commensurables en longitude, est aussi medial.

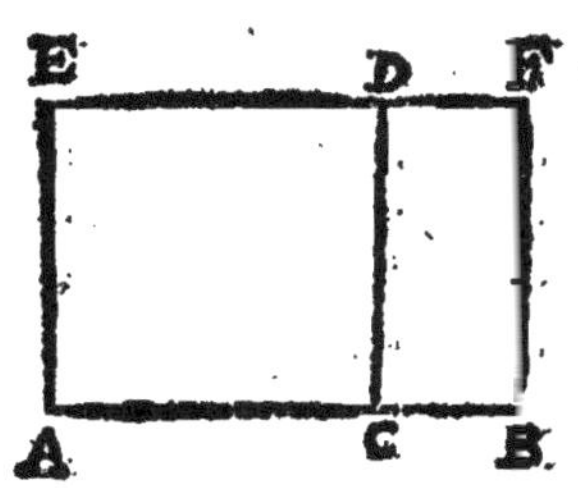

Soit le rectangle DB, compris de deux mediales commens. en longitude DC & BC: Ie dis qu'il est medial.

Car si sur la ligne DC on descrit le quarré DA, il sera medial, estant descrit sur vne ligne mediale: & par la 1. prop. 6. comme AC est à CB, ainsi AD est à DB: mais CD, ou CA son egale, est commensurable en longitude à BC: Partant par la 10. prop. 10. le quarré medial AD, sera commensurable au rectangle DB: & par le corollaire de la 24. prop. 10. iceluy rectangle sera medial. Donc le rectangle compris de deux lignes mediales, &c. Ce qu'il falloit demonstrer.

SCHOLIE.

Si les mediales DC, CB commens. en longitude sont $\sqrt{\sqrt{2}}$ *&* $\sqrt{\sqrt{32}}$*: le rectangle d'icelles, sçauoir DB, sera* $\sqrt{\sqrt{64}}$*, c'est à dire* $\sqrt{8}$*, qui est medial.*

THEOR. 23. PROP. XXVI.

Le rectangle compris de deux lignes mediales commensurables en puissance seulement, est rationel, ou medial.

Soient les deux mediales commens. en puissance seulement AB & BC, comprenant le rectangle AC: Ie dis qu'iceluy rectangle est rationel ou medial.

Qu'ainsi ne soit: Sur AB & BC soient descrits les quarrez AD & CE, lesquels estans faits sur lignes mediales seront mediaux. Maintenant soit proposee la ligne rationelle FG, & sur icelle soient descrits les trois rectangles FH, IK, LM, egaux aux trois figures AD, AC, CE, par la 45. pr. 1. Et d'autant que les quarrez AD & CE sont mediaux, leurs egaux rectangles FH, LM seront mediaux: lesquels appliquez sur la rationelle FG, leurs autres costez GH & KM, seront rationnaux commens. en puissance seulement à FG par la 23. prop. 10. Mais d'autant que les quarrez AD & CE sont commens.

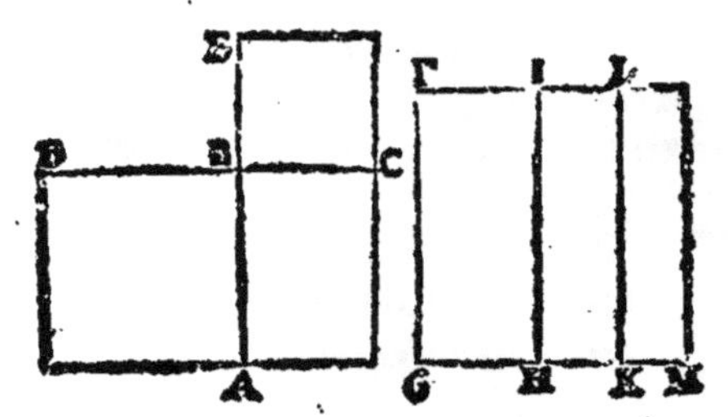

(estans faicts sur lignes commens. en puissance) leurs egaux rectangles FH & LM seront aussi commens. mais par la 1. p. 6. comme FH est à LM, ainsi la ligne droicte GH est à la ligne droicte KM: donc par la 10. prop. 10. GH & KM seront commens. en longitude; & par la 20. prop. 10. le rectangle de GH & KM sera rationel. Et pource que AB, BD sont egales, & BC, BE aussi egales, comme DB est à BC, ainsi AB à BE. Mais comme DB à BC, ainsi AD à AC par la 1. prop. 6. & comme AB est à BE, ainsi AC à CE: donc comme AD à AC, ainsi AC à CE: & partant AD, AC, CE sont proportionnaux: & par consequent leurs egaux FH, HL, LM seront aussi proportionnaux. Mais par la 1. prop. 6. les lignes GH, HK, KM sont entr'elles, comme les rectangles FH, HL, LM: elles seront donc proportionelles: & par la 17. pr. 6. le rectangle de GH, KM, sera egal au quarré de HK. Or le rectangle d'icelles GH, KM a esté demonstré rationel: donc aussi le quarré de HK sera rationel: & par consequent la ligne HK sera aussi rationelle: & par la 6. def. 10. elle sera pareillement commensurable à la rationelle proposee FG, ou à son egale HI, soit en longitude & puissance, ou en puissance seulement: Si en longitude, le rectangle HL contenu sous icelles HI, HK, ou le rectangle AC qui luy est egal, sera rationel par la 20. prop. 10. mais si HK est commensurable en puissance seulement à HI, iceluy rectangle HL ou AC sera medial par la 22. prop. 10. Parquoy le rectangle compris de deux lignes mediales commens. en puissance, &c. Ce qu'il falloit demonstrer.

SCHOLIE.

Soient les mediales AB & BC, $\sqrt{\sqrt{8}}$, & $\sqrt{\sqrt{2}}$: (desquelles les puissances sont commensurables, car elles sont en raison double.) Le rectangle d'icelles AC sera $\sqrt{\sqrt{16}}$, c'est à dire 2, qui est rationel. Mais si AB est $\sqrt{\sqrt{12}}$, & BC $\sqrt{\sqrt{3}}$, (desquelles les puissances sont commens. estans en raison double.) Le rectangle AC sera $\sqrt{\sqrt{36}}$, c'est à dire $\sqrt{6}$, qui est vn medial.

THEOR. 24. PROP. XXVII.

Vne figure mediale n'est pas plus grande qu'vne figure mediale, d'vne figure rationelle.

Soit la figure mediale AB qui excede le medial AC du rectangle DB: ie dis que DB n'est pas figure rationelle.

Qu'il ne soit ainsi: Sur vne proposee rationelle EF soient faicts les rectangles EG & EH, egaux aux rectangles AB & AC par la 45. prop. 1. tellement que HI sera egal à DB: partant iceux rectangles EG, EH seront mediaux, lesquels estans appliquez sur la rationelle EF, les autres costez FG & FH seront lignes rationelles commens. en puissance seulement à EF par la 23. prop. 10.

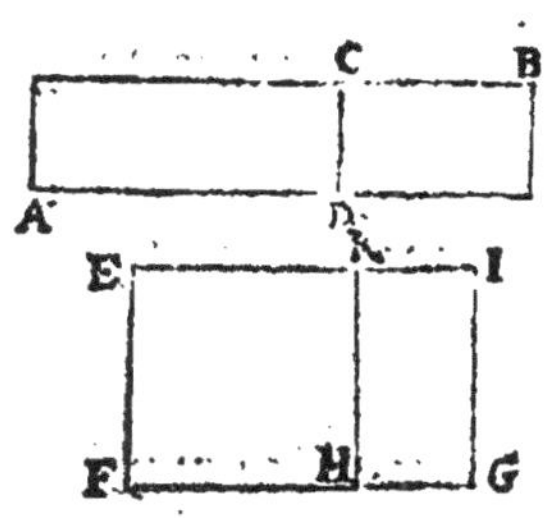

Maintenant si on dit que HI est rationel; estant applique sur la rationelle KH, l'autre costé GH sera rationel commensurable en longit. à KH par la 21. prop. 10. mais FH est incom. en long. à KH, ou EF: donc par la 14. pr. 10. FH & GH seront incomm. en longit. mais comme FH à GH, ainsi le rectangle de FH & GH au quarré de GH par la 1. prop. 6. (car ils sont de mesme hauteur.) Partant par la 10. prop. 10. le quarré de GH est incomm. au rectangle de FH & GH. Il le sera aussi à deux fois le rectangle de FH & GH par la 14. pr. 10. Or le mesme quarré de GH est comm. au quarré de FG, (icelles lignes GH, FG estans rationelles) & par la 16. pr. 10. les deux quarrez de FH & GH, ensemble seront commensurables au seul quarré de GH: mais celuy quarré est incommensurable à deux fois le rectangle de FH & GH: donc par la 13. prop. 10. les deux quarrez de FH & GH seront ensemble incommensur. à deux fois le rectangle de FH & GH. Mais iceux deux quarrez, & deux fois le rectangle de FH & GH sont egaux au quarré de FG par la 4. pr. 2. donc par la 17. p. 10. le quarré de FG sera incomm. aux deux quarrez de FH & GH ensemble: lesquels estans rationaux, (car ils sont faicts sur lignes rationelles) le quarré de FG sera irrationel, par la 10. def. 10. & par consequent la ligne FG irrationelle: Ce qui est absurde, car nous auons monstré qu'elle est rationelle: donc le rectangle HI, ou son egal DB, n'estoit pas rationel. Parquoy vne figure mediale n'est pas plus grande, &c. Ce qu'il falloit demonstrer.

SCHOLIE.

Soit le rectangle medial AB $\sqrt{50}$, & le rectangle AC $\sqrt{18}$: le rectangle restant DB sera $\sqrt{8}$, qui est medial. Derechef AB estant $\sqrt{32}$, & AC $\sqrt{20}$; le restant DB sera $\sqrt{32}-\sqrt{20}$, qui n'est pas rationel.

PROBL. 4. PROP. XXVIII.

Trouuer deux mediales commensurables en puissance seulement, comprenant vn rectangle rationel.

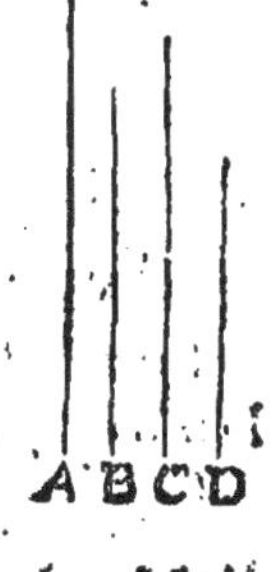

Soient deux lignes rationelles commens. en puissance seulement A & B, (trouuees par le lemme qui precede la 22. prop. de ce liure) entre lesquelles (par la 13. prop.) soit trouuée la moyenne proportionelle C; puis (par la 12. prop. 6.) aux trois A, B, C, soit trouuée la quatriesme proportionelle D: Ie dis que C & D sont les deux mediales demandees.

Car puis que C est moyenne proport. entre A & B, le rectangle de A & B (lequel par la 22. p. 10. est medial) sera egal au quarré de C par la 17. p. 6. & par la 22. prop. 10. C qui peut le rectangle medial, est mediale: Item, puis que comme A à B, ainsi C à D, & que A est commensurable en puissance seulement à B, aussi le sera C à D par la 10. prop. 10. Mais C est ligne medialle: donc D qui luy est commens. en puissance seulement sera aussi ligne medialle par la 24. prop. 10. Ie dis en outre que le rectangle contenu d'icelles medialles C & D est rationel. Car d'autant que comme A est à B, ainsi C à D, en permuttant, comme A à C, ainsi B à D: mais comme A est à C, ainsi C à B. Donc C sera aussi à B, comme B à D par la 11. prop. 5. parquoy B est moyenne prop. entre C & D, & par la 17. prop. 6. le quarré d'icelle B sera egal au rectangle de C & D. Mais iceluy quarré de B, ligne rationelle, est rationel: donc le rectangle comprins de C & D est aussi rationel. Nous auons donc trouué C & D mediales comm. en puissance seulement qui comprennent vn rectangle rationel: Ce qu'il failloit faire.

SCHOLIE.

Soit A √ 20, & B √ 12. donc la moyenne prop. C sera √√ 240. & puis que comme A à B, ainsi C à D, D sera √√ 86⅖. Or les puissances de √√ 240, & √√ 86⅖ sont commens. car elles sont comme 5 à 3: & le rectangle contenu d'icelles est √√ 20736, c'est à dire 12, egal au quarré de √12, qui est aussi 12: & partant iceluy rectangle de C & D, commens. en puissance seulement est rationel.

PROBL. 5. PROP. XXIX.

Trouuer deux lignes mediales commensurables en puissance seulement, comprenant vn rectangle medial.

Soient trois lignes rationelles commens. en puissance seulement A, B, C, trouuees comme il est enseigné au lemme qui precede la 22. pr. 10. & par la 13. prop. 6. entre A & B soit trouuee la moyenne proportionelle D: puis par la 12. pr. 6. soit fait comme B à C, ainsi D à E: Ie dis que D & E sont les deux mediales demandées.

A D B C E

Car en premier lieu, il est euident que D est mediale par la 22. prop. 10. d'autant que par la 17. proposit. 6. elle peut le rectangle irrationel de A & B: mais comme B à C, ainsi D à E, & B est commens. en puissance seulement à C, aussi par la 10. pr. 10. D sera commens. en puissance seulement à E: Et par la 24. prop. 10. D estant mediale, E sera aussi mediale commens. en puissance seulement à D.

D'auantage, ie dis que le rectangle d'icelles deux mediales D & E est aussi medial. Car puis que comme B à C, ainsi D à E, en permutant B sera à D comme C à E: mais B est à D comme D à A, partant comme D est à A, ainsi C est à E: & par la 16. prop. 6. le rectangle des extremes D & E sera egal au rectangle des moyennes A & C. Mais le rectangle de A & C, rationnelles commens. en puissance seulement, est medial par la 22. prop. 10. Donc par le corollaire de la 24. prop. 10. le rectangle de D & E sera aussi medial. Parquoy nous auons trouué deux lignes medialles commens. en puissance seulement, comprenant vn rectangle medial. Ce qu'il falloit faire.

SCHOLIE I.

Soit A 20, B √ 200, & C √ 80. Donc la moyenne prop. D, sera √√ 80000. Et puis que comme B à C, ainsi D à E, icelle E sera √√ 12800. Or les puissances de D & E, sont commensurables, car elles sont comme 5 à 2: & le rectangle d'icelles est √√ 1024000000, c'est à dire √ 32000, egal au rectangle de A & C, qui est √ 32000.

Or és choses suiuantes nous aurons besoin de ce probleme &c.

Trouuer deux nombres plans semblables.

A 6.	C 12.
B 4.	D 8.
E 24.	F 96.

Soient pris quatre nombres proportionnaux A, B, C, D, c'est à dire que comme A est à B, ainsi C soit à D. Mais A & B se multiplians entr'eux fassent E: Item C & D se multiplians fassent F. Donc E & F seront nombres semblables, puis qu'il sont les costez proportionnaux.

Or d'autant qu'il a esté demonstré és 28 & 29. p. 9. que si on multiplie vn nombre impair ou pair, par vn pair, est produit vn nombre pair: mais vn impair, si on multiplie vn impair par vn impair: il appert par quelle maniere peuuent estre trouuez deux plans semblables, l'vn & l'autre desquels soit pair ou impair; ou vn seul pair, & l'autre impair: car si les costés pris sont nombres pairs, les plans d'iceux seront aussi pairs; mais si les nombres sont impairs, les plans d'iceux seront aussi impairs. Que si les costez de l'vn sont nombres impairs, mais de l'autre pairs, le plan de ceux-là sera impair, mais de ceux-cy pair: Semblablement les plans seront pairs, si chacun a vn costé nombre pair, & l'autre impair, &c.

LEMME I.

Trouuer deux nombres quarrez, tels que le composé d'iceux soit aussi nombre quarré.

A.....E.....D.......B
C.......

Soient trouuez par les choses cy-dessus dictes deux plans semblables AB & C, chacun desquels soit pair ou impair. Et d'autant que par les 24 & 26. prop. 9. si d'vn nombre pair on en oste vn pair, ou bien vn impair d'vn impair, le reste est pair: estant osté BD egal à C de AB, le reste AD sera pair, & iceluy AD estant diuisé en deux egalement en E: Ie dis que le nombre fait de AB en BD (qui est vn quarré par la 1. prop. 9.) auec le quarré du nombre ED, fait vn quarré. Car puis que le nombre AD est diuisé en deux egalement en E, & à iceluy est adiousté DB; le nombre qui est fait de AB en BD, auec le quarré du nombre DE, sera egal au quarré du nombre EB, par le 6. theor. de ceux que nous auons demonstré à la 34. p. 9. Parquoy les deux nombres quarrez, sçauoir celuy fait de AB en DE, & celuy du nombre DE adioustez ensemble seront vn quarré, sçauoir celuy qui sera produict de BE. Ce qui estoit proposé.

COROLLAIRE.

De ces choses est manifeste que quand AB & C sont semblables, estre trouuez en la mesme maniere les deux nombres quarrez des nombres BE, ED, desquels l'excez, sçauoir le nombre fait de AB en BD, est aussi quarré.

Que si les nombres AB & C ne sont prins semblables, l'vn & l'autre toutesfois pair, ou impair, seront trouuez en la mesme maniere les deux quarrez des nombres BE, ED, desquels l'excez, sçauoir le nombre fait de AB en DB n'est quarré. Car s'il estoit quarré, par la 2. proposit. 9. les nombres AB, BD, c'est à dire AB & C, seroient plans semblables. Ce qui est absurde, puis qu'ils ont esté posez dissemblables.

SCHOLIE 2.

Parquoy s'il faut trouuer deux nombres quarrés, desquels l'excez soit aussi nombre quarré, nous prendrons comme cy-dessus, deux plans semblables, l'vn & l'autre desquels soit pair, ou impair, sçauoir AB & C, & acheuerons comme il est dict au precedent lemme.

Que s'il faut trouuer deux quarrez, desquels l'excez ne soit quarré, il faudra prendre deux nombres plans dissemblables, & paracheuer comme dessus. Ce qu'on obtiendra plus facile-

ment, diuisant vn nombre quarré en deux nombres, l'vn desquels soit quarré, & l'autre non: Comme 16 en 4 & 12 : ou 36 en 16 & 20 : & ainsi des autres.

LEMME 2.

Trouuer deux nombres quarrez, tels que le composé d'iceux ne soit nombre quarré.

A..H..I.E.F.G...D........B
C........

Soient deux nombres plans semblables AB, & C pairs, ou impairs, & soit fait mesme construction qu'au lemme precedant: tellement que le quarré fait de la multiplication des nombres semblables AB, DB entr'eux, auec le quarré de DE, soit egal au quarré de BE : en apres, de DE soit ostee l'vnité EF. Donc le quarré de DF sera moindre que le quarré de DE, à cause de l'inegalité des costez. Ie dis que le nombre composé des nombres quarrez, desquels l'vn est fait de AB en BD, & l'autre de DF en soy, n'est pas quarré. Car si ce composé estoit nombre quarré, il seroit plus grand, ou egal, ou moindre que le quarré de BF : Soit premierement plus grand, s'il est possible; donc le costé d'iceluy sera plus grand que le costé BF; partant egal, ou plus grand que le nombre BE: (car il ne sera moindre, pource qu'entre BE, BF, nombres differens de l'vnité, ne tombe aucun milieu, & le susdit costé seroit milieu entre iceux, s'il estoit posé plus grand que BF, mais moindre que BE.) Si on dit qu'il est egal, tellement qu'au quarré de BE, soit egal le nombre quarré composé du quarré de AB en BD, & du quarré de DF; puis qu'au mesme quarré de BE, a esté demonstré au lemme precedent estre egal le nombre fait de AB en BD, auec le quarré de DE; aussi celuy fait de AB en BD, auec le quarré de DF, sera egal à celuy là fait de AB en BD, auec le quarré de DE. Ostant donc le commun quarré fait de AB en DB, le reste quarré de DF, sera egal au reste quarré de DE; & partant le costé DF aussi egal au costé DE, la partie au tout: ce qui est absurde. Donc le costé du quarré composé des quarrez, desquels l'vn est fait de AB en BD, & l'autre de DE en soy, n'est pas egal au nombre BE. Mais il n'est pas plus grand. Car si faire se peut, le costé d'iceluy soit egal au nombre BI, qui est plus grand que BE. Donc puis que le quarré de BI plus grand costé, est plus grand que le quarré de BE moindre costé; pareillement le composé des quarrez, desquels l'vn est fait de AB en BD, & l'autre de DF en soy, (puis que ce composé est posé egal au quarré de BI) sera plus grand que le quarré de BE. Mais au preced. lemme le quarré de BE a esté demonstré egal au nombre fait de AB en BD, auec le quarré de DE : ostant donc le commun nombre fait de AB en BD, restera le quarré de DF, plus grand que le quarré de DE; & partant le costé DF plus grand que le costé DE, la partie que le tout. Ce qui est absurde. Donc le costé du quarré composé des quarrez, desquels l'vn est fait de AB en BD, & l'autre de DE en soy, n'est pas plus grand que le costé BF : mais il a esté demonstré qu'il n'est pas aussi egal, ny moindre. Donc iceluy quarré composé n'est pas plus grand que le quarré de BE.

Soit maintenant, si faire se peut, le nombre fait de AB en BD, auec le quarré de DF, egal au quarré de BF: & soit posé AH double de l'vnité EF. Donc puis que le tout AD est double du tout ED, (car AD a esté diuisé en deux egalement en E) & l'osté AH double de l'osté EF, aussi le reste HD sera double du reste FD par la 7. prop. 7. & partant HD est diuisé en deux egalement en F: Parquoy par le 6. theor. de ceux que nous auons demonstré sur la 14. prop. 9. le nombre fait de HB en BD, auec le quarré de DF, sera egal au quarré de BF: Mais au mesme quarré de BF, est posé egal le nombre fait de AB en BD auec le quarré de DF. Donc le nombre fait de HB en BD, auec le quarré du nombre DF, est egal à celuy fait de AB en DB, auec le quarré de DF. Ostant donc le commun quarré de DF, resterale nombre fait de HB en BD, egal à celuy fait de AB en DB. Parquoy puis que HB, AB multiplians le mesme BD, produisent nombres egaux, & que par la 18. p. 7. les multiplians ont mesme raison que les produicts: HB sera egal à AB, la partie au tout. Ce qui est absurde. Donc le nombre fait de AB en DB, auec le quarré de DF, n'est pas egal au quarré de BF.

Soit finalement, si faire se peut, le nombre fait de AB en BD, auec le quarré de DF, moindre que le quarré de BF; & partant le costé d'iceluy, moindre que le costé BF, lequel soit BG, tellement que le nombre fait de AB en BD, auec le quarré de DF, soit egal au quarré de BG: Soit pris AI double d'iceluy EG. Donc puis que le tout AD est double du tout FD, & l'osté AI double de l'osté EG; par la 7. prop. 7. le reste ID sera aussi double du reste GD: & partant ID est diuisé en deux egalement en G. Parquoy par le 6. theor. demonstré sur la 14. pr. 9. le nombre fait de IB en BD auec le quarré de DG, est egal au quarré de BG. Mais au mesme quarré de BG a esté posé egal le nombre fait de AB en BD, auec le quarré de DF: Donc le nombre fait de IB en BD, auec le quarré de DG, est egal à celuy fait de AB en BD, auec le quarré de DF. Ostant donc les quarrez de DG & DF, desquels celuy de DG est moindre, restera le nombre fait de IB en BD, plus grand que celuy fait de AB en BD, la partie que le tout. Ce qui est absurde. Donc le nombre fait de AB en BD, auec le quarré de DF, n'est pas moindre que le quarré de BF: mais il a esté demonstré qu'il n'est pas aussi plus grand, ny egal. Donc le nombre produit de AB en BD, auec le quarré de DF, n'est pas quarré. Ce qui estoit proposé à demonstrer.

SCHOLIE 3.

Par cecy nous trouuerons facilement deux nombres, tels que le composé d'iceux ne soit à l'vn ny à l'autre comme nombre quarré à nombre quarré. Car si par le Lemme precedent on trouue deux quarrés, tels que le composé d'iceux ne soit quarré, ce composé non quarré ne sera à l'vn ny à l'autre d'iceux comme nombre quarré à nombre quarré. Nous obtiendrons le mesme, diuisant quelconque nombre quarré en deux nombres non quarrez: Car ainsi le quarré total ne sera à l'vn ny à l'autre d'iceux nombres esquels il est diuisé, en raison de nombre quarré à nombre quarré.

PROB. 6. PROP. XXX.

Trouuer deux lignes rationeles commensurables en puissance seulement, & que la plus grande puisse plus que la plus petite du quarré d'vne ligne qui luy soit commensurable en longitude.

Soit proposee la rationele, AB, & soient trouuées (comme il a esté enseigné au 2. Scholie de la preced. prop.) les deux nombres quarrez CD, CE, l'excez desquels DE ne soit quarré: puis par le corol. de la 6. prop. 10. soit trouuée AF, au quarré de laquelle soit le quarré de AB, comme le nombre CD est au nombre DE; & apres auoir descrit vn demy cercle sur AB, en iceluy soit accommodee la ligne droite AF: & ioinct BF. Ie dis que AB & AF sont les deux lignes requises.

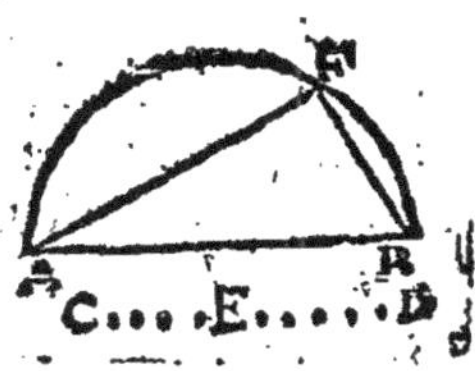

Car d'autant que le quarré de AB est au quarré de AF comme le nombre CD est au nombre DE, ils seront commensurables par la 6. prop. 10. & partant aussi leurs

costez

AB & AF, au moins en puissance: mais AB est rationnele, & par consequent aussi rationele AF qui luy est commensurable: mais les quarrez de AB & AF n'estans entr'eux comme nombre quarré à nombre quarré, par la 9. pr. 10. les lignes AB & AF seront incommensurables en longitude: elles seront donc rationeles commensurables en puissance seulement.

Maintenant veu que l'angle F au demy cercle est droict par la 31. pr. 3. le quarré de AB sera egal aux deux quarrez de AF & FB, c'est à dire que la ligne AB peut plus que la ligne AF du quarré de FB. Et d'autant que comme CD est à DE, ainsi le quarré de AB sera au quarré de AF, par conuersion de raison, comme le nombre quarré CD sera au nombre quarré CE, ainsi le quarré de AB sera au quarré de FB; (car, ainsi que CD excede DE du quarré de CE, ainsi aussi le quarré de AB surpasse le quarré de AF du quarré de FB.) Parquoy les lignes droictes AB, FB sont commensurables en longitude par la 9. pr. 10. Nous auons donc trouué deux rationeles AB, AF commensurables en puissance seulement, & la plus grande AB peut plus que AF du quarré de la ligne FB, qui luy est commensurable en longitude: Ce qu'il falloit faire.

SCHOLIE.

La rationele AB soit 6: AF sera $\sqrt{20}$: & partant BF sera 4, commens. en longitude à AB.

PROB. 7. PROP. XXXI.

Trouuer deux lignes rationeles commens. en puissance seulement, & que la plus grande puisse plus que la plus petite du quarré d'vne ligne qui luy soit incommensurable en longitude.

Soit exposée la rationele AB, & soient trouuez (comme il a esté enseigné au lemme 2. de la pr. 29. de ce liure) deux nombres quarrez tels que le composé d'iceux ne soit quarré; ou plustost soit diuisé quelque nombre quarré CD, en deux nombres non quarrez CE, ED, afin que le tout CD ne soit à l'vn ou à l'autre d'iceux CE, ED, comme nombre quarré à nombre quarré puis sur AB soit descrit le demy cercle AFB; & par le corollaire de la 6. pr. 10. soit trouuee la ligne droicte AF, au quarré de laquelle soit le quarré de AB, comme le nombre CD est au nombre CE: & finalement icelle AF estant accommodee au cercle soit menee BF. Ie dis que AB & AF sont les deux lignes demandees.

C . . . . . . E . . . D

Car on prouuera tout ainsi qu'à la precedente, que AB & AF sont rationeles commensurables en puissance seulement, (car leurs quarrez ne sont entr'eux comme nombre quarré à nombre quarré;) & que AB peut plus que AF du quarré de BF. Et d'autant que comme CD est à CE, ainsi le quarré de AB est au quarré de AF; par conuersion de raison comme CD sera à DE, ainsi le quarré de AB sera au quarré de BF. Mais CD n'est pas à DE comme nombre quarré à nombre quarré: donc aussi le quarré de AB ne sera pas au quarré de BF comme nombre quarré à nombre quarré. Parquoy les lignes droictes AB, BF seront incommensurables en longitude, par la 9. prop. 10. Nous auons donc trouué deux rationeles AB, AF commensurables en puissance seulement, telles que la plus grande AB peut plus que AF, du quarré de la ligne BF, qui luy est incommensurable en longitude: Ce qu'il falloit faire.

SCHOLIE.

Si la rationele AB est 3, AF sera √6, & BF √3.

PROB. 8. PROP. XXXII.

Trouuer deux mediales commensurables en puissance seulement, comprenant vn rectangle rationel; & que la plus grande puisse plus que la plus petite du quarré d'vne ligne qui luy soit commensurable en longitude.

A———

C———

B———

D———

Soient trouuées par la 30. prop. de ce liure deux lignes rationeles A & B commensurables en puissance seulement, & que la plus grande A puisse plus que la plus petite B du quarré d'vne ligne qui luy soit commensurable en longitude: Item par la 13. pr.6. soit trouuee C moyenne proportionnele entre A & B; & finalement par la 12. prop.6. aux trois lignes A, B, C, soit trouuee la 4. proportionele D: Ie dis que C & D sont les deux lignes demandees.

Car puis que A & B sont rationeles commensurables en puissance seulement, par la 22. pr. 10. le rectangle d'icelles A & B sera irrationel; & la ligne C pouuant iceluy par la 17. prop. 6. (car elle est moyenne prop. entre A & B) sera mediale. Et d'autant que comme A est à B, ainsi C à D; & A est commensurable en puissance seulement à B, aussi C sera commensurable en puissance seulement à D, par la 10. proposition 10. Mais puis que C est mediale, par la 24. proposition 10. D sera aussi mediale. Et d'autant que comme A est à B, ainsi C à D: en permutant comme A sera à C, ainsi B sera à D: mais par la construction comme A est à C, ainsi C est à B: pareillement donc comme C sera à B, ainsi B sera à D: & partant le rectangle de C & D sera egal au quarré de B, par la 17. prop. 6. & puis que le quarré de la rationele B est rationel, le rectangle compris sous C & D, qui luy est egal, sera aussi rationel. Et veu que comme A est à B, ainsi C à D; & peut plus que B du quarré d'vne ligne qui luy est commensur. en longitude, aussi par la 15. pr.10. C pourra plus que D du quarré d'vne ligne qui luy sera commensur. en longitude. Nous auons donc trouué deux mediales C & D, commens. en puissance seulement, comprenant vn rectangle rationel, C pouuant plus que D du quarré d'vne ligne qui luy est commens. en longitude: Ce qu'il falloit faire.

Que si on vouloit que C pûst plus que D du quarré d'vne ligne qui luy fust incommens. en longitude, il ne faudroit que trouuer A & B, telles qu'elles sont requises par la precedente prop. au lieu que cy dessus elles ont esté trouuées par la 30. pr. 10. & acheuer le tout comme dessus.

SCHOLIE.

Soit A 8, B √28: le rectangle d'icelles sera √1792, & la ligne C √√1792, qui est mediale. Et puis que comme A 8, est à B √28, ainsi C √√1792 est à D, icelle sera √√343: donc C & D sont deux mediales comm. en puissance seulement, lesquelles contiennent vn rationel 28, & la plus grande C peut plus que la moindre D, d'vne ligne qui luy est commens. en longitude.

Car si du quarré d'icelle C, on oste le quarré de D, restera √567, & seront commens. en longit. les deux mediales √√1792 & √√567. Car elles sont comme 4 à 3. Derechef soit A8, & B √20: le rectangle d'icelles sera √1280, & la ligne C √√1280, & partant D sera √√125, donc C & D sont mediales comprenant vn rationel. 20, & C peut plus que D du quarré d'vne ligne qui luy est incommens. en longitude.

PROB. 9. PROP. XXXIII.

Trouuer deux mediales commensurables en puissance seulement, comprenant vn rectangle medial, & que la plus grande puisse plus que la plus petite du quarré d'vne ligne qui luy soit commensurable en longitude.

A
D
B
C
E

Soient trouuées trois lignes rationneles commens. en puissance seulement, A, B, C, & que A puisse plus que C du quarré d'vne ligne qui luy soit commens. en longitude: (ce qu'on obtiendra trouuant premierement par la 30. p. 10. les deux rationelles A & C commensurables en puissance seulement, & que A puisse plus que C du quarré d'vne ligne qui luy soit commensurable en longitude: puis à C & A soit trouuée B commens. en puissance seulement, par ce qui est enseigné au lemme qui precede la 22. p. 10.) Item par la 13. p. 6. soit trouuée D moyenne prop. entre A & B: puis par la 12. p. 6. soit faict comme D à B, ainsi C à E. Ie dis que D & E sont les deux lignes demandées.

Car puis que D est moyēne prop. entre A & B, par la 17. p. 6. elle peut le rectangle d'icelles A & B, qui est irrationel, & par consequent D est mediale par la 22. p. 10. Mais d'autant que comme D à B, ou A à D, ainsi C à E, en permutant comme A sera à C, ainsi D sera à E. Mais A & C sont commens. en puissance seulement: donc aussi D & E: & par la 24. p. 10. D estant mediale, E le sera aussi. Et derechef puis que comme D à B ainsi C à E, par la 16. p. 6. le rectangle des extrémes D & E, sera egal au rectangle des moyennes B & C. Mais par la 22. p. 10. le rectangle de B & C rationeles commens. en puissance seulement est medial. Donc par le corol. de la 24. p. 10. le rectangle de D & E sera aussi medial. Finalement, puis que comme A à C, ainsi D à E; & A peut plus que C du quarré d'vne ligne qui luy est commens. en longitude, par la 15. p 10. D pourra aussi plus que E du quarré d'vne ligne qui luy sera commensurable en longitude. Nous auons donc trouué deux mediales D & E commensurables en puissance seulement, &c. Ce qu'il falloit faire.

Que si on trouue A, B, C, rationeles commens. en puissance seulement, tellement que B puisse plus que C du quarré d'vne ligne qui luy soit incomm. en longitude, & on acheue de construire comme dessus; on demonstrera semblablement que D & E sont mediales commensurables en puissance seulement, comprenant vn rectangle medial, & que la plus grande D, peut plus que E du quarré d'vne ligne qui luy est incommens. en longitude.

SCHOLIE.

Soit A8, B√48, & C√28: le rectangle compris de A & B sera donc √3072, & la ligne droicte D √√3072, qui est mediale, & A estant à C, comme D à E, icelle sera √√588. Donc D & E, sont mediales commensurables en puissance seulement, comprenant vn medial, & la plus grande D peut plus que la moindre E du quarré d'vne ligne, qui luy est commensurable en longitude. Car si du quarré d'icelle D, on oste le quarré de E, le reste sera √ 972, qui est commensurable en longitude à icelle D√√3072. Derechef si A est 8, B√ 48, & C√2C, D sera encore √√3072, mais E sera √√300. Donc D & E sont deux mediales commensurables en puissance seulement, qui contiennent vn medial, & la plus grande D, peut plus que la moindre E, du quarré d'vne ligne qui luy est incommensurable en longitude.

PROB. 10. PROP. XXXIV.

Trouuer deux lignes droictes incommensurables en puissance, qui facent le composé de leurs quarrez rationel, mais le rectangle contenu d'icelles, medial.

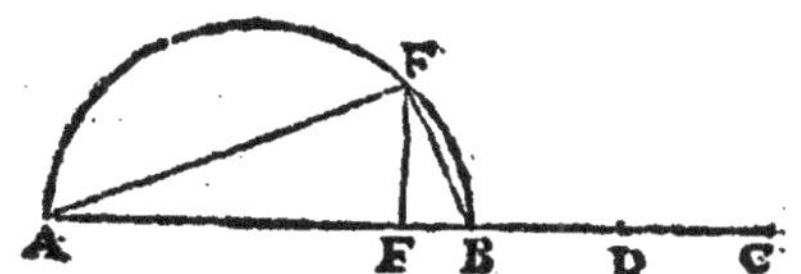

Soient deux lignes rationeles commensurables en puissance seulement AB & BC, & que la plus grande AB puisse plus que la plus petite BC du quarré d'vne ligne qui luy soit incommensurable en longitude, trouuée comme il à esté enseigné en la 31. prop. 10. & apres auoir couppé en deux egalement CB au poinct D, soit appliqué vn rectangle sur BA egal au quarré de BD defaillant d'vne figure quarrée par la 28. p. 6. & soit iceluy rectangle compris de AE & EB; & apres auoir fait vn demy cercle sur la ligne AB, & mené la perpendiculaire EF, soient menées BF & FA: Ie dis qu'icelles lignes sont les requises.

Car puis que AB & BC sont inegales, & que la plus grande AB peut plus que la moindre BC du quarré d'vne ligne qui luy est incommensurable en longitude, & que le rectangle de AE, EB appliqué sur AB, & defaillant d'vne figure quarrée, est egal au quart du quarré de BC, (c'est à dire au quarré de DB; car nous auons demonstré au scholie de la 4. p. 2. que le quarré de BC est quadruple du quarré de BD) les deux lignes AE & EB seront incommens. en longitude par la 19. p. 10 Mais par le scholie de la 13. p. 6. EF est moyenne proport. entre icelles AE, EB; & partant comme il a esté demonstré à la 11. p. 10. elle sera incommens. en puissance à EA. Mais comme FE à EA, ainsi BF à FA par la 4. p. 6. (car iceux triangles sont equiangles par la 8. p. 6.) donc puis que FE, EA sont incommens. en puissance, par la 10. p. 10. BF & FA seront aussi incómens. en puissance. Item le quarré de AB, est egal aux deux de BF & FA par la 47. p 1. lequel quarré de BA est rationel, estant la ligne AB rationele; partant le composé des quarrez de BF & FA, sera aussi rationel. Et d'autant que par l'hypothese le rectangle de AE, EB, est egal au quarré de BD, & qu'il est aussi egal au quarré de la moyenne prop. EF, par la 17. prop. 6. le quarré de EF sera egal au quarré de BD: partant la ligne EF est egale à BD: & par la 16. p. 6. le rectangle de BF & FA sera egal au rectangle de BA & EF, ou BD son egale. (car par la 8. & 4. prop. 6. AB est à BF comme FA à EF.) Or par la 1. pr. 6. le rectangle de AB & DC est double du rectangle de AB & BD: (car la base BC est double de la base BD.) Mais le rectangle de AB & BC est medial par la 22. prop. 10. donc aussi sa moitié rectangle de AB & BD: & par consequent medial son egal rectangle de BF & FA. Nous auons donc trouué les deux lignes AF, FB, incommensurables en puissance, qui font le composé de leurs quarrez rationel, mais le rectangle compris d'icelles, medial : ce qu'il falloit faire.

SCHOLIE.

Si AB est 6, & BC √12 : BD ou EF sera √3 : & par consequent AE sera 3 + √6, & EB 3 — √6. : & puis que le quarré de AF est egal aux quarrez de AE, EF : icelle AF sera √ (18 + √216) ; mais BF sera √ (18 — √216). Donc icelles AF, FB sont incommensurables en puissance, & le composé de leurs quarrez, sçauoir 36, est rationel, mais le rectangle compris d'icelles, sçauoir est √ 108, est medial.

PROB. 11. PROP. XXXV.

Trouuer deux lignes droictes incommensurables en puissance, qui facent le composé de leurs quarrez medial : mais qu'elles comprenent vn rectangle rationel.

Soient deux mediales commens. en puissance seulement *(voyez la figure precedente)* AB & BC, comprenant vn rectangle rationel, & que AB puisse plus que BC du quarré d'vne ligne qui luy soit incommensurable en longitude, trouuées comme il a esté enseigné en la 32. p. 10. & soit acheuée la construction comme en la precedente. Ie dis que BF & FA sont les deux lignes demandées.

Car nous demonstrerons ainsi qu'en la precedente prop. qu'icelles BF & FA sont incommens. en puissance : & que le quarré de BA est medial, estant descrit sur vne ligne mediale, & egal aux deux de BF & FA par la 47. p. 1. Partant le composé des deux quarrez de BF & FA est medial. Et dautant que le rectangle de AB, BC (comme il a esté demonstré en la preced. prop.) est double du rectangle de AB, BD ; & qu'il est rationnel par la construction, aussi iceluy rectangle de AB, BD sera rationel. Mais il a esté demonstré en la precedente qu'il est egal au rectangle de BF & FA : & par consequent iceluy est aussi rationel. Nous auons donc trouué deux lignes AF & BF incommensurables en puissance, qui font le composé de leurs quarrez medial, mais le rectangle compris d'icelles rationel : ce qu'il falloit faire.

SCHOLIE.

Si AB est √√432, & BC √√48 : BD ou EF sera √√3, & AF √(√108 + √72) ; mais BF est √(√108 — √72) : & partant icelles AF, BF sont incommensurables en puissance, & le composé de leurs quarrez, sçauoir est √432, est medial : mais le rectangle compris d'icelles, sçauoir est √36, c'est à dire 6, est rationel.

PROB. 12. PROP. XXXVI.

Trouuer deux lignes droictes incommensurables en puissance, qui facent le composé de leurs quarrez medial, & aussi le rectangle d'icelles medial, & incommensurable au composé de leurs quarrez.

Soient deux mediales commensurables en puissance seulement AB & BC, comprenant vn rectangle medial, & que la plus grande AB puisse plus que la plus pecite BC du quarré d'vne ligne qui luy soit incommens. en longitude, trouuées comme nous auons enseigné à la fin de la 33. prop. 10. & apres auoir acheué la construction comme en la 34. p. 10. Ie dis que BF & FA sont les lignes demandées.

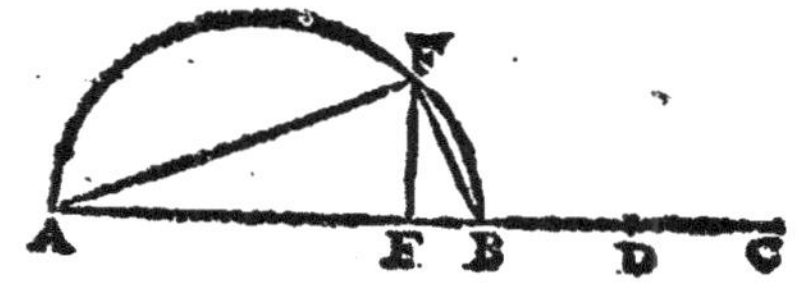

Car premierement elles sont incommensurables en puissance, comme en la demonstration de la 34. p. 10. & le quarré de BA estant medial, comme en la precedente, le composé des quarrez de BF & FA sera aussi medial : Item le rectangle de AB & BC estant medial par l'hypothese, le rectangle de AB, & BD (ou EF son egale) qui est sa moitié, sera aussi medial par le corollaire de la 24. p. 10. & par consequent medial le rectangle de BF & FA qui luy est egal, comme il a esté demonstré en la 34. prop. 10. Et d'autant que par l'hypothese AB est incommensurable en longitude à BC, & qu'à icelle BC est commensurable en longitude sa moitié BD, par la 13. p. 10. BD sera aussi incommensurable en longitude à AB, & par la 1. prop. 6. le quarré de AB sera au rectangle de AB & BD (d'autant qu'ils sont tous deux de la hauteur de AB) comme AB à BD, c'est à dire incommensurable, par la 10. prop. 10. & par consequent le rectangle de BF & FA egal au rectangle de AB & BD, sera incõmensurable au quarré de BA, c'est à dire au composé des quarrez de BF & FA. Nous auons donc trouué deux lignes droites AF, BF incommensurables en puissance, faisant le composé de leurs quarrez medial, & le rectangle contenu sous icelles, medial & incommensurable au composé d'iceux quarrez : ce qu'il falloit faire.

SCHOLIE.

Si AB est $\sqrt{}\sqrt{}192$, & BC $\sqrt{}\sqrt{}48$; BD ou son egale EF sera $\sqrt{}\sqrt{}3$, & AF $\sqrt{}(\sqrt{}48+\sqrt{}24)$. & BF $\sqrt{}(\sqrt{}48-\sqrt{}24)$: Parquoy icelles AF, BF sont incommensurables en puissance, & le composé de leurs quarrez, sçauoir est $\sqrt{}192$, est medial incommens. à $\sqrt{}24$, rectangle medial compris d'icelles AF, BF.

Or de ce probleme est manifeste le suiuant.

Trouuer deux mediales incommensurables en longitude & puissance.

Car puis que tant le composé des quarrez des lignes AF, BF, que le rectangle compris d'icelles, est medial, & qu'iceluy rectangle est incommens. à ce composé, aussi les lignes pouuans iceluy composé, & rectangle, seront pareillement mediales incommens. tant en longitude que puissance. Car si elles estoient commens. en puissance, aussi les quarrez d'icelles, c'est à dire le composé des quarrez des lignes, AF, BF, & le rectangle sous icelles AF, FB, seroient commens. ce qui n'est pas. Parquoy si on prend AB pouuant le composé des lignes AF, FB; & vne autre ligne pouuant le rectangle d'icelles AF, FB, c'est à dire vne moyenne proportionnelle entre AF, FB, seront trouuees deux mediales incommensurables en longit. & puissance.

ICY COMMENCENT LES SIXAINES des lignes rationnelles par composition.

THEOR. 25. PROP. XXXVII. Six. I.

Si deux lignes rationelles commensurables en puissance seulement sont composées, la toute sera irrationnelle : & soit icelle appellée Binome.

Soient composées deux lignes rationelles commens. en puissance seulement AB & BC, trouuées par le lemme qui precede la 22. prop. 10 Ie dis que la toute AC est irrationnelle.

A B C

Car par la 1. prop. 6. le rectangle de AB & BC est au quarré de BC, comme AB à BC : mais AB, BC sont incommens. en longit. par l'hypothese. Donc par la 10. pr. 10. le rectangle de AB, BC sera incommens. au quarré de BC : & partant par la 14. prop. 10. deux fois le rectangle de AB & BC sera incommens au quarré de BC. Mais d'autant que les lignes AB & BC sont rationnelles commens. en puissance seulement, leurs quarrez seront commensurables entr'eux, & le composé de tous deux sera commensurable au seul de BC, par la 16. prop. 10. & partant par la 14. prop. 10. les deux quarrez d'icelles AB & BC seront incommens. à deux fois le rectangle de AB & BC, & par la 17. prop. 10. le composé de deux fois le rectangle & des deux quarrez, c'est à dire le quarré de la toute AC (car par la 4. prop. 2. ce quarré est egal aux quarrez de AB, BC, & deux fois le rectangle d'icelles AB, BC) est incommens. aux deux quarrez de AB & BC, lesquels estans rationnaux, & le composé d'iceux rationnel, le quarré de AC qui luy est incommensurable sera irrationel, par la 10. def. 10. & par consequent la ligne AC irrationelle : or icelle sera appellee binome, pource qu'elle est composée de deux noms, c'est a dire de deux lignes rationelles AB, BC, commensurables en puissance seulement. Si donc deux lignes rationelles commensurables en puissance seulement, &c. Ce qu'il failloit demonstrer.

SCHOLIE.

Soit AB 2, BC $\sqrt{3}$: la toute AC sera $2+\sqrt{3}$, & son quarré est $7+\sqrt{48}$.

Or il appert de ce que dessus, que de deux lignes rationelles commens. en puissance seulement, sont procreées deux lignes irrationelles. Car la ligne moyenne prop. entre icelles rationelles est irrationelle par la 22. prop. de ce liure, laquelle est appellée mediale. Et la composee d'icelles, par la 37. prop. 10. est vne irrationelle, qui est dite binome.

THEOR. 26. PROP. XXXVIII.

Si deux lignes mediales commensurables en puissance seulement, comprenant vn rectangle rationel sont composées, la toute sera irrationelle : & soit icelle appellee bimedialle premiere.

Soient composées deux mediales AB & BC commensurables en puissance seulement, comprenant vn rectangle rationel trouuees, par la 28. prop. 10. Ie dis que la toute AC est irrationelle.

A B C

Car puis que par la 1. prop. 6. comme AB est à BC, ainsi le rectangle compris sous AB, BC est au quarré de BC; & que AB, BC sont incommensurables en longitude; par la 10. prop. de ce liure, iceluy rectangle de AB, BC sera aussi incommensurable au quarré de AB. Mais le rectangle de AB, BC est commensurable à deux fois iceluy : & au quarré de BC est commens. le composé des quarrez d'icelles AB, BC (car puisque AB, BC sont commensurables en puissance, leurs quarrez seront commensur. & partant le composé d'iceux quarrez sera aussi commensurable au quarré de BC par la 16. prop. 10.) Donc le composé des deux quarrez de AB, BC sera incommensurable à deux fois le rectangle compris d'icelles lignes AB, BC par la 14. prop. 10. Parquoy le composé d'iceux deux quarrez & rectangles, c'est à dire le seul quarré de AC, qui leur est egal par la 4. prop. 2. sera aussi incommensurable à deux fois le rectangle de AB, BC par la 17. prop. 10. Mais à deux fois iceluy rectangle de AB, BC est commensurable vn seul rectangle d'icelles AB, BC : donc par la 13. prop. 10. le quarré de AC sera incommensurable au rectangle compris sous AB, BC : & iceluy rectangle estant rationel par l'hypothese, iceluy quarré de AC sera irrationel par la 10. def. 10. & pource la ligne AC sera aussi irrationelle par la 11. def. 10. Et icelle ligne soit appellée bimediale premiere. Si donc deux lignes medialles comm. en puissance seulement, &c. Ce qu'il falloit demonstrer.

SCHOLIE.

Soit AB √√54, & BC √√24 : La toute AC sera donc √√54 : √√24, irrationelle nommee bimediale premiere.

THEOR. 27. PROP. XXXIX.

Si deux mediales commensurables en puissance seulement, comprenant vn rectangle medial sont composées, la toute sera irrationelle : & soit icelle appellee bimediale seconde.

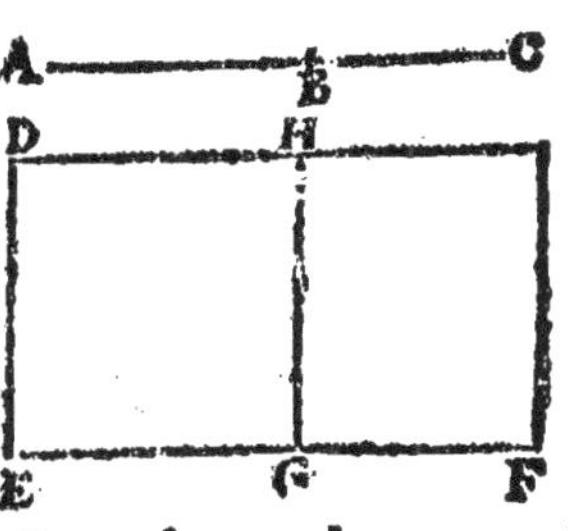

Soient composées les deux mediales AB & BC commens. en puissance seulement, comprenant vn rectangle medial, trouuees par la 29. prop. 10. Ie dis que la toute AC est irrationelle.

Car soit vne ligne rationelle proposee DE, sur laquelle soit appliqué le rectangle DF egal au quarré de AC, & le rectangle DG egal au composé des quarrez de AB & BC par la 45. prop. 1. Et d'autant que par la 4. prop. 2. le quarré de AC, c'est à dire le rectangle DF, est egal aux deux quarrez de AB, BC auec deux fois le rectangle d'icelles AB, BC; le rectangle HF sera egal à deux fois le rectangle de AB, BC : & puis que par l'hypothese le re-

ctangle

ctangle de AB, BC, est medial, par le coroll. de la 24. prop. 10. le double rectangle de AB, BC, qui luy est commensurable, c'est à dire le rectangle HF, sera aussi medial. Derechef, puis que les quarrez des mediales AB, BC sont commens. le composé d'iceux, c'est à sçauoir le rectangle DG, sera aussi commensurable à vn chacun d'iceux par la 16. prop. 10. Mais chacun d'iceux quarrez des mediales AB, BC, est medial : Donc par le coroll. de la 24. prop. 10. le rectangle DG sera aussi medial: Ainsi les deux rectangles DG & HF estans mediaux, & appliquez sur la rationelle DE, (car GH est egale à la rationelle DE,) leurs autres costez EG & FG seront rationaux commensurables en puissance seulement à DH, par la 23. pr. 10. Maintenant le rectangle de AB & BC est au quarré de BC comme AB est à BC, par la 1. prop. 6. c'est à dire incommensurable par la 10. prop. 10. & partant le double du rectangle de AB & BC sera aussi incommens. au quarré de BC : & les deux quarrez de AB & BC estans commensurables entr'eux, les deux ensemble seront commensurables au seul de BC, par la 16. prop. 10. & par la 14. prop. 10. les deux quarrez de AB & BC seront incommensurables à deux fois le rectangle de AB & BC ; & par consequent aussi leurs egaux rectangles DG & HF : & par la 1. p. 6. & 10. p. 10. EG & FG lignes rationelles seront incommensurables en longitude : elles seront donc commensurables en puissance seulement ; (car autrement elles ne seroient rationelles si elles estoient incommensurables,) & par la 37. p. 10. la toute composee EF sera irrationelle : & le rectangle DF sera irrationel : car s'il estoit rationel la ligne DE estant rationelle, il faudroit par la 21. prop. 10. que l'autre costé EF fut aussi rationel, ce qui n'est pas : DF est donc irrationel : & partant aussi irrationel son egal quarré de AC ; & par consequent la ligne AC irrationelle, qui sera appellee bimediale seconde. Si donc deux mediales commensurables en puissance seulement, &c. Ce qu'il falloit demonstrer.

COROLLAIRE.

Il est manifeste par cecy que le rectangle compris d'vne ligne rationelle & d'vne irrationelle, est aussi irrationel. Car il a esté demonstré que le rectangle DF compris de la rationelle DE, & irrationelle EF, ne peut estre rationel.

SCHOLIE.

Soit AB $\sqrt{\sqrt{18}}$, & BC $\sqrt{\sqrt{8}}$: La toute AC sera $\sqrt{\sqrt{18}}+\sqrt{\sqrt{8}}$, qui est irrationelle, appellee bimediale seconde.

THEOR. 28. PROP. XL.

Si on adiouste ensemble deux lignes droictes incommensurables en puissance, comprenant vn rectangle medial, mais le composé de leurs quarrez soit rationel ; la toute sera irrationelle: & soit icelle appellee ligne majeure.

A B C

Soient assemblees les deux lignes AB & BC incommensur. en puissance, comprenant vn rectangle medial, & le composé de leurs quarrez rationel, trouuees par la 34. prop. 10. Ie dis que la toute AC est irrationelle.

Car d'autant que le rectangle compris sous AB & BC est posé medial, deux fois le mesme rectangle sera aussi medial par le corollaire de la 24. prop. 10. & partant irrationel. Mais par l'hypothese le composé des quarrez de AB & BC est rationel : partant incommensurable à deux fois le rectangle de AB & BC par la 10. def. 10. Et par la 17. prop. 10. le composé des deux rectangles, & des deux quarrez (qui est le quarré de AC par la 4. prop. 2.) sera incommens. au composé des deux quarrez de AB & BC, qui est rationel : partant le quarré de AC sera irrationel, & son costé AC aussi irrationel: lequel sera appellé ligne Majeure. Parquoy si on adiouste deux lignes droictes incommensurables, &c. Ce qu'il falloit demonstrer.

SCHOLIE.

Soit AB $\sqrt{(18+\sqrt{216})}$, *& BC* $\sqrt{(18-\sqrt{216})}$ *: la toute AC sera donc* $\sqrt{(18+\sqrt{216})}+\sqrt{(18-\sqrt{216})}$, *qui est irrationelle nommee ligne majeure.*

THEOR. 29. PROP. XLI.

Si deux lignes droictes incommensurables en puissance, comprenant vn rectangle rationel, & le composé de leurs quarrez medial, sont assemblees; la toute sera irrationelle : & soit icelle appellee ligne pouuant vn rationel, & vn medial.

Soient composées les deux lignes AB & BC, telles que demande la propos. & qu'enseigne à trouuer la 31. prop. de ce liure. Ie dis que la toute AC est irrationelle.

A ——— B ——— C

Car puis que le composé des quarrez de AB & BC est medial, & leur rectangle rationel; deux fois iceluy rectangle sera aussi rationel, & incommensurable au composé des quarrez de AB & BC, lequel estant medial, par la 17. prop. 10. le composé des deux quarrez, & des deux rectangles, sçauoir le quarré de AC par la 4. prop. 2. sera incommens. à deux fois le rectangle de AB & BC, lequel est rationel : Ainsi par la 10. def. 10. le quarré de AC sera irrationel : & par consequent la ligne AC aussi irrationelle : laquelle sera appellee ligne pouuant vn rationel & vn medial. Parquoy si deux lignes droictes incommensurables en puissance, &c. Ce qu'il falloit prouuer.

SCHOLIE.

Soit AB $\sqrt{(\sqrt{108}+\sqrt{72})}$, *& BC* $\sqrt{(\sqrt{108}-\sqrt{72})}$ *: La toute AC sera donc* $\sqrt{(\sqrt{108}+\sqrt{72})}+\sqrt{(\sqrt{108}-\sqrt{72})}$.

THEOR. 30. PROP. XLII.

Si deux lignes droictes incommensurables en puissance, comprenant vn rectangle medial, incommensurable au composé de leurs quarrez aussi medial, sont composées ; la toute sera irrationnelle : Soit icelle appellee ligne pouuant deux mediaux.

Soient composées les deux lignes AB & BC, telles que demande la prop. & qu'enseigne à trouuer la 36. prop. 10. Ie dis que la toute AC est irrationelle.

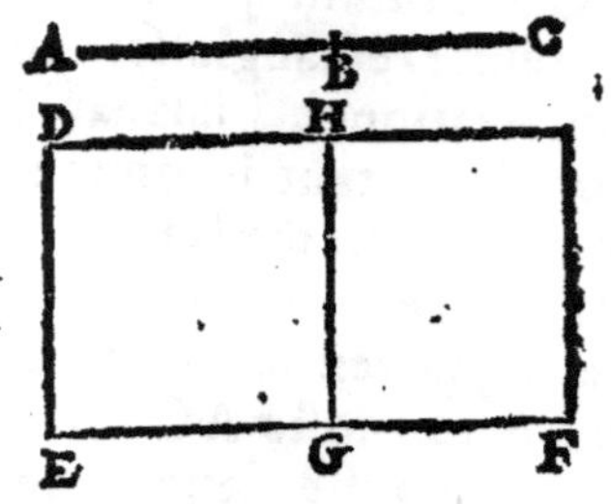

Soit exposee la rationnelle DE, sur laquelle soit faite mesme construction qu'en la 39. prop. 10. sçauoir que le rectangle DF soit egal au quarré de AC: DG aux deux quarrez de AB & BC, lequel sera medial, comme le composé d'iceux quarrez, & incommens. au rectangle HF, egal à deux fois le rectangle de AB & BC, aussi medial, ainsi qu'il a esté demonstré en la 39. prop. 10. & par la 1. prop. 6. & 10. prop. 10. EG & GF seront aussi incommensurables en longitude. Mais les deux rectangles DG & HF estans mediaux, & appliquez sur la rationelle DE, feront les deux autres costez EG & FG rationnaux par la 23. prop. 10. Ainsi EG & FG seront rationelles commens. en puissance seulement, & par la 37. prop. 10. la toute EF sera irrationelle. Mais DE estant rationelle, le rectangle DF sera irrationel par le coroll. de la 39. pr. 10. Partant la ligne qui peut iceluy rectangle, sçauoir AC sera irrationelle: laquelle on appellera ligne pouuant deux mediaux. Si donc deux lignes droictes incommensurables en puissance, &c. Ce qu'il falloit demonstrer.

SCHOLIE.

Soit AB $\sqrt{(\sqrt{48}+\sqrt{24})}$ *&* *BC* $\sqrt{(\sqrt{48}-\sqrt{24})}$. *Donc la toute AC sera* $\sqrt{(\sqrt{48}+\sqrt{24})} + \sqrt{(\sqrt{48}-\sqrt{24})}$.

LEMME I.

Si vne ligne droicte est couppee en deux inegalement en vn poinct, & derechef en deux inegalement en vn autre poinct, & que les parties de l'vne des diuisions soient inegales aux parties de l'autre diuision, chacune à la sienne: les quarrez des deux parties de la plus inegale diuision seront ensemble plus grands que les quarrez des parties de la moins inegale.

A E D B C

Soit la ligne droicte AC diuisee inegalement en B: & encores inegalement en E, & les premieres parties AB, BC soient plus inegales que les posterieures CE, AE: (c'est à dire que AE soit plus grande que BC.) Ie dis que les quarrez de AB & BC, sont plus grands ensemble que ceux de AE & EC ensemble.

Car si AC est couppee en deux egalement en D; d'autant que AB, & BC sont plus inegales que CE, AE, & que AE est plus grande que BC, il appert que ED sera plus petite que BD: or par la 5. p. 2. le rectangle de AB & BC, auec le quarré de BD, est egal au quarré de DC: Item le rectangle de AE & EC, auec le quarré de DE, est aussi egal au quarré de DC: partant le rectangle de AE & EC auec le quarré de DE, est egal au rectangle de AB & BC, auec le quarré de BD. Et en ostant les quarrez inegaux des lignes inegales DE, BD, le rectangle de AE & EC demeurera plus grand que le rectangle de AB & BC: & partant son double sera aussi plus grand que le double du rectangle de AB & BC. Maintenant les deux quarrez de AB & BC, auec deux fois le rectangle de AB & BC, sont egaux au quarré de AC par la 4. p. 2. auquel sont aussi egaux les deux quarrez de AE & EC, & deux fois le rectangle de AE & EC: & par consequent les composez des quarrez & rectangles sont egaux entr'eux: mais les deux rectangles de AE & EC, ont esté demonstréz plus grands que les deux de AB & BC : partant les deux quarrez de AB & BC seront plus grands que les deux quarrez de AE & EC : Ce qui estoit proposé.

LEMME 2.

Vne figure rationelle excede vne figure rationelle, d'vne figure rationelle.

Soient les deux figures rationelles AE & AD, estant AE plus grande que AD de CE: Ie dis que CE est figure rationelle.

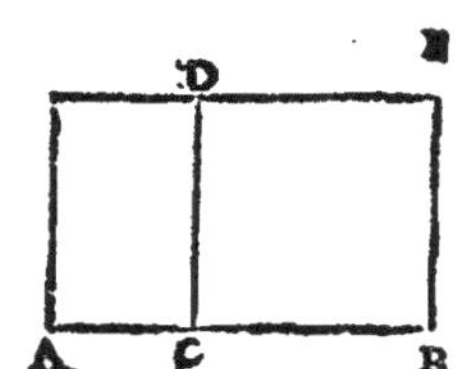

Car AE & AD estans rationelles, elles seront aussi commens. & par la 16. prop. 10. AD & CE seront commensurables entr'elles, & par consequent rationelles.

THEOR. 31. PROP. XLIII.

La ligne binome ne peut estre diuisee en ses noms, qu'en vn poinct seulement.

Soit le binome AB diuisé en ses noms au poinct C : tellement que AC, CB soient rationelles commensurables en puissance seulement, comme veut la 37. prop. Ie dis qu'on ne peut diuiser AB en ses noms en vn autre poinct, sçauoir est que les lignes soient rationeles commens. en puissance seulement.

A D C B

Car s'il se peut faire, soit diuisee derechef AB en ses noms au poinct D. Or il appert que AB n'est couppee en deux egalement és poincts C & D. Car AC & CB, ou AD & DB, seroient commens. en longitude contre l'hypothese : il faut donc que AB soit couppée inegallement esdits poinct C & D ; & que les parties AD & DB soient inegalles aux parties AC & CB, chacune à la sienne : car si elles estoient egales, icelle AB seroit diuisee à la seconde diuision au mesme poinct qu'à la premiere. Si donc AD & DB sont parties moins inegales que AC & CB, par le lemme qui suit la 42. prop. 10. le composé des quarrez de AC & CB sera plus grand que le composé des quarrez de AD & DB: Et d'autant qu'iceux composez sont rationnaux (car ce sont quarrez construicts sur lignes rationelles) leurs excez sera aussi rationel par le lemme preced. Or est-il que le composé des quarrez de AC & CB, auec deux fois le rectangle de AC & CB, est egal au composé des quarrez de AD & DB, auec deux fois le rectangle de AD & DB: (car iceux sont chacun egaux au quarré de AB par la 4. prop. 2.) Il faudra donc que d'autant que les quarrez de AC & CB, sont plus grands que les quarrez de AD & DB, d'autant les rectangles de AC, CB soient plus petits que les rectangles de AD & DB: mais il a esté demonstré que l'excez des quarrez est rationel: donc l'excez des rectangles sera aussi rationel: (puisque ces excez sont egaux) qui est contre la 27. prop. 10. Car iceux rectangles par la 22. prop. 10. sont mediaux, d'autant que les lignes AC & CB: ou AD & DB, sont rationnelles commens. en puissance seulement. Donc le binome AB n'a pû estre diuisé, en ses noms qu'en C: car en quelque autre poinct qu'on le diuise, il s'ensuiura tousiours la mesme absurdité. Ce qu'il falloit demonstrer.

SCHOLIE.

Il est à notter qu'és cinq sortes de lignes irrationelles qui suyuent, iamais les deux noms d'icelles ne peuuent estre egaux: car comme il a esté dict cy-dessus, ils seroient commens. en longitude, & ils ont esté demonstrez incommensurables en long. faut aussi remarquer que quand on dict qu'icelles lignes ne peuuent estre diuisees en leurs noms qu'au poinct proposé faut entendre que le contredisant apportant vne autre diuision, les parties d'icelles doiuent estre, inegales aux parties de la proposee.

THEOR. 32. PROP. XLIV.

La bimediale premiere est diuisee en ses noms en vn poinct seulement.

A D C B

Soit la bimediale premiere AB, diuisee en ses noms au poinct C, tellement que AC & BC soient mediales commens. en puissance seulement, comprenant vn rectangle rationel, comme veut la 38. prop. 10. Ie dis qu'on ne la peut diuiser en ses noms en vn autre poinct.

Car s'il se peut faire, soit AB derechef diuisee en D, sçauoir que AD & DB soient mediales commensurables en puissance seulement, comprenant vn rectangle rationel. Nous demonstrerons tout ainsi qu'en la precedente proposition, que deux fois le rectangle de AD & DB seront autant plus grands que deux fois le rectangle de AC & BC, que les quarrez de AD & DB sont plus petits que les quarrez de AC & BC: Or tous ces rectangles sont rationnaux par l'hypothese. Donc leurs excez sera rationel par le lemme qui precede la 43. prop. 10. & par consequent l'excez des quarrez sera aussi rationel, ce qui est absurde: car iceux quarrez, estans descrits sur lignes mediales, sont mediaux, ainsi qu'il appert par la 16. proposition 10. & coroll. de la 24. proposition 10. partant l'excez d'iceux ne sera rationel par la 27. prop. 10. Donc la ligne bimediale premiere AB ne pouuoit estre diuisee en ses noms, sinon au poinct C. Ce qu'il falloit demonstrer.

LEMME.

Si vne ligne droicte est couppee inegallement, les quarrez des deux parties seront plus grands ensemble que deux fois le rectangle d'icelles parties.

Soit la ligne droicte AB couppee inegallement en C: Ie dis que les quarrez de AC, CB, sont plus grands que deux fois le rectangle d'icelles AC, CB.

A D C B

Car ayant pris CD egale à la moindre partie CB, par la 7. pr. 2. les quarrez de AC, CD, c'est à dire de AC, CB, sont egaux à deux fois le rectangle de

AC, CD, (c'est à dire de AC, CB) auec le quarré de AD : & partant les deux quarrez de AC, CB sont plus grands que deux fois le rectangle d'icelles AC, CB: ce qui estoit proposé.

THEOR. 33. PROP. XLV.

La bimediale seconde, est diuisee en ses noms en vn poinct seulement.

Soit la bimediale seconde AB diuisee en ses noms au poinct C, en sorte que AC & BC soient mediales commensurables en puissance seulement, comprenant vn rectangle medial, comme veut la 37. prop. de ce liure: Ie dis qu'elle ne peut estre diuisee en ses noms en vn autre poinct que C.

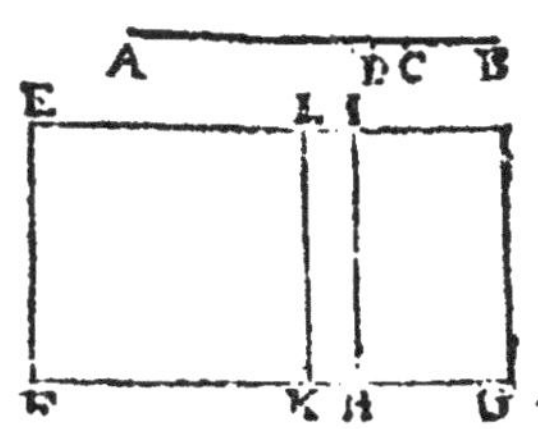

Car si faire se peut qu'elle soit encore diuisee en AD & DB, en sorte que dessus : & soit vne ligne rationelle proposee EF, sur laquelle (par la 45. prop. 1.) soit construit le rectangle EG, egal au quarré de AB. Item EH egal aux deux quarrez de AC, CB : le reste IG sera egal à deux fois le rectangle de AC, CB, puis que par la 4. prop. 2. le quarré de AB est egal aux deux quarrez de AC, CB, auec deux fois le rectangle d'icelles AC, CB. En la mesme maniere si sur EF on applique EK égal aux quarrez de AD, DB : le reste LG sera egal à deux fois le rectangle de AD, DB. Et pour autant que les quarrez de AC, CB, sont inegaux aux quarrez de AD, DB : leurs egaux rectangles EH, EK seront aussi inegaux: & partant les lignes FH, FK, seront inegales. Et derechef puis que les quarrez de AC, CB sont plus grands que deux fois le rectangle de AC, CB par le lemme precedent ; EH sera aussi plus grand que IG : & partant EH plus grand que la moitié de EG : & consequemment la ligne FH plus grande que la moitié de la ligne FG. Nous demonstrerons par mesmes raisons que FK, est aussi plus grande que la moitié de FG. Donc les parties FH & HG, sont inegales aux parties FK, KG, chacune à la sienne. Et pource que AC, CB sont mediales, & commensurables en puissance ; les quarrez d'icelles seront aussi mediaux & commensurables; & par la 16. prop. 10. le composé d'iceux sera aussi commensurable à vn chacun d'eux; lesquels estans mediaux, leur composé, c'est à sçauoir le rectangle EH, sera aussi medial par le corol. de la 24. prop. 10. Par mesme raison EK sera demonstré medial; parquoy EH, EK appliquez sur la rationelle EF, auront les costez FH, FK rationaux commensurables en puissance seulement à la rationele EF, par la 23. prop. 10. Pareillement, puis que le rectangle de AC, CB est posé medial ; le double d'iceluy, sçauoir est IG, sera aussi medial par le corol. de la 24. prop. 10. & estant appliqué sur la rationele HI, l'autre costé HG sera aussi rationel commensurable en puissance seulement à icelle HI, par la 23. p. 10. Et puis que AC, CB sont incommensurables en longitude, & par la 1. prop. 6. comme AC est à CB, ainsi le quarré de AC est au rectangle de AC, CB : (car ils ont AC pour hauteur,) par la 10. prop. 10. le quarré sera incommensurable au rectangle. Mais au quarré de AC est commensurable le composé des quarrez de AC, CB ;

(car d'autant que AC, CB sont commensurables en puissance, & partant les quarrez d'icelles commensurables, le composé d'iceux quarrez sera aussi commensurable au quarré de AC, par la 16. prop. 10.) & le rectangle de AC, CB, est commensurable à son double. Donc aussi le composé des quarrez de A C, CB, c'est à dire le rectangle EH, est incommensurable au double du rectangle de AC, CB, c'est à dire à IG, par le scholie de la 14. prop. 10. & d'autant que par la 1. prop. 6. comme EH est à IG, ainsi FH est à HG, par la 10. prop. 10. icelles FH, HG seront incommensurables en longitude. Mais elles ont esté demonstrees rationeles: Donc les lignes FH, HG sont rationeles commensurables en puissance seulement. Et par la 37. prop. 10. la toute FG sera binome, & diuisée en ses noms au poinct H. En la mesme maniere nous demonstrerons aussi FG binome estre diuisee en d'autres noms à vn autre poinct K; ce qui est absurde: car par la 43. p. 10. elle ne peut estre diuisee en ses noms qu'en vn seul poinct. Donc AB bimediale seconde ne peut estre diuisee en ses noms qu'au poinct C. Ce qu'il falloit demonstrer.

THEOR. 34. PROP. XLVI.

La ligne majeure, est diuisee en ses noms en vn poinct seulement.

Soit la ligne majeure AB, diuisée en ses noms au poinct C, tellement que AC & BC soient incommensurables en puissance: & le composé de leurs quarrez soit rationel: mais le rectangle compris d'icelles, medial, comme veut la 40. prop. de ce liure. Ie dis qu'on ne pourra diuiser icelle AB en ses noms en vn autre poinct que C.

A C D B

Car si faire se peut, qu'elle soit diuisee en ses noms en vn autre poinct D. Donc en quelque lieu que soit le poinct D, nous demonstrerons tout ainsi qu'en la 45. p. de ce liure, que les composez des quarrez de AC & BC; & de AD & DB ont vn mesme excez que les doubles rectangles de AC, BC: & de AD, DB. Mais d'autant que les composez quarrez sont rationaux par l'hypothese, & par consequent leur excez rationel: il faudroit donc que l'excez des doubles rectangles (lesquels sont mediaux par le corol. de la 24. prop. 10.) fut rationel; ce qui est contraire à la 27. prop. 10. Donc la ligne majeure AB, ne sera diuisee en ses noms en autre poinct qu'en C. Ce qu'il falloit demonstrer.

THEOR. 35. PROP. XLVII.

La ligne pouuant vn rationel & vn medial, est diuisee en ses noms en vn poinct seulement.

Soit la ligne pouuant vn rationel & vn medial AB, diuisee en ses noms au poinct C, en sorte que AB & BC soient incommensurables en puissance, comprenant vn rectangle rationel, & que le composé de leurs quarrez soit medial: mais le re-

A C D B

ctangle d'icelles, rationel, comme veut la 41. prop. 10. Ie dis qu'on ne pourra diuiser icelle AB en ses noms en vn autre poinct que C.

Car il s'ensuiuroit mesme absurdité qu'en la precedente prop. sçauoir que si on la diuisoit encores au poinct D, il s'ensuiuroit comme là, que l'excez tant des quarrez, que des rectangles seroit rationel, & medial. Parquoy la ligne pouuant vn rationel, & vn medial, &c. Ce qu'il falloit demonstrer.

THEOR. 36. PROP. XLVIII.

La ligne pouuant deux mediaux, est diuisee en ses noms en vn poinct seulement.

Soit la ligne pouuant deux mediaux AB, diuisee en ses noms au poinct C, en sorte que AC & BC soient incommens. en puissance, comprenant vn rectangle medial incommens. au composé de leurs quarrez aussi medial, comme veut la 42. prop. 10. Ie dis qu'on ne peut diuiser icelle AB en ses noms en vn autre poinct que C.

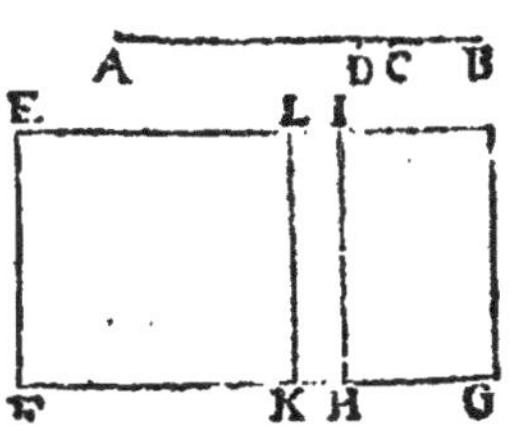

Car si faire se peut, qu'icelle AB soit encore diuisee au poinct D: & sur la rationele proposee EF soit faite pareille construction qu'en la 45. p. 10 sçauoir est le rectangle EG egal au quarré de AB, & EH egal aux deux quarrez de AC & CB: & partant IG, egal au double du rectangle de AC & BC, (comme il a esté demonstré en ladite 45. p. 10.) & les deux rectangles EH & IG, qui sont mediaux par la susdite demonstration, feront les lignes FH & HG rationeles: mais le composé des quarrez de AC & BC est incommensurable au double de leur rectangle: (car par l'hypothese il est incommensurable à iceluy rectangle de AC, CB,) partant aussi les rectangles EG & EH seront incommensurables. Ainsi les lignes rationeles FH & HG seront commensurables en puissance seulement: & par la 37. prop. 10. AB sera binome diuisé en ses noms au poinct H. Que si on veut dire que AB peut encore estre diuisé en ses noms au poinct D: il s'ensuiura, comme en icelle 45. prop. 10. que le binome FG, diuisé en ses noms au poinct H, se pourroit encore diuiser en ses noms au poinct K, contre la 42. pr. 10. Ainsi AB ne pouuoit estre diuisee en ses noms qu'au seul poinct C. Ce qu'il falloit demonstrer.

SECONDES DEFINITIONS.

Vne ligne rationele estant proposee, & vn binome diuisé en ses noms; lors que le plus grand nom peut plus que le plus petit du quarré d'vne ligne qui luy est commensurable en longitude:

1. Si le plus grand nom est commensurable en longitude à la rationele proposee: toute la ligne soit appellée Binome premier.

2. Mais

2. Mais si le plus petit nom est commensurable en longitude à la rationele proposée : toute la ligne soit appellée Binome second.

3. Que si ny l'vn ny l'autre nom n'est commensurable en longitude à la rationele proposée : toute la ligne soit appellée Binome troisiesme.

Et lors que le plus grand nom peut plus que le plus petit du quarré d'vne ligne qui luy est incommensurable en longitude.

4. Si le plus grand nom est commensurable en longitude à la rationele proposee : toute la ligne soit appellee Binome quatriesme.

5. Mais si le plus petit nom est commensurable en longitude à la rationele proposee : toute la ligne est appellee Binome cinquiesme.

6. Que si ny l'vn ny l'autre nom n'est commensurable en longitude à la rationele proposee ; la toute soit appellee Binome sixiesme.

Il n'est rien dit icy des lignes, desquelles les deux noms soient commensurables en longitude à la rationele proposee : parce que telles lignes ne sont binomes : car par la 37. p. 10. tout binome est composé de deux lignes rationeles commensurables en puissance seulement.

PROB. 13. PROP. XLIX. Six. 3.

Trouuer vn Binome premier.

Estans trouuez deux nombres quarrez AB, CB (comme nous auons enseigné au 2. scholie de la 29. prop. 10.) desquels l'excez AC ne soit quarré, à fin que AB, CB soient entr'eux comme nombre quarré à nombre quarré, & AB, AC ne soient entr'eux comme nombre quarré à nombre quarré ; à vne rationele proposée D, soit pris EF commens. en longit. & icelles D & EF seront rationeles commensurables en longitude. En apres, par le corol. de la 6. prop. 10. soit faict que comme le nombre AB est au nombre AC, ainsi le quar-

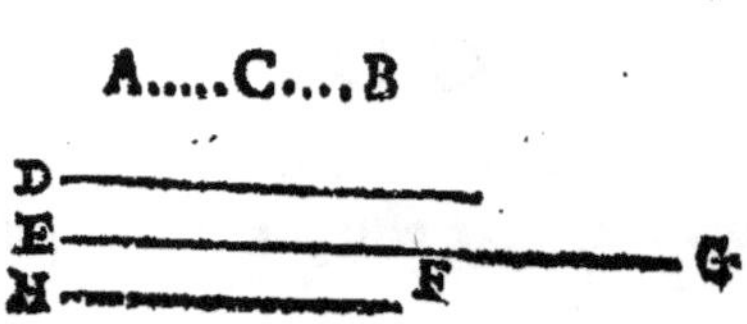

A.....C....B

D, E, F, G, H

ré de EF soit au quarré de F G. Ie dis que la toute EG est binome premier.

Car puis que les quarrez de EF, FG, qui sont entr'eux comme les nombres AB, AC, sont commensurables par la 6. prop. 10. aussi les lignes EF, FG seront commensurables, au moins en puissance: Et d'autant que EF est rationele, aussi FG sera rationele. Mais pource que AB, AC ne sont comme nombre quarré à nombre quarré, les quarrez d'icelles rationeles EF, FG ne sont comme nombre quarré à nombre quarré; & partant les lignes EF, FG sont incommensurables en longitude par la 9. pr. 10. elles sont donc rationeles commens. en puissance seulement: & par la 37. pr. 10. la toute EG sera binome. Ie dis aussi qu'il est premier. Car puis que les quarrez de EF, FG sont entr'eux comme les nombres AB, AC: & AB est plus grand que AC, aussi le quarré de EF sera plus grand que le quarré de FG: que ce soit donc du quarré de H: (iceluy quarré sera trouué par le lemme qui suit la 14. prop. 10.) Et puis que comme le nombre AB est au nombre AC, ainsi le quarré de EF est au quarré de FG: par conuersion de raison comme AB à CB, ainsi le quarré de EF sera au quarré de H. Mais AB est à CB comme nombre quarré à nombre quarré: donc le quarré de EF sera au quarré de H, comme nombre quarré à nombre quarré: & partant les lignes EF, H sont commens. en longitude par la 9. pr. 10. Veu donc que le plus grand nom EF est commens. en longit. à la rationele D, & peut plus que le moindre nom FG du quarré de H, qui luy est commens. en longitude; EG sera binome premier par la 1. des secondes def. Nous auons donc trouué vn binome premier: Ce qu'il falloit faire.

SCHOLIE.

Soit la rationele proposée D 8, & EF 6; faisant donc que comme AB 9 est à AC 5, ainsi 36 quarré de EF, soit au quarré de FG; icelle FG sera $\sqrt{}20$: & partant la toute EG, sera $6+\sqrt{}20$, qui est binome premier: car le plus grand nom est commensurable à nombre absolu, qui tient icy lieu de rationele, & peut plus que le moindre nom d'vn quarré dont la racine est commensurable en long. à iceluy plus grand nom. Iceluy binome premier sera trouué plus briefuement que dessus, posant quelconque nombre pour le plus grand nom, & pour le moindre la racine quarree des trois quarts de sa puissance. Ainsi posant 8 pour le plus grand nom, son quarré sera 64, dont le quart soustrait reste 48; & partant $8+\sqrt{}48$ sera binome premier.

PROB. 14. PROP. L.

Trouuer vn Binome second.

Estans trouuez les deux nõbres quarrez AB, CB, comme en la prop. precedente, & pris FG commensurable en longitude à vne rationele proposée D: icelles D & FG seront rationeles commensurables: puis apres par le corol. de la 6. pr. 10. soit fait que comme le nombre AC est au nombre AB, ainsi le quarré de FG soit au quarré de EF. Ie dis que EG est binome second.

A....C...B

D F H

E

H

Car on demonstrera premierement tout ainsi qu'en la precedente que EG est binome. Et puis que comme le nombre AC est au nombre AB, ainsi le quarré de FG est au quarré de EF, en changeant comme AB à AC, ainsi le quarré de EF est au quarré de FG. Mais AB est plus grand que AC: Donc aussi le quarré de EF sera plus grand que le quarré de FG, & soit du quarré de H. Nous demonstrerons maintenant comme en la precedente prop. que H & EF sont commensurables en longitude. Et partant que le plus grand nom EF, peut plus que le moindre nom FG du quarré de H, qui luy est commens. en longitude, & le moindre nom FG commensurable en longitude à la rationele D: & par les sec. def. EG, sera binome second. Nous auons donc trouué vn binome second, ainsi qu'il estoit requis.

SCHOLIE.

La rationele proposee D soit 7, & FG 5: faisant donc que comme AC 5 est à AB 9, ainsi 25 quarré de FG soit au quarré de EF; icelle EF sera √45: & partant la toute EG sera √45+5, qui est binome second: pource que le plus grand nom d'iceluy peut plus que le moindre d'vn quarré, dont la racine est commens. en longitude à iceluy plus grand nom, & que le moindre nom est aussi commensur. au nombre rationel proposé. Or pour trouuer plus briefuement que dessus iceluy binome second, il faut prendre pour le moindre nom quelconque nombre, & au quarré d'iceluy adiouster le tiers, & la racine quarree de ce qui en viendra sera le plus grand nom. Ainsi prenant pour le moindre nom 6, son quarré est 36, dont le tiers luy estant adiousté sera 48: & partant √48+6 sera binome second.

PROB. 15. PROP. LI.

Trouuer vn binome troisiesme.

Estans trouuez deux nombres AB, CB comme en la 49. prop. 10. soit pris vn autre nombre I qui ne soit à l'vn ny à l'autre d'iceux AB, AC, comme nombre quarré à nombre quarré: (ce qui se fait prenant I nombre non quarré prochainement plus grand que AC. Car puis qu'il n'est quarré, il ne sera au quarré AB, comme nombre quarré à nombre quarré. Derechef, puis qu'il est non quarré prochainement plus grand que AC, il differe d'iceluy par l'vnité, ou par le binaire: & partant il ne tombera pas entre I & AC vn moyen proportionel, comme nous auons demonstré au scholie de la 8. p. 8. Ils ne seront donc pas plans semblables: & partant ne seront entr'eux comme nombres quarrez.) & apres auoir exposé la rationele D, par le corol. de la 6. p. 10. soit fait que comme I à AB, ainsi le quarré de D soit au quarré de EF: par ainsi les quarrez de D & EF, estans entr'eux comme nombre à nombre, seront commensurables par la 6. prop. 10. & partant les lignes D & EF le seront aussi, au moins en puissance. Parquoy D estant rationele, EF le sera aussi. Mais parce que I n'est pas à AB, c'est à dire le quarré de D au quarré de EF comme nombre quarré à nombre quarré: D & EF seront incommensurables en longitude par la 9. prop. 10. Derechef soit fait par le susdict corol. que comme AB est à AC, ainsi le quarré de EF soit au quarré de FG: & par la 6. prop. 10. iceux

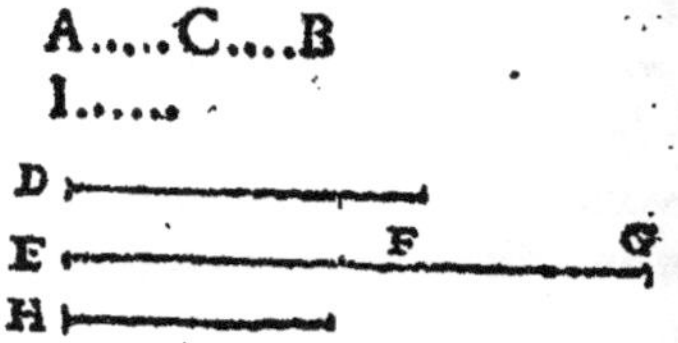

A.....C....B
I......
D
E F G
H

quarrez de EF, FG, estans comme nombre à nombre, seront commensurables entr'eux: & partant les lignes EF, FG aussi commensurables, au moins en puissance: & EF estant rationele, FG le sera aussi. Et d'autant que AB n'est pas à AC, c'est à dire le quarré de EF au quarré de FG, comme nombre quarré à nombre quarré, les lignes EF, FG seront incommensurables en longitude par la 9. prop. 10. & partant icelles EF, FG sont rationeles commensurables en puissance seulement: & par la 37. prop. 10. la toute EG sera binome. Ie dis aussi qu'elle est binome troisiesme. Car d'autant que comme I est à AB, ainsi le quarré de D est au quarré de EF; & comme AB à AC, ainsi le quarré de EF au quarré de FG: par raison egale comme I sera à AC, ainsi le quarré de D sera au quarré de FG. Mais I n'est pas à AC, comme nombre quarré à nombre quarré: donc les quarrez de D & FG ne seront aussi comme nombre quarré à nombre quarré: & partant les lignes D & FG, seront incommensurables en longitude par la 9. p. 10. Et puisque comme AB est à AC, ainsi le quarré de EF est au quarré de FG; & AB est plus grand que AC, aussi le quarré de EF sera plus grand que le quarré de FG: soit donc plus grand du quarré de H. Maintenant nous demonstrerons comme en la 49. prop. de ce liure, que EF & H sont commensurables en longitude. Donc le plus grand nom EF, peut plus que le moindre FG du quarré de H, qui luy est commensurable en longitude, & l'vne ny l'autre d'icelles EF, FG n'est commensurable en longitude à la proposee rationele D, comme il a esté demonstré: partant EG sera binome troisiéme par les secondes definitions. Nous auons donc trouué vn binome troisiesme. Ce qu'il falloit faire.

SCHOLIE.

La rationele proposee D soit 6: faisant donc que comme 16, est à AB 9, ainsi 36 quarré de D soit au quarré de EF; icelle EF sera $\sqrt{54}$: & faisant que comme AB 9 est à AC 5, ainsi 54 quarré de EF soit au quarré de FG; icelle FG sera $\sqrt{30}$: & partant la toute EG sera $\sqrt{54}+\sqrt{30}$, qui est binome troisiesme, parce que l'vn ny l'autre nom est commensurable en longitude au nombre rationel proposé, & que le plus grand nom peut plus que le moindre d'vn quarré, duquel la racine est commensurable en longitude au plus grand nom. Or pour trouuer ce binome plus promptement que dessus, on posera la racine quarree de quelconque nombre non quarré pour le plus grand nom, & la racine quarree des trois quarts du mesme nombre pour le moindre nom: Ainsi posant pour le plus grand nom $\sqrt{20}$, l'autre nom sera $\sqrt{15}$: & partant $\sqrt{20}+\sqrt{15}$ sera binome troisiesme.

PROB. 16. PROP. LII.

Trouuer vn binome quatriesme.

Estans trouuez deux nombres AC, CB, tels que le composé d'iceux AB, ne soit à l'vn ny à l'autre comme nombres quarrez, (suiuant ce que nous auons enseigné au 3. scholie de la 29. prop. de ce liure) soit exposé la rationele D, & pris EF commens. en long. à icelle rationele D; & par consequent EF sera aussi rationele: Et ayant construit le reste comme en la 49. pr. 10.

Nous demonstrerons comme là que la toute EG est binome. Item que le quarré de EF peut plus que le quarré de FG du quarré de H; & que par conuersion de raison, comme AB est à CB, ainsi le quarré de EF au quarré de H. Mais AB n'est à CB comme nombre quarré à nombre quarré: Donc le quarré de EF ne sera au quarré de H, comme nombre quarré à nombre quarré: & par la 9. prop. 10. les lignes EF & H, sont incommens. en longitude: parquoy puis que le plus grand nom EF peut plus que le moindre nom FG du quarré de H, qui luy est incommensurable en longitude, & qu'icelle EF est commensurable en longitude à la rationele proposee D: EG sera binome quatriesme par les def. secondes. Nous auons donc trouué vn binome quatriesme: Ce qu'il falloit faire.

SCHOLIE.

La rationele exposee D soit 8, & EF 6: faisant donc que comme AB 9 est AC 6, ainsi le quarré de EF, sçauoir 36, soit au quarré de FG; icelle FG sera trouuee de $\sqrt{24}$: & partant la toute EG sera $6+\sqrt{24}$, qui est binome quatriesme: pource que le plus grand nom est commensurable en longitude au nombre rationel proposé, & qu'iceluy nom peut plus que le moindre nom d'vn quarré dont la racine est incommensurable en longitude à iceluy plus grand nom. On trouuera ce binome plus promptement que dessus posant pour le plus grand nom quelconque nombre: & pour le moindre la racine quarree de la moitié du quarré d'iceluy. Ainsi posant 6 pour le plus grand nom, son quarré sera 36, dont la moitié sera 18, & partant $6+\sqrt{18}$ sera binome quatriesme.

PROB. 17. PROP. LIII.

Trouuer vn binome cinquiesme.

Estans trouuez les deux nombres AC, CB comme en la precedente prop. & fait la construction comme en la 50. p. on demonstrera comme en ladite 50. prop. que EG est binome. Item que le quarré de EF est plus grand que le quarré de FG du quarré de H: Et comme en la precedente, qu'icelles EF & H sont incommensurables en longitude: & partant par les secondes def. EG est binome cinquiesme. Nous auons donc trouué vn binome cinquiesme. Ce qu'il falloit faire.

SCHOLIE.

La rationele proposee D soit 7, & FG 6: donc faisant que comme AC 6 est à AB 9, ainsi le quarré de GF, sçauoir est 36, soit au quarré de EF: icelle EF sera trouuee de $\sqrt{54}$: partant la toute EG sera $\sqrt{54}+6$, qui est binome cinquiesme: car le moindre nom est commens. en longitude au nombre rationel proposé, & le plus grand nom peut plus que le moindre d'vn quarré dont la racine est incommens. en long. à iceluy plus grand nom. Pour autrement trouuer tel binome, soit posé pour le moindre nom quelconque nombre, & la moitié du quarré d'iceluy estant adioustee au mesme quarré, la racine du tout sera le plus grand nom: Ainsi posant 4 pour le moindre nom, son quarré sera 16, dont la moitié 8 luy estant adioustee seront 24, dont la racine sera $\sqrt{24}$; & partant $\sqrt{24}+4$ sera binome cinquiesme.

PROB. 18. PROP. LIV.

Trouuer vn Binome sixiesme.

Soient trouuez deux nombres AC, CB, tels que le composé d'iceux AB ne soit à l'vn ny à l'autre comme nombre quarré à nombre quarré: (ce qu'on fera adioustant ensemble deux nombres premiers: Car par la 30. p. 7. le total sera aussi premier à chacun d'eux: & partant ne sera à l'vn ny à l'autre comme nombre quarré à nombre quarré par les choses demonstrées à la fin du 8. liure) puis soit pris quelque autre nombre non quarré I, afin qu'iceluy ne soit à AB, ny à AC, comme nombre quarré à nombre quarré. En apres, soit vne rationele proposee D: & par le corol. de la 6. pr. 10. soit fait que comme I est à AB, ainsi le quarré de D soit au quarré de EF: & ayant acheué comme en la 51. pr. 10. nous demonstrerons comme là que EG est binome: Item que D & FG sont incommens. en longitude, & que le quarré de EF est plus grand que le quarré de FG du quarré de H. Finalement nous demonstrerons comme en la 49. pr. que par conuersion de raison, comme AB à CB, ainsi le quarré de EF au quarré de H. Mais AB n'est pas à CB, comme nombre quarré à nombre quarré, ny par consequent le quarré de EF au quarré de H: donc par la 9. pr. 10. les lignes droictes EF & H, seront incommens. en longitude. Parquoy puis que le plus grand nom EF peut plus que le moindre FG, du quarré de la ligne H, qui luy est incommens. en longitude: & que l'vn ny l'autre d'iceux noms n'est commens. en longitude à l'exposee rationele D, par les secondes def. EG sera binome sixiesme. Nous auons donc trouué vn binome sixiesme. Ce qu'il falloit faire.

A.....C...B
I......
D——
E—— F —— G
H——

SCHOLIE.

La rationele proposee D soit 6: faisant que comme 16 est à AB 8, ainsi le quarré de D, c'est à sçauoir 36, au quarré de EF: icelle EF sera trouuee de $\sqrt{}48$: & faisant que comme AB 8 est à AC 5, ainsi 48 quarré de EF soit au quarré de FG: icelle FG sera trouuee de $\sqrt{}30$: partant la toute EG sera $\sqrt{}48 + \sqrt{}30$, qui est binome sixiesme: car l'vn & l'autre nom est incommensurable en longitude au nombre rationel proposé, & le plus grand nom peut plus que le moindre d'vn quarré, dont la racine est incommens. à iceluy plus grand nom. Or pour trouuer plus promptement que dessus tel binome il n'y a qu'à prendre les racines quarrees de deux nombres non quarrez, dont l'vn soit double de l'autre: Ainsi posant $\sqrt{}12$ pour le plus grand nom, l'autre sera $\sqrt{}6$; & partant $\sqrt{}12 + \sqrt{}6$ sera binome sixiesme.

LEMME.

Les quarrez AB, BC estans conioincts à l'angle B, tellement que les costez DB, BE facent vne seule ligne droicte DE; & par consequent les costez FB, BG aussi vne seule ligne droicte FG: estant acheué le parallelogramme HK: Ie dis qu'iceluy est quarré; & le rectangle FE moyen proportionnel entre les quarrez AB, BC; & DC moyen proportionnel entre les quarrez AC, BC.

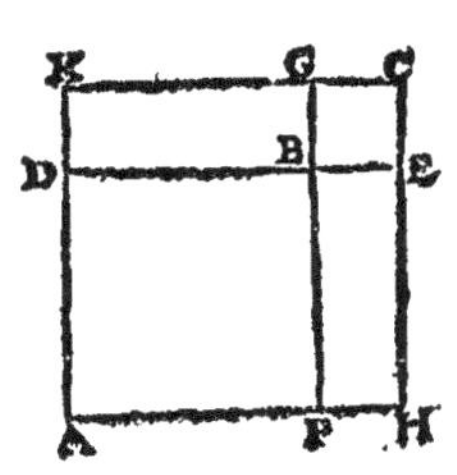

Car d'autant que DB est egale à FB, & BE à BG: la toute DE sera egale à la toute FG. Mais par la 34. pr. 1. la ligne DE est egale à l'vne & à l'autre d'icelles AH, KC: & FG

à AK, HC: & par consequent chacune d'icelles AH, KC est egale à l'vne & à l'autre AK, HC: donc le parallelogramme HK est equilateral. Mais par la 29. prop. 1. il est aussi rectangle, & partant quarré. Derechef, puis que DB, BE, sont egales à FB, BG, chacune à sa correspondante, comme DB est à BE, ainsi FB à BG. Mais par la 1. prop. 6. comme DB à BE, ainsi AB à FE: & comme FB à BG, ainsi FE à BC: donc comme AB à FE, ainsi FE à BC: & partant FE est moyen prop. entre AB, BC. Et finalement, veu que comme AD à DK, ainsi KG à GC, icelles estans egales chacune à la sienne: en composant comme AK à DK, ainsi KC à GC. Mais comme AK à DK, ainsi AC à DC: & comme KC à GC, ainsi DC à BC par la 1. prop. 6. Donc comme AC à DC, ainsi DC à BC: & par consequent DC est moyen prop. entre AC, BC.

Or voila comme Commandin propose & demonstre ce lemme: mais Clauius le propose ainsi.

Si vne ligne droicte est couppee comme on voudra, le rectangle contenu sous les parties, est moyen proportionnel entre les quarrez d'icelles. Item le rectangle contenu sous la toute, & vne des parties, est moyen prop. entre le quarré de la toute, & le quarré de ladite partie.

Ce qui est la mesme chose que dessus.

THEOR. 37. PROP. LV. Six. 4.

Si vn rectangle est compris d'vne ligne rationelle, & d'vn binome premier; la ligne pouuant iceluy rectangle est binome.

Soit le rectangle AD, compris de la rationelle AB & du binome premier AC: Ie dis que la ligne qui peut iceluy rectangle est l'irrationelle appellee binome.

Car d'iceluy binome AC, le plus grand nom soit AE: donc par la def. AE, EC sont rationelles commens. en puissance seulement, & AE pourra plus que EC du quarré d'vne ligne qui luy est commens. en longit. & aussi AE sera commens. en longit. à la rationelle proposee AB. Soit couppee EC en deux egalement en F. Donc puis que AE peut plus que EC du quarré d'vne ligne qui luy est commens. en long. si sur icelle AE on applique vn rectangle egal au quart du quarré de EC, c'est à dire au quarré de EF, & defaillant d'vne figure quarree, il diuisera icelle AE en parties commens. en long. par la 18. prop. 10. soient donc icelles parties AG, GE: & par les poincts G, E, F soient menees GH, EI, FK paralleles à icelles AB. CD: puis par la 14. p. 2. soient descrits les quarrez LM, MN egaux aux deux rectangles AH, GI, & disposez en sorte que OM, MP facent vne ligne droicte: puis soit acheué le rectangle ST, lequel sera quarré par le lemme precedent.

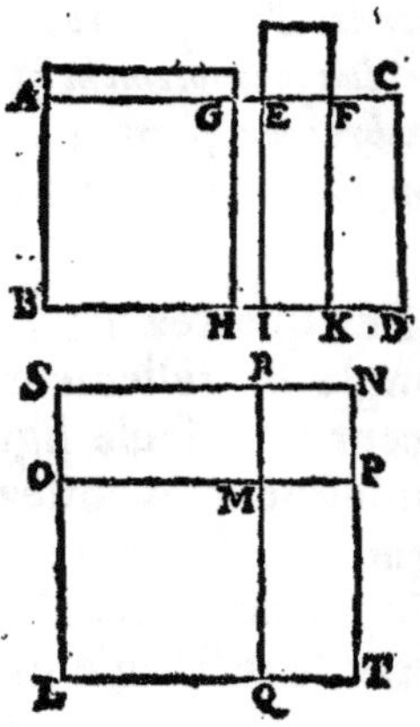

Maintenant, d'autant que par la construction le rectangle de AG, GE est egal au quarré de EF: les lignes AG, EF, GE seront proport. par la 17. pr. 6. Donc par la 1. prop. 6. les rectangles AH, EK, GI seront aussi proportionnaux: parquoy EK sera moyen proport. entre AH, GI, ou leurs egaux quarrez LM, MN. Mais par le lemme precedent OR est aussi moyen prop. entre iceux quarrez LM, MN: donc OR, EK seront egaux.

Mais par la 43. prop. 1. OR, QP sont aussi egaux: & par la 36. p. 1. EK est egal à FD: donc QP sera aussi egal à FD: & par consequent tout le quarré LN egal à tout le rectangle AD: & par ainsi la ligne OP peut le rectangle AD: Ie dis donc qu'icelle OP est binome.

Car puis que AG, GE ont esté demonstrees commens. en longitude, la toute AE sera aussi commens. en longitude à chacune d'icelles par la 16. prop. 10. Mais AE est aussi commens. en longitude à AB: donc par la 12. prop. 10. icelle AB est aussi commens. en long. à chacune d'icelles AG, GE: & partant AB estant rationelle, AG, GE seront aussi rationelles: & par la 20. prop. 10. les rectangles AH, GI contenus sous icelles rationelles, seront rationaux: donc aussi rationaux leurs egaux quarrez LM, MN: & par consequent les lignes OM, MP seront aussi rationelles. Et d'autant que AE est incomm. en long. à EC, mais commens. à AG, & EC à sa moitié EF, par le scholie de la 14. prop. 10. AG, EF seront incommens. en long. parquoy AH, EK qui ont mesme raison que AG, EF par la 1. p. 6. sont aussi incommens. par la 10. p. 10. & par consequent leurs egaux LM, QP: donc par la 10. pr. 10. les lignes OM, MP sont aussi incommens. en long. puis que par la 1. p. 6. elles sont en mesme raison que LM, QP. Mais OM, MP, ont esté demonstrees rationelles: & partant elles sont rationelles commens. en puissance seulement: donc la toute OP pouuant le rectangle AD est binome par la 37. p. 10. Parquoy si vn rectangle est compris d'vne ligne rationelle, & d'vn binome premier, &c. Ce qu'il falloit prouuer.

SCHOLIE.

La rationelle AB soit 5, & AC $4+\sqrt{12}$. Donc le rectangle AD sera $20+\sqrt{300}$: Et puis que AE plus grand nom du binome est 4, & EF moitié du plus petit nom EC, est $\sqrt{3}$, AG sera 3, & GE 1. Donc le rectangle AH sera 15, & la ligne OM qui peut iceluy rectangle sera $\sqrt{15}$: Ainsi GI est 5, & MP $\sqrt{5}$. Mais EF est $\sqrt{3}$, & EI egale à AB: donc EK sera $\sqrt{75}$, & son double ED $\sqrt{300}$. Or si on multiplie OM, MP entr'elles, sera produict MT $\sqrt{75}$, egal à EK. Mais à iceluy MT est egal MS: donc MS, MT ensemble seront aussi $\sqrt{300}$. Or les quarrez LM 15, MN 5, sont ensemble 20: Partant tout le quarré LN est $20+\sqrt{300}$, & son costé OP ou LT $\sqrt{15}+\sqrt{5}$, qui est binome sixiesme.

THEOR. 38. PROP. LVI.

Si vn rectangle est compris d'vne ligne rationelle & d'vn binome second, la ligne qui peut iceluy rectangle, est bimediale premiere.

Soit le rectangle AD, compris de la rationelle AB & du binome second AC: Ie dis que (apres auoir fait pareille construction & demonstration qu'en la precedente) la ligne OP qui peut iceluy rectangle AD, est l'irrationelle appellee bimediale premiere.

Car puis que AC est binome second, AE sera incommens. en longit. à la rationelle AB: Item AG & EG (qu'on prouuera estre commensurable en longitude œude entr'elles, comme en la precedente, & par la 16. prop. 10. à leur toute AE seront par la 14. pr. 10. aussi incommensurables en longitude à icelle AB, laquelle estant rationelle, icelles AG, GE seront aussi rationelles: & par consequent commens. en puissance seulement à icelle rationelle AB. Donc par la 22. prop. 10. les rectangles AH, GI seront mediaux: & leurs egaux quarrez LM, MN aussi mediaux: Et partant les lignes OM, MP mediales, lesquelles on prouuera estre commens. en puissance seulement, tout ainsi qu'en la precedente prop. Et d'autant que EC est commens. en longitude à la rationelle AB, le rectangle ED sera rationel par la 20. prop. 10. aussi sera sa moitié IK: & par consequent son egal QP compris des deux mediales OM, MP: & par la 38. prop. 10. OP est bimediale premiere. Si donc vn rectangle est compris d'vne ligne rationelle, &c. Ce qu'il falloit demonstrer.

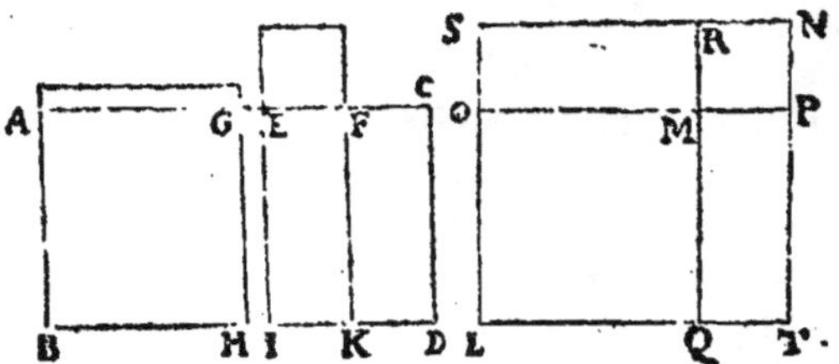

SCHOLIE.

La rationelle AB soit 5, & AC √48+6: donc le rectangle AD sera √1200+30. Et puis que AE est √48, & EC 6: EF sera 3, & son quarré 9, auquel estant posé egal le rectangle de AG, GE, icelles seront √27, & √3: parquoy le rectangle AH sera √675, & par consequent la ligne OM, qui peut iceluy sera √√675: ainsi GI sera √75, & MP √√75. Or EC est 6: partant ED double de MS √√50625, c'est à dire 15, est 30; & par consequent MS, MT, seront aussi 30. Parquoy tout le quarré LN composé des quarrez LM √675, MN √75, & des deux rectangles MS, MT 30, sera √1200+30, & son costé OP ou LT √√675+√√75, qui est bimediale premiere.

THEOR. 39. PROP. LVII.

Si vn rectangle est compris d'vne ligne rationele, & d'vn binome troisiesme, la ligne qui peut iceluy rectangle est l'irrationele nommee bimediale seconde.

Soit le rectangle AD, compris de la rationelle AB & du binome troisiesme AC; (apres auoir construict comme aux precedentes.) Ie dis que la ligne OP, qui peut iceluy rectangle AD, est l'irrationele appellée bimediale seconde.

Car on prouuera comme en la precedente, que les deux lignes OM, MP sont mediales commens. en puissance seulement: Item, d'autant que AC est binome troisiesme, EC est commensurable en puissance seulement à la rationele AB; & par la 22. p. 10. le rectangle ID sera medial, aussi sera sa moitié EK: Et par consequent medial son egal QP (compris des deux mediales OM & MP). Ainsi OM, MP sont deux mediales commensurables en puissance seulement, comprenant vn rectangle medial, & par la 39. p. 10. OP sera bimediale seconde. Parquoy si vn rectangle est compris d'vne ligne rationele, &c. Ce qu'il falloit demonstrer.

SCHOLIE.

La rationele AB soit 5, & AC $\sqrt{32}+\sqrt{24}$: Donc le rectangle AD sera $\sqrt{800}+\sqrt{600}$. Mais d'autant que AE est $\sqrt{32}$, & EC $\sqrt{24}$; EF sera $\sqrt{6}$, au quarré de laquelle est posé egal le rectangle de AG, GE; & partant AG sera $\sqrt{18}$, & GE $\sqrt{2}$. Parquoy le rectangle AH sera $\sqrt{450}$, & GI $\sqrt{50}$; & par consequent la ligne OM est $\sqrt{\sqrt{450}}$, & MP $\sqrt{\sqrt{50}}$. Et puis que EI est 5, & EC $\sqrt{24}$, le rectangle ED sera $\sqrt{600}$, lequel est double de MT $\sqrt{150}$. Donc tout le quarré LN, qui est composé des quarrez LM $\sqrt{450}$, MN $\sqrt{50}$, & des rectangles MS, MT $\sqrt{600}$; sera $\sqrt{800}+\sqrt{600}$: & partant son costé OP est $\sqrt{\sqrt{450}}+\sqrt{\sqrt{50}}$, qui est bimediale seconde.

THEOR. 40. PROP. LVIII.

Si vn rectangle est compris d'vne ligne rationele, & d'vn binome quatriesme; la ligne qui peut iceluy rectangle est ligne Majeure.

Soit le rectangle AD, compris du binome quatriesme AC, & de la rationelle AB: (apres auoir construict & demonstré comme en la 55. prop.) Je dis que la ligne OP, qui peut iceluy rectangle AD, est l'irrationelle qu'on appelle ligne majeure.

Car puis que AC est binome quatriesme, le plus grand nom AE est commensur. en longitude à la rationele AB, & peut plus que EC du quarré d'vne ligne qui luy est incommens. en longitude, & par la 19. pr. 10. le rectangle defaillant compris soubs AG, GE, (qui est egal au quart du quarré de EC) diuisera AE en AG & EG incommens. en longitude: & les rectangles AH & GI seront incommens. par la 1. prop. 6. & 10. pr. 10. Donc aussi incommens. leurs egaux quarrés LM & MN: & par consequent les lignes OM, MP seront incommens. en puissance. Mais le rectangle AI compris des rationeles AB, AE, (qui est egal aux quarrez LM, MN) est rationel par la 20. prop. 10. Et le rectangle QP compris d'icelles lignes OM, MP est medial, car son egal EK est medial, comme son double EC par la 22. prop. 10. estant ED rationelle commens. en puissance seulement à AB: & par la 40. prop. 10. OP est ligne majeure. Si donc vn rectangle est compris d'vne ligne rationele, &c. Ce qu'il falloit demonstrer.

SCHOLIE.

La rationelle AB soit 5, & AC $4+\sqrt{8}$: Donc le rectangle AD sera $20+\sqrt{200}$. Et puis que AE est 4, & EC $\sqrt{8}$: EF sera $\sqrt{2}$, au quarré de laquelle, sçauoir 2, ayant esté posé egal le rectangle de AG, GE: la ligne AG sera $2+\sqrt{2}$, & GE $2-\sqrt{2}$: partant le rectangle AH sera $10+\sqrt{50}$, & GI $10-\sqrt{50}$: & par consequent OM est $\sqrt{(10+\sqrt{50})}$ & MP $\sqrt{(10-\sqrt{50})}$. Or EC estoit $\sqrt{8}$: donc ED double du rectangle MT $\sqrt{50}$, sera $\sqrt{200}$. La somme des quarrez LM, MN, sera donc 20, à laquelle si on adiouste les plans TMS $\sqrt{200}$; on aura pour tout le quarré LN $20+\sqrt{200}$: & partant son costé OP sera $\sqrt{(10+\sqrt{50})}+\sqrt{(10-\sqrt{50})}$, ou $\sqrt{(20+\sqrt{200})}$ qui est ligne majeure.

THEOR. 41. PROP. LIX.

Si vn rectangle est compris d'vne ligne rationele, & d'vn binome cinquiesme; la ligne qui peut iceluy rectangle, est ligne irrationele pouuant vn rationel & vn medial.

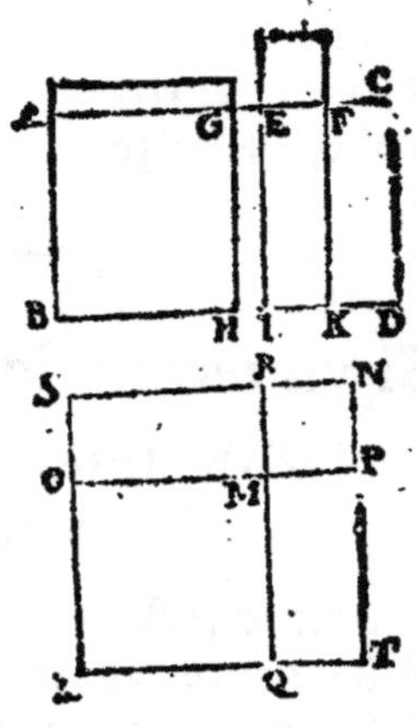

Soit le rectangle AD, compris de la rationelle AB, & du binome cinquiesme AC; Ie dis, (apres auoir construict & demonstré comme en la 55. p.) que OP qui peut iceluy rectangle AD, est ligne irrationelle, pouuant vn rationel & vn medial.

Car puis que AC est binome cinquiesme, le plus grand nom AE peut plus que le moindre EC du quarré d'vne ligne qui luy est incommens. en longit. & comme en la precedente, AG & GE seront incomm. en long. Et les lignes OM, MP seront incommens. en puissance, & l'egal au composé de leurs quarrez, sçauoir le rectangle AI, est medial par la 22. pr. 10. car les lignes AB & AE sont rationeles commens. en puissance seulement. Et d'autant que AB, & le plus petit nom EC, sont comm. en longit. par la 20. p. 10. ED est rationel: aussi sera sa moitié EK, & son egal QP compris des lignes OM, MP, & par la 41. prop. 10. OP est ligne irrationele pouuant vn rationel, & vn medial. Si donc vn rectangle est compris d'vne ligne rationele & d'vn binome cinquiesme, &c. Ce qu'il falloit demonstrer.

SCHOLIE.

La rationelle AB soit 5, & AC $\sqrt{8}+2$. Donc le rectangle AD sera $\sqrt{200}+10$. Et d'autant que AE est $\sqrt{8}$, & EC 2; EF sera 1, au quarré de laquelle estant egal le rectangle de AGE, le costé AG sera $\sqrt{2}+1$, & GE $\sqrt{2}-1$: & partant le rectangle AH sera $\sqrt{50}+5$, & la ligne OM $\sqrt{(\sqrt{50}+5)}$: & MP $\sqrt{(\sqrt{50}-5)}$, puis que GI est $\sqrt{50}-5$. Et pource que EI est 5, & EC 2; le rectangle ED sera 10: & par consequent sa moitié MT est 5. Donc la somme des quarrez LM, MN, est $\sqrt{200}$, à laquelle adioustant les rectangles SMT 10, tout le quarré LN sera $\sqrt{200}+10$: & par consequent son costé OP, est $\sqrt{(\sqrt{50}+5)}+\sqrt{(\sqrt{50}-5)}$, ou bien $\sqrt{(\sqrt{200}+10)}$, qui est ligne pouuant vn rationel, & vn medial.

THEOR. 42. PROP. LX.

Si vn rectangle est compris d'vne ligne rationelle, & d'vn binome sixiesme la ligne pouuant iceluy rectangle, est ligne qui peut deux mediaux.

Soit le rectangle AD, compris de la rationelle AB, & du binome sixiesme AC: (apres auoir construit & demonstré comme en la 55. prop. que OP peut iceluy rectangle AD.) Ie dis qu'icelle OP est ligne pouuant deux mediaux.

Car puis que AC est binome sixiesme, le plus grand nom AE peut plus que le moindre EC du quarré d'vne ligne qui luy est incommensurable en longitude, & si les deux noms sont incommensur. en longitude à la rationelle AB : Et comme il a esté demonstré à la 58. prop. 10. OM, MP seront incommensurables en puissance: aussi par la 22. prop. 10. le rectangle AI, qui est egal au composé de leurs quarrez est medial: Item ED qui est compris de deux rationelles commensurables en puissance seulement, est aussi medial par la mesme propos. aussi medial sa moitié EK, & son egal QP compris d'icelles lignes OM, MP. Et de plus, iceluy rectangle QP, ou son egal EK, est incommens. au composé des quarrez LM, MN, sçauoir AI: car les lignes AE & EC estans incommens. en longitude, aussi AE & EF le seront: & partant par la 1. prop. 6. & 10. prop. 10. les rectangles AI & EK seront incommens. & par la 42. prop. 10. OP sera ligne pouuant deux mediaux. Parquoy, si vn rectangle est compris, &c. Ce qu'il falloit prouuer.

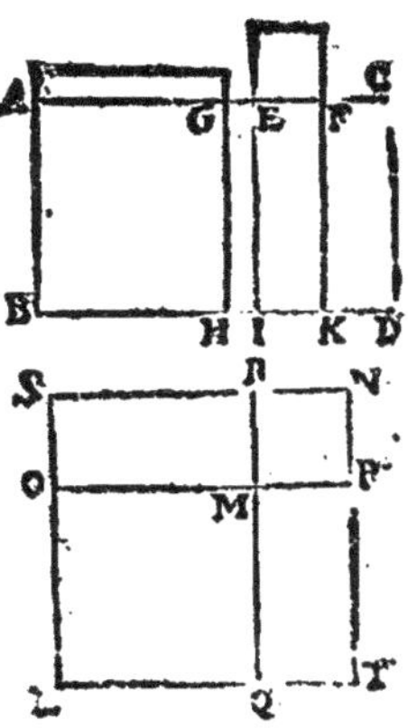

SCHOLIE.

La rationelle AB soit 5, AC $\sqrt{12}+\sqrt{8}$. Donc le rectangle AD sera $\sqrt{300}+\sqrt{200}$. Et pource que AE est $\sqrt{12}$, & EC $\sqrt{8}$: EF sera $\sqrt{2}$, au quarré de laquelle estant egal le rectangle de AGE; le costé AG sera $\sqrt{3}+1$, & le costé GE $\sqrt{3}-1$: Parquoy le rectangle AH sera $\sqrt{75}+5$, & la ligne OM $\sqrt{(\sqrt{75}+5)}$: & GI estant $\sqrt{75}-5$, MP sera $\sqrt{(\sqrt{75}-5)}$. Mais EC estant $\sqrt{8}$, le rectangle ED, qui est double de MT $\sqrt{50}$, sera $\sqrt{200}$. Donc les quarrez LM, MN, seront ensemble $\sqrt{300}$, & les rectangles SMT $\sqrt{200}$: & partant tout le quarré LN sera $\sqrt{300}+\sqrt{200}$: & par consequent son costé OP sera $\sqrt{(\sqrt{75}+5)}+\sqrt{(\sqrt{75}-5)}$, ou bien $\sqrt{(\sqrt{300}+\sqrt{200})}$, qui est ligne pouuant deux mediaux.

THEOR. 43. PROP. LXI. *Six.* 5.

Le quarré d'vn binome appliqué sur vne ligne rationelle, fait l'autre costé binome premier.

Soit le binome AB, le plus grand nom duquel est AC; & sur la rationelle DE soit appliqué par la 45. prop. 1. le rectangle DF egal au quarré de AB : Ie dis que l'autre costé DG est binome premier.

Car sur la mesme DE soit construit le rectangle DH egal au quarré de AC: & sur HI vn autre rectangle IK egal au quarré de CB : Il est donc euident par la 4. prop. 2. que le reste LF est egal à deux fois le rectangle de AC, CB : & en diuisant LG egalement en M, & en menant MN parallele à DE, chasque rectangle LN, MF sera egal au rectangle de AC, CB. Et d'autant que AB est binome, AC, CB sont rationelles commens. en puissance seulement : & leurs quarrez seront rationaux, & leurs egaux rectangles DH & IK aussi rationaux : & par la 21. prop. 10. les costez DI & IL seront rationelles commens. en longitude à la rationelle DE, & entr'elles par la 12. prop. 10. Et par la 16. pr. 10. la toute

DL sera commens. en longitude à chacune DI, IL, & par la 12. prop. 10. elle sera rationelle & commens. en longitude à DE rationelle : Et d'autant que par la 22. pr. 10. le rectangle de AC, CB est medial, son double LF sera aussi medial : & par la 23. prop. 10. iceluy medial LF estant appliqué sur la rationelle LK, l'autre costé LG sera aussi rationel incommens. en longit. à icelle LK, c'est à dire à DE, à laquelle DL estant commens. en longit. par la 13 prop. 10. DL, LG sont incommens. en longit. mais elles sont rationelles : elles seront donc commens. en puissance seulement ; & par la 37. prop. 10. DG est binome. Ie dis en outre que c'est binome premier.

Car il appert par le lemme de la 54. prop. de ce liure, que le rectangle de AC, CB est moyen propor. entre les quarrez d'icelles AC, CB : donc aussi LN moyen prop. entre DH, IK: & par consequent la ligne LM moyenne prop. entre les lignes DI, IL par la 1. p. 6. & par la 17. p. 6. le rectangle de DI, IL sera egal au quarré de LM : Et d'autant que les quarrez de AC, CB sont commens. (car icelles AC, CB sont posees commens. en puissance) leurs egaux rectangles DH, IK seront aussi commens. Donc aussi commens. en longitude les lignes DI, IL par les 1. prop. 6. & 10. pr. 10. Et d'autant que les deux quarrez de AC & CB sont plus grands que deux fois leur rectangle, par le lemme qui suit la 44. prop. de ce liure : DK sera plus grand que EF ; & par consequent DL plus grand nom que LG : car icelles lignes sont entr'elles comme DK à LF. par la 1. p 6. Et puisque le rectangle de DI, IL appliqué sur DL, est egal au quarré de LM, c'est à dire au quart du quarré de LG, & defaillant d'vne figure quarree, & que les parties DI, IL sont commens. en longitude : icelle DL peut plus que LG du quarré d'vne ligne qui luy est commens. en longit. par la 18. prop. 10. & partant icelle DL ayant esté demonstrée commens. en longit. à la rationelle DE, par les secondes def. DG sera binome premier. Donc le quarré d'vn binome appliqué sur vne ligne rationele, &c. Ce qu'il falloit demonstrer.

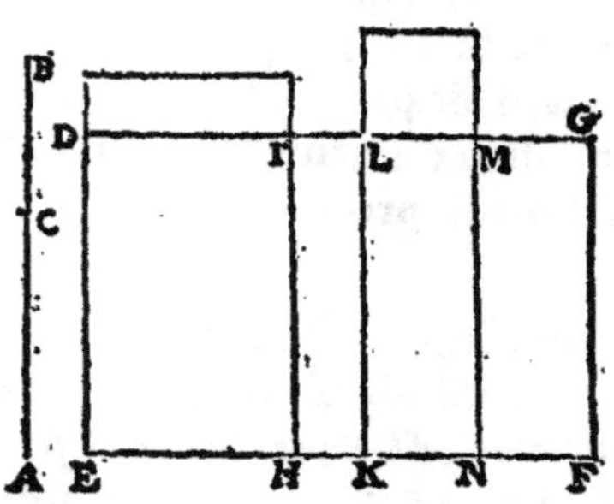

SCHOLIE.

Le binome AB soit $\sqrt{45}+3$, & la rationelle DE 6 : d'autant que le plus grand nom AC est $\sqrt{45}$, son quarré est 45, lequel appliqué sur DE 6, fait l'autre costé DI de $7\frac{1}{2}$. Et le moindre nom CB estant 3, son quarré est 9, qui appliqué sur IH 6, fait IL de $1\frac{1}{2}$, & partant la toute DL est 9. Or le rectangle de ACB est $\sqrt{405}$, & son double LF $\sqrt{1620}$. Donc la ligne FG sera $\sqrt{45}$: & par consequent la toute DG sera $9+\sqrt{45}$, qui est binome premier.

THEOR. 44. PROP. LXII.

Le quarré d'vne bimediale premiere appliqué sur vne ligne rationelle, fait l'autre costé binome second.

Soit la bimediale premiere AB diuisee en ses noms en C, dont le plus grand soit AC : (apres auoir construit comme en la precedente). Ie dis que DG est binome second.

Car puis que AB est bimediale premiere, par la 38. prop. 10. AC, CB, sont mediales commens. en puissance seulement, comprenant vn rectangle rationel, duquel le double LF sera aussi rationel, & par la 21. prop. 10. LG sera rationelle commens. en longitude à DE. Mais icelles deux lignes AC & CB estans mediales, leurs quarrez sont mediaux: & partant leurs egaux rectangles DH, IK seront aussi mediaux & commens. Et d'autant que par la 16. p. 10. le total DK est commens. à chacun d'iceux DH, IK. par le coroll. de la 24. prop. 10. iceluy DK sera aussi medial : Et par la 23. prop. 10. son autre costé DL sera rationel incommens. en longitude à la rationelle DE: & par la 13. prop. 10. DL, LG seront incommens. en longit. & partant rationelles commens. en puissance seulement : & par la 37. prop. 10. DG sera binome. Ie dis d'auantage qu'il est binome premier. Car il se prouuera comme en la precedente, que DL est le plus grand nom, & qu'il peut plus que le moindre LG du quarré d'vne ligne qui luy est commens. en longitude. Nous auons aussi monstré que LG plus petit nom, est commens. en longitude à la rationelle DE : & partant par les secondes def. DG est binome second. Parquoy le quarré d'vne bimediale premiere, &c. Ce qu'il falloit demonstrer.

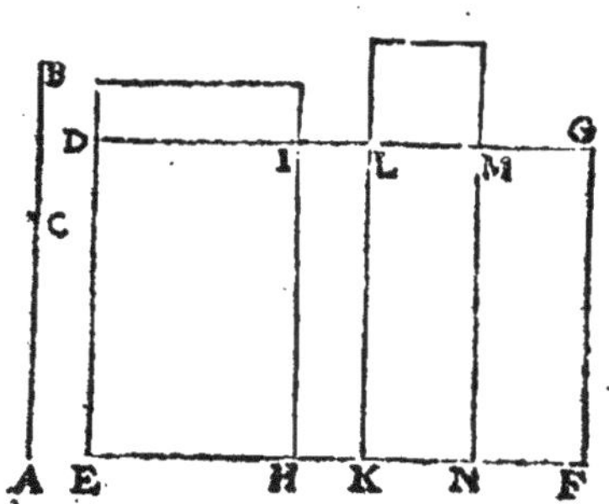

SCHOLIE.

La bimediale AB soit $\sqrt{}\sqrt{}108+\sqrt{}\sqrt{}12$, & la rationelle DE 4. D'autant que le plus grand nom AC est $\sqrt{}\sqrt{}108$, son quarré est $\sqrt{}108$, lequel estant appliqué sur la rationelle DE 4, le costé DI sera $\sqrt{}6\frac{3}{4}$. Ainsi aussi le moindre nom estant $\sqrt{}\sqrt{}12$, son quarré est $\sqrt{}12$: & par consequent IL, est $\sqrt{}\frac{3}{4}$, & la toute DL $\sqrt{}12$. Or le rectangle de ACB est 6: & partant le rectangle KG double d'iceluy est 12, & le costé LG 3. Donc la toute DG sera $\sqrt{}12+3$, qui est binome second.

THEOR. 45. PROP. LXIII.

Le quarré d'vne bimediale seconde appliqué sur vne ligne rationelle, fait l'autre costé binome troisiesme.

Soit la bimediale seconde AB, diuisee en ses noms en C, desquels AC soit le plus grand. (Apres auoir construit comme en la 61. pr.) Ie dis que DG est binome troisiesme.

Car puis que AB est bimediale seconde, par la 39. prop. 10. AC, BC sont mediales commens. en puissance seulement, comprenant vn rectangle medial; partant les quarrez d'icelles AC, CB seront commens. & mediaux: & aussi leurs egaux rectangles DH, IK: & par la 16. prop. 10. le total DK est commens. à chacun d'iceux DH, IK: donc par le coroll. de la 24. pr. 10. DK sera aussi medial, & estant appliqué sur la rationelle DE, par la 23. pr. 10. son autre costé DL sera rationnel incommens. en longitude à icelle DE. Derechef, puis que le rectangle de AC, CB est medial, son double LF le sera aussi: & iceluy LF estant appliqué sur la rationelle LK, son autre costé LG sera rationel incommens. en longitude à LK: c'est à dire à DE. Donc l'vne & l'autre d'icelles lignes DL, LG, est rationelle & incommens. en longit. à la rationelle DE. Et d'autant que comme AC à CB, ainsi le quarré de AC au rectangle de AC & CB, par la 1. prop. 6. Il est euident par la 10. pr. 10. que le quarré sera incomm. au rectangle (estans les deux lignes incommens. en longit.) Mais par la 16. prop. 10. au quarré de AC est commens. le composé des quarrez de AC, CB: & au rectangle de AC, CB est commensur. son double: Donc le composé des quarrez de AC, CB, c'est à dire le rectangle DK, est incommens. au double du rectangle de AC, CB: c'est à dire au rectangle LF, par le scholie de la 14. prop. 10. parquoy les lignes DL, LG qui sont en mesme raison que DK, FL sont incomm. en long. par la 10. p. 10. mais elles sont rationeles, & partant comm. en puissance seulement: & par la 37. prop. 10. DG est binóme.

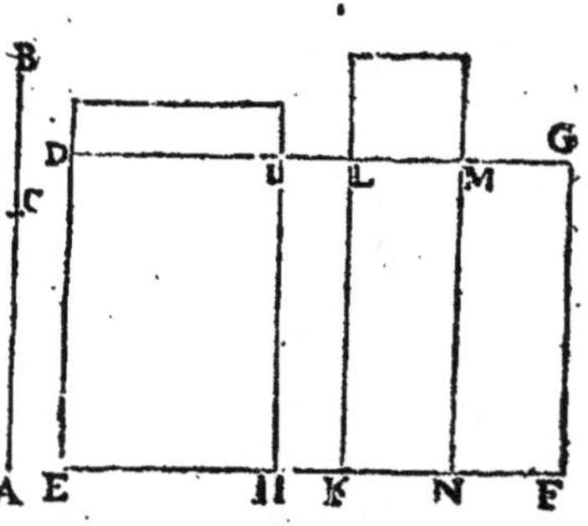

Ie dis d'auantage, qu'il est binome troisiesme. Car il a esté demonstré que les deux noms sont incommensurables en longitude à la rationele DE: Et se prouuera comme à la 61. prop. que DL peut plus que LG du quarré d'vne ligne qui luy est commensurable en longitude: & par les secondes def. DG est binome troisiesme. Donc le quarré d'vne bimediale seconde, &c. Ce qu'il falloit demonstrer.

SCHOLIE.

AB soit $\sqrt{\sqrt{72}}+\sqrt{\sqrt{8}}$, & DE 4. Donc DH sera $\sqrt{72}$, IK $\sqrt{8}$, & LN ou MF $\sqrt{24}$, qui appliquez sur DE; DI sera $\sqrt{4\frac{1}{2}}$, IL $\sqrt{\frac{1}{2}}$ & LM ou MG $\sqrt{1\frac{1}{2}}$: & partant la toute DL sera $\sqrt{8}$, & LG $\sqrt{6}$. Parquoy la toute DG est $\sqrt{8}+\sqrt{6}$, qui est binome troisiesme.

THEOR. 46. PROP. LXIV.

Le quarré d'vne ligne majeure appliqué sur vne ligne rationele, fait l'autre costé binome quatriesme.

Soit la ligne majeure AB, diuisee en ses noms en C, dont le plus grand soit AC: (apres auoir construict comme en la 61. p. de ce liure) ie dis que DG est binome quatriéme.

Car puis que AB est ligne majeure, par la 40. p. AC, & CB sont incommens. en puissance, comprenant vn rectangle medial, & le composé de leurs quarrez rationel; le rectangle D K egal au composé d'iceux quarrez est aussi rationel, lequel estant appliqué sur la rationelle DE, son autre costé DL sera aussi rationel commens. en longit. à icelle DE par la 21. pr. 10. Item le rectangle L F, double du rectangle de AC, CB, sera medial, lequel appliqué sur LK, c'est à dire sur rationele DE par la 23. prop. 10. LG sera rationele incommens en longit. à DE. Et partant par la 13. pr. 10 les rationeles DL & LG seront incommensurables en long. Donc commens. en puissance seulement: & par la 37. p. 10. DG est binome.

Ie dis dauantage qu'il est binome quatriesme. Car puis que les lignes AC & CB sont incommens. en puissance, leurs quarrez seront incommens. partant aussi leurs egaux rectangles DH, IK, & les lignes DL, IL incommens. Et d'autant que l'on demonstrera comme en la 61. prop. que DL est plus grande que LG, & que sur icelle DL est appliqué le rectangle de DI, IL egal au quart du quarré de LG, & defaillant d'vne figure quarrée, lequel diuise icelle DL à I en parties incomm. en long. par la 19. p. 10. DL, qui est commens. en longit. à la rationele DE, peut plus que GL du quarré d'vne ligne qui luy est incommensurable en longit. & par les secondes def. DG est binome quatriesme. Donc le quarré d'vne ligne majeure, &c. Ce qu'il falloit demonstrer.

SCHOLIE.

La ligne maieure AB soit $\surd(10+\surd 37\frac{1}{2})+\surd(10-\surd 37\frac{1}{2})$, *& la rationele DE soit* 5. *Donc le rectangle DH sera* $10+\surd 37\frac{1}{2}$, *IK* $10-\surd 37\frac{1}{2}$, *& LN ou MF* $\surd 62\frac{1}{2}$; *qui appliquez sur DE, le costé DI sera* $2+\surd 1\frac{1}{2}$, *IL* $2-\surd 1\frac{1}{2}$, *& LM ou MG* $\surd 2\frac{1}{2}$. *Parquoy DL sera* 4, *& LG* $\surd 10$: *& par consequent la toute DG est* $4+\surd 10$, *qui est binome quatriesme.*

THEOR. 47. PROP. LXV.

Le quarré d'vne ligne pouuant vn rationel & vn medial appliqué sur vne ligne rationele, fait l'autre costé binome cinquiesme.

Soit la ligne pouuant vn rationel & vn medial AB, diuisee en ses noms au poinct C, dont le plus grand est AC: (apres auoir construit comme en la 61. prop.) Ie dis que DG est binome cinquiesme.

Car puis que AB est ligne pouuant vn rationel & vn medial, AC, CB, par la 41 pr. 10. sont incommens. en puissance, comprenant vn rectangle rationel, & le composé de leurs quarrez medial: Partant le rectangle DK egal au composé d'iceux quarrez est aussi medial, lequel estant appliqué sur la rationele DE, son autre costé DL sera aussi rationel commens. en puissance seulement à icelle DE par la 23. prop. 10. Item le rectangle de AC, CB estant rationel, son double LF sera aussi rationel, & par la 21. prop. 10. iceluy LF estant appliqué sur LK, c'est à dire sur la rationele DE, son autre costé LG, sera ligne rationele commens. en longit. à icelle DE: & par la 13. prop. 10. les rationeles DL, L G seront commens. en puissance seulement, & par la 36. p. 10. DG sera binome. Ie dis de plus, qu'il est binome cinquiesme. Car LG est commensurable en longitude à la rationele DE, & si on prouuera

comme

comme aux precedentes, que DL peut plus que LG, du quarré d'vne ligne qui luy est incommensurable en longitude, & par les secondes definitions DG est binome cinquiesme. Donc le quarré d'vne ligne pouuant vn rationel & vn medial, &c. Ce qu'il falloit demonstrer.

SCHOLIE.

La ligne AB soit √(√125+5) + √(√125−5), & la rationelle DE 5. Donc le rectangle DH sera √125+5, IK √125−5, & LN ou MF 10, qui appliquez sur DE, le costé DI sera √5+1, IL √5−1, & LM ou MG 2. Parquoy DL sera √20, & LG 4, & par consequent la toute DG est √20+4, qui est binome cinquiesme.

THEOR. 48. PROP. LXVI.

Le quarré d'vne ligne pouuant deux mediaux appliqué sur vne ligne rationele, fait l'autre costé binome sixiesme.

Soit la ligne pouuant deux mediaux AB, diuisee en ses noms au poinct C, dont le plus grand est AC. (Apres auoir construit comme aux preced.) ie dis que DG est binome sixiesme.

Car puis que AB est ligne pouuant deux mediaux, par la 42. prop. 10. AC, CB sont incommens. en puissance, comprenant vn rectangle medial, incommens. au composé de leurs quarrés aussi medial: par ainsi il est euident que DK & LF sont mediaux & incommens. & par la 23. p. 10. iceux rectang. estans appliquez sur lignes rationelles, leurs autres costez DL, LG seront rationaux commens. en puissance seulement à la rationele DE.. Mais iceux costez DL, LG estans entr'eux comme les parallelogrammes DK, LF lesquels sont incommens. seront aussi incommens. en longitude, par la 10. pr. 10.

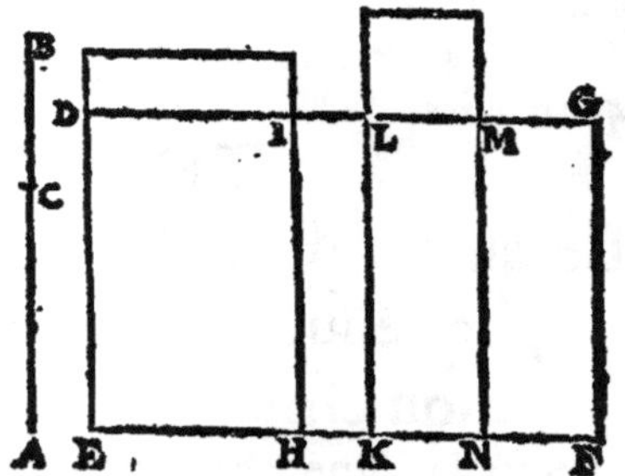

Donc les rationeles DL, LG seront commens. en puissance seulement, & par la 37. prop. 10. DG est binome, duquel les deux noms sont incommens. en longitude à la rationele DE: & comme il a esté demonstré aux precedentes, le plus grand d'iceux DL peut plus que le moindre LG, du quarré d'vne ligne qui luy est incommens. en longitude, & par les secondes def. DG est binome sixiesme. Parquoy le quarré d'vne ligne pouuant deux mediaux, &c. Ce qu'il falloit demonstrer.

SCHOLIE.

La ligne AB soit √(√252+√72) + √(√252−√72), & DE 6. Le rectangle DH sera donc √252+√72, IK √252−√72, & LN, ou MF √180, qui appliquez à DE, le costé DI est √7+√2, IL √7−√2, & IM ou MG √5. Partant DL est √28, & LG √20; & par consequent la toute DG est √28+√20, qui est binome sixiesme.

THEOR. 49. PROP. LXVII. Six. 6.

La ligne commensurable en longitude au binome, est aussi binome de mesme ordre.

Soit quelconque binome AB diuisé en ses noms au poinct C, desquels AC est le plus grand, & CB le moindre: soit la ligne droicte DE commensurable en longitude au binome AB. Ie dis que DE est aussi binome, & de mesme ordre que AB.

Car ayant fait par la 12. prop. 6. que comme la toute AB est à la toute DE, ainsi la retranchee AC soit à la retranchee DF, par la 19. p. 5. le reste CB sera au reste FE, comme la toute AB à la toute DE. Et pource que AB, DE, sont commens. en longit. par la 10. pr. 10. AC, DF, & CB, FE, seront aussi commens. en longitude. Mais par la 37. pr. 10. AC, CB, sont rationeles. Donc aussi DF, FE sont rationeles. Et puis que comme AC à DF, ainsi CB à FE, en permutant, comme AC sera à CB, ainsi DF à FE. Mais AC, CB sont rationeles commens. en puissance seulement: donc aussi DF, FE seront rationeles commens. en puissance seulement. Et partant par la 37. prop. 10. DE est binome. Maintenant ie dis qu'il est aussi binome de mesme ordre que AB.

A——C——B
D——F——E

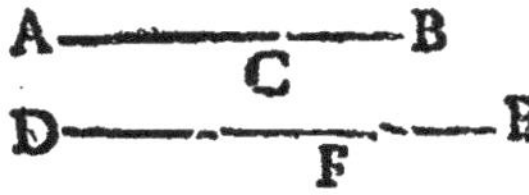

Car si AC peut plus que CB du quarré d'vne ligne qui luy soit commens. en longitude, aussi par la 15. prop. 10. DF pourra de mesme plus que FE. Et si AC est commensurable en longitude à la rationele proposee, aussi sera DF par la 12. prop. 10. veu que l'vne & l'autre est commensurable en longitude à la mesme AC; & partant chacune d'icelles AB & DE sera binome premier. Que si CB est commensurable en longitude à la rationelle proposee, aussi sera FE: ainsi AB & DE seront binome second: mais si AC & CB sont incommens. en longitude à la rationele, aussi seront DF & FE: & par les def. AB & DE seront binome troisiesme. Que si AC peut plus que CB du quarré d'vne ligne qui luy soit incommens. en longit. aussi par la 15. pr. 10. DF pourra de mesme plus que FE. Parquoy nous demonstrerons comme dessus, que AB, DE seront binome 4e. ou 5e. ou 6e. Partant AB, DE, seront binomes de mesme ordre. Donc la ligne commens. en longitude, &c. Ce qu'il falloit demonstrer.

THEOR. 50. PROP. LXVIII.

La ligne commensurable en longitude à vne bimediale, est aussi bimediale de mesme ordre.

Soit quelconque bimediale AB, diuisee en ses noms au poinct C, desquels AC est le plus grand, & CB le plus petit; & à icelle AB soit commens. en longitude la ligne DE. Ie dis qu'icelle DE est aussi bimediale de mesme ordre qu'icelle AB.

Car (apres auoir construit comme en la precedente) le reste CB sera au reste FE, comme la toute AB à la toute DE: & partant par la 10.p.10. AC sera commensurable en longitude à DF; & CB à FE. Mais AC, CB sont mediales: donc par la 24. pr. 10. DF, FE commensurables à icelles, sont aussi mediales. Et puis que comme AC à DF, ainsi CB à FE: en permutant, comme AC à CB ainsi DF à FE. Mais AC, CB sont commens. en puissance seulement, par la 38.p.10. Donc aussi DF, FE seront commens. en puissance seulement, par la 10.p.10. mais elles sont aussi mediales: & partant par la 38 ou 39. prop. 10. DE sera bimediale. Dauantage ie dis qu'elle est en mesme ordre que AB. Car d'autant que comme AC est à DF, ainsi BC à FE, par la 22.pr. 6. le quarré de AC sera au quarré de DF, comme le rectangle de AC, BC est au rectangle de DF, FE: (estans iceux rectangles semblables, d'autant qu'ils ont les costez proport.) Mais le quarré de AC est commensurable au quarré de DF, (pource que les lignes AC, DF ont esté demonstrees commens. en long.) Donc par la 10. pr. 10. les rectangles seront aussi commens. Que si l'vn est rationel, l'autre le sera aussi: & par ainsi AB, & DE seroient bimediales premieres, par la 38. prop. 10. Que si l'vn des rectangles est medial, l'autre sera aussi medial, & consequemment AB & DE seront bimediales secondes, par la 39. prop. 10. Ainsi DE sera bimediale, & en mesme ordre que AB. Parquoy la ligne commensurable en longitude à vne bimediale, &c. Ce qu'il falloit demonstrer.

A——C——B

D——F——E

THEOR. 51. PROP. LXIX.

La ligne commensurable à vne ligne majeure est aussi ligne majeure.

Soit la ligne majeure AB, diuisee en ses noms en C, & à icelle soit commens. DE. Ie dis qu'icelle DE est aussi ligne majeure.

Car (apres auoir construit comme aux precedentes) AC sera à CB comme DF à FE, & AC commensurable à DF, & CB à FE: mais par la 41. prop. 10. AC & CB sont incommens. en puissance; les lignes DF & FE le seront donc aussi. Item puis qu'icelles lignes AC, CB, DF, FE sont proport. par la 22. pr. 6. leurs quarrez seront porportionnaux: & en composant, les deux de AC & BC seront au seul de CB, comme les deux de DF & FE sont au seul de FE: & en permutant, les deux quarrez de AC & CB, seront aux deux de DF & FE, comme le seul de CB est au seul de FE. Mais les lignes CB, FE estans commens. leurs quarrez seront aussi commensurables; & partant les deux de DF & FE, seront par la 10. prop. 10. commens. aux deux de AC & BC: & seront rationaux comme iceux. Item, on prouuera comme en la precedente, que le rectangle de DE & FE est commensurable au rectangle de AC & BC; lequel estant medial par la 40. prop. 10. aussi sera celuy de DF & FE par le corol. de la 24. prop. 10. Parquoy DE sera ligne majeure. Donc la ligne commens. à vne ligne majeure, est aussi majeure. Ce qu'il falloit demonstrer.

THEOR. 52. PROP. LXX.

La ligne commensurable à vne ligne pouuant vn rationel & vn medial, est aussi ligne pouuant vn rationel & vn medial.

Soit la ligne A B pouuant vn rationel & vn medial, diuisée en ses noms en C, & à icelle soit commensurable la ligne DE. Ie dis qu'icelle DE est aussi ligne pouuant vn rationel & vn medial.

Car (apres telle construction qu'aux precedentes) on prouuera que comme AC & BC sont incommensur. en puissance, aussi le seront DF & FE. Item que le composé des quarrez de AC & BC sera commens. au composé des quarrez de DF & FE : & le rectangle de AC & BC aussi commensur. au rectangle de DF & FE. Mais par la 41. p. 10. le composé des quarrez de AC & BC est medial, & leur rectangle rationel : Partant le composé des quarrez de DF & FE sera aussi medial, & leur rectangle rationel : & par ainsi la toute DE sera ligne pouuant vn rationel & vn medial, par la susdite 41. prop. de ce liure. Parquoy la ligne commens. à vne ligne pouuant vn rationel, &c. Ce qu'il falloit demonstrer.

THEOR. 53. PROP. LXXI.

La ligne commensurable à vne ligne pouuant deux mediaux, est aussi ligne pouuant deux mediaux.

Soit la ligne AB pouuant deux mediaux, diuisee en ses noms au poinct C, & à icelle soit comm. DE. Ie dis qu'icelle DE est aussi ligne pouuant deux mediaux.

Car (apres auoir construit comme aux precedentes) on prouuera tout de mesme que DF & FE sont incommens. en puissance ; que le composé de leurs quarrez est medial, & leur rectangle aussi medial : Mais on prouuera aussi comme en la 69. pr. que le composé des quarrez de AC & BC, est au composé des quarrez de DF & FE, comme le quarré de CB au quarré de FE : & encore comme en la 68. p. que le quarré de CB est au quarré de EF, comme le rectangle de AC & BC, est au rectangle de DF & FE : donc par la 11. prop. 5. le composé sera au composé, comme le rectangle au rectangle : Et en permutant, comme le composé des quarrez de AC & BC est incommens. à leur rectangle, aussi le composé des quarrez de DF & FE est incommens. à leur rectangle, & par la 42. pr. 10. DE est ligne pouuant deux mediaux. Parquoy la ligne commens. à vne ligne pouuant deux mediaux, &c. Ce qu'il falloit demonstrer.

THEOR. 54. PROP. LXXII. Six. 7.

Si vne superficie rationele, & vne mediale sont ioinctes ; la ligne qui peut tout le composé est binome, ou bimediale premiere, ou ligne majeure, ou ligne pouuant vn rationel & vn medial.

Soient ioinctes deux superficies A rationele, & B mediale: ie dis que la ligne qui peut toutes les deux est binome, ou bimediale premiere, ou ligne majeure, ou ligne pouuant vn rationel & vn medial.

Car premierement les deux superficies ne sçauroient estre egales (car ou elles seroient toutes deux rationeles, ou toutes deux mediales.) Soit donc premierement A plus grande que B: Et sur la rationele CD soit appliqué le rectangle CE egal à A: & sur EF vn autre rectangle FI egal à B, afin que tout le rectangle CI soit egal aux deux superficies proposees A & B. Et puis que A est rationele, & B mediale, aussi le rectangle CE sera rationel, & FI medial, lesquels estans appliquez à la rationele CD; CF sera rationele commens. en longitude à icelle CD par la 21. prop. 10. & FK aussi rationele, mais incommens. en longitude à la mesme CD par la 23. pr. 10. & par la 13. prop. 10. les rationeles CF, FK seront incommens. en longitude: donc commensurables en puissance seulement: & par la 37. pr. 10. CK sera binome diuisé en ses noms en F. Mais puis que A a esté posee plus grande que B, aussi CE sera plus grand que FI; & partant CF sera plus grande que FK par la 1 p. 6. Parquoy CF sera le plus grand nom du binome CK. Or iceluy plus grand nom CF, peut plus que le moindre nom FC du quarré d'vne ligne qui luy est commensurable, ou incommensurable en longitude. Si commens. (estant CF commens. en longitude à la rationele CD) CK sera binome premier par la 1. des secondes def. Et par la 55. p. 10. la ligne qui peut le rectangle CI est binome. Si incommens. CK sera binome quatriesme, par la 4. des secondes def. & par la 58. p. 10. la ligne qui peut iceluy rectangle CI est ligne maieure.

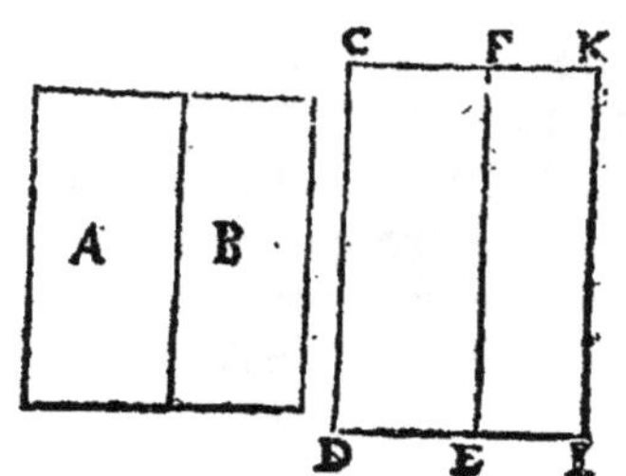

Que si la figure A estoit plus petite que B, aussi le rectangle CE seroit plus petit que le rectangle FI; & CF seroit le plus petit nom commens. à la rationele CD: & par ce moyen CK seroit binome second, ou cinquiesme: si binome second, par la 56. p. 10. la ligne qui peut le rectangle CI est bimediale premiere. Si binome cinquiesme, par la 59. p. 10. la ligne qui peut le rectangle CI est ligne pouuant vn rationel & vn medial. Si donc vne superficie rationele, & vne mediale, &c. Ce qu'il falloit demonstrer.

SCHOLIE.

Si la superficie rationelle A est 7, & la mediale B $\surd 48$, la ligne pouuant icelles adioustees ensemble sera $2+\surd 3$, qui est binome premier: si A & B sont 21 & $\surd 432$, la ligne pouuant icelles sera $\surd 12+3$, qui est binome second: mais elle sera $\surd 8+\surd 6$, qui est binome troisiesme, si A est 14 & B $\surd 192$: mais si A est 6, & B $\surd 32$, elle sera $2+\surd 2$, qui est binome quatriesme: si A est 3 & B $\surd 8$, elle sera $\surd 2+1$ qui est binome cinquiesme: & si A est 5, & B $\surd 24$, la ligne pouuant le composé d'icelles sera $\surd 3+\surd 2$, qui est binome 6: mais si A est 4, & B $\surd 18$, la ligne pouuant la superficie composée d'icelles sera $\surd\surd 8+\surd\surd 2$, qui est mediale premiere: mais si A est 6, & B $\surd 12$, la ligne pouuant le composé d'icelles sera $\surd(6+\surd 12)$ ou $\surd(3+\surd 6)+\surd(3-\surd 6)$: & finalement si A est 2, & B $\surd 8$, la ligne pouuant icelles sera $\surd(\surd 8+2)$, ou $\surd(\surd 2+1)+\surd(\surd 2-1)$, qui est ligne pouuant vn rationel & vn medial.

THEOR. 55. PROP. LXXIII.

Si deux superficies mediales incommensurables sont iointes, la ligne qui peut le composé d'icelles est bimediale seconde, ou ligne pouuant deux mediaux.

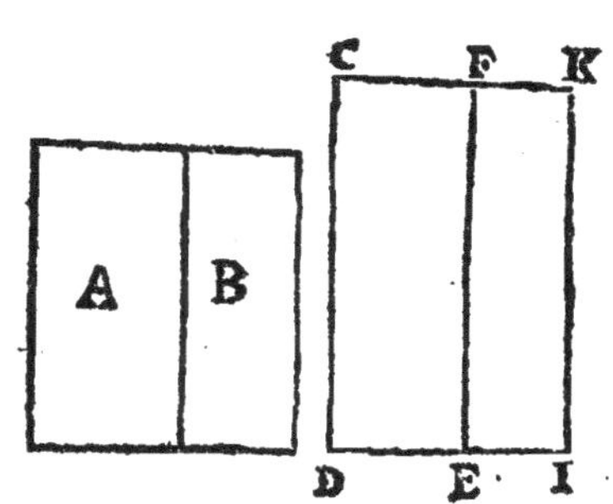

Soient iointes ensemble deux superficies mediales incommens. A & B : Ie dis que la ligne droicte qui peut le composé d'icelles superficies A & B est bimediale seconde, ou ligne pouuant deux mediaux.

Ayant fait sur la rationele CD pareille constru-ction qu'en la prec. prop. les rectangles CE & FI seront mediaux & incomm. Et par la 23. p. 10. CF, FK seront rationeles commens. en puissance seulement entr'elles, & à la rationele CD : & par la 37. p. 10. CK sera binome. Soit donc CF le plus grand nom: Car CF & FK ne sçauroient estre egales, d'autant qu'elles sont incommens. en longit. Donc CF peut plus que CG du quarré d'vne ligne qui luy est commens. ou incommens. en longit. Si commens. CK est binome troisiesme par la 3. d. sec. (estans les deux noms CF, FK incomm. en long. à la rationele CD) & par la 57. prop. 10. la ligne qui peut le rectangle CI est bimediale seconde: Si incommens. par la 6. des sec. def. CK sera binome sixiesme: & la ligne qui peut le rectangle CI est par la 60. p. 10. ligne pouuant deux mediaux. Parquoy si deux superficies mediales incommens. sont iointes, &c. Ce qu'il falloit demonstrer.

SCHOLIE.

Si A est $\sqrt{50}$, & B $\sqrt{48}$: la ligne p[illegible]ant le composé d'icelles sera $\sqrt{\sqrt{18}}+\sqrt{\sqrt{8}}$, qui est bimediale seconde: mais si A est $\sqrt{12}$, & B $\sqrt{8}$, ladite ligne pouuant icelles sera $\sqrt{(\sqrt{12}+\sqrt{8})}$, ou bien $\sqrt{(\sqrt{3}+1)}+\sqrt{(\sqrt{3}-1)}$, qui est ligne pouuant deux mediaux.

COROLLAIRE.

De toutes ces choses on peut facilement colliger que le binome. & les autres lignes irrationeles qui suiuent icelle sont differentes entr'elles & à la mediale. Car le quarré d'vne ligne mediale, appliqué sur vne ligne rationele, fait l'autre costé rationel commensurable en puissance seulement à la rationele à la quelle il est appliqué par la 23. p. 10.

Mais le quarré d'vn binome, faict l'autre costé binome premier par la 61. p. 10.

Le quarré d'vne bimediale premiere, faict l'autre costé binome second, par la 62. p. 10.

Le quarré d'vne bimediale seconde, faict l'autre costé binome troisiesme, par la 63. p. 10.

Le quarré d'vne ligne maieure, faict l'autre costé binome quatriesme, par la 64. p. 10.

Le quarré d'vne ligne pouuant vn rationel & vn medial fait l'autre costé binome cinquiesme, par la 65. p. 10.

Le quarré d'vne ligne pouuant deux mediaux, faict l'autre costé binome sixiesme, par la 66. p. 10.

Mais il faut tousiours entendre qu'ils soient appliquez sur vne ligne rationele. Et puis que tous ces costez sont differens entr'eux, il est manifeste que toutes icelles lignes irrationeles sont differentes entr'elles.

ICY COMMENCENT LES SIXAINES des lignes irrationeles par le retranchement.

THEOR. 56. PROP. LXXIV.

Si d'vne ligne rationele, est retranchée vne ligne rationele commensurable en puissance seulement à la toute; le reste est irrationel: & soit appelé Residu.

Soit retranchée de la rationele AB la rationele AC, en sorte que AB & AC, soient rationeles commensurables en puissance seulement: Ie dis que le reste CB est irrationel.

A C B

Car par la 1. p. 6. comme AB est à AC, ainsi le quarré de AB est au rectangle de AB & AC: mais AB est incommens. en longitude à AC. Donc par la 10. pr. 10. le quarré de AB est incommens. au rectangle de AB & BC: Partant aussi à son double: mais les quarrez de AB & AC, sont posez commens. Donc par la 16. prop. 10. les deux ensemble seront commens. au seul de AB: & partant puis que le quarré de AB est incommens. au double du rectangle de AB, AC, par la 14. prop. 10. les quarrez de AB & AC, seront aussi incommens. à deux fois le rectangle de AB & AC, lesquels auec le quarré de CB, estans egaux aux deux quarrez de AB & AC par la 7. pr. 2. il s'ensuiura que le quarré de CB auec deux fois le rectangle de AB & AC seront incommens. à iceux deux rectangles: Et par le coroll. de la 17. pr. 10. deux fois le rectangle auec le quarré de CB, (ou les deux quarrez de AB & AC) seront incommens. au quarré de CB: Mais iceux quarrez de AB, AC, estans rationaux; (car ils sont descrits sur lignes rationelles) le quarré de CB sera irrationel: Partant la ligne CB sera aussi irrationelle: Et icelle soit appellee Apotome ou Residu. Si donc d'vne ligne rationelle est retranchee, &c. Ce qu'il falloit demonstrer.

SCHOLIE.

La rationelle AB soit 2, & AC $\sqrt{3}$: Donc le reste BC sera $2-\sqrt{3}$. Or en ceste prop. & ès 5 suiuantes, où Euclide monstre l'origine des Apotomes ou residus, il ne veut dire autre chose, sinon que si des lignes dont il s'agit ès prop. 37. 38. 39. 40. 41. & 42. on retranche le plus petit nom du plus grand, le reste sera irrationel, qu'on appellera Apotome, ou residu, &c.

THEOR. 57. PROP. LXXV.

Si d'vne ligne mediale, est retranchee vne mediale commens. en puissance seulement à la toute, comprenant auec icelle vn rectangle rationel; le reste est irrationel: Soit appellé residu medial premier.

Soit la bimediale AC, de laquelle est retranchee la mediale AB, en sorte que AB & AC sont mediales commensurables en puissance seulement, comprenant vn rectangle rationel : Ie dis que le reste BC est irrationel.

Car puis que AB & AC sont mediales, leurs quarrez seront mediaux, & partant incommens. au double du rectangle de AB & AC, lequel est rationel, vn seul rectangle ayant esté posé rationel. Mais par la 7. prop. 2. deux fois le rectangle de AB & AC, auec le quarré de BC sont egaux aux quarrez de AB & AC: donc aussi deux fois le rectangle de AB, AC, auec le quarré de BC seront incommens. au double du rectangle de AB & AC, & par la 17. pr. 10. le quarré de BC sera incommens. au double du rectangle de AB & AC : mais iceluy double est rationel : donc le quarré de BC sera irrationel; & partant la ligne BC aussi irrationelle, qu'on appellera residu medial premier. Parquoy si d'vne ligne mediale, &c. Ce qu'il falloit prouuer.

A B C

SCHOLIE.

La mediale AC soit $\sqrt{\sqrt{54}}$, & la retranchee AB $\sqrt{\sqrt{24}}$: donc le reste BC sera $\sqrt{\sqrt{54}}-\sqrt{\sqrt{24}}$.

THEOR. 58. PROP. LXXVI.

Si d'vne ligne mediale est retranchee vne ligne mediale commensurable en puissance seulement à la toute, comprenant auec icelle vn rectangle medial; le reste est irrationel : Soit appellé residu medial second.

Soit la mediale AB, de laquelle est retranchee la mediale AC, en sorte que AB & AC soient commens. en puissance seulement, comprenant vn rectangle medial : Ie dis que le reste CB est irrationel.

A C B

Car puis que les quarrez de AB & AC sont commens. par la 16. prop. 10. le composé d'iceux sera aussi commens. à vn chacun d'eux: & chacun d'iceux estant medial, (pource que les lignes AB, AC sont posees mediales) aussi le composé d'iceux quarrez est medial par le coroll. de la 24. prop. 10. comme aussi le double du rectangle de AB, AC, puis que le seul rectangle de AB, AC est posé medial. Veu donc que par la 7. prop. 2. le composé des quarrez de AB, AC, est egal au double du rectangle de AB, AC, auec le quarré de CB : le composé des quarrez de AB, AC, qui est medial, excedera le double du rectangle de AB, AC, qui est aussi medial, du quarré de CB. Mais par la 27. p. 10. vn medial n'excede pas vn medial, d'vn rationel : donc le quarré de CB n'est pas rationel, & partant il est irrationel : & consequemment la ligne BC aussi irrationelle, qu'on appellera residu medial second. Parquoy si d'vne ligne mediale on retranche vne ligne mediale, &c. Ce qu'il falloit prouuer.

SCHOLIE.

La mediale AB soit $\sqrt{\sqrt{18}}$, & AC $\sqrt{\sqrt{8}}$: donc le reste CB sera $\sqrt{\sqrt{18}}-\sqrt{\sqrt{8}}$.

THEOR.

THEOR. 59. PROP. LXXVII.

Si d'vne ligne droicte est retranchee vne ligne droicte incommensurable en puissance à la toute, faisant auec icelle vn rectangle medial, & le composé de leurs quarrez rationel; le reste sera irrationel: Soit appellé ligne mineure.

A———————B———————C

Soit la ligne droicte AC, de laquelle est retranchee AB incommens. en puissance à la toute AC, comprenant auec icelle vn rectangle medial, & que le composé de leurs quarrez soit rationel: Ie dis que le reste BC est irrationel.

Car puisque le composé des quarrez de AB, & AC est rationel, il est incommens. au rectangle de AC & AB, lequel est medial: partant aussi au double d'iceluy rectangle. Mais par la 7. prop. 2. le composé des quarrez de AB, AC est egal au double du rectangle de AB, AC, ensemble au quarré de CB: donc par le coroll. de la 17. prop. 10. le composé d'iceux quarrez de AB, AC sera aussi incommens. au quarré de CB. Et puis qu'iceluy composé est posé rationel, par la 10. def. le quarré de BC est irrationel, & la ligne BC irrationelle, qu'on appellera ligne mineure. Parquoy si d'vne ligne droicte est retranchee vne ligne droicte, &c. Ce qu'il falloit demonstrer.

SCHOLIE.

Soit la ligne AC $\sqrt{}(18+\sqrt{}108)$, *&* *AB* $\sqrt{}(18-\sqrt{}108)$: *le reste BC sera donc* $\sqrt{}(18+\sqrt{}108)-\sqrt{}(18-\sqrt{}108)$.

THEOR. 60. PROP. LXXVIII.

Si d'vne ligne droicte est retranchee vne ligne droicte incommensurable en puissance à la toute, faisant auec icelle vn rectangle rationel, & le composé de leurs quarrez medial; le reste sera irrationel: Soit appellé ligne faisant auec vne superficie rationele vn tout medial.

A———————B———C

Soit la ligne droicte AC, de laquelle est retranchee AB incommens. en puissance à la toute, comprenant auec icelle vn rectangle rationel, & que le composé de leurs quarrez soit medial: Ie dis que le reste BC est irrationel.

Car puis que le rectangle de AB & AC est rationel, aussi sera son double, & partant par la 10. def. il sera incommens. au composé des quarrez d'icelles AB, AC, lequel est medial, c'est à dire irrationel. Mais le composé d'iceux quarrez par la 7. pr. 2. est egal au double du rectangle de AB, AC, auec le quarré de BC. Donc aussi le double du rectangle de AB, AC est incommensur. au double d'iceluy rectangle auec le quarré de BC: Et par la 17. pr. 10. iceluy double rectangle sera aussi incommens. au quarré de BC. Et puis qu'iceluy double rectangle est rationel, par la 10. definit. le quarré de BC sera irrationel, & la ligne BC aussi irrationelle: laquelle soit appellee ligne faisant auec vne superficie rationelle, vn tout medial: & ce d'autant que le quarré d'icelle ligne estant adiousté auec vne superficie rationele fait vn tout medial, comme il apparoistra à la 109. prop. 10. Parquoy si d'vne ligne droicte est retranchee, &c. Ce qu'il falloit demonstrer.

SCHOLIE.

Si AC est $\sqrt{}(\sqrt{216}+\sqrt{72})$, *& AB* $\sqrt{}(\sqrt{216}-\sqrt{72})$; *le reste BC sera* $\sqrt{}(\sqrt{216}+\sqrt{72}) -\sqrt{}(\sqrt{216}-\sqrt{72})$.

THEOR. 61. PROP. LXXIX.

Si d'vne ligne droicte, est retranchee vne ligne droicte incommensurable en puissance à la toute, comprenant auec icelle vn rectangle medial, & incommensurable au composé de leurs quarrez aussi medial; le reste est irrationel: soit appellé ligne faisant auec vne superficie mediale vn tout medial.

Soit la ligne doicte AB, de laquelle est retranchée la ligne AC incommensurable en puissance à la toute, comprenant auec icelle vn rectangle medial incommens. au composé de leurs quarrez aussi medial: Ie dis que le reste BC est irrationel.

A ——— C ——— B

Car puis que par la 7. proposit. 2. le composé des quarrez de AB, AC, est egal au double du rectangle de AB, AC auec le quarré de BC: iceluy composé des quarrez excedera le double du rectangle du quarré de BC. Mais par la 27. prop. 10. vn medial n'excede pas vn medial d'vn rationel: Donc le quarré de BC n'est pas rationel; & partant est irrationel, & la ligne BC aussi irrationelle; laquelle on appellera ligne faisant auec vne superficie mediale vn tout medial; parce que le quarré d'icelle ligne auec vne superficie mediale fait vn tout medial. Parquoy si d'vne ligne droicte est retranchee vne ligne droicte, &c. Ce qu'il falloit demonstrer.

SCHOLIE.

Si AB est $\sqrt{}(\sqrt{180}+\sqrt{60})$, *& AC* $\sqrt{}(\sqrt{180}-\sqrt{60})$, *le reste CB sera* $\sqrt{}(\sqrt{180}+\sqrt{60}) -\sqrt{}(\sqrt{180}-\sqrt{60})$.

LEMME.

S'il y a quatre grandeurs AB, C, DE, F, & que GB excez d'entre AB & C soit egal à HE excez d'entre DE & F; aussi en permuttant l'excez d'entre AB & DE sera egal à l'excez d'entre C & F. Car puis que GB est l'excez d'entre AB & C, AG sera egal à C: En la mesme maniere DH sera egal à F. Donc l'excez d'entre AG & DH sera egal à l'excez d'entre C & F, puis que ces grandeurs cy sont egales à celles-là, chacune à la sienne, & partant adioustant à AG & DH choses egales GB & HE, l'excez d'entre les toutes AB & DB sera tousiours egal à l'excez d'entre C & F. Ce qui estoit proposé.

COROLLAIRE.

De ces choses appert que quatre grandeurs ayant proportion Arithmetique, en permutant elles seront aussi en proportion Arithmetique.

THEOR. 62. PROP. LXXX.

Au residu ne peut conuenir qu'vne seule ligne droicte rationele commensurable en puissance seulement à la toute.

Soit le residu AB, auquel conuienne la ligne droicte BC, rationele commens. en puissance seulement à la toute AC: Ie dis qu'à icelle AB ne peut conuenir autre ligne en la mesme sorte.

Car s'il est possible, soit vne autre ligne BD, s'accordant auec icelle AB, en sorte que AD & BD soient rationeles commens. en puissance seulement. Maintenant par la 7. pr. 2. les deux quarrez de AC, BC sont plus grands que deux fois le rectangle de AC, BC du quarré de AB. Pareillement les deux quarrez de AD, & BD sont plus grands que deux fois le rectangle de AD, BD, du mesme quarré de AB; & en permutant, par le lemme precedent les quarrez excederont autant les quarrez, que les rectangles excedent les rectangles: & d'autant que les quarrez sont rationaux, leur excez sera rationel, par le lemme qui precede la 43. p. 10. & partant les rectangles estans mediaux, (pource que par la 22. p. 10. vn seul d'iceux rectangles est medial, & par le corol. de la 24. prop. 10. son double est aussi medial) leur excez sera rationel contre la 27. prop. 10. Donc à AB ne peut conuenir autre ligne que BC, rationele commens. en puissance seulement à la toute. Parquoy au residu ne peut conuenir, &c. Ce qu'il falloit demonstrer.

A B C D

THEOR. 63. PROP. LXXXI.

Au residu medial premier, ne s'accorde qu'vne seule ligne mediale commensurable en puissance seulement à la toute, & comprenant auec icelle vn rectangle rationel.

Soit le residu medial premier AB, auquel la mediale BC s'accorde en sorte que AC & BC, soient mediales commens. en puissance seulement, comprenant vn rectangle rationel: Ie dis qu'à icelle AB ne peut conuenir autre ligne droicte que BC en la mesme sorte.

A B C D

Car si faire se peut, en soit vne autre BD. Maintenant par la 7. prop 2. il se prouuera comme en la preced. que l'excez d'entre le composé des quarrez de AC, BC, & le composé des quarrez de AD, BD, est tel que l'excez d'entre deux fois le rectangle de AC, BC, & deux fois le rectangle de AD, BD. Mais l'excez d'entre ces rectangles est rationel par le lemme qui precede la 43. prop. 10. pource que chacun d'iceux est rationel: & partant l'excez d'entre les quarrez qui sont mediaux, (estans descrits sur lignes mediales) seroit aussi rationel, contre la 27. pr. 10. Donc à AB ne peut conuenir autre ligne mediale que BC, qui soit commens. en puissance seulement à la toute, & comprenant auec icelle vn rectangle rationel. Ce qu'il falloit prouuer.

THEOR. 64. PROP. LXXXII.

Au residu medial second, ne peut estre conioincte qu'vne seule ligne mediale commensurable en puissance seulement à la toute, & comprenant auec icelle vn rectangle medial.

Soit conioincte au residu medial second AB la mediale BC, commensurable en puissance seulement à la toute AC, & faisant auec icelle vn rectangle medial. Ie dis qu'à icelle AB ne peut pas conuenir vne autre ligne que BC, en la mesme sorte.

Car si faire se peut, en soit conioincte vne autre BD en la sorte requise. Et sur la rationele proposee EF, soit appliqué le rectangle EG egal aux deux quarrez de AC, BC; & à la mesme EF soit encore appliqué EI egal au quarré de AB: parquoy par la 7. pr. 2. le reste KG sera egal à deux fois le rectangle de AC, BC. Item sur la mesme rationele soit encore appliqué le rectangle EL egal aux deux quarrez de AD, BD: Et puisque le rectangle EI est egal au quarré de AB, aussi KL sera egal à deux fois le rectangle de AD, DB, par la susdite 7. prop. 2.

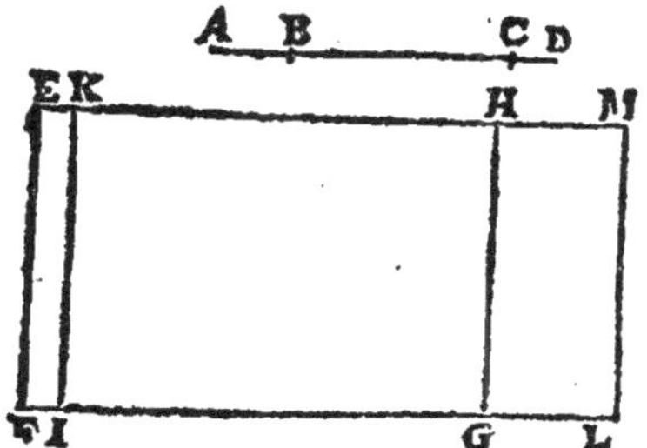

Maintenant les quarrez de AC & BC sont mediaux (estans faits de lignes mediales) & si le double rectangle de AB & BD doit estre medial: partant leurs egaux rectangles EG & KG seront mediaux: lesquels appliquez sur la rationele EF, auront les autres costez EH & KH rationaux comm. en puiss. seulement à EF par la 23. p. 10. en apres, le quarré de AC estant au rectangle de AC & BC, par la 1. p. 6. comme AC est à BC, qui sont incommens. en long. par la 10. p. 10. le quarré de AC sera incommens. au rectangle de AC & BC: & partant aussi à son double KG. Item le quarré de BC est commens. au quarré de AC, & par la 16. p. 10. le rectangle EG egal à iceux quarrez, sera incomm. au seul quarré de AC, auquel KG est incommens. Et par la 14. p. 10. EG & KG seront incommens. aussi seront les lignes EH & KH par la 1. p. 6. & 10 pr. 10. lesquelles estans rationeles seront incommens. en puissance seulement: & par la 74. p. 10. EK sera residu & KH sa conuenable. Par mesme discours (si on maintient que DC soit aussi adiointe à AB selon le requis) EK se trouuera residu, & KM sa conuenable: ce qui seroit contre la 80. pr. 10. Donc au residu medial AB ne peut s'adioindre autre conuenable que BC. Ce qu'il falloit demonstrer.

THEOR. 65. PROP. LXXXIII.

A la ligne mineure, conuient vne seule ligne droicte incommens. en puissance à la toute, comprenant auec icelle vn rectangle medial, & le composé de leurs quarrez rationel.

A B C D

Soit la ligne mineure AB, à laquelle conuienne BC incommens. en puissance à la toute AC, & faisant le composé de leurs quarrez rationel, & le rectangle compris d'icelles AC, BC, medial. Ie dis qu'à icelle AB ne peut estre adiointe autre ligne que BC qui fasse le mesme.

Car si faire se peut en soit adioustee vne autre BD, qui soit pareillement incommens. en puissance à la toute AD, & faisant le composé des quarrez de AD, BD rationel, & le rectangle compris sous icelles AD, BD, medial. Il se prouuera comme en la 80. prop. 10. qu'il y a mesme excez entre le composé des quarrez de AC, BC, & le composé des quarrez de AD, BD, qu'entre deux fois le rectangle de AC, BC, & deux fois le rectangle de AD, BD. Mais l'excez d'entre les quarrez est rationel par le lemme qui suit la 42. prop. 10. pource que l'vn & l'autre composé est rationel: donc aussi l'excez d'entre les rectangles sera rationel, contre la 27. pr. 10. Car iceux rectangles estans mediaux, l'excez d'iceux ne peut estre rationel. Donc à la ligne mineure AB on ne peut adiouster autre ligne conuenable que BC. Parquoy à la ligne mineure s'accorde vne seule ligne, &c. Ce qu'il falloit prouuer.

THEOR. 66. PROP. LXXXIIII.

A la ligne faisant auec vne superficie rationele vn tout medial, s'accorde vne seule ligne incommens. en puissance à la toute, & faisant auec icelle vn rectangle rationel: mais le composé de leurs quarrez medial.

A B C D

Soit la ligne AB faisant auec vne superficie rationelle vn tout medial, à laquelle AB s'accorde la ligne BC, incommens. en puissance à la toute AC, & comprenant auec icelle vn rectangle rationel, mais que le composé de leurs quarrez soit medial. Ie dis qu'à icelle AB ne peut s'accommoder autre ligne que BC, qui fasse la mesme chose.

Car s'il est possible, en soit encore vne autre BD: il se prouuera comme en la 80. pr. 10. que les quarrez de AC, & BC, excedent les quarrez de AB & BD d'vn mesme excez, que deux fois le rectangle de AC & BC, excedent deux fois le rectangle de AB & BD, lequel excez comme en la precedente seroit rationel & irrationel, si à la ligne AB on pouuoit encore ioindre BD incommens. en puissance à la toute AD, &c. Parquoy à vne ligne faisant auec vne superficie rationelle vn tout medial, &c. Ce qu'il falloit demonstrer.

THEOR. 67. PROP. LXXXV.

A la ligne faisant auec vne superficie mediale vn tout medial, se conioint vne seule ligne incommensurable en puissance à la toute, comprenant auec icelle vn rectangle medial, & incommens. au composé de leurs quarrez qui est aussi medial.

Soit la ligne AB faisant auec vne superficie mediale vn tout medial, à laquelle AB s'accorde BC incommens. en puissance à la toute AC, & comprenant auec icelle vn rectangle medial, incommensurable au composé de leurs quarrez, qui est aussi medial. Ie dis qu'à icelle AB ne peut s'adioindre autre ligne que BC, qui fasse le proposé.

Car si faire se peut, en soit adioustee vne autre BD. Puis soit fait mesme construction qu'en la 82. prop. 10. Donc le composé des quarrez de AC & BC estant medial, & incommens. à deux fois le rectangle de AC & BC, aussi medial, leurs egaux rectangles EG & KG seront mediaux, & incommensurables: Et par la 23. prop. 10. estans appliquez sur la rationele EF, leurs autres costez EH & KH seront lignes rationeles, & par la 1. prop. 6. & 10. pr. 10. commens. en puissance seulement; (puis que leurs rectangles sont incommens.) & par la 74. prop. 10. EK sera residu auquel KM sera conuenablement adioustee: Par mesme discours (si on dit que BD soit aussi conuenable à AB, & fasse ce qui est proposé) EK se trouuera residu, & KM sa conuenable: ainsi le residu EK n'auroit pas vne seule conuenable, contre la 80. prop. 10. On ne pouuoit donc pas adioindre à AB, autre ligne conuenable que BC, incommensurable en puissance à la toute, &c. Ce qu'il falloit demonstrer.

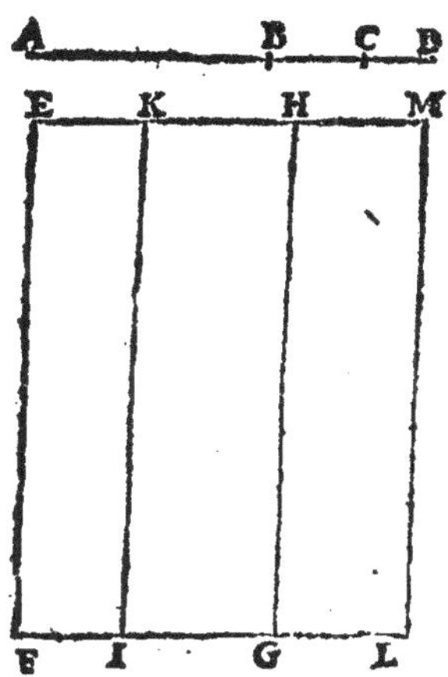

DEFINITIONS TROISIESMES.

Estant proposee vne ligne rationele, & vn residu: Lors que la toute composée du residu & de sa conuenable ou adioustée, peut plus que la conuenable, du quarré d'vne ligne qui luy est commensurable en longitude;

1. Si la toute est commensurable en longitude à la rationele proposée; le residu soit appellé residu premier.

2. Mais si la conuenable ou adioustée est commensurable en long. à la rationelle proposée; soit appellé residu second.

3. Que si l'vne ny l'autre n'est commensurable en longitude à la rationele proposée; soit appellé residu troisiesme.

Derechef, lors que la toute peut plus que l'adioustée, du quarré d'vne ligne qui luy est incommensurable en longitude.

4. Si la toute est commensurable en longitude à la rationele proposée; soit appellé residu quatriesme.

5. Mais si l'adioustée est commensurable en longitude à la rationele; soit appellé residu cinquiesme.

6. Que si ny l'vne ny l'autre n'est commensurable en longitude à la rationele; soit appellé residu sixiesme.

PROBL. 19. PROP. LXXXVI.

Trouuer vn Apotome ou residu premier.

Estans trouuez deux nombres quarrez AB, CB, (comme nous auons enseigné au second scholie de la 29. prop. de ce liure) desquels l'excez AC ne soit quarré, soit posée la rationele D, à laquelle EF soit commens. en longit. & partant icelle EF sera aussi rationele: puis apres par le corol. de la 6. prop. 10. soit faict que comme le nombre AB est au nombre AC, ainsi le quarré de EF soit au quarré de GF. Ie dis que EG est residu premier.

A.....C....B

D, G, E, F, H

Car puis que les quarrez de EF, GF, qui sont comme nombre à nombre, sont commens. par la 10. pr. aussi les lignes EF, GF seront commens. au moins en puissance: & EF estant rationele, GF le sera aussi. Mais d'autant que les deux nombres AB, AC ne sont entr'eux comme nombres quarrez: aussi les quarrez de EF, GF ne seront entr'eux comme nombres quarrez: & partant par la 9. prop. 10. les lignes EF, GF sont incommens. en longit. elles sont donç rationeles commens. en puissance seulement; & partant le reste EG sera residu par la 74. pr. 10.

Ie dis dauantage qu'il est residu premier: car EF estant plus grande que GF, elle poutra plus qu'icelle GF: soit du quarré de H. Et puis que comme le nombre AB est au nombre AC, ainsi le quarré de EF est au quarré de GF, par conuersion de raison, comme AB sera à CB, ainsi le quarré de EF sera au quarré de H. Mais AB, CB sont nombres quarrez: Donc les quarrez de EF & H sont entr'eux comme nombres quarrez: & partant par la 9. p. 10. les lignes EF & H sont commens. en longitude. Par ainsi la toute EF commensurable en longitude à la rationelle D, peut plus que la conuenable GF, du quarré de la ligne H, qui luy est commensurable en longitude: & partant par la 1. des troisiesmes def. EG sera residu premier. Nous auons donc trouué vn residu premier. Ce qu'il falloit faire.

SCHOLIE.

La rationele D soit 9, EF 6: AB 9, CB 4, & par consequent AC est 5: faisant donc que comme 9 est à 5, ainsi le quarré de EF, c'est à dire 36, soit au quarré de FG; icelle FG sera $\sqrt{20}$: & partant le reste EG sera $6-\sqrt{20}$, qui est residu premier.

Or il appert par les def. preced. que Apotome ou residu n'est autre chose que ce qui restera si de deux nombres posez rationaux commensurables en puissance seulement on soustraict le moindre du plus grand; ce qui se fait par l'interposition du signe —: & par ainsi il n'y a aucune difference entre le binome & le residu, sinon qu'en celuy-là les deux noms sont conioincts par le signe +, & en cestuy cy, l'vn est soustraict de l'autre par le signe —. Parquoy pour promptement trouuer vn residu de quelque espece que ce soit, il n'y a qu'à trouuer le binome de mesme espece, ainsi qu'il a esté dit cy-deuant, puis au lieu du signe + apposer le signe —. Comme au scholie de la 49. prop. nous auons trouué ce binome premier $8+\sqrt{48}$; mais en changeant seulement le signe nous aurons $8-\sqrt{48}$, pour residu premier: & ainsi des autres.

PROBL. 20. PROP. LXXXVII.

Trouuer vn residu deuxiesme.

Estans trouuez deux nombres quarrez AB, CB. (comme en la precedente proposition) & l'exposee rationele D, soit prise GF commens. en longitude à icelle D, laquelle sera aussi rationele: puis soit fait que comme le nombre AC est au nombre AB, ainsi le quarré de GF soit au quarré de EF par le corol. de la 6. pr. 10. Ie dis que EG est residu second.

Car puis que les quarrez de GF, EF, ayans la raison des nombres AC, AB, sont commens. par la 6. prop. 10. les lignes GF, EF seront aussi commens. au moins en puissance: & GF estant rationele, EF le sera aussi. Et d'autant que les nombres AC, AB, & partant aussi les quarrez de GF, EF, ne sont entr'eux comme nombres quarrez, par la 9. pr. 10. GF, EF, seront incommens. en longitude: donc les rationeles GF, EF, sont commens. en puissance seulement: & partant par la 74. p. 10. le reste EG est residu.

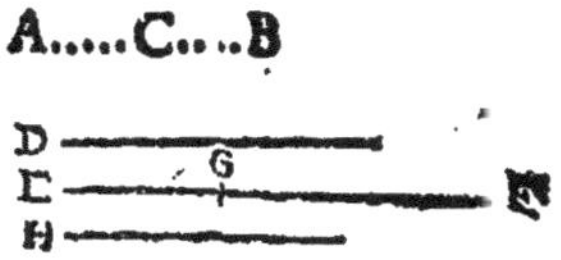

A.....C....B

D, E G F, H

Ie dis aussi qu'il est residu second. Car EF estant plus grande que GF, elle pourra plus qu'icelle, & soit du quarré de H. Donc puis que comme AC est à AB, ainsi le quarré de GF au quarré de EF; en changeant, comme AB sera à AC, ainsi le quarré de EF sera au quarré de GF. Maintenant nous demonstrerons comme en la preced. que la ligne H est commens. en longitude à icelle EF. Parquoy puis que la toute EF, peut plus que l'adioustee GF, du quarré de H, qui luy est commens. en longitude, comme aussi à la rationele proposee D: par les troisiesmes def. EG sera residu second. Nous auons donc trouué vn residu second, ainsi qu'il falloit faire.

SCHOLIE.

La rationele D soit 9, FG 5: AB 9, CB 4: & par consequent AC 5: faisant donc que comme AC 5 est AB 9, ainsi le quarré de GF soit au quarré de EF: icelle EF sera $\sqrt{45}$: & partant EG sera $\sqrt{45}-5$, qui est residu second.

PROBL. 21. PROP. LXXXVIII.

Trouuer vn residu troisiesme.

Ayant trouué les deux nombres quarrez AB, CB, comme en la proposition 86, soit pris vn autre nombre I, (comme nous auons enseigné en la 51. prop. de ce liure) qui ne soit à l'vn ny à l'autre d'iceux AB, AC, comme nombre quarré à nombre quarré: puis estant exposee la rationele D, soit fait que comme I est à AB, le quarré de D soit au quarré de EG, lesquels quarrez par la 6, pr. 10. seront commensurables: & partant les lignes D & EG aussi commens. au moins en puissance. Donc D estant rationele, aussi EG sera rationele. Et d'autant que les nombres I & AB, & partant les quarrez de D & EG, ne sont en raison de nombres quarrez, par la 9. prop. 10. les lignes D & EG seront incommens. en longitude. Derechef, soit fait que comme AB est à AC, ainsi le quarré de EG soit au quarré de GF. Ie dis que EF est residu troisiesme.

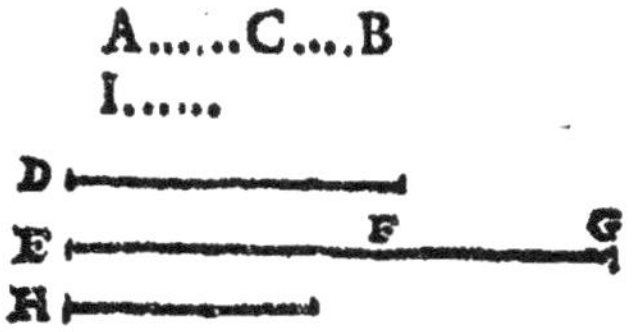

A.....C....B

I......

D, E F G, H

Car puis que les quarrez de EG, GF, estans comme nombre à nombre, sont commensurables par la 6. prop. 10. les lignes EG, GF seront aussi commens. au moins en puissance. Mais EG estant rationele, GF le sera aussi. Et puis que AB, AC, & partant aussi les quarrez de EG, GF, ne sont entr'eux comme nombres quarrez, par la 9. prop. 10. les lignes EG, GF seront incommens. en longitude. Donc EG, FG sont rationeles commensurables en puissance seulement: & partant puis que de EG est ostee GF commens. en puissance à icelle, par la 74. pr. 10. le reste EF sera residu.

Ie dis qu'il est aussi residu troisiesme: Car puis que comme I est à AB, ainsi le quarré de D est au quarré de EG, & comme AB à AC, ainsi le quarré de EG au quarré de FG;

de GF; en raison egale, comme I sera à AC, ainsi le quarré de D au quarré de GF. Or les nombres I & AC ne sont entr'eux comme nombres quarrez, ny par consequent aussi les quarrez de D & GF: parquoy par la 9. prop. 10. les lignes D & GF sont incommens. en longitude. Donc l'vne & l'autre d'icelles EG, GF est incommens. en longitude à la rationele proposee D. Et comme en la 86. pr. on prouuera que EG peut plus que GF du quarré de la ligne H, qui luy est commens. en longitude: Et par les tierces def. EF sera residu troisiesme, qu'il falloit trouuer.

SCHOLIE.

La rationele D soit 6, & soit fait que comme le nombre 16, est à AB 9, ainsi le quarré de D, sçauoir 36, soit au quarré de EF, & iceluy sera 54, & par consequent la ligne EF $\sqrt{54}$: Mais faisant que comme AB 9, est à AC 5, ainsi le quarré de EF soit au quarré de FG; icelle FG sera $\sqrt{30}$, & par consequent EG sera $\sqrt{54}-\sqrt{30}$, qui est residu troisiesme.

PROBL. 22. PROP. LXXXIX.

Trouuer vn residu quatriesme.

Estans trouuez (comme nous auons enseigné au 3. scholie de la 29. prop.) deux nombres AC, CB, tels que le composé d'iceux AB ne soit à l'vn ny à l'autre AC, CB, comme nombre quarré à nombre quarré: soit proposee la rationele D, à laquelle soit commensurable en longitude EF, laquelle sera par consequent aussi rationele. Que si on acheue de construire comme en la 86. prop. on demonstrera comme là que EG est residu: & d'auantage, ie dis qu'il est residu quatriesme.

A.....C....B

D, E, G, F, H

Car EF estant plus grande que GF, elle pourra plus qu'icelle, soit du quarré de H. Et puis que comme AB est à AC, ainsi le quarré de EF au quarré de GF; par conuersion de raison, comme AB à CB, ainsi le quarré de EF au quarré de H. Mais les nombres AB, CB, ne sont comme nombre quarré à nombre quarré: donc par la 9. prop. 10. les lignes EF & H seront incommens. en longitude. Parquoy la toute EF peut plus que l'adioustee GF du quarré de H, qui luy est incommens. en longitude, & la mesme EF est commensurable en longitude à la rationele D: partant par les 3. def. EG sera residu quatriesme. Nous auons donc trouué vn Apotome ou residu quatriesme. Ce qu'il falloit faire.

SCHOLIE.

La rationele D soit 9, EF 6: faisant donc que comme AB 9 est à AC 6, ainsi 36 quarré de EF soit au quarré de FG, icelle sera $\sqrt{24}$, & par consequent le reste EG sera $6-\sqrt{24}$, qui est residu quatriesme.

PROBL. 23. PROP. XC.

Trouuer vn residu cinquiesme.

Estans trouuez les deux nombres AC, CB, comme en la prop. prec. soit fait mesme construction qu'en la 87. puis soit demonstré comme en icelle que GE est residu. Ie dis en outre qu'il est residu 5e. Car FE peut plus que GF du quarré de H: Et comme en la 86. prop. nous demonstrerons par conuersion de raison, que comme AB est à CB, ainsi le quarré de EF est au quarré de H; & comme en la precedente, les lignes EF & H seront incommensurables en longitude: & la conuenable GF commensurable en longitude à la rationele D. Parquoy par les 3. def. EG sera residu cinquiesme. Nous auons donc trouué vn residu cinquiesme. Ce qu'il falloit faire.

SCHOLIE.

La rationele D soit 9, FG 6, faisant que comme AC 6, est à AB 9, ainsi le quarré de GF soit au quarré de EF, iceluy sera 54, & par consequent la ligne EF √54; & le reste EG √54—6, qui est residu cinquiesme.

PROBL. 24. PROP. XCI.

Trouuer vn residu sixiesme.

Estans trouuez les trois nombres AC, CB, & I, comme en la 54. prop. tels que AB ne soit à l'vn ny à l'autre d'iceux AC, CB: & I à l'vn ny à l'autre d'iceux AB, AC, comme nombre quarré à nombre quarré: soit exposee la rationele D, & acheuee la construction comme en la 88. prop. Nous demonstrerons donc comme là, que D & EG sont incommens. en longitude, & que EF est residu: en apres, que D & FG seront aussi incommens. en longitude; & partant l'vne & l'autre d'icelles EG, FG est incommensurable en longitude à la rationele proposee D. Maintenant, que EG puisse plus que FG du quarré de la ligne H, laquelle nous demonstrerons comme en la 89. prop. estre incommensurable en longitude à icelle EG. Donc puis que la toute EG peut plus que la conuenable FG, du quarré de H qui luy est incommensurable en longitude, & que EG ny FG n'est commens. en long. à la rationele proposee D, par la derniere des 3. def. EF sera residu sixiesme. Nous auons donc trouué vn residu sixiesme. Ce qu'il falloit faire.

A.......C.....B
I........

D
E F G
H

SCHOLIE.

La rationele D soit 9; & soit fait que comme 19 est à AB 12, ainsi 81 quarré de D soit au quarré de EF; lequel sera trouué de 108, & par consequent icelle EF sera √108; & faisant que comme AB est à AC 7, ainsi 108 soit au quarré de FG; icelle FG sera √63, & par consequent le reste EG sera √108—√63, qui est residu sixiesme.

Or nous trouuerons encores (comme enseigne Theon) les six residus susdits, ainsi qu'il ensuit.

S'il faut trouuer pour exemple le residu premier: soit trouué par la 49. pr. 10. le binome premier AD, duquel le plus grand nom est AC, & le moindre CD; puis soit couppé de AC la ligne CB egale à CD. Ie dis que AB est residu premier. Car d'autant que AC, CD, sont rationeles commensurables en puissance seulement; aussi AC, BC seront rationeles commens. en puissance seulement: Donc par la 74. pr. 10. AB est residu. Et pource que AC peut plus que CD, ou CB du quarré d'vne ligne qui luy est commens. en longitude, & AC est commensurable en longitude à la rationele proposée par la def. du binome premier; AB sera residu premier par la 1. des tierces def. Par la mesme maniere seront trouuez tous les autres residus, sçauoir est le 2e, si du second binome nous ostons le moindre nom du plus grand, &c.

A B C D

Ainsi ayant trouué le binome premier AD 9+√45, si du plus grand nom AC 9, on oste le moindre nom, restera le residu AB de 9—√45. & ainsi des autres.

THEOR. 68. PROP. XCII. Six. 4.

Si vn rectangle est compris d'vne ligne rationele & d'vn residu premier, la ligne qui peut iceluy rectangle est residu.

Soit le rectangle AC compris de la rationele AB, & du residu premier AD: Ie dis que la ligne qui peut iceluy rectangle est residu.

Au residu AD soit sa conuenable DE, laquelle soit couppee en deux egalement au poinct F, puis sur la ligne AE soit appliqué vn rectangle defaillant d'vne figure quarree, & egal au quart du quarré de DE, qui est le quarré de FE, & soit iceluy rectangle compris sous AG, GE: en apres, soient menees les lignes FK, GH, EI paralleles à AB, qui rencontrent la ligne BC prolongee en K, H & I: puis soit fait le quarré LM egal au rectangle AH, & le quarré NO egal au rectangle EH, ayant auec LM l'angle LPM commun. Donc les quarrez LM, NO, par la 26. prop. 6. seront au long d'vn mesme diametre, lequel soit PQ: soient continuees les lignes NS, OS, afin d'acheuer le gnomon VX. Maintenant, FE est moyenne proport. entre AG & GE, par la 17. pr. 6. car par l'hypothese le quarré de EF est egal au rectangle de AG & GE, & par la 1. pr. 6. le rectangle KE sera milieu porport. entre les deux rectangles AH & HE: il le sera aussi entre leurs egaux quarrez LM & NO. Mais par le lemme de la 54. pr. 10. le rectangle LO, est aussi milieu proport. entre iceux quarrez: Donc KE, ou DK son egal, sera egal au rectangle LO; & par consequent KG à LS, (estant HE egal à NO.) Iceluy GK sera aussi egal à SM: par ainsi le rectangle DH sera egal au gnomon VX. Mais tout le quarré LM est egal au rectangle AH. Donc le rectangle AC sera egal au quarré TR. Maintenant, ie dis que la ligne TS, qui peut le rectangle AC est residu.

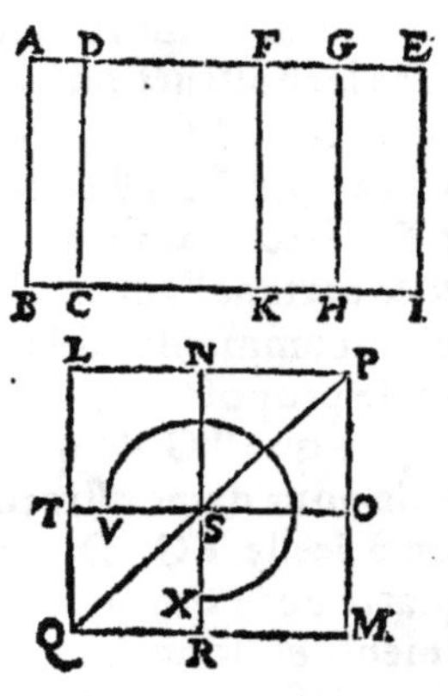

Car puisque AD est residu premier, & DE sa conuenable: les deux lignes AE & DE sont rationeles commens. en puissance seulement, estant la toute AE commens. en longitude à la rationele AB, & pouuant plus que l'adioustee DE, du quarré d'vne ligne qui luy est commens. en longitude: Et par la 18. pr. 10. le rectangle defaillant aura les deux costez AG & GE commens. en longit. & par la 16. pr. 10. ils seront commens. en longit. à la totale AE, laquelle estant commensurable en longit. à la rationele AB, par la 12. prop. 10. AE, AG, GE, AB, seront toutes rationeles commens. en longitude: & par la 20. pr. 10. les rectangles AH & HE seront rationaux, & par consequent leurs egaux quarrez LM & NO aussi rationaux, & les lignes TO & SO rationeles. Pareillement, les deux lignes DF & FE estans egales & commens. elles le seront aussi à leur toute DE, par la 16. pr. 10. laquelle DE estant rationele, DF & FE seront aussi rationeles commens. en puissance seulement à AB, comme leur toute DE: & par la 22. pr. 10. leurs rectangles CF & KE seront mediaux. Mais le rectangle LO est egal au medial KE, partant aussi medial & incommens. au quarré rationel NO, donc par la 1. p. 6. & 10. p. 10. leurs costez TO

& SO seront incommens. en longit. & pour autant qu'ils sont rationaux, ils seront commens. en puissance seulement, & par la 74. pr. 10. TS est residu. Si donc vn rectangle est compris d'vne ligne rationele, &c. Ce qu'il falloit demonstrer.

SCHOLIE.

La rationele AB soit 8, & AD 9—√45: DE est donc √45, & sa moitié DF √11¼: mais AG sera 7½, & GE 1½. Donc le rectangle BE est 72, AH 60, HE 12, CF √720 & AC 72—√2880, & le rectangle de AG, GE est 11¼. Parquoy le quarré LM sera 60, & NO 12: & partant la ligne LP est √60, & NP √12: & par consequent LN, ou TS sera √60—√12, qui est residu; & son quarré TR est 72—√2880, egal au rectangle AC.

THEOR. 69. PROP. XCIII.

Si vn rectangle est compris d'vne ligne rationele & d'vn residu second, la ligne qui peut iceluy rectangle, est residu medial premier.

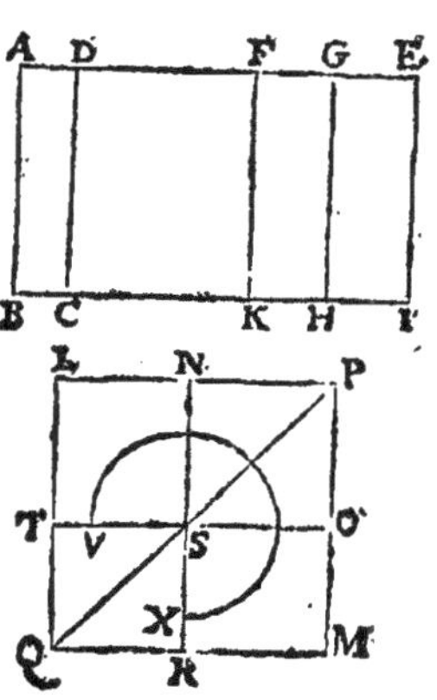

Soit le rectangle AC, compris de la rationele AB, & du residu second AD. Ie dis (apres auoir construit comme en la precedente, & demonstré comme là que le rectangle AC est egal au quarré TR) que la ligne TS qui peut iceluy rectangle AC, est residu medial premier.

Car puis que AD est residu second, & DE sa conuenable, les deux lignes AE & DE sont rationeles commensurables en puissance seulement, la conuenable DE estant commensurable en longitude à la rationele AB, & AE peut plus que DE du quarré d'vne ligne qui luy est commensurable en longitude, & par la 18. p. 10. le rectangle defaillant aura les deux costez AG & GE commensurables en longitude, & par la 16. prop. 10. ils seront aussi commensurables à la totale AE, & par la 14. prop. 10. icelle totale estant commensurable en longitude à la rationele AB, aussi le seront AG & GE, qui sont rationeles (car elles sont commensurables à leur totale AG, qui est rationele) commens. en puissance seulement à la rationele AB, & par la 22. pr. 10. les rectangles AH & HE seront mediaux; partant mediaux leurs egaux quarrez LM & NO, & leurs costez TO & SO seront lignes mediales. Pareillement DE estant commensurable en longitude à la rationele AB, aussi le sera sa moitié FE, & par la 20. prop. 10. le rectangle KE sera rationel: partant aussi rationel son egal rectangle LO, compris des deux mediales TO & SO, lesquelles sont incommensurables en longitude: (autrement leur rectangle seroit medial par la 25. pr. 10.) & par la 75. pr. 10. TS est residu medial premier. Si donc vn rectangle compris d'vne ligne rationele, &c. Ce qu'il falloit demonstrer.

SCHOLIE.

La rationele AB soit 4, AD √45—5: DE est donc 5, & sa moitié DF 2½, & par consequent le quarré d'icelle DF ou FE est 6¼, auquel estant egal le rectangle de AG, GE, icelles seront √31¼, & √1¼: parquoy le rectangle HB, ou le quarré NO sera √20: & partant son *costé SO est $\sqrt{}\sqrt{20}$. Mais puis que la ligne AE est $\sqrt{45}$, & AG $\sqrt{31\frac{1}{4}}$: le rectangle BE sera $\sqrt{720}$, & AH, ou le quarré LM $\sqrt{500}$: & par consequent la ligne TO est $\sqrt{}\sqrt{500}$: de laquelle estant ostee SO, restera TS $\sqrt{}\sqrt{500}-\sqrt{}\sqrt{20}$, qui est residu medial premier, & son quarré TR est $\sqrt{720}-\sqrt{20}$. Mais le rectangle AC est autant: car multipliant AB 4 par AD $\sqrt{45}-5$, viendra aussi $\sqrt{720}-\sqrt{20}$. Donc ST residu medial premier peut le rectangle AC.*

THEOR. 70. PROP. XCIV.

Si vn rectangle est compris d'vne ligne rationele, & d'vn residu troisiesme; la ligne pouuant iceluy rectangle, est residu medial second.

Soit le rectangle AC, compris de la rationele AB, & du residu troisiesme AD: (apres auoir construict comme en la 92. prop. 10.) Ie dis que la ligne TS qui peut iceluy rectangle AC, (comme nous auons demonstré en la susdite prop.) est residu medial second.

Car puis que AB est residu troisiesme, & DE sa conuenable, les lignes AE & DE sont rationeles commens. en puissance seulement, tant entr'elles, qu'à la rationele AB: mais AE peut plus que DE du quarré d'vne ligne qui luy est commens. en long. & par la 18. prop. 10. AG & GE seront commens. en longit. & à leur totale AE par la 16 pr. 10. Et seront rationeles comme icelle: mais AE est commens. en puissance seulement à la rationele AB, & par la 14. pr. 10. AG & GE seront commensurables en puissance seulement à AB: Et par la 22. propos. 10. les rectangles AH & HE seront mediaux: donc aussi mediaux leurs egaux quarrez LM & NO, & leurs costez TO & SO seront lignes mediales. Pareillement DE estant incommens. en longit. à la rationele AB, aussi le sera sa moitié FE, par la 14. p. 10. & par la 22. p. 10. EF estant rationele comme sa double DE, le rectangle KE sera medial, partant aussi medial son egal LO, compris des deux mediales commens. en puissance seulement TO & SO: car leurs quarrez LM, NO sont commens. l'estans leurs egaux rectangles AH & HE. Or ils ne sçauroient estre commens. en longit. car il faudroit par la 1. pr. 6. & 10. pr. 10. que LO & NO fussent aussi commensurab. & par consequent leurs egaux rectangles KE & HE: ce qui n'est pas. Donc par la 76. p. 10. TS est residu medial second. Parquoy si vn rectangle est compris d'vne ligne rationele, &c. Ce qu'il falloit demonstrer.

SCHOLIE.

La rationele AB soit 4, & AD $\sqrt{54}-\sqrt{30}$: donc DE est $\sqrt{30}$; sa moitié DF $\sqrt{7\frac{1}{2}}$, & son quarré $7\frac{1}{2}$, lequel estant appliqué sur la ligne AE $\sqrt{54}$, & defaillant d'vne figure quarrée, les costez du rectangle appliqué, sçauoir AG, GE, seront $\sqrt{37\frac{1}{2}}$, & $\sqrt{1\frac{1}{2}}$. Parquoy le rectangle AC sera $\sqrt{864}-\sqrt{480}$, BE $\sqrt{864}$, CE $\sqrt{480}$, AH $\sqrt{600}$, DK $\sqrt{120}$, & HE $\sqrt{24}$. Mais le quarré LM estant egal à AH, il sera aussi $\sqrt{600}$, NO egal à HE $\sqrt{24}$: & partant les costez d'iceux quarrez, sçauoir TO, SO sont $\sqrt{}\sqrt{600}$, $\sqrt{}\sqrt{24}$: & par consequent TS est $\sqrt{}\sqrt{600}-\sqrt{}\sqrt{24}$, & son quarré TR $\sqrt{864}-\sqrt{480}$, egal au rectangle AC.

THEOR. 71. PROP. XCV.

Si vn rectangle est compris d'vne ligne rationele & d'vn residu quatriesme, la ligne qui peut iceluy rectangle est ligne mineure.

Soit le rectangle AC compris de la rationele AB, & du residu quatriesme AD: (apres auoir construict comme en la 92.p.10. & demonstré comme là que la ligne TS peut le rectangle AC). Ie dis qu'icelle ligne TS est ligne mineure.

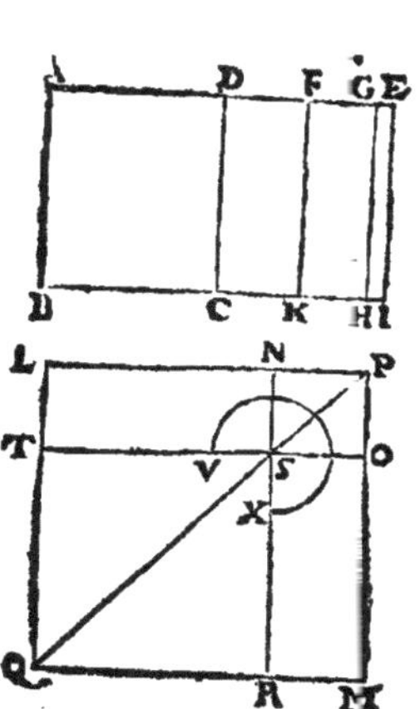

Car puis que AD est residu quatriesme, & DE sa conuenable, les lignes AE & DE sont rationeles commens. en puissance seulement ; & A E qui est commens. en longit. à la rationele AB, peut plus que DE du quarré d'vne ligne qui luy est incomm. en long. & par la 19. p.10. AG & GE seront incommens. en longitude : partant par la 1. pr. 6. & 10. prop. 10. les rectangles AH & HE seront incommensurables, aussi seront donc leurs egaux quarrez LM & NO : partant les lignes TO & SO seront incommens. en puissance: Mais AE estant commens. en long. à la rationele AB, par la 20.p.10. le rectangle AI sera rationel: partant aussi rationel sera le composé de leurs egaux quarrez LM & NO. Pareillement DE estant commensurable en puissance seulement à AB, le rectangle CE sera medial par la 22. prop. 10. aussi sera sa moitié KE : & par consequent son egal LM sera aussi medial: partant les deux lignes TO & SO, qui comprennent iceluy rectangle, mediales, (car elles sont incommensur. en puissance) & le composé de leurs quarrez estant rationel, par la 77. p. 10. TS est ligne mineure. Parquoy si vn rectangle est compris d'vne ligne rationele, &c. Ce qu'il falloit prouuer,

SCHOLIE.

La rationelle AB soit 6, AD 9 — $\sqrt{54}$: donc DE est $\sqrt{54}$, & sa moitié DF $\sqrt{13\frac{1}{2}}$, son quarré $13\frac{1}{2}$, lequel appliqué sur AE 9, & defaillant d'vne figure quarrée, les costez AG, GE seront $4\frac{1}{2} + \sqrt{6\frac{1}{4}}$, & $4\frac{1}{2} - \sqrt{6\frac{1}{4}}$. Parquoy le rectangle AC sera 54 — $\sqrt{1944}$, BE 54, AH 27 + $\sqrt{243}$, DK $\sqrt{486}$, & HE 27 — $\sqrt{243}$. Mais le quarré LM estant egal à AH, sera aussi 27 + $\sqrt{243}$, & NO egal à HE 27 — $\sqrt{243}$: & partant leurs costez TO, SO sont $\sqrt{(27+\sqrt{243})}$, & $\sqrt{(27-\sqrt{243})}$: & par consequent TS est $\sqrt{(27+\sqrt{243})} - \sqrt{(27-\sqrt{243})}$, & son quarré TS 54 — $\sqrt{1944}$, egal au rectangle AC.

THEOR. 72. PROP. XCVI.

Si vn rectangle est compris d'vne ligne rationele & d'vn residu cinquiesme, la ligne qui peut iceluy, est ligne faisant auec vne superficie rationele vn tout medial.

Soit le rectangle AC, compris de la rationele AB, & du residu cinquiesme AD: (apres auoir construict comme en la 92. pr. 10. & demonstré comme là que la ligne TS peut iceluy rectangle AC). Ie dis qu'icelle TS est ligne faisant auec vne superficie rationele, vn tout medial.

Car puis que AD est residu cinquiesme, & DE sa conuenable, les lignes AE & DE sont rationeles commens. en puissance seulement, & DE est commensurable en longitude à la rationele AB, & AE peut plus que DE du quarré d'vne ligne qui luy est incommens. en longit. & par la 19. p. 10. les lignes AG & GE sont incomm. en longit. & comme en la precedente TO & SO seront incommens. en puissance. Mais AE estant incommens. en longitude à la rationele AB, le rectangle AI sera medial par la 22. prop. 10. partant aussi medial le composé de leurs egaux quarrez LM & NO. Pareillement, DE estant commensur. en longitude à la rationele AB, par la 20. prop. 10. le rectangle CE sera rationel, aussi le sera sa moitié KE, & son egal LO, compris de deux lignes incommens. en puissance TO & SO, desquelles le composé de leurs quarrez fait vn tout medial, & par la 78. prop. 10. TS sera ligne faisant auec vne superficie rationele vn tout medial. Parquoy si vn rectangle est compris d'vne ligne rationele, &c. Ce qu'il falloit demonstrer.

SCHOLIE.

La rationele AB soit 4, AD $\sqrt{54}-6$: donc DE est 6, & sa moitié DF 3, son quarré 9, auquel estant egal le rectangle de AGE: AG sera $\sqrt{13\frac{1}{2}}+\sqrt{4\frac{1}{2}}$, & GE $\sqrt{13\frac{1}{2}}-\sqrt{4\frac{1}{2}}$. Mais le rectangle AC sera $\sqrt{864}-24$, BE $\sqrt{864}$, AH $\sqrt{216}+\sqrt{72}$, DK 12, & HE $\sqrt{216}-\sqrt{72}$: ainsi le quarré LM sera $\sqrt{216}+\sqrt{72}$, NO $\sqrt{216}-\sqrt{72}$, & leurs costez TO, SO, $\sqrt{(\sqrt{216}+72)}$, & $\sqrt{(\sqrt{216}-\sqrt{72})}$, & par consequent TS est $\sqrt{(\sqrt{216}+\sqrt{72})}-\sqrt{(\sqrt{216}-\sqrt{72})}$, & son quarré TR sera $\sqrt{864}-24$.

THEOR. 73. PROP. XCVII.

Si vn rectangle est compris d'vne ligne rationele, & d'vn residu sixiesme, la ligne qui peut iceluy, est ligne faisant auec vne superficie mediale vn tout medial.

Soit le rectangle AC compris de la rationele AB, & du residu sixiesme AD: (apres auoir construict comme en la 92. p. 10.) Ie dis que TS qui peut iceluy rectangle AC, (comme il a esté demonstré en la susdite prop.) est ligne faisant auec vne superficie mediale vn tout medial.

Car puis que AD est residu sixiesme, & DE sa conuenable, AE & DE sont rationeles commensur. en puissance seulement entr'elles, & à la rationele AB; & AE peut plus que DE du quarré d'vne ligne qui luy est incommens. en long. Et par la 19. p. 10. AG & GE seront incommens. en longit. Et comme en la 95. pr. 10. TO & SO seront incommens. en puissance; & tout ainsi qu'en la precedente, le rectangle AI estant medial, le composé de leurs egaux quarrez LM & NO, sera aussi medial: Item DE estant commens. en puissance seulement à la rationele AB, par la 22. p. 10. le rectangle CE sera medial: aussi le sera donc sa moitié KE, & son egal LO. Et AE, DE estans incomm. en longit. par la 1. p. 6. & 10. p. 10. les rectangles AI, CE, seront incommens. & puis que CE est commens. à sa moitié KE, par la 14. p. 10. KE sera incommens. à AI: & partant le medial LO (egal à KE) compris des lignes TO & SO incomm. en puissance, est incommens. au composé des quarrez d'icelles TO & SO (egal à AI) medial: Parquoy par la 79. prop. 10. le reste TS sera ligne faisant auec vne superficie mediale vn tout medial. Parquoy si vn rectangle est compris d'vne ligne rationele, &c. Ce qu'il falloit prouuer.

SCHOLIE.

La rationele AB soit 6, AD $\sqrt{108}-\sqrt{63}$ *: donc DE est* $\sqrt{63}$, *& sa moitié DE* $\sqrt{15\frac{3}{4}}$, *son quarré* $15\frac{3}{4}$, *AG* $\sqrt{27}+\sqrt{11\frac{3}{4}}$, *GE* $\sqrt{27}-\sqrt{11\frac{3}{4}}$ *: mais le rectangle AC sera* $\sqrt{3888}-\sqrt{2268}$, *BE* $\sqrt{3888}$, *AH* $\sqrt{972}+\sqrt{405}$, *DK* $\sqrt{567}$, *& HE* $\sqrt{972}-\sqrt{405}$ *: ainsi le quarrê LM sera* $\sqrt{972}+\sqrt{405}$, *NO* $\sqrt{972}-\sqrt{405}$, *& leurs costez TO, SO, seront* $\sqrt{(\sqrt{972}+\sqrt{405})}$, *&* $\sqrt{(\sqrt{972}-\sqrt{405})}$ *: & par consequent TS est* $\sqrt{(\sqrt{972}+\sqrt{405})}-\sqrt{(\sqrt{972}-\sqrt{405})}$, *& son quarré TR* $\sqrt{3888}-\sqrt{2268}$.

THEOR. 74. PROP. XCVIII. Six. 5.

Le quarré d'vn residu appliqué sur vne rationelle, fait l'autre costé residu premier.

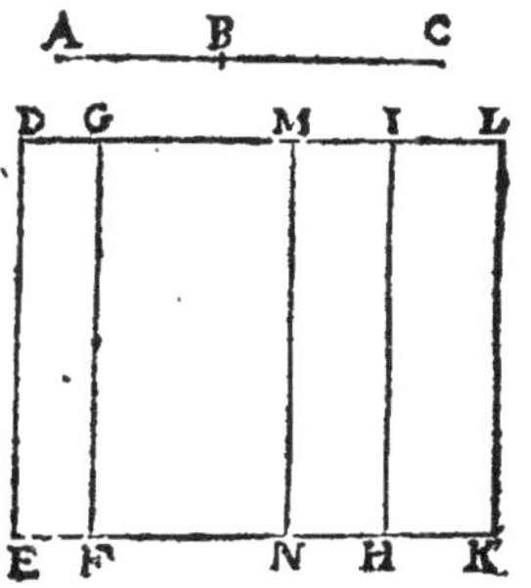

Soit le residu AB, & BC sa conuenable, tellement que AC, BC soient rationeles commens. en puissance seulement : & sur la rationele DE soit appliqué le rectangle DF egal au quarré de AB. Ie dis que l'autre costé DG est residu premier.

Car à la mesme rationele DE soit appliqué le rectangle DH egal au quarré de AC : & sur IH vn autre rectangle IK egal au quarré de BC, tellement que le total DK est egal au composé des quarrez de AC, BC : lequel estant egal par la 7. prop. 2. à deux fois le rectangle de AC, CB, ensemble auec le quarré de AB, si on oste le quarré de AB, & le rectangle DF ; restera GK egal à deux fois le rectangle de AC, CB : partant GL estant couppee en deux egalement en M, & tiré MN parallele à DE : MK sera egal au rectangle de AC, CB. Et pource que AC, CB sont rationeles, leurs quarrez seront aussi rationaux, & partant commens. & par la 16. prop. 10. le composé d'iceux quarrez est commens. à vn chacun d'eux : & partant iceluy composé, ou DK son egal, est rationel, lequel estant appliqué à la rationele DE, par la 21. prop. 10. DL sera rationele commens. en longit. à icelle DE. Derechef, puis que AC, CB sont rationeles commens. en puissance seulement, le rectangle d'icelles, & partant aussi son double GK, sera medial : & iceluy estant appliqué à la rationele GF, par la 23. pr. 10. GL sera rationele incommens. en longitude à GF, ou DE : Et puis que DK rationel, & GK medial, c'est à dire irrationel, sont incommens. par la 1. prop. 6. & 10. prop. 10. les lignes DL, GL, seront aussi incommens. en longitude. Parquoy puis qu'elles ont esté demonstrees rationeles, elles seront commens. en puissance seulement : & partant par la 74. prop. 10. le reste DG sera aussi residu. Ie dis dauantage qu'il est residu premier.

Car puis que par le lemme de la p. 54. le rectangle de AC, CB, ou son egal MK, est moyen prop. entre les quarrez de AC, CB, c'est à dire entre DH, IK : DH, MK, IK seront continuellement proportionaux : & par consequent aussi les lignes DI, ML, IL, & par la 17. p. 6. le rectangle de DI, IL est egal au quarré de ML, c'est à dire au quart du quarré de GL, par le scholie de la 4. p. 2. Et puis que les quarrez de AC, CB, ou leurs egaux rectangles DH, IK, sont commens. par la 1. prop. 6. & 10. prop. 10.

les

les lignes. DI, IL, seront commens. en longit. Parquoy puis que les lignes DL, LG sont inegales, & à la plus grande DL est appliqué le rectangle de DI. IL, egal à la quarte partie du quarré de LG, & defaillant d'vne figure quarree, par la 18. pr. 10. DL pourra plus que GL du quarré d'vne ligne qui luy est commens. en longitude: & par la 1. des 3. def. DG sera residu premier. Parquoy le quarré d'vn residu appliqué sur vne rationele, &c. Ce qu'il falloit prouuer.

SCHOLIE.

Le residu AB soit √60—√12, & BC √12: donc la toute AC est √60: mais la rationele DE soit 8, sur laquelle estant appliqué le quarré de AB, qui est 72—√2880, l'autre costé DG sera 9—√45: aussi DI sera $7\frac{1}{2}$, IL $1\frac{1}{2}$, DL 9, & GL √45, & GM √$11\frac{1}{4}$: Ainsi le rectangle DK sera 72, DH 60, IK 12, GN √720, GK √2880, & DF 72—√2880.

THEOR. 75. PROP. XCIX.

Le quarré d'vn residu medial premier, appliqué sur vne ligne rationele, fait l'autre costé residu second.

Soit le residu medial premier AB, duquel la conuenable soit BC, tellement que AC, BC, soient mediales commens. en puissance seulement, & contiennent vn rectangle rationel: & sur la rationele DE soit appliqué le rectangle DF egal au quarré de AB. Ie dis que l'autre costé DG est residu second.

Car soit construit ainsi qu'en la precedente, tellement que derechef DH, IK, soient egaux aux quarrez de AC, BC, & GK double du rectangle compris d'icelles lignes AC, BC, & partant MK egal à vne fois le rectangle de AC, BC. Veu donc que les lignes AC, CB, sont mediales commens. en puissance seulement: les quarrez d'icelles, ou leurs egaux rectangles DH, IK, seront aussi mediaux & commens. & partant par la 16. prop. 10. le tout DK sera aussi commens. à chacun d'iceux: Donc aussi medial, par le coroll. de la 24. prop. 10. Et par la 23. prop. 10. DL sera rationele commens. en puissance seulement à DE: & d'autant

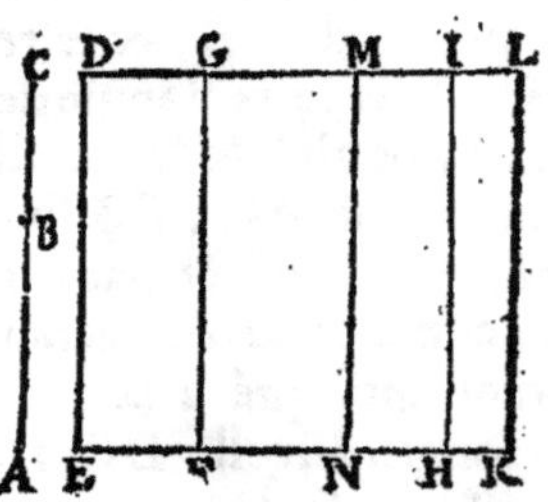

que le rectangle de AC, BC est rationel, son double GK sera aussi rationel: & par la 21. pr. 10. GL sera rationele commens. en longitude à DE rationele, & les deux rectangles DK, & GK estans incommensur. (car l'vn est rationel, & l'autre medial) les rationeles DL & GL seront commens. en puissance seulement, & par la 74. prop. 10. DG sera residu: lequel ie dis estre aussi second. Car on prouuera de mesme qu'en la precedente, que la toute DL, peut plus que la conuenable GL, du quarré d'vne ligne qui luy est commens. en longitude; & partant par les tierces definitions, DG est residu second. Parquoy le quarré d'vn residu medial premier, &c. Ce qu'il falloit demonstrer.

SCHOLIE.

Le residu medial premier AB soit √√500—√√20, & BC √√20: la toute AC sera donc √√500: & estant appliqué sur la rationele DE 4, le quarré de AC, qui est √500, l'autre costé DI sera √$31\frac{1}{4}$, & si à la mesme DE est appliqué IK egal au quarré de BC, qui est √20,

IL sera $\sqrt{1\frac{1}{4}}$: ainsi la toute DL sera $\sqrt{45}$. Derechef appliquant à DE le rect. GN egal au rect. de ACB, qui est 10, l'autre costé GM sera $2\frac{1}{2}$, & son double GL 5: parquoy DG sera $\sqrt{45}-5$, qui est residu second.

THEOR. 76. PROP. C.

Le quarré d'vn residu medial second, appliqué sur vne ligne rationele, fait l'autre costé residu troisiesme.

Soit le residu medial second AB, auquel conuienne BC, tellement que AC, CB, soient mediales commens. en puissance seulement, & contiennent vn rectangle medial: Et sur la rationele DE, soit appliqué le rectangle DF. Ie dis que l'autre costé DG est residu troisiesme.

Car ayant construit comme en la 98. prop. on demonstrera comme en la prec. que le rectangle DK est medial, & partant par la 23. prop. 10. son autre costé DL sera rationel commens. en puissance seulement à la rationele DE. Item le rectangle de AC, BC, estant medial, aussi le sera son double GK, & par la 23. pr. 10. GL sera aussi rationele commens. en puissance seulement à la rationele DE: Et puis que AC, BC sont incommens en longitude, le quarré de AC sera incommens. au rectangle de AC, BC, par la 1. prop. 6. & 10. prop. 10. partant aussi à son double GK: Mais le quarré de AC est aussi commens. au quarré de BC: (pource qu'iceux quarrez sont descrits sur lignes commens en puissance:) & partant par la 16. prop. 10. le composé d'iceux quarrez, c'est à dire DK, sera aussi commens. au quarré de AC, auquel est incommens. GK; donc par la 13. prop. 10. DK sera incommens à GK: & par la 10. prop. 10. les lignes DL, GL, ayant mesme raison que DK, GK seront incommens. en longitude. Mais estans rationeles, elles seront commens. en puissance seulement, & par la 74. pr. 10. BG sera residu. Mais ny DL, ny GL ne sont commens. en longitude à la rationele DE, & si on prouuera comme en la 98. prop. que DL peut plus que GL du quarré d'vne ligne qui luy est commens. en longitude: Et par les tierces def. DG est residu troisiesme. Parquoy le quarré d'vn residu medial second, &c. Ce qu'il falloit demonstrer.

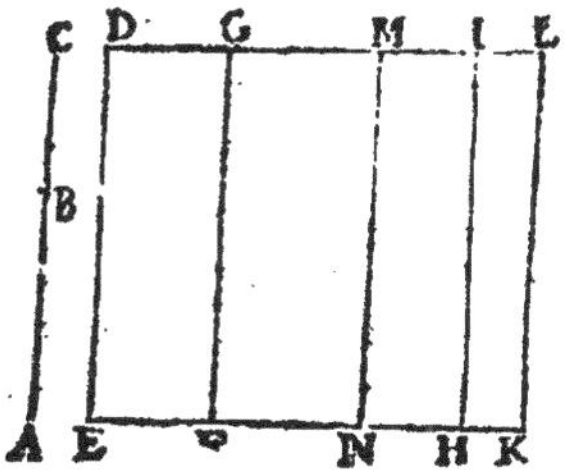

SCHOLIE.

Le residu medial second AB soit $\sqrt{\sqrt{600}}-\sqrt{\sqrt{24}}$, & BC $\sqrt{\sqrt{24}}$: la toute AC sera donc $\sqrt{\sqrt{600}}$: & appliquant sur la rationele DE 4, le rect. DH egal au quarré de AC, qui est $\sqrt{600}$, l'autre costé DI sera $\sqrt{37\frac{1}{2}}$, mais appliquant à la mesme DE le rectangle IK egal au quarré de BC, l'autre costé IL sera $\sqrt{1\frac{1}{2}}$: & partant la toute DL sera $\sqrt{54}$: & si derechef on applique sur la mesme DE le rect. GN egal au rectangle de ACB, qui est $\sqrt{120}$, l'autre costé GM sera $\sqrt{7\frac{1}{2}}$, & son double GL $\sqrt{30}$: parquoy DG est $\sqrt{54}-\sqrt{30}$, qui est residu troisiesme.

THEOR. 77. PROP. CI.

Le quarré d'vne ligne mineure, appliqué sur vne ligne rationele, fait l'autre costé residu quatriesme.

Soit la ligne mineure AB, à laquelle BC conuienne, en sorte que AC, BC, soient incommens. en puissance, comprenant vn rectangle medial, & le composé de leurs quarrez rationel: & le quarré d'icelle AB soit appliqué à la rationele DE: ie dis que l'autre costé DG est residu quatriesme.

Car apres auoir construit comme en la 98. p. le rectangle DK sera rationel, & GK medial, par le discours des precedentes: & par la 21. prop. 10. DL sera rationele commens. en longitude à la rationele DE: & GL, par la 23. prop. 10. sera rationele commens. en puissance seulement à icelle rationele DE: & puis que DK est rationel, & GK medial, ils sont incommens. & par la 10. prop. 10. les lignes DL, GL, qui sont en mesme raison que DK, GK, seront incommens. en longitude. Mais elles sont rationeles: elles seront donc commens. en puissance seulement: & par la 74. pr. 10. DG sera residu.

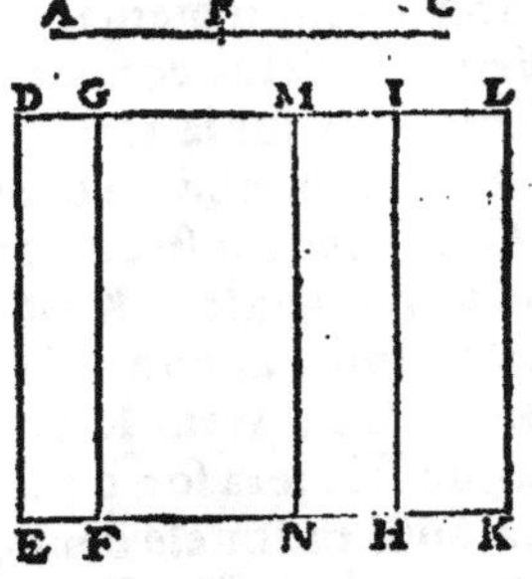

Ie dis dauantage qu'il est residu quatriesme. Car puis que les lignes AC, BC, sont incomm. en puissance, leurs quarrez seront incommens. Aussi incommens. leurs egaux rectangles DH, IK, & par consequent incommens. les lignes DI, IL, costez du rectangle defaillant d'vne figure quarree egale au quarré de ML, c'est à dire à la quarte partie du quarré de GL, comme il a esté demonstré en la 98. prop. & par la 19. prop. 10. DL (qui est commens. en longitude à la rationele DE) peut plus que la conuenable GL, du quarré d'vne ligne qui luy est incommens. en longitude: & par les tierces definitions DG est residu quatriesme. Donc le quarré d'vne ligne mineure, &c. Ce qu'il falloit demonstrer.

SCHOLIE.

La ligne mineure AB soit $\sqrt{(27+\sqrt{243})} - \sqrt{(27-\sqrt{243})}$, *&* *BC* $\sqrt{(27-\sqrt{243})}$: *la toute AC sera donc* $\sqrt{(27+\sqrt{243})}$, *le quarré de laquelle appliqué sur la rationele DE 6, l'autre costé DI sera* $4\frac{1}{2}+\sqrt{6\frac{3}{4}}$: *mais estant appliqué sur la mesme DE, le rectangle IK, egal au quarré de BC, qui est* $27-\sqrt{243}$, *l'autre costé IL sera* $4\frac{1}{2}-\sqrt{6\frac{3}{4}}$: *& partant la toute DL sera 9. Que si à la mesme DE on applique le rectangle GN egal au rectangle de ACB, qui est* $\sqrt{486}$, *l'autre costé GM sera* $\sqrt{13\frac{1}{2}}$, *& son double GL* $\sqrt{54}$: *& partant DG est* $9-\sqrt{54}$, *qui est residu quatriesme.*

THEOR. 78. PROP. CII.

Le quarré d'vne ligne faisant auec vne superficie rationelle, vn tout medial, appliqué sur vne ligne rationelle, fait l'autre costé residu cinquiesme.

Soit la ligne faisant auec vne superficie rationelle vn tout medial AB, de laquelle le quarré soit appliqué sur la rationele DE: Ie dis que l'autre costé DG est residu cinquiesme.

Car (apres auoir construit comme en la 98. prop. 10.) AB estant ligne faisant auec vne superficie rationelle vn tout medial, & BC sa conuenable, les deux lignes AC, BC sont incommens. en puissance, comprenant vn rectangle rationel, & le composé de leurs quarrez medial: partant le rectangle DK sera medial, & GK rationel,

& par la 23. prop. 10. DL sera rationelle incommensur. en longitude à la rationelle DE: & par la 21. prop 10. GL sera aussi rationelle, mais commens. en longitude à la rationelle DE: Item les rectangles DK, GK estans incommensurables (car l'vn est rationel, & l'autre medial) les lignes DL, GL seront aussi incommensurables en longitude. Mais icelles sont rationelles: elles sont donc commensurables en puissance seulement, & par la 74. proposition DG sera residu. Mais il a esté demonstré que GL est commensurable en longitude à la rationelle DE, & on prouuera comme en la precedente, que la toute DL peut plus que la conuenable GL, du quarré d'vne ligne qui luy est incommensurable en longitude: & partant par les tierces def. DG est residu cinquiesme. Donc le quarré d'vne ligne faisant auec vne superficie rationelle, &c. Ce qu'il falloit demonstrer.

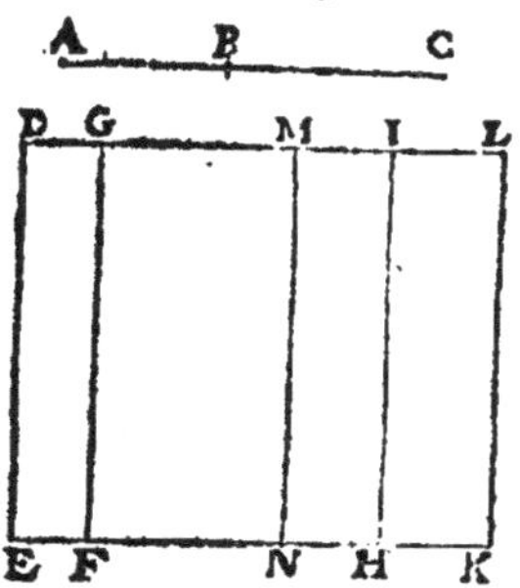

SCHOLIE.

La ligne AB soit $\sqrt{(\sqrt{216}+\sqrt{72})} - \sqrt{(\sqrt{216}-\sqrt{72})}$, *& BC* $\sqrt{(\sqrt{216}-\sqrt{72})}$; *la toute AC sera donc* $\sqrt{(\sqrt{216}+\sqrt{72})}$, *le quarré de laquelle soit appliqué sur la rationelle DE 4, & l'autre costé DI sera* $\sqrt{13\frac{1}{2}}+\sqrt{4\frac{1}{2}}$: *mais estant appliqué sur la mesme rationelle, le rectangle IK egal au quarré de BC, qui est* $\sqrt{216}-\sqrt{72}$, *l'autre costé IL sera* $\sqrt{13\frac{1}{2}}-\sqrt{4\frac{1}{2}}$: *& partant la toute DL sera* $\sqrt{54}$: *Que si à la mesme rationelle on applique le rectangle GN ou NK, egal au rectangle de ACB, qui est 12, l'autre costé ML sera 3, & son double GL 6: Parquoy DG sera* $\sqrt{54}-6$, *qui est residu cinquiesme.*

THEOR. 79. PROP. CIII.

Le quarré d'vne ligne faisant auec vne superficie mediale vn tout medial, appliqué sur vne ligne rationele, fait l'autre costé residu sixiesme.

Soit la ligne AB, faisant auec vne superficie mediale vn tout medial, le quarré de laquelle AB soit appliqué sur la rationele DE: Ie dis que l'autre costé DG est residu sixiesme.

Car (apres auoir construict comme en la 98. pr.) AB estant ligne faisant auec vne superficie mediale vn tout medial, & BC la conuenable à icelle AB; les deux lignes AC, BC sont incommens. en puissance, comprenant vn rectangle medial, incommens. au composé de leurs quarrez aussi medial: partant les deux rectangles DK & GK sont mediaux & incommens. & par la 23. prop. 10. DL, GL seront rationeles incommens. en longitude entr'elles, & à la rationele DE: & par consequent commens. en puissance seulement: & par la 74. prop. BG sera residu. Mais on peut prouuer comme en la 101. prop. 10. que la toute DL peut plus que sa conuenable GL, du quarré d'vne ligne qui luy est incommens. en longitude, & partant par les tierces def. GD est residu sixiesme. Donc le quarré d'vne ligne faisant auec vne superficie mediale, &c. Ce qu'il falloit demonstrer.

SCHOLIE.

La ligne AB soit $\sqrt{(\sqrt{972}+\sqrt{405})} - \sqrt{(\sqrt{972}-\sqrt{405})}$, *& BC* $\sqrt{(\sqrt{972}-\sqrt{405})}$:

donc la toute $\mathcal{AC}$ sera $\sqrt{}(\sqrt{972}+\sqrt{405})$, au quarré de laquelle soit egal le rectangle DH, appliqué sur la rationele DE6 : l'autre costé DI sera donc $\sqrt{27}+\sqrt{11\frac{1}{4}}$: mais estant appliqué sur la mesme rationele, le rectangle IK egal au quarré de BC, qui est $\sqrt{972}-\sqrt{405}$, l'autre costé IL sera $\sqrt{27}-\sqrt{11\frac{1}{4}}$: & partant la toute DL sera $\sqrt{108}$: Si derechef on applique sur la mesme rationele le rectangle MK, ou GN, egal au rectangle de $\mathcal{ACB}$, qui est $\sqrt{567}$, l'autre costé GM sera $\sqrt{15\frac{3}{4}}$, & son double $\sqrt{63}$: parquoy DG sera $\sqrt{108}-\sqrt{63}$, qui est residu sixiesme.

THEOR. 80. PROP. CIIII. Six. 6.

La ligne droicte commensurable en longitude à vn residu, est aussi residu, & de mesme ordre.

Soit le residu AC, auquel soit commensurable en longitude la ligne droicte DF. Ie dis que DF est residu de mesme ordre que AC.

Car CB soit la conuenable au residu AC, tellement que AB, CB soient rationeles commens. en puissance seulement, & par la 12. prop. 6. soit fait que comme AC est à DF, ainsi CB soit à FE. Donc par la 12. prop. 5. la toute AB sera à la toute DE, comme AC à DF, ou CB à FE : & par la 10. p. 10. comme AC est commens. en long à DF, ainsi AB à DE, & BC à FE. Et en permutant, comme AB à BC, ainsi DE à FE. Maintenant, comme AB & BC sont rationeles, aussi seront DE & FE : (car elles sont commens. à icelles, par la 10. p. 10.) Mais AB & BC sont commens. en puissance seulement : partant DE & EF seront aussi rationeles commens. en puissance seulement, & par la 74. prop. DF est residu.

Ie dis dauantage qu'il est residu de mesme ordre que AC. Car la ligne AB peut plus que BC du quarré d'vne ligne qui luy est commensurable ou incommensurable en longitude : si commensur. aussi DE pourra plus que FE de mesme façon par la 15. p. 10. (estans les quatre lignes proport.) Que si AB est commensurable en longitude à vne ligne rationele proposee, aussi DE qui luy est commensur. en longitude sera commens. en longitude à la mesme rationele proposee par la 12. prop. 10. Parquoy AC & DF seront residus premiers : Que si BC est commens. en longitude à la rationele, aussi sera FE ; & AC, DF seront residus seconds : Et si AB & BC sont incommens. en longitude à la rationele, aussi seront DE & FE ; & AC, DF seront residus troisiesmes. Que si AB peut plus que BC du quarré d'vne ligne qui luy soit incommens. en longitude aussi DE pourra plus de mesme que FE par la 15. pr. 10. Et si AB est commens. en longitude à la rationele, aussi sera DE : & AC, DF seront residus quatriesmes. Mais si BC est commens. en longitude à la rationele, aussi sera FE : & AC, DF seront residus cinquiesmes. Si AB & BC sont incommens. en longitude à la rationele, aussi seront DE & FE : partant AC & DF seront residus sixiesmes : par ainsi DF est residu de mesme ordre que AC. Parquoy la ligne commens. en long. à vn residu. Ce qu'il falloit demonstrer.

SCHOLIE.

Le residu $\mathcal{AC}$ soit $\sqrt{60}-\sqrt{12}$, & DF $\sqrt{15}-\sqrt{3}$, lesquelles sont commens. en longitude l'vne estant double de l'autre, & la conuenable CB soit $\sqrt{12}$: Donc la toute $\mathcal{AB}$ est $\sqrt{60}$: & puis que comme $\mathcal{AC}$ est à DF, ainsi CB $\sqrt{12}$ est à FE; icelle FE sera $\sqrt{3}$: & la toute DE $\sqrt{15}$, commens. seulement en puissance à DF.

THEOR. 81. PROP. CV.

La ligne droicte commensurable à vn residu medial, est aussi residu medial de mesme ordre.

Soit la ligne DF commens. au residu medial AC: ie dis que icelle DF est aussi residu medial, & de mesme ordre que AC.

Car ayant faict mesme construction qu'en la prec. prop. AB & BC seront commens. à DE, EF lesquelles sont mediales commens. en puissance seulement, & par la 24. p. 10. DE & FE seront mediales commensurables en puissance seulement, par la 10. p. 10. Et partant par la 75. ou 76. prop. DF est residu medial: Ie dis dauantage qu'il est de mesme ordre que AC.

Car par la 1. p. 6. le quarré de AB est au rectangle de AB, BC comme AB à BC: Item le quarré de DE est aussi au rectangle de DE, FE comme DE à FE. Mais le quarré de AB est commens. au quarré de DE, estant AB & DE commens. & par la 10. prop. 10. les deux rectangles seront aussi commens. & comme l'vn sera rationel ou medial, aussi l'autre sera rationel ou medial: partant si les rectangles sont rationaux, AC & DF seront residus mediaux premiers: & si les rectangles sont mediaux, AC & DF seront residus mediaux seconds. Donc la ligne commens. à vn residu medial, &c. Ce qu'il falloit prouuer.

SCHOLIE.

Le residu medial AC soit $\sqrt{\sqrt{500}} - \sqrt{\sqrt{20}}$, *&* *DF* $\sqrt{\sqrt{31\frac{1}{4}}} - \sqrt{\sqrt{1\frac{1}{4}}}$: *BC sera* $\sqrt{\sqrt{20}}$, *& la toute AB* $\sqrt{\sqrt{500}}$: *mais FE sera* $\sqrt{\sqrt{1\frac{1}{4}}}$, *& la toute DE* $\sqrt{\sqrt{31\frac{1}{4}}}$.

THEOR. 82. PROP. CVI.

La ligne droicte commensurable à vne ligne mineure, est aussi ligne mineure.

Soit la ligne DF, commensurable à vne ligne mineure AC: Ie dis qu'icelle DF est aussi ligne mineure. Car CB estant conuenable à icelle AC, apres auoir faict mesme construction qu'en la 104. pr. 10. AB & BC seront incommens. en puissance, comprenant vn rectangle medial, & le composé de leurs quarrez rationel; Mais comme AB à CB, ainsi DE à FE, & par la 10. p. 10. DE & FE seront incommens. en puissance. Item puisque comme AB à BC, ainsi DE à FE, par la 22 pr. 6. leurs quarrez seront proportionaux: & en composant, comme le composé des quarrez de AB, BC sera au quarré de BC, ainsi le composé des quarrez de DE, FE, sera au quarré de FE: & en permutant, comme le composé des quarrez de AB, BC sera au composé des quarrez de DE, FE, ainsi le quarré de CB sera au quarré de FE: lesquels quarrez de CB & FE sont commens. (car les lignes BC & FE sont commensur. comme AC & DF, ainsi qu'il a esté demonstré à la 104. p.) & partant par la 10. pr. 10. le composé des quarrez de AB & BC, (lequel est rationel) sera commens. au composé des quarrez de DE & FE, lequel sera aussi rationel. Pareillement, puis que comme à la prop. prec. le quarré de AB est au rectangle de AB & CB, comme le quarré de DE est au rectangle de DE & FE: en permutant, comme le quarré

A C B
D F E

au quarré, ainsi le rectangle au rectangle : c'est à dire commensur. Car les lignes AB & DE sont commens. par la 10. prop. 10. & par le corol. de la 24. p. 10. le rectangle de AB & BC estant medial, celuy de DE & FE sera aussi medial : partant DE & FE estant incommens. en puissance comprenant vn rectangle medial, & le composé de leurs quarrez rationel, par la 77. p. 10. DF sera ligne mineure. Donc la ligne commens. à vne ligne mineure est aussi ligne mineure. Ce qu'il falloit demonstrer.

THEOR. 83. PROP. CVII.

La ligne droicte commensurable à vne ligne faisant auec vne superficie rationele vn tout medial, est aussi ligne faisant auec vne superficie rationele vn tout medial.

Soit la ligne DF commens. à la ligne AC, faisant auec vne superficie rationele vn tout medial. Ie dis que DF est aussi ligne faisant auec vne superficie rationele vn tout medial.

A C B

D F E

Car soit CB conuenable à AC, tellement que AB, CB soient incommens. en puissance, & facent le composé de leurs quarrez medial, mais le rectangle compris d'icelles, rationel : Et estant faict mesme construction qu'en la 104. prop. on demonstrera comme en la precedente que les lignes DE, & FE sont incommens. en puissance ; & que le composé des quarrez de AB, CB est commensur. au composé des quarrez de DE, FE. Mais celuy-là est medial : aussi sera donc cestuy-cy, par le corol. de la 24. p. 10. Derechef, comme nous auons demonstré en la 105. prop. le rectangle de AB, CB est commensurable au rectangle de DE, FE : mais cestuy-là est posé rationel : aussi sera donc cestuy-cy par la 9. d. 10. Veu donc que DE, FE, sont incommens. en puissance, & font le composé de leurs quarrez medial, mais leur rectangle rationel, par la 78. pr. 10. DF sera ligne faisant auec vne superficie rationele vn tout medial. Parquoy la ligne commensurable à vne ligne, &c. Ce qu'il falloit prouuer.

THEOR. 84. PROP. CVIII.

La ligne commensurable à vne ligne faisant auec vne superficie mediale vn tout medial, est aussi ligne faisant auec vne superficie mediale vn tout medial.

Soit la ligne DF commens. à la ligne AC, faisant auec vne superficie mediale vn tout medial : Ie dis que DF est aussi ligne faisant auec vne superficie mediale vn tout medial.

Car à AC soit CB conuenable, tellement que AB, CB soient incommens. en puissance, & facent le composé de leurs quarrez medial, & leur rectangle aussi medial, & incommens. au composé de leurs quarrez : & ayant fait semblable construction qu'aux precedentes, on prouuera comme en la 106. prop. que les lignes DE, FE, sont incommens. en puissance, & que le composé des quarrez de AB & BC, est commens. au composé des quarrez de DE & FE : & comme en la 105. p. que le rectangle de AB & BC, est commens. au rectangle de DE & EF. Mais le rectangle de AB

& CB, est medial, & incommensurable au composé des quarrez de AB & CB, aussi medial : partant par le scholie de la 14.p.10. le rectangle de DE & FE, sera medial, & incommens. au composé des quarrez de DE & FE aussi medial : & DF sera ligne faisant auec vne superficie mediale vn tout medial. Donc la ligne commens. à vne ligne faisant auec vne superficie mediale, &c. Ce qu'il falloit demonstrer.

THEOR. 85. PROP. CIX.

Si d'vne superficie rationele, est retranchee vne superficie mediale : la ligne qui peut le reste est residu, ou ligne mineure.

Soit la superficie rationele AB, de laquelle soit retranchee la mediale A : Ie dis que la ligne qui peut le reste B, est residu, ou ligne mineure.

Car sur vne rationele proposee CD soit descrit le rectangle CE egal à A, & sur FE le rectangle FI egal à B. Il est euident que CI egal au rationel AB, sera aussi rationel, & par la 21. pr. 10. son autre costé CK sera rationel commens. en longitude à CD. Item par la 23.p.10. CE estant medial, CF sera rationele commens. en puissance seulement à CD, & par la 13. pr. 10. CK & CF seront rationeles commens. en puissance seulement : & partant par la 74.pr.10. FK sera residu, & FC sa conuenable. Parquoy CK peut plus que CF du quarré d'vne ligne qui luy est commens. ou incommens. en longit. Si commensurable, FK sera residu premier : & partant la ligne qui peut le rectangle FI (ou son egal B) est residu par la 92.pr.10. Si incommensurable, FK est residu quatriesme : & consequemment la ligne qui peut le rectangle FI (ou son egal B) est ligne mineure par la 95. pr. 10. Parquoy si d'vne superficie rationele, &c. Ce qu'il falloit demonstrer.

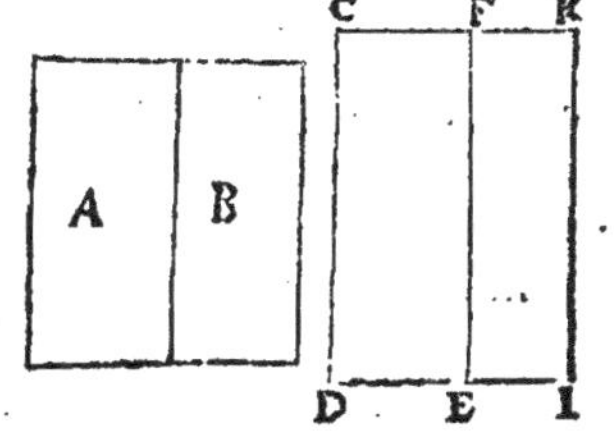

SCHOLIE.

Si l'espace rationel AB est 32, le medial A $\sqrt{320}$; & la ligne rationele CD 6, sur laquelle est descrit le rectangle CE egal à A, & FI egal à B : les costez CF, & FK, seront $\sqrt{8\frac{8}{9}}$, & $5\frac{1}{3}-\sqrt{8\frac{8}{9}}$: & partant la toute CK sera $5\frac{1}{3}$: & le rectangle CI 32, duquel ostant CE, qui est $\sqrt{320}$, le reste rectangle FI sera $32-\sqrt{320}$: & la ligne pouuant iceluy sera $\sqrt{(16+\sqrt{176})}-\sqrt{(16-\sqrt{176})}$, qui est ligne mineure.

THEOR. 86. PROP. CX.

Si d'vne superficie mediale est retranchee vne superficie rationele, la ligne qui peut le reste, est residu medial premier, ou ligne faisant auec vne superficie rationele vn tout medial.

Soit la superficie mediale AB, de laquelle soit retranchee la rationele A : Ie dis que la ligne qui peut le reste B, est residu medial premier, ou ligne faisant auec vne superficie rationele vn tout medial.

Car, ayant construit comme en la preced. puis que la superficie totale AB est mediale, aussi la totale CI est mediale, & par la 23. prop. 10. le costé CK est rationel commens.

commenſ. en puiſſance ſeulement à la rationele CD. Item puis que le retranché A eſt rationel, auſſi ſera ſon egal CE, & par la 21. p. 10. CF ſera rationele commenſ. en longitude à la rationele CD: & par la 13 pr. 10. CK & CF ſeront rationeles commenſ. en puiſſance ſeulement; & partant par la 74. prop. 10. FK ſera reſidu, & FC ſa conuenable. Donc CK peut plus que CF du quarré d'vne ligne qui luy eſt commenſurable ou incommenſurable en longitude, & conſequemment FK ſera reſidu ſecond, ou reſidu cinquieſme. Si reſidu ſecond; la ligne qui peut le rectangle FI (ou ſon egal B) eſt reſidu medial premier par la 93. pr. 10. Si reſidu cinquieſme, la ligne qui peut le rectangle FI, eſt ligne faiſant auec vne ſuperficie rationele vn tout medial par la 96. pr. 10. Parquoy ſi d'vne ſuperficie mediale, &c. Ce qu'il falloit prouuer.

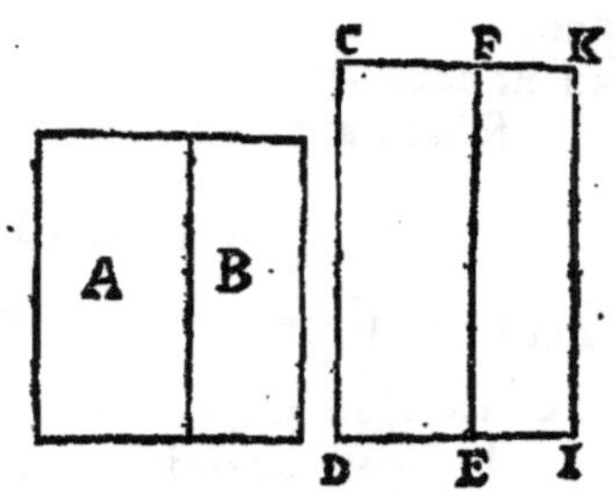

SCHOLIE.

Si la ſuperficie mediale AB eſt √800, & la rationele A 12: le reſte B ſera √800—12, & la ligne pouuant iceluy ſera √(√200+√164)—√(√200—√164), qui eſt ligne faiſant auec vne ſuperficie rationele vn tout medial.

THEOR. 87. PROP. CXI.

Si d'vne ſuperficie mediale, eſt retranchee vne ſuperficie mediale incommenſurable à la toute; la ligne qui peut le reſte eſt ou reſidu medial ſecond, ou ligne faiſant auec vne ſuperficie mediale vn tout medial.

Soit la ſuperficie mediale AB, de laquelle ſoit retranchee la ſuperficie mediale A, incommenſ. à la toute AB. Ie dis que la ligne qui peut le reſte B, eſt reſidu medial ſecond, ou ligne faiſant auec vne ſuperficie mediale vn tout medial.

Car ayant fait meſme conſtruction qu'aux precedentes, les rectangles CI, CE ſeront mediaux & incommenſurables entr'eux; & par la 23 pr. 10. les lignes CK, CF ſeront rationeles incommenſ. en longitude à CD. Et puis que CI, CE ſont incommenſ. les rationeles CK, CF, qui par la 1. pr. 6. ſont en meſme raiſon que CI, CE, ſeront auſſi incommenſ. en longitude, par la 10. pr. 10. & par conſequent elles ſont ſeulement commenſ. en puiſſance: Donc FK ſera reſidu par la 74. prop. 10. & FC ſa conuenable. Partant CK peut plus que FK, du quarré d'vne ligne qui luy eſt commenſurable ou incommenſ. en longitude: ſi commenſ. FK ſera reſidu troiſieſme, par la def. Parquoy la ligne qui peut le rectangle FI (ou ſon egal B) eſt reſidu medial ſecond, par la 94. prop. Si incommenſ. FK ſera reſidu 6e. par la def. Parquoy la ligne qui peut le rectangle FI (ou B ſon egal) eſt ligne faiſant auec vne ſuperficie mediale vn tout medial, par la 97. prop. Si donc d'vne ſuperficie mediale, &c. Ce qu'il falloit demonſtrer.

SCHOLIE.

Si la ſuperficie mediale AB eſt √279, & A √40: la ſuperficie reſtante B ſera √279—√40:

& la ligne pouuant icelle sera $\sqrt{}(\sqrt{69\frac{3}{4}}+\sqrt{59\frac{3}{4}})-\sqrt{}(\sqrt{69\frac{3}{4}}-\sqrt{59\frac{3}{4}})$, *qui est appellee ligne faisant auec vne superficie medial vn tout medial.*

THEOR. 88. PROP. CXII.

La ligne appellee residu, n'est pas la mesme que Binome.

Soit quelconque residu A. Ie dis qu'elle n'est pas mesme ligne que binome.

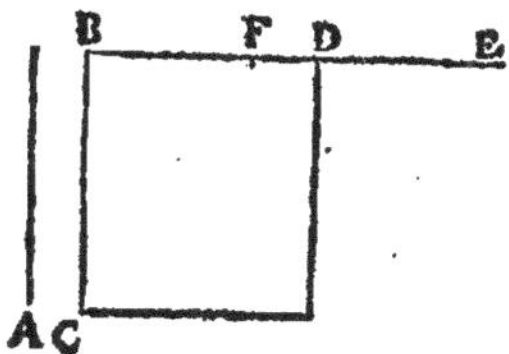

Car soit la rationele proposee BC, sur laquelle soit appliqué le rectangle CD egal au quarré du residu A: par la 98. prop. BD sera residu premier, auquel si on adiouste sa conuenable DE ; BE & DE seront rationeles commens. en puissance seulement : & BE commens. en longitude à la rationele BC.

Maintenant si on pose A estre binome ; BD sera binome premier par la 61. pr. 10. lequel estant diuise en ses noms au poinct F ; (estant BF le plus grand nom) BF & FD seront rationeles commens. en puissance seulement, & BF commensurable en longitude à la rationele BC : & par la 12. pr. 10. BE & BF, seront commens. en longitude. Veu donc que la toute BE est commens. en longitude à la partie BF, par le coroll. de la 16. pr. 10. l'autre partie FE sera aussi commens. en longit. à BE : partant aussi rationele comme icelle BE. Mais DE qui est aussi rationele, n'est pas commensurable en longitude à BE, & par la 14. pr. 10. FE, DE sont rationeles commens. en puissance seulement : & partant par la 74. p. 10. FD est residu, & par consequent irrationele ; ce qui est absurde : car elle a esté prouuee rationele : donc le residu A sera differend du binome. Parquoy la ligne appellee residu n'est pas la mesme que binome. Ce qu'il falloit demonstrer.

COROLLAIRE.

De ces choses on peut facilement colliger que la ligne appellee residu, & les cinq sortes de lignes irrationeles suiuantes, sont differentes de la mediale, & entr'elles. Car le quarré de la mediale appliqué à vne ligne rationele, fait l'autre costé rationel commensurable en puissance seulement à icelle rationele, par la 23. p. 10.

Le quarré du residu, fait l'autre costé residu premier, par la 98. p. 10.

Le quarré du residu medial premier, fait l'autre costé residu second, par la 99. p. 10.

Le quarré du residu medial second, fait l'autre costé residu troisiesme, par la 100. p. 10.

Le quarré de la ligne mineure, fait l'autre costé residu quatriesme, par la 101. p. 10.

Le quarré de la ligne faisant auec vne superficie rationele vn tout medial, fait l'autre costé residu cinquiesme, par la 102. p. 10.

Le quarré de la ligne faisant auec vne superficie mediale vn tout medial, fait l'autre costé residu sixiesme par la 103. pr. 10.

Puis donc que tous ces costez, (qui sont les latitudes des rectangles) sont differens ; les lignes qui les peuuent seront aussi differentes. Mais les quarrez des binomes, & des cinq lignes irrationeles suiuantes, estans appliquez à vne ligne rationele font l'autre costé binome de quelque ordre: partant le binome, & les cinq suiuantes sont differentes du residu, & des cinq suiuantes.

Ainsi toutes les lignes irrationeles cy-deuant dictes sont treize : sçauoir celles-cy.

1. Mediale.
2. Binome.

3. Bimediale premiere.
4. Bimediale seconde.
5. Ligne majeure.
6. Ligne pouuant vn rationel & vn medial.
7. Ligne pouuant deux mediaux.
8. Residu.
9. Residu medial premier.
10. Residu medial second.
11. Ligne mineure.
12. Ligne faisant auec vne superficie rationele vn tout medial.
13. Ligne faisant auec vne superficie mediale vn tout medial.

THEOR. 89. PROP. CXIII.

Le quarré d'vne ligne rationele estant appliqué à vn binome, fait l'autre costé residu, les noms duquel sont proportionaux, & commens. aux noms du binome: en outre le residu est de mesme ordre que le binome.

Soit la rationele A, & le binome BC, duquel le plus grand nom soit BD: & à icelle BC soit appliqué le rectangle BE egal au quarré de la rationele A. Ie dis que l'autre costé CE est residu duquel les noms, c'est à dire la ligne totale & sa conuenable, sont proportionnaux & commens. aux noms BD, DC du binome BC: & en outre qu'iceluy residu est de mesme ordre que ledit binome.

Car au moindre nom CD soit appliqué le rectangle DF aussi egal au quarré de la rationele A: donc les deux rectangles BE, DF, seront egaux, & par la 14.pr.6. leurs costez seront reciproques, sçauoir que comme BC à DC, ainsi CF à CE; & en diuisant, comme BD à DC, ainsi FE à EC. Mais BD est plus grande que CD: donc aussi FE sera plus grande que EC. Maintenant de EF soit retranchee EG egale à EC, & soit fait que comme FG à GE, ainsi EC soit à CH par la 12. pr. 6. & en composant, comme FE sera à EG, (ou EC son egale) ainsi EH à CH, & par la 12.pr.5. les deux antecedens FEH seront aux deux consequens ECH, comme l'vn des antecedens EH à l'vn des consequens CH: & partant les trois lignes FH, EH, CH, seront continuellement proportioneles en la raison de FE à EC, ou BD à DC; & par la 22.prop.6. & 10.pr.10. comme le quarré de BD est commens. au quarré de DC, (car iceux quarrez sont commens. puis que BD, DC sont les noms du binome BC) ainsi le quarré de EH sera commens. au quarré de CH: & par le coroll. de la 20.p.6. & 10.p.10. CH sera commens. en longitude à la troisiesme proportionele FH, & par la 16.p.10. CH & GF seront commens. en longitude. Et d'autant que le rectangle DF est rationel (estant egal au quarré de la ligne rationele A) & DC ligne rationele; CF sera aussi ligne rationele commens. en longitude à CD par la 21.p.10. Et CH sera aussi rationele commens. en longitude à CD, par la 12.p.10.

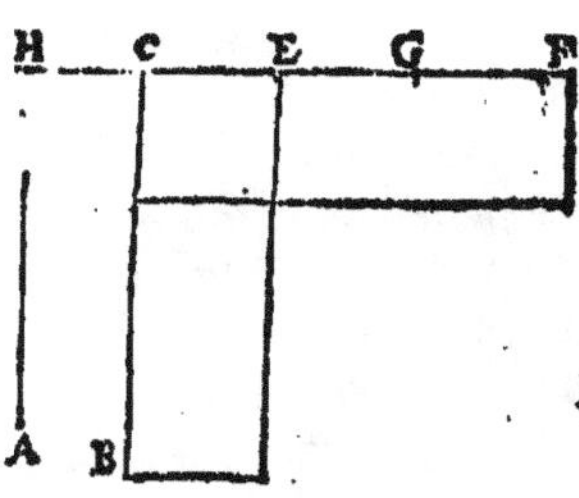

& par la 10. pr. 10. comme CD & DB sont rationeles commens. en puissance seulement, aussi CH, EH, seront rationeles commens. en puissance seulement: & partant par la 74. pr. 10. CE sera residu, duquel les noms EH, CH sont proportionaux, & commens. aux noms BD, DC, du binome BC: Car il a esté demonstré que comme BD est à DC, ainsi EH à CH; & partant en permutant, comme BD sera à EH, ainsi DC à CH. Mais DC, CH ont esté demonstrees commens. en longitude par la 10. p. 10. BD, EH seront donc aussi commens. en longitude.

Reste donc à prouuer que le residu CE est de mesme ordre que le binome BC: Or les noms de l'vn estans proportionnaux, & commens. aux noms de l'autre: par la 15. p. 10. comme le plus grand nom du binome pourra plus que le plus petit du quarré d'vne ligne qui luy sera commens. ou incommens. en longitude: aussi le plus grand nom du residu pourra plus de mesme. Que si le plus grand nom du binome est commens. en longitude à la rationele, aussi sera le plus grand nom du residu par la 12. p. 10. & ils seront binome premier, & residu premier. Que si le plus petit nom du binome est commens. en longitude à la rationele, aussi sera le plus petit du residu; & ils seront binome & residu second. Que si ny l'vn ny l'autre nom du binome est commens. à la rationele: semblablement l'vn ny l'autre nom du residu ne sera commens. à la mesme rationele par la 14. p. 10. & partant ils seront binome, & residu troisiesme: & ainsi des autres. Parquoy le quarré d'vne ligne rationele estant appliqué sur vn binome, &c. Ce qu'il falloit demonstrer.

SCHOLIE.

Si la rationele A est 8, le binome BC 9 + $\sqrt{45}$, tellement que BD soit 9, & CD $\sqrt{45}$: Le quarré de A estant appliqué sur BC, l'autre costé du rectangle CE sera 16 — $\sqrt{142\frac{2}{9}}$, qui est residu: & puis que comme DC est à CB, ainsi CE à CF, icelle CF sera $\sqrt{91\frac{1}{45}}$; & EF $\sqrt{460\frac{4}{5}}$ — 16. Mais EG estant egale à CE, est 16 — $\sqrt{142\frac{2}{9}}$; GF $\sqrt{1115\frac{1}{45}}$ — 32: & d'autant que comme FG est à GE, ainsi EC à CH, icelle sera $\sqrt{142\frac{2}{9}}$, & EH 16: Ainsi est manifeste que CE est residu de mesme ordre que le binome BC, & que les noms EH, CH, sont proportion. aux noms BD, CD.

THEOR. 90. PROP. CXIIII.

Le quarré d'vne ligne rationele, estant appliqué à vn residu, faict l'autre costé binome, les noms duquel sont proportionaux, & commensurables aux noms du residu: En outre le binome est de mesme ordre que le residu.

Soit la rationele A, & le residu BC, auquel conuienne CD, & sur BC soit descrit le rectangle CE egal au quarré de la rationele A: Je dis que l'autre costé BE est binome, dont les noms sont proport. & commens. à BD, CD, noms du residu BC; & en outre qu'iceluy binome BE est de mesme ordre que ledit residu BC.

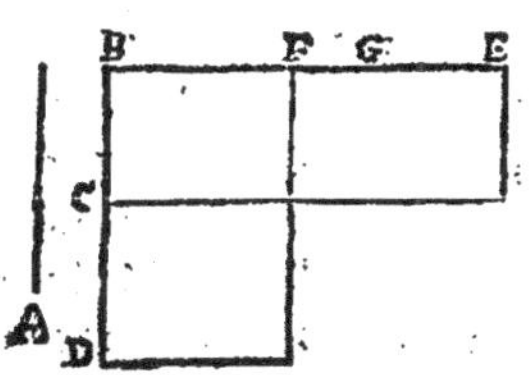

Car sur BD soit descrit le rectangle DF egal au mesme quarré de la rationele A: Donc les rectangles CE & DF seront egaux, & ayans les costez reciproques, par la 14. pr. 6. BD sera à BC comme BE à BF; & par conuersion de raison, BD sera à CD comme BE à FE. Maintenant soit couppée EF en G, par la 10. prop. 6. tellement que comme BE est à FE, ainsi EG soit à GF : Veu donc que comme la toute BE est à la toute FE, ainsi EG retranchée de BE, est à GF retranchee de FE, aussi par la 19. p. 5. le reste BG sera au reste EG, comme la toute à la toute, c'est à dire comme la retranchee EG à la retranchee GF: & partant EG est moyenne proportionele entre BG & GF. Parquoy comme BG sera à GF, ainsi le quarré de BG sera au quarré de EG, par le corollaire de la 20. p. 6. Et puis que comme BD à CD, ainsi BE à FE, c'est à dire BG à GE; & BD, CD noms du residu BC sont rationeles commens. en puissance seulement: par la 10. p. 10. BG, GE seront aussi commens. en puissance seulement : & partant les quarrez d'icelles BG, GE sont commens. & par consequent les lignes BG, FG qui ont mesme raison qu'iceux quarrez, sont commens. en longit. par la mesme 10. p. 10. Et par le corol. de la 16. prop. 10. BG, BF seront ausi commens. en longit. Et d'autant que BD plus grand nom du residu BC est rationele, & le rectangle DF egal au quarré de la rationele A, est rationel; par la 21. p. 10. BF sera ausi rationele commens. en longit. à BD. Donc par la 12. pr. 10. BG sera ausi rationele commens. en longit. à la mesme BD. Et puis que BG, GE, ont esté demonstrees commens. en puissance seulement, & BG rationele ; GE sera ausi rationele. Donc BG, GE sont rationeles commens. en puissance seulement: Et partant par la 37. p. 10. BE est binome: duquel les noms BG, GE, sont proportionaux, & commens. aux noms BD, CD, du residu BC. Car il a esté demonstré que comme BD à CD, ainsi BG à GE : & partant en permutant, comme BD à BG, ainsi CD à GE : mais BD a esté demonstré commensurable en longitude à BG : donc ausi CD sera commens. en longitude à GE, par la 10. p. 10. Reste donc à prouuer que BE est binome de mesme ordre que le residu BC: ce qu'on fera procedant tout ainsi qu'en la precedente. Parquoy le quarré d'vne ligne rationele estant appliqué sur vn residu, &c. Ce qu'il falloit demonstrer.

SCHOLIE.

Si la rationele A est 4, & le residu BC $9-\sqrt{45}$, CD $\sqrt{45}$, & BD 9, le rectangle DF sera 16, & ausi CE 16 : ainsi le costé BF sera $1\frac{7}{9}$, & BE $4+\sqrt{8\frac{8}{9}}$: & par consequent FE sera $\sqrt{8\frac{8}{9}}+2\frac{2}{9}$; & GE $8\frac{8}{9}$, FG $2\frac{2}{9}$, BG 4 : ainsi est euident que BE est binome en mesme ordre que le residu BC, & que les noms d'iceux sont proportionaux.

THEOR. 91. PROP. CXV.

Si vn rectangle est compris d'vn residu, & d'vn binome, desquels les noms sont proportionaux & commensurables ; la ligne droicte pouuant iceluy rectangle est rationele.

Soit le rectangle AB compris sous le residu AC, & le binome CB, duquel les noms CD, DB soient proportionaux, & commensurables aux noms CE, AE du residu AC: & soit la ligne droicte F pouuant iceluy rectangle AB. Ie dis que F est rationele.

Car soit vne rationele proposee G, le quarré de laquelle estant appliqué sur le binome CB; face le rectangle CH. Donc par la 113. prop. l'autre costé BH sera residu, duquel les noms HI, BI sont commensur. & proportionaux aux noms CD, DB, sçauoir est que comme HI à BI, ainsi CD à DB, & partant ainsi CE à AE : & en permutant, comme la toute HI à la toute CE, ainsi la retranchee BI à la retranchee AE ; & par la 19. prop. 5. le reste BH sera aussi au reste AC, comme la toute à la toute. Mais icelles toutes sont commens. en longitude par la 12. prop. 10. pource que l'vne & l'autre est commens. à CD: donc aussi BH, AC seront commensurables en longitude par la 10. prop. 10. & par consequent les rectangles HC & BA estans par la 1. prop. 6. en mesme raison que BH, & AC, ils seront aussi commensurables. Mais HC, egal au quarré de la rationele G, est rationel : donc aussi AB sera rationel; & partant la ligne F qui peut iceluy AB, sera aussi rationele. Si donc vn rectangle est compris d'vn residu, & d'vn binome, &c. Ce qu'il falloit demonstrer.

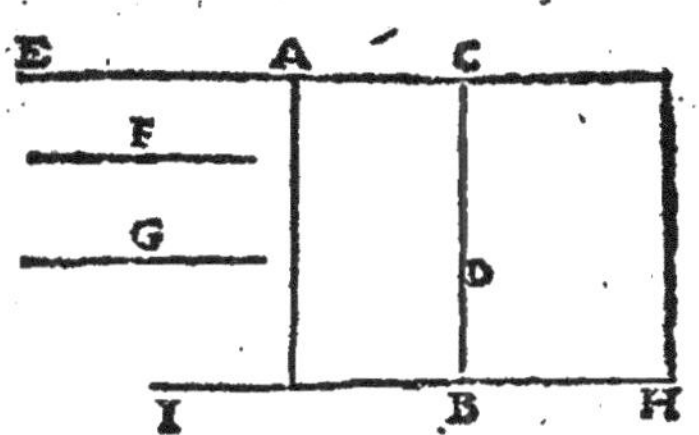

COROLLAIRE.

De cecy est manifeste qu'vn rectangle rationel, peut estre compris de lignes irrationeles.

SCHOLIE.

Si le residu AC est $4 - \sqrt{8\frac{8}{9}}$, tellement que les noms d'iceluy CE, & AE soient 4, & $\sqrt{8\frac{8}{9}}$, mais le binome BC soit $9 + \sqrt{45}$, le rectangle AB sera 16, qui est rationel: & partant la ligne F qui peut iceluy est 4, & par consequent rationele. Or la rationele G estant 8, le rectangle CH sera 64, & le costé BH $16 - \sqrt{142\frac{2}{9}}$, HI 16, & BI $\sqrt{142\frac{2}{9}}$.

THEOR. 92. PROP. CXVI.

De la ligne mediale naissent infinies lignes irrationeles, toutes differentes des deuant dites.

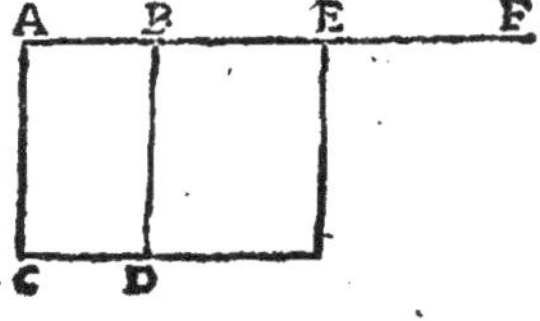

Soit la ligne mediale AB : ie dis que d'icelle naissent infinies lignes irrationeles toutes differentes des treize lignes deuant dites.

Car si sur l'extremité de la mediale on meine la perpendiculaire AC qui soit rationele, & on acheue le rectangle AD, iceluy rectangle sera irrationel par le corol. de la 39. p. 10. & par la 11. def. 10. la ligne qui peut iceluy rectangle est irrationele, soit icelle BE laquelle sera differente de toutes les lignes deuant dites. Car son quarré appliqué à vne ligne rationele AC, fait l'autre costé AB medial : Ce que ne faisoit pas vne des 13 lignes deuant dictes. Item si on accomplit le rectangle DE, il sera aussi irrationel par le mesme coroll. & la ligne qui le peut, aussi irrationele : & soit EF, laquelle sera differente de toutes les lignes deuant dites. Car le quarré de pas vne d'icelles, appliqué à vne ligne rationele, ne fait l'autre costé tel que BE : & procedant de ceste façon, on trouuera infinies autres lignes irrationeles differentes entr'elles & des precedentes. Parquoy de la ligne mediale, &c. Ce qu'il falloit prouuer.

SCHOLIE.

Si la mediale AB est $\sqrt{\sqrt{2}}$, & la rationele AC 2, le rectangle AD sera $\sqrt{\sqrt{32}}$, & la ligne BE qui peut iceluy sera $\sqrt{\sqrt{\sqrt{32}}}$: Ainsi le rectangle DE sera $\sqrt{\sqrt{\sqrt{512}}}$, & la ligne EF qui peut iceluy sera $\sqrt{\sqrt{\sqrt{\sqrt{512}}}}$, & ainsi à l'infiny.

THEOR. 93. PROP. CXVII.

Au quarré, la diagonale est incommensurable en longitude au costé.

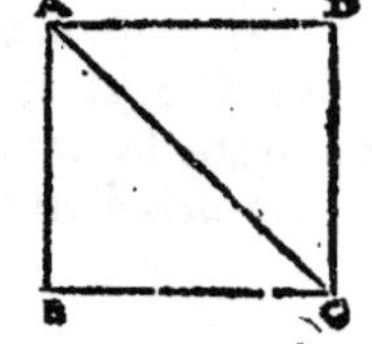

Soit le quarré ABCD, duquel AC soit diagonale. Ie dis qu'icelle diagonale AC est incommens. en longitude au costé AB.

Car par la 47. prop. 1. le quarré de AC est double du quarré de AB: mais toute grandeur double d'vne autre est comme 2 à 1, ou 4 à 2, ou 8 à 4, &c. Donc le quarré de AC est au quarré de AB, comme 2 à 1, ou 4 à 2, ou 8 à 4, &c. qui n'est pas comme nombre quarré à nombre quarré, comme nous auons demonstré au corol. de la 24. prop. 8. & partant par la 9. pr. 10. la diagonale AC, & le costé AB, sont incommens. en longitude. Donc au quarré, la diagonale est incommens. en longitude au costé. Ce qu'il falloit demonstrer.

SCHOLIE.

Si AB costé du quarré est 1, la diagonale AC sera $\sqrt{2}$: tellement que la raison du costé au diametre est comme 1 à $\sqrt{2}$, c'est à dire incommens. en longitude.

Fin du dixiesme Element.

ELEMENT VNZIESME.

DEFINITIONS.

1. Solide, est ce qui à longueur, largeur & profondeur.

2. Mais les termes d'vn solide, sont superficies.

3. Vne ligne droicte est perpendiculairement esleuee sur vn plan, quand toutes les lignes droictes constituees sur iceluy plan, & menees vers elle la rencontrent en angles droicts.

Soit la ligne droicte AB esleuee au dessus du plan CDEF, sur lequel soient menees tant de lignes droictes que l'on voudra CA, DA, EA & FA, qui rencontrant en A ladite ligne AB fassent les angles droicts CAB, DAB, EAB & FAB: Nous dirons donc qu'icelle ligne AB est perpendiculaire, ou esleuee à angles droicts sur ledit plan proposé CDEF.

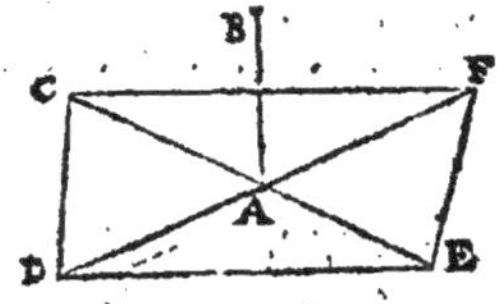

4. Vn plan est esleué perpendiculairement sur vn plan, quand les lignes menees sur l'vn d'iceux perpendiculairement à la ligne de commune section, sont aussi perpendiculaires à l'autre plan.

Soit le plan ABCD esleué sur le plan BEFC, tellement que la ligne AD soit en l'air, & la ligne BC leur commune section: mais au plan BEFC, soit tiree la ligne droicte GH perpendiculaire à icelle commune section BC. Maintenant si la mesme ligne GH est aussi perpend. à l'autre plan ABCD, c'est à dire qu'ayant mené en iceluy du poinct G, quelque ligne droicte, comme GK, l'angle HGK soit droict: iceluy plan ABCD sera esleué perpendiculairement ou à angles droicts sur l'autre plan BCEF. Partant lors qu'vn plan est esleué à angles droicts sur quelque autre plan, aussi les lignes droictes menees en l'vn d'iceux à angles droicts à leur commune section, seront perpendiculaires à l'autre plan: tellement que si on dit que le plan ABCD est esleué à angles droicts sur le plan BCEF, & qu'en celuy-là soient menees les lignes droictes AB, KG, DC perpendic. à la commune section BC, nous conclurons qu'icelles lignes sont aussi perpend. à l'autre plan BCEF, & sont les angles ABE, KGH, DCF droicts.

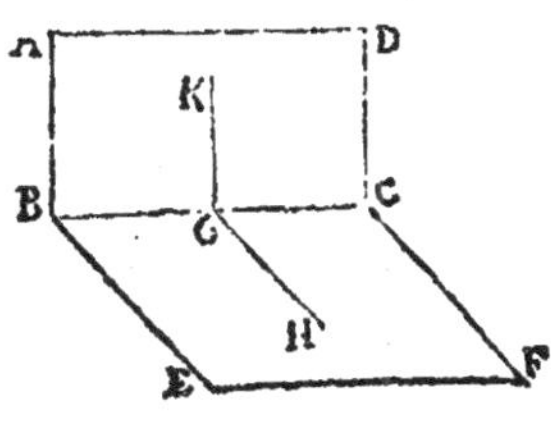

5. L'inclination

5. L'inclination d'vne ligne droicte à vn plan, est l'angle aigu contenu d'icelle ligne, & d'vne autre ligne droicte menee au plan de l'inclinante, par le poinct auquel tombe vne perpendiculaire tiree du sommet d'icelle inclinante sur ledit plan.

Soit la ligne droicte AB incline au plan CD, & du poinct du sommet B, soit menee BE perpendic. au mesme plan CD, & tiree AE: l'angle aigu BAE sera l'inclination de ladite ligne AB au plan CD.

6. Vn plan est incliné sur vn plan, quand les lignes menees sur l'vn & l'autre plan perpendiculaires à la ligne de commune section, & vers vn mesme poinct d'icelle, ne sont point perpendiculaires les vnes aux autres: & l'inclination d'iceux plans, est l'angle aigu compris d'icelles perpendiculaires.

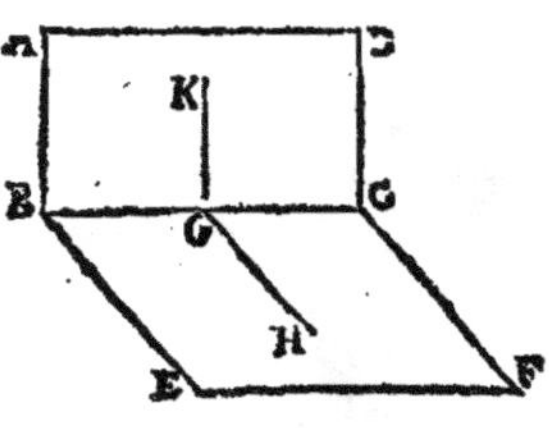

Soit le plan ABCD esleué au dessus du plan BCFE, tellement que la ligne AD est en l'air, & BC leur commune section: mais de quelque poinct d'icelle comme G, soient menees GH au plan CE, & GK au plan AC, chacune perpendiculaire à ladite BC. Or si lesdites perpendiculaires GH & GK, ne sont perpendiculaires entr'elles, c'est à dire que l'angle KGH ne soit droict, le plan ABCD sera incliné au plan BCFE, & l'angle aigu KGH contenu sous icelles perpendiculaires GH, GK sera l'inclination d'iceux plans.

7. Vn plan est dit estre semblablement incliné à vn plan, & vn autre à vn autre, lors que les susdicts angles d'inclinations sont egaux entr'eux.

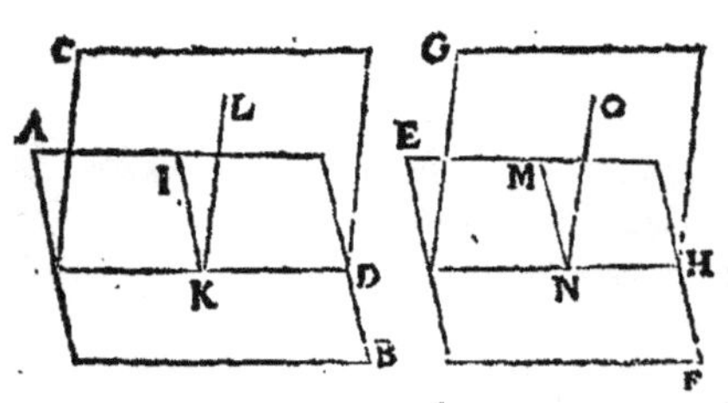

Soient deux plans AB, CD, inclinez entr'eux, & deux autres plans EF, GH, aussi inclinez entr'eux; mais que l'angle d'inclination de ceux-là, qui est IKL, soit egal à l'angle d'inclination de ceux-cy, qui est MNO: Le plan AB sera semblablement incliné au plan CD, que le plan EF au plan GH, c'est à dire que l'inclination de ces deux plans-là sera semblable & egale à l'inclination de ces deux-cy.

8. Plans parallels, sont ceux lesquels estans continuez ne se rencontrent point.

Comme si les deux plans ABC, DEF, estans prolongez de part & d'autre, ne se rencontrent point : iceux plans seront paralleles entr'eux. Item, les deux plans BCFE, GHIK ne se pouuant iamais rencontrer estans prolongez seront aussi dicts plans paralleles, mais non pas les deux plans CHIF, BGKE, lesquels estans continuez se rencontrent en AD.

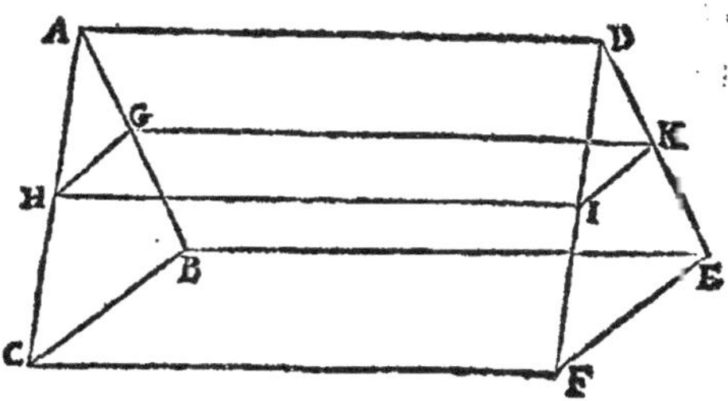

9. Solides semblables, sont ceux qui sont compris de plans semblables, egaux en nombre.

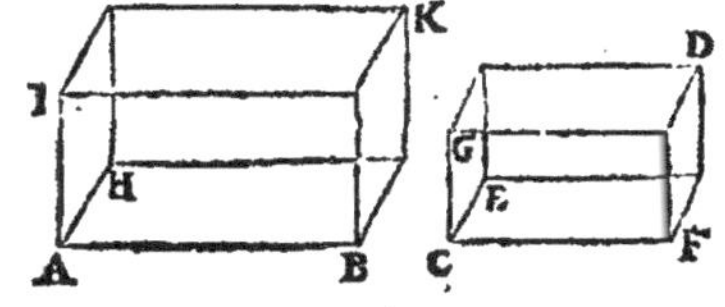

Comme les solides AK, & CD, chacun desquels est contenu & enuironné de six plans ou superficies semblables, seront dicts solides semblables.

10. Solides egaux & semblables, sont ceux qui sont compris & enuironnez de semblables plans, egaux en nombre & grandeur.

C'est à dire que si les plans semblables, qui suiuant la precedente definition contiennent les corps semblables, sont egaux chacun au sien : tels solides ne seront pas seulement dicts semblables, mais aussi egaux : Comme chacun des corps AB, CD, estant contenu de six plans semblables & egaux, chacun à son correspondant, seront dicts corps ou solides egaux & semblables.

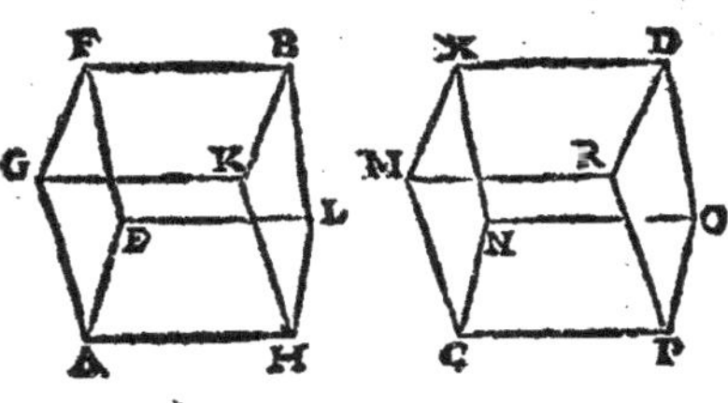

11. Angle solide, est l'inclination ou rencontre de plus de deux lignes, qui se touchans en vn mesme poinct, ne sont constituees sur vn mesme plan. *ou bien*, Angle solide, est celuy qui est contenu sous plus de deux angles plans, qui se rencontrans à vn mesme poinct sont constituez sur plans differens.

Nous auons dit au premier liure que quand deux lignes droictes constituees à vn mesme plan se rencontrent indirectement à vn poinct, elles font vn angle plan, tel qu'est l'angle BAC contenu des deux lignes AB, AC, constituees en vn mesme plan : Mais s'il y interuient vne troisiesme ligne comme AD, qui ne soit constituee au mesme plan, ains que le poinct D soit en l'air hors le plan d'icelles, sera fait au poinct A vn angle solide : Lequel est aussi constitué par les trois angles plans BAC, BAD, & CAD, qui se rencontrent au mesme poinct A, & sont constituez sur plans differens.

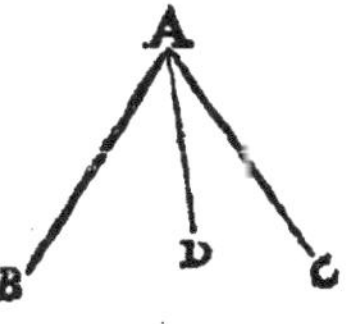

Mais est icy à noter que ceste def. ne comprend que les angles solides qui sont contenus sous plus de deux lignes droictes, ou plus de deux angles plans rectilignes : car elle ne comprend pas

l'angle du cone, qui est contenu d'vne seule superficie courbe; ny celuy fait de deux superficies l'vne plaine & l'autre courbe, tel qu'est l'angle fait lors qu'vn Cone est couppé par le sommet. Comme est aussi à noter que les angles solides contenus d'angles plans egaux en multitude & grandeur, sont egaux entr'eux.

12. Pyramide, est vn solide compris de plusieurs plans, se rencontrans en vn mesme poinct, & ayans vn autre plan pour base.

Comme la figure solide ABCD constituee sur le plan ABC auec les trois autres plans ADB, ADC, & CDB, qui se rencontrent & terminent au poinct D, est appellee Pyramide. Comme aussi la figure solide ABCDE constituee sur la base ABCD, les autres plans se rencontrans au sommet E: Item la figure solide ABCDEF: Chacune desquelles Pyramides prend sa denomination selon la figure de sa base: tellement que celle qui a vn triangle pour base, comme la premiere des trois cy-dessus, s'appelle Pyramide triangulaire: celle qui a vn quadrangle comme la 2e. se nomme Pyramide quadrangulaire: celle qui a vn pentagone pour base, comme la 3e. s'appelle Pyramide pentagonalle, &c.

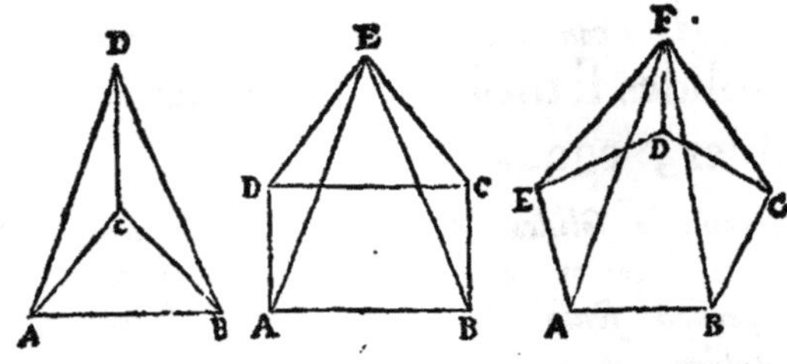

13. Prisme, est vn solide compris de plusieurs plans, desquels deux qui sont opposez sont egaux, semblables & parallels, & les autres sont parallelogrammes.

Comme la figure solide ABCDEF s'appelle prisme, car elle est contenue de deux triangles opposez ABC, DEF qui sont egaux semblables & parallels, & de trois parallelogrammes BCFE, BADE, ACFD. Semblablement la figure solide ABCDHEFG, en laquelle les plans opposez, egaux, semblables & parallels sont les quadrilateres ABCD, EFGH, & les autres plans sont parallelogrammes, est nommee Prisme: Comme aussi l'autre figure solide ABCDEKFGHC, dont deux des plans qui la contiennent sont opposez, egaux semblables & parallels, sçauoir les pentagones ABCDE, FGHIK, & les autres plans sont parallelogrammes, est nommee Prisme. Parquoy vn prisme n'est autre chose qu'vne colomne d'egale grosseur qui a les bases opposees egales, semblables & paralleles, soit qu'icelles bazes soient triangulaires, quadrangulaires, pentagonales, &c. ainsi qu'il appert és figures cy dessus.

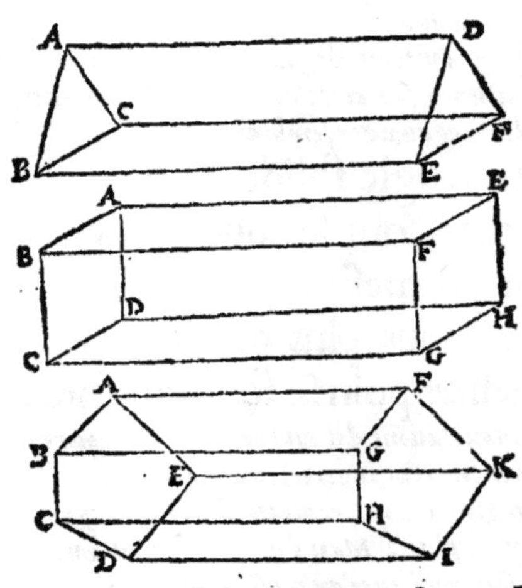

14. Sphere, est vne figure contenue de la superficie descrite par vn demy cercle, lors que son diametre demeurant immobile, iceluy de-

my cercle est tourné iusques à ce qu'il reuienne où il a commencé de mouuoir.

Encore que nous ayons suppleé quelque chose en ceste def. de la sphere, si est-ce toutesfois que celle de Theodoze rapportee en nostre Cosmographie semble plus claire & intelligible: & des deux nous en auons faict vne autre, qui est au commencement de nostre Geometrie practique, laquelle est telle qu'il ensuit,

La sphere est vn corps compris d'vne seule superficie, à laquelle toutes les lignes droictes menees d'vn seul poinct de ceux qui sont au dedans d'iceluy corps sont egales entr'elles: & icelle sphere est descrite par vn demy cercle tournant vn tour sur son diametre immobile.

15. L'axe de la sphere, est iceluy diametre immobile à l'entour duquel tourne le demy cercle.

16. Le centre de la sphere, est le mesme que celuy du demy cercle.

17. Mais le diametre de la Sphere, est vne ligne droicte, laquelle passant par le centre d'icelle, est terminee à la superficie de la sphere.

18. Cone, est vn solide compris sous deux superficies descrites par vn triangle rectangle, lors que l'vn des costez qui comprennent l'angle droict demeurant immobile, le triangle fait vn tour à l'entour d'iceluy costé. Et si ledit costé immobile est egal à l'autre costé comprenant l'angle droict, le cone sera rectangle: mais si plus petit; il sera ambligone: & si plus grand; il sera oxigone.

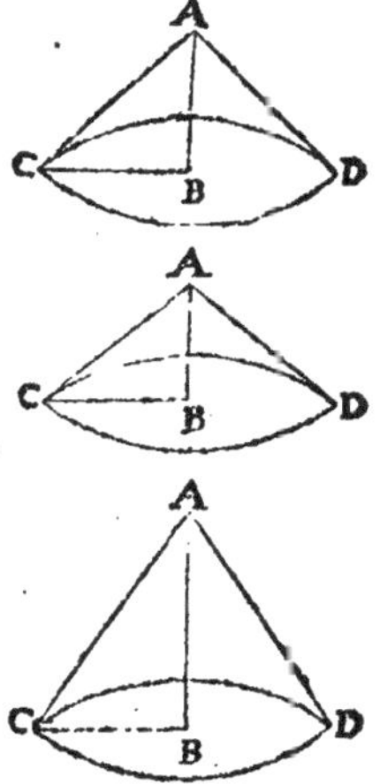

Soit le triangle ABC, dont l'angle B est droict, & le costé AB demeurant fixe, soit imaginé ledit triangle ABC estre meu à l'entour dudit costé AB iusques à ce qu'il ait fait vne entiere reuolution: alors sera descrite vne figure solide contenue soubs deux superficies, l'vne plane & circulaire descrite par le costé BC, & l'autre courbe & conuexe descrite par le costé AC opposé à l'angle droict: laquelle figure est appellee Cone par Euclide & autres Geometres; mais plusieurs l'appellent aussi Pyramide ronde.

Que si le costé immobile AB est egal à BC autre costé de l'angle droict, comme en la premiere figure, le Cone sera dit Orthogonel ou rectangle, pource que l'angle au sommet A sera droict, chacun des deux CAB & DAB, qui le composent estant demy droict, à cause que l'angle B est droict, & les costez AB & BC egaux. Mais si le costé immobile AB est moindre que l'autre costé de l'angle droict BC, comme en la 2. figure, le Cone descrit sera dit Ambligone, pource que l'angle au sommet A sera obtus, attendu que chacun des angles egaux BAC, BAD, qui le composent est plus grand qu'vn demy droict, l'angle ACB qui fait vn droict auec BAC estant moindre qu'iceluy. Et finalement si le costé immobile AB est plus grand que l'autre costé BC, comme en la 3. figure, le Cone descrit sera appellé Oxigene, parce que l'angle au sommet A sera aigu, puis que l'angle ACB sera plus grand qu'vn demy droict, & chacun des angles BAC, BAD qui composent ledit angle A, moindre qu'vn demy droict.

19. L'axe du cone est icelle ligne immobile à l'entour de laquelle tourne le triangle.

Comme en chacun des trois Cones descrits cy-dessus, l'axe est la ligne droicte immobile AB.

20. Mais la baze du cone, est le cercle descrit par l'autre costé comprenant l'angle droict qui tourne.

Comme és Cones cy-dessus, la base est le cercle descrit par le costé BC.

21. Cylindre, est vn solide compris de trois superficies descrites par vn parallelogramme rectangle, lors que l'vn des costez demeurant immobile, le parallelogramme fait vn tour à l'entour d'iceluy costé.

Soit vn parallelogramme rectangle ABCD, & le costé AB demeurant fixe & immobile soit conceu ledict parallelogramme estre meu allentour dudit costé AB, insques à ce qu'il soit reuenu au lieu où il a commencé de mouuoir: alors sera descrite vne figure solide CDEF contenue soubs trois superficies, c'est à sçauoir deux planes, & circulaires descrites par les costez AD, BC, & l'autre courbe & conuexe descrite par le costé DC: laquelle figure CDEF est appellée Cylindre par Euclide & plusieurs autres Geometres; mais quelques vns l'appellent Colomne ronde.

22. L'axe du Cylindre, est icelle ligne mobile à l'entour de laquelle se meust le parallelogramme.

Comme en la figure precedente la ligne droicte AB qui est demeuree immobile est dicte Axe du Cylindre CDEF.

23. Mais les bases du cylindre, sont les cercles descrits par les deux costez opposez, meus allentour.

Ainsi en la figure cy-dessus les cercles DE & CF descrits par les costez opposez AD, BC, seront les bases du Cylindre CDEF.

24. Semblables Cones, & Cylindres, sont ceux desquels les axes & les diametres de leurs bases sont proportionnaux.

Soient deux Cones ABC, EFG: Item deux Cylindres; & AD, EH soient leurs Axes; & BC, FG les diametres des bazes. Or si l'axe AD est à l'axe EH, comme le diametre BC est au diametre FG; tant les Cones, que les Cylindres seront semblables entr'eux.

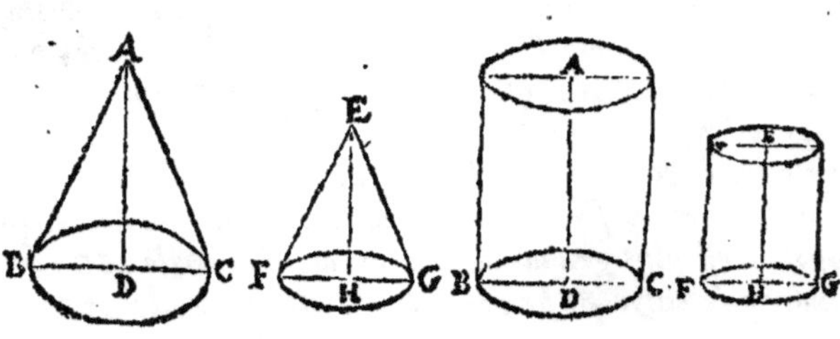

Mais est icy à noter qu'en ceste def. & autres preced. des Cones & des Cylindres, Euclide

ne definit, & n'entend parler cy apres que des Cones & Cylindres droicts, c'est à sçauoir de ceux dont l'axe est perpendiculaire & à angles droicts sur la baze: mais Appolonius Pergeus, & Serenus en traictent vniuersellement, c'est à sçauoir tant des Ortogones, que des inclinez, ou scalenes.

25. Cube est vn solide compris de six quarrez egaux.

26. Tetraedre, est vne figure solide comprise de quatre triangles egaux, & equilateraux.

27. Octaedre, est vn solide compris de huict triangles egaux, & equilateraux.

28. Dodecaedre, est vn solide compris de douze pentagones egaux, equilateraux, & equiangles.

29. Icosaedre, est vn solide compris de vingt triangles egaux, & equilateraux.

30. Parallelipipede, est vn solide compris de six quadrangles plans, desquels les opposez sont parallels.

31. Vne figure solide, est dicte inscrite en vne figure solide, lors que tous les angles de la figure inscrite sont constituez, ou és angles, ou és costez, ou finablement és plans de la figure en laquelle elle est inscrite.

32. Mais vne figure solide, est dicte circonscrite à vne figure solide, quand ou les angles, ou les costez, ou les plans de la figure circonscrite, touchent tous les angles de la figure à l'entour de laquelle elle est descrite.

THEOR. 1. PROP. I.

Vne partie d'vne ligne droicte ne peut estre sur vn plan, & l'autre partie en l'air.

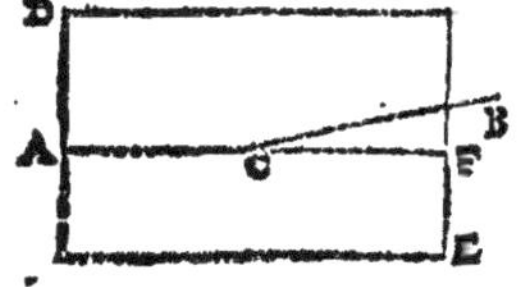

Car soit, s'il est possible, vne partie de la ligne droicte AB, sçauoir AC sur le plan DE, & l'autre partie CB en l'air. Donc puis que AC est ligne droicte posée au plan DE, elle peut estre prolongee directement sur iceluy plan, lequel prolongement soit CF, qui sera autre que CB, icelle ayant esté posee en l'air, & hors dudit plan DE: Et partant les deux lignes droictes ACB, ACF auront vn commun segment AC: Ce qui ne peut estre par la 10. comm. sent. Parquoy vne partie d'vne ligne droicte, &c. Ce qu'il falloit demonstrer.

THEOR. 2. PROP. II.

Si deux lignes droictes ſe couppent l'vne l'autre, elles ſeront ſur vn meſme plan: & tout triangle eſt en vn meſme plan.

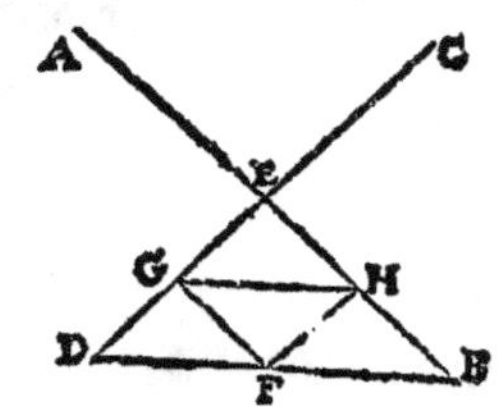

Soient deux lignes droictes AB & CD ſe coupans l'vne l'autre au poinct E; & en EB, ED ſoient pris quelconques poincts B & D, & ſoit tiree la ligne droicte BD, afin de faire le triangle EBD. Ie dis que les deux lignes droictes AB, CD, ſont conſtituees en vn ſeul & meſme plan: Item, que le triangle EBD eſt pareillement en vn meſme plan.

Car ſi quelque partie d'iceluy triangle EBD, comme FBEG eſtoit en vn plan, & la partie reſtante FDG en vn autre plan, auſſi BF, EG ſeroient en vn plan, & les parties reſtantes FD, GD, en vn autre plan, c'eſt à dire en l'air, contre la prec. prop. Par meſmes raiſons DEHF partie du meſme triangle BED, ne peut pas eſtre en vn plan, & l'autre partie BHF en vn autre plan: Ny auſſi la partie DGHB ne peut pas eſtre en vn autre plan que la partie reſtante GHE: car il arriueroit touſiours la meſme abſurdité que deſſus, ſçauoir eſt que partie d'vne ligne droicte ſeroit en vn plan, & l'autre partie en l'air contre ce qui a eſté demonſtré à la prec. pr. Partant tout le triangle EBD eſt en vn ſeul & meſme plan. Et puis que BE, DE parties des lignes AB, CD, ſont en vn meſme plan, il s'enſuit par la prop. precedente qu'icelles AB, CD, ſont auſſi en vn meſme plan; ſçauoir eſt en celuy auquel nous auons demonſtré eſtre le triangle EBD. Parquoy ſi deux lignes droictes ſe couppent l'vne l'autre, &c. Ce qu'il falloit demonſtrer.

THEOR. 3. PROP. III.

Si deux plans ſe coupent l'vn l'autre, leur commune ſection ſera vne ligne droicte.

Soient deux plans ſe coupans l'vn l'autre AB & CD, & leur commune ſection, ſoit la ligne EF. Ie dis que icelle commune ſection EF eſt vne ligne droicte.

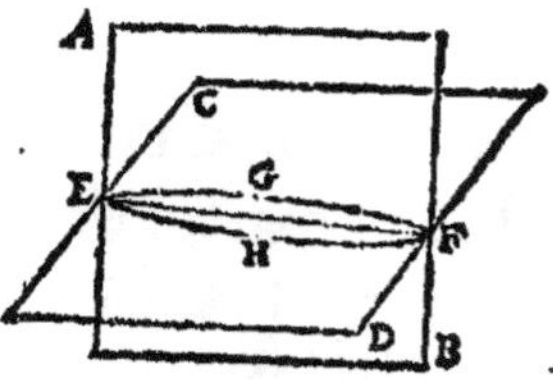

Car ſi elle n'eſt telle, des poincts extremes E & F, qui ſont communs à tous les deux plans on pourra tirer ſur chacun d'iceux plans vne ligne droicte qui ſera autre qu'icelle commune ſection EF: ſoit donc menee au plan AB vne ligne droicte EGF, & au plan CD la ligne droicte EHF. Donc puiſque ces deux lignes droictes EGF, EHF ont meſmes termes E & F, elles encloront vn eſpace: ce qui eſt abſurde. Donc la commune ſection EF ſera ligne droicte. Parquoy ſi deux plans, &c. Ce qu'il falloit prouuer.

THEOR. 4. PROP. IV.

Si deux lignes droictes ſe couppent l'vne l'autre, & au poinct de leur commune ſection on eſleue perpendiculairement vne au-

tre ligne droicte, elle sera aussi esleuee perpendiculairement sur le plan d'icelles.

Soient deux lignes droictes AB & CD, se coupans l'vne l'autre au poinct E, & d'iceluy poinct de section E, soit esleuee EF perpendiculaire à chacune d'icelles AB, CD: ie dis qu'elle est aussi perpendiculaire à leur plan.

Car soient posees egales les lignes droictes AE, EB, & CE, ED; puis soient tirees les lignes droictes AD, BC; & par le poinct E soit menee quelconque ligne droicte GH couppant les lignes AD, BC, és poincts G & H: Item du poinct en l'air F soient tirees les lignes droictes FA, FG, FD, FB, FH & FC. D'autant que les costez EA, ED du triangle AED, sont egaux aux costez EB, EC du triangle BEC, chacun au sien, & les angles AED, BEC contenus par iceux costez aussi egaux par la 15. pr. 1. les bases AD, BC seront pareillement egales, par la 4. prop. 1. Derechef puis que les angles AEG, BEH sont egaux par la 15. p. 1. les deux angles AEG, EAG du triangle AGE seront egaux aux deux angles BEH, EBH, du triangle BHE, & le costé AE est egal au costé BE: donc par la 26. prop. 1. les deux costez AG, GE, seront egaux aux deux costez BH, HE. Et puis que les deux costez FE, EA du triangle FEA sont egaux aux costez FE, EB du triangle FEB, & les angles contenus d'iceux costez aussi egaux, sçauoir droicts par l'hypothese, par la 4. prop. 1. les bazes FA, FB seront egales. Par mesme raison seront aussi egales les lignes FD, FC. Dauantage, veu que les costez FA, AD du triangle FAD, sont egaux aux costez FB, BC du triang. FBC, & la base FC egale à la base FD, par la 8. pr. 1. les angles FAD, FBC seront aussi egaux: Parquoy les costez FA, AG du triangle FAG, estans egaux aux costez FB, BH, du triangle FBH, les bases FG, FH, seront pareillement egales par la 4. prop. 1. Et finalement, puis que les costez FE, EG, du triangle FEG, sont egaux aux costez EF, EH du triangle FEH, & les bases FG, FH aussi egales, les angles FEG, FEH seront pareillement egaux par la 8. pr. 1. & partant par la 10. d. 1. la ligne droicte FE sera perpendiculaire à la ligne GH, qui la touche en E, & constituee au mesme plan que les lignes AB, CD, par la 2. prop. 11.

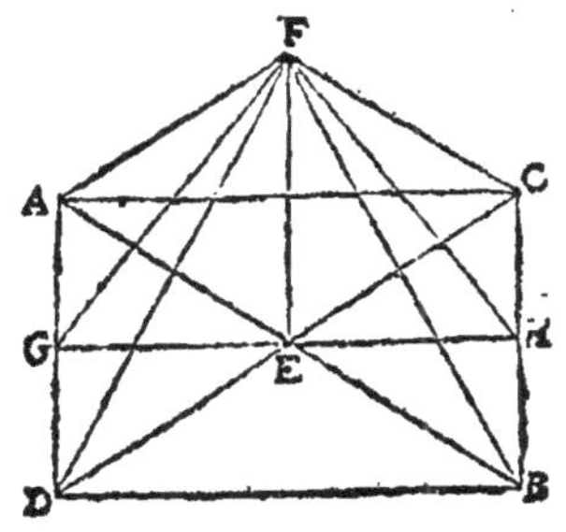

On pourra semblablement mener tant de lignes droictes qu'on voudra sur le mesme plan, lesquelles rencontrant la perpendiculaire FE en E, y feront angles droicts, par les mesmes raisons que dessus: & par la 2. def. 11. icelle FE sera perpendiculaire au plan des lignes AB & CD. Si donc deux lignes droictes se couppent l'vne l'autre, &c. Ce qu'il falloit demonstrer.

THEOR. 5. PROP. V.

Si vne ligne droicte rencontre en vn poinct perpendiculairement trois autres lignes droictes, icelles trois lignes droictes seront en vn mesme plan.

Soit la ligne droicte AB perpendiculaire à trois autres lignes droictes AC, AD, AE,

AE, au poinct de leur rencontre A. Ie dis qu'icelles trois lignes AC, AD, AE, sont sur vn mesme plan.

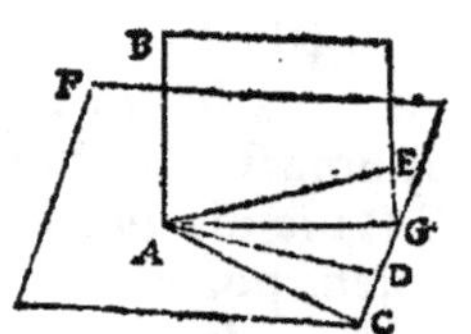

Car puis que deux d'icelles quelles qu'elles soient sont en vn mesme plan par la 2. prop. 11. soient AC, AD, au plan FC: Si donc on dit que AE n'est point sur le mesme plan FC, mais qu'elle est esleuee en l'air, elle pourra estre au mesme plan que AB par la 2. p. 11. & soient toutes deux au plan BE. Ainsi FC, & BE sont deux plans differens, lesquels se touchans au poinct A, ne sont pas parallels, partant estans continuez tant qu'il sera de besoin ils se coupperont, & leur commune section sera vne ligne droicte par la 3. p. 11. soit la ligne AG, laquelle par ce moyen sera au mesme plan que AC; & partant par la 4. d. 11. BA, & GA se rencontreront en angles droicts: mais par l'hypothese AB & AE se rencontrent aussi en angles droicts: par ainsi les angles BAE, BAG estans au plan BG tiré par les lignes BA, AG, seroient egaux, la partie au tout: ce qui est impossible: Donc AE n'estoit pas esleuee en l'air, ains estoit au mesme plan que AC & AD. Parquoy si vne ligne droicte rencontre en vn poinct, &c. Ce qu'il falloit demonstrer.

THEOR. 6. PROP. VI.

Si deux lignes droictes sont esleuees perpendiculairement sur vn mesme plan, elles seront paralleles.

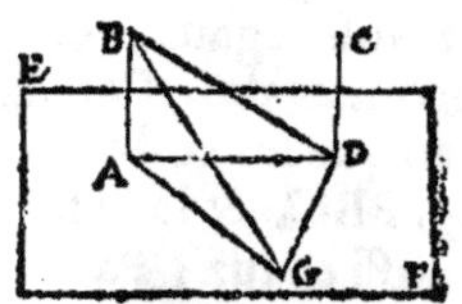

Soient deux lignes droictes AB, CD esleuees perpendiculairement sur vn mesme plan EF, & aux poincts A & D. Ie dis qu'icelles AB, CD, sont paralleles entr'elles.

Car des susdits poincts A & D du plan EF, soit menee la ligne droicte AD, & du poinct D la ligne droicte DG perpendiculaire à icelle AD par la 11. prop. 1. puis ayant posé icelle DG egale à AB, soient menees les lignes BD, BG, AG. D'autant que les deux triangles ABD & AGD ont les deux costez AB, DG egaux, & AD commun, & l'angle BAD egal à l'angle GDA (car cestuy-là est droict par la 3. def. 11. & celuy-cy est aussi droict par la construction) par la 4. pr. 1. la base BD sera egale à la base AG. Item les deux triangles AGB & GDB ayans les deux costez AB, AG egaux aux deux costez DG, BD, chacun au sien, & la base BG commune, par la 8. prop. 1. les deux angles BAG, BDG seront egaux. Mais l'angle BAG est droict par la 3. def. 11. donc BDG sera aussi droict: & partant la ligne DG est perpendiculaire à BD: Mais elle est aussi perpendiculaire à chacune d'icelles AD, CD par la 3. def. 11. Parquoy GD touche perpendiculairement en vn poinct D, les trois lignes DA, DB, DC: & partant par la 5. pr. 11. icelles trois lignes seront en vn mesme plan, c'est à dire que CD sera au plan mené par les lignes AD, DB. Mais par la 2. pr. 11. les trois lignes AB, BD, AD qui constituent le triangle ABD sont en vn mesme plan: partant AB & CD seront aussi en vn mesme plan. Mais par la 3. def. 11. elles font les deux angles BAD, CDA droicts: Donc par la 28. pr. 1. icelles lignes AB, DC sont paralleles entr'elles. Parquoy si deux lignes droictes sont esleuees, &c. Ce qu'il falloit demonstrer.

THEOR. 7. PROP. VII.

Si deux lignes droictes sont paralleles, & de l'vne à l'autre on mene vne ligne droicte, elle sera au mesme plan des lignes paralleles.

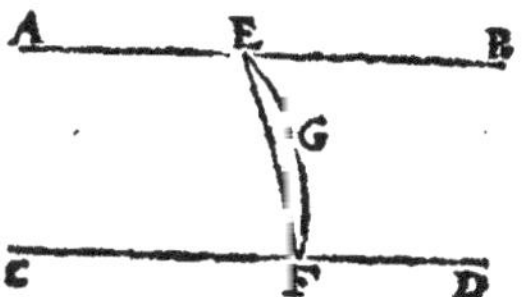

Soient deux lignes droictes paralleles AB & CD, & de l'vne à l'autre soit menee la ligne droicte EF. Ie dis qu'icelle ligne EF est au mesme plan des lignes paralleles AB & CD.

Car si elle n'est au mesme plan, ains en vn autre: que celuy-cy couppe cestuy-là és poincts E & F, & la commune section d'iceux plans soit EGF, laquelle sera ligne droicte par la 3. pr 11. donc les deux lignes droictes EF, EGF, ayans mesmes termes E & F, enfermeront vn espace: ce qui est absurde. Donc la ligne droicte EF n'est pas en vn autre plan que celuy auquel sont les paralleles AB, CD. Parquoy si deux lignes droictes sont paralleles, &c. Ce qu'il falloit demonstrer.

SCHOLIE.

Ceste mesme proposition est aussi veritable, encore que les deux lignes AB, CD ne soient paralleles, pourveu qu'elles soient en vn mesme plan, comme il est manifeste par la demonstration.

THEOR. 8. PROP. VIII.

S'il y a deux lignes droictes paralleles, desquelles l'vne soit à angles droicts à quelque plan: aussi l'autre sera à angles droicts sur le mesme plan.

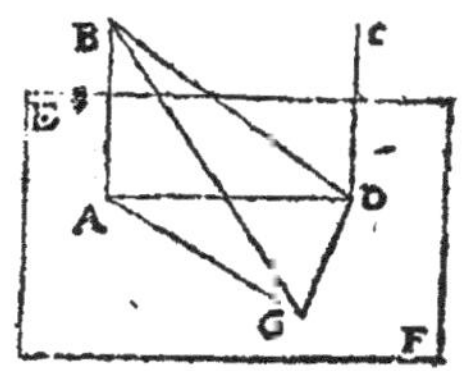

Soient deux lignes droictes paralleles AB & CD, & que l'vne d'icelles AB soit éleuée perpendiculairement sur le plan EF. Ie dis que l'autre CD est aussi esleuee perpendiculairement sur le mesme plan EF. Car estant menee au plan EF la ligne droicte AD, l'angle BAD sera droict par la 3. d. 11. Mais les deux lignes AB, CD estans paralleles, les deux angles BAD, CDA sont egaux à deux droicts par la 29. pr. 1. donc l'angle CDA sera droict. Maintenant au mesme plan EF soit menee DG perpendiculaire à AD, & ayant posé icelle DG egale à AB; soient menees les lignes AG, BG, BD. D'autant que les costez BA, AD du triangle ABD sont egaux aux costez GD, DA du triangle ADG, chacun au sien, & les angles BAD, ADG contenus d'iceux costez aussi egaux, estans droicts; les bazes BD, AG seront egales par la 4. prop. 1. Item, les costez BA, AG du triangle GBA estans egaux aux costez GD, DB du triangle BDG, & la baze BG commune à tous les deux triangles; les angles BDG, BAG contenus desdicts costez seront egaux par la 8 prop. 1. Mais BAG est droict par la 3. def. 11. donc BDG sera aussi droict. Parquoy GD sera perpendiculaire à chacune d'icelles AD, BD, lesquelles faisant angle à D s'y entrecouperont estans prolongees: & par la 4. prop. 11. icelle GD sera esleuee perpendiculairement au plan mené par les lignes AD & BD: mais par la preced. prop. icelles deux lignes BD & AD sont au mesme plan des paralleles AB & CD: donc GD est perpendiculaire sur le plan où est la ligne CD : partant l'angle CDG sera droict. Mais nous auons demonstré que l'angle ADC est aussi droict : donc par la 4. prop. 11. CD sera perpendiculaire au plan de GD & AD, c'est à dire au plan EF. Parquoy s'il y a deux lignes droictes paralleles, &c. Ce qu'il falloit demonstrer.

THEOR. 9. PROP. IX.

Les lignes droictes paralleles à vne mesme, lesquelles ne sont en vn mesme plan qu'icelle, sont aussi paralleles entr'elles.

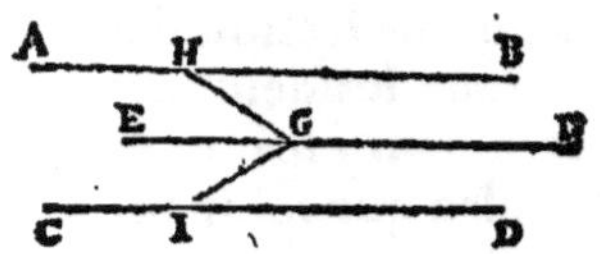

Soient les lignes droictes AB, CD, paralleles à la ligne EF, & ne soient en vn mesme plan qu'icelle. Ie dis que AB, CD, sont aussi paralleles entr'elles.

Soit pris en EF quelconque poinct G, duquel soient tirees à icelle EF deux perpendiculaires, sçauoir GH au plan des paralleles AB, EF ; & GI au plan des paralleles CD, EF. D'autant que EF est perpendiculaire aux deux lignes GH, GI, qui s'entretouchent en G ; elle le sera aussi au plan tiré par icelles par la 4. prop. 11. Parquoy puis que AB, EF, sont paralleles ; & EF est perpendiculaire au plan mené par GH, GI : aussi AB sera perpendiculaire au mesme plan par la 8. pr. 11. Par mesme raison CD sera perpendiculaire au plan passant par GH, GI : & partant par la 6. p. 11. AB, CD estans perpendiculaires à vn mesme plan, sont paralleles entr'elles. Ce qu'il falloit prouuer.

THEOR. 10. PROP. X.

Si deux lignes droictes s'entretouchans, sont paralleles à deux autres lignes droictes s'entretouchans, & ne sont en vn mesme plan, elles comprendront angles egaux.

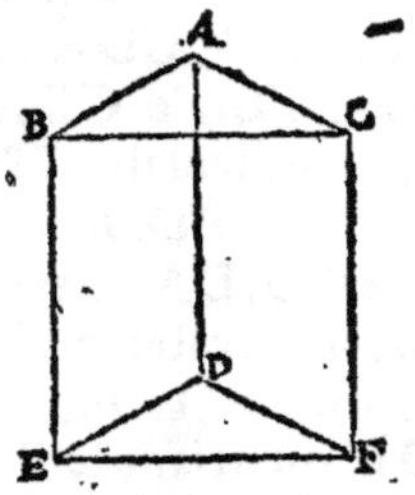

Soient deux lignes droictes AB & AC s'entretouchans en A, lesquelles soient paralleles à deux autres lignes droictes DE & DF se touchans l'vne l'autre en D : & AB, AC ne soient au mesme plan que DE, DF. Ie dis que les angles BAC, EDF, comprins par icelles sont egaux.

Car estans prises egales les quatre lignes AB, AC, DE, DF, soient menees les lignes AD, BE, CF, BC, EF. Donc AB & DE estans egales & paralleles, AD & BE seront aussi egales & paralleles par la 33. prop. 1. & par mesme raison AD & CF seront aussi egales & paralleles : & partant par la prec. prop. BE & CF seront aussi egales & paralleles entr'elles : & par la 33. p. 1. BC & EF seront pareillement egales & paralleles entr'elles. Parquoy les deux triangles ABC & DEF auront les trois costez egaux aux trois costez chacun au sien, & par la 8. prop. 1. les angles BAC, EDF, seront egaux. Si donc deux lignes droictes, &c. Ce qu'il falloit demonstrer.

PROBL. 1. PROP. XI.

D'vn poinct donné en l'air, mener vne ligne droicte perpendiculaire sur le plan qui est au dessous d'iceluy poinct.

Soit le poinct A en l'air, duquel il faut tirer vne perpendiculaire au plan BC, qui est au dessous d'iceluy poinct A. Au plan BC, soit menee comme on voudra la ligne DE; à laquelle de A soit tiree la perpendiculaire AF par la 12. pr. 1. Et au plan BC par F, soit tirée GH perpendiculaire à DE par la 11. p. 1. Et à icelle GH soit tiree de A la perpendiculaire AI par la 12. prop. 1. Ie dis qu'icelle AI est perpendiculaire au plan BC.

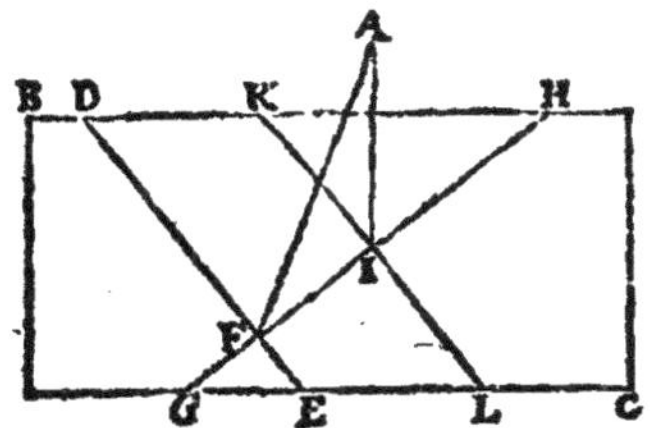

Car au plan BC, soit tiree par I, la ligne KIL parallele à DFE par la 31. prop. 1. Donc puis que DF est perpendiculaire aux deux lignes FA, FH, par la construction; & partant aussi perpendiculaire au plan tiré par icelles FA, FH par la 4. prop. 11. pareillement KI sera perpendiculaire au mesme plan par la 8. pr. 11. Et d'autant que par la 2. prop. 11. AI est en vn mesme plan que FA, FH, & touche la ligne KI en I, l'angle KIA sera droict par la 2. def. 11. & AI sera perpendiculaire aux deux KI, IF. Donc par la 4. p. 11. AI sera perpendic. au plan où sont les lignes KI, IF, sçauoir au plan BC. Nous auons donc d'vn poinct donné en l'air abaissé vne perpendiculaire au plan d'au dessous d'iceluy poinct: Ce qu'il falloit faire.

PROBL. 2. PROP. XII.

A vn plan donné, & d'vn poinct donné en iceluy, esleuer vne ligne perpendiculaire.

Soit le plan donné BC, & le poinct donné en iceluy soit A: il faut d'iceluy poinct A esleuer vne ligne perpendiculaire audit plan BC.

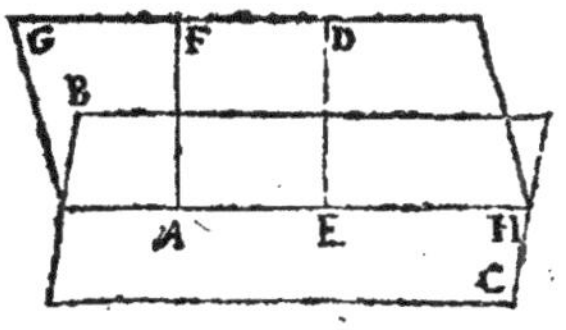

Soit pris en l'air comme on voudra le poinct D, & d'iceluy soit menee sur le plan BC, la perpendiculaire DE par la preced. prop. laquelle rencontrant le plan BC au poinct A, on aura faict ce qui estoit requis: Mais si elle ne rencontre iceluy poinct A, ains quelque autre poinct E, dudict poinct A soit menee AF parallele à ED, par la 31. prop. 1. Ie dis qu'icelle AF sera perpendiculaire au plan BC. Car DE, AF estans paralleles, & DE perpendic. au plan BC par la construction, par la 8. pr. 11. AF sera aussi perpendiculairement esleuee sur le mesme plan BC. Parquoy à vn plan donné, &c. Ce qu'il falloit faire.

THEOR. 11. PROP. XIII.

D'vn plan donné, & d'vn mesme poinct d'iceluy, on ne leuera pas

en l'air d'vn mesme costé, deux lignes droictes perpendiculaires.

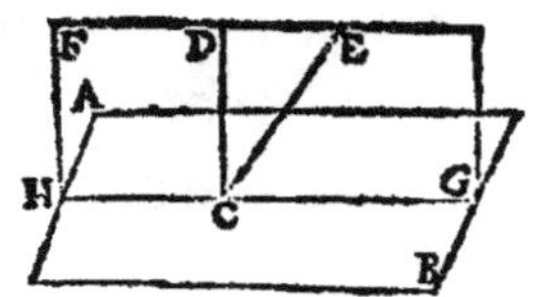

Soit donné le plan AB, & le poinct en iceluy C : Ie dis que du poinct C, on n'esleuera pas en l'air deux lignes droictes perpendiculaires sur iceluy plan, & de mesme costé.

Car, s'il est possible, du poinct C, soient esleuees en l'air les deux perpendiculaires CD & CE: par la 2. p. 11. elles seront en vn mesme plan, & soit iceluy FG, lequel d'autant qu'il touche le plan AB au poinct C, n'est point parallele à iceluy AB : partant iceux plans estans continuez se coupperont, & leur commune section sera vne ligne droicte, laquelle soit GCH. Et parce que les lignes CD & CE sont perpendiculaires à iceluy plan AB, les angles ECG & DCG seront droicts, & partant egaux : la partie au tout : ce qui est impossible. Il ne se peut donc esleuer du poinct C, deux lignes perpendiculaires au plan AB, & de mesme costé. Ce qu'il falloit prouuer.

THEOR. 12. PROP. XIV.

Si vne ligne droicte est perpendiculaire à deux plans, iceux plans seront parallels.

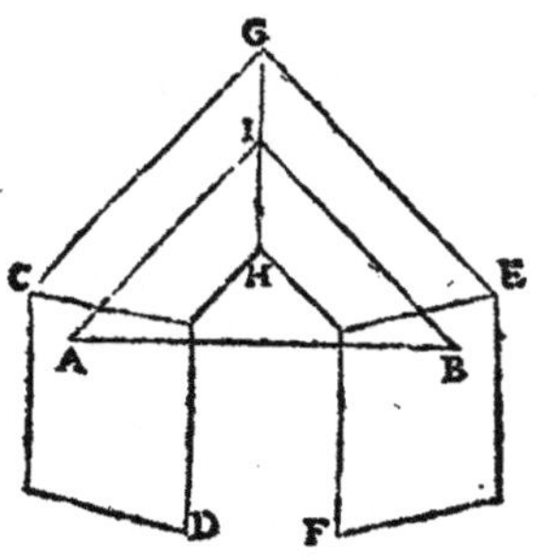

Soit la ligne droicte AB perpendiculaire à chacun des plans CD, & EF : ie dis qu'iceux plans sont parallels entr'eux.

Car s'ils ne sont parallels, estans continuez il se rencontreront: que ce soit donc de la part de C,E, & que GH soit la ligne de leur commune section, en laquelle soit pris comme on voudra le poinct I, & d'iceluy soient menees les lignes IA, IB és plans GCD, GEF. Maintenant puis que la ligne AB est posee perpendiculaire à chacun d'iceux plans GCD, GEF, au triangle AIB les angles IAB & IBA, seront droicts, contre la 17. pr. 1. donc les deux plans CD, EF prolongez ne se rencontreront point; & partant ils sont parallels. Si donc vne ligne droicte, &c. Ce qu'il falloit prouuer.

SCHOLIE.

Commandin demonstre la conuerse de ceste prop. qui est telle.

S'il y a deux plans parallels, la ligne droicte qui est perpendiculaire à l'vn d'iceux, sera aussi perpendiculaire à l'autre.

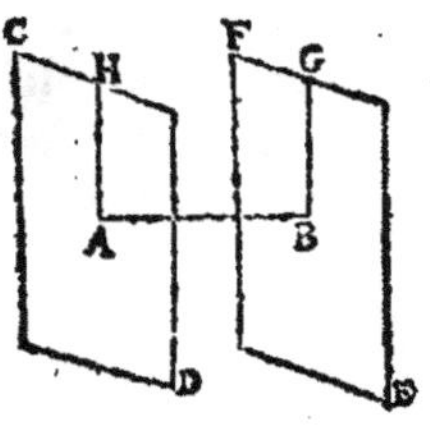

Soient deux plans parallels, CD, EF, & la ligne droicte AB soit perpendiculaire au plan CD : Ie dis qu'icelle AB est aussi perpendiculaire au plan EF: car si elle n'est perpendiculaire soit tiree audit plan EF, la ligne droicte BG de la part que AB fait l'angle moindre qu'vn droict; & par AB, BG soit mené vn autre plan, duquel & du plan CD la commune section soit la ligne droicte AH. Et d'autant que l'angle ABG est aigu, les plans estans prolongez, les lignes droictes BG, AH se rencontreront, & partant aussi les plans, lesquels ont esté posez parallels : ce qui est absurde. Donc AB est perpendiculaire au plan EF. Ce qu'il falloit prouuer.

THEOR. 13. PROP. XV.

Si deux lignes droictes s'entretouchans sont paralleles à deux autres lignes droictes s'entretouchans, n'estans toutesfois en vn mesme plan: les plans passans par icelles, seront aussi parallels.

Soient deux lignes droictes AB & AC, s'entretouchans en A, paralleles à deux autres lignes DE, DF, s'entretouchans en D, & ne soient en vn mesme plan qu'icelles. Ie dis que le plan BC mené par icelles AB, AC est parallel au plan EF tiré par les lignes DE, DF.

Car par la 11. prop. 11. de A soit tiree sur le plan EF la perpendiculaire AG, rencontrant le plan EF en G: puis par la 31 pr. 1. audit plan EF, soient tirees de G, les lignes GH, GI paralleles à DE, DF. Maintenant d'autant que AB, GH sont paralleles à DE, icelles AB, GH seront paralleles entr'elles par la 9. prop. 11. & partant par la 29. pr. 1. les angles BAG, AGH sont egaux à deux droicts. Mais AGH est droict, par la 3. def. 11. Donc BAG sera aussi droict. Par mesme raison on prouuera l'angle CAG estre droict. Parquoy, veu que la ligne GA est perpendiculaire aux deux AB, AC; par la 4. pr. 11. elle sera aussi perpendiculaire à leur plan BC: Mais par la construction elle l'est aussi au plan EF. Donc par la prec. prop. les plans BC, EF seront parallels. Parquoy si deux lignes droictes s'entretouchans, &c. Ce qu'il falloit demonstrer.

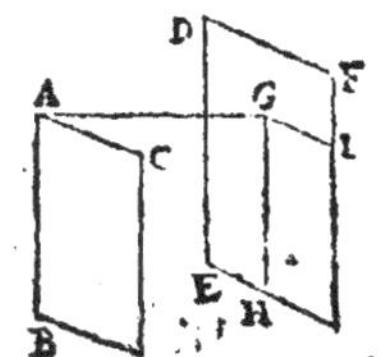

THEOR. 14. PROP. XVI.

Si deux plans parallels sont couppez par vn autre plan; les lignes de communes sections seront paralleles.

Soient deux plans parallels AB & CD, couppez par le plan EF, & les communes sections d'iceux soient EH, GF. Ie dis qu'icelles HE & FG sont paralleles entr'elles.

Car si elles ne sont paralleles, estans prolongees elles se rencontreront au plan couppant EF: Que ce soit donc au poinct I. Or d'autant que toute la ligne droicte HEI est en vn mesme plan, sçauoir en AB prolongé; & aussi toute la ligne droicte FGI en vn mesme plan, sçauoir en CD prolongé; les plans AB, CD estans prolongez se rencontreront aussi en I: ce qui est absurde, ayans esté posez parallels. Donc HE, FG estans continuées ne se rencontrent point; & partant sont paralleles entr'elles. Parquoy, Si deux plans parallels sont couppez, &c. Ce qu'il falloit demonstrer.

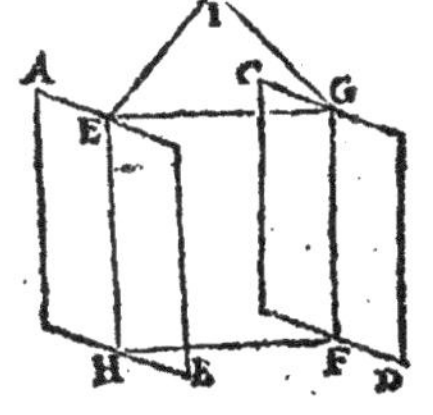

THEOR. 15. PROP. XVII.

Si deux lignes droictes sont couppees par des plans parallels, elles seront couppees proportionnellement.

Soient les deux lignes AB, CD, trauersans les trois plans parallels EF, GH, IK, tellement qu'icelles lignes sont couppees par iceux plans és poincts A, L, B, C, M, D. Ie dis qu'elles sont couppees proportionellement, c'est à dire que les segmens d'icelles compris entre les susdicts plans sont proportionaux, sçauoir que comme AL est à LB, ainsi CM à MD.

Car és plans EF, IK, soient menees les lignes droictes AC, BD: & tiré AD rencontrant le plan GH au poinct N, duquel soient meneès les lignes LN, NM, au mesme plan GH: & le triangle ABD, par la 2. prop. 11. sera en vn mesme plan: semblablement le triangle ADC aussi en vn mesme plan. Et d'autant que les plans parallels GH, IK sont couppez par le plan du triangle ABD: leurs communes sections LN, BD seront paralleles par la prec. prop. Par mesme raison MN, AC, seront aussi paralleles. Parquoy par la 2. p. 6. comme AL sera à LB, ainsi AN sera à ND: Item comme AN à ND, ainsi CM à MD: Et partant par la 11. prop. 5. comme AL sera à LB, ainsi CM sera à MD. Si donc deux lignes droictes sont couppees par des plans parallels, &c. Ce qui estoit à prouuer.

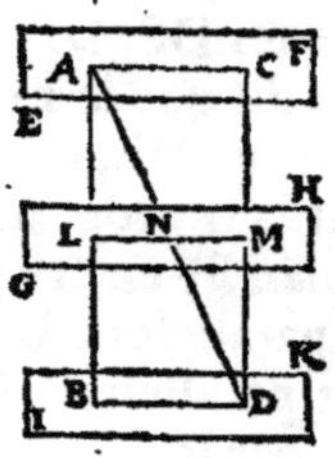

THEOR. 16. PROP. XVIII.

Si vne ligne droicte est esleuee perpendiculairement sur vn plan, aussi tous les plans procedans d'icelle, seront perpendiculaires au mesme plan.

Soit la ligne AB perpendiculaire sur quelque plan CD: Ie dis que tous les plans menez de la ligne AB, vers quelle part on voudra, seront esleuez perpendiculairement sur le mesme plan CD.

Car par AB soit tiré le plan EF, couppant le plan CD par la ligne droicte EG: & en icelle soit pris quelconque poinct H, duquel au plan EF soit menee HI parallele à AB par la 31. prop. 1. Donc puis que AB, IH sont paralleles, & AB a esté posee perpendiculaire au plan CD; aussi IH sera perpendiculaire au mesme plan CD, par la 8. prop. 11. & partant aussi perpendiculaire à la commune section EG, par la 3. d. 11. Par mesme discours toutes autres lignes qui seront tirees au plan EF paralleles à icelle AB, seront perpendiculaires au plan CD: & par consequent à la ligne EG. Parquoy par la 4. def. 11. le plan EF sera perpendiculaire au plan CD. Par mesme raison seront demonstrez tous autres plans tirez par la ligne AE, estre perpendiculaires au plan CD. Si donc vne ligne droicte est esleuee perpendiculairement sur vn plan, &c. Ce qu'il falloit demonstrer.

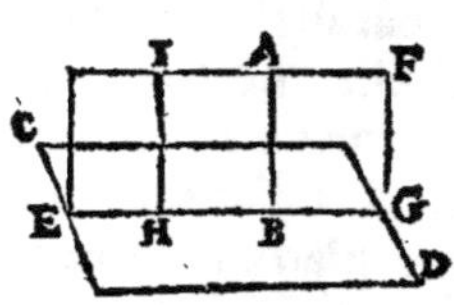

THEOR. 17. PROP. XIX.

Si deux plans esleuez perpendiculairement sur vn autre plan

s'entrecoupent, leur ligne de commune section est perpendiculaire sur iceluy plan.

Soient les deux plans se couppans l'vn l'autre AB & CD, esleuez perpendiculairement sur le plan GH, & soit la ligne de leur commune section EF : ie dis qu'icelle EF est perpendiculaire au mesme plan GH.

Car, ou EF est perpendic. à BF, DF, communes sections des plans AB, CD auec ledit plan GH, ou non : Que si elle leur est perpend. par la 4.p.11. elle le sera aussi audit plan GH, mené par icelles BF, DF. Mais si on dit que EF est seulement perpend. à l'vne ou l'autre desdites sections BF, DF; qu'elle le soit à BF. Donc puis que le plan AB est perpendic. au plan GH, par la 4. def. 11. la ligne EF (qui au plan AB est menee perpend. à BF, commune section d'iceluy auec le plan GH) sera perpendic. au plan GH. Lon conclura le mesme si ladite EF est concedee perpendiculaire à la section DF : car alors icelle EF sera perpend. au plan GH par ladite 4. def. puis qu'elle est posee perpendicul. à DF commune section du plan CD auec le plan GH, & menee audit plan CD qui est perpendic. à iceluy plan GH. Finalement, si on croit EF n'estre perpendic. à l'vne ny l'autre d'icelles communes sections BF, DF, du poinct F soit menee au plan AB la ligne FI perpendic. à BF par la 11. pr. 1. & au plan CD, la ligne FK perpendiculaire à la section DF. Donc puis que le plan AB est perpend. au plan GH, par la 4. def. 11. la ligne FI (laquelle est perpendic. à DF commune section d'iceux plans AB, GH) sera aussi perpendic. à iceluy plan GH. Par mesme raison FK sera encore perpend. au mesme plan GH. Par ainsi FI, FK seront d'vn mesme poinct F donné au plan GH esleuees perpendiculairement sur iceluy plan : Ce qui est contre la 13. pr. 11. Parquoy EF sera perpendiculaire au plan GH. Si donc deux plans esleuez perpendicul. &c. Ce qu'il falloit demonstrer.

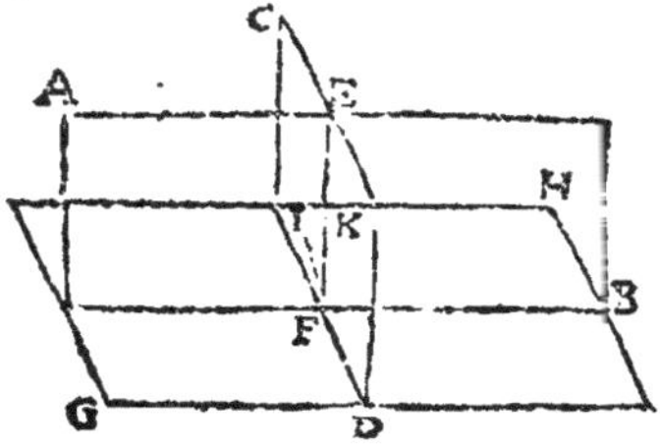

THEOR. 18. PROP. XX.

Si vn angle solide est compris de trois angles plans, deux d'iceux pris comme on voudra, sont plus grands que le troisiesme.

Soit l'angle solide A, compris des trois angles plans BAC, CAD, DAB. Ie dis que deux d'iceux lesquels on voudra, comme BAD & DAC sont plus grands ensemble que le troisiesme BAC.

Car si on dit que BAC est plus grand que les deux autres: au plan tiré par AB, AC, soit fait l'angle BAE egal à l'angle DAB par la 23. prop. 1. & la ligne AE egale à la ligne AD : puis au mesme plan soit menee par E la ligne droicte BC, coupant les lignes AB, AC, en B & C: & tirees les lignes BD, DC. Maintenant puis que les deux costez AB & AD du triangle ABD sont egaux aux deux costez

ſtez AB & AE du triangle ABE, chacun au ſien, & les angles contenus d'iceux coſtez auſſi egaux; la baſe DB ſera egale à la baſe BE, par la 4. pr. 1. Item puis que l'on poſe l'angle BAC plus grand que les deux autres BAD, CAD, & que le retranché BAE eſt egal à l'vn d'iceux BAD, le reſte CAE ſera plus grand que l'autre CAD: mais les deux coſtez EA & AC du triangle ACE, ſont egaux aux deux coſtez AD & AC du triangle CAD, & l'angle CAE eſt plus grand que l'angle DAC: & partant par la 24.p.1. la baſe EC ſera plus grande que la baſe DC: adiouſtant donc les egales EB & DB, les deux CE, EB, c'eſt à dire la toute BC, ſera touſiours plus grande que les deux CD, DB: & partant au triangle ABC le coſté BC eſt plus grand que les deux autres: ce qui eſt contre la 20. pr. 1. Donc l'angle BAC n'eſt point plus grand que les deux autres BAD, CAD. Que ſi on dit qu'il eſt egal, il s'enſuiura par le meſme diſcours que BC eſt egal à BD & CD: ce qui contreuient touſiours à la 20.pr.1. Il eſt donc plus petit que les deux autres. Parquoy ſi vn angle ſolide eſt compris de trois angles plans, &c. Ce qu'il falloit prouuer.

THEOR. 19. PROP. XXI.

Tous les angles plans d'vn angle ſolide, ſont plus petits que quatre angles droicts.

Soit l'angle ſolide A, compris des trois angles plans CAB, BAD, DAC. Ie dis qu'iceux trois angles plans ſont plus petits que quatre angles droicts.

Car eſtans tirees les trois lignes droictes BC, CD, BD, ſeront conſtituez trois angles ſolides B, C, D, deſquels chacun eſt contenu ſous trois angles plans, ſçauoir B, ſous ABC, ABD, CBD: & C ſous ACB, ACD, BCD: & D ſous ADB, ADC, BDC. Et d'autant que par la 20.pr.11. de chacun d'iceux angles ſolides, deux angles plans leſquels on voudra ſont plus grands que le troiſieſme, les deux angles ABC, ABD, ſeront plus grands que le troiſieſme DBC; & les deux ACB, ACD, ſeront plus grands que le troiſieſme BCD: Item les deux CDA, & BDA, ſont plus grands que BDC: & partant les ſix angles ABC, BCA, ACD, CDA, ADB, DBA enſemble, ſeront plus grands que les trois de la baſe triangulaire BCD, c'eſt à dire que deux droicts: (car iceux trois angles vallent autant par la 32. p.1.) Mais d'autant qu'iceux ſix angles auec les trois qui font l'angle ſolide A, vallent ſix droicts, par la 32. prop. 1. (Car ce ſont les angles de trois triangles plans ABC, ACD, ABD,) ſi on oſte ces ſix-là, qui ſont plus grands que deux droicts; les trois qui font l'angle ſolide A, demeureront plus petits que quatre droicts. Parquoy tous les angles plans, &c. Ce qu'il falloit prouuer.

THEOR. 20. PROP. XXII.

S'il y a trois angles plans, deſquels deux pris comme on voudra ſoient plus grands que l'autre, & les lignes droictes comprenant iceux, egales; il se peut faire que des lignes droictes qui conioignent icelles egales, soit constitué vn triangle.

Soient trois angles plans ABC, DEF, GHK contenus de lignes droictes egales BA, BC, ED, EF, HG & HK: deux desquels pris comme on voudra sont plus grands que l'autre. Ie dis que des trois lignes droictes AC, DF, GK, qui conioignent icelles lignes egales, peut estre constitué vn triangle, c'est à dire que deux d'icelles lignes AC, DF, GK de quelque façon qu'elles soient prises, sont plus grandes que la troisiesme.

Car premierement si les trois angles B, E, H sont egaux, puis que les lignes qui les contiennent sont egales, par la 4. pr. 1. les bases AC, DF, GK seront egales: & partant deux d'icelles lesquelles on voudra seront ensemble plus grandes que la troisiesme. Mais si lesdits angles proposez sont egaux, puis que deux d'iceux pris comme on voudra sont plus grands que le troisiesme, si on en met deux ensemble tels qu'on voudra, comme si à GHK on adiouste KHL egal à E par la 23. pr. 1. & ayant fait HL egale à EF on tire LK & GL: l'angle total GHL sera plus grand que le troisiesme ABC, & la base GL par la 24. pr. 1. sera plus grande que la base AC: (car les deux costez sont egaux aux deux costez) & à plus forte raison les deux GK, KL, qui par la 20. pr. 1. sont plus grandes qu'icelle GL, seront plus grandes que la troisiesme AC. Et par mesme discours on monstrera tousiours que deux d'icelles bases AC, DF, GK, prises comme on voudra, sont plus grandes que la troisiesme: Partant d'icelles on pourra faire vn triangle par la 22. prop. 1. S'il y-a donc trois angles plans, &c. Ce qui estoit à demonstrer.

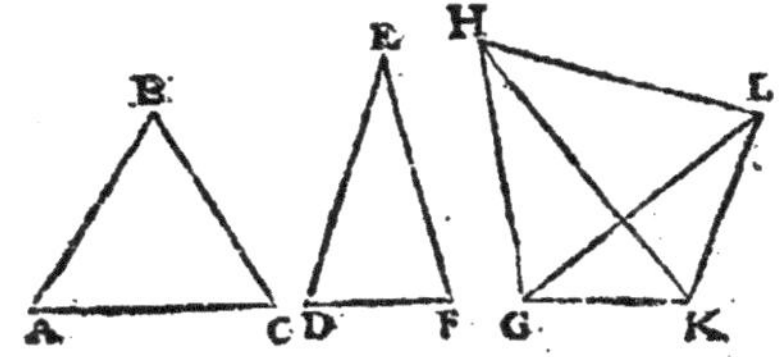

PROBL. 3. PROP. XXIII.

Faire vn angle solide de trois angles plans, desquels deux pris comme on voudra sont plus grands que le tiers. Mais il faut qu'iceux trois angles soient moindres que quatre droicts.

Soient trois angles plans A, B, C, moindres que quatre droicts, & desquels deux quels qu'ils soient sont plus grands que l'autre. Il faut faire vn angle solide de trois angles plans egaux à iceux A, B, C.

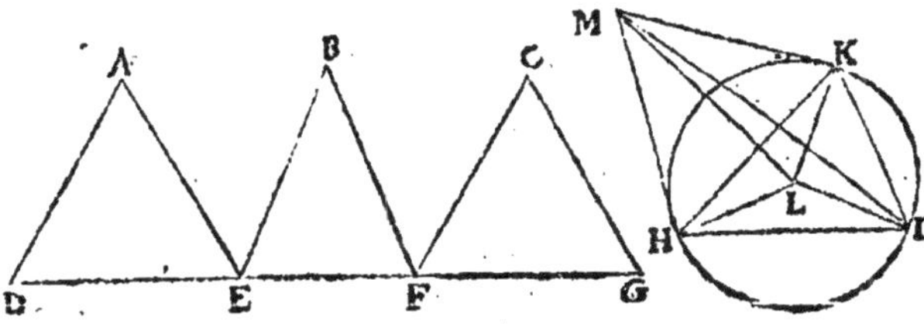

Soient posees egales les six lignes droictes AD, AE, BE, BF, CF, & CG qui comprennent les angles proposez, lesquels soient soustenus des trois bases DE, EF, FG. Donc puis que par la precedente prop. on peut faire vn triangle d'icelles lignes DE, EF, FG, soit fait le triangle HIK, ayant les trois costez egaux à icelles bases DE, EF, FG par la 22. prop. 1. lequel soit circonscrit du cercle HIK par la 5. p. 4. & du centre L soient menees les trois lignes LH, LI, LK : & apres auoir par la 12. pr. 11. esleué en l'air perpendiculairement LM, par le lemme de la 14. pr. 10. soit icelle retranchee en sorte, que son quarré auec le quarré de LH, soit égal au quarré de l'vn des costez d'iceux angles plans : puis soient menees les lignes HM, IM, KM : Ie dis que HIMK est vn angle solide, compris de trois angles plans, egaux aux trois donnez A, B, C.

Car les trois lignes LH, LI, LK estans egales, & LM perpendiculaire à icelles : les trois lignes HM, IM, KM, seront egales, d'autant qu'elles peuuent autant l'vne comme l'autre par la 47. pr. 1. & puis qu'elles peuuent autant que l'vn des costez des angles plans donnez, elles seront egales aux costez d'iceux angles plans : puis les trois bases HI, IK, KH estans egales aux bases des angles donnez, par la 8. prop. 1. les trois angles plans faisant l'angle solide au poinct M, seront egaux aux trois donnez A, B, C. Nous auons donc fait vn angle solide de trois angles plans, &c. Ce qu'il falloit faire.

SCHOLIE.

Si quelqu'vn obiectoit icy que la perpendiculaire LM ne peut pas tousiours estre retranchée, en sorte que son quarré auec le quarré de LH soit egal au quarré de l'vn des costez des angles donnez : comme par exemple, si iceluy costé estoit egal ou plus petit que HL. Ie dis que cela n'arriue iamais, non pas seulement qu'il soit egal à HL : Car si HL & IL estoient egaux à AD & AE : & la base HI egale à la base DE, par la 8. p. 1. (& ainsi des deux autres triangles) les trois angles au poinct L seroient egaux aux trois angles A, B, C, chacun au sien : ce qui est euidemment faux : Car tousiours par hypothese les trois angles A, B, C, sont plus petits que quatre droicts ; & par le corol. de la 15. p. 1. les trois au poinct L sont egaux à quatre droicts.

THEOR. 21. PROP. XXIV.

Si vn solide est compris de plans parallels ; les plans opposez d'iceluy seront parallelogrammes semblables, & egaux.

Soit le solide AB compris de six plans parallels AC, FB, AG, DB, AE, HB : Ie dis que les plans opposez sont parallelogrammes semblables, & egaux.

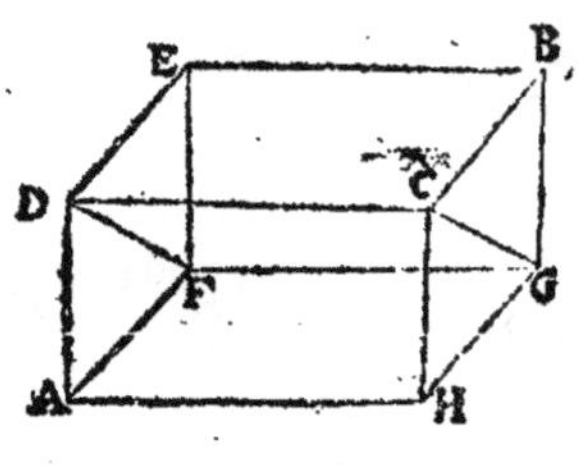

Car puis que les plans AC & FB sont parallels, estans couppez par les plans AE & HB : les lignes de commune section AD, FE sont paralleles : Item HC & GB, par la 16. prop. 11. par la mesme raison les plans AG & DB estans parallels, les lignes de commune section AF & DE : Item GH & BC sont paralleles : partant AE & HB sont parallelogrammes. Par le mesme discours AG, DB ; AC, FB, se prouueront estre parallelogrammes. Ie dis maintenant que les parallelogrammes opposites sont semblables & egaux. Car puis que les lignes AF, AD, sont paralleles aux lignes HG, HC, & non en mesmes plans, mais en opposez : par la 10. pr. 11. les angles DAF, CHG, seront egaux : par mesme raison les autres angles du parallelogramme AE, seront egaux aux autres angles du parallelogramme HB. Et puis que par la 34. prop. 1. au parallelogramme AC le costez AD, HC sont egaux, comme aussi les costez AF, HG, du parallelogramme AG, comme AD sera à AF, ainsi HC à HG, & partant comme AF à FE, ainsi HG à GB, &c. Donc les costez des parallelogr. AE, HB, au long des angles egaux, seront proportionaux : & partant ils sont parallelogram. semblables. Maintenant estans tirez les diametres DF, CG : veu que les costez AD, AF, du triangle ADF, sont egaux aux costez HC, HG. du triangle HCG, & les angles DAF, CHG, aussi egaux : par la 4. prop. 1. les triangles ADF, HCG, seront pareillement egaux: lesquels estans moitiez des parallelogram. AE, HB, par la 34. prop. 1. iceux parallelogrammes seront aussi egaux entr'eux. Par mesme discours on demonstrera les autres parallelogrammes opposez AG, DB : AC, FB, estre semblables & egaux. Si donc vn solide est compris de plans parallels, &c Ce qu'il falloit demonstrer.

THEOR. 22. PROP. XXV.

Si vn solide parallelipipede est couppé par vn plan parallel aux plans opposez, les solides couppez seront l'vn à l'autre comme leurs bases.

Soit le solide parallelipipede ABCD couppé par le plan EF parallel aux deux opposez AD & BC, & faisant deux solides AF & EC : ie dis qu'iceux solides seront l'vn à l'autre, comme la base AH à la base BH.

Car la ligne AB estant prolongee de part & d'autre, soient faites egales AI à AE, & BK à BE, & soient accomplis les parallelogrammes IM, & BN : Item les solides AQ & BP. Doncques puis que AI, AE, sont egales, les parallelogrammes IM, AH seront aussi egaux par la 1. p. 6. & par la precedente les plans opposez LD, GD seront semblables & egaux: Item AL, AG semblables & egaux à MQ, MF, plans opposez, & ainsi des autres : & par la 9. def. de ce liure, le solide AQ est egal au solide AF. Par le mesme discours le solide BP sera egal au solide FB : partant le solide IF est autant multiplice du solide AF, comme la base IH est multiplice de la base AH: Item le solide EP est autant multiplice du solide EC, comme la base EN est multiplice de la base BH : & partant comme la base IH sera plus grande, egale ou plus petite que la base AH, ainsi le solide IF sera plus grand, egal, ou plus petit que le solide AF. Tout de mesme comme la base EN sera plus grande, egale, ou plus petite que la base BH, ainsi le solide EP sera plus grand, egal, ou plus petit que le solide EC. Maintenant soient quatre grandeurs, les deux bases AH, BH, & les deux solides AF, EC : desquelles de la premiere & troisiesme, (sçauoir de la base AH & du solide AF) on a pris les equemultiplices HI base, & IF solide : Item de la seconde & quatriesme, (sçauoir de la base BH, & du solide EC) les equemultiplices EN base, & EP solide, lesquels nous auons monstré estre comme demande la 6. def. 5. plus grands, egaux ou plus petits, en quelconque multiplication qu'elles soient prinses : & partant comme la base AH à la base BH,

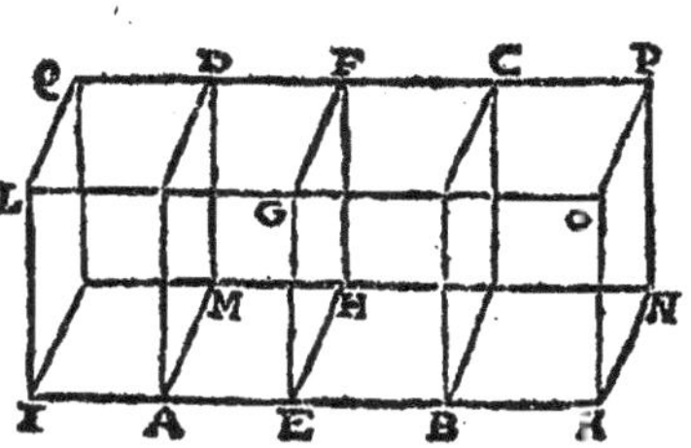

ainsi le solide AF au solide EC. Parquoy si vn solide parallelipipede, &c. Ce qu'il falloit demonstrer.

SCHOLIE.

Ceste propos. se peut acommoder à tous prismes: Car si quelconque prisme est couppé par vn plan parallel aux plans opposez: tout ainsi que la base sera à la base, ainsi le solide sera au solide. Car soit premierement le prisme ABCDEF, duquel les plans opposez sont les triangles ABC, DEF: & soit iceluy couppé par le plan GHI parallel aux plans opposez. Ie dis que comme la base AI est à la base FI, ainsi le solide ABCIHG est au solide FEDIHG. Car soit imaginé le prisme ABCDEF estre prolongé de part & d'autre tant qu'on voudra: & de AF prolongees soient prises AK egale à GF, & FL, LM egales à FG: En apres, par les poincts G, L, M, soient entendus les plans KNO, LPQ, MRS parallels aux plans ABC, GHI, FED. Donc puis que les plans parallels ABC, GHI, sont couppez par le plan AI: leurs communes sections AC, GI, seront paralleles par la 16. prop. 11. Mais à cause que AD est parallelog. AG, CI seront aussi paralleles. Donc AI est parallelog. Par mesmes raisons seront demonstrez AH, CH estre parallelog. Et pource que les costez AC, AB, du triangle ABC, sont egaux aux costez GI, GH, du triangle GHI, (car par la 34. prop. 1. AC est egal à GI, & AB à GH) & par la 10. prop. 11. les angles BAC, HGI sont aussi egaux: (pource que les lignes AB, AC sont paralleles aux lignes GH, GI, & en diuers plans) par la 4. prop 1. les triangles ABC, GHI sont egaux entr'eux, & equiangles: Parquoy par la 4. prop. 6. les costez d'alentour les angles egaux, seront proportionnaux; & partant iceux triangles seront semblables. Donc le solide ABCIHG, contenu des deux plans opposez ABC, GHI egaux, & semblables, & des parallelog. AI, IB, GB, est vn prisme. Par mesme raison ABCONK, GHIDEF, DEFLPQ, & LPQSRM seront prismes: Et pource que les parallelogrammes AI, KC sont egaux & semblables, comme aussi AH, KB, & CH, OB; tous les plans du prisme ABCIHG, seront egaux & semblables à tous les plans du prisme ABCONK. Parquoy par la 10. def. 11, les prismes ABCIHG, ABCONK sont egaux. Par mesme raison les prismes GHIDEF, DEFLPQ, LPQSRM seront egaux Partant le prisme KNOIHG sera autant multiple du prisme ABCIHG, que la base KI de la base AI; & le prisme GHISRM autant multiplice du prisme GHIDEF, que la base GS de la base GD. Et pource que si la base KI, (multiplice de la base AI premiere grandeur) est egale à la base GS, (multiplice de la base GD 2. grandeur) aussi le prisme KNOIHG, (multiple du prisme ABCIHG 3. grandeur) est egal au prisme GHISRM, (multiple du prisme GHIDEF 4. grandeur:) Mais si la base KI est plus grande que la base GS, aussi le prisme est plus grand que le prisme; & si moindre, moindre, en quelconque multiplication: par la 6. def. 5. comme la base AI premiere grandeur, sera à la base GD 2. grandeur, ainsi le prisme ABCIHG 3. grandeur sera au prisme GHIDEF 4. grandeur. En la mesme maniere on demonstrera que le prisme est au prisme, comme la base AH est à la base GE, & comme la base CH est à la base EI. Ce qui estoit proposé.

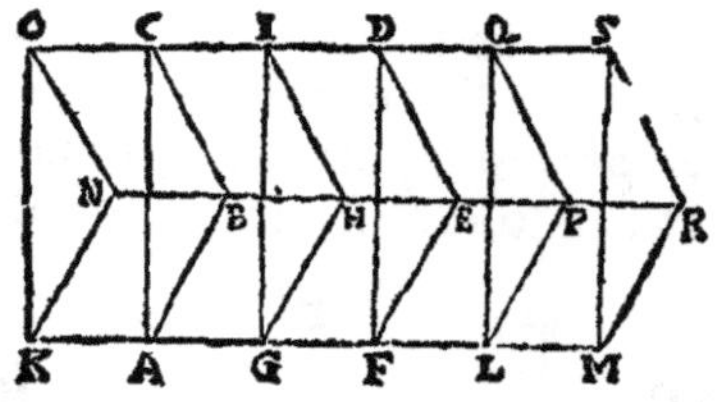

Soit maintenant le prisme ABCDEFGHIK, duquel les plans opposez sont polygones, c'est à sçauoir pentagones, & soit couppé par le plan LMNOP. Ie dis derechef, que comme la base CM

est à la base NG, ainsi est le solide ABCDELMNOP, au solide LMNOPFGHIK. Car si les plans opposez parallels sont resouds en triangles; aussi le prisme sera resoud en autant de prismes qu'il y aura de triangles és plans opposez. Parquoy comme la base BP sera à la base MK, ainsi le prisme ABEPML sera au prisme LMPKGF, par les choses demonstrees cy dessus. En la mesme maniere, comme la base CP est à la base NK, ainsi le prisme BCEPMN sera au prisme MNPKGH; & le prisme CDEPNO au prisme NOPKHI. Mais par la 1. prop. 6. comme BP est à MK: & CP à NK, ainsi est la ligne EP à la ligne PK, c'est à dire comme CN est à NH, & comme CN est à NH, ainsi est CM à NG. Donc les prismes ABEPML, BCEPMN, CDEPNO, ont mesme raison aux prismes LMPKGF, MNPKGH, NOPKHI, que CM à NG, & partant ont la mesme entr'eux. Mais par la 12. prop. 5. comme vn seul est à vn seul, ainsi sont les trois aux trois. Donc comme le prisme BCEPMN sera au prisme MNPKGH, c'est à dire comme la base CM à la base NG, ainsi le prisme ABCDELMNOP composé des trois sera au prisme LMNOPFGHIK composé des trois. Ce qui estoit proposé. Il y aura mesme demonstration en quelconque autre prisme.

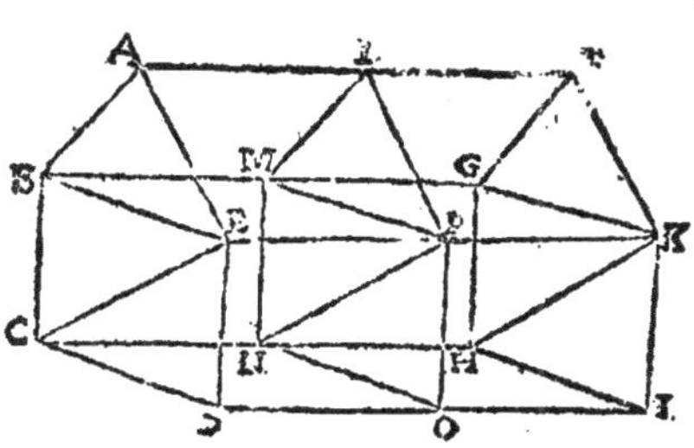

COROLLAIRE.

De cecy resulte que si quelconque prisme est couppé par vn plan parallel aux plans opposez que la section est vne figure egale & semblable aux plans opposez. Car il a esté demonstré au premier prisme que le triangle GHI est egal, & semblable au triangle ABC, & partant au triangle DEF: Et il y a mesme demonstration en tous. Le mesme se doit entendre des parallelipipedes.

PROBL. 4. PROP. XXVI.

Sur vne ligne droicte donnée, & à vn poinct donné en icelle, constituer vn angle solide egal à vn angle solide donné.

Soit la ligne droicte donnée AB, & le poinct donné en icelle A; & il faut construire sur icelle AB, & au poinct A, vn angle solide egal à l'angle solide C compris de trois angles plans DCE, ECF, FCD.

Soit tiree de F, la ligne FG perpendiculaire au plan des lignes CD, CE, par la 11. prop. 11. & soient menees les lignes DF, FE, EG, GD, CG: en apres soit prise AH egale à CD: & par la 23. pr. 1. soit fait l'angle HAI egal à l'angle DCE; & la ligne AI egale à la ligne CE. Derechef au plan tiré par AH, AI, soit fait l'angle HAK egal à l'angle DCG, & la ligne AK egale à la ligne CG: puis par la 12. prop. 11. de K soit tiree au plan auquel sont les trois AH, AK, AI, la perpendiculaire KL: laquelle soit posee egale à FG, & soit menee la ligne AL. Ie dis que l'angle solide A, contenu des trois angles plans HAI, HAL, LAI, est egal à l'angle solide donné C.

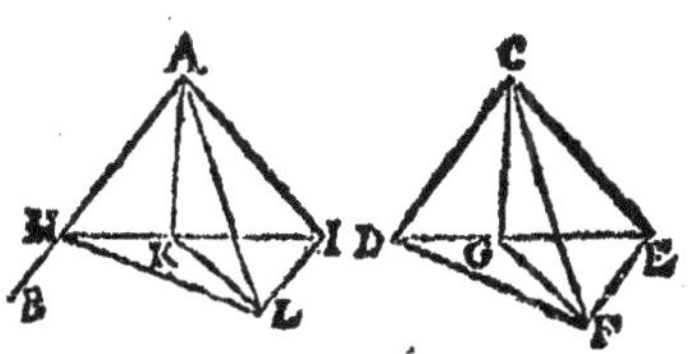

Car estans menees les lignes HK, KI, IL, LH: veu que les costez AH, AK du triangle AHK, sont egaux aux costez CD, CG du triangle CDG, & les angles HAK, DCG egaux par la construction: les bases HK, DG seront egales par la 4. prop. 1. Et d'autant que des angles egaux HAI, DCE, estans ostez les angles egaux HAK, DCG, demeurent egaux les angles KAI, GCE: lesquels par la construction sont compris de lignes egales: par la 4. prop. 1. les bases KI, GE, seront aussi egales. Les costez KH, KL sont aussi egaux aux costez GD, GF, & les angles HKL, DGL droicts: donc par la mesme 4. prop. 1. les bases HL, DF, seront egales. Parquoy puis que les costez AH, AL du triangle AHL, sont aussi egaux aux costez CD, CF du triangle CDF: (car les costez AK, KL, sont egaux aux costez CG, GF, par la construction, & comprenent angles droicts: partant les bases AL, CF sont egales par la 4. prop. 1.) les angles HAL, DCF seront pareillement egaux par la 8. p. 1. Finalement, pource que les costez KI, KL sont egaux aux costez GE, GF: & les angles IKL, EGF droicts; par la 4. pr. 1. les bases IL, EF sont egales: partant puis que les costez AI, AL du triangle AIL sont egaux aux costez CE, CF du triangle CEF, par la construction, les angles IAL, ECF seront aussi egaux par la 8. p. 1. donc les trois angles plans HAI, HAL, LAI, composans l'angle solide A, sont egaux aux trois angles plans DCE, DCF, FCE, composans l'angle solide C; & partant l'angle solide A est egal à l'angle solide C. Parquoy nous auons constitué sur vne ligne droicte, &c. Ce qu'il falloit faire.

PROB. 5. PROP. XXVII.

Sur vne ligne droicte donnee, descrire vn solide parallelipipede semblable, & semblablement posé à vn solide parallelipipede donné.

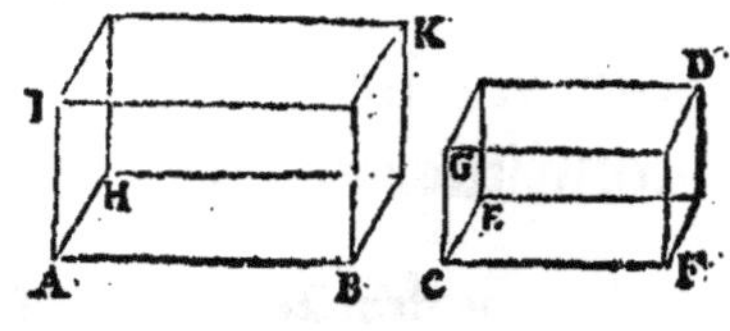

Soit la ligne donnee AB, sur laquelle il faut construire vn solide parallelipipede semblable, & semblablement posé au parallelipipede donné CD.

Sur la ligne AB, & au poinct en icelle A, soit fait par la prec. vn angle solide egal à l'angle solide C, lequel soit compris des trois angles plans HAI, BAI, BAH: tellement que HAI soit egal à ECG; BAI à FCG; & BAH à FCE: puis par la 12. prop. 6. soit fait comme CF est à CG, ainsi AB à AI, & comme CG à CE, ainsi AI à AH: & en raison egale, AB sera à AH comme CF à CE. Et soient paracheuez les parallelogr. BH, HI, BI, BK, KI, KH; qui accompliront le parallelipipede AK. Ie dis qu'iceluy parallelipipede AK est semblable & semblablement posé au donné CD.

Car d'autant que AB est à AI, comme CF à CG, & l'angle BAI egal à l'angle FCG, le parallelogramme BI est semblable au parallelogramme FG: par la mesme raison le parallelog. BH sera semblable au parallelog. FE: & HI à EG. Partant trois parallelogrammes du solide AK sont semblables & semblablement posez, à trois parallelog. du solide CD. Mais par la 24. prop. 11 les trois opposez sont egaux, & semblables. Parquoy les six plans du solide AK sont semblables & semblablement posez aux six plans du solide CD : & partant par la 9. defin. les solides AK & CD seront semblables & semblablement posez. Nous auons donc sur vne ligne droicte donnee, descrit vn parallelipipede, &c. Ce qu'il falloit faire.

THEOR. 23. PROP. XXVIII.

Si vn solide parallelipipede est couppé par vn plan passant par les diagonales des plans opposez, il sera couppé en deux egalement.

Soit le solide parallelipipede AB couppé par le plan CDFG, par les diagonales des plans opposez DF, CG. Ie dis qu'il est couppé en deux egalement.

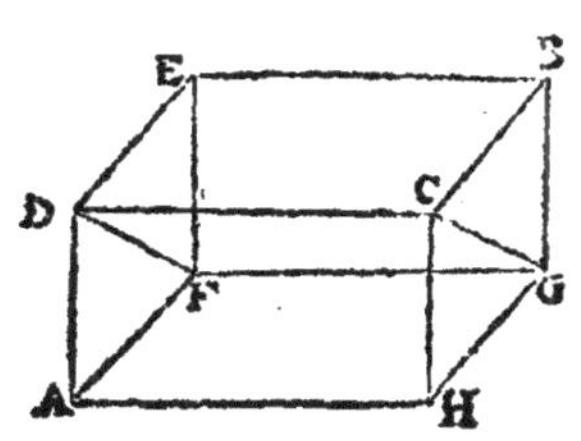

Car puis que les plans AE, HB, sont parallelogr. egaux & semblables par la 34. prop 1. les triangles ADF, EFD, CGH & GCB sont egaux entr'eux : mais les costez qui contiennent les angles egaux DAF, DEF, CHG, & CBG sont proportionnaux : donc iceux triangles seront aussi semblables par la 6. pr. 6. & le plan AG est egal & semblable au plan DB, & AC à FB par la 24. prop. 11. (car ce sont plans opposez.) Partant les deux prismes ADCHGF, FEBGCD, sont compris de parallelogrammes, & de triangles opposez semblables & egaux, & par la 10. def. iceux prismes sont egaux. Parquoy puis qu'ils composent le parallelipipede AB : iceluy sera couppé en deux egalement par le plan DCGF. Si donc vn solide parallelipipede est couppé par vn plan, &c. Ce qu'il falloit prouuer.

THEOR. 24. PROP. XXIX.

Les solides parallelipipedes ayans mesme base, & mesme hauteur, & desquels les lignes insistantes sont colloquees en mesmes lignes droictes ; sont egaux entr'eux.

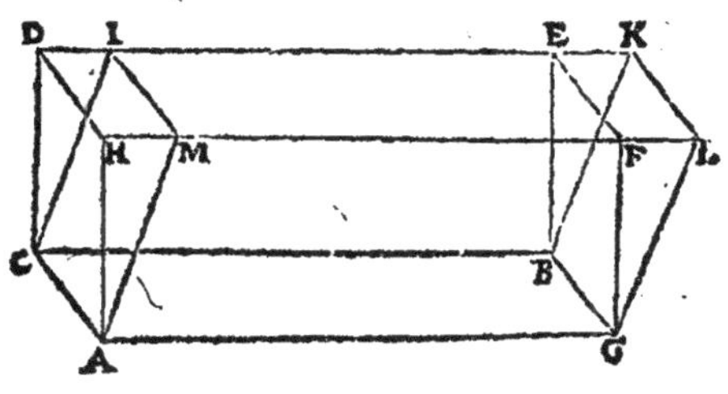

Soient constituez sur la base AB, & en mesme hauteur, les solides parallelipipedes ADEG, AIKG, desquels les lignes insistantes AH, AM, GF, GL ; CD, CI, BE, BK sont colloquees en mesmes lignes droictes HL, DK. Ie dis que le solide ADEG est egal au solide AIKG. Car d'autant que les parallelogrammes AF, AL constituez sur mesme base AG sont egaux ent'eux par la 35. p. 1. si on en oste le trapeze commun GM, resteront egaux les triangles AHM, GFL : Et puis que par la 34. prop. 1. ils ont leurs costez egaux, chacun au sien, ils seront equiangles, & partant aussi semblables par la 4. prop. 6. Pour mesmes raisons les triangles CDI, BEK, seront aussi egaux & semblables. Mais par la 24. prop. 11. le parallelog AD est egal & semblable au parallelog. GE ; Item le parallogr. AI au parallelogr. GK. Et par la 36. prop. 1. DM est egal à EL ;

attend u

attendu que leurs bases HM, FL sont egales (car HF, ML sont egales entr'elles, chacune d'icelles estant egale à AG; & ostant MF qui leur est commune, restent MH, FL egales.) Parquoy les cinq plans du prisme AHMIDC sont egaux & semblables aux cinq plans du prisme GFLKEB : & par la 10. def. 11. lesdits prismes seront egaux: partant si on adiouste à chacun d'iceux prismes le commun solide AMICBEFG, seront faits egaux les parallelipipedes ADEG, AIKG. Parquoy les solides parallelip. ayans vne mesme base, &c. Ce qu'il falloit demonstrer.

THEOR. 25. PROP. XXX.

Les solides parallelipipedes, constituez sur mesme base, & de mesme hauteur, & desquels les lignes insistantes ne sont colloquees en mesmes lignes droictes; sont egaux entr'eux.

Sur vne mesme base AB, & en mesme hauteur (c'est à dire entre mesme plans parallels) soient constituez les solides parallelipipedes CF, CL desquels les lignes insistentes menees des quatre angles de la base AB, sçauoir AH, AO, GF, GL, CD, CI, BE, BK, ne sont pas colloquees en mesmes lignes droictes. Ie dis que le solide CF est egal au solide CL.

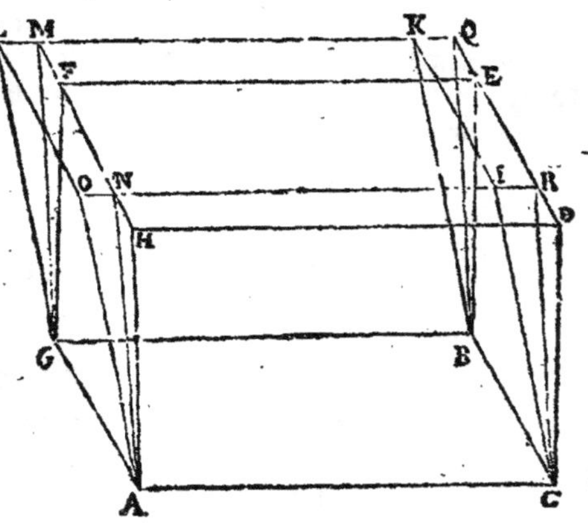

Car puis que les plans HE, OK opposez à la base commune AB, sont en vn mesme plan, à raison de la mesme hauteur des parallelipipedes ; soient prolongees en iceluy plan les lignes HF, DE, iusques à ce qu'elles rencontrent LK aussi prolongee en M & Q: soit encore prolongee OI, qui rencontre HF & ED en N & R, puis soient tirees les lignes droictes AN, GM, BQ, CR. D'autant que les lignes continuees LK, OI sont paralleles, comme aussi HF, DE ; le quadrilatere NMQR sera parallelogramme, qui ayant les costez opposez egaux & parallels, aussi ANMG, CRQB, ANRC, GMQB, seront parallelog. & partant le solide CM sera parallelipipede: & par la prec. prop. il sera egal au parallelip. CF, puis qu'estans constituez sur mesme base AB, & de mesme hauteur, les lignes insistantes AH, AN, GF, GM, CD, CR, BE, BQ sont colloquees en mesmes lignes droictes HM, DQ. Mais pour mesmes raisons le parallelipip. CM est aussi egal au parallelip. CL, ayans mesme base, & les lignes insistantes colloquees en mesmes lignes droictes LQ, OR. Donc le parallelipipede CF sera egal au parallelip. CL. Parquoy les solides parallelipipedes, &c. Ce qu'il falloit demonstrer.

SCHOLIE.

On conuertira tant ceste proposition que la precedente en ceste maniere.

Les solides parallelipipedes egaux ayans mesme base, soit que les lignes insistentes soient colloquées en mesmes lignes droictes, ou non, sont de mesme hauteur.

Car si l'on dit que l'vn est plus haut, si d'iceluy on couppe vn parallelipipede de mesme hauteur que l'autre, le couppé & l'autre seront egaux, par la 29. ou 30. prop. 11. & puis que cest autre est posé egal au tout; le couppé sera egal au tout. Ce qui est absurde.

THEOR. 26. PROP. XXXI.

Les solides parallelipipedes constitués sur bases egales, & de mesme hauteur, sont egaux entr'eux.

Soient les solides parallelipipedes AB, CD constituez sur bases egales AE & CF, & de mesme hauteur. Ie dis qu'iceux solides sont egaux entr'eux.

Car premierement les lignes insistentes AG, LM, KI, EB soient perpendiculaires à la base AE, & les insistentes CH, PQ, ON, FD perpendic. à la base CF; toutes lesquelles perpendicul. seront egales entr'elles, puis que les parallelip. sont de mesme hauteur : & apres auoir continué CP iusques à R, & fait PR egale à KE, au plan de OP prolongé, soit fait l'angle RPS egal à l'angle AKE, & fait PS egale à KA : puis soit acheué le parallelogr. PM, sur lequel soit construit le parallelip. QSTV à la hauteur de la perpendiculaire PQ. Donc puis que les costez PR, PS sont egaux aux costez EK, KA, & les angles RPS, EKA egaux, les parallelogrammes PT, KL seront egaux & semblables.

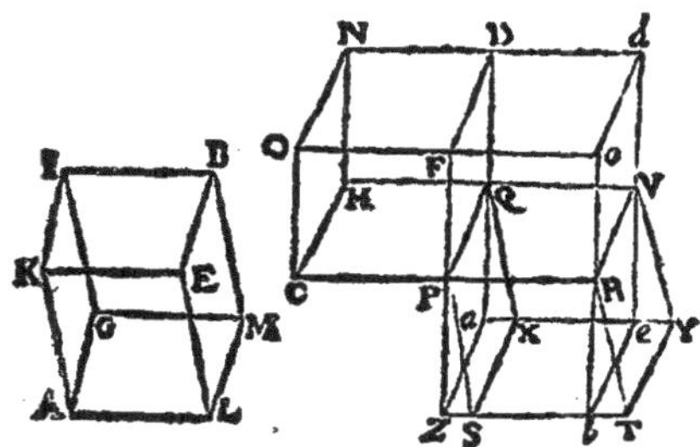

Derechef puis que les costez PQ, PS sont egaux aux costez KI, KA, & les angles QPS, IKA droicts par la 3. def. 11. pource qu'icelles IK, PQ sont posees perpendiculaires aux plans AE, PT : aussi les parallelogrammes QS, AI, seront egaux & semblables. Item les costez PR, PQ estans egaux aux costez KE, KI, & les angles RPQ, EKI droicts, par la mesme def. les parallelogrammes PV, KB seront aussi egaux & semblables. Parquoy puis que les trois parallelog. PT, QS, PV, du parallelipipede QSTV sont egaux & semblables aux trois KL, AI, KB, du parallelip. AIBL, par la 24. prop. 11. tant ceux-là, que ceux-cy seront egaux & semblables à leurs autres parallelogrammes opposez: & partant par la 10. definit. les parallelipipedes AB, SV seront egaux entr'eux. Maintenant que EF, TS prolongees se rencontrent en Z: & DQ, YX, en *a*, & soit acheué le parallelipipede ZV. Item que ND, *e*V prolongees se rencontrent en *d*, & OF, *b*R, en *o*, & soit acheué le parallelipipede DR. Donc puis que les parallelipipedes SV, ZV, ont mesme base PV, & mesme hauteur, & que les lignes insistentes PS, PZ, RT, R*b* : Q*x*, Q*a*, VY, V*e*, sont colloquees entre mesmes lignes droictes ZT, *a*Y: iceux solides seront egaux entr'eux par la 29. prop. 11. Mais le parallelipipede SV est demonstré egal au parallelipipede AB : donc le parallelipipede ZV sera egal au mesme AB. Et d'autant que par la 35. pr. 1. les parallelogrammes PT, P*b* sont egaux, & PT egal à AE, aussi P*b* sera egal au mesme AE, c'est à dire à CF (car AE, CF sont posees bases egales:) & par la 7. pr. 5. comme CF sera à Po, ainsi Pb sera à Po: & par la 25. pr. 11. comme la base CF est à la base Po, ainsi le solide CD est au solide Pd, puis que le parallelipipede Cd est couppé par le plan PD parallel aux plans opposez CN, Rd: Semblablement comme Pb est à Po, ainsi le solide ZV au solide Pd, pource que le parallelipipede Db est couppé par le plan PV parallel aux plans opposez Fd, Ze. Donc par la 9. prop. 5. les parallelipipedes CD, ZV seront egaux, puis qu'ils ont mesme raison au solide Pd, sçauoir est la mesme qu'ont les bases CF, Pb à la base Po. Parquoy puis que le parallelipipede ZV a esté demonstré egal au parallelipipede AB: les parallelipipedes AB & CD seront pareillement egaux: ce qui estoit proposé.

Maintenant, si les lignes insistentes AG, LM, KI, EB; CH, PQ, ON, FD, ne sont perpendiculaires, sur les bases AE, CF, soient tirees des poincts (apres auoir continué les lignes AL, KE & PC, FO, tant qu'il sera de besoin) G, I, B, M, & H, N, D, Q, & sur les plans d'audessous d'iceux poincts les perpendiculaires GT, IR, BS, MV, & HY, NX, DZ, Qa, par la 11. pr. 11. & soient tirees RT, SV, XY, Za, pour faire les parallelipipedes ITVB, NYaD, lesquels

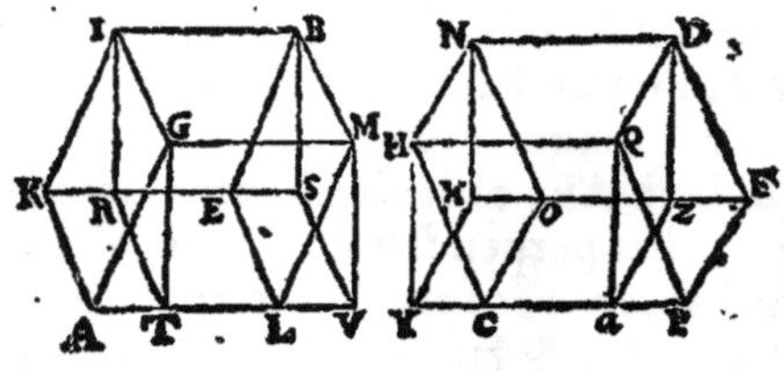

par ce qui a esté demonstré cy-dessus seront egaux entr'eux, car ils sont sur bases egales, GB, HD; & de mesme hauteur: Mais par la 29. ou 30. prop. 11. le solide ITVB est egal au solide AB; & le solide NYaD egal au solide CD: donc le solide AB sera egal au solide CD. Parquoy les solides parallelipipedes constituez sur bases egales, &c. Ce qu'il falloit demonstrer.

SCHOLIE.

On conuertira ceste 31. prop. en ceste maniere.

Les solides parallelipipedes egaux, constituez sur bases egales, sont de mesme hauteur: & les solides parallelipipedes egaux, qui sont en mesme hauteur: sont sur bases egales, s'ils n'ont vne mesme base.

Car si on croit l'vn plus haut que l'autre: si on couppe du plus haut vn parallelip. de mesme hauteur que l'autre: par la 31. p. 11. le couppé sera egal à l'autre, auquel est aussi posé egal le tout: parquoy le couppé sera aussi egal au tout: ce qui est absurde. Que si les parallelipip. estans de mesme hauteur, on croit que la base de l'vn soit plus grande que la base de l'autre: si d'icelle base on en couppe vne egale à l'autre, & sur icelle couppee on entend estre vn parallelipipede de mesme hauteur, lon demonstrera en la mesme maniere, la partie estre egale au tout: Ce qui est absurde.

THEOR. 27. PROP. XXXII.

Les solides parallelipipedes de mesme hauteur, sont l'vn à l'autre comme leurs bases.

Soient deux parallelipipedes de mesme hauteur ABCD, EFGH, desquels les bases soient AB, EF. Ie dis que le solide est au solide comme la base à la base.

Car si sur la ligne HF, (apres auoir prolongé le plan EF vers I) & à l'angle FHI on construit le parallelogramme FI egal au parallelog. AB; puis on acheue le solide IFLK; iceluy estant de mesme hauteur que le solide ABCD, & sur base egale, il luy sera egal par la 31. pr. 11. Parquoy par la 7. prop. 5. comme le solide IFKL est au solide EFGH, ainsi le solide ABCD est au mesme solide EFGH. Mais par la 25. prop. 11. le solide IFKL est au solide EFGH, comme la base IF, c'est à dire AB, à la base EF : Donc aussi le solide ABCD, sera au solide EFGH, comme la base AB à la base EF. Parquoy les solides parallelipipedes de mesme hauteur, &c. Ce qu'il falloit prouuer.

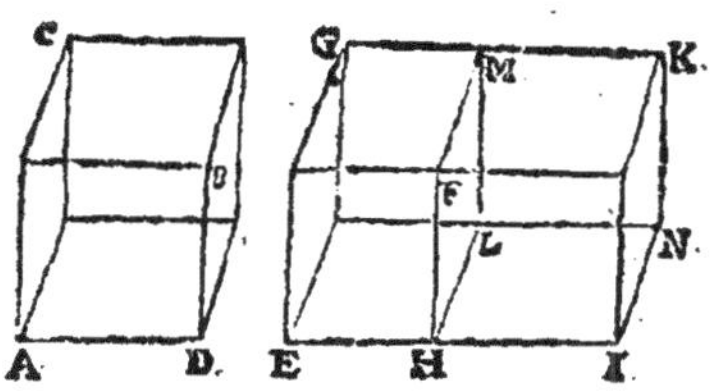

SCHOLIE.

La conuerse : Si les solides parallelipipedes sont entr'eux comme leurs bases ; ils seront en mesme hauteur. *Car si l'vne des hauteurs est plus grande que l'autre, de la plus grande en soit couppee vne egale à la moindre, & puis soit tiré vn plan parallel à la base ; & par la 32. p. 11. comme la base sera à la base, ainsi le parallelipipede sera au parallelipipede couppé : mais ainsi il estoit aussi au parallelipipede total. Donc le couppé est egal au tout par la 9. p. 5. Ce qui est absurde.*

THEOR. 28. PROP. XXXIII.

Les semblables solides parallelipipedes, sont l'vn à l'autre en raison triplee de leurs costez homologues.

Soient deux semblables parallelipipedes ABCE, FHGI constituez sur bases semblables AE, FK, esquelles les costez homologues sont AD, FI. Ie dis que le parallelipipede ABCE est au parallelipipede FHGI en raison triplee des costez homologues AD, FI.

Car soit prolongé AD vers M, tellement que DM soit egale à FI, ou HG. Item BD vers N, en sorte que DN soit egale à LI ou GK : Item ED vers O, tellement que DO soit egale à KI ou GL : puis apres estans accomplis les parallelogrammes DP, MN, NO, soit acheué le parallelipipede NMP. Il est donc euident que les deux parallelipipedes FG, NP sont sẽblables & egaux, puis qu'ils sont composez de plans qui ont les angles egaux, & les costez au long d'iceux angles egaux, aussi egaux. Item soient construits les parallelipipedes BMOQ, & EBRM. D'autant que les parallelipipedes ABCD, FGHI, sont semblables, comme AD est à FI, c'est à dire à DM, ainsi DE à KI, c'est à dire à DO : & BD à LI, c'est à dire à DN. Mais

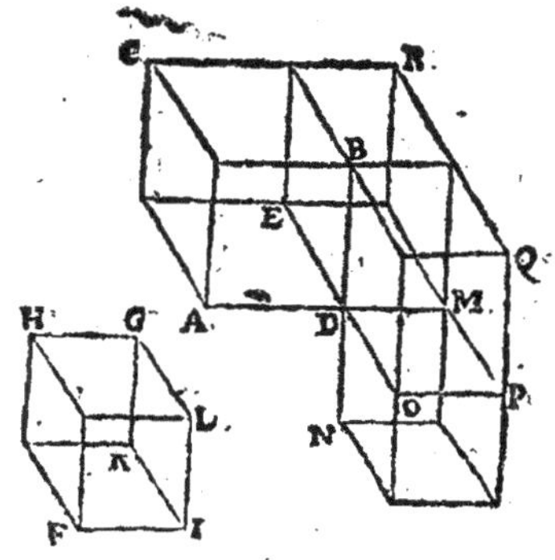

par la 1. prop. 6. comme AD à DM, ainsi le parallelog. AE au parallelog. EM: & comme ED à DQ, ainsi le parallelog. EM à DP: & comme BD à DN, ainsi le parallelogramme BM à MN. Donc comme AE sera à EM, ainsi EM à DP & BM à MN. Mais par la 32. prop. 11. comme la base AE à la base EM, ainsi est le parallelipipede AECB au parallelip. EMRB: & comme la base EM est à la base DP, ainsi le parallelip. EMRB est au parallelipipede de DPBQ: & comme la base BM est à la base MN, ainsi le parallelip. DPBQ est au parallelipipede NP. Parquoy comme le parallelipipede AECB sera au parallelip. EMRB, ainsi le parallelipipede EMRB sera au parallelip. DPBQ: & le parallelipipede DPBQ au parallelip. NP. Partant les quatre quantitez AECB, EMRB, DPBQ, NP sont continuellement proportioneles: & par la 10. d. 5. la premiere AECB sera à la quatriesme NP, c'est à dire à FG, en raison triplee de la premiere AECB à la seconde EMRB. Mais par la 32. pr. 11. comme AECB est à EMRB, ainsi la base AE est à la base EM: & par la 1. prop. 6. comme AE est à EM, ainsi AD est à DM, c'est à dire à FI. Donc par la 11. pr. 5. AECD sera à EMRB comme AD à FI: partant la raison triplee de AECD à EMRB, sera la mesme que de AD à FI: & par consequent AECD estant à FG en raison triplee de AECD à EMRB: il sera aussi en raison triplee de AD à FI. Parquoy les solides parallelipipedes, &c. Ce qu'il falloit demonstrer.

COROLLAIRE.

Par cecy est euident que s'il y a quatre lignes droittes continuellement proportioneles, comme la premiere est à la quatriesme, ainsi le parallelipipede descrit sur la premiere, est au parallelipipede semblable, & semblablement descrit sur la seconde: Puis que tant le parallelipipede est au parallelipipede, que la premiere ligne à la quarte en raison triplee de la raison de la premiere ligne à la seconde, sçauoir des costez homologues.

THEOR. 29. PROP. XXXIV.

Les solides parallelipipedes egaux, ont les bases & les hauteurs reciproques: Et ceux qui ont les bases & les hauteurs reciproques, sont egaux.

Soient les parallelipipedes egaux ABCD, EFGH sur les bases AD, EH, desquels les hauteurs sont AC, EG. Ie dis que leurs bases & leurs hauteurs sont reciproques, c'est à dire, que comme la base AD est à la base EH, ainsi la hauteur EG est à la hauteur AC.

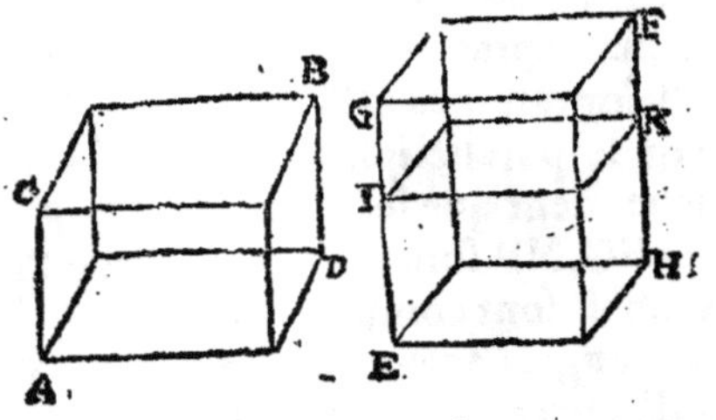

Car si les bases AD & EH sont egales, (estans les solides posez egaux) les hauteurs AC, EG seront aussi egales par le schol. de la 31. pr. 11. & partant comme la base AD à la base EH, ainsi la hauteur EG à la hauteur AC.

Mais si les bases sont inegales, sçauoir AD, plus grande que EH, la hauteur EG sera plus grande que la hauteur CA: car elle ne peut estre plus petite, non pas seulement egale, d'autant que par la 31. p. 11. iceux solides seroient l'vn à l'autre cõme leurs bases;

partant AB plus grand que EF, & nous les auons posez egaux : La hauteur EG sera donc plus grãde que CA ; & d'iceluy soit retranchee EI egale à CA, & d'iceluy poinct I soit imaginé que le plan IK parallel à EH, couppe le parallelip. EF : Or les deux solides AB & EF estans egaux, ils auront mesme raison l'vn comme l'autre au solide EK, par la 7. prop. 5. Mais AB & EK estans de mesme hauteur, ils seront l'vn à l'autre comme la base AD à la base EH, par la 32. prop. 11. Partant EF sera aussi à EK comme la base AD à la base EH. Or comme le parallelipipede EF est au parallelip. EK, ainsi la base GL à la base IL, par la 25. prop. 11. & icelle base GL est à la base IL, comme la ligne EG est à la ligne EI, par la 1. prop. 6. & partant par la 11. p. 5. le solide EF est au solide EK, comme EG à EI. Mais le solide EF est aussi au solide EK, comme la base AD à la base EH : Donc par la 11. prop. 5. comme la base AD est à la base EH, ainsi la hauteur EG est à la hauteur EI, ou à son egale AC.

Pour la seconde partie, si la base AD est à la base EH, comme la hauteur EG est à la hauteur AC. Ie dis que les deux solides AB & EF sont egaux.

Car si les hauteurs sont egales, il est euident que les bases sont aussi egales, puis qu'elles sont posees en mesme raison : & partant par la 31. prop. 11. les parallelipipedes AB, EF seront pareillement egaux.

Que si la heuteur EG est plus grande qne la hauteur AC d'icelle, soit retranchee EI egale à AC, & par I soit tiré le plan IK parallele à la base EH. Donc par la 32. p. 11. comme la base AD est à la base EH, ainsi le solide AB est au solide EK, puis que leurs hauteurs sont egales : Et par la 1. p. 6. comme EG est à EI, ainsi le plan GL est au plan IL. Mais comme la base GL est à la base IL, ainsi le solide EF, est au solide EK : (car ils sont de mesme hauteur,) donc comme le solide AB est au solide EK, ainsi le solide EF est au mesme solide EK, puis que par l'hypothese AD est à EH comme EG à AC ou EI : partant par la 9. prop. 5. les solides AB, EF seront egaux. Donc les solides parallelipipedes egaux, ont les bases, &c. Ce qu'il falloit demonstrer.

SCHOLIE.

Il faut noter qu'à ceste demonstration & presque à toutes les autres de ce liure, les hauteurs des solides doiuent estre perpendiculaires. Parquoy si elles n'estoient telles, il les y faudroit reduire, comme nous auons fait à la fin de la 31. prop. de ce liure.

Or toutes les choses que nous auons demonstrees és 6 precedentes propositions, sçauoir és 29. 30. 31. 32. 33. & 34. conuiennent aussi aux prismes qui ont deux plans opposez triangulaires, obseruant les susdites hypotheses. Car si à deux tels prismes de mesme hauteur, & constituez sur vne mesme base, ou sur bases egales, on appose deux autres prismes egaux & semblables à iceux, seront faits deux parallelipipedes de mesme hauteur, & constituez sur mesmes, ou egales bases. Parquoy par la 29. 30. ou 31. pr. 11. seront egaux iceux parallelipipedes ; & partant aussi les prismes donnez, c'est à sçauoir les moitiez d'iceux parallelipipedes.

Derechef, si aux deux prismes susdits de mesme hauteur, & constituez sur diuerses bases, on adioinct deux autres prismes egaux, & semblables à iceux, seront faits derechef deux parallelipipedes de mesme hauteur : Parquoy par la 32. pr. 11. le parallelip. sera au parallelip. comme la base à la base ; & partant par la 15. p. 5. le prisme sera au prisme, c'est à sçauoir la moitié de l'vn des parallelip. à la moitié de l'autre, comme la mesme base à la base, si les bases des prismes sont parallelogrammes, ou comme le triangle au triangle, sçauoir est la moitié d'vne base à la moitié de l'autre, si les bases sont triangulaires.

Dauantage, si à iceux deux prismes semblables, on adiouste deux autres prismes egaux &

semblables à eux, seront constituez deux parallelip. semblables, lesquels par la 33. p. 11. seront entr'eux en raison triplee des costez homologues. Donc aussi par la 15. pr. 5. les prismes, sçauoir est les moitiez d'iceux, auront la raison triplee de mesmes costez homologues, lesquels sont pareillement costez homologues des prismes.

Finalement, si aux deux susdits prismes egaux, on adiouste deux autres prismes egaux & semblables à iceux, seront constituez deux parallelip. egaux de mesme hauteur que les prismes: Parquoy par la 34. pr. 11. puis que les bases, & les hauteurs des parallelip. sont reciproques, & les bases des prismes sont les mesmes, ou les triangles moitiez d'icelles, ayant mesme raison par la 15. p. 5. aussi les bases & les hauteurs des prismes seront reciproques.

THEOR. 30. PROP. XXXV.

S'il y a deux angles plans egaux, aux sommets desquels soient leuees en l'air deux lignes droictes faisant angles egaux auec les lignes des angles premierement posez, chacun au sien; & d'vn poinct pris au haut de chacune d'icelles deux lignes esleuees sont menees des lignes perpendiculaires aux plans esquels sont les angles premierement posez, & des poincts où tombent icelles perpendiculaires sont tirees des lignes droictes vers les sommets des angles premierement posez: Les angles que font icelles lignes, auec les leuees en l'air sont egaux entr'eux.

Soient deux angles plans egaux BAC, EDF, des sommets desquels A & D, soient leuees en l'air les lignes droictes AG, DH, tellement que l'angle BAG soit egal à l'angle EDH: & l'angle CAG egal à l'angle FDH: & des poincts G & H pris és lignes AG, DH, soient tirees aux plans esquels sont les angles BAC, EDF, les perpendiculaires GI, HK, tombantes és poincts I, K, desquels soient menees les lignes IA, DK. Ie dis que les angles GAI, HDK, sont egaux entr'eux.

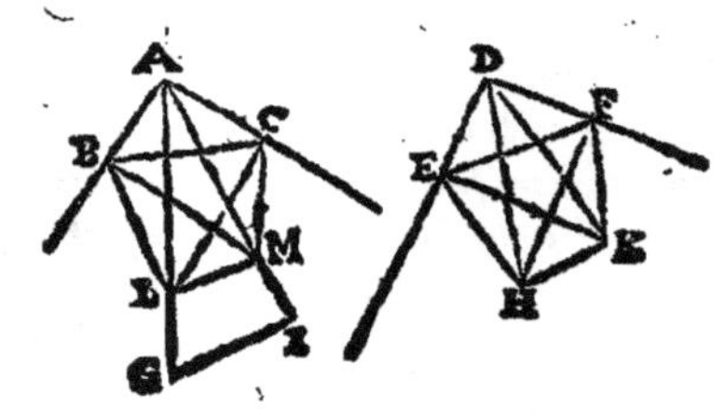

Car si les deux lignes AG, DH sont inegales, de la plus grande AG, soit retranchee AL egale à DH: & de L au plan du triangle AGI, soit tiree LM parallele à GI: laquelle LM sera perpendiculaire au plan de l'angle BAC par la 8. pr. 11. puis que GI est perpendiculaire à iceluy plan. Soient aussi tirez des poincts M, K, les lignes MB, MC, KE, KF, perpendiculaires aux lignes AB, AC, DE, DF: & soient menees les lignes BC, BL, LC, EF, EH, HF. Or d'autant que LM est perpendiculaire au plan de l'angle BAC, elle le sera aussi à la ligne AM tiree au mesme plan par la 3. def. 11. partant par la 47. prop. 1. le quarré de AL sera egal aux quarrez de AM, ML: mais par la mesme prop. le quarré de AM est egal aux quarrez de AC, CM, puis que l'angle ACM est droict par construction. Donc le quarré de AL est egal aux quarrez de AC, CM, ML : Et par la 47. prop. 1. le quarré de CL est egal aux quarrez de CM, ML, puis que par la 3. d. de ce liure, l'angle CML est droict. Donc le quarré de AL est egal aux quarrez de AC, CL : & partant par la 48. p. 1. l'angle ACL est droict. Derechef, puis que par la 47. p. 1. le quarré de AL est egal aux quarrez de AM, ML : & le quarré de AM est egal aux quarrez de AB, BM, l'angle ABM estant droict par la construction : le quarré de AL est egal aux quarrez de AB, BM, ML : mais le quarré de BL est egal à iceux quarrez de BM, ML, pource que l'angle BML est droict par la 3. def. 11. Donc le quarré de AL est egal aux quarrez de AB, BL : & partant par la 48. pr. 1. l'angle ABL sera droict. On demonstrera en la mesme maniere que les angles DFH, DEH sont aussi droicts. Maintenant puis que les angles ABL, LAB, du triangle ABL sont egaux aux angles DEH, HDE, du triangle DEH, & les costez AL, DH aussi egaux, par la 26. prop. 1. les autres costez AB, BL seront pareillement egaux aux autres costez DE, EH. Par mesme raison seront egaux les costez AC, CL, aux costez DF, FH. Parquoy les costez AB, AC, du triangle ABC, estans egaux aux costez DE, DF du triangle DEF, & les angles BAC, EDF aussi egaux, par la 4. pr. 1. les bases BC, EF, seront pareillement egales entr'elles, & les angles ABC, ACB egaux aux angles DEF, DFE. Mais tous les angles ABM, ACM, sont egaux à tous les angles DEK, DFK, puis qu'ils sont tous droicts: Donc aussi les autres angles BMC, MCB seront egaux aux autres angles KEF, KFE ; & partant puis que les costez BC, EF, ont esté demonstrez egaux ; les costez BM, MC, seront egaux aux costez EK, FK, par la 26. prop. 1. veu donc que les costez AC, CM, du triangle ACM sont egaux aux costez DF, FK, du triangle DFK, & les angles ACM, DFK sont droicts, par la 24. prop. 1. les bases AM, DK seront egales. Et puis que BL, EH ont esté demonstrées egales, leurs quarrez seront aussi egaux. Mais par la 47. prop. 1. le quarré de BL est egal au quarré de BM, ML, & le quarré de EH aux quarrez de EK, KH, pource que les angles BML, EKH sont droicts, par la 3. def. 11. Donc les quarrez de BM, ML seront egaux aux quarrez de EK, KH : & partant estans ostez les quarrez de BM, EK, qui sont egaux, les lignes BM, EK, ayant esté demonstrees egales, resteront egaux les quarrez de LM, HK, & partant les lignes LM, HK seront egales. Parquoy veu que les costez AL, AM du triangle ALM, sont egaux aux costez DH, DK du triangle DHK, & la base LM egale à la base HK ; les angles LAM, HDK seront egaux par la 8. prop. 1. S'il y a donc deux angles plans egaux, &c. Ce qu'il falloit demonstrer.

COROLLAIRE.

Parquoy s'il y a deux angles plans egaux, és sommets desquels soient esleuees en l'air des lignes droictes egales, lesquelles auec les lignes d'iceux angles premierement posez, contiennent angles egaux, chacun au sien : les perpendiculaires tirees des poincts extremes d'icelles lignes esleuees en l'air, sur les plans des angles premierement posez, seront egales entr'elles. Car d'autant que les angles plans BAC, EDF, sont posez egaux, & les lignes egales AL, DH esleuees en haut constituent les angles egaux LAB, HDE ; Item LAC, HDF, il a esté demonstré que les perpendiculaires LM, HK, sont egales entr'elles.

THEOR.

THEOR. 31. PROP. XXXVI.

Si trois lignes droictes sont proportioneles; le solide parallelipipede constitué d'icelles trois lignes, est egal au solide parallelipipede fait de la moyenne, pourueu qu'iceux deux solides soient equiangles.

Soient trois lignes continuellement proportioneles A, B, C: & soit constitué vn angle solide D, de trois quelconques angles plans EDF, EDG, FDG, tellement que la ligne DE soit egale à la ligne A, DG à B, & DF à C: & soit accomply le parallelipipede DH: en apres, par la 26. pr. 11. sur la ligne IK egale à B, & au poinct I soit fait l'angle solide I des trois angles plans KIL, KIM, & MIL, egaux aux trois EDF, EDG, FDG: tellement que chacune des lignes IK, IL, IM soit egale à la moyenne B; & soit parfait le parallelipipede IN. Ie dis que les solides DH, IN sont egaux.

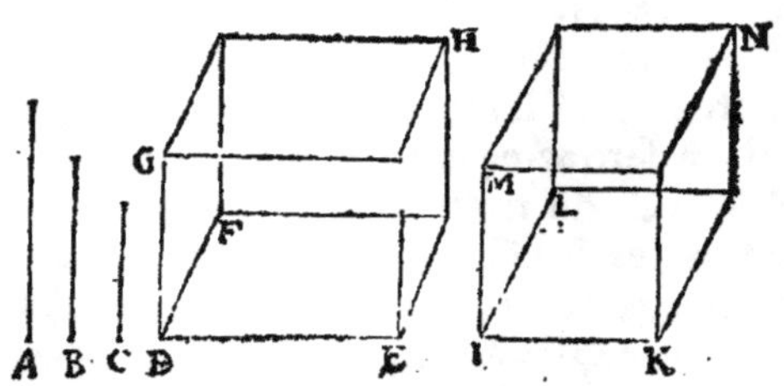

Car puis que comme DE est à IK, ainsi IL à DF: (car DE est egale à A; IK, IL à B; & DF à C,) & les angles EDF, KIL egaux, les parallelog. EF, KL seront egaux par la 14. prop. 6. pource qu'ils ont les costez au long des angles egaux reciproques. Et d'autant qu'aux sommets des angles plans egaux EDF, KIL sont esleuez en l'air les lignes egales DG, IM, lesquelles auec les lignes des angles premierement posez comprennent angles egaux, vn chacun au sien: les perpendiculaires tirees de G, M, sur les plans des bases EF, KL; (sçauoir est les hauteurs des parallelip. DH, IN) seront egales entr'elles par le corollaire de la preced. prop. Parquoy par la 31. prop. 11. les parallelip. DH, IN, seront egaux entr'eux, puis qu'ils ont les bases EF, KL egales, & pareillement les hauteurs egales. Parquoy si trois lignes droictes sont proportioneles, &c. Ce qu'il falloit demonstrer.

THEOR. 32. PROP. XXXVII.

Si quatre lignes droictes sont proportioneles; les solides parallelipipedes semblables, & semblablement descrits sur icelles, seront aussi proportionaux: Et si quatre solides parallelipipedes semblables & semblablement posez sont proportionaux; les quatre lignes droictes, sur lesquelles ils seront descrits, seront aussi proportioneles.

Soient quatre lignes droictes proportioneles A, B, C, D: & soient descrits sur icelles quatre solides semblables & semblablement posez A, B, C, D. Ie dis qu'iceux solides sont proportionaux.

Car puis que le solide A est semblable au solide B: par la 33. prop. 11. ils seront l'vn à l'autre en raison triplee de la ligne A à la ligne B : pareillement les solides C & D seront aussi en raison triplee de C à D : mais la raison de A à B, est comme de C à D par l'hypothese. Donc la raison triplee de A à B, sera semblable à la raison triplee de C à D ; & partant par la 11. prop. 5. le solide A sera au solide B, comme le solide C au solide D.

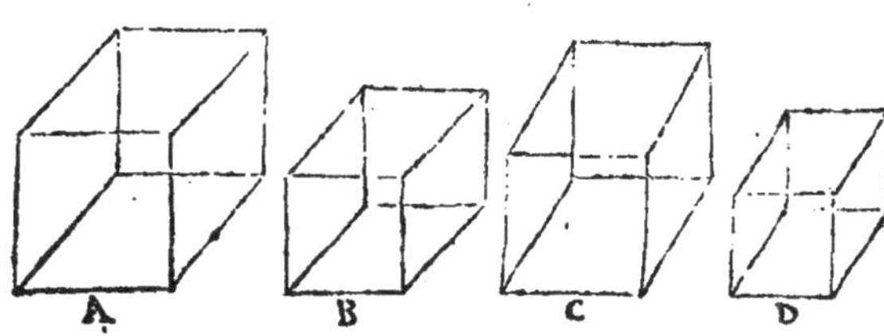

Maintenant, si les quatre solides A, B, C, D, semblables & semblablement descrits sur les quatre lignes droictes A, B, C, D, sont proportionaux. Ie dis que la ligne A sera à la ligne B, comme la ligne C à la ligne D. Car le solide A sera au solide B, en raison triplee de la ligne A à la ligne B par la 33. pr. 11. Item le solide C au solide D, en raison triplee de C à D : mais le solide A est au solide B comme le solide C au solide D : partant leur raison triplee sera semblable ; & par consequent les quatre lignes droictes A, B, C, D, seront proportioneles. Parquoy si quatre lignes droictes sont proportioneles, &c. Ce qu'il falloit demonstrer.

SCHOLIE.

Semblablement, si trois lignes droictes sont proportionelles, les parallelipip. semblables & semblablement descrits sur icelles seront proportionaux ; & si trois solides semblables, &c. Car la moyenne ligne estant posee deux fois auec son solide, les quatre solides seront proportionaux, comme il a esté demonstré. Car puis que le solide de la deuxiesme ligne est egal au solide de la troisiesme ligne, & la deuxiéme ligne egale à la troisiéme, la proposition est manifeste.

Et est à notter qu'il n'importe pas que tous les quatre solides soient semblables entr'eux : Car les deux solides descrits sur les deux premieres lignes A & B estans semblables & semblablement posez, il n'est pas necessaire que les deux autres solides descrits sur les deux dernieres lignes C & D soient semblables & semblablement posez aux deux premiers, ains suffit qu'ils le soient entr'eux deux, ainsi qu'il est euident par la demonstration cy-dessus.

Nous adiousterons icy cét autre theoreme.

Si quatre lignes droictes sont continuellement proportioneles : le parallelipipede ayant pour base le quarré de l'vne des extrémes, & pour hauteur l'autre extréme, est egal au cube de la moyenne proport. plus prochaine de la premiere extréme prise.

Soient quatre lignes continuellement proportioneles A, B, C, D. Ie dis que le parallelipipede ayant le quarré de l'extréme A pour base, & l'autre extréme D pour hauteur, est egal au cube de la moyenne B plus prochaine de l'extréme A.

Car puis que par le corol. de la 20. prop. 6. le quarré de A est au quarré de B, comme A à C, c'est à dire comme B à D : les bases auec les hauteurs seront reciproques, puis que le quarré de A est la base du parallelipipede, & la ligne D, la hauteur d'iceluy, & la base du cube est le quarré de B, & sa hauteur la mesme ligne B. Donc par la 34. prop. 11. le parallelipipede & le cube seront egaux. Par mesme raison le parallelip. ayant pour base le quarré de l'extreme D, & pour hauteur l'autre extreme A, sera demonstré egal au cube de la moyenne prop. C plus prochaine de l'extreme D.

THEOR. 33. PROP. XXXVIII.

Si vn plan eſt perpendiculaire à vn autre plan, & d'vn poinct de l'vn d'iceux on meine vne ligne perpendiculaire à l'autre, elle tombera ſur leur commune ſection.

Soit le plan AB perpendiculaire au plan AC, leur ligne de commune ſection AD; & du poinct E pris en AB, ſoit menee vne perpendiculaire au plan AC: ie dis qu'elle tombera ſur la commune ſection AD.

Car qu'elle tombe ailleurs, s'il eſt poſſible, comme au poinct F du plan AC: & par la 12. prop. 1. de F ſoit menee FG perpendiculaire à AD; & la ligne GE faiſant le triangle GFE. Or ſi la ligne EF eſt perpendiculaire au plan AC, par la 3. def. 11. elle le ſera auſſi à la ligne FG: & icelle FG eſtant perpendiculaire à la commune ſection AD, par la 4. def. elle le ſera pareillement au plan AB: & par conſequent à la ligne GE: partant au triangle GFE, les deux angles ſur la ligne GF ſeroient tous deux droicts contre la 17. prop. 1. Donc la perpendiculaire tombant de E au plan AC ne tombera pas hors la commune ſection AD, ains ſur icelle. Parquoy ſi vn plan eſt perpendiculaire à vn autre plan, &c. Ce qu'il falloit prouuer.

THEOR. 34. PROP. XXXIX.

Si les coſtez des plans oppoſez d'vn ſolide parallelipipede, ſont couppez en deux egalement, & on meine des plans par les ſections: la ligne de commune ſection d'iceux plans, & le diametre du ſolide parallelipipede, ſe coupperont en deux egalement.

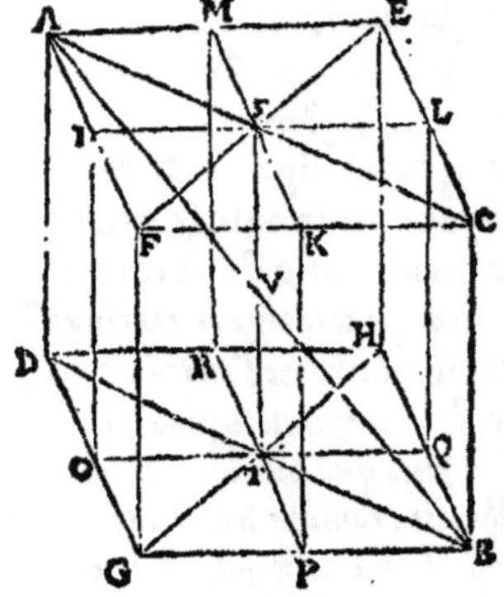

Soit le parallelipipede AB; les plans oppoſez AC, BD, deſquels tous les coſtez ſoient couppez en deux egalement és poincts I, K, L, M, O, P, Q, R, par leſquels ſoient imaginez paſſer les plans IQ, KR, ſe couppans l'vn l'autre en la ligne ST: & ſoit menee la diagonale AB: Ie dis que la ligne ST, & la diagonale AB s'entrecouppent en deux egalement.

Car eſtans tirees les lignes SA, SC, TD, TB: ſoient conſiderez les deux triangles BQT, DOT, deſquels les deux coſtez BQ, QT ſont egaux aux deux coſtez DO, OT, (car BQ, DO, ſont moitiez des lignes droictes egales BH, DG: & par la 34. pr. 1. QT, OT, ſont egales aux deux egales BP, GP, puis que PQ, PO ſont parallelogrammes) & l'angle BQT, par la 29. prop. 1. eſt egal à l'interne DOT: partant par la 4. prop. 1. les baſes BT, DT ſeront auſſi egales: & les angles BTQ, DTO pareillement egaux: & par la 13. prop. 1. les angles BTQ, BTO ſont egaux à deux droicts. Donc auſſi

DTO, BTO sont egaux à deux droicts: & partant par la 14. pr. 1. BT, DT constituent vne seule ligne droicte. En la mesme maniere sera demonstré que AS, CS sont egales, & composent vne seule ligne droicte. Maintenant puis que l'vne & l'autre AD, BC est parallele & egale à FG, à cause des parallelogrammes DF, FB : icelles seront aussi egales & paralleles entr'elles par la 9. prop. 11. Parquoy AC, BD qui conioignent les extremitez d'icelles AD, BC, sont aussi egales & paralleles par la 33. prop. 1. & par consequent AS, BT moitiez d'icelles sont egales. Mais pource que AC, BD sont paralleles, les lignes AB, ST seront auec icelles en vn mesme plan, par la 7. prop. 11. & partant s'entrecoupperont en vn poinct, sçauoir en V. Et d'autant que par les 29. & 15. pr. 1. les deux angles ASV, AVS du triangle ASV, sont egaux aux deux angles BTV, BVT, du triangle BTV, & le costé AS egal au costé BT : les autres costez AV, SV, seront aussi egaux aux autres costez BV, TV, chacun au sien; par la 26. prop. 1. Parquoy les deux lignes AB, ST s'entrecouppent en deux egalement au poinct V. Parquoy si les costez des plans opposez d'vn solide parallelipipede, &c. Ce qu'il falloit prouuer.

COROLLAIRE.

Par cecy est euident qu'en tout parallelipipede, tous les diametres s'entrecouppent en deux egalement en vn seul poinct, sçauoir est au poinct V, auquel ils diuisent en deux egalement la ligne ST. Est aussi manifeste que tout plan qui couppe le parallelipipede en deux egalement passe par le centre d'iceluy, sçauoir par V.

THEOR. 35. PROP. XL.

S'il y a deux prismes d'egale hauteur, l'vn desquels ait pour base vn triangle, & l'autre vn parallelogramme double d'iceluy triangle : iceux prismes seront egaux entr'eux.

Soient deux prismes d'egale hauteur ABCDEF, GHIKLM : & que celuy-là ait pour base le parallelogramme ABCF, double du triangle GHM base du prisme GHIKLM. Ie dis qu'iceux prismes sont egaux entr'eux.

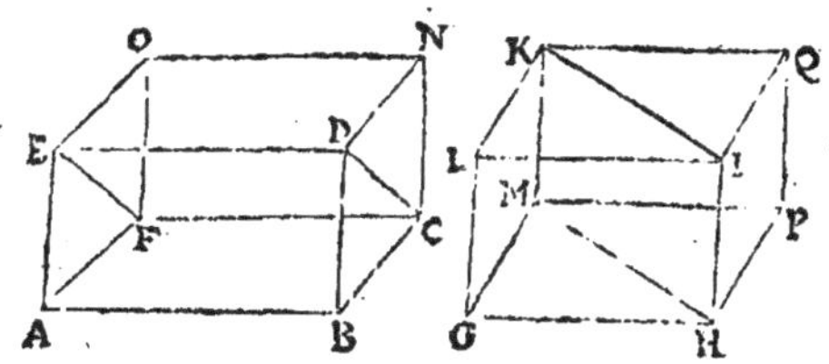

Car si on les accomplit pour estre solides parallelipipedes AN, GQ, la base GP sera egale à la base BF : & estans posez de mesme hauteur, ils seront egaux par la 31. prop. 11. & par la 28. prop. les plans diagonaux CDEF, HIKM les diuiseront en deux egalement ; & partant les prismes proposez estans les moitiez de choses egales, seront egaux entr'eux. Parquoy s'il y a deux prismes d'egale hauteur, &c. Ce qu'il falloit prouuer.

Fin de l'vnziesme Element.

ELEMENT DOVZIESME

THEOR. 1. PROP. I.

LES polygones ſemblables inſcrits aux cercles, ſont l'vn à l'autre comme les quarrez deſcrits des diametres des cercles.

Soient deux polygones ſemblables ABCDE & FGHIK, inſcrits aux cercles, deſquels les diametres ſont AL, FM. Ie dis qu'iceux polygones ſont l'vn à l'autre comme les quarrez des diametres AL, FM.

Car ſoient menees les lignes droictes AC, FH: item BL & GM. D'autant que les pentagones eſtans ſemblables, AB eſt à BC, comme FG à GH, & l'angle ABC egal à l'angle FGH: par la 6. prop. 6. les triangles ABC, FGH ſont equiangles: partant l'angle BCA ſera egal à l'angle FHG. Mais celuy-là eſt egal à l'angle L, ceſtuy-cy à l'angle M, par la 21. pr. 3. (car ils ſont ſur meſmes ſegmens BA, & FG.) Donc l'angle L ſera egal à l'angle M: & par la 31. pr. 3. les angles ABL, FGM eſtans dans les demy cercles ſont droicts & egaux: partant les triangles ABL FGM ſeront equiangles: (car le troiſieſme angle BAL ſera egal au troiſieſme GFM par la 32. prop. 1.) & par la 4. prop. 6. comme AL ſera à AB, ainſi FM à FG: & en permutant, comme AL ſera à FM, ainſi AB à FG. Parquoy par la 22. prop. 6. comme le pentagone deſcrit ſur AB ſera à l'autre pentagone ſemblable, & ſemblablement poſé ſur FG: ainſi le quarré de AL ſera au quarré de FM. Parquoy les polygones ſemblables inſcrits aux cercles, &c. Ce qui eſtoit à prouuer.

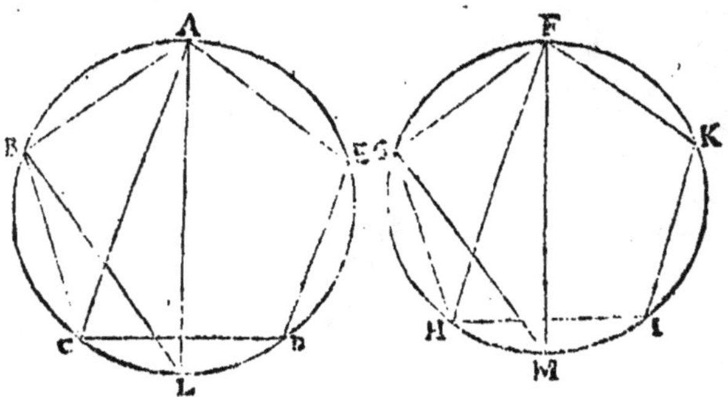

THEOR. 2. PROP. II.

Les cercles sont l'vn à l'autre, comme les quarrez de leurs diametres.

Soient les deux cercles ABCD, EFGH, dont les diametres sont AC & EG: Ie dis qu'ils sont l'vn à l'autre comme le quarré de AC est au quarré de EG: c'est à dire que si on imagine que comme le quarré de AC est au quarré de EG, ainsi le cercle ABCD soit à quelque figure quatriéme proport. comme I, qu'icelle figure I est egale au cercle EFGH.

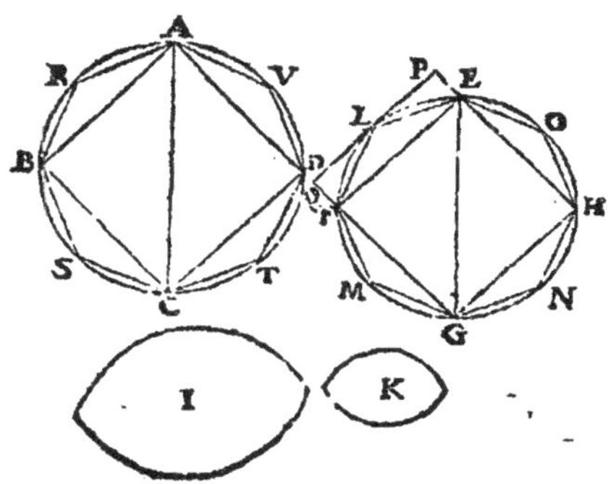

Autrement elle sera plus petite ou plus grande. Qu'elle soit premierement plus petite, s'il est possible: & soit le cercle EFGH plus grand qu'icelle de la figure K. Or par la 1. prop. 10. on peut retrancher plus de la moitié du cercle EFGH, & du residu plus de la moitié tant de fois qu'il demeurera en fin vne quantité plus petite que K: Soit donc dans iceluy cercle EFGH descrit le quarré EFGH, qui est plus grand que la moitié du cercle: (d'autant que le quarré de EG, qui est son double, est plus grand que le cercle.) Si les quatre segmens du cercle sont moindres que K, nous auons ce que nous demandons: Sinon soit couppé l'arc EF en deux egalement au poinct L, & semblablement les trois autres arcs FG, GH, HE, és poincts M, N, O; & soient tirees les lignes droictes EL, LF, FM, MG, GN, NH, HO, OE, afin d'auoir l'octogone ELFMGNHO, inscrit au cercle: Il est euident que dans les quatre segmens egaux, il y aura quatre triangles egaux, & que chacun comme ELF, est plus de la moitié de son segment: (car par la 41. prop. 1. le triangle Isoscele FLE est la moitié du rectangle FP de mesme hauteur, & sur mesme base FE, lequel rectangle est plus grand que le segment FLE.) Soient maintenant les huict petites figures restantes plus petites que la figure K: que si cela n'estoit, il faudroit tousiours coupper les arcs derniers, & tousiours inscrire des polygones, desquels le dernier auroit deux fois autant de costez que son precedent, & soustraire tousiours plus de la moitié de chaque segment, sçauoir son triangle Isoscele: Il est certain que les dernieres portions seront en fin plus petites que la figure K. Mais pour abreger soient les deuant dites huict portions restantes plus petites que la figure K: Il est euident que l'octogone ELFMGNHO sera plus grand que la figure I, puis que les deux I & K sont egales au cercle EFGH. Soit pareillement inscrit vn octogone semblable au cercle ABCD: ce qui est facile; car il n'y a qu'à coupper chaque demy circonference ABC, ADC en deux egalement és poincts B & D; puis les circonferences AB, BC, CD, AD aussi en deux egalement en R, S, T, V; & ayant tiré les lignes droictes AR, RB, BS, SC, CT, TD, DV, & VA; il est euident que la figure inscripte sera semblable à la figure octogone descrite au cercle EFGH. Maintenant par la prec. prop. l'octogone ARBSCTDV sera à l'octogone ELFMGNHO, comme le quarré de AC est au quarré de EG : mais comme le quarré de AC est au quarré de EG, ainsi le cercle ABCD est à la figure I : & par la 11. prop. 5. comme le poligone ARBSCTDV sera au poligone ELFMGNHO, ainsi le cercle ABCD sera à la figure I : mais le poligone ARBSCTDV est moindre que le cercle ABCD : Donc par la 14. propos. 5. le poligone ELFMGNHO sera aussi moindre que la figure I : mais il a aussi esté demonstré plus grand. Ce qui est absurde. Donc la figure I n'est pas plus petite que le cercle EFGH.

Elle ne peut aussi estre plus grande : Car puis que comme le quarré de AC est au quarré de EG, ainsi le cercle ABCD est à la figure I ; en changeant, la figure I sera au cercle ABCD, comme le quarré de EG au quarré de AC : mais soit imaginé que comme I est au cercle ABCD, ainsi le cercle EFGH soit à quelque autre figure, comme K : & par la 14. pr. 5. comme la figure I est plus grande que le cercle EFGH, ainsi le cercle ABCD sera plus grand que la figure K : & par la 11. prop. 5. le cercle ABCD sera à la figure K, comme le quarré de AC est au quarré de EG : ce qui est contre la premiere partie de la demonstration, en laquelle nous auons demonstré que l'vn des cercles estant à vne figure, en la raison des quarrez des diametres, qu'icelle figure ne pouuoit estre plus petite que l'autre cercle : Partant la figure I ne pouuoit estre plus grande que le cercle EFGH : ny plus petite, comme en la premiere partie : elle estoit donc egale à iceluy. Parquoy les cercles sont entr'eux comme les quarrez de leurs diametres : Ce qu'il falloit prouuer.

COROLLAIRE.

Par ces choses est euident que le cercle est au cercle comme le polygone descrit en celuy-là est au polygone semblable descrit en cestuy-cy. Puis que le cercle est au cercle, & le polygone au polygone, comme le quarré du diametre est au quarré du diametre, ainsi qu'il a esté demonstré és 1 & 2. prop. cy-dessus.

THEOR. 3. PROP. III.

Toute pyramide ayant base triangulaire, peut estre diuisee en deux pyramides egales, semblables entr'elles, & à la totale, & en deux prismes egaux, & plus grands que la moitié de la pyramide totale.

Soit la pyramide ABCD ayant la base triangulaire ABD, & le sommet au poinct C : Ie dis qu'elle peut estre diuisee en deux pyramides egales, semblables entr'elles, & à la totale ABCD : & en deux prismes egaux, plus grands que la moitié d'icelle pyramide proposee.

Car soient couppez en deux egalement, tous les costez des plans d'icelle pyramide, sçauoir les trois de la base ABD aux poincts E, F, G, & les trois hypothenuses AC, BC, DC aux trois poincts H, I, K, & soient menees les lignes EF, FG,

GE, HI, IK, KH, HG, HE, EI, IF. Premierement il est euident que toute la pyramide ABDC est diuisee en quatre solides, sçauoir en deux pyramides AEGH, HIKC, dont les bases sont les triangles AEG, HIK, & les sommets H, C: & en deux prismes BFIHEG, FGDKHI, dont la base de celuy là est le quadrangle BEGF, & de celuy-cy le triangle FGD. Or d'autant que les costez AB, AC, ont esté couppez en deux egalement en E & H, par la 2. prop. 6. BC, EH seront paralleles: & par mesme raison HI est parallele à BA: donc le quadrilatere BIHE est parallelogramme: & par la 34. pr. 1. HI est egale à EB, ou EA son egale, & HE à BI, ou IC son egale: & par le corol. de la 4. prop. 6. les deux triangles ABC, AEH sont semblables entr'eux. Par mesmes raisons les deux triangles ABC, HIC seront semblables entr'eux, & consequemment aussi les deux AEH, HIC, par la 21. prop. 6. lesquels seront aussi egaux entr'eux, puis qu'ils ont tous leurs costez egaux, chacun au sien. Par mesmes raisons le triangle AHG sera egal & semblable au triangle HCK: mais les lignes HE, HG estans paralleles aux lignes CI, CK, & se touchans en diuers plans, par la 10. p. 11. les angles EGH, ICK seront egaux: & les costez qui font iceux angles estans proportionaux, les trois triangles EHG, ICK, BCD seront equiangles, & consequemment semblables: comme aussi les trois AEG, HIK, ABD: Donc par la 9. def. 11. les trois pyramides ABDC, AEGH, HIKC seront semblables entr'elles: & par la 10. def. les deux dernieres seront aussi egales entr'elles, puis que tous les quatre triangles de l'vne ont esté monstrez semblables & egaux aux quatre triangles de l'autre.

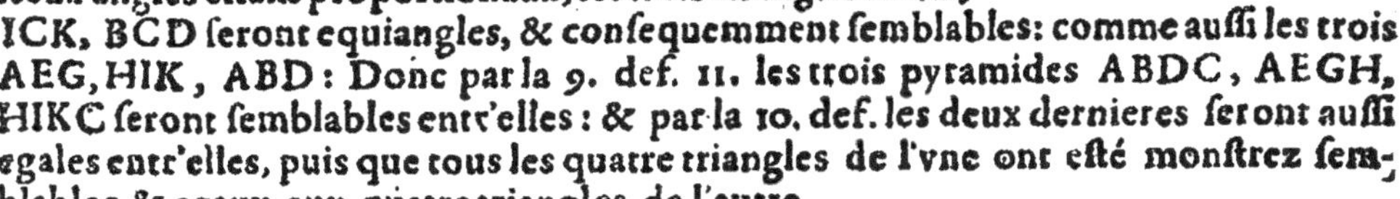

Or que les deux solides BFIHGE, FGDKHI, soient deux prismes egaux, & faisans ensemble plus de la moitié de la pyramide proposee ABDC, on le prouuera ainsi, puis que les costez des plans d'icelle pyramide ont esté couppez en deux egalement, & partant proportionnellement, par la 2. prop. 6. les lignes AB, FG sont paralleles, comme aussi BD, EG: par ainsi le quadrilatere BEGF est vn parallelogr. & par la 9. prop. 11. HG & IF estans parallelles à CD, elles le sont aussi entr'elles: Donc FIHG est vn parallelogramme; comme est aussi BIHE: partant les trois costez du triangle BIF seront egaux aux trois costez du triangle EHG, chacun au sien: consequemment iceux triangles sont equiangles & egaux entr'eux, & partant semblables: Mais par la 15. prop. 11. ils sont aussi parallels, les lignes BI, FI, estans paralleles aux lignes EH, GH. Parquoy le solide BFIHGE contenu des deux triangles BIF, EHG egaux semblables & parallels opposez, & des trois parallelogrammes BEGF, BIHE, FIHG est vn prisme par la 13. def. 11. Derechef FD, FG, GD, costez de parallelogrammes sont egaux aux costez oposez IK, IH, HK, chacun au sien par la 34. pr. 1. & partant les triangles FGD, IHK seront egaux & equiangles entr'eux, & consequemment semblables: Mais ils sont aussi parallels par la 15. prop. 11. donc le solide FGDKHI contenu des deux triangles opposez FGD, IHK egaux, semblables & parallels, & des trois parallelogr. FIKD, FIHG, GHKD est vn prisme; lequel estant de mesme hauteur que le prisme BFIHGE (car ils sont tous

deux

deux entre les plans parallels BEGD, IHK) luy sera egal par la 40. prop. 11. puis que la base quadrangulaire BEGF de celuy-cy est double de la base triangulaire de celuy-là, par le scholie de la 41. prop. 1. Mais il est euident qu'iceluy prisme BFIHGE est plus grand que la pyramide de mesme hauteur BEFI, qui n'en est que partie, la base d'icelle BEF n'estant que la moitié du parallelogr. BEGF : laquelle pyramide BEFI est egale & semblable à la pyramide EAGH, comme il est manifeste par l'egalité & similitude de leurs triangles. Parquoy ledit prisme BFIHEG sera aussi plus grand qu'icelle pyramide EAGH: Et par consequẽt les deux prismes BFIHEG, FGDKHI ensemble, seront plus grands que les deux pyramides AEHG, HICK ensemble. Mais iceux prismes & pyramides sont ensemble la pyramide totale ABCD: donc iceux prismes estans plus grands qu'icelles deux pyramides, seront aussi plus grands que la moitié d'icelle pyramide totale ABCD. Parquoy toute pyramide ayant base triangulaire, &c. Ce qu'il falloit prouuer.

THEOR. 4. PROP. IV.

S'il y a deux pyramides de mesme hauteur ayans bases triangulaires, chacune desquelles soit diuisee en deux autres pyramides egales entr'elles, & semblables à la toute, & en deux prismes egaux; & que les pyramides prouenues de cette diuision soient tousiours diuisees de mesme façon : comme la base de l'vne des pyramides sera à la base de l'autre, ainsi aussi tous les prismes qui sont en l'vne des pyramides, seront à tous les prismes de l'autre, egaux en multitude.

Soient sur les bases triangulaires ABC, EFG, les pyramides ABCD, EFGH de mesme hauteur, chacune desquelles soit diuisee comme en la precedente proposition en deux pyramides egales entr'elles & semblables à la toute, sçauoir est en AILM, MNOD; EPRS, STVH; & en deux prismes egaux IBKLMN, CKLMNO; PFQRST, GQRSTV : Et de mesme façon soient entendues les pyramides AILM, MNOD, EPRS, STVH estre diuisees; & en continuant tousiours de mesme façon. Ie dis que comme la base ABC est à la base EFG, ainsi tous les prismes faits en la pyramide ABCD sont à tous les prismes faits en la pyramide EFGH, egaux en multitude.

Car puis que comme BC à CK, ainsi FG à GQ : pource que l'vne & l'autre ligne est diuisee en deux egalement, & les triangles ABC, LKC sont semblables & semblablement posez: Item les triangles EFG, RQG par le coroll. de la 4. prop. 6. aussi comme le triangle ABC sera au triangle LKC, ainsi le triangle EFG sera au triangle RQG par la 22. prop. 6. & en permutant, comme ABC à EFG, ainsi LKC à RQG. Mais comme LKC à RQG, ainsi est le prisme CKLMNO au prisme GQRSTV, comme nous demonstrerons incontinent : & partant ainsi aussi le prisme IBKLMN est au prisme PFQRST, puis que ceux-cy sont egaux à ceux-là: Et comme vn seul prisme, sçauoir IBKLMN est à vn seul prisme PFQRST, ainsi sont les deux prismes ensemble IBKLMN, CKLMNO, aux deux prismes ensemble PFQRST, GQRSTV par la 12. prop. 5. Donc aussi comme la base ABC à la base EFG, ainsi les deux prismes en la pyramide ABCD seront aux deux prismes en la pyramide EFGH. Nous demonstrerons en la mesme maniere, deux prismes és pyramides AILM, MNOD, faites en la pyramide ABCD, estre à deux prismes és pyramides EPRS, STVH, faites en la pyramide EFGH, comme sont les bases AIL, MNO de ces pyramides là aux bases EPR, STV de ces pyramides-cy: & ainsi continuellement, tant que la mesme diuision sera faite. Mais comme ces bases là sont à celles-cy, ainsi la base LKC, qui est egale & semblable à celles-là, est à la base RQG, qui est egale & semblable à celle-cy, c'est à dire ainsi la base ABC est à la base EFG. Donc aussi comme la base ABC est à la base EFG, ainsi les prismes de quelconque pyramide faite en la pyramide ABCD, seront aux prismes de quelconque pyramide faite en la pyramide EFGH: & partant aussi comme les prismes de la pyramide ABCD seront aux prismes de la pyramide EFGH, ainsi seront tant les prismes de la pyramide AILM, aux prismes de la pyramide EPRS, que les prismes de la pyramide MNOD, aux prismes de la pyramide STVH; & ainsi continuellement. Parquoy puis que par la 12. prop. 5. comme les deux prismes de la pyramide ABCD sont aux deux prismes de la pyramide EFGH, ainsi tous les prismes estans és pyramides ABCD, AILM, MNOD, &c. ensemble, sont à tous les prismes estans és pyramides EFGH, EPRS, STVH, &c. ensemble, si ceux cy sont egaux en multitude à ceux-là: pareillement comme la base ABC est à la base EFG, ainsi seront tous les prismes de la pyramide ABCD, à tous les prismes de la pyramide EFGH. Parquoy s'il y a deux pyramides de mesme hauteur, ayans bases triangulaires, &c. Ce qu'il falloit prouuer.

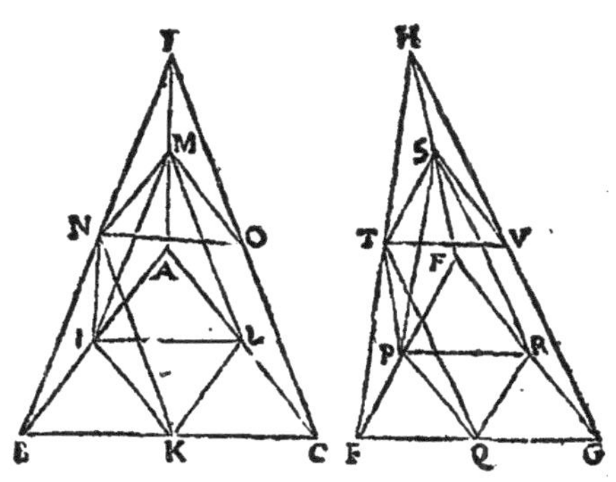

LEMME.

Or que comme LKC est à RQG, ainsi le prisme CKLMNO soit au prisme GQRSTV, nous le demonstrerons ainsi. Soient imaginees tomber des sommets D, H, des lignes perpendiculaires sur les bases ABC, EFG, lesquelles seront les hauteurs egales des pyramides ABCDEFGH. Donc puis que les plans parallels ABC, MNO couppent proportionnellement par la 17. prop. 11. deux lignes droictes, sçauoir DC, & la perpendiculaire tombant de D, & DC est couppee en deux egalement en O: pareillement la perpendiculaire tombant de D, sera couppee en deux egalement au poinct auquel elle rencontre le plan MNO. Par la mesme raison la perpendiculaire tombant de H, sera couppee en deux egalement par le plan STV. Parquoy puis qu'icelles perpendiculaires sont posees egales, leurs moitiez, sçauoir est les hauteurs des prismes, seront aussi egales: & partant les prismes CKLMNO, GQRSTV estans d'egales hauteurs, se-

voist entr'eux, comme les bases LKC, RQG, par les choses que nous auons demonstrees au scholie de la 34. prop. 11.

THEOR. 5. PROP. V.

Les pyramides de mesme hauteur ayans bases triangulaires, sont l'vne à l'autre comme leurs bases.

Soient les pyramides de mesme hauteur ABCD, EFGH, desquelles les bases sont les triangles ABC, EFG. Ie dis que la pyramide est à la pyramide, comme la base est à la base.

Autrement, soit imaginé que comme la base ABC est à la base EFG, ainsi la pyramide ABCD soit à quelque solide, comme X, lequel sera plus petit ou plus grand que la pyramide EFGH: Et soit en premier lieu plus petit, comme de la quantité du solide Y. Ainsi nous imaginons que les deux solides X & Y, sont egaux à la pyramide EFGH. Maintenant par la 3. p. 12. on peut diuiser vne pyramide en deux pyramides egales, & en deux prismes egaux, lesquels seront plus grands que la moitié de la pyramide totale: Que si de la pyramide EFGH, on retranche plus de la moitié, sçauoir les deux prismes PFQRST, GQRSTV, & de chacune pyramide restante EPRS, STVH, encores plus de la moitié, sçauoir deux prismes, en continuant tousiours iusques à ce que toutes les pyramides restantes apres le dernier retranchement, soient toutes ensemble manifestement plus petites que le solide Y: ce qui peut arriuer par la 1. prop. 10. Ainsi tous les prismes ensemble retranchez de la pyramide EFGH, seront plus grands que le solide X, puis que le reste est plus petit que le solide Y. Pareillement soient retranchez autant de fois deux prismes de la pyramide ABCD, comme on en a retranché de la pyramide EFGH: il est euident par ce qui a esté demonstré en la precedente proposition, que comme la base ABC est à la base EFG, ainsi tous les prismes retranchez de la pyramide ABCD seront à tous les prismes retranchez de la pyramide EFGH: Mais nous auons posé que comme la base ABC est à la base EFG, ainsi la pyramide ABCD est au solide X. Et partant par la 11. prop. 5. tous les prismes retranchez de la pyramide ABCD seront à tous les prismes retranchez de la pyramide EFGH, comme la pyramide ABCD est au solide X. Or tous les prismes retranchez de la pyramide ABCD sont plus petits qu'icelle pyramide: donc par la 14. prop. 5. tous les prismes retranchez de la pyramide EFGH, seront aussi plus petits que le solide X: Mais nous les auons tantost prouuez plus grands: Ce qui est absurde. Partant le solide X n'estoit pas plus petit que la pyramide EFGH.

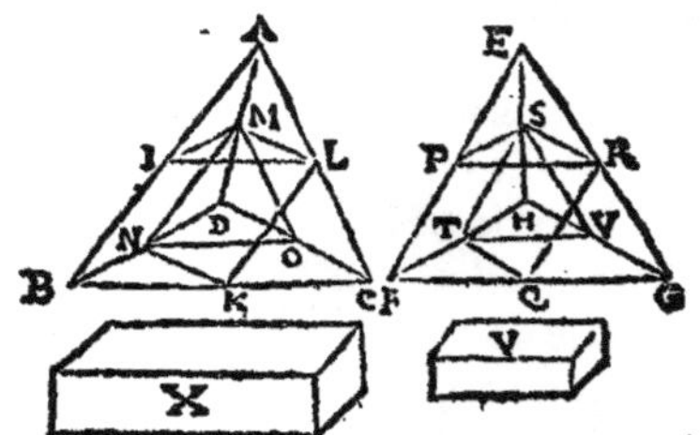

Soit donc plus grand, s'il est possible; & puis que comme la base ABC à la base EFG, ainsi la pyramide ABCD au solide X; en permutant, la base EFG sera à la base ABC, comme le solide X est à la pyramide ABCD. Mais comme le solide X est à la pyramide ABCD, soit posé la pyramide EFGH estre à quelque autre solide, comme Y : Et par la 14. prop. 5. d'autant que le solide X est posé plus grand que la pyramide EFGH, aussi la pyramide ABCD sera plus grande que le solide Y : & par la 11. p. 5. comme la base EFG est à la base ABC, ainsi la pyramide EFGH à vn solide plus petit que l'autre pyramide : mais nous auons demonstré que cela estant, il s'ensuit vne absurdité, sçauoir que les prismes retranchez d'vne pyramide, estoient plus grands que la pyramide de laquelle ils sont retranchez : Partant le solide X ne peut estre plus grand que la pyramide EFGH, ny aussi plus petit : il sera donc egal. Parquoy puis qu'il a esté posé que comme la base ABC est à la base EFG, ainsi la pyramide ABCD est au solide X ; & que par la 7. prop. 5. la pyramide ABCD est au solide X, cóme à la pyramide EFGH egale à iceluy solide X ; pareillement comme la base ABC sera à la base EFG, ainsi la pyramide ABCD sera à la pyramide EFGH. Donc les pyramides de mesme hauteur, &c. Ce qu'il falloit demonstrer.

SCHOLIE.

Par la conuerse : Si les pyramides triangulaires sont entr'elles comme leurs bases ; elles seront de mesme hauteur. Car si on croit que la hauteur de l'vne soit plus grande que l'autre, en soit couppee d'icelle vne egale à la moindre, & du poinct de la section à tous les angles de la base, soient tirees des lignes droictes ; & comme la base sera à la base, ainsi la pyramide sera à la pyramide n'agueres constituee : mais elle estoit pareillement ainsi à toute la pyramide. Donc par la 9 pr. 5. la pyramide constituee sera egale à toute la pyramide ; c'est à sçauoir la partie au tout : ce qui est absurde.

COROLLAIRE.

De cecy resulte que les pyramides de mesme hauteur constituees sur mesme, ou egales bases triangulaires, sont egales entr'elles : puis qu'elles sont en mesme raison que leurs bases, lesquelles sont posees egales, ou vne seule & mesme.

Item il s'ensuit au contraire que les pyramides triangulaires constituees sur vne mesme, ou egales bases, sont de mesme hauteur : Et que les pyramides egales, & ayans mesme hauteur, ont les bases egales, si elles ne sont vne mesme : lesquelles deux choses l'on demonstrera par la premiere partie du corol. par le mesme argument dont nous auons vsé en demonstrant la conuerse des 30. & 31. p. 11. si tant sur la hauteur, que sur la base couppee est constituee vne autre pyramide, &c.

THEOR. 6. PROP. VI.

Les pyramides de mesme hauteur ayans bases polygones, sont l'vne à l'autre comme leurs bases.

Soit la pyramide ABCDEF de mesme hauteur que la pyramide GHIKLM, desquelles les bases ABCDE & GHIKL sont polygones : Ie dis que comme la base est à la base, ainsi la pyramide est à la pyramide.

Car les bases estans reduites en triangles ABC, ACD, ADE ; GHI, GIK, GKL : soit imaginé sur chacun d'iceux vne pyramide de mesme hauteur que la totale. Donc puis que par la 5. prop. 12. comme la base ABC est à la base ACD, ainsi la pyramide ABCF est, à la pyramide ACDF; en composant, comme la base ABCD sera à la base ACD, ainsi la pyramide ABCDF sera à la pyramide ACDF: Mais derechef, par la 5. prop. 12. comme la base ACD est à la base ADE, ainsi la pyramide ACDF est à la pyramide ADEF: Donc en raison egale, comme la base ABCD est à la base ADE, ainsi la pyramide ABCDF est à la pyramide ADEF: & partant en composant, comme la base ABCDE est à la base ADE, ainsi la pyramide ABCDEF est à la pyramide ADEF. Par semblable argument sera demonstré que comme la base GHIKL est à la base GKL, ainsi la pyramide GHIKLM est à la pyramide GKLM: & en changeant, comme la base GKL est à la base GHIKL, ainsi la pyramide GKLM est à la pyramide GHIKLM. Derechef, puis que par la 5. prop. 12. comme la base ADE est à la base GKL, ainsi la pyramide ADEF est à la pyramide GKLM: les 4. bases ABCDE, ADE, GKL, GHIKL, seront és mesmes raisons que les quatre pyramides ABCDEF, ADEF, GKLM, GHIKLM: Parquoy en raison egale, comme la base ABCDE est à la base GHIKL, ainsi la pyramide ABCDEF est à la pyramide GHIKLM. Donc les pyramides de mesme hauteur ayans bases polygones, &c. Ce qu'il falloit prouuer.

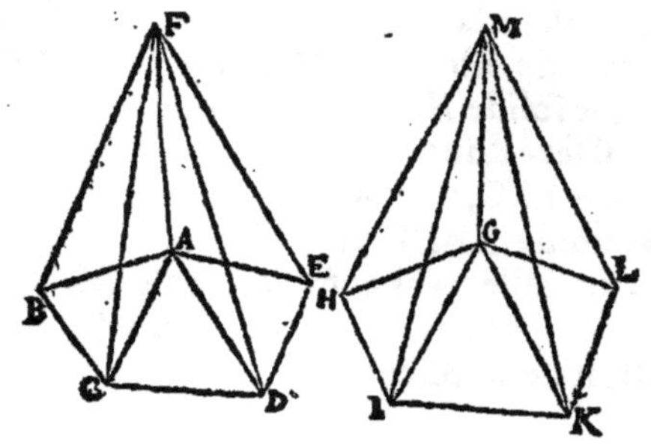

SCHOLIE.

Encore que selon plusieurs Interpretes, il soit parlé en la demonstration de ceste prop. seulement des pyramides de mesme hauteur, desquelles les bases polygones ont les costez egaux en nombre: toutesfois nous demonstrerons aussi le mesme des pyramides de mesme hauteur, la base de l'vne desquelles contient plus de costez que la base de l'autre. Car soient premierement deux pyramides de mesme hauteur ABCDEF, GHIK, la base de l'vne desquelles soit polygone, sçauoir est pentagone, & de l'autre triangulaire. Ie dis que la pyramide est à la pyramide, comme la base est à la base: Car le pentagone estant resoud en triangles, aussi la pyramide sera diuisee en pyramides egales en nombre. Et pource que par la 5. prop. 12. comme la base ABC premiere quantité est à la base GHI, seconde quantité, ainsi la pyramide ABCF troisiesme quantité est à la pyramide GHIK quatriesme quantité. Et en la mesme maniere, comme la base ACD cinquiéme quantité est à la base GHI deuxiesme quantité, ainsi la pyramide ACDF sixiéme quantité, est à la pyramide GHIK quatriéme quantité: par la 24. p. 5. comme la base ABCD premiere & cinquiéme quantité ensemble sera à la base GHI seconde quantité, ainsi la pyramide ABCDF troisiéme quantité auec la sixiéme sera à la pyramide GHIK quatriéme quantité. Derechef, puis que comme la base ABCD est à

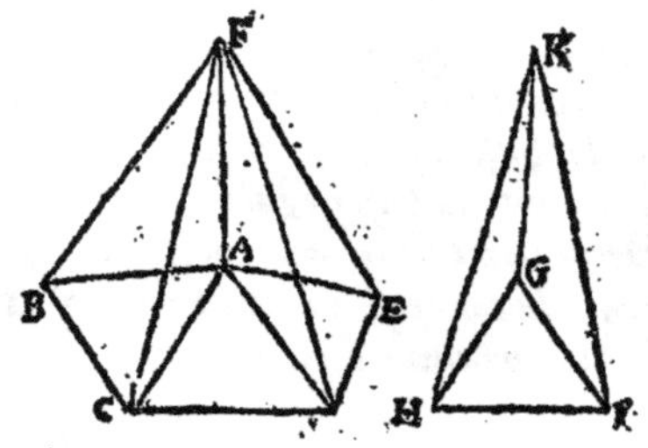

la base GHI, ainsi la pyramide ABCDF est à la pyramide GHIK, comme nous venons de demonstrer: & que par la 5. prop. 12. comme la base ADE cinquiéme quantité est à la base GHI deuxiéme quantité, ainsi la pyramide ADEF sixiéme quantité est à la pyramide GHIK quatriéme quantité: par la mesme 24. pr. 5. la base ABCDE sera à la base GHI, comme la pyramide ABCDEF est à la pyramide GHIK: ce qui estoit proposé. En la mesme maniere faudroit tousiours proceder s'il y auoit d'auantage de triangles en la base du polygone. Or puis que comme il a esté demonstré, la base du polygone ABCDE est à la base triangulaire GHI, ainsi que la pyramide ABCDEF est à la pyramide GHIK: pareillement en changeant, comme la base GHI sera à la base ABCDE, ainsi la pyramide GHIK sera à la pyramide ABCDEF. Parquoy deux pyramides, desquelles l'vne a la base polygone, & l'autre triangulaire, sont tousiours comme leurs bases, de quelque façon que l'on commence: Car encore que la demonstration commence au polygone & à sa pyramide, comme appert par la demonstration cy-dessus, toutesfois en changeant, il est permis de commencer au triangle & à sa pyramide, comme il a esté dict.

Maintenant soient deux pyramides de mesme hauteur ABCDEF, GHIKL, desquelles les bases sont polygones, & sont plus de costez en vne base qu'en l'autre: Ie dis derechef que la pyramide est à la pyramide, comme la base est à la base. Car estant resoud le polygone ABCDE és triangles ABC, ACD, ADE: la pyramide sera diuisée en autant de pyramides. Et d'autant que comme la base triangulaire ABC, premiere quantité, est à la base polygone GHIK, seconde quantité, ainsi la pyramide ABCF troisiéme quantité, est à la pyramide GHIKL quatriéme quantité; & comme la base ACD cinquiéme quantité est à la base GHIK seconde quantité, ainsi la pyramide ACDF sixiéme quantité, est à la pyramide GHIKL quatriéme quantité: aussi par la 24. prop. 5. comme la base ABCD premiere quantité auec la cinquiéme sera à la base GHIK seconde quantité, ainsi la pyramide ABCDF troisiéme quantité auec la sixiéme sera à la pyramide GHIKL quatriéme quantité. Derechef, puis que comme la base ABCD premiere quantité est à la base GHIK seconde quantité, ainsi la pyramide ABCDF tierce quantité, est à la pyramide GHIKL quatriéme quantité: & aussi que comme la base ADE quinte quantité, est à la base GHIK seconde quantité, ainsi la pyramide ADEF sixiéme quantité, est à la pyramide GHIKL quarte quantité: pareillement par la 24. proposit. 5. comme la base ABCDE premiere quantité auec la quinte, sera à la base GHIK seconde quantité, ainsi la pyramide ABCDEF tierce quantité auec la sixiéme, sera à la pyramide GHIKL quatriéme quantité: ce qui estoit proposé. Il faudroit tousiours proceder en la mesme maniere s'il y auoit d'auantage de triangles en la base.

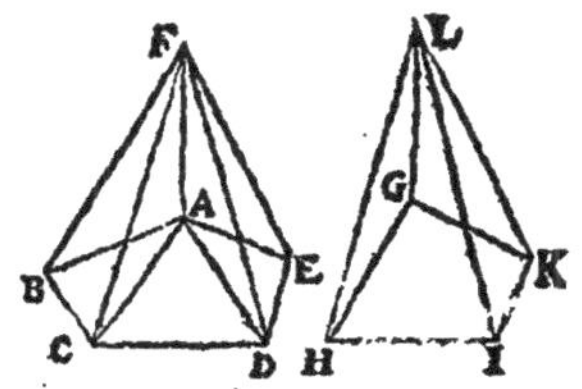

Or nous conuertirons tant ceste 6. prop. d'Euclide que celle demonstree en ce Scholie en ceste maniere.

Les pyramides de quelconques bases, lesquelles sont entr'elles comme leurs bases, sont de mesme hauteur.

Ce qu'on demonstrera en la mesme maniere, que les choses dittes au Scholie de la 5. pr. de ce liure, ont esté demonstrées.

COROLLAIRE.

Il appert aussi que les pyramides de mesme hauteur, constituées sur bases egales multilateres, ou sur vne mesme, estre egales entr'elles: puis qu'elles ont mesme raison que leurs bases, lesquelles sont posees egales, ou vne mesme.

Derechef, est euident que les pyramides multilateres egales, & construites sur bases egales, ou sur vne mesme, ont mesme hauteur. Et que les pyramides multangulaires egales, & ayans mesme hauteur, ont aussi les bases egales, si elles ne sont vne mesme. Ce qui se peut demonstrer comme nous auons dict au coroll. de la 5. p. de ce liure.

THEOR. 7. PROP. VII.

Tout prisme ayant la base triangulaire peut estre diuisé en trois pyramides egales, ayans bases triangulaires

Soit le prisme ABCDEF duquel les deux triangles opposites ABF, DCE sont egaux & semblables. Ie dis qu'iceluy prisme peut estre diuisé en trois pyramides egales, ayans bases triangulaires.

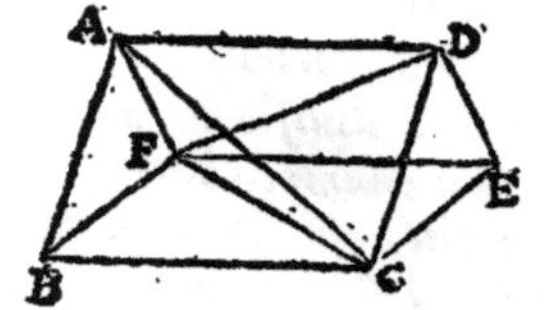

Car aux trois parallelogrãmes d'iceluy prisme, soient menés les trois diametres AC, CF, FD: d'autant que par la 34. prop. 1. les triangles ABC, ADC sont egaux, & que par la 5. prop. 12. comme la base ABC est à la base ADC, ainsi est la pyramide ABCF à la pyramide ADCF, (car elles ont vne mesme hauteur, sçauoir est la perpendiculaire menee du sommet F au plan BCD) icelles pyramides seront egales entr'elles. Par mesme raison seront egales les pyramides ADFC, EFDC, constituees sur les bases egales ADF, EFD, & sous mesme hauteur, sçauoir de la perpendiculaire menee du sommet C sur le plan ADEF. Mais la pyramide ADCF est la mesme que la pyramide ADFC: puis que l'vne & l'autre est contenue des quatre plans ADC, ADF, ACF, DCF. Donc les trois pyramides ABCF, ADCF, EFDC, ou CDEF, composans tout le prisme, sont egales entr'elles. Parquoy tout prisme ayant base triangulaire, &c. Ce qu'il falloit prouuer.

COROLLAIRE.

De cecy resulte que tout prisme est triple d'vne pyramide de mesme hauteur, estant sur mesme base, ou sur bases egales, ou bien qu'vne pyramide est la tierce partie d'vn prisme de mesme hauteur, estant sur mesme base, ou sur bases egales.

SCHOLIE.

Nous adiousterons icy la demonstration d'vne autre proposition, touchant les prismes qui ont au sommet les plans parallels à la base, egaux & semblables: ceste proposition est telle.

Les prismes estans sous mesme hauteur, & ayans quelconques bases, sont entr'eux comme leur bases.

Soient deux prismes de mesme hauteur ABCDEFGHIK, LMNOPQRS, desquels les bases sont figures multilateres. Ie dis que comme la base ABCDE est à la base LMNO, ainsi est le prisme au prisme. Car si de tous les angles de chaque base on tire des lignes droictes à vn poinct du plan superieur, qui est opposé à la base, se feront deux pyramides sous mesme hauteur, ayans mesmes bases que le prisme: Et partant par le corollaire cy-dessus, chaque pyramide sera la troisiéme partie de son prisme. Parquoy par la 15. prop. 5. comme la pyramide sera à la pyramide, ainsi le prisme sera au prisme: Mais la pyramide est à la pyramide, comme la base à la base, ainsi qu'il a esté demonstré à la 6. prop. de ce liure. Donc aussi comme la base sera à la base, ainsi le prisme sera au prisme. Ce qui estoit proposé.

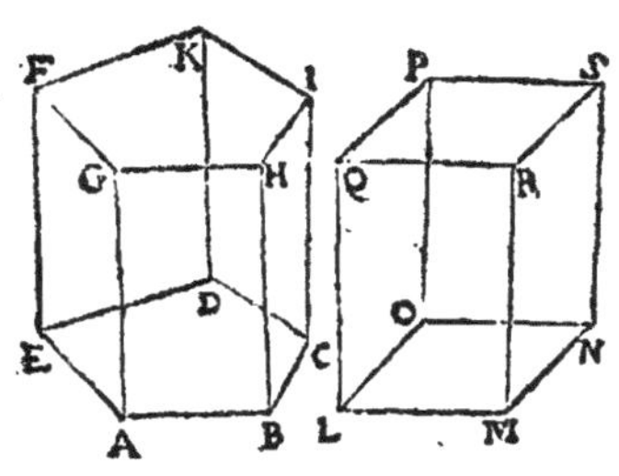

COROLLAIRE.

Il est manifeste par ces choses, que les prismes de mesme hauteur, & constituez sur mesme base, ou sur bases egales quelles qu'elles soient, sont egaux entr'eux, puis qu'ils ont mesme raison entr'eux que leurs bases, lesquelles sont vne mesme, ou bien sont egales.

Appert aussi par le contraire, que les prismes egaux, constituez sur vne mesme base, ou sur egales sont en mesme hauteur: Et que les prismes egaux de mesme hauteur, ont aussi mesme base, ou egales. Ce qu'on demonstrera en la mesme maniere qu'a esté demonstré la conuerse de la 31. prop. 11.

THEOR. 8. PROP. VIII.

Pyramides semblables ayans bases triangulaires, sont en raison triplee de leurs costez homologues.

Soient deux pyramides semblables ABCD & EFGH, ayans bases triangulaires ABC & EFG: Ie dis qu'elles sont en raison triplee des costez de mesme raison AC & EG. Car soient acheuez les parallelipipedes AK & EO. D'autant que les pyramides sont semblables, les trois angles plans de l'angle solide A, (sçauoir DAC, DAB, BAC) seront egaux aux trois angles plans de l'angle solide E, (sçauoir HEG, HEF, FEG) & les costez au long d'iceux angles egaux, proportionaux; tellement que comme DA est à AC, ainsi HE est à EG; & comme DA est à DB, ainsi HE est à EF; & comme BA est à AC,

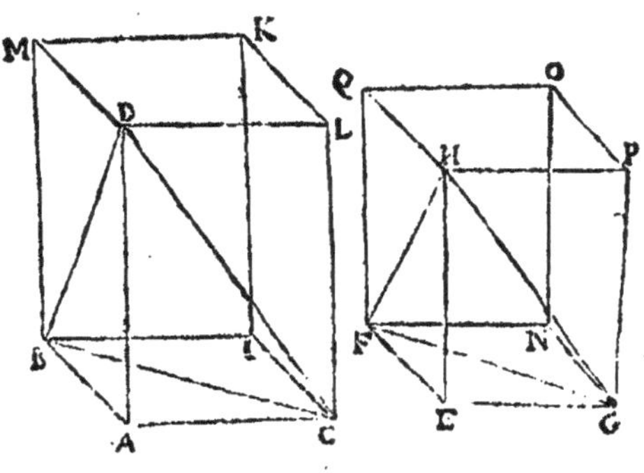

ainsi FE est à EG: Parquoy les trois parallelogrammes AL, AM, AI seront semblables aux trois parallelog. EP, EQ, EN. Mais par la 24. prop. 11 tant les trois AL, AM, AI du parallelipipede AK sont egaux & semblables aux trois opposez BK, CK, ML; que les trois EP, EQ, EN du parallelipipede EO, le sont aux trois opposez QN, PN, HO: & partant les six plans du parallelipipede AK sont semblables aux six plans du parallelip. EO. Et par la 9. def. 11. iceux parallelipipedes sont semblables. Donc par la 33. prop. 11. ils seront en raison triplee de leurs costez homologues AC & EG. Mais par la 15. prop. 5. comme le parallelipipede AK est au parallelip. EO, ainsi la pyramide ABCD est à la pyramide EFGH: (car chacune d'icelles pyramides est la sixiesme partie de son parallelipipede, puis que chaque parallelipipede peut estre diuisé en deux prismes egaux par la 38. prop. 11. & chacun prisme en trois pyramides egales par la prec. prop.) donc par la 11. prop. 5. lesdites pyramides ABCD, EFGH, sont aussi en la raison triplee des mesmes costez AC & EG. Parquoy les pyramides semblables ayans bases triangulaires, &c. Ce qu'il falloit prouuer.

COROLLAIRE.

De cecy est manifeste, qu'aussi les pyramides semblables, desquelles les bases ont plus de trois costez, sont en raison triplee de leurs costez homologues.

Soient les pyramides semblables ABCDEF, GHIKLM, ayans bases rectilignes semblables de plusieurs costez. Ie dis qu'icelles pyramides sont en raison triplee des costez homologues AB, GH. Car si des angles A & G, on tire aux angles opposez les lignes droictes AC, AD: GI, GK: par la 20. prop. 6. les bases semblables seront diuisees en nombre egal de triangles semblables, sçauoir est que les triangles ABC, ACD, ADE, seront semblables aux triangles GHI, GIK, GKL. Donc puis que les pyramides sont semblables, les triangles AFB, GMH, sont semblables, & l'angle FAB, egal à l'angle MGH; & comme FA sera à AB, ainsi MG sera à GH: mais comme AB à AC, ainsi GH à GI, à cause de la similitude des triangles ABC, GHI: donc en raison egale, comme FA sera à AC, ainsi MG sera à GI. Derechef, puis que comme AC est à CB, ainsi GI est à IH, à cause de la similitude des triangles ABC, GHI: & comme CB à CF, ainsi IH à IM, car à cause de la similitude des pyramides, les triangles BCF, HIM, sont semblables: aussi en raison egale, comme AC sera à CF, ainsi GI sera à IM: & partant puis que comme FA à AC, ainsi MG à GI; & comme AC à CF, ainsi GI à IM: pareillement en raison egale, comme FA sera à FC, ainsi MG à MI. Parquoy par la 5. prop. 6. les triangles AFC, GMI, seront equiangles, & partant semblables. Mais les triangles AFB, BFC, ABC sont aussi semblables aux triangles GMH, HMI, GHI. Donc par la 8. def. 11. les pyramides ABCF, GHIM, sont semblables. Par mesme raison seront semblables les pyramides ACDF, GIKM: Item ADEF, GKLM. Parquoy par la 8. prop. 12. les pyramides ABCF, ACDF, ADEF, seront aux pyramides GHIM, GIKM, GKLM, chacune à la sienne, en raison triplee des costez homologues AB, CD, DE, à GH, IK, KL, chacun au sien. Veu donc qu'à cause de la similitude des bases ABCDE, GHIKL, il y a vne seule & mesme raison de AB, CD, DE à GH, IK, KL: aussi les pyramides ABCF, ACDF, ADEF, auront aux pyramides GHIM, GIKM, GKLM, vn

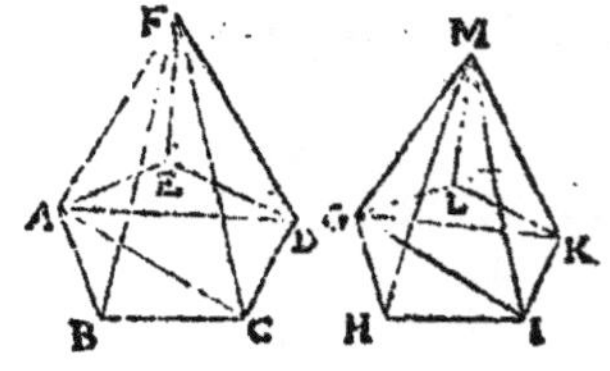

seule & mesme raison, c'est à sçauoir triplee. Et par la 12. prop. 5. comme vne seule pyramide ABCF est à vne seule pyramide GHIM, ainsi toutes les pyramides, sçauoir est la pyramide ABCDEF, est à toutes les pyramides, sçauoir à la totale GHIKLM. Parquoy puis que par la 8. prop. 12. la pyramide ABEF est à la pyramide GHIM en raison triplee des costez homologues AB, GH; aussi la pyramide ABCDEF sera à la pyramide GHIKLM en la raison triplee des mesmes costez homologues AB, GH: Ce qui estoit proposé.

SCHOLIE.

Par mesme raison les prismes semblables sont en raison triplee de leurs costez homologues: Car soient deux prismes semblables ABCDEFGHIK, LMNOPQRSTV: ie dis qu'ils sont en raison triplee des costez homologues. Car si des angles A & L on tire les lignes AC, AD, LN, LO; par la 20. prop. 6. les triangles ABC, CAD, DEA, seront semblables aux triangles LMN, LNO, OPL. semblablement, si des angles G & R, on tire les lignes GI, GK, RT, RV; les triangles GHI, GIK, GKF, seront aussi semblables aux triangles RST, RTV, RVQ, & aux susdits, puis que par la def. du prisme, tous les plans opposites des prismes sont semblables. Et d'autant qu'à cause de la similitude des prismes, les parallelogrammes CH, NS sont semblables, comme CI sera à CB, ainsi TN sera à NM: mais comme BC est à CA, ainsi NM est à NL, à cause de la similitude des triangles. Donc en raison egale, comme CI sera à CA, ainsi TN à NL. Derechef, pource que l'angle solide N, est egal à l'angle solide C, à cause de la similitude des prismes, si celuy-cy est superposé à l'autre, l'angle MNO conuiendra à l'angle BCD, & l'angle TNM à l'angle ICB, & l'angle TNO à l'angle ICD. Mais aussi la ligne droicte NL conuient à la ligne CA, pource que les angles MNL, BCA sont egaux. Donc les angles ICA, TNL sont egaux; & partant puis que les costez d'alentour iceux, ont esté demonstrés proportionaux, les parallelogrammes CG, NR, seront semblables. Mais aussi les parallelogrammes CH, HA, sont semblables aux parallelogrammes NS, SL, & les triangles ABC, GHI, aux triangles LMN, RST. Donc les prismes ABCIGH, LMNTRS, sont semblables, par la 8. def. 11. On demonstrera en la mesme maniere que les prismes CDAGIK, NOLTRV, sont semblables, comme aussi les prismes AEDKGF, LPOVRQ. Parquoy les prismes ABCIGH, CDAGIK, AEDKGF par les choses demonstrees à la 34. prop. 11. sont aux prismes LMNTRS, NOLRTV, LPOVRQ, chacun au sien, en raison triplee des costez homologues BC, CD, DE à MN, NO, OP; chacun au sien. Et partant en la mesme maniere que nous auons demonstré cy-dessus des pyramides multangles, on demonstrera que les prismes ABCDEFGHIK, LMNOPQRSTV, sont en raison triplee des costez homologues BC, MN.

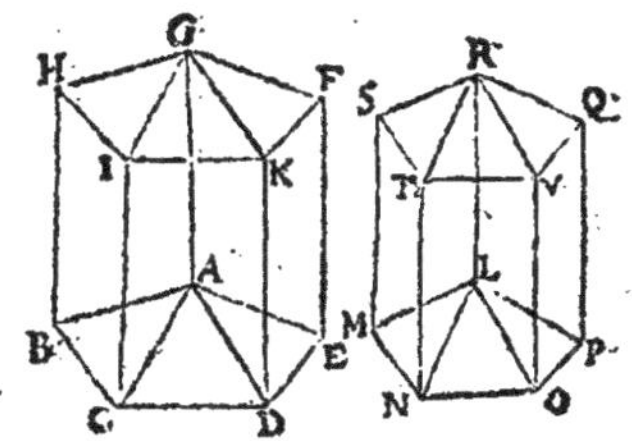

De toutes ces choses se collige, que les pyramides multangles semblables, se diuisent en pyramides triangulaires semblables, & en nombre egal, & homologues aux toutes. Ce qui est manifeste par la demonstration du preced. corollaire.

Il se collige aussi que les prismes multangulaires semblables, se diuisent en prismes semblables, ayans bases triangulaires, & en nombre egaux, & homologues aux tous, comme appert par la demonstration de se scholie.

THEOR. 9. PROP. IX.

Des pyramides egales ayans bases triangulaires, les hauteurs sont reciproques aux bases: Et les pyramides ayans bases triangulaires reciproques à leurs hauteurs, sont egales.

Soient les pyramides egales ABCD, & EFGH, ayans bases triangulaires: ie dis que les bases d'icelles sont reciproques à leurs hauteurs, c'est à dire que comme la base ABC à la base EFG, ainsi la hauteur du poinct H à la hauteur du poinct D.

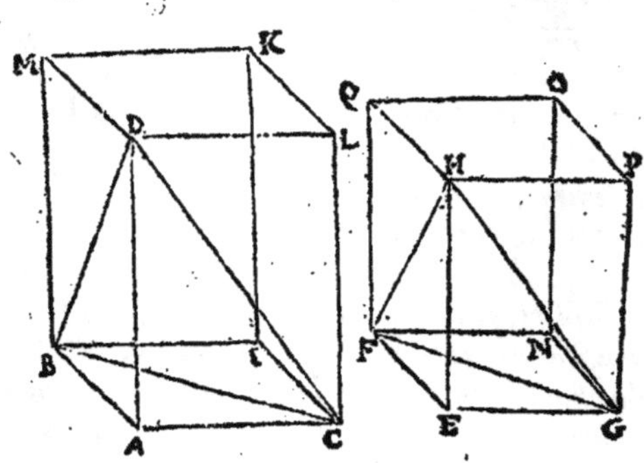

Car soient acheuez les parallelipipedes AK, EO; & comme il a esté dit en la prop. precedente, chacun d'iceux parallelipipedes sera sextuple de sa pyramide. Et les deux pyramides estans egales, iceux solides AK, EO, seront egaux: & par la 34. prop. 11. ils auront les hauteurs reciproques aux bases. (C'est à dire que comme la hauteur du poinct D à la hauteur du poinct H, ainsi la base EN à la base AI) Mais comme EN est à AI, ainsi le triangle EFG (moitié de EN) est au triangle ABC; (moitié de AI) & partant par la 11. p. 5. comme la hauteur du poinct D est à la hauteur du poinct H, ainsi le triangle EFG est au triangle ABC.

Pour la seconde partie: Si la hauteur du poinct D est à la hauteur du poinct H, comme le triangle EFG est au triangle ABC: ie dis que les pyramides ABCD, EFGH seront egales. Car il est euident comme cy dessus que la hauteur du poinct D, sera à la hauteur du poinct H, comme la base EN à la base AI: (d'autant qu'elles sont doubles des triangles EFG & ABC) ainsi les parallelipipedes AK, EO, auront les hauteurs reciproques aux bases: & par la 34. prop 11. ils seront egaux; & par consequent leurs sixiesmes parties seront aussi egales, sçauoir les pyramides ABCD, & EFGH: Parquoy, des pyramides egales ayans bases triangulaires, &c. Ce qu'il falloit prouuer.

SCHOLIE.

Les pyramides egales, desquelles les bases ne sont triangulaires, ont aussi les bases & hauteurs reciproques: & les pyramides desquelles les bases ne sont triangulaires, & ont leurs bases reciproques à leurs hauteurs, sont egales. Car soient premierement deux pyramides egales, l'vne desquelles ABCD ait la base triangulaire, mais l'autre EFGHI ne l'ait pas. Soit fait le triangle KLM egal à la base non triangulaire EFGH; puis sur iceluy triangle soit construite la pyramide KLMN, de mesme hauteur que la pyramide EFGHI. Or d'autant que les pyramides EFGHI, KLMN, ont les bases egales, & mesme hauteur; elles seront egales, par les choses demonstrees au scholie de la 6. prop. 12. Mais la pyramide EFGHI a esté posee egale à la pyramide ABCD; donc aussi les pyramides ABCD, KLMN seront egales: Parquoy puis qu'elles ont les bases triangulaires, par la 9. prop. 12. comme la base ABC sera à la base KLM, ou à son egale EFGH, ainsi la hauteur de la pyramide KLMN, c'est à dire la hauteur de la pyramide EFGHI, sera à la hauteur de la pyramide ABCD: & partant des pyramides egales ABCD, EFGHI, les bases & hauteurs sont reciproques.

Mais maintenant d'icelles pyramides, les bases & hauteurs soient reciproques: ie dis qu'icelles pyramides sont egales. Car demeurant la mesme construction faite cy-dessus; puis que la base ABC est posee estre à la base EFGH, comme la hauteur de la pyramide EFGHI à la hauteur de la pyramide ABCD; aussi la base ABC sera à la base KLM, comme la hauteur de la pyramide KLMN sera à la hauteur de la pyramide ABCD. Parquoy par la 9. p. 12. les pyramides ABCD, KLMN, sont egales. Mais comme nous auons demonstré au scholie de la 6. prop. 12. la pyramide KLMN est egale à la pyramide EFGHI: donc aussi la pyramide ABCD sera egale à la pyramide EFGHI. Ce qui estoit proposé.

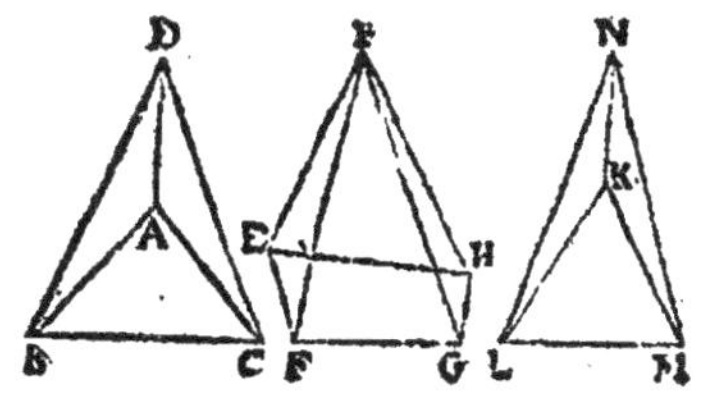

Soient maintenant les pyramides egales ABCDE, FGHIKL, ayans bases multangulaires. Soit fait derechef le triangle MNO egal à la base ABCD; & la pyramide MNOP de mesme hauteur que la pyramide ABCDE. Donc par les choses demonstrees au scholie de la 6. prop. 12. la pyramide MNOP sera egale à la pyramide ABCDE, laquelle a esté posee egale à la pyramide FGHIKL: donc aussi la pyram. MNOP sera egale à la pyram. FGHIKL. Parquoy cōme nous auons demonstré cy-dessus, ainsi que la base MNO, c'est à dire la base ABCD, sera à la base FGHIK, ainsi la hauteur de la pyramide FGHIKL sera à la hauteur de la pyramide MNOP, c'est à dire à la hauteur de la pyramide ABCDE: Et partant des pyramides egales ABCDE, FGHIKL, les bases & hauteurs sont reciproques.

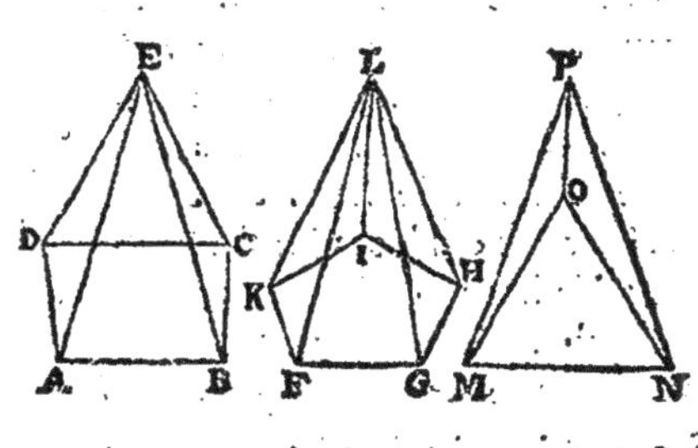

Mais soient maintenant reciproques les bases & hauteurs d'icelles pyramides: on demonstrera comme dessus qu'elles sont egales.

Or tout ce que nous auons demonstré cy dessus peut aussi conuenir à quelconques prismes. Car si les prismes estoient egaux, aussi les pyramides de mesme hauteur qu'iceux, ayans les mesmes bases, seroient egales, puis que d'iceux prismes par le corol. de la 7. prop. 12. elles sont les tierces parties, ou les deux tierces parties par le scholie de la mesme prop. Parquoy, comme nous auons demonstré n'agueres, les bases & hauteurs d'icelles pyramides seront reciproques. Veu donc que ces bases & hauteurs sont les mesmes que des prismes, les bases & hauteurs des prismes seront pareillement reciproques.

Derechef, si les bases & hauteurs des prismes sont reciproques, les bases & hauteurs des pyramides ayans mesmes bases & hauteurs que les prismes, seront aussi reciproques. Parquoy, comme il a esté demonstré, les pyramides sont egales: & partant aussi les prismes, puis que d'icelles pyram. ils sont triples, ou sesquialteres. Ce qui estoit proposé.

THEOR. 10. PROP. X.

Tout cone est la troisiesme partie du cylindre qui a mesme base, & egale hauteur.

Soit vn cone, & vn cylindre ayans vne mesme base, sçauoir le cercle ABCD, & vne mesme hauteur. Ie dis que le cylindre est triple du cone.

Autrement, il sera plus grand, ou plus petit que le triple d'iceluy cone: Soit premierement plus grand, s'il est possible, sçauoir de la quantité du solide E, c'est à dire, que si du cylindre ayant pour base le cercle ABCD est retranché le solide E, le reste sera triple du cone ayant pour base le mesme cercle ABCD: dans iceluy cercle soit inscrit le quarré ABCD, diuisé en deux triangles par la diagonale BD, & sur iceux triangles soient imaginez estre esleuez deux prismes de mesme hauteur que le cylindre: Et parce que le quarré est plus de la moitié du cercle, il est euident qu'iceux deux prismes seront plus de la moitié du cylindre. Que si les segmens restans du cylindre, (les deux prismes estans ostez) sont encores plus grands que le solide E, sur les bases d'iceux segmens soient faits les quatre triangles Isosceles AFB, BGC, CHD, DIA, & sur iceux soient imaginez estre esleuez quatre prismes de mesme hauteur que le cone ou cylindre, dont la base est le cercle ABCD. Il est euident que ces triangles Isosceles sont plus de la moitié des bases des segmens restans du cylindre, & par consequent qu'iceux quatre prismes seront plus de la moitié d'iceux quatre segmens: Que si les huict petits segmens restans du cylindre ne sont plus petits que le solide E, soit tousiours en ceste façon soustrait plus de la moitié de ce qui restera, iusqu'à ce que les segmens restans soient plus petits que le solide E: Ce qui doit aduenir par la 1. prop. 10. Et pour abreger, soient iceux huict petits segmens plus petits qu'iceluy solide E: Il est donc manifeste que la colomne composee de ces six prismes, ayant pour base le polygone inscrit au cercle ABCD, & de mesme hauteur que le cylindre donné, sera plus que triple d'iceluy cone, par ce qui a esté dit cy-dessus. Or d'autant que chacun prisme est triple de sa pyramide de mesme hauteur, & ayant base egale, (car il peut estre diuisé en trois telles pyramides egales par la 7. prop. 12.) il s'ensuit que tous iceux prismes faisans la colomne qui a pour base le polygone inscrit au cercle ABCD, (c'est à dire icelle colomne de mesme hauteur que le cylindre) est triple de toutes les six pyramides, qui font la seule pyramide, ayant le mesme polygone pour base, & de mesme hauteur qu'icelle colomne. Partant icelle pyramide sera plus grande que le cone de mesme hauteur, qui a le cercle A B C D pour base: ce qui est impossible, n'estant la pyramide que partie du cone. Donc le cylindre n'estoit pas plus grand que le triple du cone.

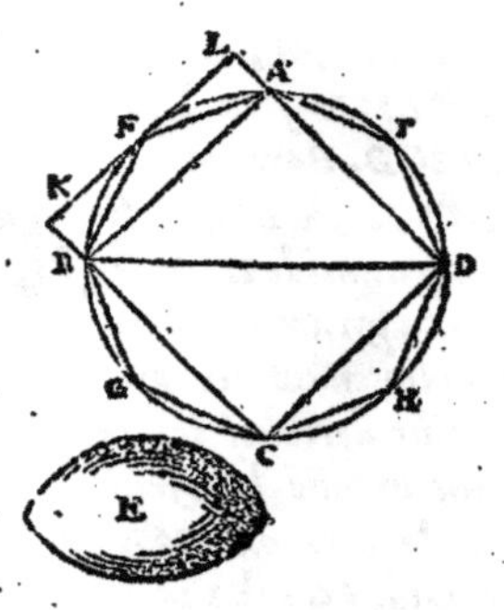

Soit donc plus petit, s'il est possible; sçauoir de la quantité du solide E, c'est à dire que si on retranche le solide E du cone, que le residu soit la troisiesme partie du cylindre. Maintenant du cone, qui a pour base le cercle ABCD, soit retranché plus de la moitié, sçauoir la pyramide de mesme hauteur, ayant pour base le quarré ABCD, & du residu, sçauoir des quatre segmens F, G, H, I, soit retranché plus de la moitié, sçauoir la pyramide de chacun segment, de mesme hauteur qu'iceluy segment, & ayant pour base le triangle Isoscelle en iceluy segment : soit continué ce retranchement iusques à ce que les segmens restans soient plus petits que le solide E : ce qui doit arriuer par la 1. prop. 10. Soient donc pour abreger iceux huict petits segmens plus petits que le solide E : il est donc euident que la pyramide de mesme hauteur que le cone, qui a iceluy octogone pour base, est plus grande que le tiers du cylindre donné, d'autant qu'elle est plus grande que le cone, apres que d'iceluy on a retranché le solide E. Or iceluy cone ainsi rescinde est le tiers du cylindre donné, & la pyramide est aussi, (comme il a esté dit cy-dessus) le tiers de la colomne de mesme hauteur, ayant le mesme octogone pour base : Partant icelle colomne seroit plus grande que le cylindre donné, duquel elle est partie : Ce qui est impossible. Donc le cylindre donné n'estoit ne plus petit, ne plus grand que le triple du cone : il faut donc qu'il luy soit egal. Parquoy tout cone est la troisiesme partie du cylindre, &c. Ce qui estoit à demonstrer.

THEOR. 11. PROP. XI.

Les cones, & les cylindres de mesme hauteur, sont l'vn à l'autre comme leurs bases.

Soient deux cones de mesme hauteur, desquels les bases sont les cercles ABCD & EFGH ; les diametres BD & FH, leurs axes ou hauteurs IK & LM. Ie dis que comme le cercle ABCD est au cercle EFGH, ainsi le cone BK est au cone FM ; c'est à dire que si on imagine que comme le cercle est au cercle, ainsi le cone BK soit à quelque autre solide, comme N ; iceluy solide N sera egal au cone FM.

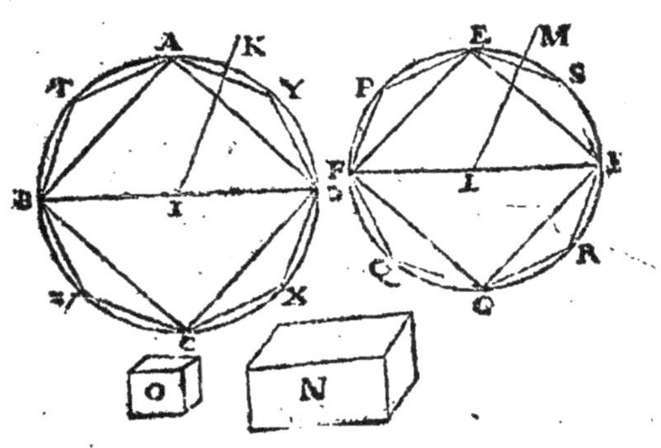

Autrement, il sera plus petit ou plus grand. Soit premierement plus petit, s'il est possible, de la quantité du solide O : donc les deux solides N & O seront egaux au cone FM. Maintenant du cone FM comme en la precedente, soit retranché plus de la moitié, sçauoir vne pyramide de mesme hauteur que le cone, ayant pour base le quarré FGHE : & du residu encores plus de la moitié, sçauoir quatre pyramides de mesme hauteur que le cone, ayans pour bases les quatre triangles Isosceles EPF, FQG, GRH, HSE, en continuant tousiours iusques à ce que le residu soit plus petit que le solide O : & soit iceluy residu pour abreger les huict petits segmens : il s'ensuit que la pyramide FM de mesme hauteur que le cone FM, & ayant pour base l'octogone EPFQGRHS, sera plus grande que le solide N. Au cercle ABCD, soit inscrit vn polygone semblable au polygone inscrit dans la base circulaire EFGH, & sur iceluy soit imaginé estre esleuee vne pyramide de mesme hauteur que le cone BK. Or par le corol. de la 2. prop. 12. comme le cercle ABCD est au cercle EFGH, ainsi le polygone TVXY est au poligone PQRS: mais comme le cercle ABCD est au cercle EFGH, ainsi le cone BK est au solide N, & par la 6. prop. 12. comme le poligone au poligone, ainsi la pyramide à la pyramide de mesme hauteur que les cones : & partant par la 11. prop. 5. la pyramide ATBVCXDYK sera à la pyramide EPFQG RHSM, comme le cone BK au solide N. Mais la pyramide ATBVCXDYK est plus petite que le cone BK ; la partie que le tout : Donc aussi par la 14. prop. 5. la pyramide EPFQGRHSM sera moindre que le solide N. Mais elle a esté demonstree aussi plus grande : ce qui est absurde. Donc le solide N n'estoit pas plus petit que le cone FM.

Soit donc plus grand, s'il est possible : Or puis que l'on a posé le cercle ABCD estre au cercle EFGH, comme le cone BK au solide N; en permutant, comme le solide N sera au cone BK, ainsi le cercle EFGH sera au cercle ABCD : Mais comme iceluy solide N est au cone BK, soit aussi le cone FM à quelque autre solide, comme O : Et par la 14. prop. 5. puis que le solide N est plus grand que le cone FM, aussi le cone BK sera plus grand que le solide O. Parquoy puis que comme le cercle EFGH est au cercle ABCD, ainsi le solide N est au cone BK: par la 11. prop. 5. comme le cercle EFGH est au cercle ABCD, ainsi le cone FM au solide O, plus petit que le cone BK : ce que tantost nous auons monstré estre impossible. Donc le solide N n'est pas plus grand ne plus petit que le cone FM, ains egal. Parquoy puis qu'on a posé la base ABCD estre à la base EFGH, ainsi que le cone ABCDK au solide N : & que par la 7. prop. 5. comme le cone ABCDK est au solide N, ainsi est le mesme cone ABCDK au cone EFGHM : pareillement comme la base ABCD sera à la base EFGH, ainsi le cone ABCDK sera au cone EFGHM.

Or ce que nous auons prouué des cones de mesme hauteur, se doit aussi entendre des cylindres de mesme hauteur : d'autant que par la 10. prop. 12. le cylindre est triple de son cone de mesme hauteur, & ayant base egale. Que si le cone est au cone, comme la base à la base, aussi le triple du cone sera au triple du cone, comme la base à la base par la 15. prop. 5. c'est à dire le cylindre au cylindre, comme la base à la base. Donc les cones & cylindres de mesme hauteur, &c. Ce qu'il falloit demonstrer.

SCHOLIE.

On peut conuertir ceste prop. ainsi : Les cones & les cylindres qui sont entr'eux comme leurs bases, sont de mesme hauteur.

Ce qu'on peut demonstrer en la mesme façon que nous auons demonstré la conuerse de la 31. prop. 11.

COROLLAIRE.

De cecy resulte que les cones, & les cylindres de mesme hauteur, constituez sur mesme base ou sur bases egales, sont aussi egaux. Il s'ensuit encore que les cones & les cylindres egaux constituez sur mesme base, ou sur bases egales sont de mesme hauteur; & que les egaux de mesme hauteur sont sur bases egales, s'ils n'ont une mesme base. Ce que l'on pourroit aussi demonstrer, comme en la conuerse de la 31. prop. 11.

THEOR. 12. PROP. XII.

Les cones, & les cylindres semblables, sont l'vn à l'autre en raison triplee des diametres de leurs bases.

Soient semblables cones, & cylindres, ayans pour bases les cercles ABCD, EFGH, mais les axes d'iceux soient IK, LM, & les diametres des bases TX, PR. Ie dis que le cone est au cone, & le cylindre au cylindre, en raison triplee du diametre TX au diametre PR, c'est à dire que si on imagine comme aux precedentes, que le cone ABCDK soit à quelque solide, comme N, en raison triplee du diametre TX au diametre PR, iceluy solide N sera egal au cone EFGHM.

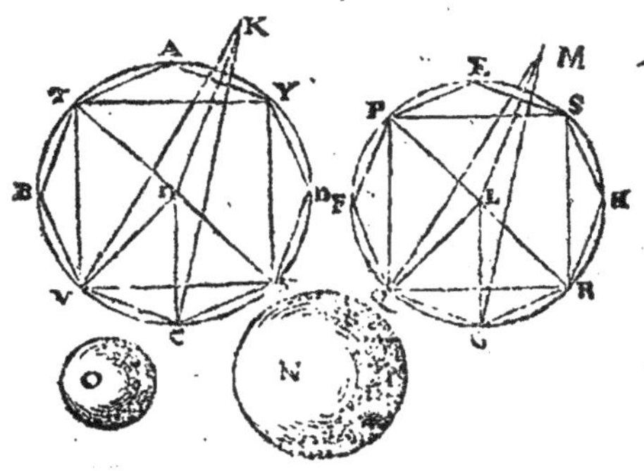

Autrement, il sera plus grand ou plus petit: Soit premierement plus petit, sçauoir de la quantité du solide O: Donc les deux solides O & N seront egaux au cone EFGHM: & comme en la precedente soit faite distraction de plus de la moitié du cone EFGHM, & du residu encore plus de la moitié, iusques à ce que les restes soient plus petits que le solide O: & pour abreger, iceux restes soient les huict petits segmés qui sont à l'entour de la pyramide FM qui a pour base l'octogone EPFQGRHS; tellement qu'icelle pyramide sera plus grãde que le solide N. Maintenant au cercle ABCD soit inscrit vn tel poligone que le plus grand inscrit au cercle EFGH, sçauoir ATBVCXDY: & sur iceluy soit imaginé estre esleuee vne pyram. de mesme hauteur que le cone BK, & ayant tiré les lignes VI, CI; QL, GL; soient menees les lignes QM, GM; VK, CK, afin d'auoir les deux pyramides VCIK, QLGM. Il est manifeste que la pyramide ATBVCXDYK est composee d'autant de pyramides egales, qu'il y a de costez au poligone inscrit dans le cercle, (c'est à sçauoir qu'icelle pyramide totale BK est composee de huict pyramides egales & semblables à la pyramide VICK de mesme hauteur que la totale.) On peut dire semblablement que l'autre pyramide totale EPFQGRHSM est composee de huict pyramides egales & semblables à la pyramide QLGM, de mesme hauteur

hauteur que sa totale. Mais d'autant que les cones BK & FM sont semblables par la definition des cones semblables, comme le diametre TX est au diametre PR; & partant par la 15. prop. 5. comme le demy diametre VI est au demy diametre QL, ainsi l'axe IK est à l'axe LM : & en permutant, comme le demy diametre VI sera à l'axe IK, ainsi le demy diametre QL à l'axe LM : & les angles VIK & QLM estans droicts, (car les cones sont posez droicts, & par consequent les axes d'iceux, sont aussi à droicts angles sur leurs bases) par la 6. prop. 6. le triangle VIK sera equiangle au triangle QLM. Item CIK sera aussi equiangle à GLM, & par la 4. prop. 6. ils auront les costez proportionaux, & seront semblables. Item VI est à CI comme QL à GL, (estans chacun egaux) & l'angle I egal à l'angle L; (ayans chacun la huictiesme partie de la circonference pour base) & partant par la 6. proposit. 6. les triangles VIC, QLG, seront equiangles; partant semblables. Item VC est à VI, comme QG à QI, (d'autant que les triangles VIC & QLG sont semblables) & pour la mesme raison VI est à VK, comme QL à QM : & en raison egale, VC sera à VK, comme QG à GM : Et par mesme discours VC est à CK, comme QG à GM : Et les egales VK & CK, seront l'vne à l'autre, comme les egales QM & GM : Et partant par la 5. prop. 6. les triangles VKC, QMG, seront equiangles, & semblables : & par la def. des pyramides semblables, les deux pyramides VICK, & QIGM, seront semblables : Et par la 8. prop. 12. elles seront en raison triplee de leurs costez homologues, sçauoir des demy diametres VI & QL. Par mesme discours on prouuera les sept autres pyramides de la totale ATBVCXDYK, proportioneles à vne chacune des sept autres pyramides de la totale EPFQGRHSM : Et partant par la 12. prop. 5. les toutes seront aux toutes, comme l'vne d'icelles est à l'vne d'icelles : C'est à dire que toute la pyramide BK est à toute la pyramide FM, en raison triplee du demy diametre VI au demy diametre QL, ou bien du diametre TX au diametre PR; puis que comme VI est à QL, ainsi TX est à PR par la 15. prop. 5. Mais par nostre hypothese le cone BK est au solide N, aussi en raison triplee des deux diametres TX, PR : Et partant par la 11. prop. 5. le cone BK sera au solide N, comme la pyramide ATBVCXDYK à la pyramide EPFQGRHSM. Parquoy puis que le cone BK est plus grand que la pyramide BK, le tout que la partie, aussi par la 14. prop. 5. le solide N sera plus grand que la pyramide FM : & il a esté demonstré estre aussi moindre. Ce qui est absurde. Donc le solide N n'est pas plus petit que le cone FM. Qu'il soit donc plus grand, s'il est possible. D'autant qu'õ a posé que le cone ABCDK est au solide N en raison triplee du diametre TX au diametre PR, & la pyramide BK est à la pyramide FM en raison triplee des mesmes diametres, comme nous auons demonstré par la 11. prop. 5. comme le cone BK sera au solide N, ainsi la pyramide BK à la pyramide FM : & en permutant, comme N est au cone B, ainsi la

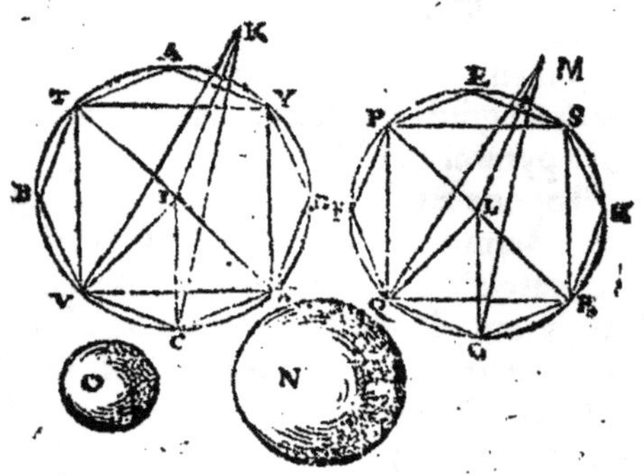

pyramide FM est à la pyramide BK. Parquoy puis que par le corol. de la 8. p. 12. la pyramide FM est à la pyramide BK en raison triplee des costez homologues QG à VG : c'est à dire du diametre PR au diametre TX : pareillement le solide N sera au cone BK en raison triplee des mesmes diametres PR à TX. Soit posé que comme N est au cone BK, ainsi le cone FM soit au solide O. Donc aussi le cone FM sera au solide O en raison triplee du diametre PR au diametre TX. Et puis que le solide N a esté posé plus grand que le cone FM: par la 14. prop. 5. le cone BK sera aussi plus grand que O. Parquoy le cone FM sera au solide O, moindre que le cone BK, en raison triplee du diametre TR au diametre TX : ce qui est absurde. Car il a esté demonstré cy-dessus qu'vn cone ne peut estre à vn solide moindre qu'vn autre cone, en raison triplee des diametres des bases d'iceux cones. Donc le solide N n'est pas plus grand ny plus petit que le cone EFGHM : il est donc egal. Parquoy par la 7. prop. 5. le cone ABCDK à mesme raison au cone EFGHM qu'au solide N. Et partant puis qu'on a posé le cone ABCDK estre à N en raison triplee des diametres TX & PR : le cone ABCDK sera aussi au cone EFGHM en la raison triplee des mesmes diametres.

Ceste demonstration se doit aussi entendre des cylindres semblables : car leurs cones estans en raison triplee des diametres, par la 15. proposit. 5. les cylindres qui sont triples d'iceux cones, seront aussi l'vn à l'autre en raison triplee de leurs diametres. Donc les cones, & les cylindres semblables, &c. Ce qu'il falloit demonstrer.

THEOR. 13. PROP. XIII.

Si vn cylindre est couppé par vn plan parallel aux plans opposez, les segmens du cylindre seront l'vn à l'autre comme les segmens de l'axe.

Soit le cylindre ABCD, couppé par le plan EF parallel aux plans opposez AD & BC, lequel couppe l'axe GH en I. Ie dis que le segment du cylindre AF est au segment du cylindre EC, comme l'axe GI est à l'axe IH.

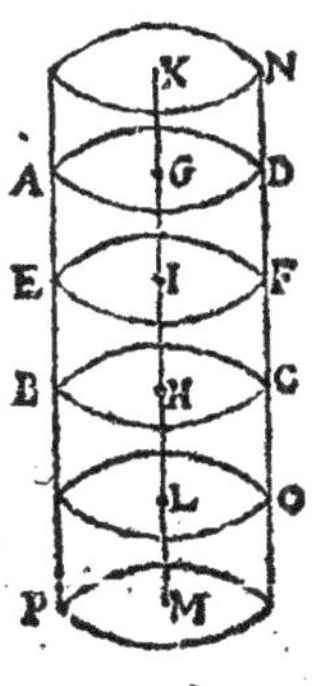

Car ayant continué l'axe GH de part & d'autre, soit faite GK egale à GI : & de l'autre costé HL, LM, chacune egale à IH : Et soit imaginé le cylindre ABCD estre continué de part & d'autre iusques aux poincts K & M : Cela estant, il est euident que tous les cylindres AN, ED, BF, BO, PO, sont tous sur bases egales : & par le corollaire de la 11. prop. 12. les deux AF, AN, qui sont de mesme hauteur, (c'est à dire qui ont leurs axes IG, GK egaux) sont egaux entr'eux : Item les trois BF, BO, PO, estans de mesme hauteur, sont aussi egaux entr'eux. Parquoy l'axe IK est autant multiple de l'axe IG, que le cylindre EN est multiple du cylindre ED ; & l'axe IM autant multiple de l'axe IH, que le cylindre PF est multiple du cylindre BF : Et partant si l'axe IK (multiple de IG premiere grandeur) est egal, plus grand, ou plus petit que l'axe IM, (multiple de IH seconde grandeur) aussi le cylindre EN (multiple du cylindre ED troisiesme grandeur) sera egal, plus grand, ou plus petit que le cylindre PF, (multiple du cylindre BF quatriesme grandeur) en quelque multiplication que ce soit: & partant par la 6. def. 5. l'axe GI sera à l'axe IH, comme le cylindre ED au cylindre BF. Parquoy si vn cylindre est couppé par vn plan, &c. Ce qui estoit à demonstrer.

THEOR. 14. PROP. XIV.

Les cones, & les cylindres ayans bases egales, sont entr'eux comme leurs hauteurs.

Soient sur bases egales AB, CD, les deux cones ABE, CDF; & les deux cylindres ABGH, CDKI, desquels les axes ou hauteurs, (car aux cones & aux cylindres droicts, desquels seulement parle Euclide, les axes & les hauteurs sont les mesmes) soient ME, NF. Ie dis que le cone ABE est au cone CDF; & le cylindre ABGH au cylindre CDIK, comme la hauteur ME est à la hauteur NF.

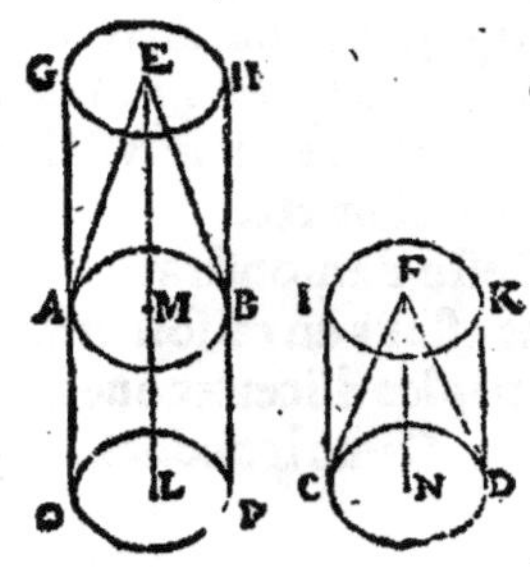

Car ayant continué l'axe EM, iusques au poinct L, soit faite ML egale à FN; & soit imaginé le cylindre AH continué iusques au plan OP parallel à AB, & passant par le poinct L, afin que le cylindre AP soit fait de mesme hauteur que le cylindre CK. Et d'autant que le plan AB couppe le total cylindre OPGH, estant parallel aux deux plans opposez OP, GH par la precedente prop. les cylindres AH, AP, seront entr'eux comme les axes EM & ML: Mais ML est egal à FN, & la base AB egale à la base CD: Donc par le corollaire de la 11. prop. 12. le cylindre AP sera egal au cylindre CK: Partant comme EM sera à NF, ainsi le cylindre AH au cylindre CK. Et d'autant que par la 10. prop. 12. les cones ABE, CDF, sont les tierces parties des cylindres AH, CK: ils auront mesme raison qu'iceux cylindres, par la 15. prop. 5. Et partant le cone ABE sera pareillement au cone CDF, comme la hauteur ME à la hauteur NF. Donc les cones, & les cylindres constituez sur bases egales, &c. Ce qui estoit à demonstrer.

THEOR. 15. PROP. XV.

Aux cones, & aux cylindres egaux, les hauteurs sont reciproques aux bases: Et les cones, & les cylindres, desquels les hauteurs sont reciproques aux bases, sont egaux.

Soient les cones ABC, DEF egaux; & les cylindres BGHC, EIKF aussi egaux, desquels les bases soient BC, EF, & leurs axes ou hauteurs AL, DM. Ie dis que les bases sont reciproques aux hauteurs; c'est à dire que comme la base BC est à la base EF, ainsi la hauteur DM est à la hauteur AL.

Car premierement si la hauteur DM est egale à la hauteur AL; les cylindres estans egaux par le corollaire de la 11. prop. 12. la base sera egale à la base; & partant comme la base BC sera à la base EF, ainsi la hauteur DM à la hauteur AL. Que si l'vne, comme MD est plus grande que AL, soit retranchee MO egale à AL; Et soit couppé le cylindre EK par le plan PQ, parallel à EF, & passant par le poinct O. Donc par la precedente prop. le cylindre EK sera au cylindre EQ, comme la hauteur MD à la hauteur MO: & partant par la 7. prop. 5. le cylindre BH, egal à iceluy BK, sera au cylindre EQ, comme MD est à MO: & par la 11. prop. 12. comme le cylindre BH est au cylindre de mesme hauteur EQ, ainsi la base BC à la base EF: Et partant par la 11. prop. 5. comme la base BC à la base EF, ainsi la hauteur MD à la hauteur MO, ou LA son egale. Donc les cylindres egaux BH, EK ont les bases & les hauteurs reciproques.

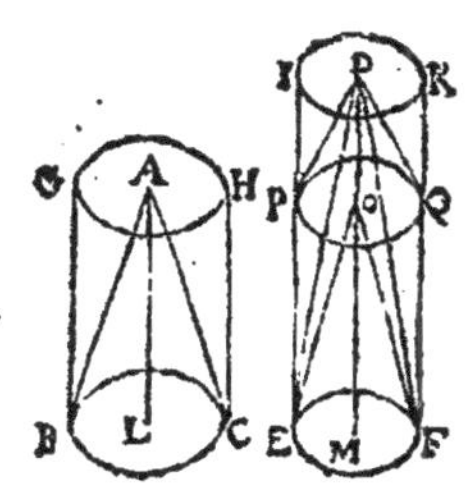

Par mesme discours on prouuera que les bases & hauteurs des cones egaux ABC, DEF, sont reciproques; si on construit deux cones sous les hauteurs MO, OD, comme appert en la figure.

Maintenant, soient les bases reciproques aux hauteurs: Je dis que les cylindres BH & EK sont egaux. Car ayant construict comme dessus, puis que la base BC est à la base EF, comme la hauteur MD à la hauteur LA, ou MO son egale: Et par la 11. pr. 12. comme la base BC à la base EF, ainsi le cylindre BH au cylindre de mesme hauteur EQ: Item par la precedente prop. comme la hauteur MD à la hauteur MO, ainsi le cylindre EK au cylindre EQ: donc par la 11. prop. 5. les deux cylindres BH & EK, auront mesme raison au troisiesme EQ, l'vn comme l'autre: Et par la 9. prop. 5. ils seront egaux.

Quant aux cones qui ont aussi leurs bases & hauteurs reciproques, ils seront par le mesme discours demonstrez egaux. Ce qui est toutesfois assez euident, puis qu'ils sont par la 10. prop. 12. tierces parties des cylindres. Parquoy aux cones, & aux cylindres egaux, &c. Ce qu'il falloit demonstrer.

PROBL. 1. PROP. XVI.

Deux cercles inegaux estans à l'entour d'vn mesme centre; inscrire au plus grand cercle vn polygone equilateral, ayant le nombre des costez pair, & lequel ne touche point le plus petit cercle.

Soient deux cercles inegaux ABC & DEF, à l'entour d'vn mesme centre M: Il faut dans le plus grand ABC, inscrire vn polygone equilateral, duquel les costez soient en nombre pair, & ne touchent point la circonference du plus petit cercle DEF.

Soit mené par le centre M le diametre AC, couppant le petit cercle au poinct F; duquel soit menee HG perpendiculaire au diametre DF, rencontrant la circonference du grand cercle aux poincts H & G: & laquelle touchera le cercle DEF en F par le corollaire de la 16. pr. 3. Item soit couppee la demye circonference ABC en deux egalement en B: & la moitié BC encores en deux egalement, en continuant tousiours ainsi iusques à ce qu'on vienne à vn arc plus petit que l'arc HG: ce qui est possible par la 1. prop. 10. Soit donc iceluy plus petit arc IC, & soit tiree la ligne droicte subtendante IC. Ie dis qu'icelle ligne droicte IC est vn costé du polygone requis. Car puis que le demy cercle & autres arcs d'iceluy ont tousiours esté diuisez par moitiez iusques à l'arc IC : il est euident qu'iceluy arc est contenu precisement certain nombre de fois en la circonference du cercle, & en nombre pair ; & par consequent que la ligne droicte IC sera certain nombre de fois egalement dans iceluy cercle ABC, & en nombre pair. Partant sera descrit dans le cercle ABC vn polygone equilateral & de costez pair, lequel ne touchera le moindre cercle DEF. Car de I soit menee IK perpendiculaire à AC, couppant icelle AC en L. D'autant que les angles HFC, ILF sont droicts, les lignes GH, IK seront paralleles par la 28. prop. 1. Parquoy puis que la ligne droicte GH touche le cercle DEF au seul poinct F ; la ligne droicte IK sera totalement hors iceluy cercle, & ne le peut iamais toucher, puis que iamais elle ne conuiendra auec la ligne droicte GH : Donc à plus forte raison la ligne droicte IC, qui est moindre & plus esloignee d'iceluy cercle que IK, ne le touchera pas ; ny partant aussi les autres costez du polygone inscrit, puis qu'ils sont egaux à IC, & par consequent egalement distans du centre d'iceluy cercle par la 14. prop. 3. Parquoy deux cercles inegaux estans à l'entour d'vn mesme centre, &c. Ce qu'il falloit faire.

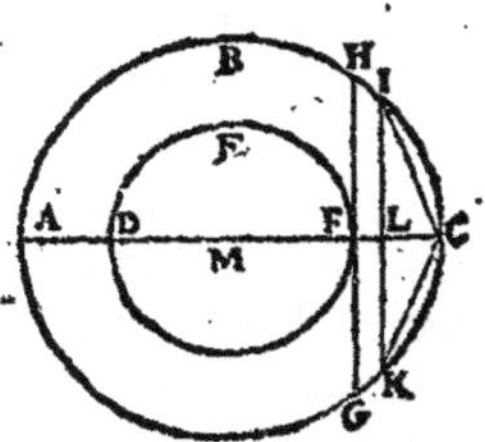

COROLLAIRE.

De cecy est manifeste, que si de l'extremité du costé du polygone inscrit, lequel rencontre le diametre, on tire vne ligne droicte perpendiculaire à iceluy diametre, elle ne pourra toucher le moindre cercle, mais tombera toute hors iceluy. Car telle est la ligne IK, laquelle du poinct I, extremité du costé IC rencontrant le diametre AC, est tiree perpendiculairement sur iceluy diametre AC, & a esté demonstré qu'elle ne touche pas le cercle DEF.

PROBL. 2. PROP. XVII.

Deux spheres inegales estans sur vn mesme centre ; inscrire en la plus grande vn polyedre, duquel les plans ne touchent point la superficie de la petite sphere.

Soient deux spheres inegales ABCD, EFGH à l'entour d'vn mesme centre I : & il faut dans la plus grande ABCD inscrire vn solide polyedre, ou de plusieurs costez, lequel ne touche la superficie de la moindre sphere EFGH.

Les deux spheres soient couppees par quelque plan passant par le centre I : il est euident par la def. de la sphere, que les communes sections seront cercles, & les plus grands de toute la sphere : d'autant qu'ils ont pour diametre le diametre de la sphere, puis que le plan couppant passe par le centre de ladite sphere : soient donc icelles communes sections, sçauoir en la plus grande sphere, le cercle ABCD, & en la plus petite, le cercle EFGH : & soient leurs diametres AC & BD se couppans en angles droicts au centre I : Et dans le cercle de la plus grande sphere ABCD, soit inscrit vn polygone, ne touchant point le moindre cercle EFGH, par la precedente prop. duquel les costez de la quarte CD, soient CK, KL, LM, MD: Et ayant mené par le centre I le diametre KN, par la 12. prop. 11. dudit centre soit menee IO perpendiculaire sur le plan des cercles ABCD, EFGH, rencontrant la superficie de la plus grande sphere en O: puis par icelle IO, & chacun des diametres AC, NK, soient tirez les plans AOC, NOK, lesquels (par ce qui a esté dit cy-dessus) feront en la superficie de la sphere des grands cercles: & d'iceux soient les demy cercles AOC, NOK: Et d'autant que la ligne IO est esleuee perpendiculairement sur le plan du cercle ABCD, les deux demy cercles AOC, NOK, seront par la 18. prop. 11. esleuez perpendiculairement sur le plan d'iceluy cercle. Et puis que les trois demy cercles ADC, AOC, NOK sont egaux, (ayans les diametres egaux,) aussi leurs moitiez seront egales, sçauoir les quartes DC, OC, OK: Parquoy, autant qu'il y aura de costez du polygone en la quarte CD, on en pourra inscrire autant en chacune des quartes OC, OK. Soient iceux CP, PQ, QR, RO; & KS, ST, TV, VO: & soient menees les lignes SP, TQ, VR: Item des poincts P & S soient menees par la 11. p. 11. PX, SY perpendiculaires au plan du cercle ABCD, lesquelles par la 38. prop. 11. tomberont sur les lignes IC, IK, communes sections d'iceluy plan, & des quarts de cercles IOC, IOK esleuez perpendiculairement sur ledit plan ou quart IDC. Soit aussi menee la ligne XY. Maintenant, puis que les arcs & les cordes PC & SK sont egales; les angles PXC, SYK droicts, & les angles PCX, SKY egaux; (car ils insistent sur les peripheres egales AOP, NOS) les deux angles PCX, PXC du triangle PCX, & le costé PC, sont egaux aux deux angles SKY, SYK, & au costé SK du triangle SKY: partant par la 26. prop. 1. les autres costez PX, XC seront egaux aux autres costez SY, YK. Parquoy puis que les deux semidiametres IC, IK sont egaux: & les segmens XC, YK, aussi egaux; les segmens IX, IY seront pareillement egaux: partant comme IX est à XC, ainsi IY est à YK: & par la 2. prop. 6. YX sera parallele à KC. Item les deux perpendiculaires PX, SY estans egales, sont aussi paralleles par la 6. prop. 11. & par la 33. prop. 1. SP, YX, seront egales & paralleles: & par la 9. prop. 11. SP & KC seront paralleles, & par la 7. prop. 11. SK & PC seront au mesme plan d'icelles. Partant tout le quadrilatere CKSP, est en vn mesme plan. Par mesme discours on mõstrera

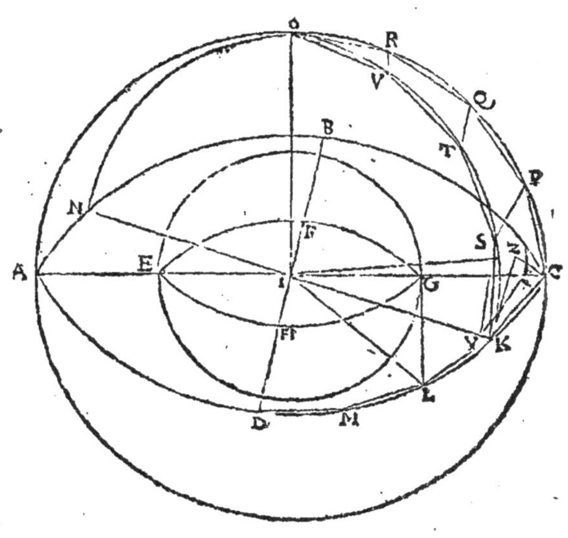

aussi que les quadrilateres TP, VQ, & le triangle VOR ont chacun toutes leurs parties en vn mesme plan. Que si des poincts P, Q, R, S, T, V, on imagine des lignes droictes estre menees au centre I, on se representera vne figure solide, comprise entre OC & OK, composee de quatre pyramides, desquelles le sommet est au centre I, & leurs bases sont les quadrilateres SC, TP, VQ, & le triangle VOR. Et si on construit pareillement sur les costez KL, LM, & MD, comme on a fait sur CK: Et semblablement sur toutes les autres quartes, on aura inscrit vn poliedre en la sphere donnee.

Ie dis d'auantage qu'iceluy poliedre ne touche la petite sphere EFGH. Car si du centre I on meine la ligne IZ perpendiculaire sur le plan SC, elle sera plus grande que IG demy diametre de la petite sphere. Car ayant pour l'inscription du polygone tiré du poinct G la ligne GL perpendiculaire à AC, laquelle est manifestement plus grande que CK costé d'iceluy poligone inscrit, soit tiree IL; & aussi CZ, KZ. D'autant que par la 3. def. 11. les angles IZC, IZK sont droicts, le quarré de IC sera egal aux quarrez de IZ, CZ, & le quarré de IK egal aux quarrez de IZ, ZK: Parquoy les quarrez des demy diametres egaux IC, IK, estans egaux, les quarrez de IZ, CZ, seront egaux aux quarrez de IZ, ZK: ostant donc le quarré de IZ commun, resteront egaux les quarrez de CZ, KZ; & par consequent les lignes CZ, KZ sont egales. On demonstrera en la mesme maniere, estans tirees des lignes de Z à P & S, qu'elles seront egales, tant entr'elles qu'à icelles CZ, KZ: Parquoy si du centre Z, & de l'interualle de l'vne d'icelles, on descrit vn cercle, il circonscrira le quadrilatere CKSP: duquel les trois costez CK, CP, KS, qui soustiennent arcs egaux de cercles egaux, sont egaux, & l'autre costé SP plus petit: (car les triangles ICK, IXY estans semblables, & le costé IC plus grand que le costé IX, aussi le costé CK sera plus grand que le costé XY, qui a esté demonstré egal à SP) & partant soustiendra vn plus petit arc que chacun de ces trois là, qui consequemment sera moindre que le quart de l'entiere circonference, & chacun de ceux-cy plus grand: Parquoy l'angle CZK sera plus grand qu'vn droict: & par consequent le plus grand du triangle CZK: & par la 19. prop. 1. CK sera plus grand costé que CZ. Parquoy GL estant plus grande que CK, elle sera aussi plus grande que CZ: & par consequent le quarré de GL plus grand que celuy de CZ. Et d'autant que par la 47. prop. 1. les quarrez de IG & GL, sont egaux aux quarrez de IZ, CZ: (car tant ces deux cy, que ces deux-là sont egaux au quarré du demy diametre de la grande sphere, les triangles IGL, ICZ estans rectangles) & le quarré de GL, est plus grand que le quarré de CZ: le quarré de IZ, sera plus grand que le quarré de IG; & par consequent la ligne IZ, plus grande que la ligne IG. Le plan CKSP ne touche donc pas la petite sphere EFGH. On prouuera par mesme raison que tous les autres plans du polyedre inscrit en la grande sphere ne touchent pas la petite sphere EFGH. Donc deux spheres inegales, &c. Ce qu'il falloit faire.

COROLLAIRE.

Des choses cy-dessus demonstrees resulte que si en vne autre sphere on inscrit vn polyedre semblable au polyedre cydessus descrit, qu'iceux polyedres seront en raison triplee des diametres des spheres, ausquelles ils seront inscrits. Car iceux polyedres estans semblables par la def. des solides semblables, ils auront en leur conuexité autant de plans semblables l'vn comme l'autre : partant ils se pourront diuiser en autant de pyramides semblables l'vn comme l'autre, ayant toutes le demy diametre de leur sphere pour vn de leurs costez : Partant prises vne à vne, elles seront en raison triplee des costez homologues, sçauoir est des demy diametres des spheres, par le corol. de la 8. prop. 12. Et les toutes aux toutes, pareillement en raison triplee des mesmes demy diametres, par la 12. prop. 5. Et par la 15. prop. 5. en raison triplee des diametres entiers.

THEOR. 16. PROP. XVIII.

Les spheres sont l'vne à l'autre, en raison triplee de leurs diametres.

Soient deux spheres ABC, DEF, desquelles les diametres sont BC, EF. Ie dis qu'elles sont l'vne à l'autre en raison triplee du diametre BC au diametre EF : C'est à dire que si on imagine que comme la raison triplee de BC à EF, ainsi la sphere ABC soit à quelque autre sphere, comme G : icelle sphere G sera egale à la sphere DEF.

Autrement, elle sera plus grande ou plus petite. Soit premierement la sphere G, plus petite que la sphere DEF, s'il est possible : Elle pourra donc estre enfermee dans icelle, si on les met toutes deux sur vn mesme centre : Et partant dans la sphere DEF, peut estre inscrit vn polyedre qui ne touchera point la plus petite sphere G par la 17. prop. 12. Et dedãs l'autre sphere pourra estre pareillement inscrit vn semblable polyedre par la mesme prop. Et par le corol. d'icelle, ce polyedre cy sera à celuy-là, en raison triplee du diametre BC au diametre EF : mais en telle raison, la sphere ABC est posee estre à la sphere G, & par la 11. prop. 5. comme la sphere ABC est à la sphere G, ainsi le polyedre de la sphere ABC, sera au polyedre de la sphere DEF. Or la sphere ABC, est plus grande que son polyedre, n'estant que partie d'icelle : donc par la 14. prop. 5. la sphere G est aussi plus grande que le polyedre de la sphere DEF : ce qui est impossible, n'estant que partie d'iceluy. Donc la sphere ABC, ne peut estre en raison triplee des diametres BC & EF, à vne autre sphere plus petite que DEF.

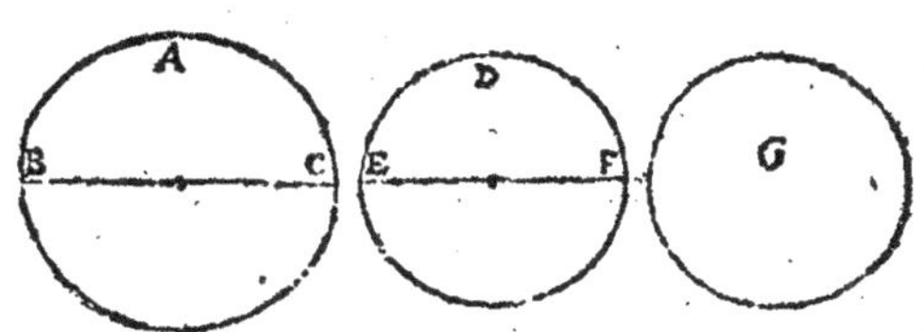

Soit donc la sphere G plus grande que DEF, s'il est possible: Et puis qu'on a posé que la sphere ABC est à la sphere G, en la raison triplee du diametre BC au diametre EF ; en changeant, la sphere G sera à la sphere ABC, en raison triplee du diametre EF au diametre BC. Item on peut imaginer que comme la sphere G est à la sphere ABC, ainsi la sphere DEF soit à vne quatriesme proportionele : laquelle sera plus petite que ABC par la 14. prop. 5. d'autant que G est posee plus grande

que

que DEF: Et partant icelle quatriesme proport. pourra estre inscrite en la sphere ABC: Et si par la 11. pr. 5. la sphere DEF sera à icelle quatriesme inscrite dans ABC, en raison triplee du diametre EF au diametre BC: ce que nous auons demonstré estre impossible. Donc la sphere G n'a peu estre plus grande, ne plus petite que la sphere DEF, mais egale: & par consequent les spheres sont l'vne à l'autre en raison triplee de leurs diametres. Ce qu'il falloit demonstrer.

COROLLAIRE.

De cecy est manifeste, qu'vne sphere est à vne sphere, comme le polyedre descrit dans celle-là, est au polyedre semblable descrit en ceste-cy: pource que tant les spheres que les polyedres sont en raison triplee des diametres d'icelles spheres, comme il a esté demonstré.

Fin du douziesme Element.

ELEMENT TREZIESME.

THEOR. 1. PROP. I.

SI vne ligne droicte est couppee en la moyenne & extreme raison : le quarré de la moitié de la toute, & du grand segment comme d'vne seule ligne, est quintuple du quarré de la moitié d'icelle ligne totale.

Soit la ligne droicte AB couppee au poinct C en la moyenne, & extreme raison, dont le grand segment est AC, auquel soit adioustee AD egale à la moitié de la totale AB : ie dis que le quarré de DC est quintuple du quarré de DA.

Car soit descrit sur CD le quarré CE, & tiré le diametre DF ; puis soit menee AG parallele à DE, couppant le diametre DF en H, par lequel poinct soit tiree IK parallele à CD. En apres, ayant prolongé GA, & accomply le quarré AM, soit produicte FC iusques en N. Premierement par le corollaire de la 4. prop. 2. les quadrilateres AI, GK seront quarrez des lignes DA, AC. Et puis que AB est couppee en la moyenne & extreme raison en C, comme AB sera à AC, ainsi AC est à CB ; & par la 17. prop. 6. le rectangle CM compris sous AB, CB, est egal au quarré de AC, sçauoir GK. Et puis que AB est posee double de DA ; & AL est egale à icelle AB ; & AH à AD, aussi AL sera double de AH. Mais comme AL est à AH, ainsi le rectangle AN est au rectangle AK, par la 1. prop. 6. Donc AN est double de AK. Et puis que par la 43. prop. 1. AK est egal à IG ; AN sera egal aux deux IG, AK ; adioustant donc ces egaux aux egaux CM, KG le quarré AM sera egal au gnomon OP. Parquoy puis que par le scholie de la 4. prop. 2. le quarré AM est quadruple du quarré AI, aussi le gnomon OP sera quadruple du mesme quarré AI : & partant si au gnomon OP est adiou-

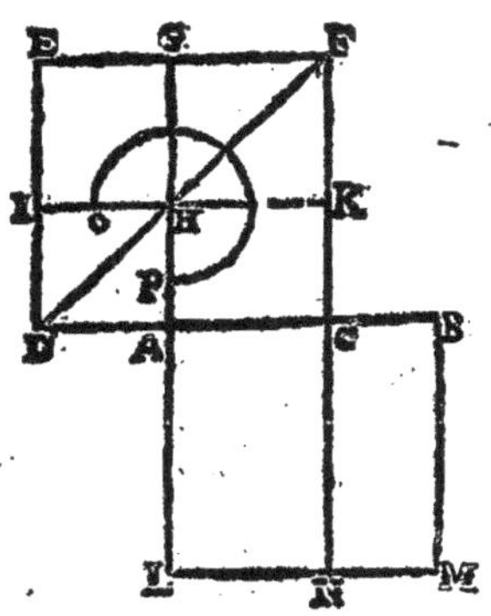

ſté le quarré AI ; CE quarré de DC ſera quintuple de AI quarré de DA. Si donc vne ligne droicte eſt couppee en la moyenne & extreme raiſon, &c. Ce qu'il falloit prouuer.

SCHOLIE.

Commandin demonſtre encore cette prop. ainſi. Soit la ligne droicte AB couppee en G, ſelon la moyenne & extreme raiſon, de laquelle AB ſoit fait le quarré ABCD, & ayant couppé AD en deux egalement en E ſoit menee BE, & prolongee EA en F, de ſorte que EF ſoit egale à icelle EB ; & par ce qui eſt demonſtré en la 11. prop. 2. AF ſera egale à AG ; parquoy appert EF eſtre compoſee du grand ſegment AG & de AE, moitié de la toute AB. Ie dis que le quarré de EF eſt quintuple du quarré de EA. Car puis que AB eſt double de AE, le quarré de AB ſera quadruple du quarré de AE par les choſes demonſtrees au ſcholie de la 4. prop. 2. Mais le quarré de EB eſt egal aux quarrez d'icelles AB, AE par la 47. prop. 1. donc le quarré de BE, c'eſt à dire de EF, ſera quintuple du quarré de AE : Ce qu'il falloit prouuer.

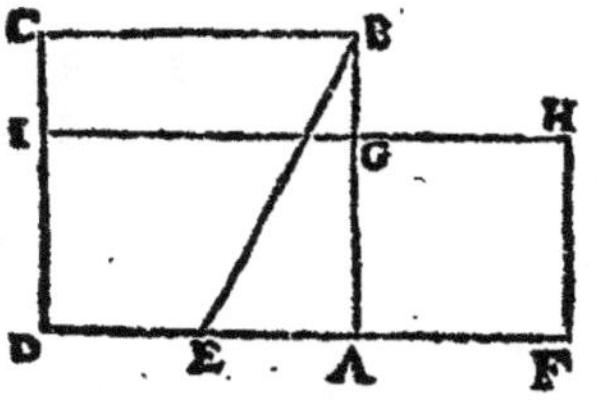

Or tout ainſi qu'en la plus part des prop. du 10. liure nous auons ioinct & appliqué les nombres aux lignes, afin d'en rendre les demonſtrations plus claires & euidentes, auſſi le ferons nous en ceſtuy-cy pour le contentement de ceux qui ſe delectent aux opperations numeralles. Donc en la precedente figure la ligne droicte AB ſoit 10, ſa moitié AE 5 ; & leurs quarrez ſeront 100 & 25 : partant le quarré de BE, ou de EF ſon egale ſera 125, qui eſt quintuple de 25 quarré de la moitié AE, comme veut la propoſition.

De cecy appert qu'eſtant cogneue vne ligne droicte couppee en la moyenne & extreme raiſon, on peut facilement cognoiſtre les ſegmens d'icelle. *Car ladite ligne AB eſtant 10, & couppee en la moyenne & extreme raiſon en G, par ce que deſſus EF eſt trouuee de $\sqrt{125}$, & AE de 5 ; partant le reſte AF, ou AG, qui eſt le grand ſegment, ſera $\sqrt{125}-5$, qui oſtez de la toute AB 10, reſteront $15-\sqrt{125}$ pour le moindre ſegment BG. Les meſmes ſegmens AG, BG ſeront auſſi cogneus par ce qui eſt cy-deuant enſeigné à la fin du 21. chap. de noſtre ſommaire d'Algebre.*

THEOR. 2. PROP. II.

Si le quarré d'vne ligne droicte eſt quintuple du quarré d'vne partie d'icelle : le double d'icelle partie eſtant couppé en la moyenne & extreme raiſon, le grand ſegment ſera l'autre partie de la donnee.

Soit la ligne droicte DC diuiſee au poinct A, en ſorte que le quarré d'icelle, ſoit quintuple du quarré de la plus petite partie DA : & ſoit priſe AB double d'icelle AD, laquelle (comme nous demonſtrerons cyapres) ſera plus grande que l'autre partie AC : Ie dis que ſi on diuiſe AB en la moyenne & extreme raiſon, que le grand ſegment ſera AC, autre partie de la donnee DC.

Car ayant fait ſur DC le quarré CE, & acheué la conſtruction comme en la precedente ; les quadrilateres AI, GK ſeront quarrez par le corol. de la 4. prop. 2. Et puis que AB, c'eſt à dire AL, eſt double de DA, ou AH ſont egale, le rectangle

AN sera double du rectangle AK par la 1. prop. 6. ou egal aux deux AK, IG qui sont egaux par la 43. prop. 1. Or par le scholie de la 4. prop. 2. le quarré AM est quadruple du quarré AI, & le quarré EC est quintuple du mesme par l'hypothese: il est donc euident que le quarré AM est egal au gnomon OP, duquel les deux rectangles AK, IG, sont egaux au rectangle AN. Il faut donc que le rectangle CM, soit egal au quarré GK, fait sur vne ligne egale à AC: & partant par la 17. prop. 6. comme BM, c'est à dire AB est à AC, ainsi AC à CB. Parquoy par la 3. def. 6. la ligne AB sera couppee en la moyenne & extreme raison au poinct C: & AC autre partie de la totale DC, est le grand segment d'icelle. Parquoy si le quarré d'vne ligne droicte est quintuple, &c. Ce qu'il falloit prouuer.

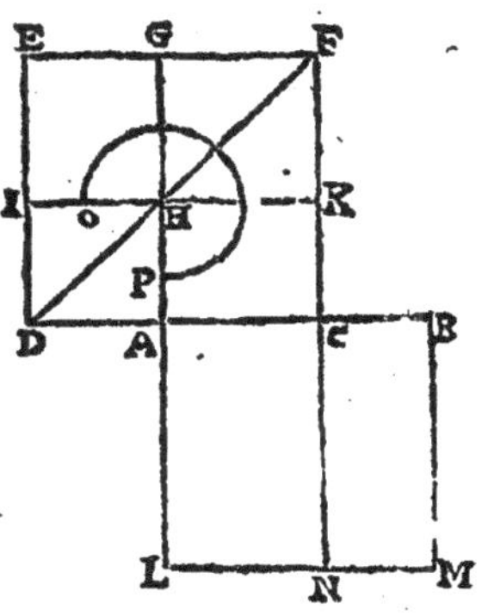

LEMME.

Que AB double de AD soit plus grand que AC, nous le demonstrerons ainsi. D'autant que par le scholie de la 4. prop. 2. le quarré de AB est quadruple du quarré de AD, iceux deux quarrez seront ensemble quintuple du seul quarré de AD. Mais le quarré de DB est plus grand que les quarrez de DA, AB, puis que par la 4. prop. 2. il est egal à iceux deux quarrez auec deux fois le rectangle sous DA, AB. Donc le quarré de DB sera aussi plus grand que le quintuple du quarré de AD: & partant plus grand que le quarré de DC, qui est posé quintuple du mesme quarré de AD: parquoy la ligne droicte DB sera plus grande que la ligne droicte DC: & ostant DA qui est commun, le reste AB sera plus grand que le reste AC.

SCHOLIE.

La ligne donnee DC soit 5, & DA $\sqrt{5}$, afin que le quarré de celle-là, qui est 25, soit quintuple du quarré de celle-cy, qui est 5: Donc le reste AC sera $5-\sqrt{5}$, & AB double de AD sera $\sqrt{20}$: laquelle estant diuisee en la moyenne & extreme raison, ainsi qu'il a esté dit au prec. scholie, le plus grand segment sera $5-\sqrt{5}$, qui est egal à AC, comme veut la proposition.

THEOR. 3. PROP. III.

Si vne ligne droicte est couppee en la moyenne & extreme raison; le quarré du petit segment & de la moitié du grand segment, comme d'vne seule ligne, est quintuple du quarré de la moitié du grand segment.

Soit la ligne droicte AB, couppee en la moyenne & extreme raison au poinct C, de laquelle le grand segment AC est couppé en deux egalement en D: ie dis que le quarré du petit segment & de la moitié du grand, sçauoir de BD, est quintuple du quarré de DC, moitié du grand segment AC.

Car sur AB soit descrit le quarré AE, & ayant mené son diametre BF, des poincts C & D soient menees CG, DH paralleles à AF, couppans le diametre BF és poincts I & K, par lesquels soient menees LM, NO paralleles à AB, lesquels couppent CG, DH en P & Q: Et par le corol. de la 4. prop. 2. les quadrilateres LG,

PQ, DO seront quarrez des lignes AC, CD, DB. Donc puis que comme AB à AC, ainsi AC à CB, par la 17. prop. 6. le rectangle des extremes AB & CB (sçauoir AM) est egal au quarré de la moyenne AC, sçauoir LG, lequel estant par le scholie de la 4. prop. 2. quadruple du quarré PQ, le rectangle AM sera aussi quadruple de PQ : mais AP & DI estans sur bases egales, sont egaux par la 1. prop. 6. Et DI estant egal à IO par la 43. prop. 1. le gnomon RST sera egal au rectangle AM quadruple du quarré PQ : Parquoy adioustant à iceluy gnomon le mesme quarré PQ ; le quarré DO, descrit de DB sera quintuple d'iceluy quarré PQ, descrit de DC : Si donc vne ligne droicte est couppee en la moyenne & extreme raison, &c. Ce qu'il falloit demonstrer.

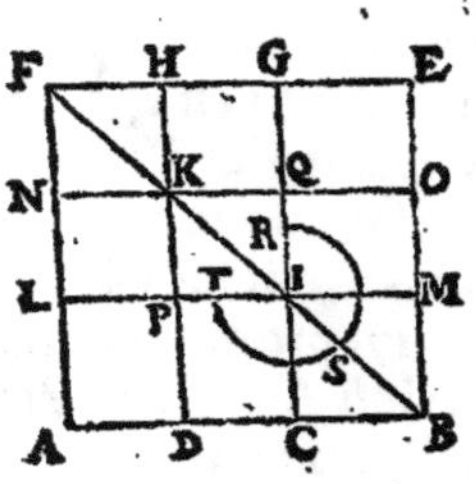

SCHOLIE.

La ligne droicte AB estant 12, le grand segment AC sera $\sqrt{180}-6$, & le moindre CB $18-\sqrt{180}$: Parquoy DC moitié de AC sera $\sqrt{45}-3$, & son quarré $54-\sqrt{1620}$. Mais DB composee de DC & CB sera $15-\sqrt{45}$, & son quarré $270-\sqrt{40500}$, qui est quintuple du quarré de DC $54-\sqrt{1620}$, comme veut la proposition : La conuerse de laquelle est aussi veritable, c'est à sçauoir que

Si vne ligne droicte est couppee en deux segmens inegaux, & que le quarré du moindre segment & de la moitié du grand, comme d'vne seule ligne soit quintuple du quarré d'icelle moitié : cette ligne-là sera couppee en la moyenne & extreme raison.

Soit la ligne droicte AB (en la prec. fig.) couppee inegalement en C, de laquelle le grand segment AC est couppé en deux egallement en D, & le quarré de DB soit quintuple du quarré de CD : Ie dis que la ligne AB est diuisee en C, selon la moyenne & extreme raison. Car demeurant la mesme construction que dessus, le quarré LG est quadruple du quarré PQ par le scholie de la 4. prop. 2. Mais du mesme quarré PQ est aussi quadruple le gnomon RST, puis que le quarré DO est posé quintuple dudit quarré PQ : donc le gnomō RST sera egal au quarré LG. Mais il est aussi egal au rectangle AM : donc le quarré LG sera egal au rectangle AM contenu sous AB, BC : & partant par la 17. p. 6. comme AB sera à AC, ainsi AC à CB : Parquoy AB sera couppee en C, selon la moyenne & extreme raison : Ce qui estoit proposé

THEOR. 4. PROP. IIII.

Si vne ligne droicte est couppee en la moyenne & extreme raison, le quarré de la toute, & le quarré du petit segment ensemble, sont triples du quarré du grand segment.

Soit la ligne droicte AB, couppee en F, selon la moyenne & extreme raison, dont AF soit le plus grand segment : ie dis que les quarrez de AB, & FB, sont ensemble triples du quarré de AF.

Car soit descrit sur AB le quarré AD, auquel estant tiré le diametre BC, soit menee de F la ligne EF parallele à AC, couppant BC en I, par lequel soit menee GH parallele à AB. Par le corol. de la 4. prop. 2. les parallelogrammes GE, IH seront quarrez des lignes AF, FB : Et puis que comme AB est à AF, ainsi AF est à FB,

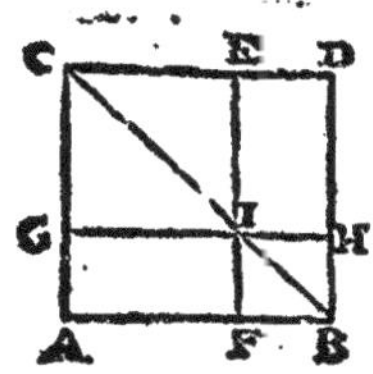

par la 17. prop. 6. le rectangle des extremes AB, FB, sçauoir AH, est egal au quarré de la moyenne AF, sçauoir GE. Veu donc que AH & FD sont egaux, le gnomon EBG auec le quarré FH, sera egal au double du quarré GE: & partant adioustant le quarré GE; AD quarré de AB, auec FH quarré de FB, sera triple de GE quarré de AC. Si donc vne ligne droicte est couppee en la moyenne & extreme raison, &c. Ce qu'il falloit prouuer.

SCHOLIE.

La ligne AB soit 4; donc le grand segment AF sera $\sqrt{20}-2$, *& le moindre FB* $6-\sqrt{20}$: *& partant leurs quarrez seront 16,* $24-\sqrt{320}$, *&* $56-\sqrt{2880}$: *mais celuy-cy adiousté au premier 16, fait* $72-\sqrt{2880}$, *qui est le triple de* $24-\sqrt{320}$, *quarré de l'autre segment AF, ainsi que veut la prop. La conuerse de laquelle est aussi veritable, sçauoir est que*

Si vne ligne droicte est couppee en deux inegallement, & que le quarré de la toute auec le quarré du moindre segment soit triple du quarré du grand segment: cette ligne là sera couppee en la moyenne & extreme raison.

Soit la ligne droicte AB couppee en deux inegallement en F, de sorte que le quarré de la toute AB auec le quarré du moindre segment FB est triple du quarré de l'autre segment AF. Ie dis que la ligne droicte AB est couppee en F, selon la moyenne & extreme raison. Car ayant construit comme dessus, d'autant que les quarrez AD, FH sont triples du quarré GE, ostant le quarré GE, le gnomon EBG auec le quarré FH sera double du mesme quarré GE. Mais iceluy gnomon EBG auec ledit quarré FH est egal aux deux rectangles AH, FD: donc iceux deux rectangles sont aussi double du quarré GE: & partant puis que lesdits rectangles AH, FD sont egaux, le seul AH compris sous AB, BF sera egal à iceluy quarré GE: & par la 17. prop. 6. comme AB sera à GI ou AF, ainsi AF sera à FB: & partant AB est diuisee en F, selon la moyenne & extreme raison. Ce qui a esté proposé.

Nous adiousterons encore icy la demonstration que fait Maurolic de cet autre theoreme.

Si vne ligne droicte est couppee en la moyenne & extreme raison, le quarré de la toute, & du moindre segment comme d'vne seule ligne est quintuple du quarré du grand segment: & vne ligne droicte estant couppee inegallement, si le quarré de la toute & du moindre segment, comme d'vne seule ligne est quintuple du quarré du grand segment; icelle ligne sera couppee en la moyenne & extreme raison.

Soit premierement la ligne droicte AD couppee en C, selon la moyenne & extreme raison, à laquelle soit adioustee DB egale au moindre segment CD: Ie dis que le quarré de AB est quintuple du quarré de AC. Car d'autant que par la 17. pr. 6, le rectangle de AD, DC est egal au quarré de AC (pource que les trois lignes AD, AC, CD sont proport.) quatre fois le rectangle de AD, DC sera quadruple du quarré de AC, & consequemment le quarré de AC auec quatre fois le rectangle de AD, DC sera quintuple d'iceluy quarré de AC. Mais par la 8. p. 2. le quarré de AD est egal audit quarré de AC, auec quatre fois le rectangle d'icelles AD, DC: Donc aussi le quarré de AD sera quintuple du quarré de AC: Ce qui estoit proposé.

Secondement soit la ligne droicte AD diuisee inegalement en C, à laquelle soit adioustee DB egale au moindre segment CD, & soit le quarré de AB quintuple du grand segment AC: Ie dis que AD est couppee selon la moyenne & extreme raison en C. Car d'autant que par la

8. pr. 2. le quarré de AB est egal au quarré de AC auec quatre fois le rectangle de AD, DC. aussi iceux quarré de AC & quatre rectangles de AD, DC, seront ensemble quintuple dudit quarré de AC: & partant le rectangle de AD, DC quatre fois sera quadruple d'iceluy quarré de AC, c'est à dire qu'vn seul rectangle de AD, DC, sera egal à iceluy quarré de AC, & par la 17. prop. 6. comme AD sera à AC, ainsi AC sera à CD: & partant AD est couppee en C, selon la moyenne & extreme raison. Ce qui est proposé.

Cette prop. est aussi euidente par nombres: Car si AD est 4, le grand segment AC sera $\sqrt{20}-2$, & son quarré $24-\sqrt{320}$. mais le moindre segment CD sera $6-\sqrt{20}$, qui adiousté à AD, fait $10-\sqrt{20}$ pour la toute AB, dont le quarré est $120-\sqrt{8000}$, qui est quintuple de $24-\sqrt{320}$ quarrez du grand segment AC.

THEOR. 5. PROP. V.

Si vne ligne droicte est couppee en la moyenne & extreme raison, & à icelle on adiouste vne ligne droicte egale au grand segment; la toute sera couppee en la moyenne & extreme raison, & le grand segment sera la ligne premierement posée.

Soit la ligne droicte AB, couppee en la moyenne & extreme raison au poinct C, dont le grand segment est AC; & à icelle AB soit adioustee directement AD egale à AC: ie dis que la toute DB est aussi couppee en la moyenne & extreme raison au poinct A, & que le grand segment est AB.

D A C B

Car puis que comme AB est à AC, c'est à dire AD, ainsi AC est à CB; en changeant, comme DA sera à AB, ainsi BC à AC: & en composant, comme DB sera à AB, ainsi AB à AC, c'est à dire AD. Donc par la 3. def. 6. la ligne DB est couppee en la moyenne & extreme raison au poinct A, & le grand segment est la ligne AB proposee au commencement. Si donc vne ligne droicte est couppee en la moyenne & extreme raison, &c. Ce qui estoit à prouuer.

SCHOLIE.

La ligne droicte AB soit 4, le moindre segment CB $6-\sqrt{20}$, & le grand AC $\sqrt{20}-2$: Adioustant donc à AB le grand segment AC, viendront $\sqrt{20}+2$, pour la toute DB. Or comme $\sqrt{20}+2$ est à 4, ainsi 4 est à $\sqrt{20}-2$; car multipliant $\sqrt{20}+2$ par $\sqrt{20}-2$, le produit est 16, qui est le quarré de 4: Parquoy est manifeste ce qui estoit proposé.

Clauius apres Campanus demonstre en cet endroit les deux theoremes suiuans.

1. Si vne ligne droicte est couppee en la moyenne & extreme raison, & que du grand segment on retranche le moindre: iceluy grand segment sera aussi couppé en la moyenne & extreme raison, & le grand segment sera cette ligne là, qui estoit le moindre segment de la premiere ligne.

Car la ligne droicte DB soit couppee en A, selon la moyenne & extreme raison, & du grand segment AB soit retranchee AC egale au moindre segment AD: Ie dis que le grand segment AB est diuisé en C, selon la moyenne & extreme raison, & le grand segment estre AC, qui est egal au moindre segment AD. Car d'autant que comme la toute DB est à la toute AB, ainsi AB retranchee de BD est à AD, c'est à dire AC retranchee de AB, aussi par la 19. prop. 5. AD reste d'icelle BD, c'est à dire AC sera à CB reste d'icelle AB, comme la toute DB à la toute

D A C B

AB, c'est à dire comme AB à AC : & partant AB sera diuisee en C, selon la moyenne & extreme raison : Ce qui estoit proposé.

Le mesme est aussi manifeste en nombres : Car si DB est 4, le grand segment AB sera $\sqrt{20}-2$, & le moindre AD $6-\sqrt{20}$, qui retranché de AB restera CB de $\sqrt{80}-8$. Or comme $\sqrt{20}-2$ est à $6-\sqrt{20}$, ainsi $6-\sqrt{20}$ est à $\sqrt{80}-8$, car le produit des extremes est egal à celuy des moyens, sçauoir est $56-\sqrt{2880}$: & partant appert ce qui estoit proposé.

2. Si vne ligne droicte est couppee en la moyenne & extreme raison, & de la moitié d'icelle on retranche la moitié du grand segment ; la moitié de la toute sera aussi diuisee en la moyenne & extreme raison, & le grand segment sera la moitié du grand segment de la toute.

Car soit AB diuisee en C, selon la moyenne & extreme raison, & DE soit la moitié de la toute, & DF moitié du grand segment AC : Ie dis que DE est couppee en F, selon la moyenne & extreme raison, & que le grand segment est DF. Car puis que comme la toute AB est à la toute DE, ainsi la retranchee AC est à la retranchee DF, (car l'vne & l'autre est raison double) par la 19. prop. 5. le reste CB sera aussi au reste FE, comme la toute à la toute, & partant CB sera aussi double de FE. Mais par la 15. prop. 5. comme AB est à AC, ainsi DE moitié de celle-là est à FE moitié de celle-cy, & par la def. de la ligne couppee en la moyenne & extreme raison AB est à AC, comme AC à CB : donc aussi DE sera à DF, comme DF à FE : & partant par la mesme def. DE sera couppee en la moyenne & extreme raison en F. Ce qui est proposé.

A C B

D F E

Ce theoreme est aussi manifeste en nombres : car si AB est 4, la moitié DE sera 2, le grand segment AC $\sqrt{20}-2$, & sa moitié DF $\sqrt{5}-1$, & partant le reste FE sera $3-\sqrt{5}$. Or il est euident que ces trois nombres 2, $\sqrt{5}-1$, & $3-\sqrt{5}$ sont continuellement proport. car le produit des deux extremes est egal au quarré du milieu, sçauoir est à $6-\sqrt{20}$.

THEOR. 6. PROP. VI.

Si vne ligne droicte rationele est couppee en la moyenne & extreme raison : l'vn & l'autre segment est ligne irrationele, appellee residu.

Soit la ligne droicte rationele AB, couppee en la moyenne & extreme raison au poinct C : ie dis que chaque segment AC, BC est ligne irrationele appellee residu.

Car au grand segment AC soit adioustee directement DA, egale à la moitié de AB. D'autant que par la 1. prop. 13. le quarré de DC est quintuple du quarré de DA, il est à iceluy comme nombre à nombre : Et par la 6. prop. 10. iceux quarrez de DC, DA seront commensurables : & par consequent les lignes DC, DA, sont aussi commensurables, au moins en puissance. Or AD est rationele, puis qu'elle est moitié d'vne rationele AB : Donc aussi DC sera rationele. Et d'autant que les quarrez de DC, DA ne sont comme nombre quarré à nombre quarré : (comme il appert par le corol. de la 24. prop. 8. car ils sont comme 5 à 1, ou 25 à 5) les lignes DC, DA, seront incommens. en longitude, par la 9. prop. 10. & partant rationeles commensurables en puissance seulement. Parquoy si de DC rationele on oste DA commensurable en puissance seulement,

D A C B

par

par la 74. prop. 10. le reste AC sera irrationele, appellee residu.

Derechef AB estant couppee en la moyenne & extreme raison en C, le quarré de AC sera egal au rectangle de AB, CB par la 17 prop. 6. Mais le quarré du residu AC applicqué à la rationele AB, doit faire l'autre costé CB residu premier par la 98. prop. 10. Parquoy chacun des segmens AC, CB, est ligne irrationele, appellee residu. Si donc vne ligne droicte rationele, &c. Ce qu'il falloit prouuer.

SCHOLIE.

La ligne AB soit 4 : donc le grand segment AC sera √10—2, & le moindre segment CB 6—√10, l'vn & l'autre desquels segmens est residu, puis que leurs deux nombres sont commensurables en puißance seulement, &c.

THEOR. 7. PROP. VII.

Si en vn pentagone equilateral, trois angles pris comme on voudra sont egaux : il sera equiangle.

Au pentagone equilateral ABCDE, soient trois angles egaux, premierement d'ordre comme A, B, C : ie dis qu'iceluy pentagone est equiangle.

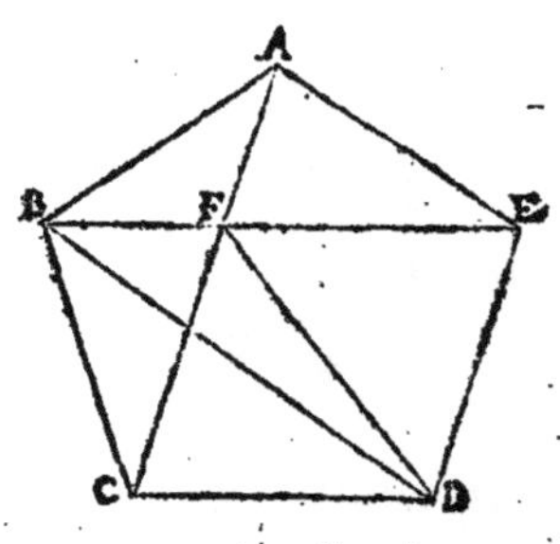

Car estans tirees à iceux angles egaux A, B, C, les lignes subtendantes AC, BE, BD: de F ou s'entrecouppent AC, BE soit tiree FD. Or puis que les costez AB, AE du triangle ABE sont egaux à BC, CD du triangle BCD, & les angles contenus d'iceux, aussi egaux, par la 4. prop. 1. les bases BE, BD seront egales, & les angles AEB, BDC egaux. Mais par la 5. prop. 1. les angles BED, BDE sont aussi egaux, les deux costez BE, BD ayans esté prouuez egaux: Donc l'angle total AED sera egal au total CDE. Derechef, puis que les costez AB, AE du triangle ABE sont egaux à BA, BC du triangle ABC, & les angles A & B contenus d'iceux egaux, par la 4. prop. 1. la base BE sera egale à la base AC, & les angles ABE, AEB egaux aux angles BAC, BCA, chacun au sien : & partant les angles FAB, FBA du triangle ABF sont egaux: donc les costez AF, BF seront aussi egaux : & partant iceux estans ostez des subtendantes egales AC, BE les restes FC, FE seront egales. Parquoy les deux costez FC, CD du triangle CFD seront egaux aux costez FE, ED du triangle DFE, & la base FD commune: donc par la 8. prop. 1. les angles FCD, FED seront egaux. Mais ACB, AEB ont esté prouuez egaux: donc les touts BCD, AED sont egaux : Parquoy AED, ayant esté monstré egal à CDE, tous les angles du pentagone seront egaux entr'eux par la 1. com. sent. & consequemment iceluy pentagone ABCDE sera equiangle.

Secondement, soient les trois angles A, C, D, non d'ordre, egaux. D'autant que les costez AB, AE du triangle ABE sont egaux aux costez CB, CD du triangle BCD, & les angles contenus d'iceux aussi egaux, par la 4. prop. 1. les bases BE, BD, & les angles AEB, BDC seront egaux: Mais par la 5. pr. 1. les costez BE, BD estans egaux, les angles BED, BDE seront pareillement egaux : donc l'angle total AED sera egal au total CDE. Et puis que les angles BAE, CDE ont esté posez egaux: les trois angles A, E, D, qui sont d'ordre, seront egaux: & partant comme il a esté desia monstré, le pentagone sera equiangle. Donc si en vn pentagone equilateral, &c. Ce qu'il falloit demonstrer.

THEOR. 8. PROP. VIII.

Si deux lignes droictes subtendent deux angles d'vn pentagone equiangle & equilateral, lesquels soient d'ordre; elles se coupperont l'vne l'autre en la moyenne & extreme raison, & leurs grands segmens seront egaux au costé du pentagone.

Au pentagone ABCDE equiangle & equilateral soient deux lignes droictes BD, CE, subtendantes les angles C, D, qui sont d'ordre, lesquelles s'entrecouppent en F. Ie dis qu'elles se couppent en la moyenne & extreme raison, & que chacun de leurs grāds segmens BF, EF sera egal à quelconque costé du pentagone.

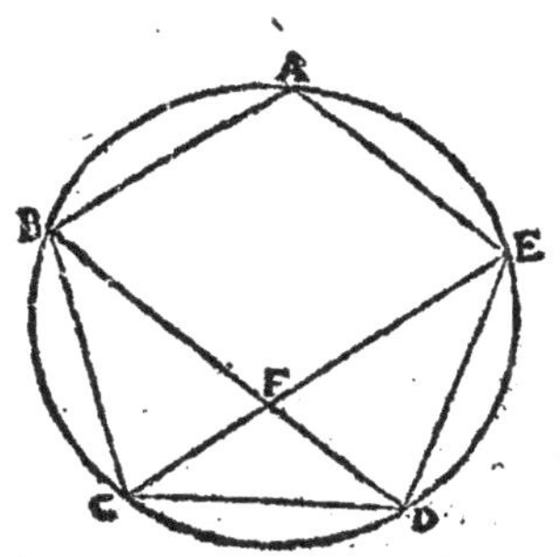

Car ayant descrit par la 14. prop. 4. vn cercle à l'entour du pentagone, les arcs AB, BC, CD, DE, & EA seront egaux par la 28. prop. 3. Et d'autant que les triangles CBD, CED, ont deux costez egaux, & l'angle compris d'iceux aussi egal par l'hypothese; les bases BD, CE, & les angles CDB, DCE seront pareillement egaux par la 4. prop. 1. Et partant veu qu'au triangle CFD, les deux angles DCF, CDF sont egaux, & par la 32. prop. 1. l'angle externe BFC est egal à iceux: iceluy BFC sera double de DCE. Mais par la 33. prop. 6. l'angle BCE est aussi double du mesme DCE, pource que l'arc BAE est double de l'arc DE: Donc les angles BFC, BCF sont egaux: & partant par la 6. prop. 1. BF est egale au costé du pentagone BC. Et d'autant que par la 27. prop. 3. les angles DBC, ECD, insistans sur arcs egaux, sont egaux; les deux angles DBC, CDB du triangle BCD sont egaux aux deux angles DCF, FDC du triangle CFD: & partant les deux triangles BCD, CFD seront equiangles par la 32. prop. 1. Parquoy par la 4. p. 6. comme BD sera à DC, c'est à dire à BF, ainsi CD ou BF sera à FD: & partant la subtendante BD est couppee en F, en la moyenne & extreme raison, & le plus grand segment BF est egal à BC costé du pentagone. Par mesme raison on demonstrera CE estre couppee en la moyenne & extreme raison en F, & que le grand segment EF est egal à DE costé du pentagone. Parquoy si deux lignes droictes subtendent deux angles d'vn pentagone, &c. Ce qu'il falloit prouuer.

SCHOLIE.

On peut facilement demonstrer que la ligne droicte qui soustient l'angle du pentagone equilateral & equiangle est parallele au costé opposé, c'est à dire que CE est parallele au costé AB, & BD au costé AE: car ayant descrit vn cercle à l'entour du pentagone, d'autant que par la 22. p. 3. tant les deux angles A & BCE, que les deux ABC, AEC sont egaux à deux droicts,

& que A, ABC sont egaux entr'eux, le pentagone estant equiangle, les deux autres BCE, ACE seront aussi egaux. Veu donc que A & BCE sont egaux à deux droicts; A & AEC sont aussi egaux à deux droicts, & par la 28. prop. 1. AB, CE seront paralleles, &c.

THEOR. 9. PROP. IX.

La ligne droicte composee du costé de l'hexagone, & du costé du decagone, tous deux inscrits en vn mesme cercle, est couppee en la moyenne & extreme raison, de laquelle le grand segment est le costé de l'hexagone.

Au cercle ABC soit inscrite la ligne droicte AB, costé du decagone, à laquelle soit adioustee directement BE egale au demy diametre du cercle, c'est à dire au costé de l'hexagone inscrit au mesme cercle, car il luy est egal par le coroll. de la 15. p. 4. Ie dis que AE est couppee en la moyenne & extreme raison, & que BE costé de l'hexagone est le grand segment.

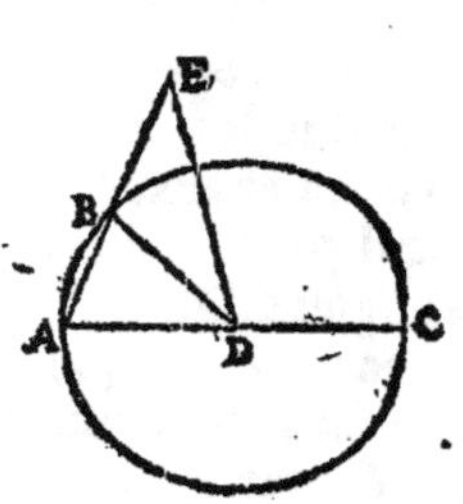

Car ayant mené de A par le centre D le diametre AC, & tiré les lignes DB, DE: l'arc AB estant la dixiesme partie de toute la periphere du cercle, sera la cinquiesme de l'arc ABC, moitié d'icelle periphere : & partant l'arc BC sera quadruple d'iceluy AB : Parquoy par la 33. prop. 6. aussi l'angle BDC sera quadruple de l'angle ADB: & par la 32. prop. 1. l'angle BDC estant exterieur, il vaudra les deux DAB, DBA: lesquels estans egaux par la 5. prop. 1. parce que le triangle ABD est Isoscele, l'vn ou l'autre sera double de ADB : mais l'vn d'iceux DBA estant exterieur, est egal aux deux opposez interieures DEB & BDE : (lesquels sont egaux, estant le triangle DBE Isoscele, pource que DB demy diametre, & BE sont egaux par la construction) donc l'angle DBA sera double de l'angle E, qui par consequent sera egal à l'angle ADB: Parquoy les deux triangles AED, ADB seront equiangles, ayans l'angle A commun, l'angle E egal à l'angle ADB, & par la 32. prop. 1. le tiers sera egal au tiers: donc par la 4. prop. 6. comme AE est à AD ou BE son egale, ainsi AD, ou BE est à AB: partant AE est couppee en la moyenne & extreme raison en B: & BE costé de l'hexagone est le grand segment. Donc la ligne droicte composee du costé de l'hexagone & du costé du decagone, &c. Ce qu'il falloit prouuer.

COROLLAIRE.

De cecy est euident que le costé de l'hexagone estant couppé en la moyenne & extreme raison, le grand segment est costé du decagone inscrit au mesme cercle. Car si de BE costé de l'hexagone on couppe vne partie egale à AB: comme la toute AE sera à la toute BE, ainsi la retranchee BE sera à la retranchee de BE, c'est à dire à AB: & partant par la 19. prop. 5. le reste sera au reste, comme la toute à la toute, ou la retranchee à la retranchee. Parquoy BE sera semblablement couppee que AE en la moyenne & extreme raison par la 3. def. 6. dont le grand segment sera AB costé du decagone.

SCHOLIE.

Clauius demonstre apres Campanus la conuerse de cette proposition ainsi qu'il ensuit.

Si le grand segment d'vne ligne diuisee en la moyenne & extreme raison est le costé de l'hexagone de quelque cercle ; le moindre segment sera le costé du decagone du mesme cercle. Que si le petit segment est le costé du decagone de quelque cercle, le grand segment sera le costé de l'hexagone du mesme cercle.

Car soit AB diuisee en C selon la moyenne & extreme raison, & soit premierement le grand segment AC costé de l'hexagone du cercle BCD : Ie dis que le petit segment BC est le costé du decagone inscrit au mesme cercle. Car BC estant accommodee au cercle, en sorte que CA tombe hors le cercle, soit tiree de B par le centre E le diametre BED, & les lignes EA, EC. Donc puis que comme AB est à AC, ainsi AC est à CB, & que AC est egale au semidiametre EB par le corol. de la 15. prop. 4. Aussi comme AB sera à BE, ainsi EB à BC : & par la 6. prop. 6. les triangles ABE, EBC seront equiangles, puis qu'ils ont les costez de l'angle commun B proportionnaux ; & l'angle A sera egal à l'angle BEC. Derechef, pource que les costez CA, CE sont egaux, par la 5. prop. 1. les angles CAE, CEA seront egaux, & puis que par la 32. prop. 1. à iceux est egal l'angle externe BCE ; iceluy BCE sera double de l'angle A : Mais par la 5. prop. 1. l'angle CBE est egal à l'angle BCE, à cause de l'egalité des costez EB, EC : donc aussi CBE sera double de l'angle A : & partant les deux angles BCE, CBE ensemble seront quadruple du mesme angle A. Et puis que l'angle externe CED est egal aux internes BCE, CBE, aussi CED sera quadruple du mesme angle A, & partant de l'angle BEC son egal : & par la 33. prop 6. l'arc DC sera pareillement quadruple de l'arc CB : & partant l'arc du demy cercle BCD sera quintuple du mesme arc BC, & consequemment toute la peripherie du cercle sera decuple d'iceluy arc BC : Parquoy la ligne droicte BC est le costé du decagone.

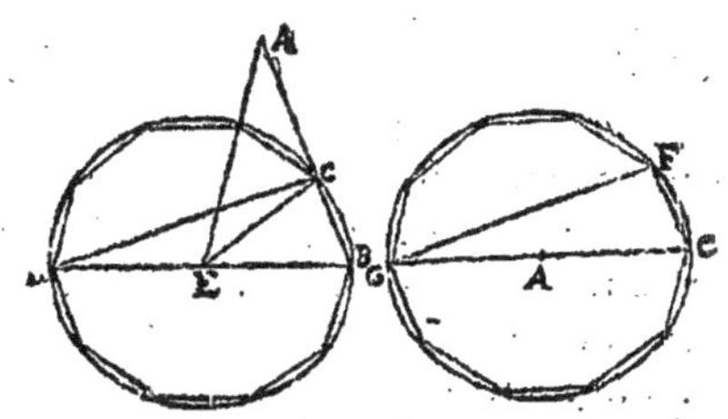

Maintenant, le moindre segment CB soit le costé du decagone du cercle BCD. Ie dis que le grand segment AC est le costé de l'hexagone : Car derechef soit accommodé au cercle BCD, le segment BC, & soit tiré le diametre BED : puis de l'interualle AC soit descrit le cercle CFG, duquel le diametre est CAG, & par le corol. de la 15. prop. 4. AC sera costé de l'hexagone du cercle CFG. Donc puis que AB est couppee en C, selon la moyenne & extreme raison, & que le grand segm. AC est costé de l'hexagone du cercle CFG, le petit segment CB, comme il a ia esté demonstré, sera costé du decagone du mesme cercle CFG. Soit donc descrit en iceluy cercle CFG, le decagone equilateral & equiangle CFG : Item au cercle BCD, le decagone equilateral & equiangle BCD, & les costez BC, CF seront egaux entr'eux : Mais d'autant que les lignes droictes CD, FG estans tirees, les angles CDB, FGC insistans sur arcs semblables BC, CF, sont egaux, comme nous auons demonstré au scholie de la 22. prop. 3. & que les angles BCD, CFG estans au demy cercle sont aussi egaux, sçauoir droicts par la 31. prop. 3. les costez BD, CG seront pareillement egaux entr'eux par la 26. prop. 1. Parquoy les diametres BD, CG estans egaux, les cercles BCD, CFG seront aussi egaux : & partant puis que la ligne droicte AC est costé de l'hexagone du cercle CFG, aussi la mesme AC sera le costé de l'hexagone du cercle BCD. Ce qui est proposé.

THEOR. 10. PROP. X.

Le quarré du costé du pentagone equilateral inscrit en vn cercle, est egal aux deux quarrez des costez du decagone, & de l'hexagone, inscrits au mesme cercle.

Au cercle ABCDE, duquel le centre est F, soit inscrit vn pentagone equilateral, vn costé duquel est AB. Ie dis que le quarré d'iceluy costé AB est egal aux deux quarrez des costez de l'hexagone, & du decagone inscrits au mesme cercle.

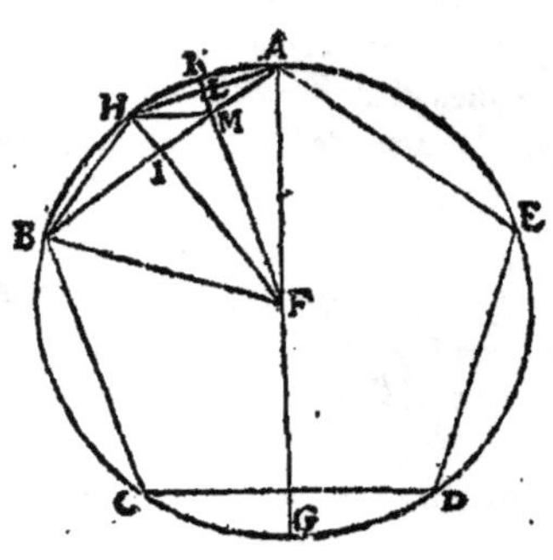

Car ayant tiré le diametre AFG, & ioinct FB, soit couppé l'arc AB en deux egalement par la ligne FH, laquelle couppe aussi la ligne droicte AB en I, & soient tirees les lignes droictes AH, BH; & AH sera costé du decagone, & FB costé de l'hexagone: En apres, soit couppé l'arc AH en deux egalement en K, par la ligne FK, laquelle couppe aussi la ligne droicte AH en L, & la ligne droicte AB au poinct M, auquel soit menee la ligne HM. Veu donc que les arcs AH, BH sont egaux, aussi seront egaux les angles AFH, BFH appuyez sur iceux, par la 27. pr. 3. Parquoy les costez AF, FB estans egaux, & FI commun aux deux triangles AFI, BFI, la base AI sera egale à la base BI, par la 4. prop. 1. & les angles AIF, BIF aussi egaux, & partant droicts. Par mesme raison seront egales les lignes droictes AL, HL, & les angles ALF, HLF droicts. Or si des demy cercles egaux ABCG, AEDG, on oste arcs egaux ABC, AED, resteront egaux les arcs CG, GD, & partant l'arc CG sera moitié de l'arc CGD. Mais aussi l'arc AH est moitié de l'arc AHB: donc puis que les arcs AB, CD sont egaux, les arcs AH, CG moitiez d'iceux, seront aussi egaux: & partant l'arc AH estant double de l'arc HK, aussi le sera CG. Et puis que les arcs AB, BC sont egaux, & l'arc AB est double de l'arc BH, l'arc BC sera pareillement double du mesme arc BH. Parquoy les arcs CG, BC sont equemultiplices, sçauoir est doubles des arcs HK, BH, & partant par la 1. prop. 5. tout l'arc BG sera double de l'arc BK: & par consequent l'angle BFG aussi double de l'angle BFK, par la 33. prop. 6. Mais par la 20. prop. 3. le mesme angle BFG au centre, est double de l'angle FAB en la circonference: donc les angles BFM, FAB seront egaux, & partant l'angle ABF estant commun aux deux triangles ABF, FBM, & le tiers au tiers par la 32. prop. 1. iceux triangles seront equiangles; & par la 4. prop. 6. comme AB sera à BF, ainsi BF à BM: & partant par la 17. prop. 6. le rectangle de AB, BM sera egal au quarré de BF. Derechef, puis que les costez AL, LM du triangle ALM sont egaux aux costez HL, LM du triangle HLM, & les angles contenus d'iceux aussi egaux, sçauoir droicts, par la 4. prop. 1. les bases AM, HM, & les angles LAM, LHM seront egaux. Mais par la 5. prop. 1. l'angle LAM est egal à l'angle HBA, pource que les costez HA, HB sont egaux: Donc aussi l'angle LHM sera egal au mesme HBA: & partant par la 32. prop. 1. les triangles ABH, AHM seront equiangles, puis qu'ils ont les angles ABH, AHM egaux, & l'angle HAM commun. Parquoy par la 4. prop. 6. comme AB sera à AH, ainsi AH à AM : & par la 17. prop. 6. le rectangle de AB, AM sera egal au quarré de AH. Mais il a esté demonstré que le rectangle de AB, BM, est egal au quarré de BF: donc les rectangles de AB, AM, & de AB, BM ensemble, sont egaux aux deux quarrez de AH, BF. Mais par la 2. prop. 2. iceux rectangles sont egaux au quarré de AB: donc le quarré de AB costé du pentagone est egal aux deux quarrez des lignes BF, AH, costez de l'hexagone, & du decagone. Ce qui estoit à prouuer.

COROLLAIRE.

Par cecy est manifeste qu'vne ligne droicte tiree du centre, & laquelle diuise en deux egalement vn arc, diuise aussi la ligne subtendante d'iceluy arc en deux egalement, & à angles droicts.

Est aussi euident que le diametre du cercle tiré de l'angle du pentagone, diuise en deux egalement l'arc que le costé opposé à iceluy angle subtend, comme aussi iceluy costé opposé, & à angles droicts. Car il a esté demonstré que le diametre AG tiré du poinct A, diuise en deux egalement l'arc CD, lequel le costé opposé CD subtend : Parquoy par ce que dessus, il couppera aussi en deux egalement & à angles droicts iceluy costé CD. La mesme demonstration sera en tout polygone equilateral inscrit au cercle, le nombre des costez estant impair, tellement que si d'vn angle de quelconque polygone regulier dont le nombre des costez est impair, on meine vne ligne droicte par le centre d'iceluy qui couppe le costé opposé ; elle couppera les angles en deux egalement, comme aussi ledit costé, & à angles droicts. Mais au contraire, si elle couppe l'angle, ou le costé en deux egalement, ou à angles droicts : icelle ligne passera par le centre.

SCHOLIE.

Au quatriesme liure, Euclide a enseigné à descrire au cercle vn pentagone equilateral: Mais Ptolomee au premier liure de sa grande construction a enseigné vn autre moyen, beaucoup plus bref & facile pour descrire tant ledit pentagone que le decagone; lequel moyen nous auons desia rapporté en nostre Construction de la table des sinus : & neantmoins nous le rapporterons encore icy. Soit donc vn cercle ABC, duquel le centre est D, & ayant tiré le diametre AC, du centre D soit esleuee DB perpendic. à AC; & apres auoir couppé en deux egalement le semidiametre DC en E, & menee BE soit prise EF egale à EB, & tiree BF. Ie dis que BF est le costé du pentagone, & DF le costé du decagone. Car puis que CD est couppee en deux egalement en E, & qu'à icelle est adioustee DF, par la 6. pr. 2. le rectangle de CF, DF auec le quarré de DE est egal au quarré de FE, ou EB son egale. Mais par la 47. prop. 1. le quarré de EB est egal aux quarrez de BD, DE : donc le rectangle de CF, DF, auec le quarré de DE sera aussi egal aux quarrez de BD, DE: & ostant le quarré de DE commun, restera le rectangle de CF, FD egal au quarré de BD, c'est à dire au quarré de CD : & par la 17. prop. 6. comme CF sera à CD, ainsi CD à DF: & partant la ligne droicte CF sera diuisee en D selon la moyenne & extreme raison. Veu donc que le grand segment CD est le costé de l'hexagone du cercle ABC par le corol. de la 15. prop. 4. le moindre segment DF sera le costé du decagone du mesme cercle par le schol. prec. Et pource que par cette 10. prop. le quarré de BD, costé de l'hexagone, auec le quarré de DF, costé du decagone, est egal au quarré du costé du pentagone inscrit au mesme cercle, & que par la 47. pr. 1. le quarré de BF est egal aux susdits quarrez de BD, DF; le quarré du costé du pentagone sera egal au quarré de BF; & partant la

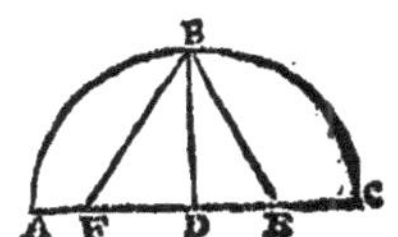

ligne droicte BF est egale au costé du pentagone. Ce qui a esté proposé.

De cecy appert qu'estant cogneu le diametre d'vn cercle, on cognoistra aisement le coste tant du pentagone que du decagone inscriptibles en iceluy cercle. Car le diametre AC estant 8, BD sera 4, & DB 2 : partant BE ou EF sera $\sqrt{20}$, & ostant DE d'icelle EF, restera DF $\sqrt{20}-2$, qui est le costé du decagone : Et pource que le quarré d'iceluy costé FD est $24-\sqrt{320}$, & celuy de BD 16 ; le quarré de BF sera $40-\sqrt{320}$, & partant icelle BF, qui est egale au costé du pentagone sera $\sqrt{(40-\sqrt{320})}$.

THEOR. 11. PROP. XI.

Si dans vn cercle ayant le diametre rationel, on inscrit vn pentagone equilateral; le costé du pentagone est irrationel, appellé ligne mineure.

Soit le pentagone equilateral ABCDE, inscrit dans le cercle ABCDE, duquel le diamatre est rationel : ie dis que AB, costé du pentagone, est irrationel, appellé ligne mineure.

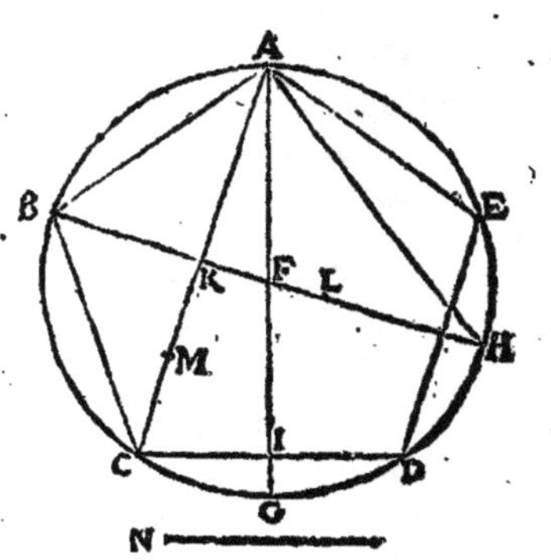

Car soient menez par le centre F les diametres AG, BH, desquels AG couppera le costé CD en deux egalement en I, & à angles droicts par le corol. de la preced. soient aussi tirees les lignes droictes AC, AH, desquelles AC sera couppee par le diametre BH en deux egalemét en K par le corol. de la preced. Partant est manifeste que les deux triangles ACI & AKF sont equiágles : car l'angle du poinct A estant commun à tous les deux, & le droict AKF egal au droict AIC ; le tiers sera egal au tiers par la 32. prop. 1. Et par la 4. prop. 6. comme IC à CA, ainsi KF à FA. Item du demy diametre FH (lequel est rationel & egal à A) soit retranchee FL egale au quart de FA, laquelle FL sera rationele, estant le quart d'vne ligne rationele, & par la 16. prop. 10. BL composee des deux BF, FL, & commensurable à chacune d'icelles, sera aussi rationele. Item de AC soit retranché CM quart d'icelle ligne : Et par la 15. prop. 5. CI sera à CM quart de CA, comme KF à FL quart de FA : Que si on double les deux CI & CM par la 15. prop. 5. CD sera à CK (car elle est la moitié de CA & double de CM) comme KF à FL : & en composant, comme les deux CD & CK ensemble à CK, ainsi KL à FL : Et par la 22. p. 6. le quarré de la composee de CD & CK sera au quarré de CK, comme le quarré de KL au quarré de FL. Mais d'autant que la ligne AC estant couppee en la moyenne & extreme raison (sçauoir est estant tiree la ligne droicte BD) par la 8. prop. 13. son plus grand segment est egal au costé du pentagone, sçauoir à iceluy CD ; par la 1. p. 13. le quarré de la composee de CD plus grand segment, & de CK moitié de la toute CA, sera quintuple du quarré de CK, moitié de la toute : partant aussi le quarré de KL, sera quintuple du quarré de FL. Mais la ligne BL est aussi quintuple de FL, estant FL quart de FB ; donc comme BL à FL, ainsi le quarré de KL au quarré de

FL, c'est à dire en raison doublee de KL à FL: car iceux quarrez sont en cette raison par la 20. prop. 6. dont s'ensuit que KL sera moyenne proportionelle entre BL & FL. Mais par le corol. de la mesme proposition le quarré de BL sera au quarré de KL, comme BL à FL, c'est à dire que le quarré de BL sera quintuple du quarré de KL: donc iceux quarrez seront entr'eux comme nombre à nombre, & partant commensurables par la 6. pr. 10. & consequemment les lignes BL, KL seront commensurables entr'elles, au moins en puissance: Mais leurs quarrez estans entr'eux comme 5 à 1, qui par le corol. de la 24. prop. 8. n'est pas comme nombre quarré à nombre quarré par la 9. prop. 10. icelles lignes BL & KL, seront incommensurables en longitude: & partant BL ayant esté monstree rationelle, icelles BL & KL seront rationeles commensurables en puissance seulement, & par la 74. prop. 10. BK sera residu.

Maintenant, que la ligne BL puisse plus que la ligne KL, du quarré de la ligne N. Donc puis que le quarré de BL, qui est quintuple du quarré de KL est egal aux deux quarrez de KL & N, iceux quarrez de BL & N seront entr'eux comme 5 à 4, & partant commens. par la 6. prop. 10. & consequemment les lignes BL & N, commensurables entr'elles, au moins en puissance: Mais BL a esté monstree rationelle: donc N le sera aussi. Et pource que les quarrez d'icelles BL & N sont entr'eux comme 5 à 4, qui par le corol. de la 24. prop. 8. n'est pas comme nombre qnarré à nombre quarré, icelles lignes BL & N seront incommensurables en longit. par la 9. p. 10. & partant rationelles commensurables en puissance seulement. Donc la toute BL estant rationelle commens. en longitude à la rationelle proposee BE (car BL est de 5 parties telle que BH en a 8) peut plus que sa conuenable KL du quarré de N, qui luy est incommens. en longit. partant BK sera residu quatriesme par la 4. des tierces def. du 10.

Finalement, pource que par le corol. de la 8. p. 6. AB est moyenne proportionelo entre BH, BK; (car par la 31. prop. 3. le triangle ABH a l'angle BAH droict, duquel est tiree AK perpend à la base BH) le quarré de AB sera egal au rectangle de BH, BK. Parquoy puis que la ligne droicte AB peut la superficie contenue de la rationele BH & du residu quatriesme BK: par la 95. prop. 10. icelle AB sera ligne mineure. Parquoy si dans vn cercle ayant le diametre rationel, &c. Ce qu'il falloit prouuer.

SCHOLIE.

Le diametre BH soit 8: donc BF sera 4, BL 5, & AB $\sqrt{(40-\sqrt{320})}$, *& par consequent son quarré sera* $40-\sqrt{320}$, *qui diuisé par BH 8, viendront* $5-\sqrt{5}$ *pour BK; & consequemment KL sera* $\sqrt{5}$, *qui est commensurable en puissance seulement à BL, leurs quarrez 5 & 25, estans en raison quintuple; partant BK est residu. Et puis que BL peut plus qu'icelle KL du quarré de N, iceluy quarré sera 20, & N* $\sqrt{20}$, *qui est incommensurable en longitude à la toute BE 5; & partant BK sera residu quatriesme. Mais le quarré de AB* $40-\sqrt{320}$ *estant egal au produit d'iceluy residu* $5-\sqrt{5}$ *multiplié par la rationele BH 8; icelle AB* $\sqrt{(40-\sqrt{320})}$, *qui est le costé du pentagone, sera ligne mineure, comme veut la proposition. Les nombres appliquez aux autres lignes de la fig. seront tels qu'ils ensuiuent: KI sera* $\sqrt{5}-1$, *CK* $\sqrt{(10+\sqrt{20})}$, *AC* $\sqrt{(40+\sqrt{320})}$, *CM* $\sqrt{(2\frac{1}{2}+\sqrt{1\frac{1}{4}})}$, *& CI* $\sqrt{(10-\sqrt{20})}$.

THEOR.

THEOR. 12. PROP. XII.

Le quarré du costé du triangle equilateral inscrit au cercle, est triple du quarré du demy diametre d'iceluy cercle.

Soit le triangle equilateral ABC inscrit en vn cercle ABC, duquel le centre estD. Ie dis que le quarré de AB costé d'iceluy triangle, est triple du quarré du semidiametre.

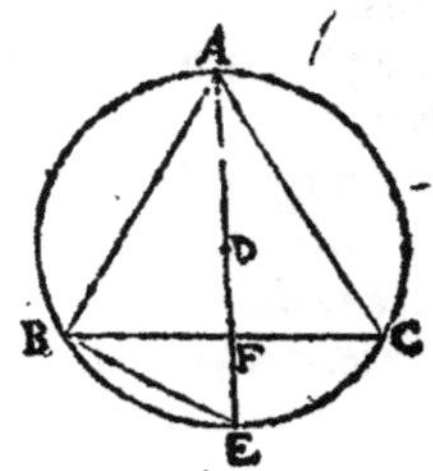

Car estant tiré le diametre AE, lequel couppera par le corol. de la 10. propos. de ce liure, l'arc BC en deux egalement en E; & aussi la ligne droicte BCen deux egalement & à angles droicts: veu que l'arc BEC est le tiers de toute la circonference, BE sera la sixiéme partie: partant estant tiree la ligne droicte BE, elle sera le costé de l'hexagone, & egale au demydiametre DE par le corol. de la 15. p. 4. Or le quarré du diametre AE sera quadruple du quarré de BE egale au demy diametre par le scholie de la 4. pr. 2. & par la 47. prop. 1. il est aussi egal aux deux de BA & BE, l'angle ABE estant droict par la 31. prop. 3. il est donc manifeste qu'il sera triple du quarré de BE, ou ED son egal. Parquoy le quarré du costé du triangle equilateral, &c. Ce qu'il falloit prouuer.

COROLLAIRE.

Il s'ensuit de ce que dessus, que le quarré du diametre d'vn cercle est au quarré du costé du triangle equilateral inscrit en iceluy cercle, en raison sesquitierce, c'est à dire comme 4 à 3. Car puis qu'il a esté demonstré que le quarré du costé AB est triple du quarré du demy diametre AD, posant le quarré de AB 3, le quarré de AD sera 1; & le quarré de AE quadruple d'iceluy sera 4. Parquoy le quarré de AE sera au quarré de AB comme 4 à 3.

Et pource que par le corol. de la 8. prop. 6. comme AE est à AB, ainsi AB est à AF, perpendiculaire tombant d'vn angle sur vn costé; pareillement le quarré de AB sera au quarré de AF, comme 4 à 3.

On peut aussi facilement colliger que le semidiametre DE, lequel tombe perpendiculairem. sur BC costé du triangle equilateral, est couppé en deux egalement en F par ledit costé BC. Car puis que le quarré de AB est triple du quarré de BE, costé de l'hexagone, si on pose iceluy quarré de AB estre 12, le quarré de BE sera 4, & le quarré de BF 3; & par consequent le quarré de EF sera 1 par la 47. prop. 1. Partant le quarré de BE, c'est à dire de DE son egale, sera quadruple du quarré de FE. Parquoy par le scholie de la 4. prop. 2. la ligne DE sera double de FE; & par consequent DE est couppee en deux egalement en F par le costé BC: tellement que la ligne perpendic. tombant du centre du cercle au costé du triangle equilateral inscrit en iceluy est moitié du costé de l'hexagone inscrit au mesme cercle.

SCHOLIE.

Le diametre AE estant 8, BE sera 4, EF 2, AF 6, AB √48 & BF √12: Parquoy le quarré du costé du triangle sera 48, & celuy du semidiametre 16, &c.

PROB. 1. PROP. XIII.

Dans vne sphere donnee, inscrire vne pyramide equilaterale: &

monstrer que le quarré du diametre d'icelle sphere, est en raison sesquialtere au quarré du costé d'icelle pyramide.

Soit AB diametre de la sphere donnee, & soit diuisé en C, de sorte que AC soit double de BC. Et apres auoir descrit sur AB le demy cercle ADB, leué la moyenne proportionele CD, & mené les lignes droictes DA & DB: Soit descrit le cercle EFG, duquel le demy diametre HE soit egal à CD: & apres auoir inscrit en iceluy le triangle equilateral EFG, & tiré HF, HG, chacune desquelles sera egale à CD, estant egale à HE; du centre H soit leuee HI perpendiculaire au plan du cercle EFG par la 12.p.11. & egale à AC: puis soient menees les lignes IE, IF, & IG. Ie dis premierement que la pyramide EFGI est equilaterale.

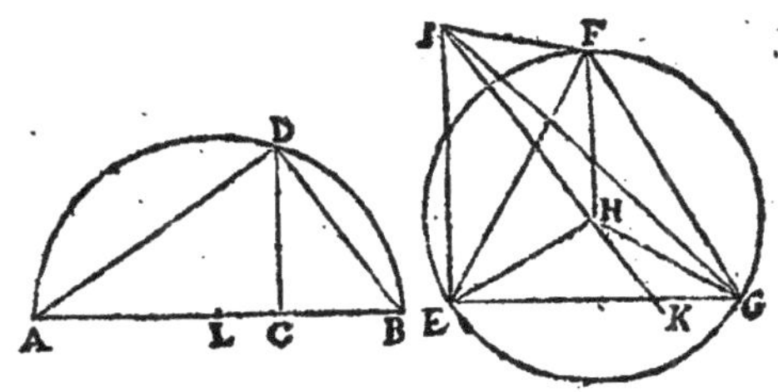

Car par la construction le triangle EFG est equilateral, & il est euident que les trois lignes IE, IF, IG, sont aussi egales entr'elles: (puis que par la 47. prop. 1. le quarré d'vne chacune d'icelle est egal au quarré de la perpendiculaire IH, & au quarré de l'vne des trois lignes HE, HF, HG, lesquelles sont egales.) Et d'autant que les costez AC, DC du triangle ADC sont egaux aux costez HI, HE du triangle IHE; & les angles qu'ils comprennent egaux, estans droicts: la base AD sera egale à la base EI par la 4. prop. 1. En la mesme maniere sera demonstré AD estre egale à FI, GI. Et veu que le quarré de AC est double du quarré de CD, (car ils sont l'vn à l'autre comme AC à CB par le corol. de la 20. prop. 6. estans les trois lignes AC, CD, CB continuellement proportioneles) le quarré de AD, qui est egal à tous les deux, sera triple du quarré de CD, ou de son egale HE: Mais par la prec. prop. le quarré de EF est aussi triple du quarré de HE: donc EF & AD sont egales: & par la 1. com. sent. EF & EI seront egales. Parquoy puis que AD est aussi egale à FI, GI, les quatre triangles EFG, EFI, FGI, GEI seront equilateraux, & egaux entr'eux: Et par consequent la pyramide EFGI, dõt la base est le triangle EFG, & le sommet I, est equilaterale.

Ie dis en second lieu qu'icelle pyramide peut estre inscrite en la sphere, dont le diametre est AB. Soit continuee la ligne perpendiculaire IH par dessous la base de la pyramide iusques en K: tellement que HK soit egale à CB, & la toute IK à la toute AB, & soit imaginé estre posé le demy cercle ADB à l'entour de la pyramide, sçauoir le poinct A au poinct I, le poinct B au poinct K: & puis que AC & CB sont egales à IH & HK; & HG egale à DC, faisant angle droict auec IH, aussi bien que leurs egales AC & CD, il est euident que le poinct D du demy cercle tombera sur le poinct G: Partant le diametre AB demeurant immobile, si le demy cercle fait vne reuolution, il touchera les deux autres angles de la pyramide E & F, (estans les lignes HE, HF, HG egales) & par ainsi la pyramide EFGI est inscrite en la sphere donnee, puis que tous les angles d'icelle E, F, G, I, touchent ladite sphere.

Finalement, ie dis que le quarré du diametre AB est sesquialtere au quarré du costé AD, qui est egal à chacun costé de la pyramide: Car puis que AB est triple de BC;

& AC double de la mesme BC, AB sera en raison sesquialtere à AC. Mais par le corol. de la 8. prop. 6. les trois lignes AB, AD, AC sont proportioneles: Et partant par le corol. de la 20. prop. 6. comme AB sera à AC, ainsi le quarré de AB sera au quarré de AD. Donc aussi le quarré de AB sera au quarré de AD en raison sesquialtere. Nous auons donc inscrit vne pyramide equilaterale dans vne sphere donnee, &c. Ce qu'il falloit faire.

COROLLAIRE.

De ces choses on peut facilement colliger, que la puissance du diametre de la sphere est quadruple sesquialtere de la puissance du semidiametre du cercle descrit à l'entour de la base de la pyramide. Car puis que AB diametre de la sphere, a esté demonstré sesquialtere en puissance à EF costé de la pyramide, le quarré de EF sera de 6 parties, telles que le quarré du diametre AB en contiendra 9, & le quarré de la ligne HE 2, pource que le quarré de EF est triple du quarré de HE, par la 12. prop. 13. Donc de 9 telles parties que contiendra le quarré de AB; le quarré de HE en contiendra 2: Et partant le diametre AB est quadruple sesquialtere en puissance au semidiametre HE, puis que la raison des quarrez est comme 9 à 2.

Aussi la perpendiculaire tiree du centre de la sphere au plan de la base de la pyramide est la sixiéme partie du diametre de la sphere, & la tierce partie du semidiam. Car L soit le centre du demy cercle ADB: L sera pareillement le centre de la sphere. Ie dis que la ligne LC, (qui est la perpend. tiree du centre de la sphere à la base EFG: car puis que AC est egale à HI, & partant le poinct C le mesme que H, sera aussi L le mesme que le centre de la sphere.) est la sixiesme partie du diametre de la sphere, sçauoir est de AB, & la tierce partie du semid. AL. Car puis que AC est double de CB, de telles 4 parties qu'est AC, de 2 telles sera CB: & partant de 6 telles sera la toute AB, & de 3 le semid. AL. Parquoy si AC est 4, & AL 3; LC sera 1: & partant LC sera la sixiesme partie de AB, & la tierce de AL.

Semblablement la hauteur de la pyramide HI sera deux tierces parties du diametre de la sphere. Car HI est la mesme que AC, laquelle par la construction est deux tierces parties d'iceluy diametre.

Aussi de 9 telles parties que sera le quarré d'iceluy diametre, le quarré de la hauteur de la pyramide en sera 4: Car la raison de 9 à 4, est la raison doublee de 3 à 2.

SCHOLIE.

Le diametre AB estant 12, AC ou HI sera 8, CB 4, CD ou HE √32, AD ou EF, EI √96, & BD √48. Parquoy le quarré du diametre AB est 144, & celuy de EF costé de la pyramide est 96: tellement que ces deux quarrez sont entr'eux comme 3 à 2, ainsi que veut la prop. &c.

PROBL. 2. PROP. XIIII.

Dans vne sphere donnee, inscrire vn octaedre: Et monstrer que le quarré du diametre de la sphere, est double du quarré du costé de l'octaedre.

Soit AB le diametre de la sphere donnee, & iceluy soit couppé en deux egalement au poinct D: & apres auoir construict le demy cercle ACB; leué la perpendiculaire DC, & mené les lignes droictes CA, CB, lesquelles seront egales entr'elles par la

4. p. 1. sur la ligne EF egale à l'vne d'icelles AC, CB, soit construit le quarré EFGH dans lequel soient menees les deux diagonales FH, GE se couppans au poinct I duquel poinct par la 12. p. 11. soit esleuee la ligne IK perpendiculairement sur le quarré GE, & continuee par dessous iceluy plan iusques en L, tellement que IK, IL soient chacune egale à AD: puis des poincts L& K, soient menees aux angles du quarré les lignes KE, KF, KG, KH, LE, LF, LG, & LH.

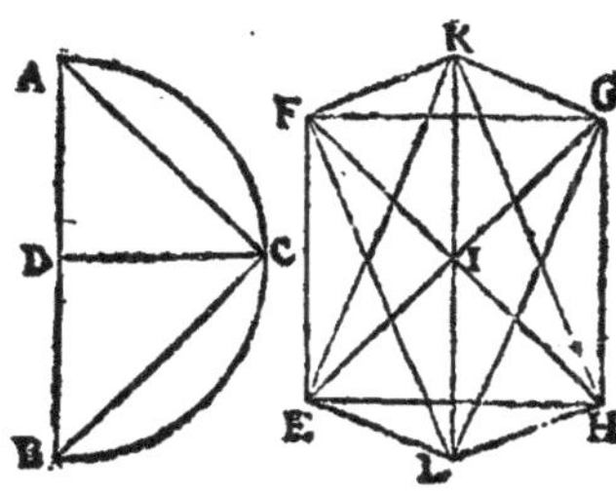

Ie dis maintenant que la figure solide KL est enuironnee de huict triangles equilateraux; & que c'est vn octaedre. Car le quarré EFGH, ayant les costez egaux à AC: Il est euident que les diagonales EG, FH seront egales à AB; partant leurs moitiez à AD. Mais les deux lignes IL& IK sont aussi egales à AD: & par consequent elles seront egales à vne chacune d'icelles demy diagonales: & par la 4. prop. 1. les huict lignes LE, LF, LG, LH, KE, KF, KG, KH, serõt toutes egales entr'elles; & aux quatre du quarré EFGH par la mesme 4. prop. 1. (estans les demy diagonales egales aux perpendiculaires IL & IK, en constituant des angles droicts au poinct I, milieu du quarré.) Et puis que tous les costez sont egaux, tous les triangles seront equilateraux, sçauoir les quatre d'audessus du quarré EFGH, ayans leurs bases sur les quatre costez d'iceluy quarré, & se terminans au poinct K: & quatre autres au dessous du mesme quarré, ayans aussi leurs bases sur les costez du quarré, & se terminans au poinct L: & partant le solide KL compris de huict triangles equilateraux, sera octaedre.

Ie dis d'auantage qu'iceluy octaedre est inscriptible en la sphere donnee. Car il est euident que la ligne KL, est egale au diametre AB, & que l'angle KEL est droict: (d'autant que les deux lignes KI, IE estans egales, les angles sur la base KE seront egaux, & demy droicts, pource que l'angle KIE est droict: Et par mesme raison l'angle IEL est demy droict: & partant le total KEL sera droict.) Partant le demy cercle ayant pour diametre KL, & faisant vne reuolution à l'entour de l'octaedre, il touchera le poinct E: & par mesme discours il touchera aussi les trois autres F, G, H, desquels les angles sont egaux à l'angle E, & par consequent l'octaedre KL sera inscriptible en la sphere dont le diametre est AB, puis que tous les angles d'iceluy touchent ladite sphere.

Finalement, il est euident par la 47. prop. 1. que le quarré du diametre de la sphere AB ou KL, est egal aux deux quarrez de KE, EL, lesquels sont egaux: & partant iceluy quarré de KL diametre de la sphere, sera double du quarré de l'vn d'iceux costez de l'octaedre. Nous auons donc inscrit vn octaedre dans vne sphere, &c. Ce qu'il falloit faire.

COROLLAIRE.

Il est euident par les choses cy-dessus, qu'en l'octaedre trois diametres s'entrecouppent à angles droicts au centre de la sphere, car le diametre KL est perpend. aux deux diametres EG, FH, qui s'entrecouppent au centre I à angles droicts.

Il est encore euident que l'octaedre peut estre diuisé en deux pyramides semblables & egales, ayans pour base commune le quarré EFGH, & pour sommets K & L, telles que sont les deux pyramides EFGHK, EFGHL.

Il appert aussi que si le tetraedre & l'octaedre sont descrits en vne mesme sphere : le costé du tetraedre sera sesquitierce en puissance au costé de l'octaedre. Car le quarré du diametre de la sphere estant 6 parties, par la prec. prop. le quarré du costé du tetraedre sera 4 parties : & par cette 14. prop. le quarré de l'octaedre sera 3 parties. Donc le quarré du costé du tetraedre sera au quarré du costé de l'octaedre, comme 4 à 3, qui est raison sesquitierce.

SCHOLIE.

Le diametre AB estant 12, AD, ou DC, IK sera 6, AC ou EF √72, EG 12, & EI 6. Parquoy le quarré AB diam. de la sphere est 144, & celuy de EF costé de l'octaedre est 72 : tellement qu'iceux quarrez sont entr'eux comme 2 à 1, ainsi que veut la prop. &c.

PROBL. 3. PROP. XV.

Dans vne sphere donnee, inscrire vn cube: & monstrer que le quarré du diametre de la sphere, est triple au quarré du costé d'iceluy cube.

Soit le diametre de la sphere donnee AB, lequel soit couppé au poinct D, en sorte que BD soit double de AD, c'est à dire que AB soit triple d'icelle AD: Puis, apres auoir construict le demy cercle ACB, leué la perpendiculaire DC, & mené les deux lignes AC & BC; sur EF egale à AC, soit fait le quarré EFGH, sur lequel soient esleuees par la 12. prop. 11. les quatre lignes perpendiculaires EI, FK, GL, HM, chacune egale à EF; puis soient menees les quatre lignes IK, KL, LM, MI. D'autant que les lignes EI, FK sont perpendiculaires au plan EFGH, elles seront paralleles par la 6. pr. 11. Mais elles sont aussi egales: donc par la 33. p. 1. EF, IK seront pareillement egales & paralleles: & partant EFKI est vn parallelogramme ayant les quatre costez egaux. Mais il a aussi par la 34. prop. 1. les 4 angles droicts, puis que les angles EIK, FKI sont opposez aux droicts KFE, IEF: donc EFKI est quarré. Par mesme raison FKLG, GLMH, HMIE seront quarrez: & partant IKLM sera aussi quarré, puis que par la 24. prop. 11. il est egal & semblable au quarré opposé EFGH: Car EL est vn solide parallelipipede, pource que par la 15. pr. 11. les plans opposez d'iceluy sont parallels, estans tirez par des lignes paralleles qui s'entretouchent. Parquoy EL sera vn cube: lequel ie dis estre inscriptible en la sphere donnee. Car ayant mené les diametres EK, FI, HL, & GM, des plans opposez EFKI, HGLM, soient imaginez estre tirez par iceux diametres, les plans EKLH, FIMG, lesquels par la 28. pr. 11. coupperont le cube en deux egalement, & passeront par le centre d'iceluy, sçauoir par le poinct P, auquel par le corol. de la 39. prop. 11. tous les diametres dudit cube s'entrecoupperont aussi en deux

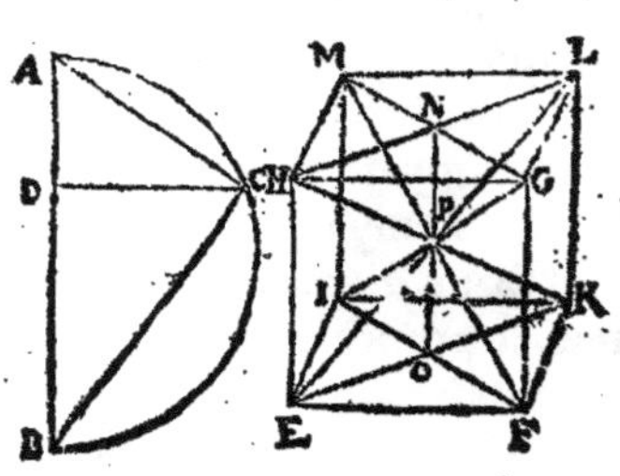

egalement: & partant la commune section d'iceux plans, sçauoir NO, passera par le mesme centre P. Mais il est euident qu'iceux plans EKLH, FIMG sont rectangles egaux: & que par consequent leurs diametres & semidiametres seront aussi egaux. Parquoy estant descrit vn cercle du centre P sur le diametre EL; il est euident qu'iceluy demy cercle faisant vne reuolution à l'entour du cube, décrira vne sphere passant par tous les angles du cube: laquelle ie dis estre egale à celle du diametre AB. Car puis que par la 47. prop. 1. le quarré de EK est egal aux quarrez des lignes egales EF, FK, & partant double du quarré de EF, ou de KL: les quarrez de EK, KL seront triples du quarré de KL. Mais par la 47. p. 1. le quarré de EL est egal aux quarrez de EK, KL: donc aussi le quarré de EL sera triple du quarré de KL, c'est à dire du quarré de AC: duquel est aussi triple le quarré de AB: (car par le corollaire de la 8. prop. 6. AB, AC, AD sont proport. & partant par le corol. de la 20. p. 6. comme AB est à AD, ainsi le quarré de AB sera au quarré de AC. Veu donc que AB est triple de AD, aussi le quarré de AB sera triple du quarré de AC.) Parquoy les quarrez de EL, AB sont egaux: & par consequent les lignes EL, AB, diametres des spheres; comme aussi les spheres d'iceux diametres, sont pareillement egales.

Or il a esté demonstré que le quarré du diametre EL est triple du quarré du costé du cube KL. Parquoy nous auons fait tout ce qui estoit proposé.

COROLLAIRE.

Il est manifeste que le quarré du diametre de la sphere, ou du cube, est egal aux quarrez du costé du tetraedre & du cube pris ensemble. Car par la 47. prop. 1. le quarré de AB diametre de la sphere, est egal aux deux quarrez de AC, BC, costez du cube, & du tetraedre.

Est aussi euident que tous les diametres du cube sont egaux entr'eux, & qu'ils se diuisent en deux egalement au centre de la sphere: & pareillement que les lignes droictes qui conioignent les centres des quarrez opposez, se couppent en deux egalement au mesme centre de la sphere.

SCHOLIE.

Le diametre AB estant 12, AD sera 4, BD 8, DC $\sqrt{32}$, BC $\sqrt{96}$, AC ou EF $\sqrt{48}$, EK $\sqrt{96}$, & EL 12. Parquoy appert que le quarré du diametre de la sphere AB, qui est 144, est triple du quarré de EF costé du cube, qui est 48, &c.

PROBL. 4. PROP. XVI.

Dans vne sphere donnee, inscrire vn icosaëdre: Et monstrer que son costé est ligne irrationele, appellee ligne mineure.

Soit le diametre de la sphere donnee AB, lequel soit diuisé au poinct C, en sorte que AC soit quadruple de BC, & apres auoir construict le demy cercle ADB, leué la perpendiculaire CD, & mené les lignes droictes AD, DB; du centre E, & de l'interuale EF egale à BD: soit fait vn cercle, dans lequel soit inscrit le pentagone equilateral FGHIK, & puis dans le mesme cercle, soit aussi inscrit vn decagone equilateral: (ce qui se fera en couppant en deux egalement l'arc d'vn chacun costé du pentagone.) En apres par la 12. prop. 11. du centre E, & des poincts L, M, N, O, P, soient leuees les lignes EQ, LR, MS, NT, OV, PX perpendiculaires au plan du cercle FGHIK, chacune desquelles soit posee egale à EF ou BD; & par la 6. prop. 11. elles seront paralleles entr'elles: & partant les lignes droictes conjoignant icelles, sçauoir EL, QR; EM, QS; EN, QT; EO, QV; EP, QX, (toutes lesquelles toutesfois nous n'auons tirees pour euiter confusion) seront egales & paralleles entr'elles, par la 33. p. 1. Donc puis que EL, EM, &c. sont egales au semidiametre EF; aussi QR, QS, QT, QV, QX seront egales tant entr'elles qu'à iceluy demy diametre EF, ou à la ligne BD. Et pource que par la 15. pr. 11. le plan mené par les lignes QR, QS est parallel au plan FGHIK tiré par les lignes EL, EM: Et que pour la mesme raison le plan tiré par les lignes QS, QT, est parallel au mesme plan FGHIK, tiré par les lignes EM, EN: mais que le plan tiré par les lignes QR, QS conuient auec le plan

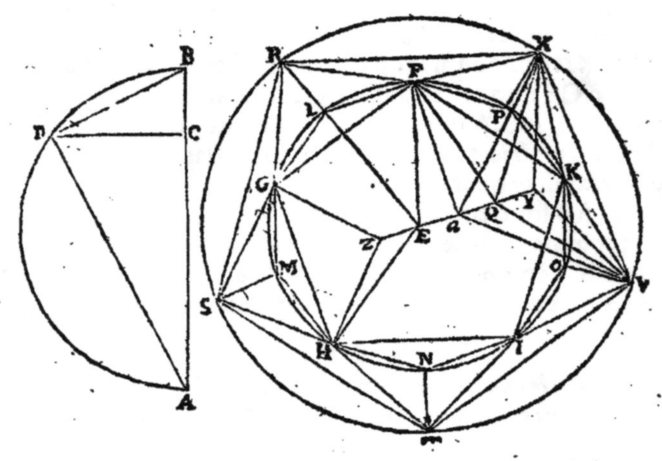

mené par les lignes QS, QT, en la ligne droicte QS; il est euident par les choses demonstrees à la 16. prop. 11. que ces deux plans en font vn seul. On demonstrera en la mesme maniere, que le plan tiré par QT, QV, auec celuycy en fait vn seul, & aussi celuy tiré par QV, QX & par QX, QR: tellement donc que les 5. lignes QR, QS, QT, QV, QX sont en vn mesme plan: & partant si de Q, & de l'interualle QX, on descrit vn cercle en iceluy plan, il passera par les autres poincts R, S, T, V, & sera egal au cercle FGHIK. Soient tirees les lignes droictes RS, ST, TV, VX, XR. Et d'autant que LR, PX sont egales & paralleles; si on imagine estre tiree vne ligne droicte LP, aussi par la 33. prop. 1. LP, RX seront egales & paralleles: & partant par la 28. prop. 3. de cercles egaux, elles prennent arcs egaux: Mais LP prend la cinquiesme partie du cercle FGHIK, sçauoir les deux dixiesmes parties LF, FP: Donc aussi RX, prend la cinquiesme partie du cercle RSTVX. Par mesme maniere nous conclurons que chacune des autres lignes droictes RS, ST, TV, VX, prend la cinquiéme partie d'iceluy cercle. Parquoy RSTVX est vn pentagone equilateral, ayant tous les costez egaux à ceux du pentagone FGHIK. Soient tirees des angles du pentagone RSTVX, aux angles du pentagone FGHIK, les lignes droictes RF, RG, SG, SH, TH, TI, VI, VK, XK, XF. Donc puis que la perpendiculaire LR est egale au demy diametre EF, c'est à dire au costé de l'hexagone du cercle FGHIK; & que LF est costé du decagone, par la 10. p. 13. le quarré du costé du pentagone du mesme cercle, est egal aux quarrez de LR, LF. Mais le quarré de FR par la 47. prop. 1 est egal à iceux quarrez de LR, LF: Donc le quarré de FR est egal au quarré du costé du pentagone; & par consequent la ligne RF sera egale à LP costé du pentagone, ou à FG, c'est à dire à RX. Par la mesme raison, les autres lignes RG, SG, &c. seront egales aux autres costez de chaque pentagone: & partant les dix triangles RFX, RFG, RGS, SGH, SHT, THI, TIV, VIK, VKX, XKF, seront equilateraux, & egaux entr'eux. Maintenant soit prolongée de part & d'autre la perpendiculaire EQ, tellement que chaque prolongement QY, E z soit egal au costé du decagone, & soient tirees les lignes VQ, VY, XQ, XY, GE, Gz, HE, Hz. D'autant que QX est semidiametre du cercle RSTVX, c'est à dire costé de l'hexagone, & QY est costé du decagone de mesme cercle; par la 10. prop. 13. le quarré de XV, costé du pentagone, sera egal aux quarrez de QX, QY. Mais par la 47. p. 1. à iceux quarrez de QX, QY, est aussi egal le quarré de XY: (car l'angle XQY est droict, estant EQ perpendiculaire à l'vn & l'autre plan des cercles parallels). Donc le quarré de XY est egal au quarré de XV; & partant la ligne XY egale à la ligne XV. Par mesme raison XV sera demonstree egale à VY: & partant le triangle VYX est equilateral. Par mesme maniere, (estans tirees les lignes RY, SY, TY, lesquelles ne sont tirees pour euiter confusion) chacun des 4 triãgles RYX, RYS, SYT, TYV, sera demõstré equilateral, & egal au triangle VYX, c'est à dire à chacun des dix premiers triangles, puis que tous leurs costez sont egaux aux costez du pentagone.

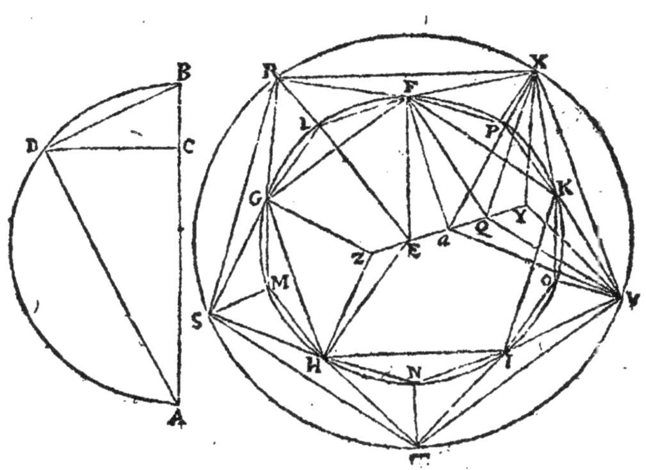

Par semblable argument sera prouué que le triangle GZH est equilateral, comme aussi les 4 autres triangles HZI, IZK, KXF, FZG, (desquels toutesfois nous n'auons aussi tiré les lignes, afin d'euiter confusion) tous lesquels seront egaux tant entr'eux qu'aux 15 precedans. Veu dõc que tous ces 20 triangles sont equilateraux, & egaux, & qu'ils se conioignent les vns aux autres par lignes droictes; sera constitué d'iceux vn Icosaedre: lequel ie dis estre inscriptible en la sphere donnee, de laquelle le diametre est AB. Car ayant couppé en deux egalement EQ en *a*, & tiré les lignes *a*F, *a*X, *a*V; les costez *a*Q, QV du triangle *a*QV seront egaux aux costez *a*Q, QX du triangle *a*QX, (car QV, QX, sont semy diametres du cercle RSTVX) & les angles *a*QV, *a*QX sont droicts: & partant par la 4. prop. 1. les bases *a*V, *a*X seront egales. Par la mesme raison, si on tire des lignes de *a* & Q, à R, S, T, les lignes *a*R, *a*S, *a*T seront demonstrées egales entr'elles, & à icelles *a*V, *a*X. Et puis que les costez *a*Q, QX du triangle *a*QX sont egaux aux costez *a*E, EF du triangle *a*EF, aEF, (pource que QX, EF sont demy diametres de cercles egaux, & EQ est couppee en deux egalement en a) & les angles aQX, aEF sont aussi egaux, sçauoir droicts: par la 4. prop. 1. les bases aX, aF, seront aussi egales. Par mesme raison, si de a & E on tire des lignes droictes à G, H, I, K, on demonstrera les lignes aG, aH, aI, aK, estre egales à icelle aX: & partant les dix lignes droictes tirees de a aux dix angles F, G, H, I, K, R, S, T, V, X, sont egales. Et d'autant que QE est semidiametre, c'est à dire costé de l'hexagone du cercle FGHIK, & EZ costé du decagone du mesme cercle; par la 9. prop. 13. QZ sera diuisee en la moyenne & extreme raison en E, & le plus grand segment sera QE. Parquoy par la 3. prop. 13. le quarré de AZ sera quintuple du quarré de Ea. Mais le quarré de aF est aussi quintuple du mesme quarré de Ea: (car le quarré de EF estant quadruple du quarré de Ea par le scholie de la 4. prop. 2. pource que EF est double de Ea: les quarrez de EF, Ea, sont le quintuple du quarré de Ea. Mais par la 47. prop. 1. le quarré de aF est egal à iceux quarrez de EF, Ea: donc aussi le quarré d'icelle aF sera quintuple d'iceluy quarré de Ea.) Donc les quarrez de aZ, aF, sont egaux: & par consequent les lignes aZ, aF seront egales. Et puis que aE, aQ, & EZ, QY sont egales, aussi aZ, aY seront egales: & toutes les lignes droictes tirees de a, à tous les angles de l'Iscosaedre pareillement egales. Parquoy la sphere descrite à l'entour du diametre ZY, passera par tous les angles de l'Iscosaedre. Car d'autant que par la 15. prop. 5. comme aZ est à aE, ainsi YZ à QE; & partant par la 22. prop. 6. comme le quarré de aZ est au quarré de aE, ainsi le quarré de YZ au quarré de QE, & que le quarré de aZ a esté demonstré quintuple du quarré de aE: pareillement le quarré de YZ sera quintuple du quarré de QE, c'est à dire du quarré de DB son egale. Mais aussi le quarré de AB est quintuple du mesme quarré de BD: (car AB, BD, BC estans proportionaux par le corol. de la 8. prop. 6. le quarré de AB sera au quarré de BD, comme AB à BC par le corol. de la 20. prop. 6. & partant AB estant quintuple de BC, aussi le quarré de AB sera quintuple du quarré de BD.) Donc les quarrez de YZ, AB sont egaux: & partant les lignes YZ, AB, & les spheres descrites à l'entour d'icelles seront egales.

Ie dis finalement que le costé de l'Icosaedre est ligne irrationele, appellee ligne mineure: ce qui est euident par la 11. prop. 13. estant par la 6. prop. 10. le demy diametre EF, ou son egale BD, ligne rationele commensurable en puissance à la posee rationele AB, de laquelle nous auons monstré que le quarré estoit quintuple du quarré de BD. Nous auons donc fait ce qui estoit proposé.

COROLLAIRE.

De cecy resulte que le quarré du diametre de la sphere est quintuple du quarré du semidiametre du cercle comprenant 5 costez de l'Icosaedre.

Et aussi qu'iceluy diametre de la sphere est composé du costé de l'hexagone, & de deux costez du decagone descrits en vn mesme cercle.

Et encore que le costé de l'icosaedre est egal au costé du pentagone, par le moyen duquel est construit iceluy icosaedre.

SCHOLIE.

Le diametre AB estant 10, AC sera 8, CB 2, CD 4, AD $\sqrt{80}$, BD ou EF $\sqrt{20}$: & partant GF ou RX costé du pentagone sera $\sqrt{(50-\sqrt{500})}$, & LG ou F[illegible] $-\sqrt{5}$. Mais RL

FF iii

estant egale au semidiametre, ou costé de l'hexagone EF, est $\sqrt{20}$: donc RG ou RF costé de l'Icosaedre sera $\sqrt{(50-\sqrt{500})}$, qui partant est egal au costé du pentagone GF ou RX, & par consequent ligne mineure comme iceluy. Dauantage Ea ou aQ estant moitié de EQ ou EF egale à QX sera $\sqrt{5}$, EZ ou QY $5-\sqrt{5}$: partant ZQ ou ZY composee du costé de l'hexagone EQ, & de celuy du decagone IF sera $5+\sqrt{5}$, IZ 5, & la toute ZY 10: Parquoy appert que le quarré du diametre de la Sphere est quintuple, &c.

PROB. 5. PROP. XVII.

Dans vne sphere donnee, inscrire vn dodecaedre: Et monstrer que son costé est ligne irrationele, appellee residu.

Soit le cube AB inscriptible en la sphere donnee, duquel les deux plans exterieurs AC & DB, se rencontrent à angles droicts à la ligne de commune section DC: & d'iceux plans tous les costez soient couppez en deux egalement, sçauoir AC, par les deux lignes EF, GH se couppans au poinct I; & DB, par les lignes KL & HM se couppans au poinct N. Item les trois lignes KN, NL, HI soient couppees en la moyenne & extreme raison aux poincts O, P, Q. desquelles les plus grands segmens soient NO, NP, IQ: Et par la 12. prop. 11. soient leuees les deux lignes OR, PS perpendiculaires au plan DB: mais QT au plan AC, lesquelles soient posees egales aux trois segmens ON, NP, IQ: Puis soient menees les lignes DR, RS, DT, CS, CT. Ie dis que DRSCT est pentagone equilateral constitué sur vn mesme plan, & equiangle.

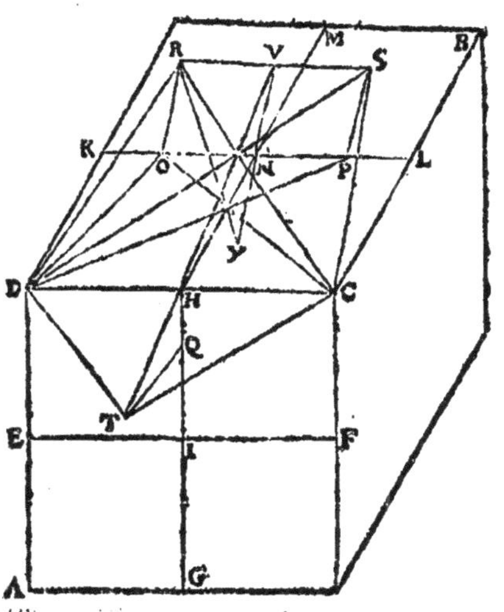

Car soient menees les lignes DO, DP, DS: & d'autant que KN est couppee en la moyenne & extreme raison au poinct O, & que ON est le plus grand segment, par la 4. prop. 13. les deux quarrez de KN, KO seront triples du quarré de ON: Et KN estant egale à KD, & ON à OR, les deux quarrez de KD & KO, ou le seul de DO, qui leur est egal par la 47. pr. 1. est triple du quarré de OR: & partant le quarré de DR, qui est egal à tous les deux par la 47. prop. 1. sera quadruple du seul de RO: Et d'autant que RS est double de RO, son quarré, par le scholie de la 4. pr. 2. sera aussi quadruple du quarré de OR, aussi bien que le quarré de DR: Partant les lignes DR, RS seront egales. Par mesme discours on monstrera l'egalité des trois autres costez SC, CT, TD, tant entr'eux qu'aux deux DR, RS: donc le pentagone DRSCT est equilateral.

Ie dis qu'il est aussi en vn mesme plan. Car ayant menee NV parallele à OR; soient tirees TH, & HV, icelles deux lignes se rencontreront directement: tellement que THV sera vne seule ligne droicte. Car d'autant que HI est couppee en la moyenne & extreme raison au poinct Q; IH sera à IQ, comme IQ à QH. Mais HN est egale à HI, & NV à IQ, & QT à QI : donc comme HN est à NV, ainsi QT à QH. Parquoy les triangles NVH, QTH, ont deux costez proportionaux à deux costez, & sont conioincts à l'angle H, tellement que les costez homologues HN, TQ; & NV, QH, sont parallels par la 6. prop. 11. ces deux-là estans perpendiculaires au plan AC, & ces deux-cy au plan DB : Donc par la 32. prop. 6. THV sera vne seule ligne droicte. Or par la 1. prop. 11. toute ligne droicte est en vn mesme plan : par consequent le pentagone DRSCT est en vn mesme plan.

Ie dis encores qu'il est equiangle : Car puis que KN est couppee en la moyenne & extreme raison, estant ON plus grand segment, par la 5. p. 13. en adioustant KN à NP, egale au plus grand segment ON; la toute BP sera couppee en la moyenne & extreme raison au poinct N, & sera KN le plus grand segment : & partant par la 4. prop. 13. les quarrez de KP & NP (ou PS son egale) sont triples du quarré de KN, (ou de son egale KD:) & en adioustant le quarré de KD auec les deux de KP & PS: iceux trois quarrez seront quadruples du seul de KD, (ou par la 47. p. 1. au lieu des deux de KP & KD, le seul de DP auec celuy de PS, ou encore le seul de DS, sera quadruple du quarré de KD) duquel le quarré de DC est aussi quadruple par le scholie de la 4. prop. 2. estant DC double de KD : partant les deux lignes DC & DS seront egales : Mais aussi estans tous les costez du pentagone egaux, les deux triangles DCT, DSR auront les trois costez egaux aux trois costez chacun au sien : Et par la 8. prop. 1. l'angle au poinct R sera egal à l'angle au poinct T. Et semblablement nous monstrerons que l'angle RSC est egal à l'angle DTC : partant trois angles du pentagone seront egaux, & par la 7. prop. 13. il sera equiangle. Il est aussi equilateral, & fait sur DC l'vn des costez du cube, auquel il y en a douze de pareils. Que si on veut construire de mesme façon vn pentagone, sur chacun des vnze costez restans, on trouuera vne figure solide enuironnee de douze pentagones equiangles & equilateraux, qui par les def. sera dodecaedre.

Ie dis d'auantage qu'il est inscriptible en la sphere donnee. Car si on prolonge VN, qui est perpendiculairem. esleuee sur le centre du quarré DB, il appert par la 39. prop. 11. qu'elle couppera la diagonale du cube en deux egalement : qu'elle la couppe donc au poinct X, auquel poinct sera le centre de la sphere enuironnant le cube par le corol. de la 15. prop. 13. & NX est egale au demy costé du cube: Soit menee la ligne RX. Or nous auons tantost monstré par la 4. prop. 13. que les quarrez de KP & NP sont triples du quarré de KN : Mais VX est egale à KP; & RV à NP : (car NX est egale à KN, & VN à NP). Partant les deux quarrez de RV, XV, ou le seul de RX, par la 47. prop. 1. est triple du quarré de KN : Mais par la 15. prop. 13. le quarré du diametre de la sphere circonscripte au cube, est triple du quarré du costé d'iceluy cube : Et par la 15. prop. 5. le quarré du demy diametre est triple au quarré du demy costé. Or KN est le demy costé du cube : Partant RX sera le demy diametre de la sphere circonscrite au cube AB, duquel le centre est X. Par mesme discours nous monstrerons que du poinct X toutes les lignes menees vers les autres angles du dodecaedre, sont egales au demy diametre de la sphere circonscripte au cube. Partant vne mesme sphere pourra estre circonscripte au cube & au dodecaedre.

Ie dis finalement que le costé du dodecaedre est ligne irrationele, appellee residu. Car d'autant que lesdeux demy costez du cube KN, NL sont chacun couppez en la moyenne & extreme raison : par la 15. prop. 5. toute la ligne KL sera aux deux plus grands segmens ensemble, sçauoir à OP, comme iceux plus grands segmens sont aux plus petits ensemble, sçauoir à la composee de KO & PL. Parquoy si KL costé du cube est couppee en la moyenne & extreme raison, le plus grand segment sera OP. Mais la toute KL ainsi couppee est rationele : (car son quarré est commensurable au quarré du diametre de la sphere, lequel est posé rationel : puis qu'il est le tiers d'iceluy par la 15. prop. 13.) Donc par la 6. prop. 13. le plus grand segment OP, c'est à dire RS costé du dodecaedre qui luy est egal, est ligne irrationele, appellee residu. Nous auons donc fait tout ce qui estoit proposé.

COROLLAIRE.

De cecy resulte que le costé d'vn cube estant couppé en la moyenne & extreme raison, le plus grand segment sera le costé du dodecaedre inscrit en vne mesme sphere.

Aussi que le costé du cube est egal à la ligne droicte subtendant vn angle du pentagone du dodecaedre. Et d'autant qu'icelle mesme ligne estant couppee en la moyenne & extreme raison, par la 8. prop. 13. le plus grand segment est costé d'vn pentagone : & partant par la 5. prop. 13. la ligne droicte composee d'icelle, c'est à dire du costé du cube, & du plus grand segment, c'est à dire du costé du dodecaedre, est semblablement diuisee, & le moindre segment est costé du dodecaedre, mais le plus grand est costé du cube : Il s'ensuit que si vne ligne droicte est couppee en la moyenne & extreme raison, & que le moindre segment soit costé du dodecaedre : le plus grand segment sera costé du cube inscrit en la mesme sphere.

SCHOLIE.

Nous auons trouué à la 15. prop. que le diametre de la sphere estant 12, le costé du cube inscriptible en icelle est $\sqrt{48}$, *& partant KN moitié d'iceluy costé sera* $\sqrt{12}$, *& estant couppee en la moyenne & extreme raison en O, le grand segment NO sera* $\sqrt{15}-\sqrt{3}$, *& le moindre KO* $\sqrt{27}-\sqrt{15}$, *tellement que leurs trois quarrez seront* 12, $18-\sqrt{180}$, *&* $42-\sqrt{1620}$. *Mais d'autant que le quarré de DO est egal aux deux quarrez de KO, DK, iceluy quarré de DO sera* $54-\sqrt{1620}$ *: & adioustant à iceluy le quarré de OR, c'est à dire de ON, viendront* $72-\sqrt{2880}$ *pour le quarré de DK costé du dodecaedre : & partant iceluy costé sera* $\sqrt{60}-\sqrt{12}$, *qui est residu sixiesme. Dauantage, adioustant à KN son grand segment ON, viendront* $\sqrt{15}+\sqrt{3}$ *pour la toute KP, dont le quarré est* $18+\sqrt{180}$, *duquel quarré estant adiousté celuy de DK, viendront* $30+\sqrt{180}$ *pour le quarré de DP ; & luy adioustant le quarré de PS, qui est* $18-\sqrt{180}$, *viendront 48 pour le quarré de DS subtendante de l'angle du pentagone, qui partant est* $\sqrt{48}$, *egal au costé du cube : lequel costé estant couppé en la moyenne & extreme raison, le moindre segment sera* $\sqrt{108}-\sqrt{60}$, *& le grand* $\sqrt{60}-\sqrt{12}$, *partant egal au costé du dodecaedre, qui estant adiousté à la subtendante DS, la composee sera* $\sqrt{60}+\sqrt{12}$, *qui est le double de KP. Parquoy appert que le costé d'vn cercle estant couppé, &c.*

PROB. 6. PROP. XVIII.

Le diametre d'vne sphere estant donné, trouuer les costez des cinq figures regulieres inscrites en icelle ; & les comparer entr'eux.

Soit donné AB le diametre d'vne sphere : & il faut premierement trouuer les costez des cinq figures regulieres inscriptibles en icelle sphere.

Soit diuisé le diametre AB en deux egalement au poinct C, mais au poinct D, tellement que AD soit la tierce partie de AB : puis ayant descrit sur AB vn demy cercle, soient esleuees les perpendiculaires CE, DF, & tirées les lignes droictes AE, AF, BE, BF.

D'autant que par le corol. de la 8. prop. 6. BF est moyenne proportionele entre AB, BD, par le corol. de la 20. prop. 6. comme AB sera à BD, ainsi le quarré de AB au quarré de BF. Mais AB est à BD en raison sesquialtere : (car par la construction AB contient 3 telles parties que AD 1, & BD 2.) Donc aussi le quarré de AB est au quarré de BD, en raison sesquialtere: & partant puis que par la 13. prop. 13. le quarré du diametre de la sphere est en raison sesquialtere au quarré du costé du tetraedre : BF sera le coste du tetraedre inscrit en la sphere du diametre AB.

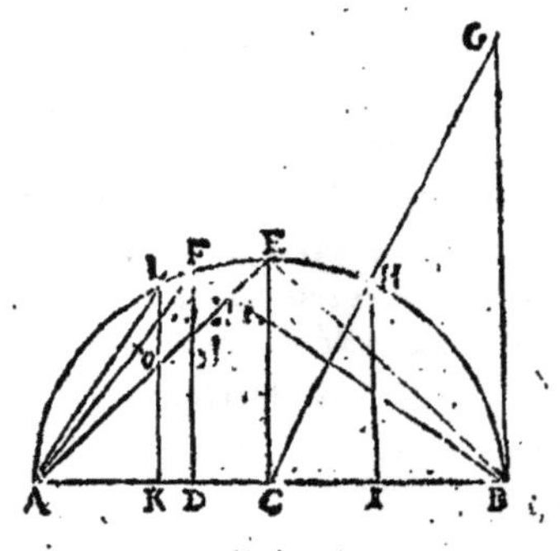

Derechef, puis que par le mesme corol. de la 8. prop. 6. AE est moyenne proportionele entre AB, AC : & partant comme AB est à AC, ainsi le quarré de AB au quarré de AE par le corol. de la 20. prop. 6. & AB est double de AC : aussi le quarré de AB sera double du quarré de AE. Parquoy puis que par la 14. prop. 13. le quarré du diametre de la sphere est double du costé de l'octaedre, AE sera costé de l'octaedre inscrit en la sphere du diametre AB.

Et pour autant que par les mesmes corol. des 8. & 20. prop. 6. le quarré de AB est au quarré de AF, comme AB à AD, & que par la construction AB est triple de AD ; le quarré de AB sera triple du quarré de AF. Parquoy veu que par la 15. prop. 13. le quarré du diametre de la sphere est triple du quarré du costé du cube, AF sera le costé du cube inscrit en la sphere du diametre AB.

Et d'autant que AF est costé du cube, soit iceluy couppé en la moyenne & extreme raison au poinct O, duquel le plus grand segment soit AO : iceluy segment (par le corol. de la 17. prop. 13.) sera le costé du dodecaedre inscrit en la mesme sphere que le cube, qui est celle là mesme qui a pour diametre AB.

Quant au costé de l'Icosaedre, soit leuee la perpendiculaire BG egale à AB : & apres auoir mené la ligne CG couppant la circonference du demy cercle en H, d'iceluy poinct soit menee HI perpendicul. à AB par la 12. prop. 1. Or BG estant egale à AB, elle sera double de BC : & partant par la 4. prop. 6. HI sera double de IC : (car les triangles sont equiangles, pour ce qu'ayans l'angle C commun, & ceux des poincts B & I droicts : le tiers G sera egal au tiers H par la 32. prop. 1.) & par le scholie de la 4. prop. 2. le quarré de HI sera quadruple du quarré de IC : & partant le quarré de HC (ou de son egale AC) qui par la 47. prop. 1. est egal à tous les deux, sera quintuple du quarré de CI. Mais d'autant que AD est le tiers du diametre AB, & AC sa moitié, DC sera le demy tiers: & partant AC sera triple de DC, & son quarré vaudra neuf fois le quarré de DC, par la 20. prop. 6. Or iceluy quarré de AC n'est que quintuple du quarré de CI: & partant la ligne CI sera plus grande que DC. Soit donc prise CK egale à CI, & apres auoir leué la perpendiculaire KL, soit menee la ligne AL. Puis donc que le quarré de AC est quintuple du quarré de CI, par la 15. prop. 5. le quarré de AB, (la double de AC) sera quintuple du quarré de IK (la double de IC.) Or par le corol. de la 16. prop. 13. le quarré du diametre de la sphere circonscrite à l'Icosaedre est quintuple au quarré du demy diametre du cercle circonscriuant 5 costez de l'Icosaedre: donc IK sera semidiametre, c'est à dire costé de l'hexagone d'iceluy cercle, lequel costé de l'hexagone auec deux fois le costé du decagone inscrit dans le mesme cercle, est egal au diametre de la sphere AB, par le corol. de la mesme 16. p. 13. Il faut donc que AK & IB lignes egales, soient deux costez du decagone inscrit dans le mesme cercle, dans lequel KI est le costé de l'hexagone. Mais KI & KL sont egales: (car KL est egale à IH, pour estre en mesme distance du centre C, laquelle estant double de CI sera egale à KI.) Partant KL sera costé de l'hexagone, & AK du decagone: & par la 47. prop. 1. & 10. prop. 13. AL sera le costé du pentagone inscrit au mesme cercle. Donc il sera aussi le costé de l'Icosaedre, par la 16. prop. 13. Nous auons donc trouué les costez des 5 figures regulieres inscriptibles en vne mesme sphere.

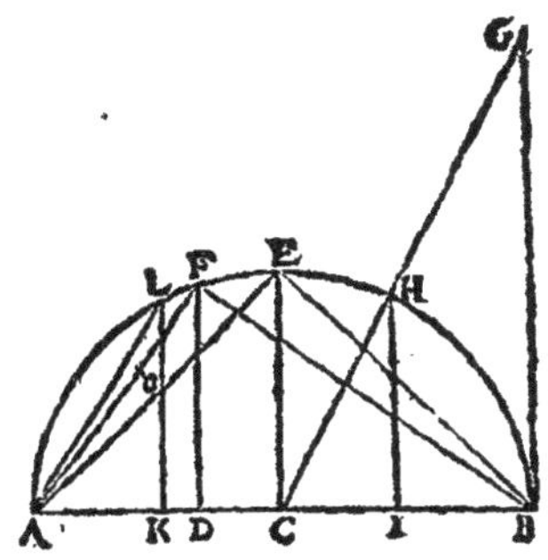

Maintenant, pour le regard de la comparaison d'iceux costez trouuez. D'autant qu'il a esté demonstré que le quarré du diametre de la sphere est sesquialtere au quarré du costé de la pyramide; mais double de celuy du costé de l'octaedre, & triple du quarré du costé du cube: il est euident que le quarré du diametre de la sphere estant 6, celuy du costé du tetraedre sera 4; celuy du costé de l'octaedre 3, & celuy du costé du cube 2. Partant le quarré du costé de la pyramide est sesquitierce au quarré de l'octaedre: mais double de celuy du costé du cube. Item le quarré du costé de l'octaedre est sesquialtere à celuy du costé du cube. Parquoy les quarrez des costez d'icelles trois figures, & celuy du diametre de la sphere, sont entr'eux comme nombre à nombre: & partant par la 6. prop. 10. iceluy diametre de la sphere, & les costez d'icelles trois figures sont lignes commensurables & rationeles, pource que le diametre est posé rationel. Mais les susdits quarrez ne sont entr'eux comme nombre quarré à nombre quarré, ainsi qu'il appert par le corol. de la 24. prop. 8. Donc icelles lignes (sçauoir le diametre de la sphere, le costé de la pyramide, le costé de l'octaedre, & celuy du cube,) sont incommensurables en longitude par la 9. prop. 10. & partant elles sont rationeles commensurables en puissance seulement.

Et quant aux costez de l'icosaedre, & dodecaedre: pource qu'ils sont lignes irrationeles, il est euident qu'ils sont incommensurables, tant entr'eux, qu'au diametre de la sphere, & aux costez des autres figures.

Or lesquels d'iceux costez sont les plus grands, nous le rendrons manifeste ainsi: d'autant qu'il a esté demonstré cy-dessus que le quarré de AB est triple du quarré de AF: mais quintuple du quarré de KI, c'est à dire de KL son egale, trois quarrez de AF seront egaux à 5 quarrez de KL. Et puis que AF est couppé en la moyenne & extreme raison en O, & AO est le plus grand segment, il est euident par la 1. pr. 6. que le rectangle compris de AF, AO sera plus grand que le rectangle de AF, OF: & partant iceux deux rectangles ensemble, seront plus grands que le double du rectangle de AF, OF: Mais à iceux deux rectangles ensemble, est egal le quarré de AF par la 2. p. 2. & au double du rectangle de AF, OF, est egal le double du quarré de AO: (car par la 17. p. 6. le simple rectangle de AF, OF est egal au simple quarré de AO.) Donc aussi le quarré de AF sera plus grand que deux fois le quarré de AO: & par consequent trois quarrez de AF, ou cinq quarrez de KL leurs egaux, seront aussi plus grands que 6 quarrez de AO. Parquoy vn seul quarré de KL sera plus grand qu'vn seul quarré de AO: & par consequent la ligne KL sera plus grande que AO: Partant AL, qui est plus grande qu'icelle KL, sera beaucoup plus grande que la mesme AO, costé du dodecaedre. Nous auons donc fait ce qui estoit proposé.

SCHOLIE.

Or outre les cinq figures solides cy-dessus declarees, on n'en peut pas trouuer d'autres comprises de superficies planes equiangles, & equilaterales. Car de deux triangles, ou de deux autres superficies planes, on ne comprendra aucun solide, ne pouuant iceux constituer vn angle solide. De trois triangles equilateraux, est constitué l'angle de la pyramide: de quatre, l'angle de l'octaedre: de cinq, l'angle de l'icosaedre: de six triangles equilateraux on ne constituera aucun angle solide: car iceux sont egaux à quatre angles droicts, & tous les angles plans d'vn angle solide, doiuent estre plus petits que quatre angles droicts par la 21. pr. 11. Par mesme raison on ne pourra constituer vn angle solide de plus de six angles plans. De trois angles droicts est composé l'angle solide du cube: de quatre angles droicts on ne fera aucun angle solide: car ce seroit tousiours contreuenir à la 21. prop. 11. L'angle solide du dodecaedre est compris de trois pentagones equiangles: De quatre pentagones il sera impossible, estans iceux plus grans que quatre droicts, puis que chacun vaut les six quints d'vn droict par le corol. de la 11. prop. 4. Et de pas vn autre polygone equiangle, on ne pourra constituer aucun angle solide, d'autant qu'il s'ensuiuroit tousiours la mesme absurdité. Partant il est euident qu'outre les cinq figures regulieres cy-dessus declarees, on n'en trouuera point d'autres equilateres & equiangles.

Quant à l'application des nombres aux lignes de la demonstration cy-dessus, le diametre AB estant 6, AC sera 3, AD 2, & DC 1, DB 4: Mais DF sera $\sqrt{8}$, *BF costé de la pyramide* $\sqrt{24}$, *AE costé de l'octaedre* $\sqrt{18}$, *AF costé du cube* $\sqrt{12}$, *AO costé du dodecaedre* $\sqrt{15}-\sqrt{3}$, *CG* $\sqrt{45}$, *CI ou CK* $\sqrt{1\frac{4}{5}}$, *HI ou IK ou KL* $\sqrt{7\frac{1}{5}}$, *IB ou AK* $3-\sqrt{1\frac{4}{5}}$, *& partant AL costé de l'Icosaedre sera* $\sqrt{(18-\sqrt{64\frac{4}{5}})}$.

Reste à remarquer icy certaines reigles colligées des choses demonstrees en ce 13. liure, au moyen desquelles il sera fort aisé de cognoistre les costez des cinq corps reguliers inscriptibles en vne sphere, dont le diametre sera cogneu: Et au contraire estant cogneu le costé de quelconqu desdits cinq corps, cognoistre le diamette de la sphere, & consequemment aussi les costez des autres corps.

1. Le quarré du diametre de la sphere est au quarré du costé du tetraedre, comme 3 à 2; de l'octaedre, comme 2 à 1; & du cube, comme 3 à 1.

2. Le quarré du costé du tetraedre est au quarré du costé de l'octaedre, comme 4 à 3, & du cube, comme 2 à 1.

3. Le quarré du costé de l'octaedre est au quarré du costé du cube, comme 3 à 2.

4. Mais le diametre de la sphere estant rationel, le quarré du costé de l'Icosaedre est residu quatriesme, duquel le grand nom est la moitié du quarré dudit diametre, *(ou le double du quarré du semidiam.)* & le moindre nom est $\sqrt{\frac{1}{20}}$ du quarré dudit diametre: *(ou $\sqrt{\frac{4}{5}}$ du quarré du semidiam.)*

5. Et le costé du dodecaedre est residu sixiesme, duquel le grand nom est $\sqrt{\frac{5}{3}}$ du semidiam. *(ou $\sqrt{\frac{5}{12}}$ du diam.)* & le petit nom est $\sqrt{\frac{1}{3}}$ dudit semidiam. *(ou $\sqrt{\frac{1}{12}}$ du diam. c'est à dire $\sqrt{\frac{1}{5}}$ du grand nom).*

Lesquelles Reigles seront d'autant plus intelligibles par les exemples, ou propositions suiuantes.

1 Qu'il faille cognoistre les costez des cinq corps inscriptibles en vne sphere, dont le diametre est 8.

Premierement, ie quarre ledit diametre 8, & viennent 64, dont ie prends les $\frac{2}{3}$, & viennent $42\frac{2}{3}$ pour le quarré du costé du tetraedre ou pyramide equilateralle: & partant iceluy costé est $\sqrt{42\frac{2}{3}}$.

Secondement, du mesme quarré 64, ie prends la moitié, pour auoir le costé de l'octaedre: & partant iceluy costé est $\sqrt{32}$.

Tiercement, du mesme quarré 64, ie prends le tiers, pour le quarré du costé du cube, qui partant est $\sqrt{21\frac{1}{3}}$.

Quartement, du mesme quarré 64, ie prends la moitié 32 pour le grand nom du residu de l'Icosaedre; puis ie quarre ledit quarré 64, & viennent 4096, que ie diuise par 20, & preposant le signe $\sqrt{}$ au quotient, il sera $\sqrt{204\frac{4}{5}}$, qui est le petit nom dudit residu: Parquoy le quarré du costé de l'Icosaedre sera $32-\sqrt{204\frac{4}{5}}$, & partant iceluy costé est $\sqrt{(32-\sqrt{204\frac{4}{5}})}$.

Finalement, ie diuise le mesme quarré 64 par 12, & viennent $5\frac{1}{3}$, & le quintuple $26\frac{2}{3}$, à chacun desquels deux nombres ie prepose le signe $\sqrt{}$ pour auoir les deux noms du costé du dodecaedre, qui partant sera $\sqrt{26\frac{2}{3}}-\sqrt{5\frac{1}{3}}$.

2. Le costé du dodecaedre inscriptible en vne sphere estant $\sqrt{20}-2$: cognoistre tant le diametre d'icelle sphere, que les costez des autres corps reguliers.

Premierement, ie multiplie le moindre nom 2 par $\sqrt{3}$, & viennent $\sqrt{12}$, pour le semidiametre de la sphere: & partant tout le diametre sera $\sqrt{48}$.

Secondement, ie prends les $\frac{2}{3}$ du quarré du diametre trouué, & viennent 32 pour le quarré du costé de la pyramide, qui partant est $\sqrt{32}$.

Tiercement, du mesme quarré 48, ie prends la moitié, qui est le quarré du costé de l'octaedre, qui partant est $\sqrt{24}$.

Quartement, du mesme quarré 48, ie prends le tiers pour auoir le quarré du costé du cube, & partant iceluy costé sera 4.

Finallement la moitié du mesme quarré 48, sera le grand nom du quarré du costé de l'Icosaedre, & pour auoir le petit nom, ie quarre ledit quarré 48, & viennent 2304, que ie diuise par 20, & preposant le signe radical $\sqrt{}$ au quotient, il sera $\sqrt{115\frac{1}{5}}$. Parquoy le quarré du *du costé de l'Icosaedre requis sera* $24 - \sqrt{115\frac{3}{5}}$: *& partant iceluy costé sera* $\sqrt{(24 - \sqrt{115\frac{3}{5}})}$.

Or quant aux perpendiculaires, ou hauteurs d'iceux corps, ensemble leurs superficies, & contenus solides, nous en auons traicté amplement aux annotations faites sur la Geometrie d'Errard, où les curieux & amateurs de telles suputations pourront auoir recours, s'ils ne se contentent de ce que nous en dirons au liure suiuant.

Fin du treziesme Element.

ELEMENT QVATORZIESME,

Qu'aucuns attribuent à Hypsicle Alexandrin.

THEOR. 1. PROP. I.

LA ligne droicte perpendiculaire menee du centre au costé du pentagone inscrit au cercle, est la moitié des deux costez de l'hexagone, & decagone ensemble, inscrits au mesme cercle.

Soit le cercle ABC, dont le centre est D, & BC le costé du pentagone inscrit en iceluy cercle; mais du centre D soit menee la ligne DF, perpendicul. à iceluy costé BC, & icelle estant prolongee de part & d'autre iusques en A & E pour parfaire le diametre AE, elle couppera en deux egalement, tant la ligne droicte BC, que l'arc BEC, ainsi qu'il est euident par les 3 & 28. pr. 3. Parquoy estant tiree la ligne droicte EC, elle sera le costé du decagone, & DE le costé de l'hexagone. Ie dis que la perpendiculaire DF est la moitié des deux costez ensemble EC & DE.

Car apres auoir pris FG egale à FE, soit menee la ligne GC. Puis que l'arc BEC est la cinquiesme partie de la circonference du cercle, EC sa moitié sera la cinquiesme partie de la demy circonference ACE: Et partant l'arc AC sera quadruple de CE, & par la 33. propos. 6. l'angle CDA sera quadruple de CDE au centre, & double de DEC à la circonference par la 20. prop. 3. lequel par ce moyen sera double de CDE: mais par la 4. p. 1. la base CE est egale à la base CG: & par la 5. prop. 1. les deux angles sur la base EG seront egaux: donc FGC sera aussi double de GDC: Mais iceluy FGC estant par la 32. prop. 1. egal à tous les deux GDC, GCD opposez interieurement, iceux deux angles sur la base DC seront egaux entr'eux: & par la 6. p. 1. GC & GD seront egales; & EC à chacune d'icelles. Parquoy les deux GF & FE estans egales, la seule FD sera egale aux deux FE, EC ensemble: & partant les trois ensemble DF, FE, EC, c'est à dire les deux ensemble DE, EC, seront egales au double de la seule DF: & par consequent icelle DF perpendicularem. tiree du centre sur le costé du pentagone, sera moitié des deux ensemble DE, EC, costez de l'hexagone, & du decagone. Parquoy la ligne droicte perpend. &c. Ce qu'il falloit prouuer.

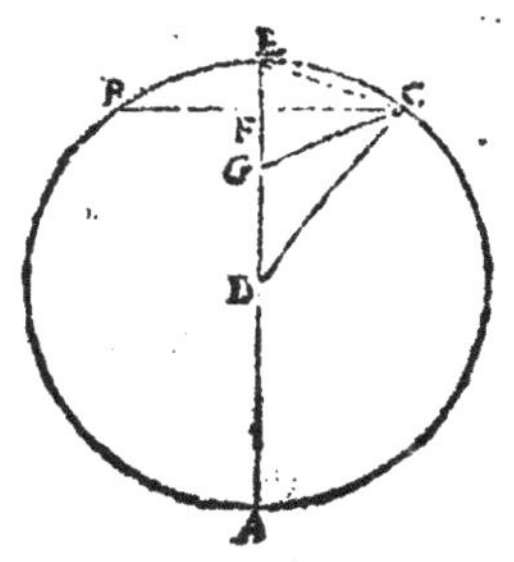

COROLLAIRE.

Il est donc manifeste que la perpendiculaire menee du centre au costé du pentagone est egale à la perpendic. tiree dudit centre au costé du triangle equilateral, & à la moitié du costé du decagone inscrit au mesme cercle, puis que par le corol. de la 12. prop. 13. ladite perpendiculaire menee au costé du triangle equilateral est moitié du costé de l'hexagone.

SCHOLIE.

Le semidiametre DC estant 4, nous auons trouué au Scholie de la 10. pr. 13 que le costé du pentagone BC sera $\sqrt{}(40-\sqrt{320})$, *& le costé du decagone EC* $\sqrt{20}-2$: *Parquoy le quarré de FC moitié dudit costé BC sera* $10-\sqrt{20}$, *qui osté du quarré de DC, c'est à dire de 16, resteront* $6+\sqrt{20}$ *pour le quarré de DF; & partant icelle DF est* $\sqrt{}(6+\sqrt{20})$. *Mais le semidiam. DC, qui est 4, estant adiousté auec le costé du decagone EC* $\sqrt{20}-2$, *fait* $\sqrt{20}+2$, *dont la moitié* $\sqrt{5}+1$ *est egal à* $\sqrt{}(6+\sqrt{20})$: *car le quarré de l'vn & l'autre est* $6+\sqrt{20}$: *partant appert ce qui estoit proposé.*

THEOR. 2. PROP. II.

S'il y a deux lignes droictes couppees en la moyenne & extreme raison; elles seront semblablement couppees.

Soient deux lignes droictes AB & DE couppees en la moyenne & extreme raison aux poincts G & H: & leurs plus grands segmens soient AG & DH. Ie dis qu'icelles lignes sont semblablement couppees: c'est à dire que comme AB est à DE, ainsi AG à DH, & GB à HE: Item comme AG à GB, ainsi DH à HE, &c.

Car par la 17. proposition du 6. le rectangle de AB, & GB, est egal au quarré de AG: & le rectangle de DE & HE egal au quarré de DH; & partant comme le rectangle de AB; GB sera au quarré de AG, ainsi le rectangle de DE, HE sera au quarré de DH: (y ayant raison d'egalité de part & d'autre) & par le 3. theor. du Scholie de la 22. p. 5. quatre fois le rectangle de AB & GB sera au quarré de AG, comme quatre fois le rectangle de DE & HE au quarré de DH: & en composant (apres auoir adiousté directement BC egale à BG; & EF egale à EH) quatre fois le rectangle de AB & GB auec le quarré de AG, (ou par la 8. prop. 2. le seul quarré de AC) est au quarré de AG, comme quatre fois le rectangle de DE & HE, auec le quarré de DH, (ou le seul quarré de DF) est au quarré de DH. Parquoy par la 22. prop. 6. comme AC à AG, ainsi DF à DH: Et en composant, comme la composee de AC, AG, c'est à dire la double de AB, est à AG, ainsi la composee de DF, DH, c'est à dire la double de DE, est à DH: & en permutant, comme la double de AB est à la double de DE, ainsi AG à DH: Et par la 15. pr. 5. comme la double de AB est à la double de DE, ainsi AB à DE. Donc comme AB sera à DE, ainsi AG à DH: & partant par la 19. prop. 5. ainsi sera aussi le reste GB au reste HE. Parquoy comme AG à DH, ainsi sera GB à HE, puis que l'vne & l'autre raison est comme AB à DE: & en permutant, comme AG sera à GB, ainsi DH sera à HE: & ainsi selon toutes les autres manieres d'argumenter és proportions, on demonstrera toutes lignes & les parties d'icelles estre proportioneles entr'elles. Parquoy s'il y a deux lignes droictes, &c. Ce qu'il falloit demonstrer.

SCHOLIE.

La ligne droicte AB estant 4, le grand segment AG sera √20—2, & le petit GB 6—√20. Mais DE estant 2, le grand segment DH sera √5—1, & le petit HE 3—√5. Or le produit de AB 4, en DH √5—1 est √80—4, & le produit de DE 2 en AG √20—2 est aussi √80—4: & partant comme AB à DE, ainsi AG à DH. Le produit de AE 4 en HE 3—√5 est 12—√80: & le produit de DE 2 en GB 6—√20 est aussi 12—√80: partant comme AB à DE, ainsi GB à HE. Le produit de AG √20—2 en HE 3—√5 est √320—16, & le produit de GB 6—√20 en DH √5—1 est pareillement √320—16: Parquoy est manifeste ce qui estoit proposé.

Or de cecy appert qu'estant cogneue vne ligne droicte, il est fort aisé de cognoistre combien seront les segmens d'icelle couppee en la moyenne & extreme raison, par le moyen de quelque autre ligne dont les segmens seront cogneus: Et pour tant plus en faciliter la pratique nous auons expressement adapté de petits nombres à la ligne DE: tellement que si on veut, par exemple, cognoistre les segmens d'vne autre ligne de 10 pieds, il faut dire par regle de trois, Si 2 donnent √5—1, que donneront 10? & faisant la regle on trouuera √125—5 pour le grand segment, qui osté de la toute 10, resteront 15—√125 pour le moindre segment.

Aussi l'vn ou l'autre des segmens estant cogneu, on cognoistra par la mesme methode tant l'autre segment que la toute: Parquoy estant cogneu le costé d'vn pentagone on peut cognoistre le diametre du cercle circonscriuant iceluy: car puis que par la 8. prop. 13. la subtendante de l'angle d'vn pentagone estant couppee en la moyenne & extreme raison le grand segment est egal au costé dudit pentagone, on cognoistra le petit segment ou reste de ladite subtendante, ainsi qu'il est dit cy-dessus; & le quarré de la moitié d'icelle subtendante estant osté du quarré du costé du pentagone, restera le quarré d'vne ligne par laquelle estant diuisé le quarré de la moitié de la subtendante on aura le diametre du cercle, ainsi qu'il appert des choses demonstrees à la 11. pr. 13. Lequel diametre on obtiendra encore par la regle de proportion; d'autant que nous auons demonstré sur le 8. chap. du 2. liu. de la Geometrie d'Errard que la raison du semidiametre du cercle au costé du pentagone inscrit en iceluy est comme de 2 à √(10—√20): parquoy voulant cognoistre le diametre d'vn cercle dont le costé du pentagone est √(40—√320), ie diray, si √(10—√20) donnent 2, que donneront √(40—√320)? & ayant fait la regle ainsi qu'il appartient, le 4. nombre proport. sera 4, dont le double 8 est le diametre requis.

Le mesme se doit entendre de tout autre polygone dont la raison du semidiametre au costé sera cogneue: Et pour ce subiet nous remarquerons icy que le semidiametre du cercle estant 2, le costé du triangle inscrit en iceluy sera √12: celuy du quarré √8: celuy du pentagone √(10—√20): celuy de l'octogone √(8—√32): celuy du decagone √5—1: & celuy du dodecagone √6—√2.

THEOR. 3. PROP. III.

Vn mesme cercle comprend le pentagone du dodecaedre, & le triangle de l'icosaedre inscrits en vne mesme sphere.

Auparauant que d'expliquer ceste prop. il conuient demonstrer que le quarré du costé du pentagone auec le quarré de la ligne qui soustient vn angle d'iceluy, est quintuple du quarré du demy diametre du cercle dans lequel est inscrit iceluy pentagone.

Soit vn cercle ABCDE, le costé du pentagone inscrit en iceluy cercle CD, la ligne qui soustient vn angle d'iceluy pentagone CA, le demy diametre FG; lequel couppe en deux egalement, tant l'arc CGD, que le costé CD, par le corol. de la 10. prop. 13. Ie dis que les deux quarrez de CA & CD sont ensemble quintuples du quarré de FG.

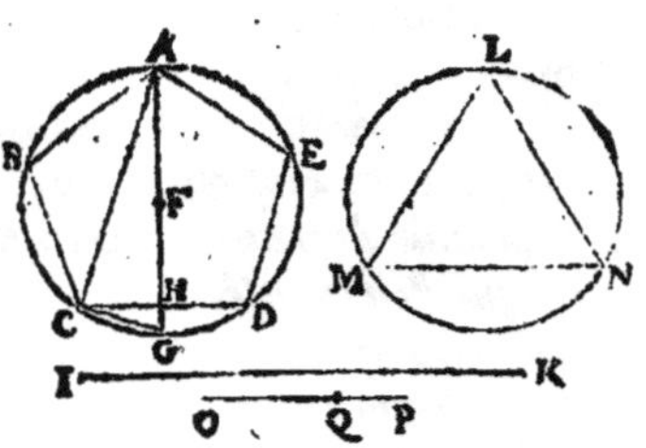

Car si on mene CG, ce sera le costé du decagone: & par le scholie de la 4. pr. 2. le quarré de AG, sera quadruple du quarré du demy diametre FG; & par consequent les deux de AC, CG, qui par la 47. p. 1. sont egaux au quarré de AG, seront aussi quadruple d'iceluy quarré de FG. Parquoy les trois de AC, CG, & GF, seront ensemble quintuple du seul de GF: Mais les deux de CG & GF, costez de l'hexagone & decagone sont ensemble egaux au quarré de CD costé du pentagone, par la 10. p. 13. partant les deux quarrez de AC & CD sont quintuples du quarré de GF. Ce qui estoit proposé.

Pour la proposition. Soit IK le diametre de la sphere comprenant le dodecaedre & l'Icosaedre: & d'iceluy dodecaedre soit vn pentagone ABCDE, & de l'Icosaedre soit le triangle equilateral LMN: ie dis qu'vn mesme cercle circonscrit le pentagone ABCDE, & le triangle LMN: c'est à dire que les cercles ABCDE, LMN, qui les circonscriuent sont egaux.

Car estant tiree AC subtendante de l'angle du pentagone B, ce sera le costé du cube inscrit en la mesme sphere, par le corol. de la 17. prop. 13. & soit exposee la ligne droicte OP, telle que le quarré de IK diametre de la sphere, soit quintuple du quarré d'icelle OP: laquelle OP sera egale au demy diametre du cercle, dans lequel on construit l'Icosaedre par le corol. de la 16. pr. 13. soit icelle OP couppee en la moyenne & extreme raison en Q; & le plus grand segment OQ sera costé du decagone inscrit au mesme cercle, dont OP est le costé de l'hexagone ou semidiametre, par le corol. de la 9. prop. 13 Mais par la 7. proposit. 13. lors que CA est diuisee en la moyenne & extreme raison, son plus grand segment est AB: Donc par la 2. proposit. 14. comme la toute AC sera à la toute OP, ainsi le plus grand segment AB sera au plus grand segment OQ: partant par la 22. p. 6. comme le quarré de AC sera au quarré de OP, ainsi le quarré de AB sera au quarré de OQ; & par la 4. prop. 5. comme le triple du quarré de AC est au quintuple du quarré de OP, ainsi le triple du quarré de AB est au quintuple du quarré de OQ. Mais le triple du quarré de AC est egal au quintuple du quarré de OP: (pource que le quarré de IK diametre de la sphere, est egal, tant au triple du quarré de AC costé du cube par la 15. pr. 13. que au quintuple du quarré de OP par l'hypothese.) Donc aussi le triple du quarré de AB sera egal au quintuple du quarré de OQ. Or par le corollaire de la 16. p. 13. ML costé du triangle de l'Icosaedre, est egal au costé du pentagone inscrit dans le cercle, dont OP est demi diametre: & partant puis que par la 10. propos. 13. le quarré d'iceluy costé est egal aux deux quarrez de OP, & OQ, costez de l'hexagone & du decagone, cinq quarrez de ML seront egaux à cinq quarrez de OP, & à cinq de OQ: ou à trois de BA, & à trois de AC. Parquoy les deux quarrez de BA, & AC estans quintuples du quarré du demidiametre FA, (comme nous auons demonstré au commencement de ceste proposition) trois quarrez de AB, & AC seront egaux à quinze quarrez du demy diametre FA. Mais cinq quarrez de ML, costé du triangle equilateral, sont aussi egaux à quinze quarrez du demy diametre du cercle LMN: (car chacun quarré de ML est triple du quarré du demy diametre, par la 12. proposit. du 13.) Donc les trois de BA & AC estans egaux aux cinq de ML, les quinze du demy diametre FA, seront egaux aux quinze du demy diametre du cercle LMN: Partant vn quarré d'iceux sera egal à vn quarré, & le demidiametre au demi-diametre, & par consequent les cercles ABCDE, LMN seront egaux. Donc vn mesme cercle comprend le pentagone du dodecaedre, &c. Ce qu'il falloit demonstrer.

SCHOLIE.

Il appert par ce que nous auons dit à la fin du liure preced. que le diametre de la sphere IK estãt 8, AB costé du dodecaedre sera $\sqrt{26\frac{2}{3}} - \sqrt{5\frac{1}{3}}$, & LM costé de l'Icosaedre $\sqrt{(32 - \sqrt{204\frac{4}{5}})}$. Mais par ce qui a esté enseigné au Scholie prec. le semidiam. du cercle circonscriuant vn pentagone dont le costé est $\sqrt{26\frac{2}{3}} - \sqrt{5\frac{1}{3}}$ sera trouué de $\sqrt{(10\frac{2}{3} - \sqrt{22\frac{34}{45}})}$: & celuy du cercle circonscriuant vn triangle equilateral dont le costé est $\sqrt{(32 - \sqrt{204\frac{4}{5}})}$ sera aussi trouué de $\sqrt{(10\frac{2}{3} - \sqrt{22\frac{34}{45}})}$, soit qu'on procede par la mesme methode du Scholie prec. ou bien qu'on prenne le tiers du quarré dudit costé: car par la 12. pr. 13. iceluy tiers sera le quarré du semidiametre requis: Parquoy appert ce qui estoit proposé.

THEOR. 4. PROP. IIII.

Si du centre du cercle circonscriuant le pentagone du dodecaedre, on meine vne ligne droicte perpendiculaire sur vn costé d'iceluy pentagone; trente fois le rectangle compris de la perpendiculaire, & du costé du pentagone, est egal à la superficie du dodécaedre.

Soit le cercle ABCDE circonscriuant vn pentagone du dodécaedre, & le centre d'iceluy cercle soit F, duquel soit tiree FG perpendiculairement sur le costé CD. Ie dis que trente fois le rectangle compris de FG & CD, est egal à la superficie du dodecaedre.

Car ayant tiré les lignes FA, FB, FC, FD, FE: il est euident par la 41. prop. 1. que le rectangle compris de FG, CD, est double du triangle CFD. Or en la superficie du dodecaedre il y a douze pentagones egaux, & chasque pẽtagone a cinq pareils triangles que CFD, qui sont en tout soixante triangles, desquels soixante rectangles, seroiẽt le double: Donc trente rectangles de FG & CD, leur seront egaux.

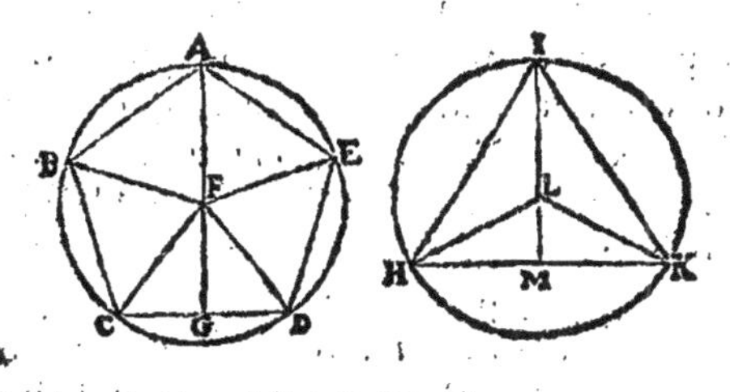

Nous demonstrerons semblablement, que si vn triangle equilateral, comme HIK, est inscrit en vn cercle, du centre duquel L, on tire sur le costé HK la perpendiculaire LM: trente fois le rectangle de LM & HK, seront egaux à la superficie de l'Icosaedre. Car icelle superficie contient vingt triangles equilateraux semblables à HIK; & chacun d'iceux se diuise en trois autres triangles egaux entr'eux & semblables, & egaux à HLK, qui font en tout soixante triangles comme HLK: mais le rectangle de la perpendiculaire LM & du costé HK, est double du triangle HLK par la 41. p. 1. Et par consequent soixante rectangles seroient doubles de soixante triangles: Donc trente rectangles de LM & HK seront egaux à la superficie totale de l'icosaedre.

COROLLAIRE.

De cecy resulte, par la 15. pr. 5. que comme vn seul rectangle de FG & CD, est à vn seul rectangle de LM & HK, ainsi la superficie du dodecaedre à la superficie de l'icosaedre.

SCHOLIE.

Nous auons trouué cy-deuant que le diametre de la sphere estant 8, CD costé du dodecaedre sera $\sqrt{26\frac{2}{3}} - \sqrt{5\frac{2}{3}}$, HK costé de l'Icosaedre, $\sqrt{(32 - \sqrt{204\frac{4}{5}})}$, & le semidiametre CF ou LH $\sqrt{(10\frac{2}{3} - \sqrt{22\frac{34}{45}})}$: Parquoy le quarré de CG sera $8 - \sqrt{35\frac{5}{9}}$, qui osté de $10\frac{2}{3} - \sqrt{22\frac{34}{45}}$ quarré du semidiametre CF, resteront $2\frac{2}{3} + \sqrt{1\frac{29}{45}}$ pour le quarré de la perpendic. FG, qui partant est $\sqrt{(2\frac{2}{3} + \sqrt{1\frac{29}{45}})}$, & le produit d'icelle perpendiculaire par le costé CD sera $\sqrt{(56\frac{8}{9} - \sqrt{647\frac{209}{405}})}$, lequel produit multiplié par 30, donne $\sqrt{(51200 - \sqrt{524288000})}$ pour la superficie de tout le dodecaedre. Mais le quarré de HM sera $8 - \sqrt{12\frac{4}{5}}$, qui osté du quarré de LH, resteront $2\frac{2}{3} - \sqrt{1\frac{29}{45}}$ pour le quarré de la perpendic. LM, qui partant est $\sqrt{(2\frac{2}{3} - \sqrt{1\frac{29}{45}})}$, le produit de laquelle perpendicul. par le costé HK sera $\sqrt{(102\frac{2}{3} - \sqrt{5825\frac{29}{45}})}$, & trente fois ce produit donne $\sqrt{(92160 - \sqrt{4718592000})}$ pour la superficie de l'Icosaedre.

Or en la mesme maniere que dessus on peut aussi trouuer la superficie des trois autres corps reguliers, c'est assauoir du tetraedre, de l'octaedre & du cube: Car si du centre du cercle qui circonscrit le triangle du tetraedre ou de l'octaedre, ou le quarré du cube, est tiree vne perpendic. à vn costé d'iceux; au tetraedre six fois le rectangle compris sous icelle perpendic. & le costé sera egal à la superficie dudit tetraedre: Mais à l'octaedre, & au cube, douze fois ledit rectangle compris sous la perpendic. & le costé sera egal à la superficie de l'octaedre, & aussi egal à la superficie du cube. Car si du centre du cercle circonscriuant le triangle du tetraedre, ou de l'octaedre, on tire des lignes droictes à chaque angle dudit triangle ainsi que dessus, on le diuisera en trois triangles semblables & egaux entr'eux, & par consequent il y aura 12 tels triangles en toute la superficie dudit tetraedre, & 24 en celle de l'octaedre: Mais le rectangle compris sous la base & la perpendic. est double de chacun desdits triangles par la 41. p. 1. & partant ledit rectangle pris six fois sera egal à la superficie dudit tetraedre; & pris douze fois, il sera egal à la superficie dudit octaedre. Mais ayant mené du centre du cercle circonscriuant le quarré du cube des lignes droictes à chasque angle d'iceluy quarré il sera diuisé en quatre triangles egaux & semblables; & par consequent il y en aura 24 en toute la superficie du cube, lesquels sont egaux à 12 rectangles compris soubs le costé & la perpendic. ainsique nous auons demonstré plus au long sur le 4. chap. du 3. liure de la Geometrie d'Errard.

THEOR. 5. PROP. V.

Comme la superficie du dodecaedre, est à la superficie de l'icosaedre; ainsi le costé du cube est au costé de l'icosaedre, inscrits en vne mesme sphere.

Au cercle ABCD, duquel le centre est E, soit pris AD, costé du triangle equilateral de l'icosaedre, & BD costé du pentagone du dodecaedre inscrits en vne mesme sphere; (ce qui est possible, puis que par la 5. p. 14. vn mesme cercle comprend le triangle de l'icosaedre, & le pentagone du dodecaedre.) Et du centre E soient tirees sur AD, BD les perpendiculaires EF, EG: & icelle EG estant prolongee iusques à la circonference, elle couppera l'arc BCD en deux egalement en C: & estant tiree la ligne droicte CD, ce sera le costé du decagone: & finalement soit exposée la ligne droicte H costé du cube inscrit en la mesme sphere. Ie dis que la superficie du dodecaedre, est à la superficie de l'Icosaedre, comme H costé du cube est à AD costé de l'icosaedre.

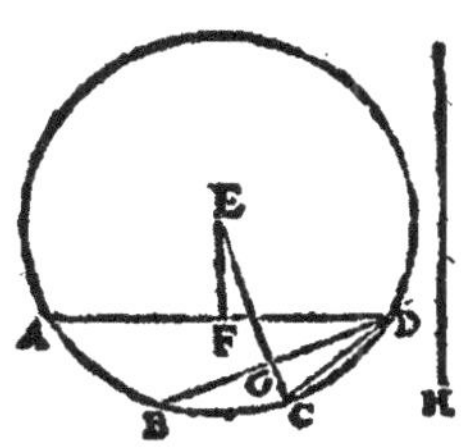

Car d'autant que EC est costé de l'hexagone, & CD costé du decagone inscrit en vn mesme cercle; la composée d'iceux costez, sera couppée en la moyenne & extreme raison, dont le plus grand segment sera EC par la 9. prop. 13. & par la 1. prop. 14. la moitié d'icelle composée est EG; & par le corol. de la 12. p. 13. la moitié d'iceluy plus grand segment EC est EF. Et partant, puis que par la 15. p. 5. les toutes sont aux toutes, comme les moitiez aux moitiez: il est euident que la moitié EG estant couppee en la moyenne & extreme raison, la moitié EF sera le plus grand segment: (car la moitié du plus grand segment, & la moitié du plus petit faict la moitié de la toute.) Mais par le corol. de la 17. prop. 13. H costé du cube estant aussi couppé en la moyenne & extreme raison, son plus grand segment sera BD costé du dodecaedre. Donc par la 2. prop. 14. comme la toute H, sera à BD son plus grand segment, ainsi la toute EG sera à EF son plus grand segment: Et partant par la 16. prop. 6. le rectangle compris des extremes H, EF, sera egal au rectangle des moyennes BD, EG. Et pource que par la 1. pr. 6. comme H est à AD, ainsi le rectangle de H, EF, est au rectangle de AD, EF: (car ces deux rectangles ont vne mesme hauteur EF.) Aussi comme H sera à AD, ainsi le rectangle de BD, EG (lequel est egal à celuy de H, EF) est au mesme rectangle compris soubs AD, EF. Parquoy, puis que par le Corol. de la preced. comme le rectangle compris sous BD, EG est au rectangle compris de AD, EF, ainsi la superficie du dodecaedre est à la superficie de l'icosaedre: pareillement comme H costé du cube sera à AD costé de l'icosaedre, ainsi sera la superficie du dodecaedre à la superficie de l'icosaedre. Ce qu'il falloit prouuer.

SCHOLIE.

Nous auons trouué cy-deuant que AD est $\sqrt{(32-\sqrt{204\frac{4}{5}})}$, *BD* $26\frac{2}{3}-\sqrt{5\frac{1}{3}}$, *EC* $\sqrt{(10\frac{2}{3}-\sqrt{22\frac{34}{45}})}$, *EF* $\sqrt{(2\frac{2}{3}-\sqrt{1\frac{29}{45}})}$. *EG* $\sqrt{(2\frac{2}{3}+\sqrt{1\frac{29}{45}})}$, *& H* $\sqrt{21\frac{1}{3}}$: *& que le rectangle ou produict du costé BD en la perpendic. EG est* $\sqrt{(56\frac{8}{9}-\sqrt{647\frac{109}{405}})}$, *celuy du costé AD en la perpendic. EF* $\sqrt{(102\frac{2}{9}-\sqrt{5825\frac{29}{45}})}$: *Mais que la superficie du dodecaedre est* $\sqrt{(51200-\sqrt{324288000})}$, *& celle de l'icosaedre* $\sqrt{(92160-\sqrt{4718592000})}$. *Or le produict de ceste superficie-là multipliée par le costé de l'icosaedre AD* $\sqrt{(32-204\frac{4}{5})}$ *est egal au produict de ceste superficie cy multipliée par le coste du cube H* $\sqrt{21\frac{1}{3}}$, *car l'vn & l'autre produit est* $\sqrt{(1966080-\sqrt{2147483648000})}$: *& partant appert ce qui estoit proposé; & en outre que le rectangle ou produict de H en EF est egal à celuy de BD en EG, l'vn & l'autre d'iceux produicts estant* $\sqrt{(56\frac{8}{9}-\sqrt{647\frac{109}{405}})}$: *partant que comme le costé du cube H est au costé du dodecaedre BD, ainsi la perpendic. EG est à la perpendic. EF.*

Appert

Appert encore que EF perpendic. de l'icosaedre est moitié du semidiam. EC, le quarré de laquelle perpend. est vn residu, dont le binome correspondant est le quarré de EG perpend. du dodecaedre; & partant ledit semidiam. EC estant cogneu on trouuera fort aisément lesdites perpendiculaires; car prenant la moitié d'iceluy, on aura la perpendicul. EF, & changeant le signe — en + on aura l'autre perpend. EG.

THEOR. 6. PROP. VI.

Si vne ligne droicte est couppée en la moyenne & extreme raison; comme les quarrez de la toute & du plus grand segment, sont aux quarrez de la toute & du plus petit segment, ainsi le quarré du costé du cube, est au quarré du costé de l'icosaedre inscrit en vne mesme sphere.

Soit le cercle comprenant le triangle de l'icosaedre, & le pentagone du dodecaedre, duquel le demy-diametre AB, soit couppé en la moyenne & extreme raison en C, dont le plus grand segment soit AC, qui sera le costé du decagone inscrit dans le mesme cercle par le coroll. de la 9. prop. 13. Item soient prises trois lignes, sçauoir D costé du dodecaedre, E costé de l'icosaedre, & F costé du cube inscriptibles en vne mesme sphere: Ie dis que le quarré de F est au quarré de E, comme les quarrez de AB & AC sont aux quarrez de AB & CB.

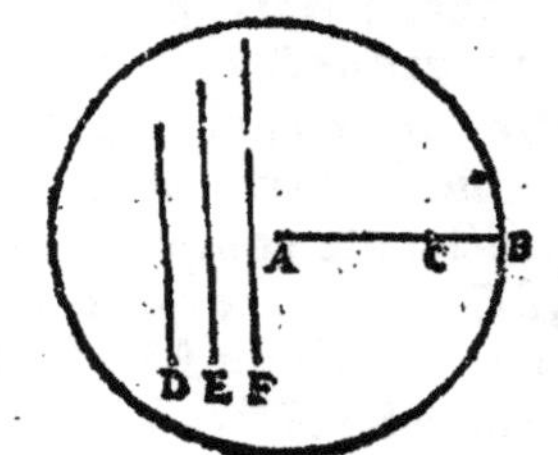

Car D estant le costé du pentagone, & E le costé du triangle tous deux inscrits dans le cercle donné; lors que F costé du cube est diuisé en la moyenne & extreme raison, D est son plus grand segment, par le corol. de la 17. prop. 13. Donc E estant le costé du triangle inscrit au cercle donné, son quarré sera triple du quarré du demy-diametre AB. par la 12. prop. 13. & par la 4. prop. 13. les deux quarrez de AB & CB sont triples du quarré de AC: partant le quarré de E est au quarré de AB, comme les deux quarrez de AB, CB sont au quarré de AC: Et en permutant, le quarré de E sera aux deux quarrez de AB, CB, comme le quarré de AB au quarré de AC. Mais comme le quarré de AB au quarré de AC, ainsi le quarré de F au quarré de D: (car par la 2. prop. 14. comme la toute AB est à son plus grand segment AC, ainsi la toute F à son plus grand segment D; & partant par la 22. prop. 6. comme le quarré de AB au quarré de AC, ainsi le quarré de F sera au quarré de D) donc par la 11. prop. 5. comme le quarré de E aux quarrez de AB & CB, ainsi le quarré de F au quarré de D: & en permutant, comme le quarré de E au quarré de F, ainsi les quarrez de AB & CB sont au quarré de D, costé du pentagone; lequel quarré par la 10. pr. 13. est egal aux deux quarrez de AB & AC costez de l'hexagone & decagone inscrits en vn mesme cercle; & par consequent le quarré de F costé du cube, est à E costé de l'Icosaedre, comme les quarrez de AB & AC, sont aux quarrez de AB & CB. Si donc vne ligne droicte est couppée en la moyenne & extreme raison, &c. Ce qu'il falloit prouuer.

SCHOLIE.

Si quelconque ligne droicte AB est 2, icelle estant couppée en C selon la moyenne & extreme raison, le grand segment AC sera $\sqrt{5}-1$, & le petit CB $3-\sqrt{5}$: mais puis que F est le costé du cube inscrit en vne sphere, iceluy soit tel que nous l'auons cy-deuant trouué, sçauoir est $\sqrt{21\frac{1}{3}}$, & E costé de l'icosaedre inscrit en la mesme sphere sera aussi tel que nous l'auons trouué, sçauoir est $\sqrt{(32-\sqrt{204\frac{4}{5}})}$. Or le quarré de la toute AB est 4, celuy de AC $6-\sqrt{20}$, & celuy de CB $14-\sqrt{180}$: donc les deux quarrez de AB, AC sont ensemble $10-\sqrt{20}$, & les deux de AB, CB sont $18-\sqrt{180}$: Mais le quarré de F est $21\frac{1}{3}$, & celuy de E est $32-\sqrt{204\frac{4}{5}}$; lesquels quatre nombres sont proportionnaux ; car le produict des deux extremes est egal au produict des deux moyens, l'vn & l'autre produict estant $384-\sqrt{81920}$; partant appert ce qui estoit proposé.

THEOR. 7. PROP. VII.

Comme le costé du cube est au costé de l'icosaedre, ainsi le dodecaedre est à l'icosaedre, inscrits en vne mesme sphere.

Ceste demonstration est facile, les predentes estans bien entendues: car puis que par la 3. prop. 14. le pentagone du dodecaedre, & le triangle de l'icosaedre sont inscrits dans vn mesme cercle : il est euident qu'iceux triangle & pentagone seront equidistans du centre de la sphere. Parquoy si on diuise le dodecaedre & l'icosaedre en pyramides, toutes icelles pyramides tant de l'vn que de l'autre solide seront de mesme hauteur: Et par les 5. & 6. prop. 12. elles seront l'vne à l'autre, comme leurs bases; c'est à sçauoir douze pyramides du dodecaedre à vingt pyramides de l'icosaedre, comme douze pentagones à vingt triangles : C'est à dire que comme la superficie du dodecaedre sera à la superficie de l'icosaedre, ainsi tout le dodecaedre sera à tout l'icosaedre. Mais par la 5. pr. 14. icelles superficies sont l'vne à l'autre, comme le costé du cube au costé de l'icosaedre: donc par la 11. prop. 5. comme le costé du cube au costé de l'icosaedre, ainsi le dodecaedre à l'icosaedre. Ce qui estoit à prouuer.

SCHOLIE.

Nous auons enseigné tant en nostre Geometrie pratique qu'aux annotations faites sur la Geometrie d'Errard, diuers moyens pour trouuer les superficies & soliditez non seulement du dodecaedre & icosaedre, mais aussi de tout autre corps, c'est pourquoy nous n'en dirons rien icy, seulement y adiousterons nous (pour d'abondant seruir d'exemple de tout ce que nous auons cy-deuant dit) les costez, superficies & soliditez des cinq corps reguliers inscrits en vne sphere, dont le diametre est 6, afin que par le moyen d'icelles on puisse plus promptement trouuer les costez, superficies & soliditez de tout autre corps semblable, dont le costé sera cogneu, suiuant les regles & proportions des figures semblables cy-deuant demonstrees, c'est assauoir de la raison doublee des costez, quant aux superficies ; & de la triplee pour les soliditez.

Le costé du tetraedre sera $\sqrt{24}$, sa superficie $\sqrt{1728}$, & sa solidité $\sqrt{192}$.

Le costé de l'octaedre sera $\sqrt{18}$, sa superficie $\sqrt{3888}$, & sa solidité 36.

Le costé du cube sera $\sqrt{12}$, sa superficie 72, & sa solidité $\sqrt{1728}$.

Le costé du dodecaedre sera $\sqrt{15}-\sqrt{3}$, sa superficie $\sqrt{(16200-\sqrt{52488000})}$, & sa solidité $\sqrt{(3240+\sqrt{5832000})}$.

Le costé de l'Icosaedre sera $\sqrt{(18-\sqrt{64\frac{4}{5}})}$, sa superficie $\sqrt{(29160-\sqrt{472392000})}$, & sa solidité $\sqrt{(3240+\sqrt{2099520})}$.

Parquoy appert d'abondant ce qui estoit proposé, sçauoir est que comme $\sqrt{12}$ costé du cube est à $\sqrt{(18-\sqrt{64\frac{4}{5}})}$ costé de l'Icosaedre, ainsi $\sqrt{(3240+\sqrt{5832000})}$ solidité du dodecaedre est à $\sqrt{(3240+\sqrt{2099520})}$ solidité de l'Icosaedre: car le produit des deux nombres extremes est egal à celuy des deux du milieu, l'vn & l'autre produict estant $\sqrt{(38880+\sqrt{302330880})}$.

Appert aussi que la superficie de l'octaedre est sesquialtere à la superficie du tetraedre, c'est à dire comme 3 à 2: car le produit des deux nombres extremes est egal au produit des deux nombres du milieu, l'vn & l'autre produit estant $\sqrt{15552}$.

Que l'octaedre est au triple du tetraedre, comme le costé de l'octaedre au costé du tetraedre: car le produit des deux nombres extremes est egal au produit des deux moyens, l'vn & l'autre produit estant 31104.

Que la superficie du cube est egale au double du quarré du diametre de la sphere, & la solidité d'iceluy cube triple de la solidité du tetraedre.

Et finalement, que le cube est à l'octaedre, comme la superficie du cube est à la superficie de l'octaedre: car le produit des deux nombres extremes est egal au produit des deux du milieu, l'vn & l'autre produit estant 2592: & aussi comme le costé du cube au semi-diametre de la sphere, car le produit des deux nombres extremes est $\sqrt{15552}$ aussi bien que le produit des deux du milieu.

Fin du quatorziesme Element.

ELEMENT QVINZIESME.

PROBL. 1. PROP. I.

Dans vn cube donné, inſcrire vne pyramide.

Soit le cube donné AF, dans lequel il faut inſcrire vne pyramide. De quelque angle d'iceluy, comme E ſoient menees les diagonales EA, EC, EG; & des extremitez d'icelles A, C, G, ſoient auſſi menees les diagonales AG, AC, GC; Toutes leſquelles diagonales ſont egales entr'elles, parce que les ſix quarrez dans leſquelles elles ſont menees ſont egaux par la definition du cube : Partant les quatre triangles compoſez d'icelles AGE, ACE, ACG, ECG, ſont equilateraux, & egaux entr'eux: & partant la pyramide AEGC conſtituee d'iceux triangles eſt inſcrite au cube donné AF, par la 31.d.11. Car tous les angles d'icelle pyramide ſont colloquez és angles d'iceluy cubo AF. Nous auons donc inſcrit vne pyramide dans le cube dõné. Ce qu'il falloit faire.

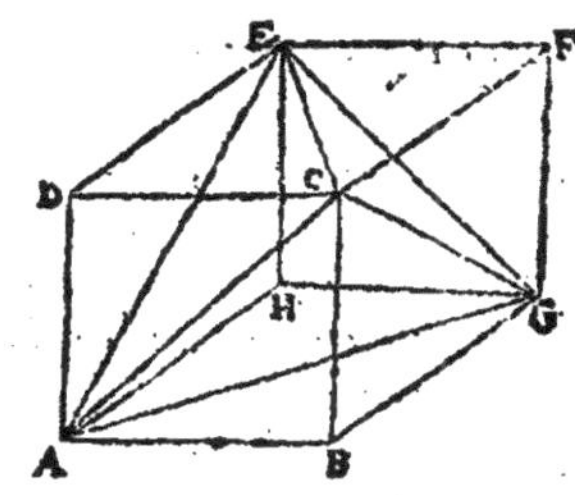

PROBL. 2. PROP. II.

Dans vne pyramide donnee, inſcrire vn octaedre.

Soit la pyramide donnee ABCD, dans laquelle il faut inſcrire vn octaedre. Soient couppez tous les coſtez d'icelle pyramide en deux egalement aux poincts E, F, G, H, I, K: Et ſoient menees les lignes EF, FG, GE, HI, IK, KH, EI, IF, FK, KG, GH, HE. Toutes leſquelles lignes ſont egales entr'elles par la 4. pr. 1. toutes les lignes couppees eſtans egales entr'elles, & les angles des triangles plãs de la pyramide egaux : Et partant le quadrilatere EGKI a les quatre coſtez egaux, & les quatre triangles EHI, IHK, KHG, GHE, commençans ſur iceluy quadrilatere, & finiſſans au poinct H, ſont tous equilateraux & egaux entr'eux. Item les quatre autres triangles IFE, EFG, GFK, KFI commençans au deſſous du quadrilatere, & finiſſans au poinct F, ſont auſſi equilateraux & egaux tant entr'eux qu'aux quatre precedans. Parquoy la figure EIKGHF compoſee d'iceux huict triangles eſt vn octaedre, par la 27. def. 11. & par la 31 d.11. il eſt inſcrit dans la pyramide donnee ABCD, puis que tous les angles d'iceluy touchent tous les coſtez d'icelle pyramide. Nous auons donc fait ce qui eſtoit requis.

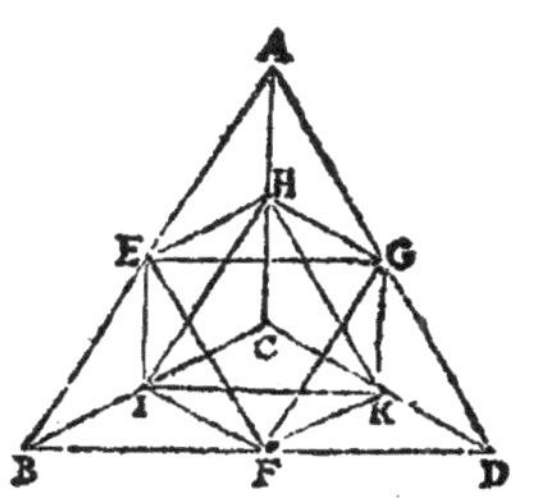

PROBL. 3. PROP. III.

Dans vn cube donné, inſcrire vn octaedre.

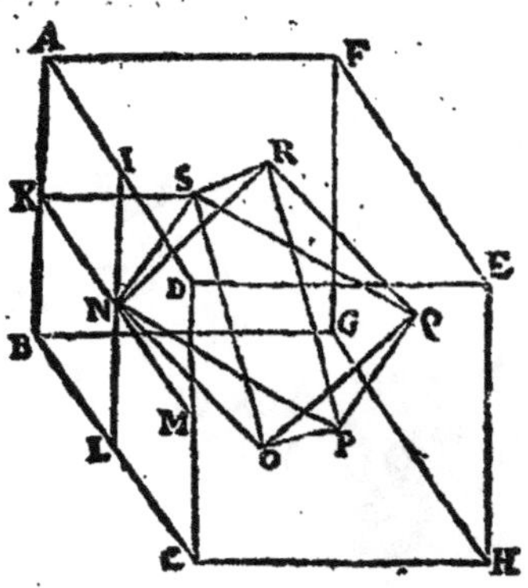

Soit le cube donné AH, dans lequel il faut inſcrire vn octaedre. Soient couppez en deux egalement les coſtez du quarré AC, és poincts I, K, L, M, & ſoient menees les deux lignes IL, KM, s'entre-couppans en N, lequel poinct ſera le centre du quarré AC, comme il appert par la demonſtration de la 8. p. 4. Par la meſme maniere ſeront trouuez les centres des 5 autres quarrez du cube, leſquels centres ſoient O, P, Q, R, S: Donc toutes les lignes droictes tirees d'iceux centres à chaque poinct de la ſection des coſtez de leurs quarrez, telles que ſont NI, NK, NL, NM, KS, &c. ſeront egales aux moitiez d'iceux coſtez, comme il appert par la ſuſdite demonſtration de la 8. p. 4. & par conſequent ſont egales entr'elles. Item ſoient conioincts les centres S, N, P, Q par les quatre lignes droictes SN, NP, PQ, QS, leſquelles ſeront toutes egales par la 4. p. 1. d'autant qu'elles ſont baſes de quatre triangles Iſoſcelles ayans deux coſtez egaux à deux coſtez, (chacun d'iceux coſtez eſtant egal à la moitié du coſté du cube ainſi que NK, SK du triangle NKS) & l'angle contenu d'iceux coſtez egal à l'angle, ſçauoir droict comme NKS: Il eſt euident qu'icelles quatre lignes feront auſſi vn quarré, qui eſt au milieu de l'octaedre, & parallel à la baſe d'iceluy. Or des quatre angles d'iceluy quarré ſoient menees au poinct R, centre du quarré ſuperieur AE, les quatre lignes NR, PR, QR, SR, leſquelles comme il a eſté dit cy-deſſus ſeront toutes egales tant entr'elles qu'aux quatre precedentes, & feront les quatre triangles equilateraux NRP, PRQ, QRS, NRS: Item des meſmes quatre angles du quarré NPQS, ſoient menees au poinct O, centre de la baſe CG, les lignes NO, PO, QO, SO, qui ſeront egales comme deſſus, & feront quatre autres triangles equilateraux NOP, POQ, QOS, NOS, leſquels ſeront auſſi egaux aux quatre premiers, car tous leurs coſtez ſont egaux, eſtans baſes de huict triangles Iſoſcelles rectangles, tel qu'eſt NKS. Parquoy le ſolide NOPQRS composé d'iceux 8 triangles equilateraux & egaux entr'eux eſt octaedre inſcrit au cube donné, par les 27. & 31. def. 11. puis que tous les ſix angles d'iceluy, touchent les ſix plans dudit cube à leurs centres. Nous auons donc fait ce qui eſtoit requis.

PROBL. 4. PROP. IV.

Dans vn octaedre donné, inſcrire vn cube.

Soit donné l'octaedre ABCDEF, dans lequel il faut inſcrire vn cube. Des quatre triangles AEB, BEC, CED, AED, qui ſe terminent au poinct E, ſoient pris les centres G, H, I, K, & ſoient menees les lignes GH, HK, KI, GI: Il eſt euident que GHKI ſera quarré. Car ſi d'iceux quatre centres on meine les lignes droictes LM, MN, NO, OL, paralleles chacune à ſon coſté du quarré du milieu de l'octaedre ABCD: les triangles LEM, MEN, NEO, LEO ſeront equilateraux, puis qu'ils ſont ſemblables aux triangles equilateraux cy-deſſus par le corol. de la 4. p. 6. & partant egaux entr'eux, pource qu'ils ont les coſtez communs, & par conſequent les quatre bases LM, MN, NO, LO sont egales. Item si de E par le centre I on meine EP: elle diuisera en deux egalement tant l'angle E, que le costé AD par le corol. de la 10.p.13. & par consequent LO estant parallele à AD sera aussi couppee en deux egalemēt au centre I: Par mesme raison LM, MN, NO seront aussi couppez en deux egalement aux centres G, H, K. Ainsi les quatre triangles GLI, IOK, GMH, HNK sont Isosceles rectangles. (Car par la 10.p.11. les angles des poincts L, M, N, O, sont egaux aux droicts du quarré ABCD.) Parquoy les quatre bases GI, IK, GH, HK seront egales, & les angles qu'elles comprennent droicts: partant GHKI est quarré. Que si semblablemēt des autres triangles de l'octaedre on prend les centres: iceux centres estans tous conioincts par lignes droictes, seront descrits encores 5 quarrez, lesquels ayans les costez communs seront egaux entr'eux. Parquoy le cube cōposé d'iceux 6 quarrez sera inscrit dans l'octaedre donné, puisque les angles d'iceluy touchent les huict bases de l'octaedre à leurs centres; & par ainsi nous auons fait ce qui estoit requis.

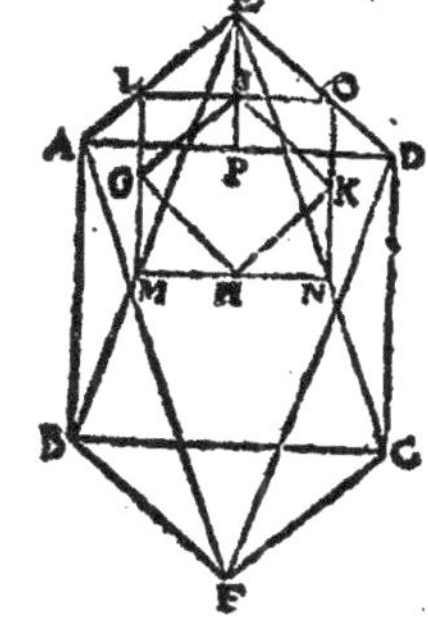

PROBL. 5. PROP. V.

Dans vn icosaedre donné, descrire vn dodecaedre.

Soit ABCDE le pentagone par le moyen duquel on construit l'icosaedre, sur lequel soit vne des douze pyramides pentagonales de l'icosaedre, ayant pour sommet le poinct F, auquels s'assemblent les 5 triangles equilateraux ABF, BCF, CDF, DEF, AEF, & soit trouué le centre de chacun d'iceux triangles aux poincts G, H, I, K, L, & d'iceux soient menees les lignes HG, GL, LK, KI, IH: Item de F par iceux centres, soient menees les lignes FM, FN, FO, FP, FQ, lesquelles coupperont en deux egalement les costez AB, BC, CD, DE, EA, comme il appert par le corol. de la 10.p.13. & partant estant menees les lignes droictes MN, NO, OP, PQ, QM; il est euident par la 4.p.1. qu'elles seront egales; & que par la 8.p.1. les angles qu'elles soustiennent au poinct F sont egaux; & d'autant que les lignes FG, FH, FI, FK, FL sont aussi egales; (car ce sont demi-diametres de cercles circonscriuans triangles equilateraux egaux) les lignes GH, HI, IK, KL, LG seront pareillement egales, & les angles de dessus icelles aussi egaux, par la 4 p.1. Parquoy le pentagone GHIKL est equilateral & equiangle: & il se prouuera aisément comme à la 17.p.13. qu'il est aussi en vn mesme plan. Que si semblablement on conioinct par lignes droictes, les centres de tous les triangles des autres vnze pyramides de l'icosaedre, seront aussi descrits des pentagones equilateraux & equiangles, lesquels puis qu'ils ont des costez communs, seront aussi egaux entr'eux. Parquoy 12 tels pentagones constitueront vn dodecaedre, lequel sera inscrit dans l'icosaedre, puis que les 20 angles d'iceluy octaedre sont constituez & touchent les vingt bases de l'icosaedre à leurs centres. Nous auons donc inscrit vn dodecaedre, dans vn Icosaedre donné. Ce qu'il falloit faire.

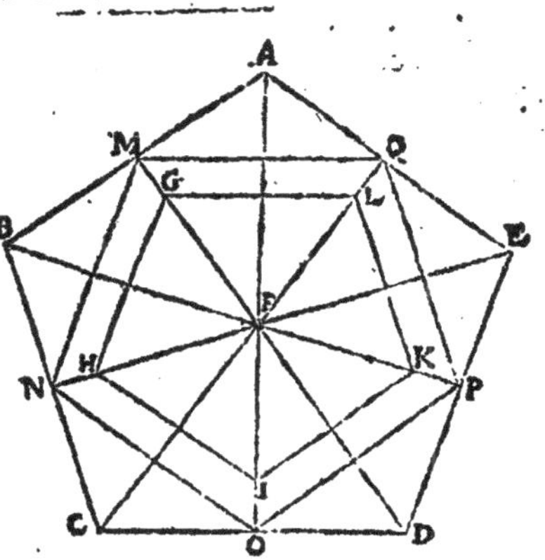

Fin du quinziesme & dernier Element.

COMMENTAIRE OV PREFACE DE MARIN PHILOSOPHE SVR LE LIVRE des DONNEZ d'Euclide.

PRemierement, il nous faut mettre comme fondement que c'est qu'on appelle DONNE' *: en apres remarquer l'vtilité d'iceluy, & en troisiesme lieu à quelle science appartient ce Traicté.*

DONNE' *doncques se definit en plusieurs manieres; car les Anciens l'ont defini d'vne façon, & les modernes d'vne autre; dont s'ensuit qu'il semble mal-aisé d'en pouuoir donner la vraye explication. Car quelques vns n'ont point baillé de definition de* Donné, *mais ils ont auec beaucoup de trauail recherché certaines proprietez d'iceluy, & quelques autres rassemblans & meslangeans ce qui en auoit esté dict auparauant par les autres ont essayé de definir* DONNE' *: mais non pas de telle façon qu'ils ne se soient contrariez eux-mesmes, quoy qu'il semble que tous fondez sur vne mesme notion & supposition en ayent dit quelque chose: car tous ont estimé que le* Donné *estoit quelque chose comprise; & partant entre ceux qui ont tasché de le descrire plus simplement & auec quelque simple difference, les vns ont creu que* Donné *estoit ce qui est* Ordonné, *ainsi qu'Apollonius en son Traicté des Inclinations, & en son Traicté Vniuersel: & les autres, comme Diodore, ce qui est* Cogneu *: car en ceste signification il prend la ligne droicte, & les angles estre donnez, & tout ce qui peut venir à nostre cognoissance, encore qu'on ne le puisse pas bien exprimer: Mais les autres ont creu que c'estoit mesme ce qui est* Effable, *comme semble auoir voulu Ptolomée, lequel appelle* Donnez *toutes les choses dont la mesure est cogneue, soit precisément, ou à peu prés. Quelques autres aussi ont pensé que* Donné *estoit ce qui nous est concedé en l'hypothese par le proposant, veu qu'aux premiers Elemens ils prennent autrement vn poinct donné qu'vne ligne droicte donnée, c'est à dire que qui donneroit & determineroit la quantité d'vne ligne droicte: toutes lesquelles choses veulent signifier quelque* Comprehension. *Et partant de toutes ces definitions, celles-là aggreent le plus, lesquelles plus appertement declarent la* Comprehention *comme nous ferons veoir par les choses suiuantes.*

Or expliquons maintenant les diuerses opinions de ceux, lesquels descriuans la nature du Donné *n'ont point pris vne simple marque, ou vnique caractere pour le definir, & les reduisons comme en vn sommaire & abbregé, afin que nous puissions aisément recognoistre ou nombrer toutes leurs differences. Les vns donc ont defini* Donné *estre ce qui est* Ordonné & Porime *ensemble; & les autres, ce qui est* Ordonné & Cogneu *ensemble: & les autres, ce qui est* Porime & Cogneu *ensemble: c'est pourquoy tous semblent auoir defini en sorte qu'ils ont en esgard à la* Comprehension *ou* Somption & Inuention *du* Donné. *Et afin que nous conceuions tant mieux leur oppinion, & que des dicts de plusieurs nous puissions tirer vne vraye definition de ce qui est proposé, nous remarquerons en premier lieu la signification de tous les termes simples dont ils se seruent, comme aussi de leurs opposez, asçauoir de l'*Inordonné, *& de l'*Incogneu, *de l'*Apore, *&*

Documents manquants (pages, cahiers...)

NF Z 43-120-13

Documents manquants (pages, cahiers...)

NF Z 43-120-13

de l'Irrationel : car ces choses-là appartiennent à ceste matiere Geometrique, aux choses naturelles, & aux disciplines Mathematiques.

Or on appelle Ordonné (ou reglé) cela qui garde & obserue tousiours ce parquoy il est dict estre ordonné, soit quant à la grandeur, ou quant à l'espece, ou touchant quelque autre chose de semblable : On le definit encore ainsi : Ordonné est ce qui ne peut estre fait en diuerses façons, mais en vne seule en quelque lieu determiné : comme pour exemple, Vne ligne droicte menée par deux poincts donnez est dicte estre Ordonnee, parce qu'il ne se peut faire autrement, ny en plusieurs façons: Mais vn angle passant par deux poincts est dict Inordonné, (ou desordonné & dereglé) parce qu'il est constitué en infinies & differentes façons par vn grand ou vn petit cercle descrit par deux poincts en l'infini : Et au contraire, vn angle constitué par trois poincts est dict Ordonné; comme aussi ces choses sont dictes estre Ordonnées; constituer sur vne ligne droicte vn triangle equilateral, car on ne le constitue point diuersement, mais inuariablement sur l'vne & l'autre extremité de la ligne : Et coupper vne ligne droicte donnée selon vne raison donnée, car cela ne se peut faire qu'en vne partie de la bissection. Les Inordonnez, sont ceux qui se font au contraire de ceux là ; comme construire vn triangle scalene, & coupper vne ligne droicte indefiniment. Or ce parquoy le Probleme est ordonné est proposé en la determination, attendu qu'vne certaine chose pourra estre Ordonnee en vne certaine maniere, & Inordonnee en vne autre: comme vn triangle equilateral, entant qu'il est equilateral il est Ordonné ; mais quant à la grandeur il est Inordonné, car il n'est nullement determiné.

Mais on appelle Cognu, ce qui est notoire, comme clair & compris de nous & Incognu, ce qui n'est point cognu ny compris de nous ; comme la longueur d'vn chemin est ditte cognue quand l'on sçait combien il contient de stades : Item que les trois angles d'vn triangle rectiligne sont egaux à deux droicts : & pareillement que le binome est irrationel; telles choses sont cognues, comme aussi qu'il n'y a qu'vne ligne droicte qui touche la ligne spyralle d'vn poinct donné hors d'icelle de l'vne ou l'autre part: car s'il y en auoit encore vne autre, deux lignes droictes enclorroient vn espace, ce qui est impossible. Au reste les choses irrationelles ne s'appellent point incognues, mais celles-là seulement qui ne sont ny cognues, ny comprises de nous.

Le PORIME (ou qui a effection) est ce que nous pouuons faire & construire, c'est à dire le reduire en cognoissance : On le definit encore en cette maniere, Porime est ce qui peut estre exhibé par demonstration, ou qui est apparent sans demonstration ; comme est descrire vn cercle d'vn centre & interualle, comme aussi construire non seulement vn triangle equilateral, mais aussi vn Scalene: ou trouuer vn binome, ou trouuer deux lignes droictes rationelles commensurables en puissance seulement ; & autres choses que lon cognoit en infinies façons sont Porimes, comme descrire vn cercle par deux poincts.

L'APORE (ou qui n'a effection) est totalement opposé au Porime, comme par exemple, la quadrature du cercle ; car elle n'a pas encore esté trouuee, bien qu'il soit certain qu'elle le peut estre : toutefois le moyen & façon de la trouuer n'a pas iusques à present esté comprise: Mais nous parlons icy de ce qui est desia cognu, qui s'appelle Porime principal ; car ce qui n'a pas encore esté fait, & qui neantmoins est possible, est appellé Poriste (ou faisable). Mais l'Apore, comme il a esté desia dit, est opposé au Porime, & est ce dont la recherche n'est point encore decidee ny bien determinee.

L'EFFABLE, (c'est à dire rationel, ou dicible & explicable) est ce dont nous pouuons *dire la grandeur, l'espece, & position: Mais cette definition est vn peu trop generale, car proprement & selon soy,* Effable, *est ce qui est cognu par certaines choses, & selon vne mesure donnee par position, comme d'vn espam ou d'vn doigt.*

Ces choses doncques estans ainsi expliquees, nous pouuons aisement apperceuoir en quoy conuiennent & different toutes les choses que nous auons dictes cy-dessus: Et premierement comme s'accorde Ordonné *auec* Cognu, *& semblablement leurs opposez entr'eux; car on ne peut point dire qu'vne de ces choses par contreschange soit l'autre, ny aussi que l'vne n'ait pas plus d'estendue que l'autre, quoy qu'ils s'accordent en plusieurs choses, comme descrire vne ligne droicte par deux poincts, & constituer vn triangle equilateral par trois cercles. Mais quarrer vn cercle, cela est bien* Ordonné, *mais* Incognu *neantmoins: Item qu'à vn poinct d'vne Spyralle il y ait vne seule touchante, cela est bien du genre des* Ordonnez, *& ne se peut faire autrement, mais pourtant la demonstration & construction n'en est pas cognue. Et derechef, la section indefinie, & la constitution du Scalene est bien* Cognue, *mais elle n'est pas* Ordonnee; *tellement qu'il est manifeste qu'entre les* Ordonnez, *il y en a de* Cognus, *& d'autres* Incognus: *Et par le contraire, qu'entre les* Cognus, *il y en a d'*Ordonnez, *& d'autres* Inordonnez: *Et partant ces choses se rapportent entr'elles, comme entre les animaux, celuy qui a raison auec celuy qui a des pieds; car ils ne s'egallent point entr'eux, ny l'vn ne s'estend pas plus que l'autre.*

*Semblablement se comportent entr'eux l'*Ordonné *& l'*Inordonné, *au regard du* Porime *& de l'*Apore, *veu qu'entre iceux il y a vne tres-grande ressemblance, & different entr'eux en la façon susdite: Car à la verité la Spyralle est bien Ordonnee, mais elle n'estoit pas Porime deuant Archimede. Et par mesme raison les choses qui sont inordonnees & cognues par infinis moyens sont Porimes, si quelqu'vn en inuente leur constitution & construction. Et neantmoins elles ne sont pas encore ordonnees, comme est constituer vn triangle Scalene, car il n'est pas difficile de faire cognoistre la constitution d'iceluy par vn equilateral, voire il est tres-facile, quoy qu'il soit inordonné, & cognu en infinies façons.*

*Et de mesme façon se comportent l'*Ordonné *& l'*Inordonné *auec l'*Effable *& l'*Irrationel, *car en plusieurs choses ils s'accordent entr'eux, & different neantmoins par la susdite raison, veu que ces choses-là ne s'egallent point entr'elles, ny vne chose ne contient pas l'autre: Car tous les binomes, & les choses qui sont prises comme irrationelles, sont bien ordonnees; mais elles ne sont pas pourtant effables ou dicibles & expliquables, comme ne l'est pas le diametre du quarré au regard du costé. Or des Effables il y en a plusieurs inordinez, parce qu'ils sont cognus diuersement, & en façons indeterminees: Car on peut mesurer vn triangle Scalene par vne mesure proposee & definie, comme explicable, quoy qu'il soit inordonné.*

Or il est aisé de voir la conuenance du Cognu *auec le* Porime, *mais il est difficile d'en expliquer leur difference, d'autant que leur nature approche l'vne de l'autre, tellement qu'ils semblent s'egaler entr'eux: il paroistra neantmoins y auoir quelque difference à qui les considerera de prés. Car qu'il n'y ait qu'vne ligne droicte qui touche la Spyralle en vn poinct, cela est* Cognu; *toutesfois le Probleme n'en est pas* Porime, *n'estant pas encore compris. De maniere que tout ce qui est* Cognu *n'est pas pourtant* Porime: *Mais tout ce qui est* Porime *est aussi* Cognu; *& partant le* Cognu *paroist plus estendu que le* Porime.

Or le Cognu, *le* Porime, *& l'*Effable *conuiennent en certaines choses, & different en d'autres par la mesme raison que nous auons desia ditte: Car ces lignes-là que l'on appelle Irrationelles, à la verité sont cognues, & toutesfois elles ne sont pas effables ou explicables.*

Au contraire tout nombre est bien Effable, & neantmoins tout nombre n'est pas Cognu. Mais l'Effable de sa nature est tousiours effable, iaçoit que quelque longueur soit tantost effable, & tantost non, si elle est exigee auec quelque autre selon vne mesme mesure. Mais aussi cette mesme longueur est par fois cognue, & autresfois non, iaçoit qu'elles s'accordent totalement entr'elles. Or il est dificile de trouuer quelque chose qui soit Effable & Incognu ensemble; car le Cognu semble paroistre plus estendu que l'Effable. Et par ces choses il est manifeste que le Porime & l'Apore different du Rationel ou Effable, & de l'Irrationel: Car il se peut faire que des choses Irrationelles, quelques vnes soient Porimes; mais des Rationelles, aucunes ne peuuent estre irrationelles. Et partant il est tres-aisé à voir en quoy s'accordent les choses susdites, neantmoins elles se comportent entr'elles de telle sorte qu'il semble que le Porime soit plus estendu que l'Effable.

Or par ces choses on peut recognoistre la difference des choses qui ont esté dittes, car à la verité Effable & Irrationel se dit au respect de la mesure, laquelle neantmoins n'est pas paruenue à nostre cognoissance; veu que quelque chose qui est rationel, peut n'estre pas cognu de nous, & semblablement estre rationel, & n'estre iamais compris qu'il le soit. Mais l'Ordonné & l'Inordonné se dit selon soy, & selon la propre nature de la chose qui vient en contemplation, encore qu'il ne soit pas compris de nous, comme Archimede a apperceu quelques choses estre ordonnees de leur nature, lesquelles Serenus auoit auparauant contemplees. Mais le Cognu & l'Incognu se dit au regard de nous; tellement que les choses susdites different entr'elles: car celles-cy se rapportent à nous, celles-là à la propre nature, & les autres à la mesure.

Ayant donc expliqué les conuenances & differences des choses qui ont esté proposees il reste à considerer que c'est que Donné: Car de tous ceux-là qui croient que ce qui est concedé en l'hypothese par le proposant soit le Donné, se fournoient de ce qui est cherché, parce que tous les Elemens des Donnez ne sont pas composez de cette sorte de Donné, qui est selon l'hypothese, comme on peut voir aux traictez qui ont esté faits du Donné: C'est pourquoy delaissant cette opinion il nous faut iuger des definitions des autres. Donc ce qui est concedé en l'hypothese, est quelque chose qui est consequemment cognue par les principes: mais ceux qui se seruent des definitions d'vn seul mot, le definissent & le marquent par quelques-vns des susdits, comme il a esté dit au commencement; tellement que presque tous semblent auoir eu cette commune notion du Donné, sçauoir est qu'il est compris, comme aussi le mot de Donné le manifeste: Et entre ceux-cy, sont les principaux ceux qui le definissent par l'hypothese ou supposition: Et les autres ont eu egard à ce qui est concedé. Mais nous vsant des choses dites comme d'vne regle & addresse pour bien iuger, nous pourrons trouuer vne parfaitte definition de Donné: Car il est certain qu'il faut qu'elle s'egale & conuertisse auec la chose definie, qui est vne chose propre aux bonnes definitions. Or telle semble estre la definition du proposé, laquelle entre les expliquees le plus simplement, le definit Porime; & entre les complexes, celle qui le definit Porime & Cognu ensemble, mais toutes les autres sont imparfaittes: Car celle qui le definit Ordonné, ne suffit pas pour la comprehension & intelligence du Donné, parce que ny tout ordonné, ny le seul ordonné n'est pas compris, veu qu'il y a des choses inordonnees qui ont la mesme condition, comme il a esté monstré. Celle-là ne satisfait pas non plus, laquelle descrit qu'il est le Cognu: car tout cognu n'est pas compris, encore que le seul cognu soit compris. Celle-là n'est pas aussi parfaitte laquelle definit que c'est l'Effable: car l'effable n'est pas seul compris, puis que quelques vnes des irrationelles sont aussi comprises: Semblablement tout effable n'est pas compris, comme nous auons declaré cy-dessus. Or entre les definitions qui s'expliquent par vn seul mot, reste celle qui le definit Porime, laquelle semble grandement manifester la comprehension; car tout Porime & le seul Porime est compris : Pourtant Euclide mesme a vsé d'vne telle definition descriuant toutes les especes de Donnez par luy conceues & regardees. Mais entre les definitions composees celle-là est parfaitte, laquelle definit le Donné estre le Cognu & le Porime ensemble, ayant le Cognu pour genre analogique, & le Porime pour difference. Mais celle-là est imparfaitte, laquelle dit l'Ordonné & le Porime ensemble : car les choses qui sont telles ne sont pas seules donnees. Et celle-là qui le definit Ordonné & Effable ensemble, comprend semblablement le Donné auec deffaut. Mais celle du Cognu & Ordonné ensemble, n'est pas aussi receuable, veu qu'elle excede ce qu'on definit : car ce qui est tel n'est pas donné seul. Donc ceux-là seuls qui ont dit que le Donné est le Cognu & le Porime ensemble, semblent auoir atteint la notion du Donné : car ce qui est tel, est tout & seul compris, lesquelles deux choses doiuent estre aux definitions bien donnees. Mais ceux-là approchent bien prés de ceux-cy, lesquels ont defini ainsi : Donné est ce à quoy nous pouuons trouuer vn egal, selon les choses que nous auons proposees aux premieres hypotheses & principes. Du nombre desquels est Euclide ayant vsé par tout du verbe πορίσαι qui signifie exhiber ou inuenter, quoy qu'il delaisse le Cognu comme consequent du Porime. Quelqu'vn pourroit neantmoins le reprendre de ce qu'il n'ait auparauant defini Donné en general, mais immediatement quelques vnes des especes de Donné, iaçoit qu'aux Elemens de Geometrie il ait definy la ligne simple auant que de definir les especes.

Quelle est l'vtilité du traicté des Donnez.

Donques apres auoir expliqué vniuersellement & selon qu'il nous a semblé necessaire pour l'vsage present, que c'est que DONNÉ, il faut consequemment que nous facions voir les vtilitez de ce traicté. Or ce traicté est tel, qu'il n'est pas seulement institué pour l'amour de soy-mesme, mais aussi pour quelque autre chose : car il est grandement necessaire au lieu que lon appelle Resolu : Et nous auons desia dit ailleurs combien de force obtient le Lieu resolu aux disciplines Mathematiques & en l'Optique & Canonique, lesquelles approchent grandement d'icelles, tant pource que la Resolution est vne inuention de la demonstration, que parce qu'en choses semblables elle nous sert de beaucoup pour l'inuention de la demonstration, ou parce qu'il est beaucoup plus excellent de rencontrer vne puissance resolutiue, que de posseder plusieurs demonstrations particulieres.

A quelle science se rapporte le traicté des Donnez.

Or veu que la consideration des Donnez est vtile à toutes les sciences, attendu qu'elle sert de beaucoup à la RESOLVTION, elle sera dite à bon droict estre reuoquee non pas à vne seule science, mais à la Mathematique vniuersellement, laquelle traicte des nombres, des temps, de la velocité, & choses semblables; qui traitte mesme des raisons, comme aussi des proportions, & pour dire en vn mot de toutes medietez. Parquoy pour la parfaitte & demonstratiue cognoissance des Donnez tant vtile, Euclide a trauaillé à ce liure des Donnez, lequel autheur entre tous ceux qui ont composé des Elemens de Geometrie obtient à bon droict le premier rang, & lequel ayant elabouré les Elemens, ou plustost les introductions presque de toutes les disciplines Mathematiques, assauoir de toute la Geometrie en 13 liures; de l'Astronomie es Phænomenes, de la Musique, & Optique, il a laissé par escrit les Elemens resolutifs du traicté de Donné. Mais comme il estoit Geometre, il a particulierement accommodé aux grandeurs ce qui estoit du Donné, & toutesfois commun aux autres choses, laquelle methode a aussi esté obseruee par luy, lors que traittant vniuersellement des raisons & proportions, il les a appropriees aux grandeurs au 5. liure des Plans.

Maintenant il a esté dit en general que c'est que Donné, *à quelle science il appartient, & combien en est vtile la contemplation: Adioustons donc à ce qui a esté dit la description d'icelle science, la quelle traitte du* Donné, *attendu qu'elle est, comme il appert par ce qui a esté dit, vne comprehension en toutes manieres de* Donnez, *& de leurs accidens & proprietez. Mais en egard au liure proposé nous dirons que c'est vne doctrine Elementaire de toute la cognoissance du* Donné: *dont s'ensuit qu'elle sera fort vtile, cõme aussi les choses y contenues, entant qu'elles se referent au* Donné. *Or ce liure est diuisé selon les especes des Donnez, & en la premiere section sont contenues les choses qui sont donnees par raison: secondement, celles qui sont donnees par position; & en apres, celles qui sont donnees par espece. Car ce qui est* Donné *par grandeur, est simple & particulierement contenu aux autres, & principalement aux Donnez par espece. Or il a commencé aux choses donnees par raison & position, d'autant que celles qui sont donnees par espece en sont constituees. Euclide donne encore vne autre diuision à ce liure; car il le diuise en vniuerselles grandeurs, en lignes, en superficies, & en theoremes circulaires; lequel ordre il a aussi gardé es definitions & suppositions de ce liure. Outre ce il s'est serui d'vn genre d'enseigner qui ne procede point par la composition, mais par la resolution, ainsi que Pappus a fait voir amplement aux Commentaires qu'il a fait sur ce liure.*

FIN.

LES DONNEZ D'EVCLIDE.

DEFINITIONS.

1. LES plans ou espaces, les lignes, & les angles, ausquels nous en pouuons trouuer d'egaux seront dits estre donnez par grandeur.

2. Vne raison est dicte estre donnee, lors que nous en pouuons trouuer vne mesme, ou egale à icelle.

3. Les figures rectilignes dont les angles sont donnez, & aussi les raisons que les costez ont entr'eux, sont dictes estre donnees par espece.

4. Les poincts, les lignes, & les angles, qui ont & gardent tousiours vn mesme lieu & sit, sont dicts estre donnez par position ou sitution.

5. Vn cercle est dit estre donné par grandeur, lors qu'on en donne le demi-diametre par grandeur.

6. Vn cercle est dit estre donné par position, & par grandeur, lors qu'on en donne le centre par position, & le demi-diametre par grandeur.

7. Les segmens de cercles ausquels les angles, & les bases sont

donnees par grandeur, sont dicts estre donnez par grandeur.

8. Les segmens de cercle, ausquels les angles sont donnez par grandeur, & les bases des segmens par position & grandeur, sont dicts estre donnez par position & par grandeur.

9. Vne grandeur est plus grande qu'vne autre, d'vne grandeur donnee, lors qu'en ayant osté la donnee, le reste est egal à cette autre.

A D B

C

C'est à dire que s'il y a deux grandeurs inegales, comme AB & C, & qu'ayant osté de AB vne grandeur donnee BD, le reste AD soit egal à l'autre grandeur C; icelle AB sera dite plus grande que C, d'vne grandeur ou excez donné.

10. Vne grandeur est moindre qu'vne autre, d'vne grandeur donnee, lors qu'ayant adiousté la donnee à icelle, la toute est egale à cette autre.

A B D

C

C'est à dire que s'il y a deux grandeurs inegales, comme AB & C, & qu'ayant adiousté à la moindre AB, vne grandeur donnee BD, toute la grandeur AD soit egale à l'autre grandeur C: Icelle AB sera dicte moindre que C, d'vne grandeur ou excez donné.

11. Vne grandeur est dite plus grande qu'vne autre grandeur d'vne donnee, qu'en raison, lors qu'ostant d'icelle grandeur la donnee, le reste a à cette autre vne raison donnee.

Soient par exemple deux grandeurs AB & CB, & ayant osté de AB, vne grandeur donnee AD, le reste DB ait à l'autre grandeur CB, vne raison donnee: Icelle AB sera dicte plus grande que CB d'vne donnee, qu'en raison; pource qu'ayant osté d'icelle AB la donnee AD, le reste DB a à l'autre grandeur CB vne raison donnee.

A D C B

12. Vne grandeur est dite moindre qu'vne autre d'vne grandeur donnee, qu'en raison; lors que la donnee luy estant adioustee, la toute a à cette autre vne raison donnee.

Soient par exemple deux grandeurs AB, BC; & ayant adiousté à AB, vne grandeur donnee AD, la toute DB ait à l'autre grandeur BC vne raison donnee: Icelle AB sera dicte moindre que la mesme BC d'vne donnee, qu'en raison; car ayant adiousté à icelle AB, la grandeur donnee AD, la composee DB a à l'autre grandeur BC, vne raison donnee.

D A B C

13. Vne

13. Vne ligne droicte est au long ou vis à vis par position, quand par vn poinct donné elle est menee parallele à vne autre ligne.

PROPOSITION I.

Des grandeurs estans donnees, la raison qu'elles ont entr'elles est aussi donnee.

Soient donnees les grandeurs A & B: Ie dis que la raison de A à B est donnee.

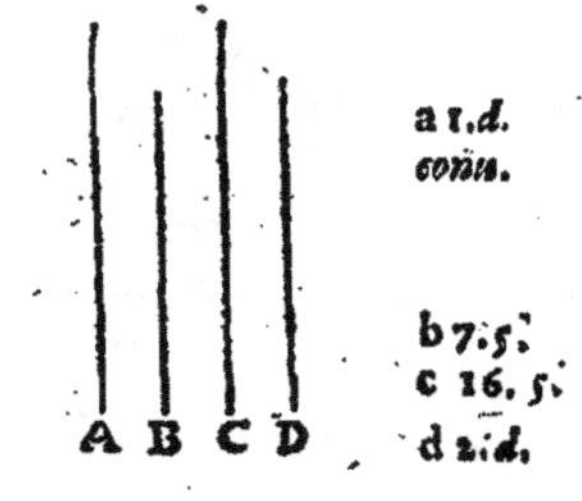

Car puis que la grandeur A est donnee, [a] nous en pouuons trouuer vne egale à icelle; laquelle soit C: Derechef, d'autant que la grandeur B est donnee, nous en pouuons aussi trouuer vne egale à icelle: & soit D. Donc puis que A est egale à C, & B à D, comme A est à C [b] ainsi B à D: & en permutant, [c] comme A sera à B, ainsi C à D. Donc [d] la raison de A à B est donnee: car c'est la mesme raison que de C à D, que nous auons trouuée. Ce qu'il falloit demonstrer.

a 1.d. conu.
b 7.5.
c 16.5.
d 2.d.

PROP. II.

Si vne grandeur donnee a à quelque autre grandeur vne raison donnee, cette autre est aussi donnee par grandeur.

Que la grandeur donnee A ait à vne autre grandeur B vne raison donnee: Ie dis qu'icelle B est aussi donnee par grandeur.

Car puis que A est donnee, nous en pouuons trouuer vne egale à icelle; laquelle soit C: Et d'autant que la raison de A à B est aussi donnee, nous en pouuons trouuer [e] vne de mesme: Qu'elle soit trouuee, & soit la raison de C à D. Or puis que comme A est à B, ainsi C à D; en permutant, comme A à C, ainsi B à D: Mais A est egale à C: Donc [f] B sera aussi egale à D. Partant [h] la grandeur B est donnee, veu qu'à icelle en a esté trouuee vne egale D.

e 2.d.
f 14.5.
h 1.d.

PROP. III.

Si des grandeurs donnees sont composees, aussi sera donnee cette grandeur-là, qui est composee d'icelles.

Soient composees les grandeurs donnees AB, BC: Ie dis que la grandeur AC, qui est composee des grandeurs AB, BC, est donnee.

Car puis que AB est donnee, nous en pouuons trouuer vne egale à icelle: laquelle soit DE. Derechef, veu que BC est donnee, nous en pouuons aussi trouuer vne egale à icelle, laquelle soit EF. Donc puis que à icelle DE est egale AB, & à EF est egale BC, la toute [g] AC est egale à la toute DF. Donc AC [h] est donnee, puis que à icelle a esté posee egale DF.

g 2. ax.

KKKk

Pagination incorrecte — date incorrecte

NF Z 43-120-12

Pagination incorrecte — date incorrecte

NF Z 43-120-12

PROP. IIII.

Si d'vne grandeur donnee, on oste vne grandeur donnee, aussi sera donnee la grandeur restante.

Que d'vne grandeur donnee AB, soit retranchee la grandeur donnee AC: le dis que la grandeur restante CB est donnee.

Car d'autant que AB est donnee on en peut trouuer vne egale à icelle; laquelle soit DE. Derechef, puis que AC est donnee nous en pouuons aussi trouuer vne egale à icelle, laquelle soit DF. Veu donc que la grandeur AB est egale à la grandeur DE, & la
h 3.ax. grandeur AC à la grandeur DF; le reste CB[h] sera egal au reste FE. Parquoy CB est donnee: car à icelle en a esté baillee vne egale FE.

A D C F B E

PROP. V.

Si vne grandeur a vne raison donnee à quelque partie d'icelle; elle aura aussi à la partie restante vne raison donnee.

Que la grandeur AB ait vne raison donnee à quelque partie d'icelle AC: Ie dis qu'elle aura aussi à la partie CB vne raison donnee.

Car soit exposee vne grandeur donnee DE; & pource que la
d 2.d. raison de la grandeur AB à la grandeur AC est donnee,[d] nous en-
conu. pouuons trouuer vne de mesme, laquelle soit DE à DF: Donc la raison d'icelle DE à DF est donnee: Mais DE estant donnee,
i 2 p. [i] aussi l'est sa partie DF, & consequemment [l] le reste FE: Donc
l 4.p. [m] puis que DE & FE sont donnees, la raison d'icelle DE à FE
m 1 p. est aussi donnee. Et d'autant que comme DE est à DF, ainsi AB à AC, en con-
n sch. uertissant [n] comme DE à FE, ainsi AB à CB. Mais la raison de DE à FE est
19.5. donnee, comme il a esté demonstré: Donc aussi la raison de AB à CB est donnee.

A D C F B E

SCHOLIE.

De cecy est euident que si vne grandeur a à quelque partie d'icelle vne raison donnee, en diuisant, sera aussi donnee la raison d'vne partie à l'autre. Car puis que comme DE est à FE, ainsi AB est à CB; en diuisant, comme DF à FE, ainsi AC à CB. Mais il a esté demonstré que les parties DF & FE sont donnees, & consequemment leur raison est aussi donnee: pareillement donc est donnee la raison de AC à CB.

PROP. VI.

Si deux grandeurs ayans entr'elles vne raison donnee sont composees, aussi la grandeur composee d'icelles aura à l'vne & à l'autre vne raison donnee.

Soient composees deux grandeurs AB, BC ayans entr'elles vne raison donnee: Ie dis que la toute AC a vne raison donnee à chacun d'icelles AB, AC.

Car soit exposee vne grandeur donnee DE; & pource que la raison de AB à

BC est donnee, en soit fait vne mesme d'icelle DE à EF: Donc la raison d'icelle DE à EF est donnee: & partant[o] la grandeur DE estant donnee, l'vne & l'autre d'icelles DE, FE est donnee. Parquoy[p] la toute DF sera aussi donnee. Donc[q] la raison de la mesme DF a chacune d'icelles DE, EF sera donnee. Et d'autant que comme AB à BC ainsi DE à EF: en composant,[r] comme AC à BC, ainsi DF à EF: Donc en conuertissant,[s] comme AC à AB, ainsi DF à DE. Parquoy comme la toute DF est à l'vne & à l'autre grãdeur DE, EF, ainsi la toute AC est à l'vne & à l'autre grandeur AB, BC. Donc[t] la raison d'icelle AC à chaque grandeur AB, BC est dõnee.

o 2 p. p 3 p. q 1 p. r 18 5. s 1 sch. 19. 5. t 2. d.

PROP. VII.

Si vne grandeur donnee est couppee en raison donnee, chaque segment est donné.

Que la grandeur donnee AB soit couppee en vne raison donnee, sçauoir est de AC à CB: Ie dis que chaque segment AC, CB sera donné.

Car d'autant que la raison de AC à CB est donnee, la raison de[u] AB à chacune d'icelles AC, CB est aussi donnee. Mais AB est donnee: donc[x] chacun des segmens AC, CB est aussi donné.

u 6 p. x 2. p.

PROP. VIII.

Les grandeurs qui ont à vne mesme vne raison donnee, seront entr'elles en vne raison donnee.

Que chaque grandeur A & C ait vne raison donnee à la grandeur B: Ie dis que la raison de la grandeur A à la grandeur C est aussi donnee.

Car soit exposee vne grandeur donnee D: & puis que la raison de A à B est donnee, soit faite la mesme d'icelle D à E. Or veu que D est donnee[y] aussi E est donnee. Derechef, puis que la raison de B à C est donnee, soit faite la mesme de E à F. Mais E est donnee: & partant F est aussi donnee. Mais puis que D est donnee,[z] la raison d'icelle D à F est donne. Et d'autant que comme A à B, ainsi D à E, & cõme B à C, ainsi E à F, en raison egale,[a] comme A à C, ainsi D à F. Mais la raison d'icelle D à F est dõnee: Donc la raison de A à C est aussi donnee.

y 2. p. z 1. p. a 22. 5.

PROP. IX.

Si deux ou dauantage de grandeurs sont entr'elles en raison donnée: & que les mesmes grandeurs ayent à quelques autres grandeurs des raisons donnees, iaçoit qu'elles ne soient les mesmes: ces autres grandeurs seront aussi entr'elles ne raisons donnees.

Que deux ou dauantage de grandeurs A, B, C, soyent entr'elles en raison donnee; & que ces mesmes grandeurs A, B, C, ayent à quelques autres grandeurs D, E, F, les raisons donnees, non toutesfois les mesmes: Ie dis qu'icelles D, E, F seront entr'elles en raisons donnees.

Car d'autant que la raison de A à B est donnee, & aussi celle de A à D; la raison de D à B sera donnee: Mais la raison de B à E est aussi donnee: Donc la raison d'icelle D à E sera pareillement donnee.

Derechef, puis que la raison de B à C est donnee, & aussi celle de B à E; la raison de E à C sera donnee. Mais la raison de C à F est aussi donnee: Donc [b] la raison de E à F sera donnee. Mais il a esté demonstré que la raison de D à E est aussi donnee: & partant [b] la raison de D à F sera donnee. Donc les grandeurs D, E, F, sont entr'elles en raisons donnees.

b 8 p.

PROP. X.

Si vne grandeur est plus grande qu'vne grandeur d'vne donnee, qu'en raison: la composee des deux sera aussi plus grande que cette mesme grandeur d'vne donnee, qu'en raison: Mais si cette composee est plus grande que la mesme grandeur d'vne donnee, qu'en raison; ou le reste sera aussi plus grand qu'icelle mesme d'vne donnee, qu'en raison; ou bien sera donné icelay reste auec la suiuante, à laquelle l'autre grandeur a raison donnee.

Soit la grandeur AB plus grande que la grandeur BC d'vne donnee, qu'en raison: Ie dis que la toute AC est aussi plus grande que la mesme BC d'vne donnee, qu'en raison.

Car puis que AB est plus grande que BC d'vne donnee, qu'en raison, en soit ostee la grandeur donnee AD: Donc [c] la raison du reste DB à BC est donnee; & en composant, [d] la raison de DC à BC est aussi donnee. Mais la grandeur AD est aussi donnee: Donc AC est plus grande que [e] la mesme BC d'vne donnee, qu'en raison.

c 11 d.
d 6 p.

Derechef, soit la grandeur AC plus grande que la grandeur BC d'vne donnee, qu'en raison: Ie dis que le reste AB est ou plus grand que la mesme BC d'vne donnee qu'en raison, ou que la mesme AB auec celle qui suit, à laquelle BC a vne raison donnee, est donnee.

Car d'autant que la grandeur AC est plus grande que la grandeur BC d'vne donnee, qu'en raison, en soit retranchee la grandeur donnee. Or icelle grandeur donnee est, ou moindre que la grandeur AB, ou plus grande. Soit premierement moindre, & soit AD; donc la raison du reste DC à CB est donnee. Parquoy en diuisant [e] la raison de DB à BC est donnee. Mais la grandeur AD est aussi donnee : Donc la grandeur AB est plus grande [f] que la grandeur BC d'vne donnee, qu'en raison. Soit maintenant la grandeur donnee plus grande que la grandeur AB; & soit posee AE egale à icelle : Donc [f] la raison du reste EC à CB est donnee : Et en conuertissant, [g] la raison d'icelle BC à BE est aussi donnee. Mais icelle EB auec BA est donnee, pource que la toute AE est donnee : Donc est donnee AB auec celle qui suit BE, à laquelle BC a vne raison donnee.

e sch. 5. pr.
f 11. d.
g 5. p.

PROP. XI.

Si vne grandeur est plus grande qu'vne grandeur d'vne donnee, qu'en raison, la mesme grandeur sera aussi plus grande que la composee d'icelles d'vne donnee, qu'en raison : Et si la mesme grandeur est plus grande que les deux ensemble d'vne donnee, qu'en raison; cette mesme grandeur sera aussi plus grande que le reste d'vne donnee, qu'en raison.

Que la grandeur AB soit plus grande que la grandeur BC d'vne donnee, qu'en raison : Ie dis que la mesme AB est aussi plus grande que la toute AC d'vne donnee, qu'en raison.

Car puis que la grandeur AB est plus grande que BC d'vne donnee, qu'en raison, en soit ostee vne grandeur donnee AD. Donc [h] la raison du reste DB à BC est donnee ; & partant [i] la raison de DC à BD sera aussi donnee. Soit fait la mesme de AD à DE : Donc la raison d'icelle AD à DE est donnee. Mais AD est donnee ; Donc [l] DE est aussi donnee, & consequemment [m] le reste AE est aussi donné. Mais d'autant que comme AD à DE, ainsi DC à BD, en permutant, [n] comme AD à DC, ainsi DE à DB : Donc en composant, [o] comme AC à CD, ainsi EB à DB; & en permutant, [n] comme AC à EB, ainsi DC à DB. Mais la raison de DC à DB est donnee : Donc aussi le sera celle de AC à EB, consequemment celle de EB à AC. Mais il a esté demonstré que AE est donnee : Donc [h] AB est plus grande que AC d'vne donnee AE, qu'en raison.

h 11. d.
i 6. p.
l 2. p.
m 4. p.
n 16. 5.
o 18. 5.

A E D B C

Mais maintenant soit AB plus grande que AC d'vne donnee, qu'en raison : Ie dis que la mesme AB est aussi plus grande que le reste BC d'vne donnee, qu'en raison. Car d'autant que AB est plus grande que AC d'vne donnee qu'en raison, en soit retranchee la grandeur donnee AE. Donc la [h] raison du reste EB à AC est donnee, & consequemment aussi le sera celle de AC à EB. Soit faite la mesme de AD à DE : Donc la raison de AD à DE est donnee; & en conuertissant, [p] la raison de AD à AE sera aussi donnee, & consequemment celle de AE à AD. Or AE est donnee : Donc la toute AD [l] sera aussi donnee. Et d'autant que comme la toute AC est à la toute EB, ainsi la retranchee AD est à la retranchee ED ; ainsi aussi sera [q] le reste DC au reste DB. Mais la raison de AC à EB est donnee : Donc aussi le sera celle de DC à DB. Parquoy en diuisant,

p 5. p.
q 19. 5.

r sch. [r] la raison de BC à DB est donnee, & consequemment aussi le sera celle de DB
5.pr. à BC. Mais il a esté demonstré que AD est donnee: Donc [h] AB est plus grande
h 11.d. que la mesme BC d'vne donnee, qu'en raison.

PROP. XII.

S'il y a trois grandeurs, & que la premiere auec la seconde soit donnee, mais la seconde auec la tierce soit aussi donnee: ou la premiere sera egale à la tierce, ou l'vne sera plus grande que l'autre d'vne donnee.

Soient trois grandeurs AB, BC, CD; & AB auec BC, sçauoir AC soit donnee: mais BC auec CD, sçauoir BD soit aussi donnee: Ie dis que la grandeur AB est ou egale à la grandeur CD, ou que l'vne est plus grande que l'autre d'vne donnee.

A B C D

Car d'autant que chacune des grandeurs AC, BD est donnee, les grandeurs donnees sont ou egales entr'elles, ou inegales: Qu'elles soient premierement
f 3.ax. egales. Donc AC est egale à BD; soit ostee la commune BC, & demeurera [f] AB egale à CD. Mais qu'elles soient inegales, comme en cette autre figure. Et soit BD plus grande que AC. Soit donc posee BE egale à AC. Or puis que AC est donnee, BE est aussi donnee. Mais la toute BD
t 4.pr. est aussi donnee: le reste ED [t] le sera donc aussi. Et d'autant que BE est egale à AC ostant la commune BC, [s] restera AB egale à CE. Mais ED est donnee: Donc CD est plus grande que AB d'vne donnee ED.

A B C E D

SCHOLIE.

Que si la premiere auec la seconde, sçauoir AC estoit plus grande que la seconde auec la tierce, sçauoir BD, comme en cette autre figure, on feroit CE egale à icelle BD; & par mesmes raisons que dessus on demonstreroit AE estre donnee, & egale à CD: & partant AB estre plus grande que CD d'vne donnee.

A E B C D

PROP. XIII.

S'il y a trois grandeurs, & que la premiere d'icelles ait à la seconde vne raison donnee, mais la seconde soit plus grande que la tierce d'vne donnee, qu'en raison; aussi la premiere sera plus grande que la tierce d'vne donnee, qu'en raison.

Soient trois grandeurs AB, CD, E; & icelle AB ait à CD vne raison donnee: mais la grandeur CD soit plus grande que la grandeur E, d'vne donnee, qu'en raison: Ie dis que la grandeur AB est plus grande que la grandeur E d'vne donnee, qu'en raison.

Car puis que CD est plus grande que E d'vne donnee, qu'en raison, en soit ostee vne grandeur donnee CF: Donc la raison du reste FD à E est donnee. Et d'autant que la raison de AB à CD est donnee, soit faite la mesme de AH à CF. Donc la raison d'icelle AH à CF est donnee. Mais CF est donnee: Donc [u] AH est aussi donnee. Et veu que comme la toute AB est à la toute CD, ainsi la retranchee AH est à la retranchee CF, & ainsi [x] aussi le reste HB est au reste FD: la raison d'icelle HB à FD est aussi donnee. Mais la raison de FD à E est aussi donnee: Donc [o] la raison de HB à E est donnee. Mais il a esté demonstré que AH est donnee: Donc [l] AB est plus grande qu'icelle E d'vne donnee, qu'en raison.

u 2.pr.
x 19. 5.
o 8.pr.
l 11. d.

PROP. XIIII.

Si deux grandeurs ont entr'elles vne raison donnee, & qu'à chacune d'icelles on adiouste vne grandeur donnee: ou les toutes auront entr'elles vne raison donnee, ou l'vne sera plus grande que l'autre d'vne donnee, qu'en raison.

Soient deux grandeurs AB, CD ayans entr'elles vne raison donnee; & à chacune d'icelles soit adioustee vne grandeur donnee, sçauoir BE & DF: Ie dis que les toutes AE, CF, ou sont entr'elles en vne raison donnee, ou que l'vne est plus grande que l'autre d'vne donnee, qu'en raison.

Car d'autant que chacune d'icelles BE, DF est donnee, [y] la raison d'icelle BE à DF est aussi donnee: Et si cette raison est la mesme que de AB à CD; celle de la toute AE à la toute CF [z] sera encore la mesme: & partant la raison d'icelle AE à CF est donnee.

y 1.pr.
z 12. 5.

Maintenant, la raison de BE à DF ne soit la mesme que de AB à CD; & soit fait comme AB à CD, ainsi BG à DF: Donc la raison d'icelle BG à DF est donnee. Mais la grandeur DF est donnee: Donc [a] BG est aussi donnee. Et puis que la toute BE est donnee, [b] le reste GE sera aussi donné. Mais d'autant que comme AB à CD, ainsi BG à DF; [z] ainsi aussi est la toute AG à la toute CF: & partant la raison d'icelle AG à CF est donnee: Mais la grandeur GE est donnee: Donc [l] la grandeur AE est plus grande que la grandeur CF d'vne donnee, qu'en raison.

a 2.pr.
b 4.pr.
z 12. 5.
l 11. d.

PROP. XV.

Si deux grandeurs ont entr'elles vne raison donnee, & que de chacune d'icelles on oste vne grandeur donnee: les grandeurs restantes, ou auront entr'elles vne raison donnee, ou l'vne sera plus grande que l'autre d'vne donnee qu'en raison.

Soient deux grandeurs AB, CD, ayans entr'elles vne raison donnee, & que de chacune d'icelles soit retranchee vne grandeur donnee, c'est assauoir de

AB la grandeur AE, & de CD la grandeur CF: Ie dis que les restes EB, FD, ou sont entr'eux en vne raison donnee, ou bien que l'vn est plus grand que l'autre d'vne donnee, qu'en raison.

Car d'autant que chaque grandeur AE, CF est donnee, la raison de AE à CF est donnee: Et si elle est la mesme que de AB à CD, celle du reste EB au reste
c 19.5. FD[c] sera aussi la mesme; & partant la raison d'icelle EB à FD sera aussi donnee. Mais si elle n'est la mesme, soit fait comme AB à CD, ainsi AG à CF. Or la raison de AB à CD est donne: Donc aussi celle de
d 2 pr. AG à CF sera donnee. Mais CF est donnee: Donc[d] AG est donnee. Mais AE
e 4 pr. est aussi donnee: Donc[e] le reste EG est donnee. Et d'autant que comme AB à CD, ainsi la retranchee AG à la retranchee CF, & ainsi aussi[c] le reste GB au reste FD; la raison d'icelle GB à FD est aussi donnee. Partant puis que EG est
o 11.d. donnee, EB est plus grande que FD[o] d'vne donnee qu'en raison.

A E G B
C F D

PROP. XVI.

Si deux grandeurs ont entr'elles vne raison donnee, & que de l'vne d'icelles on oste vne grandeur donnee, & à l'autre on en adiouste vne donnee: la toute sera plus grande que le reste d'vne donnee, qu'en raison.

Soient deux grandeurs AB, CD, ayans entr'elles vne raison donnee, & que de CD on oste vne grandeur donnee DE, mais à AB soit adioustee la grandeur donnee BF: Ie dis que la toute AF est plus grande que le reste CE d'vne donnee, qu'en raison.

A G B F
C E D

Car puis que la raison de AB à CD est donnee, soit
f 2. d. faicte la mesme de BG à DE: Donc[f] la raison d'icelle BG à DE est donnee.
g 2. p. Mais DE est donnee: Donc[g] BG est aussi donnee. Mais BF est aussi donnee:
h 3. p. Donc[h] la toute GF est donnee. Et puis que comme AB à CD, ainsi la retran-
i 19.5. chee BG à la retranchee DE, &[i] ainsi aussi le reste AG au reste CE; la raison d'icelle AG à CE est donnee: Mais GF est donnee: Donc la grandeur AF est plus grande[o] que la grandeur CE d'vne donnee, qu'en raison.

PROP. XVII.

S'il y a trois grandeurs, & que la premiere soit plus grande que la seconde d'vne donnee, qu'en raison, mais la tierce soit aussi plus grande que la mesme seconde d'vne donnee, qu'en raison: la premiere aura à la tierce, ou vne raison donnee, ou l'vne sera plus grande que l'autre d'vne donnee, qu'en raison.

Soient trois grandeurs AB, E, CD, & que chacune des grandeurs AB, CD, soit

soit plus grande que la grandeur E d'vne donnee, qu'en raison: Ie dis que les grandeurs AB, CD, ou sont entr'elles selon vne raison donnee, ou que l'vne est plus grande que l'autre d'vne donnee, qu'en raison.

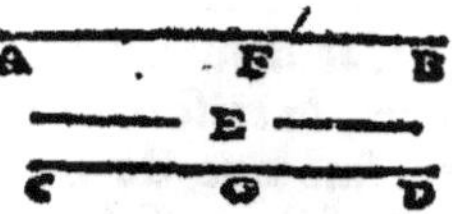

Car puis que AB est plus grande que E d'vne donnee qu'en raison, en soit ostee la grandeur donnee AF: Donc la raison du reste FB à E est donnee. Derechef, puis que CD est plus grande que la mesme E, d'vne donnee, qu'en raison, en soit retranchee la grandeur donnee CG; & l 8.p.
la raison du reste GD à E sera donnee: Donc [l] la raison de FB à GD sera aussi donnee. Mais à icelles FB, GD, sont adioustees les grandeurs donnees AF, m 14.p.
CG: Donc les toutes AB, CD, [m] ou auront entr'elles vne raison donnee, ou l'vne sera plus grande que l'autre d'vne donnee, qu'enraison.

PROP. XVIII.

S'il y-a trois grandeurs, & que l'vne d'icelles soit plus grande que chacune des autres d'vne donnée qu'en raison, ou les deux autres auront entr'elles vne raison donnée, ou l'vne sera plus grande que l'autre d'vne donnée, qu'en raison.

Soient trois grandeurs AB, CD, EF, & l'vne d'icelles, sçauoir CD, soit plus grande que chacune des autres AB, EF, d'vne donnée qu'en raison: Ie dis que les deux grandeurs AB, EF, ou serõt entr'elles selon vne raison donnée, ou que l'vne sera plus grande que l'autre d'vne donnée, qu'en raison

Car d'autant que la grandeur CD est plus grande que la grandeur AB d'vne donnée, qu'en raison, en soit ostée la grandeur donnée DG: donc la raison du reste CG à AB est donnée. Soit faicte la mesme de GD à BH: donc la raison d'icelle DG à BH est donnée. Mais DG est donnee: donc [n] BH est aussi donnee. n 2.p.
Et d'autant que comme CG à AB, ainsi GD à BH, [o] ainsi aussi est la toute CD o 12.5.
à la toute AH; la raison d'icelle CD à AH sera aussi donnee.

Derechef, puis que la mesme CD est plus grande que EF, d'vne grandeur donnee, qu'en raison, en soit retranchee la grandeur donnee DI: Donc la raison du reste CI à EF est donnee: Soit faite la mesme de DI à FK. Donc la raison d'icelle DI à FK sera aussi donnee. Mais DI est donnee: Donc FK est aussi donnee. Et veu que comme CI à EF, ainsi ID à FK; ainsi aussi est la toute [o] CD à la toute EK: la raison d'icelle CD à EK sera donnee. Mais la raison de la mesme CD à AH est aussi donnee: Donc [p] la raison d'icelle AH à EK sera donnee. p 8.p.
Et puis que d'icelles AH, EK sont retranchees les grandeurs donnees BH, FK; les grandeurs AB, EF, [q] ou sont entr'elles en vne raison donnee, ou l'vne q 15.p.
est plus grande que l'autre d'vne donnee, qu'en raison.

PROP. XIX.

S'il y a trois grandeurs, & que la premiere soit plus grande

que la seconde, d'vne grandeur donnee, qu'en raison, & la seconde soit plus grande que la tierce d'vne donnee, qu'en raison: Aussi la premiere grandeur sera plus grande que la tierce d'vne donnee, qu'en raison.

Soient trois grandeurs AB, CD, E; & la grandeur AB soit plus grande que CD d'vne donnee, qu'en raison; mais CD soit aussi plus grande que E d'vne donnee, qu'en raison: Ie dis que AB est plus grande que la mesme E d'vne donnee qu'en raison.

Car puis que CD est plus grande que E d'vne donnee, qu'en raison, en soit ostee la grandeur donnee CF: Donc la raison du reste FD à E est donnee. Derechef, veu que AB est plus grande que la mesme CD d'vne donnee, qu'en raison, en soit ostee la grandeur donnee AG: Donc la raison du reste GB à CD est donnee. Soit faite la mesme de GH à CF: Donc la raison d'icelle GH à CF est donnee. Mais CF est donnee: Donc aussi GH est donnee.
r 3. p. Et puis AG est aussi donnee, la toute [r] AH sera aussi donnee. Mais comme GB
f 19. 5. à CD, ainsi GH à CF, & ainsi aussi le [f] reste HB au reste FD: Donc la raison d'icelle HB à FD est donnee. Mais la raison de la mesme FD à E est aussi donnee: Donc la raison de HB à E est pareillement donnee; & est aussi donnee la gran-
l 11. d. deur AE: Parquoy la grandeur AB [l] est plus grande que E d'vne donnee, qu'en raison.

AVTREMENT.

Soient trois grandeurs AB, C, D, & que AB soit plus grande que C d'vne donnée, qu'en raison; mais icelle C soit aussi plus grande que D d'vne donnée, qu'en raison: Ie dis que AB est plus grande que D d'vne donnée, qu'en raison.

Car d'autant que AB est plus grande que C d'vne donnees, qu'en raison, en soit retranchee la grandeur donnee AE: Donc la raison du reste EB à C est donnee. Mais la grandeur C
t 13. p. est plus grande que la grandeur D d'vne donnee, qu'en raison: Donc [t] EB est plus grande que D d'vne donnee qu'en raison. Parquoy en soit retranchee la
u 3. p. grandeur donnee EF; & la raison du reste FB à D sera donnee. Mais AF [u] est
l 11. d. donnee: Donc [l] AB est plus grande que D d'vne donnee, qu'en raison.

PROP. XX.

S'il y a deux grandeurs donnees, & que d'icelles soient ostees des grandeurs ayans entr'elles vne raison donnee: ou les grandeurs restantes auront entr'elles vne raison donnees, ou l'vne sera pas grande que l'autre d'vne donnee, qu'en raison.

Soient deux grandeurs donnees AB, CD, desquelles soient ostees les grandeurs AE, CF ayans entr'elles vne raison donnee: Ie dis que les grandeurs

EB, FD, ou auront entr'elles vne raison donnee, ou l'vne sera plus grande que l'autre d'vne donnee, qu'en raison. Car puis que l'vne & l'autre grandeur AB, CD est donnee, la raison d'icelle AB à CD est [z] aussi donnee : Et si c'est la mesme que de AE à CF celle du reste EB au reste FD sera[x] aussi la mesme; & par tant la raison d'icelle EB à FD sera aussi donnee. Mais si elle n'est la mesme, soit fait que cõme AE à CF, ainsi AG à CD. Or la raison d'icelle AE à CF est donnee: donc la raison d'icelle AG à CD est dõnee. Mais CD est donnee: Donc [a] AG est aussi donnee. Mais la toute AB est pareillement donnee: Donc [b] le reste BG est donné. Et puis que comme AE à CF, ainsi AG à CD, & aussi le reste EG au reste FD: la raison d'icelle EG à FD est donnee. Mais GB est aussi donnee : Donc la grandeur EB est plus grande[l] que la grandeur BD d'vne donnee, qu'en raison.

z 1.p.
x 19 5.
a 3.p.
b 4.p.
l 11.d.

A E G B
C F D

PROP. XXI.

S'il y a deux grandeurs donnees, & qu'à icelles on adiouste d'autres grandeurs ayans entr'elles vne raison donnée : ou les toutes auront entr'elles vne raison donnee, ou l'vne sera plus grande que l'autre d'vne donnee, qu'en raison.

Soient deux grandeurs donnees AB, CD, & à icelles soient adioustees les grandeurs BE, DF ayans entr'elles vne raison donnee : Ie dis que les toutes AE, CF, ou auront entr'elles vne raison donnee, ou bien que l'vne sera plus grande que l'autre d'vne donnee, qu'en raison.

A G B E
C D F

Car puis que l'vne & l'autre grandeur AB, CD est donnee, leur raison [c] est aussi donnee : Et si c'est la mesme raison que de BE à DF, ausi sera donnee la raison de la toute AE à la toute CF ; car ce sera encore [d] la mesme. Mais si ce n'est la mesme, soit fait que comme BE est à DF, ainsi BG à CD : Donc la raison d'icelle BG à CD est donnee. Mais CD est donnee : Donc [e] le sera ausi BG. Mais la toute AB est donnee : Donc le sera ausi [f] le reste AG. Et puis que comme BE à DF ainsi BG à CD, & ausi [d] la toute GE à la toute CF ; la raison d'icelle GE à CF sera pareillement donnee. Mais AG est donnee : Donc la grandeur AE est plus grande que la grandeur CF d'vne donnee, qu'en raison.

c 1.p.
d 12.5.
e 2.p.
f 4.p.

PROP. XXII.

Si deux grandeurs ont à quelque autre vne raison donnée, aussi leur composée aura à la mesme vne raison donnée.

Que les deux grandeurs AB, BC ayent à quelque autre grandeur D vne raison donnée : Ie dis que la composée AC a aussi à la mesme D vne raison donnée.

A B C
D

Car puis que chaque grandeur AB, BC a vne raison donnée à D, la raison [g] de g 8.p.

AB à BC est donnée : & en composant [h] la raison de AC à BC est donnée.
h 6. pr. Mais celle de BC à D est aussi donnée : donc [g] la raison d'icelle AC à D sera pa-
g 8. pr. reillement donnée.

PROP. XXIII.

Si le tout est au tout en raison donnée, & que les parties soient aux parties en raisons données, iaçoit que ce ne soient les mesmes : les toutes seront aux toutes en raisons données.

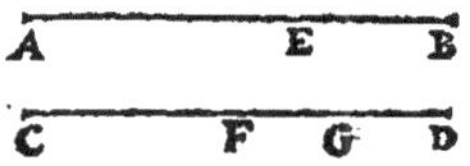

Que le tout AB ait au tout CD vne raison donnée; mais les parties AE, EB soient aux parties CF, FD en raisons donnees, bien qu'elles ne soient les mesmes : Ie dis que toutes ces grandeurs seront aussi entr'elles en raisons donnees, c'est à dire qu'vne chacune d'icelles AB, AE, BE, CD, CF, FD sera à chacune des autres en raison donnee.

Car puis que AE est à CF en raison donnee, soit faicte la mesme de AB à CG:
i 19. 5. Donc la raison d'icelle AB à CG est donnee, & consequemment aussi celle [i] du
reste EB au reste FG. Mais la raison de FD à la mesme EB est aussi donnee:
l 8 p. Donc la raison de FD à FG [l] est pareillement donnee : & partant [m] celle de
m 5. p. FD au reste GD est aussi donnee. Mais la raison de AB à chacune d'icelles CD,
CG est donnee : Donc le sera aussi [l] celle de CD à CG, & encore [m] celle de CD
au reste GD. Mais la raison de FD à DG est donnee : Donc le sera aussi [l] celle
de la mesme CD à FD, & consequemment celle de [m] CD au reste FC : Donc
aussi sera dõnee la raison de CF à FD. Mais la raison de EB à FD est posee donnee : Donc la raison de CF à EB sera donnee. Derechef, pource que la raison
de AB à CD est donnee, & aussi celle de CD à chacune d'icelles FC, FD, la raison de la mesme AB à chacune desdites FC, FD [l] sera pareillement donnee.
Mais la raison d'icelle FD à EB est donnee : Donc aussi sera donnee la raison
n sch. de AB à BE, & consequemment au reste [m] AE. Parquoy en diuisant, [n] la rai-
5. p. son de AE à EB sera pareillement donnee. Mais la raison de EB à FD est don-
l 8. pr. nee. Donc le sera aussi [l] celle de AE à FD. Semblablement pour ce que la raison de CD à AB est donnee, & celle de AB à chacune de ses parties AE, EB:
aussi la raison d'icelle CD à chacune desdites AE, EB [l] sera donnee. Parquoy
chacune des grandeurs AB, CD, AE, EB, CF, FD est à chacune des autres en
raison donnee.

PROP. XXIV.

Si de trois lignes droictes proportionnelles, la premiere a à la tierce vne raison donnée; elle aura aussi à la seconde vne raison donnée.

Soient trois lignes droictes proport. A, B, C, & soit A à B, ainsi que B à C: mais A ait à C vne raison donnee : Ie dis que A aura aussi à B vne raison donnee.

Car soit exposee vne autre ligne droicte D; & puis que la raison de A à C est donnee soit faite la mesme de D à F: Donc la raison de D à F est donnee. Mais D est donnee: donc F est aussi donnee. Entre les deux lignes droictes D, F soit prise [o] la moyenne proportionnelle E. Donc le rectangle faict sous D, F est esgal [p] au quarré de E. Mais iceluy rectangle de D, F est [q] donné: (car tous o 13.6.
les angles d'iceluy rectangle sont donnez, estans droicts, & les raisons qu'ont p 17.6.
les costez entr'eux sont aussi donnees) donc le quarré de E [r] est donné, & con- q 3.d.
sequemment icelle ligne droicte E est aussi donné: (car on en peut trouuer r 2.d.
vne egale à icelle [s], puis que le rectangle de D, F est dõné.) Mais D est donnee: s 14.2.
Donc [t] la raison de D à E est donnee; & comme A est à C, ainsi D à F. Mais com- t 1.p.
me A à C, [u] ainsi le quarré de A au rectangle de A, C; & aussi comme D à F, u 1.6.
ainsi le quarré de D au rectangle de D, F. Donc comme le quarré de A est au rectangle de A, C, ainsi le quarré de D est au rectangle de D, F. Mais le rectangle de A, C est esgal au quarré de B, (puis que A, B, C sont proportionnelles) & celuy de D, F, au quarré de E. Donc comme le quarré de A est au quarré de
B, ainsi le quarré de D est au quarré de E. Parquoy [x] comme A à B, ainsi D à x 22.6.
E. Mais la raison de D à E est donnee: donc [y] aussi la raison de A à B est don- y 2.d.
née.

AVTREMENT.

D'autant que la raison de A à C est donnee, & que comme A est à C, ainsi le quarre de A au rectangle de A, C: la raison d'iceluy quarré de A au rectangle de A, C est aussi donnee. Mais à iceluy rectangle de A, C est esgal le quarré de B (puis que A, B, C sont proport.) donc la raison du quarré de A au quarré de B est donnee, & par consequent est aussi donnee la raison de la ligne A à la ligne B: Car à chacune d'icelles A, B, nous en auons exhibé vne egale au propre quarré de chacune.

A

B

C

PROP. XXV.

Si deux lignes données par position s'entrecouppent, le poinct auquel elles se couppent est donné par position.

Soient deux lignes AB, CD donnees par position, qui se couppent l'vne l'autre au poinct E: Ie dis que le poinct E est donné par position: Car s'il changeoit de lieu l'vne ou l'autre des lignes AB, CD changeroit sa position: Or est-il que par l'hypothese elle ne change point: Donc [a] le poinct E est donné par position. a 4 d.

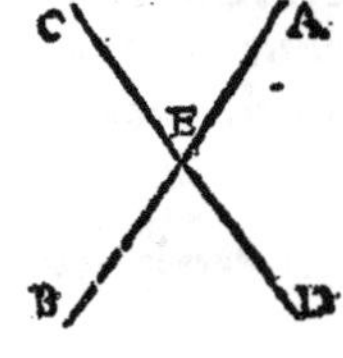

PROP. XXVI.

Si les extremitez d'vne ligne droicte sont données par position: icelle ligne droicte est donnée par position, & par grandeur.

De la ligne droicte AB les extremitez A, B soiét donnees par position : Ie dis que la ligne droicte AB est donnee par position, & par grandeur.

Car si le poinct A demeurant en son lieu ; la position, ou la grandeur de la ligne droicte AB change, le poinct B tombera ailleurs : Or est-il que par l'hypothese il n'y tombe point. Donc la ligne droicte AB est donnee par position, & par grandeur.

PROP. XXVII.

Si d'vne ligne droicte donnée par position, & par grandeur vne extremité est donnée, aussi l'autre extremité sera donnée.

De la ligne droicte AB donnee par position, & par grandeur soit donnee vne extremité, sçauoir A : Ie dis que l'autre extremité B est donnée.

Car si le poinct A demeurant en son lieu le poinct B change & tombe en vn autre lieu, ou la position de la ligne droicte AB, ou sa grãdeur changeroit : or est-il que selon l'hypothese l'vne ny l'autre ne chãge. Donc le poinct B est dõné.

AVTREMENT.

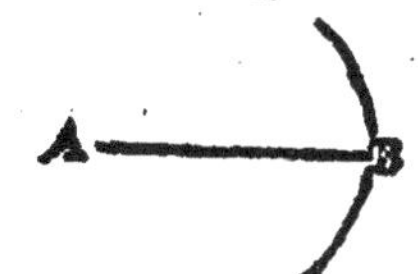

Du centre A, & de l'interualle AB soit descritte la
b 6.d. circonference BC. Donc [b] icelle circonference BC
c 25.p. est donnee par position. Mais la ligne droicte AB est aussi donnee par position : Donc le poinct B [c] est donné.

PROP. XXVIII.

Si par vn poinct donné est tirée vne ligne droicte vis à vis d'vne ligne droicte donnée par position, la ligne droicte menée est donnée par position.

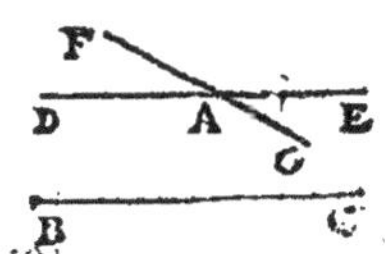

Que par le poinct donné A soit menee vis à vis d'vne ligne droicte BC donnee par posion, vne ligne droicte DAE : Ie dis que la ligne droicte DAE est donnee par position.

Car si elle n'est donnee, le poinct A demeurant en son lieu, la position de la ligne droicte DAE changera. Qu'elle change donc s'il est possible, & tombe ailleurs demeurant parallele à
d 13.d. BC, & soit FAG. Donc BC est parallele à icelle FAG. Mais [d] la mesme BC
e 30.1. est aussi parallele à DAE : Donc [e] DAE est parallele à icelle FAG : Ce qui est absurde, veu qu'elles se ioignent & rencontrent en A. Donc la position de la ligne droicte DAE ne tombe pas ailleurs. Parquoy icelle ligne DAE est donnée par position.

PROP. XXIX.

Si à vne ligne droicte donnée par position, & à vn poinct don-

né en icelle est menée vne ligne droicte qui fasse angle donné ; la ligne menée est donnee par posion.

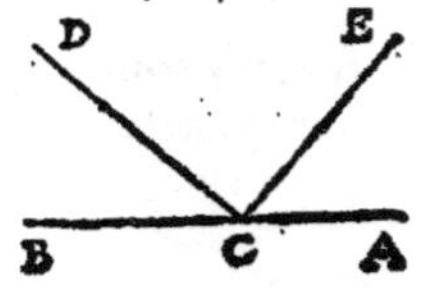

Qu'à vne ligne droicte donnee AB, & à vn poinct donné en icelle C, soit menee la ligne droicte CD, qui fait l'angle donné ACD : Ie dis que la ligne droicte CD est donnée par position.

Car si elle n'est donnee par position, le poinct C demeurant en son lieu, la position de la ligne CD obseruant la grandeur de l'angle ACD tomberaailleurs : Qu'elle y tombe donc, s'il est possible ; & soit CE. Donc l'angle ACD est egal à l'angle ACE, le grand au moindre. Ce qui est absurde. Donc la position de la ligne droicte CD ne tombera ailleurs : & partant icelle ligne CD est donnee par position.

PROP. XXX.

Si d'vn poinct donné est tiree à vne ligne droicte donnee par position vne ligne droicte faisant vn angle donné : la ligne tiree est donnee par position.

D'vn poinct donné A soit tiree à la ligne droicte BC donnee par position, vne ligne droicte AD faisant l'angle ADB donné : Ie dis que la ligne AD est donnee par position.

Car si elle n'est donnee, le poinct A ne bougeant de son lieu la position de la ligne droicte AD gardant la grandeur de l'angle ADB changera. Qu'elle change donc ; & soit la ligne droicte AE. Donc l'angle ADB est egal à l'angle AEB, le grand [f] au moindre : Ce qui est absurde. Donc la position de la ligne droicte AD ne change point : & partant icelle ligne AD est donnee par position. f 16.1.

AVTREMENT.

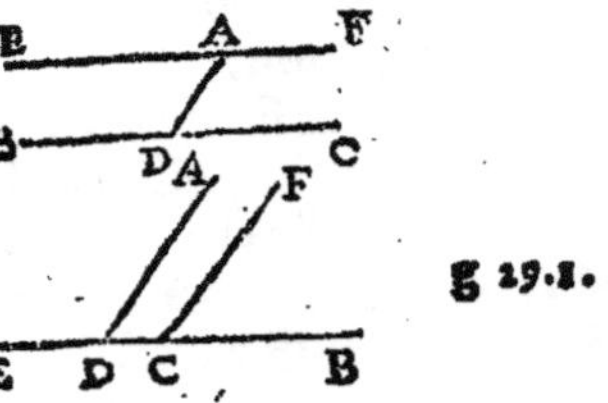

Par le poinct A soit tirée la ligne EAF parallele à la ligne droicte BC. Donc puis que par le poinct donné A, vis à vis & contre vne ligne droicte BC donnee par position, est tirée la ligne droicte EF ; icelles lignes EF, BC sont paralleles, mais aussi sur icelles tombe la ligne droicte AD : Donc [g] l'angle FAD est egal à l'angle donné ADB ; & partant il est aussi donné. Parquoy à la ligne droicte EF donnee par position, & au poinct A donné en icelle, est tiree la ligne droicte AD faisant l'angle donné FAD : Donc [h] icelle AD est donnee par position. g 29.1. h 29.p.

AVTREMENT.

En la ligne BCE soit pris vn poinct donné C, & par iceluy soit menee CF pa-

rallele à icelle DA. D'autant que AD, FC sont paralleles & que sur icelles tom-
g 29.1. be la ligne droicte BCE : l'angle FCB est egal[g] à l'angle donné ADB: & partant il est aussi donné. Et puis que à la ligne droicte BC donnee par position, &
h 29 p. à vn poinct C donné en icelle est tiree la ligne droicte FC faisant vn angle donné FCB; icelle ligne FC[h] est donnee par position. Mais par le poinct donné A,
est tiree vis à vis de la ligne FC donnee par position, la ligne AD : Donc icelle
i 28. p. [i] AD est donnee par position.

AVTREMENT.

Soit pris en la ligne droicte BC quelque poinct F, &
soit tiree AF. D'autant que chaque poinct A, F est don-
l 26 p. né, la ligne AF est donnee[l] par position. Mais la ligne
BC est aussi dõnee par position: Donc † l'angle AFD est
donné. Mais par l'hypothese l'angle ADF est donné:
n 32.1. Donc DAF (qui est le reste[n] de deux droicts) est donné. Et puis que à la ligne droicte AF donnee par position, & au poinct A donné en icelle, est tiree la ligne
droicte DA faisant l'angle donné DAF, [m] icelle ligne DA est donnee par posi-
m 29.p. tion.

SCHOLIE.

† *Euclide suppose icy que deux lignes droictes estans donnees par position, & inclinees entr'elles font vn angle donné; ce qu'aucuns demonstrent ainsi. D'autant que les deux lignes droictes donnees par position sont inclinees entr'elles, l'inclination d'icelles lignes est donnee : Mais l'angle est l'inclination des lignes : Donc l'angle que font les lignes droictes donnees par position, & inclinees entr'elles est donné.*

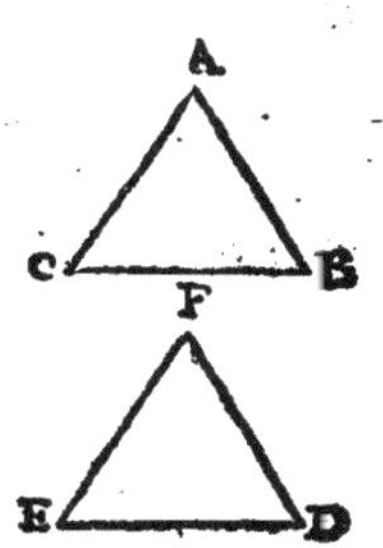

Mais le sieur Hardy le demonstre presque ainsi. Soient deux
lignes droictes inclinees AB, CB donnees par position, & en AB
soit pris quelque poinct donné A, & en BC aussi quelque poinct
C, & soit tiree la ligne droicte AC. Puis que tant le poinct B,
o 26.p. *que chacun des poincts A & C est donné,* [o] *les trois lignes*
droictes AB, BC, AC sont donnees par grandeur. Parquoy de
trois lignes directes egales à icelles, on pourra constituer vn
triangle : soit donc fait le triangle FDE ayant le costé FD
egal au costé AB, le costé FE egal au costé AC, & la base DE
egale à la base BC. Veu donc que les angles compris des lignes
droictes egales sont esgaux, nous auons trouué l'angle FDE
d 1.def. *egal à l'angle ABC : & partant iceluy*[d] *angle ABC est donné.*

PROP. XXXI.

Si d'vn poinct donné, on tire à vne ligne droicte donnée par position, vne ligne droicte donnée par grandeur : elle sera aussi donnée par position.

Que d'vn poinct donné A, soit tiree à la ligne droicte BC donnee par position, la ligne droicte AD donnee par grandeur : Ie dis qu'icelle AD est donnée par position.

Car

Car du centre A, & de l'interualle AD soit descrit le cercle DEF. D'autant que le centre A est donné par position, & le semidiam. AD par grandeur; le cercle DEF[p] est donné par position. Mais la ligne droicte BC est aussi donnee par position : Donc le poinct d'intersection D[q] est donné. Et puis que le poinct A est aussi donné : [r] la ligne droicte AD est donnee par position.

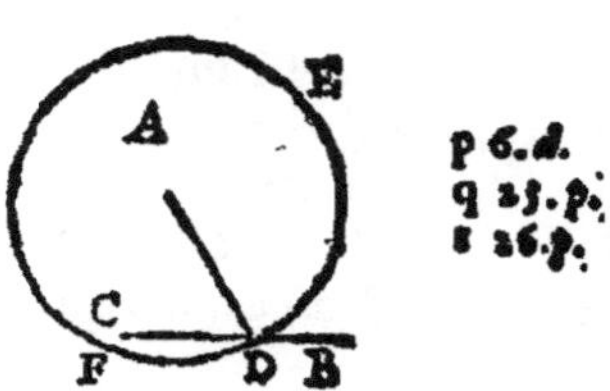

p 6.d.
q 25.p.
r 26.p.

PROP. XXXII.

Si à des lignes droictes paralleles donnees par position, on tire vne ligne droicte, faisant des angles donnez ; la ligne tiree sera donnée par grandeur.

Aux lignes droictes paralleles AB, CD donnees par position, soit tiree la ligne droicte EF faisant les angles donnez BEF, EFD : Ie dis que la ligne EF est donnee par grandeur.

Car soit pris en la ligne CD vn poinct donné G, & d'iceluy soit tiree GH parallele à FE. D'autant que les lignes EF, HG sont paralleles, & que sur icelles tombe la ligne CD[f] l'angle EFD est egal à l'angle FGH. Mais l'angle EFD est donné : donc l'angle FGH est aussi donné. Et d'autant qu'à la ligne droicte CD donnee par position, & au poinct G donné en icelle est tirée la ligne droicte GH faisant l'angle donné FGH ; [t] icelle ligne GH est donnee par position. Mais AB est aussi donnee par position : Donc[u] le poinct H est donné. Mais le poinct G est aussi donné : Donc[x] la ligne GH est donnee par grandeur, & est[y] egale à EF.[z] Parquoy icelle ligne EF est donnee par grandeur.

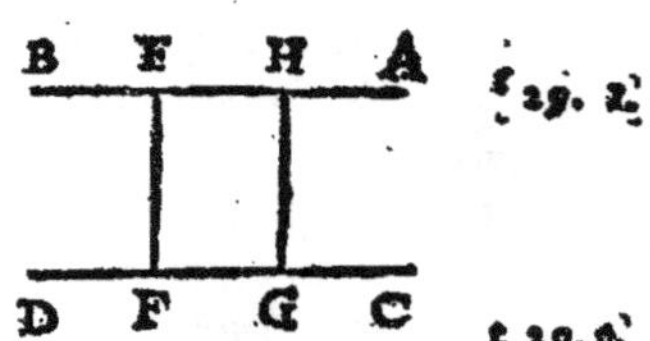

f 29. 1.
t 29. p.
u 25. p.
x 26. p.
y 34. 1.
z 1. d.

PROP. XXXIII.

Si à des lignes droictes paralleles donnees par position, on tire vne ligne droicte donnée par grandeur, elle fera les angles donnez.

Aux lignes droictes paralleles AB, CD donnees par position, soit tiree vne ligne droicte EF donnee par grandeur : Ie dis qu'elle fera les angles BEF, DFE donnez.

Car soit pris en la ligne droicte AB le poinct G, & par iceluy soit tiree GH parallele à EF. Donc EF est egale à icelle[y] GH. Mais EF est donnee par grandeur: Donc GH est aussi donnee par grandeur. Mais le poinct G est donné, & partant si d'iceluy, & de l'interualle GH est descrit vn cercle[a] il sera donné par position. Qu'il soit donc descrit, & soit HKL. Iceluy cercle HKL est donc donné, par position:

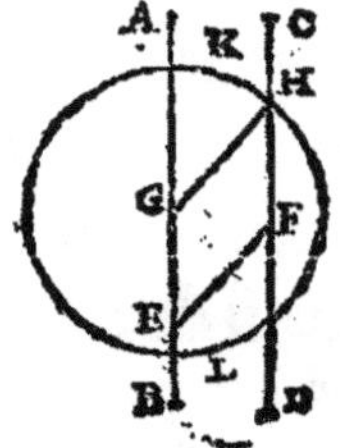

y 34. 1.
a 6. d.

Mais la ligne CD qui couppe la circonference KHL en H est aussi donnee par
b 25.p. position : donc iceluy poinct d'intersection H[b] est donné. Mais le poinct G
c 26.p. est donné : donc[c] la ligne droicte GH est donnée par position. Mais la ligne
d sch. droicte CD est aussi donnee par position : Donc[d] l'angle GHF est donné.
30.pr. Mais à iceluy est egal[e] l'angle EFD: Donc l'angle EFD est donné ; & partant
e 29.1. aussi l'angle BEF, car c'est le reste de la somme de deux[e] droits.

AVTREMENT.

Soit pris en la ligne droicte CD le poinct G; & soit posee GD egale à EF: puis du centre G & interualle GD soit descrit vn cercle DBH, & tiré GB. D'autant que le centre G est donné par position, & le semidiametre GD par grandeur, le cercle BDH[a] est donné par position. Mais la ligne AB est aussi donnee par position : Donc[b] le poinct B est donné. Mais le poinct G est aussi donné : Donc[c] la ligne droicte GB est donnee par position. Mais la ligne droicte CD est aussi donnee par position : Donc[d] l'angle BGD est donné. Parquoy si EF est parallele à BG, l'angle EFD,[e] sera donné, & consequemment aussi l'autre angle BEF. Mais les lignes droictes BG, EF n'estans paralleles, qu'elles se rencontrent au poinct H. D'autãt que EB est parallele à FG, & EF est egale à GD,

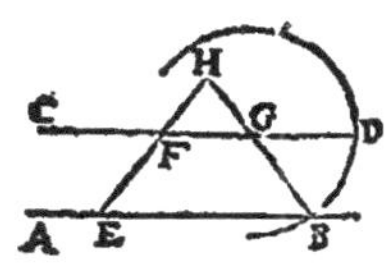

f 14.5. c'est à dire à BG; aussi FH[f] sera egale à GH. (car EH, BH estans couppees pro-
g 2.6. portionnellement[g] par la parallele FG, comme EF à FH ainsi BG à GH, & en
h 5. 1. permutant, cõme EF à BG ainsi FH à GH.) Donc[h] l'angle HFG est egal à l'an-
i 15. 1. gle HGF. Mais iceluy HGF est donné : (car il est egal[i] au donné BGD.) Donc l'angle HFG est aussi donné. Mais à iceluy est egal l'angle BEF ; & partant est donné, comme aussi le restant EFG.

PROP. XXXIV.

Si d'vn poinct donné on tire à des lignes droictes paralleles donnees par position, vne ligne droicte ; elle sera couppée en raison donnee.

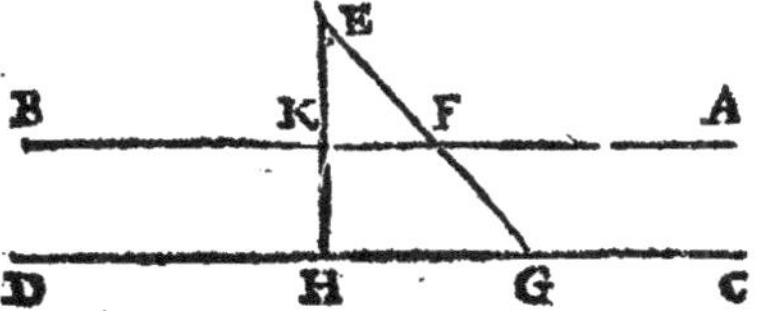

Qu'aux lignes droictes paralleles AB, CD donnees par position, soit tiree du poinct donné E, la ligne droicte EFG: Ie dis que la raison de EF à FG est donnée.

Car du poinct E soit tiree EH perpendiculaire à la ligne CD. D'autant que du poinct donné E est tiree à CD
l 30.p. la ligne droicte EH, faisant l'angle donné EHG,[l] icelle ligne EH est donnee par position. Mais l'vne & l'autre ligne AB, CD est aussi donnee par position.
m 25.p. Donc[m] les poincts d'intersection K, H sont donnez. Mais le poinct E est aussi
n 26.p. donné : Donc[n] chaque ligne EK, KO est donnee. Parquoy[o] la raison d'icelle
o 1.p. EK à KO est donnée. Mais comme EK à KO, ainsi EF à FG : (car au triangle GEH, la ligne KF estant parallele à HG, les costez EH, EG sont couppez proportionnellement.) Donc la raison d'icelle EF à FG est donnée.

AVTREMENT.

Aux lignes droictes paralleles AB, CD donnees par position, soit tiree du poinct donné E la ligne droicte FEG: Ie dis que la raison de GE à EF est donnee. Car du poinct E soit tiree à CD la perpendiculaire EH, & produicte iusques au poinct K. Puis donc que du poinct E à la ligne droicte CD donnee par position, est tiree la ligne EH faisant l'angle donné EHG; [l] icelle EH est donnee par position. Mais chaque ligne AB, CD est aussi donnee par position: Donc [m] chaque poinct d'intersection H, K est donné. Mais le poinct E est aussi donné. Donc [n] chacune des lignes EH, EK est donnee par grandeur: & partant [o] la raison d'icelle EH à EK est donnee. Mais [p] comme EH à EK ainsi EG à EF: (car les angles opposez du poinct E estans egaux, & les lignes AB, CD paralleles, les triangles EHG, EKF sont equ'iangles, & partant comme EH à EG ainsi EK à EF; & en permutant comme EH à EK ainsi EG à EF.) Donc la raison d'icelle EG à EF est donnee.

l 30 p.
m 25. p.
n 26. p.
o 1. p.
p 4. 6.

PROP. XXXV.

Si d'vn poinct donné à vne ligne droicte donnee par position, est tiree vne ligne droicte, laquelle soit couppée en vne raison donnee, & que par le poinct de section soit menée vne ligne droicte vis à vis de la ligne droicte donnee par position: la ligne menee sera donnee par position.

Que d'vn poinct donné A soit tiree à vne ligne droicte BC donnee par position, la ligne droicte AD, & soit couppee en E selon vne raison donnee, c'est à sçauoir de AE à ED, mais par le poinct E soit menee FEG parallele à BC: Ie dis que FG est donnee par position.

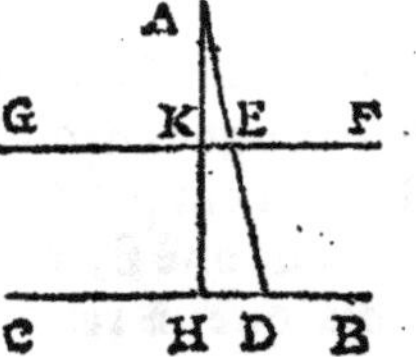

Car du poinct A soit tiree AH perpendiculaire à BC. D'autant que du poinct donné A est tiree à BC donnee par position, la ligne droicte AH faisant l'angle AHD donné; [q] icelle AH est donnee par position. Mais BC est aussi donnee par position: Donc [r] le poinct H est donné. Mais le poinct A est aussi donné: Donc [s] la ligne AH est donnee par grandeur, & par position. Et d'autant que [t] comme AE à ED, ainsi AK à KH, & que la raison de AE à ED est donnee; aussi la raison de AK à KH est donnee: & en composant, [u] la raison de AH à AK est donnee. Mais AH est donnee par grandeur: Donc [x] aussi AK est donnee par grandeur. Mais AK est aussi donnee par position, & le poinct A est donné: Donc [y] le poinct K est aussi donné. Et puis que par iceluy poinct K donné est menee la ligne droicte FG, vis à vis de la ligne droicte BC donnée par position; icelle ligne FG [z] est donnee par position.

q 30. p.
r 25. p.
s 26. p.
t 2. 6.
u 6. p.
x 2. p.
y 27. p.
z 28. p.

PROP. XXXVI.

Si d'vn poinct donné on tire à vne ligne droicte donnee par position vne ligne droicte, & qu'à icelle on adiouste quelque ligne droicte ayant vne raison donnee à la mesme; mais que par l'extremité d'icelle adiouſtee, on mene vne ligne droicte vis à vis de la ligne donnee par position: icelle ligne menee ſera donnee par position.

Que du poinct donné A ſoit tiree à la ligne droicte BC donnee par position, la ligne droicte AD, à laquelle ſoit adiouſtee la ligne droicte AE qui ait à AD vne raiſon donnee; mais par le poinct E ſoit menee FEK parallele à icelle BC: Ie dis que FK eſt donnée par position.

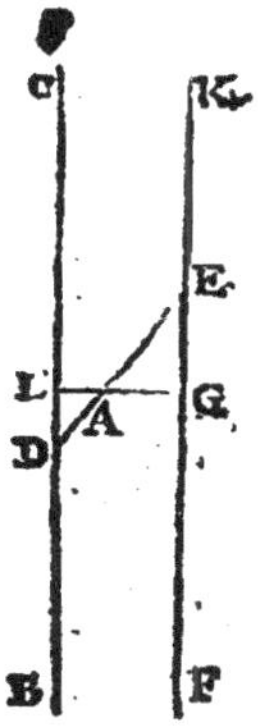

Car du poinct E ſoit menee à BC la perpendiculaire AL, & prolongee iuſques au poinct G. D'autant que du poinct donné A eſt tiree à la ligne droicte BC donnee par position la ligne
q 30.p. droicte GL, qui fait vn angle GLD donné;[q] icelle ligne GL eſt donnée par position. Mais BC eſt auſſi donnee par position:
r 26.p. Donc[r] le poinct L eſt donné. Et puis que le poinct A eſt auſſi
ſ 26.p. donné, la ligne[ſ] AL eſt donnee. Mais d'autant que la raiſon
a 4.6. de AE à AD eſt donnee, & que[a] comme icelle AE à AD, ainſi
& 16.5. AG à AL; (à cauſe que les triangles ALD, AGE ſont equiangles)
la raiſon de AG à AL eſt auſſi donnee. Mais AL eſt donnee par
b 2.p. grandeur: Donc[b] AG eſt donnee par grandeur. Mais elle l'eſt
c 27.p. auſſi par position, & le poinct A eſt donné: Donc[c] le poinct G eſt auſſi donné. Et puis que par iceluy poinct donné G, eſt me-
d 28.p. nee la ligne FK, vis à vis de la ligne droicte BC donnee par position;[d] icelle ligne FK eſt donnee par position.

PROP. XXXVII.

Si à des lignes droictes paralleles donnees par position, eſt tiree vne ligne droicte, qui ſoit couppee en raiſon donnee: mais par le poinct de ſection ſoit menee vis à vis des lignes droictes donnees par position, vne ligne droicte: icelle ligne menee ſera donnee par position.

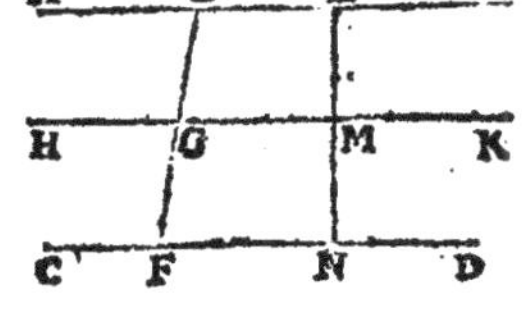

Soient des lignes droictes paralleles AB, CD donnees par position, & à icelles ſoit tiree la ligne droicte EF couppee en la raiſon donnee de EG à GF; & par le poinct G ſoit menee HGK parallele à laquelle on voudra d'icelles AB, CD: Ie dis que KH eſt donnee par position.

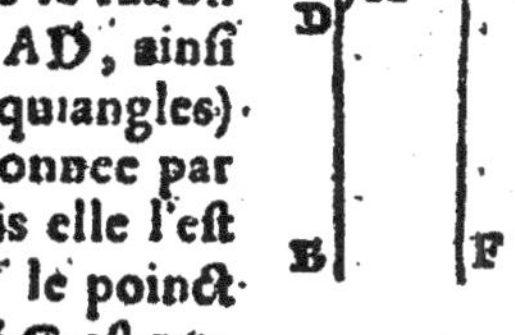

Car ſoit pris en la ligne AB le poinct donné L, & d'iceluy poinct ſoit tiree LN perpendiculaire à CD. Et puis que du poinct

donné L, est tiree à la ligne droicte CD, la ligne LN faisant l'angle LND donné icelle LN [e] est donnee par position. Mais CD est aussi donnee par position. e 30. p.
Donc le poinct N [f] est donné. Mais le poinct L est aussi donné: Donc [g] la li- f 25. p.
gne LN est donnee. Et veu que la raison de FG à GE est donnee, & que † com- g 26. p.
me FG à GE, ainsi NM à ML; la raison d'icelle NM à ML est donnee: Et en composant [h], la raison de LN à LM est aussi donnee. Mais LN est donnee par h 6. p.
grandeur: Donc ML est [i] donnee par grandeur. Mais elle l'est aussi par posi- i 2. p.
tion, & le poinct L donné: Donc le poinct M [l] est aussi donné. Et attendu que l 27. p.
par iceluy poinct M est menee la ligne droicte KH vis à vis de la ligne droicte CD donnee par position: icelle ligne KH est aussi donnee par position.

SCHOLIE.

† Euclide suppose icy que comme FG est à GE, ainsi NM est à ML, mais le sieur Hardy l'a demonstré ainsi. Les lignes EF, LN sont paralleles, ou non: Qu'elles soient donc premierement paralleles. Et d'autant que par l'hypothese les lignes EL, FN, EF, LN, sont paralleles, EN sera vn parallelogramme; & partant le costé EF est egal au costé LN. Derechef, veu que MG est parallele à FN: & GF à MN; GN sera aussi parallelogr. & partant le costé GF est egal au costé MN. Parquoy les egales EF, LN, auront aux ega-
les FG, MN [m] vne mesme raison: Donc comme EF à FG, ainsi LN à MN; & en diui- m 7. 5.
sant, [n] comme GE à GF, ainsi LM à MN. n 17. 5.

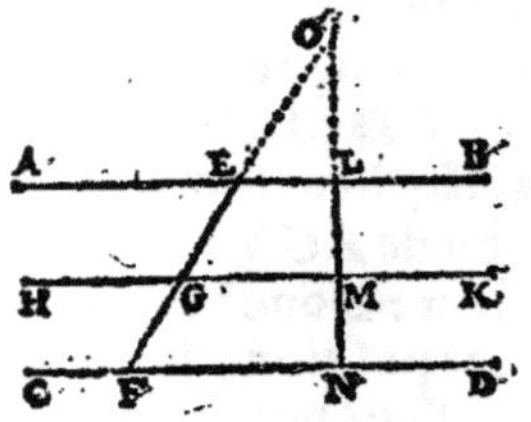

Maintenant que les lignes EF, LN ne soient paralleles, mais qu'elles se rencontrent au poinct O: D'autant qu'au triangle OFN est menee HK parallele à vn des costez FN; [o] les costez OF, ON sont couppez proportionnellement; & partant comme FG à GO ainsi NM à MO. Derechef, veu qu'au triangle OGM est menée EL parallele au costé GM, les costez OG, OM sont couppez proportionnellement: Parquoy [o] comme OE à EG, ainsi o 2. 6.
OL à LM; & en composant, [p] comme OG à EG, ainsi OM à LM. Mais il a esté demon- p 18. 5.
stré que comme FG à GO, ainsi NM à MO: Donc par raison egale, [q] comme FG à GE q 22. 5.
ainsi NM à ML.

PROP. XXXVIII.

Si à des lignes droictes paralleles donnees par position, on tire vne ligne droicte, & qu'à icelle on adiouste quelque autre ligne droicte qui ait vne raison donnee à la mesme; mais par l'extremité de l'adioustee soit menee vne ligne droicte vis à vis des paralleles donnees par position: la ligne menee sera aussi donnee par position.

Soient des lignes droictes paralleles AB, CD donnees par position, & à icelles soit tiree la ligne droicte EF, à laquelle soit adioustee la ligne droicte EG yant vne raison donnee à la mesme EF, mais par le poinct G soit menee la ligne droicte HK parallele à l'vne ou à l'autre des lignes AB, CD: Ie dis qu'icelle ligne HK est donnee par position.

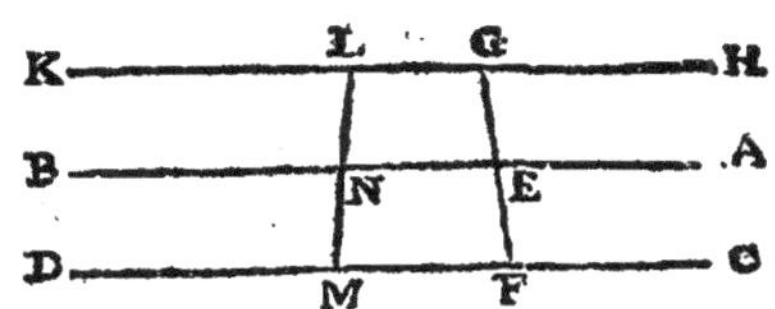

Car soit pris en la ligne AB le poinct donné N, & d'iceluy soit tiree à CD la perpendiculaire NM, & soit prolongee iusques au poinct L. D'autant que du poinct donné N est tiree à la ligne droicte CD donnee par position, la ligne droicte NM faisant vn angle donné
r 30. p. NMF; icelle NM [r] est donnee par position. Mais la ligne CD est aussi donnee
s 25. p. par position : Donc [s] le poinct M est donné. Mais le poinct N est aussi donné:
t 26. p. Donc [t] la ligne NM est donnee. Et pour ce que la raison de EG à EF est donnee, & que (par les choses demonstres au Scholie prec.) comme EG à EF ainsi LN à NM; la raison de LN à NM est aussi donnee. Mais NM est donnee:
u 2. p. Donc LN [u] est aussi donnee. Mais le poinct N est donné : Donc [x] le poinct L
x 27. p. est aussi donné. Veu donc que par le poinct donné L, est menee la ligne droicte
y 28. p. HK vis à vis de la ligne AB donnee par position ; [y] icelle HK est aussi donnee par position.

PROP. XXXIX.

Si chaques costez d'vn triangle sont donnez par grandeur, le triangle est donné par espece.

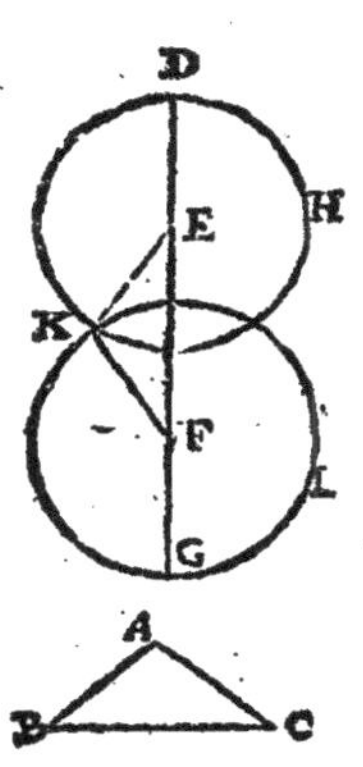

Du triangle ABC soient donnez chaques costez par grandeur : Ie dis que le triangle ABC est donné par espece.

Car soit exposee vne ligne droicte DG donnee par position, & finie au poinct D, mais infinie vers l'autre partie G. En icelle soit prise DE egale à AB. Or puis que icelle AB est donnee par grandeur, DE l'est aussi, mais la mesme DE est
z 27. p. aussi donnee par position, & le poinct D donné: Donc [z] le poinct E est donné. Derechef, soit posee EF egale à BC. Et veu que BC est donnee par grandeur, EF le sera aussi. Mais icelle EF est semblablement donnee par position, & le poinct E est donné: Donc [z] le poinct F est donné. Soit encore prise FG egale à AC. Or d'autant que icelle AC est donnee par grandeur, FG l'est aussi. Mais FG est aussi donnee par position, & le poinct F est donné: Donc le poinct G est aussi donné. Maintenant du centre E, & interualle ED soit descrit le cer-
a 6. d. cle DHK, [a] & iceluy sera donné par position. Derechef, du centre F & interualle FG soit descrit le cercle GLK: Donc [a] iceluy cercle GLK est donné par
b 25. p. position ; & partant [b] le poinct d'intersection K est donné. Mais chacun des
c 26. p. poincts E, F est donné: Donc chaque ligne [c] EK, EF, FK est donnee par position & grandeur. Donc le triangle EKF est † donné par espece : Mais il est egal & semblable au triangle ABC; & partant le triangle ABC est aussi donné par espece.

SCHOLIE.

† *Euclide suppose icy qu'vn triangle dont les costez sont donnez par grandeur & position*

est donné par espece, mais l'ancien interprete le demonstre presque ainsi. D'autant que les lignes droictes KE, EF, sont donnees [d] la raison qu'elles ont entr'elles est donnée. Item d 1.p.
les lignes droictes EF, FK estans donnees, leur raison est aussi donnee. Et semblablement est donnee la raison d'icelles EK, FK. Derechef, pource que les mesmes lignes KE, EF sont donnees par position [e] l'angle KEF est donné par grandeur: Item les lignes droictes EF, e sch.
FK estans donnees par position, l'angle EFK est donné par grandeur; comme est aussi le 30.pr.
restant EKF. Par ainsi au triangle EKF tous les angles sont donnez, & aussi les raisons des costez: Donc [f] iceluy triangle EKF est donné par espece. f 3.def.

PROP. XL.

Si les angles d'vn triangle sont donnez par grandeur, le triangle est donné par espece.

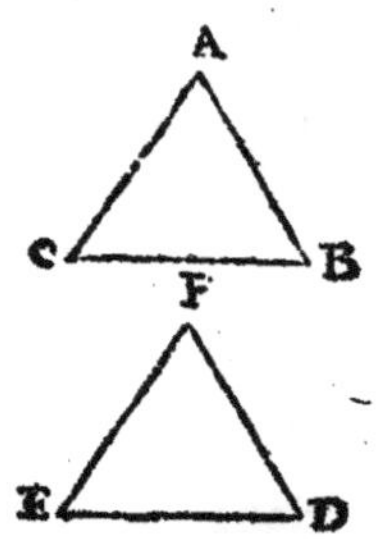

Que chacun angle du triangle ABC soit donné: Ie dis que le triangle ABC est donné par espece.

Car soit exposee la ligne droicte DE donnee par position & par grandeur, & soit constitué au poinct D l'angle EDF egal à l'angle CBA, mais au poinct E l'angle DEF egal à l'angle BCA: Donc le troisiesme angle BAC est egal au troisiesme angle DFE. Or chacun des angles constituez aux poincts A, B, C est donné: Donc chacun de ceux qui sont posez aux poincts D, F, E est aussi donné. Et puis que à la ligne droicte DE donnee par position, & au poinct D donné en icelle est tiree la ligne droicte DF,
qui fait l'angle donné EDF; [g] la ligne DF est donnee par position. Et par mes- g 29.p.
me raison la ligne EF est donnee par position: Donc [h] le poinct F est donné h 25.p.
par position. Mais chacun des poincts D, E est donné: Donc [i] chacune des i 26.p.
lignes DF, DE, EF est donnee par grandeur. Parquoy le triangle DFE [l] est l 39.p.
donné par espece; & est semblable au triangle ABC: Donc le triangle ABC est donné par espece.

PROP. XLI.

Si vn triangle à vn angle donné, & que les deux costez qui le constituent ayent entr'eux vne raison donnee; le triangle est donné par espece.

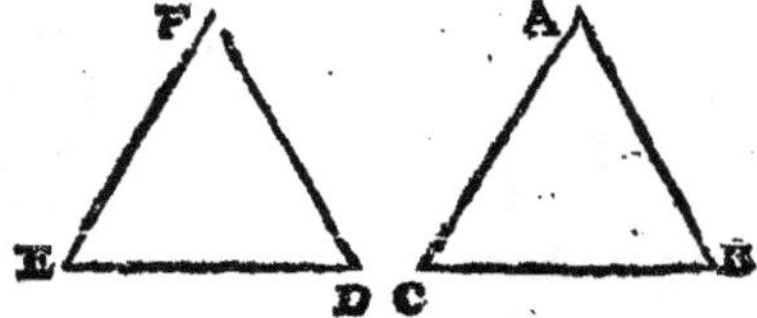

Que le triangle ABC ait l'angle BAC donné, & que les costez BA, AC qui font iceluy angle soient entr'eux en raison donnee: Ie dis que le triangle ABC est donné par espece.

Car soit exposee la ligne droicte DF donnee par grandeur & position; mais sur icelle & au poinct donné F soit constitué l'angle DFE egal à l'angle BAC. Or l'angle BAC est donné; Donc aussi est donné l'angle DFE. Et puis que à la li-

gne droicte DF donnee par position & du poinct F donné en icelle est tiree vne
m 29.p. ligne droicte FE faisant l'angle donné DFE; [m] icelle ligne FE est donnee par
position. Mais veu que la raison de AB à AC est donnee, soit faicte la mesme
de DF à FE, puis soit tiree DE. Donc la raison de DF à FE est donnee: Mais
n 2.pr. DF est donnee: Donc [n] FE est donnee par grandeur. Mais la mesme FE est
o 27.p. aussi donnee par position, & le poinct F est donné. Donc [o] le poinct E est aussi
p 26.p. donné. Mais chacun des poincts D, F est donné: Donc [p] chacune des lignes
q 39.p. droictes DF, FE, DE est donnee par position & grandeur. Parquoy [q] le triangle DEF est donné par espece. Et veu que les deux triangles ABC, DEF ont vn angle egal à vn angle, c'est à sçauoir l'angle BAC à l'angle DFE, & les costez
r 6.6. qui constituent iceux angles egaux, proportionnaux; [r] le triangle ABC est semblable au triangle DEF. Mais le triangle DEF est donné par espece: Donc le triangle ABC est donné par espece.

PROP. XLII.

Si les costez d'vn triangle sont entr'eux en raisons donnees, le triangle est donné par espece.

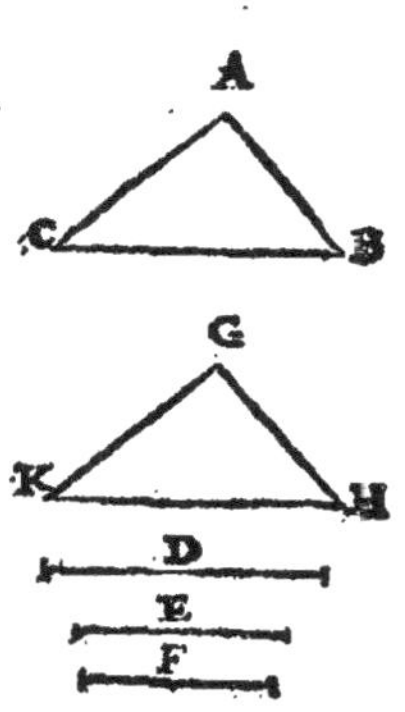

Que les costez du triangle ABC soient entr'eux en raisons donnees: Ie dis que le triangle ABC est donné par espece. Car soit exposee la ligne droicte D donnee par grandeur; & puis que la raison de BC à AC est donnee, soit faicte la mesme de D à E. Or D est donnee: Donc [f] E est aussi donnee. Derechef, veu que la raison de AC à AB est donnee, soit faicte la mesme de E à F. Or E est
f 2.pr. donnee: Donc [f] F est aussi donnee. Maintenant de trois lignes droictes egales aux trois donnees D, E, F, & desquelles deux en quelque façon qu'elles soient prises sont plus grandes que l'autre, soit constitué le triangle GHK, tellement que D soit egale à HK; mais E à KG, & GH à F. Donc chacune desdictes lignes HK, KG, GH est don-
t 39.p. nee par grandeur. Parquoy [t] le triangle HGK est donné par espece. Et d'autant que comme BC à CA, ainsi D à E, & que D est egale à HK, & E à KG: comme BC à CA ainsi HK à KG. Derechef, pour ce que comme CA à AB, ainsi E à F, & que E est egale à KG, & F à GH: comme CA à AB, ainsi KG à GH. Mais il a esté demonstré que comme BC à CA, ainsi HK à KG: Donc par egalité de raison, comme BC à AB,
a 5.6. & 1.d. 6. ainsi HK à GH. Donc [a] le triangle ABC est semblable au triangle GHK. Mais le triangle GHK est donné par espece: Donc le triangle ABC est aussi donné par espece.

PROP. XLIII.

Si les costez d'autour vn des angles aigus d'vn triangle rectangle, ont entr'eux vne raison donnee; le triangle est donné par espece.

Soit

Soit vn triangle ABC ayant l'angle A droict, & les costez BC, BA d'allentour vn des angles aigus soient entr'eux en raison donnee: Ie dis que le triangle ABC est donné par espece.

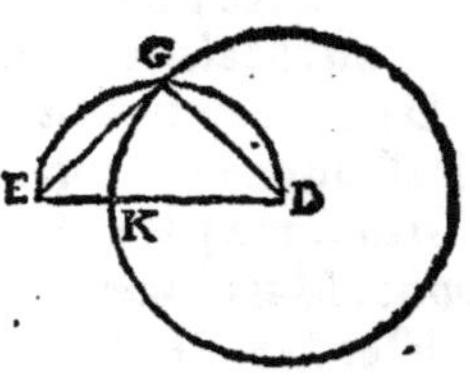

Car soit exposee la ligne droicte DE donnee par grandeur & position, & sur icelle DE soit descrit le demy cercle DGE. Donc[b] le demy cercle DGE est donné par position: (car la ligne DE estant donnee, & couppee en deux egalement, le centre dudit cercle est donné par position, & le semidiam. par grandeur.) Et d'autant que la raison de BC à BA est donnee, soit faicte la mesme de DE à F: Donc la raison de DE à F est donnee. Mais DE est donnee: Donc F est[c] aussi donnee. Or BC est plus grande que[d] AB: Donc ED est[e] aussi plus grande que F. Soit accommodee DG egale à F, & tiré EG; puis du centre D & interualle DG soit descrit le cercle GK. Or iceluy cercle[b] est donné par position, puis que le centre D est donné, & le semidiametre DG aussi donné par grandeur. Mais le demy cercle DGE est aussi donné par position: Donc[f] le poinct d'intersection G est donné. Mais les poincts D, E sont aussi donnez: Donc[g] chacune des lignes droictes DE, DG, EG est donnee par position & grandeur. Parquoy[h] le triangle DGE est donné par espece. Et puis que les triangles ABC, DGE ont vn angle egal à vn angle, sçauoir l'angle droict BAC à l'angle droict[i] DGE, & les costez d'allentour les angles CBA, EDG proportionnaux, mais chacun des autres ACB, DEG moindre qu'vn droict: iceux triangles ABC, DEG[l] sont semblables. Mais le triangle DGE est donné par espece: Donc le triangle ABC est aussi donné par espece.

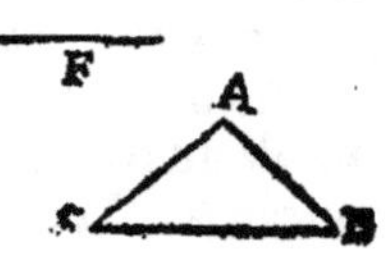

b 6. def.
c 2. pr.
d 19. 1.
e 14. 5.
f 25. p.
g 26. p.
h 39. p.
i 31. 3.
l 7. 6. 4. 6. & 1 def. 6.

PROP. XLIV.

Si vn triangle a vn angle donné, & que les costez d'autour vn autre angle ayent entr'eux vne raison donnee; le triangle est donné par espece.

Soit le triangle ABC qui ait l'angle B donné, & les costez BA, AC d'autour vn autre angle BAC ayent entr'eux vne raison donnee: Ie dis que le triangle ABC est donné par espece.

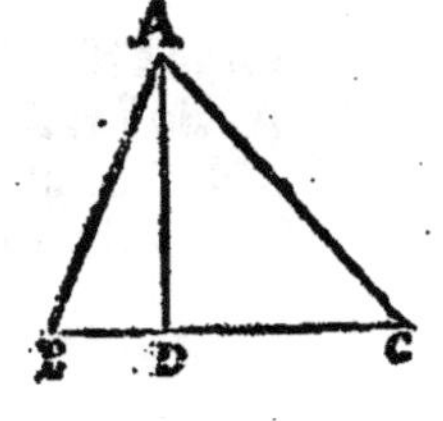

Or l'angle donné B est aigu ou obtus; (car il estoit droict à la prop. prec.) soit premierement aigu, & du poinct A soit tiree AD perpend. à BC: Donc l'angle ADB est donné: Mais l'angle B est aussi donné; & partant le troisiesme BAD est donné. Parquoy[m] le triangle ABD est donné par espece: & partant[n] la raison de BA à AD est donnee. Mais la raison de la mesme BA à AC est aussi donnee: Donc[o] la raison

m 40. p.
n 3 def. conuer.
o 8. pr.

p 43. p. de AD à AC est donnee; & l'angle ADC est droict. Parquoy le triangle p ACD
n 3. def. est donné par espece : Donc n l'angle C est donné. Mais l'angle B est aussi don-
q 40. p. né ; & partant l'autre angle BAC est donné : Donc q le triangle ABC est donné par espece.

Maintenant, l'angle ABC donné soit obtus, & sur le costé CB prolongé soit tiree la perpendiculaire AD. D'autant que l'angle ABC est donné, aussi l'angle ABD qui est de suite sera donné. Mais l'angle ADB est aussi donné : Donc le troisiesme DAB est donné. Parquoy
n 3. def. q le triangle ABD est donné par espece : & partant n la raison de DA à AB est donnee. Mais la raison de AB à
o 8. pr. AC est aussi donnee : Donc o la raison de DA à AC est donnee ; & l'angle D est droict : Donc le triangle DAC est donné par espece ; & partant l'angle ACB est donné. Mais l'angle ABC est aussi donné : Donc le troisiesme angle BAC est donné. Parquoy le triangle ABC est donné par espece.

PROP. XLV.

Si vn triangle a vn angle donné, & que le composé des deux costez d'autour iceluy angle donné ait à l'autre costé vne raison donnee : le triangle est donné par espece.

Soit le triangle ABC, qui ait l'angle BAC donné, mais la ligne composee des deux costez AB, AC qui constituent iceluy angle BAC ait au troisiesme costé BC vne raison donnee : Je dis que le triangle ABC est donné par espece.

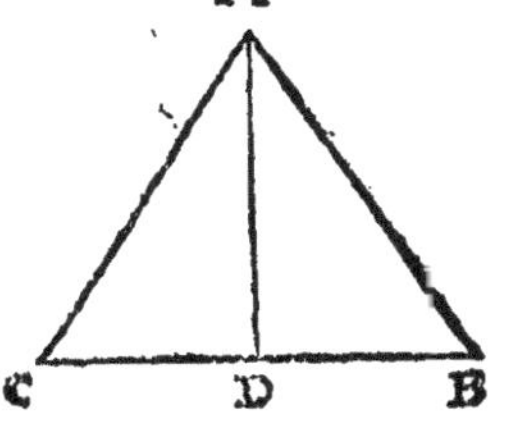

Car l'angle BAC soit couppé en deux egalement
r 7. pr. par la ligne AD. Donc r l'angle CAD est donné. Et
s 3. 6. puis que comme AB à AC, ainsi s BD à CD ; en com-
t 18. 5. posant, t comme la composee CAB est à CA, ainsi BC à CD ; & en permutant, comme la composee CAB à CB, ainsi CA à CD. Mais la raison de la composee BAC à BC est donnee : Donc la raison de CA à CD est aussi donnee ; & l'angle CAD est
u 44. p. donné : Donc u le triangle ACD est donné par espece ; & partant l'angle C est donné. Mais l'angle BAC est aussi donné : Donc le
x 40. p. troisiesme B est donné. Parquoy x le triangle ABC est donné par espece.

AVTREMENT.

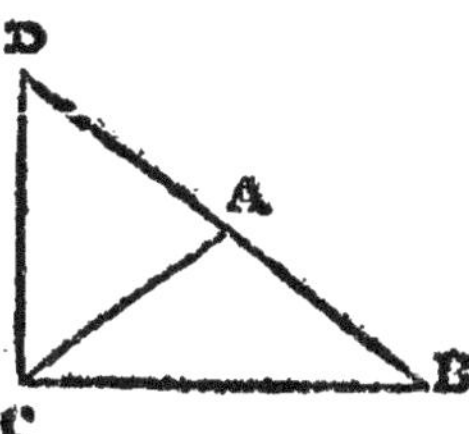

Soit prolongee BA directement iusques en D, tellement que AD soit egale à AC, puis soit ioinct CD. D'autant que la raison de la composee CAB à CB est donnee, & que AD est egale à AC ; la raison de la toute BD à BC est donnee. Mais l'angle ADC est aussi donné, car il est moitié de l'angle donné
y 32. 1. BAC : (pource qu'iceluy BAC y est egal aux deux
z 5. 1. angles interieurs ACD, ADC qui sont z egaux en-

tr'eux estans les costez AC, AD egaux.) Parquoy le triangle BDC[a] est donné par espece; & partant l'angle B est donné. Mais l'angle BAC est aussi donné: Donc le reste ACB est donné. Parquoy[b] le triangle ABC est donné par espece.

a 44.p.
b 40.p.

PROP. XLVI.

Si vn triangle a vn angle donné, & que la composee des deux costez d'autour vn autre angle ait à l'autre costé vne raison donnée; le triangle est donné par espece.

Soit le triangle ABC, lequel ait l'angle B donné, mais la composee des deux costez d'autour vn autre angle BAC, c'est à dire CAB, ait à l'autre costé BC vne raison donnee: Ie dis que le triangle ABC est donné par espece.

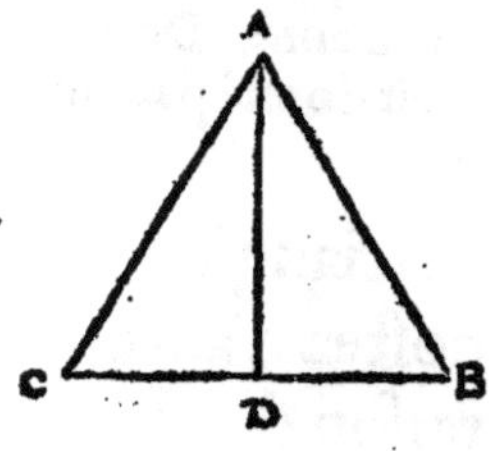

Car soit couppé l'angle BAC en deux egalement par la ligne AD: Donc (comme il a esté demonstré à la prec. prop.) la composee CAB est à CB, comme AB à BD. Mais la raison d'icelle composee CAB à CB est donnee: Donc aussi la raison de AB à BD est donnee. Mais l'angle B est aussi donné: Donc le triangle ABD[c] est donné par espece; & partant[d] l'angle BAD est donné. Mais l'angle BAC est double d'iceluy BAD; & partant il est aussi donné: Donc le troisiesme angle C est donné. Parquoy le triangle ABC est donné par espece.

c 41.p.
d 3.def. conu.

AVTREMENT.

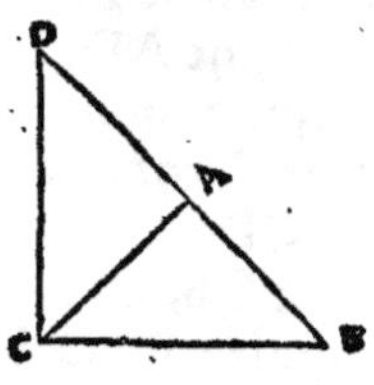

Soit prolongee BA directement, & pose AD egale à AC, puis ioinct CD. D'autant que la raison de la composee CAB à CB est donnee, & que AD est egale à AC: la raison de BD à BC est dõnee; & l'angle B est aussi donné: Donc le triangle CDB[c] est donné par espece; & partant[d] l'angle D est donné: Donc l'angle BAC, qui est double d'iceluy, est aussi donné. Parquoy l'autre angle ACB est donné: Donc le triangle ABC est donné par espece.

PROP. XLVII.

Les rectilignes donnez par espece, se diuisent en triangles donnez par espece.

Soit vn rectiligne ABCDE donné par espece; Ie dis qu'il se diuise en triangles donnez par espece.

Car soient tirees les lignes droictes EB, EC. D'autant que le rectiligne ABCDE est donné par espece, l'angle[d] BAE est donné, & la raison du costé AB à AE: Donc[e] le triangle BAE est donné par espece. Parquoy l'an-

d 3.def. conuer.
e 41.p.

gle ABE est donné. Mais tout l'angle ABC est aussi
f 4. p. donné: Donc[f] le reste EBC est donné. Mais la raison
du costé AB à BE, & aussi celle de AB à BC est don-
o 8. pr. nee: donc[o] la raison de BC à BE est donnee; & l'an-
e 41. p. gle CBE est aussi donné: partant[e] le triangle BCE
est donné par espece. Par mesme discours on demonstrera que le triangle CDE est donné par espece.
Donc les rectilignes donnez par espece se diuisent en
triangles donnez par espece.

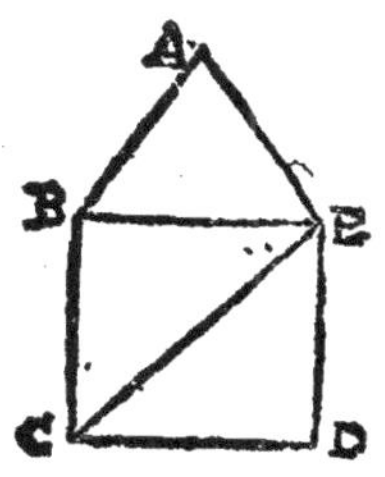

PROP. XLVIII.

Si sur vne mesme ligne droicte sont descris des triangles donnez par position, ils auront entr'eux vne raison donnee.

Sur la mesme ligne droicte AB soient descris deux triangles ACB, ABD donnez par espece: le dis que la raison de ACB à ABD est donnee.

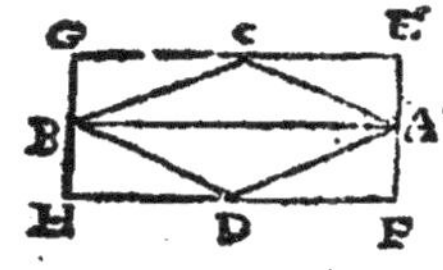

Car des poincts A B soient tirees à angles droicts sur la ligne AB, les lignes AE, BG, & prolongees iusques aux poincts F H: mais par les poincts C, D, soient menees ECG, FDH paralleles à AB. D'autant donc que
g 3. def. conu. le triangle ABC est donné par espece,[g] la raison de CA à BA est donnee, & l'angle CAB aussi donné. Mais l'angle BAE est donné: Donc le reste CAE est aussi donné. Mais l'angle CEA est
h 40 p. donné; & partant l'autre angle ACE est aussi donné. Parquoy[h] le triangle
o 8 pr. AEC est donné par espece. Or la raison de EA à AB[o] est donnee: (car[d] la rai-
d 3. def. son de EA à AC, & celle de AC à AB est donnee.) Et semblablement est donnee la raison de FA à AB. Donc[o] la raison de EA à AF est donnee. Mais com-
i 1. 6. me AE est à AF[i] ainsi le parallelogramme AH est au parallelogr. AG. Mais
l 41. 1. ACB est[l] moitié de AH, & ADB moitié de AG: Donc la raison du triangle
m 15. 5. ACB au triangle ADB est donnee; car c'est la mesme raison que de[m] AH à AG, c'est à dire de EA à AF, qui est donnée.

PROP. XLIX.

Si sur vne mesme ligne droicte sont descris deux quelconques rectilignes donnez par espece; ils auront entr'eux vne raison donnee.

Sur vne mesme ligne droicte AB soient descris deux quelconques rectilignes AECFB, ADB donnees par espece: le dis que la raison de AECFB à ADB est donnee.

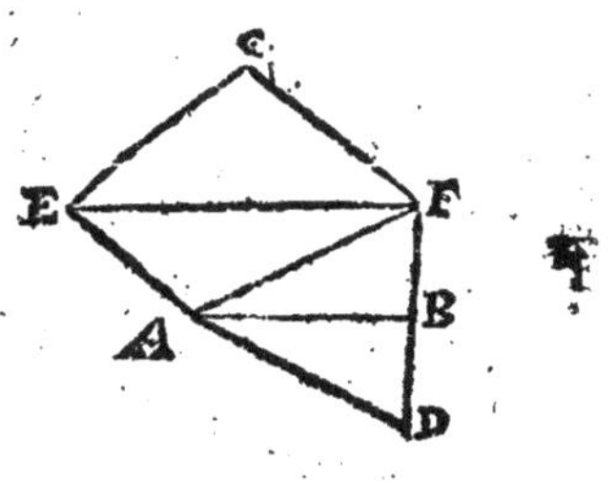

Car soient menees FA, FE: Donc chacun des
[illegible] 47. p triangles[a] ABF, AFE, ECF est donné par espece.
Et veu que sur vne mesme ligne droicte EF sont descris les triangles ECF, EAF donnee par espece; la
48. p raison de ECF à EAF[o] est donnee. Donc en com-

posant, [p] la raison de AECF à EAF est donnee. Mais la raison d'iceluy EAF à FAB est donnee, [o] puis que ce sont triangles donnez par espece descris sur vne mesme ligne droicte AF: Donc [q] la raison de AECF à FAB est donnee. Parquoy en composant, [p] la raison de AECFB à FAB est donnee. Mais la raison d'iceluy FAB à ABD [o] est donnee: Donc [q] la raison de AECFB à ABD est aussi donnee.

p 6. pr.
q 8. pr.
o 48. p.

PROP. L.

Si deux lignes droictes ont entr'elles vne raison donnee, & que sur icelles soient descris des rectilignes semblables & semblablement posez; ils auront entr'eux vne raison donnee.

Soient deux lignes droictes AB, CD ayans entr'elles vne raison donnee, & sur icelles soient descris les rectilignes AEB, CFD semblables & semblablement posez: Ie dis que la raison qu'ils ont entr'eux est donnee.

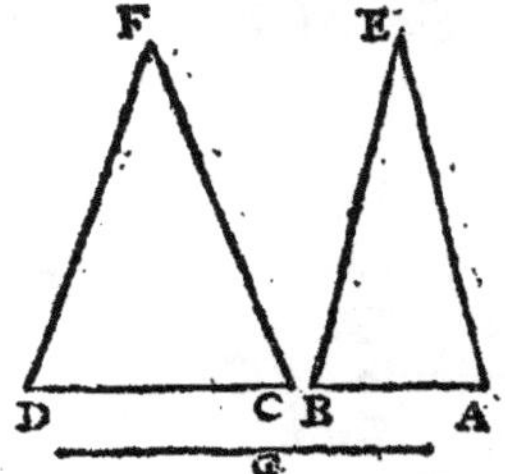

A icelles AB, CD soit prise vne troisiesme proport. G. Donc comme AB à CD, ainsi CD à G. Mais la raison de AB à CD est donnee: Donc la raison de CD à G est aussi donnee. Parquoy [q] la raison de AB à G est donnee. Mais [r] comme AB à G, ainsi AEB à CFD: Donc la raison d'iceluy AEB à CFD est donnee.

q 9 pr.
r corol. 19. ou 20. 6.

PROP. LI.

Si deux lignes droictes ont entr'elles vne raison donnee, & sur icelles soient descris quelconques rectilignes donnez par espece; ils auront entr'eux vne raison donnee.

Soient deux lignes droictes AB, CD ayans entr'elles vne raison donnee, & soient descris sur icelles quelconques rectilignes AEB, CFD donnez par espece: Ie dis que la raison de AEB à CFD est donnee.

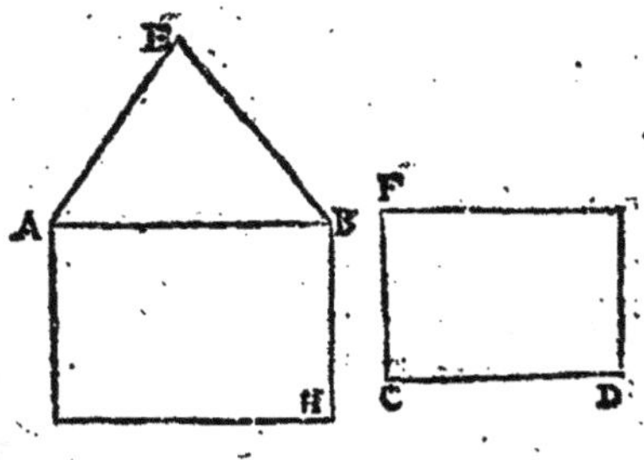

Car sur AB soit descrit le rectiligne AH semblable & semblablement posé à DF. Or DF est donné par espece: Donc aussi AH est donné par espece. Mais AEB est aussi donné par espece, & descrit sur la mesme ligne AB: Donc [s] la raison de AEB à AH est donnee: Et puis que la raison de AB à CD est donnee, & que sur icelles lignes sont descris les rectilignes AH, DF semblables & semblablement posez: la raison [t] d'iceluy AH à DF est donnee. Mais la raison de AEB à AH est aussi donnee: Donc la raison [u] de AEB à DF est donnee.

s 49. pr.
t 50. p.
u 8. pr.

PROP. LII.

Si sur vne ligne droicte donnee par grandeur, est descrite vne figure donnee par espece: Icelle figure est donnee par grandeur.

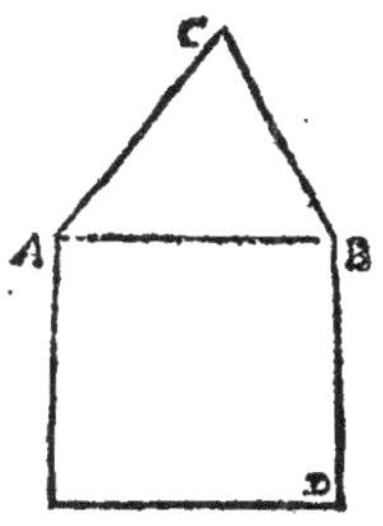

Sur la ligne droicte AB donnee par grandeur soit descrite la figure ACB donnee par espece: Ie dis que la figure ACB est donnee par grandeur.

Car sur la mesme ligne AB soit descrit le quarré AD. Donc AD est donné par espece † & par grandeur. Et veu que sur la ligne droicte AB sont descrits les deux
x 49. p. rectilignes ACB, AD donnez par espece; x la raison de
z 2. p. ACB à AD est donnee. Donc z ACB est donnee par grandeur.

SCHOLIE.

† *L'ancien interprete à remarqué icy que tout quarré est donné par espece, pour ce que tous les angles en sont donnez, estans tous droicts & egaux: Mais aussi les raisons des costez sont donnees; car iceux costez estans tous egaux, aussi les raisons en sont egales. D'auantage, toutesfois & quantes qu'vn quarré est exposé, on en peut exhiber vn egal à iceluy; & partant le quarré est donné par grandeur, & aussi chaque costé d'iceluy.*

PROP. LIII.

S'il y a deux figures donnees par espece, & qu'vn costé de l'vne ait à vn costé de l'autre vne raison donnee: les autres costez auront aussi aux autres costez raisons donnees.

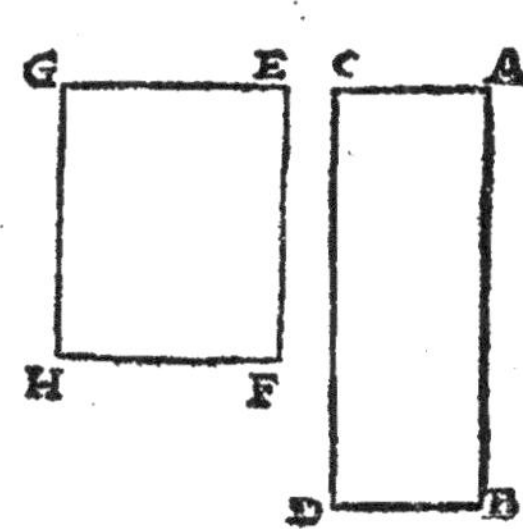

Soient deux figures AD, EH donnees par espece, & la raison de BD à FH soit donnee: Ie dis que la raison des autres costez aux autres costez est donnee.

a 3. d. Car puis que la raison de BD à FH est donnee, &
b 8. p. aussi celle a de BD à BA: b la raison d'icelle AB à FH est donnee. Mais la raison d'icelle FH à FE a est aussi donnee: donc b la raison de AB à EF est donnee: Aussi est semblablement donnee la raison des autres costez aux autres costez.

PROP. LIIII.

Si deux figures donnees par espece ont entr'elles vne raison donnee, aussi les costez d'icelles seront entr'eux en raison donnee.

Soient deux figures A, B donnees par espece, qui ayent entr'elles vne raison donnée: Ie dis que leurs costez auront entr'eux vne raison donnee.

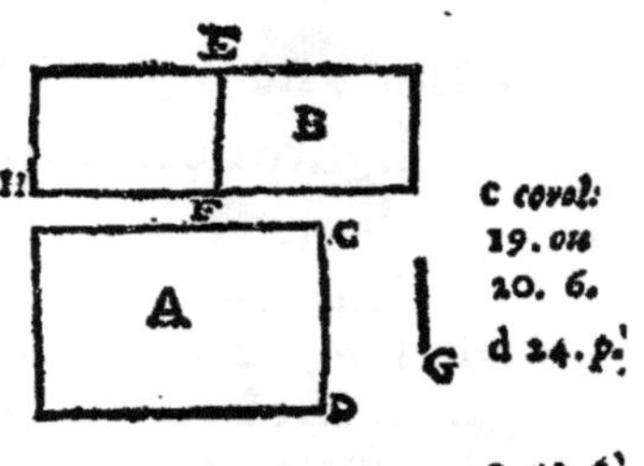

Car ou la figure A est semblable, & semblablement
posee à B, ou non. Qu'elle soit premierement semblable & semblablement posee, & soit prise G troisiesme
porportionelle aux lignes droictes CD, EF. Donc c corol.
comme CD à G, [c] ainsi A à B. Mais la raison de A à B 19. ou
est donnee: donc aussi la raison de CD à G est don- 20. 6.
nee. Et veu que CD, EF, G sont proport. [d] aussi la rai- d 24. p.
son de CD à EF est donnee. Mais A & B sont donnees
par espece : donc [e] les autres costez auront raison e 53. p.
donnee aux autres costez.

Maintenant, la figure A ne soit semblable à la figure B; & soit descrite sur
EF la figure EH semblable & semblablement posee à A : donc la figure EH est
donnee par espece. Mais la figure B est aussi donnee par espece : donc [f] la rai- f 49. p.
son de B à EH est donnee ; & partant la raison de A à icelle EH [g] est aussi don- g 8. p.
nee. Mais A est semblable à EH : donc (par ce que dessus) la raison de CD à
EF est donnee : & semblablement la raison des autres costez aux autres costez
est donnee.

AVTREMENT.

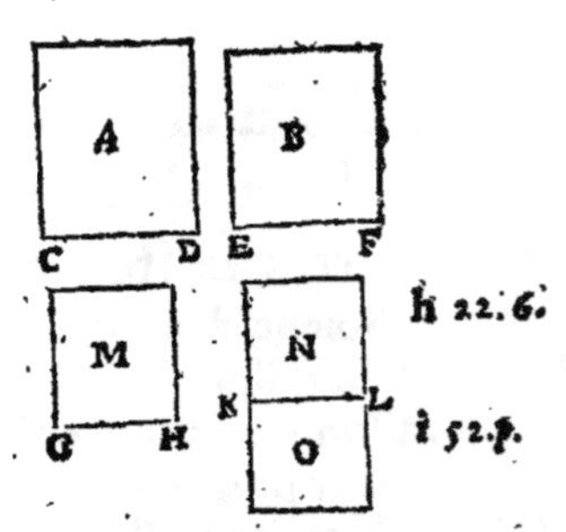

Soit exposee vne ligne droicte donnee GH. Maintenant ou la figure A est
semblable à la figure B, ou non. Soit premierement semblable ; & soit fait
comme CD à EF, ainsi GH à LK: puis sur GH, LK soient
descrites les figures M, N semblables & semblablement
posees à icelles A, B: lesquelles M, N seront consequemment donnees par especes. Donc puis que comme CD
à EF, ainsi GH à LK, & que sur icelles lignes CD. EF,
GH, LK sont descrites les figures A, B, M, N semblables
& semblablement posees : [h] comme A à B, ainsi M à N. h 22. 6.
Mais la raison de A à B est donnee : donc la raison de M
à N est donnee. Mais [i] M est donnee, attendu que c'est
vne figure donnee par espece descrite sur vne ligne droi- i 52. p.
cte donnee par grandeur : donc N est aussi donnee.
Maintenant, sur LK soit descrit le quarré O : donc [l] la l sch.
figure O est donnee par espece. Parquoy la raison de K à N est donnee Mais 52. p.
N est donnee: donc K est donnée; & consequemment [l] aussi KL. Mais GH est
donnee : donc [m] la raison de GH à KL est donnee. Mais comme GH à LK, m 5. pr.
ainsi CD à EF : donc la raison de CD à EF est donnee ; & partant les figures
A & B estans donnees par especes : [n] les autres costez d'icelles auront aussi aux n 53. p.
autres costez vne raison donnee. Mais si les figures ne sont semblables, sera
procedé comme en la derniere partie de la demonstration cy-dessus.

PROP. LV.

Si vn espace est donné par espece & par grandeur, les costes d'iceluy seront donnez par grandeur.

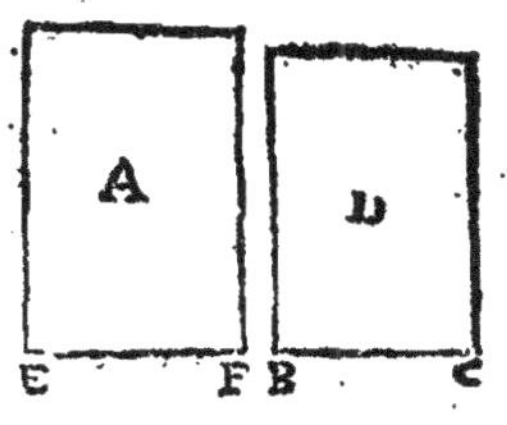

Soit vn espace A donné par espece & par grandeur : Ie dis que les costez d'iceluy sont donnez par grandeur.

Car soit exposee la ligne droicte BC donnee par position & par grandeur ; & sur icelle BC soit descrit l'espace D semblable & semblablemẽt posé à A : partant iceluy espace D est donné par espece. Et pour ce qu'il est descrit sur la ligne BC donnee par gran-

o 52.p. deur ; il est aussi donné[o] par grandeur. Mais la figure A est aussi donnee : donc

p 54 p. [m] la raison de A à D est donnee. Mais icelles figures A, D sont donnees par

m 3.p. espece : donc[p] la raison de la ligne EF à la ligne BC est donnee. Mais BC est

q 3.d. conu. donnee : donc[m] EF est aussi donnee. Mais la raison d'icelle EF à FG est donnee : donc[q] FG est donnee. Et par mesmes raisons on demonstrera chacun des

r 2.p. autres costez estre donné par grandeur.

AVTREMENT.

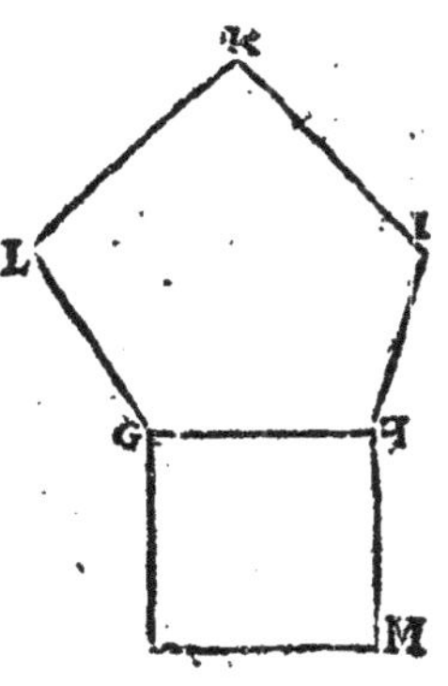

Soit l'espace GHIKL donné par espece & par grandeur : Ie dis que les costez d'iceluy sont donnez par grandeur.

Car soit descrit sur la ligne droicte GH le quarré

f sch. 52.p. GM : donc[f] GM est donné par espece. Mais l'espace GHIKL est aussi donné par espece : donc[t] la raison

t 49. p. d'iceluy espace GK à GM est donnee. Mais GK est

s 2.p. donné par grandeur : donc[s] GM est aussi donné par grandeur. Et veu que GM est le quarré de la ligne GH ;[a] icelle ligne GH est donnee par grandeur. Parquoy semblablement chacune des autres lignes HI, IK, KL, LG est donnee.

PROP. LVI.

Si deux parallelogrammes equiangles ont entr'eux vne raison donnee, comme vn costé du premier est à vn costé du second, ainsi l'autre costé du second est à celle à laquelle l'autre costé du premier a la raison donnee que le parallelogramme a au parallelogramme.

Soient deux parallelogrammes equiangles A, B ayans entr'eux vne raison donnee : Ie dis que comme CD est à FG ainsi GE est à celle à laquelle DH a la raison donnee que le parallelogr. A a au parallelogr. B.

Car soit prolongé directement HD iusques en L, tellement que comme CD est à FG, ainsi HD soit à DL ; & soit acheué le parallelogramme DK. D'autant que comme CD à FG, ainsi HD à DL, & que[a] CD est egal à KL : comme

a 34. I. LK à FG, ainsi GE à DL ; & par ainsi les costez d'autour les angles egaux DLK, EGF,

EGF, sont reciproquement proportionnaux: parquoy [b] DK est egal à B. Et partant puis que la raison de A à B est donnee, & que B est egal à DK; la raison de A à DK est donnee. Mais comme [c] A à DK (c'est à dire B) ainsi HD à DL: donc la raison de HD à DL est aussi donnee. Et veu que comme CD à FG, ainsi GE à DL, & que la ligne droicte HD a à DL raison donnee, sçauoir celle qu'a l'espace A à l'espace B: comme CD est à FG, ainsi GE est à celle à laquelle HD à la raison donnee qu'a l'espace A à l'espace B, c'est à dire la raison de HD à DL.

b 14.6.

c 1.6.

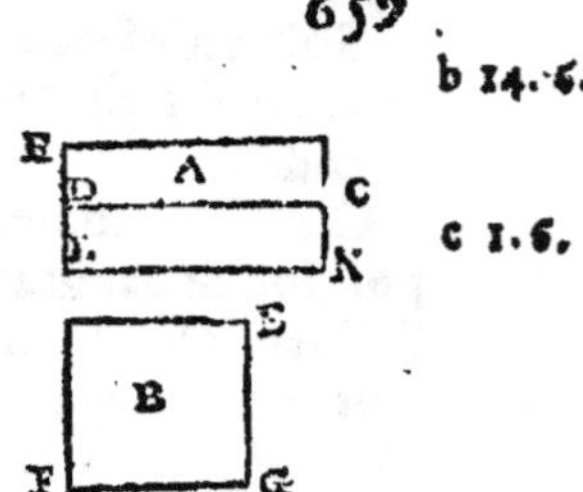

PROP. LVII.

Si vn espace donné est appliqué à vne ligne droicte donnee en angle donné, la largeur de l'application est donnee.

A la ligne droicte donnee AB soit appliqué l'espace donné AD, en angle donné CAB: Ie dis que CA est donnee.

Car sur AB soit descrit le quarré AF: donc [d] iceluy AF est donné. Soient prolongees les lignes EA, FB CD aux poincts G, H. Veu donc que chaque espace AD, AF est donné, leur raison est aussi donnee. Mais [e] AD est egal à AH: donc la raison de AF à AH est donnee. Parquoy la raison de EA à AG est donnee. (car [f] c'est la mesme que de AF à AH.) Mais EA est egale à AB: donc la raison de AB à AG est donnee. Maintenant puis que l'angle CAB est donné, & l'angle GAB aussi donné; le reste CAG est donné. Mais l'angle CGA est aussi donné, pour ce qu'il est droict: donc le reste ACG est donné. Parquoy le triangle [g] CAG est donné par espece. Donc la raison de CA à AG est donnee. Mais la raison de AB à la mesme AG est aussi donnee: Donc la raison de CA à AB est donnee; & icelle AB est donnee. Parquoy CA est aussi donnee.

d sch. 52. pr.

e 36.1.

f 1.6.

g 40. pr.

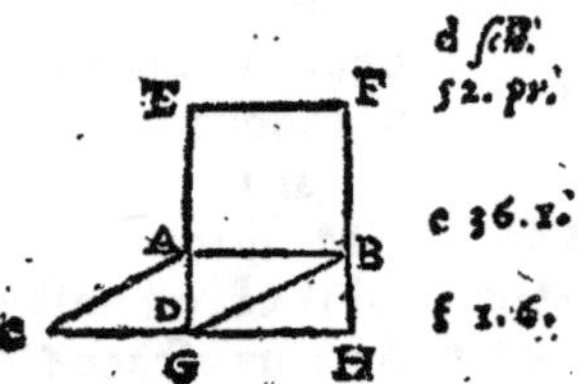

PROP. LVIII.

Si vn espace donné est appliqué à vne ligne droicte donnée, deffaillant d'vne figure donnée par espece; les largeurs du default sont donnees.

Soit vn espace donné AB appliqué selon la ligne droicte donnee AC defaillant de la figure DE donnee par espece: Ie dis que chacune des lignes droictes BD, DC est donnee.

Car soit couppee AC en deux egalement au poinct F: donc tant AF, que FC est donnee. Sur icelle FC soit descrit le rectiligne FG semblable & semblablement posé à DE, & soit construite la figure. Donc FG est donné par espece: & puis qu'il est descrit sur la ligne droi-

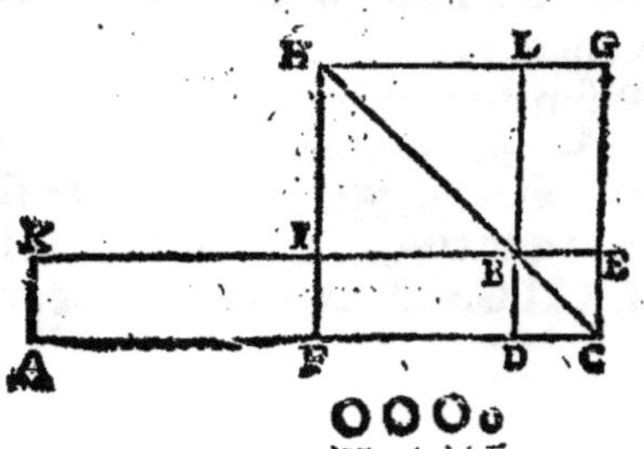

h 52.p. cte FC donnee par grandeur, iceluy rectiligne FG est [h] aussi donné par gran-
i 36.1. deur. Mais FG est egal à AB, IL; (car [i] AI, FE estans egaux, & [l] FB, BG aussi
l 43.1. egaux, le gnomon ICL est egal à AB, & partant leur adiouttant IL commun, FG sera egal à AB, IL:) Donc les figures AB, IL en semble sont donnees par
m 4.p. grandeur. Mais AB est donnee par grandeur: donc [m] la restante IL est aussi donnee par grandeur. Mais elle est aussi donnee par espece, puis qu'elle est
n 24.6. [n] semblable à DE: Donc [o] les costez d'icelle IL sont donnez. Parquoy IB est
o 55.p. donnee: & puis qu'elle est egale [p] à FD; icelle FD est aussi donnee. Mais FC
p 34.1. est donnee: Donc le reste DC [m] est donné; & [q] a raison donnee à BD: & par-
q 3.d. tant [r] BD est donnee.
r 2.pr.

PROP. LIX.

Si vn espace donné est appliqué selon vne ligne droicte donnee, excedant d'vne figure donnee par espece; les largeurs de l'excez sont donnees.

Soit vn espace donné AB appliqué selon la ligne droicte donnee AC, excedant de la figure CB donnee par espece: Ie dis que chacune des lignes CE, CF est donnee.

Car DE estant couppee en deux egalement en G, soit descrit sur GE le rectiligne GH semblable & semblablement posé à CB; & soit construite la figure. Or puis que CB est semblable à GH; iceux CB, GH † sont autour d'vn mesme diametre, & GH est donné par espece, tout ainsi que CB. Mais il est des-
s 52.p. crit sur la ligne donnee GE: Donc [s] iceluy GH est aussi donné par grandeur. Mais AB est donné: Donc AB, GH sont donnez par grandeur. Or iceux AB, GH sont egaux à LI: (car AG, LE, EI estans egaux, le gnomon GFH est egal à AB; & partant adioustant GH commun, LI sera egal à AB, GH.) Donc LI est donné par grandeur. Mais il est aussi donné par espece, attendu qu'il est
t 24.6. [t] semblable à CB: Donc [x] les costez d'iceluy LI sont donnez; & partant le
x 55.p. costé LF est donné Mais LC est aussi donné, veu qu'il est egal à GE: Donc [y] le
y 4.p. reste CF est donné, & a raison donnee [z] à CE. Parquoy [a] CE est donnee.
z 3.d.
a 2.p.

SCHOLIE.

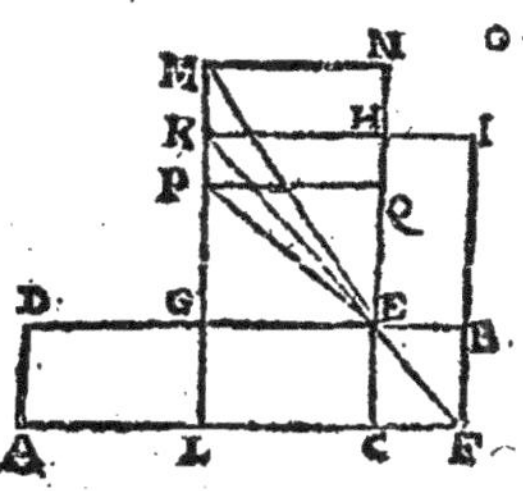

† Euclide suppose icy que CB, GH sont allentour d'vn mesme diametre; mais nous le demonstrerons ainsi. Soient deux parallelogr. semblables CB, GH, disposez en la mesme sorte que dessus, c'est à dire que les angles egaux se conioignans en E le costé CE rencontre directement son homologue EH; & le costé BE son correspondant EG: Et soit tiré le diametre FE: Ie dis qu'iceluy diametre FE prolongé passera par le poinct K; c'est à dire les parallelogr. GH, CB consister allentour vn mesme diametre. Car s'ils n'y consistent.

le diametre FE estant produit passera au dessus du poinct K, ou au dessous. Qu'il tombe premierement au dessus, & couppe GK prolongé en M, & par le poinct M soit menee MN parallele à KH, laquelle rencontre BH prolongé en N & FB en O. D'autât que les parallelogr. GN, CB sont auec le parallelogr. LO autour d'vn mesme diametre, ils sont [b] semblables entr'eux. Parquoy comme FC à CE, ainsi EG à GM. Semblablement pource que les parallelog. CB, GH sont semblables, comme FC à CE, ainsi EG à GK: Donc [d] comme EG à GM, ainsi EG à GK. Parquoy [e] GM & GK sont egales; la partie au tout: Ce qui est absurde. On demonstrera par mesmes raisons que le diametre prolongé ne tombera pas au dessous du poinct K. Donc les parallelogrammes CB, GE consistent allentour d'vn mesme diametre.

b 24.6.
d 11.5.
e 9.5.

PROP. LX.

Si vn parallelogramme donné par espece & par grandeur est augmenté ou diminué d'vn gnomon les largeurs du gnomon sont données.

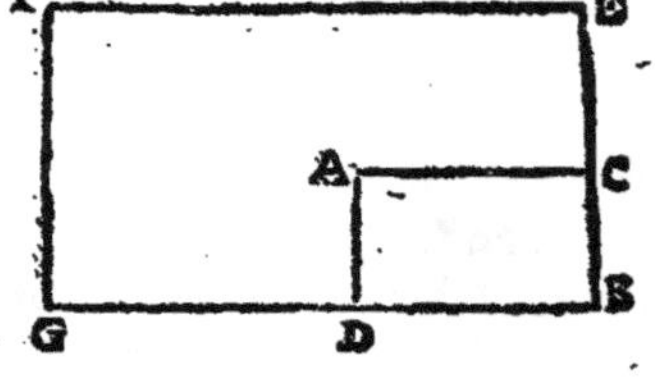

Que le parallelogramme AB donné par espece & par grandeur, soit premierement augmenté du gnomon CFD. Ie dis que chacune des lignes droictes CE, DG est donnee.

Car puis que AB est donné, & le gnomon CFD aussi donné, tout le parallelogramme BF est donné: Mais il est aussi donné par espece, attendu qu'il est semblable à BA. Donc [f] les costez d'iceluy BF sont donnez; & partant chacune des lignes BE, BG est donnee. Mais chacune des lignes BC, BD est donnee: Donc chacune des lignes restantes CE, DG est aussi donnee. f 55.D.

Maintenant que le parallelogramme BF donné par espece & par grandeur soit diminué du gnomon donné CFD: Ie dis que chacune des lignes CE, DG est donnee. Car d'autant que BF est donné, & le gnomon CFD donné; le reste AB est aussi donné. Mais il est aussi donné par espece, veu qu'il est semblable à BF: Donc [f] les costez d'iceluy AB sont donnez; & partant chacune des lignes CB, BD est donnee. Mais chacune des lignes BE, BG est donnee: Donc aussi chacune des restees CE, DG est donnee.

PROP. LXI.

Si à vn costé d'vne figure donnee par espece est appliqué vn espace parallelogramme en angle donné, & que la figure donnee ait au parallelogramme vne raison donnee: le parallelogramme est donné par espece.

Qu'à vn costé de la figure ABCE donnee par espece soit appliqué vn espace parallelogr. CD en angle donné BCF, & soit donnee la raison de la figure AC au parallelogr. CD: Ie dis que CD est donné par espece.

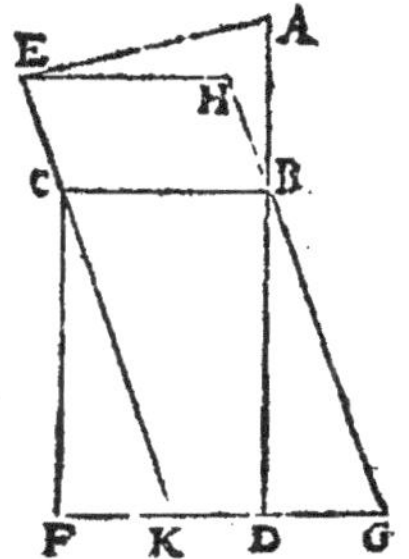

Car par le poinct B soit tiree BH parallele à CE, & par le poinct E soit menee EH parallele à CB, & soient prolongees EC, HB aux poincts K, G. D'autant que
g 3. d. l'angle BCE est donné, & la raison de EC à CB,[g] le parallelogramme CH, est donné † par espece: Mais la figure ABCE est aussi donnee par espece, & est descrite sur la mesme ligne BC que le parallelog. CH
h 49. p. donné par espece: Donc[h] la raison de la figure ABCE au parallelogr. CH est donnee. Mais par l'hypothese la raison d'icelle figure ABCE au parallelogr. CD est
i 36. 1. l 8. p. aussi donnee; & CD est[i] egal à CG: Donc[l] la raison de CH à CG est donnee. Parquoy la raison de la ligne EC à la ligne CK est
m 1. 6. donnee: (car[m] comme CH à CG, ainsi EC à CK.) Mais la raison de EC à CB est aussi donnee: Donc[l] la raison d'icelle CB à CK est donnee. Et veu que
n 13. 1. & 4. p. l'angle ECB est donné, aussi l'angle de suitte BCK[n] est donné: Mais l'angle BCF est posé donné: & partant le resté FCK est donné. Item l'angle CKF est
o 29. 1. donné, attendu[o] qu'il est egal à l'angle BCK: Donc l'autre angle CFK est
p 40. p. donné. Parquoy[p] le triangle FCK est donné par espece; & partant la raison de FC à CK est donnee. Mais la raison de CB à la mesme CK est aussi donnee: Donc[l] la raison de FC à CB est donnee; & l'angle BCF est aussi donné. Parquoy le parallelogramme CD est donné par espece.

SCHOLIE.

† *Encore qu'il soit manifeste qu'vn parallelogramme qui a vn angle donné, & la raison des costez d'autour iceluy angle aussi donnee, soit donné par espece ainsi que le dit icy Euclide, si est-ce que l'ancien interprette l'a voulu demonstrer ainsi. Pource qu'au parallelogramme CH l'angle ECB est donné, aussi l'angle CEH est donné: car la ligne droicte EC tombant sur les paralleles EH, CB fait les deux angles interieurs d'vne mesme part egaux à deux droicts: Et partant puis que l'angle ECB est donné, les autres angles sont donnez. Et pource que la raison de EC à CB est donnee, & que BH est egale à CE, & EH à BC la raison des costez entr'eux est aussi donnee.*

PROP. LXII.

Si deux lignes droictes ont entr'elles vne raison donnee, & sur l'vne d'icelles est descrite vne figure donnee par espece, mais sur l'autre vn espace parallelogramme en angle donné, & que la figure ait au parallelogramme vne raison donnee; le parallelogramme est donné par espece.

Que les deux lignes droictes AB, CD ayent entr'elles vne raison donnee, & sur AB soit descrite la figure AEB donnee par espece, mais sur CD le parallelogramme DF en angle donné DCF; & la raison d'icelle figure AEB au parallelogramme DF soit donnee: Ie dis que le parallelogramme DF est donné par espece.

Car sur la ligne AB soit descrit le parallelogramme AH semblable & semblablement posé à DF. Veu donc que la raison de AB à CD est donnee, & sur icelles lignes sont descrits les rectilignes AH, FD semblables & semblablement posez; [q] la raison de AH à FD est donnee. Mais la raison de FD à AEB est aussi donnee: Donc [r] la raison de AH à AEB est donnee. Mais l'angle ABH est aussi donné, estant egal à l'angle FCD: par ainsi la figure AEB est donnee par espece, & à A" l'vn des costez d'icelles est appliqué le parallelogr. AH en angle donné ABH, & la raison de ladicte figure AEB à iceluy parallelogramme AH est donnee: Donc [f] le parallelogr. AH est donné par espece; & partant FD, qui luy est semblable, est aussi donné par espece.

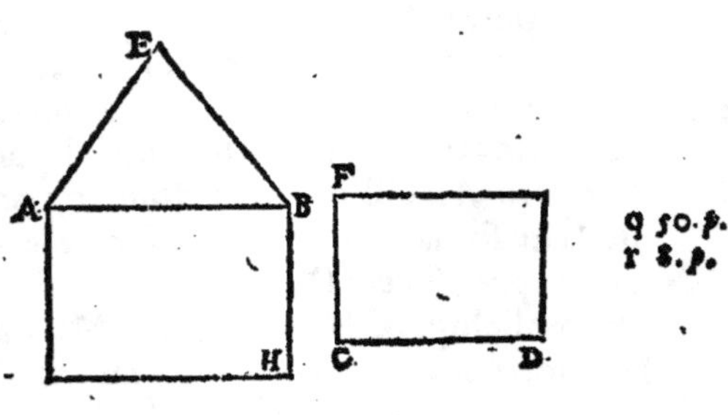

q 50. p.
r 8. p.
f 61. p.

PROP. LXIII.

Si vn triangle est donné par espece, le quarré qui est descrit sur vn chacun des costez aura raison donnée au triangle.

Soit le triangle ABC donné par espece, & soient descris sur chacun des costez d'iceluy les quarrez BE, CD, CF: Ie dis que chacun des quarrez EB, CD, CF aura vne raison donnee au triangle ABC.

Car puis que sur vne mesme ligne droicte BC sont descritts les deux rectilignes ABC, CD donnez par espece; [t] la raison d'iceluy ABC à CD est donnee: Et partant est aussi donnee la raison de l'vn & l'autre des quarrez BE, CF au triangle ABC.

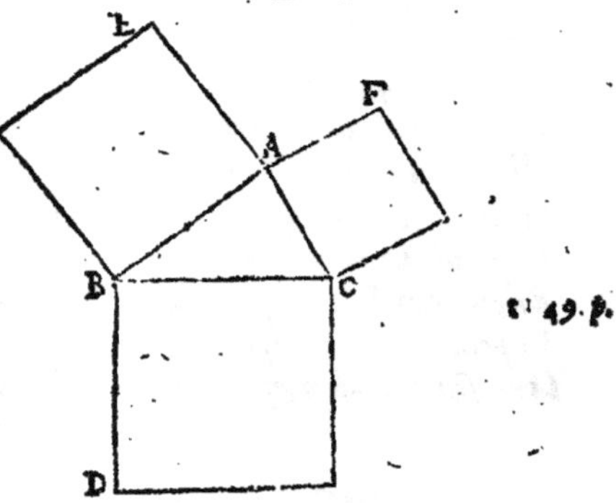

t 49. p.

PROP. LXIV.

Si vn triangle a vn angle obtus donné, cet espace là duquel le costé soustendant l'angle obtus peut plus que les costez comprenant iceluy angle, aura vne raison donnee au triangle.

Soit le triangle ambligone ABC ayant l'angle obtus ABC donné; & ayant prolongé directement CB, de A soit tiree la perpendiculaire AD: Ie dis que l'espace duquel le quarré de la ligne AC excede les quarrez des lignes AB, x 12.2. BC, c'est à dire[x] le double du rectangle soubs CB, BD; aura vne raison donnee au triangle ABC.

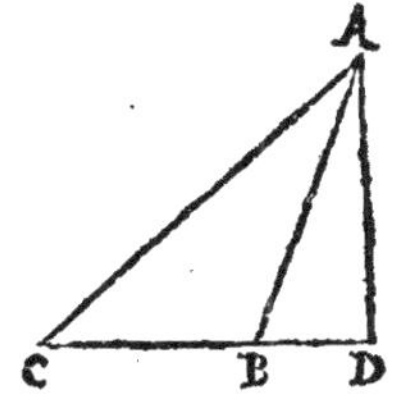

Car puis que l'angle ABC est donné, aussi l'angle ABD est donné. Mais l'angle ADB est aussi donné: Donc l'au-
y 40. tre angle BAD est donné. Parquoy[y] le triangle ABD est
z 3. d. donné par espece: Donc[z] la raison de AD à DB est
a 1. 6. donnee. Mais comme AD à DB, ainsi[a] le rectangle de AD, BC au rectangle de BC, BD. Mais la raison de AD, DB est donnee: Donc aussi est donnee la raison du rectangle de AD, BC au rectangle de BC, BD. Parquoy la raison du double d'iceluy rectangle de BC, BD au rectangle de AD, BC est aussi donnee: Mais iceluy rectangle de AD, BC a aussi raison donnee au triangle ABC: (c'est à sçauoir la raison dou-
b 41. 1. ble, car le rect. est[b] double du triangle) donc la raison du double rect. de
c 8. p. BC, BD[c] au triangle ABC est donnee. Mais iceluy double rectangle de CB, BD, est cet espace là duquel le quarré de la ligne AC, excede les quarrez des lignes AB, BC: Donc iceluy espace a raison donnee au triangle ABC.

PROP. LXV.

Si vn triangle a vn angle aigu donné, cet espace là duquel le costé subtendant ledit angle aigu peut moins que les costez comprenans iceluy angle aigu, aura au triangle vne raison donnée.

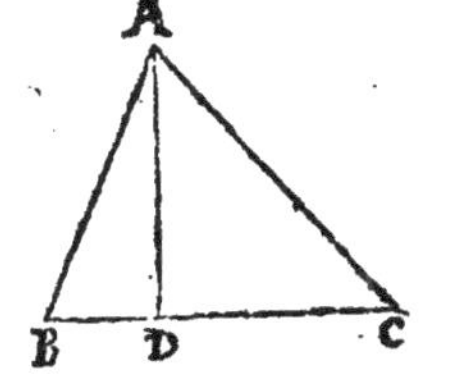

Soit le triangle ABC ayant l'angle aigu ACB donné, & du poinct A soit menee AD perpendiculaire à BC: Ie dis que cet espace là duquel le quarré de la ligne droicte AB est moindre que les quarrez des lignes
d 13. 2. AC, CB, c'est à dire[d] le double du rectangle de BC, CD, à vne raison donnee au triangle ABC.

Car d'autant que l'angle C est donné, & l'angle ADC aussi donné, l'autre angle DAC est donné: par-
e 40. p. quoy[e] le triangle ADC est donné par espece; & partant la raison de AD à DC
f 1. 6. est donnee, & consequemment aussi[f] celle du rectangle de BC, CD au rectangle de BC, AD. Donc la raison du double rectangle de BC, CD au rect. de BC, AD est donnee. Mais est aussi donnee la raison d'iceluy rectangle de
g 41. 1. BC, AD au triangle ABC: (car[g] le rect. est double du triangle) donc[h] la rai-
h 8. p. son du double rectangle de BC, CD au triangle ABC est donnee. Et veu que iceluy double rectangle de BC, CD, est ce dont le quarré de la ligne AB est moindre que les quarrez des lignes AC, BC; cet espace là duquel le quarré de la ligne droicte AB est moindre que les quarrez des lignes AC, BC aura raison donnee au triangle ABC.

PROP. LXVI.

Si vn triangle a vn angle donné, le rectangle des lignes comprenans iceluy angle aura vne raison donnee au triangle.

Soit le triangle ABD, qui ait l'angle B donné: Ie disque le rectangle compris sous AB, BD a raison donné au triangle ABD.

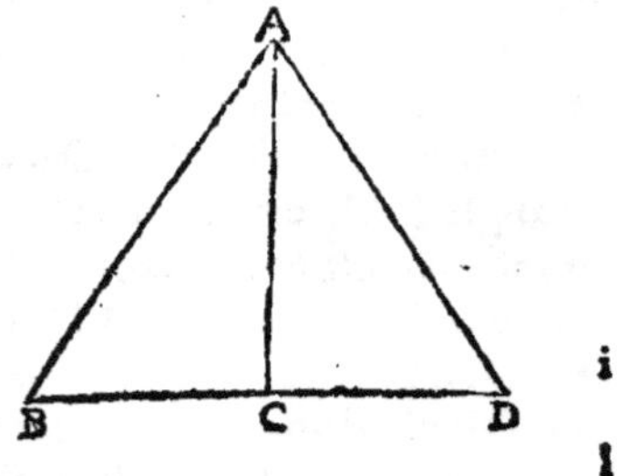

Car du poinct A soit tiree AC perpendiculaire à BD. Donc puis que l'angle B est donné, & aussi l'angle ACB; l'autre angle BAC est pareillement donné. Parquoy le triangle ABD [i] est donné par espece: & consequemment est donnee la raison de AB à AC. Mais comme AB à AC,[l] ainsi le rectangle de AB, BD au rectangle de BD, AC: Donc la raison du rectangle de AB, BD au rectangle de BD, AC est donnee. Mais la raison d'iceluy rectangle de BD, AC au triangle ABD est aussi donnee: (car c'est la raison double, le rectangle estant double[m] du triangle) donc [h] la raison du rectangle de AB, BD au triangle ABD est donnee. i 40. p. l 1. 6. m 41. p.

PROP. LXVII.

Si vn triangle a vn angle donné, cet espace là duquel la composee des deux costez comprenans iceluy angle peut plus que l'autre costé, aura raison donnee au triangle.

Soit le triangle ABC, ayant l'angle BAC donné: Ie dis que cet espace là duquel le quarré de la composee de BA, AC est plus grand que le quarré de BC, aura raison donnee au triangle ABC.

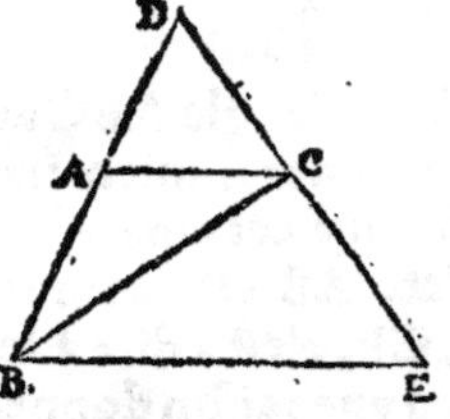

Car soit prolongee BA, tellement que AD soit egale à AC, puis estant tiree DCE indeterminement du poinct B soit menee BE parallele à AC rencontrant icelle DE en E. D'autant que AD est egale a AC;[n] DB est egale à BE: (car les deux triangles ADC, BDE sont semblables) & du sommet B est tiree à la base DE la ligne droicte BC. Donc† le rectangle de DC, CE auec le quarré de BC est egal au quarré de BD. Mais icelle BD est composée de BA, AC: Donc le quarré de la composee d'icelles AB, AC est plus grand que le quarré de BC du rectangle de DC, CE. n 4. 6. & 14. 5.

Maintenant, ie dis que le rectangle de DC, CE a raison donnee au triangle ABC. Car d'autant que l'angle BAC est donné, aussi est donné l'angle DAC. Mais chacun des angles ADC, ACD est dõné, car il est moitie de l'angle BAC, qui est donné: Donc [o] le triangle ADC est donné par espece; & partant la raison de DA à DC est donnee. Donc [p] aussi est donnee la raison du quarré d'icelle DA au quarré de DC. Et veu que comme BA à AD,[q] ainsi EC à CD, & aussi comme BA à AD [r] ainsi le rectangle de BA, AD au quarré de AD; & comme EC à CD [r] ainsi aussi le rectangle de EC, CD au quarré de CD: En permutant, comme le rectangle de BA, AD au rectangle de EC, CD, ainsi le quarré de AD au quarré de DC. Mais la raison d'iceluy quarré de AD au quarré o 40. p. p 50. p. q 2. 6. r 1. 6.

de DC est donnee: Donc la raison du rectangle de BA, AD au rectangle de EC, CD est aussi donnee. Mais AD est egale à AC: Donc la raison du rectangle de BA, AC au rectangle de EC, CD est donnee. Mais la raison du rectan-
f 66. p. gle de BA, AC au triangle ABC[f] est donnee, pour ce que l'angle BAC est
t 8. pr. donné: Donc[t] la raison du rectangle EC, CD au triangle ABC est donnee. Mais le rectangle de EC, CD est ce dont le quarré de la composee de BA, AC est plus grand que le quarré de BC: Donc cet espace là duquel le quarré de la composee de BA, AC est plus grand que le quarré de BC, aura raison donnee au triangle ABC.

SCHOLIE.

† *Euclide suppose icy que lors qu'en vn triangle Isoscelle est tirée du sommet à la base quelque ligne droicte; le quarré d'icelle ligne auec le rectangle contenu soubs les segmens de la base est egal au quarré de l'vne ou l'autre des iambes: Ce que l'ancien Interprete demonstre ainsi.*

Soit le triangle Isoscelle ABC, duquel les iambes soient AB, AC, & du sommet A soit tirée à la base BC quelconque ligne droicte AD: Ie dis que le quarré de AD auec le rectangle de BD, DC est egal au quarré de l'vne ou l'autre des Iambes AB, AC. Or la ligne AD est perpend. à BD, ou non: Quelle soit
u sch. 26. 1. *premierement perpendiculaire: Donc[u] elle couppera la base BC en deux egalement au poinct D; & partant le rectangle soubs BD, DC est egal au quarré d'icelle BD, & leur adioustant le commun quarré de AD: le rectangle de BD, DC auec le quarré de AD sera egal aux quarrez de DB, AD. Mais à iceux*
x 47. 1. *quarrez de AD, DB, est[x] egal le quarré de AB: donc le quarré de AB est egal au rectangle de BD, DC, & quarré de AD ensemble.*

Maintenant AD ne soit perpendiculaire, mais que du poinct A tombe sur BC la perpendiculaire AE: Cela estant ainsi, BC sera couppée en deux egalement en E, & inegalement en D; parquoy le rectan-
y 5. 2. *gle de BD, DC auec le quarré de DE[y] est egal au quarré de BE: & adioustant le commun quarré de AE, le rectangle de BD, DC auec les quarrez de DE, AE sera egal aux quarrez de BE, AE. Mais[x] le quarré de AD est egal aux deux quarrez de DE, AE: Donc le rectangle de BD, DC auec le quarré de AD est egal aux quarrez de BE, AE. Mais à iceux quarrez de BE, AE est egal le quarré de AB: Donc le quarré de AD auec le rectangle de BD, DC, est egal au quarré de AB.*

AVTREMENT.

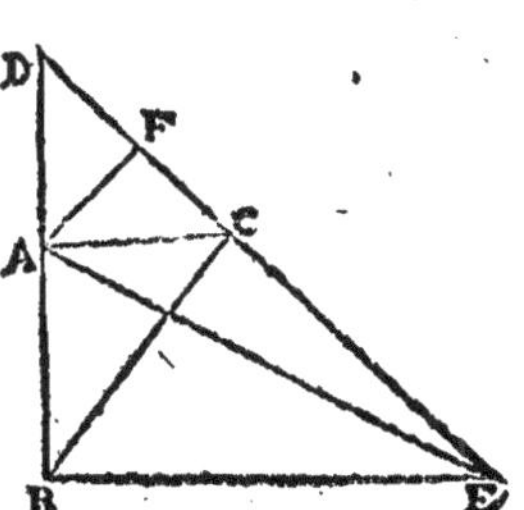

Ayant construict comme en la demonstration prec. du poinct A soit tirée AF perpendic. à CD, & soit menée AE. D'autāt que l'angle BAC est donné, [illegible] le sera ACF moitié d'iceluy. Mais l'angle AFC est donné; & partant le triangle AFC est donné par espece: Donc la raison de AF à FC est
a sch. 26. 1. donnée. Mais la raison de CD à la mesme FC est aussi donnee, attendu que CD[a] est double de FC;
b 8. p. Donc[b] la raison de CD à AF est donnée; & par-

tant est aussi donnee la raison du rectangle de CD, EC au rectangle de AF, EC: (car c'est la mesme raison [c] que de CD à AF) Mais la raison du rectangle de AF, EC au triangle ACE est donnee, veu qu'il est double d'iceluy [d] triangle: donc la raison du rectangle de CD, CE au triangle ACE est aussi donnée. Mais le triangle ACE est egal au triangle ABC [e], car l'vn & l'autre est constitué sur vne mesme base AC, & entre mesmes paralleles AC, BE: donc [b] la raison du rectangle de CE, CD, au triangle ABC est donnee. Mais iceluy rectangle de CE, CD est l'espace duquel le quarré de la composee de AB, AC est plus grand que le quarré de BC: donc cet espace là duquel le quarré de la composee de AB, AC est plus grand que le quarré de BC, a raison donnee au triangle ABC.

c 1.6
d 41.1
e 37.1
b 8.d

AVTREMENT.

Car l'angle donné A est ou droict, ou aigu, ou obtus. Qu'il soit premierement droict: donc le quarré de la composee BAC est plus grand que le quarré de BC de deux fois le rectangle de BA, AC: (pource que [f] le quarré de BC est egal aux deux quarrez de BA, AC; & le quarré de la composee BAC [g] est egal à iceux deux quarrez de BA, AC, & deux fois le rectangle d'icelles BA, AC.) Parquoy la raison du double rectangle de BA, AC au triangle ABC est donnee.

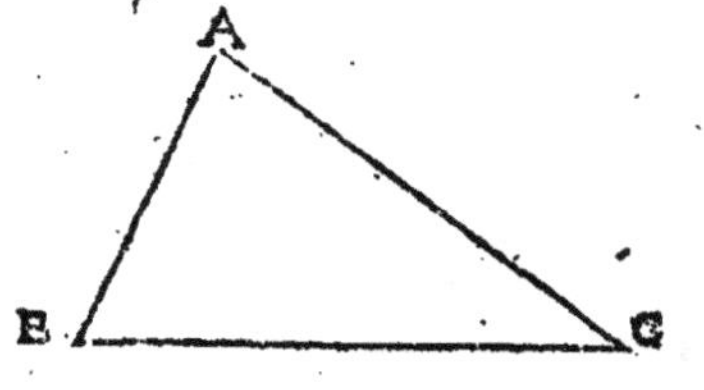

f 47.1
g 4.2

Maintenant, soit l'angle A aigu, & du poinct B soit tiree sur AC la perpendic. BD. D'autant que le triangle ABC est oxigone, & est tiree la perpendic. BD, les quarrez de AB AC sont egaux [h] au quarré de BC auec deux fois le rectangle de AC, AD: adioustant donc le commun double rectangle de AB, AC; les quarrez de AB, AC, auec le double rectangle d'icelles AB, AC, c'est à dire [i] le seul quarré de la composee BAC, sont egaux au quarré de BC auec le double rectangle de AD, AC, & en outre le double rectangle de BA, AC, c'est à dire le double rectãgle soubs la composee BAD, AC: (car le rect. de BAD, AC est [l] egal aux rectang. de BA, AC, & de AD, AC.) Donc le quarré de la composee BAC est plus grand que le quarré de BC, du double rectangle de BAD, AC. Et puis que l'angle BAC est donné, & l'angle ADB aussi donné; l'autre angle ABD est donné: donc [m] le triangle ABD est donné par espece; & partant la raison de AD à AB est donnee, & par consequent la raison de la composée BAD à AB [n] est aussi donnee. Parquoy est aussi donnee la raison du rectangle d'icelles composee BAD, AC [o] au rectangle de BA, AC. Mais la raison d'iceluy rectangle de BA, AC au triangle ABC [p] est donnee, pource que l'angle A est donné: donc la raison du double rectangle de la composee BAD, AC au triangle ABC est donnee.

h 13.2
i 4.2
l 1.2
m 40.d
n 6.d
o 1.6
p 66.d

Finablement, soit l'angle BAC obtus, & ayant prolongé BA, du poinct C soit tiree sur icelle la perpendicul. CE, puis soit posee AF egale à AE D'autant

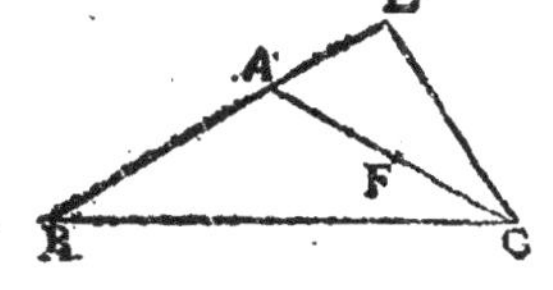

que l'angle BAC est obtus, & est tiree la perpendic. CE, les quarrez de AB, AC, & le double rectangle soubs BA, AE, ou AF, sont ensemblement
q 12.2. egaux [q] au quarré de BC: & adioustant le commun double rectangle de BA, AC, les quarrez d'icelles AB, AC auec le double rectangle des mesmes AB, AC, c'est à dire [r] le quarré de la composee BAC, & le double rectangle de BA, AF

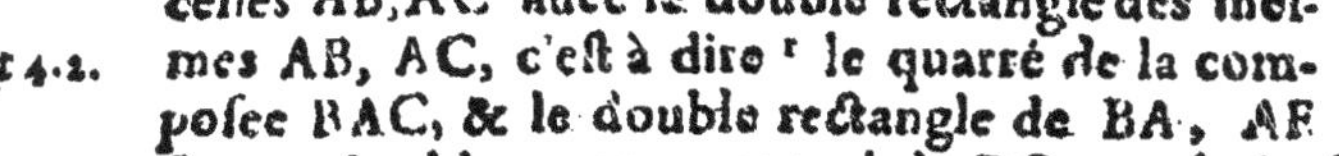

r 4.2. sont ensemble egaux au quarré de BC auec le double rectangle de BA, AC. Soit osté le commun double rectangle de BA, AF, & restera le quarré de la composee BAC egal au quarré de BC auec le rectangle de AB CF: (car
s 1.2. le rectangle de AB, AC est egal [s] aux deux rect. de AB, AE, & AB, CF) donc le quarré de la composee BAC est plus grand que le quarré de BC du double rectangle de AB, CF. Et d'autant que l'angle BAC est donné, l'angle
t 13.1. CAE [t] est donné. Mais l'angle AEC est aussi donné: donc l'autre angle ACE
u 40 p. est donné. Parquoy [u] le triangle ACE est donné par espece; & partant la
x 5.p. raison de CA à AE, c'est à dire à AF, est donnee: donc [x] la raison d'icelle CA à FC est aussi donnee. Mais la raison de la mesme CA à CE est donnee: donc [y] la raison de CE à CF est aussi donnee. Parquoy la raison du
y 8.p. rectangle de EC, AB au rectangle de FC, AB est donnee, (car le rectan-
z 1.6. gle est au rect. [z] comme CE à CF) & aussi celle du rectangle de AC, AB au rect. de EC, AB: donc [y] la raison du rectangle de FC, AB au rectang. de AC, AB est donnee. Mais la raison du rectangle de AC, AB au triangle ABC [a] est donnee: donc aussi la raison du double rectangle de FC, AB au
a 66.p. triangle ABC est donnee. Mais iceluy double rectangle de FC, AB est ce dont le quarré de la composee BAC est plus grand que le quarré de BC: donc cet espace là duquel le quarré de la composee BAC est plus grand que le quarré de BC a raison donnee au triangle ABC.

AUTREMENT.

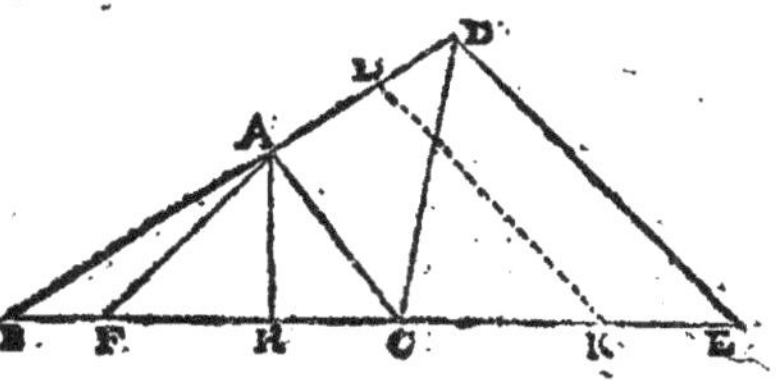

Soit prolongee la ligne BA iusques au poinct D, en sorte que AD soit egale à AC, & soit menee CD. D'autant que l'angle BAC est donné, aussi chacun des angles ADC, ACD qui est moitié d'iceluy sera donné; & partant l'autre angle DAC est aussi donné: donc [u] le triangle ACD est donné par espece. Parquoy la raison de AC à CD est donnee. Et d'autant que l'angle ADC est donné, soit fait chacun des angles DEC, AFC † egal à iceluy ADC. Donc puis que l'angle BDC est egal à l'angle DEC, & l'angle DBE est commun aux triangles DBE, DBC, l'autre angle BDE est egal à l'autre angle BCD; & partant le triangle BDE est equiangle
b 4.6. au triangle BDC. Donc [b] comme EB à BD, ainsi BD à CB: parquoy le
c 3.2. rectangle de EB, CB, c'est à dire [c] le rectangle de EC, CB [c] auec le quarré
d 47.6. de CB, est egal [d] au quarré de BD, c'est à dire au quarré de la composee BAC, car AD est egale à AC; & partant le rectangle de EC, CB auec le

quarré de CE, c'est à dire le quarré de la composee BAC est plus grand que le quarré du rectangle de BC, CE: Ie dis donc que la raison d'iceluy rectangle de BC, CE au triangle ABC est donnee.

Car d'autant que l'angle BDE est egal à l'angle BCD, & l'angle ADC egal à l'angle ACD, l'autre angle CDE est egal à l'autre ACB: Mais l'angle DEC est aussi egal à l'angle AFC; donc le reste CAF est egal au reste DCE. Parquoy le triangle AFC est equiangle au triangle DCE; & partant[b] comme CA à AF, ainsi CD à CE; & en permutant, comme AC à CD, ainsi AF à CE. b 4. 6.
Mais la raison de AC à CD est donnee: donc aussi la raison de AF à CE est donnee. Du poinct A soit menee AH perpendiculaire à BC. D'autant que l'angle AFC est donné, & l'angle AHF aussi donné, le troisiesme HAF est donné. Parquoy[e] le triangle AHF est donné par espece; & par consequent e 40. p.
la raison de AF à AH est donnee. Mais la raison de AF à CE est aussi donnee: donc[f] la raison de AH à CE est donnee; & partant la raison du rectangle de f 8. pr.
AH, BC[g] au rectangle de BC, CE est aussi donnee. Mais la raison du re- g 1. 6.
ctangle de AH BC au triangle ABC est pareillement donnee; (car le rectangle[h] est double du triangle) & le rectangle de BC, CE est-ce dont le quarré h 41. 1.
de la composee BAC est plus grand que le quarré de BC: donc cet espace là duquel le quarré de la composee BAC est plus grand que le quarré de BC à raison donnee au triangle ABC.

SCHOLIE.

L'ancien Interprete pretendant enseigner à construire l'angle DEB egal à l'angle ADC, dit qu'on fasse sur la ligne droicte BD, & au poinct D, l'angle BDE egal à l'angle BCD, & qu'on tire les lignes BC, DE iusques à ce qu'elles s'entrecouppent en E: tellement qu'il suppose l'angle BCD estre donné, & il ne l'est pas.

Le mesme Interprete enseigne puis apres comment on peut vniuersellement d'vn poinct donné mener à vne ligne droicte donnee par position vne ligne droicte faisant angle egal à vn angle donné, mais nous delaissons aussi ce moyen là pource que nous en auons enseigné vn autre beaucoup plus bref & aisé au 44. de nos Probl. Geometriques. Car par exemple, voulant du poinct donné D mener à la ligne BC donnee par position vne ligne droicte faisant angle egal à l'angle donné ADC, ainsi qu'il est icy requis; il n'y a qu'à prendre en icelle BC quelconque poinct K, & à iceluy faire l'angle CKL egal à l'angle donné ADC: Que si la ligne KL rencontre le poinct D, elle sera la ligne requise, mais ne le rencontrant pas, soit menee d'iceluy poinct D la ligne DE parallele à icelle KL couppant BC prolongé en E, & l'angle DEC sera egal au donné ADC. Car sur les deux lignes paralleles LK, DE tombe la ligne BE, & partant l'angle DEC[i] est egal i 29. 1.
à l'angle LKC, qui a esté fait egal au donné ADC; & par consequent iceluy DEC est aussi egal à ADC.

PROP. LXVIII.

Si deux parallelogrammes equiangles ont entr'eux vne raison donnee, & qu'vn costé ait aussi vne raison donnee à vn costé;

l'autre costé aura pareillement vne raison donnee à l'autre costé.

Soient deux parallelogrammes equiangles AB, CD ayans entr'eux vne raison donnee, & qu'vn costé ait à vn costé vne raison donnee, & soit la raison de BE à FD donnee : Ie dis que la raison de AE à FC est aussi donnee.

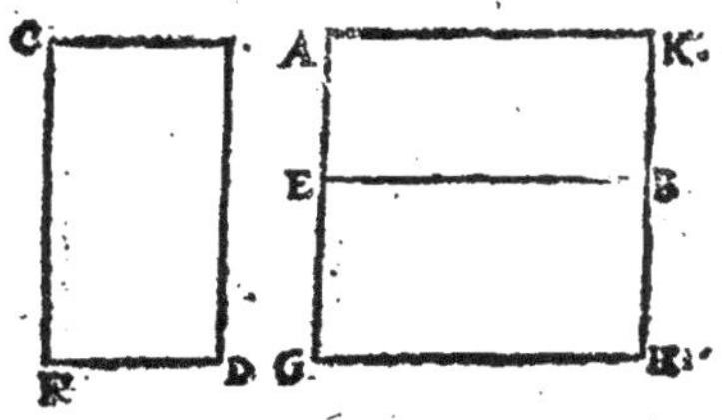

Car à la ligne droicte EB soit appliqué le parallelogramme EH egal à iceluy CD, & constitué de sorte que AE & EG fassent vne ligne droicte : † donc KB, BH feront aussi vne ligne droicte. Et d'autant que la raison de AB à CD est donnee, & que EH est egal à iceluy CD ; la raison de AB
à EH est donnee ; & partant la raison de AE à EG [l] est aussi donnee. Veu
l 11. 6. donc que EH est egal & equiangle à CD, comme [m] EB à FD, ainsi FC à
m 14. 6 EG. Mais la raison de EB à FD est donnee : donc aussi la raison de FC à EG est donnee. Mais la raison de AE à la mesme EG est aussi donnee : donc la raison de AE à FC est donnee.

SCHOLIE.

† *Euclide ayant posé AE, EG directement en vne seule ligne droicte, conclud aussi tost que KB & BH feront aussi vne ligne droicte, mais nous le demonstrerons ainsi. D'autant que les lignes droictes AE, EG sont posees directement les angles AEB,*
a 13. 1. *BEG, [a] sont egaux à deux droicts. Et puis que AB est vn parallelogramme, les lignes AK, EB sont paralleles, sur lesquelles tombe la ligne AE, & partant les deux*
b 29. 1. *angles interieurs A, BEA [b] sont aussi egaux à deux droicts ; & ostant l'angle commun BEA, demeurera l'angle A egal à l'angle BEG, & consequemment leurs opposez EBK & H sont aussi egaux entr'eux. Derechef, puis que BG est vn parallelog. les deux lignes BE, HG sont paralleles sur lesquelles tombe BH : & partant les deux angles interieurs H, EBH [b] sont egaux à deux droicts. Mais il a esté demonstré que H est egal à EBK : donc les deux angles EBK, EBH sont aussi egaux à deux droicts ;*
c 14. 1. *& partant [c] les deux lignes KB, BH se rencontrent directement comme le dit Euclide.*

AVTREMENT.

Soit exposée la ligne droicte donnee K : & puis que la raison de A à B est donnee, soit faicte la mesme de K à L : donc la raison de K à L est aussi
n 2. pr. donnee. Mais K est donnee : donc [n] L est aussi donnee. Derechef, puis que la raison de CD à EF est donnee soit faite la mesme de K à M : donc la raison de K à M est don-
o 2. pr. nee. Mais K est donnee : donc [o] M est aussi donnee : & partant la raison de L à M est donnee. Or d'autant que A est equiangle à
p 23. 6. B, [p] la raison d'iceluy A à B, est composee de celle des costez, c'est à dire de CD à EF, & de CG à EH. Mais aussi la raison de K à L est composee de K à M, &

de M à L: donc la raison composee de CD à EF, & de CG à EH, est la mesme que la composee de K à M, & de M à L. (la raison de K à L estant la mesme que de A à B.) Mais la raison de CD à EF est la mesme que de K à M: donc l'autre raison de CG à EH est aussi la mesme que de M à L. Mais icelle raison de M à L est donnee: donc aussi la raison de CG à EH est donnee.

PROP. LXIX.

Si deux parallelogrammes ayans les angles donnez, ont entr'eux vne raison donnee, & qu'vn costé ait aussi vne raison donnee à vn costé; pareillement l'autre costé aura vne raison donnee à l'autre costé.

Que les deux parallelogrammes CB, EH ayans les angles aux poincts D & F donnez, ayent entr'eux vne raison donnee, & que la raison de DB à FH soit aussi donnee: Ie dis que la raison de AB à EF est donnee.

Car si CB est equiangle à HE, il est manifeste par la prec. prop. Mais s'il n'est equiangle, soit constitué sur la ligne droicte DB, & au poinct B donné en icelle l'angle DBK egal à l'angle EFH, & soit acheué le parallelogr. DK. D'autant que chacun des angles BKL, BAK est donné, † l'autre angle KBA, est donné: Parquoy le triangle[r] ABK est donné par espece; & partant la raison de AB à BK est donnee. Mais la raison de CB à EH est supposee donnee, & [t] CB est egal à DK: donc la raison de DK à EH est donnee. Et pour ce que DK est equiangle à EH, & la raison d'iceluy DK à EH est donnee, comme aussi celle de DB à FH; [u] la raison de BK à FE est donnee. Mais la raison d'icelle BK à BA est aussi donnee: donc [x] la raison de AB à FE est donnee.

r 40.p.
t 35.p.
u 68.p.

SCHOLIE.

† Euclide suppose icy qu'vn parallelogramme ayant vn angle donné, tous les autres angles sont aussi donnez: & tant l'ancien Interprete que le sieur Hardy en deduisent les raisons, qui sont que l'angle F estant donné, l'autre angle E sera aussi donné estant le reste de deux droicts, pour ce que sur les lignes droictes paralleles EG, FH tombe la ligne EF, qui fait [x] les deux angles interieurs de mesme part F & E egaux à deux droicts: Mais à iceux angles sont egaux [y] les opposez G & H, & partant ils sont aussi donnez.

x 29.1.
y 34.1.

Dont s'ensuit que les angles BDC & F estans donnez par l'hypothese, tous les autres angles des deux parallelogr. CB, EH sont aussi donnez: partant l'angle DBK ayant esté faict egal à l'angle F, l'angle K sera egal à l'angle E, & donné comme iceluy: Mais l'angle BAL, qui est opposé au donné BDC est aussi donné, & partant BAK qui est le reste de deux droicts sera aussi donné, tellement qu'au triangle ABK les deux angles BAK & BKA sont donnez, ainsi qu'Euclide le dit icy.

PROP. LXX.

Si de deux parallelogrammes, les costez d'autour angles egaux, ou bien d'autour des inegaux, toutesfois donnez, ont entre eux vne raison donnee; aussi les mesmes parallelogrammes auront entr'eux vne raison donnee.

Soient deux parallelogrammes AB, EH desquels les costez d'autour les angles egaux des poincts F, C, ou d'autour des inegaux, toutesfois donnez ayent entr'eux vne raison donnee, c'est à dire que la raison de AC à EF soit donnee, & aussi celle de CB à FH: Ie dis que la raison de AB à EH est aussi donnee.

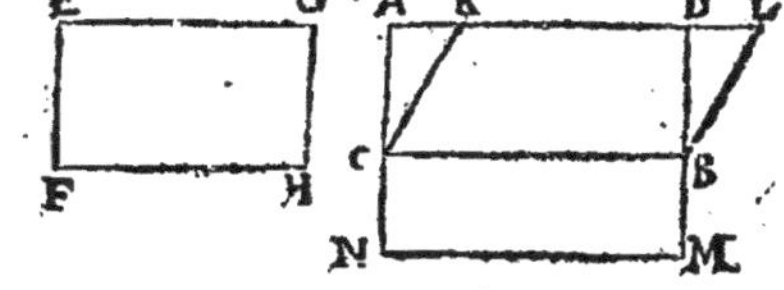

Car soit AB equiangle à EH, & sur la ligne droicte CB soit applicqué le parallelogramme CM egal au parallelogr. EH, tellement que AC soit directement à CN, & par consequent DB sera directement[a] auec BM. D'autaut donc que
a sch. 68. p. CM est equiangle & egal à EH, les costez d'autour les angles egaux seront re-
z 14.6. ciproquement[z] proportionnaux: Parquoy comme BC à HF, ainsi FE à NC. Mais la raison de BC à HF est donnee: donc la raison de FE à NC est aussi
a 8. p. donnee. Mais la raison de AC à la mesme EF est donnee: donc[a] la raison de AC à NC est aussi donnee. Parquoy la raison de AB à CM est donnee: (car
b 1.6. c'est la mesme[b] que de AC à CN.) Mais CM est egal à EH: donc la raison de AB à EH est donnee.

Maintenant, AB ne soit equiangle à EH, & sur la ligne droicte CB, & au poinct C donné en icelle, soit constitué l'angle BCK egal à l'angle donné F, & soit acheué le parallelogramme CL. D'autant que l'angle ACB est donné, &
c 40. p. l'angle BCK aussi donné, le reste ACK est donné: donc le triangle ACK[c] est donné par espece; & partant la raison de AC à CK est donnee: Mais la raison de AC à EF est aussi donnee: donc la raison de CK à EF est donnee. Mais la raison de BC à HF est aussi donnee, & l'angle BCK est egal à l'angle F: donc (par la premiere partie de ceste prop.) la raison de CL à EH est donnee. Mais à iceluy CL est egal AB: donc la raison de AB à EH est donnee.

PROP. LXXI.

Si de deux triangles les costez d'autour angles egaux, ou bien d'autour des inegaux, toutesfois donnez, ont entr'eux vne raison donnee: les mesmes triangles auront aussi entr'eux vne raison donnee.

Soient deux triangles ABC, DEF, desquels les costez d'autour les angles A & D egaux, ou bien inegaux, toutesfois donnez ayent entr'eux vne raison donnee, c'est à sçauoir que la raison de AB à DE soit donnee, & aussi celle de

AC à DF : Ie dis que la raison du triangle ABC au triangle DEF est donnee.

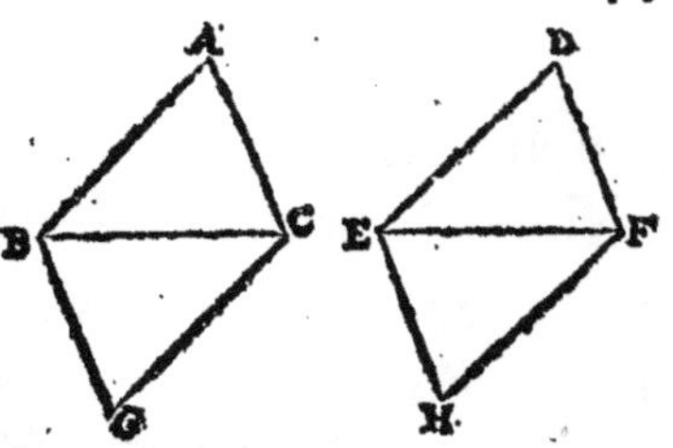

Car soient accomplis les parallelogram. AG, DH. Donc puis que des deux parallelog. AG, DH, les costez d'autour les angles egaux A & D, ou bien inegaux & toutesfois dõnez, ont entr'eux raison donnee; [d] la raison d'iceluy AG à DH est donnee : Mais le triangle ABC est moitié de AG, [e] & le triangle DEF moictié de DH : donc la raison du triangle ABC au triangle DEF est donnee. d 70.p e 34.1

PROP. LXXII.

Si de deux triangles, les bases sont en raison donnee, & que des angles soient tirées à icelles bases des lignes droictes faisans angles egaux, ou bien inegaux, mais toutesfois donnez, lesquelles ayent entr'elles raison donnee : iceux triangles auront aussi entr'eux raison donnee.

Soient deux triangles ABC, DEF, & soient tirées aux bases les lignes droictes AG, DH, qui fassent les angles AGC, DHF egaux, ou bië inegaux, mais toutesfois donnez ; & soit la raison de BC à EF donnee; mais la raison de AG à DH aussi donnee: Ie dis que la raison du triangle ABC au triangle DEF est donnee.

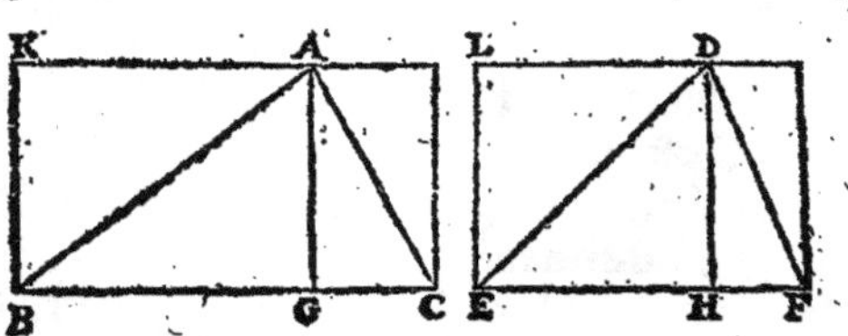

Car soient accomplis les parallelogrammes KC, LF. d'autant que les angles AGC, DHF sont egaux, ou bien inegaux & toutesfois donnez, & que l'angle AGC [f] est egal à l'angle KBC, mais l'angle DHF à l'angle LEF: les angles aux poincts B, E sont egaux, ou bien inegaux, mais toutesfois donnez. Et pour ce que la raison de AG à DH est donnee, & AG est egale à KB, mais DH à LE: aussi la raison de KB à LE est donnee. Mais la raison de BC à EF est aussi donnee, & les angles aux poincts B, E sont egaux ou bien inegaux, & toutesfois dõnez: donc [g] la raison du parallelog. KC au parallelog. LF est donnee: & partant la raison du triangle ABC au triangle DEF est donnee, attendu qu'iceux triangles [h] sont moitié des parallelogrammes. f 29. 1 g 70.p h 41.1

PROP. LXXIII.

Si de deux parallelogrammes les costez d'autour angles egaux, ou bien d'alentour des inegaux, mais toutesfois donnez, sont tellement entr'eux, que comme le costé du premier est au costé du second, ainsi l'autre costé du second, soit à quelque autre ligne droicte, mais que l'autre costé du premier ait

aussi à la mesme ligne droicte vne raison donnee : iceux parallelogrammes auront aussi entr'eux vne raison donnee.

Soient deux parallelogrammes AB, EG, desquels les costez d'autour les angles des poincts C, F egaux, ou bien inegaux, mais toutesfois donnez, soient tellement entr'eux que comme CB à FG, ainsi EF à quelque autre ligne droicte CN, mais la raison de AC à icelle CN soit donnee : Ie dis que la raison du parallellogramme AB au parallelog. EG est donnee.

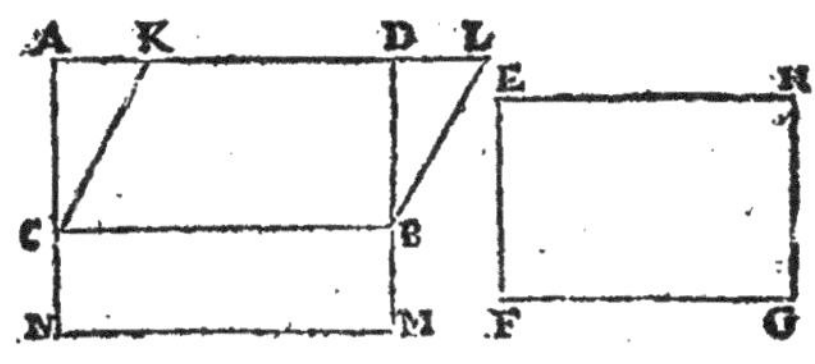

Car le parallelogramme AB soit premierement equiangle à EG, & ayant posé CN directement à AC, soit acheué le parallelogr. CM. D'autant que comme CB ou NM son egale est à FG, ainsi EF à CN, & que les angles N & F sont egaux; (car N est egal à l'angle ACB qu'on a posé estre egal à F) les parallelogrammes CM, EG [i] sont egaux. Mais comme AC à CN [l] ainsi le parallelogr. AB à CM ou EG : partant puis que la raison de AC à CN est donnee ;

i 14. 6. aussi la raison de AB à EG est donnee.

l 1. 6.

Maintenant, le parallelogramme AB ne soit equiangle au parallelog. EG, & soit constitué à la ligne droicte CB, & au poinct C donné en icelle, l'angle BCK egal à l'angle EFG, & soit paracheué le parallelog. CL. Donc puis que chacun des angles ACB, KCB est donné, le reste ACK est aussi donné. Mais [m] l'angle CAK est donné, comme ausi le restant AKC : donc [n] le triangle ACK est

m sch. 69. pr. donné par espece ; & partant la raison de AC à CK est donnee Mais la raison

n 40. p. d'icelle AC à CN est aussi donnee : donc [o] la raison de CK à CN est donnee.

o 8. p. Et puis que comme CB à FG, ainsi EF à la ligne droicte CN, à laquelle l'autre costé KC a raison donnee, & que l'angle BCK est egal à l'angle F, la raison du parallelog. CL au parallelog. EG est donnee, (par la premiere partie de cette prop.) Mais le parallelog. CL est egal au parallelog. AB : donc la raison du parallelog. AB au parallelog. EG est donnée.

PROP. LXXIV.

Si deux parallelogrammes en angles egaux, ou bien en inegaux, mais toutesfois donnez ont vne raison donnee ; comme vn costé du premier sera à vn costé du second, ainsi l'autre costé du second sera à celle à laquelle l'autre costé du premier à raison donnee.

Que les deux parallelogrammes AB, EG ayans aux poincts C, F angles egaux ou bien inegaux, mais toutesfois donnez, soient entr'eux en raison donnee : Ie dis que comme CB à FG, ainsi EF à celle que AC a raison donnee.

Car ou AB est equiangle ou non : soit premierement equiangle, & à la ligne droicte BC soit appliqué le parallelog. CM egal à EG, & tellement posé que

AC

AC, CN soient directement: donc [p] DB, BM seront aussi directement. Et puis que la raison de AB à EG est donnee, & que CM est egal à EG; la raison de AB à CM est aussi donnee: & partant la raison de AC à CN est donnee: (attendu que AB est à CM [q] comme AC à CN.) Et pour ce que CM est egal & equiangle à EG: les costez d'autour les angles egaux d'iceux CM, EG [r] sont reciproquement proportionnaux; & partant comme CB à FG, ainsi EF à CN: Mais la raison de AC à CN est donnee: donc comme CB est à FG, ainsi EF est à celle que AC a raison donnee. *(Voyez la figure precedente.)* p sch. 68. p. q 1.6. r 14.6.

Maintenant, AB ne soit equiangle à EG, & soit constitué à la ligne droicte CB & au poinct C donné en icelle, l'angle BCK egal à EFG, & soit acheué le parallelog. CL. Donc puis que la raison de AB à EG est donnee, & [s] que AB est egal à CL; aussi la raison de CL à EG est donnee, & l'angle BCK est egal à l'angle F; & partant CL [t] est equiangle à EG. Donc (par la premiere partie de cette prop.) comme CB à FG, ainsi EF à celle à laquelle CK a raison donnee. Mais la raison de AC à CK est donnee: (ainsi qu'il appert par ce qui a esté demonstré à la derniere partie de la prec. prop.) donc comme CB à FG ainsi EF à celle que AC a raison donnee. s 36. 1. t sch. 69. p.

PROP. LXXV.

Si deux triangles en angles egaux, ou bien inegaux, mais toutesfois donnez, ont entr'eux vne raison donnee; comme le costé du premier sera au costé du second, ainsi l'autre costé du second sera à cette ligne droicte-là à laquelle l'autre costé du premier a raison donnee.

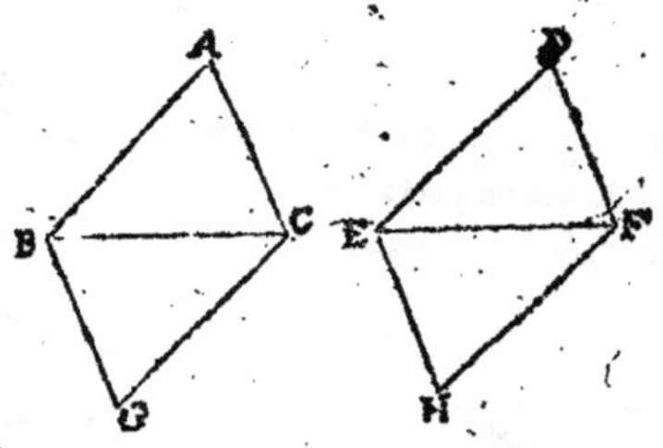

Soient deux triangles ABC, DEF, qui ayent entr'eux vne raison donnee, & aux poincts A, D soient angles egaux, ou bien inegaux, mais toutesfois donnez: Ie dis que comme AB est à DE, ainsi DF est à celle que AC a raison donnee.

Car soient accomplis les parallelogrammes AG, DH. D'autant que la raison du triangle ABC au triangle DEF est donnee, aussi la raison du parallelog. AG au parallelog. DH est donnee. Veu donc que les deux parallelog. AG, DH en angles egaux, ou bien inegaux, mais toutesfois donnez, ont entr'eux vne raison donnee; comme [x] AB est à DE, ainsi DF à celle à laquelle AC a raison donnee. x 74. p.

PROP. LXXVI.

Si du sommet d'vn triangle donné par espece est tirée à la base vne ligne perpendiculaire, elle aura à la base vne raison donnee.

Soit le triangle ABC donné par espece, & du poinct A soit tirée à la base BC la perpendiculaire AD : Ie dis que la raison d'icelle AD à BC est donnee.

Car puis que le triangle ABC est donné par espece, la raison de AB à BC est donnee, & l'angle B aussi donné. Mais l'angle ADB est donné : Donc l'autre angle
a 40 p. BAD est donné. Parquoy [a] le triangle ABD est donné
par espece ; & partant la raison de AB à AD est donnée.
b. 8.pr. Mais la raison de AB à BC est donnee : Donc [b] la raison
de AD à BC est donnee.

PROP. LXXVII.

Si deux figures donnees par especes ont entr'elles vne raison donnee ; aussi sera donnee la raison duquel on voudra des costez de l'vne d'icelles figures auquel on voudra des costez de l'autre.

Que les deux figures ABC, DEF donnees par espece ayent entr'elles vne raison donnee : Ie dis que lequel que ce soit des costez de ABC a raison donnee auquel que ce soit des costez de DEF.

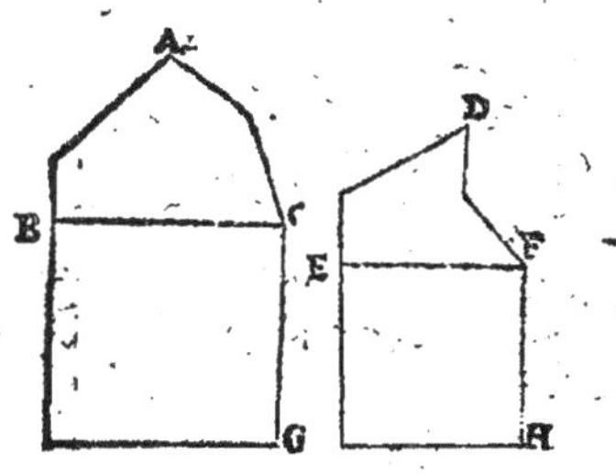

Car sur les lignes droictes BC, EF soient descris les quarrez BG, EH. D'autant que sur vne mesme ligne droicte BC sont descriptes deux
c. 49. p. figures ABC, BG donnees par espece [c] la raison d'icelle ABC à BG est donnee. Semblablement la raison de DEF à EH est donnee. Et puis que la raison de ABC à DEF est donnee, & aussi celle de la mesme figure ABC à BG ; & en-
d. 8. pr. core la raison de DEF à EH : [d] la raison de BG
à EH est donnee ; & partant la raison de BG à EF est aussi donnee.

PROP. LXXVIII.

Si vne figure donnee a raison donnee à quelque rectangle, & qu'vn costé ait raison donnee à vn costé ; le rectangle est donné par espece.

Que la figure donnee ABC ait raison donnee au rectangle DF, & soit donnee la raison de BC à DE : Ie dis que le rectangle DF est donné par espece.

Car sur la ligne droicte BC soit descrit le quarré BH, & à la ligne droicte DE soit appliqué le parallelogr. DK egal à BH, de telle sorte que GD, DI
e sch. soient posees directement, [e] & par consequent FE, EK aussi directement.
68. pr. Donc puis que sur vne mesme ligne droicte BC sont descrits les deux rectili-
f 49. p. gnes ABC, BH donnez par espece, [f] la raison de ABC à BH est donnee.
Mais la raison d'icelle ABC à DF est aussi donnee : Donc [g] la raison de BH à
DF est donnee. Mais BH est egal à DK : Donc la raison de DK à DF est aussi

donnee. Et puis que BH est egal & equiangle à DK, l'vn & l'autre estant rectangle ; g les costez d'iceux sont reciproquement proportionnaux, & comme BC à DE, ainsi DI à CH. Mais par l'hypothese la raison de BC à DE est donnee : Donc aussi la raison de DI à CH est donnee. Mais la raison de DI à DG est aussi donnee : (car DI est à DG h côme DK à DF) donc i la raison de DG à CH est donnee. Mais CH est egale à BC, attendu que BH est quarré : Donc la raison de BC à DG est donnee. Mais la raison de la mesme BC à DE est aussi donnee : Donc i la raison de DE à DG est donnee, & l'angle à D est droit : Donc l DF est donné par espece.

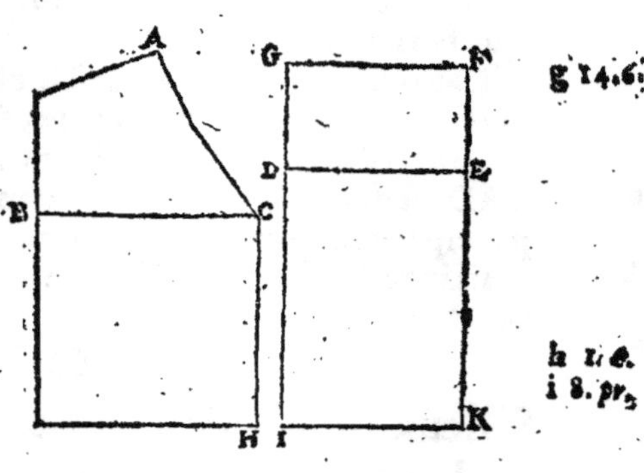

g 14.6. h 1.6. i 8. pr. l schol. 61. pr.

PROP. LXXIX.

Si deux triangles ont vn angle egal à vn angle, mais des angles egaux soient tirees des perpendiculaires aux bases, & que comme la base du premier triangle est à la perpendiculaire, ainsi aussi la base de l'autre soit à la perpendiculaire : iceux triangles sont equiangles.

Soient les triangles AB C, EFG ayans les angles aux poincts B, F egaux, & d'iceux poincts B & F soient tirees les perpendiculaires BD, FH ; & comme AC à BD, ainsi EG soit à FH : Ie dis que le triangle ABC est equiangle au triangle EFG.

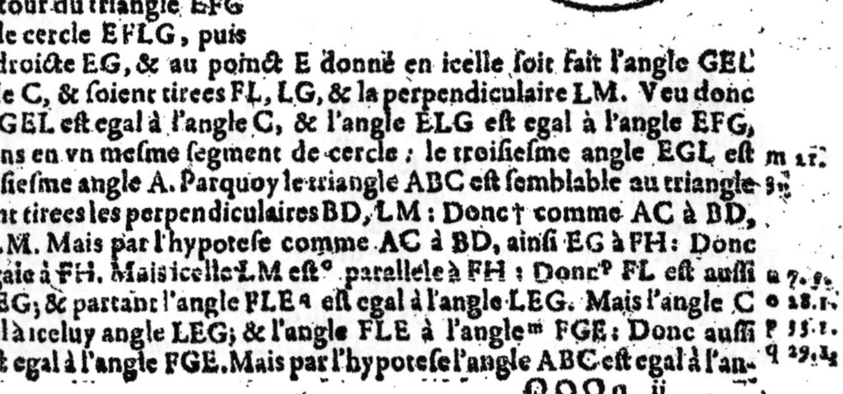

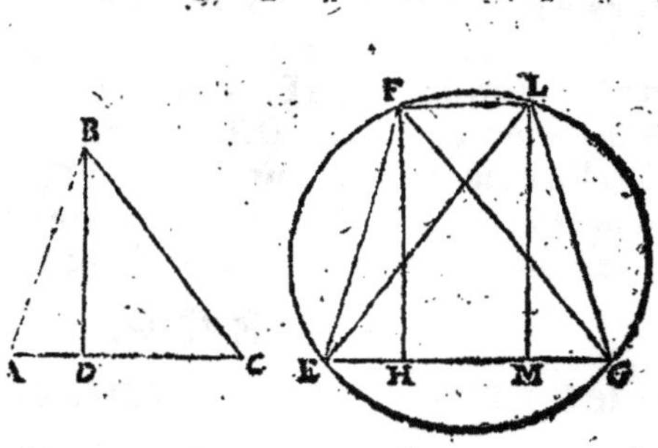

Car allentour du triangle EFG soit descrit le cercle EFLG, puis sur la ligne droicte EG, & au poinct E donné en icelle soit fait l'angle GEL egal à l'angle C, & soient tirees FL, LG, & la perpendiculaire LM. Veu donc que l'angle GEL est egal à l'angle C, & l'angle ELG est egal à l'angle EFG, m iceux estans en vn mesme segment de cercle : le troisiesme angle EGL est egal au troisiesme angle A. Parquoy le triangle ABC est semblable au triangle ELG, & sont tirees les perpendiculaires BD, LM : Donc † comme AC à BD, ainsi EG à LM. Mais par l'hypotese comme AC à BD, ainsi EG à FH : Donc n LM est egale à FH. Mais icelle LM est o parallele à FH : Donc p FL est aussi parallele à EG ; & partant l'angle FLE q est egal à l'angle LEG. Mais l'angle C est aussi egal à iceluy angle LEG ; & l'angle FLE à l'angle m FGE : Donc aussi l'angle C est egal à l'angle FGE. Mais par l'hypotese l'angle ABC est egal à l'an-

m 21. 3. n 7. 5. o 28. 1. p 33. 1. q 29. 1.

gle EFG: Donc le troisiesme angle BAC est egal au troisiesme angle FEG. Par quoy le triangle ABC est equiangle au triangle EFG.

SCHOLIE.

† *Or que comme AC à BD, ainsi EG soit à LM, le sieur Hardy la demonstré ainsi. D'autant que l'angle C est egal à l'angle GEL, & l'angle BDC à l'angle LME, chacun estant*
a 4. 6. *droict; l'autre angle CBD est egal à l'autre ELM: Donc a comme EM à ML, ainsi CD à DB. Derechef, pource que l'angle ABC est egal à l'angle ELG, & l'angle CBD à l'angle ELM, le reste ABD est egal au reste MLG: mais l'angle ADB est aussi egal à l'angle LMG, & partant le troisiesme angle A est egal au troisiesme LGM: Donc b comme*
b 4. 6. *AD à DB, ainsi GM à ML. Mais il a esté demonstré que comme CD à DB, ainsi EM à*
c 24. 5. *ML: Donc c comme AC à BD, ainsi EG à LM.*

PROP. LXXX.

Si vn triangle a vn angle donné, & que le rectangle soubs les costez cóprenans iceluy angle donné ait vne raison donnee au quarré de l'autre costé; le triangle est donné par espece.

Soit le triangle ABC ayant l'angle A donné, & que le rectangle contenu soubs AB, AC ait raison donnee au quarré de la ligne droicte BC: Ie dis que le triangle ABC est donné par espece.

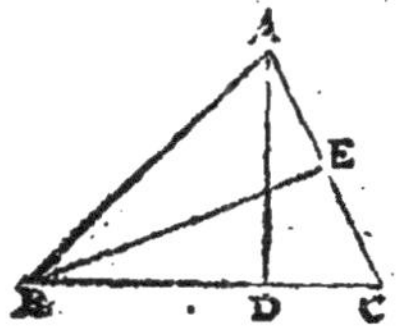

Car des poincts A & B soient menees les perpendiculaires AD, BE. D'autant que l'angle BAE est donné, &
t 40. p. aussi l'angle AEB, le triangle ABE est donné t par espece: & partant la raison de AB à BE est donnee: Donc la raison du rectangle de AB, AC, au rectangle de BE, AC est aussi donnee. (Car c'est
u 1. 6. la mesme raison u que de AB à BE.) Mais le rectangle de AC, BE est egal au
x 41. 1. rectangle de BC, AD, pource que chacun d'iceux rectangles est x double du triangle ABC: Donc la raison du rectangle de AB, AC au rect. de BC, AD est aussi donnee. Mais la raison du rectangle de AB, AC au quarré de BC est don-
y 8. pr. nee: Donc y aussi la raison du rectangle de BC, AD au quarré de BC est donnee; & partant la raison de la ligne droicte BC à la ligne droicte AD est donnee. (Pource que u le rectangle est au quarré, comme AD à BC.) Maintenant soit exposee la ligne droicte FG donnee par position & par grandeur, & sur icelle soit descrit le segment de cercle FIG capable d'vn angle egal à l'angle A. Et puis que iceluy angle A est donné, aussi sera
z 8. def. donné l'angle au segment FIG; & partant z iceluy segment est donné par position. Du poinct G soit eri-
a 4. def. gee à angles droicts sur FG la ligne GH; laquelle a est donc donnee par position. Soit fait que comme BC est à AD, ainsi FG soit à GH & puis que la raison
b 2. pr. de BC à AD est donnee, aussi le sera celle de FG à GH:
c 27. p. Mais FG est donnee: Donc b GH est donnee par
d 28. p. grandeur. Mais elle est aussi donnee par position,
e 25. p. & le poinct G est donné: Donc le poinct H est c aussi donné: Maintenant par le poinct H soit menee HI parallele à FG: & icelle sera donnee d par position. Mais le segment de cercle FIG est aussi donné par position; Donc e le

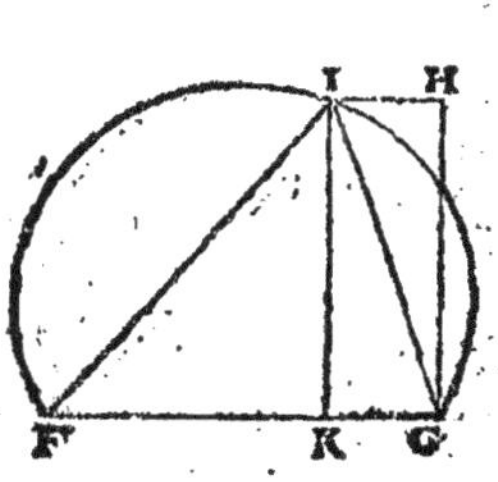

poinct I est donné. Soient tirees les lignes droictes IF, IG, & la perpendiculaire IK: Donc IK est donnee par position. Mais le poinct I est donné, comme aussi chacun des poincts F, G: Donc [f] chacune des lignes FG, FI, IG est donnée f 26. p.
par position & par grandeur. Parquoy [g] le triangle FIG est donné par espece. g 39. p.
Et puis que comme BC à AE ainsi FG à GH, & [h] qu'à icelle GH est egale IK; h 34. 1.
comme BC à EA, ainsi FG à IK; & l'angle A est egal à l'angle FIG: Donc [i] le i 79. p.
triangle ABC est equiangle au triangle FIG. Mais iceluy FIG est donné par espece: Donc aussi le triangle ABC est donné par espece.

AVTREMENT.

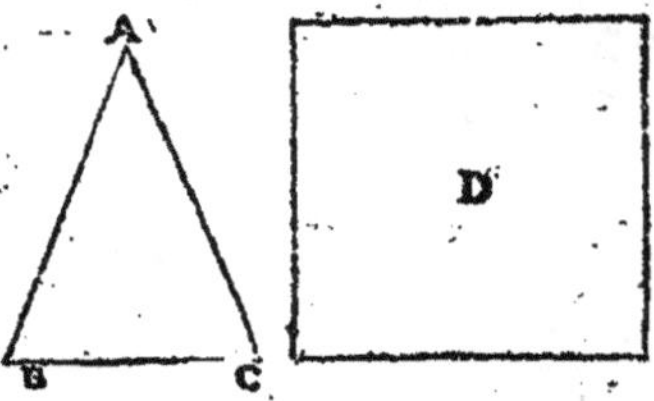

Soit le triangle ABC, lequel ait l'angle A donné, & la raison du rectangle soubs AB, AC au quarré de BC soit donnee: Ie dis que le triangle ABC est donné par espece.

Car puis que l'angle A est donné, cet espace là duquel le quarré de la composee BAC l 67. p.
est plus grand que le quarré de BC [l] a raison donnee au triangle ABC: Or cet espace là soit D. Donc la raison d'iceluy D au triangle ABC est donnee. Mais la raison d'iceluy triangle ABC au re- m 66. p.
ctangle de AB, AC est donnee, [m] veu que l'angle A est donné. Donc [n] la rai- n 8. pr.
son de l'espace D au rectangle de AB, AC est donnee. Mais la raison d'iceluy rectangle de AB, AC au quarré de BC est aussi donnee: Donc [n] la raison de o 6. pr.
l'espace D au quarré de BC est donnee: Parquoy en composant, [o] la raison de l'espace D auec le quarré de BC à iceluy quarré de BC est donnee: Donc la raison du quarré de la composee BAC au quarré de BC est donnee; (pource que l'espace D auec le quarré de BC est egal à iceluy quarré de la composee BAC) p scho. 52. pr.
& partant [p] la raison d'icelle composee BAC à BC est donnee. Mais l'angle A q 46. p.
est aussi donné: Donc [q] le triangle ABC est donné par espece.

PROP. LXXXI.

Si de trois lignes droictes proportionnelles à trois lignes droictes proportionnelles, les extremes sont en raison donnee, aussi les moyennes seront en raison donnee: Et si vn extreme a raison donnee à vn extreme, & la moyenne à la moyenne; l'autre aura aussi à l'autre vne raison donnee.

Que les trois lignes droictes A, B, C, soient proportionnelles à trois lignes droictes proportionnelles D, E, F, & que les extremes soient en raison donnee, c'est à sçauoir que A soit à D, & C à F en raison donnee: Ie dis que la raison de B à E est donnee.

Car d'autant que la raison de A à D, & de C à F est donnee, le rectangle de A, D [r] aura raison donnee au rectangle de C, F. Mais le rectangle de A, D, est r 70. p.
egal [s] au quarré de B, & le rectangle de C, F au quarré de E: Donc la raison s 17. 6.

p sch. du quarré de B au quarré de E est donnee, & partant [p] la raison de la ligne B à
52. pr. la ligne E est ausi donnee.

Derechef, soit donnee la raison de A à D, & de B à E: Ie dis que la raison de C à F est aussi donnee. Car puis que la raison de A à D, & de B à E est donnee;
t 50. p. aussi la raison du quarré de B [t] au quarré de E est donnee. Mais le quarré de B est egal au rectangle de A, C, & le quarré de E au rect. de D, F: Donc la raison du rectangle de A, C au rect. de D, F est donnee. Mais la raison d'vn costé A, à
u 68. p. vn costé D est donnee: Donc [u] la raison de l'autre costé C à l'autre costé F est aussi donnee.

PROP. LXXXII.

S'il y a quatre lignes droictes proportionnelles, comme la premiere sera à celle à laquelle la seconde a raison donnee, ainsi la tierce sera à celle à laquelle la quatriesme a raison donnee.

Soient quatre lignes droictes proport. A, B, C, D; & soit A à B, comme C à D: Ie dis que comme A est à celle que B a raison donnee, ainsi C est à icelle à laquelle D a raison donnee.

Car E soit celle à laquelle B a raison donnee; & soit faict que comme B est à E ainsi D soit à F. Or la raison de B à E est donnee: Donc est aussi donnee la raison de D à F. Et puis que comme A à B, ainsi C à D, & en outre comme B à E ainsi D à F, par raison egale comme A à E, ainsi C à F. Mais E est celle à laquelle B a raison donnee, & F celle à laquelle D a aussi raison donnee: Donc comme A est à celle à laquelle B a raison donnee, ainsi C est à celle à laquelle D a raison donnee.

A

B

C

D

E

F

PROP. LXXXIII.

Si quatre lignes droictes sont tellemẽt entr'elles, que de trois d'icelles qu'elles qu'elles soient, & d'vne quatriesme prise proportionnelle à laquelle celle qui reste des quatre lignes ait vne raison donnee, se fassent quatre lignes droictes proportionnelles: comme la quatriesme sera à la tierce, ainsi la seconde sera à celle à laquelle la premiere a raison donnee.

Soient quatre lignes droictes A, B, C, D, telles qu'ayãt pris E quatriesme proportionnelle à trois quelconques d'icelles A, B, C, à laquelle D a raison donnee, icelles quatre lignes A, B, C, E sont proportionnelles: Ie dis que comme D à C, ainsi B à celle que A a raison dõnee.

Car d'autant que comme A à B, ainsi C à E, le rectangle
a 16.6. contenu sous A, E est [a] egal à celuy compris sous B, C. Et puis que la raison de D à E est donnee, aussi sera

A

B

C

D

E

donnee la raison du rectangle de A, D au rectangle de A E (car [b] c'est la mesme raison que de D à E.) Mais le rectangle de A, E, est egal à celuy de B, C: Donc la raison du rectangle de A, D à celuy de B, C est donnee. Parquoy [c] comme D est à C, ainsi B à celle à laquelle A a vne raison donnee. b 1. 6.

d 74. p.

PROP. LXXXIV.

Si deux lignes droictes comprenent vn espace donné en angle donné, & que l'vne soit plus grande que l'autre d'vne donnee, aussi chacune d'icelles sera donnee.

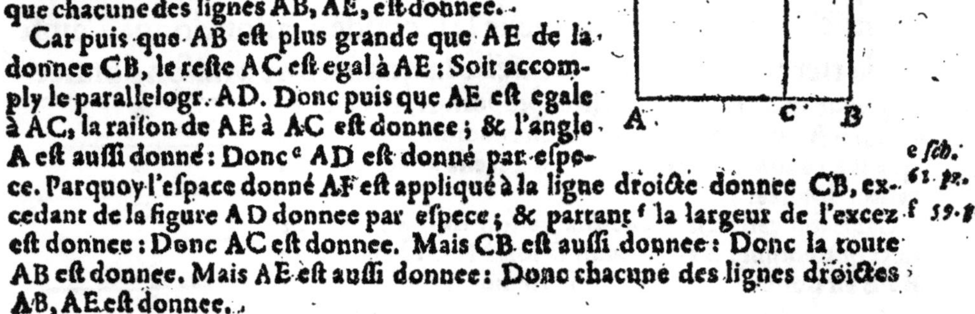

Que les deux lignes droictes AB, AE comprenent vn espace donné AF en angle donné BAE, & soit AB plus grande que AE d'vne donnee CB: Ie dis que chacune des lignes AB, AE, est donnee.

Car puis que AB est plus grande que AE de la donnee CB, le reste AC est egal à AE: Soit accomply le parallelogr. AD. Donc puis que AE est egale à AC, la raison de AE à AC est donnee; & l'angle A est aussi donné: Donc [e] AD est donné par espece. Parquoy l'espace donné AF est appliqué à la ligne droicte donnee CB, excedant de la figure AD donnee par espece; & partant [f] la largeur de l'excez est donnee: Donc AC est donnee. Mais CB est aussi donnee: Donc la toute AB est donnee. Mais AE est aussi donnee: Donc chacune des lignes droictes AB, AE est donnee. e sch. 61 p. f 59. p.

PROP. LXXXV.

Si deux lignes droictes comprenant vn espace donné en angle donné, la composee d'icelles est donnee; aussi chacune d'icelles sera donnee.

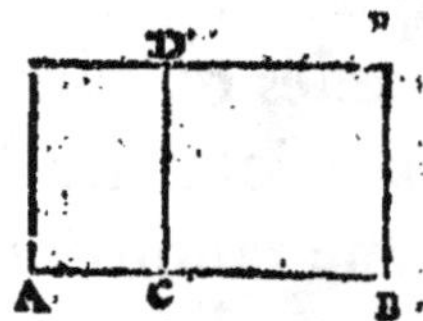

Soient deux lignes droictes AC, CD comprenant vn espace donné AD en angle donné ACD, & la composee d'icelles lignes ACD soit donnee: Ie dis que chacune desdictes lignes AC, CD est donnee.

Car soit prolongee AC, iusques au poinct B, & posé CB egale à CD, puis par le poinct B soit menee BF parallele à CD, & acheué le parallelogramme CF. Veu donc que CB est egale à CD, & l'angle DCB est donné; car celuy qui est de suitte est le donné; & partant [e] le parallelogr. DB est donné par espece: & en outre puis que la composee ACD est donnee, & CB est egale à CD; aussi AB est donnee. Par ainsi à la ligne droicte AB est appliqué l'espace donné AD defaillant de la figure DB donnee par espece; & partant [g] les largeurs du defaut sont donnees: Donc les lignes droictes DC, CB sont donnees. Mais la composee ACD est aussi donnee: Donc [h] chacune des lignes AC, CD est donnee. g 58. p. h 4. p.

PROP. LXXXVI.

Si deux lignes droictes comprenant vn espace donné en angle donné, le quarré de l'vne est plus grand que le quarré de l'autre d'vn donné, qu'en raison; aussi chacune d'icelles sera donnee.

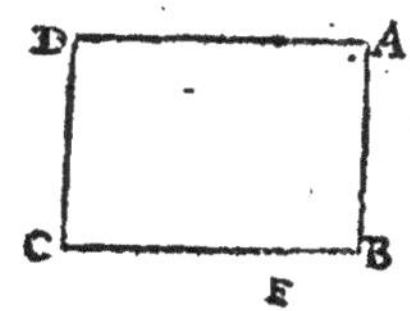

Soient deux lignes droictes AB, BC comprenant l'espace donné AC en angle donné ABC, & le quarré de la ligne BC soit plus grand que le quarré de AB d'vn donné qu'en raison; Je dis que chacune des lignes AB, BC est donnee.

Car puis que le quarré de BC est plus grand que le quarré de AB d'vn espace donné qu'en raison, soit osté le donné, c'est à sçauoir le rectangle sous CB, BE: Donc[i] la raison du reste,[d] qui est le rectangle sous BC, CE au quarré de AB est donnee. Et d'autant que le rectangle,† sous AB, BC est donné, & aussi celuy de CB, BE;[m] leur raison est donnee. Mais comme le rectangle sous AB, BC au rectangle sous CB, EB,[n] ainsi AB à BE; & partant la raison de AB à BE est donnee: Parquoy est aussi donnee la raison[o] du quarré de AB au quarré de BE. Mais la raison du quarré de AB au rectangle sous BC, CE est donnee: Donc[p] aussi est donnee la raison du rectangle sous BC, CE au quarré de BE. Parquoy la raison de quatre fois le rectangle sous BC, CE au quarré de BE est donnee; & en composant,[q] la raison de quatre fois le rectangle sous BC, CE, auec le quarré de BE au quarré de BE est donnee. Mais quatre fois le rectangle de BC, CE, auec le quarré de BE,[r] est le quarré de la composee BCE: Donc la raison du quarré de la composee BCE au quarré de BE est donnee: Parquoy[s] la raison de la composee de BC, CE à BE est donnee; & en composant,[q] la raison de la composee des lignes BC, CE, BE, c'est à dire le double de BC, à BE est donnee; & partant la raison de la seule BC à BE est aussi donnee. Mais comme BC à BE,[t] ainsi le rectangle sous BC, BE au quarré de BE: Donc la raison du rectangle sous BC, BE au quarré de BE est donnee. Mais le rectangle de BC, BE est donné: Donc[u] le quarré de BE est aussi donné, & consequemment la ligne BE est donnee. Parquoy BC est aussi donnee[v], puis que la raison de BE à BC est donnee. Mais l'espace AC est donné, & aussi l'angle B: Donc[x] AB est donnée. Parquoy chacune des lignes AB, BC est donnee.

i 11. d.
d 2. 2.
m 1. 8.
n 1. 6.
o 50. p.
p 8. pr.
q 6. pr.
r 8. 2.
s 54. p.
t 1. 6.
u 2. pr.
x 57. p.

SCHOLIE.

† *Au lieu de dire icy* ce qui est sous *&c. nous auons vsé du mot* rectangle, *estant manifeste par la suite de ceste demonstration que l'intension d'Euclide est telle, puis qu'il se sert en ladicte demonstration des deux & huictiesmes propositions du deuziesme element: & aussi que l'espace ou parallelogramme donné n'estant rectangle, il y peut-estre reduit faisant sur BC, & au poinct de l'angle donné B, vn angle droict CBA, tellement qu'on auroit deux parallelogrammes constituez sur vne mesme base BC, & entre mesmes paralleles, ainsi qu'en la 69. prop. au moyen de laquelle se tireroit la conclusion de ceste-cy.*

Cecy a aussi lieu à la proposition suiuante.

PROP.

PROP. LXXXVII.

Si deux lignes droictes comprenant vn espace donné en angle donné, le quarré de l'vne est plus grand que le quarré de l'autre d'vn donné; aussi chacune d'icelles sera donnee.

Soient deux lignes droictes AB, BC, comprenant vn espace donné AC en angle donné B, & le quarré de BC soit plus grand que le quarré de AB d'vn donné: Ie dis que chacune d'icelles AB, BC est donnee.

Car puis que le quarré de BC est plus grand que le quarré de AB d'vn espace donné, soit osté le donné, & soit le rectangle sous BC, BE: Donc le reste,[y] qui est
le rectangle de BC, CE, est egal au quarré de AB. Et puis que le rectangle de y 2. d.
BC, BE est donné, & aussi l'espace ou rectangle AC; la raison d'iceluy rectangle de BC, BE à AC est donnee. Mais comme[a] le rectangle de BC, BE au re- a 1. 6.
ctangle de AB, BC, ainsi BE à AB: Donc la raison de BE à AB est donnee; &
partant[b] est aussi donnee la raison du quarré d'icelle BE au quarré de AB. b 50. d.
Mais à iceluy quarré de AB est egal le rectangle de BC, CE: Donc la raison
d'iceluy rectangle de BC, CE au quarré de BE est donnee; & partant est aussi
donnee la raison du quadruple d'iceluy rectangle de BC, CE au quarré de BE.
Et en composant,[c] la raison de quatre fois le rectangle de BC, CE auec le c 6. pr.
quarré de BE à iceluy quarré de BE est donnee. Mais quatre fois le rectangle
de BC, CE auec le quarré de BE[d] est le quarré de la composee BCE: Donc la d 8. 2.
raison du quarré d'icelle composee BCE au quarré de BE est aussi donnee; &
partant e la raison de la composee BCE à BE est donnee. Parquoy en compo- e 54. d.
sant,[f] est aussi donnee la raison d'icelles BCE, EB, c'est à dire deux fois BC f 6. pr.
à BE: Donc la raison de la seule BC à BE est donnee. Mais la raison de la mesme BE à AB est aussi donnee: Donc[g] la raison de AB à BC est donnee. Et puis g 8. pr.
que la raison de BC à BE est donnee, & que comme icelle BC à BE, ainsi le
quarré de BC au rectangle de BC, BE; la raison du quarré de BC au rectan- h 3. pr.
gle de BC, BE est aussi donnee. Mais iceluy rectangle de BC, BE est donné,
car c'est ce qui a esté osté qui estoit donné: Donc le quarré de BC[h] est donné;
& partant est donnee la ligne BC. Mais la raison d'icelle BC à BA est donnee:
Donc AB est aussi donnee.

PROP. LXXVIII.

Si en vn cercle donné par grandeur est tiree vne ligne droicte laquelle oste vn segment qui comprent vn angle donné; icelle ligne est donnee par grandeur.

Au cercle ABC donné par grandeur, soit tiree la ligne droicte AC ostant le segment ABC qui comprent l'angle donné AEC: Ie dis que la ligne AC est donnee par grandeur.

Car soit pris le centre du cercle D, tiré le diametre ADE, & ioinct EC Donc

l 31. 3. l'angle ACE est donné, car[l] il est droit : Mais l'angle AEC est aussi donné ; & partant l'autre angle CAE est donné. Parquoy le triangle ACE[m] est
m 40 p. donné par espece ; & partant la raison de EA à AC est donnee. Mais AE est donnee par grandeur, puis que le cercle ABC est donné par
n 2. pr. grandeur : Donc[n] AC est aussi donnee par grandeur.

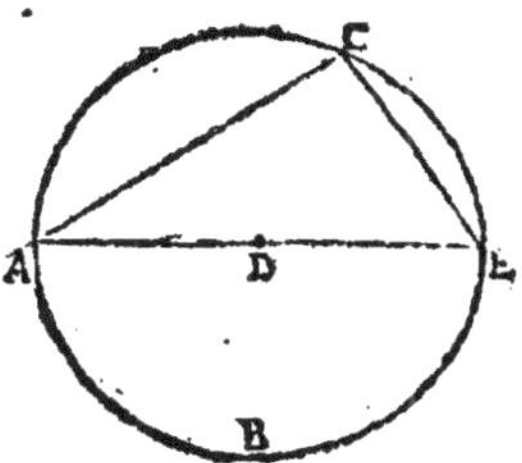

PROP. LXXXIX.

Si en vn cercle donné par grandeur, est tiree vne ligne droicte donnee par grandeur ; elle ostera vn segment comprenant vn angle donné.

Au cercle ABC donné par grandeur soit tiree la ligne droicte AC donnee par grandeur : *(Voyez la figure precedente)* Ie dis qu'elle oste vn segment qui comprent vn angle donné.

Car ayant pris le centre du cercle D, soit tiré le diametre ADE, & la ligne droicte EC. D'autant que chacune des lignes droictes AE, AC est donnee, la
o 1. pr. raison d'icelle AE à AC[o] est donnee ; & l'angle ACE est droict : Donc[p] le
p. 41. p. triangle ACE est donné par espece, & partant l'angle AEC est donné.

PROP. XC.

Si en la circonference d'vn cercle donné par position, & par grandeur on prend vn poinct donné, & que d'iceluy poinct à la circonference du cercle se flechisse vne ligne droicte faisant vn angle donné ; l'autre extremité d'icelle ligne flechie sera donnee.

En la circonference du cercle ABC donné par position & par grandeur soit pris vn poinct donné B, & d'iceluy poinct B soit flechie ou brisee à la circonference la ligne droicte BAC, qui fasse l'angle BAC donné : Ie dis que le poinct C est donné.

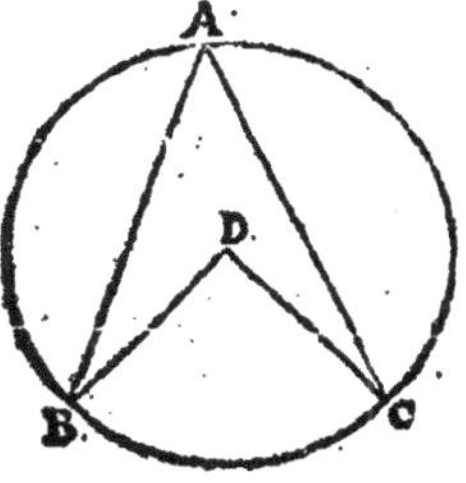

Car soit pris le centre du cercle D, & tirees les lignes BD, CD. D'autant que chaque poinct B, D est
q 26. p. donné, la ligne droicte BD[q] est donnee par position : & veu que l'angle BAC est donné, l'angle BDC est aussi donné. Parquoy à la ligne droicte BD dōnée par position, & au poinct D donné en icelle est menee la ligne droicte CD qui faict l'angle donné BDC : &
r 29. p. partant[r] la ligne DC est donnee par position. Mais le cercle ABC est donné par position & grandeur :
s. def. Donc[s] la ligne droicte DC est donnee par position, & par grandeur. Mais le
t 27. p. poinct D est donné : Donc[t] le poinct C est aussi donné.

PROP. XCI.

Si d'vn poinct donné est tiree vne ligne droicte qui touche vn cercle donné par position ; icelle ligne est donnee par position & par grandeur.

D'vn poinct donné C soit menee la ligne droicte CA touchant le cercle AB donné par position : Ie dis qu'icelle ligne droicte AC est donnee par position & par grandeur.

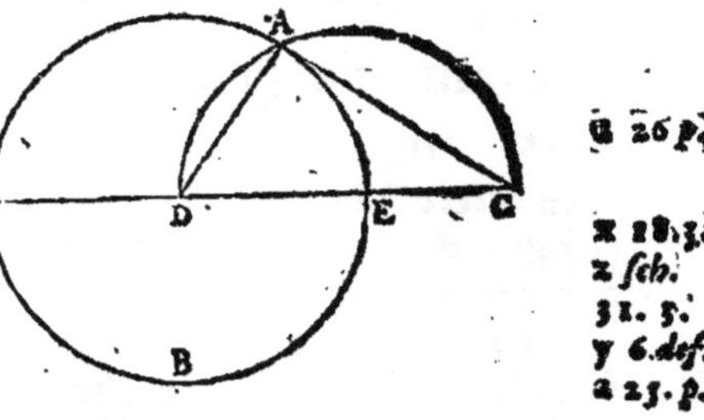

Car ayant pris le centre du cercle D, soient tirees les lignes droictes DA, DC. D'autant que chaque poinct C, D est donné, la ligne droicte CD [a] est donnee par position & par grandeur. Mais l'angle GAD [x] est droict; & partant [z] le demy cercle descrit sur CD passera par le poinct A: Qu'il y passe donc, & soit DAC: D'autant qu'iceluy DAC [y] est donné par position, & aussi le cercle ABE, [a] le poinct A est donné. Mais le poinct C est aussi donné : Donc [b] la ligne droicte AC est donnée par position & par grandeur.

a 26. p.
x 18. 3.
z sch. 31. 3.
y 6. def.
a 25. p.
b 26. p.

PROP. XCII.

Si hors vn cercle donné par position, on prend quelque poinct, & d'iceluy poinct donné soit tiree quelque ligne droicte couppant le cercle ; le rectangle compris sous toute la ligne & la partie d'entre le poinct & la circonference conuexe sera donné.

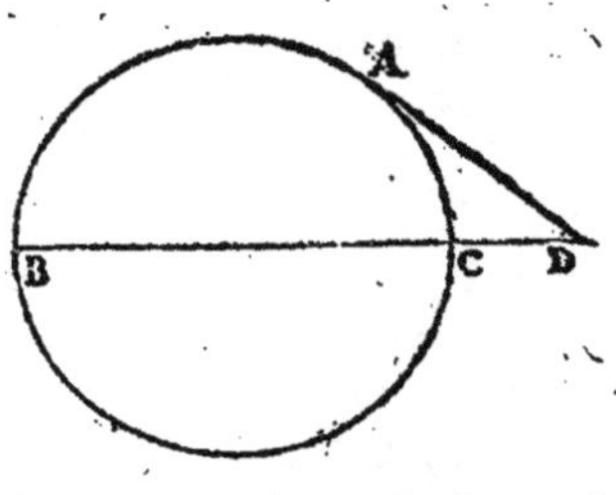

Hors le cercle ABC donné par position soit pris quelque poinct, c'est à sçauoir D, duquel soit menee la ligne droicte DB couppant le cercle : Ie dis que le rectangle soubs BD, DC est donné.

Car du poinct D soit menee la ligne droicte DA qui touche le cercle en A : Donc icelle DA [c] est donnee par position & par grandeur ; & partant le quarré d'icelle DA [d] est donné. Mais iceluy quarré de DA est egal [e] au rectangle de BD, DC : Donc iceluy rectangle de BD, DC est aussi donné.

c 91. p.
d 52. p.
e 36. 3.

AVTREMENT.

Soit pris le centre du cercle E, & par iceluy soit tiree de D la ligne droicte

DA. D'autant que chaque poinct D, E est donné, la ligne droicte DE[f] est donnee par position & par grandeur. Mais le cercle ABC est aussi donné par position & par grandeur: Donc chaque point A, F[g] est donné; & le poinct D est aussi donné; & partant[f] chaque ligne AD, FD est donné. Parquoy le rectangle d'icelles AD, DF est aussi donné. Mais iceluy rectangle de AD, DF est egal[h] au rectangle de DB, DC: Donc le rectangle de DB, DC est donné.

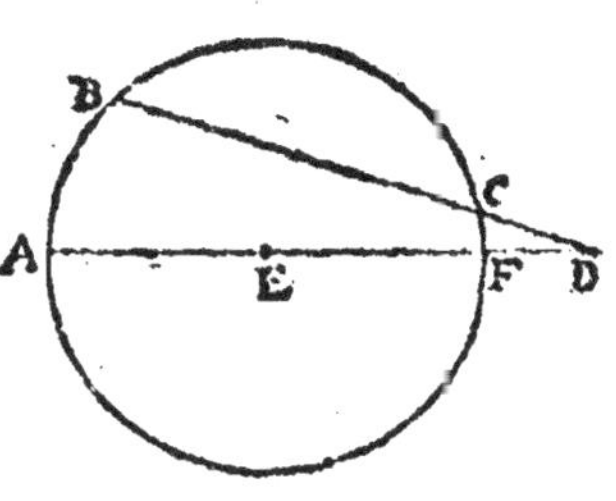

f 26. p. g 25. p. h Cor. 36. 3.

PROP. CXIII.

Si dans vn cercle donné par position on prend quelque poinct donné, & par iceluy on tire quelque ligne droicte au cercle; le rectangle compris soubs les segmens d'icelle ligne sera donné.

Dans vn cercle donné par position soit pris quelque poinct donné A, & par iceluy soit tiree la ligne droicte BC: Ie dis que le rectangle contenu soubs AB, AC est donné.

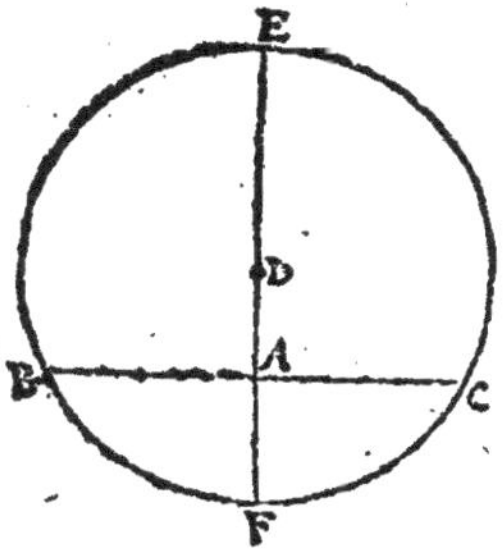

Car soit pris le centre du cercle D, & ayant tiré la ligne droicte AD soit prolongee iusques aux poincts E, F. D'autant que chaque poinct A, D est donné, la ligne droicte AD[i] est donnee par position. Mais le cercle BEC est aussi donné par position: donc chaque poinct E, F est aussi donné par position; & le poinct A est donné. Parquoy chaque ligne[i] AE, AF est donnee: Donc le rectangle d'icelles AE, AF est donné; & est egal au rectangle[l] de AB, AC; partant iceluy rectangle de AB, AC est donné.

i 26. p. l 35. 3.

PROP. XCIV.

Si dans vn cercle donné par grandeur est tiree vne ligne droicte, laquelle oste vn segment qui comprenne vn angle donné, & qu'iceluy angle estant au segment soit couppé en deux egallement: la composee des lignes droictes qui comprenant l'angle donné aura raison donnée à la ligne qui couppe iceluy angle en deux egalement; & le rectangle contenu soubs la composee d'icelles lignes comprenant l'angle donné, & la partie d'icelle ligne couppante qui est au dessous du segment entre la base & la circonference sera donné.

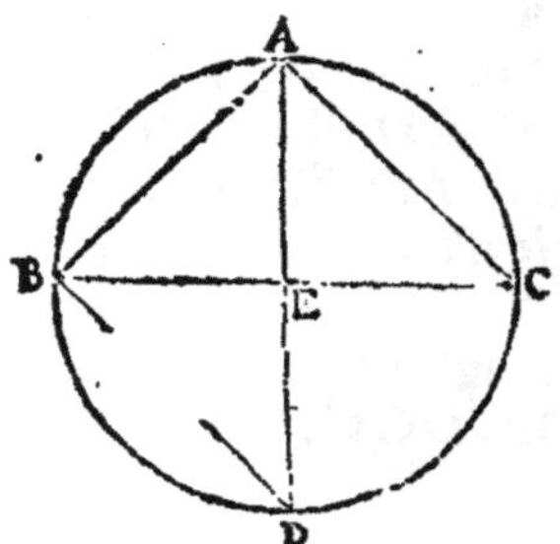

Au cercle ABC donné par grandeur soit tiree vne ligne droicte BC, laquelle oste vn segment qui comprenne l'angle donné ABC, & iceluy angle soit couppé en deux egalement par la ligne droicte AD : Ie dis que la raison de la composee des lignes droictes BA, AC, c'est à dire BAC à AD est donnee ; & aussi que le rectangle contenu soubs la composee BAC & la ligne droicte ED est donné.

Soit menee BD. D'autant que dans le cercle ABC donné par grandeur est tiree la ligne droicte BC, qui oste le segment BAC comprenant vn angle donné BAC ; icelle ligne BC[m] est donnee : & partant BD est aussi donnee : Donc la raison d'icelle BC à BD[n] est donnee. Et puis que l'angle donné BAC est couppé en deux egalement par la ligne droicte AD ;[o] comme BA à CA, ainsi BE à CE ; & en composant, comme BAC à CA, ainsi BC à CE : & en permutant, comme BAC à BC, ainsi CA à CE. Et veu que l'angle BAE est egal à l'angle CAE, & l'angle ACE[p] à l'angle BDB ; l'autre angle AEC est egal à l'autre angle ABD ; & partant le triangle ACE est equiangle au triangle ABD : Donc [r]comme AC à CE, ainsi AD à BD. Mais comme AC à CE, ainsi la composee BAC à BC : Donc comme la composee BAC à BC, ainsi AD à BD ; & en permutant, comme la composee BAC à AD, ainsi BC à BD. Mais la raison d'icelle BC à BD est donnee : Donc la raison de la composee BAC à AD est aussi donnee. Ie dis en outre que le rectangle soubs icelle composee BAC & ED est donné. Car d'autant que le triangle AEC est equiangle au triangle BDE, (car l'angle ACE[p] est egal à l'angle BDE, & l'angle AEC[q] à l'angle BED) comme BD à DE, ainsi AC à CE. Mais comme AC à CE, ainsi est aussi la composee BAC à BC : Donc [r] comme la composee BAC est à BC, ainsi BD à DE Parquoy le rectangle d'icelle composee BAC & DE[s] est egal au rectangle de BC, BD. Mais iceluy rectangle de BC, BD est donné : (pour ce qu'icelles lignes BC, BD sont donnees) donc le rectangle sous la composee BAC & ED est aussi donné.

m 88. p.
n 1 pr.
o 3 6.
p 21. 3.
r 4. 6.
q 15. 1.
s 16. 6.

AVTREMENT.

Soit prolongee CA iusques au poinct E, & posé AE egale à BA, & soient conioincts BE, BD. D'autant que l'angle BAC est double de chacun des angles CAD, AEB ; (car iceluy BAC est couppé en deux egalement par AD, & egal[t] aux deux angles ABE, AEB, qui sont[u] egaux) l'angle ABE est egal à l'angle CAD, c'est à dire[x] à l'angle CBD : adioustant donc l'angle commun ABC, l'angle total ABD sera egal au total FBE. Mais l'angle ACB[x] est egal à l'angle ADB : Donc le troisiesme angle AEB est egal au troisiesme BAD ; & partant le triangle CEB est equiangle au triangle ABD : Parquoy comme CE à CB, ainsi AD à BD. Mais la ligne droicte CE est composee des deux CA,

t 32. 1.
u 5. 1.
x 21. 3.

AB: Donc comme la composee BAC est à CB ainsi AD à BD; & en permutant, comme la composee BAC est à AD, ainsi CB à BD. Mais la raison de CB à BD est donnee, attendu que chacune d'icelles lignes est donnee: Donc la raison de la composee BAC à AD est aussi donnee. Et puis que le triangle CEB est equiangle au triangle FBD: (car
y 15.1. l'angle AFC est egal y à l'angle BFD & l'an-
x 21.3. gle ECB x à l'angle ADB) comme EC à CB ainsi BD à DF. Mais EC est egale à la composee BAC: Donc comme la composee BAC
z 16.6. est à CB, ainsi BD à DF. Parquoy z le rectangle de la composee BAC & DF est egal au rectangle de CB & BD. Mais iceluy rectangle de CB, BD est donné, attendu que chacune des lignes CB, BD est donnee: Donc le rectangle de la composee BAC & DF est donné.

AVTREMENT.

Soit prolongee AC iusques en F, & pose CF egale à AB, & soient menees BD, DF. D'autant que BA est egale à
a 26 & CF, & a BD à DC; les deux costez AB,
29. 3. BD sont egaux aux deux CD, DF, chacun au sien, & l'angle ABD est egal à
b 22.3. l'angle DCF; b puis que le quadrilate-
& 13. re ABDC est dans le cercle: Donc la
1.
c 4.1. base AD est c egale à la base DF, & l'angle DAB à l'angle DFC. Mais iceluy angle BAD est donné: (car c'est la moitié du donné BAC.) Donc l'angle DFC l'est aussi. Mais DAF est aussi donné: Donc le triangle ADF est donné par espece. Parquoy la raison de FA à AD est donnee. Mais AF est la composee de BA, AC, attendu que CF est egal à AB: Donc la raison de la composee BAC à AD est donnee. Or par mesme raison que dessus nous demonstrerons que le rectangle contenu soubs la composee BAC & ED est donné.

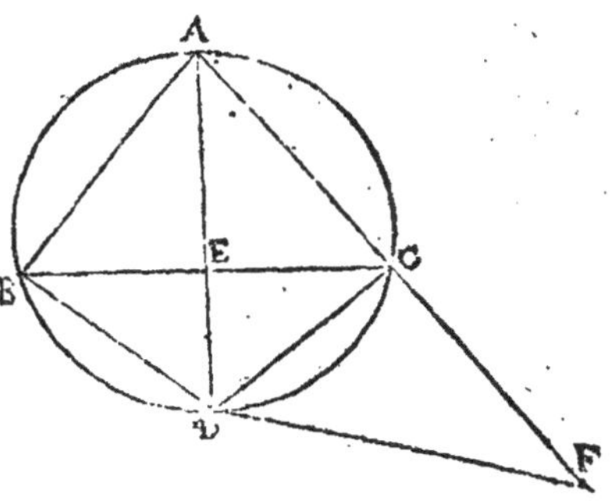

PROP. XCV.

Si au diametre d'vn cercle donné par position on prend vn poinct donné, & que d'iceluy poinct on tire quelque ligne droicte à la circonference du cercle, mais que de la section d'icelle on mene vne ligne droicte perpendiculaire à cette-là, & par le poinct auquel ceste perpendiculaire rencontre ra la circonference on mene vne parallele à la premiere ligne tiree : ce poinct là auquel la parallele rencontre le diametre est donné, & le rectangle contenu soubs les lignes paralleles est aussi donné.

Soit le cercle ABC donné par position, & son diametre BC, auquel soit pris le poinct donné D, & d'iceluy soit tiree la ligne droicte DA coupp ant la circonference en A, duquel soit menee la ligne droicte AE perpendiculaire à DA, & par le poinct E où elle rencontre la circonference soit menee EF parallele à AD : Ie dis que le poinct F est donné, & aussi le rectangle compris soubs AD, EF.

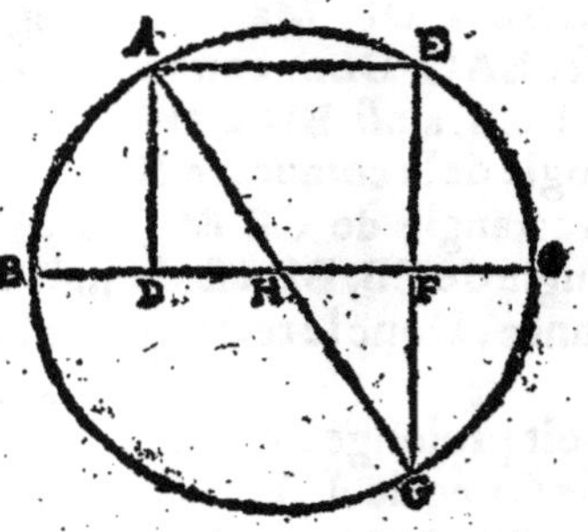

Car soit prolongee la ligne droicte EF iusques au poinct G, & tiree la ligne droicte AG. D'autant que l'angle AEG est droict, la ligne droicte AG est diametre du cercle. Mais BC est aussi diametre : Donc le poinct H est le centre du cercle. Or le poinct D est donné : & partant [d] la ligne DH est donnee par grandeur. Mais puis que AD est parallele à EG, & AH egale à GH; [e] DH est egale à FH & AD à FG : (car les angles AHD, FHG [f] sont egaux, & DAH, FGH [g] aussi egaux.) Mais la ligne DH est donnee : Donc FH est aussi donnee. Mais vne chacune d'icelles lignes DH, HF est aussi donnee par position, & le poinct H est donné : Donc [h] le poinct F est aussi donné. Et puis que dans le cercle ABC donné par position est pris vn poinct donné F, & par iceluy est tiree la ligne droicte EFG, le rectangle soubs EF, FG [i] est donné. Mais FG est egale à AD : Donc le rectangle compris soubs AD, EF est donné : Ce qu'il falloit demonstrer.

d 26.
e 26. p.
f 15. 1.
g 29. 1.
h 27.
i 91.

Fin des Donnez d'Euclide.

Extraict du Priuilege du Roy.

PAR *Priuilege du Roy, il est permis à D.* HENRION, *Professeur és Mathematiques de faire imprimer toutes ses œuures, sçauoir est,* Les quinze Liures des Elements Geometriques d'Euclide, reueus & corrigez du viuant de l'Autheur, auec le Liure des Donnez du mesme Euclide, traduict en François par ledit HENRION auparauant son decedz, *soit conioinctement ou separément, cõme bon luy semblera, & l'impression faite, les vendre & distribuer ainsi qu'il voudra, & ce iusques au terme de neuf ans, à compter du iour que chacun de sesdicts liures sera acheué d'imprimer, en vertu des presentes: pendant lequel temps, defenses sont faictes à tous Imprimeurs, Libraires,* & *autres personnes de quelque estat, qualité, ou condition qu'ils soient, d'imprimer, alterer, traduire, ny extraire aucune chose des œuures dudit* HENRION, *d'achepter, eschanger, vendre ny distribuer aucuns de sesdits liures, sinon de ceux qu'il aura fait imprimer, sur peine de six mille liures d'amende, & confiscation des exemplaires qui se trouueront d'autres impressions que de celles qu'aura fait faire ledit* HENRION. *Voire mesme si aucun Imprimeur ou Libraire est trouué saisi d'aucun exemplaire d'autre impression que de celles dudit* HENRION, *ou faites de son consentement, sera procedé contre luy, extraordinairement, & condamné en pareille amende que s'il l'auoit imprimé ou fait imprimer. Voulant en outre sa Majesté, qu'en apposant au cõmencement ou à la fin desdits liures vn extraict des presentes, elles soient tenües pour bien notifiees & signifiees, nonobstant quelconque lettre au contraire: Car tel est le plaisir de sa Maiesté Donné à Paris, le* 24. *de Decembre l'an de grace* 1624. *& de nostre regne le quinziesme. Par le Roy en son conseil,* RENOVARD.

Acheué d'imprimer le 24. Iuillet 1632.

www.ingramcontent.com/pod-product-compliance
Lightning Source LLC
Chambersburg PA
CBHW031439210326
41599CB00016B/2051

* 9 7 8 2 0 1 2 6 2 1 3 7 4 *